建筑电气施工手册

《建筑电气施工手册》编委会　组织编写

·北京·

本手册根据建筑电气施工工作需要，在总结我国建筑电气施工经验的基础上，全面系统地介绍了建筑电气施工方法和要点。手册结合与建筑施工有关的最新标准与操作规程，详细地讲解了建筑电气工程施工基础知识、建筑电气施工常用工具及材料、建筑电气工程施工识图、建筑电气安装工程、智能建筑工程和电梯安装工程，帮助读者掌握建筑电气施工的基础知识与技能，是一本非常实用的工具书。

本手册可作为建筑电气施工工程技术人员的学习用书，也可供职业院校、培训学校相关专业的师生参考。

图书在版编目（CIP）数据

建筑电气施工手册/《建筑电气施工手册》编委会组织编写. —北京：化学工业出版社，2020.1
ISBN 978-7-122-35771-7

Ⅰ.①建… Ⅱ.①建 … Ⅲ.①房屋建筑设备-电气设备-电气施工-手册 Ⅳ.①TU85-62

中国版本图书馆 CIP 数据核字（2019）第 258267 号

责任编辑：万忻欣 李军亮　　文字编辑：陈 喆
责任校对：宋 玮　　装帧设计：王晓宇

出版发行：化学工业出版社（北京市东城区青年湖南街 13 号 邮政编码 100011）
印　　刷：三河市航远印刷有限公司
装　　订：三河市宇新装订厂
787mm×1092mm 1/16 印张 29¾ 字数 781 千字 2020 年 5 月北京第 1 版第 1 次印刷

购书咨询：010-64518888　　售后服务：010-64518899
网　　址：http://www.cip.com.cn
凡购买本书，如有缺损质量问题，本社销售中心负责调换。

定　　价：128.00 元

《建筑电气施工手册》编委会

前　言

随着我国建筑工程建设的迅速发展，从事建筑电气施工的技术人员与日俱增。建筑电气施工作为建筑工程的重要组成部分，直接关系到建筑工程质量、电气的安全性和可靠性。与此同时，新材料、新技术、新设备、新工艺在建筑工程中的推广和应用，在很大程度上带动了整个建筑业科学技术的进步和发展。这对建筑电气施工技术人员提出了更高的要求。为了使广大建筑电气施工技术人员全面系统地掌握建筑电气施工方法和要点，特编写了本手册。

本手册紧密联系施工实际，结合国家最新标准和规程、规范，以应用为目的，既介绍了建筑电气工程施工基础知识、常用工具及材料和建筑电气工程施工识图方法，又详细讲解了在建筑电气安装工程、智能建筑工程和电梯安装工程的实际操作，对提高从业人员基本素质、掌握建筑电气施工的核心知识与技能有直接的帮助和指导作用。

本手册具有以下特点：

• 资料全面，采用最新的技术标准、规范和资料。

• 建筑电气施工基础及技术全面覆盖。

• 实用性强。对施工方法和要点进行了归纳总结，讲解详细。

• 文字与图表相结合，便于使用和查找。

本手册编写和审查过程中，得到各省市基建单位的大力支持和帮助，我们表示衷心的感谢。

由于编者水平有限，书中难免有不足之处，敬请批评指正。

编　者

目　录

第六章 电梯安装工程

第一章

建筑电气工程施工基础知识

第一节　建筑电气基础知识简介

一、电工常用名词术语

电源　能将其他形式的能量转换成电能的装置，如发电机、蓄电池和光电池等。

负荷　又称负载，指吸收功率的器件或指器件输出的功率，如电动机、电灯、继电器等。

电荷　指物体的带电质点。电荷有正电荷和负电荷两种。电荷之间存在着相互的作用力，同性电荷相互排斥，异性电荷相互吸引。电荷之间作用力的大小与电荷的多少成正比，与电荷间距离的平方成反比。

导体　具有良好的传导电流能力的物体。通常导体分为两类：像金属及大地、人体等，称为第一类导体；像酸、碱、盐的水溶液及熔融的电解质等，称为第二类导体。

绝缘体　不善于传导电流的物体。

半导体　导电性能介于金属和绝缘体之间的物体。随着杂质含量及外界条件（光照、温度或压强等）的改变，半导体的导电性能会发生显著变化。

电流　电荷的定向流动，它可以是正电荷、负电荷或正、负电荷同时作有规则的移动而形成的。

电流密度　通过垂直于电荷流动方向的单位面积上的电流大小。

电路　用导体把电源、用电元器件或设备连接起来，构成的电流通路。

电压　在静电场中，将单位正电荷从 a 点移到 b 点过程中电场力所做的功，在数值上等于这两点间的电压。又称为这两点间的电势差或电位差。

电压降　又称电位降。是指沿有电流通过的导体或在有电流通过的电路中电位的减小。

电动势　将单位正电荷从负极通过电源内部移动到正极时非静电力所做的功。或者说，电源的电动势等于在外电路断开时电源两极间的电势差。

感应电动势　分为动生电动势和感生电动势。动生电动势是指组成回路的导体（整体或局部）在恒定磁场中运动时使回路中磁通量发生变化而产生的电动势；感生电动势是指固定

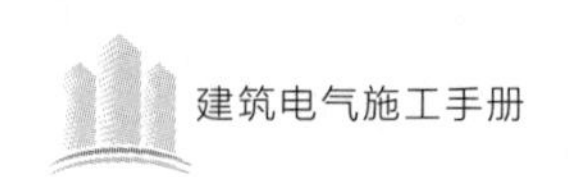

回路中磁场发生变化使回路磁通量改变而产生的电动势。

电阻 通常解释为物质阻碍电流通过的能力。根据欧姆定律，导体两端的电压和通过导体的电流成正比，比值称为电阻。

电阻率 表征物质导电的特性参数。电阻率越小，导电本领越强。导体的电阻率会受一些物理因素（如热、光、压力等）影响。

电导 表征物质导电特性的物理量。它是电阻的倒数。

电导率 电阻率的倒数。

电容 表征导体或导体系容纳电荷的性能的物理量。

电场 有能发生力的电状态存在的空间的一个区域。电场具有特殊的性质，当放进一个带电体时，这个带电体就会受到电场的作用。

电场强度 表示电场作用于带电物体上作用力大小和方向的物体量。

电感 自感与互感的统称。自感是指通过闭合回路的电流变化引起穿过它的磁通量发生变化而产生感应电动势的现象；互感是指一个闭合回路中电流变化使穿过邻近另一个回路中磁通量发生变化而在该回路中产生感应电动势的现象。

直流电 电荷流动方向不随时间改变的电流。

交流电 大小和方向随时间作周期性变动且在一个周期内平均值为零的电流称为交变电流，简称交流电。

频率 周期的倒数。

瞬时值 交流电在任一时刻的量值。

有效值 交流电在一个周期内的均方根值。亦即，将交流电通过一电阻在一个周期内消耗的能量，若与一直流电通过同一电阻在相同时间内消耗的能量相等，则此直流电的量值被定义为该交流电的有效值。

感抗 交流电通过具有电感的电路时，电感阻碍电流流过的作用。

容抗 交流电通过具有电容的电路时，电容阻碍电流流过的作用。

阻抗 交流电通过具有电感、电容和电阻的电路时，电感、电容和电阻共同阻碍电流流过的作用。

相位 交流电是随时间按正弦规律变动的物理量，用公式可表示为

$$i=I_{\mathrm{m}}\sin(\omega_t+\phi)$$

式中，$\omega_t+\phi$ 称为该交流电在某一瞬时 t 的相位，而 ϕ（$t=0$）称为初相。因相位常以角度表示，故又可称相角。ω 称为角频率。

相位差 两个频率相同的正弦交流电的初相位之差，也称相角差。

瞬时功率 指交流电路中任一瞬间的功率。

视在功率 在具有电阻和电抗的电路中，电压与电流有效值的乘积。

有功功率 交流电路功率在一个周期内的平均值，也称为平均功率。它实质上反映了电路从电源取得的净功率。

无功功率 在具有电感或电容的电路中，反映电路与外电源之间能量反复授受的程度的量值。实质上是指只与电源交换而不消耗的那部分能量。

功率因数 有功功率与视在功率的比值。

相电压 在三相交流系统中，任一根火线与中性线之间的电压。

线电压 在三相交流系统中，任两根火线之间的电压。

相电流 在三相负载中，每相负载中流过的电流。

线电流 三相电源线各线中流过的电流。

磁感应强度 在磁场中的某一点，单位正电荷以单位速度向着与磁场方向相垂直的方向运动时所受到的磁场力，称为这一点的磁感应强度。

磁通量 亦即磁感应强度的通量。

磁通（量）密度 指垂直于磁场的单位截面积上通过的磁通量。它与磁感应强度在数值上是一致的。

磁阻 磁路对磁通量所起的阻碍作用。

剩磁 铁磁物质在外磁场中被磁化，当外磁场消失后，铁磁物质仍保留一定的磁性，称为剩磁。

二、电工常用计算公式

电工常用计算公式见表1-1。

表1-1 电工常用计算公式

项目	公式	
电流的计算	$I=\frac{Q}{t}$	Q——电量，C t——时间，s I——电流，A
电压的计算	$U=\frac{W}{Q}$	W——电能，J U——电压，V
欧姆定律	$I=\frac{U}{R}$	R——电阻，Ω
直流电路功率	$P=UI=I^2R=\frac{U^2}{R}$	P——电功率，W
电阻的计算	$R=\rho\frac{l}{S}$	l——长度，m S——截面积，mm^2 ρ——电阻系数，$\Omega\cdot mm^2/m$
电阻与温度的关系	$R_t=R_{20}[1+\alpha(t-20)]$	R_t、R_{20}——t℃和20℃时的电阻，Ω α——电阻温度系数（1/℃）
电阻串联	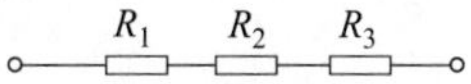 R_1 R_2 R_3	$R=R_1+R_2+R_3$
电阻并联	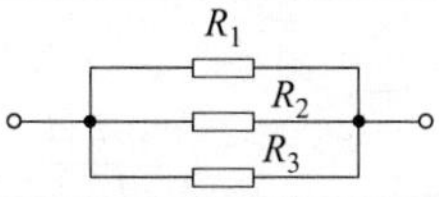 R_1 R_2 R_3	$\frac{1}{R}=\frac{1}{R_1}+\frac{1}{R_2}+\frac{1}{R_3}$
电阻复联	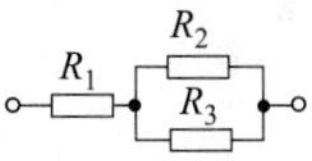 R_1 R_2 R_3	$R=R_1+\frac{R_2R_3}{R_2+R_3}$
全电路欧姆定律	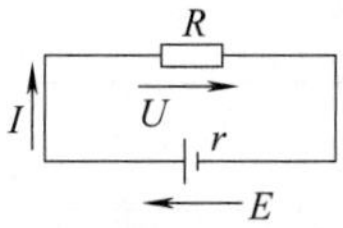 R I U r E $I=\frac{E}{R+r}$	E——电源电动势，V R——负载电阻，Ω r——电源内阻，Ω
电池组串联	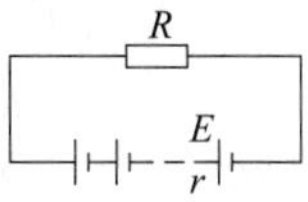 R E r $I=\frac{nE}{R+nr}$	n——电池数量
电池组并联	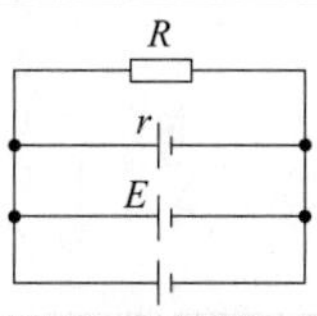 R r E $I=\frac{E}{R+\frac{r}{n}}$	

续表

项目	公式	
电功及电功率的计算	$W=QU=UIt=I^2Rt=\frac{U^2}{R}t$ $P=\frac{W}{t}=UI=I^2R=\frac{U^2}{R}$	R——电阻,Ω t——时间,s
焦耳-楞次定律	$Q=I^2Rt$	Q——热量,J
电容的计算	$C=\frac{Q}{U}$	Q——电量,C C——电容,F
电容串联	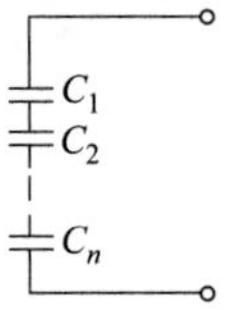 C_1、C_2、C_n	$\frac{1}{C}=\frac{1}{C_1}+\frac{1}{C_2}+\cdots+\frac{1}{C_n}$
电容并联	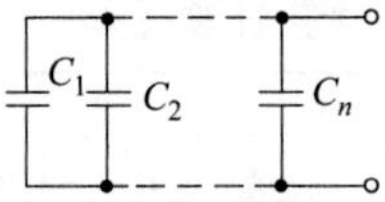 C_1、C_2、C_n	$C=C_1+C_2+\cdots+C_n$
线圈电感计算	$L=\frac{\varphi}{I}=\frac{W\phi}{I}$	φ——磁链,Wb W——线圈匝数 ϕ——磁通,Wb
无互感线圈串联	 L_1、L_2	$L=L_1+L_2$
无互感线圈并联	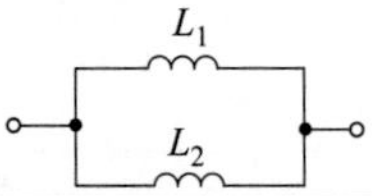 L_1、L_2	$\frac{1}{L}=\frac{1}{L_1}+\frac{1}{L_2}$
有互感线圈串联	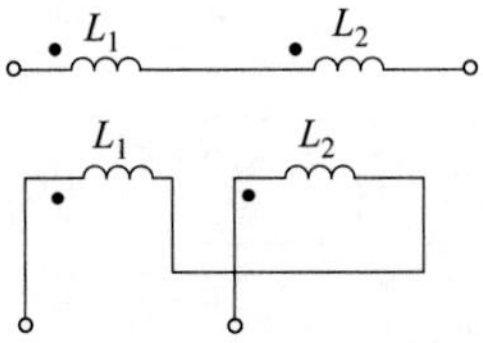 L_1、L_2 L_1、L_2	$L=L_1+L_2+2M$ L_1、L_2——线圈1、2的自感,H $L=L_1+L_2-2M$ M——线圈1、2的互感,H
有互感线圈并联	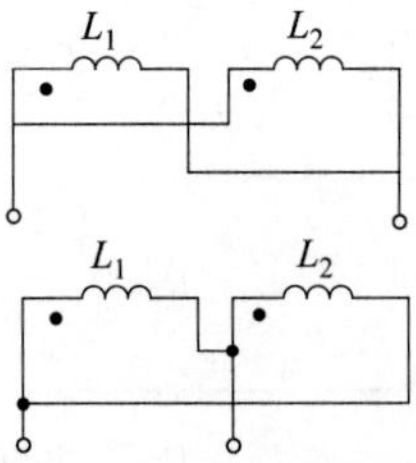 L_1、L_2 L_1、L_2	$L=\frac{L_1L_2-M^2}{L_1+L_2-2M}$ $L=\frac{L_1L_2-M^2}{L_1+L_2+2M}$
电阻、电感串联	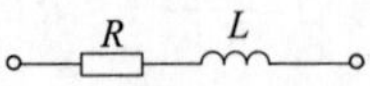 R、L	$Z=\sqrt{R^2+X_L^2}$ 其中 $X_L=2\pi fL$ Z——阻抗,Ω R——电阻,Ω X_L——感抗,Ω X_C——容抗,Ω X——电抗,Ω L——电感,H C——电容,F f——频率,Hz
电阻、电容串联	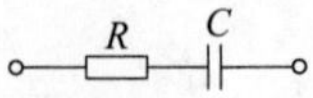 R、C $Z=\sqrt{R^2+X_C^2}$,$X_C=\frac{1}{2\pi fC}$	
电阻、电感、电容串联	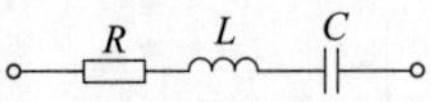 R、L、C $Z=\sqrt{R^2+(X_L-X_C)^2}=\sqrt{R^2+X^2}$ 其中 $X=X_L-X_C$	

续表

项目		公式	
阻抗串联		R_1 X_1 R_2 X_2 R_3 X_3 Z_1 Z_2 Z_3 $Z=\sqrt{(R_1+R_2+R_3)^2+(X_1+X_2-X_3)^2}$ $=\sqrt{R+X^2}$ $R=R_1+R_2+R_3, X=X_1+X_2-X_3$ 注意:$Z\neq Z_1+Z_2+Z_3$	
交流电路 T、ω、f 的关系		$T=\frac{1}{f}$　$\omega=2\pi f$	f——频率,Hz T——周期,s ω——角频率,rad/s
交流电有效值和最大值的关系		$U_E=\frac{U_{max}}{\sqrt{2}}$	$I_E=\frac{I_{max}}{\sqrt{2}}$
交流电平均值和最大值的关系		$U_A=\frac{2}{\pi}U_{max}$	$I_A=\frac{2}{\pi}I_{max}$
电阻星形/三角形连接互换	星形化为三角形	1 R_1 R_3 2 R_2 3	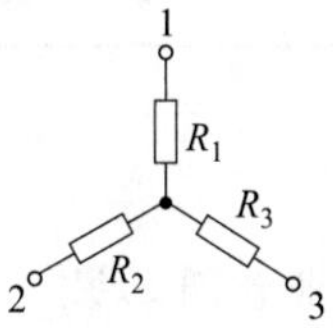 $R_{12}=R_1+R_2+\frac{R_1R_2}{R_3}$ $R_{23}=R_2+R_3+\frac{R_2R_3}{R_1}$ $R_{31}=R_3+R_1+\frac{R_3R_1}{R_2}$
	三角形化为星形	1 R_{12} R_{31} R_{23} 2 3	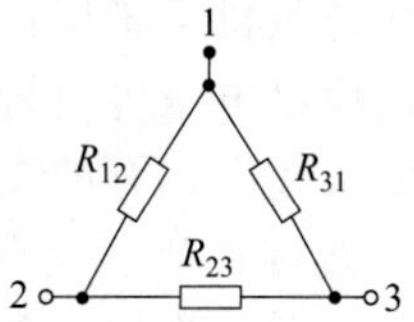 $R_1=\frac{R_{12}R_{31}}{R_{12}+R_{23}+R_{31}}$ $R_2=\frac{R_{23}R_{12}}{R_{12}+R_{23}+R_{31}}$ $R_3=\frac{R_{31}R_{23}}{R_{12}+R_{23}+R_{31}}$
交流电路中电压、电流、阻抗三者之间关系(欧姆定律)		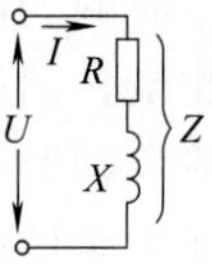 I R U X Z $I=\frac{U}{Z}$ $Z=\sqrt{R^2+X^2}$	P——有功功率,W Q——无功功率,var S——视在功率,V·A $\cos\varphi$——功率因数
交流电路功率		$P=UI\cos\varphi=I^2R$ $Q=UI\sin\varphi=I^2X$ $S=UI=I^2Z$ $\cos\varphi=\frac{R}{Z},\sin\varphi=\frac{X}{Z}$	
交流并联电路的总电流		R_1 R_2 U I_1 I_2 X_1 X_2 I $I=\sqrt{I_1^2+I_2^2+2I_1I_2\cos(\varphi_1-\varphi_2)}$ $\varphi=\arctan\frac{I_1\sin\varphi_1+I_2\sin\varphi_2}{I_1\cos\varphi_1+I_2\cos\varphi_2}$ $\varphi_1=\arctan\frac{X_1}{R_1},\varphi_2=\arctan\frac{X_2}{R_2}$ φ——总电流 I 与电压 U 之间的相角 φ_1——第一支路电流 I_1 与电压 U 之间的相角 φ_2——第二支路电流 I_2 与电压 U 之间的相角	

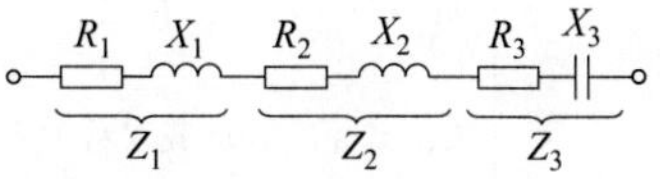

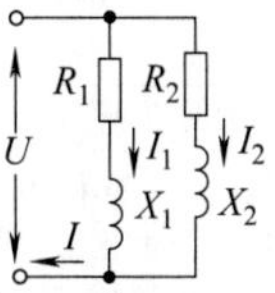

续表

项目	公式
三相交流电路中线电压与相电压以及线电流与相电流的关系	负载三角形(△)接法： $U_L=U_{LN}$ $L_L=\sqrt{3}I_{LN}$(负载对称时此式才成立) 负载星形(Y)接法： $I_L=I_{LN}$ $U_L=\sqrt{3}U_{LN}$(有中线时此式才成立，与负载是否对称无关) U_L、I_L——线电压与线电流 U_{LN}、I_{LN}——相电压与相电流
对称三相交流电路功率	$P=\sqrt{3}UI\cos\varphi$ $Q=\sqrt{3}UI\sin\varphi$ $S=\sqrt{3}UI$ U——线电压，V I——线电流，A φ——相电压与相电流之间的相角
直流电磁铁吸引力	$F=4B^2S\times10^3$ F——吸引力，N B——磁感应强度，T S——磁路的截面积，m^2
电动机额定转矩	$M=97.5\frac{P}{n}$ M——电动机额定转矩，N·m P——电动机额定容量，kW n——电动机转速，r/min

三、建筑电气系统特征

建筑物按其用途可分为两大类，一类是工业建筑，另一类是民用建筑。

工业建筑是指以工业生产、制造为目的，生产制造某种产品的建筑，它以动力为主、照明为辅，且负荷电流较大，控制系统复杂，并与微机系统接口，同时配置一定的服务性设施和相应的弱电工程。在工业建筑中，有些工程项目电压等级较高，有10kV的动力设备。因此，工业建筑电气系统施工难度较大，技术要求较高，有的工程则由专业安装企业施工。

民用建筑是指具有居住办公、金融商业、教育科研、文化体育、医院卫生、第三产业、服务行业等非生产性质的建筑。其以照明为主、动力为辅，负荷电流较小，电压等级以低压为主，控制系统较简单，同时配备小型的生产性设施和相应的弱电系统。随着电子技术、通信技术的发展，民用建筑中的弱电工程快速发展，智能建筑，消防、防盗、电梯、监控、网络、通信、节能等融为一体，与计算机接口，构成庞大的自动监视、测量、控制系统，有超过工业建筑控制系统的趋势。因此，民用建筑电气系统施工难度越来越大，技术要求越来越高，资质较低的企业也越来越难以胜任。

这里将部分民用建筑和工业建筑电气设备种类及负荷级别列出，供读者参考，见表1-2和表1-3。

表1-2 部分民用建筑电气设备种类及负荷级别

序号	项目种类	建筑物名称	用电设备及部位名称	负荷级别	备注
1	住宅建筑	高层普通住宅	客梯电力，楼梯照明	二级	
2	宿舍建筑	高层宿舍	客梯电力，主要通道照明	二级	
3	旅馆建筑	一、二级旅游旅馆	经营管理用电子计算机及其外部设备电源，宴会厅电声、新闻摄影、录像电源，宴会厅、餐厅、娱乐厅、高级客房、厨房、主要通道照明，部分客梯电力、厨房部分电力	一级	
			其余客梯电力，一般客房照明		
		高层普通旅馆	客梯电力主要通道照明	二级	

续表

序号	项目种类	建筑物名称	用电设备及部位名称	负荷级别	备注
4	办公建筑	省、市、自治区及部级办公楼	客梯电力，主要办公室、会议室、总值班室、档案室及主要通道照明	二级	
		银行	主要业务用电子计算机及其外部设备电源、防盗信号电源	一级	注 3
			客梯电力	二级	注 1
5	教学建筑	高等学校教学楼	客梯电力，主要通道照明	二级	注 1
		高等学校的重要实验室		一级	注 1
6	科教建筑	科研院所的重要实验室		一级	注 2
		市(地区)级以上气象台	主要业务用电子计算机及其外部设备电源、气象雷达、电报及传真收发设备、卫星云图接收机、语言广播电源、天气绘图及预报照明	二级	
			客梯电力	二级	注 1
		计算中心	主要业务用电子计算机及其外部设备电源	一级	
			客梯电力	二级	注 1
7	文娱建筑	大型剧院	舞台、贵宾室、演员化妆室照明，电声、广播及电视转播新闻摄影电源	一级	
8	博览建筑	省、市、自治区以上的博物馆、展览馆	珍贵展品展室的照明及防盗信号电源	一级	
			商品展览用电	二级	
9	体育建筑	省、市、自治区级以上的体育馆、体育场	比赛厅(场)主席台、贵宾室、接待室、广场照明，计时记分、电声、广播及电视转播、新闻摄影电源	一级	
10	医疗建筑	县(区)级以上的医院	手术室、分娩室、婴儿室、急诊室、监护病房、高压氧舱、病理切片分析、区域性中心血库的电力及照明	二级	注 1
11	商业建筑	省及直辖市及以上的重点百货大楼	营业厅部分照明	一级	
			自动扶梯电力	二级	
12	商业仓库建筑	冷库	大型冷库、有特殊要求的冷库、氨压缩机及其附属设备电力、库内照明	二级	
13	司法建筑	监狱	警卫照明	一级	
14	公用附属建筑	区域采暖锅炉		二级	

注：1. 仅当建筑物为高层建筑时，其载客电梯电力、楼梯照明为二级负荷。

2. 此处系指高等学校、科研院所中一旦中断供电将造成人身伤亡或重大政治影响、重大经济损失的实验室，例如，生物制品实验室等。

3. 在面积较大的银行营业厅中，供暂时继续工作用的事故照明为一级负荷。

表 1-3　部分工业建筑电气设备种类及负荷级

序号	厂房或车间名称	用电设备名称	负荷级别	备注
1	热煤气站	鼓风机、发生炉传动机构	二级	
2	冷煤气站	鼓风机、排风机、冷却通风机发生炉传动机构、中央仪表室计器屏、冷却塔风扇、高压整流器、双传动带系统的机械化输煤系统	二级	
3	部定重点企业中总蒸发量超过 0.1MW/h 的锅炉房	给水泵、软化水泵、鼓风机、引风机、二次鼓风机、炉箅机构	二级	
4	部定重点企业中总排气量超过 $40m^3/min$ 的压缩空气站	压缩机、独立励磁机	二级	
5	铸钢车间	平炉汽化冷却水泵、平炉循环冷却水泵、平炉加料起重机、平炉所用的 75t 以上浇铸起重机、平炉鼓风机、平炉用其他用电设备(换向机构、炉门卷扬机构、计器屏)，5t、10t 电弧炼钢炉低压用电设备(电机升降机构、铁炉机构)及其浇铸起重机	二级	

续表

序号	厂房或车间名称	用电设备名称	负荷级别	备注
6	铸铁车间	30t及以上的浇铸起重机，部定重点企业冲天炉鼓风机	二级	
7	热处理车间	井式炉专用淬火起重机、井式炉油燃油油泵	二级	
8	30MN以下的水压机车间	塑造专用设备、起重机、水压机、高压水泵	二级	
9	水泵房	供二级负荷电设备的水泵	二级	
10	大型电机试验站	主要机组、辅助机组	二级	20×10^4kW及以上发电机的试验站
11	刚玉冶炼车间	刚玉冶炼电炉变压器、低压用电设备（循环冷却水泵、电机提升机构、电炉传动机构、卷扬机构）	二级	
12	磨具成型车间	隧道窑鼓风机、卷扬机构	二级	
13	油漆树脂车间	反应釜及其供燃锅炉	二级	2500L及以上
14	层压制品车间	压机及其供热锅炉	二级	
15	动平衡试验站	动平衡试验装置的润滑油系统	二级	
16	线缆车间	熔炼炉的冷却水泵、鼓风机、连铸机的冷却水泵、逐轧机的水泵及润滑泵 压铸机、压船机的熔炼炉、高压水泵、水压机 交联聚乙烯加工设备的挤压交联、冷却、收线用电设备 漆包机的传动机构、鼓风机、漆泵干燥浸油缸连续电加热、真空泵、液压泵	二级	
17	熔烧车间	隧道窑鼓风机、排风机、窑车推进机、窑门关闭机构、油加热器、油泵及其供热锅炉	二级	

注：事故停电将在经济上造成重大损失的多台大型电热装置，应属于一级负荷。

工业建筑和民用建筑电气系统均具有以下特征。

（1）完整性

一项建筑电气工程从投标、中标到竣工验收是一个完整的过程，这个过程主要包括投标、中标、施工组织、工期控制及保证措施、质量控制及保证措施、技术保证及解决难题、安全控制及安全措施、环境保护及保证措施、竣工验收、交付使用及试运行等。从施工组织到试运行，建筑电工是一个最重要的角色，除了对技术技能的要求，建筑电工必须具备保证工期、质量、安全、环保等方面的能力，只有这样才能适应建筑电气工程的需要。

（2）法律性

从1998年3月起《中华人民共和国建筑法》（简称《建筑法》）开始施行，也就是说，建筑已纳入了法律程序，施工企业要对其从事的建筑活动负法律责任。《建筑法》第四十七条明确规定：建筑施工企业和作业人员在施工过程中，应当遵守有关安全生产的法律、法规和建筑行业安全规章、规程，不得违章指挥或者违章作业。作业人员有权对影响人身健康的作业程序和作业条件提出改进意见，有权获得安全生产所需的防护用品。作业人员对危及生命安全和人身健康的行为有权提出批评、检举和控告。因此，建筑电工除对本人的作业负责外，也可用法律维护自己的合法权益。

（3）规范性

2002年4月国家颁布了《建筑电气工程施工质量验收规范》（GB 50303—2002），主要包括10kV及以下电气设备、线路、照明等装置。同时，国家还有很多与建筑电气相关的规范，如《民用闭路监视电视系统工程技术规范》（GB 50198—1994）、《有线电视系统工程技术规范》（GB 50200—1994）、《建筑与建筑群综合布线系统工程施工及验收规范》（GB

50312—2000)、《火灾自动报警系统施工及验收规范》(GB 50166—1992)、《视频安防监控系统技术要求》(GA/T 367—2001)、《入侵报警系统技术要求》(GA/T 368—2001)、《入侵探测器》(GB 0408—2000)、《市内电话线路工程施工及验收技术规范》(YD 2001—1992)、《智能建筑工程质量验收规范》(GB 50339—2003)以及各种标准施工图集等。准确地讲，建筑电气工程规范性很强，从设备材料、施工工艺及方法、质量标准、调整试验到竣工验收每个环节都必须执行相应的规范，不符合规范要求的要进行纠正直到合格。建筑电工必须熟悉和遵守规范要求，并按期进行施工，保证工程质量，这是每个建筑电工必须做到的。

同样，国家对建筑现场供电、用电及临时用电也有相应的技术规范，《建筑工程施工现场供用电安全规范》(GB 50194—1996)和《施工现场临时用电安全技术规范》(JGJ 46—2005)详细地规范了施工现场供电、用电、临时用电的技术要求，这也是每个建筑电工必须做到的。

(4) 严格性

建筑电气工程通常由监理工程师或甲方代表监督管理工程的工期、进度、质量、安全。从材料到场、施工组织设计或方案到竣工验收，每个环节都有严格的报验、审查、现场监管制度和一系列手续，缺一不可、错一不行。只要有一个环节出现不符合规范要求的现象，就不得进入下一个环节，必须纠正直到验收合格才能进入下一环节。因此，要求建筑电工进入现场后每一个作业行为必须符合规范要求，与施工组织设计相符，进而保证工期、质量、安全和环保。

(5) 系统性

建筑电气工程是一项系统工程，不论是高压低压还是动力照明，不论是强电弱电还是控制监测，它们之间都存在着错综复杂的联系，只要有一处出现问题，都会影响到运行和使用。在工程建设中，一旦出现问题，就要影响工程的工期或质量，甚至影响交工验收。在工程中，一名建筑电工，除要做好本职的工作外，还要考虑到全局，不得由于个人的原因而影响整个工程，必须有全局观念。

(6) 先进性

建筑电气设计人员在进行设计时，往往采用一些新设备、新元件、新材料，而这些新设备、新元件、新材料也是通过建筑电气工程推广出去的。在施工中，对这些新设备、新元件、新材料的安装、使用、试验、调试往往必须采用新方法、新技术，这对施工人员和技术人员都是一个学习的过程、进步的过程、技术能力考验的过程，同时建筑电气的发展也带动了电工技术的发展。特别是近十年来，随着电子技术、微机技术的发展，建筑电气已进入了智能阶段，从事建筑电气的施工人员必须跟上时代的步伐，跟上新技术的发展，这样才能保证建筑电气工程的质量、工期和运行使用。因此，建筑电气具有技术设备的先进性，要求从业人员不断学习，不断掌握新技术。同时，从事建筑电气安装调试的人员，在这样一个复杂、先进、要求严格的工程环境中磨炼，其技术技能是被大家肯定的，也是过硬的。但是，建筑电工本身必须加强新技术的学习，不断提高自己，否则会被淘汰。

(7) 特殊性

建筑电气工程覆盖面很广，有些工程中有防爆电器、防潮电器、防尘电器，有些工程中有防盗保安系统，特别是一些金融、商业、科研机构、军事警务等工程，其弱电监控系统有着严格的保密性和安全性。除对设备本身有严格的要求外，对施工人员的综合素质也有极其严格的要求。一是必须保证其电气系统的功能性、可靠性和安全性；二是要求其技术的熟练性和先进性；三是要求其具有极高的责任感和职业道德，只有这样才能保证工程的特殊性。

(8) 服务性

施工企业从中标到工程竣工交验是一个商业行为，在整个施工过程和交付后必须做好服务。其服务包括两方面的内容。

① 保证电气工程的正常运行。

a. 电气工程的正常运行首先取决于电气工程的设计。电气工程的设计应符合国家现行的有关标准、规程、规范、规定，其中包括安全规程。采用新技术、新材料、新设备，应具有可靠性和先进性，并能节约开支，节约能源，以及适当考虑近年内容量的增加，考虑安装和维修的方便。主体设计方案及线路和主要设备应具有准确性、可靠性、安全性及稳定性。电气工程的设计单位必须是国家承认的、已备案的、有和工程规模相对应设计资质证书的单位，设计者必须是具有相当技术资格的专业技术人员，对于重点、大型或特殊工程应了解设计单位的技术状况。

b. 电气工程的正常运行还取决于电气产品的质量。电气产品应工作可靠，满足负载的需要，做到动作准确。正常操作下不发生误动作，并按整定和调试的要求可靠工作，稳定运行，能抵抗外来的干扰和适应使用环境；事故情况下能准确可靠动作，切断事故回路，并有适当的延时性。电气产品质量的保证一方面决定于设计选择的准确性，一是要求设计者精确计算、合理选择并进行校验，二是要根据实际使用经验和条件，准确选定电气产品的规格型号，对于指定厂家的产品更要精心选定。电气产品质量的保证另一方面决定于订货、购置以及运输保管等环节，要杜绝伪劣产品混入电气工程之中。对于关键部位或贵重部件，应有制造厂家电气产品生产制造许可证、安装维护使用说明书以及合格证等资料，一般部件应有说明书和合格证，并按产品的要求运输和保管。近几年的安装经验表明，防伪技术在电气安装工程中尤为重要，必要时应从厂家直接进货，防止伪劣产品混入工程之中。

c. 电气工程的正常运行也取决于安装的质量。电气安装工程的质量应符合国家现行的规程、规范及标准，应采用成熟的先进的安装工艺及操作方法，并用准确的仪器仪表进行测试和调试。电气安装人员应具备高度的责任感，掌握电气工程安装技术及基本专业操作技术，掌握电子技术、微机及自动控制、自动检测技术，注意新设备、新工艺、新技术、新材料的动态，并尽快掌握和应用，适应电工技术的发展。为了保证安装质量和实现设计者的意图，电气安装人员要对施工图样进行全面的审阅和核算，对于不妥之处和建设性的意见要通过设计进行变更，达成一致性意见，进而修改设计或重新设计。安装和设计应互相监督，互相促进，互相学习，搞好协作，才能保证工程的质量，进而提高技术水平和管理水平，保证电气工程的正常运行。

d. 电气工程的正常运行也取决于正常的操作维护和定期的保养及检修。这项工作是工程交工后由建设单位进行的，工程交工时安装人员应向建设单位交付成套的安装技术资料，像竣工图、安装记录、调试报告、隐蔽工程记录、设备验收记录等。此外，还要写出详细的操作程序及方法、注意事项，并示范于建设单位的运行人员，使建设单位的运行人员掌握系统的基本功能和操作要领，必要时要带领建设单位的运行人员进行试运行。单机试车或联动试车都必须有建设单位的人员参加，并一一交待清楚，回答提出的问题，划清责任范围，并签字认可，以便在试车过程或运行当中发生事故时，能分清责任界限。

这样说来，电气工程安装人员是电气工程中承前启后、传递技术的一支特殊技术队伍，既监督修改设计中的不足或缺陷、安装后使之成为合格的产品，又将工程的性能、特点、操作方法、技术要领、注意事项、维修要点等技术传递给建设单位。

任何一个工程设计的成功与否必须经过安装和运行才能证明，并且只有这个途径才能证明，而设计者也只能从安装和运行的结果来修改设计或改进今后的设计工作，提高设计水平。同时这也给重理论、轻实践，重设计、轻施工的人一个良好的启迪：理论指导实践，实践验证理论，几经反复循环，并深入实践之中，取得技术的真谛，积累丰富的实践经验，才能立于不败之地。

② 要做好售后服务工作。按照工程合同的规定，施工单位通常要在一年或两年内对工程进行保修，并留有一定比例的保证金。因此，施工单位必须做到两点：一是在工程中保证质量，精益求精，尽量保证在保质期内少发生问题；二是在交验后的保修期内做到随叫随到，服务周到，尽量避免重复事故的发生，让业主满意，并为今后工程奠定基础。由此可以看出，一个建筑电工的作业行为代表着施工企业的形象，这是每一名建筑电工和企业管理者必须深刻思考、严肃对待、精心策划、真诚布置、圆满解决的问题。

综上论述，建筑电气工程绝不是一个简单事物，建筑电工也不是一项简单的工作。从更深的层面上讲，它关系到国民经济的发展、国家的形象，也关系到千家万户、各行各业乃至每一个人。从整个社会来讲，应该关注他们，并给予理解和关爱。从施工企业和建筑电工来讲，必须做到精益求精，一丝不苟，用精品工程来回报社会，也只有这样才能使社会更和谐，更便于企业立足于市场。

第二节　建筑电气工程施工现场配合与控制

一、高、低压变配电工程施工现场配合与控制

1. 施工内容概念

① 室外高、低压电缆进线敷设有三种方式：架空、直埋、电缆沟。在市区内电缆架空敷设禁止使用，后两种使用较多，电缆沟敷设利于维护检修。

② 高、低压变配电室由高压分界小室、高压配电室、变压器室，低压配电室、电容器室，高、低压变配电模拟控制室组成。

③ 高、低压变配电柜内，电缆进出线有三种方式。

a. 电缆由桥架或插接母线上进上出。

b. 电缆由地沟下进下出。

c. 电缆由柜体上方走天沟敷设上进上出。

④ 采用柴油发电机做备用电源，需设置柴油发电机房。柴油发电机在城市市区使用，环保部门对噪声有特殊要求与规定。

⑤ 采用 UPS 做备用电源，如容量较大时还应设 UPS 备用电源室，此备用电源无噪声，符合绿色环保要求，在城市市区建设中采用逐渐增多。

⑥ 高、低压设备的防雷接地。

⑦ 高、低压设备安装，需确定设备基础的几何尺寸，由设计单位出大样图。

⑧ 高、低变配电设备安装调试。

由上述高低压变配电工程施工内容可知，配合专业工种有土建、通风空调、消防、给排水、弱电工程等多专业工种施工，协调配合是关键。

2. 施工现场配合要点

（1） 基础工程施工配合

① 依据设计要求与规定，利用建筑物基础做接地装置，或利用建筑物桩基与结构基础相连做接地装置，并由基础主筋焊接成接地网。

② 防雷接地引下线由基础钢筋与柱钢筋相连，焊接出两根防雷引下线，并引至屋顶与防雷网焊接成一体。

③ 强弱电接地干线由基础同一点处引出，有变配电设备用接地干线、保护接地干线（PE线）、弱电接地干线（弱电接地干线穿PVC塑料管），上述接地干线按设计要求与规定，引至各室或机房。

（2）结构工程施工配合

① 随结构钢筋绑扎，在由设计要求规定的柱上，两根主筋防雷引下线同时施工。

② 竖井预留板洞，楼板预留板洞，墙体预留洞。

③ 预埋铁件，按设计要求规定，在顶板上或墙体上进行预埋铁件施工。首先找准标高、坐标位置，预埋铁件之间距离应准确。

④ 预埋套管，根据施工图要求，选择套管口径，确定根数，按规定标高、坐标位置进行预埋。

⑤ 依据设计对高、低压柜柜体选型确定基础几何尺寸，提供给土建主管技术人员安排施工。

⑥ 确定油浸变压器混凝土轨道基础、蓄油坑的几何尺寸，提供给土建主管技术人员安排施工。

⑦ 柴油机房内设备基础，应及时提供给土建技术人员安排施工。

⑧ 外线施工涉及电缆进户或出户的进行电缆沟敷设或直埋敷设。

3. 施工现场控制重点

（1）高、低压变配电工程施工依据

① 高、低压变配电工程施工图，必须经当地主管供电部门审核批准方可施工。

② 审核施工图是否由具有法人资质证明的设计单位设计，施工图上应盖有施工图字样的标识，并注明施工图设计日期，允许使用日期，确认施工图有效方可使用。使用设计修改后的再版图时，必须办理上述手续才允许使用。对于过期作废施工图，应及时加盖施工图作废章，并注明日期，不允许废图在施工现场流通使用。

③ 依据施工图组织设计交底，并及时办理设计变更洽商，注意区分开技术性和经济性设计变更洽商，这是竣工后办理决（结）算的依据。

④ 审核高、低压变配电工程的施工组织设计。

a. 技术、质量交底是否符合施工图内的主控项目的要求与规定，依据应符合现行国家标准和规范。

b. 编制的材料计划、设备加工订货计划和劳动力安排计划，应保证跟进土建工程进度计划不受影响。关键是设备加工订货，应明确加工周期，到现场日期，不得延误，确保竣工工期。

c. 确定大型设备在建筑物内的通道。

d. 业主、监理、施工单位列出各自组织架构网络、总负责人姓名、通信联系方式，以便工作协调。

（2）高、低压变配电工程施工前的控制

① 会同建设单位和供电部门核实高压电缆进线预留管的标高、坐标位置、数量、管径是否符合实际。如有变化应办理设计变更洽商。

② 检查变配电室门和窗的封闭、开启方向、设备运输通道、屋顶是否做防水处理。

③ 核实设备基础尺寸，按提供的施工图进行施工，发现问题及时纠正。

④ 检查变配电室，室内不应有水平或垂直的给排水管、冷热水管。

⑤ 变配电室结构混凝土内的添加剂和装修用的涂料化学成分，是否影响送电运行和人体健康。

⑥ 变配电室内应有良好通风条件，保证变压器、电容器、带负荷开关等发热设备和部件能及时散热。

（3）对变配电设备的加工订货厂家的控制

审核变配电设备厂家是否具备下列条件。

① 具有法人营业执照和生产许可证。

② 资信证明，了解资金情况及赔付能力。

③ 商务合作证明或协议，代理商出示。

④ 企业业绩和产品介绍的相关检验证明（包括彩页样本）。

⑤ 具有质量保证体系认证文件和售后服务承诺。

在对投标文件报价等条件进行综合平衡后，择优选定设备厂家。

（4）变配电设备技术指标重点控制

① 变配电设备技术指标，应满足设计要求及规定，保证使用功能，安全可靠运行。

② 变压器应向厂家提供高压、低压一二次接口是母排螺栓连接还是插接母线连接；变压器内部用的电风扇对电源的要求。

③ 高压柜、低压柜的进出线要求，接地母排和PE母排安装位置要求；多根电缆在同一开关出线，要求开关出口设置Ⅱ形过渡板。

④ 消防要求两路电源能满足自投和互投；提出在火灾状态下，对非消防电源切断范围，并要求有切断信号回音。

⑤ 模拟屏模拟信号和数字信号采集，是通过高、低压开关辅助接点获取的，还是由仪表经过传感器获取的；有关接点是采用开的还是采用闭的，是有源接点还是无源接点，按设计提供的模拟图所列清单为依据。

⑥ 楼宇自控系统要求厂家预留控制接口的数量，接点是开还是闭，是有源还是无源，列出清单由设备厂家负责增加设置。

⑦ 直流控制屏厂家负责提出要求，如一二次接口的导线截面、端子的个数，线号、接线位置，以及对电压、电流、导线截面等列出清单，供给高压设备厂家设置。

（5）高、低压变配电设备安装控制

① 设备进场开箱检查是关键环节。

a. 检查人员应由建设单位或监理单位、施工安装单位、供货单位代表组成，共同进行核验并做好记录，各方签字确认合格。

b. 依据设计的施工图及设备技术文件和清单，检查设备及附件和备件的规格型号、数量是否符合设计要求，部件是否齐全，有无损坏丢失。

c. 设备出厂资料应齐全。例如设备图纸、安装使用说明书、出厂试验报告、出厂合格证书、装箱清单等产品的技术文件应齐全。

d. 所采用的设备及器材均应符合现行国家有关规范的规定，并在设备上设置铭牌标识。

e. 设备外观检查无机械损伤及变形，油漆完好无损伤。

f. 设备内部观察检查，关键是导线连接部位、压头和接地等主控项目必须符合现行国家有关规范的规定。

② 设备安装应严格控制工艺流程。首先，技术交底应明确主控部位的操作要求及注意事项，并下达给每个操作人员认真执行；其次，加强自检、互检、交接检过程控制、竣工控制，确保设备安装质量达到优良标准。

③ 设备调试运行控制。

a. 检查设备调试运行报告中调试程序是否符合要求，应做的调试项目全部包含在程序内，调试过程中应注意设备和人身安全保证措施应完善，调试检验单据齐全，经审核合格方可进入调试工作。

b. 交接试验应由当地供电部门许可的试验单位进行。试验标准应符合现行国家有关规定以及产品技术文件的有关规定。

c. 设备送电前应做全面检查，确认符合安全试运行条件时方可投入运行。

d. 设备送电调试运行根据实际情况，决定是半负荷调试运行还是满负荷调试运行，或是二者全进行。

④ 设备安装调试完毕在交付使用前的成品保护，应根据现场实际情况，确定成品保护措施，保证劳动不受侵犯和损坏。

⑤ 竣工资料和文件的整理应符合现行国家有关规范规定，按程序列出名目，做好竣工交验准备。

二、电梯工程施工现场配合与控制

1. 施工内容概述

电梯工程主要施工内容由电梯机房、电梯轿厢、电梯井道、电梯厅站（或称电梯前室）四大部分工程施工组成。

① 按电梯用途分类：有客梯、货梯、客货两用电梯、消防电梯等。

② 按电梯运行速度分类：有低速电梯、中速电梯、高速电梯。

③ 按曳引电动机的电源分类：有交流电梯、直流电梯、交流变频电梯。

④ 按驱动方式分类：有曳引电动机驱动、液压驱动（有直接柱塞顶升式和侧柱塞式两种）。

⑤ 按有无涡轮减速机分类：有齿轮电梯，有涡轮减速机，用于低速、中速电梯；无齿轮电梯，曳引轮和制动轮直接固定在曳引机的轴上，用于高速电梯，利用无级变速装置控制调节电梯速度。

⑥ 按机房的位置分类：机房设置在井道的顶部或井道的底部。钢丝绳驱动的电梯，其机房一般设置在井道的顶部；而顶升式、液压式、螺旋式的电梯，其机房一般设置在井道的底部。

⑦ 自动扶梯由扶手、梯级、导轨、踏板、胶带的棱齿及梳齿、护壁板、内盖板、外盖板、围裙板及电动机传动机构组成。

⑧ 自动人行道（有扶手或无扶手）是用支撑踏板、滚轮、链条、电动机拖动的水平运载工具。

2. 施工现场配合要点

（1）结构工程施工配合

① 电梯厅站上的外呼装置和信号装置，随土建结构施工进行预留盒（箱），暗埋管线，有目的层指示器、厅站综合指示器、厅站运行方向指示器，厅站呼梯按钮的标高、坐标位置、盒（箱）几何尺寸应符合厂方要求规定。

② 电梯井壁预埋铁应配合土建结构施工，按厂方要求规定进行预留预埋。

③ 电梯井壁是砖结构时，采用导轨支架孔洞，用混凝土筑导轨支架，应约请土建施工人员协助封堵孔洞。

④ 电梯底坑厂方考虑需要缓冲器的固定座时，需设置检修用的梯子或带门的检查口，由土建专业协助施工。

⑤ 电梯机房曳引设备基础、控制柜基础根据厂方设备基础工艺布置图、几何尺寸、位

置尺寸由土建专业协助施工。

（2）装修工程施工配合

① 电梯工程施工与土建装修配合。

a. 电梯厅门安装放线，确定地坎、牛腿及牛腿支架的安装位置。

b. 安装电梯门立柱、上滑道、门套，采用预埋铁固定；若为砖墙，可采用剔墙眼、埋注地脚螺栓固定。

c. 凡是需埋入混凝土中的部件，应经有关部门检查办理隐蔽工程手续后，才能浇灌混凝土。

d. 电梯机房门窗、墙面、地面（采用地板应使用防滑材料）、屋面应做防水处理。

② 电梯机房依据厂方设备布置图，由电气专业人员施工照明及动力电源至控制柜和电机接线盒的管线。

③ 电梯机房至电梯井内敷设的管线或线槽，应由电气专业人员配合施工。

④ 电梯轿厢内照明，由电气专业人员配合施工。

⑤ 电梯轿厢内保安监控线路及设备，由安防专业人员施工。

⑥ 消防报警系统设置的感烟控测器、消防报警按钮，由消防专业人员施工。

⑦ 楼宇自控专业需要的电梯启停运行等控制信号，由电梯专业施工人员与生产厂家配合设置控制点数，明确是有源接点还是无源接点，不得遗漏。

⑧ 电梯厅门及门套安装时，提前与土建装饰工程施工专业配合，搞清楚电梯厅门前室装饰采用什么材料做墙面。如采用大理石材做墙面时，厅门及门套及时根据大理石材板厚和墙厚调整安装尺寸。

3. 施工现场控制重点

① 电梯工程施工图审核。

a. 审核施工图是否由具有法人资质证明的设计单位设计，确认施工图有效方可使用。

b. 依据电梯施工图和土建结构图，认真审核电梯的规格型号、参数、用途性能，开门方式与井道厅门、机座和钢梁位置是否与土建结构图相符，发现问题及时处理。

c. 审核井道底坑深度、顶站高度、机房楼板承重量、机房供电电源位置、容量，保护接地应符合电梯施工要求及设计规定。

d. 依据电梯井道、机房布置施工图，统计预留孔洞和预埋铁件数量。孔洞包括：机房楼板孔洞、每层厅门按钮孔洞和厅门上方指示灯盒等孔洞。预埋铁件包括：电梯导轨架及厅门预埋铁和井道配管配线预埋铁等。

e. 依据电梯布置图和安装图，将审阅发现的问题集中汇总，列出问题的部位，提供给设计单位，组织设计交底，将提出的问题形成解决方案文件，进行会签确认，并及时办理设计变更洽商。

② 电梯工程施工组织设计审核。

a. 重点检查电梯机房、轿厢、井道、厅站的工艺及做法，以及调试检验方法。

b. 电梯加工订货是关键。一是建设单位在结构设计时，对电梯订货不够重视，由设计单位根据建筑物楼层、出入人员数量大致情况选电梯型号及井道尺寸，并按建筑结构图施工。由于建设单位考虑不周，井道与电梯轿厢尺寸出入较大，最后结果是以井道实际尺寸选型电梯。二是建设单位在结构设计时，会同设计与生产厂家共同确定电梯型号规格、井道几何尺寸、机房设备基础、门厅几何尺寸等，全部落实在结构设计前期，一步到位，给施工提供方便。

c. 确定电梯的型号规格、数量、加工周期、到现场日期、设备安装日期、竣工日期。

d. 检查电梯工程施工材料计划、加工订货计划、劳动力安排计划、施工进度计划，这些计划应与土建总施工进度计划相对应，确保总工期进度顺利完成。

③ 电梯施工技术质量交底，应符合电梯布置图和安装图，进一步落实施工工艺和做法，保证施工项目按规定的设计要求执行，同时符合现行国家标准和规范的规定。

④ 重点了解机房建筑结构梁承受的载荷，应能保证设备静止时的静载荷，还应保证设备运动时的动载荷。

⑤ 核对底坑深度，在安置缓冲器部位是否能保证轿厢内人身安全。

⑥ 核对轿厢的顶部间隙是否符合现行国家标准和规范规定。

⑦ 设备安装前，检查各受力点是否符合设计要求，如支撑厅站地坎槽钢、门厅支柱、轿厢导轨底板、对重导轨底板等，发现结构问题，查明原因，及时解决。

⑧ 电梯工程进行系统调试时，应协同各专业施工人员，对消防报警控制信号、保安监控控制信号、楼宇自控控制信号分别进行调试运行，合格后，方可进行竣工核验。

⑨ 结构封顶拆除外用临时用塔吊前，同土建协商将机房设备如曳引电机、控制柜等重量大的设备及时吊到位，运进机房。

搭设电梯井架安装导轨时，应进行井架施工方案设计和审核，符合安全规范要求方可使用。

电梯轿厢、导轨、门厅设备及部件到施工现场，首先进行清点，由建设单位、监理单位、施工单位、生产厂家四方共同检查，确认外观、数量符合装箱清单和设计要求，共同签字。经确认后，及时将设备及部件运到建筑物内，保护好，以备使用时完好无损。

三、动力工程施工现场配合与控制

1. 施工内容概述

民用建筑工程中常见的动力用电有：通风机械动力用电，空调机动力用电，空气处理机动力用电，新风机组动力用电，锅炉房动力设备用电，水泵站、潜水泵、排污泵、压力泵、消防泵、喷淋泵等动力用电，电梯曳引机械动力用电，厨房炊事设备等动力用电。上述用电动力设备由交流电动机、保护电器、启动控制设备、电线、电缆穿过管道或桥架、金属线槽等保护管或槽组成动力用电系统。在电气专业施工中，综合建筑物内所有动力设备用电，称动力工程。动力工程施工涉及的面广，各专业都会涉及，因此加强施工现场配合与控制管理很重要，否则将影响施工工期，延误竣工期限。

2. 施工现场配合要点

（1）动力工程施工与土建结构工程施工配合

① 土建在结构施工中，有混凝土搅拌站动力用电、混凝土输送泵动力用电、塔吊动力用电，还有混凝土振捣棒、各种电动机械、各种电焊机及手持电动工具用电等。首先应了解各种设备动力用电容量、使用地点（位置），然后考虑施工现场临时用电的设置，暂设配电箱的容量、开关数量、导线截面、柜体尺寸等。敷设电缆挖沟回填由土建协助施工。

② 高层结构暂设施工动力用电，由土建施工单位配合将配电柜安装在一个吊笼中，吊笼与配电柜连接保护接地线。吊笼在电梯竖井中，将供电电缆牢固地绑在吊笼上，随土建结构层面向上提升到施工层面上，供动力设备用电。应每隔三层将电缆固定在结构上，防止由于自重造成电缆下坠断裂事故。同时，每层电梯厅门内设遮挡，注明电缆有电危险，谨防人身事故发生。

③ 依据通风系统平面图，找出通风机的具体位置，了解风机数量、规格型号、电压等级、容量、风量、机座安装形式、基础位置尺寸，绘制风机安装大样图，由土建专业协助施

工。电线管预埋、桥架或金属线槽穿墙或过楼板洞、预埋固定吊支架用的铁件，由电气专业人员配合土建专业施工。

④ 中央空调系统施工依据施工图，确定空调机房位置，了解中央空调机组是水冷机组还是风冷机组及动力控制柜，确定生产厂家的产品规格型号、设备机座与基础位置尺寸，由土建专业协助施工。空调机房所需预留的管线和线槽经过的墙洞、板洞、暗埋的管线由电气施工人员施工。

⑤ 冷却塔混凝土基础尺寸应按生产厂家提供的产品型号给出的基础尺寸，进出塔水管设置的支墩，由土建协助施工。冷却水塔风机电线管预埋，由电气专业人员施工。

⑥ 热水锅炉用电设备有引风机电动机、鼓风机电动机、炉排机电动机、提升机电动机、上煤机电动机、出渣机电动机，并配置了配套控制柜。附属设备有循环水泵、补水泵、盐水泵和消烟除尘等动力设备。总之，设备较多，需要统计出哪些设备是做设备基础的，哪些设备在锅炉上已安装，只需提供主回路电源和控制回路电源。将统计出来的设备基础尺寸位置，提供给土建专业施工。控制柜至电动机的管线暗敷设由电气专业人员施工。

⑦ 消防系统防排烟风机，有的利用结构风道进行加压送风或排烟，因此结构风道砌筑时，内壁缝隙应封堵严实，防止结构风道内壁漏风；同时，要求风道内壁表面抹灰平整，目的是减小风的阻力；各层风口预留孔洞尺寸与生产厂家产品风口安装尺寸相符，保证结构风道上的风口不剔凿修补。

(2) 动力工程施工与土建装饰工程施工配合

① 动力设备安装。在施工前应与各个专业在用电动力设备接口处，划分出施工责任部位，如电气施工人员将管线甩口到达的具体部位。分工明确后，各方在会议纪要上会签。在施工期间各专业按责任区域完成后碰头，防止会后扯皮现象发生。

② 动力开关柜安装。

a. 动力开关柜的设备材料应符合国家或部颁现行技术标准，符合设计要求，出厂合格证、设备铭牌、厂家名称、附件、备件都齐全。

b. 安装基础使用的型钢，应无明显锈蚀，材质证明及合格证齐全。二次结线导线应带有“长城”标志的合格证。

c. 土建施工预留孔洞、预埋铁件标高、坐标、基础尺寸均符合设计要求。

d. 墙面、屋顶抹灰、喷浆等湿作业完毕，屋顶做防水处里面无漏水，地面无渗水，门窗玻璃安装完毕。

e. 设备搬运由起重工作业，电气专业人员配合。确定设备重量、运输距离，可采用汽车、汽车吊配合运输、人力推车运输或卷扬机滚杠运输。

f. 动力控制柜顶部有吊环时，可采用吊索穿在吊环内，无吊环时吊索应挂在四角主要承力柜体处，不应将吊索吊在设备部件上，吊索的长应一致，防止柜体变形或损坏部件。

③ 室外电动机安装，应有防雨措施。室内、室外电动机外壳应作保护接地。

④ 固定在基础上的电动机，一般应有不小于 1.2m 的维护通道。

⑤ 采用水泥基础时，设计无要求，基础的质量一般不小于电动机质量的 3 倍。基础各边应超出电机底座边缘 10～15cm。

⑥ 稳固电机的地脚螺栓应与混凝土基础牢固地结合成一体，浇灌预留孔时应及时清洗干净。螺栓本身不应歪斜，机械强度应满足要求。

⑦ 稳装电机垫片一般不超过 3 块，垫片与基础接触面应严密，电机底座安装完毕应及时进行二次灌浆。

⑧ 暗装配电箱的固定：根据箱体几何尺寸，核实预留孔洞与箱体几何尺寸略大 10～

15mm，将箱体放进预留孔洞内固定好，并用水泥砂浆填实周边缝隙抹灰平齐，待水泥砂浆凝固后再安装盘面和贴脸。如箱底与外墙平齐时，应在外墙固定金属网后再做墙面抹灰，不允许在箱底板上抹灰。安装盘面要求平整，周边间隙均匀对称，贴脸（门）平正，不歪斜，螺钉垂直，受力均匀。

3. 施工现场控制重点

① 动力工程施工图审核。

a. 审核动力施工图是否由具有法人资质证明的设计单位设计，确认施工图有效方可使用。

b. 依据动力施工图及各专业机房动力用电进行统计核实，了解用电部位、动力设备、名称、容量，了解控制柜进出线方式，是上进上出还是上进下出，或是下进下出，确定进出线路由，考虑预留孔洞、预埋吊架路由或预埋铁件路由。

c. 经过认真阅读动力施工平面图及各专业动力施工图和机房动力用电大样图，同时结合土建结构图进行比较分析，发现施工图中问题集中汇总，列出问题的部位，提供给设计单位，组织设计交底，将提出的问题形成解决方案文件，进行会签确认，并及时办理设计变更洽商。

② 动力工程施工组织设计审核。

a. 重点审核动力用电设备数量、容量、供电部位、电线和电缆的规格型号，了解敷设方式是暗埋管线还是明装管线，是用线槽敷设还是用金属管敷设，并列出相关的动力设备施工工艺流程图和做法，以及动力设备调试的检验程序。

b. 动力设备的加工订货，对大型动力设备，如体积大、重量大、运输难度大的，需提前考虑确定设备选型、加工周期、到达现场日期。

c. 结构施工中将大型设备通道考虑好，如向地下3层运输大型设备，首先在楼板施工时，预留好大型孔洞，准备吊装运输大型设备通道，同时还需考虑吊装梁承重是否能承受重载荷，编制大型设备运输通道方案，经设计审批后实施。

d. 大型动力设备布置在屋面上，还需与结构设计考虑楼板载荷是否能承受，如果不能承受是否加承重梁，这些问题都需拿出解决方案，经设计审批后再实施动力设备安装。

e. 大型动力设备布置在屋面上，需利用土建塔吊吊运到屋面上，因此在结构封顶拆除塔吊之前，同土建协调配合利用塔吊提前将大型设备吊装到屋面上，如风机、冷却水塔、水箱等大型物件。

f. 检查动力工程施工材料计划、加工订货计划、劳动力安排计划、施工进度计划。这些计划应与土建总施工进度计划相对应，确保总工期进度顺利完成。

③ 动力工程施工技术交底，应依据动力平面布置图和设备安装图或机房平面布置图及设备安装大样图。对操作人员进行技术质量交底，落实施工工艺和做法。

④ 核对预留孔洞、预埋铁件、标高、坐标位置、孔洞尺寸等是否符合动力施工图设计要求与规定。

⑤ 依据设备厂家提供的基础尺寸及机房位置安装图，复核土建施工的基础尺寸与预埋固定设备螺栓孔，是否符合设备厂家产品安装图的要求。不符合要求的提出修改方案，及时修改完善后，方可进行设备稳装工序。

⑥ 动力设备到货至现场，由建设单位、监理单位、施工单位、生产厂家四方共同检查设备外观有无碰撞损坏，各种配件是否符合设备清单明细表中的数量，设备的规格型号、容量、电压等级、安装方式是否符合设计要求和规定。确认设备合格后，办理交接手续。

四、室内综合管线施工现场配合与控制

1. 室内机电专业综合管线概述

① 强弱电管线包括：高低压、动力、照明、通信、广播、电视、楼宇自控、安全防范、电梯、计算机网络、各种强弱电控制系统管线、导线敷设管路、桥架、金属线槽、各种盒（箱）等。

② 通风空调、给水、雨水、污水、中水、热力（蒸汽、热水）、燃气、消防、压力泵等管道。

③ 管线敷设通道有强电竖井、弱电竖井、给排水及热力竖井、公共走道吊顶内、设备层等处管线分布密集、管线布置空间小，给施工单位管路敷设带来很大难度，如果各专业施工单位不考虑空间几何尺寸，私自进行管线、盒、箱安装，后果不堪设想，返工量大，将造成大量人力、物力、财力的浪费，并延误工期。

2. 室内综合管线专业配合

① 机电专业与土建专业配合。机电专业紧跟土建施工的工程进度计划编制各专业的工程施工计划，当土建施工计划发生变化时，机电专业应做相应的施工计划调整，保证不拖土建施工的后腿。

② 依据土建施工进度计划，及时调整工程技术人员和施工人员，准备充足的材料及配件、辅料等，满足施工需要。

③ 配合土建施工及时做好隐预检工作，保证不会由于预埋管线、盒、箱、预留孔洞未能及时进行预检、隐检而造成混凝土浇灌延误。

④ 配合土建做好施工现场安全保卫工作，严格遵守安全生产的有关法规和制度。

⑤ 机电专业各施工单位听从统一指挥，由专职人员统一调度指挥，协调施工。

⑥ 管道施工原则：通风管道先行，有压管道让无压管道先行，小管让大管。

3. 室内综合管线施工控制要点

① 机电专业各种管线密集处，应做大样图或在综合管线平面图上标明管线的走向、坡向、管道载体类别、根数、管径、标高、坐标位置，各专业人员依据上述参数到现场实地测量核实，经复核确认无误方可进行施工。对擅自施工的单位应进行教育或处罚。

② 管道支吊架，特别有大口径管或通风管道，应有具体施工方案，明确荷载、固定螺栓承受拉力是否符合要求，有动荷载的大型管道应由设计人员进行核算后再施工。

③ 管道口径较大，动荷载力量大，如果吊装在顶板上，除由机电设计者确定固定螺栓承重荷载外，还应与结构设计者协商，顶板是否能承受管道自重与动荷载的冲击力，经核实符合设计要求后再施工。如果经设计人员测算有一项不符合要求时，需拿出补救措施方案，确认可行后再施工，否则不允许施工。

④ 各专业管道支吊架应单独固定本专业管道，不允许借用其他专业管道吊支架。

⑤ 控制管道水平度和垂直度，放线、吊线要求误差在现行国家标准与规范规定范围内，超出偏差应及时调整合格。

⑥ 控制管道的接口部位，如咬口、沟槽连接、焊接、承插接口（水泥捻口、胶圈接口）、法兰连接等应符合现行国家标准和规范规定。

⑦ 硬聚氯乙烯给水与排水管（UPVC）连接方法有两种——承插黏结和螺纹变接头连接，经管道闭水试验不得出现渗漏现象。

⑧ 电线管的接口有焊接、顶丝压接、扣压连接、丝扣连接、管与管连接、管与盒箱的连接、管与金属线槽的连接与敷设等，应符合现行国家标准和规范规定。

⑨ 金属线槽、桥架等接口，PE保护线的安装应符合国家现行标准和规范规定。

管线垂直或水平敷设超长时，应根据施工验收规范要求增加补偿器。

过伸缩缝（变形缝）时，应根据有关规范规定增加补偿措施。

管道结露：管道通水后，夏季管道周围积结露水，并往下滴水，因此需要有防结露保温措施，检验保温材料种类和规格选择是否合格，保温材料保护层应严密，安装牢固。

室内管道与外墙进户管道接口标高位置的连接方式有法兰连接、承插连接、焊接，需在室外综合管线施工前，相互沟通墙内与墙外，过管预留长度一般为30～50cm，便于操作进行接口施工和维修。有关套管与过管之间的间隙封堵由外线施工专业人员进行。

各专业管线检测试验，应由业主、监理、设计单位、施工单位有关人员在检验单上确认合格为准。

五、照明工程施工现场配合与控制

1. 施工内容概述

住宅建筑室内卧室、客厅采用荧光灯；厨房、卫生间采用白炽灯；室外庭院采用柱灯。办公楼、写字楼、学校室内采用荧光灯；卫生间、浴室采用白炽灯；室外一般采用白炽灯照明。工厂照明室内、室外采用金属卤化物灯取代高压汞灯和卤钨灯。机场、港口、车站室内采用荧光灯；室外采用高压钠灯或金属卤化物灯。商业区各种购物商店、饭店、五星级酒店等，采用的灯具繁多，有白炽灯、日光灯、金属卤化物灯、低压卤钨灯、霓虹灯等。霓虹灯目前采用可塑霓虹灯取代玻璃霓虹灯，可作广告照明、标志照明、装饰照明，可用于水下装饰照明。夜景照明有：对建筑物形体投光增强立体感的投光照明；突出建筑轮廓形象的轮廓照明；利用灯光强弱表现动感的动感照明；利用光导纤维进行发光的装饰照明，称自发光照明；火灾报警用的应急照明，有应急标志灯、安全出口标志灯、疏散指标灯、疏散照明灯。除上述照明外，特殊场合还有用防爆、防尘、防潮、防水等照明灯具。照明灯具品种繁多，使用场所广泛，安装方式多种多样，只有加强对照明灯具的了解，才能便于照明灯具的施工安装。

2. 施工现场配合要点

（1）照明工程施工与土建结构工程施工配合

① 配合土建结构施工以施工图为依据预留孔洞、预埋铁件；确定盒（箱）规格型号，按照盒（箱）几何尺寸制作盒（箱）套。其盒（箱）套可采用木料制作，也可采用3mm以上钢板制作。一般木制套盒（箱）只能用一次，耗材量大，不经济；而钢板制成的套盒（箱）可随结构楼层浇灌混凝土凝固期满后，拆下来随楼层增高后重复使用。

② 预留盒（箱）孔洞的标高、坐标应符合施工图要求，同时找土建放线人员确认建筑基准点后再定位，防止基准点未找对，放错线，造成返工修改孔洞等后果。

③ 依据施工图线槽几何尺寸、标高、坐标位置确定穿楼板、穿墙孔洞。其孔洞内壁与线槽周边外缘之间缝隙以20～30mm为宜。

④ 吊支架预埋铁件，依据施工图找出线槽由电源供电至末端的路由，确定坐标位置、预埋铁件之间的间距，配合土建楼板或墙体钢筋绑扎施工。预埋铁在墙体预埋时，其铁板面应与内墙面平齐。预埋铁在顶板预埋时，其铁板面应与顶板下面平齐。在钢筋上预埋铁件应绑扎牢固，浇灌混凝土前需派人检查，发现歪斜不正的预埋铁应调整合格后，再请土建专业浇灌混凝土。

⑤ 暗配管施工依据施工图、盒（箱）起点与终点位置，找出干管与支管的路由，依据土建设置的基准点，放线测量，下料配管。

⑥ 在楼板中配管，应在上下层钢筋的中间穿行。当管路较多时，如消防报警管路、弱电管路发生交叉重叠的情况，应及时找各专业负责人协调，设法错开位置，防止重叠后高出楼板厚度。配管之间，管与盒（箱）之间应绑扎牢固。

⑦ 在墙体钢筋网中配管，应注意管与管之间、管与盒（箱）之间固定牢固，关键是各种开关盒、标高、坐标位置应符合现行国家标准施工验收规范的规定。

（2）与土建装饰工程施工配合

① 检查预埋盒（箱）孔洞尺寸、标高、坐标位置，有否歪斜偏移、标高高低不一致，发现问题及时修复。

② 检查预埋铁件标高、坐标位置、间距是否符合设计要求。发现标高不准、位置偏移大、间距不符合规定时，应及时修复。

③ 检查暗敷管线，进行扫管时发现不通或遗漏时，及时找土建专业共同进行修补。

④ 检查灯头盒、开关盒、插座盒、插座箱、照明配电箱等，盒（箱）收口是否平整或还未做收口工作，应及时找土建专业协助盒（箱）收口。

⑤ 室内吊顶上灯具安装应配合土建吊顶施工。首先画出吊顶分格图，确定照明灯具、通风口、感烟探测器、喷淋头的位置，然后按顺序施工。

⑥ 室内吊顶进行细部调整顺直平整时，各专业应紧跟配合土建吊顶调整将各自的器件调整完毕。

⑦ 潜入式照明灯具需要镶嵌在吊顶轻钢龙骨上时，应考虑承重事宜，找土建专业协调研究解决方案。

⑧ 走道吊顶下潜入式灯具安装时，由于吊顶距顶板的空间狭窄，通风管道占据空间又大，消防喷淋头、感烟探测器、给排水管道、冷凝水管道等各种管道拥挤在一起，给安装灯具造成困难。因此，在走道管道较多的地方，应及时进行各专业协调工作，处理好走道空间布置。

⑨ 屋顶或外檐安装霓虹灯时，应考虑霓虹灯标志牌的抗风能力。固定霓虹灯标志牌时，不应破坏外檐饰面；屋顶施工不应破坏防水层。

室外草坪内景观照明施工、开挖线路沟槽，应与园林施工人员协调。了解花草树木种植的造型位置，防止灯具安装时相碰影响施工。同时还应了解种植土壤腐殖质土壤的厚度，开挖时不能将腐殖质土壤翻到下面，否则下面的生土层会影响种植效果。回填时将生土层还回，腐殖质土壤在生土层的上面，保证花草树木生长不受影响。

音乐喷泉、游泳池内水下可塑霓虹灯具的安装，主要配合土建制作音乐喷泉或游泳池结构时，预埋带止水翼的钢性套管，根据土建防水处理抹灰及防水制作工艺，考虑预留套管在池壁两端伸出长短。过管与套管之间间隙用油麻缠绕封堵，然后再用沥青膏封堵。导线使用防水护套型，封堵导线与过管之间采取上述相同方法。池内的整体防水施工由土建完成。

庭院地面景观灯具安装应依据施工图确定地面灯具电源供电始端至末端、灯位坐标，同土建协调地面面层的做法，如有的铺瓷砖，有的铺石材。因此必须了解垫层的厚度和面层材料的厚度，确定地面灯具的外罩的上表面与地面层找平的尺寸，然后开挖沟槽进行管线暗敷至灯位处。灯位处根据灯具外形尺寸砌筑成槽，槽内安装防水、防潮、防压灯具。整个电气照明的施工过程应与土建专业紧密配合完成。

泛光灯景观照明的安装应依据施工图，确定照明电源进出线的位置、灯具安装的位置，敷设方式一般采用暗埋管线，灯具安装方式有落地式、构架式和立杆等。完成上述施工任务还需与土建协调配合，路面开沟挖槽、回填等工作由土建协助施工，管路敷设和灯具安装由电气施工人员完成。

3. 施工现场控制重点

① 照明工程施工图审核。

a. 审核照明施工图是否由具有法人资质证明的设计单位设计，确认施工图有效方可使用。

b. 根据照明施工图、土建装饰施工图复核各专业管线比较集中的部位，如客房、走道、写字间等处，了解管路走向、灯具安装位置有否相互碰撞之处，以及土建结构、隔墙材料、厚度、吊顶距顶板尺寸、地面做法等。

c. 经过认真阅读照明施工平面图及相关专业施工图，发现施工图中问题，集中汇总，列出问题的部位，提供给设计单位，组织设计交底，将提出的问题形成解决方案文件，进行会签确认，并及时办理设计变更洽商。

② 照明工程施工组织设计审核。

a. 重点审核照明用电配电箱（柜）内，开关断路电流容量、过载、过流、短路、接地等保护装置是否齐全。

b. 照明线路电线、电缆截面、载流量是否满足照明灯具用电量需求，经核算不符合要求的，及时办理设计变更洽商手续。

c. 了解景观照明在本建筑物室外，都由哪几部分组成，由哪些专业单位施工，掌握情况，便于施工管理。

d. 照明工程施工材料计划、加工订货计划、劳动力安排计划、施工进度计划应与土建总施工进度计划相对应，确保总工期进度顺利完成。

③ 照明工程施工技术交底，依据照明平面布置图，明确普通灯具的工艺做法；重点是特殊灯具，如重量大、体积大的室内装饰灯具，单独制定施工安装方案，保证照明灯具安装使用的安全与功能。

④ 由于大型公共建筑物室内、室外照明灯具品种多、数量大，需要在装修前协助建设单位进行调查选型，确定生产厂家、加工日期和到达现场日期。

⑤ 照明灯具送货到现场，由建设单位、监理单位、施工单位、生产厂家四方共同开箱，检查灯具外观有无碰撞损坏，各种配件是否齐全，要求有接地端子的灯具是否符合要求，灯具的规格型号、安装方式、数量等是否符合设计要求和规定。确认照明灯具全部合格后，办理交接手续。

六、防雷接地工程施工现场配合与控制

1. 施工内容概述

防雷接地工程主要是对防雷装置包括接闪器、引下线、接地装置、过电压保护器及其他连接导体等进行施工。

① 避雷带（线）是指在屋顶四周女儿墙或坡顶屋脊、屋檐上装上作接闪器用的金属带或线，经过引下线与建筑物基础钢筋相连或与专做的与大地相连的接地装置相连接，来达到避雷的目的。

② 避雷网是指利用钢筋混凝土结构中的屋面钢筋网，或在整个屋面敷设 20m×20m 与 24m×16m 的镀锌扁钢进行暗敷设，达到避免雷击屋顶面的目的，同时屋顶面的各种金属物都应与避雷网及接地装置相连通。

③ 避雷针是接闪器的一种，一般用于烟囱顶部、水塔顶部、高出屋面的金属构件顶部、架空线铁塔或杆的顶部。避雷针经与引下线相连通至接地装置，形成整体连通用于避雷。

④ 引下线是利用结构柱内钢筋或利用镀锌扁钢，将接闪器（避雷带或线、避雷网、避

雷针以及金属构架等）和接地装置连接形成整体接地通路。

⑤ 接地装置由接地体和接地干线组成，接地体又分为自然接地体和人工接地体。自然接地体一般利用建筑物的基础钢筋、桩基钢筋、条形基础钢筋等做接地体。人工接地体是依据需要利用金属材料如铜棒或铜板（带）、镀锌圆钢、镀锌钢管、镀锌扁钢等，制作人工接地体，作为雷电流由接闪器、引下线入地的通路。

综上所述，应根据建筑物的重要性、使用性质、发生雷电事故的可能性和后果，确定建筑物的类别，进行施工图设计，施工单位依据设计要求与规定进行施工。

2. 施工现场配合要点

（1）与土建基础工程施工配合

① 深基础坑底（槽底）时，依据施工图设计要求，在地基土层的下面，敷设20m×20m接地网格，采用60mm×150mm的热镀锌扁钢，埋入泥土中的深度300mm，沟宽300mm，沟上口边坡400mm。同土建专业配合挖沟、沟底清理、回填、夯实、密实度检验等工作。电气专业人员负责扁钢敷设施工。

② 基础坑底（槽底）为岩石时，依据施工图设计要求，在建筑物周边覆盖岩石层上的土层中敷设人工接地体。敷设时由土建拉锚杆专业人员配合，将接地体埋入土壤中，然后由电气专业施工人员，将接地体用镀锌扁钢或紫铜带连成整体并与建筑物周边钢筋连通。

③ 利用钢筋混凝土预制桩、钢管桩、护坡桩做接地体时，需配合土建专业施工。电气专业人员提供利用上述部位引出钢筋来做接地体用时，应由土建结构专业负责人员协助处理，不得私自剔凿焊接桩上的钢筋，应经协调方案确定后方可施工。

④ 周圈式水平接地装置施工时，配合土建开挖建筑物施工槽，沿施工槽的最外边及时敷设镀锌扁钢，一般采用40mm×4mm热镀锌扁钢，同时协助土建回填施工。工业厂房管道多与周圈接地体连成整成通路，构成均压网，这对减小跨步电压有良好的作用。周圈式水平接地体应与建筑物地梁联成整成，形成整体的接地装置。

⑤ 人工接地装置施工时，由土建配合挖沟、回填、夯实。当土壤电阻率较高，大于105Ω·cm时，需将接地板周围电阻率高的土壤换成电阻率较低的土壤，如腐殖质较多的土壤、砂质黏土、黑土等。经电阻率测量还不合格时，可采用化学处理的方法，用食盐处理、降阻剂处理等方法降低土壤电阻。换土或实施化学方法降低土壤电阻，都需要与土建施工配合，电气专业人员负责进行人工接地装置的施工。

（2）与土建结构工程施工配合

① 利用无防水底板钢筋或深基础做接地体施工时，配合土建底板钢筋或深基础钢筋绑扎施工，电气专业人员依据防雷接地施工图标出引出线坐标位置，将底板钢筋搭接焊好再将不少于2根柱主筋底部与底板钢筋搭接焊好，清除焊接部位药皮，及时做好隐检记录。

② 有防水层的底板钢筋与防水层外设置的接地极干线扁钢相连接施工时，电气专业人员先配合土建底板钢筋绑扎施工，并将绑扎好的底板钢筋主筋与结构柱需做防雷引下线的主筋相焊接，按设计要求与规定执行。同时，在底板周边做好人工接地体，并将人工接地体干线引至±0以上待用。当结构柱露出±0地面时，土建未回填建筑物基坑前，在距地面0.8～1.0m处，将甩出的接地扁钢与结构柱相搭接后焊接，依据设计规定的点位置，全部连接焊接好，经隐检合格后做好记录。

③ 利用柱形桩基做防雷接地极时，电气专业施工人员配合土建柱形桩基钢筋绑扎施工，独立桩基柱主筋超过4根时，只将其四角桩基的主筋相互连接焊好，此柱形桩基可做防雷接地极。结构完成后经测试点测试接地电阻，符合设计要求接地电阻值即可。如果达不到接地电阻值要求，需外加辅助人工接地极与柱内预留的接地连接板搭接焊好，以满足接地电阻值

要求为合格。

④ 引下线随土建结构柱施工，依据施工图的引下线具体点的位置，紧随土建结构柱钢筋绑扎，将引下线的位置用色标示意出来，直至建筑物封顶处。同时，预留出与引下线相连接的位置，以便其他专业将引下线作为避雷之用。应及时与相关专业协调做好预留防雷引线方案。

⑤ 均压环施工是在建筑物结构施工高于30m以上部位，利用结构圈梁主筋或腰筋搭接焊成环形的均压环，并与柱引下线全部搭接焊牢。也可以单独采用镀锌扁钢或镀锌圆钢沿建筑圈梁内暗敷一圈，并与柱引下线全部搭接焊牢。均压环施工前，应及时召开协调会，解决金属门窗、各种金属物件如金属栏杆、玻璃幕墙金属构架防雷接地预埋铁件等，预留引出线、预埋铁件的位置坐标尺寸，明确由哪个专业配合施工分工负责，确定施工方案。

⑥ 屋顶暗敷避雷网施工应依据施工图设计规定执行，施工前应考虑土建面层的厚度、隔热层和防水层的做法与厚度，经协调确定方案后，配合土建隔热层施工，将避雷网暗敷在隔热层中间，固定牢固，防止突起，影响防水层质量。同时，避雷网与引下线接地装置连接成一个整体接地。

注　这里对明敷避雷网和利用钢筋结构构成笼式避雷网的配合不再叙述。

⑦ 建筑物顶部避雷带（线）的施工。如平屋顶建筑物周边檐角，用避雷带（线）与引下线相搭接焊接牢；女儿墙顶端四周依据设计要求，随土建砌筑墙体时，将引下线甩出，待女儿墙砌筑和抹灰完成后，做支架和避雷带或线，并将各点甩出的引下线，同避雷带或线相搭接焊牢。

（3）与土建装修工程施工配合

① 土建在进行门窗、铁扶梯安装时，电气专业人员指导土建门窗、铁扶梯等安装，同均压环处预留的引线相搭接焊牢，并进行质量检验，合格后，填写隐检记录，才允许土建作下道工序施工。

② 屋顶上突出物，如金属旗杆、金属透气管、金属天沟、铁栏杆、爬梯、冷却水塔、各种金属管道、电视卫星天线等全部金属导体，属于哪个专业的项目，哪个专业应配合电气专业施工人员，将金属物件与甩出的引下线引线相搭接牢固。同时，应注意施工时不允许破坏土建防水层、屋面或墙面，如发现有破损处，及时通知土建修补。

③ 现浇钢筋混凝土高层建筑物内，依据施工图设计要求，各种金属管道做均压等电压位施工时，需各专业施工人员相互配合，将保护接地线和管道及各种其他管道连接接口处，进行焊接或卡接，并应符合现行国家标准与规范的规定。

3. 施工现场控制重点

① 防雷接地工程施工图审核。

a. 审核照明施工图是否由具有法人资质证明的设计单位设计，确认施工图有效方可使用。

b. 依据防雷接地施工平面图及设计说明中，对防雷接地的做法及接地电阻值的要求，进一步了解变配电室及各种设备机房的位置，确定工作接地、保护接地和弱电机房对接地的特殊要求。

c. 经过认真阅读防雷接地施工图，发现问题集中汇总，列出问题的内容及部位，提供给设计单位，组织设计交底，将提出的问题形成解决方案文件，进行会签确认，并及时办理设计变更洽商。

② 防雷接地工程施工组织设计审核。

a. 重点审核防雷装置，包括接闪器、引下线、接地装置、过电保护器及其他连接导体的总体连接项目的工艺程序。

b. 重点审核等电位施工做法及施工工艺方案。

c. 了解有无特殊要求及做法的机房部位，如需做防静电地板的机房，需安装避雷器过电压保护的部位，如何与各专业配合，做到心中有数。

d. 制定防雷接地工程施工材料计划、加工订货计划、劳动力安排计划、施工进度计划，上述计划应与土建总施工进度计划相对应，确保总工期进度顺利完成。

③ 防雷接地工程施工技术交底，依据防雷接地施工图和现行的国家标准和规范，对搭接导线的截面、搭接倍数、焊接倍数、焊接质量要求等相关的施工方法，明确向操作人员交代，在施工中进行严格自检、互检、交接检，做好暗埋部位的隐检记录。

④ 防雷接地所用材料进入现场，须进行严格的检查，特别是对镀锌材料，若镀锌层已严重破损脱落，不符合要求的产品不允许进入现场。防雷使用的接地线导线截面和色标，必须符合有关规范的规定。

七、建筑智能化工程施工现场配合与控制

（一）火灾自动报警及消防联动控制系统工程施工现场配合与控制

1. 施工内容概述

（1）火灾自动报警系统简介

该系统具有消防控制中心设备、区域火灾控制设备和各类编码模块（输入模块、输出模块、多功能控制模块等）；采用二总线制；火灾报警探测器有感烟火灾探测器、感温火灾探测器、感光火灾探测器、可燃气体火灾探测器、复合式火灾探测器等；具有水喷淋系统报警阀、水流指示器和压力开关；70℃防火阀和280℃防火阀报警；具有手动报警器，并附有对讲电话插孔，消火栓内设置报警按钮，报警信号可手动或自动启动消防泵。

（2）消防联动设备分类

① 消防紧急广播：消防警铃或声光信号。

② 土建专业：防火卷帘门、防火门。

③ 通风专业：70℃防火阀、280℃防火阀、正压风机及风口、排烟风机及风口、新风机风口等。

④ 强电专业：非消防电源切断装置，按消防控制中心指令程序切断相关部位的消防电源。

⑤ 电梯专业：消防电梯、非消防电梯。

⑥ 消防水、电专业：消防泵、喷淋泵、雨淋阀、报警阀、消火栓按钮、喷洒头、水流指示器、排水泵等；火灾自动报警设备、气体灭火设备等。

综上所述，消防工程施工涉及面最广泛，总包协调工作任务很重，应控制好各专业配合土建共同施工，确保顺利按期达到竣工目标。

2. 施工现场配合要点

（1）与土建结构工程施工配合

① 消防水、电专业各自依据施工图进行预留孔洞、预埋铁件。确定盒（箱）规格型号、几何尺寸，制作盒（箱）套，材质可用木制或钢制的套盒（箱），及时配合土建结构施工，安装好盒（箱）套。

② 在地下人防管路穿墙的部位，及时配合土建预埋好穿墙套管。

③ 消防探测器管线暗敷设时，应及时配合土建和其他各专业施工。当管路较多，重叠相碰时，同相关专业管线施工人员协调绕行或错开位置解决。

④ 在底板或墙体配筋处，需要割断钢筋时，向土建结构负责人提前报告，确定解决方案，严禁私自割断钢筋。

⑤ 暗埋管路超长时，按现行有关国家标准和规范增加接线盒，所增加的接线盒位置，必须在施工图上标注清楚，防止穿线或换线时难寻找。在配管时，躲开其他专业的设备洞和设备基础，避免日后拆改返工。

⑥ 暗埋管路密集的部位，施工中及时在施工图上画清具体坐标位置，在装修施工过程中，向其他专业施工人员提示，打孔洞时尽量避开这一部位，防止将暗埋管路打断。

(2) 与土建装修工程施工配合

① 室内或走廊内吊顶中安装火灾探测器、扬声器时，应结合土建吊顶分格图定位。当发现局部保护面积不够或出现报警盲区，应及时找设计人员协商，找出最佳解决方案。同时配合好土建专业人员开好吊顶上的设备安装孔洞。

② 配合土建轻钢龙骨隔墙内敷设管路、预留盒（箱）时，应及时将管路及盒（箱）固定牢固，同时刷好防火涂料。

③ 建设单位要求土建专业对楼层布局与原施工图发生变位时，如隔断墙的变位，影响探测器、扬声器等的位置，要及时找消防设计人员按调整后的布局改变消防报警系统管线走向和探测器、扬声器的位置。

④ 土建装修施工完毕，门窗油漆完工，玻璃、门锁安装完，墙面、地面抹灰、喷浆湿作业完工，屋顶防水层做好，不渗漏，室内清理干净，消防控制中心（中控室）中消防控制主机方可进行安装。

⑤ 各种探测器的安装，应考虑施工现场建筑垃圾清理干净，各专业施工已进入尾声时再安装，防止探测器被灰尘污染，造成影响报警、不灵敏等问题的出现。

3. 施工现场控制重点

① 审核消防工程施工图是否由具有法人资质证明的设计单位设计，确认施工图有效方可使用。

② 审核消防工程平面施工图与各专业平面施工图，对预留孔洞标高，管路走向、结构形式，墙体和楼板的做法、厚度等，吊顶与轻钢龙骨墙体的做法等进行复核，是否有相碰的地方，或者在一个孔洞中过管挤不下，特别是进出竖井的管路或走廊中的管路容易出现问题，可要求设计单位在管路较多的部位出综合管线图。

③ 经过认真阅读施工图，将发现的问题集中汇总，提供给设计单位，组织设计交底，把提出的问题形成解决方案文件，进行会签确认，并及时办理设计变更手续。

④ 火灾自动报警及消防联动控制系统工程施工组织设计审核。

a. 重点了解消防工程施工主要包含哪些内容，施工工艺及质量控制管理程序。

b. 消防工程施工所用材料设备加工订货计划、劳动力安排计划、施工进度计划等应与土建总的施工进度计划相对应，确保总工期进度顺利完成。

c. 消防工程施工技术交底，关键是在结构、装修、竣工前设备调试等施工时，如何协调配合各个专业进行施工，关于消防联动控制系统对各个专业的要求与合作是否明确。

⑤ 对消防联动设备加工订货的具体要求。

a. 消防电梯控制柜应设有迫降返首功能，消防 24V 接点端子 2 个，迫降首层后应有反馈信号无源接点端子 2 个，共 4 个接点或配置 1 个 24V 直流中间继电器。

b. 非消防电梯控制柜应设有迫降功能消防 24V 接点端子 2 个，迫降首层后断电，应有断电反馈信号无源接点端子。

c. 动力与照明断电：非消防动力与照明电源控制柜（箱）应有24V分离脱扣线圈，并有反馈信号无源接点。

d. 防火卷帘门：除在防火卷帘门控制箱提供24V起降接点和反馈信号无源接点外，在强电断电时，卷帘门落地后也应有反馈信号，反馈信号应在卷帘门行程开关上取出。

e. 消防泵、喷淋泵：其控制柜中主、备泵都有能在中控室联动台用24V启停泵接点，并都有反馈信号启停接点。主、备泵控制柜具有联锁互投功能。

f. 风机：加压风机、排烟风机、补风机控制柜应有24V启停接点，并有一对一反馈信号无源接点。风机电源具备互投功能。

g. 防火阀：70℃防火阀与280℃防火阀上应有反馈信号接点。

h. 正压送风口：280℃防火排烟阀应有24V线圈接点及反馈信号无源接点。

i. 水流指示器、信号蝶阀、压力开关应设有反馈信号接点。

j. 雨淋阀上电磁阀：应有24V线圈接点、反馈信号接点。

上述消防联动设备的加工订货厂家，还应提供接线图。

⑥ 消防联动设备控制调试配合专业及设备。

a. 通风专业：防火阀、正压送风机和风口排烟阀、排烟风机和风口。

b. 强电专业：风机、电梯、消防泵控制柜、非消防电源控制箱（柜）、疏散指示灯、应急灯。

c. 土建专业：防火卷帘门。

d. 电梯专业：消防电梯、非消防电梯。

e. 消防火、电专业：消防泵、喷淋泵、雨淋阀、报警阀、消火栓按钮、喷洒头、水流指示器等；消防紧急广播、消防警铃、声光警报；消防通风专用设备、火灾自动报警设备、气体灭火设备等。

⑦ 消防联动设备调试。

a. 调试消防联动设备前，由总包、监理召开协调会，会上消防专业提出与各专业配合调试的要求与程序。

b. 各专业在消防联动调试之前，检查各自设备安装是否完毕，各种电源线和控制线是否接线正确，自行试车运行良好，消防联动控制接点连接好。

c. 消防专业人员依据程序，先对自身设备运行调试合格后，再找其他专业进行联动试调。

d. 消防联动设备与各专业设备单独联动调试合格后，进行全面的统一调试，经调试合格后，进行消防检测，检测合格报消防局进行竣工验收。竣工验收结果合格后，交付建设单位正常运行使用。

（二）综合布线系统工程施工现场配合与控制

1. 施工内容概述

结构化的综合布线系统是由工作区子系统、水平布线子系统、管理区子系统、垂直干线子系统、设备间子系统、建筑群子系统6部分组成。

综合布线系统的任务是完成建筑物或建筑群内部之间的传输网络构成。其传输网络是由高质量的标准线缆及相关的硬件组成的传输通道。它能使建筑物或建筑群内部的语音、图像和数据通信设备、信息交换设备相联通，同时能将建筑物内通信网络设备与外部的通信网络设备彼此相联通，还能将楼宇自动化管理与其他管理系统，通过通信协议接口，集中统一管理，形成智能建筑的中枢管理神经系统。

（1）工作区子系统内容

工作区子系统由设在各房间内的信息插座及连接信息插座至终端设备之间的线缆组成。数据和语音系统一般采用MPS100E262超五类模块化信息插座。该选型为用户提供了最大的自由度，确保所有信息点性能参数的一致性，同时用户可任意选择某个信息点为数据应用或是语音应用。按照需求设置一孔至四孔插座，用于计算机系统或通信系统。

（2）水平布线子系统内容

水平布线子系统布置在同一层楼上，水平干线一端的分支线接在信息插座上，另一端干线接在楼层配线间的跳线架上，它的作用是将水平干线延伸到用户工作区。水平干线可采用1061004CSL四对超五类非屏蔽双绞线，用于数据或语音传输。在用户要求宽带传输时，可选用“光纤到桌面”的方案。

（3）管理区子系统内容

管理区子系统是垂直干线子系统和水平布线子系统的桥梁，主要负责同层管理区域内信息通道组网及网络设备的统一管理，设置在各层分设的配电间内。铜缆配线架一般选有超五类配线架100AB2100FT，该配线架易于进行跳线管理，美观实用，安装在楼层竖井内的配电箱内；光纤配线架一般选用100A3型光纤互连单元，安装在楼层竖井内的配电箱内。当终端设备位置或局域网结构变化时，只要改变跳线方式即可解决。

（4）垂直干线子系统内容

垂直干线子系统由主设备间（如微机控制机房、程控交换机房）至各层管理间，采用大对数的电缆馈线或光缆，两端分别端接在设备间和管理间的跳线架上，为建筑物提供垂直干线电缆路由。语音部分一般采用三类25对1010025AGY大对数双绞线，按照一个语音点对应一对干线进行配置并留有余量，必要时还可以支持低速数据传输；数据部分一般采用LGBC006DLRX六芯室内多模光纤，可支持到千兆网的应用并预留了备份光纤线芯。

（5）设备间子系统内容

设备间子系统采用卡接式配线架连接主机和网络设备。它是整个配线系统的中心单元，由设备间中的电缆、连接跳线架及相关支撑硬件、防雷保护装置等构成。对它的线缆等布放选型及环境条件的确定，直接影响到将来信息系统的正常运行及维护和使用的灵活性，最佳选择是将计算机房、程控交换机房与设备间设置在同一楼层中，既便于管理，又可节省投资。

（6）建筑群子系统内容

建筑群子系统是通过架空或地下电缆管道（或直埋）敷设的室外电缆和光缆互相联通，将多个建筑物的数据通信信号连成一体的布线系统。同时，为了防止雷电过电压，在电缆进入建筑物处，设置浪涌电压保护装置。

2. 施工现场配合要点

（1）与土建室外工程施工配合

① 建筑群子系统室外工程，主要是电缆与光纤电缆的敷设。室外电缆的敷设方式有立杆架空敷设、沿电缆沟敷设、地下电缆管道敷设、直埋电缆敷设等。上述敷设方式工艺过程及与土建配合施工方法，详见电气工程施工工艺有关内容，这里不再重复。

② 室外光纤电缆进出建筑物位置手孔井的确定：依据设计要求规定，距外墙散水以外50cm处，设置60～80cm直径的井口，井深一般在±0以下50cm，并在井壁电缆穿过的地方设置套管，同时要求土建在手孔井处设置铸铁井圈和井盖。

③ 手孔井套管处，待电缆穿过后，应用油麻缠绕套管与电缆之间的缝隙，再用沥青膏封堵严实，防止渗入雨水。

（2）与土建结构工程施工配合

① 电缆外墙套管随土建结构施工，依据施工图确定标高、坐标位置，进行套管预埋。

② 弱电系统接地线，如采用自然接地体，应在结构基础施工时，在接地连接板处，用PVC塑料管穿进弱电接地线，随结构施工引至弱电机房，如综合布线设备间、计算机房的接地配电箱内。如接地有特殊要求，应按设计要求与规定施工。

③ 暗配管路和盒（箱），依据施工图的坐标位置、标高，配合土建结构墙体、地面、楼板施工。

④ 配合土建结构施工，预留竖井孔洞、配线箱孔洞等，预埋吊支架铁件。

（3）与土建装修工程施工配合

① 地面金属线槽与信息插座（防水型）施工，应了解楼板厚度、垫层厚度（一般不应小于6.5cm）；同时了解地面使用哪种装饰材料，如石材或水磨石地面等，配合土建施工，在地面上弹线定位，敷设金属线槽连接信息插座，及时配合土建装饰面施工，调整金属线槽平整度和信息插座的位置与地面平整度。

② 在轻钢龙骨板墙内暗敷管线和信息插座盒（一般采用86型盒），在土建封墙板之前，依据施工图进行预检，合格后通知土建封墙板。

③ 在吊顶中配管或敷设金属线槽，由于吊顶中各专业管路都集中在一起，容易产生相互碰撞现象，需由总包进行协调，待管路敷设调整方案确定后再施工。

④ 活动地板下线缆敷设，目前有两种：

a. 正常活动地板高度为30～50cm；

b. 简易活动地板高度为6～20cm。

通过对活动地板下面的空间进行了解，做到施工线缆时心中有数，同时确定线缆敷设和防静电等方法，确定接地线的施工方法。

⑤ 竖井内机架安装和线缆敷设，需土建在竖井内抹灰喷浆完成，待门油漆完成、锁已配好，再进行综合布线施工。

⑥ 设备间墙面、地面、屋顶防水、门窗、土建湿作业全部完工后，再将综合布线的设备搬进设备间，进行设备安装施工。

3. 施工现场控制重点

① 审核综合布线工程施工图是否由具有法人资质证明的设计单位设计，确认施工图有效方可使用。

② 综合布线施工图重点审核系统图与平面图布置的信息插座点数是否数量一致，有否遗漏，或结构修改后信息插座数量是否做调整。

③ 通过认真阅读综合布线施工图，发现线缆管线与其他专业相碰等问题时，把发现的问题集中汇总，提供给设计单位，组织设计交底，把提出的问题形成解决方案文件，进行会签确认，并及时办理设计变更手续。

④ 综合布线施工方案审核。

a. 建筑群室外工程光缆的施工方法，进出建筑物、管井、外墙的做法。

b. 综合布线工程施工所用材料设备加工订货计划、劳动力安排计划、施工进度计划等应与土建总的施工进度计划相对应，确保总工期进度顺利完成。

c. 综合布线施工技术交底：关键是如何配合土建及各专业进行施工，对线缆管路、盒（箱）安装与敷设方式做到心中有数，特别明确光缆、跳线等连接操作要求与注意事项；有否防火、防静电、防电磁干扰、接地的措施。

d. 综合布线的调试程序和测试方法，如何达到现行国家标准和规范的要求规定。

e. 光纤电缆连接器接续制作时安全要求。

• 光纤电缆内的光纤是由石英玻璃制成的纤维，又硬又脆易折断，因此在接续制作时应防止崩眼。

• 光纤裸露部分带电时，不能用肉眼直接观看或用手触摸，防止造成人身伤害事故。

• 操作人员必须戴眼镜和手套，穿工作服，远离人群，保持环境清洁。

• 不允许用光学仪器去观看已通电的光纤传输通道器件。

• 只有断开所有光源情况下，才能对光传输系统进行维护操作。

f. 综合布线的接地线最好采用绝缘导线引至设备间，确保接地线上不出现电位差。

（三）广播音响系统工程施工现场配合与控制

1. 施工内容概述

广播音响系统根据使用场所不同、系统特征不同，可分为扩声系统、公共广播系统（PA）和会议系统。

① 扩声系统有室外扩声系统和室内扩声系统。

a. 室外扩声系统主要用于广场、公园、体育场、车站、码头、停车场等。室外服务区域面积大，空间宽广，以语言扩声为主，兼有音乐和演出功能。

b. 室内扩声系统主要用于影剧院、礼堂、体育馆、多功能厅、歌舞厅、卡拉 OK 厅、宴会厅等，它是以调音台为控制中心的音响系统，对音质要求很高，分音乐扩声和语言扩声，还能供各种文艺演出使用。

② 公共广播系统用于广场、车站、码头、商场、餐厅、宾馆客房、走廊、教室等，提供背景音乐和广播节目。它的控制功能多，可按区域选择广播、寻呼、强切、优选广播权功能等。数字广播技术的应用，将模拟音响的各种技术指标又提高了一个档次，并为计算机集中管理提供了实现条件。

③ 会议系统广泛用于会议中心、宾馆、集团公司、会场和大学教室等场所，进行会议讨论、会议表决、同声传译等，是利用广播音响器材提供的声音传输的平台。

a. 会议讨论系统可提供主席与代表进行会议讨论的各种程序，如优先发言、允许发言、请求发言、按顺序排队发言、结束发言等控制。控制方式有手动控制、半自动控制和整个会议程序由计算机控制。

b. 会议表决系统是由中心控制台提供给主席和代表来选择和开动表决程序。每个代表的终端按钮可选择同意、反对、弃权，同时输入到分类表决终端网络连接的中心控制数据处理系统，表决结束时，累计结果，显示给主席和代表。

c. 同声传译系统是将发言者的语言（原语）同时翻译成各种语言，供参加会议的代表选用。一般采用有线传输和无线传输，无线传输又分为射频传输、音频电磁波感应传输和红外线传输。

2. 施工现场配合要点

（1）与土建室外工程施工配合

① 依据室外广播线路施工图，确定线缆敷设路由及敷设方式。如采用埋地敷设时，应符合以下规定。

a. 埋设路由不应通过预留用地或规划未定的场所。

b. 埋设路由应避开易使电缆损伤的场所，回避或减少与其他管路的交叉跨越。

c. 直埋电缆应敷设在绿化地带下，当穿越道路时，应用钢管保护电缆。

② 室外广播线路采用架空敷设时，应符合下列规定。

a. 广播馈电线宜采用控制电缆。

b. 广播线与路灯照明线路同杆架设时，广播线应在路灯照明线的下面，两种导线间的最小垂直距离不应小于 1m。

c. 广播线距地最低距离：人行道不宜小于 4.5m；跨越车行道时，不应小于 5.5m；广播用户入户线高度不应小于 3m。

d. 室外广播线至建筑物间的架空距离超过 10m 时，应加吊线，并在引入建筑物处将吊线接地，其接地电阻不应大于 10Ω。

广播音响室外线路施工时，除考虑上述规定，还应与土建挖沟、回填、夯实等施工进行协调配合。

（2）与土建结构工程施工配合

① 依据控制中心室设备布局图和管线布置图，随结构施工进行进出机房管线的预留孔洞，固定线槽吊支架用的预埋铁件，其尺寸标高、坐标位置应符合设计要求与规定。

② 依据管线布置图随土建结构施工，暗埋管路和盒（箱）。

③ 依据控制中心室的设备基础尺寸图及技术要求提供给土建，协助施工。

（3）与土建装修工程施工配合

① 扩声控制室对土建施工的要求。

a. 室内吊顶最低净高应大于或等于 2.8m。

b. 楼板地面静荷载控制范围应在 $2000 \sim 3000 N/m^2$ 以上。

c. 室内地面一般采用木地板或活动地板，木地板应具有防腐、防火功能。

d. 墙面和屋顶面所使用的材料应具有吸声效果，涂料采用环保型，对人身和设备无毒害。

e. 门、窗安装应符合设计要求与规定。

f. 功放立柜、中控柜需要做基础，提供施工工艺图，由土建配合施工。

② 照明和动力安装由电气专业施工；通风空调由专业人员施工。

③ 广播音响设备安装调试，由专业人员进行施工（由产品厂家协助调试）。

④ 照明灯具、消防探测器、喷淋头、通风管道经常与吊顶扬声器管路相碰撞，施工时应提前进行协调。

⑤ 广播音响线缆在金属管或金属线槽内穿线敷设时，应配合土建施工，不能污染屋顶面和墙面。

3. 施工现场控制重点

① 依据广播音响系统工程说明进行。系统方框图、管线布置图（包括扬声器布局及必要的安装图）、控制中心室设备布局图等，是否由具有法人资质证明的设计单位设计，确认施工图有效方可使用。

② 依据施工图确定控制中心室的位置，楼层分线箱和接线盒的位置及扬声器安装位置，找出路由走向，并考虑照明、通风空调、动力、消防管路、土建结构与装修等有无矛盾，最后在建筑平面图上绘制管线综合图。

③ 经过认真审核施工图，将发现的问题集中汇总，提供给设计单位，组织设计交底，把提出的问题形成解决方案文件，进行会签确认，并及时办理设计变更手续。

④ 广播音响系统工程施工组织设计审核：

a. 依据广播音响系统工程施工图，对所有线缆、管路、音响器材、设备进行全面了解，对设备材料掌握清楚，以利组织施工。

b. 广播音响工程施工所用设备材料订货计划、劳动力安排计划、施工进度计划等应与土建总的施工进度计划相对应，确保总工期进度计划顺利完成。

c. 广播音响系统工程施工技术交底，主要是协调配合土建、照明动力、通风空调、消防报警、喷淋等工程施工。

⑤ 广播音响系统工程调试应满足下列功能。

a. 背景音乐中插播寻呼广播时，应设有“叮咚”或“钟声”等提示音，以提醒大家注意。

b. 紧急广播系统与背景音乐系统集成一起，增强公共广播系统的通用性能。

c. 紧急广播系统必须具备下列功能。

• 优先广播权功能：发生火灾时，消防广播信号具有最高级的优先广播权，即利用消防广播信号可自动中断背景音乐和寻呼等广播。

• 选区广播功能：当大楼发生火灾报警时，为防止混乱，只向火灾区及其相邻的区域广播，指挥撤离和组织救火等事宜。如首层发生火灾时，选区广播应向地下一层和楼上二层区域发出紧急广播，进行疏散和救火工作。这个选区广播功能应有自动选区和人工手动选区两种功能，确保可靠执行紧急广播指令。

• 强制切换功能：背景音乐播放时，各扬声器负载的输入状态通常各不相同，有的音量处于最小状态，有的音量处于关断状态，有的音量处于较大状态，但在紧急广播时，各扬声器的输入状态都应转为最大音量状态，即通过遥控指令进行音量强制切换。

• 消防值班室必须备有紧急广播分控台，这个分控台应能遥控公共广播系统开机、关机。分控台话筒具有优先广播权，分控台应具有强切权和选区广播权等。

⑥ 对土建工程选用的吸声建材和隔声建材，应进行严格把关，控制材质质量应达到设计要求与规定。

⑦ 紧急广播分区切换器为无定型的产品，订货时需考虑下列事宜。

a. 切换器的切换开关，应与广播分区号相对应，当按下相应的开关时，能够开启或关闭相应的广播分区，进行紧急广播或关闭紧急广播，同时紧急广播指示灯亮。

b. 切换器向任意一楼层分线箱送出的控制信息不必经音量调节器。

c. 电梯轿厢中所用的扬声器直接与功率放大器连接，不需要经过楼层的分线箱。

⑧ 广播音响系统设备配套，应有最佳的配套方案。

⑨ 广播音响系统扬声器的布置与功率，选择适宜的位置，配置功率适宜的扬声器。

（四）楼宇设备自动控制管理系统工程施工现场配合与控制

1. 施工内容概述

楼宇设备自动控制管理系统监控范围主要有通风与空调系统、变配电系统、照明系统、动力系统、给排水系统、热源和热交换系统、冷冻和冷却系统、电梯和自动扶梯系统等各子系统。作为楼宇设备自动控制管理系统，担负着对整座建筑物内机电设备的集中监测与控制，保证所有设备的正常运行，并达到最佳状态。同时，在计算机软件的支持下，进行信息处理、数据计算、数据分析、逻辑判断、图形识别等，从而提高了楼宇设备自动控制系统的高水平的现代化管理和服务。

楼宇设备自动控制管理系统采用分层分布式结构，由第一层计算机控制管理中心、第二层智能分站控制器和第三层数据采集器与控制终端组成。

（1）计算机控制管理中心

系统主机采用PⅡ型以上的计算机，并配有专用打印机。CRT采用全中文图形化界面显示，清晰直观。既可显示各类现场平面图、系统图、组态图，也可显示各控制设备及监控点的运行状态和运行参数。系统内的各类报警信息、文本报表以及设备的运行参数等均可由打印机输出。计算机控制管理中心，除主机外，还配制多台计算机，分别或共同完成楼宇设备控制的各子系统监控管理，同时在计算机控制管理中心内部，多台子系统计算机与主机相互联网使用。

（2）智能分站控制器主要任务

① 现场采集到的数据处理（滤波、放大、转换）。

② 现场数据和现场设备运行状态的检查和报警处理。

③ 数据连续调节和顺序逻辑运算控制与处理。

④ 控制与数据网的转换，与上位子系统的计算机进行数据交换，向上传送现场各项采集数据和设备运行状态信息，同时接收各上位管理计算机下达的实时指令、参数设定或修改。

（3）数据采集器与控制终端

① 数据采集器主要对监测对象如温度、湿度、有害气体、火灾探测器检测、流量、压力等现场模拟数据进行采集。

② 控制终端主要控制对象为水泵、阀门控制器、执行开关等，并对受控设备如调节阀门的大小、调节风门的开度等进行调节。

2. 施工现场配合要点

（1）与土建结构工程施工配合要点

① 楼宇设备自动控制管理系统计算机控制管理中心机房内，配合土建结构施工，进行暗敷管路施工，并预留好穿墙、穿楼板孔洞或预埋好过墙或过楼板套管。

② 配合土建结构施工暗敷管路至控制终端处，预留盒（箱）等。

③ 机柜需做设备基础时，应向土建提供设备基础几何尺寸及机房位置布置图，由土建专业协助施工。

（2）与土建装修工程施工配合要点

① 计算机控制管理中心机房对土建的室内装饰要求。

a. 机房室内装饰应选用气密性好，不起尘、易清洁并在温湿度变化作用下变形小的材料。

b. 墙壁和顶棚表面应平整，减少积灰面，并应避免炫光。如为抹灰时，应符合高级抹灰的要求。

c. 应敷设活动地板。活动地板应符合现行国家标准《计算机房用活动地板技术条件》的要求。敷设高度应按实际需要确定，宜为200～350mm。

d. 活动地板下的地面和四壁装饰，可采用水泥砂浆抹灰。地面材料应平整、耐磨。当活动地板下的空间为静压箱时，四壁及地面均选用不起尘、不易积灰、易于清洁的饰面材料。

e. 吊顶宜选用不起尘的吸声材料，如吊顶以上仅作为敷管线用时，其四壁应抹灰，楼板底面应清理干净；当吊顶以上空间为静压箱时，则顶部和四壁均应抹灰，并刷不易脱落的涂料，其管道的饰面，亦应选用不起尘的材料。

f. 装饰材料可根据需要采取防静电措施。室内色调应淡雅柔和。

g. 机房设有外窗时，宜采用双层金属密闭窗，并避免阳光的直射。当采用铝合金窗时，可采用单层密闭窗，但玻璃应为中空玻璃。

h. 当机房内设有用水设备时，应采取有效的防止给排水漫溢和渗漏的措施。

i. 对机房附近的噪声及振动应加以控制。

j. 机房内装饰材料应选用不燃烧材料或难燃烧材料。

k. 机房安全出口，不应少于两个，并宜设于机房两端。门应向疏散方向开启，走廊、

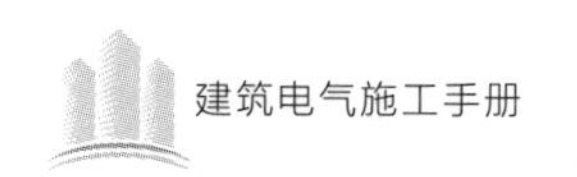

楼梯间应畅通，并有明显的疏散指示标志。

② 要求各专业施工负责人配合，对各自需要连接进入管理层网络和监控层网络的设备进行统计，有多少接口，各种模块规格型号、数量应满足需要。

③ 根据各专业核实的接口，进行设备监视、控制、测量的管线连接和网络连接。

④ 温、湿度传感器安装。

a. 温、湿度传感器不应安装在阳光直射的位置，应远离有较强振动、电磁干扰的区域，其位置不能破坏建筑物外观的美观与完整性，室外设置的温、湿度传感器应有风雨防护罩。

b. 应远离门、窗和出风口的位置，如无法避开时，与之距离不得小于 2m。

⑤ 风管型温、湿度传感器安装。

a. 传感器应安装在风速平稳、能反映风温的位置，并能便于调试、维修的地方。

b. 传感器应在风管保温层完成后进行安装，并安装在风管直管段或应避开风管死角的位置和蒸汽放空口位置。

⑥ 水管温度传感器安装。

a. 水管温度传感器应在工艺管道预制时与安装同时进行。

b. 开孔与焊接工作，必须在工艺管道的防腐、衬里、吹扫和压力试验前进行。

c. 水管温度传感器的安装位置应在水流温度变化灵敏和具有代表性的地方，不宜选择在阀门等阻力件附近和水流流速死角及振动较大的位置。

d. 水管型温度传感器的感温段大于管道口径 1/2 时，可安装在管道的顶部；如感温段小于管口径 1/2 时，应安装在管道的侧面或底部。

e. 水管型温度传感器不宜安装在焊缝及其边缘上开孔和焊接处。

⑦ 压力、压差传感器、压差开关安装。

a. 传感器应安装在便于调试、维修的位置。

b. 传感器应安装在温、湿度传感器的上游侧。

⑧ 风管型压力、压差传感器应在风管保温完成后进行安装。应安装在直线段上，如不能安装在直线段时，应避开风管内通风死角和蒸汽放空口的位置。

⑨ 水管型、蒸汽型压力与压差传感器的安装应在工艺管道预制和安装的同时进行，其开孔与焊接工作必须在工艺管道的防腐、衬里、吹扫和压力试验前进行。不宜安装在管道焊缝及其边缘上开孔及焊接处。当直管段大于管道口径的 2/3 时，可安装在管道顶部；小于管道口径 2/3 时，可安装在侧面或底部水流流速稳定的位置，不宜选在阀门等阻力部件的附近、水流流速死角和振动较大的位置。

安装风压压差开关时，宜将薄膜处于垂直于平面的位置。安装高度距地不应小于 0.5m，安装应在风管保温层完成后进行，安装在便于调试、维修的地方，不应影响空调器本体的密封性，线路应通过软管与压差开关连接，并应避开蒸汽放空口。

水流开关安装如下。

a. 水流开关的安装，应在工艺管道预制、安装的同时进行。不宜安装在焊缝及其边缘上开孔和焊接处；应安装在水平管段上，不应安装在垂直管段上；应安装在便于调试、维修的地方。

b. 水流开关的开孔与焊接工作，必须在工艺管道的防腐、衬里、吹扫和压力试验前进行。

电磁流量计安装如下。

a. 电磁流量计应避免安装在有较强的交直流磁场或剧烈振动的场所。

b. 流量计、被测介质及工艺管道三者之间应该连成等电位，并应接地。

c. 电磁流量计应设置在流量调节阀的上游，流量计的上游应有一定的直管段，长度为 $L=10D$（D 为管径），下游段应有 $L=(4\sim5)D$ 的直管段。

d. 在垂直的工艺管道安装时，液体流向自下而上，以保证导管内充满被测液体或不致产生气泡；水平安装时，必须使电极处在水平方向，以保证测量精度。

涡轮式流量传感器安装如下。

a. 涡轮式流量传感器应安装在便于维修并避免振动、避免强磁场及热辐射的场所。

b. 涡轮式流量传感器安装时要水平，流体方向必须与传感器壳体上所示的流向标志一致。如果没有标志，判断流向的方法：流体的进口端导流器比较尖，中间有圆孔，而流体的出口端导流器不尖，中间没有圆孔。

c. 当可能产生逆流时，流量变送器后面装设逆止阀。流量变送器应装在测压点上游，距测压点（$3.5\sim5.5)D$ 的位置；测温度设置在下游侧，距流量传感器（$6\sim8)D$ 的位置。

d. 流量传感器需要装在一定长度的直管上，以确保管道内流速平稳。流量传感器上游应留有 10 倍管径长度的直管，下游有 5 倍管径长度的直管。若传感器前后的管道中安装有阀门和管道缩径、弯管等影响流量平稳的设备，则直管段的长度还需相应增加。

e. 信号的传输线宜采用屏蔽和绝缘保护层的电缆，宜在控制器一侧接地。

电量变送器的安装如下。

a. 电量变送器安装在被监测的高低压开关柜内，或者装设在单独的电量变送器柜内，按生产厂家接线图进行连接。

b. 变送器接线时，严防其电压输入端短路和电流输入端开始。

c. 必须注意变送器输入、输出端的范围与设计和控制器所要求的信号相符。

空气质量传感器的安装如下。

a. 空气质量传感器安装在便于调试、维修的地方，应在风管保温层完成之后进行安装。

b. 空气质量传感器应安装在风道的直管段，如不能安装在直管段，则应避开风管内通风死角的位置安装，同时应避开蒸汽放空口。

风机盘管温控器、电动阀的安装如下。

a. 温控开关与其他开关并列安装时，距地面高度应一致，高度差不应大于 1mm；与其他开关安装在同一室内时，高度差不应大于 5mm；温控开关外形尺寸与其他开关不一样时，以底边高度为准。

b. 电动阀体上箭头的指向应与水流方向一致。

c. 风机盘管电动阀应安装于风机盘管的回水管上。

d. 四管制风机盘管的冷热水管电动阀共用线应为保护地线。

e. 客房节能系统中，风机盘管温控系统应与节能系统连接。

电磁阀安装如下。

a. 电磁阀阀体上箭头的指向应与水流方向一致。空调器的电磁阀旁一般应装有旁通管路。

b. 电磁阀的口径与管道通径不一致时，应采用渐缩管件，同时电磁阀口径一般不应低于管道口径两个等级。

c. 执行机构应固定牢固，操作手轮应处于便于操作的位置。机械传动灵活，无松动或卡涩现象。

d. 有阀位指示装置的电动阀，阀位指示装置应面向便于观察的位置。

e. 电磁阀安装前应按安装使用说明书的规定检查线圈与阀体间的电阻。如条件许可，电磁阀在安装前宜进行模拟动作和试压试验。

f. 电磁阀一般安装在回水管口，在管道冲洗前，应完全打开。

电动调节阀的安装如下。

a. 检查电动调节阀的输入电压、输出信号和接线方式，应符合产品说明书的要求。

b. 电动调节阀安装时，应避免给调节阀带来附加压力，当调节阀安装在管道较长的地方时，应安装支架和采取避振措施。

c. 检查电动调节阀的型号、材质，必须符合设计要求，其阀体强度、阀芯渗漏经试验必须满足产品说明书有关规定。

电动风门驱动器安装如下。

a. 风阀控制器上的开闭箭头的指向应与风门开闭方向一致；与风阀门轴的连接应固定牢；风阀的机械机构开闭应灵活，无松动或卡涩现象。

b. 风阀控制器安装后，风阀控制器的开闭指示位应与风阀实际状况一致，风阀控制器宜面向便于观察的位置。

c. 风阀控制器应与风阀门轴垂直安装，垂直角度不小于85°；安装前宜进行模拟动作。

d. 风阀控制器安装前，应按使用说明书的规定检查线圈、阀体间的电阻、供电电压、控制输入等，其应符合设计和产品说明书的要求。

e. 风阀控制器输出力矩必须与风阀所需要的相配，符合设计要求。

f. 风阀控制器不能直接与风门挡板轴相连接时，则可通过附件与挡板轴相连，但其附件装置必须保证风阀控制器旋转角度的调整范围。

3. 施工现场控制重点

① 审核集成方案系统图和平面图及各子系统的系统图和平面图是否由具有法人资质证明的生产厂家与设计单位共同设计，确认有效后方可使用上述图纸进行施工。

② 集成方案需确认生产厂家的设备配置深化（细化）方案，落实规格型号、产地和厂家。原因是生产厂家的品牌不同、规格型号不同、产地不同配制也不同，因此，最好使用同一个生产厂家的产品进行设备配置，这样各系统之间接口问题也易于解决。

③ 审核楼宇设备自动控制管理系统工程施工组织设计。

a. 楼宇设备自动控制管理系统，所用设备材料订货计划、劳动力安排计划、施工进度计划等应与土建总的施工进度计划相对应，确保总工期进度计划顺利完成。

b. 对各专业子系统需由集成商进行集成的监测、控制、测量点位提出具体要求，避免设备订货时遗漏，以清单的形式提供给各专业施工单位，在加工订货时考虑各种接口事宜。

c. 楼宇设备自动控制管理系统技术交底。

• 由于本系统集成的子系统较多，各专业协调配合很关键，因此各专业施工图审核有否遗漏点位、终点设备的接口是否满足通信协议和数据传输的要求，发现施工图问题要求及时办理设计变更洽商解决。

• 协助各专业在加工订货时对生产厂家提出具体的技术要求，保证订货不遗漏控制、监测等事宜。

d. 楼宇设备自动控制管理系统调试大纲。

• 列出调试必须具备的条件，要求各专业子系统应能满足联动、信息传输等设计要求和规定。

• 列出调试程序，首先进行各系统的设备安装工程质量的检查，重点检查环境温、湿度，卫生及电源供电是否都达到要求。检查设备保护接地是否合格；经检查后单体设备进行试运转与测试合格；各子系统检查运行合格，最后进行系统联动调试运行，并进行软件功能测试，直到系统验收。

e. 工程验收技术资料整理内容。

• 系统图、设计方案原理图、施工平面图（包括接线端子图）。

• 监控点表格、软件参数设定表（包括逻辑图）。

• 产品说明书（包括产品随机资料）。

• 监控点测试数据表、单体设备测试报告、软件功能测试报告等。

（五）卫星电视接收系统和有线电视系统工程施工现场配合与控制

1. 施工内容概述

① 卫星电视接收系统由上行发射站、星载转发器和地面接收站组成。

a. 上行发射站可以是固定式大型地面站或是移动式地面站，用定向天线发送节目信号和伴音信号，经过处理放大后，送到卫星转发器。除其他上行站外，主上行站有两个任务，一是向星体提供节目，二是接收星体下行信号，以监视节目的质量和卫星运行姿态，随机通过上行站向星体发出修正指令，改变卫星的位置与姿态，调整天线和切换设备，保证系统运行正常。

b. 星载转发器把接收到的上行信号转换成下行调频信号，放大后由定向天线向地面发射。

c. 地面接收站将接收到的星载转发的下行调频信号，再经过变频、解调，然后送往有线电视（CATV）系统，这就是卫星电视接收系统和有线电视接收系统的前端基本组成。

② 有线电视（CATV）系统由接收部分、前端部分、干线传输和分配网络组成。

a. 接收部分：主要通过高增益的抛物面卫星接收天线，进行卫星微波信号的接收。

b. 前端部分：由降频变频器（高频头 LNB）和卫星电视接收机组成。

降频变频器是将天线接收来的卫星微波射频信号（C 波段，其频率为 3.7～4.2GHz），降至中频信号，频率为 970～1470MHz，该设备主要由低噪声放大器和下变频器组成。

卫星电视接收机的功能是将卫星电视信号，还原为具有标准电视接口电平的图像和声音，供给一般电视机收视。

c. 干线传输：CATV 系统的干线传输部分的功能是将前端部分输出的高频电视信号不失真地稳定传送到系统分配网络输入端口，输出的电平信号应满足分配网络系统要求。常采用的干线有同轴电缆传输和光纤电缆传输。

d. 分配网络：其功能是将前端提供的高频电视信号，经过干线传输到分支器，再传送到终端分配器，供给用户电视机收视。

2. 施工现场配合要点

（1）与土建结构工程施工配合要点

① 卫星电视接收天线防雷。

a. 土建施工配合卫星电视接收天线钢筋混凝土基础，底部有一层钢筋网与大地相通。当测得钢筋网接地电阻小于 4Ω 时，可做防雷接地极。基础上预埋的地脚螺栓，又与钢筋网相连通，因此，避雷针可直接与地脚螺栓连通，做防雷保护接地。当基础钢筋网接地电阻大于 4Ω 时，应另做辅助接地极。

b. 当卫星电视接收天线安装在建筑物楼顶上时，只需将天线的避雷针与建筑物防雷接地网相连通即可。

c. 依据产品说明书中标注天线预埋件及预埋地脚螺栓的尺寸和各种技术要求，并附有不同风速下天线各支承点的最大拉力、压力及横向力。只需向建筑结构工程师提供基础说明书，即可设计屋顶天线基础。设计人员依据天线各支承点的几何尺寸，设计一套钢筋混凝土梁系或钢梁梁系。梁系支承在建筑物的柱子上或钢筋混凝土剪力墙上或砖墙上，天线架设在梁上，梁通过基礅将力传到柱子和墙上。基礅要设置锚筋，使它能承受天线传过来的拉力或压力。注意：天线基础方位应确定正北后，再进行施工。

② 有线电视系统天线防雷。

a. 天线竖杆可以直接固定在建筑物上，如楼房最高处的电梯间或水箱间的承重墙上。

b. 天线竖杆固定在预埋钢管式或槽钢式底座上，底座必须位于承重墙或承重梁上，并与建筑物的防雷保护接地网连通成一体。

c. 自立式铁塔天线在铁塔上必须建立工作台，以便在安装系统部件及日常维修时提供照明和其他技术保障。铁塔应有抗强风的能力，并设防雷保护接地装置。

d. 应采用防风拉绳将天线竖杆固定，保证接收天线的位置不变。

e. 配合土建结构施工，进行室内暗埋管路、用户盒和连接箱等预留孔洞、预埋铁件。

(2) 与土建装饰工程施工配合要点

① 配合土建吊顶施工，进行电缆桥架或金属线槽施工。

② 配合土建施工进行室内终端用户盒穿线与面板安装，同时进行箱体安装。

③ 在室内进行明配管线施工，并同各专业管线进行协调施工。

④ 卫星电视接收系统和有线电视系统室外架空（杆上）或沟槽中敷设电缆，应及时向土建提供开沟槽路由走向，由土建协助施工。

在室外地下开沟槽之前，应预先了解电缆所经过的路由下面是否有其他专业管道，如遇其他管道和过街道路时，应穿钢管保护通过。

⑤ 架设墙壁电缆应先在墙上装好墙担和撑铁，然后进行电缆敷设。

3. 施工现场控制重点

① 审核卫星电视接收系统和有线电视系统的系统图、用户电平分配图、路线平面布置图、天线位置及安装图等，是否由具有法人资质证明的设计单位设计，确认施工图有效方可施工。

② 经过认真审核施工图，将发现的问题集中汇总，提供给设计单位，组织设计交底，把提出的问题形成解决方案文件，进行会签确认，并及时办理设计变更手续。

③ 审核卫星电视接收系统和有线电视系统施工组织设计。

a. 卫星电视接收系统和有线电视系统工程施工所用设备材料订货计划、劳动力安排计划、施工进度计划等应与土建总的施工进度计划相对应，确保总工期进度计划顺利完成。

b. 卫星电视接收系统和有线电视系统工程施工技术交底。明确本专业施工安装任务的主要内容，并落实到操作者，阐明工艺操作要求和要达到的质量标准，以及安全注意事项和各专业施工协调配合事宜。

c. 对设备选购的要求：选购设备要根据当前任务要求，并考虑今后发展。选购的设备是由经过国家认证和批准定点生产厂家所生产的产品。如选用国外产品，要选用知名品牌，不应购买质量低劣的产品。注意：要向有关部门申办手续后才能购买天线。

d. 卫星接收天线基础施工时，在冬天有冻土层的北方地区，基础埋深应在冻土层之下。

e. 避雷针防雷接地保护线应独立连接，不允许将防雷接地保护线，同室内接收设备的接地线共用，否则会遭到雷电反击，造成设备烧毁，甚至伤及人身安全。

f. 防直击雷接地装置的冲击接地电阻值应小于4Ω。

g. 天线杆（塔）高于附近建筑物、构筑物时，且高度在50m以上，应安装高空障碍灯，并在杆（塔）身涂红、白颜色。城市及机场上空域内建立高塔还应征得有关部门的同意。

h. 有源部件均应通电检查，对主要部件如放大器、调制器、滤波式混合器等，都应进行必要的技术测试，避免装入系统后发生故障，给调试工作带来困难，延误工期。

i. 凡未设防水外壳的干线放大器，若置于室外，均应加装防水装置保护。

j. 若采用电源插入器向干线放大器供电的方式，电源插入器宜设置在桥接放大器处。

k. 供给供电器市电的线路，如果与电缆同杆架设，所用线材要采用绝缘导线，可架设在电缆上方距电缆 0.6m 以上处。

l. 光缆敷设前，应检查光纤是否有断点，衰耗值是否符合设计要求。

m. 核对光纤长度，依据施工图上给出的实际长度来选配光缆。配盘时要使接头避开河沟、交通要道及其他障碍物处。

n. 布放光缆时，光缆的牵引端头应做好技术处理，应采用具有自动控制牵引性能的牵引机进行，牵引力应施加于加强芯上，最大不应超过 150kg，牵引速度宜为 10m/min，一次牵引的直线长度不宜超过 1km。布放光缆时，其最小弯曲半径不小于光缆外径的 20 倍。

o. 架空光缆一般不留余兜，但中间也不应绷紧。每段光缆架设完毕，端头应用塑料胶带包好，接头的预留长度不大于 8m，并将余缆盘成圈后挂在杆的高处。地下光缆引上电杆必须用钢管穿管保护，引上杆后，架空的始端可留适当的余兜。

p. 管道光缆敷设时，无接头的光缆在直道上敷设应由人工逐个入孔牵引，预先做好接头的光缆，其接头部分不得在管道内穿行。

q. 光缆的接续应由受过专门训练的人员完成，接续时应采用光功率器或其他仪器进行监视，使接续损耗达到最小。接续后应安装光缆接头护套。

r. 卫星电视接收系统和有线电视系统的检查、调试与测量。

• 系统的检查有资料检查，使用仪器和工具的检查，天线、设备及线路的安全检查。

• 系统常用调试仪器的准备，如场强仪、扫频仪、频谱分析仪、信号发生器、彩色电视监测仪、接地电阻测试仪等仪器。

• 系统调试程序：卫星电视接收天线的调试；共用接收天线的调试；前端设备的调试，干线传输网络的调试；支线及用户分配网络的调试。经过系统的统一调试，并将测试结果记录在规定的表格中，所测数据应符合现行国家标准和规范规定，并符合设计要求与规定。

（六）通信系统工程施工现场配合与控制

1. 施工内容概述

现代通信包括多媒体通信、计算机通信网络、个人通信、数字图像通信（可视电话）、移动卫星通信、程控交换机、语音信箱与电子信箱等。在我国，电话网是通信的最基本的载体，它的自动化将体现在硬件结构上和软件设计上，如可编程、可交换、可自动计费，并组成全球性的网络系统等。电话通信线路从进户管线直到用户出线盒等组成，分别叙述如下。

① 通信电线引入（进户）：通过电缆管沟或直埋从地下进户；通过电缆管沟或直埋，由外墙进户；通过架空电缆由外墙进户。

② 程控交换机房或配线设备间。

a. 通信电缆引进屋内设置用户程控机时，采用总配线箱或总配线架，此房间称电话机房。

b. 通信电缆引进屋内不设置用户程控机时，电话局进户电缆置于交接箱内，此房间称电话交接间。

c. 电话机房或交接间宜设置在一层或二层，如有地下室，且较干燥，通风良好，可考虑将电话机房或电话交接间设置在地下室。

③ 竖向电缆敷设有穿楼层上升管路、沿竖井敷设管路。

④ 电缆在楼层水平方向敷设管路或电缆线槽（桥架）。

⑤ 配线设备：电缆接头箱、过路箱、分线盒、用户出线盒、通信线路分支、中间检查、终端用设备。

2. 施工现场配合要点

（1）与土建结构工程施工配合

① 建筑物设有地下层，通信电缆由外墙进户至地下一层时，在通信电缆进户的外墙位

置自然地坪下 0.8m 处，预埋带有止水翼环的钢性套管，一般套管比过管直径大 2 级。

② 建筑物无地下层，通信电缆进户管可直接预埋在墙体内暗敷，其管路可接至明装交接箱或明装分线箱背面中心位置预埋暗盒处。

③ 依据通信部门设计的人孔井或手孔井几何尺寸及位置尺寸施工图，由土建专业协助砌筑，并配置铸铁井圈和铸铁井盖。

④ 通信电缆管路埋深应在自然地坪下 0.8m 以下，距建筑物散水 1m 以上。

⑤ 通信电缆管路穿过外墙套管，进入内墙管路长度不小于 30cm，以便管路连接时，便于施工操作。

⑥ 通信电缆过管与套管之间的间隙，应用油麻缠绕后，再用沥青膏进行封堵，外墙与内墙两面都应封堵好，然后由土建做外墙防水处理。

⑦ 随土建结构施工，电信专业施工人员配合预埋楼层内暗配管、暗装接头箱、过路箱分线盒、用户出线盒等。

⑧ 提供给土建落地式交接箱基础底座安装施工图，由土建专业协助完成基础施工。其底座应采用不小于 C10 混凝土制作，高度不小于 20cm。在底座四个角上预埋 4 根 M10×100 的镀锌地脚螺栓，用来固定交接箱，并在底座中央预留通信电缆进出线孔洞。

（2）与土建外线工程施工配合要点

① 直埋通信电缆敷设：沟槽开挖、找平、回填等土方工程由土建专业协助施工完工，通信专业人员配合施工。

a. 民用建筑通信线路直埋电缆时，要求在电缆四周各铺 50～100mm 的沙土或细土，用砖和混凝土块进行覆盖和再回填。

b. 埋地电缆通过交通干道时，应用管路保护，并应预留备用管路。

c. 直埋电缆的直线段每段 200～300m 处，电缆接续点、分支点、盘留点、电缆路由方向改变处及管线交叉处，应设置电缆标志。

d. 通信电缆不得直接埋入室内，直埋电缆需引入建筑物室内分线设备时，应换接裸铅包电缆穿管引入。如引至分线设备的距离在 15m 之内，则可将铠装层脱去后穿管引至分线设备。

② 架空电缆敷设：架空电缆敷设立杆时，应及时向土建外线施工人员及其他专业外线管路施工人员了解通信电缆所经过的路由处，各种管路预埋的情况，对于管路重叠、相碰、交叉、水平与垂直间距不符合规范规定等，进行相互协调后再施工。同时应注意下列事项。

a. 通信电缆架空时，距地面、路面的最小距离为 4.5～5.5m。

b. 通信电缆与电力电缆不宜同杆架设。如采用同杆架设时，其通信架空电缆吊挂高度与其他线路的间距应大于等于 0.6m。

c. 采用吊线吊挂通信电缆时，每条通信架空电缆的容量小于等于 100 对；如一条吊线上吊挂两条通信电缆时，则两条电缆的总容量不大于 80 对。

d. 通信电缆架空敷设一般采用水泥电杆，在不与电力线路同杆敷设时，一般杆距为 35～45m。

（3）与土建装饰工程施工配合要点

① 程控交换机房由交换机室、话务员室、蓄电池室或 UPS（免维护铅酸电池）室三部分组成。对土建装饰施工要求如下。

a. 交换机室楼层净高大于等于 3m，如果采用 2.6～2.9m 高架机架，则净高大于等于 3.5m；楼板荷载采用低架机架时，大于等于 450kg/m^2，采用高架机架时，大于等于 600kg/m^2；地面采用活动地板或塑料地面应能防静电、防火阻燃；轻钢龙骨吊顶或水泥石灰砂浆粉刷，表面涂环保型无光油漆，门宽 1.2～1.5m，采用铝合金或外开双扇门；双层窗密封严实、防尘；温度与湿度通过设置通风空调系统进行控制。

b. 话务员室楼层净高大于等于3m；楼板荷载大于等于300kg/m^2；墙面水泥砂浆粉刷，表面涂环保型油漆；吊顶采用水泥砂浆粉刷，表面涂环保型油漆；门、窗应能防尘；室内温、湿度控制由通风空调系统来实现。

c. 蓄电池室楼层净高大于等于3m；地面采用耐酸瓷砖；楼板荷载大于等于600kg/m^2；墙面水泥石灰砂浆粉刷，表面涂刷耐酸（或耐碱）油漆；门良好防尘；采用双层窗，外层窗装磨砂玻璃；室内温度控制在10℃以上，并设置通风排气装置。

② 通信专业施工人员配合土建专业进行活动地板施工。依据施工图通信电缆路由敷设金属线槽，一般在机柜下面沿活动地板下为宜，如地板下面通信电缆敷设有难度，可在地板上面用金属线槽敷设电缆。

③ 在吊顶内敷设金属线槽时，应与其他专业协调金属线槽的路由是否有碍其他管路布置，经各专业管路协调好管路布置标高与位置坐标后，再按先后程序顺序施工。

④ 通信专业施工人员明敷盒（箱）、管路施工时，注意成品保护，不准随意损坏其他专业已经施工完毕成品、半成品等。

3. 施工现场控制重点

① 审核通信系统施工图系统图、平面图、设备安装图、大样图等是否由具有法人资质证明的设计单位设计，确认施工图有效方可施工使用。

② 认真阅读施工图，将发现的问题集中汇总，提供给设计单位，组织设计交底，把提出的问题形成解决方案，进行会签确认，并及时办理设计变更手续。

③ 审核通信系统工程的施工组织设计。

a. 重点了解通信系统工程所包含的工程内容，做好施工准备工作，控制施工工艺及质量控制管理程序等。

b. 审核通信系统施工所用材料设备加工订货计划、劳动力安排计划、施工进度计划等应与土建总的施工进度计划相对应，确保总工期进度计划顺利完成。

c. 通信系统工程施工技术交底：通信程控交换机电话站房建筑物内垂直与水平通信电缆施工（特别是光缆施工）、末端设备如盒（箱）等，对工艺过程要求、质量管理控制要求、安全保障及成品保护是否全部进行技术交底。

d. 必须按邮电部门规定，凡接入国家通信网使用的程控用户交换机，必须有邮电部门颁发的进网许可证。因此，用户在选型购机时，一定要购买有邮电部门颁发的进网许可证的程控交换机。

e. 为了避免交流市电进入程控交换机，烧坏电路板，因此，在综合布线系统配线架与通信接入网交接处，应安装具有常开接点的保安单元。

f. 对电缆、接线端子板等主要通信器材的电气性能应抽样测试。当相对湿度在75%以下，用250V兆欧表测试时，电缆芯线绝缘电阻值不应小于200MΩ；接线端子板相邻端子绝缘电阻值不应低于500MΩ。

g. 程控交换机房接地装置可采用共用接地极。共用接地网应满足接触电阻、接触电压和跨步电压的要求。机房保护接地可采用三相五线制或单相三线制接地方式。

h. 程控交换机房内，为了减少高频电阻，设备的接地引线应该用铜导线敷设。

i. 程控交换机房内，应设置直流接地线，一般用120mm×0.35mm的紫铜带进行敷设。

j. 当使用200门以下的程控交换机时，接地电阻值应小于等于5Ω。当各种接地装置采用联合接地时，接地电阻值等于1Ω。

第二章
建筑电气施工常用工具及材料

第一节　建筑电气施工常用工具仪表

一、常用电工工具及其使用

（一）低压验电笔

验电笔是用来检验测量低压导体和电气设备外壳是否带电的工具。验电笔一般做成钢笔式结构，也有的做成小型螺丝刀结构，如图 2-1 所示。

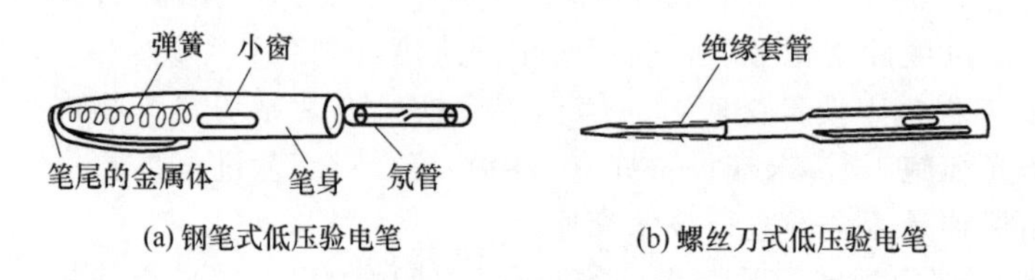

图 2-1　低压验电笔

验电笔的前端为金属探头，后部装配有氖管和弹簧，顶端是一金属帽或钢笔型挂鼻，作为手部触及的金属部分。使用时，以手指触及笔尾的金属体，使氖管小窗背光朝向自己。按图 2-2 所示的方法把笔握妥。

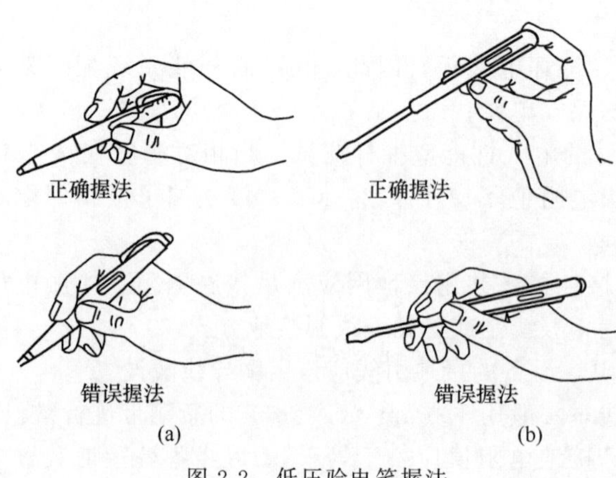

图 2-2　低压验电笔握法

普通验电笔测量范围在 60～300V，低于 60V 电笔可能测不出电压，而高于 500V 电压不允许用普通验电笔测量。

（二）螺丝刀

螺丝刀又称起子，按其头部形状可分为一字形和十字形两种，手柄为木柄或塑料手柄，如图 2-3 所示。

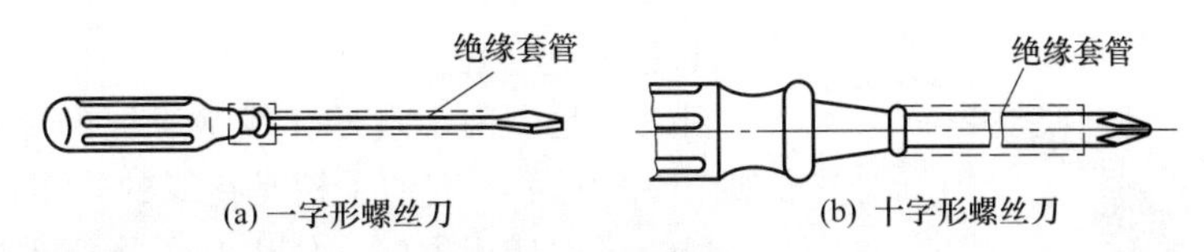

(a) 一字形螺丝刀　　(b) 十字形螺丝刀

图 2-3　螺丝刀

使用螺丝刀的安全知识：

① 螺丝刀手柄应保持干燥、清洁，以防在带电操作中发生漏电。

② 电工不可使用金属杆直通柄顶的螺丝刀，否则使用时很容易造成触电事故。

③ 为了避免螺丝刀的金属杆触及皮肤，或触及邻近带电体，应在金属杆上穿套绝缘管。

（三）钢丝钳

钢丝钳常称为钳子，其用途是夹持或折断金属薄板以及切断金属丝。电工应选用带绝缘手柄的钢丝钳，钢丝钳护套的工作耐压为 500V，可以作为低压带电操作的工具，如图 2-4 所示。

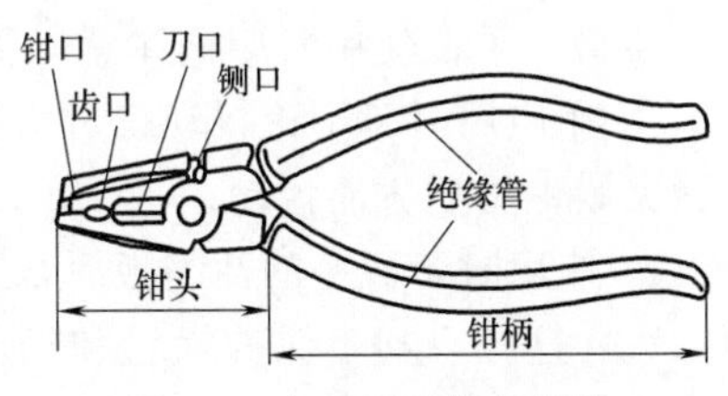

图 2-4　电工钢丝钳的构造

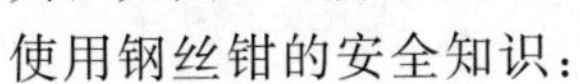

使用钢丝钳的安全知识：

① 使用电工钢丝钳以前，必须检查绝缘柄的绝缘是否完好，绝缘如果损坏，进行带电作业时会发生触电事故。

② 要保持钢丝钳清洁，带电使用时要使手与钢丝钳的金属部分保持 3cm 以上。

③ 用电工钢丝钳剪切带电导线时，不得用刀口同时剪切相线和零线，以免发生短路故障。

（四）尖嘴钳

尖嘴钳的头部尖细，适用于在狭小的工作空间操作。尖嘴钳有铁柄和绝缘柄两种，绝缘柄的耐压为 500V，外形如图 2-5 所示。

带有刃口的尖嘴钳能剪断细小金属丝。在装接控制线路板时，尖嘴钳能将单股导线弯成一定圆弧的接线鼻子。

（五）断线钳

断线钳又称斜口钳，电工用的绝缘柄断线钳的外形如图 2-6 所示，其耐压为 1000V。断线钳专用于剪断较粗的金属丝、线材及电线电缆等。

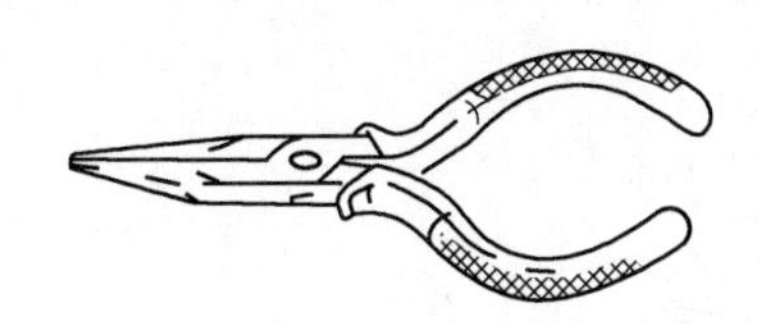

图 2-5　尖嘴钳外形

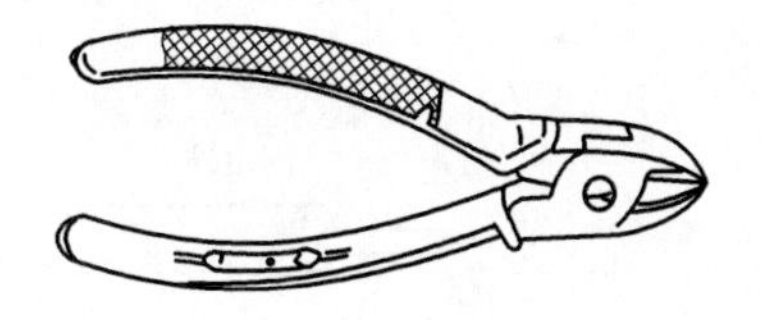

图 2-6　断线钳外形

（六）电工刀

电工刀适用于在施工装配维修工作中割削电线绝缘外皮，以及割削绳索、木桩等。其外形如图 2-7 所示。

图 2-7　电工刀外形

使用电工刀的安全知识：

① 使用电工刀切勿用力过猛，以免划伤手指。

② 使用电工刀，应将刀口朝外剖削，剖削导线绝缘层时，应使刀面与导线成较小的锐角，以免割伤导线。

③ 电工刀刀柄是无绝缘保护的，不能在带电导线或器材上剖削，以免触电。

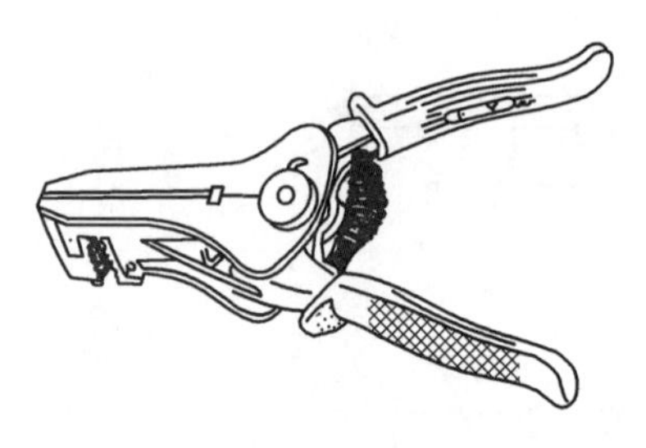

图 2-8 剥线钳外形

（七）剥线钳

剥线钳是剥削小直径导线绝缘层的专用工具，其外形如图 2-8 所示。它的手柄是绝缘的，耐压为 500V。

剥线钳的使用方法：使用时，将要剥削的绝缘长度用标尺定好以后，即可把导线放入相应的刃口中（比导线直径稍大），用手将钳柄一握，导线的绝缘层即被割破自动弹出。

（八）活络扳手

活络扳手是一种常用的大扭矩的旋具，其构造如图 2-9 所示。

活络扳手在使用时应该注意以下几点。

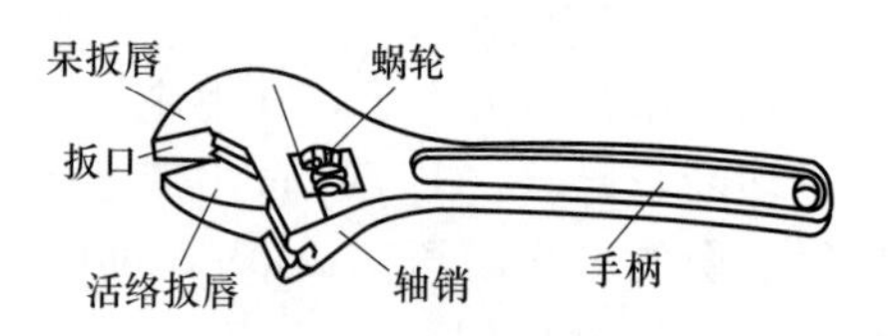

图 2-9 活络扳手构造

① 在使用时，不论扳动螺母大小，都要先把活络扳唇夹紧螺母后方能扳动。

② 使用时，扳手的活络扳唇部分应放在靠近身体的一边，这样有利于保护蜗轮和销轴不受损伤，活络扳唇向外是错误的。

③ 扳动大螺母时，需用较大力矩，手应握在近柄尾处。

④ 不能将扳手代替榔头使用，以免损伤蜗轮。

（九）电烙铁

电烙铁是手工焊接的主要工具，其基本结构都是由发热部分、储热部分和手柄部分组成的。烙铁芯是电烙铁的发热部件，它将电热丝平行地绕制在一根空心瓷管上，层间由云母片绝缘，电热丝的两头与两根交流电源线连接。烙铁头由纯铜材料制成，其作用是储存热量，它的温度比被焊物体的温度要高得多。烙铁的温度与烙铁头的体积、形状、长短等均有一定关系。若烙铁头的体积较大，保持温度的时间则较长。

电烙铁把电能转换为热能对焊接点部位的金属进行加热，同时熔化焊锡，使熔融的焊锡与被焊金属形成合金，冷却后形成牢固的连接。

1. 外热式电烙铁

外热式电烙铁的构造如图 2-10 所示。常用外热式电烙铁的规格有 25W、45W、75W 和 100W 等。

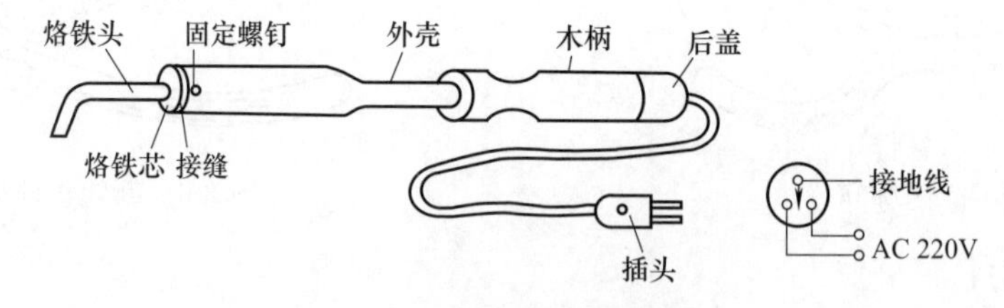

图 2-10 外热式电烙铁构造

2. 内热式电烙铁

内热式电烙铁如图 2-11 所示，因烙铁芯安装在烙铁头内而得名。它由手柄、连接杆、弹簧夹、烙铁芯及烙铁头组成，常用规格有 15W、20W、50W 等几种。这种电烙铁有发热快、质量轻、体积小、耗电省且热效率高等优点。

内热式电烙铁的烙铁芯是用较细的镍铬电阻丝绕在瓷管上制成的。20W 的内阻值约为 2.5kΩ。烙铁温度一般可达 350℃左右。

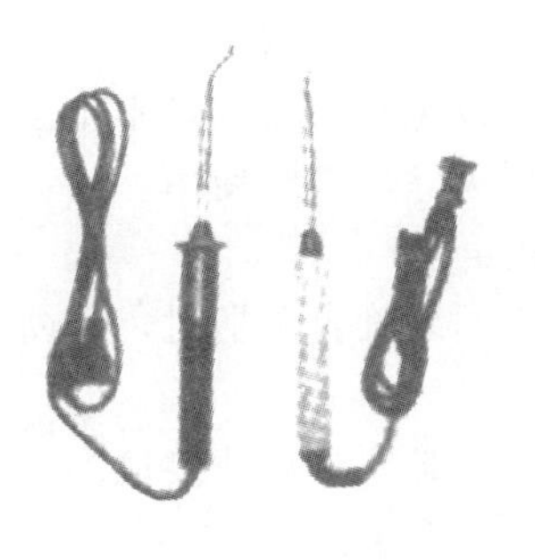
(a) 内热式电烙铁

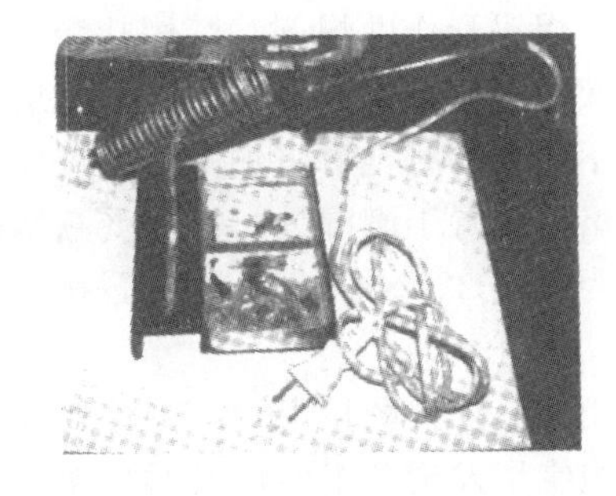
(b) 电烙铁架

图 2-11　内热式电烙铁

3. 恒温电烙铁

恒温电烙铁如图 2-12 所示。恒温电烙铁的烙铁头内装有强磁性体传感器，用以吸附磁芯开关中的永久磁铁来控制温度。这种电烙铁一般用于焊接温度不宜过高、焊接时间不宜过长的场合，但恒温电烙铁价格高些。

图 2-12　恒温电烙铁

选择名牌产品，60W，温度调节范围 100～4000℃，长时间工作时烙铁头也不容易烧死，带屏蔽地线，可以焊接怕静电元件，产品质量好，使用寿命长。

4. 电烙铁的选用

一般来说，应根据焊接对象合理选用电烙铁的功率和种类，被焊件较大，使用的电烙铁的功率也应大些，若功率较小，则焊接温度过低，焊料熔化较慢，焊剂不易挥发，焊点不光滑、不牢固，这样势必造成外观质量与焊接强度不合格，甚至焊料不能熔化，焊接无法进行。但电烙铁功率也不能过大，过大了就会使过多的热传递到被焊工件上，使元器件焊点过热，可能造成元器件损坏，使印制电路板的铜箔脱落，焊料在焊接面上流动过快，并无法控制等。

选用电烙铁的原则如下：

① 焊接集成电路、晶体管及其受热易损的元器件时，考虑选用 20W 内热式或 25W 外热式电烙铁。

② 焊接较粗导线或同轴电缆时，考虑选用 50W 内热式或 45～75W 外热式电烙铁。

③ 焊接较大元器件时，如金属底盘接地焊片，应选用 100W 以上的电烙铁。

④ 烙铁头的形状要适应被焊件物面要求和产品装配密度。

5. 使用电烙铁应注意的问题

① 新电烙铁使用前要进行处理，即让电烙铁通电给烙铁头“上锡”。具体方法是，首先用锉刀把烙铁头按需要锉成一定的形状，然后接上电源，当烙铁头温度升到能熔锡时，将烙铁头在松香上沾涂一下，等松香冒烟后再沾涂一层焊锡，如此反复进行二至三次，使烙铁头的刃面全部挂上一层锡便可使用了。使用过程中始终保证烙铁头挂上一层薄锡。

② 电烙铁不使用时不宜长时间通电，这样容易使烙铁芯过热而烧断，缩短其寿命，同时也会使烙铁头因长时间加热而氧化，甚至被“烧死”不再“吃锡”。

③ 不能在易燃和腐蚀性气体环境中使用。

④ 不能任意敲击，以免碰线而缩短寿命。

⑤ 宜用松香、焊锡膏作助焊剂，禁用盐酸，以免损坏元器件。

⑥ 使用若干次后，应将铜头取下去除氧化层，以免日久造成取不出的现象。

⑦ 发现铜头不能上锡时，可将铜头表面氧化层去除后继续使用。

⑧ 切勿将电烙铁放置于潮湿处，以免受潮漏电。

⑨ 使用电源为交流 220×(1±10%)V，接上电源线旋合手柄时，切勿使线随手柄旋转，以免短路。

⑩ 电烙铁使用时必须按图接上地线，接地线装置必须可靠地接地。

⑪ 电源线的绝缘层发现破损时应及时更换，以保安全。

⑫ 外热式电烙铁首次使用在 8min 左右有冒烟，因云母内脂质挥发属正常现象。

⑬ 电烙铁使用时，电源线必须采用橡胶绝缘棉纱编织三芯软线及带有接地接点的插头。

⑭ 电烙铁的电源线截面积和长度，应符合表 2-1 规定。

表 2-1 电烙铁电源线截面积和长度

输入功率/W	导线截面积/mm^2	导线长度/mm
20～50	0.28	1800～2000
70～300	0.35	
500	0.5	

6. 吸锡器

吸锡器的外形如图 2-13 所示。主要用来吸去元器件引脚周围的焊锡，便于更换元器件。

图 2-13 吸锡器外形

（十）绕线机

绕线机分为手摇绕线机、电动绕线机等多种。

1. 手摇绕线机

手摇绕线机的结构如图 2-14 所示，它由摇把、主动轮、被动轮和绕线模型组成，主要用来绕制小型电动机的绕组、低压电器线圈和小型变压器。手摇绕线机体积小、质量轻、操作简便，能计数绕制的匝数。维修电器时，经常需要配制低压线圈，可采用手摇绕线机绕制。绕制线圈时，操作者将导线拉直排匀，可从计数器上读出绕制圈数。

图 2-14 手摇绕线机结构

在使用手摇绕线机时应注意以下几点。

① 绕制时要把绕线机固定在操作台上。

② 当绕制线圈匝数不是从零开始时，应记下起始指示的匝数，并在绕制后减去。

③ 绕线时应手摇把导线拉紧拉直，切勿用力过度，以免将导线拉断。

2. 电动绕线机

电动绕线机采用电动方式，既可作绕线机使用，又可作电钻使用，具有一机多用的功能，如图 2-15 所示。

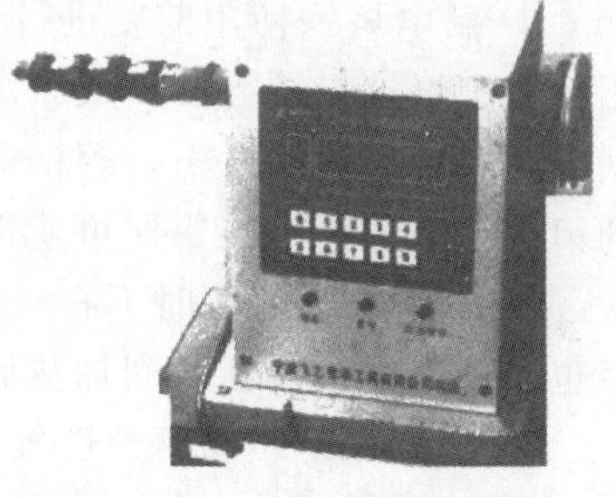

图 2-15 电动绕线机（两用）

（十一）冲击电钻

冲击电钻常用于在建筑物上钻孔，如图 2-16 所示。它的用法是：把调节开关置于“钻”的位置，钻头只旋转而没有前后的冲击动作，可作为普通钻使用。调节开关置于“锤”的位置，钻头边旋转边前后冲击，便于钻削混凝土或在砖结构建筑物墙上打孔。有的冲击电钻调节开关上没有标明“钻”或“锤”的位置，可在使用前让其空转观察，以确定其位置。

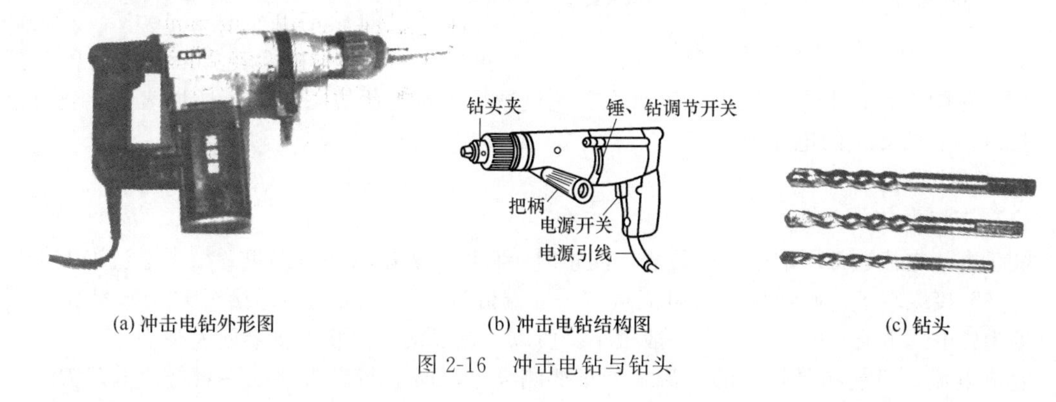

图 2-16　冲击电钻与钻头

遇到较坚硬的工作面或墙体时，不能加压过大，否则将使钻头退火或电钻过载而损坏。电工用冲击钻可钻 6～16mm 圆孔，作普通钻时，可用麻花钻头；作冲击钻时，应使用专用冲击钻头。

二、常用电工仪表及其使用

（一）电流表和电压表

电流和电压的测量是电工测量中最基本的测量，测量电流的仪表叫电流表，又叫安培表，根据测量电流的大小可分为微安表、毫安表、安培表和千安表。测量电压的仪表叫电压表，又叫伏特表，根据测量电压的大小，可分为毫伏表、伏特表和千伏表。在配电表上所用的电流表主要是安培表和千安表。

1. 电压测量

（1）直流电压的测量

磁电式表头与附加电阻串联构成电压表，用以测量直流电压。测量直流电路中的电源，负载或某段电路两端电压时，电压表必须与被测段并联，并注意表的接线端子的“+”和“−”。“+”端接被测端的高电位，“−”端接被测端的低电位，如图 2-17（a）所示。

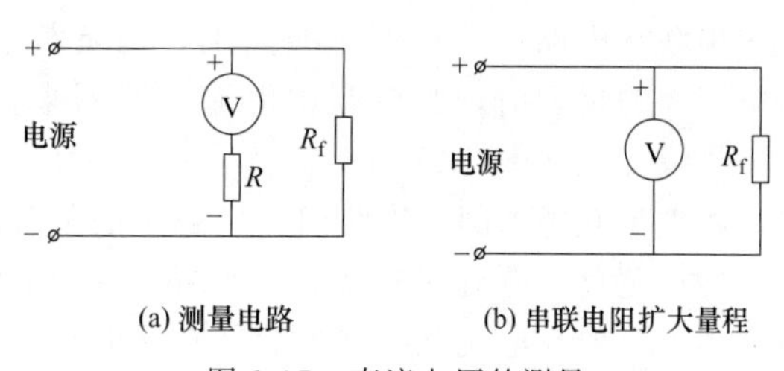

图 2-17　直流电压的测量

为了不影响电路的工作状态，电压表的内阻一般都很大，量程越大，内阻就越大。大量程的电压表一般都串联一只电阻 R，这只电阻 R 叫分压电阻，见图 2-17（b）。串联不同阻值的分压电阻，可以得到不同电压量程的电压表。分压电阻有的装在表内，有的装在表外。

（2）交流电压的测量

测量交流电压的电压表可以由磁电式表头串联分压电阻后构成的电压表进行测量。安装式电压表，一表一个量程，测量 500V 以下电压时可直接将电压表并接在被测段两端，如图 2-18（a）所示。如果测 600V 以上电压，应当与电压互感器配合使用，接成如图 2-18（b）所示。

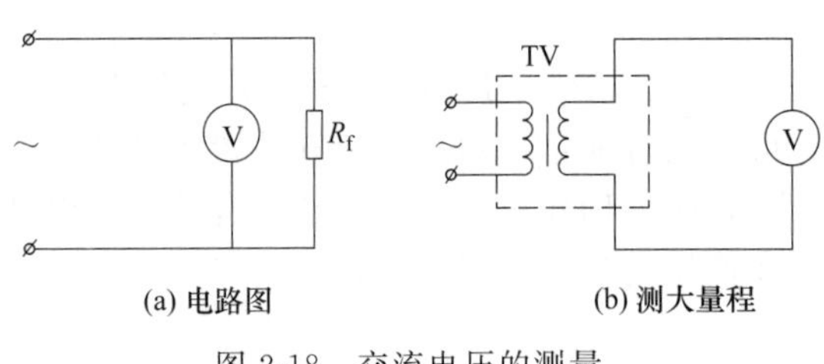

图 2-18　交流电压的测量

电压互感器的一次绕组接入被测的电压线路的两端，二次绕组接在电压表上，为了测量方便，电压互感器一般都采用标准的电压比值如 3000/100，6000/100，1000/100 等。尽管高压侧电压不同，但二次绕组的额定电压总是 100V，因此都可用 0～100V 电压表测量。与电压互感器配套装在配电盘板上的电压表，表盘上的刻度数字也都是折算好了的，所以表盘上就可以直接指示读取所测量的电压值。

2. 电流的测量

（1）直流电流的测量

测量直流电流通常用磁电式电流表。测量时应将电流表串联在电路里并根据电流表上标出“+”“−”接线端子正确连接，使电流从“+”端流进“−”端流出。接线方式如图 2-19 所示。因为磁电式电流表的表头内阻一般很小，所以一旦误接成并联，将会使表头烧坏。

直流电流表只能测量较小的电流，如果要测大电流时应与表头并联一只低值电阻 R，这只电阻 R 叫分流器，接线方式如图 2-20 所示。

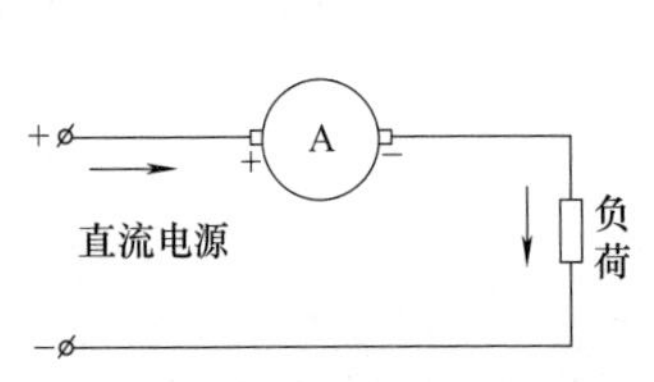

图 2-19　直流电流表接线方法

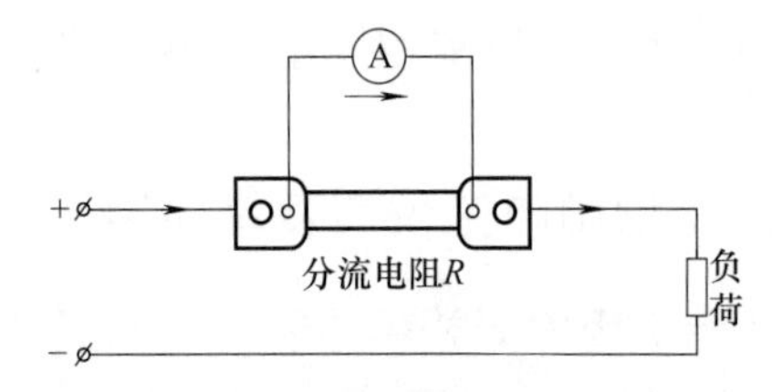

图 2-20　直流电流表附有分流器接线图

（2）交流电流的测量

在电力系统和供电系统中，测量交流电的电流表，大多数采用电磁式仪表，如 1T1-A 型电流表，最大量程为 200A，在这个测量范围内，测量时将电流表串联在电路中。在低压线路上，当负载电流超过电流表的量程时，则应利用电流互感器来扩大量程，接线方式如图 2-21 所示。

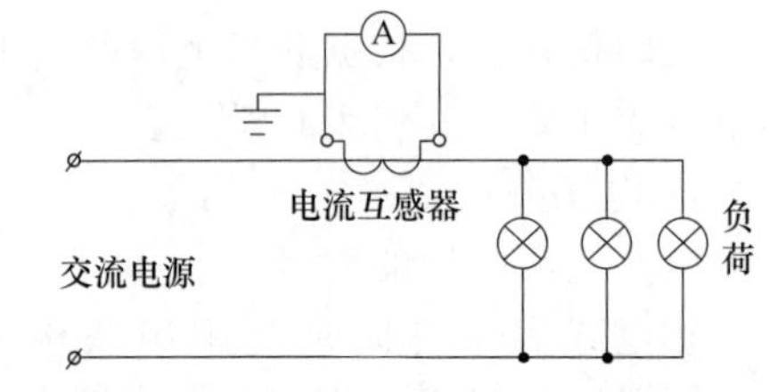

图 2-21　交流电流表经电流互感器接线法

将电流互感器的一次绕组与电路中的负载串联，二次绕组接电流表。为了便于测量和电流表的规范化，电流互感器的二次绕组的额定电流规定为 5A，因而可用 0～5A 的电流表配合使用。一般与电流互感器配套装在配电盘板上的电流表，表盘上的刻度数字都折算好了，可从盘板上直接读出负载电流值。

（3）钳形电流表

用电流表测量电流时，必须把电流表串接在电路中。在施工中，临时现场需要检查电气设备的负载情况或线路流过电流，采用钳形电流表测量电流，就不必把线路断开，可以直接测量负载电流的大小。

钳形电流表简称钳形表。它是根据电流互感器的原理制成的，外形像钳子一样，如图 2-22 所示。

常用的钳形电流表是 T-301 型，这种仪表只适用于测量低压交流电路中的电流。

使用该表时，先把量程开关转到合适位置，手持胶木手柄，用食指勾紧铁芯开关，便可打开铁芯，将欲测导线从铁芯缺口引入到铁芯中央。该导线就等于电流互感器的一次绕组，然后放松铁芯开关的食指，铁芯自动闭合，被测导线电流就在铁芯中产生交变电磁，使二次绕组感应出导线所流过的电量，从钳形表上可直接读数。

使用时注意事项：

① 不得用钳形表测量高压线路，被测线路的电压不能超过钳形表规定的使用电压，以防止绝缘层被击穿造成人身触电。

② 测量前应先估计被测电流的大小来选择适当量程，不可用小量程去测大电流。

③ 每次测量只能一相一相地测量，不能同时夹入二相或三相通电导体，被测导线应置于钳口中央部位，以提高准确度。

④ 若被测量导体的电流较小不能在合适的测量范围内指示，则可将被测通电导体在互感器的钳口铁芯内绕几周，所测得的电流值被绕导线圈数除，所得商就是被测实际通电导体的电流值。

⑤ 测量结束后，应将量程调节开关扳到最大量程，以便下次安全使用。

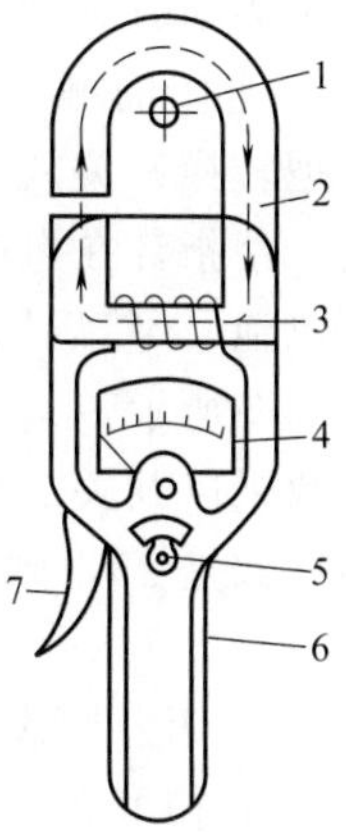

图 2-22　钳形电流表
1—被测导线；2—铁芯；
3—二次绕组；4—表头；
5—量程开关；6—手柄；
7—铁芯开关

（二）万用表

万用表是一种多量程多用途的测量仪表，一般的万用表能测量直流电流、直流电压、交流电压和电阻等，有的还可以测量电感、电容和晶体管放大倍数等。施工中常用国产 MF 型系列表，以图 2-23 为例说明其使用方法和注意事项。

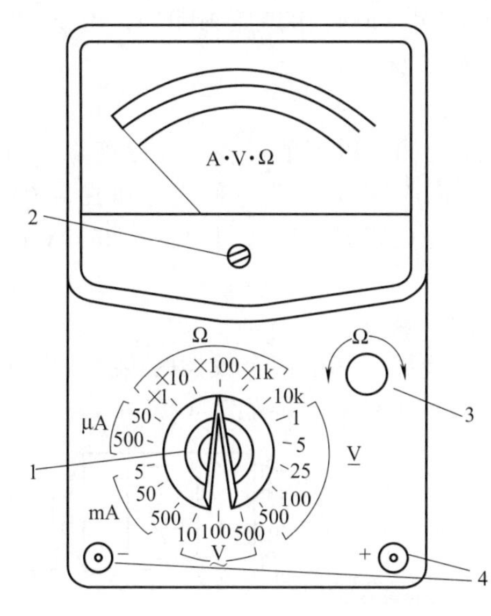

图 2-23　MF30 型万用表面板图
1—量程选择开关；2—调零螺钉；
3—测电阻的调零旋钮；4—插接孔

测量前首先检查万用表的指针是否在零位，如果不在零位，可用螺丝刀在表头的“调零螺钉”上慢慢地把指针调到零位，然后再进行测量。

1. 电压的测量

将转换开关转到“$\underline{\text{V}}$”符号是测量直流电压，转换到“$\underset{\sim}{\text{V}}$”符号是测量交流电压。所需的量程由被测量电压的高低来确定，如果不知道被测量电压数值，可从表的最高测量范围开始，被测量的电压低，指针偏转很小，再逐级调低选择合适的测量范围。

测量直流电压时，必须对被测电路进行分析，弄清电位的高低（即正负极）。“+”插口接红色表笔，接至被测电路的正极；“−”插口接黑色表笔，接至被测电路的负极；不要接反，否则指针会逆向偏转而被打弯。如果无法弄清电路电位的高低端，可选高的测量范围挡，用两根表笔很快地碰一下测量点，看清表针的指向，找出高低电位点。

测量交流电压则不分正负极，但转换开关应转到“$\underset{\sim}{\text{V}}$”符号挡所需的测量范围。

2. 直流电流的测量

先将转换开关转到“mA”范围内的适当量程位置上，然后按电流从正极到负极的方向将万用表串联到被测电路中，与直流电流表相同。

3. 电阻的测量

把转换开关放在“Ω”范围内的适当量程位置上，先将两根表笔短接，旋动“Ω”调零旋钮，使指针在电阻刻度的“0”Ω上（如果调不到“0”Ω说明表内电池电压不足，应更换新的电池），然后用表笔测量电阻。

如图所示，量程选择开关上有×1、×100、×100、×1k的符号，表示倍率数，用表头的读数乘以开关的倍率数，就是所测电阻的阻值。例如，选择转换开关放在×100挡，表头上的读数是25，则电阻值为

$$R=25\times100=2500(\Omega)$$

4. 使用万用表的注意事项

① 转换开关的位置应选择正确，尤其选择测量种类时要特别小心，若误用电流挡或电阻挡去测量电压，轻则会造成表针损坏，重则会造成表头烧毁。

② 选择量程要适当，测量时最好使表针在1/2～2/3范围内读数较为精确。

③ 插孔（或端钮）选择要正确，红色表棒应插入标有“＋”的插孔内。

④ 当测量线路某一电阻时，线路必须与电源断开。不能在带电的情况下测量电阻，否则会烧坏万用表。

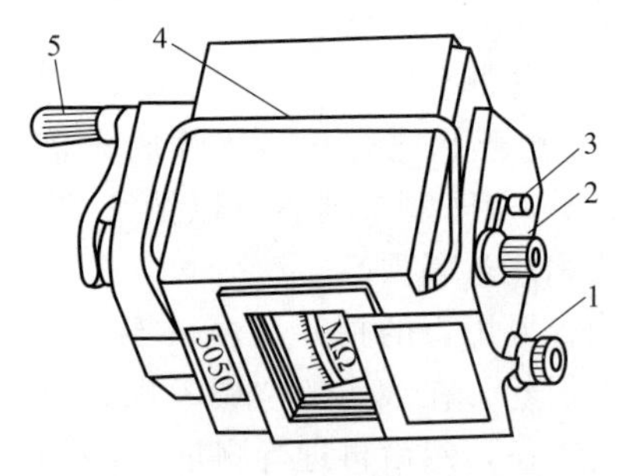

图 2-24 兆欧表

1—接线柱E；2—接线柱L；3—接线柱G；4—提手；5—摇把

（三）兆欧表

测量高阻值电阻和绝缘电阻的仪表，叫作摇表，也称兆欧表。

兆欧表的种类很多，但其作用原理相同，以ZCⅡ型兆欧表为例，如图2-24所示。

1. 兆欧表的选用

测量额定电压在500V以下的设备或线路绝缘电阻时，可选用500～1000V摇表，测量额定电压在500V以上的设备或线路绝缘电阻时，应选用1000～2500V的电摇表。

2. 兆欧表的接线和测量

兆欧表有三个接线柱，其中两个较大的接线柱上分别标有“接地”（E）和“线路”（L）；另一个较小的接线柱上标有“屏蔽”（G）。

（1）测量照明或动力线路的绝缘电阻

将摇表接线柱（E）可靠接地，接线柱（L）接到被测线路上，如图2-25所示。线路接好后，可按顺时针方向摇动电表的发电机摇柄，转速由慢变快，最终达到每分钟120转时稳定转速，表针指示的数值就是被测的绝缘电阻值。

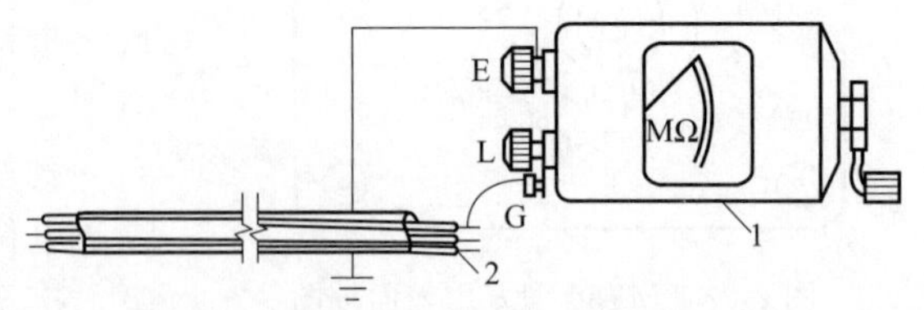

图 2-25 测量照明或动力线路的绝缘电阻

1—兆欧表；2—电动机

（2）测量电动机的绝缘电阻

将摇表接线柱（E）接机壳，接线柱（L）接到电动机绕组上，如图2-26所示，按上述方法转动摇柄，表针指示数值为绝缘电阻值。

3. 使用兆欧表的注意事项

① 测量电气设备的绝缘电阻时，必须先切断电源，然后将设备进行放电（用导线将设备与大地相连），以保证测量人员的人身安全和测量的准确性。

② 在使用兆欧表测量时，兆欧表放置在水平位置。未接线前转动兆欧表做开路试验，确定指针是在“∞”处。再将（E）和（L）两个接线柱短接，慢慢地转动摇柄，看指针是否指在“0”位。若两项检查都对，说明兆欧表是好的。

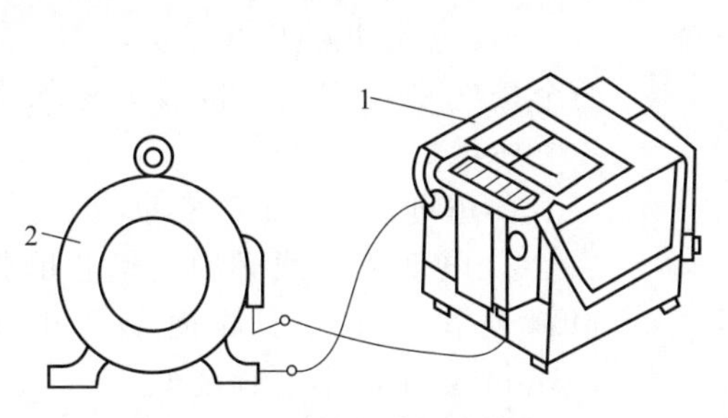

图 2-26　测量电动机绝缘电阻

1—兆欧表；2—电动机

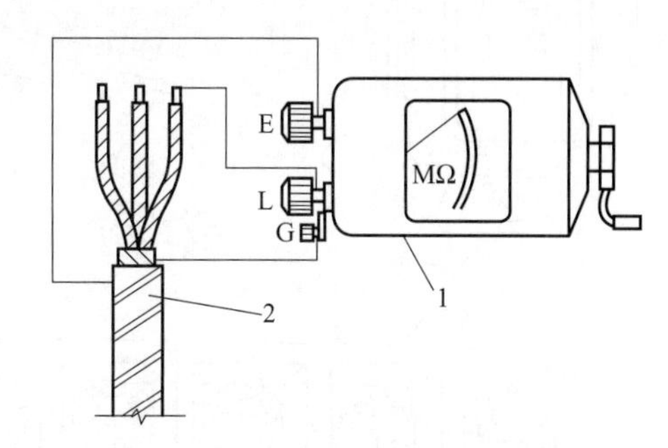

图 2-27　测量电缆的绝缘电阻

1—兆欧表；2—电缆

③ 接线柱引线要有良好的绝缘，两根线切忌交合在一起，以免造成测量不准确。

④ 摇测电缆、大型设备时，设备内部电容较大，只有在读取数值后，并断开（L）端连线情况下，才能停止转动摇柄，以防电缆、设备等反向充电而损坏摇表。

⑤ 兆欧表测量完后，应立即对被测量体放电，在兆欧表的摇柄未停止转动前和被测物体未放电前，不可用手去触及被测物的测量部分，以防触电。

（四）电能表

电能表又称电度表，用于测量某一段时间内所消耗的电能。

1. 单相电度表的接线

单相电度表有 4 个接线柱头，从左到右按①、②、③、④编号，接线方法一般按①、③接电源线，②、④接出线的方式连接，如图 2-28 所示。也有些单相表是按①、②接电源线，③、④接出线方式。

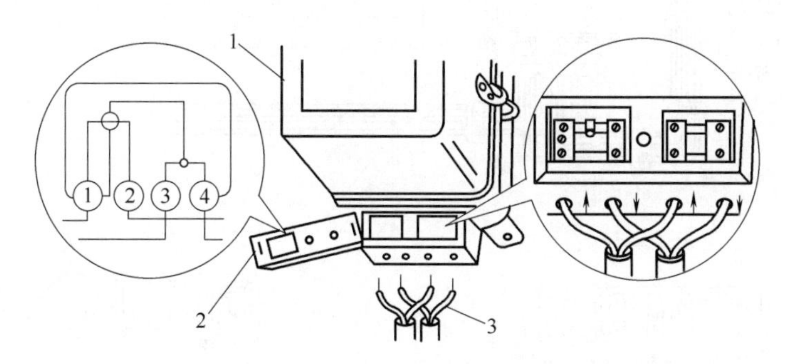

图 2-28　单相电度表的接线

1—电度表；2—电度表接线桩盖子；3—进、出线

具体的接线方式参照电度表接线图。

2. 三相电度表的接线

（1）直接式三相四线制电度表的接线

这种电度表共用 11 个接头，从左至右按①、②、③、④、⑤、⑥、⑦、⑧、⑨、⑩、⑪编号。其中①、④、⑦是电源线的进线桩头，用来连接从电源总开关下引来的三根线。③、⑥、⑨是相线的出线头，分别去接负载总开关的三个进线头。⑩、⑪是电源中性线的进线和出线桩头。②、⑤、⑧三个接线桩头可空着，如图 2-29 所示。

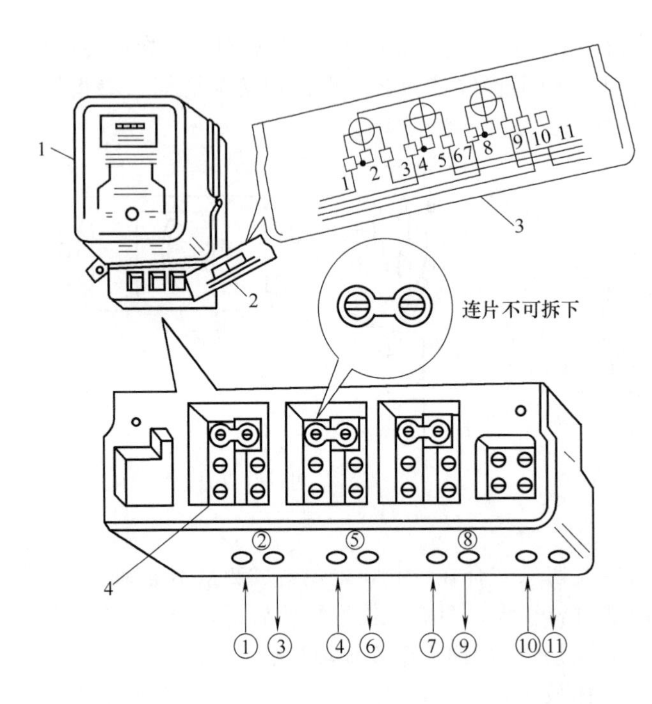

图 2-29　三相四线制电表直接接线

1—电度表；2—接线桩盖板；3—接线原理；4—接线桩

(2) 直接式三相三线制电表的接线

这种电度表共有 8 个接线桩，其中①、④、⑥是电源相线进线桩头，③、⑤、⑧是相线出线桩头，②、⑦两个接线桩可空着，接线方法如图 2-30 所示。

3. 电度表接线的注意事项

① 电度表总线必须用钢芯单股塑料硬线，其最小截面不得小于 1.5mm^2，中间不准有接头。

② 电度表总线必须明线敷设，长度不宜超过 10m。若采用线管敷设，线管也必须明敷。

③ 接线方式：一般进入电度表时，以“左进右出”为接线原则。

④ 电度表必须安装得垂直于地面，表的中心离地面高度应在 1.4～1.5m。

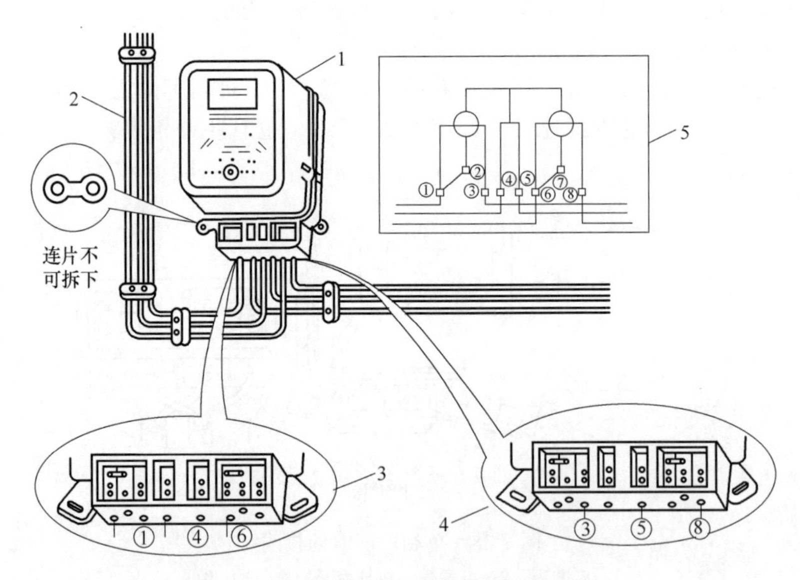

图 2-30　直接式三相三线制电度表的接线

1—电度表；2—电源进线；3—进线的连接；4—出线的连接；5—接线原理图

（五）水平测量仪

图 2-31 (a) 所示为水平测量仪，它是电工安装布线的工具之一，主要用于电工安装布线时，检查布线是否水平。该仪器打开开关，则发出水平的红光，用于监测所安装的布线是否水平。

该仪器随身携带，体积小巧、灵活、方便。

电子水平仪的电路如图 2-31（b）所示。S_1 和 S_2 均为玻璃水银导电开关，它内部由一个短电极和一个长电极组成，并装有导电用的可移动水银球。图中所示为玻璃水银导电开关 S_1 和 S_2 在水平仪中的安装位置。

当水平仪处于水平位置时，玻璃水银导电开关 S_1 和 S_2 内部的水银球均把相应的短电极与长电极接通，因而使两个发光二极管 LED_1、LED_2 同时通电发光。当水平仪向着玻璃水银导电开关 S_1 一方倾斜时，其玻璃管内的水银球便位移到左端而脱离短电极，使 S_1 断开，LED_1 熄灭；但此时 LED_2 仍发光，表示此端偏高。

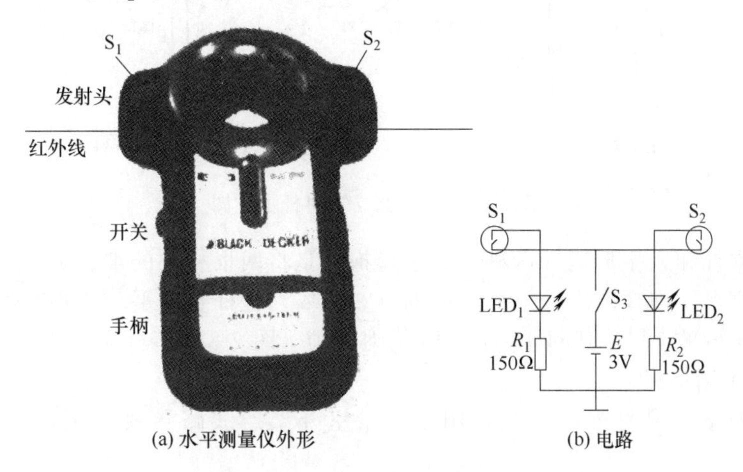

(a) 水平测量仪外形　　(b) 电路

图 2-31　建筑用水平测量仪

电路中，R_1、R_2 分别为 LED_1 和 LED_2 的限流电阻器，其阻值大小影响着对应发光二极管的发光亮度。S_3 为电源开关。

S_1、S_2 选用 KG-102 型玻璃水银导电开关。LED_1、LED_2 宜用红色高亮度发光二极管。R_1、R_2 均用 RTX. 1/8W 型碳膜电阻器。S_3 用小型拨动开关。

E 可用两节 7 号或 5 号干电池串联后供电。

整个水平仪电路全部安装在一个尺寸约为 250mm×30mm×25mm 的长条形木盒或塑料盒内。在盒上盖的中间位置开孔固定电源开关 S_3，两头位置分别为发光二极管 LED_1、LED_2 开出的安装孔。盒内部中间位置固定安装电池 E，两端分别水平安放玻璃水银导电开关 S_1 和 S_2（要求保持在同一水平线上）等。

三、常用架线工具及登高用具

（一）架线工具

1. 叉杆

叉杆是由 U 形铁叉和细长的圆杆组成［图 2-32（a）］。叉杆在立杆时用来临时支撑电杆和用于起立 9m 以下的木单杆。用叉杆矗立木单杆的步骤如下：

① 将电杆移至坑口，使杆根顶住滑板。

② 用杠子将电杆头部抬起，随即用叉杆顶住，再逐步向杆根交替移动叉杆［图 2-32（b）］，使杆头不断升高。当杆头升高到一定高度时，增加 3 根叉杆，使电杆起立。

③ 当电杆起立到将近垂直时，将一根叉杆转至对面，以防电杆向对面倾倒，并抽出滑板，同时将另外两根叉杆分别向左、右岔开，使 3 根叉杆呈三角位置支撑电杆，以防电杆向左、右倾斜［图 2-32（c）］。

2. 抱杆

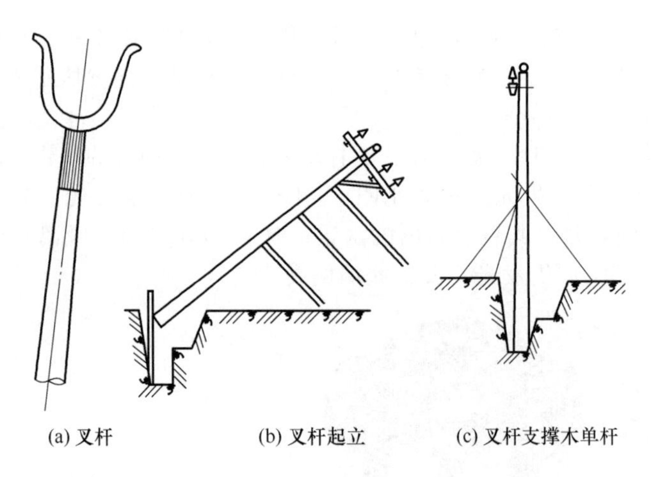

图 2-32 叉杆矗立木单杆示意图

抱杆有单抱杆和人字形抱杆两种。人字形抱杆是将两根相同的细长圆杆，在顶端用钢绳交叉绑扎成人字形。抱杆高度按电杆高度的 1/2 选取，抱杆直径平均为 16～20mm，根部张开宽度为抱杆长度的 1/3，其间用 ϕ12mm 钢绳联锁（图 2-33)。

3. 导线弧垂测量尺

导线弧垂测量尺又称弛度标尺，用来测量室外架空线路导线弧垂，其外形如图 2-34 所示。

使用时应根据表 2-2 所示值，先将两把导线弧垂测量尺上的横杆调节到同一位置上，接着将两把标尺分别挂在所测档距的同一根导线上（应挂在近瓷瓶处)，然后两个测量者分别从横杆上进行观察，并指挥紧线；当两把测量尺上的横杆与导线的最低点成水平直线时，即可判定导线的弛度已调整到预定值。

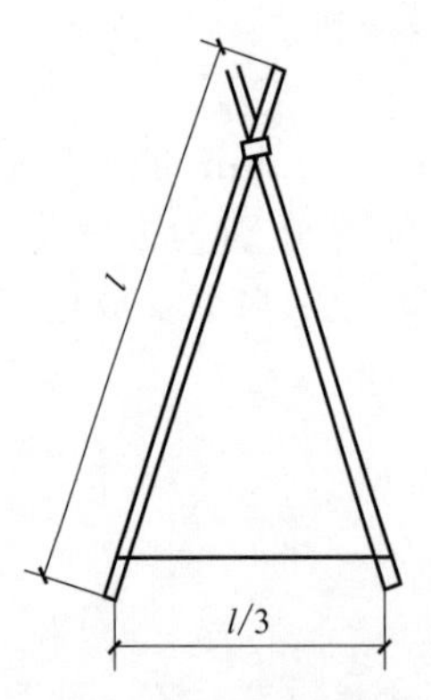

图 2-33 人字形抱杆

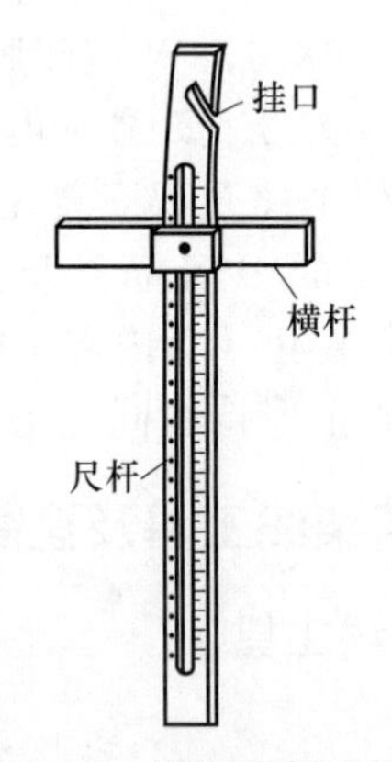

图 2-34 导线弧垂测量尺

表 2-2 架空导线弧垂参考值

档距/m 环境温度/℃	30	35	40	45	50
−40	0.06	0.08	0.11	0.14	0.17
−30	0.07	0.09	0.12	0.15	0.19
−20	0.08	0.11	0.14	0.18	0.22
−10	0.09	0.12	0.16	0.20	0.25
0	0.11	0.15	0.19	0.24	0.30
10	0.14	0.18	0.24	0.30	0.38

续表

档距/m 环境温度/℃	30	35	40	45	50
20	0.17	0.23	0.30	0.38	0.47
30	0.21	0.28	0.37	0.47	0.58
40	0.25	0.35	0.44	0.56	0.69

4. 紧线器

紧线器又称紧线钳和拉线钳，用来收紧室内瓷瓶线路和室外架空线路的导线。紧线器的种类很多，常用的有平口式和虎头式两种，其外形如图 2-35 所示。

使用紧线器时应注意以下事项：

① 应根据导线的粗细，选用相应规格的紧线器。

② 使用紧线器时，如果发现有滑线（逃线）现象，应立即停止使用，采取措施（如在导线上绕一层铁丝）确实将导线夹牢后，才可继续使用。

③ 在收紧时，应紧扣棘爪和棘轮，以防止棘爪脱开打滑。

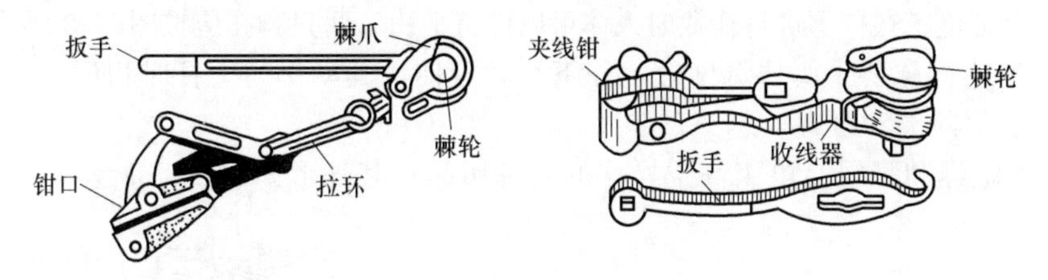

图 2-35 紧线器

（二）登高工具（用具）

登高工具是电工进行高空作业所需的工具和装备。为了保证高空作业的安全，登高工具必须牢固可靠。电工完成高空作业时，要特别注意人身安全。

1. 梯子和高凳

梯子和高凳可用木材或竹材制作，切不可用金属材料制作。梯子和高凳应坚固可靠，确保能够承受电工身体和携带工具的质量。梯子分为直梯（也称靠梯）和人字梯两种，如图 2-36（a）、(b）所示。

使用梯子和高凳应注意以下事项：

① 使用前应严格检查梯子是否损伤、断裂，脚部有无防滑材料和是否绑扎防滑安全绳。

② 梯子放置必须稳固，梯子与地面的夹角以 60°左右为宜，顶部应与建筑物靠牢。

③ 人字梯放好后，要检查四只脚是否同时着地。作业时不可站立在人字梯最上面两档工作。

④ 在梯子上工作，应备有工具袋，上下梯子时工具不得拿在手中，工具和物体不得上下抛递，防止落物伤人。

⑤ 在室外高压线下或高压室内搬动梯子时，应放倒由两人抬运，并且与带电体保持足够的安全距离。

2. 脚扣

脚扣又称铁脚，是一种攀登电杆的工具。脚扣分为两种：一种是扣环上有铁齿，供登木杆用［图 2-37（a)］；另一种是扣环上裹有橡胶，供登混凝土杆用［图 2-37（b)］。

使用脚扣时应注意以下事项：

① 脚扣攀登速度较快，容易掌握，但在杆上操作不灵活、不舒适，容易疲劳，所以只适用于在杆上短时工作。

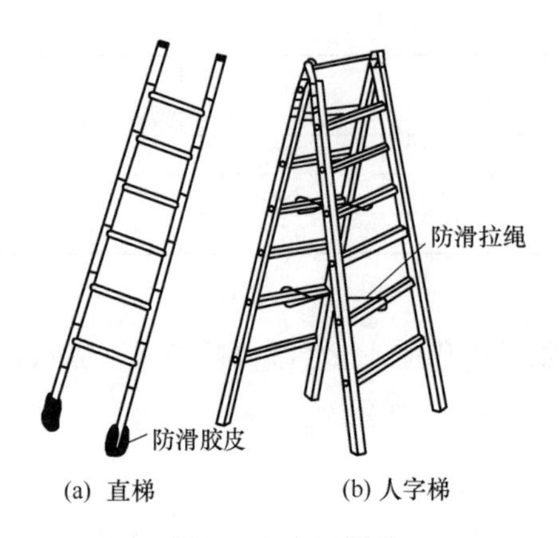

图 2-36　电工用梯

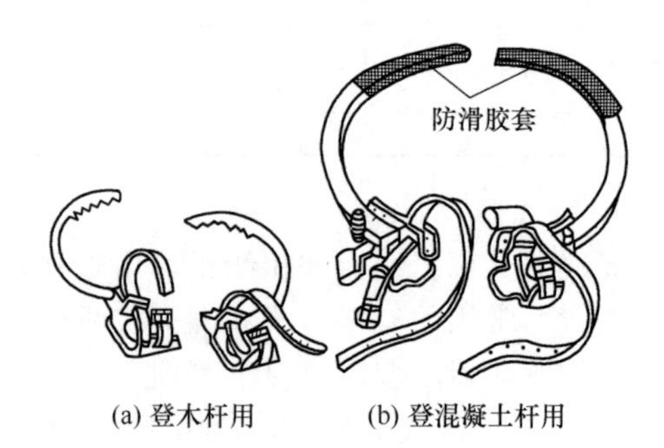

图 2-37　脚扣

② 登杆前首先应检查脚扣是否损伤，型号与杆径是否相配，脚扣防滑胶套是否牢固可靠，然后将安全带系于腰部偏下位置，戴好安全帽。

③ 为了保证电工在杆上进行作业时人体可以保持平稳，两只脚扣应按图 2-38 所示方法定位。

④ 下杆时，同样要手脚协调配合，往下移动身体，其动作与上杆时相反。

3. 腰带、保险绳和腰绳

腰带、保险绳和腰绳是电工高空操作的必备用品，其外形如图 2-39 所示。

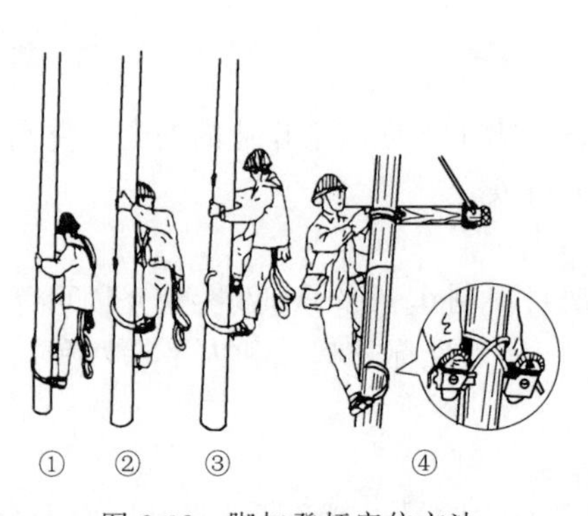

图 2-38　脚扣登杆定位方法

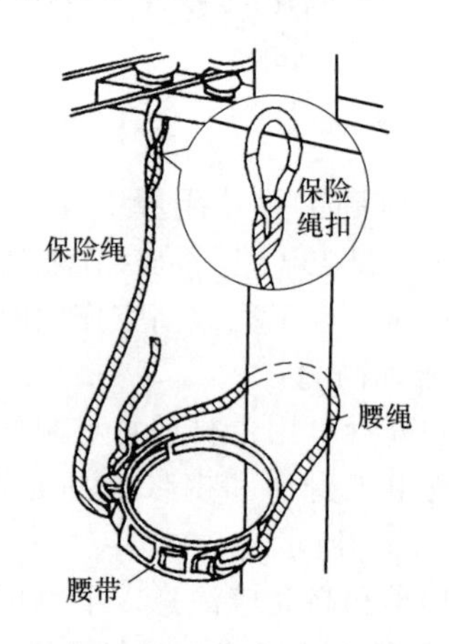

图 2-39　腰带、保险绳和腰绳

使用腰带、保险绳和腰绳时应注意以下事项：

① 腰绳应系结在臀部上端，而不是系在腰间。

② 使用时应将其系结在电杆的横担或抱箍下方，以防止腰绳窜出电杆顶端而造成工伤事故。

第二节　建筑电气工程材料

建筑电气工程常用的电工材料很多，限于篇幅的关系，这里仅将其中最常用的列出，并介绍其在应用中的相关事项。

一、绝缘子

绝缘子是对处在不同电位的电气设备或导体同时提供电气绝缘和机械支持的器件，其分类和基本结构见表 2-3 和表 2-4。

表 2-3　绝缘子按用途和结构分类

类型	线路绝缘子		
用途	架空电力线路、电气化铁道牵引线路		
形式	针式	盘形悬式	蝶式
可击穿型（B 型）	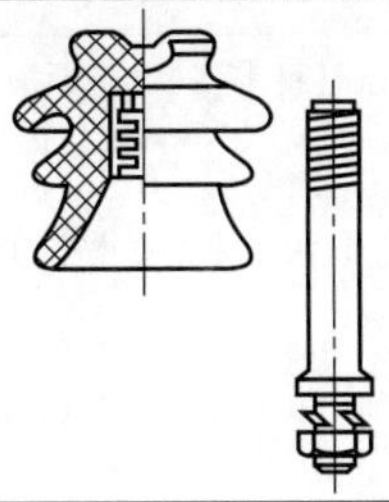	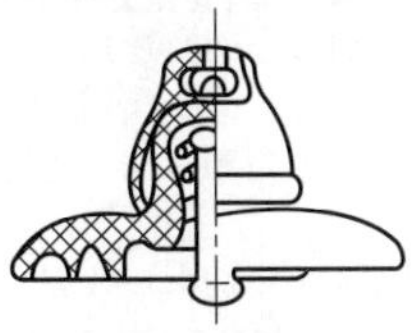	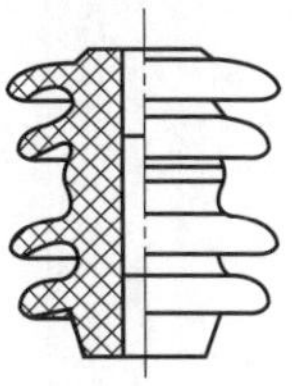
类型	电站、电器绝缘子		
用途	电站和电器		
形式	隔板支柱	针式支柱	套管
可击穿型（B 型）	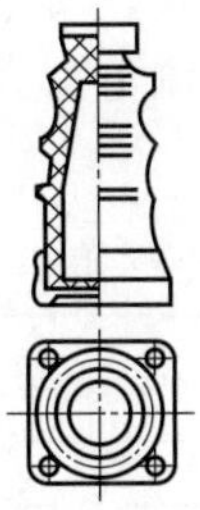	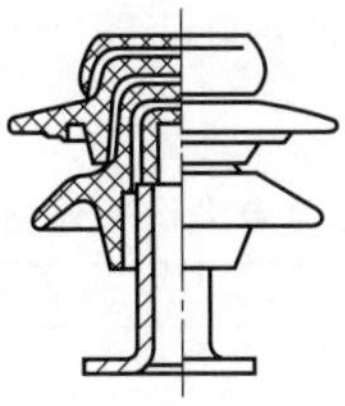	
形式	线路柱式	长棒形	横担
不可击穿型（A 型）	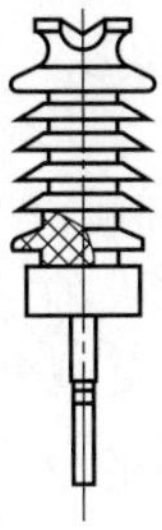	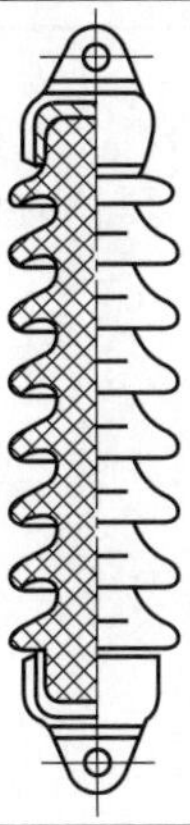	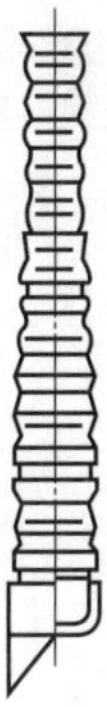
形式	棒形支柱		空心绝缘子
不可击穿型（A 型）	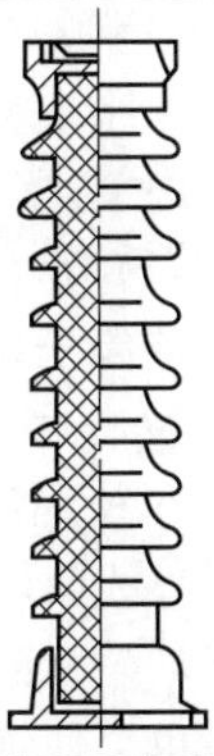		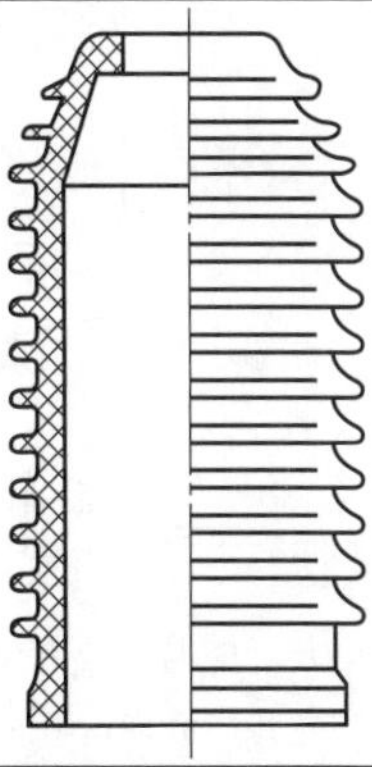

表 2-4 绝缘子按电压、材料、击穿可能性分类

分类	类别
电压种类	交流绝缘子;直流绝缘子
电压高低	高压绝缘子(U_r>1kV);低压绝缘子(U_r≤1kV)
主绝缘材料	瓷绝缘子:电气机械性能、化学稳定性和耐候性好,原材料丰富、价格低廉,应用广泛 玻璃绝缘子:生产周期短、建厂投资少、绝缘子损坏时易于发现,用于制造结构较简单、尺寸较小的绝缘子 有机材料绝缘子:主要是环氧浇注绝缘子,用于制造形状复杂、尺寸小、电场高、耐 SF_6 分解产物的绝缘子 复合材料绝缘子:用于超高电压线路
击穿可能性	A 型绝缘子:δ/L_d>1/2(环氧浇注绝缘子:>1/3) B 型绝缘子:δ/L_d<1/2(环氧浇注绝缘子:<1/3) 其中,L_d 为绝缘子外部干闪络距离,δ 为固体绝缘内部最短击穿距离

1. 外绝缘污秽等级

由于绝缘子表面污秽而造成的污秽闪络事故面积大、时间长，所造成的损失超过雷害事故，特别是在工业污秽区，达到雷电事故的 8～10 倍以上。交流电力设备外绝缘最小公称爬电比距见表 2-5。

表 2-5 交流电力设备外绝缘最小公称爬电比距 *A* 单位：mm/kV

外绝缘污秽等级	线路	电站设备
0	13.9(14.5)	14.8(15.5)
Ⅰ	16	16
Ⅱ	20	20
Ⅲ	25	25
Ⅳ	31	31

Ⅰ～Ⅳ污秽等级绝缘子应按 GB/T 5582—1993《高压电力设备外绝缘污秽等级》进行人工污秽试验，试验电压为 $U_m/\sqrt{3}$（U_m 为设备最高工频运行电压）。高海拔地区的耐受电压试验值应予提高，按标准进行换算。

污秽地区选用绝缘子时要注意污秽区等级，正确选择伞裙和爬电距离。海盐污秽区应选取保护爬电距离较大的钟罩伞结构，沙漠区应选用自洁性较强的草帽伞结构。

运行中应采取反污措施：采用耐污绝缘子增加绝缘子或柱的元件数，爬电距离应足够，选取对当地防污有利的伞形；加强清洗；绝缘子表面涂覆有机硅脂、硅油、地蜡和硅橡胶等憎水涂料；采用复合绝缘；合理布置绝缘子，例如水平安装、采用 V 形布置等。

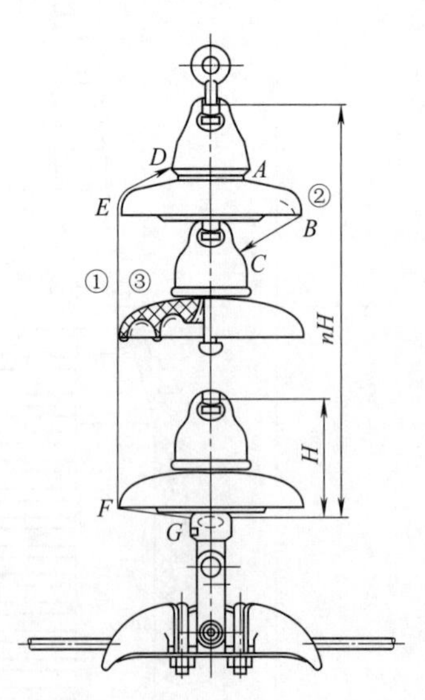

图 2-40 盘形绝缘子串的闪络距离和闪络路径
H—绝缘子高度；①～③—三种不同的闪络路径

2. 绝缘子的结构特性

(1) 盘形悬式绝缘子

绝缘子串闪络路径与电压类型有关，见图 2-40 及表 2-6。

在长绝缘子串的导线侧装设均压环使绝缘子与导线间电容增大，可使绝缘子串的电压分布趋于均匀，减小电晕放电和线路的无线电干扰，同时也会使绝缘子串的闪络电压略微降低。

表 2-6　盘形绝缘子串的闪络电压类型和闪络路径关系

闪络电压类型	决定因素	闪络路径
工频干闪、雷电冲击、操作冲击干闪、正极性操作冲击湿闪	绝缘子串长度 L_d	图 2-40 中①:最短路径,$D \to E \to F \to G$ $L_d = DE$(沿面)$+EF$(空气间隙)$+FG \approx nH$
工频湿内、负极性操作冲击湿闪	绝缘子形式:空气间隙长 L_g,潮湿表面长 L_w	图 2-40 中②:沿绝缘子表面和空气间隙交替组成的路径,$L_w = nAB$(沿各绝缘子表面),$L_g = nBC$
污秽闪络	绝缘子形式,材质,污秽	图 2-40 中③:沿全部绝缘体表面

盘形绝缘子运行负荷最大值不超过其额定机电破坏负荷的 30%。

(2) 高压支柱绝缘子

分为户内和户外两大类。户外绝缘件表面采用多棱式以提高其闪络特性；户内多为实心棒形支柱绝缘子。超高压支柱绝缘子顶部装设均压环，直径应超过绝缘子高度的 20%。支柱绝缘子的运行负荷最大值不应超过其弯曲破坏力的 40%；短路时合力的最大值不超过额定弯曲破坏力。

(3) 复合绝缘子

芯棒或芯管一般为树脂浸渍玻璃纤维棒（大多采用引拔棒），主要提供机械强度；外套多由硅橡胶或乙丙橡胶制作，提供必要的干弧距离和爬电距离，并且保证芯体不受气候环境影响。复合绝缘子有线路柱式绝缘子、长棒形绝缘子、支柱绝缘子和空心绝缘子等品种。它具有尺寸小、质量轻、机械强度高、对杆塔机械强度要求较低等优点，运输、安装、维护方便，防污性突出，可用于强污秽地区，复合空心绝缘子还消除了瓷套易破裂的危险。

(4) 高压套管

高压套管是引导高压导体穿过隔板并使导体与隔板绝缘的器件。套管按绝缘结构分为单一绝缘（主绝缘有纯瓷、树脂、合成橡胶等）套管、复合绝缘（瓷套加油、瓷套加压缩气体、瓷套加绝缘胶）套管和电容式（油浸电缆纸、环氧或酚醛胶单面上胶纸、环氧胶浸渍绝缘纸、有机复合）套管等几种。

电容套管最常用，主绝缘称为电容芯子，绝缘内部布置有导电层（电极）以改善电场分布，电极一般用铝箔，若以半导体镶边铝箔、半导体箔以及绝缘纸印制半导体条作为电极，则可改善电极边缘的局部放电特性。油纸套管芯子两端一般切割成阶梯状，套管必须全部充油，上下均有瓷套，油与外界隔绝，密封要求高，局部放电电压高、放电量小、$\tan\delta$ 低、散热好、热稳定性好；胶纸套管芯子两端车削成锥形，套管户外部分（上部）需瓷套保护，并充油以防潮，胶纸套管尺寸小、机械强度高、耐局部放电性能好、维护方便。电容套管可以缩小套管本身的尺寸，并使安装有电容套管的变压器、油断路器等电力设备的尺寸减小。

(5) 直流绝缘子

直流绝缘子运行条件不同于交流绝缘子，应有特殊考虑：直流电压下，瓷中钠离子易迁移引起绝缘子老化和热破坏，因而要求降低绝缘子中钠含量，要选用高电阻率材料；负极性湿闪电压比交流低，直流绝缘子的污秽沉积比交流下更严重，表面局部放电持续时间较长，直流污秽耐压比交流时低，因而爬电比距要求较高；盘型直流绝缘子的钢脚在直流电压下易被电解腐蚀，钢脚一般应有锌护套，严重污秽地区使用的盘形或长棒形绝缘子帽钟罩口下缘应装设锌环。

直流套管电场分布不同于交流套管，要求增加绝缘长度，要有足够的保护爬电距离和伞间距。套管瓷套表面涂室温固化硅橡胶能有效提高耐污秽性能。

二、裸导线

裸导线的品种、型号、特性和用途见表 2-7。

表 2-7 裸导线的品种、型号、特性和用途

类别	名称	型号	特性	用途
圆线	硬圆铜线 软圆铜线 特硬圆铜线	TY TR TYT	硬线的抗拉强度大，软线的伸长率高，半硬线介于两者之间	硬线主要用作架空导线；半硬线、软线主要用作电线、电缆及电磁线的线芯，亦用作其他电器制品
	硬圆铝线 半硬圆铝线 软圆铝线	LY LYB LR		
	镀锡圆铜线	TXR TXRH	具有很好的耐蚀性与焊接性，并在铜线与被覆绝缘（如橡胶）之间起隔离作用	电线、电缆用线芯、屏蔽层及电器制品
	铝合金圆线	HL	具有比纯铝线高的抗拉强度	硬线用于制造架空导线，软线用于电线、电缆线芯等
	铜包钢圆线 镀银铜包钢线	GTA GTB GTYD	高的抗拉强度，和铜一样的耐蚀性，镀银铜包钢线对高频通信有较大的优越性	架空导线，通信用载波避雷线，大跨越导线，高温电线线芯
	铝包钢圆线 镀银铝包钢线	GL GLYD	高的抗拉强度，和铜、铝一样的耐蚀性；镀银铝包钢线对高频通信有较大的优越性	架空导线，通信用载波避雷线，大跨越导线，高温电线线芯
绞线	铝绞线	LJ	导电性、力学性能良好，钢芯铝绞线比铝绞线拉断力大1倍左右	用于低压或高压的架空电力线路
	钢芯铝绞线	GLJ		
型线	硬、软扁铜线	TBY、TBR	铜、铝扁线和母线的机械特性和圆线相同，扁线、母线的结构形状均为矩形，仅在规格尺寸和公差上有所区别	铜、铝扁线，主要用于电动机、电器等线圈或绕组；铜、铝母线主要作汇流排用，亦用于其他电器制品
	硬、半硬扁铝线 软扁铝线	LBY、LBBY LBR		
	硬、软铜母线	TMY、TMR		
	硬、软铝母线	LMY、LMR		
	硬、软铜带	TDY、TDR	—	通信电缆线芯外导体
	梯形铜排 梯形银铜排 异形银铜排	TPT TYPT TYPT-1	银铜合金排，具有比铜好的耐磨性、较高的机械强度和硬度	直流电机换向器片
	圆形铜电车线 双沟型铜电车线	TCY TCG	—	电车线
	钢铝电车线 铝合金电车线	GLC LHC		
软接线	铜电刷线	TS、TSX TSR、TSXR	多股铜线或镀锡铜线绞制，柔软，耐振动，耐弯曲	电刷连接线
	铜软绞线	TJR-1 TJR-2 TJR-3	—	引出线，接地线，整流器和晶闸管的引出线等电气设备部件间连接用线
	铜编织线	TZ-1 TZ-2 TZ-3 TZ-4	柔软	小型电炉和电气设备等连接线
	线铜编织线	QC	柔软	汽车、拖拉机、蓄电池连接线

圆铜线和圆铝线的技术参数见表 2-8。

表 2-8 圆铜线和圆铝线的技术参数

型号	直径范围/mm	电阻率(20℃)/$10^{-8}\Omega \cdot m$	电阻温度系数/$10^{-2}K^{-1}$	抗拉强度/MPa	弹性模量/GPa	线胀系数/$10^{-6}K^{-1}$	密度/(kg/dm³)
TR	0.02～14.00	1.724	0.393	不要求	—	—	8.89
TY	0.02～14.00	1.777～1.796	0.377～0.381	271～421	117	17	8.89

续表

型号	直径范围/mm	电阻率(20℃)/$10^{-8}\Omega\cdot m$	电阻温度系数/$10^{-2}K^{-1}$	抗拉强度/MPa	弹性模量/GPa	线胀系数/$10^{-6}K^{-1}$	密度/(kg/dm^3)
TYT	1.50～5.00	1.777～1.796	0.377～0.381	408～446	117	17	8.89
LR	0.30～10.00	2.800	0.403	最大 98	—	23	2.703
LY4	0.30～6.00	2.826	0.403	95～125	64	23	2.703
LY6	0.30～10.00	2.826	0.403	125～165	64	23	2.703
LY8	0.30～5.00	2.826	0.403	160～205	64	23	2.703
LY9	1.25～5.00	2.826	0.403	200～259	65.7	23	2.703

铜、铝扁线和铜铝母线的技术参数见表 2-9。

表 2-9　铜、铝扁线和铜铝母线的技术参数

名称	型号	抗拉强度/MPa	伸长度/%	电阻率/$10^{-8}\Omega\cdot m$	电阻温度系数(20℃)/K^{-1}
铜扁线	TBR	275	30～36	1.7241	0.00393
	TBY1	245～373	1.5～3.0	1.777	0.00381
	TBY2	275～373	0.4～1.7	1.777	0.00381
铝扁线	LBR	60～95	20	2.800	0.00407
	LBY2	75～115	6	2.8264	
	LBY4	95～140	4	2.8264	
	LBY8	130	3	2.8264	
软铜母线	TMR	206	35	1.7241	0.00393
硬铜母线	TMY	—	—	1.777	0.00381
软铝母线	LMR	68.6	20	2.8264	0.00407
硬铝母线	LMY	118	3	2.900	0.00403

常用绞线的主要技术参数见表 2-10～表 2-12。

表 2-10　TJ 型铜绞线的主要技术参数

标称截面积/mm^2	线芯结构根数/直径/mm	外径/mm	拉断力/N	线质量/(kg/km)	直流线电阻(20℃)/(Ω/km)
10	7/1.33	3.99	3580	88	1.87
16	7/1.68	5.04	5700	140	1.20
25	7/2.11	6.33	8820	221	0.740
35	7/2.49	7.47	12400	306	0.540
50	7/2.97	8.91	17450	439	0.390
70	19/2.14	10.70	24500	618	0.280
95	19/2.49	12.45	33300	837	0.200
120	19/2.80	14.00	42100	1058	0.158
150	19/3.15	15.75	51800	1338	0.123
185	37/2.49	17.43	64800	1647	0.103
240	37/2.84	19.88	84300	2141	0.078
300	37/3.10	21.70	101000	2562	0.062
400	37/3.66	25.62	136500	3564	0.047

表 2-11　LJ 型铝绞线的主要技术参数

标称截面积/mm^2	线芯结构根数/直径/mm	外径/mm	拉断力/N	线质量/(kg/km)	直流线电阻(20℃)/(Ω/km)	线路阻抗 X_0/(Ω/km) 线间几何均距/mm					
						600	800	1000	1250	1500	2000
16	7/1.70	5.10	2840	4.35	1.802	0.36	0.38	0.40	0.41	0.42	0.44
25	7/2.15	6.45	4355	69.6	1.127	0.35	0.37	0.38	0.40	0.41	0.43
35	7/2.50	7.50	5760	94.1	0.8332	0.34	0.36	0.37	0.39	0.40	0.41

续表

标称截面积/mm^2	线芯结构根数/直径/mm	外径/mm	拉断力/N	线质量/(kg/km)	直流线电阻(20℃)/(Ω/km)	线路阻抗 X_0/(Ω/km) 线间几何均距/mm					
						600	800	1000	1250	1500	2000
50	7/3.00	9.00	7930	135.5	0.5786	0.33	0.35	0.36	0.37	0.38	0.40
70	7/3.60	10.80	10950	195.1	0.4018	0.32	0.34	0.35	0.36	0.37	0.40
95	7/4.16	12.48	14450	260.5	0.3009	0.31	0.33	0.34	0.35	0.36	0.39
120	19/2.85	14.25	19420	333.5	0.2373	0.30	0.32	0.33	0.34	0.35	0.37
150	19/3.15	15.75	23310	407.4	0.1943	0.29	0.31	0.32	0.34	0.35	0.37
185	19/3.50	17.50	28440	503.0	0.1574	0.28	0.30	0.31	0.33	0.34	0.36
210	19/3.75	18.75	32260	577.4	0.1371	0.28	0.30	0.31	0.33	0.33	0.35
240	19/4.00	20.00	36260	656.9	0.1205	—	—	—	—	—	—
300	37/3.20	22.40	46850	820.4	0.09689						
400	37/3.70	25.90	61150	1097	0.07247						
500	37/4.16	29.12	76370	1387	0.05733						
630	61/3.63	32.67	91940	1744	0.04577						
800	61/4.10	36.90	115900	2225	0.03588						

表 2-12 LGJ型钢芯铝绞线的主要技术参数

标称截面积(铝/钢)/mm^2	线芯结构根数/直径/mm		外径/mm	拉断力/N	线质量/(kg/km)	直流线电阻(20℃)/(Ω/km)
	铝	钢				
10/2	6/1.50	1/1.50	4.50	4120	42.9	2.706
16/3	6/1.85	1/1.85	5.55	6130	65.2	1.779
25/4	6/2.32	1/2.32	6.96	9290	102.6	1.131
35/6	6/2.72	1/2.72	8.16	12630	141.0	0.823
50/8	6/3.20	1/3.20	9.60	16870	195.1	0.5946
50/30	12/2.32	7/2.32	11.60	42620	372.0	0.5692
70/10	6/3.80	1/3.80	11.40	23390	275.2	0.4217
70/40	12/2.72	7/2.72	13.60	58300	511.3	0.4141
95/15	26/2.15	7/1.67	13.61	35000	380.8	0.3058
95/20	7/4.16	7/1.85	13.87	37200	408.9	0.3019
95/55	12/3.20	7/3.20	16.00	78100	707.7	0.2992
120/7	18/2.90	1/2.90	14.50	27570	379.0	0.2422
120/20	26/2.38	7/1.85	15.07	41000	466.8	0.2496
120/25	7/4.73	7/2.10	15.74	47880	526.6	0.2345
120/70	12/3.60	7/3.60	18.00	98370	895.6	0.2364
150/8	18/3.20	1/3.20	16.00	32860	461.4	0.1989
150/20	24/2.78	7/1.85	16.67	46630	549.4	0.1980
150/25	26/2.70	7/2.10	17.10	54110	601.0	0.1939
150/35	30/2.50	7/2.50	17.50	65020	676.2	0.1962
185/10	18/3.60	1/3.60	18.00	40880	584.0	0.1572
185/25	24/3.15	7/2.10	18.90	59420	706.1	0.1542
185/30	26/2.98	7/2.32	18.88	64320	732.6	0.1592
185/45	30/2.80	7/2.80	19.60	80190	848.2	0.1564
210/10	18/3.80	1/3.80	19.00	45140	650.7	0.1411
210/25	24/3.33	7/2.22	19.98	65990	789.1	0.1380
210/35	26/3.22	7/2.50	20.38	74250	853.9	0.1363

续表

标称截面积（铝/钢）/mm²	线芯结构 根数/(直径/mm)		外径 /mm	拉断力 /N	线质量 /(kg/km)	直流线电阻 (20℃) /(Ω/km)
	铝	钢				
210/50	30/2.98	7/2.98	20.86	90830	960.8	0.1381
240/30	24/3.60	7/2.40	21.60	75620	922.2	0.1181
240/40	26/3.42	7/2.66	21.66	83370	964.3	0.1209
240/55	30/3.20	7/3.20	22.40	102100	1108	0.1198
300/15	42/3.00	7/1.67	23.01	68060	939.8	0.09724
300/20	45/2.93	7/1.95	23.43	75680	1002	0.09520
300/25	48/2.85	7/2.22	23.76	83410	1058	0.09433
300/40	24/3.99	7/2.66	23.94	92220	1133	0.09614
300/50	26/3.83	7/2.98	24.26	103400	1210	0.09636
300/70	30/3.60	7/3.60	25.20	128000	1402	0.09463
400/20	42/3.51	7/1.95	26.91	88850	1286	0.07104
400/25	45/3.33	7/2.22	26.64	95940	1295	0.07370
400/35	48/3.22	7/2.50	26.82	103900	1349	0.07389
400/50	54/3.07	7/3.07	27.63	123400	1511	0.07232
400/65	26/4.42	7/3.44	28.00	135200	1611	0.07236
400/95	30/4.16	19/2.50	29.14	171300	1860	0.07087
500/35	45/3.75	7/2.50	30.00	119500	1642	0.05812
500/45	48/3.60	7/2.80	30.00	128100	1688	0.05912
500/65	54/3.44	7/3.44	30.96	154000	1897	0.05760
630/45	45/4.20	7/2.80	33.60	148700	2060	0.04633
630/55	48/4.12	7/3.20	34.32	164400	2209	0.04514
630/80	54/3.87	19/2.32	34.82	192900	2388	0.04551
800/55	45/4.80	7/3.20	38.40	191500	2690	0.03547
800/70	48/4.63	7/3.60	38.58	207000	2791	0.03574
800/100	54/4.33	19/2.60	38.98	241100	2991	0.03635

三、绝缘导线

1. 常用绝缘导线的品种、型号和用途（见表 2-13）

表 2-13 常用绝缘导线的品种、型号和用途

类别	名称	型号		允许工作温度/℃	用途
		铜芯	铝芯		
橡胶绝缘编织软导线	橡胶绝缘棉纱总编织圆形软导线	RX		65	连接交流额定电压300V以下的室内照明灯具、日用电器和工具
	橡胶绝缘棉纱编织双绞软导线	RXS			
	橡胶绝缘橡胶护套总编织圆形软导线	RXH			
橡胶绝缘固定敷设导线	橡胶绝缘棉纱编织导线	BX	BLX	65	固定敷设
	橡胶绝缘棉纱编织软导线	BXR			室内安装，要求电线较柔软时用
	氯丁橡胶绝缘导线		BLXF		固定敷设，适用于户外
	橡胶绝缘氯丁护套导线	BXW	BLXW		户内明敷和户外，特别是寒冷地区
	橡胶绝缘黑色聚氯乙烯护套导线	BXY	BLXY		

续表

类别	名称	型号		允许工作温度/℃	用途
		铜芯	铝芯		
聚氯乙烯绝缘软导线	聚氯乙烯绝缘连接软导线	RV		70	交流额定电压为450/750V及以下的日用电器、小型电动工具、仪器仪表及动力、照明等装置的连接
	聚氯乙烯绝缘平型连接软导线	RVB			
	聚氯乙烯绝缘绞型连接软导线	RVS			
	聚氯乙烯绝缘及护套圆型连接软导线	RVV			
	聚氯乙烯绝缘及护套平型连接软导线	RVVB			
	耐热105℃聚氯乙烯绝缘连接软导线	RV-105		105	主要用于要求耐热的场合
	丁腈聚氯乙烯绝缘平型软导线	RFB		70	小型家用电器、电动工具、灯头线等使用时要求更柔软的场合
	丁腈聚氯乙烯绝缘绞型软导线	RFS			
	聚氯乙烯绝缘安装软导线	AVR		70	仪器仪表、电子设备等内部用软接线
	聚氯乙烯绝缘安装平型软导线	AVRB			
	聚氯乙烯绝缘安装绞型软导线	AVRS			
	聚氯乙烯绝缘及护套安装软导线	AVVR		70	轻型电器设备、控制系统等柔软场合使用的电源或控制信号连接线
	耐热105℃聚氯乙烯绝缘安装软导线	AVR-105		105	同AVVR，主要用于耐热场合
聚氯乙烯绝缘导线	聚氯乙烯绝缘导线	BV	BLV	70	交流额定电压为450/750V及以下的动力装置的固定敷设
	聚氯乙烯绝缘软导线	BVR			
	聚氯乙烯绝缘及护套圆型导线	BVV	BLVV		
	聚氯乙烯绝缘及护套平型导线	BVVB	BLVVB		
	耐热105℃聚氯乙烯绝缘导线	BV-105		105	固定敷设高温环境等场合，其他同BVVB
	聚氯乙烯绝缘安装导线	AV		70	电器、仪表电子设备等用的硬接线
	耐热105℃聚氯乙烯绝缘安装导线	AV-105		105	用于高温环境等场合，其他同AV
屏蔽绝缘导线	聚氯乙烯绝缘屏蔽导线	AVP		70	固定敷设
	聚氯乙烯绝缘有护套屏蔽软导线	RVP RVVP $RVVP_1$		70	移动使用和安装时要求柔软的场合，护套线用于防潮及要求一定机械强度保护的场合
	耐热105℃聚氯乙烯绝缘屏蔽导线	AVP-105		105	固定敷设，同AVP
	耐热105℃聚氯乙烯绝缘屏蔽软导线	RVP-105		105	移动敷设，同RVP
电动机、电器引接线	橡胶绝缘丁腈护套引接线	JBQ		B级①	交流电压1140V及以下电动机、电器引接线
	丁腈聚氯乙烯绝缘引接线	JBF		B级①	交流电压500V以下电动机、电器引接线
	乙丙橡胶绝缘引接线	JFE		F级①	交流电压6kV及以下电动机、电器引接线
	高强度硅橡胶绝缘引接线	JHQG		H级①	交流1140V及以下电动机、电器引接线

① 配套电动机、电器耐温等级。

2. 橡胶绝缘导线的技术参数

(1) 橡胶绝缘软导线的主要技术参数（见表2-14）

表2-14　RX、RXS型橡胶绝缘软导线的主要技术参数

标称截面积/mm^2	线芯结构 根数/直径/mm	最大外径/mm		
		RX		RXS(2芯)
		2芯	3芯	
0.2	12/0.15	5.1	5.4	5.8
0.3	16/0.15	5.3	5.6	6.0
0.4	23/0.15	5.7	6.1	6.4

(2) 橡胶绝缘导线的主要技术参数（见表2-15）

表2-15　BX、BLX型橡胶绝缘导线的主要技术参数

标称截面积/mm^2	电缆外径/mm		线质量/(kg/km)	
	2芯	3芯	2芯	3芯
0.3	5.5	5.8	31	37
0.5	6.5	6.8	44	53
0.75	7.4	7.8	58	72

3. 塑料绝缘导线的技术参数

(1) 塑料绝缘软导线的主要技术参数（见表2-16）

表2-16　塑料绝缘软导线的主要技术参数

型号	额定电压/V	芯数	标称截面积/mm^2	交货长度
RV	300/500 450/750	1	0.3～1 1.5～70	成圈长度为100m，成盘长度应不小于100m；允许短段长度不小于10m，其总量应不超过交货总长度的10%
RVB	300/300	2	0.3～1	
RVS	300/300	2	0.3～0.75	
RVV	300/300 300/500	2,3 2,3,4,5	0.5～0.75 0.75～2.5	
RVVB	300/300 300/500	2	0.5～0.75 0.75	
RV-105	450/750	1	0.5～6	
RFB,RFS AVR,AVR-105	300/300	2 1	0.12～2.5 0.035～0.4	
AVRB AVRS AVVR	300/300 300/300 300/300	2 2 2 3～24①	0.12～0.2 0.12～0.2 0.08～0.04 0.12～0.4	

① 芯数系列：3、4、5、7、10、12、14、16、19和24芯。

(2) 塑料绝缘导线的主要技术参数（见表2-17）

表2-17　塑料绝缘导线的主要技术参数

类别	名称	型号		允许工作温度/℃	用　途
		铜芯	铝芯		
屏蔽绝缘导线	聚氯乙烯绝缘屏蔽导线	AVP		70	固定敷设
	聚氯乙烯绝缘有护套屏蔽软导线	RVP RVVP $RVVP_1$		70	移动使用和安装时要求柔软的场合，护套线用于防潮及要求一定机械强度保护的场合

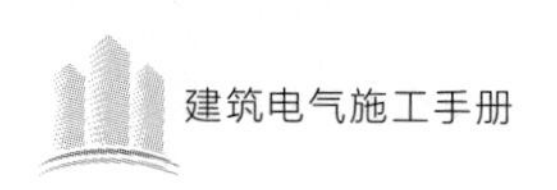

续表

类别	名称	型号		允许工作温度/℃	用途
		铜芯	铝芯		
屏蔽绝缘导线	耐热105℃聚氯乙烯绝缘屏蔽导线	AVP-105		105	固定敷设，同AVP
	耐热105℃聚氯乙烯绝缘屏蔽软导线	RVP-105		105	移动敷设，同RVP
电动机、电器引接线	橡胶绝缘丁腈护套引接线	JBQ		B级①	交流电压1140V及以下电动机、电器引接线
	丁腈聚氯乙烯绝缘引接线	JBF		B级①	交流电压500V以下电动机、电器引接线
	乙丙橡胶绝缘引接线	JFE		F级①	交流电压6kV及以下电动机、电器引接线
	高强度硅橡胶绝缘引接线	JHQG		H级①	交流1140V及以下电动机、电器引接线

型号	额定电压/V	芯数	截面积/mm²	外径/mm	导体电阻(20℃)/(Ω/km)	工作温度/℃
BVVB	300/500	2,3	0.75～10	4.6×7.0～9.6×16.0(2芯)	24.1～1.83(2芯)	
BLVVB	500/300	2,3	2.5～10	6.2×9.8～9.6×16.0(2芯)	7.41～1.83(2芯)	70
BV-105	750/450	1	0.5～6	2.7～4.9	36.0～3.08	105

4. 屏蔽绝缘导线和电动机、电器引接线的技术数据

(1) 屏蔽绝缘导线的主要技术参数（见表2-18）

表2-18 屏蔽绝缘导线的主要技术参数

型号	额定电压/V	芯数	标称截面积/mm²	交货长度
AVP AVP-105	300	1	0.03～0.4	成盘长度小于100m，允许长度不小于10m的短段交货，但不应超过总量10%，每圈线段不超过5个
RVP RVP-105	300	1 2	0.035～2.5 0.08～1.5	
RVVP $RVVP_1$	300	1 2 3 4～24	0.035～2.5 0.08～1.5 0.12～1.5 0.12～0.4	

(2) 电动机电器引接线的型号与规格（见表2-19）

表2-19 电动机电器引接线的型号与规格

名称	型号	额定电压/V	配套产品耐温等级	截面积/mm²	外径/mm
橡胶绝缘丁腈护套引接线	JBQ(JXH)	500,1140	B	0.5～120	4.3～24.6
丁腈聚氯乙烯复合物绝缘引接线	JBF(JF)	500	B	0.3～50	2.4～14.7
氯磺化聚乙烯绝缘引接线	JBYH(JH)	500,1140,6000	B	0.5～120	3.4～26.0
橡胶绝缘氯丁护套引接线	JBHF(JXF)	6000	B	6～120	13.8～28
乙丙橡胶绝缘引接线	JFE(JE)	500,1140,6000	F	0.75～120	—
乙丙橡胶绝缘氯醚护套引接线	JPEM(JEM)	500,1140,6000	F	0.75～120	—
乙丙橡胶绝缘引接线	JFYH	500,1000,1140 3000,6000	F	0.2～120	2.6～33.7
硅橡胶绝缘引接线	JHXG	500	H	0.75～240	—

（3）三相小型电动机电源引出线规格（见表 2-20）

表 2-20　三相小型电动机电源引出线规格

额定功率/kW	额定电流/A	截面积/mm^2	采用引出线的规格/线股/mm
0.35 以下	1.2 以下	0.3	16/0.15
0.6～1.1	1.6～2.7	0.7～0.8	40/0.15,19/0.23
1.5～2.2	3.6～5	1～1.2	7/0.43,19/0.26,32/0.2,38/0.2,40/0.19
2.8～4.5	6～10	1.7～2	32/0.26,37/0.26,40/0.25
5.5～7	11～15	2.5～3	19/0.41,48/0.26,56/0.26,7/0.7
7.5～10	15～20	4～5	49/0.32,19/0.52,63/0.32,7/0.9
13～20	25～40	10	19/0.82,7/1.33

四、漆包线

漆包线的主要品种、型号、特点及用途见表 2-21。

表 2-21　漆包线的主要品种、型号、特点及用途

名称	型号	规格尺寸/mm	耐温等级/℃	优点	局限性	主要用途
油性漆包圆铜线	Q	0.02～2.50	A(105)	(1)漆膜均匀 (2)介质损耗角正切值小	(1)耐刮性差 (2)耐溶剂性差(使用浸渍剂时应注意)	中、高频线圈及仪表、电器的线圈
缩醛漆包圆铜线	QQ-1 QQ-2	0.02～2.50	E(120)	(1)热冲击性优 (2)耐刮性优 (3)耐水解性良好	漆膜受卷绕应力易产生裂纹(浸渍前须在 120℃左右加热 1h 以上,消除应力)	中小电动机、微电动机绕组,油浸变压器线圈、电器仪表用线圈
缩醛漆包扁铜线	QQB	*a* 边 0.8～5.6 *b* 边 2.0～18.0				
聚氨酯漆包圆铜线	QA-1 QA-2	0.015～1.00	E(120)	(1)在高频条件下,介质损耗角正切值小 (2)可直接焊接,无需刮去漆膜 (3)着色性好,可制成不同颜色漆包线,在接头时便于识别	(1)过负载性能差 (2)热冲击及耐刮性尚可	要求 Q 值稳定的高频线圈、电视线圈和仪表用的微细线圈
聚酯漆包圆铜线	QZ-1/155/Ⅰ QZ-2/155/Ⅰ QZ-1/155/Ⅱ QZ-2/155/Ⅱ	0.02～2.50	B(130)	(1)在干燥和潮湿条件下,耐电压击穿性能优 (2)软化击穿性能好	(1)耐水解性差(用于密闭的电动机、电器时须注意) (2)与聚氯乙烯、氯丁橡胶等含氯高分子化合物不相容 (3)热冲击性尚好	中小型电动机绕组、干式变压器和电器仪表的线圈
聚酯漆包扁铜线	QZB-1/155/Ⅰ QZB-2/155/Ⅰ QZB-1/155/Ⅱ QZB-2/155/Ⅱ	*a* 边 0.8～5.6 *b* 边 2.0～18.0				

五、电力电缆

1. 常用电力电缆的品种、型号及规格（见表 2-22）

表 2-22 常用电力电缆的品种、型号及规格

类型	名称	型号	电压等级/kV	最高长期工作温度/℃
油浸纸绝缘电缆	普通黏性浸渍电缆 统包型 分相铅(铝)包型	ZLL,ZL,ZLQ,ZQ ZLLF,ZLQF,ZQF	1～35	1～3kV:80 6kV:65 10kV:60 20～35kV:50
	不滴流电缆 统包型 分相铅(铝)包型	ZLQD,ZQD,ZLLD,ZLD ZLLFD,ZLFD,ZLQFD,ZQFD	1～35	1～6kV:80 10kV:70 20～35kV:65
塑料绝缘电缆	聚氯乙烯电缆	VLV,VV	1～10	70
	聚乙烯电缆	YLV,YV	6～220	70
	交联聚乙烯电缆	YJLV,YJV	6～220	90
橡胶绝缘电缆	天然丁苯橡胶电缆	XLQ,XQ,XLV,XV XLHF,XLF	0.5～6	60
	乙丙橡胶电缆		1～138	80～85
	丁基橡胶电缆		1～35	80

2. 油浸纸绝缘电力电缆的品种、型号及规格（见表 2-23、表 2-24）

表 2-23 油浸纸绝缘电力电缆的品种、型号

外护层结构	铅套		铝套		分相铅套	
	铜芯	铝芯	铜芯	铝芯	铜芯	铝芯
裸金属护套(无外护层)	ZQ	ZLQ	ZL	ZLL	—	—
无铠装聚氯乙烯护套	ZQ02	ZLQ02	ZL02	ZLL02	—	—
无铠装聚乙烯护套	ZQ03	ZLQ03	ZL03	ZLL03	—	—
裸钢带铠装	ZQ20	ZLQ20	—	—	ZQF20	ZLQF20
钢带铠装、纤维外被层	(ZQ21)	(ZLQ21)	—	—	(ZQF21)	(ZLQF21)
钢带铠装聚氯乙烯护套	ZQ22	ZLQ22	Z122	ZLL22	ZQF22	ZLQF22
钢带铠装聚乙烯护套	ZQ23	ZLQ23	Z123	ZLL23	ZQF23	ZLQF23
裸细圆钢丝铠装	ZQ30	ZLQ30	ZL30	ZLL30	—	—
细圆钢丝铠装聚氯乙烯护套	ZQ32	ZLQ32	ZL32	ZLL32	—	—
细圆钢丝铠装聚乙烯护套	ZQ33	ZLQ33	ZL33	ZLL33	—	—
裸粗圆钢丝铠装	(ZQ40)	(ZLQ40)	—	—	(ZQF40)	(ZLQF40)
粗圆钢丝铠装、纤维外被层	ZQ41	ZLQ41	—	—	ZQF41	ZLQF41

注：1. 不滴流浸渍纸绝缘电力电缆须在型号末尾加“D”，如 ZQD22。
2. 括号内为不推荐产品。

表 2-24 油浸纸绝缘电力电缆的规格

品种(外护层代号)	芯数	额定电压(U_2/U)/kV				
		0.6/1	6/6	8.7/10	21/35	26/35
		导线标称截面积/mm²				
裸铅套、裸铝套电缆(无外护层) 聚氯乙烯、聚乙烯护套电缆(02,03) 细钢丝铠装各型电缆(30,31,32,33)	1	25～800	50～630	50～630	50～500	50～500
粗钢丝铠装各型电缆(40,41)		50/630	50/630	50/630	50/500	50/500
裸铅套、裸铝套电缆(无外护层) 聚氯乙烯、聚乙烯护套电缆(02,03) 钢带铠装各型电缆(20,21,22,23)	2	4～150	—	—	—	—
细钢丝铠装各型电缆(30,31,32,33)		25～150	—	—	—	

续表

品种(外护层代号)	芯数	额定电压(U_2/U)/kV				
		0.6/1	6/6	8.7/10	21/35	26/35
		导线标称截面积/mm²				
粗钢丝铠装各型电缆(40,41)	2	50～150	—	—	—	—
裸铅套、裸铝套电缆(无外护层) 聚氯乙烯、聚乙烯护套电缆(02,03)	3	4～300	16～300	16～300	—	—
钢带铠装各型电缆(20,21,22,23)		4～300	16～300	16～300	50～240	50～240
细钢丝铠装各型电缆(30,31,32,33)		25～300	25～300	25～300	—	—
粗钢丝铠装各型电缆(40,41)		25～300	25～300	25～300	50～240	50～240
所有型号的电缆	3+1	16～300	—	—	—	—
	4	4～300	—	—	—	—

3. 塑料绝缘电力电缆的品种、型号、规格及用途（见表2-25～表2-29）

表2-25　聚氯乙烯电力电缆和交联聚乙烯电力电缆的品种、型号

外护层结构	聚氯乙烯电力电缆		交联聚乙烯电力电缆	
	铜芯	铝芯	铜芯	铝芯
无铠装、聚氯乙烯护套	VV	VLV	YJV	YJLV
无铠装、聚乙烯护套	VY	VLY	YJY	YJLY
钢带铠装、聚氯乙烯护套	VV22	VLV22	YJV22	YJLV22
钢带铠装、聚乙烯护套	VV23	VLV23	YJV23	YJLV23
细圆钢丝铠装、聚氯乙烯护套	VV32	VLV32	YJV32	YJLV32
细圆钢丝铠装、聚乙烯护套	VV33	VLV33	YJV33	YJLV33
细圆钢丝铠装、聚氯乙烯护套	VV42	VLV42	YJV42	YJLV42
粗圆钢丝铠装、聚乙烯护套	VV43	VLV43	YJV43	YJLV43

表2-26　聚氯乙烯电力电缆的规格

型号		芯数	额定电压/kV	
铜芯	铝芯		0.6/1,1/1,1.8/3,3/3	3.6/6,6/6,6/10
			标称截面积/mm²	
VV、VY — VV22、VV23	— VLV、VLY VLV22、VLV23	1	1.5～800 2.5～1000 10～1000	10～1000
VV、VY — VV22、VV23	— VLV、VLY VLV22、VLV23	2	1.5～185 2.5～185 4～185	10～150
VV、VY — VV22、VV23	— VLV、VLY VLV22、VLV23	3	1.5～300 2.5～300 4～300	10～300
VV32、VV33 VV42、VV43	VV32、VV33 VV42、VV43		—	16～300
VV、VY VV22、VV23	VLV、VLY VLV22、VLV23	3+1	4～300	—
		4	4～185	—

表2-27　交联聚乙烯电力电缆的规格

型号		芯数	额定电压/kV				
铜芯	铝芯		0.6/1～3/3	3.6/6, 6/6	6/10, 8.7/10	8.7/15～ 12/20	18/20～ 26/35
			标称截面积/mm²				
YJV YJY YJV32、YJV33 YJV42、YJV43	YJLV YJLY YJLV32、YJLV33 YJLV42、YJLV43	1	1.5～800 2.5～1000 10～1000 10～1000	25～630	25～630	35～630	50～1200

续表

型号		芯数	额定电压/kV				
铜芯	铝芯		0.6/1～3/3	3.6/6,6/6	6/10,8.7/10	8.7/15～12/20	18/20～26/35
			标称截面积/mm^2				
YJV YJY	YJLV YJLY	3	1.5～300 2.5～300	25～300	25～300	35～300	—
YJV22、YJV23 YJV32、YJV33 YJV42、YJV43	YJLV22、YJLV23 YJLV32、YJLV33 YJLV42、YJLV43		4～300				

表 2-28　聚氯乙烯绝缘聚氯乙烯护套电力电缆的主要用途

名　　称	型号		主要用途
	铜芯	铝芯	
聚氯乙烯绝缘聚氯乙烯护套电力电缆	VV	VLV	敷设在室内、隧道内、管道中,电缆不能受机械外力作用
聚氯乙烯绝缘聚氯乙烯护套内钢带铠装电力电缆	VV29	VLV29	敷设在地下,电缆能承受机械外力作用,但不能承受大的拉力
聚氯乙烯绝缘聚氯乙烯护套裸细钢丝铠装电力电缆	VV30	VLV30	敷设在室内、矿井中,电缆能承受机械外力作用,并能承受相当的拉力
聚氯乙烯绝缘聚氯乙烯护套内细钢丝铠装电力电缆	VV39	VLV39	敷设在水中,电缆能承受相当的拉力
聚氯乙烯绝缘聚氯乙烯护套裸粗钢丝铠装电力电缆	VV50	VLV50	敷设在室内、矿井中,电缆能承受机械外力的作用,并能承受较大的拉力
聚氯乙烯绝缘聚氯乙烯护套内粗钢丝铠装电力电缆	VV59	VLV59	敷设在水中,电缆能承受较大的拉力

表 2-29　交联聚乙烯绝缘聚氯乙烯护套电力电缆的主要用途

名　　称	型号		主要用途
	铜芯	铝芯	
交联聚乙烯绝缘铜带屏蔽聚氯乙烯护套电力电缆	YJV	YJLV	架空、室内、隧道、电缆沟、管道及地下直埋敷设
交联聚乙烯绝缘铜丝屏蔽聚氯乙烯护套电力电缆	YJSV	YJLSV	
交联聚乙烯绝缘铜带屏蔽钢带铠装聚氯乙烯护套电力电缆	YJV22	YJLV22	室内、隧道、电缆沟及地下直埋敷设,电缆能承受机械外力作用,但不能承受大的拉力
交联聚乙烯绝缘铜带屏蔽细钢丝铠装聚氯乙烯护套电力电缆	YJV32	YJLV32	地下直埋、竖井及水下敷设,电缆能承受机械外力作用,并能承受相当的拉力
交联聚乙烯绝缘铜丝屏蔽细钢丝铠装聚氯乙烯护套电力电缆	YJSV32	YJLSV32	
交联聚乙烯绝缘铜带屏蔽粗钢丝铠装聚氯乙烯护套电力电缆	YJV42	YJLV42	地下直埋、竖井及水下敷设,电缆能承受机械外力作用,并能承受较大的拉力
交联聚乙烯绝缘铜丝屏蔽粗钢丝铠装聚氯乙烯护套电力电缆	YJSV42	YJLSV42	地下直埋、竖井及水下敷设,电缆能承受机械外力作用,并能承受较大的拉力
交联聚乙烯绝缘聚乙烯护套电力电缆	YJY	YJLY	同上,电缆防潮性较好
交联聚乙烯绝缘皱纹铝包防水层聚氯乙烯护套电力电缆	YJLW02	YJLLW02	同上,电缆可在潮湿环境及地下水位较高地方使用,并能承受一定的压力
交联聚乙烯绝缘铅包聚氯乙烯护套电力电缆	YJQ02	YJLQ02	同上,但电缆不能承受压力
交联聚乙烯绝缘铅包粗钢丝铠装纤维外被电力电缆	YJQ41	YJLQ41	电缆可承受一定拉力,用于水底敷设

4. 橡胶绝缘电力电缆的品种、型号、规格及用途（见表 2-30、表 2-31）

表 2-30　橡胶绝缘电力电缆的品种、型号及用途

名　称	型号		主要用途
	铜芯	铝芯	
橡胶绝缘聚氯乙烯护套电力电缆	XV	XLV	敷设在室内、电缆沟内、管道中，电缆不能受机械外力作用
橡胶绝缘氯丁护套电力电缆	XF	XLF	
橡胶绝缘聚氯乙烯护套内钢带铠装电力电缆	XV29	XLV29	敷设在地下，电缆能受一定机械外力作用，但不能承受大的拉力
橡胶绝缘裸铅包电力电缆	XQ	XLQ	敷设在室内、电缆沟内、管道中，电缆不能受振动的机械外力作用，且对铅应有中性环境
橡胶绝缘铅包钢带铠装电力电缆	XQ2	XLQ2	同 XLV29
橡胶绝缘铅包裸钢带铠装电力电缆	XQ20	XLQ20	敷设在室内、电缆沟内、管道中，电缆不能受大的拉力

表 2-31　500V 级橡胶绝缘电力电缆的规格

主线芯	中性线芯	型号	导线截面积 /mm²	型号	导线截面积 /mm²
1	0	XQ XV、XF	1～240	XLQ XLV、XLF	2.5～630
2	0	XV、XF、XQ XV22、XQ20、XQ21	1～185 4～185	XLV、XLF XLQ、XLQ20 XLQ21、XLV	2.5～240 4～240
3	0 或 1	XV、XF、XQ XV22、XQ20、XQ21	1～185 4～185	XLV、XLF XLQ、XLQ20 XLQ21、XLV	2.5～240 4～240

六、电气设备用电缆

1. 电气设备用电缆的品种、型号及用途（见表 2-32）

表 2-32　电气设备用电缆的品种、型号及用途

名　称	型号	工作温度 /℃	用　途
轻型通用橡套电缆	YQ YQW	65	交流电压 250V 及以下轻型移动电气设备，YQW 具有耐气候和耐油性
中型通用橡套电缆	YZ YZW		交流电压 500V 及以下各种移动电气设备，YZW 具有耐气候和耐油性
重型通用橡套电缆	YC YCW		同中型通用橡套电缆，但能承受较大的机械外力作用
聚氯乙烯绝缘和护套控制电缆	KVV、KLVV		作各种电器、仪表、自动设备控制线路用，固定敷设于室内外，电缆沟、管道及地下 内铠装电缆能承受较大的机械外力，不允许承受拉力 聚乙烯绝缘的绝缘电阻、耐潮性比聚氯乙烯好 耐寒型和氯丁护套电缆允许敷设最低温度比一般电缆低
聚乙烯绝缘聚氯乙烯护套控制电缆	KYV、KLYV		
橡胶绝缘聚氯乙烯护套控制电缆	KXV、KLXV		
橡胶绝缘聚氯丁橡套控制电缆	KXF		
聚氯乙烯绝缘及护套内钢带铠装控制电缆	KVV29、KLVV29		
聚乙烯绝缘聚氯乙烯护套内钢带铠装控制电缆	KYV29、KLYV29		

续表

名　　称	型号	工作温度/℃	用　　途
橡胶绝缘聚氯乙烯护套内钢带铠装控制电缆	KXV29、KLXV29	65	作各种电器、仪表、自动设备控制线路用，固定敷设于室内外，电缆沟、管道及地下 内铠装电缆能承受较大的机械外力，不允许承受拉力 聚乙烯绝缘的绝缘电阻、耐潮性比聚氯乙烯好 耐寒型和氯丁护套电缆允许敷设最低温度比一般电缆低
聚乙烯绝缘耐寒塑料护套控制电缆	KYVD、KLYVD		
橡胶绝缘耐寒塑料护套控制电缆	KXVD、KLXVD		
橡胶绝缘氯丁橡套控制软电缆 聚氯乙烯绝缘及护套控制软电缆	KXFR KVVR		同KXF和KVV型，但作为移动控制线路用
聚氯乙烯绝缘及护套信号电缆	PVV		信号联络、火警及各种自动装置线路，固定敷设于室内外、电缆沟、管道或地下直埋 内铠装电缆能承受较大的机械外力，不允许承受拉力 聚乙烯绝缘的绝缘电阻、耐潮性比聚氯乙烯好
聚氯乙烯绝缘及护套内钢带铠装信号电缆	PVV29		
聚乙烯绝缘聚氯乙烯护套信号电缆	PYV		
聚乙烯绝缘聚氯乙烯护套内钢带铠装信号电缆	PYV29		
电焊机用铜芯软电缆	YH		供电焊机二次侧与焊钳之间的连接用
电焊机用铝芯软电缆	YLH		质量轻(比YH型轻30%～50%)，便于移动，用途同上
可控型电焊机用电缆	YHK		电缆中备有电焊机控制线及36V电源线，用途同上

2. 通用橡套电缆的主要技术参数(见表2-33～表2-35)

表2-33　YQ、YQW型250V轻型橡套电缆的主要技术参数

标称截面积/mm^2	电缆外径/mm		线质量/(kg/km)	
	2芯	3芯	2芯	3芯
0.3	5.5	5.8	31	37
0.5	6.5	6.8	44	53
0.75	7.4	7.8	58	72

表2-34　YZ、YZW型500V中型橡套电缆的主要技术参数

标称截面积/mm^2	电缆外径/mm			线质量/(kg/km)		
	2芯	3芯	4芯	2芯	3芯	4芯
0.5	8.5	8.7	9.5			
0.75	8.8	9.3	10.5	83	99	125
1.0	9.1	9.6	10.8	92	110	140
1.5	9.7	10.7	11.4	110	140	167
2	10.9	11.5	12.6	—	—	—
2.5	13.2	14.0	15.0	179	220	259
4	15.2	16.0	17.6	274	333	390
6	16.7	18.1	19.4	356	457	532

表2-35　YC、YCW型500V重型橡套电缆的主要技术参数

标称截面积/mm^2	电缆外径/mm			
	1芯	2芯	3芯	4芯
2.5	8.1	13.9	14.6	16.6
4	8.7	15.0	17.0	18.0

续表

标称截面积/mm²	电缆外径/mm			
	1芯	2芯	3芯	4芯
6	9.3	17.4	18.3	19.5
10	12.5	22.7	23.9	24.9
16	13.8	25.1	26.5	28.2
25	17.3	32.1	33.9	36.0
35	18.6	34.8	36.8	38.6
50	21.3	38.7	43.4	45.3
70	24.1	45.8	48.4	51.5
95	26.3	50.1	53.1	53.3
120	30.4	53.5	56.7	60.0

3. 控制电缆、通用信号电缆的规格（见表2-36）

表2-36　控制电缆、通用信号电缆的规格

<table>
<tr><th rowspan="3">型号</th><th colspan="7">导线截面积/mm²</th></tr>
<tr><th>0.75</th><th>1.0</th><th>1.5</th><th>2.5</th><th>4</th><th>6</th><th>10</th></tr>
<tr><th colspan="7">芯数</th></tr>
<tr><td>KVV,KYV,KXV,KXF,KYYD,KXVD</td><td colspan="4">4,5,7,14,19,24,30,37</td><td>4,5,7,10,14</td><td>4,5,7,10</td><td>—</td></tr>
<tr><td>KLYV,KLVV,KLYVD</td><td>—</td><td>—</td><td colspan="2">4,5,7,10,14,19,24,30,37</td><td>4,5,7,10,14</td><td colspan="2">4,5,7,10</td></tr>
<tr><td>KLXV,KLXVD</td><td>—</td><td>—</td><td>—</td><td>4,5,7,10,14,19,24,30,37</td><td>4,5,7,10,14</td><td colspan="2">4,5,7,10</td></tr>
<tr><td>KVV29,KYV29,KXV29</td><td colspan="2">19,24,30,37</td><td>10,14,19,24,30,37</td><td>7,10,14,19,24,30,37</td><td>4,5,7,10,14</td><td>4,5,7,10</td><td>—</td></tr>
<tr><td>KLVV29,KLYV29,KLXV29</td><td>—</td><td>—</td><td>—</td><td>7,10,14,19,24,30,37</td><td>4,5,7,10,14</td><td colspan="2">4,5,7,10</td></tr>
<tr><td>KXFR,KVVR</td><td colspan="2">4,5,7,10,14,19,24,30,37</td><td>—</td><td>—</td><td>—</td><td>—</td><td>—</td></tr>
<tr><td>PVV,PYV,PVV29,PYV29</td><td>2,3,4,5,9,12,14,16,19,21,24,27,30,37,42,44,48</td><td>—</td><td>—</td><td>—</td><td>—</td><td>—</td><td>—</td></tr>
</table>

4. 电焊机用电缆的主要技术参数（见表2-37和表2-38）

表2-37　YH、YHL型电焊机用电缆的主要技术参数

标称截面积/mm²	线芯结构根数/(直径/mm)		电缆外径/mm	
	YH	YHL	YH	YHL
10	322/0.2	—	9.1	—
16	513/0.2	228/0.3	10.7	10.7
25	798/0.2	342/0.3	12.6	12.6
35	1121/0.2	494/0.3	14.0	14.0
50	1596/0.2	703/0.3	16.2	16.2
70	999/0.3	999/0.3	19.4	19.4
95	1332/0.3	1332/0.3	21.1	21.1
120	1702/0.3	1702/0.3	24.5	24.5
150	2109/0.3	2109/0.3	26.2	26.2
185	—	2590/0.3	—	28.8

表 2-38 YHK 型电焊机用电缆的主要技术参数

标称截面积/mm²	线芯结构 股×根/(单线直径/mm)	电缆外径/mm
16	16×32/0.2+28/0.15	10.22
25	16×50/0.2+28/0.15	11.73
35	16×70/0.2+28/0.15	13.65
50	16×100/0.2+32/0.2	15.89
70	16×63/0.3+32/0.2	18.82
95	16×84/0.3+32/0.2	21.34

七、通信/电信设备用电缆

1. 通信用电缆

传输电话、电视、电报、广播、数据、传真以及电信信息的电缆均为通信电缆。通信用电缆应具有高可靠性、传输质量好、保密性好以及复用路数多、使用寿命长等优点，通信用电缆的品种、型号及组成见表 2-39。

表 2-39 通信用电缆的品种、型号及组成

名称	型号	导体	绝缘层	内护层	特征	外护层	派生
市内通信电缆 通信线 铁道电气化电缆 长途通信电缆 局用电缆 同轴电缆 电话软线 配线电缆 海底通信电缆 矿用话缆 岛屿通信电缆 船用通信电缆	H HB HD HE HJ HO HR HP HH HU HW CH	C—铁芯 L—铝芯 T—铜芯	V—聚氯乙烯 Y—聚乙烯 X—橡胶 YF—泡沫聚乙烯 Z—纸 E—乙丙橡胶 J—交联聚乙烯 S—硅橡胶	H—橡套 L—铝套 Q—铅套 V—聚氯乙烯 LW—皱纹铝管 F—氯丁橡胶	A—综合护套 C—自承式 D—带型 E—耳机用 J—交换机用 P—屏蔽 S—水下 Z—综合型 R—柔软 W—尾巴电缆	02,03,20,21, 22,23,31,32,33, 41,42,43…… (数字含义见电力电缆型号)	1—第一种 2—第二种 T—热带型 252—252Hz DA—在火焰条件下燃烧特性表示

例：铜芯纸绝缘铅套粗钢丝铠装纤维外被层高频长途通信电缆可表示如下。

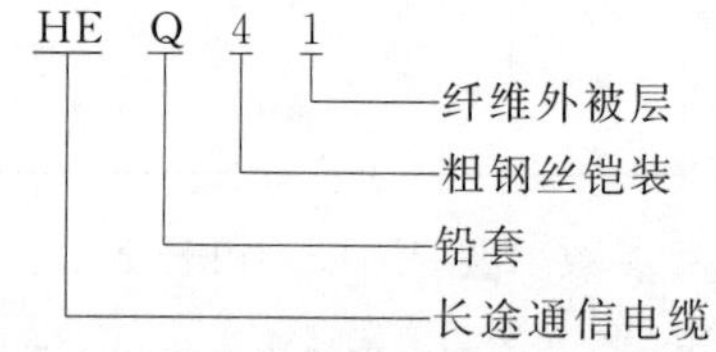

通信电缆分为市内通信电缆和长途通信电缆，这里仅介绍铜芯聚烯烃绝缘综合护层市内通信电缆，见表 2-40 和表 2-41。

表 2-40 市内通信电缆的名称及型号

名 称	型号
铜芯实心聚烯烃绝缘铝/塑综合护套市内通信电缆	HYA
铜芯实心聚烯烃绝缘铝/塑综合护套单钢带纵包铠装聚乙烯外套市内通信电缆	HYA53
铜芯实心聚烯烃绝缘铝/塑综合护套自承式市内通信电缆	HYAC
铜芯实心聚烯烃绝缘铝/塑综合护套脉码调制(PCM)市内通信电缆	HYAC
铜芯实心聚烯烃绝缘填充式铝/塑综合护套市内通信电缆	HYAT
铜芯实心聚烯烃绝缘填充式铝/塑综合护套以单钢带铠装聚乙烯外套市内通信电缆	HYAT53
铜芯泡沫实心皮聚烯烃绝缘铝/塑综合护套市内通信电缆	HYPA
铜芯泡沫实心皮聚烯烃绝缘填充式铝/塑综合护套市内通信电缆	HYPAT
铜芯泡沫聚烯烃绝缘填充式铝/塑综合护套市内通信电缆	HYFAT

续表

名称	型号
铜芯泡沫实心皮聚烯烃绝缘铝/塑综合护套钢带铠装聚乙烯外套市内通信电缆	HYAT53
铜芯泡沫实心皮聚烯烃绝缘填充式铝/塑综合护套钢带铠装聚乙烯外套市内通信电缆	HYPAT53
铜芯泡沫实心皮聚烯烃绝缘填充式铝/塑综合护套脉码调制(PCM)市内通信电缆	HYATG

表 2-41 HYA 市内通信电缆的型号及规格

型号	规格尺寸 对数×根数×(线径/mm)
HYA	10×2×0.4,20×2×0.4,30×2×0.4,50×2×0.4,100×2×0.4,200×2×0.4,300×2×0.4,400×2×0.4,500×2×0.4,600×2×0.4,800×2×0.4,1000×2×0.4,1200×2×0.4,1600×2×0.4,1000×2×0.4,2000×2×0.4,2400×2×0.4,2700×2×0.4
	10×2×0.5,20×2×0.5,30×2×0.5,50×2×0.5,100×2×0.5,200×2×0.5,300×2×0.5,400×2×0.5,500×2×0.5,600×2×0.5,800×2×0.5,1000×2×0.5,1200×2×0.5,1600×2×0.5,1800×2×0.5,2000×2×0.5
	10×2×0.6,20×2×0.6,30×2×0.6,50×2×0.6,100×2×0.6,200×2×0.6,300×2×0.6,400×2×0.6,500×2×0.6,600×2×0.6,800×2×0.6,1000×2×0.6
	10×2×0.8,20×2×0.8,30×2×0.8,50×2×0.8,100×2×0.8,200×2×0.8,300×2×0.8,400×2×0.8

2. 电信设备用电信电缆

全聚氯乙烯配线电缆主要用于线路的始端和终端，供连接市内电话电缆至分线箱或配线架，也可用于短距离布线。局用电缆用于配线架至交换机或交换机内部各线机器连接等，其名称及型号见表 2-42；其规格见表 2-43。

表 2-42 电信电缆的名称及型号

名称	型号
铜芯聚氯乙烯绝缘聚氯乙烯护套配线电缆	HPVV
铜芯聚氯乙烯绝缘聚氯乙烯护套局用电缆	HJVV
铜芯聚氯乙烯绝缘聚氯乙烯护套屏蔽型局用电缆	HJVVP

表 2-43 电信电缆的规格

型号	规格 对数×根数/(线径/mm)或芯数×(线径/mm)
HPVV	1×2/0.5,5×2/0.5,10×2/0.5,15×2/0.5,20×2/0.5,25×2/0.5,30×2/0.5,40×2/0.5,50×2/0.5,80×2/0.5,100×2/0.5,150×2/0.5,200×2/0.5,300×2/0.5,400×2/0.5
HJVV	12×0.5,15×0.5,22×0.5,24×0.5,33×0.5,42×0.5,44×0.5,48×0.5,50×0.5,63×0.5,78×0.5,84×0.5,93×0.5,104×0.5,105×0.5,205×0.5,210×0.5
HJVVP	12×0.5,15×0.5,22×0.5,24×0.5,33×0.5,42×0.5,44×0.5,48×0.5,50×0.5,63×0.5,78×0.5,84×0.5,93×0.5,104×0.5,105×0.5

3. 光纤通信电缆

光纤通信电缆主要用于公共通信网和专业通信网的通信设备装置中，其名称及型号见表 2-44，其型号及芯数见表 2-45。

表 2-44 光纤通信电缆的名称及型号

名称	型号
金属加强构件非填充型铝聚乙烯粘胶护套光缆	GYA
金属加强构件填充型铝聚乙烯粘胶护套光缆	GYTA
金属加强构件非填充型铝聚乙烯粘胶护套聚氯乙烯外套光缆	GYA02
金属加强构件填充型铝聚乙烯粘胶护套聚氯乙烯外套光缆	GYTA02

续表

名 称	型 号
金属加强构件非填充型铝聚乙烯粘胶护套钢带铠装聚氯乙烯外套光缆	GYA22
金属加强构件非填充型铝聚乙烯粘胶护套钢带铠装聚乙烯外套光缆	GYA23
金属加强构件填充型铝聚乙烯粘胶护套钢带铠装聚氯乙烯外套光缆	GYTA22
金属加强构件填充型铝聚乙烯粘胶护套钢带铠装聚乙烯外套光缆	GYTA23
金属加强构件非填充型铝聚乙烯粘胶护套钢丝铠装聚乙烯外套光缆	GYA33
金属加强构件填充型铝聚乙烯粘胶护套钢丝铠装聚氯乙烯外套光缆	GYTA32
金属加强构件填充型铝聚乙烯粘胶护套钢丝铠装聚乙烯外套光缆	GYTA23
金属加强构件填充型铝聚乙烯粘胶护套纵包钢带聚乙烯外套光缆	GYTA53
金属加强构件非填充型聚乙烯粘胶护套光缆	GYV
金属加强构件非填充型聚乙烯粘胶护套光缆	GYY
中气束管式填充型钢聚乙烯粘胶护套光缆	GYTW
中气束管式填充型钢丝铠装聚乙烯粘胶护套光缆	GYTB33

表 2-45 光纤通信电缆的型号及芯数

结构形式	型 号	芯 数
层绞式光缆	GYA,GYTA,GYA02,GYTA02,GYA22,GYA23,GYTA22,GYTA23,GYA32,GYA33,GYTA32,GYTA33,GYV,GYY,GYTA53	2,4,6.8,10,12
骨架式光缆	GYTA,GYTA53,GYTA23,GYTA33	4,6,8.10,12,14,16,18,20,22,24
束管式光缆	GYTB33,GYTW	4,6.8,10,12

4. 通信电缆敷设和测试

(1) 通信电缆敷设

通信电缆的敷设分为：架空敷设，用吊线（钢绞线）和挂钩将电缆吊挂架空，架空线路要有防雷保护；管道敷设，电缆表面先涂凡士林或黄油，以减小摩擦，并起防腐作用，敷设时电缆的弯曲半径应不小于电缆盘的半径；直埋敷设，直埋深度不小于1m，并保证电缆有足够的弯曲半径；水下敷设，应留有足够的富裕量。

(2) 通信电缆测试

电气性能测试项目包括：导体直流电阻、回路不平衡电阻测试、绝缘电阻、交直流耐压测试、工作电容测试、电容耦合与电容不平衡测试、特性阻抗及衰减常数测试、串音衰减及串音防卫度测试、特性阻抗不均匀性测试、衰减温度系数测试、屏蔽系数测试、故障测试等。主要物理力学性能测试项目包括：抗张强度试验、断裂伸长率测试、空气热老化试验、耐环境应力开裂试验、结构尺寸检查等。

5. 光纤光缆

(1) 光纤光缆概述

光纤由纤芯、包层和被覆层构成，纤芯折射率比周围包层的折射率略高，光信号主要在纤芯中传输，包层为光信号提供反射边界并起机械保护作用，被覆层起增强保护作用。光缆由传输光信号的纤维光纤、承受拉力的抗张元件和外部保护层组成。

光纤传输质量的关键指标是损耗。光纤产生损耗的原因：吸收损耗，由固有光吸收、杂质吸收引起；散射损耗，由固有散射、结构不完整散射引起；辐射损耗，由弯曲损耗、耦合辐射引起。光纤中存在着一些低损耗窗口，开发和利用这些窗口可以提高光纤的传输质量。

光纤应具有足够的抗拉强度和剪切强度，且在恶劣环境下不会因疲劳而损坏。光纤机械强度下降主要由光纤中的裂纹引起，光纤裂纹来自光纤预制棒中存在的固有裂纹和光纤制造过程产生的裂纹。

（2）光纤的结构与分类

按组成裸光纤的材料可分四类，见表2-46。

表2-46　裸光纤的组成材料

裸光纤材料	组成和特点
石英系光纤	纤芯和包层由不同的石英制成，高纯度石英中因分别掺入不同的杂质（GeO_2、P_2O_5、B_2O_3、F等）而有不同的折射率；目前产量最大、性能最佳，在通信系统中应用最广泛
多组分玻璃光纤	以多种氧化物成分玻璃作为纤芯材料，较容易制成廉价的大芯径大数值孔径光纤，应用于中短距离光通信系统
聚合物包层光纤	由SiO_2和折射率较小的聚合物（硅树脂、聚四氟乙烯）包层组成，包层材料折射率低，具有较大的芯径和较大的数值孔径，用于计算机网络和专用仪器设备
塑料光纤	由折射率高的透明塑料纤芯与折射率低的透明塑料包层组成，常用材料有聚甲基丙烯酸甲酯、聚苯乙烯等；特点是数值孔径较大、芯径大，柔韧性好、耐冲击、重量轻、易加工、省电、使用方便、使用寿命长、价格便宜（约为玻璃光纤的1/10），可用于工作环境恶劣的各种短距离通信系统，能大大降低整个系统的成本，并且由于近年提高了传输带域超过了同型玻璃光纤，传输损耗从3500dB/km降到20dB/km，因此应用愈来愈广。近年来，中红外光纤、传感器用光纤、大芯径大数值孔径光纤、耐辐照光纤等也有较大的发展

（3）光缆的结构与设计

光纤是光通信的基本单元，实用传输线路需要将光纤制成光缆，光缆通常是由光纤单元、抗张加强芯、金属铠装层和外护套组成。设计光缆时要做到以下几点：为光纤提供足够的机械保护；传输特征不恶化；合理设计结构尺寸，降低重量；具有良好的柔韧性和一定的弯曲半径；连接、敷设方便，并且维护容易。

常见光缆基本结构见表2-47。

表2-47　常见光缆基本结构

基本结构	特　点
层绞式光缆	由多根光纤分层绞合而成，适于制作芯数较少的光缆
骨架式光缆	用骨架保护光纤，有一槽一芯和一槽多芯结构，光纤在槽内有一定的活动余地
单元式光缆	把几根光纤以层绞或骨架式结构制作成光缆单元（每个单元芯数小于10），然后把若干光缆单元绞合成光缆，可制作成包含几百根光纤的光缆
中心管式光缆	将若干组光缆单元放入塑料绝缘管后填充石油膏等胶状物以相对固定，最后铠装成缆
带状光缆	先将多根光纤制成光纤带，然后把多组光纤带绞合成光缆或多组光纤带置于骨架中成缆，具有光纤分布密度高和便于接续等优点；带状光缆与骨架式结构相结合，可生产4000芯以上的大芯数光缆，这将成为未来光缆的主要品种
综合光缆	由光纤与通信电缆、电力电缆或电气装备线组成

光缆抗张加强芯通常用高强度钢丝，在有强电干扰或对光缆重量有限制的情况下可采用多股芳纶丝或纤维增强塑料；金属铠装层可采用钢丝铠装、钢带铠装、皱纹钢管、铝管等；外护套可采用聚乙烯等材料，也可采用芳纶加强护套等。

（4）光缆的分类

光缆可用于广域网（WAN，包括公共通信网和专用通信网）、通信设备、信号测量、光电技术仪器仪表等。光缆主要品种见表2-48。

（5）光缆的敷设与测试

光缆在城市内一般敷设在建造好的专门沟道或管道中，在管道中敷设时可采用润滑材料以减少摩擦力；在沟道中敷设时需在沟井口采用易弯钢管保护；在野外通常将带有铠装外护套的光缆直接埋于1～2m深的土壤中；在特殊条件下，可将光缆吊挂在电线杆或建筑物墙上。光缆敷设时，应尽可能减少光缆的弯曲和扭转。光缆测试应使用专用的光缆测试仪。

表 2-48　光缆主要品种

光缆品种	特点与应用
直埋光缆	有防水层和铠装层，用于长途光通信干线，是目前主要生产品种
管道光缆	采用铝带复合护层，用于市内光通信干线
架空光缆	有轻型铠装，能防外力损伤，用于区域通信线路
海底光缆	铠装护套要求高，能承受敷设、打捞时的张力和海底高压力，将替代海底通信电缆
水下光缆	具有良好的径向和纵向密封性，用于过水光通信线路
软光缆	具有良好的弯曲性能和足够的抗拉伸能力，用于非固定场合
室内光缆	具有阻燃性能，用于大楼内局域网中
设备内光缆	结构轻巧，芯径较大，用于设备内光路连接
光电综合通信光缆	由光纤与同轴通信电缆组成，用于区域通信
航空航天和军用光缆	有飞机用光缆、航天飞行器用光缆、舰船用光缆、水下遥控用光缆、野战用光缆、制导用光缆、导弹火箭用光缆、核试验用光缆等
电力系统用光缆	(1)光纤复合架空地线(OPGW)由铝管保护的光纤和电力线路架空线(铝包钢线或铝合金线)组成 (2)架空地线卷绕光缆(GWWOP)是一种卷绕在现有架空地线上的耐热高强度光缆
光电复合缆	深海无人运载工具用光电复合缆、深海无人运载工具用脐带光电复合缆、遥控深潜器光电复合缆、遥控深潜器用脐带光电复合缆、通用拖曳光电复合缆、导弹发射用脐带光电复合缆等

光缆敷设中的关键是光纤光缆的接续，它对光纤损耗的影响很大。引起接续损耗的主要原因有：两根光纤数值孔径和芯径不同、端面反射、端面质量以及各种机械偏移（纵向偏移、横向偏移、角度偏移）。因此光缆接续中，端面处理、中心轴对准、光纤熔接技术至关重要。

光缆的敷设除上述外，还必须注意以下几点：

① 光缆的展放必须使用专用的光缆展放器，需随时观测拉力计，不得过拉。

② 光缆的连接必须使用光缆接线仪。

③ 光缆敷设使用的金属支持件必须使用与其配套供应的原件。

第三章
建筑电气工程施工识图

第一节　建筑电气工程图基本知识

一、建筑电气施工图概述

现代房屋建筑中，都要安装许多电气设施和设备，如照明灯具、电源插座、电视、电话、消防控制装置、各种工业与民用的动力装置、控制设备与避雷装置等。每一项电气工程或设施，都要经过专门的设计在图纸上表达出来。这些有关的图纸就是建筑电气施工图（也叫电气安装图）。它与建筑施工图、建筑结构施工图、给水排水施工图、暖通空调施工图组合在一起，就构成一套完整的施工图。

上述各种电气设施和设备在图中表达，主要有两个方面的内容：一是供电、配电线路的规格和敷设方式；二是各类电气设备及配件的选型、规格及安装方式。与建筑施工图不同的是，导线、各种电气设备及配件等在图纸中大多不是其投影，而是用国际规定的图例、符号及文字表示，按比例绘制在建筑物的各种投影图中（系统图除外），这是建筑电气施工图的一个特点。

建筑电气施工图是土建工程施工图纸的主要组成内容。它将电气工程设计内容简明、全面、正确地标示出来，是施工技术人员及工人安装电气设施的依据。为了正确进行电气照明线路的敷设及用电设备的安装，我们必须看懂建筑电气施工图。

（一）建筑电气施工图的组成

建筑电气施工图设计文件是以单项工程为单位编制。文件由设计图样（包括图纸目录，设计说明，平、立、剖面图，系统图，安装详图等）、主要设备材料表、预算和计算书等组成。

（1）图纸目录

图纸目录一般先列出新绘制的图纸，后列出本工程选用的标准图，最后列出重复使用图，内容有序号、图纸名称、编号、张数等。

（2）设计说明

建筑电气施工图设计以图样为主，设计说明为辅。设计说明主要说明那些在图样上不易表达的，或可以用文字统一说明的问题，如工程的土建概况，工程的设计范围，工程的类别、级别（防火、防雷、防爆及符合级别），电源概况，导线、照明器、开关及插座选型，电气保安措施，自编图形符号，施工安装要求和注意事项等。

（3）平面图

平面图可表明进户点、配电箱、配电线路、灯具、开关及插座等的平面位置及安装要求。每层都应有平面图，但有标准层时，可以用一张标准的平面图来表示相同各层的平面布置。

在平面图上，可以表明以下几点。

① 进户点、进户线的位置及总配电箱、分配电箱的位置。表示配电箱的图例符号还可表明配电箱的安装方式是明装还是暗装，同时根据标注识别电源来路。

② 所有导线（进户线、干线、支线）的走向，导线根数，以及支线回路的划分，各条导线的敷设部位、敷设方式、导线规格型号、各回路的编号及导线穿管时所用管材管径都应标注在图纸上，但有时为了图面整洁，也可以在系统图或施工说明中统一表明。

电气照明图中的线路，都是用单线来表示的。在单线上打撇表示导线根数，2 根导线不打撇，表示 3 根导线打 3 撇，超过 4 根导线在导线上只打 1 撇，再用阿拉伯数字表示导线根数。

③ 灯具、灯具开关、插座、吊扇等设备的安装位置，灯具的型号、数量、安装容量、安装方式及悬挂高度。

常用的电气平面图有：变配电所平面图、动力平面图、照明平面图、防雷平面图、接地平面图、弱电平面图等。

（4）系统图

系统图又称配电系统图，是表示电气工程的供电方式、电能输送、分配控制关系和设备运行情况的图纸。

系统图用单线绘制，图中虚线所框的范围为一个配电盘或配电箱。各配电盘、配电箱应标明其编号及所用的开关、熔断器等电器的型号、规格。配电干线及支线应用规定的文字符号标明导线的型号、截面、根数、敷设方式（如穿管敷设，还要标明管材和管径）。对各支部应标出其回路编号、用电设备名称、设备容量及计算电流。

系统图有变配电系统图、动力系统图、照明系统图、弱电系统图等。系统图只表示电气回路中各元器件的连接关系，不表示元器件的具体情况、具体安装位置和具体接线方法。

大型工程的每个配电盘、配电箱应单独绘制其系统图。一般工程设计，可将几个系统图绘制到同一张图上，以便查阅。小型工程或较简单的设计，可将系统图和平面图绘制在同一张图上。

（5）安装详图（接线图）

安装详图又称大样图，多以国家标准图集或各设计单位自编的图集作为选用的依据。仅对个别非标准工程项目，才进行安装详图设计。详图的比例一般较大，且一定要结合现场情况，结合设备、构件尺寸详细绘制，一般也就是安装接线图。

（6）计算书

计算书经校审签字后，由设计单位作为技术文件归档，不外发。

（7）主要设备材料表及预算

电气材料表是把某一电气工程所需主要设备、元件、材料和有关数据列成表格，表示其名称、符号、型号、规格、数量、备注（生产厂家）等内容。它一般置于图中某一位置，应与图联系起来阅读。根据建筑电气施工图编制的主要设备材料表和预算，作为施工图设计文件提供给建设单位。

(二)建筑电气工程图的一般特点

(1) 图形符号、文字符号和项目代号是构成电气图的基本要素

一个电气系统、设备或装置通常由许多部件、组件、功能单元等组成。这些部件、组件、功能单元等被称为项目。但主要以简图形式表示的建筑电气工程图(简称电气工程图)中,为了描述和区分这些项目的名称、功能、状态、特征、相互关系、安装位置、电气连接等,没有必要也不可能画出其的外形结构,一般是用一种图形符号表示的。

图形符号,文字符号和项目代号是电气工程图的基本要素,一些技术数据也是电气工程图的主要内容。

(2) 简图是电气工程图的主要形式

简图是用图形符号,带注释的围框或简化外形表示系统或设备中各组成部分之间相互关系的一种图。电气工程图绝大多数采用简图这一种形式。

这里应当指出的是,简图并不是指内容"简单",而是指形式的"简化",它是相对于严格按几何尺寸、绝对位置等而绘制的机械图而言。

(3) 元件和连接线是电气工程图描述的主要内容

一种电气装置主要由电气元件和电气连接线构成,因此,无论是说明电气工作原理的电路图,表示供电关系的电气系统图,还是表明安装位置和接线关系的平面图和接线图等,都是以电气元件和连接线描述的,不同描述方法,构成了电气工程图的多样性。

① 连接线在电路图中的三种描述方法。连接线在电路图中通常有多线表示法、单线表示法和混合表示法。

每根连接线或导线各用一条图线表示的方法,称为多线表示法;两根或两根以上的连接线只用一条图线表示的方法,称为单线表示法;在同一图中,单线和多线同时使用的方法称为混合表示法。

② 电气元件在电路图中的三种表示方法。用于电气元件的表示方法可分为集中表示法、半集中表示法、分开表示法。

集中表示法是把一个元件各组成部分的图形符号绘制在一起的方法。

分开表示法是把一个元件的各组成部分分开布置的方法。

半集中表示法是介于集中表示法和分开表示法之间的一种表示法。其特点是:在图中,把一个项目的某些部分的图形符号分开布置,并用机械连接线表示出项目中各部分的关系。其目的是得到清晰的电路布局。在这里,机械连接线可以是直线,也可以折弯、分支和交叉。三种表示方法的比较见表 3-1。

表 3-1 集中、半集中、分开三种表示方法的比较

序号	方 法	表示方法	特 点
1	集中表示法	图形符号的各组成部分在图中集中(即靠近)绘制	易于寻找项目的各个部分,适用于较简单的图
2	半集中表示法	图形符号的某些部分在图上分开绘制,并用机械连接符号(虚线)表示各部分的关系,机械连接线可以弯折、交叉和分支	可以减少电路连线的往返和交叉,图面清晰,但是会出现机械连接线穿越图面的情况,适用于内部具有机械联系的元件
3	分开表示法	图形符号的各组成部分在图上分开绘制,不用机械连接符号而用项目代号表示各组成部分的关系,还应表示出图上的位置	既可减少电路连接线的往返和交叉,又不出现穿越图面的机械连接线,但是为了寻找被分开的各部分,需要采用插图或表格,适用于内部具有机械的、磁的和光的功能联系的元件

③ 表示连接线去向的两种方法。在接线图以及某些电路图中,通常要求表示出连接线的去向,即连接线的两端各引向何处。表示连接线去向一般有连续线表示法和中断线表

示法。

表示两接线端子（或连接点）之间连接线或导线的线条连续的方法，称为连续线表示法；表示两接线端子或连接点之间连接线或导线的线条中断的方法，称为中断线表示法。

（4）功能布局法和位置布局法是电气工程图两种基本的布局方法

功能布局法是指电气图中元件符号的布置，只考虑便于看出他们所表示的元件之间功能关系而不考虑实际位置的一种布局方法。电气工程图中的系统图，电路图都是采用这种布局方法。各元件按动作原理排列，至于这些元件的实际位置怎样布置则不予表示。这样的图就是按功能布局法绘制的图。

位置布局法是指电气图中元件符号的布置对应于该元件实际位置的布局方法。电气工程图中的接线图、平面图通常采用这种布局方法。控制箱内各元件基本上都是按元件的实际相对位置布置和接线的，配电箱、电动机及其连接导线是按实际位置布置。这样的图就是按位置布局法绘制的图。

（5）对能量流、信息流、逻辑流、功能流的不同描述方法，构成了电气工程图的多样性

在某一个电气系统或电气装置中，各种元件、设备、装置之间，从不同角度、不同侧面去考察，存在着不同的关系。

（三）建筑电气工程图的阅读方法

建筑电气工程图不同于机械工程图，电气工程图中电气设备和线路是在简化的土建图上绘出，所以不但要了解电气工程图的特点，还应用合理的方法看图，才能较快看懂电气工程图。

阅读建筑电气工程图，不但要掌握电气工程图的一些基本知识，还应按合理的次序看图，才能较快地看懂电气工程图。

① 首先要看图纸的目录、图例、施工说明和设备材料明细表。了解工程名称、项目内容、图形符号，了解工程概况、供电电源的进线和电压等级、线路敷设方式、设备安装方法、施工要求等注意事项。

② 要熟悉国家统一的图形符号、文字符号和项目代号。构成电气工程的设备、元件和线路很多，结构类型各异，安装方法不同，在电气工程图中，设备、元件和线路的安装位置和安装方式是用图形符号、文字符号和项目代号来表达的。因此，阅读电气工程图一定要掌握大量的图形符号、文字符号，并理解这些符号所代表的具体内容与含义，以及它们之间的相互关系。从文字符号、项目代号中了解电气设备、元件的名称、性能、特征、作用和安装方式。

③ 要了解图纸所用的标准，任何一个国家都有自己的国家标准，设计院采用的图例也并不一致。看图时，首先要了解本套图纸采用的标准是哪一国家的，图例有什么特点，如“BS”为英国国家标准，“ANSI”为美国国家标准，“JIS”为日本工业标准，“DIN”为德国国家标准，“IEC”为国际电工委员会标准，“GB”为我国国家标准。其他的还有部级标准、企业标准，如“JG”为建筑工业标准，“DL”为电力工业标准。

④ 电气工程图是用来准备材料，组织施工，指导施工。而一些安装、接线及调试的技术要求不能完全在图纸上反映出来，也没有必要一一说明，因为某些技术要求在国家标准和规范中作了明确规定，国家也有专门的安装施工图集。因此，在电气工程图中一般写明“参照××规范，××图集”。所以还必须了解安装施工图册和国家规范。

⑤ 看电气工程图时各种图纸要结合起来看，并注意一定的顺序。一般来说，看图顺序是施工说明、图例、设备材料明细表、系统图、平面图、接线图和原理图等。从施工说明了解工程概况，本套图纸所用的图形符号，该工程所需的设备、材料的型号、规格和数量。电

气工程不像机械工程那样集中，电气工程中，电源、控制开关和电气负载是通过导线连接起来，比较分散，有的电气设备装在A处，而其控制设备装在B处。所以看图时，平面图和系统图要结合起来看，电气平面图找位置，电气系统图找联系。安装接线图与电气原理图结合起来看，安装接线图找接线位置，电气原理图分析工作原理。

⑥ 电气施工要与土建工程及其他工程（工艺管道、给排水、采暖通风、机械设备等）配合进行。电气设备的安装位置与建筑物的结构有关，线路的走向不但与建筑结构（柱、梁、门窗）有关，还与其他管道、风管的规格、用途、走向有关。安装方法与墙体、楼板材料有关，特别是暗敷线路，更与土建工程密切相关。所以看图时还必须查看有关土建图和其他工程图，了解土建工程和其他工程对电气工程的影响，掌握各种图纸的相互关系。

二、建筑电气施工图的一般规定

（一）绘图比例

一般地，各种电气的平面布置图，使用与相应建筑平面图相同的比例。在这种情况下，如需确定电气设备安装的位置或导线长度时，可在图上用比例尺直接量取。

现建筑图无直接联系其他电气施工图的，可任选比例或不按比例示意性地绘制。

（二）图线使用

电气施工图的图线，其线宽应遵守建筑工程制图标准的统一规定，其线型与统一规定基本相同。各种图线的使用如下：

① 粗实线（b）：电路中的主回路线；

② 虚线（0.35b）：事故照明线，直流配电线路、钢索或屏蔽等，以虚线的长短区分用途；

③ 点画线（0.35b）：控制及信号线；

④ 双点画线（0.35b）：50V及以下电力、照明线路；

⑤ 中粗线（0.5b）：交流配电线路；

⑥ 细实线（0.35b）：建筑物的轮廓线。

（三）图例符号

1. 电气图形符号的构成

电气图符号包括一般符号、符号要素、限定符号和方框符号。

① 一般符号是用以表示一类产品或此类产品特征的一种通常很简单的符号。如电阻、电机、开关、电容等。

② 符号要素是一种具有确定意义的简单图形，必须同其他图形结合以构成一个设备或概念的完整符号。例如：直热式阴极电子管的图形符号，它是由外壳、阳极、阴极和灯丝四个要素组成的。这些符号要素不能单独使用，只有按照一定方式组合，才能构成完整的符号。

③ 用以提供附加信息的一种加在其他符号上的符号，称为限定符号。限定符号通常不能单独使用，但由于限定符号的应用，而大大扩展了图形符号的多样性。例如，在电阻的一般符号上分别附加上不同的限定符号，则可得到可变电阻器、滑线式变阻器、压敏电阻器等；开关的一般符号上加不同的限定符号可分别得到隔离开关、断路器、接触器、按钮开关等。

④ 方框符号是用以表示元件、设备的组合及其功能，既不给出元件、设备的细节，也不考虑所有连接的一种简单的图形符号。

方框符号在框图中使用最多，电路图中的外购件，不可修理件也可用方框符号表示。

2. 图形符号

在电气工程的施工图中，常见的图形符号见表 3-2。

表 3-2 电气工程常用电气图例

名 称	新标准规定的符号	旧标准规定的符号
直流	或	
交流		
交直流		
接地一般符号		
无噪声接地（抗干扰接地）		
保护接地		
接机壳或接底板	或	或
等电位		
故障		
闪络、击穿		
导线间绝缘击穿		
导线的连接	或	
导线的多线连接	或	或
导线的不连接		
接通的连接片	或	
断开的连接片		
直流发电机	G	F
交流发电机	G ~	F ~
直流电动机	M	D
交流电动机	M ~	D ~
直线电动机	M	ZXD

名 称	新标准规定的符号	旧标准规定的符号
步进电动机	M	BJD
电压调整二极管（稳压管）		
晶体闸流管（阴极侧受控）		
PNP 型半导体三极管		
NPN 型半导体三极管		
串励直流电动机	M	D
他励直流电动机	M	D
并励直流电动机	M	D
复励直流电动机	M	F
铁芯		
带间隙的铁芯		
手摇发电机	G	
三相笼型异步电动机	M 3~	
接触器的动合触点		
中间断开的双向触点		
延时闭合的动合触点	或	或
延时断开的动合触点	或	或
延时闭合的动断触点	或	或

续表

名　称	新标准规定的符号	旧标准规定的符号
延时断开的动断触点	或	或
延时闭合和延时断开的动合触点		或
延时闭合和延时断开的动断触点		或
接触器的动断触点		
三极开关	或	或
三极断路器		低压　高压
三极隔离开关		
三极负荷开关		
电阻器一般符号	优选形 其他型	
电容器一般符号	优选形　其他型	
极性电容器	优选形　其他型	
半导体二极管一般符号		
光电二极管		
导线对机壳绝缘击穿	或	

名　称	新标准规定的符号	旧标准规定的符号
导线对地绝缘击穿		
换向绕组		
补偿绕组		
串励绕组		
并励或他励绕组		或
三相绕线转子异步电动机	M 3~	
动合(常开)触点	或	或
动断(常闭)触点		或
先断后合的转换触点		或
先合后断的转换触点	或	
单相变压器	或	或
有中心抽头的单相变压器	或	
三相变压器有中性点引出线的星形连接	或	或
电流互感器脉冲变压器	或	或
位置开关的动合触点		或

续表

名　称	新标准规定的符号	旧标准规定的符号	名　称	新标准规定的符号	旧标准规定的符号
位置开关的动断触点		或	带动断触点的按钮		
热继电器的触点		或	带动合和动断触点的按钮		
熔断器			热继电器的驱动器件		
操作线圈	或		灯		照明灯 信号灯
带动合触点的按钮					

3. 文字符号

在电气设备、装置和元器件旁边，常用文字符号标注表示电气设备、装置和元器件的名称、功能、状态和特征。文字符号可以作为限定符号与一般图形符号组合，以派生出新的图形符号。

文字符号分为基本文字符号和辅助文字符号。

① 基本文字符号。基本文字符号有单字母符号和双字母符号。单字母符号是用拉丁字母将各种电气设备、装置和元器件划分为 23 大类，每一大类用一个专用单字母符号表示。如“R”表示电阻器类，“C”表示电容器类，见表 3-3，单字母符号应优先采用。

双字母符号是由一个表示种类的单字母符号与另一个字母组成，其组合形式应以单字母符号在前，另一个字母在后。例如：“GB”表蓄电池，“G”为电源的单字母符号。只有当单字母符号不能满足要求需要进一步划分时才采用双字母符号，以便较详细地表述电气设备、装置和元器件。如“F”表示保护类器件，而“FU”表示熔断器，“FR”表示具有延时动作的限流保护器件等。双字母符号的第一位字母只允许按表 3-3 中的单字母所表示的种类使用，第二位字母通常选用该类设备、装置和元器件的英文名词的首位字母，或常用缩略或约定俗成的习惯用字母。例如，“G”为电源单字母符号，“Synchronous generator”为同步发电机的英文名，“Asynchronous generator”为异步发电机的双字母符号，同步发电机电源和异步发电机电源分别表示为“GS”和“GA”。

② 辅助文字符号。辅助文字符号是用以表示电气设备、装置和元器件以及线路的功能、状态和特征的符号，如“SYN”表示同步，“L”表示限制，常用辅助文字符号参见表 3-4。

辅助文字符号一般放在基本文字符号单字母的后边，合成双字母符号，如“Y”是表示电气操作的机械器件类的基本文字符号，“B”是表示制动的辅助文字符号，两者组合成“YB”，则成为电磁制动器的文字符号。若辅助文字符号由两个以上字母组成时，允许只采用其第一位字母进行组合，如“SYN”为同步，“M”表示电动机，“MS”表示同步电动机。辅助文字符号也可以单独使用，如“ON”表示闭合，“OFF”表示断开，“PE”表示保护接地等。

表 3-3　电气设备常用基本文字符号

设备、装置和元器件种类	举例		基本文字符号	
	中文名称	英文名称	单字母	双字母
组件部件	分离元件放大器 激光器 调节器	Amplifier using Discrete components Laser Regulator	A	
	本表其他地方未能提及的组件、部件			
	电桥	Bridge		AB
	晶体管放大器	Transistor amplifier		AD
	集成电路放大器	Integrated circuit amplifier		AJ
	磁放大器	Magnetic amplifier		AM
	电子管放大器	Valve amplifier		AV
	印制电路板	Printed circuit board		AP
	抽屉柜	Drawer		AT
	支架盘	Rack		AR
非电量到电量变换器或电量到非电量变换器	热电传感器 热电池 光电池 测功计 晶体换能器 送话器 拾音器 扬声器 耳机 自整角机 旋转变压器 模拟和多级数字变换器或传感器(用作指示和测量)	Thermoelectric sensor Thermo-cell Photoelectric Dynamometer Crystal transducer Microphone Pick up Loud speaker Earphone Synchro Resolver Analogue & multiple-tep digital transducers or sensors (as used indicating or measuring purposes)	B	
	压力变换器	Pressure transducer		BP
	位置变换器	Position transducer		BQ
	旋转变换器(测速发电机)	Rotation transducer(ta-chogenerator)		BR
	温度变换器	Temperature transducer		BT
	速度变换器	Velocity transducer		
电容器	电容器	Capacitor	C	
二进制元件延迟器件存储器件	数字集成电路和器件 延迟线 双稳态元件 单稳态元件 磁芯存储器 寄存器 磁带记录机 盘式记录机	Digital integrated circuits and devices Delay line Bistable element Monostable element Core storage Register Magnetic tape recorder Disk recorder	D	
其他元器件	本表其他地方未规定的器件		E	
	发热器件	Heating device		EH
	照明灯	Lamp for lighting		EL
	空气调节器	Ventilator		EV
保护器件	具有瞬时动作的限流保护器件	Current threshold pro-tective device with ins-tantaneous action	F	FA
	具有延时动作的限流保护器件	Current threshold pro-tective device with time lag action		FR

续表

设备、装置和元器件种类	举例		基本文字符号	
	中文名称	英文名称	单字母	双字母
保护器件	具有延时和瞬时动作的限流保护器件	Current threshold pro-tective device with in-stantaneous and time Lag action	F	FS
	熔断器	Fuse		FU
	限压保护器件	Voltage threshold protective device		FV
发生器 发电机 电源	旋转发电机 振荡器	Rotating generator Oscillator	G	
	发生器	Generator		GS
	同步发电机	Synchronous generator		
	异步发电机	Asynchronous generator		GA
	蓄电池	Battery		GB
	旋转式或固定变频机	Rotating or static frequency converter		GF
信号器件	声响指示器	Acoustical indicator	H	HA
	光指示器	Optical indicator		HL
	指示灯	Indicator lamp		HL
继电器 接触器	瞬时接触继电器	Instantaneous contactor relay	K	KA
	瞬时有或无继电器	Instantaneous all or nothing relay		Ka
	交流继电器	Alternating relay		KA
	闭锁接触继电器(机械闭锁或永磁铁式有或无继电器)	Latching contactor relay (all or nothing relay with mechanical latch or permanent magnet)		KA
	双稳态继电器	Bistable relay		KL
	接触器	Contactor		KM
	极化继电器	Polarized relay		KP
	簧片继电器	Reed relay		KR
	延时有或无继电器	Time-delay all-or-nothing relay		KT
	逆流继电器	Reverse current relay		KR
电感器 电抗器	感应线圈 线路陷波器 电抗器(并联和串联)	Induction coil Line trap Reactors (shunt and series)	L	
电动机	电动机	Motor	M	
	同步电动机	Synchronous motor		MS
	可做发电机或电动机用的电机	Machine capable of use as a generator or motor		MG
	力矩电动机	Torque motor		MT
模拟元件	运算放大器 混合模拟/数字 器件	Operational amplifier Hybrid analogue/digital Device	N	
测量设备 试验设备	指示器件 记录器件 积算测量器件 信号发生器	Indicating devices Recording devices Integrating measuring devices Signal generator	P	
	电流表	Ammeter		PA
	(脉冲)计数器	(Pulse)Counter		PC
	电度表	Watt hour meter		PJ
	记录仪器	Recording instrument		PS
	时钟、操作时间表	Clock Oprating time meter		PT
	电压表	Voltmeter		PV
电力电路的开关器件	断路器	Circuit breaker	Q	QF
	电动机保护开关	Motor protection		QM
	隔离开关	Disconnector (isolator)		QS

续表

设备、装置和元器件种类	举例		基本文字符号	
	中文名称	英文名称	单字母	双字母
电阻器	电阻器	Resistor	R	
	变阻器	Rheostar		
	电位器	Potentiometer		RP
	测量分路表	Measuring shunt		RS
	热敏电阻器	Resistor with inherent variability Dependent on the temperature		Rt
	压敏电阻器	Resistor with inherent variability Dependent on the voltage		RV
控制、记忆、信号电路的开关器件选择器	拨号接触器 连接级	Dial contact Connecting stage	S	
	控制开关	Control switch		SA
	选择开关	Selector switch		SA
	按钮开关	Push-button		SB
	机电式有或无传感器(单级数字传感器)	All-or-nothing sensors of mechanical and electronic nature (one-step digital sensors)		
	液体标高传感器	Liquid level sensor		SL
	压力传感器	Pressure sensor		SP
	位置传感器(包括接近传感器)	Position sensor (including proximity sensor)		SQ
	转数传感器	Rotation sensor		SR
	温度传感器	Temperature sensor		ST
变压器	电流互感器	Current transformer	T	TA
	控制电路电源用变压器	Transformer for control circuit supply		TC
	电力变压器	Power transformer		TM
	磁稳压器	Magnetic stabilizer		TS
	电压互感器	Voltage transformer		TV
调制器 变换器	鉴频器 解调器 变频器 编码器 逆变器 整流器 电板译码	Discriminator Demodulator Frequency changer Coder Converter Inverter Rectifier telegraph translator	U	
电子管 晶体管	气体放电管 二极管 晶体管 晶闸管	Gas-discharge tube Diode Transistor Thyristor	V	
	电子管	Electronic tube		VE
	控制电路用电源的整流器	Rectifier for control circuit supply		VC
传输通道 波导 天线	导线 电缆 母线 波导 偶极天线 抛物天线	Conductor Cable Busbar Wave guide Wave guide directional couper Dipole parbolie aerial	W	
端子 插头 插座	连接插头和插座 接线柱 电缆封端和接头 焊接端子板	Connecting plug and socked Clip Cable seaing and joint Soldering terminal strip	X	

续表

设备、装置和元器件种类	举例		基本文字符号	
	中文名称	英文名称	单字母	双字母
端子 插头 插座	连接片	Link	X	XB
	测试插孔	Test jack		XJ
	插头	Plug		XP
	插座	Socker		XS
	端子板	Terminal board		XT
电气操作的机械器件	气阀	Pneumatic	Y	
	电磁铁	Electromagnet		YA
	电磁制动器	Electromagnetic ally operated brake		YB
	电磁离合器	Electromagnetic ally operated clutch		YC
	电磁吸盘	Magnetic chuck		YH
	电动阀	Motor operated vale		YM
	电磁阀	Electromagnetic ally operated valve		YV
终端设备 混合变压器 滤波器 均衡器 限幅器	电缆平衡网络 压缩扩展器 晶体滤波器 网络	Cable balancing network Compandor Crystal filter Network	Z	

表 3-4　常用辅助文字符号

序号	文字符号	名称	英文名称	序号	文字符号	名称	英文名称
1	A	电流	Current	28	GN	绿	Green
2	A	模拟	Analog	29	H	高	High
3	AC	交流	Alternating current	30	IN	输入	Input
4	A AUT	自动	Automatic	31	INC	增	Increase
				32	IND	感应	Induction
5	ACC	加速	Accelerating	33	L	左	Left
6	ADD	附加	Add	34	L	限制	Limiting
7	ADJ	可调	Adjustability	35	L	低	Low
8	AUX	辅助	Auxiliary	36	LA	闭锁	Laching
9	ASY	异步	Asynchronizing	37	M	主	Main
10	B BRK	制动	Braking	38	M	中	Medium
				39	M	中间线	Mid-wire
11	BK	黑	Black	40	M	手动	Manual
12	BL	蓝	Blue	41	MAN	中性线	Neutral
13	BW	向后	Backward	42	N	断开	Open,off
14	C	控制	Control	43	OFF	闭合	Close,on
15	CW	顺时针	Clockwise	44	ON	输出	Output
16	CCW	逆时针	Counter clockwise	45	OUT	压力	Pressure
17	D	延时(延迟)	Delay	46	P	保护	Protection
18	D	差动	Differential	47	PE	保护接地	Protective earthing
19	D	数字	Digital	48	PEN	保护接地与中性线共用	Protective earthing neutral
20	D	降	Down,lower				
21	DC	直流	Direct current	49	PU	不保护接地	Protective unearthing
22	DEC	减	Decrease	50	R	记录	Recording
23	E	接地	Earthing	51	R	右	Right
24	EM	紧急	Emergency	52	R	反	Reverse
25	F	快速	Fast	53	RD	红	Red
26	FB	反馈	Feedback	54	R RST	复位	Reset
27	FW	正、向前	Forward				

续表

序号	文字符号	名称	英文名称
55	RES	备用	Reservation
56	RUN	运转	Run
57	S	信号	Signal
58	ST	启动	Start
59	S SET	置位,定位	Setting
60	SAT	饱和	Saturate
61	STE	步进	Stepping
62	STP	停止	Stop
63	SYN	同步	Synchronizing
64	T	温度	Temperature
65	T	时间	Time
66	TE	无噪声（防干扰）接地	Noiseless earthing
67	V	真空	Vacuum
68	V	速度	Velocity
69	V	电压	Voltage
70	WH	白	White
71	YE	黄	Yellow

第二节　建筑变配电工程图识读

一、变配电系统图

（一）变配电系统图简介

1. 变配电系统图概念

变配电系统图就是用单线将流过主电流或一次电流的某些设备（如发电机、变压器、母线、开关设备及导线等）按照一定的顺序连成的电路图，也称为一次主接线路图。

变配电系统图能清楚地反映电能输送、控制和分配的关系以及设备运行情况，它是作为供电规划与设计、进行有关电气数据计算、选择主要设备的依据。通过阅读变配电系统图，可以了解整个变配电工程的规模和电气工作量的大小，理解变配电工程系统各部分之间的关系，同时，变配电系统图也是日常操作维护及切换回路的主要依据。通常在变配电站和控制室内，将变配电系统图做成大模拟电路板挂在墙上，指导操作。

变配电系统图对变配电站电气设备选择、配电布置、运行的可靠性和经济性均有重要影响。对系统主接线的要求是具有良好的可靠性、灵活性、安全性、经济性。其中，安全可靠是首要的，决不允许在运行或检修时，由于设计的不合理而发生人身伤害和重要设备损坏事故，经济上要考虑投资和运行费用，使系统整体性能价格比最优。

2. 变配电系统图的组成

（1）供电电源

在常见的用户变配电站中，供电电源一般由不同等级的电压线路供给，如 380V、10kV 和 35kV 等。

对于某些重要的建筑，其供电系统中常自备发电机组，如柴油发电机、小型汽轮发电机及小型水轮机发电机等。作为备用电源或临时电源，这些发电机多为三相同步发电机。在某些特殊场合，可以使用直流电源，通常通过直流发电机获得，也可以通过硅整流器将交流电转换为直流电，对于小型直流电源也可以使用蓄电池等。

（2）母线

在变配电系统图中，母线是电路中的一个节点，但在实际的电气系统中却是一组庞大的汇流排，它是电能汇集和分散的场所，即功率的汇总和分配点，电压水平的控制点。

在工程上，母线一般由铝排或铜排组成，当电压为 35kV 以上时，亦可采用钢管或合金铝管做成。

母线系统一般分为三种形式，具体如下。

① 单母线制。如图 3-1 所示，单母线制又分为单母线不分段接线、单母线分段接线、单母线带旁路母线接线等形式。

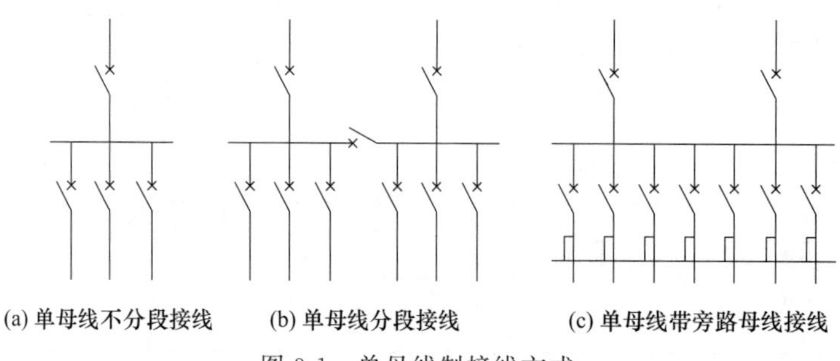

图 3-1 单母线制接线方式

单母线不分段接线方式灵活性较低，当母线发生故障时，母线功能完全丧失，使供电系统遭到破坏，用户供电全部中断。将母线分段后，其可靠性大为改善，当母线发生故障或线路检修时，可以保证系统具有 50%的供电能力。

② 双母线制。如图 3-2 所示，双母线制又可分为双母线不分段接线、双母线分段接线、双断路器双母线接线等形式。

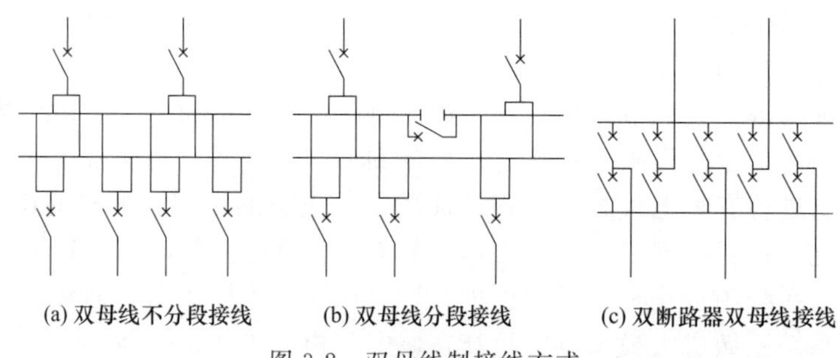

图 3-2 双母线制接线方式

为了克服单母线系统的缺点，提高电力系统运行可靠性、灵活性，解决母线定期检修困难和检修时与该母线相连接用户的停电等问题，提出了双母线制接线方式。双母线不分段接线方式是在分段单母线接线的基础上发展起来的，将两段直线布置的母线改为两段平行布置，并对每个回路的断路器都安装两组母线隔离开关，分别接到两组母线上，通过倒闸操作，解决转换回路问题。再加上双母线具有两种正常运行方式，即一组工作，另一组备用；两组同时工作，互为备用，使得双母线接线系统具有较高的灵活性和适应性。另外，通过采用相应的电气连接锁技术措施，基本可以避免倒闸操作事故的发生。但是，当电源或工作母线出现故障时，还需要经过倒闸操作才能恢复供电。双回路、双母线线路是双母线系统中最为完善、可靠的接线方式。然而，这种接线方式的显著的特点是系统价格昂贵、维护较为复杂。

③无母线制。如图 3-3 所示，无母线制又可分为线路变压器接线、桥形接线（分为内桥接线和外桥接线两种方式，一般应用于 35kV 以上供电线路中）以及扩大单元接线等几种形式。

在相对简单的电力系统中，多采用无母线接线方式，因为这种方式既具有简单、经济的特点，又能满足一定条件下的可靠性与灵活性要求。

(3) 变压器

电力变压器是用来变换电压等级的电气设备。建筑供配电系统中的配电变压器一般为三

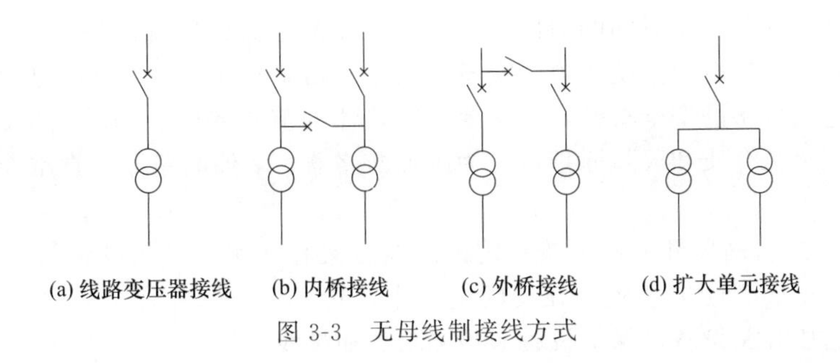

图 3-3　无母线制接线方式

相电力变压器。通常三相电力变压器有油浸式和干式两种，油浸式变压器型号多为 S 型或 SL 型，而干式变压器的型号有 SC 型。目前，我国新型配电变压器是按国际电工委员会 IEC 标准推荐的容量序列，其额定容量等级有（单位为 kV・A）：10、20、30、40、50、63、80、100、125、160、200、250、315、400、500、630、800、1000、1250、1600、2000 等。变压器额定容量指在额定工作条件下，变压器二次侧输出功率（视在功率）的保证值，单位为 kV・A。一般来说，配电变压器单台容量不应超过 1250kV・A，而建筑物内部的干式变压器不应超过 2000kV・A。

在系统图中，除了要表示出变压器的额定容量外，还需要表示出额定电压（包括一次额定电压、二次额定电压）以及接线方式等。例如，在图 3-4 中，变压器标注型号 SCB9 为三相环氧树脂浇注干式电力变压器，9 型系列，变压器额定容量为 1250kV・A，高压侧电压 10kV，低压侧 0.4/0.23kV，连接组标号为 D，yn_{11}，变压器阻抗电压为 6%，外加 IP_{20} 等级防护罩，制冷方式为以风机强迫空气冷却。

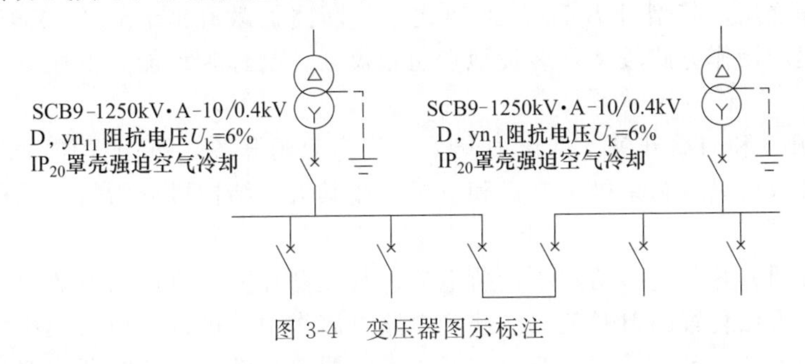

图 3-4　变压器图示标注

（4）高压开关设备

高压开关设备主要包括高压隔离开关、高压负荷开关、高压断路器、高压开关柜和高压熔断器等。

① 高压隔离开关（QS）。高压隔离开关的主要功能是隔离高压电源，以保证其他电气设备（包括输电线路）的安全检修。在高压隔离开关断开后应有明显的断开间隙，而且断开间隙的绝缘及相间绝缘都必须是绝对可靠的，能够充分保证人身和设备的安全。另外，高压隔离开关没有专门的灭弧装置，所以不允许有载操作。高压隔离开关按其安装的地点，分为室内型和室外型两大类。

② 高压负荷开关（QL）。高压负荷开关和高压隔离开关类似，开关断开后具有明显的断开间隙，因此，也具有隔离电源、保证安全检修的功能。由于高压负荷开关具有简单的灭弧装置，因此能够通断一定负荷电流和过负荷电流，但不能断开短路电流，必须与高压熔断器串联使用，以借助熔断器来防止短路故障。

③ 高压断路器（QF）。高压断路器具有较为完善的灭弧装置，不仅能够通断正当的负

荷电流，而且能够承受一定时间的短路电流，并能在继电保护装置的作用下实现自动跳闸，防止短路故障，以保护电力系统和电气设备。高压断路器断开后并没有明显的断开间隙，因此，为了保证电气设备的安全检修，通常要在断路器的前端或前后两端连接高压隔离开关。高压断路器按照灭弧介质和灭弧原理可分为少油断路器、多油断路器、真空断路器、SF_6 断路器等。

④ 高压开关柜。高压开关柜是按一定的线路方案将一次、二次设备组装在一个柜体内而形成的一种高压成套配电装置。在变配电站中，它用于控制和保护变压器及高压柜电线路。柜上装有高压开关设备、保护设备、检测仪表和母线、绝缘物等。

⑤ 高压熔断器。高压熔断器广泛应用于容量较小和不太重要的负荷，可作为高压线路以及电力变压器（包括电压互感器）的过载及短路保护。与高压负荷开关配合使用时，既能通断正常负载电流，又能起到对电力系统和电力变压器的过载和短路保护作用。常用的10kV 高压熔断器，室内主要采用 RN 型（户内型）管式熔断器，室外主要采用 RW 型（户外型）跌落式熔断器。

（5）低压开关设备

低压开关设备主要包括低压空气断路器、低压刀开关和刀熔开关、低压负荷开关以及低压熔断器等。

① 低压空气断路器。低压空气断路器又称为低压断路器、自动空气开关，具有灭弧装置，可以安全带负荷通断电路，并具有过载、短路及失压保护功能（即实现自动跳闸）。

按照低压空气断路器的结构，将其分为塑料外壳式和框架式两大类。塑料外壳式又称为装置式，其全部结构和导电部分都装设在一个塑料外壳内，仅在壳盖中央位置留出操作手柄，供手动操作之用，其型号为 DZ。框架式空气断路器敞开地装设在塑料或金属框架上，由于其保护方案和操作方式较多，装设地点也很灵活，又称为万能式低压空气断路器，其型号为 DW。

② 低压刀开关和刀熔开关。低压刀开关又称为刀闸开关，按照操作方式可以分为单投和双投；按照极数可以分为单极、二极和三极；按其灭弧结构可分为带灭弧罩式和不带灭弧罩式两种。

带灭弧装置的刀开关能够切除小负荷电流，其钢栅片灭弧罩可以有效地熄灭负荷电流产生的电弧；不带灭弧装置的刀开关只能起到电路隔离作用，进行无负荷操作。

低压刀熔开关是一种由低压刀开关与低压熔断器组合而成的熔断器式刀开关，具有刀开关和熔断器的基本功能。

③ 低压负荷开关。低压负荷开关是由带灭弧装置的刀开关和熔断器串联组合而成，并加以绝缘外壳或金属外壳。常见的有 HK 系列开启式负荷开关，又称磁底胶盖刀开关；HH 系列负荷开关，又称铁壳开关。

低压负荷开关可以在有负荷电流下操作，而且能够通过熔断器进行短路保护，具有操作方便、安全经济等优点。在供电要求可靠性不高、电力负荷不大的低压配电系统中，低压负荷开关得到了广泛应用。

④ 低压熔断器。低压熔断器的基本功能与高压熔断器一样，对电力系统和电气设备起到过载和短路保护作用。低压熔断器主要有磁插式、螺旋式和密闭管式等几种型号。

（6）互感器

实质上，互感器就是一种特殊的变压器。在采用互感器后，可以扩大仪表和继电器的使用范围，并将测量仪器和继电器与主接线回路绝缘。这样既可以避免仪表、继电器直接与主接线回路的高电压相连接，又可以防止仪表、继电器等设备出现的故障影响主接线回路，从而提高了系统与设备的安全性和可靠性。互感器包括电压互感器和电流互感器两种。

① 电压互感器。电压互感器的一次绕组匝数很多，而二次绕组匝数很少，其功能相当于降压变压器。应用时，将其一次绕组并联接入电力系统的一次接线回路中，而将其二次绕组与仪表、继电器等设备的电压线圈并联。由于设备的电压线圈的阻抗很大，因此，电压互感器在工作时，其二次绕组接近于空载状态。一般电压互感器二次绕组的额定电压为100V。

② 电流互感器。电流互感器的一次绕组匝数很少，且导线较粗，而二次绕组匝数很多，且导线较细。应用时，将其一次绕组与电力系统的主接线回路串联，而将其二次绕组与仪表、继电器等设备的电流线圈串联，形成闭合回路。由于电气设备电流线圈的阻抗很小，因此，电流互感器在工作时其二次回路相当于短路状态。一般电流互感器二次绕组的额定电流为5A。

(7) 电力传输介质

在电力系统中，电能的输送必须依靠电力传输介质，目前，常用的电力传输介质有裸导线、带有绝缘层的导线和电力电缆等。

① 裸导线。裸导线的外面没有绝缘层，常用的裸导线有铜绞线（TJ）、铝绞线（LJ）和钢芯铝绞线（LGJ）等，这类导线常用在6kV以上的架空线路上。配电装置中还常用到矩形铜母线（TMY）和矩形铝母线（LMY）等。

② 绝缘导线。绝缘导线常用于低压供电线路和用电设备之间的连接。按照绝缘介质可以将其分为塑料绝缘和橡胶绝缘导线。线芯有单股和多股之分，以及铜芯和铝芯之分。常用符号含义如下：

V——塑料绝缘

X——橡胶绝缘

L——铝芯（铜芯不表示）

R——软导线（多股）

B——布线用

③ 电力电缆。电力电缆常用于10kV以下电气装置和电气设备之间的连接，可以直接埋于地或电缆沟内，甚至水中敷设。根据绝缘介质可将电力电缆分为纸绝缘（Z）、橡胶绝缘（X）和塑料绝缘（V）三种。

常用的导线截面积分为如下等级（单位：mm^2）：0.5、0.75、1.0、1.5、2.5、4.0、6.0、10、16、25、35、50、70、95、120、185、240等。

（二）变配电系统图的识读

1. 变配电系统图的识读方法

(1) 6～10kV变配电电气系统图

在用电量很大的工矿企业、小区以及大型建筑物中，都设有6～10kV变配电所，根据负荷的大小和重要程度，采用不同的配电方式。常见的6～10kV配电系统图有单母线放射式配线、单母线分段放射式配线、双母线放射式配线、单回路树干式配线、双侧电源树干式和环式供电系统。我们常见到的是单母线分段放射式供电系统，它由两个电源供电，比较适合一、二级用电负荷供电，如图3-5所示。

从图中可以看出，此变电系统图有二回路10kV电源进线，一回路工作电源由市网供给，电缆引入，由图下方引至高压配电柜中。因为电源引自地方变电所时，需要装有专用计量柜和进线开关，图中1＃柜为专用计量柜，通过高压配电柜中的电流互感器和电压互感器进行电能损耗计量，供电业部门计费，进行经济核算。2＃高压配电柜为进线保护柜，当变配电系统母线出现短路和过载时，进线保护柜中的断路器自动跳闸。另一个电源为备用电

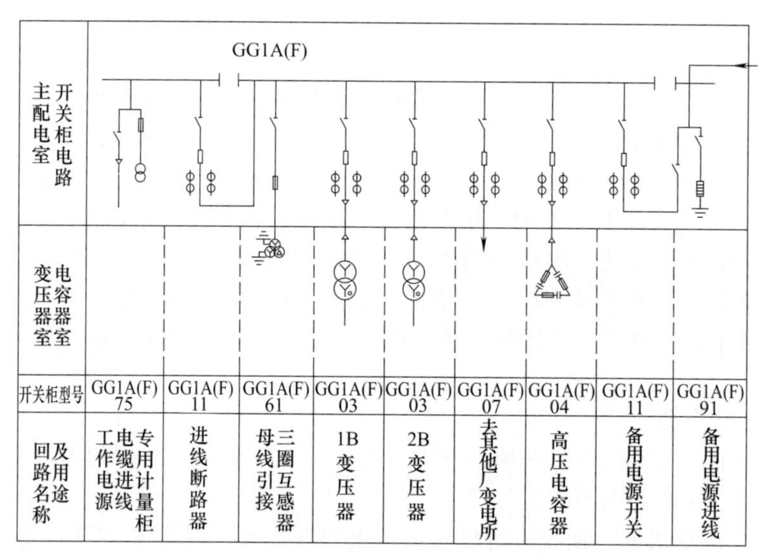

图 3-5　10kV 配电系统图

源，架空引入本企业总变电所供给，电能计量一般以电源出线开关的电度记录为准，或者通过协议解决计费问题，所以，只设了进线保护柜，同样是对母线的短路和过载进行保护。

在配出母线上，引出几路用途不同的配电回路，它们分别如下。

① 三圈变压器柜。它的三个单相三绕组电压互感器的接线方式为 Y/Y-L，其主要作用是测量和保护，接于三个线电压，可用于测量和低电压出口（用于高电压动机）保护使用。三个辅助二次绕组接成开口三角形，构成零序电压过滤器，用于接地保护（绝缘）使用。电压互感器由熔断器保护。

两台 10/0.4kV 电力变压器：它供给 380/220V 低压负荷用电，接线方式 Y/Y0，由高压断路器进行高压侧短路保护和过载保护。

② 高压引出线。去往其他变电所或杆上变压器，也是由高压断路器进行短路和过载保护。

③ 电容器柜。它的作用是在高压侧进行无功集中补偿，将本系统功率因数提高到当地电业部门所规定数值，一般在 0.95 左右。在高压配电系统中带有高压电动机和容量较大的变压器时，多采用高压无功集中补偿方式，它的优点是减少供电系统和输电线路无功损耗，缺点是不能减少变压器中和低压配搭网中的无功负荷。

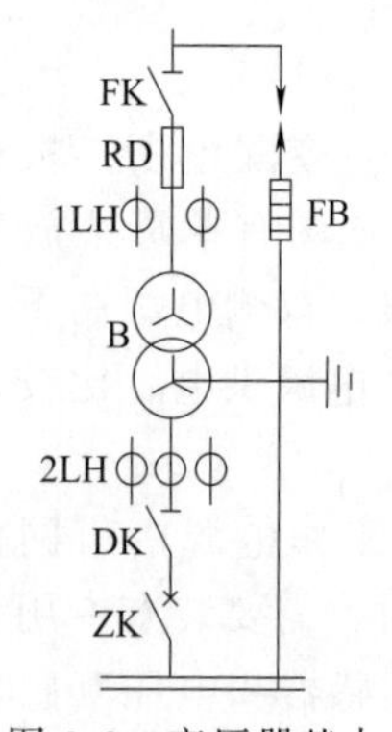

图 3-6　变压器基本电气系统图

（2）6～10/0.4kV 配电变压器电气系统图

目前，电力用户多采用 6～10/0.4kV 配电变压器供电，它们大都是由 1～3 台变压器组成的小变配电所，基本电气系统图如图 3-6 所示。

当变压器容量小于 630kV·A 时，在周围环境较好的场所，可采用户外露天变电所形式。如果变压器容量小于 250kV·A 时，还可采用杆上变电台形式。当变压器装在户外或杆上时，高压侧可采用户外跌落式带熔断器的开关控制，它可避免变压器的短路和出现过载电流，还可以通断一定容量的空载电流。

当变压器安装在室内，高压侧一般采用隔离开关、少油或真空断路器控制，隔离开关在检修变压器时起到隔离电源作用，而断路器的作用是在变压器运行时保护变压器的短路和过载故障。若变压器容量 630kV·A 时，高压侧也可采用隔离开关熔断控制。或变压器需要经常操作时，如每天至少一次，有时也采用隔离开关控制，它有明显断开点，因此，在断开电后，它又具有隔离开关的作用，与高压断路器配合使用，可保护变压器不出现过电流和短路故障。

变压器低压侧总出线往往采用低压断路器保护。低压断路从结构上分为两种形式，一种是装置式，额定电流小于600A，另一种是万能式，额定电流为200～4000A。对于大容量万能式低压断路器，有两种操作形式，即手动和电动操作。无论何种形式，它都能带负荷操作，并且，有短路过电流与失压等自动跳闸保护功能，操作简单方便，较为广泛采用。但有时在变压器容量较小、操作保护要求不高的场所，低压引出开关也采用刀熔开关控制方式。

变压器出线侧一般还要装有一组电流互感器，主要供电功率等测量使用。

（3）380/220V低压配电系统图

380/220V配电系统是指从6～10/0.4kV变压器的低压侧或是从发电机出线母线引出至用电负荷低压配电箱的供电系统。据负荷的大小、设备容量、供电可靠性、经济技术指标等，分别采用放射式、树杆式、混合式以及链式等配电方式。

放射式低压配电系统如图3-7所示。干线1由变电所低压侧引出，接至用电设备或主配电箱2，再以支干线3引至分配电箱4后接到用电设备上。

树干式低压配电系统不需在变电所内设配电盘，从变电所二次侧的引出线经空气开关或隔离开关直接引到车间内，因此，这种方式结构简化，减少了电气设备数量，如图3-8所示。

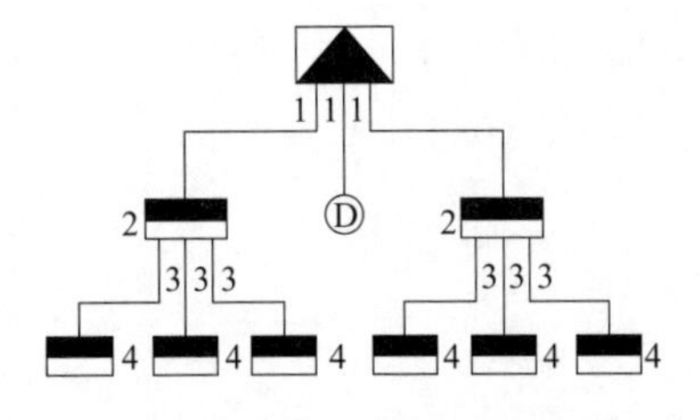

图3-7　放射式低压配电系统

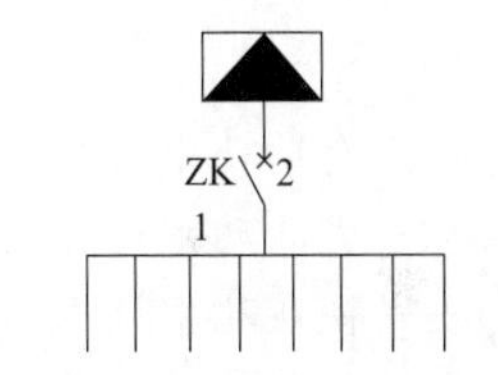

图3-8　树干式低压配电系统

放射式与树干式混合的配电系统常被采用，图3-9所示为混合式配电系统，图3-10所示为链式配电系统。由车间变电所变压器二次侧经空气开关2将干线1引入车间，3为分支低村断路器，4为支干线，然后4支路引至用电设备。

链式配电系统常常用于车间内相应距离近、容量又很小的用电设备，链式线路只设一组总的断路器，其可靠性小，大部分用户不希望采用这种方式。目前的习惯做法是限制在3～5台用电设备以下采用，如图3-10所示。

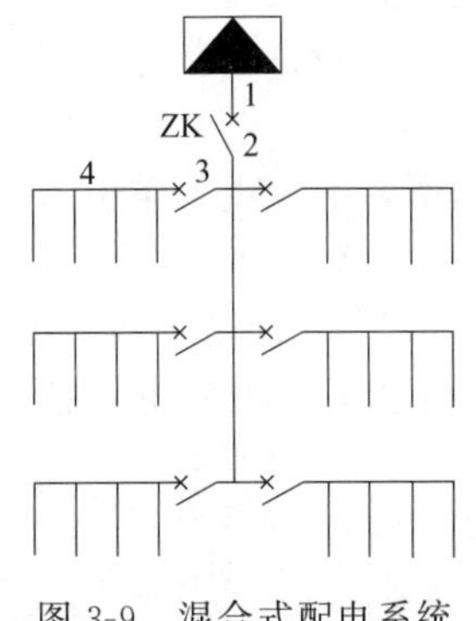

图3-9　混合式配电系统

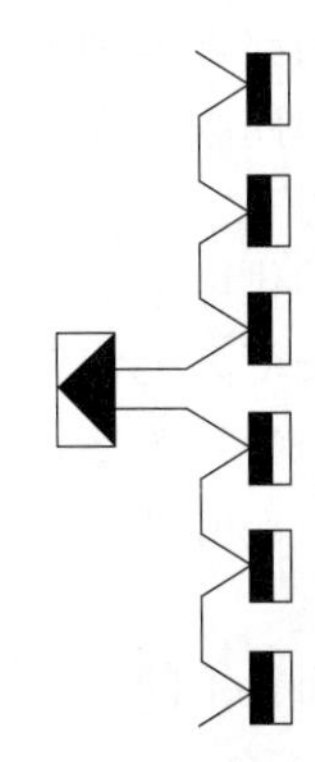

图3-10　链式配电系统

低压配电系统一般由文字和图形符号两部分组成。文字通常表示设备用途、设备型号、经过计算的电量参数，如系统计算容量、计算电流、需要系数等。而图型符号较形象直观地将电气设备之间的关系表现出来。

常用到的文字含义如下。

① 设备安装容量。安装容量是指某一配电系统或某一干线上所有安装用电设备（包括暂时不用的设备，但不包括备用设备）铭牌上所标定的额定容量之和，单位是kW或kV·A。安装容量又称设备容量，用P_s或S_s表示。

② 计算负荷。在配电系统中，运行的实际负荷并不等于所有电气设备的额定负荷之和，这是因为所有的电气设备不可能同时运行，每台设备也不可能满载运行，各种电气设备的功率因数也不相同，所以在进行变配电系统设计时，必须确定一个假想负荷来代替运行中的实际负荷，从而选择电气设备和导体。通常采用30min内最大负荷所产生的温度来选择电气设备。

③ 需要系数。需要系数是同时系数和负荷系数的乘积。同时，系数考虑了电气设备同时使用的程度，负荷系数考虑了设备带负荷的程度，需要系数是小于1的数值，用K_x来表示，它的确定与行业性质、设备数量与设备效率有关，可查表求得。按需要系数确定计算容量的计算公式如下：

$$P_{js}=K_xP_s$$

$$Q_{js}=P_{js}\tan\phi$$

$$S_{js}=\sqrt{P_{js}^2+Q_{js}^2}$$

$$I_{js}=S_{js}/(\sqrt{3}U_e)=P_{js}/(\sqrt{3}U_e\cos\phi)$$

式中　P_{js}——有功功率计算负荷；

Q_{js}——无功功率计算负荷；

S_{js}——视在功率计算负荷；

$\cos\phi$——负荷的平均功率因数；

I_{js}——设备的平均效率。

2. 变配电系统图的识读实例

在这里我们以某一企业的供电电气系统图为例，详细介绍阅图的顺序和方法，如图3-11所示。

所有电气系统图一般是以单线将电压开关设备、负荷、电线电缆、灯线等一次设备连接起来，并附有一些有关参数与设备型号等文字说明，使整个配电系统清晰明了。

电气系统图是以母线为界限，上方表示电源及其进线，下方为负荷及其出线，对于下方出线的每一回路都详细地以表格形式将回路中的有关电气参数与设备型号一一列出，对于电源进线，因回路数较少，有关设备型号、系统中电气参数等一般在设备旁注明。

(1) 电源

该系统的供电电源有二回路，均来自市区不同的变电所，电源由架空引入变压器室中的带熔断器的负荷开关，开关型号为FN-10R-50/30通过负荷开关送到变压器1B和2B的高压侧，变压器的型号为S9-10/04-315kV·A。接线形式为Y/Y0，因变压器低压侧引出一中线，所以不但能得到400V的线电压，还能得到230V的相电压。两个变压器采用分段分列运行方式。

根据前面介绍的公式，可求出变压器一次侧额定电流

$$I_{1e}=S_e/(\sqrt{3}U_{1e})=315/10\sqrt{3}=18\text{ (A)}$$

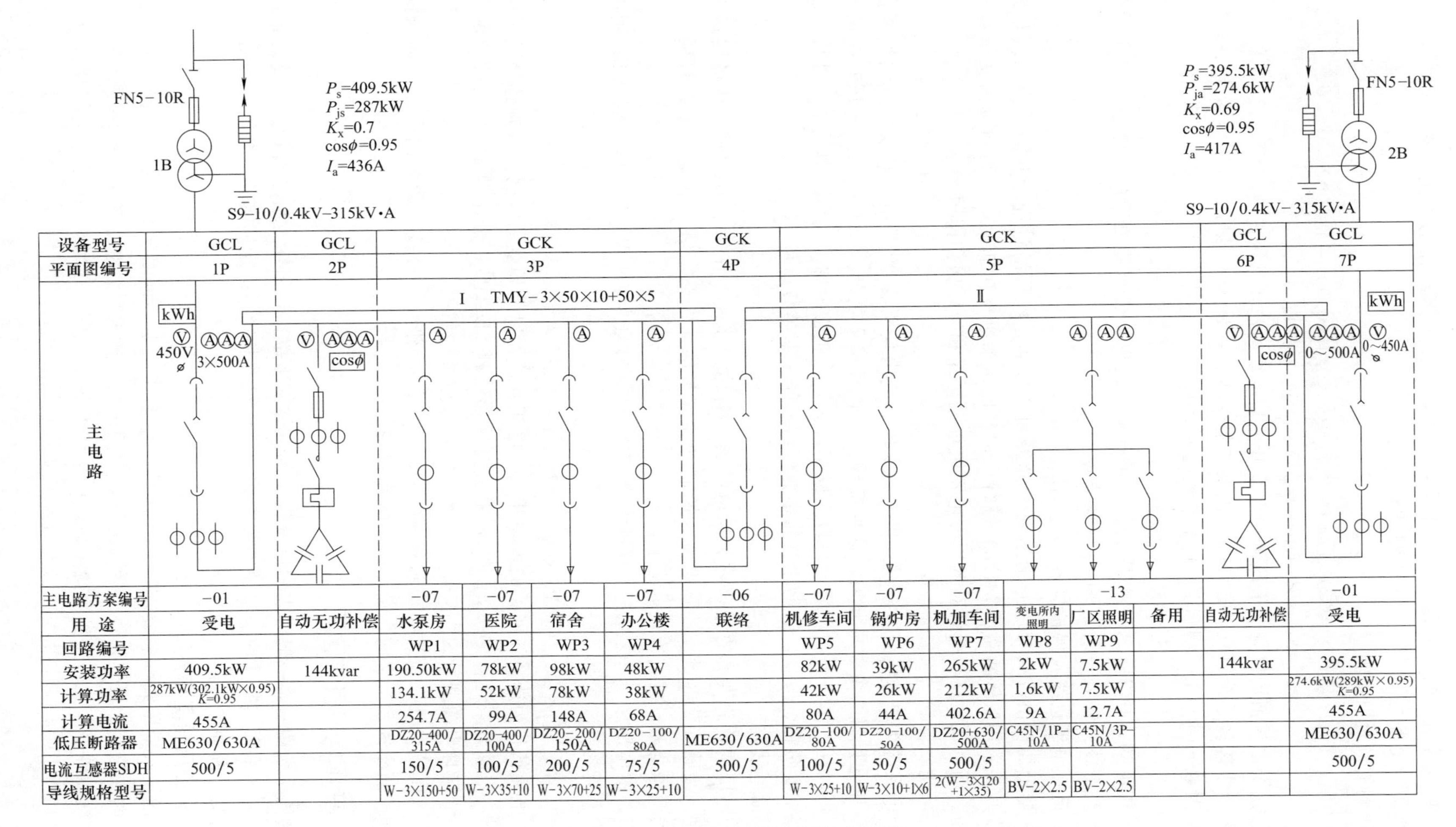

设备型号	GCL	GCL	GCK				GCK	GCK						GCL	GCL
平面图编号	1P	2P	3P				4P	5P						6P	7P
主电路															
主电路方案编号	-01		-07	-07	-07	-07	-06	-07	-07	-07	-13				-01
用途	受电	自动无功补偿	水泵房	医院	宿舍	办公楼	联络	机修车间	锅炉房	机加车间	变电所内照明	厂区照明	备用	自动无功补偿	受电
回路编号			WP1	WP2	WP3	WP4		WP5	WP6	WP7	WP8	WP9			
安装功率	409.5kW	144kvar	190.50kW	78kW	98kW	48kW		82kW	39kW	265kW	2kW	7.5kW		144kvar	395.5kW
计算功率	287kW(302.1kW×0.95) K=0.95		134.1kW	52kW	78kW	38kW		42kW	26kW	212kW	1.6kW	7.5kW			274.6kW(289kW×0.95) K=0.95
计算电流	455A		254.7A	99A	148A	68A		80A	44A	402.6A	9A	12.7A			455A
低压断路器	ME630/630A		DZ20-400/315A	DZ20-400/100A	DZ20-200/150A	DZ20-100/80A	ME630/630A	DZ20-100/80A	DZ20-100/50A	DZ20+630/500A	C45N/1P-10A	C45N/3P-10A			ME630/630A
电流互感器SDH	500/5		150/5	100/5	200/5	75/5	500/5	100/5	50/5	500/5					500/5
导线规格型号			W-3×150+50	W-3×35+10	W-3×70+25	W-3×25+10		W-3×25+10	W-3×10+1×6	2(W-3×120+1×35)	BV-2×2.5	BV-2×2.5			

图 3-11 380/220V 低压配电系统图

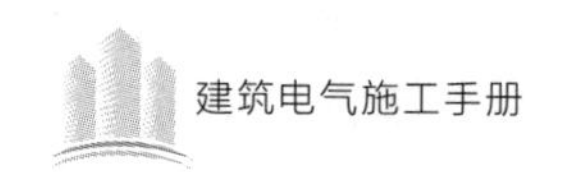

由此可以校验熔断器的选择是否正确，其中，50A 为熔断器的额定电流，30A 为熔丝的额定电流。由此可知，选择 30A 是比较合理的。

低压侧的额定电流为：

$$I_{js}=P_{js}/(\sqrt{3}U_e\cos\phi)=287/(\sqrt{3}\times0.4\times0.95)=436(A)$$

$$S_{js}=P_{js}/\cos\phi=287/0.95=302(kV\cdot A)$$

根据这个电流值可以判断低压侧的出线开关与母线的选择是否正确。

从图上Ⅰ母线系统电气参数得知，该系统的安装容量为 409.5kW，计算容量为 287kW，负载功率因数 $\cos\phi=0.8$，同时，利用系数为 $k_s=0.7$。

$$S_{js}=P_{js}/\cos\phi=287/0.95=302\ (kV\cdot A)$$

由上式可知选择 315kV·A 变压器是正确的。为保护变压器免遭雷电感应过电压的袭击，在架空进线处安装一组 FS-10 型避雷器。

(2) 低压电源进线及保护设备

变压器低压侧由进线母线分别送到 1 号屏和 7 号屏，然后经过进线开关送至出线母线上，进线开关采用低压断路器 ME630 进行保护。低压抽屉柜在抽拉出时起到隔离变压器电源的作用。而低压短路器起到对低压配电系统过流短路和失压保护作用。

(3) 母线

该配电系统为单母线分段放射式供电，Ⅰ段母线由变压器 1B 供电，Ⅱ段母线由变压器 2B 供电，中间设置一个联络开关，这种接线方式比较可靠灵活。当其中一路电压和变压器故障时，可以切断不重要的负荷，再合上联络开关，由正常电源变压器供电给Ⅰ、Ⅱ段母线上的全部重要负荷。但是，值得注意的是变压器不能长期超载运行。

(4) 馈电线路

由配电屏向负荷供员的线路称为馈电线路，简称为馈线。在每个馈线的下端将线路编号、用途、线路安装容量、计算电流、控制开关型号的动作整定值、电流互感器的型号规格、导线型号与敷设方式等表示出来。

例如，馈电回路 2，设备安装容量为 78kW，计算容量为 52kW，功率因数取 0.8，则该回路计算电流为

$$I_{js}=P_{js}/(\sqrt{3}V_e\cos\phi)=52/(\sqrt{3}\times0.38\times0.8)=98.8\ (A)$$

这个电流值作为选择该回路的保护开关、电流互感器以及导线的根据。分别选择其规格型号如下：自动开关选择 DZ20-100A，电流互感器选择 SDH 型，变比为 100/5，供测量表计用，导线选择电缆型号为 VV-3×35+1×20，穿电缆沟敷设。

总之，阅读电气系统图，应遵循从电源—变压器—进线—母线—馈线的顺序，逐渐深入，充分理解图例和文字的含义，这样容易读图。

二、变配电设备布置图

在电气系统图中，一般不表明电气设备的具体安装位置和相互关系，因此要用设备布置图来表明电气平面和空间的位置及安装方式、具体尺寸和线路的走向等。设备布置图由平面图、立面图、断面图、剖面图及各种构件详图组成。

(一) 变压器室布置图

三相油浸式变压器一般要求一台变压器一个变压器室，见图 3-12。图中可以看出，变压器为宽面推进，低压侧朝外；后面出线，后面进线；高压侧为电缆进线，地坪不抬高。

电力变压器室布置，可参照全国通用的电气装置标准图集 D264《附设电力变压器室布置》(适用 6～10/0.4/0.23kV，200～1250kV·A)。

（二）高低压配电室布置图

高低压配电室中，高低压柜的布置形式，主要看高低压柜的型号、数量、进出线方向和母线形式。同时还要充分考虑安装和维修是否方便，是否留有足够的操作通道和维护通道，考虑到今后的发展，还应当留有适当数量的备用开关柜的位置。

1. 高压配电室

高压配电室中开关柜的布置有单列和双列之分。高压进线有电缆进线和架空线进线，采用电缆进线的高压配电室剖面图见图 3-13，图（a）为单列布置，高压电缆由电缆沟引入。图（b）为双列布置。

图 3-14 所示为采用架空线进线的高压配电室，架空线可从柜前、柜后、柜侧进线。

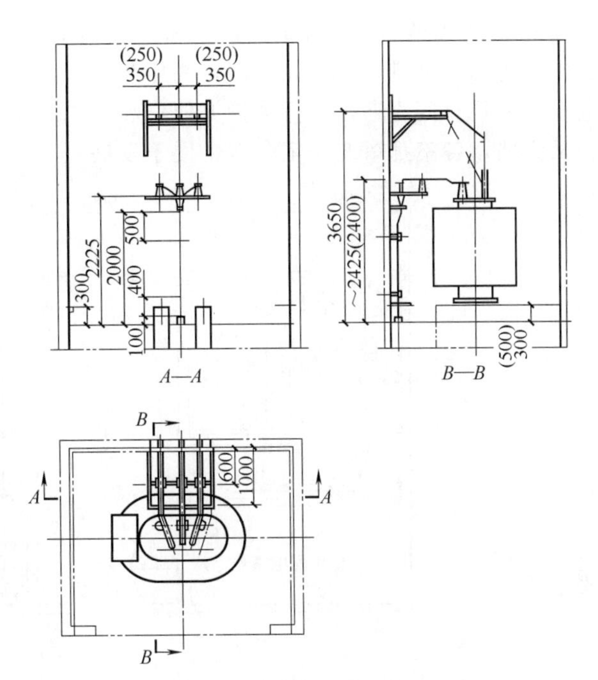

图 3-12　变压器室布置图

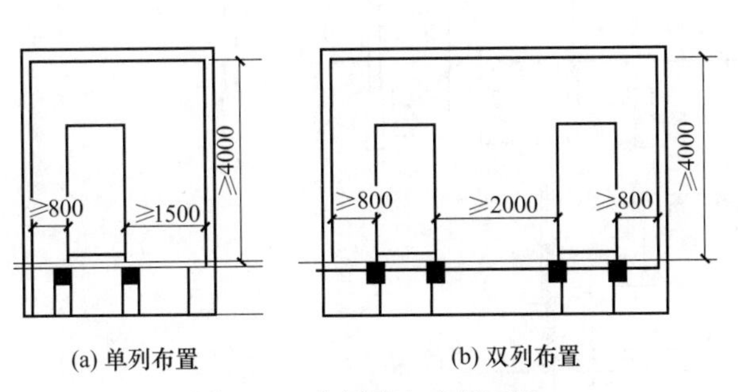

图 3-13　高压配电室剖面图

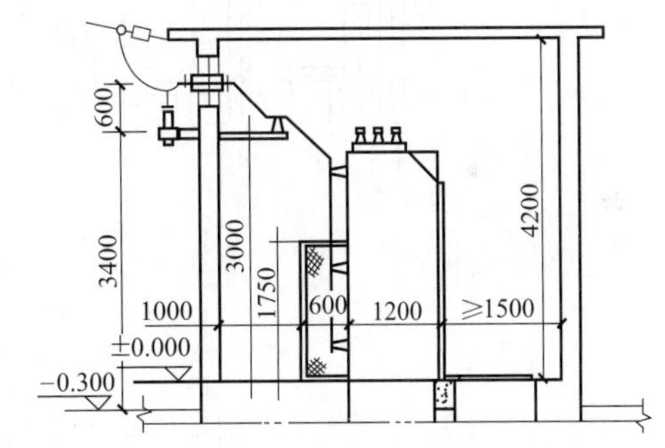

图 3-14　采用架空线进线的高压配电室

2. 低压配电室

低压配电室主要放置低压配电柜，向用户（负载）输送、分配电能。常用的低压配电柜有固定式 GLK、GLL、GGD，抽屉式 GCL、GCK、BFC，组合式 MGD、DOMINO 等系列。低压配电柜可单列布置或双列布置。为了维修方便，低压配电屏离墙应不小于 0.8m，单列布置时操作通道应不小于 1.5m；双列布置时，操作通道应不小于 2.0m，如图 3-15 所示。

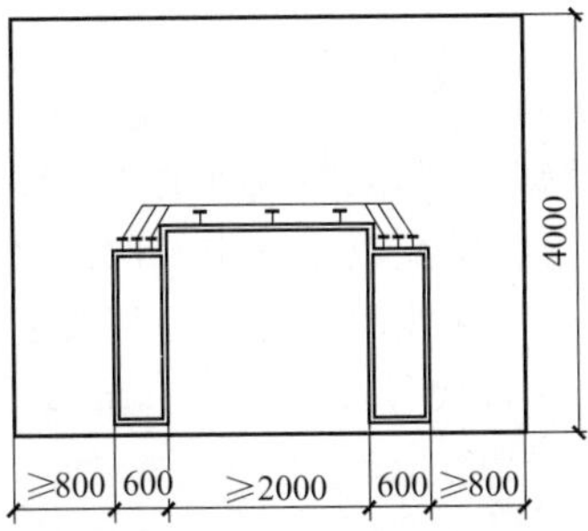

≥800　600　≥2000　600　≥800　4000

图 3-15　低压配电室

低压配电室的高度应与变压器室综合考虑，以便变压器低压出线。低压配电柜的进出线可上进上出，也可下进下出或上进下出。进出线一般采用母线槽和电缆。

（三）变配电布置图

在低压供电中，为了提高供电的可靠性，一般采用多台变压器并联运行，当负载增大时，变压器可全部投入，负载减少时，可切除一台变压器，提高变压器的运行效率。

图 3-16 所示为两台变压器的变配电所。从图中可以看出，两台变压器都有独立的变压器室，变压器为窄面推进，油枕朝大门，高压为电缆进线，低压为母排出线。值班室紧靠高低压配电室，而且有门直通，运行维护方便。高压电容室与高压配电室分开，只有一墙之隔，既安全又方便，各室都留有一定余地，便于发展。

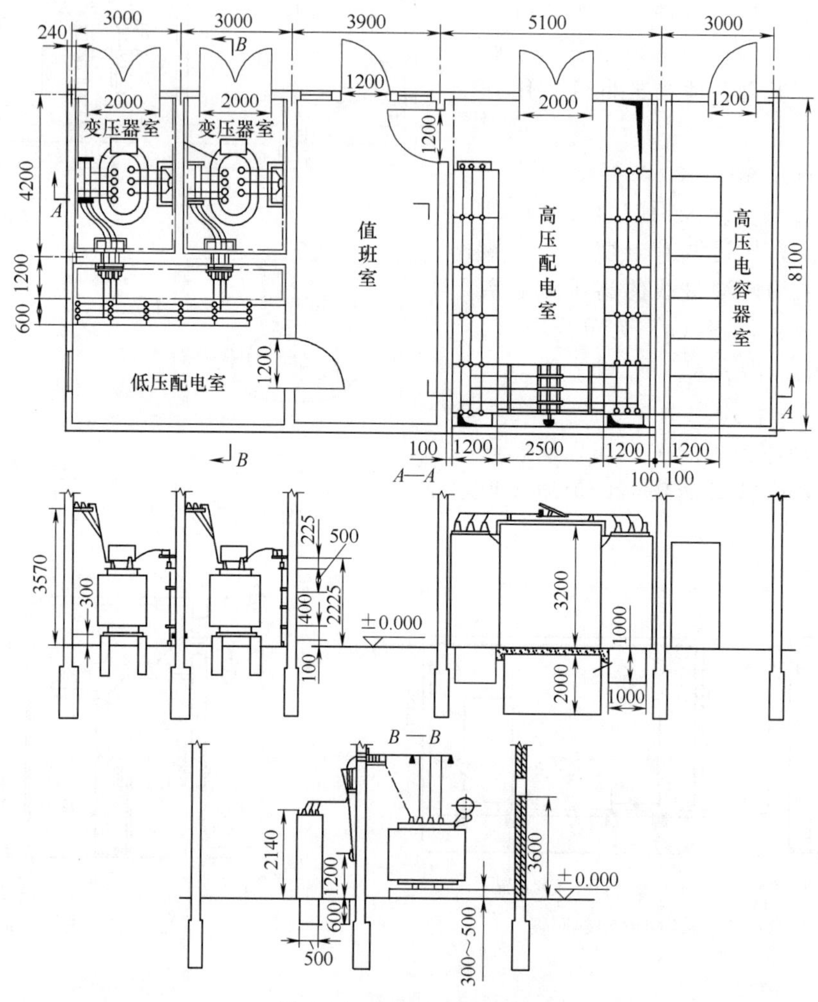

图 3-16　变配电所布置图

三、二次回路接线图

（一）二次回路接线图简介

1. 二次回路接线图概念

二次回路接线图是用于二次回路安装接线、线路检查、线路维修和故障处理的主要图纸之一。在实际应用中，通常需要与电路图、位置图一起配合使用。供配电系统中二次回路接线图通常包括屏面布置图、屏背面接线图和端子接线图等几部分。接线图有时也与接线表配合使用。接线图和接线表一般应表示出各个项目的相对位置、项目代号、端子号、导线号、导线类型、导线截面等。

2. 二次回路接线图的绘制

绘制接线图应遵循《电气制图・接线图和接线表》GB 6988.5—86 的规定，其图形符号应符合《电气图用图形符号》GB 4728 的有关规定，其文字符号包括项目代号应符合《电气技术中的项目代号》GB 5094—85 及《电气技术中的文字符号制订通则》GB 7159—87 的有关规定。

（1）项目表示法

接线图中的各个项目（如元件、器件、部件、组件等），应尽量采用其简化外形（如方形、矩形、圆形）表示，但不必按比例画出。至于二次设备的内部接线，可画可不画，但其接线端子必须画出，必要时也可用图形符号表示，符号旁标注项目代号应与电路图中的标注相一致，如图 3-17 中电流表、有功电度表、无功电度表，分别标为 P_A、P_{J1}、P_{J2}，绿色指示灯标 GN，红色指示灯标 RD。

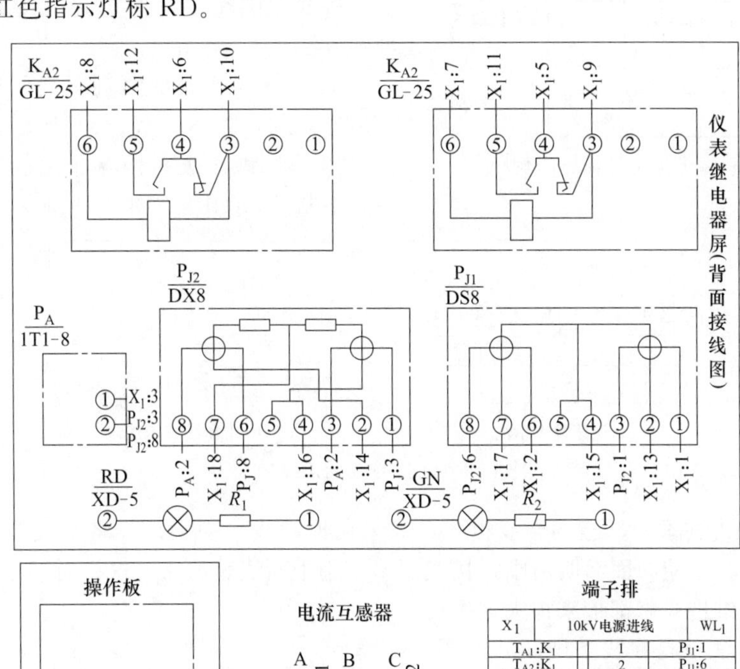

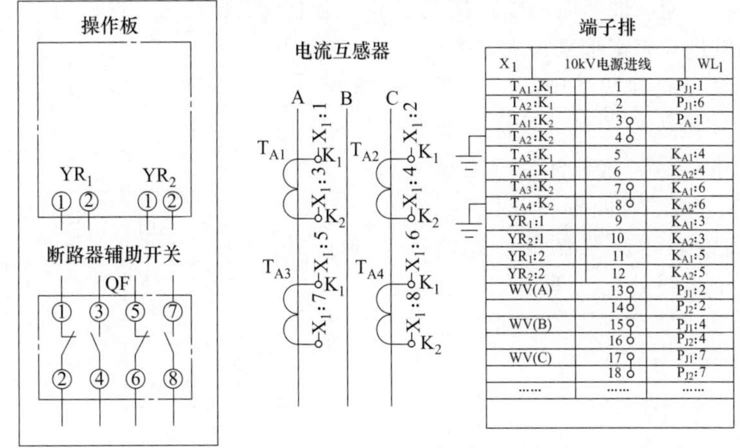

图 3-17　二次回路安装接线图

（2）接线端子的表示方法

盘（柜）外的导线交叉，便于检查修理。端子排由专门的接线端子板组合而成。

接线端子板分为普通端子板、连接端子板、试验端子板和终端端子板等形式，其符号标志如图 3-18 所示。

它们的作用分别是：普通端子板用于连接由盘外引至盘上或由盘上引至盘外的导线；连接端子板有横向连接片，可与邻近端子板相连，用于连接有分支的二次回路的情况，对仪表继电器进行试验；终端端子板用来固定或分隔不同安装项目的端子排。

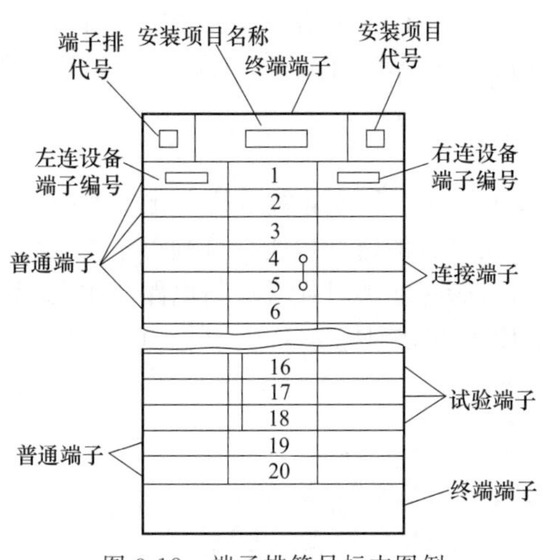

图 3-18 端子排符号标志图例

在接线图中，端子一般用图形符号“○”表示，同时在其旁边标注端子代号。对于用图形符号表示的项目，其上的端子可不画符号，而只标出端子代号就可以了。端子排的文字代号为 X，端子的前缀符号为“:”。实际上，所有设备上都有接线端子，其端子代号应与设备上端子标记相一致。

(3) 连接导线的表示方法

接线图中端子之间的连接导线有下列两种表示方法：

① 连续线。表示两端子之间连接导线的线条是连续的，如图 3-19 (a) 所示。

② 中断线。表示两端子之间连接导线的线条是中断的，如图 3-19 (b) 所示。

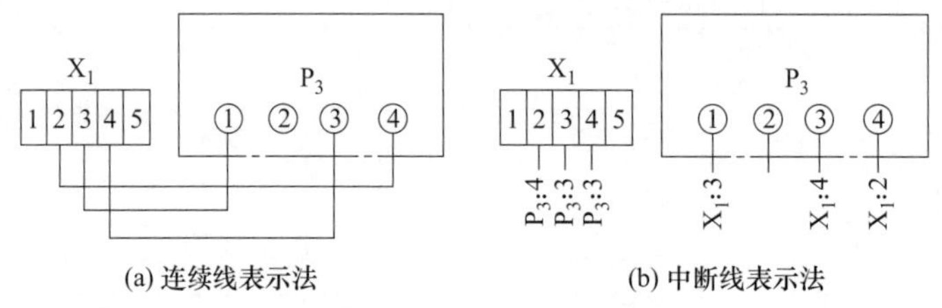

图 3-19 连接导线的表示方法

在二次回路接线图中，连接导线很多，如果用连续线一一绘出，将使接线图显得十分繁杂，不易辨认。为了使图面简明清晰，接线图多采用中断线表示法，这样对图纸的绘制、阅读以及安装接线和维护检修都带来很大方便。

中断线表示法就是在线条中断处标明导线的去向，即在接线端子出线处标明要连接的对方端子的代号，这种标号方法称为“相对标号法”或“对面标号法”。图 3-17 就是用中断线表示法绘制的，如图中 P_{J2} 的 8 号端子出线处标注 P_A：2，这说明 P_{J2} 的 8 号端子要和 P_A 的 2 号端子相连，出线处标注则为 P_{J2}：8。

在端子排上所标示的回路标号应与展开图上的回路标号一致，否则会造成混乱，发生事故。

（二）二次回路接线图的识读

1. 二次回路接线图的识读方法

一般来说接线图主要用于安装接线和维修，但阅读接线图往往要对照展开图进行，这样容易根据工作原理找出故障点。为了看图方便，我们依据图 3-17 接线图，给出它的展开式原理电路图，如图 3-20

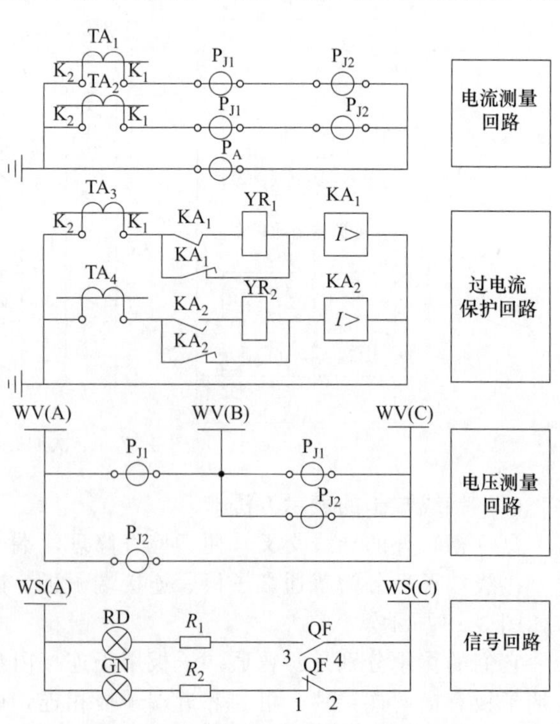

图 3-20 二次回路展开式原理电路图

所示。

① 了解二次回路由哪些设备组成。图 3-17 为仪表继电器屏，从背面接线图中我们知道该二次回路的组成，包括以下设备：过电流继电器 K_{A1}、K_{A2}，电流表 P_A，有功电度表 P_{J1}，无功电度表 P_{J2}，绿色信号灯 GN，红色信号灯 RD，还有电阻 R_1 和 R_2。这些设备在图 3-20 中分别出现在不同的回路。两图对照不仅可以知道二次回路由哪些设备组成，而且可以知道各设备的作用。

要了解它们之间的连接关系可以按阅读展开式原理图的一般顺序，从上到下分回路逐次阅读，并对照接线图搞清连接关系和连接位置。

② 阅读电流测量回路。从图 3-20 知电流互感器 TA_1、TA_2 与电流表和电度表的连接电缆中间要经过端子排，从图 3-17 中就可更清楚地看出：

TA_1：K_1 接 X_1：1，即端子排的 1 号端子；有功电度表 1 号端子，即 P_{J1}：1 也接端子排的 1 号端子 X_1：1，连接顺序依次为：

$$TA_1:K_1 \longrightarrow X_1:1 \longrightarrow P_{J1}:1$$
$$TA_2:K_1 \longrightarrow X_1:2 \longrightarrow P_{J1}:6$$
$$TA_1:K_2 \longrightarrow X_1:3 \longrightarrow PA:1$$
$$\uparrow$$
$$TA_2:K_2 \longrightarrow X_1:4 —$$

该回路其余连接线为屏内接线，不需经过端子排。

③ 阅读过电流保护回路。从图 3-17 和图 3-20 看出电流互感器 T_{A3}、T_{A4} 与仪表的连接线，中间也要经过端子排，其连接顺序为：

$$T_{A3}:K_1 \longrightarrow X_1:5 \longrightarrow K_{A1}:4$$
$$T_{A4}:K_1 \longrightarrow X_1:6 \longrightarrow K_{A2}:4$$
$$T_{A3}:K_2 \longrightarrow X_1:7 \longrightarrow K_{A1}:6$$
$$|$$
$$T_{A4}:K_2 \longrightarrow X_1:8 \longrightarrow K_{A2}:6$$

④ 看电压测量回路。从图 3-20 知，有功电度表 P_{J1} 和无功电度表 P_{J2} 的电压线圈要接至电压小母线 WV。其连接线中间要经过端子排。其连接分别为：

$$WV(A) \longrightarrow X_1:13 \longrightarrow P_{J1}:2$$
$$|\qquad\qquad|$$
$$\rightarrow X_1:14 \longrightarrow P_{J2}:2$$

$$WV(B) \longrightarrow X_1:15 \longrightarrow P_{J1}:4$$
$$|\qquad\qquad|$$
$$\rightarrow X_1:16 \longrightarrow P_{J2}:4$$

$$WV(C) \longrightarrow X_1:17 \longrightarrow P_{J1}:7$$
$$|\qquad\qquad|$$
$$\rightarrow X_1:18 \longrightarrow P_{J2}:7$$

关于信号回路，读者可根据图 3-20 将图 3-17 中设备接连端子代号和端子排上端子标号补充完整，继续阅读。

最后要强调说明一点，在阅读变配电所工程图时，既要熟读图面的内容，也不要忘掉未能在图纸中表达出来的内容，从而了解整个工程所包括的项目。要把系统图、平剖面图、二次回路电路图等结合起来阅读，虽然平面图对安装施工特别重要，但阅读平面图只能熟悉其具体安装位置，而对设备本身技术参数及其接线等就无从了解，必须通过系统图和电路图来弥补。所以几种图纸必须结合阅读，这样也能加快读图速度。

2. 二次回路接线图识读实例

阅读比较复杂的二次接线图时，一定要注意所阅读的图纸所要表示的主要思想、主要题目、图例。对于图3-21中所举的例子630kV·A变压器的保护回路，主要是过流与速断保护。所有设备工作的目的都是围绕着过流和短路故障时，继电器怎样动作带动断路器DL跳闸。明确了这样一个主题思想，看图应按一定的顺序，即先从主回路入手，然后看二次回路。按照从左到右、从上到下的原则，并结合右侧简单文字说明，逐行逐部分读图。

对于图纸所标注的设备、图形符号、文字符号，要熟悉掌握，并对照图纸中附带的设备表了解其名称、型号、规格等。

下面就典型的变压器二次回路加以说明，见图3-21。

① 主回路。在图的左上角，画出了与二次接线有关的一次设备电气系统图。从10kV母线引下，经隔离开关GK，断路器DL，电流互感器1LH、2LH，电缆至变压器B。

② 电流回路。图中有两个电流回路，第一个电流回路供测量表计用，将电流表、有功电度表的电流线圈串入1LH电流互感器的二次绕组。另一个电流回路供继电保护用，将1LJ、2LJ电流继电器的线圈分别接入2LH电流互感器的二次绕组A、C相，当过载和短路故障发生时，主电流增加，电流互感器二次侧也感应出较大电流，当流过1LJ、2LJ电流继电器线圈中的电流达到某一定值时，电流继电器动作，衔铁被吸合，触点动作。

③ 电压回路。用来提供测量表计的电压参数。电压小母线一般是从电压互感器柜中引来，电压为交流100V，有功电度表的电压线圈并联在此回路。

④ 变压器二次接线图。由小母线“+KM”和“-KM”引来200V直流电源，经过熔断器接入二次回路中的控制回路和保护回路中。首先看控制回路，其作用是保证和控制主回路的断路器顺利分、合闸操作。

控制原理如下：当转换开关KK转至右侧合闸位置时，⑤与⑧触头闭合，经TBJ常闭触头、断路器辅助触头DL后，合闸接触器HC线圈得电，断路器DL合闸。当转换开关转至左侧分闸位置时，⑥与⑦触头闭合，经由TBJ继电器电流线圈、DL断路器辅助常开触头、跳闸线圈TQ得电，使断路器DL分闸。

控制回路中TBJ继电器称为防跳继电器。所谓“防跳”是指断路器合闸后，由于种种原因，控制开关或自动装置触点未断开，此时若发生短路故障，继电保护将使断路器跳闸，这就会出现多次“跳”“合”闸现象，即跳跃现象，如此会使断路器损坏，造成事故扩大。故在二次接线设计时考虑了“防跳”功能，采用电气闭锁接线，增加了TBJ防跳中间继电器。安有两个线圈，电流启动线圈串联于跳闸回路中，电压自保持线圈经自动的常开触点并联于合闸接触器回路中，同时合闸回路串联了TBJ的常闭触点，若在短路故障时合闸，继电保护动作，跳闸回路接通，启动防跳闭锁继电器TNJ，其常闭触点断开合闸回路，常开触点闭合使电压线圈带电自保持，即使合闸脉冲未解除，断路时也不能再次合闸。

信号灯分别指示断路时的工作状态。当转换开关“KK”转至到合闸位置时，(16)与(13)触点也随之接通。经红色信号灯HD自身电阻、防跳继电器电流线圈TBJ、断路器常开辅助触点DL，以及跳闸线圈TQ，当断路器DL合闸时，形成一个闭合通路，故称为合闸指示灯。因为信号灯的附加电阻值很大，通过的电流远远小于跳、合闸线圈的最小启动电流，因而不足以使其线圈动作。信号灯不但指示断路时的工作状态，还能起到监视电源和熔断器的作用。

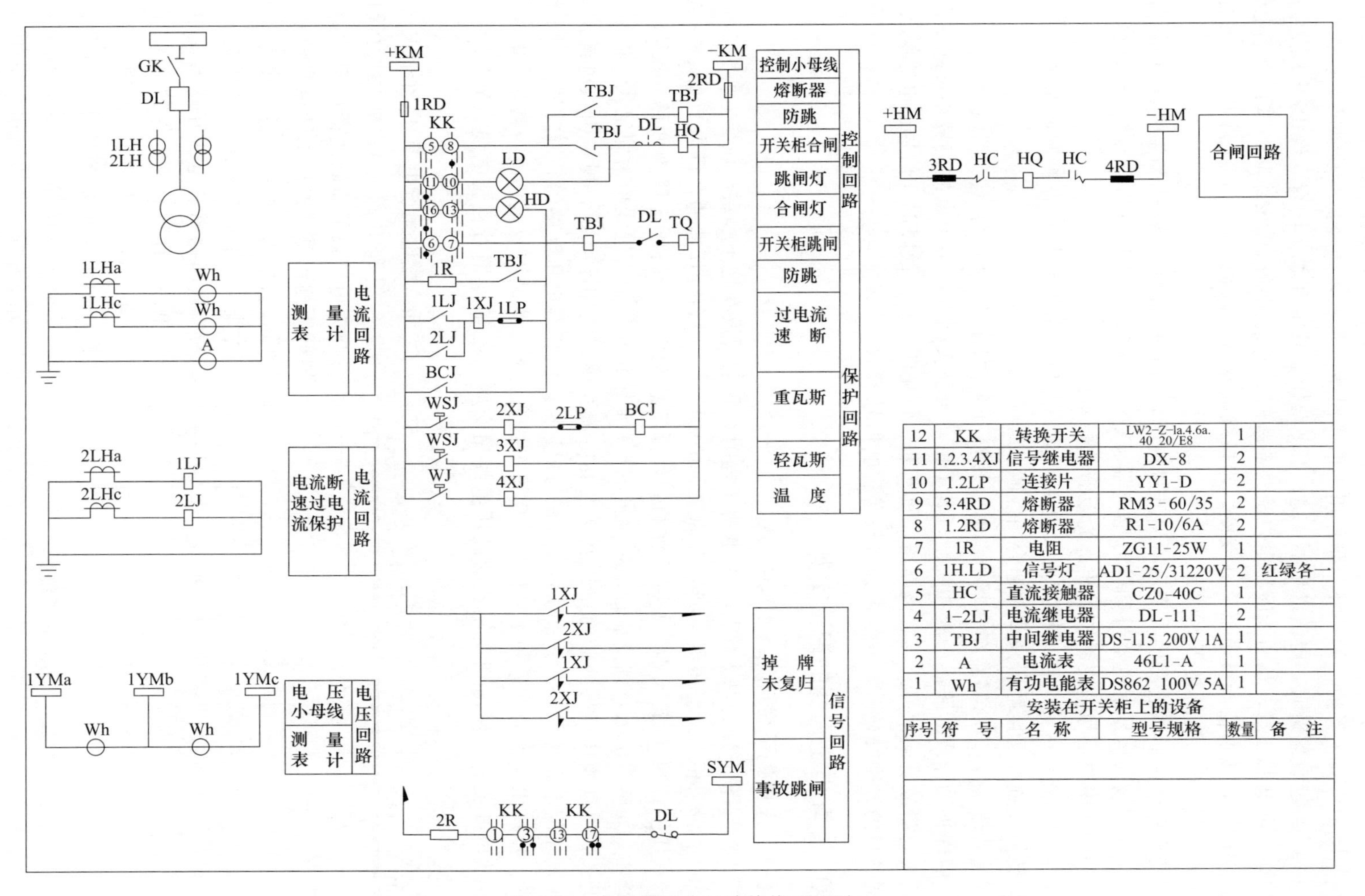

12	KK	转换开关	LW2-Z-la.4.6a.40 20/E8	1	
11	1.2.3.4XJ	信号继电器	DX-8	2	
10	1.2LP	连接片	YY1-D	2	
9	3.4RD	熔断器	RM3-60/35	2	
8	1.2RD	熔断器	R1-10/6A	2	
7	1R	电阻	ZG11-25W	1	
6	1H.LD	信号灯	AD1-25/31220V	2	红绿各一
5	HC	直流接触器	CZ0-40C	1	
4	1-2LJ	电流继电器	DL-111	2	
3	TBJ	中间继电器	DS-115 200V 1A	1	
2	A	电流表	46L1-A	1	
1	Wh	有功电能表	DS862 100V 5A	1	
安装在开关柜上的设备					
序号	符号	名称	型号规格	数量	备注

图 3-21　变压器二次回路接线原理图

跳闸指示灯的动作分析基本按照以上方法，这里不再阐述。

① 保护回路：此图保护回路分为两个部分，一部分是变压器过流短路和重瓦斯故障直接作用于跳闸作为主保护，另一部分是作用于信号回路做监测，如轻瓦斯及温度保护。

当变压器过载短路时，电流继电器 1LJ、2LJ 动作，其常开触头闭合，经由 1LJ 信号继电器与防跳继电器 TBJ，跳闸线圈得电，断路器跳闸。当重瓦斯故障发生时，重瓦斯继电器 WSJ 触头闭合，接通信号继电器 2LJ 线圈，出口线电器 BCJ 线圈得电，BCJ 常开触头闭合，接通跳闸线圈 TQ，使断路器跳闸。

当变压器轻瓦斯事故发生或变压器温升过高时，轻瓦斯继电器 WSJ 和温度继电器灯触头闭合，分别接通信号继电器灯和信号继电器 4XJ 的线圈，使信号继电器自动指示或灯光指示，并启动中央信号监视系统发出灯光及音响指示。

② 合闸回路：因为合闸线圈需要大电流驱动，所以一般不直接连在控制回路中，而通过中间转换装置合闸接触器来单独通合闸线圈。

③ 信号回路：当断路器在合闸位置时，转换开关“KK”（1）与（3），（19）与（17）闭合，若保护动作或断路器误脱扣跳闸，其 DL 常闭触头闭合，接通事故信号小母线 SYM 回路，发生事故音响信号。当过流断路、重瓦斯、轻瓦斯、超温故障时，信号继电器触头相应接通各自的光字牌显示，并发出预告报警音响信号。

四、变配电工程图的识读实例

（一）大楼地下变电所（10kV·A）

图 3-22～图 3-26 为某大楼地下变电所工程图。变电所设在地下一层。该变电所为 10kV 等级，有 2 台三相干式变压器，型号为 SC-2000-10/0.4，每台变压器的容量为 2000kV·A。有 6 台高压柜，14 台低压柜，1 台柴油机，5 台应急配电柜。高压进线为两路 10kV，用 YJV22-3×95 电缆引入，到高压进线柜（量电柜）1 号和 6 号柜，进线柜为固定式，内装有隔离开关，手动操作，另外装有电压互感器和电流互感器，用于计量，规格由供电部门决定，见高压配电系统图 3-22。2 号和 5 号柜为 PT 柜，内装有电压互感器和避雷器，用于继电保护。高压出线柜为 3 号和 4 号柜，采用手车式高压柜，内装有氯氟化硫断路器、电流互感器、放电开关等。输出到变压器的高压电缆用交联聚乙烯外钢带铠装电缆（YJV22-3×95）3 根 $95mm^2$。

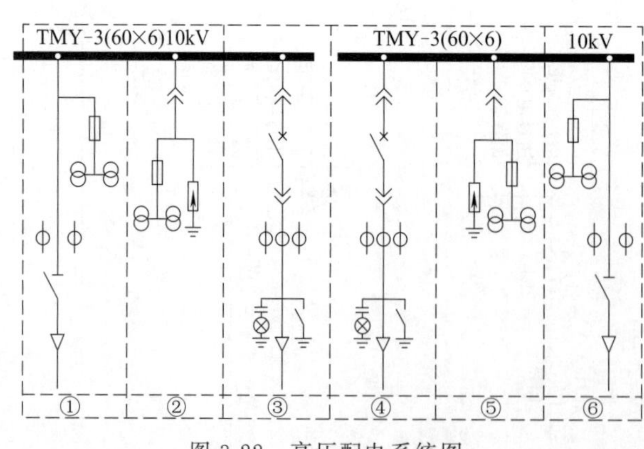

图 3-22　高压配电系统图

低压配电系统共有 14 个低压柜，分为 A 组和 B 组。A1 和 B1 为低压总开关柜，采用抽屉式低压柜，变压器低压侧到总开关柜用低压紧密式母线槽，容量为 3000A。低压供电为三相五线制（TN-S 系统）。低压进线柜装有空气断路器和电流互感器，用于分合电路、计量和继电保护，见图 3-23 和图 3-24。A2 和 B2 为静电电容器柜，用于供电系统功率因数补偿。柜内装有空气断路器和交流接触器、电流互感器等。低压输出配电柜有 9 台，采用抽屉式，用于照明、动力供电。A7 柜为联络柜，当 A 系统或 B 系统发生故障时，通过 A7 联络柜自动切换。

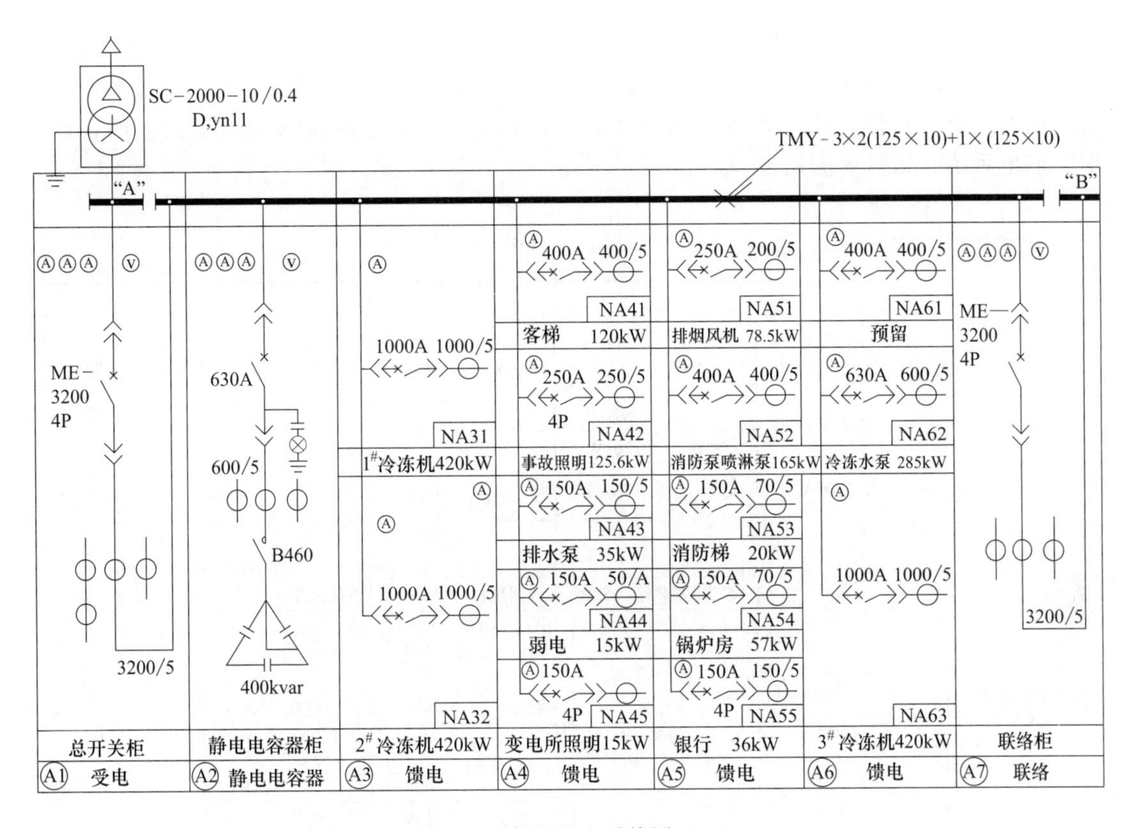

图 3-23　低压配电系统图（一）

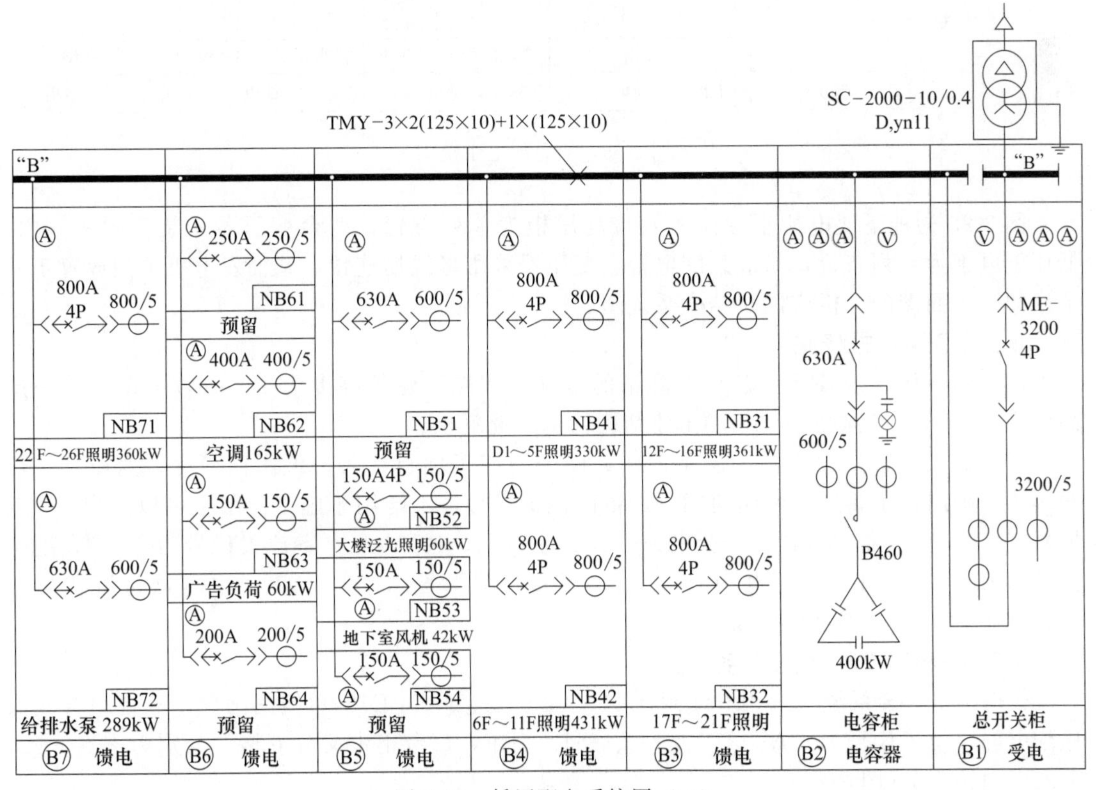

图 3-24　低压配电系统图（二）

图 3-25 为应急配电系统图，当外电线路发生故障停电，柴油发电机（500kW）启动，通过 5 个低压配电柜向大楼应急供电，主要用于消防泵、喷淋泵、排烟风机、事故照明等重要场所的供电。在外电正常情况下可由 E5 联络柜将变压器电源接入，用于变电所、锅炉房、弱电系统、银行等的用电。

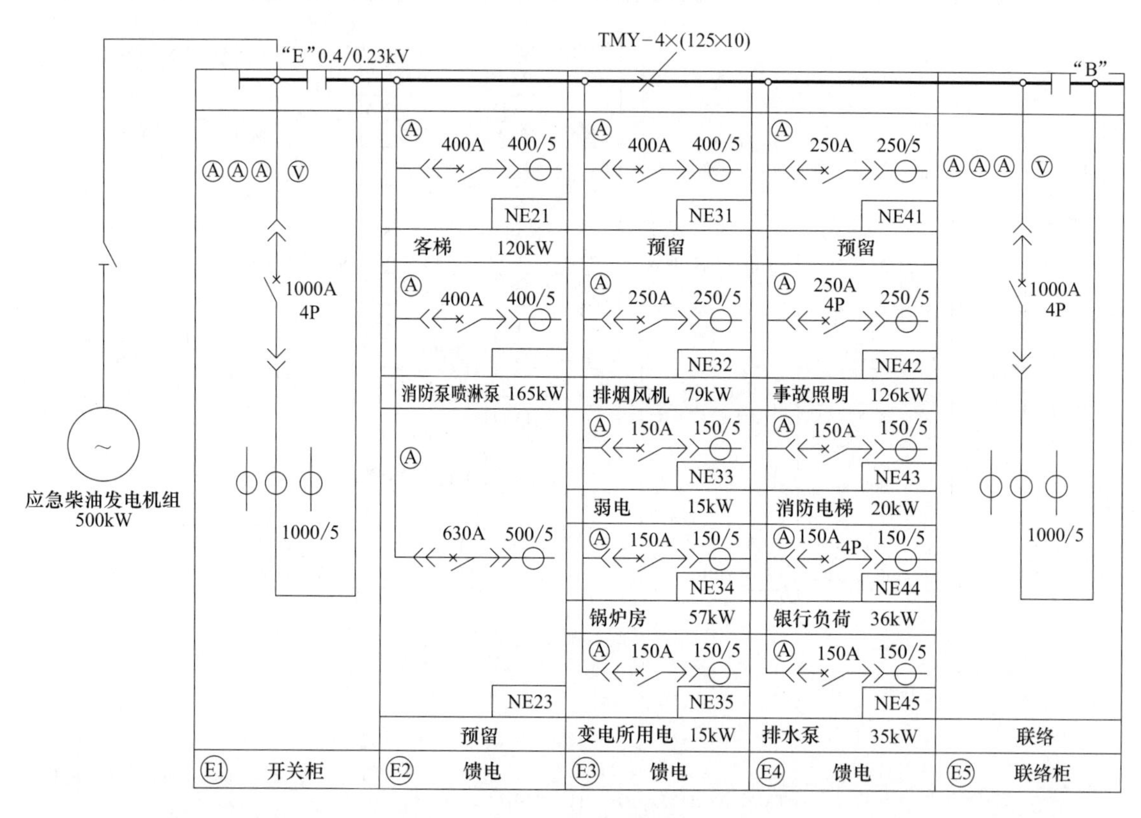

图 3-25 应急配电系统图

图 3-26 为地下变电所平面图。六台高压柜为单列布置，两台变压器安装在同一室内，低压配电柜为双列布置，与应急配电柜、变压器采用母线槽连接。柴油发电机单独放置于一个房间，平面图的分析应同时结合系统图。

（二）35kV 总降站

图 3-27～图 3-28 是某 35kV 总降站的电气工程图。建筑高度为 12.6m，分两层、一层高度为 7.6m，二层高度为 5m。土建结构为钢筋混凝土。

图 3-27 是 35kV 总降站一层平面图，图中引用了项目代号，但图面简化，变压器、母线等均未画出，主要用于说明房间、设备的位置代号，不能用于施工。图中可以看出 1＃变压器室、2＃变压器室位置代号分别为＋102、＋103，10kV 配电室位置代号为＋101，配电室标高为±0.00，10kV 配电柜有 22 台，位置代号为±A1～＋A22，电容器位置代号为＋104 和＋105，值班室代号为＋106。

（三）380V/220V 配电系统图

供电为 TN-S 系统（三相五线制，L1、L2、L3、N、PE），单线图画出，五台组合式低压配电屏，位置代号为＋A、＋B、＋C、＋E、＋F，每台柜中又分五格，分别为＋1、＋2、＋3、＋4、＋5（图 3-28）。

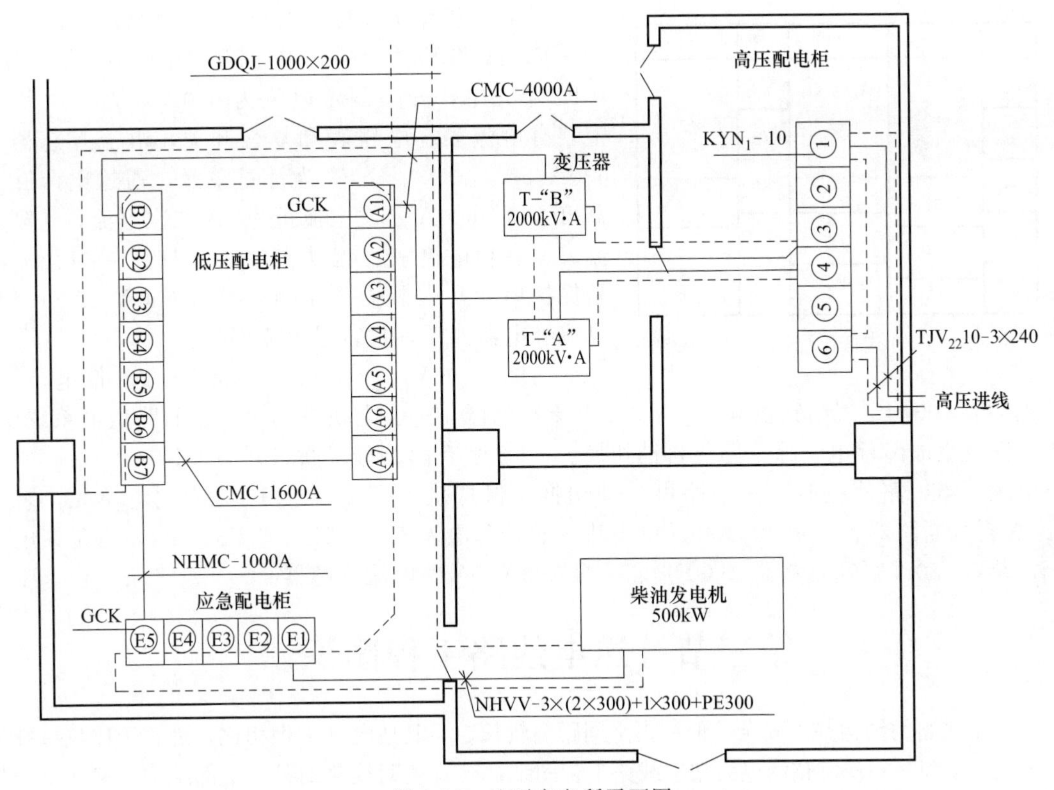

图 3-26　地下变电所平面图

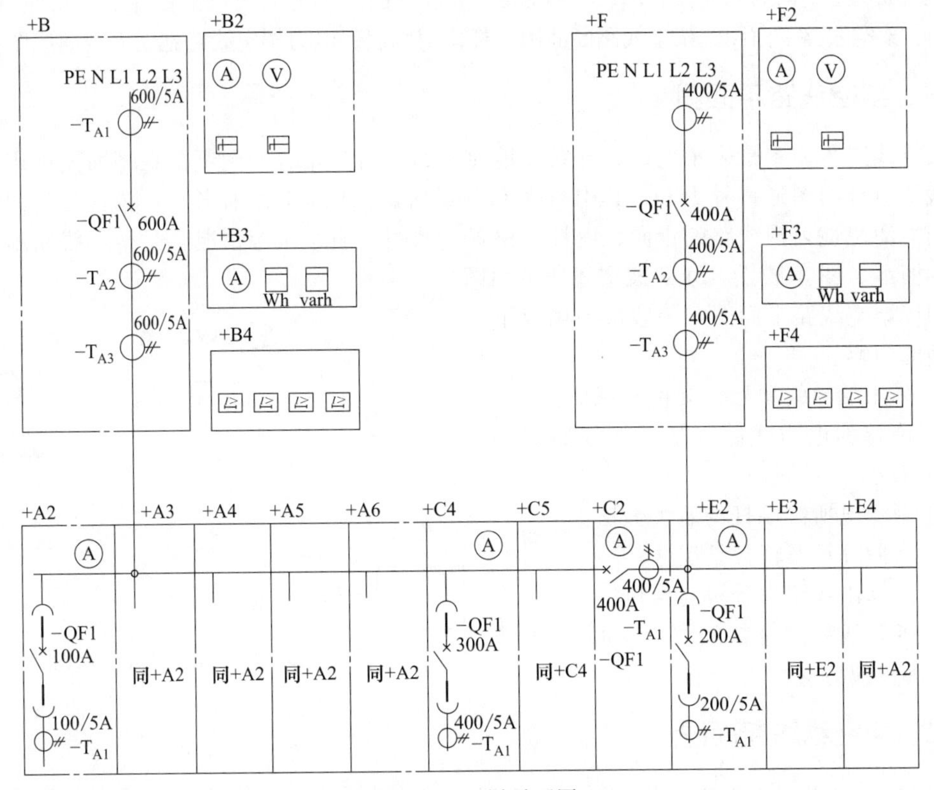

图 3-27　一层平面图

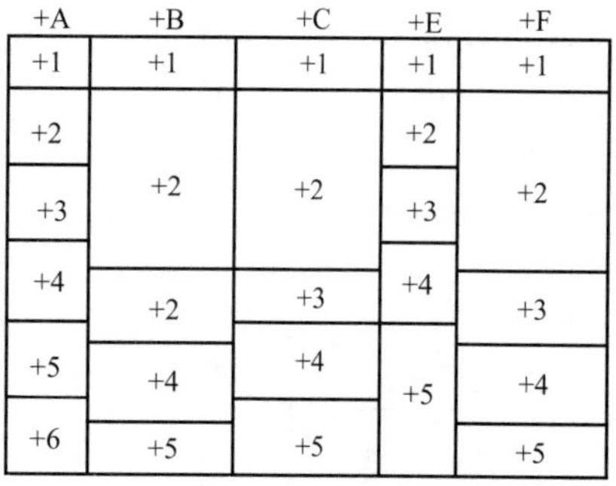

+A	+B	+C	+E	+F
+1	+1	+1	+1	+1
+2	+2	+2	+2	+2
+3	+2	+3	+3	+3
+4	+4	+4	+4	+4
+5	+5	+5	+5	+5
+6				

图 3-28 组合式低压配电屏位置代号

低压配电系统为两路进线，设置两台进线柜＋B和＋F，线路开关（空气断路器-QF1）装在＋B2、＋F2单元中，开关额定电流为600A，B2、F2面板上装有电流表、电压表和复合开关，电流互感器为600A/5A。＋B3、＋F3为计量单元，通过电流互感器-TA2将600A一次电流折为5A二次电流，送到电流表、有功电度表、无功电度表计量。＋B4、＋F4是保护单元，内装有电流互感器（600A/5A）一组，电流继电器四个，进行过电流保护。

＋A2、＋A3、＋A4、＋A5为＋A6馈电单元，分别装有100A空气断路器和100A/5A电流互感器。＋C为联络单元，在两路供电系统中，当一路发生故障停电，另一路可自动切换。＋C2装有两路母线联络开关-QF1，400A，一个电流表。当一路停电时，另一路可自动切换，保持供电。＋C4、＋C5为馈电单元，装有300A空气断路器、一个400A/5A的电流互感器和电流表。＋E2、＋E3、＋E4也是馈电单元，装有200A空气断路器（-QF1）、一个200A/5A的电流互感器。

第三节 送电线路工程图识读

架空线路的结构并不复杂，但所占空间距离较长，与其他电气工程相比，是属于比较特殊的一类电气工程。一份完整的电力架空线路工程图纸，既要表明线路的某些细部结构，又要反映架空线路的全貌，如架空线路经过区域的地理地质情况，杆位的布置，导线的松紧程度等。因而需要各种图纸，从不同的侧面去表现。一般35kV及以下的架空电力线路工程有以下几种图：杆塔安装图、架空线路平面图、架空线路断面图、杆位明细表、电力架空线路弛度安装曲线图。

一、架空线路平面图

架空线路平面图是表示电杆、导线在地面上的走向与布置的图纸。在平面图中用实线表示导线，电杆的图形符号为O，其中A为杆材或所属部门，B为杆长，C为杆号。架空线路平面图能清楚地表现线路的走向、电杆的位置、档距、耐张段等情况，是架空线路施工不可缺少的图纸。图3-29为10kV架空线路平面图。

阅读架空线路平面图，一般应明确以下几方面的内容。

① 采用的导线型号、规格和截面。

② 跨越的电力线路（如低压线路）和公路的情况。

③ 至变电所终端杆的有关做法。

④ 掌握杆型及杆数情况。

⑤ 计算出线路的分段与档位。

⑥ 了解线路共有拉线根数，45°、水平拉线、高桩拉线等。

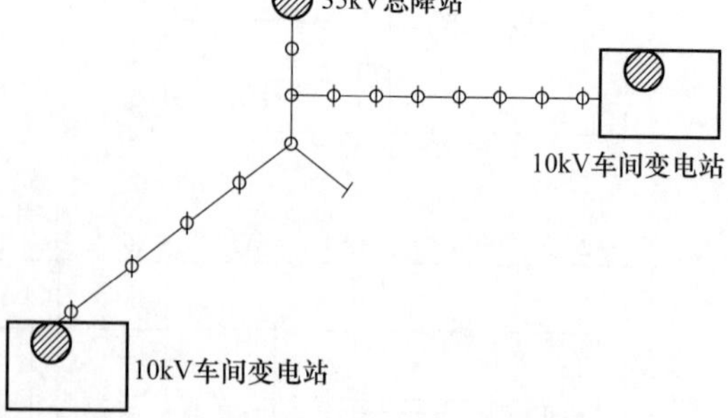

35kV总降站
10kV车间变电站
10kV车间变电站

图 3-29 10kV架空线路平面图

二、架空线路断面图

对于10kV及以下的配电架空线路，一般经过的地段不会太复杂，只要一张平面图即可满足施工的要求。但对 35kV 以上的线路，尤其是穿越高山江河地段的架空线路，一张平面图还不够，还应有纵向断面图。

架空线路的纵向断面图是沿线路中心线的剖面图。通过纵向断面图可以看出线路经过地段的地形断面情况，各杆位之间地平面相对高差，导线对地距离，弛度及交叉跨越的立体情况。

35kV 以下的线路，为了使图面更加紧凑，常常将平面图与纵向断面图合为一体。这时的平面图是沿线路中心线的展开平面图。平面图和断面图结合起来称为平断面图，如图 3-30 所示。该图的上面部分为断面图，中间部分为平面图，下面一部分是线路的有关数据，标注里程、档距等有关数据，是对平面图和断面图的补充与说明。

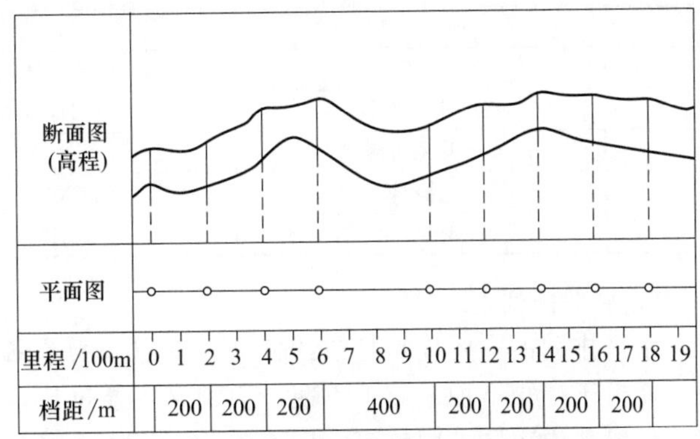

图 3-30　高压架空线路的平断面图

三、高压架空线路施工组装图

为施工方便，一般都在地面上将电杆顶部全部组装完毕，然后整体立杆。高压架空线路施工图主要内容是杆顶组装图。10（6）kV 高压配电线路单回路的排列方式有三角、水平两种，双回路的排列方式有三角加水平、水平加水平、垂直三种。应避免 10（6）kV 线路三回同杆架设。

1. 单回三角排列架设

图 3-31 为单回三角排列组装图。其中图 3-31（a）是直线杆杆顶组装图，表 3-5 是它的定型设计材料。三角排列的主要优点是能用较短的横担获得较大的线间距离，从而可以加大档距、减少混线事故，缺点是它较水平排列需要较长的电杆。但电杆长度一般都有裕度，影响不大。三角排列是单回线中用得较多的一种排列方式。图 3-31（b）是三角排列转角为 30°以下的转角杆的杆顶组装图，用双横担支持铁拉板，耐张绝缘子串用高压悬式加高压蝶式绝缘子。

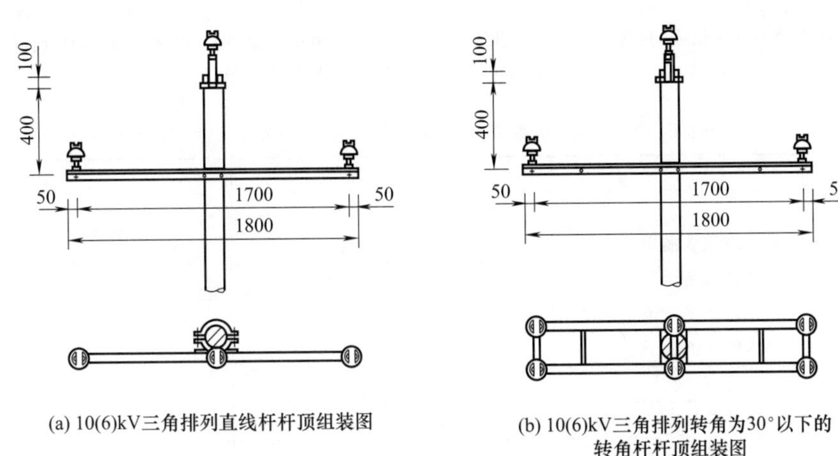

(a) 10(6)kV三角排列直线杆杆顶组装图

(b) 10(6)kV三角排列转角为30°以下的转角杆杆顶组装图

图 3-31　单回三角排列组装图（单位：mm）

表 3-5 10（6）kV 线路扁三角排列定型设计材料

序号	名　　称	规　　范	单位	数量
1	圆水泥杆	B-19-12-6.0/0	根	1
2	头铁(包括附件)	双抱箍	副	1
3	高压二线铁横担	63×6×1800	根	1
4	横担抱铁	190	块	1
5	铁垫	3×40×ϕ17.5	块	2
6	高压针式绝缘子	P-15T-(P-10T)	个	3
7	U形抱箍带帽垫	190	个	1
8	弹簧垫圈	M16	个	2
9	弹簧垫圈	M20	个	3

2. 水平排列直线杆

水平排列的主要优点是节约杆高，缺点是为了满足线间距离的要求，需要采用较长的横担，而由于档矩增加、施工不便，横担又不能过长，因而使线间距离、电杆档距受到一定限制，一般来说市区采用较多。图 3-32（a）为 10（6）kV 单回水平排列直线杆杆顶组装图，表 3-6 是水平排列直线杆定型设计材料，图 3-32（b）是单回水平排列转角杆杆顶组装图。由于市区线路走廊困难，10（6）kV 线路经常还需要双回同杆架设，或高低压同杆架设，做双回路水平排列，其档距不能太大。

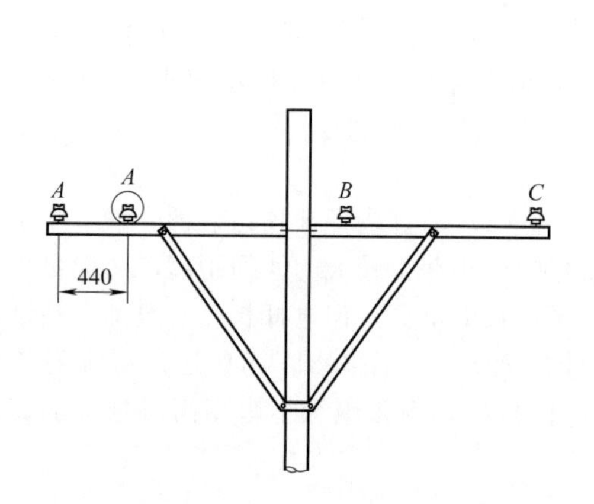

(a) 10(6)kV单回水平排列直线杆杆顶组装图

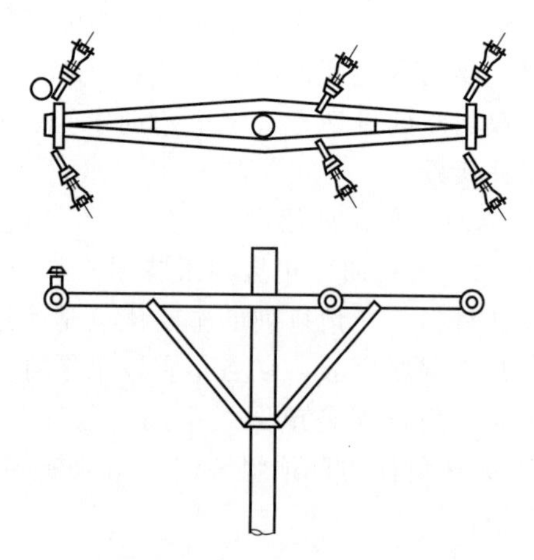
(b) 10(6)kV单回水平排列转角杆的杆顶组装图

图 3-32 10（6）kV 单回水平排列杆顶组装图（单位：mm）

表 3-6 10（6）kV 线路单回水平排列直线杆定型设计材料

序号	名　　称	规　　范	单位	数量
1	圆水泥杆	B-19-12-6.0/0	根	1
2	高压终端铁横担	63×6×2500	副	1
3	高压针式绝缘子	P-15T-(P-10T)	个	2
4	高压悬式绝缘子	XP-4C	片	6
5	高压蝶式绝缘子	E-1	个	6
6	大曲挂板		副	6
7	支持铁拉板	4×40×1020	块	4
8	镀锌铁螺栓	16×50	根	16
9	双合圆抱箍带附件	190	副	1
10	镀锌铁螺栓	16×4	根	6

续表

序号	名　　称	规　　范	单位	数量
11	镀锌铁螺栓	16×255	根	6
12	弹簧垫圈	M16	个	2
13	弹簧垫圈	M20	个	2

3. 双回水平排列

由于市区线路走廊困难，10（6）kV 线路经常需要同杆架设，再加上市区线路高低压往往同杆架设，档距不能太大，故采用双回线较多。图 3-33（a）是它的杆顶组装图，表 3-7 是它的定型设计材料。有些地方高压配电线路采用 15m 水泥杆，线多采用垂直排列。垂直排列的主要优点是线间距离较大，转角、分支方便，布置简单利落，混线事故较少，缺点是需要较高的电杆。图 3-33（b）为双回垂直排列直线杆杆顶组装图。

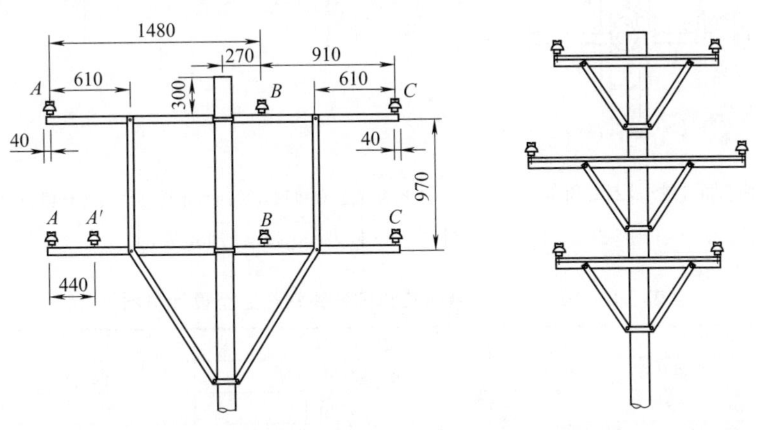

(a) 双回水平排列直线杆杆顶组装图　　(b) 双回垂直排列直线杆杆顶组装图

图 3-33　双回直线杆组装图（单位：mm）

表 3-7　10（6）kV 双回水平排列定型设计材料

序号	名　　称	规　　范	单位	数量
1	圆水泥杆	B-19-12-8.0/0	根	1
2	高压四线铁横担	63×6×2500	根	2
3	横担抱铁	190	块	2
4	铁垫	3×40×ϕ17.5	块	4
5	高压针式绝缘子	P-15T-(P-10T)	个	6
6	U 形抱箍带帽垫	190	个	2
7	支持铁拉板	4×40×1020	块	4
8	镀锌铁螺栓	16×50	根	4
9	双合圆抱箍带附件	190	副	1
10	弹簧垫圈	M16	个	6
11	弹簧垫圈	M20	个	6

4. 分支杆及终端杆

分支杆的主干线方向照直线杆考虑，终端杆的主干线方向照水平排列终端杆考虑。图 3-34（a）是单回三角排列分支杆杆顶布置图。终端杆一般采用终端铁横担加支持铁拉板，三角排列用 2000mm 长的终端铁横担和 750mm 长的支持铁拉板。图 3-34（b）是单回三角排列和单回水平排列终端杆杆顶布置图。耐张绝缘子串用槽型连接高压悬式绝缘子两片组成。表 3-8 是三角排列终端杆的定型设计材料，如果是水平排列，可简易修改终端铁横担和支持铁拉板的规范。

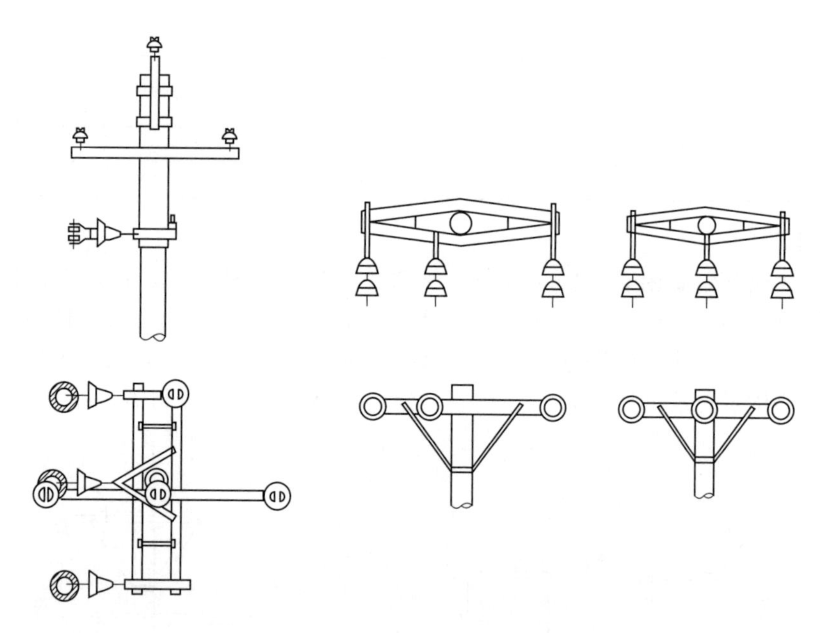

(a) 单回三角排列分支杆杆顶布置图

(b) 单回三角排列和单回水平排列终端杆杆顶布置图

图 3-34 单回三角排列分支杆及终端杆杆顶布置图

表 3-8 10（6）kV 单回三角排列终端杆定型设计材料

序号	名 称	规 范	单位	数量
1	圆水泥杆	B-19-12-6.0/0	根	1
2	高压终端铁横担	63×6×2500	副	1
3	高压针式绝缘子	X-4.5C	片	6
4	直角挂板	7-7	块	3
5	平行挂板	P-7	副	3
6	支持铁拉板	4×40×750	块	4
7	镀锌铁螺栓	16×50	根	12
8	双合圆抱箍带附件	190	副	1
9	弹簧垫圈	M16	个	2

5. 瓷横担架空线路

10（6）kV 瓷横担单回配电线路的杆顶布置最常见的是三角及水平两种，双回最常见的是三角加水平、垂直两种。

① 单回三角排列杆顶布置。三角排列时顶相装在头铁上，边相装在 500mm 左右长的元宝形铁横担上，和水平方向成 10°左右的仰角。图 3-35（a）是它的装配图，表 3-9 是其定型设计材料表。

② 单回水平排列杆顶布置。水平排列时三个边相瓷横担都装在铁担上，横担的长度为 1500mm，瓷横担和水平方向成 30°左右的仰角。图 3-35（b）是单回水平排列的杆顶布置装配图。

③ 双回三角加水平排列杆顶布置。三角加水平排列，为了上下方便，加水平排列用的铁横担改用 1600mm 的偏横担，加 4mm×40mm×1020mm 支持铁拉板。

图 3-36（a）是三角加水平排列杆顶布置图。定型设计材料见表 3-10。

④ 双回瓷横担垂直排列。其与铁横担垂直排列安装时与水平形成一定夹角，垂直排列时推荐采用 800mm 和 1000mm 长的铁横担。

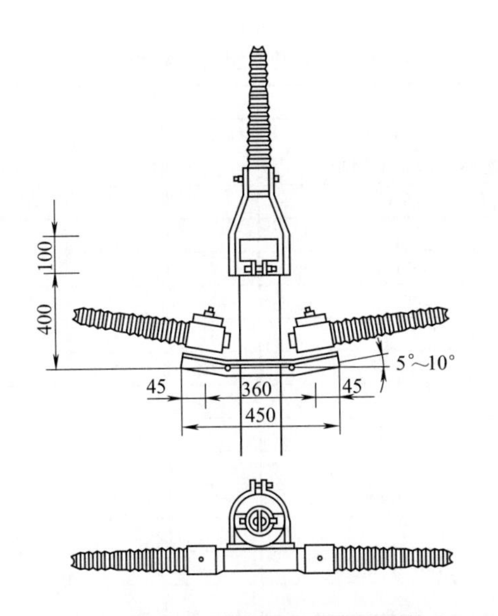

(a) 三角排列杆顶布置装配图，瓷横担和水平方向成10°左右的仰角

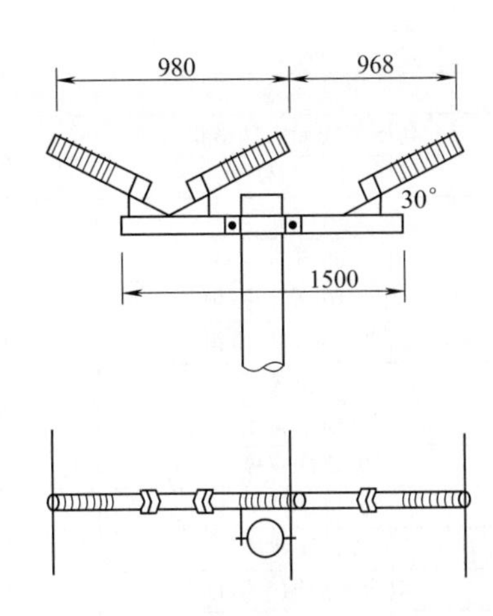

(b) 水平排列杆顶布置装配图，瓷横担和水平方向成30°左右的仰角

图 3-35　单回瓷横担直线杆杆顶布置装配图（单位：mm）

表 3-9　10（6）kV 单回瓷横担三角排列杆顶布置定型设计材料

序号	名　称	规　范	单位	数量
1	圆水泥杆	B-19-12-6.0/0	根	1
2	头铁	单抱箍	副	1
3	高压二线元宝铁横担	63×6×500	根	1
4	横担抱铁	190	块	1
5	铁垫	3×40×ϕ17.5	块	2
6	U 形抱箍带帽垫	190	个	2
7	顶相 10kV 瓷横担	CD10-5	根	1
8	顶相 10kV 瓷横担	CD10-3	根	2
9	瓷横担销钉	ϕ6×30	只	3
10	镀锌铁螺栓	16×40	根	3
11	弹簧垫圈	M16	个	5

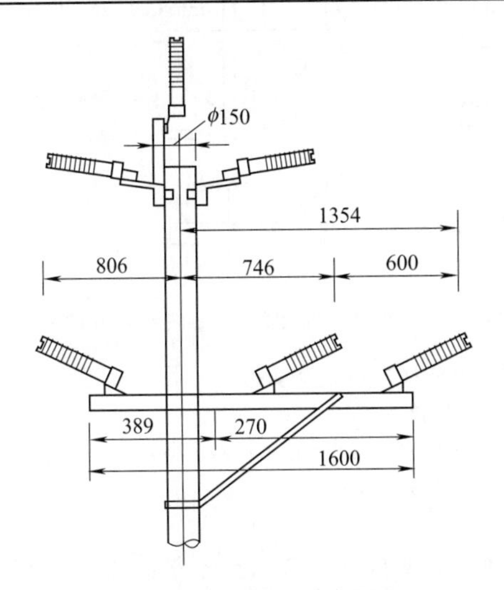

(a) 三角加水平排列杆顶布置图

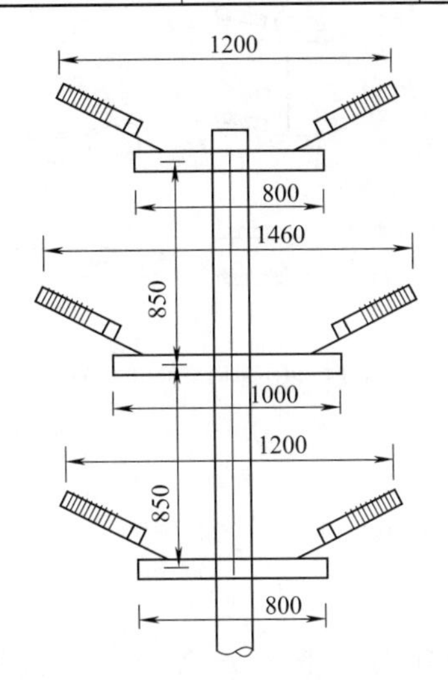

(b) 垂直排列杆顶布置图

图 3-36　双回瓷横担杆顶布置图（单位：mm）

表 3-10　10（6）kV 双回三角加水平排列杆顶布置定型设计材料

序号	名　称	规　范	单位	数量
1	圆水泥杆	B-19-12-6.0/0	根	1
2	头　铁	单抱箍包括元宝横担	副	1
3	高压三线元宝铁横担	63×6×1600	根	1
4	横担抱铁	190	块	1
5	铁垫	3×40×ϕ17.5	块	2
6	U 形抱箍带帽垫	190	个	1
7	顶相 10kV 瓷横担	CD10-5	根	1
8	顶相 10kV 瓷横担	CD10-3	根	5
9	瓷横担销钉	ϕ6×30	只	6
10	瓷横担支座	6×50×197	个	3
11	镀锌铁螺栓	16×40	根	12
12	支持铁拉板	4×40×1020	块	1
13	镀锌铁螺栓	16×50	根	1
14	双合圆抱箍带附件	190	副	1
15	弹簧垫圈	M16	个	10

图 3-36（b）所示为双回瓷横担垂直排列杆顶布置图。

⑤ 瓷横担转角杆、分支杆及耐张杆。45°以下单回线的转角杆一般都采用双边相瓷横担，一相装在上面两根 500mm 长元宝铁横担上。铁横担也和转用杆一样，不用 U 形抱箍而用两根螺栓对穿固定的圆水泥杆上，如图 3-37（a）所示。

⑥ 46°～90°转用杆。46°～90°转用杆都改用瓷拉棒。瓷拉棒用直径 12mm 的 U 形挂环挂在铁横担上用线卡子固定导线，用铝并钩线夹连接铝跳线，用边相瓷横担固定最外圈的跳线，铁横担长 2000mm 或 1600mm。

图 3-37（b）所示是 46°～90°单回瓷横担转角杆顶布置示意图。

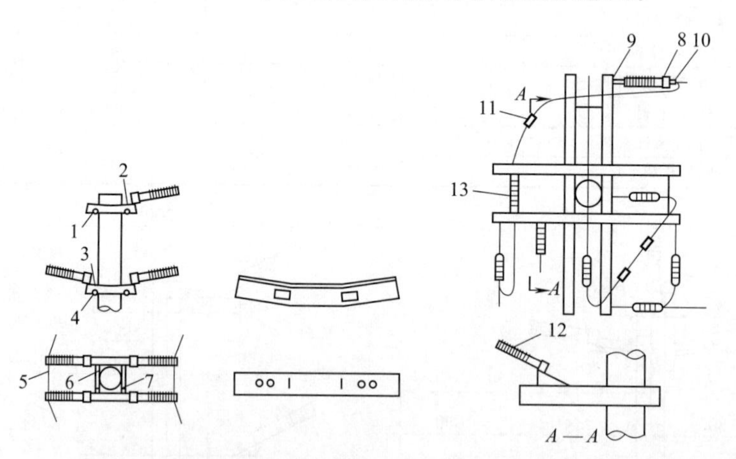

(a) 45°以下单回瓷横担转角杆杆顶布置　　(b) 46°～90°单回瓷横担转角杆杆顶布置

图 3-37　瓷横担转用杆杆顶布置瓷横担

1—元宝横担；2—16×40 镀锌铁螺栓；3—ϕ6×30，瓷横担销钉；4—弹簧垫圈；5—铝带包；6—横担抱铁；7—16×280 镀锌铁螺栓；8—SL10 型 10kV 瓷拉棒；9—U 形挂环；10—线卡子；11—铝并钩线夹；12—边相 10kV 瓷横担；13—镀锌铁螺栓

⑦ 瓷横担分支杆。分支杆主杆方向照直线杆考虑，分支方向照终端杆考虑，用 2000mm 或 1600mm 双铁横担用镀锌铁螺栓对穿固定。图 3-38（a）为三角排列分支杆。

⑧ 瓷横担耐张杆。一律采用瓷拉棒，另用一根边相瓷横担固定顶线或中线的跳线。三

角排列时，顶相的瓷拉棒通过两眼拉板用螺栓固定在焊有边相瓷横担铁支架的双合圆抱箍上，两个边相的瓷拉棒用U形挂环固定在1000mm或1500mm的铁横担上。图3-38（b）为瓷横担耐张杆杆顶布置。

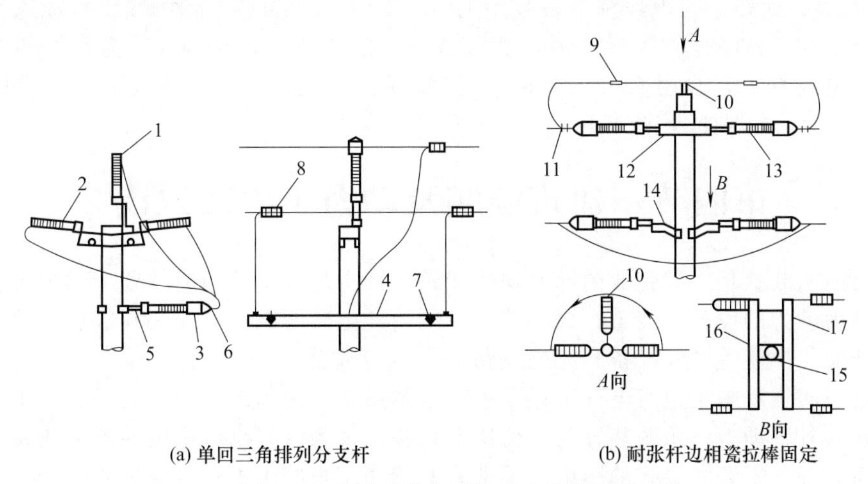

图3-38　瓷横担转角杆杆顶布置瓷横担

1—顶相瓷横担；2—边相瓷横担；3—瓷拉棒；4—2000mm铁横担；5—U形挂环；6—线卡子；7—M16×300镀锌钢螺栓；8—铝并钩线夹；9—铝并钩线夹；10—瓷横担；11—钢线卡子；12—焊接此横担的双合圆抱箍；13—瓷拉棒；14—U形挂板；15—横担抱铁；16—镀锌铁螺栓；17—1000mm铁横担

四、送电线路工程图实例

图3-39所示是某生活区供电线路平面图。1号楼为商业网点，2号楼为幼儿园，3～10

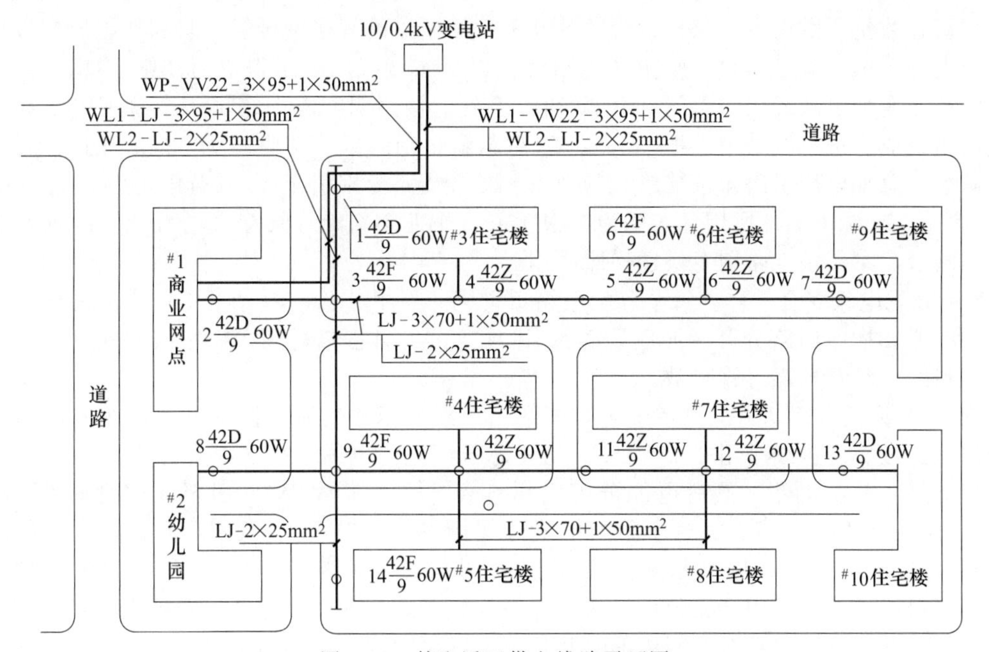

图3-39　某生活区供电线路平面图

注：1. 照明分干线均为LJ-3×70＋1×50mm²。

2. 照明接户线均为LJ-3×35＋1×16mm²。

3. 电缆过道路时穿SC100镀锌钢管保护。

号楼为住宅楼。供电电源引自10kV/0.4kV变电站，用电力电缆线路引出。商业网点电源回路为WP-VV22-3×95＋1×50mm^2，由变电站直接敷设到位。WL1-VV22-3×95＋1×50mm^2，为各用户的照明电力电缆，引至1号杆时改为架空敷设，采用LJ-3×70＋1×50mm^{2}铝绞线，送至3号电线杆后，改用LJ-3×70＋1×50mm^{2}铝绞线将电能送至各分干线，接户线采用LJ-3×35＋1×16mm^{2}铝绞线。WL2-VV22-2×25mm^{2}为路灯照明电力电缆，到1号电线杆后，改用LJ-2×25mm^{2}铝绞线。电线杆型分别为42Z（直线杆），42F（分支杆），42D（终端杆），杆高为9m，路灯为60W灯泡。

第四节　建筑照明及动力工程图识读

动力及照明装置是工矿企业内部及现代建筑工程中最基本的用电装置。动力工程主要是指以电动机为动力的设备、装置、启动器、控制箱和电气线路等的安装和敷设；照明工程包括灯具、开关、插座等电气设备和配电线路的安装与敷设。

动力及照明工程图是建筑电气工程图中最基本最常用的图纸之一，它是表示工矿企业及建筑物内外的各种动力、照明装置及其他用电设备以及为这些设备供电的配电线路、开关等设备的平面布置、安装和接线的图纸，是动力及照明工程施工中不可缺少的图纸。

按照国家关于电气图种类标准的划分，动力和照明工程图不属于单独的一类图，但这种图所描述的对象十分明确而单一，其表达形式有许多特点，在读图时应加以注意。

一、动力、照明系统图

动力、照明系统图是用图形符号、文字符号绘制的，用来概略表示该建筑内动力、照明系统或分系统的基本组成、相互关系及主要特征的一种简图。它具有电气系统图的基本特点，能集中反映动力及照明的安装容量、计算容量、计算电流、配电方式、导线或电缆的型号、规格、数量、敷设方式及穿管管径、开关及熔断器的规格型号等。它和变电所主接线图属同一类型图纸，只是动力、照明系统图比变电所主接线图表示得更为详细。如图3-40为某住宅楼照明配电系统图。由图3-40可知：该住宅楼照明配电系统由一个总配电箱和6个分配电箱组成。进户线采用4根16mm^{2}的铝芯塑料绝缘线，穿直径为32mm的水煤气管，墙内暗敷。总配电箱引出4条支路，其中1、2、3支路分别引至5、6分配电箱，3、4分配电箱和1、2分配电箱，所用导线均为3根4mm^{2}铜芯塑料绝缘线穿直径为20mm的水煤气管墙内暗敷。第4条支路则专供楼梯照明用。

6个分配电箱安全一样。每个分配电箱负责同一层甲、乙、丙、丁4住户的配电，每一住户的照明和插座回路分开。照明线路采用1.5mm^{2}铜芯塑料线；插座线路采用2.5mm^{2}铜芯塑料线，均穿水煤气管暗敷。

图3-41为某车间动力配电系统图，该图用单线表示法绘制。读图可知该车间动力配电系统概况：该车间进线采用2根VLV_{22}型4芯低压电力电缆，穿2根直径为70mm的水煤气管埋地进入总配电箱，然后电能分配引出5条支路。其中WP_1引至车间裸母线WB_1；WP_2引至空压机室；WP_3引至车间插接式母线槽WB_2；WP_4引至该车间机加工、装配工段吊车滑触线WT_2；WP_5引至用于该车间功率补偿的电容器柜。各支部所用导线均为BLV型铝芯塑料绝缘线，采用穿管敷设。所用导线规格和数量如图中标注。若再进一步了解各支路敷设部位及各分配电箱在车间内的安装位置，则可阅读车间动力平面图。

二、电力及照明平面图

电力及照明平面图是表示建筑物内电力设备、照明设备和配电线路平面布置的图纸，是

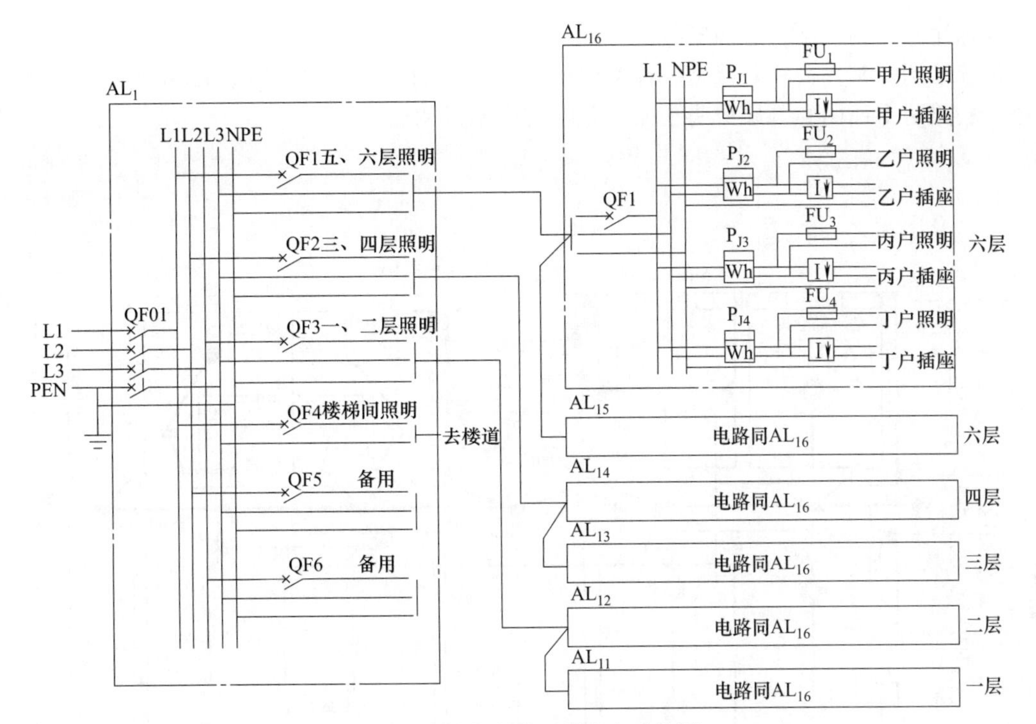

图 3-40 某住宅楼照明配电系统图

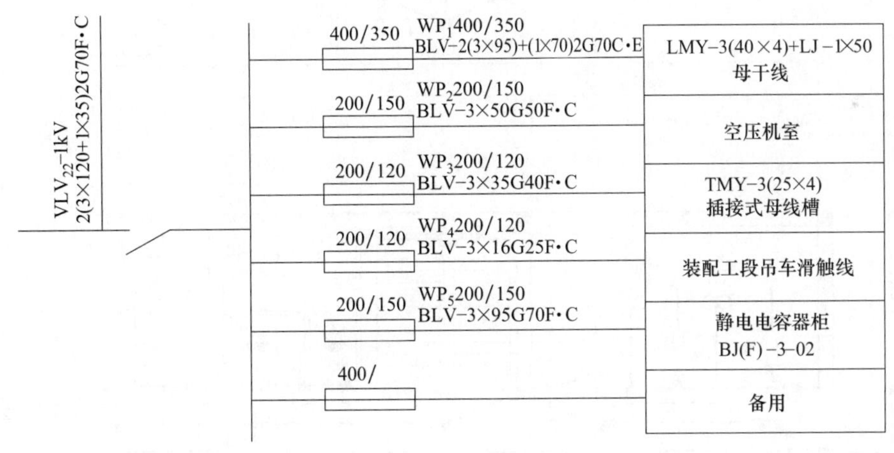

图 3-41 某车间动力配电系统图

一种位置图。平面图应按建筑物不同标高的楼层地面分别画出，每一楼层地面的电力与照明平面图要分开绘制。

电力及照明平面图主要表现电力及照明线路的敷设位置、敷设方式、导线型号、截面、根数、线管的种类及线管管径。同时还标出各种用电设备（照明灯、吊扇、风机泵、插座）及配电设备（配电箱、控制箱、开关）的型号、数量、安装方式和相对位置。

在电力及照明平面图上，土建平面图是严格按比例绘制的，但电气设备和导线并不按比例画出它们的形状和外形尺寸，而是用图形符号表示。导线和设备的空间位置、垂直距离一般不另用立面图表示，而标注安装标高或用施工说明来表示。为了更好地突出电气设备和线路的安装位置、安装方式，电气设备和线路一般在简化的土建平面图上绘出，土建部分的墙体、门窗、楼梯、房间用细实线绘出，电气部分的灯具、开关、插座、配电箱等用中实线绘出，并标注必要的文字符号和安装代号。

识读举例：某办公实验楼是一幢两层楼带地下室的平顶楼房。图 3-42 和图 3-43 分别为该楼一层照明平面图和二层照明平面图并附有施工说明。

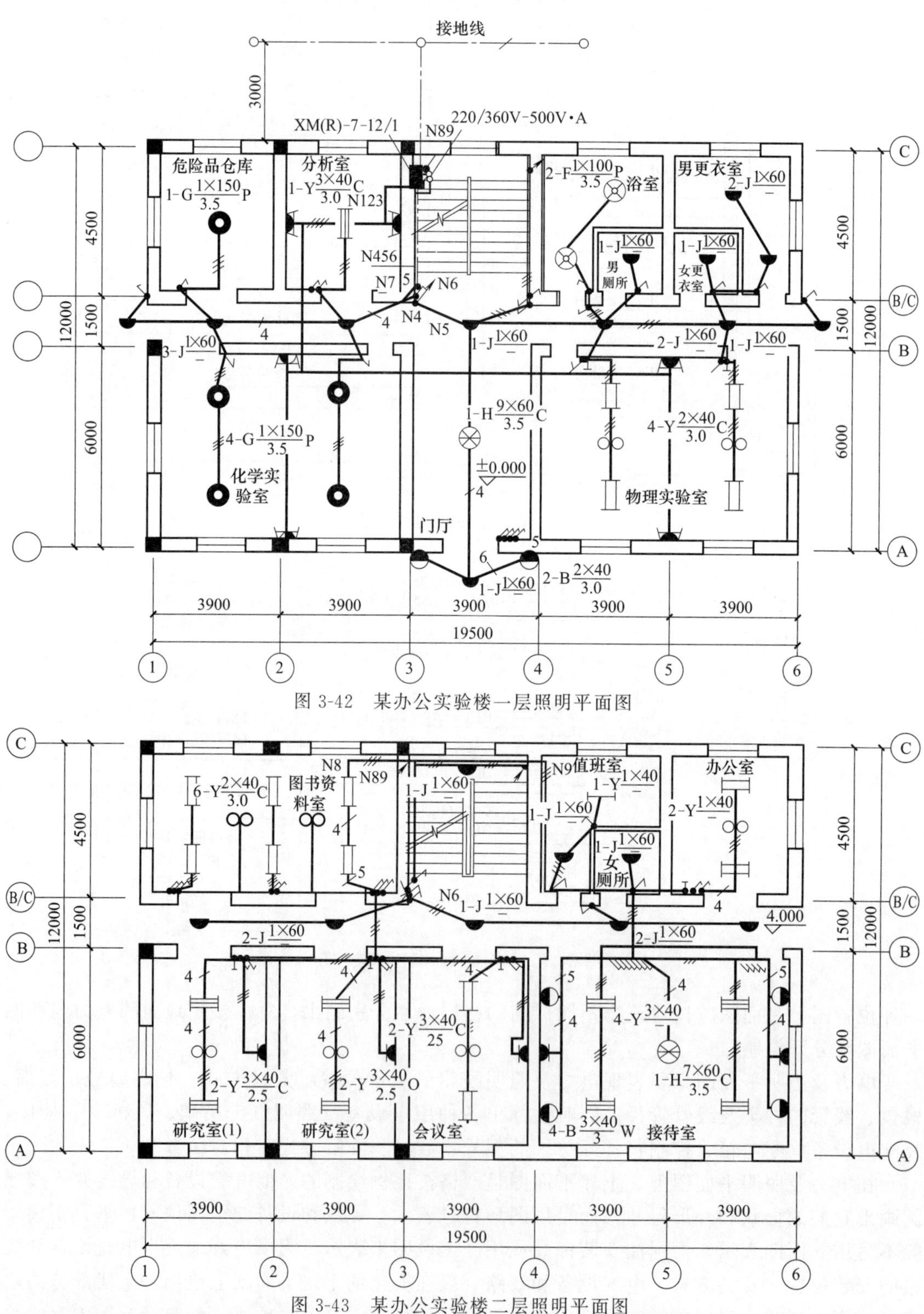

图 3-42　某办公实验楼一层照明平面图

图 3-43　某办公实验楼二层照明平面图

施工说明：

（1）电源为三相四线 380/220V，进户导线采用 BLV-500-4×16mm^2，自室外架空线路引来，室外埋设接地极引出接地线作为 PE 线随电源引入室内。

（2）化学试验、危险品仓库接爆炸性气体环境分区为 2 号，导线采用 BV-500-2.5mm^2。

（3）一层配线：三相插座电源导线采用 BV-500-4×2.5mm^2，穿直径为 20mm 普通水煤气管暗敷；化学试验室和危险品仓库为普通水煤气管明敷；其余房间为 PVC 硬质塑料管暗敷设。导线采用 BV-500-2.5mm^2。

二层配线：为 PVC 硬质塑料管暗敷，导线用 BV-500-2.5mm^2。

楼梯：均采用 PVC 硬质塑料管暗敷。

（4）灯具代号说明：G—隔爆灯；J—半圆球吸顶灯；H—花灯；F—防水防尘灯；B—壁灯；Y—荧光灯。

下面建筑电气照明平面图的一般规律，按电流入户方向依次阅读，即进户线→配电箱→支路→支路上的用电设备。

1. 进户线

由一层照明平面图，该工程进户点处于③轴线和 C 轴线交叉处，进户线采用 4 根 16mm^2 铝芯聚氯乙烯绝缘导线穿钢管自室外低压架空线路引至室内照明配箱（XM（R)-7-12/1)。室外埋设垂直接地体 3 根，用扁钢连接引出接地线作为 PE 线随电源线入室内照明配电箱。

2. 照明设备的分析

一层：物理实验室装有 1 盏双管荧光灯，每个灯管功率为 40W，采用链吊安装，安装高度为 3.5m，4 盏灯用 2 只暗装单极开关控制，另外有 2 只暗装三相插座，2 台吊扇。化学实验室有防爆要求，装有 4 盏防爆灯，每盏装 1 只 150W 白炽灯泡，采用管吊式安装，安装高度为 3.5m，4 盏灯用 2 只防爆式单极开关控制；另外，还装有 2 个密闭防爆三相插座。危险品仓库亦有防爆要求，装有一盏隔爆灯，灯泡功率为 150W，采用管吊式安装。安装高度为 3.5m，由 1 只防爆单极开关控制。分析室要求光色较好，装有 1 盏三管荧光灯，每只灯管功率为 40W，采用链吊式安装，安装高度为 3m，用 2 只暗装单极开关控制，另有暗装三相插座 2 个。由于浴室内水汽较多，较潮湿，所以装有 2 盏防水防尘灯，内装 100W 白炽灯泡，采用管吊式安装，安装高度为 3.5m，3 盏灯用 1 个单极开关控制。男厕所、男女更衣室、走廊及东西出口门外，都装有半圆球吸顶灯。一层门厅安装的灯具主要起装饰作用，厅内装有 1 盏花灯，装有 9 个 60W 白炽灯泡，采用链吊式安装，安装高度为 3.5m。进门雨棚下安装 1 盏半圆球吸顶灯，内装 1 个 60W 灯泡，吸顶安装。大门两侧分别装有 1 盏壁灯，内装 2 个 40W 白炽灯泡，安装高度为 3m。花灯、壁灯和吸顶灯的控制开头均装在大门右侧，共 4 个单极开关。

二层：接待室安装了 3 种灯具。花灯 1 盏，装有 7 个 60W 白炽灯泡，采用链吊式安装，安装高度为 3.5m；3 管荧光灯 4 盏，灯管功率为 40W，采用吸顶安装；壁灯 4 盏，每盏装有 40W 白炽灯泡 3 个，安装高度为 3m；单相带接地孔插座 2 个，暗装。总计 9 盏灯由 11 个单极开关控制。会议室装有双管荧光灯 2 盏，灯管功率为 40W，采用链吊式安装，安装高度为 2.5m，由 2 只单极开头控制；另外还装有吊扇 1 台，带接地插孔的单相插座 1 个。研究室（1）、（2）分别装有 3 管荧光灯 3 盏，灯管功率为 40W，采用链吊式安装，安装高度为 2.5m，均用 2 个单极开关控制；另有吊扇 1 台，单相带接地插座 1 个。图书资料室装有双管荧光灯 6 盏，灯管功率为 40W，采用链吊式安装，安装高度为 3m；吊扇 2 台；6 盏荧光灯由 6 个单极开关分别控制。办公室装有双管荧光灯 2 盏，灯管功率为 40W，吸顶安装，各用 1 个单极开关控制；还装有吊扇 1 台。值班室装有 1 盏单管 40W 荧光灯，吸顶安装；还装有 1 盏半圆球吸顶灯，内装 1 只 60W 白炽灯泡；2 盏灯各自用 1 个单极开关控制。女厕所、走廊和楼梯均安装半圆球吸顶灯，每盏 1 个 60W 的白炽灯泡，共 7 盏。楼梯灯采用两只双控开关分别在二楼和一楼控制。

3. 各配电支路负荷分配

由一层照明平面图知道照明配电箱型号为 XM（R）-7-12/1。查设备手册可知，该照明配电箱设有进线总开关，可引出 12 条单相回路，该照明工程使用 9 路（N1～N9），其中 N1、N2、N3 同时向一层三相插座供电；N4 向一层③轴线西部的室内照明灯具及走廊供电；N5 向一层③轴线以东部分的照明灯供电；N6 向二层走廊灯供电，N7 引向干式变压器（220/36V-500VA），变压器二次侧 36V 出线引下穿过楼板向地下室内照明灯具和地下室楼梯灯供电；N8、N9 支路引向二楼，N8 为二层④轴线西部的会议室、研究室、图书资料室内的照明灯具、吊扇、插座供电。依此配电概况，可以画出该工程的照明系统图，如图 3-43 所示。

考虑到三相负荷应均匀分配的原则，N1～N9 支路应分别接在 L1、L2、L3 三相上。因 N1、N2、N3 是向三相插座供电的，故必须分别接在 L1、L2、L3 三相上；N4、N5 和 N8、N9 各为同一层楼的照明线路，应尽量不要接在同一相上。因此，可以将 N1、N4、N8 接在 L1 相上，将 N2、N5、N7 接在 L2 相上，将 N3、N6、N9 接在 L3 相上，使得 L1、L2、L3 三相负荷比较接近。图 3-44 就是按此原则连接画出的。

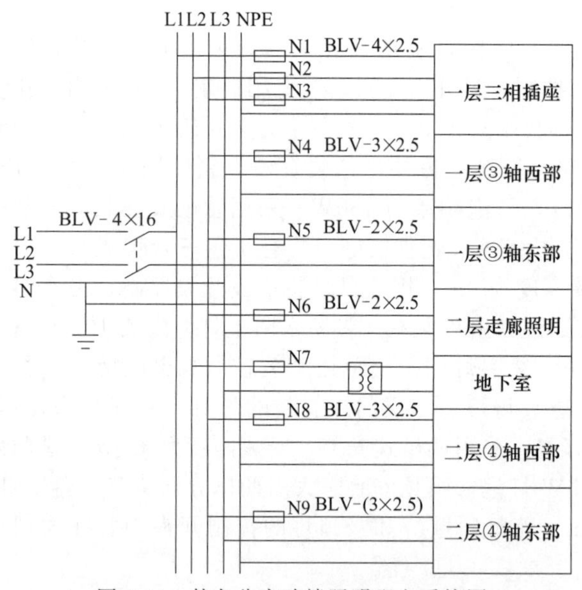

图 3-44 某办公实验楼照明配电系统图

4. 各配电支路连接情况

各条线路导线的根数及其走向是电气照明平面图的主要表现内容之一。然而，要真正认识每根导线根数的变化原因，是初读图者的难点之一。为解决这一问题，在识别线路连接情况时，就应充分了解采用的接线方式，是在开关盒、灯头盒内共头接线，还是在线路上直接接线。其次是了解各照明灯的控制方式，特别应注意分清，哪些是采用 2 个甚至 3 个开关控制一盏灯的接线，然后再一条线路一条线路地查，这样就不难搞清楚了。下面对各支路的连接情况逐一进行阅读。

（1）N1、N2、N3 支路的走向和连接情况

三条支路组成一条三相回路，再加一根 PE 线，共 4 条线，引向一层的各个三相插座。导线在插座盒内作共头连接。

（2）N4 支路的走向和连接情况

N4、N5、N6 三根相线，共用一根零线，加上一根 PE 线（接防爆灯外壳）共 5 根线，由配电箱沿③轴线上出。其中 N4 在③轴线和 B/C 轴线交叉处的开关盒处与 N5、N6 分开，转引向一层西部的走廊和房间，其连接情况如图 3-45 所示。

N4 相线在③轴线和 B/C 轴线交叉处接入 1 只暗装单极开关控制西部，走廊内有两盏半圆球吸顶灯。同时往西引至西部走廊第一盏半圆球吸顶灯的灯头盒内，在此灯头盒内分成 3

路。第一路引至分析室门侧面的二联开关盒内，与2只开关相接，用这2只开关控制3管荧光灯3支灯管：1只开关控制1支灯管，另1只开关控制2支灯管，以实现开1支、2支或3支灯管的任意选择。第二路引向化学实验室右门侧面防爆开关的开关盒内，这只开关控制化学实验室右边2盏隔爆灯。第三路向西引至走廊内第二盏半圆球吸顶灯的灯头盒内，在这个灯头盒内又分成三路，一路引向西头门灯，一路引向危险品仓库，一路引向化学实验室左侧门边防爆开关盒。

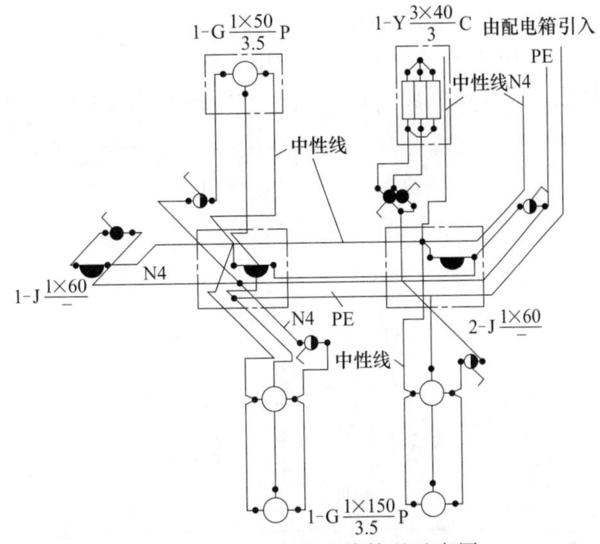

图 3-45　N4 支路连接情况示意图

零线③轴线和B/C轴线交叉处的开关盒内分支，其一路和N4相线一起走，同时还有一根PE线，并和N4相线同样在一层西部走廊两盏半圆球吸顶灯的灯头盒内分支，另一路随N5、N6引向东侧和引向二楼。

（3）N5 支路的走向和连接情况

N5相线在③轴线和B/C轴线交叉处的开关盒内带一根零线转向东南引至一层走廊正中的半圆球吸顶灯，在灯头盒内分成3路：第1路引至楼梯口右侧开关盒，接开关；第2路引向门厅，直到大门右侧开关盒，作为门厅花灯及壁灯等的电源；第3路沿走廊引至男厕所门前半圆球吸顶灯灯头盒，再分支引向物理实验室、浴室和继续向东引至更衣室门前半圆球吸顶灯灯头盒；在此盒内分支引向物理实验室、更衣室及东端门灯。其连接情况如图3-46所示。

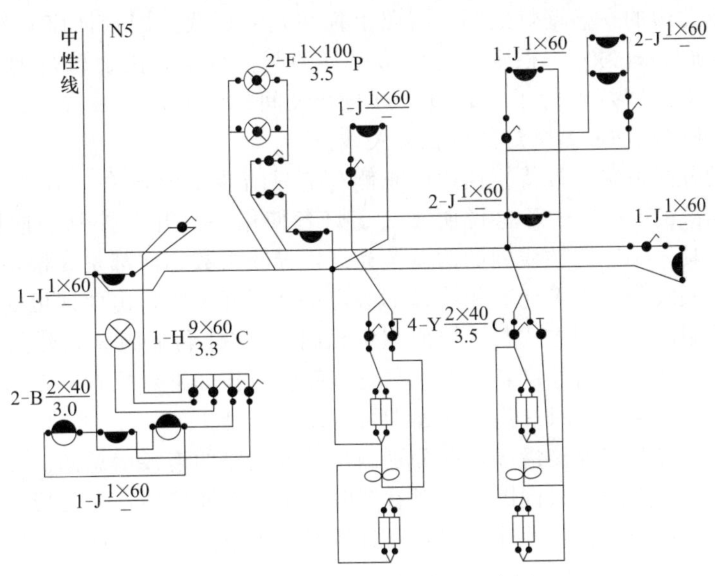

图 3-46　N5 支路连接情况示意图

（4）N6 支路的走向和连接情况

N6相线在③轴线和B/C轴线交叉处的开关盒内带一根零线垂直引向二楼相对应位置的开关盒，从二楼走廊5盏半圆球吸顶灯。

（5）N7支路走向和连接情况

N7相线和零线从配电箱引出经220/36V—500V·A的干式变压器，将220V电压回路变成36V电压回路，该回路③轴线向南引至③轴线和B/C轴线交叉处转引向下进入地下室。

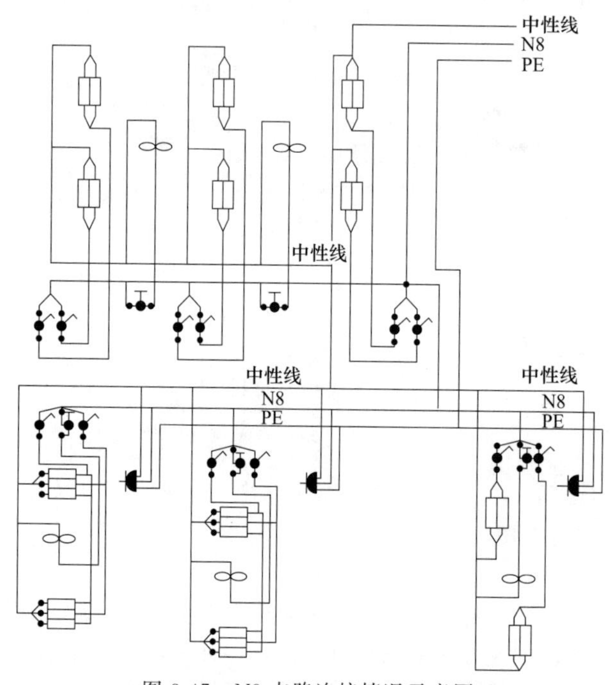

图3-47　N8支路连接情况示意图

（6）N8支路的走向和连接情况

N8相线和零线，再加一根PE线，共三根线，穿PVC管由配电箱旁（③轴线和Ⓒ轴线交叉处）引向二层，并穿墙进入西边图书资料室，向④轴线西部房间供电，线路连接情况如图3-47所示。

从图3-43中可以看出，研究室（1）和研究室（2）中从开关至灯具、吊扇间导线根数标注依次是4→4→3。其原因是两只开关不是分别控制两盏灯，而是分别同时控制两盏灯中的1支灯管和2支灯管。

（7）N9支路的走向和连接情况

N9相线、零线和PE线共三根线同N8支路三根线一样引上二层后沿Ⓒ轴线向东引至值班室门厅侧开关盒，然后再上至办公室、接待室。

前面几条支路我们分析的顺序都是从开关到灯具，反过来也可以从灯具到开关阅读。例如，图3-43接待室内标注着引向南边壁灯的是两根线，当然应该是开关线和零线。在暗装单相三孔插座至北边的一盏壁灯之间，线路上标注是4根线，因接插座必然有相线、零线、PE线（三线接插座），另外一根则应是南边壁灯的开关线了。南边壁灯的零线则可从插座上的零线引一分支到壁灯就行了。北边壁灯与开关间标注的是5根线，这必定是相线、零线、PE线（接插座）和两盏壁灯的两根开关线。

再看开关的分配情况。接待室西边门东侧有7只暗装单极开关，④轴线上有2盏壁灯，导线的根数是递减的5→4→2，这说明了2盏灯各使用一只开关控制。这样还剩下5只开关，还有3盏灯具。④～⑤轴线间的两盏荧光灯，导线根数标注都是3根，其中必有1根是零线，剩下的2根线中又不可能有相线，那必定是2根开关线，由此即可断定这2盏荧光灯是用2只开关控制的（控制方式与二层研究室相同）。这样剩下的3只开关必定都是控制花灯的了，那么3只开关如何控制花灯的7只灯泡呢？可作如下分配，即1只开关控制1只灯泡，另两只开关分别控制3只灯泡，这样即可实现分别开1、3、4、6、7只灯泡的方案。

以上分析了各支路的连接情况，并分别画出了各支路的连接示意图。在此给出连接示意图的目的是帮助读者更好地阅读图纸。但看图时不是先看连接图，而是应做到看了施工平面图，脑子里就能出现一个相应的连接图，而且还要能想象出一个立体布置的概貌。这样也就基本把图看懂了。

三、车间动力平面图

动力平面图是车间动力工程图的重要组成部分，是工程造价、安装施工的主要依据之一。通过对图的识读，进一步熟悉看图方法，了解单层工业厂房动力配电线路安装工程的主要内容。

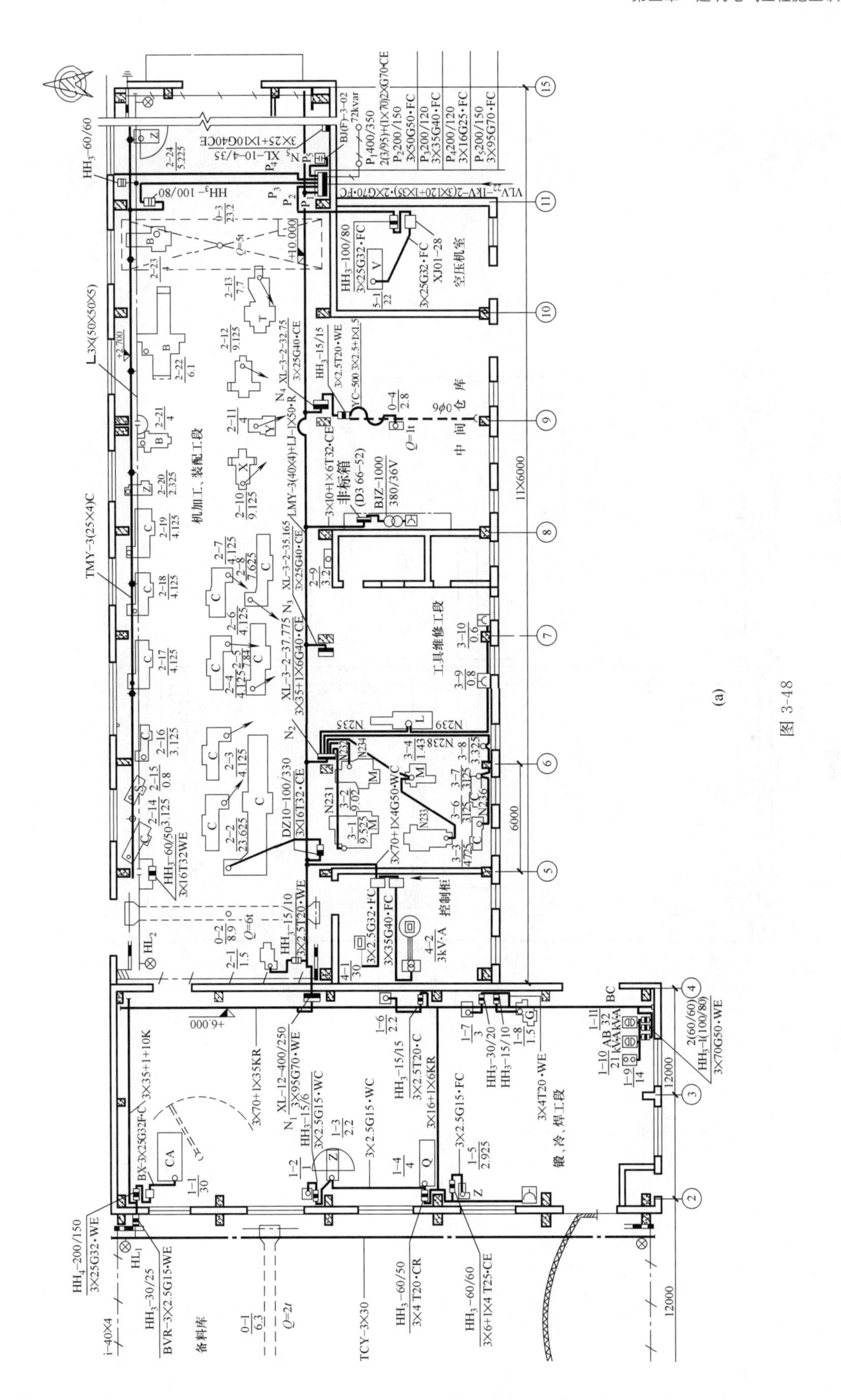
机加工、装配工段
工具维修工段
中间仓库
空压机室
控制柜
锻、冷、焊工段
备料库
非标箱
11×6000
6000
12000
TMY-3(25×4)C
TCY-3×30

(a)

图 3-48

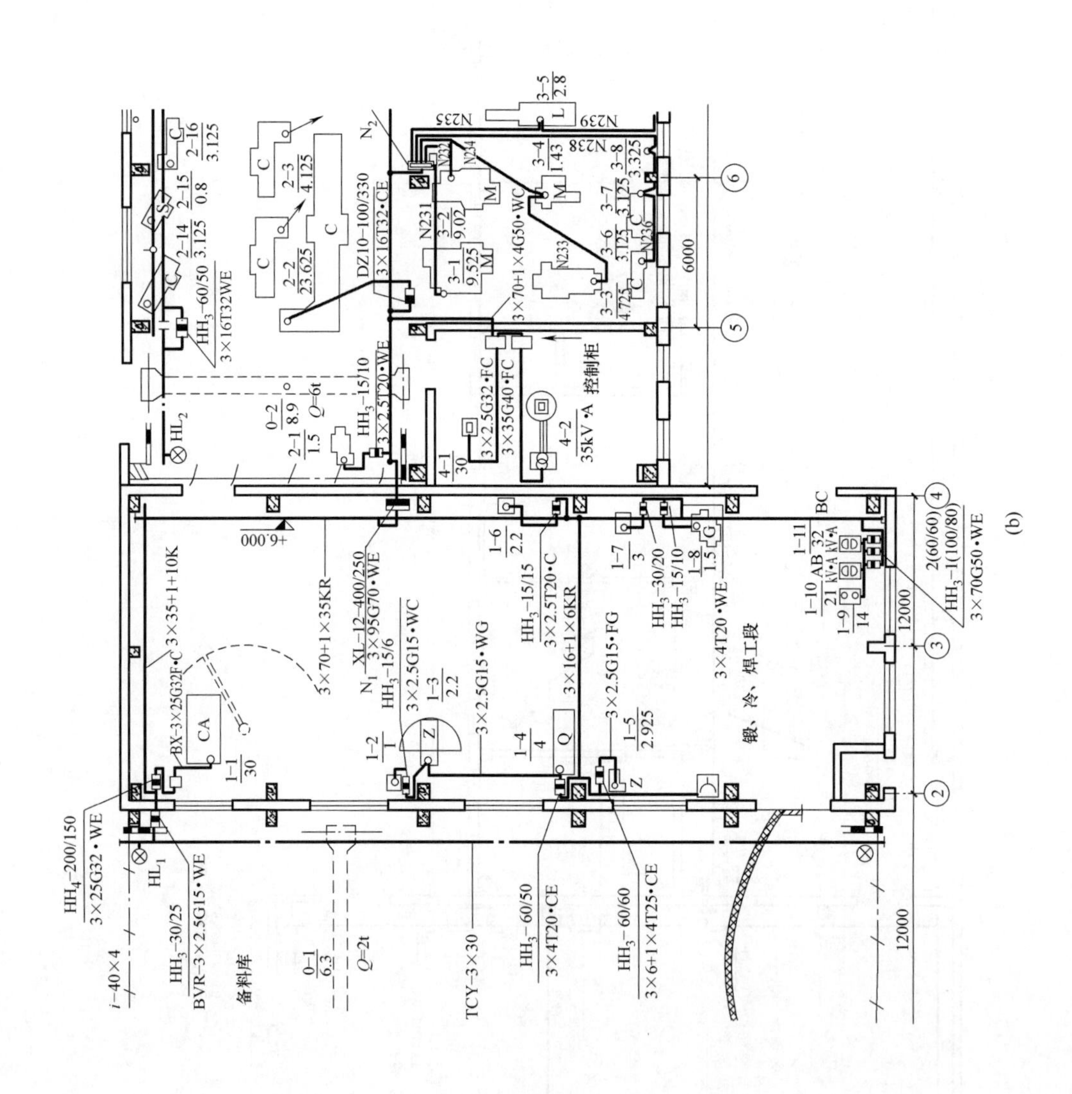
备料库
锻、冷、焊工段
控制柜
HH4-200/150
3×25G32·WE
HH3-30/25
BVR-3×2.5G15·WE
HL1
HL2
i-40×4
TCY-3×30
HH3-60/50
3×4T20·CE
HH3-60/60
3×6+1×4T25·CE
BX-3×25G32F·C 3×35+1+10K
3×70+1×35KR
XL-12-400/250
3×95G70·WE
HH3-15/6
3×2.5G15·WC
3×2.5G15·WG
HH3-15/15
3×2.5T20·C
3×16+1×6KR
3×2.5G15·FG
HH3-30/20
HH3-15/10
3×4T20·WE
2(60/60)
HH3-1(100/80)
3×70G50·WE
BC
+6.000
HH3-15/10
3×2.5T20·WE
3×2.5G32·FC
3×35G40·FC
35kV·A
DZ10-100/330
3×16T32·CE
3×70+1×4G50·WC
HH3-60/50
3×16T32WE
Q=6t
Q=2t
N1
N2
N231
N233
N234
N235
N236
N238
N239
6000
12000
2
3
4
5
6

(b)

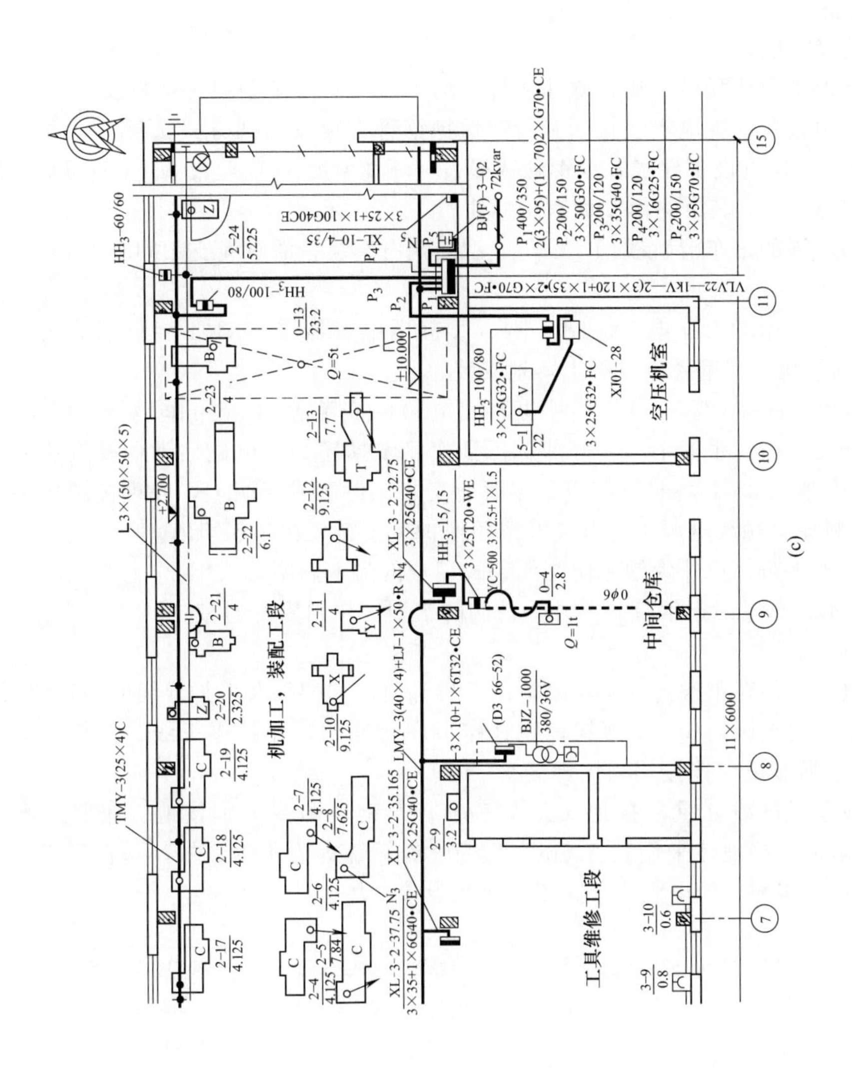

图 3-48　某机修车间动力平面图

下面主要以图 3-48 所示的某机修车间动力平面图（并附有施工说明）为例介绍动力平面图的识读方法。图 3-49 为该车间动力配电系统图，与该平面图相对应。

施工说明：

1. 电源

车间电源为三相四线 380/220V，引自厂受端变电所 3 号低压配电屏，采用 VLV_{22}-1kV-2(3×120+1×35) 电力电缆直接埋地敷设。进户处穿保护钢管至总动力配电箱 XL(F)-15-0042，电能分配，各支路通过分路熔断器保护，然后由导线穿钢管分别引至各配电干线和用电设备。

2. 导线选择及敷设

① 配电线路的导线型号、规格除注明外，均为 BLV-500V 型铝芯塑料线。

② 接至用电设备的配电支线截面和所穿保护钢管直径按下列方式选择：a. 机加工、装配工段采用“低压用电设备导线及穿钢管选择表（环境温度 30℃）”；b. 工具维修工段采用“车间动力管线表”；c. 其余均由图面直接标注。

③ 露天备料库的吊车滑触线用 TCY-30 型圆铜电车线，滑触线支架间距为 6m。

3. 设备安装

① XL（F）-15 型动力配电箱、BJ（F）-3 型静电电容器屏、XJ01 型自耦减压启动箱和 GL 型电炉控制柜均在型钢底座支架上落地安装。

② XL-3 型、XL-10 型、XL-12 型动力配电箱的安装高度（操作手柄中心）为距地 1.5m。铁壳开关（操作手柄中心）和非标准插座箱及插座箱、电磁启动器及按钮的安装高度（底边）为距地 1.3m。各种电气设备尽可能安装在柱侧或砖墙上，并可按现场条件适当变动。露天备料库滑触线电源铁壳开关及线路保护装置安装在防水箱内。

③ 非标准插座箱，户外为铁制防水明装式，户内为木制明装式。

④ HL 表示行车电源指示灯，户外为铁制防水型，户内为普通型。

4. 接地与接零

① 所有电气设备在正常情况下不带电的金属外壳、构架以及保护导线的钢管均须接零。

② 吊车钢轨两端用－40×4 镀锌扁钢连接成闭合回路，作接零干线，并与总动力箱内中性线相连接。所有电气连接均采用焊接。

③ 零线在车间进线处重复接地，并在 F 轴行车钢轨两端分别接地。埋地接地线采用－40×4 镀锌扁钢，接地体采用长 2.5m 的∟50×5 镀锌等边角钢 2 根，垂直配置。其接地电阻 $R \leqslant 10\Omega$；若实测接地电阻大于 10Ω，可增设接地体。

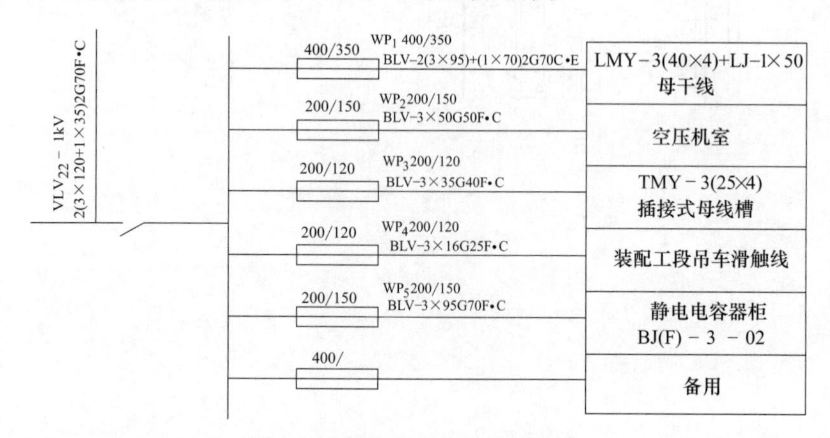

图 3-49 该车间动力配电系统图

5. 施工参考图集

施工详图参考全国通用电气装置标准图集（字首 D 表示）。

（一）建筑基本概况

该车间建筑基本概况可以通过有关建筑图纸详细了解。也可以简单了解车间的平面形式。该车间平面形式是纵横跨垂直相交的“L”形。西部的南北方向为 6 轴，每轴柱距为 6m。东西方向为 15 轴，轴线 1～2 间距为 12m，2 轴以东柱距为 6m（因图面宽度所限，故在图的最东面采用了折断线省略的画法）。其中机加工、装配工段为主跨，跨度为 12 m，是装配式钢筋混凝土结构，所有构件（如柱、屋架、屋面板、吊车梁等）都用钢筋混凝土事先在工厂或现场预制，然后再组装连接起来。热处理工段、工具维修工段、中间仓库和空气压缩机室为副跨，跨度为 9m，是砖混结构，由带砖壁柱的砖墙和钢筋混凝土屋架组成。锻、冷、焊工段是钢-钢筋混凝土结构，由钢屋架和钢筋混凝土柱组成。露天备料库只有钢筋混凝土柱和吊车梁，而无屋顶，在轴线 A～C 间有一雨棚（保护露天行车及便于雨天作业）。为帮助初学者迅速建立起该车间的立体概念，特给出 11～15 轴线间车间局部结构和电力线路敷设立体示意图（图 3-50）。

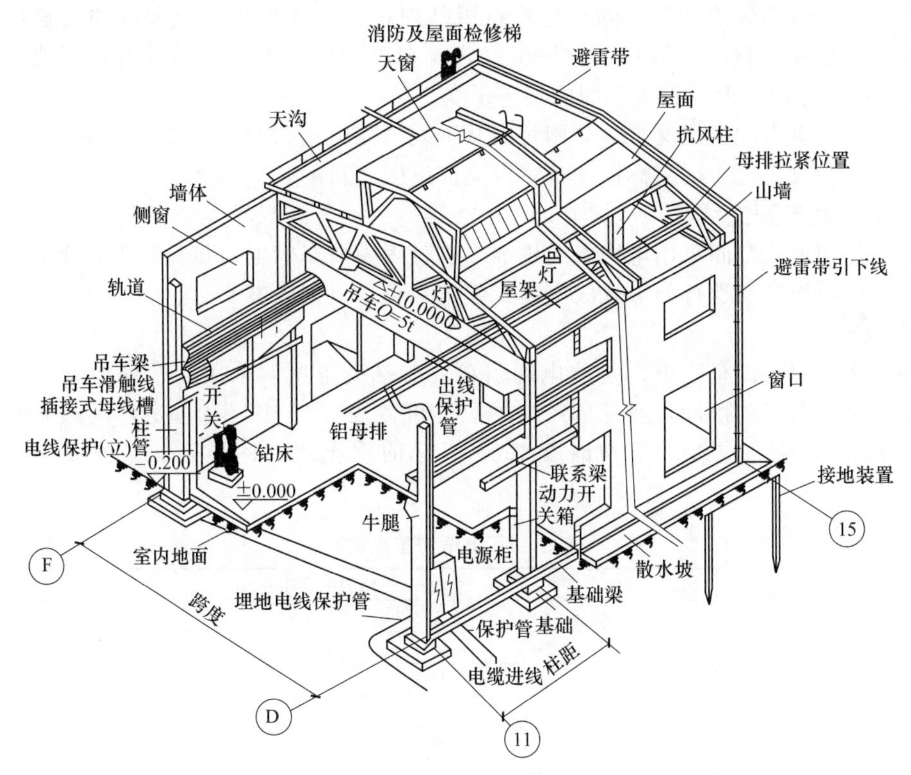

图 3-50　车间厂房结构和电力线路敷设局部立体示意图

之所以要先了解建筑的结构，就是要针对建筑结构的实际情况，决定对电力线路所采取的相应安装方法。

（二）车间电力配电概况

我们通过图 3-49 所示电力配电系统图对该车间配电系统概况有了初步了解，现再与动力平面图对应阅读就能更详细了解本车间配电情况。

进户线采用 2 根额定电压为 1kV 的 4 芯全塑电力电缆［VLV_{22}-1kV-2(3×120＋1×35)］由厂变电所直接埋地引来，并穿 2 根直径为 70mm 的焊接钢管引入总配电箱。总配电箱型号为XL（F)-15-0042/11（型号含义为：XL为动力配电箱；F为防尘式代号；0042为回路电流规格的代号，表示有6个回路，其中有4个额定电流为200A的回路，2个额定电流为400A的回路；11为刀开关和电压表的代号，表示有一个3极单投刀开关作为总开关，1只电压表)。总配电箱可引出6条回路（WP_1～WP_6)，现只使用5路，备用1路。各回路所装熔体额定电流分别为：WP_1-350A、WP_2-150A、WP_3-120A、WP_4-120A、WP_5-150A。其中WP_1回路采用BLV-2［(3×95)+1×70］导线，穿钢管沿柱（11轴与D轴交叉处）引上至厂房屋加下弦架设的WB_1-LMY-3(40×4)+LJ-1×50干线（干线敷设设高度为+10.000m)，再通过接在WB_1上的A_1～A_2配电箱和空气开关、非标配电箱等分别向支干线和有关设备供电。WP_2回路采用BLV-3×50导线穿钢管埋地往南引向空压机室的HH_3-100/80铁壳开关，通过一台XJ01-28型自耦减压起动箱控制空压机电动机的启动。WP_3回路采用BLV-3×35导线穿钢管埋地往北引至F轴与11轴交叉处，再沿柱向上进入HH_3-100/80铁壳开关，向WB_2插接式母线进入HH_3-60/60铁壳开关，向WT_2吊车滑触线供电。WP_5回路采用BLV-3×95导线穿钢管埋地引向总配电箱东边的BJ（F)-3-02静电电容器柜，用以改善车间功率因数。

本车间采用接零保护系统，除在进户点屋外埋设接地体作进户点零线的重复接地装置外，同时在F轴吊车钢轨东端和1轴吊车钢轨北端也增设了重复接地装置，钢轨之间采用40×4镀锌扁钢连接，形成整个车间的接零干线。

了解了车间电力配电概况之后，则可对从进线到配电箱出的每一条回路逐一阅读，并结合参阅施工及验收规范、国家标准图等，以完成读图之目的。

（三）车间电源进线

我们已经知道该车间采用电力电缆进线，而且因为该车间电力负荷较大，而采用了2根电力电缆直接埋地并列运行的方式。电缆工程施工包括下列内容。

1. 电缆敷设

由施工说明知，该车间电源进线电缆引自厂受端变电所，采用直接埋地方式敷设。那么，敷设前应将电缆沟挖好，所挖电缆沟的尺寸可按表3-11中尺寸选定，以保证电缆埋深不小于0.7m。并应在电缆上下均铺以100mm厚的软土或细沙，盖上保护板，再回填土夯实。

表3-11　电缆沟宽度表

10kV及以下电力电缆根数	控制电缆根数						
	0	1	2	3	4	5	6
0		350	380	510	640	770	900
1	350	450	580	710	840	970	1100
2	500	600	730	860	990	1120	1250
3	650	750	880	1010	1140	1270	1400
4	800	900	1030	1160	1290	1420	1550
5	950	1050	1180	1310	1440	1570	1800
6	1100	1200	1330	1460	1590	1720	1850

电缆进入车间采用焊接钢管保护，两根电缆各穿一根直径为70mm的焊接钢管，钢管室外部分伸出车间散水坡长度不应小于250mm，管口应密封。

2. 电缆头制作

应制作低压塑料电缆头2个（不计变电所一端)，制作工艺和电缆头形式按设计要求定。

3. 电缆试验

电缆试验是新建电缆线路投入运行前必须进行的工作。只有试验合格才能投入运行。按规定 1kV 以下电力电缆可不做耐压试验，只测绝缘电阻和校对相位即可。测量绝缘电阻可使用 500 兆欧表，所测绝缘电阻值不应小于 0.5MΩ。

（四）各回路接线情况

因为动力配电线路的负荷绝大多数是三相负荷，各设备的控制也都是在配电箱或专用控制箱内，不像照明线路那样，由于控制方式或控制地点的不同会造成线路导线根数的变化，所以，车间动力配电线路平面图阅读比较方便。

1. WP_1 回路配线

从车间总配电箱引出的 WP_1 回路，是采用 BLV-2(3×95)＋1×70 共 7 根导线分别穿两根直径为 70mm 的焊接钢管，沿柱引上至 D 轴线跨屋架敷设的 WB_1［LMY-3(40×4)＋LJ-1×50］干线。再由接在该母干线上的各个动力配电箱分别向各用电设备供电。WP_1 回路负荷分配如下。

① A_1 配电箱。A_1 配电箱在平面图上的标注为 $A_1\ \dfrac{\text{XL-12-400/250}}{3\times 95\text{G70}\cdot \text{W}\cdot \text{E}}$。表明该配电箱型号为 XL-12-400/250，只有一个 400A 回路，选用熔体额定电流 250A。配电箱进线为 BLV-3×95，接自铝母线并沿墙穿直径 70mm 焊接钢管引上接至锻、冷、焊工段内，沿 4 轴线跨屋架用瓷瓶架空敷设的线路上，该线路采用 BLV-(3×70＋1×35)-K-RE 的配电干线（图面标注），敷设高度为 6m。对该配电箱的引出线规格和穿管管径，平面图上没有标注，但标注出了配电箱出线所要接的架空线路是采用 70mm^2 的导线，那么穿管导线截面就应该大于 70mm^2，即应该和配电箱进线一致。因同一规格导线允许通过电流和敷设方式有关，穿管敷设时的允许电流比架空敷设时小。所以 A_1 配电箱出线应该用 3 根 95mm^2 导线穿直径 70mm 焊接钢管。

BLV-(3×70＋1×35)-K-RE 作为锻、冷、焊工段的配电干线，该干线 4 轴与 C 轴交叉处有一分支线路，沿 C 轴屋架下弦敷设，即 BLV-(3×16＋1×6)-K・R；在④轴与 F 轴交叉处也有一分支线路，沿 F 轴沿墙跨柱敷设，即 BLV-(3×35＋1×10)-K・C。锻、冷、焊工段的所有用电设备和露天备料库的吊车都接自这三条干线。

② A_2 配电箱。A_2 配电箱的标注为 $A_2\ \dfrac{\text{XL-3-2-37.775}}{3\times 35+1\times 6\text{-G40-CE}}$，即表示 A_2 配电箱型号为 XL-3-2 型，该配电箱为 3-1～3-10 设备及插座配电，穿直径 40mm 焊接钢管沿柱引下进入配电箱。由电气设备手册查得该型配电箱可引出 8 条回路，现使用了 5 条，备用 3 条。从配电箱引至各设备的管线未采用直接标注，而是用管线编号，读图者可依照管线编号在管线表中查出该设备所需管、线的规格和长度。如到 3-1 设备的管线编号为 N231，则该设备所需导线为 BLV-3×4，每根长 10m；管子直径为 20mm，长度为 8m；起点 A_2 配电箱，终点 3-1 设备，穿管导线的长度应为管子的长度加两端连接设备的预留长度（参见表 3-12）。

表 3-12　连接设备导线预留长度表

序号	项　　目	预留长度/mm	说明
1	各种开关箱、柜、板	长＋宽	盘面尺寸
2	单独安装（无箱、盘）铁壳开关、闸刀开关、启动器、母线槽进出线盒	300	以安装对象中心算起
3	由地坪管子出口引至动力接线箱	1000	以管口计算
4	电源与管内导线连接（管内穿线与软、硬母线接头）	1500	以管口计算
5	出户线	1500	以管口计算

③ A_3 配电箱。A_3 配电箱的标注为 $A_3\ \dfrac{\text{XL-3-2-35.165}}{3\times 25\text{-G40-CE}}$。该配电箱型号和 A_2 配电箱型

号相同，进线方式相同，只是导线规格不同。该配电箱向2-3～2-9设备配电，所配管线亦未采用直接标注，但可根据设备容量在用电设备导线及穿管管径选择表中选取。如2-3设备，容量为4.125kW，在表中虽无4.125kW一项，但可选偏高的一项5.5kW，查得所用导线应为3根$2.5mm^2$，穿线钢管直径为15mm。

这里还有一个问题应该说明一下，即为什么A_3配电箱进线是3根线（相线），而A_2配电箱进线是4根线（3根相线和1根保护零线）？很简单，从图上可以看出，A_2配电箱要给工具维修工段内的三相带接地插孔和单相带接地插孔的插座配电，所以须有一根保护零线。而A_3配电箱的配电对象则无此类设备。

④ A_4配电箱。A_4配电箱型号和A_3配电箱型号相同，进线规格及敷设方式也相同，该配电箱向2-10～2-13设备和中间仓库Lt电动葫芦用HH_3-15/15铁壳开关配电。配至各设备的管线亦应依据设备容量选取。

除此几处之外，还有热处理工段控制柜、2-1设备用铁壳开关、2-2设备用空气断路器和中间仓库8轴线非标准配电箱的电源均自WB_1母线。

2. WP_2回路配线

WP_2回路由总配电箱引至空压机室内的铁壳开关；所用导线为$3\times50mm^2$，穿直径为50mm的焊接钢管，埋地敷设。

3. WP_3回路配线

WP_3回路由车间总配电箱引出，用BLV-3×35导线穿直径40mm钢管埋地接至沿F轴跨柱敷设的插接式母线槽WB_2[TMY-3(25×4)]。

4. WP_4回路配线

WP_4回路用3根$16mm^2$导线穿直径25mm钢管埋地敷设，由总配电箱引出，向北至F轴墙上HH_3-60/60铁壳开关；铁壳开关出线接平行于F轴，沿吊车梁敷设的2号角钢滑触线WT_2，为机加工、装配工段5t和3t两台吊车供电。

（五）主要配电干线的结构组成

由于车间特别是大型车间的动力负荷一般比较大，所以动力配电线路所用导线的规格也比较大，而且种类多，有瓷瓶空配线，有裸母线或封闭式母线槽，有吊车供电线路。看了动力平面图后，要能够建立起这些线路的结构。这样才能依据图纸编制施工方案和组织施工或编制工程预算。

1. 车间裸母线架设

由图3-48知WB_1干线［LMY-3(40×4)+LJ-1×50］沿D轴线跨屋架下弦敷设在机加工、装配工段内，3根相线分别采用40×4的铝母线，所以干线两端（4轴和15轴处）要设置终端拉紧装置。考虑到该干线总长度达66m，应考虑母线本身的伸缩补偿，正好该车间在9轴有一伸缩缝，所以设计将母线的伸缩补偿装置设置在9轴处。具体做法是在9轴设置母线中间拉紧装置并将母线伸缩节装设在中间拉紧装置的搭接线上。所谓中间拉紧装置实际上是在9轴处将母线分成两段，分别装设两个终端拉紧装置，然后再用母线跨过该两个拉紧装置将两段母线连接起来，使整条母线成为一体。母线拉紧装置如图3-51所示。其余中间屋架上均用固定支架安装瓷瓶（WX-01型电车瓷瓶）用以支持母线，如图3-52所示。母线在瓷瓶上的固定方法可以用夹板法，也可以用卡板法。

2. 瓷瓶配线

锻、冷焊工段中的干线用瓷瓶跨屋架或沿屋架、沿墙敷设。沿4轴线跨屋架下弦用瓷瓶敷设的绝缘导线，其架设结构形式与前述母线架设基本相似，在线路两端（使用ED型蝶式瓷瓶）将导线拉紧，中间亦用支架安装瓷瓶（PD型针式瓷瓶）固定绝缘导线。支架形式与母线跨屋架敷设用支架相同。

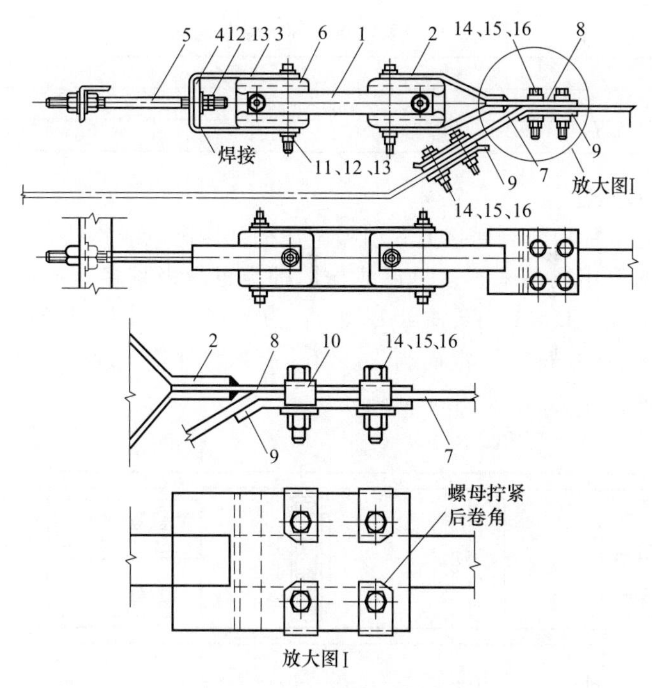

图 3-51　母线拉紧装置

1—拉板；2、3—夹板；4—垫板；5—双头螺栓；6—拉紧绝缘子；7—母线；8—连接板；9—夹板；10—止退垫片；11—螺栓；12—螺母；13—垫圈；14—螺栓；15—螺线；16—垫圈

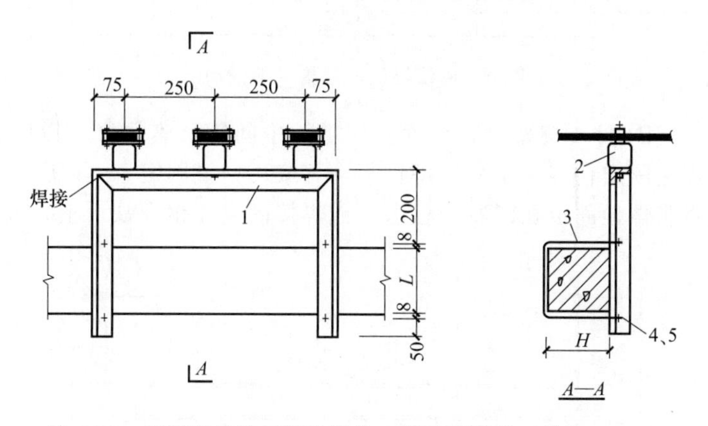

图 3-52　矩形母线跨屋架敷设的中间固定支架（单位：mm）

1—支架；2—绝缘子；3—抱箍；4、5—螺母、垫圈

附注：支架 1 的长度，三线时 $l=1182+2L$，四线时 $l=1382+2L$。

沿 C 轴线屋架自 4 轴到 2 轴用瓷瓶敷设的导线。其敷设形式如图 3-53 所示。支架的数量应根据导线规格，参照《电气装置安装工程 1kV 及以下配线工程施工及验收规范》GB 50258—96 的规定选取，见表 3-13。支架形式可参照国家标准图选取。

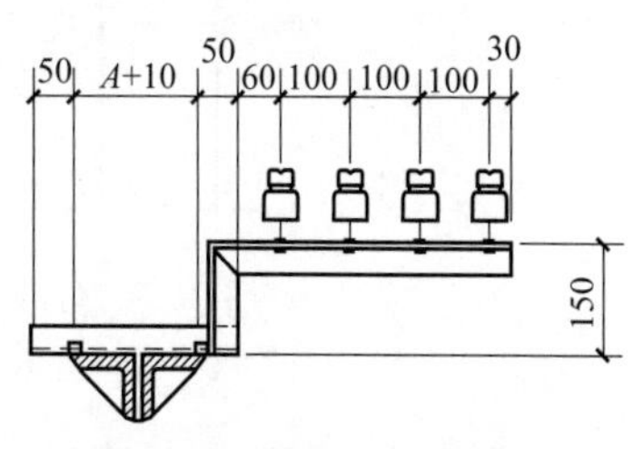

图 3-53　沿屋架下弦瓷瓶配线（单位：mm）

沿 F 轴墙跨柱的瓷瓶配线形式与沿 C 轴线屋架下弦敷设线路类似，只要改变一下支架形式和固定方法（由在屋

架下弦固定，改为在墙上固定）即可，不再赘述。

表 3-13　固定点之间的最大距离　　单位：mm

配线方式	线芯截面/mm²				
	1～4	6～10	16～25	35～70	95～120
瓷瓶配线	2000	2500	3000	6000	6000

3. 插接式母线槽架设

插接式母线槽是一种用组装插接方式引接电源的低压配电线路装置。不光在工厂车间使用，在高层建筑中的使用也越来越多。母线槽的种类也越来越多。知本车间插接式母线槽 WB_2 额定电流为 250A，长 42m（5 轴至 12 轴），为 2-14～2-24 号设备配电。母线槽型号为 MC-250 型，槽内为单排铜母线，截面为 25×4mm²，与外壳绝缘；外壳用 1mm 厚钢板压制而成，每段母线槽长 3.2m，如图 3-54 所示。

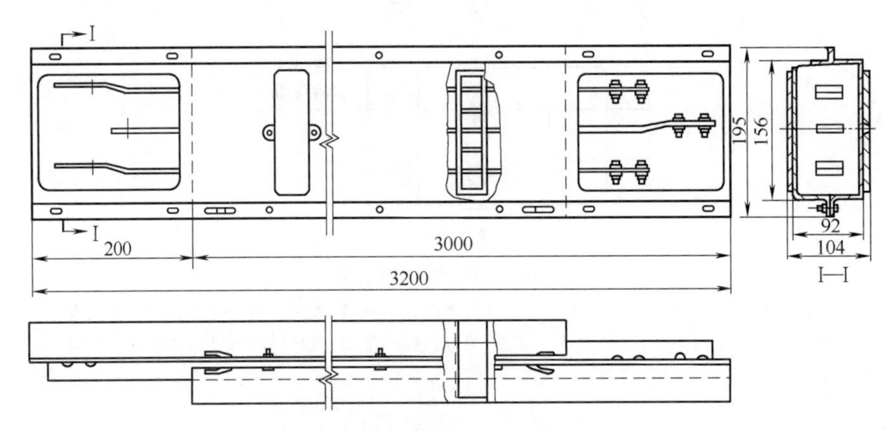

图 3-54　母线槽段的结构（单位：mm）

根据平面图，WB_2 母线槽架设在柱面托架上，中间用吊索拉紧，以防止母线槽中间因自重下垂。托架焊接固定在混凝土柱预埋铁板上（或用抱箍固定）。如图 3-55 所示。悬挂吊索的吊架可用钢膨胀螺栓固定在混凝土柱上（或焊接固定在预埋铁坂上，或用抱箍固定）。

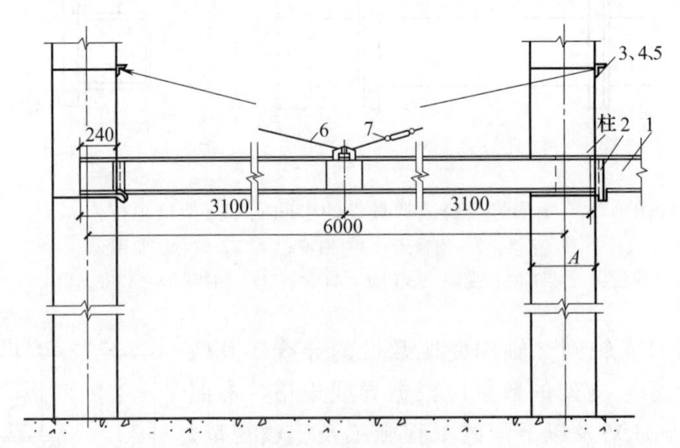

图 3-55　母线槽在混凝土柱上（柱距 6m）安装（单位：mm）

1—楼式母线；2—托架；3—抱箍；4—螺母；5—垫圈；6—吊线；7—花篮螺栓

母线槽托架由撑板、挡板（有固定挡板和可拆挡板）和方铁组成，如图 3-56 所示。撑板可用∟ 40×40×4 角钢制作，一端焊接固定在柱子预埋铁上，另一端焊上一块小方铁，撑板上作一小槽口用以卡入母线槽外壳起定位作用；小方铁用来固定可拆挡板（用∟40×40×4角钢制作，用两只M8螺栓固定在撑铁、方铁上）。固定挡板（用—25×4扁钢制作）焊在撑板内侧。挡板的作用是使母线槽定位。吊架位于托架上方约700mm外。

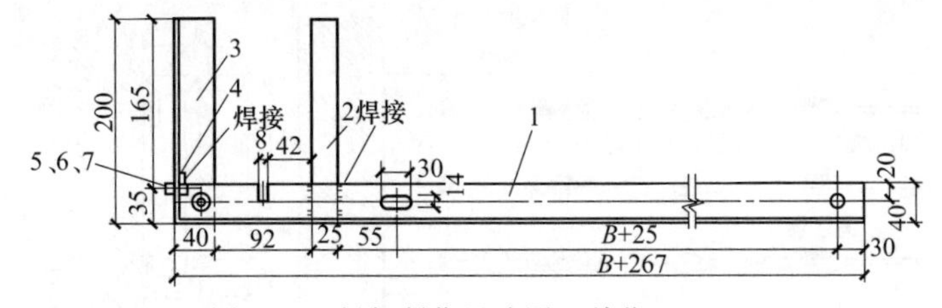

图3-56　托架制作尺寸图（单位：mm）

1—撑板；2—固定挡板；3—可拆挡板；4—方铁；5—螺栓；6—垫圈；7—螺母

4. 吊车供电线路

由于吊车是移动式用电设备，所以吊车的供电线路多采用滑触线装置或采用移动式软电缆。吊车滑触线所用导线有角钢、扁钢、圆钢、圆铜等，也有安全型滑触线。本车间露天备料库有1台单梁2t吊车，采用圆铜（TCY-3×30）滑触线；机加工、装配工段有2台吊车，1台3t单梁吊车，1台5t双梁吊车，采用角钢（∟50×50×5）滑触线。

（1）角钢滑触线

机加工、装配工段角钢滑触线采用∟50×50×5等边角钢，固定架设在平行于F轴的吊车梁的南侧，两端装有电源指示灯。由于该工段有2台吊车，所以在滑触线两端（距5柱和14柱最近的支架上）各设一检修段装置；如3t吊车故障需要检修，即可将3t吊车停在4～5柱检修段，然后用检修段装置的开关切断电源，检修段部分滑触线不再带电。另一台吊车工作不受影响。另外在⑨柱建筑伸缩缝附近设一温度补偿装置。

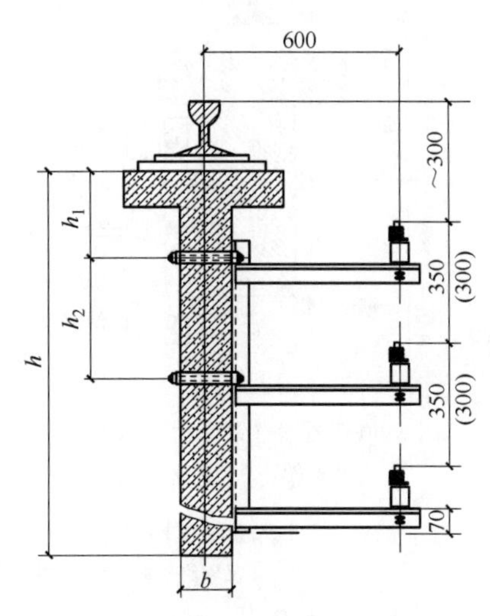

图3-57　角钢滑触线在钢筋混凝土吊车梁上安装（单位：mm）

角钢滑触线在吊车梁上的安装采用E形角钢支架，用WX-01型电车瓷瓶固定，如图3-57所示。支架用∟50×50×5等边角钢加工制作，用双头螺栓固定在吊车梁预留孔上，支架间距离为3m。支架也可焊接在吊车梁预埋件上。

角钢滑触线的温度补偿装置安装在距9柱最近的一个支架上。角钢滑触线在补偿装置处应断开10～20mm的间隙，在间隙两侧用瓷瓶固定。由于滑触线在电气上不能间断，故需用软导线跨接间隙两侧角钢滑触线，如图3-58所示（三相中一相的情况）。

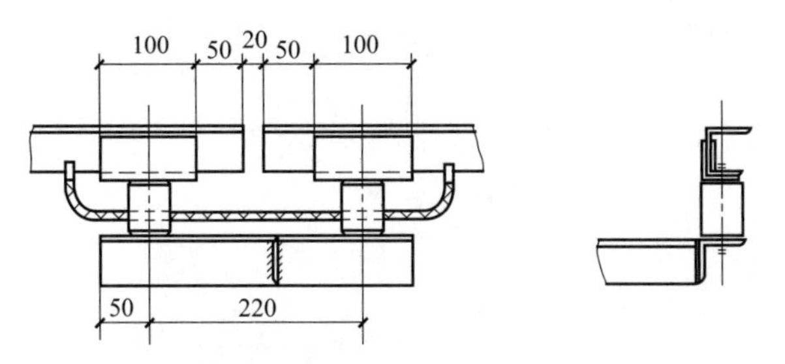

图3-58　角钢滑触线温度补偿装置（单位：mm）

检修段装置和温度补偿装置的不同在于把跨接间隙两侧滑触线的软导线中间断开接入开关，用此开关的分合来控制检修段滑触线的电力。开关安装在墙上。

（2）圆钢（圆铜）滑触线

露天备料库 2t 吊车滑触线为圆铜滑触线。圆铜滑触线的架设亦平行于吊车梁，两端设置终端拉紧装置，装置安装方法参见图 3-59。滑触线的中间由支架支承，滑触线在支架托棒上自由放置，如图 3-60 所示。支架间距为 6m。

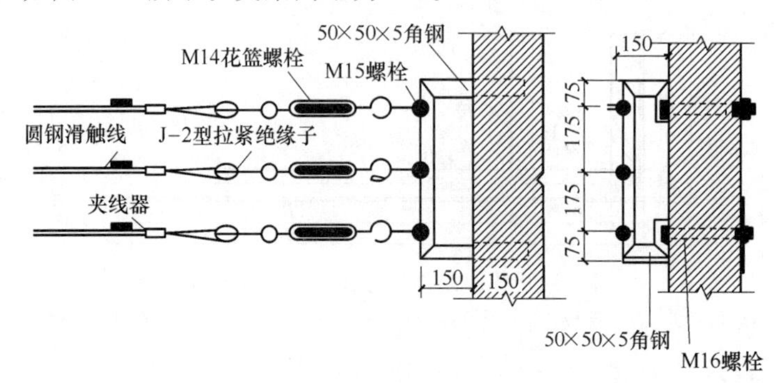

图 3-59　圆钢（铜）滑触线末端拉紧装置（单位：mm）

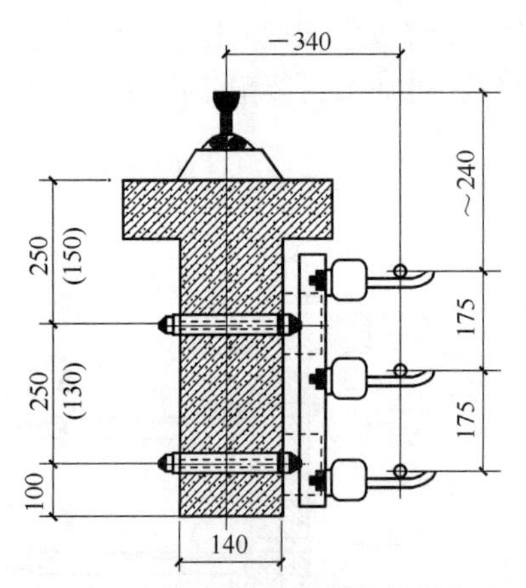

图 3-60　圆钢（铜）滑触线架设在中间支架上（单位：mm）

（3）移动式软电缆架设

中间仓库 1t 电动葫芦用移动式软电缆供电。软电缆悬挂在钢索上，可随电动葫芦移动，如图 3-61 所示。

为了避免在移动时电缆承受过大的拉力，电缆的长度应比实际移动长度长 15%～20%。如果电缆移动段长度大于 20m，则需并列敷设一根比电缆长度稍短的牵引绳。

以上几种吊车供电线路的架设可参考全国通用电气装置标准图集 D363。

配电箱至各角电设备的配线均采用导线穿管埋地暗敷设，对于管子配线，前面已经介绍，在此不再重复。

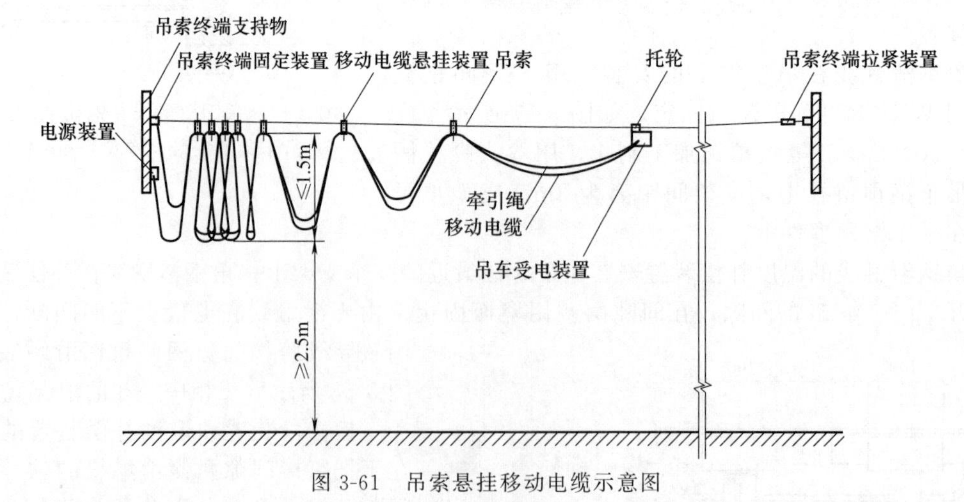

图 3-61　吊索悬挂移动电缆示意图

四、车间配电设备

车间所用配电设备多为标准产品，安装方式有两种。一种是落地式安装，根据设计要求先加工安装槽钢底座，然后再将配电箱安装固定在槽钢底座上。车间总配电箱（XL（F)-12-0042)、低压静电电容器柜（BJ（F)-3-02)、空压机室XJ01型自耦减压启动箱和GL型电炉控制柜均为落地式安装。第二种是悬挂式安装，安装在墙上或柱子上。在墙上安装可使用膨胀螺栓直接固定于墙上，也可先在墙上安装支架，然后再把配电箱安装在支架上。A_1 配电箱就是在墙上安装。在柱子上安装时则只能用支架，把配电箱安装在支架上。支架在柱子上的安装多用抱箍固定，但当柱子上（在配电箱安装位置）预埋了铁件的，可以直接将支架焊接在铁件上。A_2、A_3、A_4 等配电箱都是在柱子上安装。

对于非标准配电箱则需在现场加工，然后安装。中间仓库8轴有一非标准配电箱，而且图纸标注有“D366-52”。这是告诉我们，该非标准配电箱的制作按D366标准图集第52页所提供的图纸加工制作，安装在墙上。查D366标准图集第52页所示配电箱系统图和盘面布置图如图3-62所示。

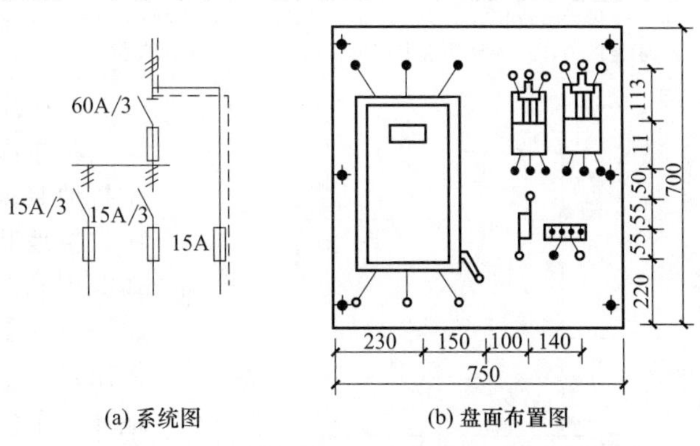

图3-62　8轴非标箱系统接线和盘面布置

从以上介绍可看出全国通用电气装置标准图集的重要性，所以我们一直把它作为建筑电气工程图的一个组成部分。本车间动力工程内容比较多，其他内容请读者自行参照标准图集和施工验收规范继续完成阅读。

第五节　建筑防雷接地工程图识读

一、建筑防雷电气工程图

雷云放电现象称为雷电。当雷云与大地或地面上的建筑物之间产生放电时，就会造成雷击，其危害性与破坏性非常大。因此，防雷设计是建筑电气设计中不可缺少的一个组成部分，进行防雷设计时应根据当地的气象、地形、地貌、地质等具体条件，因地制宜地采取防雷措施，做到安全可靠、技术先进、经济合理。

（一）防雷装置示意图及表示方法

防雷装置主要包括接闪器、引下线和接地装置三部分。

1. 接闪器

接闪器是直接接受雷击的部分，它能将空中的雷云电荷接收并引下大地。接闪器一般有避雷针、避雷带、避雷环、架空避雷线及用作接闪的金属屋面、钢烟囱等金属构件。

设计时，应根据具体情况合理地选择接闪器，以达到良好的防雷效果。表3-14列出了建筑物易遭雷击的部分。

2. 引下线

引下线是将雷电流倒入大地的通道。引下线一般采用镀锌圆钢或扁钢，圆钢直径不小于8mm，扁钢截面不小于48mm^2，厚度不小于4mm，引下线还可利用建筑物的柱内主筋等金属构件。但所有金属构件必须进行可靠的焊接，使其成为电气通路。

表 3-14 建筑物易受雷击部分

建筑物屋面的坡地	易受雷击部位	示意图	建筑物屋面的坡地	易受雷击部位	示意图
平屋面或坡度不大于 1/10 的屋面	檐角、女儿墙、屋檐	平屋顶 坡度不大于1/ 10	坡度大于 1/10，小于 1/2 的屋面	屋角、屋脊、檐角、屋檐	坡度大于1/ 10，小于1/ 2
			坡度大于或等于 1/2 的屋面	屋角、屋脊、檐角	坡度大于1/ 2

注：1. 屋面坡度用 a/b 表示：a—屋脊高出屋檐的距离（m）；b—房屋的宽度（m）。

2. 示意图中：—为易受雷击部位；○为雷击率最高部位。

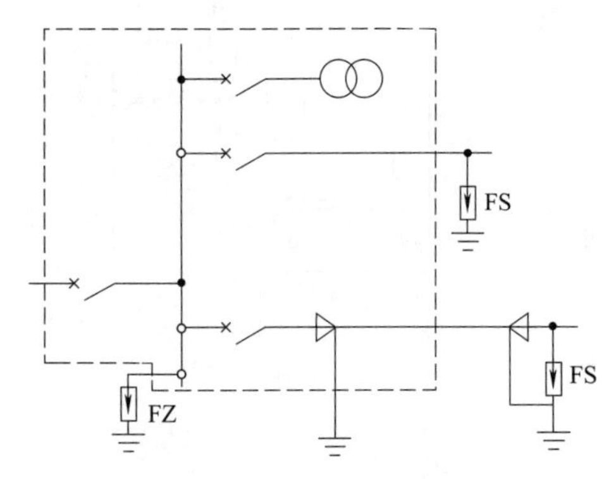

图 3-63 配电系统防雷装置图

3～10kV 配电装置雷电侵入波的保护接线

注：FZ/FS 为阀型避雷器。

3. 接地装置

将接闪器与大地做良好的电气连接的装置就是接地装置。它可以将雷电流尽快疏散到大地之中，接地装置包括接地体和接地线两部分，接地体既可利用建筑物的基础钢筋，也可使用金属材料进行人工敷设。一般垂直埋设的人工接地体多采用镀锌扁钢及圆钢。圆钢及钢管水平埋设的接地体多采用镀锌扁钢及圆钢。

4. 配电设备的防雷装置

电力架空线路多采用避雷针防止雷击。变配电设施一般装设避雷器或保护间隙。如图 3-63 所示，当高压雷电波沿 10kV 线路袭来时，避雷器内的间隙被击穿，雷电流被引入地下，使设备免受高压雷电波的袭击。雷电波过后，防电间隙断开，避雷器重新恢复绝缘状态。同样，低压侧的避雷器可防止反变换波和低压侧雷电波侵入击穿高压侧绝缘。

（二）防雷工程图

如图 3-64 所示，建筑物为一级防雷保护。在其顶层的水箱间，电梯机房及水箱间和女

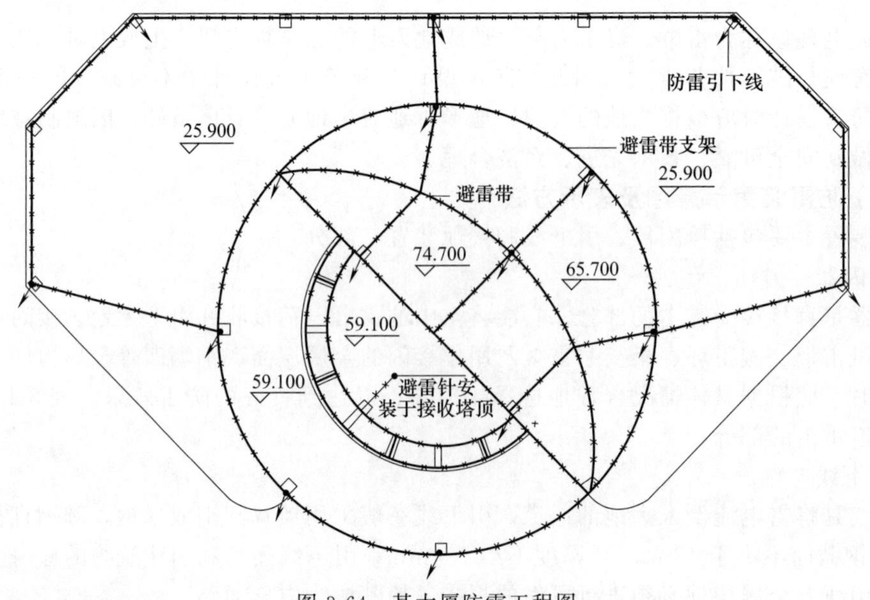

图 3-64 某大厦防雷工程图

儿墙上均设有避雷带，并在屋面加装了避雷网格（图 3-65）。

屋面上所有金属构件，如出气管、落水管等，均与接地系统进行可靠焊接。

引下线利用柱子内的两根主筋牢固焊接，并在外圈的某些区域作为引下线的柱子上设测试点。测试点距地面 1.8m。

对整个建筑物，每三层在建筑物的结构圈内用一条 25×4 的镀锌扁钢，做均压环。所有均压环均可与引下线焊接，自 30m 高度起，所有外墙上的栏杆、金属门窗等金属物，均直接或通过埋铁与防雷装置可靠连接，以防侧击雷。

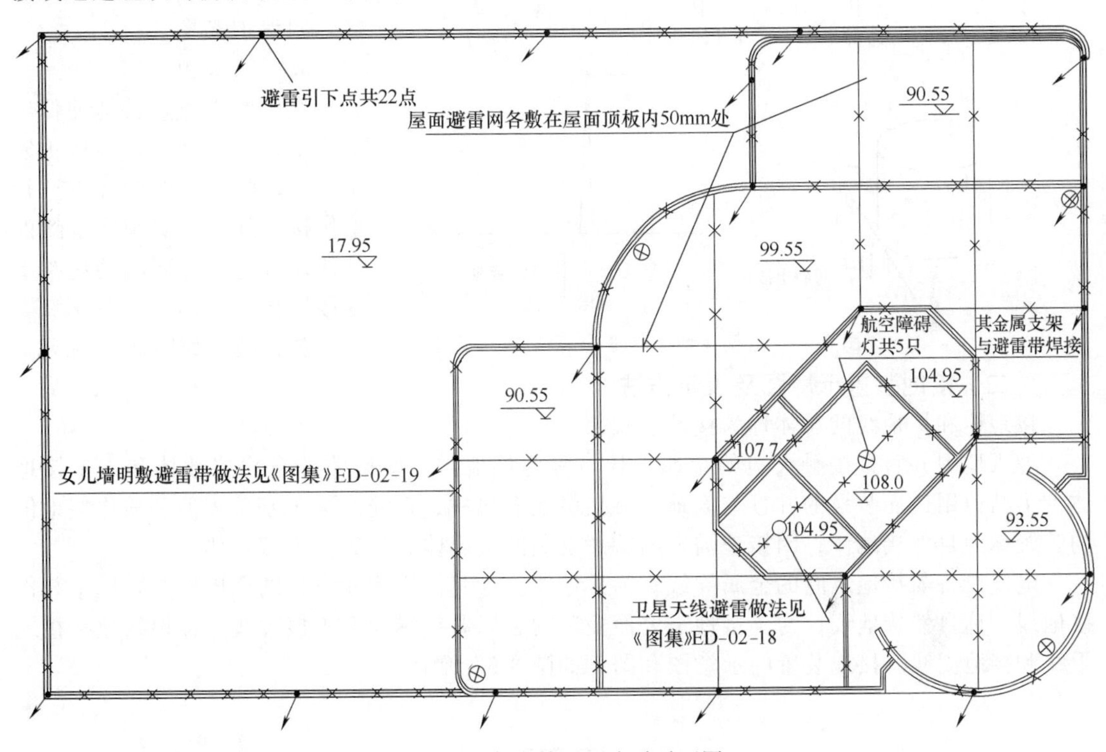

图 3-65　某大楼屋面防雷平面图

二、电气接地工程图

电气设备的接地系统是一个完整电气装置的重要组成部分，电气接地工程图是建筑电气工程图中的一种。电气接地工程图用来描述电气接地系统的构成、接地装置的布置及其技术要求等。

（一）接地的概念

电气设备或其他设施的某一部位，通过金属导体与大地的良好接触称为接地。

1. 工地接地

为了保证电气设备在正常和事故情况下可靠地工作而进行的接地，叫工作接地。如变压器和发电机的中性点直接接地或经消弧线圈接地等。

2. 保护接地

为了保证人身安全，防止触电事故而进行的接地，叫做保护接地。如电气设备正常运行时不带电的金属外壳及构架等的接地。

3. 防雷接地

防止雷电的危害而进行接地，如建筑物的钢结构、避雷网等的接地，叫防雷接地。

4. 防静电接地

为了防止可能产生或聚集静电荷而对金属设备、管道、容器等造成损害而进行的接地，叫防静电接地。

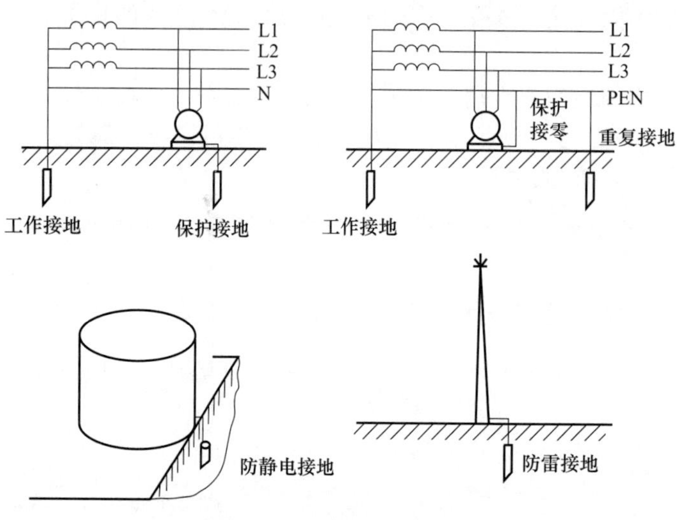

图 3-66 电气接地、接零

5. 保护接零

为了保证人身安全，防止触电，将电气设备正常运行时不带电的金属外壳与零线连接，叫保护接零。

6. 重复接地

在中性点直接接地的低压系统中，为了确保接零保护安全可靠，除在电源中性点进行工作接地外，还必须在零线的其他地方进行必要的接地叫重复接地。

各种接地如图 3-66 所示。

（二）接地装置示意图及表示方法

接地体和接地线的总体称为接地装置。

埋入地中并直接接触大地的金属导体，称为接地体。接地体分自然接地体和人工接地体。为其他用途而装设的并且与大地可靠接触的金属柱、钢筋混凝土基础先前和兼作接地体的装置称为自然接地体；因接地需要而特意安装的金属体，称为人工接地体。

电气设备与接地之间的金属导线称为接地线。为其他用途而设置的金属导线，用来兼作接地线，称自然接地线；为了接地需要而安装的金属导线称为人工接地线。接地线包括接地干线和接地支线。接地装置的示意图和图例如图 3-67 所示。

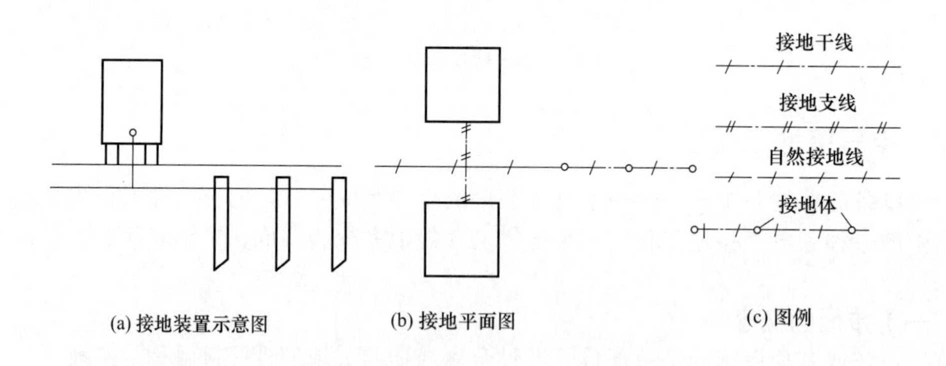

图 3-67 接地装置示意图和图例

（三）接地工程图

1. 变电所接地平面图

图 3-68 为两台 10kV 变压器的变电所接地平面图。从图中可以看出接地系统的布置，沿墙的四周用 25×4 的镀锌扁钢作为接地支线，40×4 的镀锌扁钢为接地线，接地体为两组，每组有三根 G50 的镀锌钢管，长度为 2.5m。变压器的接地利用轨道接地，低压柜和高压柜的接地用 $10^{\#}$ 槽钢支架。变电所电气接地，其接地电阻不大于 4Ω。

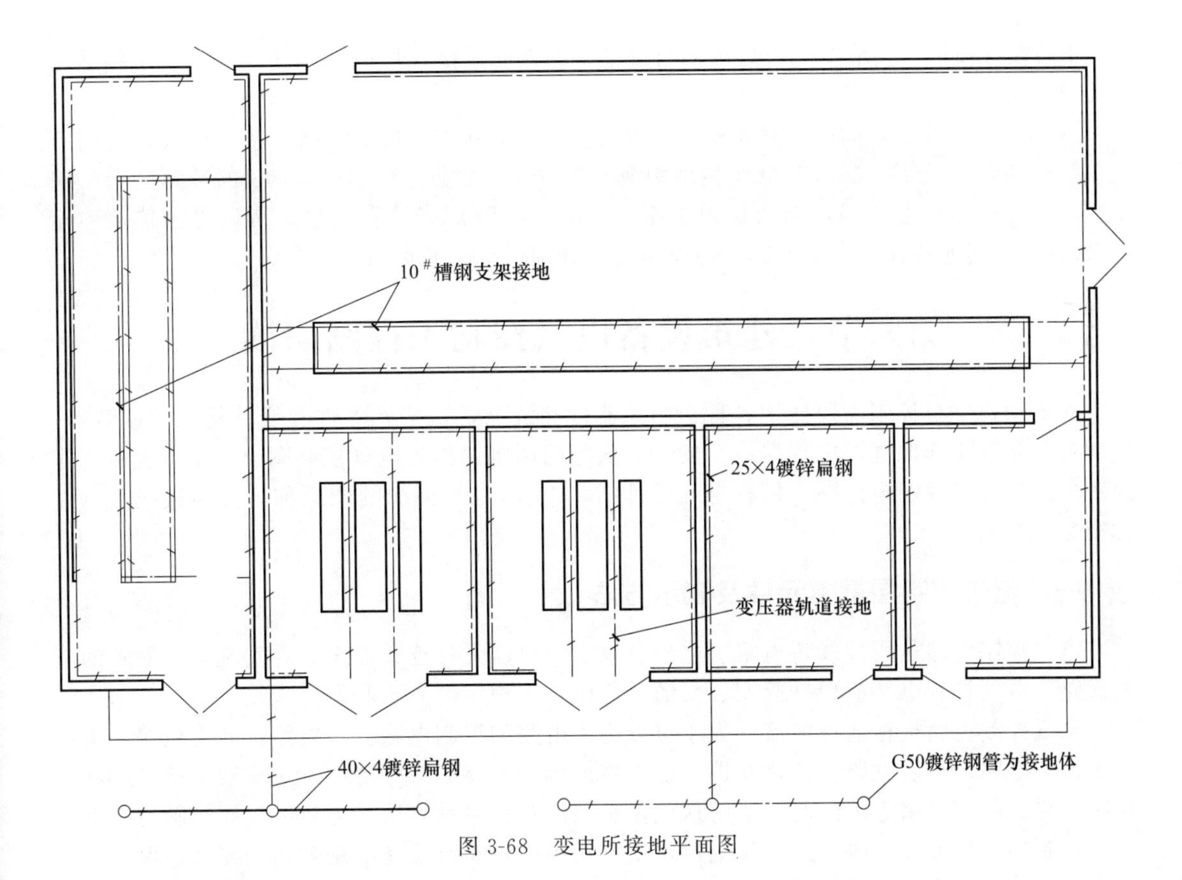

图 3-68　变电所接地平面图

2. 共用接地体

图 3-69 所示为某大楼接地系统的共用接地体。此工程的电力设备接地、工作接地、消防接地、电脑接地、防雷接地共用一套接地体，利用桩基和基础结构中钢筋作接地极，用

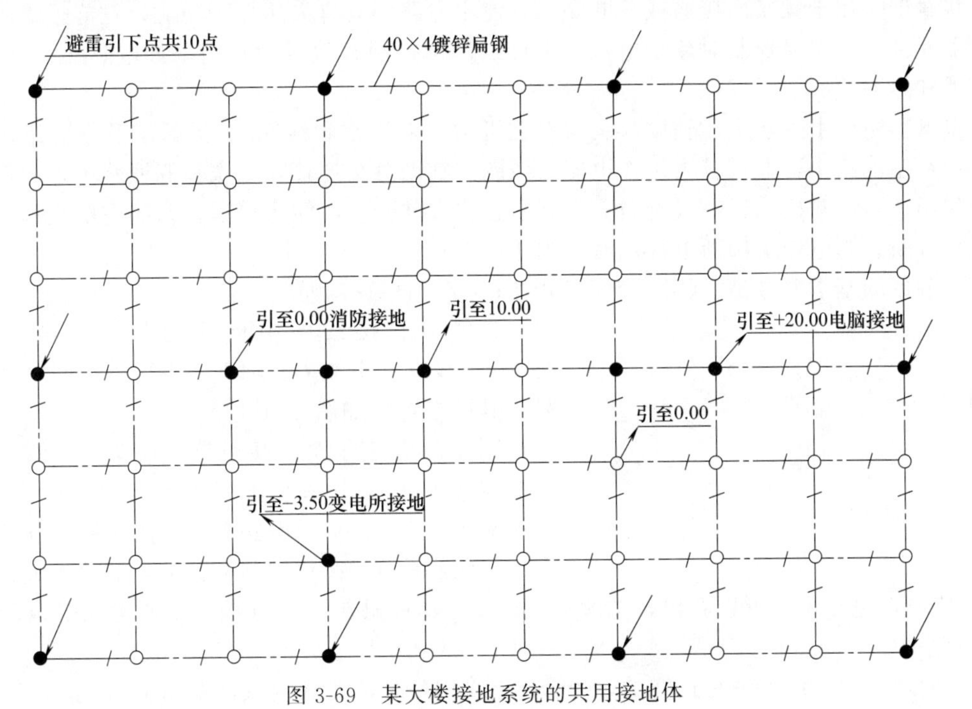

图 3-69　某大楼接地系统的共用接地体

40×4 的镀锌扁钢为接地线，通过扁钢与桩基中的钢筋焊接，形成环状接地网，要求接地电阻小于 1Ω。

从图中可以看出，周围的避雷引下点共 10 点，利用柱中两个主筋焊接，形成避雷引下线。变电所设在地下一层，变电所接地引到－3.50m，放置 100×100×10 的接地钢板。消防控制中心设在地上一层，消防接地引至＋0.00。电脑机房设在 5 层，所以电脑接地引至＋20.00m。其他各种工作接地、电力设备接地分别引至所需点。

第六节　建筑设备电气控制工程图识读

对电动机进行控制需要使用各种控制元器件和线路，这些元器件和线路构成控制装置，说明控制装置工作原理、电气接线、安装方法等的图纸，称为电气控制图。其中，表示工作原理的图纸称为控制电路图（原称电气原理图），表示电气接线的图纸称为控制接线路（原称安装接线图）。

一、电气控制图基本元件及表示方法

电气控制电路是用导线将电机、电器、仪表等电器元件连接起来，并实现某种要求的电气线路。电气控制电路应根据简明、易懂的原则，用规定的方法和符号来绘制。

电气控制电路根据通过电流的大小可分为主电路和控制电路。主电路：如电机等，流过大电流的电路。控制电路：如接触器、继电器的吸引线圈，以及消耗能量较少的信号电路、保护电路、联锁电路等。因此，了解这些控制元件及其表示方法是分析电气控制图的基础。

控制用电气元件一般采用低压电器，主要是用来分断或接通电路来达到控制、保护、调节电机启动、停止、正反转和调速等目的。

常用的电气控制元件有接触器、热继电器、电量和非电量继电器、各种开关等。

1. 接触器

接触器是用于频繁的接通或分断交、直流主电路，具有失压保护功能，且能远距离控制的电器元件。其主要控制对象是电机，也可以用于控制其他电力负荷，如电热器、电焊机、电容器和照明等。

接触器主要由主触头、辅助触头、电磁机构（电磁铁和线圈）、天弧室及外壳组成。主触头用在主电路中，通过较大工作电流。线圈和辅助触头连接在二次控制回路中，起控制和保护作用。当电磁机构通电吸合时，常开主触头和常开辅助触头接通，常闭主触头和常闭辅助触头分断；当电磁机构断电释放时，则相反。

接触器的基本型号是：CJ—交流接触器；CZ—直流接触器。

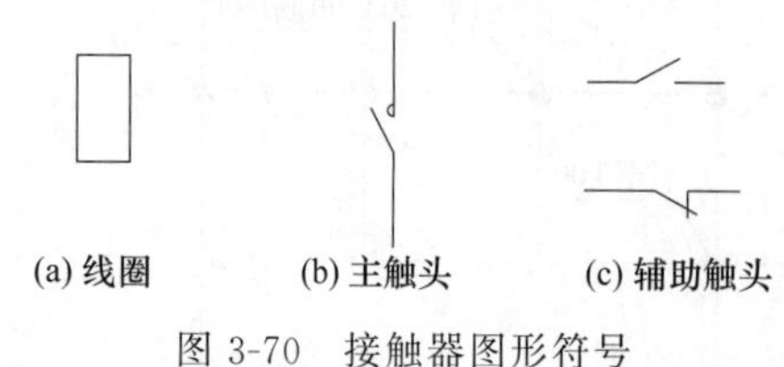

图 3-70　接触器图形符号

接触器在接线圈中标注的基本文字符号为“KM”。线圈、主触头、辅助触头均采用同一文字符号，其图形符号如图 3-70 所示。

图 3-71 是表示交流接触器主触头、线圈、辅助触头在控制电路中基本作用的示意图。在该图中，主触头串接在 380V 主电路中，用来接通或分断用电设备，线圈接在 220V 控制电路中，辅助触头可接在 6.3V 信号灯电路中。可以看出，主触头、线圈、辅助触头可以分接在不同电压等级的不同控制回路中。

它们之间的动作关系是这样的，当合上开关 SA 时，交流接触器线圈 KM 与 220V 电源接通，其电磁铁动作，带动主触头 KM 闭合，使用电设备与 380V 电源接通与工作。与此同时，辅助常开触头 KM1-2 闭合，H1 信号灯得到 6.3V 电源，灯亮，表示用电设备正在工作。当打开开关 SA 时，接触器线圈断电释放，电磁铁复位，主触头 KM 断开，表示用电设备停止工作。这时，辅助常开触头 LM1-2 打开，常闭触头 LM3-4 闭合，H1 信号灯灭，H2 信号灯亮，表示用电设备停止工作。

以上是接触器的基本工作关系，许多复杂的接触器控制回路都是由简单的基本电路构成，所以，必须熟悉掌握。

2. 热继电器

热继电器是一种过电流继电器，具有反时限保护特性，广泛用于电机的过载和断相保护。

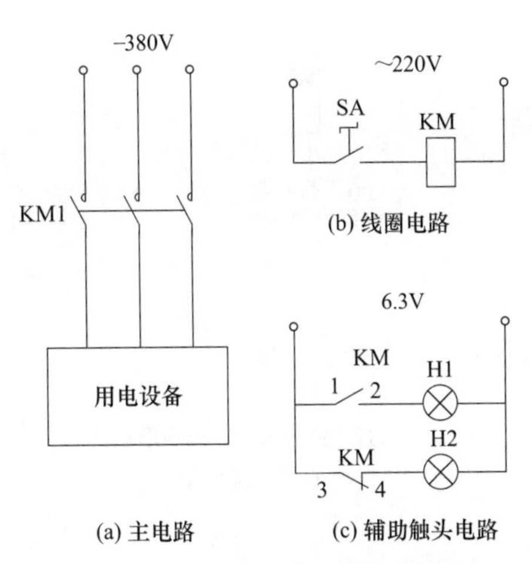

图 3-71　交流接触器接线示意图

热继电器是由膨胀系数不同的双金属片、热元件、动触点三个主要部分组成。热元件串接在用电设备的主回路中，当电路电流过大时，双金属片被热元件加热而弯曲移位，迫使热继电器触头动作，断开电路，达到保护用电设备的目的。

热继电器的热元件有两相式和三相式，但触头一般只有一对或两对。它的基本型号为 JR，通常标注的符号为“FR”。图形符号见图 3-72。

N
速度式
P
压力式
T
温度式

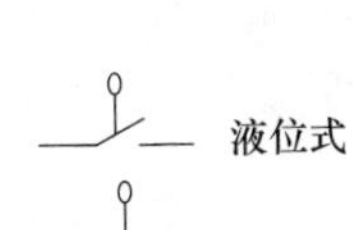

图 3-72　热继电器图形符号

3. 电量控制继电器

关于继电器，在二次接线图中已粗略作了介绍。电量控制继电器常用的有电流继电器、电压继电器、时间继电器、中间继电器等。在电气控制系统中，它们用来控制或保护电路，或用作信号转换继电器。它通常由电磁机构（铁芯、衔铁、线圈）、触点和释放弹簧组成，其工作原理与接触器类似，都是通过一个电流或电压值，使线圈内产生一个磁场，吸合衔铁，带动触头动作。

电流继电器和电压继电器通常用在直流和交流回路中。它的作用是作为过流（或过压）、欠流（或欠压）保护继电器。前者超过规定值时，铁芯吸合，后者是低于规定值时，铁芯释放。

时间继电器是指当线圈获得信号后，触点要延迟一段时间才动作的电器，它常用的有电磁式、空气阻尼式、电动机式和半导体式时间继电器。它的触头有瞬动触头、通电延时触头和断电延时触头。

中间继电器实际上是一个电压继电器，它的作用是中间放大触点的数量和触点的容量。

常用的继电器的基本型号和标注的文字符号见表 3-15。

表 3-15　常用继电器基本型号和标注符号

名　称	电磁保护继电器型号	控制继电器型号	标注符号
电流继电器	DL	JL	KA
电压继电器	DY	JY	K
时间继电器	DS	JS	KT
中间继电器	DZ	JZ	KA

图 3-73 是电流继电器、电压继电器、中间继电器的图形符号表示法；图 3-74 是时间继电器图形表示法。

(a) 缓慢吸合继电器线圈　(b) 缓慢释放继电器线圈　(c) 吸合延时常开、常闭触头　(d) 释放延时常开、常闭触头

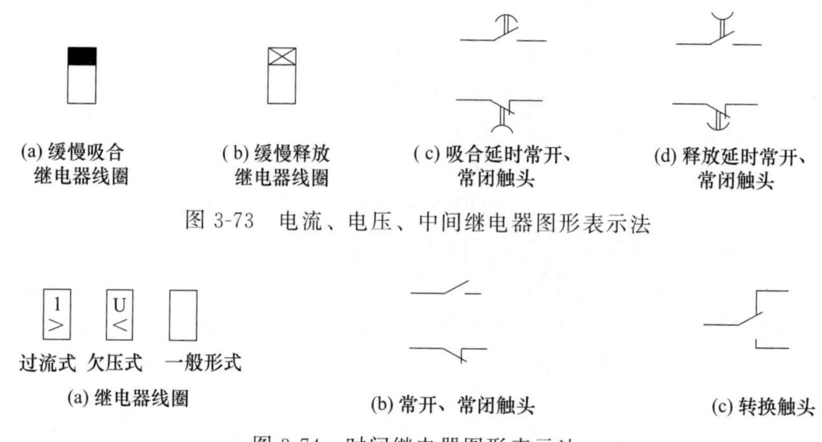

图 3-73　电流、电压、中间继电器图形表示法

1
>
U
<

过流式　欠压式　一般形式

(a) 继电器线圈　(b) 常开、常闭触头　(c) 转换触头

图 3-74　时间继电器图形表示法

4. 非电量控制继电器

常用的非电量控制继电器有温度继电器、压力继电器、流量继电器、速度继电器、位移继电器和光照继电器等。这种继电器的感受元件反应不是电气量，而是温度、压力、流量、速度、位移和光照等物理量。例如：温度继电器安装在某个设备的某个位置上，当温度上升至规定值时，继电器动作，触头闭合或断开；压力继电器安装在压力管道上，当压力升高或降低到规定值时，其触头动作，速度继电器的转子与电机同轴安装，当电机速度升高或降低到一定值时，其触头动作。

非电量继电器没有线圈符号，只有触头符号，如图 3-75 所示。

(a)　(b)

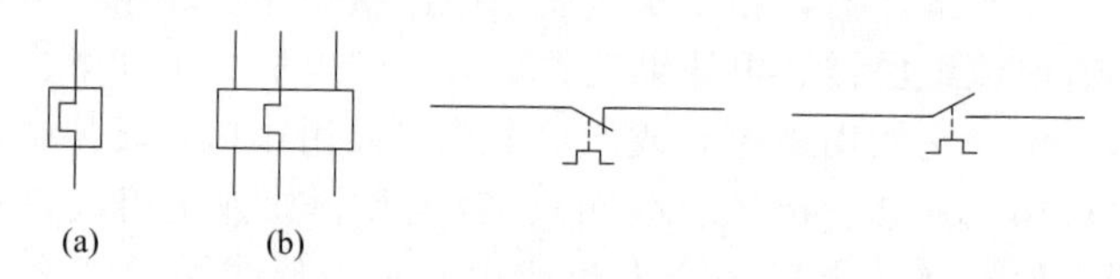

图 3-75　非电量继电器图形表示法

5. 行程开关

行程开关是一种将机械信号（如行程、位移）转化为电气开关信号的电器，工作原理类似于按钮，是依靠机械的行程和位移碰撞，使其触头动作。按照其安装位置和作用的不同，分为限位开关、终点开关和方向开关。

行程开关分为单向动作能自动复位和双向动作不能自动复位两种形式。单向动作自动复位是指当机械外力碰撞感受元件时，在外力作用下带动触头动作；外力消失时，在复位弹簧作用下又恢复原来状态。双向动作不能复位的行程开关，当外力消失时行程开关不能自动复位。

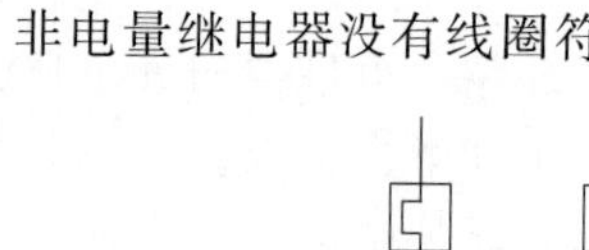

ST(SL)
ST(SL)
ST(SL)

(a) 常开触头　(b) 常闭触头　(c) 联动触头

图 3-76　行程开关图形表示法

行程开关一般有一对常开触头和一对常闭触头，文字符号一般用“ST”或“SL”表示，见图 3-76。

6. 控制按钮

控制按钮是通过人力操作，并具有贮能（弹簧）复位功能的开关电器。它的结构虽然很简单，却是应用最广泛的一种电器。在低压控制电路中，用于给出控制信号或用于电气联锁线路等，由按钮帽、复位弹簧、触头三部分组成。根据不同的控制电路的需要，可以装配成一常开一常闭到六常开六常闭复合形式，接线时也可以只接常开触头或只

接常闭触头。有的按钮为防止错误动作，做成钥匙式，即将钥匙插入按钮帽时方可操作，或者按钮帽做旋钮式，用手把操作旋钮，并具有不复位记忆作用。有的按钮和信号灯装在一起，按钮帽用透明塑料制成，兼作信号灯罩，缩小控制箱体积。此外，还有紧急式按钮，此种按钮有直径较大的红色蘑菇钮头凸出于外，作紧急切断电源用。文字符号一般用“SB”表示。图 3-77 是按钮的图形符号。

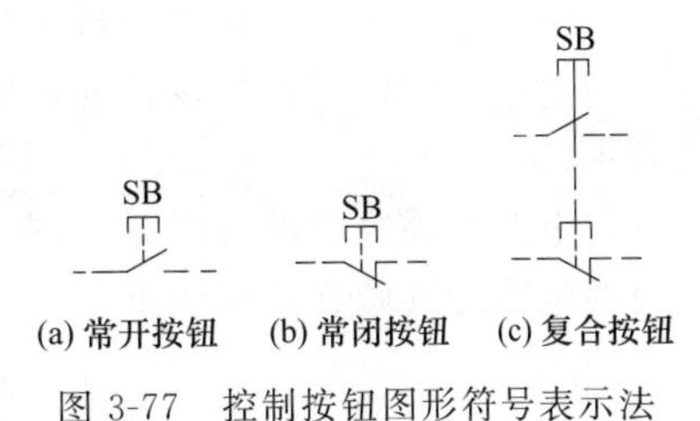

图 3-77　控制按钮图形符号表示法

7. 转换开关

转换开关是用在交、直流电路中的主要低压开关电器，适用于各种高低压开关（油开关、隔离开关）远距离控制、电气仪表测量、控制回路中各种工作状态的切换（如手、自动切换；工作、备用设备切换）以及小容量电动机的启动、换向、变速开关等。

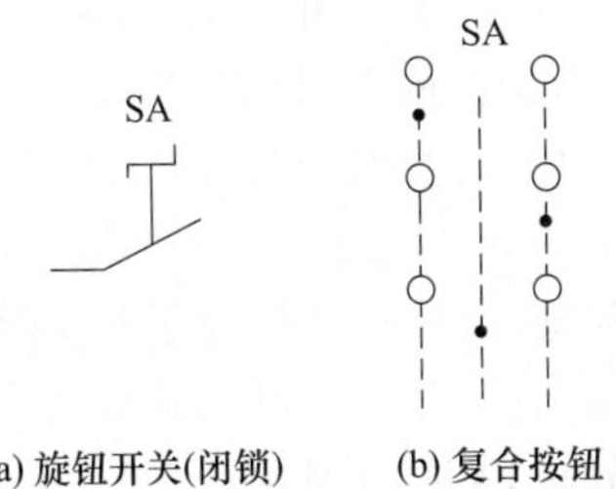

图 3-78　转换开关图形表示法

它是由手柄、触头、转轴、定位器、自复机构、限位机构和面板组成，用螺杆连成一体。自复机构使手柄自动从操作位置回复到原来固定位置。定位器用来固定手柄位置。限位机构用来限制手柄的转动。可以根据需要选择不同数量的触头和不同角度的转动方式。操作时，沿着顺时针或逆时针方向旋转手柄来任意接通某个触点。常用的有 HZ、LW2、LW5 系列，其文字符号为 SA，见图 3-78。

8. 电磁铁

电磁铁利用线圈通电后铁芯磁化产生电磁力，吸引衔铁来操动和牵引机械装置完成某一特定的动作。它由线圈和铁芯组成，是电气控制图中常见的元件。它主要有制动电磁铁、阀用电磁铁、电磁离合器等。

制动电磁铁又称为电磁抱闸，是操动机械制动器快速机械制动用电磁铁，如图 3-79 所示。通常机械制动轮与电机同轴安装，当电机通电时，电磁铁 YA 线圈得电，将衔铁吸上，联动机构将抱闸提起，使制动轮与电机一起转动；当电机切断电源后，YA 线圈断电，弹簧复位，抱闸紧压制动轮，电机迅速停转。常用的电磁铁为 M2 列，文字符号为“YA”。

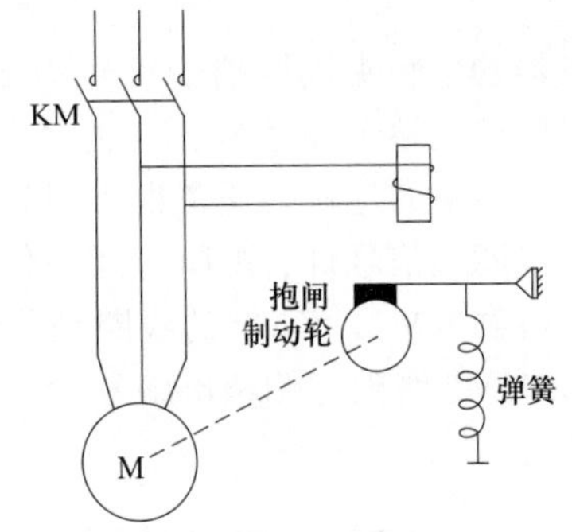

图 3-79　制动电磁铁的作用及表示方法

阀用电磁铁又称为电磁阀，主要用于远距离控制液压和气压阀门的开闭，阀体与电磁铁连接在一体，标注的文字符号为“YV”。

电磁离合器是当电磁线圈通入电流后，主动轴与从动轴一起转动；切断电流，从动轴与主动轴脱离。电磁离合器也可以用于制动，离合器文字符号为“YC”。

二、电气控制电路图

把控制装置的各种电气元件用图形符号表示，并按其工作顺序排列，详细表示控制装置、电路的基本构成和连接关系的图，称为电气控制电路图。

图 3-80 是三相异步电动机正反转控制电路。电路由两部分组成，三相交流电源经主开关 Q，熔断器 FU，接触器 KM1、KM2 的主触头，热继电器 FR 的热元件到电动机 M 为主电路；由按钮 S1、S2、S3，接触器 KM1、KM2 的工作线圈、辅助触头，热继电器 FR 的常

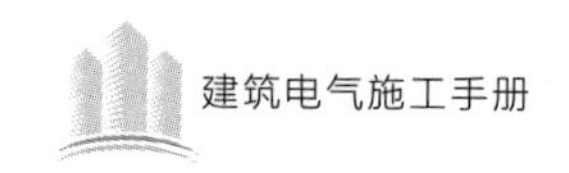

闭触头构成的为辅助电路。

主电路中流过的是供电动机工作的大电流，实际接线时用粗导线，电路图中用粗实线表示。辅助电路中流过的是供接触器线圈工作的小电流，实际接线时用细导线，电路图中用实线表示。

主电路和辅助电路可以画在同一张图纸上，但有控制电路很复杂，需要把主电路和各部分辅助电路分别画在几张图纸上。

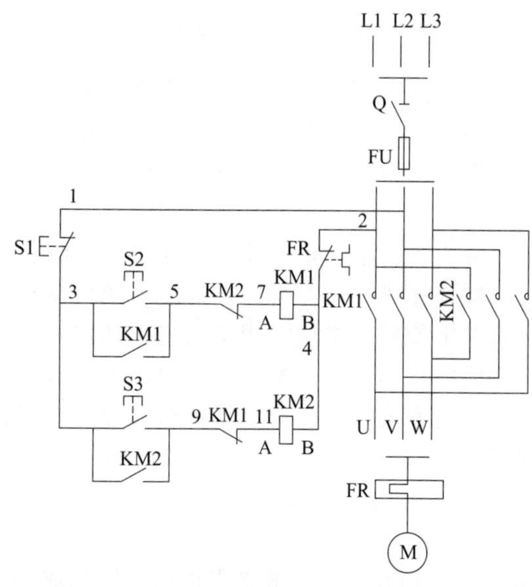

图 3-80 三相异步电动机正反转控制电路图

电路图中所示各种电气元件（如接触器、继电器、开关、按钮等）的触头，均为吸引线圈未通电、手柄置于零位、没有受到外力作用或工作机械处于原始位置时的状态。例如，在图 3-80 中，开关 Q 是断开的，接触器 KM1、KM2 的线圈未通电，按钮 S1、S2、S3 未按下，热继电器 FR 的常闭触头是闭合的等等，也就是说，图中表示的是不带电的停止状态。一个电路为了达到控制电动机不同的运行方式，必须具有多种相应的工作状态。如电动机的停止、正转、反转状态。为了更好地理解图纸，有时需要画出其中一种工作状态的分析图。阅读控制电气图，尤其是较复杂的图，画出状态分析图显得更为重要。

为了安装接线及维修的方便，在电气控制电路图中元件的接线端子通常应标号，接触器的主触头接线端子编号为 1—2、3—4、5—6，辅助触头接线端子编号为 1—2、3—4，线圈接线端子编号为 A—B。

图中的连接线通常也应编号。辅助电路的编号方法，以接触器线圈、电磁铁线圈、继电器线圈、信号灯、电阻等元件作为分界点，两侧分别按奇数和偶数序列编号。图 3-80 中，接触器 KM1、KM2 的线圈是分界点，KM1 线圈左侧依次编为 1、3、5、7，右侧编号为 2、4，KM2 线圈左侧依次编号为 9、11，右侧编号为 2、4。这里同一电位的各条分支线只编一个号。

三、电气控制接线图

为了便于安装和维修，配合控制电路图还要绘制控制接线图。电路图中的图形符号是按电气元件通电工作顺序排列，一个电气元件上的部件可能出现在图纸的不同位置，图中用同一个文字标注符号表示一个电器上的各个部件。而控制接线图是以电气元件在控制屏上的安装位置排列，表示各器件间实际接线的图纸，各器件在图纸上以一个整体出现，用虚线框表示。安装和维修时可以不看电路图，只看控制接线图，按器件、线路位置对号入座。

由于控制线路的复杂程度不同，控制接线图有三种画法：单线法（线束法），多线法（散线法），中断线法（相对标号法）。

1. 单线法表示的电气控制接线图

电气控制装置中，走向相同的各元件之间的连接线用一根图线表示，即图上的一根线代表实际的一组线或一束线。这种形式的接线图称为单线法表示的电气控制接线图，或称为线束法表示的电气控制接线图。

图 3-81 是与图 3-80 相对应的单线法表示的安装接线图。在这张图上画出了设备、元件、端子排之间的相对位置。它们之间的连接导线不是每一根都要画出来，而是把走向相同的导线合并成一根线条。导线有从中途汇合进来的，也有从中途分出去的，用斜角线表示导线走向变化，最终各自到达所连元件的接线端子。在单线法表示的安装接线图中，主电路和辅助电路也是严格分开的，它们即使走向相同也必须分别表示。在图中一根线条代表几根导线，从直观上可以分辨清楚，从导线的标注根数也可以看出。

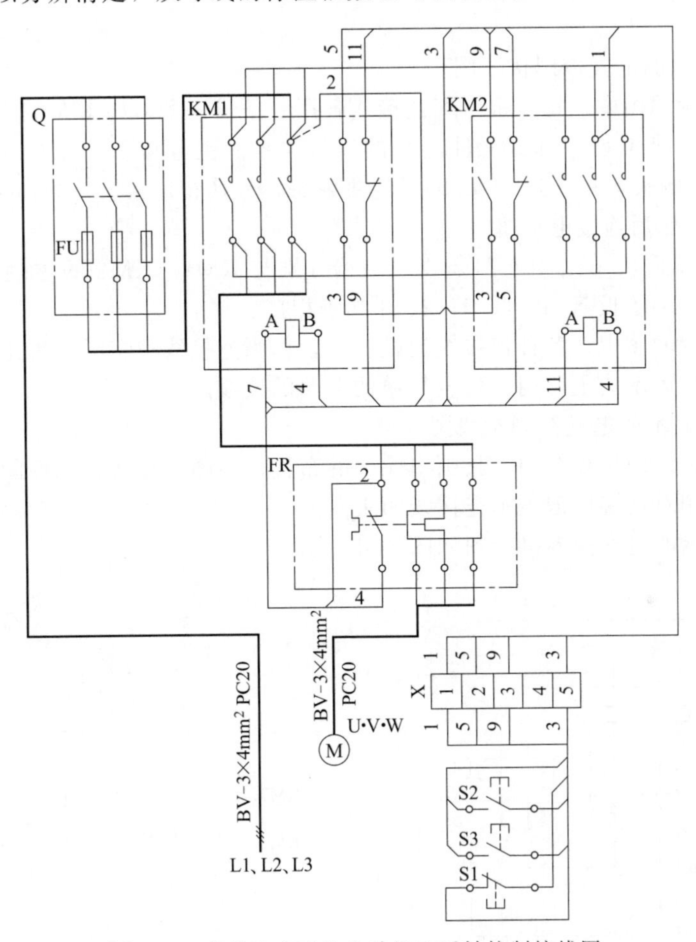

图 3-81　单线法表示的电动机正反转控制接线图

接线图是在电路图基础上绘制出来的，阅读接线图必须参考电路图。这里以图 3-81 为例，分析一下电动机正反转控制装置是怎样进行实际接线的。

首先看主电路，电源 L1、L2、L3 的引入线采用 3 根 BV 型塑料绝缘铜芯导线，截面积为 $4mm^2$，穿直径为 20mm 的塑料管，接至开关 Q 上口，经熔断器 FU，接至三相交流接触器 KM1 和 KM2，以 KM1、KM2 换相，接至热继电器 FR 的热元件，穿直径为 20mm 的塑料管，接至电动机 M 的 U、V、W 端子。

辅助电路元件也是按照图 3-80 的连接关系进行接线。由于按钮 S1、S2、S3 不是安装在设备配电箱内，与 KM1、KM2 和 FR 之间通过端子板 X 进行连接。其连接关系举例说明如下：电源 1 号接线从接触器 KM2 电源进线端引出，接端子板 X 的 1 号端子，再从 1 号端子另一侧连至按钮 S1，过 S1 变为 3 号线，经端子板 X 的 5 号端子引出，接至 KM1 和 KM2

的辅助常开触头的一端，经 KM1 后变为 5 号线，接到端子板 X 的 2 号端子和 KM2 的辅助常闭触头，2 号端子另一侧连至按钮 S2，过 S2 接 3 号线。KM2 的辅助常闭触头另一侧为 7 号线，接至 KM1 的线圈，变为 4 号线，再经热继电器 FR 的常闭触头，变为 2 号线，接至接触器 KM1 电源端。端子板 X 的 3 号端子两侧为 9 号线，分别接接触器 KM1 辅助常闭触头、接触器 KM2 辅助常开触头和按钮 S3。

这种控制接线图一般用于表示较复杂的控制柜的接线，如电梯控制柜接线。在控制柜中，同方向的导线用线卡或其他方法绑成一束，与图上表示的很相像。图中各端点及导线要编号标明。

2. 多线法表示的电气控制接线图

在多线法表示的图中，每一根电气连接线各用一条线表示，如图 3-82 所示。

图中只画出了图 3-80 中部分元件之间的连接关系。主电路 L1、L2、L3 三根导线，分别接 KM1 三对主触头，并联到 KM2 的三对主触头，经换相连接后，分别接到端子板 X1 的 U、V、W 端子，然后连接电动机。

辅助回路画出了 1、3、5、9 四条线，一端分别与 KM1、KM2 的主触头或辅助触头相接，另一端分别与端子板 X2 的 1、5、2、3 端子相接。

在多线法表示的图中，各种连接线比较直观，但当连接线很多时，采用这种表示方式是比较困难的。这种表示法主要用于比较简单的电路的接线图。

3. 中断线法表示的电气控制接线图

在中断线法表示的接线图中，只画出元件的布置，不画连接线，元件的连接关系用符号表示，通常采用相对远端标记表示连接线的去向。

中断线法表示的电气控制接线图如图 3-83 所示。

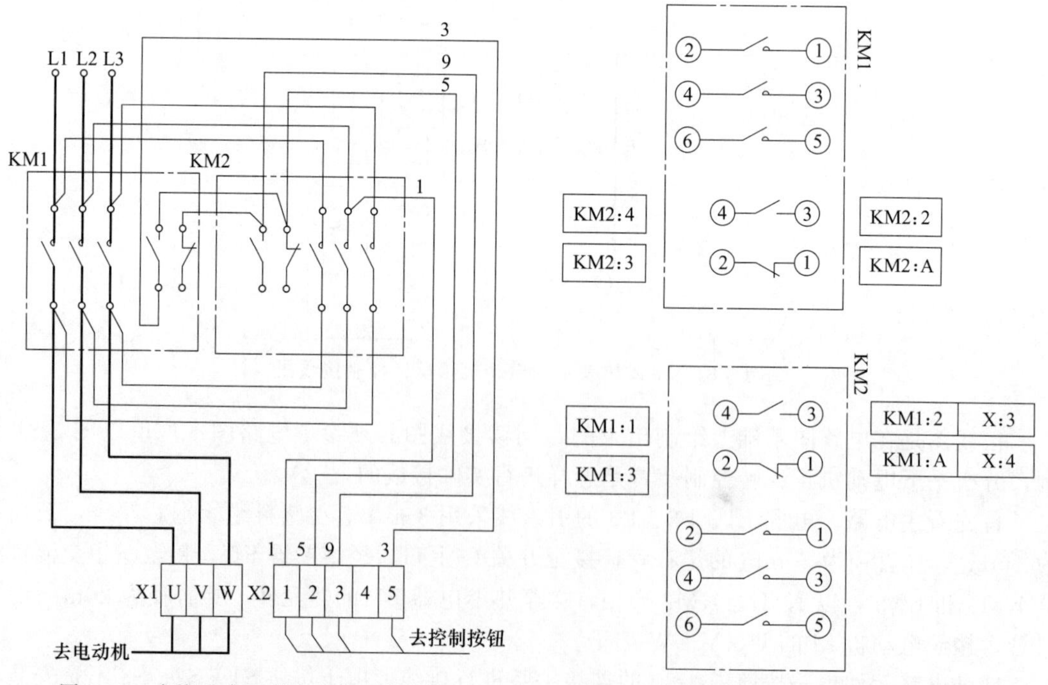

图 3-82　多线法表示的电气控制接线图

图 3-83　中断线法表示的电气控制接线图

图 3-83 中 KM1、KM2 的辅助触头之间的连接关系，用相对远端标记法表示。例如：KM1 的常开触头 3 号端子与 KM2 的常闭触头 2 号端子相连，则在 3 号端子处标记为

“KM2：2”，表示从 3 号端子引出的导线，要接到 KM2 的常闭触头 2 号端子；在 2 号端子处标记为“KM1：3”，表示从 2 号端子引出的导线，要接到 KM1 的常开触头 3 号端子。KM1：A 表示接触器 KM1 的线圈 A 端，KM2：A 表示接触器 KM2 的线圈 A 端。

对于控制元件较多、器件远离的大型系统，中断线法表示是常用的一种形式。

四、电气控制电路图实例

（一）空调机组系统控制电路

随着国民经济的发展和生活水平的提高，人们对工作生活环境的舒适程度要求也不断提高，空调系统越来越广泛地应用在各种不同的场所，如工厂、写字楼、宾馆、住宅等。

本节中介绍的空调机组主要应用于舞厅、会议室等需要局部改善室内温度、湿度的场所，是比较常用的一种大型空调设备。这种设备种类很多，不同种类电气控制要求也略有不同，但控制原理基本相同，以某型恒温恒湿空调机组为例，分析其控制电路图。

1. 空调机组主要设备

要分析控制电路，必须对空调机组的组成、运行状况、设备性能、工艺要求有一定的了解。图 3-84 为空调机组的安装示意图，按其功能可分为三部分，即制冷部分、空气处理部分、电气控制部分。

① 制冷部分。制冷部分是空调机组的冷源，主要由压缩机、冷凝器、膨胀阀和蒸发器组成。为了灵活调节室内冷负荷，将蒸发器分为两组管路，利用两上电磁阀 1yv、2yv 控制两条管路的通断。1yv 投入时，蒸发器面积投入三分之二，2yv 投入时，蒸发器面积投入三分之一，若两个电磁阀同时投入，则蒸发器的面积百分之百投入。

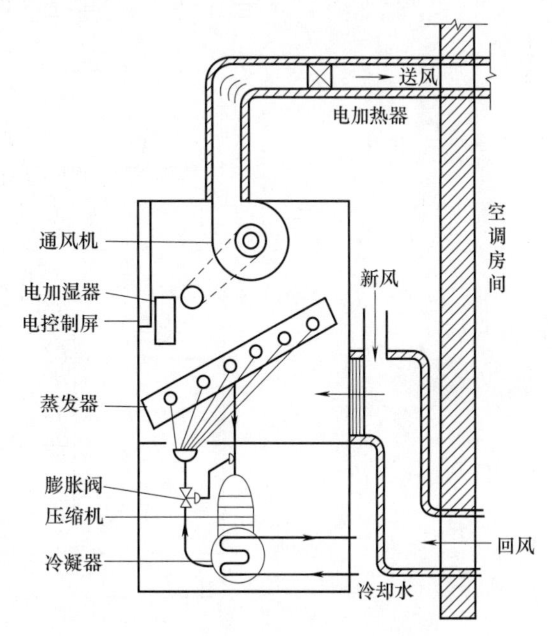

图 3-84　空调机组安装示意图

② 空气处理部分。空气处理设备主要将新风和回风经过过滤后，通过温度处理（冷却或加热）及湿处理（加湿或去湿），达到空调房间内所需要的温湿度要求，然后通过通风机送至房间，主要由新风采集口、回风口、空气过滤器、电加热器、电加热湿器和通风机组成。夏季需要冷空气时，空气经过蒸发器使空气得到了冷却；冬季需暖空气时，经过安装在通风管道中的两组或三组电加热器将空气加热；电加湿器是用电能直接加热水而产生蒸汽，用短管将蒸汽喷入空气中，以改变空气的湿度。

③ 电气控制部分。电气控制部分主要完成温度、湿度自动调节任务，由温、湿度检测元件、控制器、压缩机、吸气压力继电器、开关、接触器主要元件组成。温度检测元件可以选用电接点水银温度计或热敏电阻。选用水银电接点温度计，可利用水银的导电性能将接点接通，通过温度控制器使其继电器通电或断电，控制空气温度；湿度检测元件是一种特殊水银接点温度计，在其下端有吸水棉纱，利用干燥的空气将湿包水分蒸发而降低热量，只要使两个温度计（干球和湿球）保持一定的温差就可以保持一定的湿度。所以，两支温度计应安

装在同一地点，湿球的温度整定值要低于干球温度整定值。

控制电路图实例阅读：

控制电路图 3-85 可分三个环节来阅读，第一环节为主电路，第二环节为控制电路，第三环节为电磁阀控制和信号指示电路。

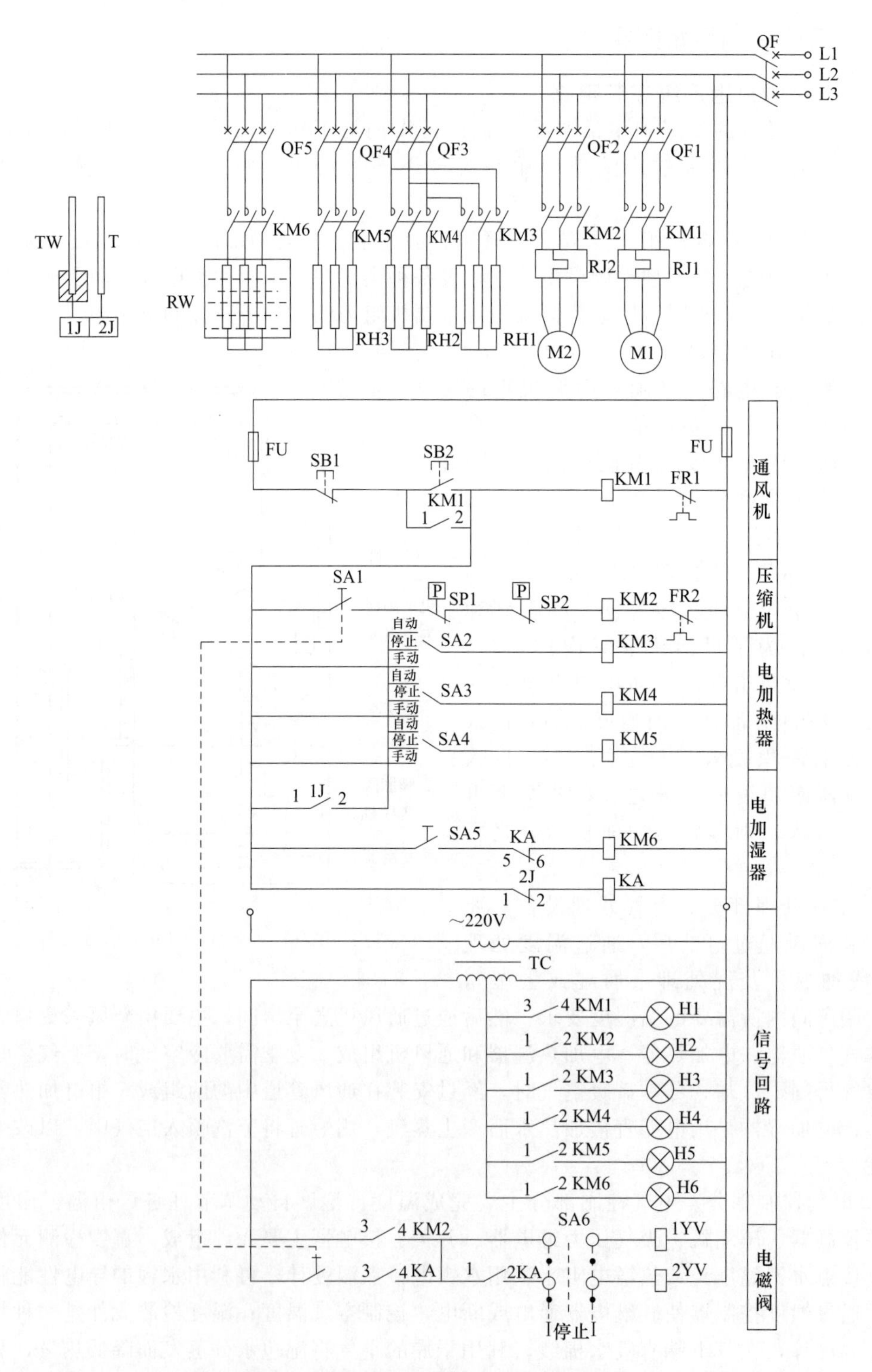

图 3-85　某空调机组恒温恒湿控制电路图

主电路中的设备有一台通风机、一台压缩机、三组加热器。其中，两组加热器由一组开关 CF3 控制，因为它们处于同时工作状态，夏季时切除，不投入运行，冬季同时投入运行；一组作为加湿器。

机组可提供冷源或热源，根据不同的季节选择其工作状态。冷源由制冷压缩机供给，利用电磁阀 1yv 和 2yv 的通断来控制蒸发器投入的制冷面积，达到控制制冷量大小的目的。电磁阀的工作状态可以通过 SA6 转换开关来选择手动、自动方式或全部投入运行。SA6 转于“I”表示 1yv、2yv 电磁阀全部运行，并且，2yv 处于自动控制状态，转至“Ⅰ”挡时，1yv 与压缩机同时手动工作，2yv 被切除。

热源由三组加热器供给，每组加热器由转换开关 SA2、SA3、SA4 选择“手动”“停止”“自动”工作状态，自动投入时由温度控制器接点 1J 控制。

加湿控制一般在夏季时为空调房间空气去湿，在冬季时在空气中加湿。夏季去湿处理时，可利用控制 2yv 电磁阀减少制冷量而达到去湿效果；冬季可根据湿度的要求自动接通电加湿器，达到加湿目的，由 SA5 转换开关投入加湿器。

空调机运行时，首先合上总开关 QF，使主电路、控制电路、信号电路均通电。然后，按下 SB2 按钮，接触器 KM1 接通，主触点闭合，通风机 M1 启动运行，辅助接点 KM11.2 闭合，KM13.4 闭合，接通 H1 指示灯灯亮，同时，KM11.2 也作为联锁保护触点，只有在 KM1 接通后，即通风机运行后，才允许压缩机、电加热器、电加湿器控制回路接通。从而起到安全保护作用，避免发生事故。

2. 空调机运行工况

(1) 夏季运行工况

空调机组在夏季的主要任务是降温去湿。要求压缩机和 1yv、2yv 电磁阀投入运行，其中，2yv 电磁阀作为自动调节控制用电磁阀。电加热器投入一组（RH3），用来精加热（冷空气加热法）和恒温控制。

分别合上 QF2、QF4、QF5，接通压缩机、RH3 精加热器、加湿器的电源，然后，将 SA4 开关转至“自动”位置，SA6 开关转至“I”位置，1yv、2yv 全部投入运行。这时合上 SA1 开关，接触器 KM2 线圈通电，主触头闭合，制冷压缩机 M2 运行，其辅助接点 KM2 接通 H2 灯亮，KM2 接通，1yv 电磁阀通电，使蒸发器的三分之二面积进行制冷工作。这时，由于机组开机，空调房间的室温和相对湿度都很高，检测元件干球和湿球温度计的电接点处于接能状态，使得温度控制器和湿度控制器中的继电器 1J 和 2J 都处于断电状态，2J 的常闭接点使继电器 KA 通电吸合，其辅助接点 KA1.2 闭合，使电磁阀 2yv 通电打开，蒸发器 100%全面积投入制冷。通风机向室内送入冷空气，使室内温度下降，相对湿度减少。

如果继续运行，使室内温度和相对湿度下降到 T 和 TW 整定值以下时，其电接点断开，使控制器中继电器 1T 和 2T 线圈通电吸合，其触点动作，进行自动温湿控制。假如室内温度低于检测元件干球温度计整定值时，干球温度计的电接点断开，使控制器中 1T 通电吸合，其常开接点 1T 闭合，接通 KH3 电加热器，对风道中降温后冷空气进行精加热，其温度相对提高。

当室内相对温度低于干球温度计 T 和湿球温度计 TW 的整定温差值时，湿球温度计 TW 的水分蒸发很快，带走的热量高，使 TW 电接点断开，控制器 2T 继电器通电吸合，其常闭接点断开使 KA 断电，常开接点 KA12 复位，2yv 断电，使蒸发器的面积减少，制冷量减少使室内相对湿度升高。

从湿度的控制原理可知，当干球温度和湿球温度一定时，相对温度确定，即每个干、湿球温度差对应一个相对湿度数值，所以在干球温度不变的情况下，湿球温度的变化即表示房间内的相对湿度变化，只要将湿球温度控制不变，房间内的相对湿度就能够恒定。

为了防止压缩机吸气压力过高运行不安全或吸气压力过低运行不经济，在压缩机上安装高低压力继电器保护装置，利用其继电器的触点 SP1 和 SP2 来控制压缩机 M2 的运行和停止。当压缩机气压力过高或过低，高、低压力继电器常闭接点断开 KM2 控制回路，使压缩机 M2 停止运行，这时，1yv 或 2yv 通过 KA1.2、KA3.4 的辅助接点仍继续受到控制，当压缩机吸气压力恢复正常时，高、低压力继电器 SP1、SP2 继电器触点复位，压缩机自启动工作运行。

在春秋季时，需要很少制冷量，这时将 SA6 开关转至“Ⅱ”的位置，切除 2yv 电磁阀，只将 1yv 电磁阀投入运行，减少蒸发器制冷面积即可，其工作原理同上。

(2) 冬季运行工况

冬季空调机组的主要任务是加温加湿，这时，制冷机组中的压缩机，1yv、2yv 电磁阀和蒸发器不工作，将 SA1、SA6 断开，扳到“停”的位置上，SA2、SA3、SA4 可根据加热量的不同，分别选择在“手动”“停止”“自动”位置上，假如将 SA2、SA3 扳至“手动”位置上，SA4 扳到“自动”位置上，那么 RH1、RH2 投入运动，RH3 受室温的控制。当室温较低时，干球温度计 T 电接点断开，控制器中的继电器 1J 通电，其常开触点使 KM5 通电吸合，RH3 接通电源，送风温度升高。如室温较高时，干球温度计 T 电接点接通，1J 断电释放，KM5 断电，RH3 退出运行。

室外内相对湿度的控制是通过加湿器控制实现的，将 SA5 开关合上，假如室内相对湿度较低，湿球温度计上的湿包水分蒸发很快，热量很快带走，TW 电接点断开，控制器中的 2J 吸合，使 KA 断电释放，KA5.6 常闭接点复位，接通 KM6 接触器，使加湿器 RW 投入运行。这时加热的水产生蒸流，对送风进行加湿；当相对湿度高于其整定值时，T 和 TW 的温差大，TW 电接点闭合，使 2J 断电释放，继电器 KA 通电吸合，KA5.6 断开，KM6 断电，RW 加湿器停止加湿，保证干球和湿球温度计的温差就能保证室内相对湿度恒定不变。

（二）消防水泵互投直接启动控制电路

高层民用建筑中一般要采用消防泵来增加水压，供灭火使用，生活用水也要用水泵提供。可以使用一台水泵，或两台水泵互为备用。控制方式可以采取压力控制、液位控制等。

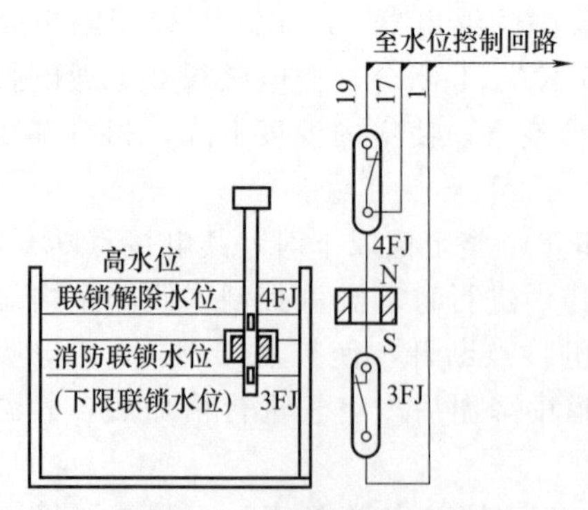

图 3-86　干簧管式液位控制器控制回路接线图

液位控制器有干簧管式、水银开关式、电极式等多种类型。干簧管式液位控制器是由干簧管、永久磁铁浮标和塑料管等组成。干簧管是用两片弹性好的合金簧片放置在密封的玻璃管内组成，当永久磁铁套在干簧管上时，两个簧片被磁化相互吸引或排斥，使簧片上的触点接通或断开，当永久磁铁离开后，干簧管中的两个簧片利用弹性恢复原状，干簧管有常开和常闭两种形式。干簧管式液位控制器控制回种接线，如图 3-86 所示。

在垂直的塑料管中装入有上下水位标线的两个干簧管，塑料管外套一个永久磁铁浮标，当水位变化浮标移到上、下水位标线时，对应位置的干簧管动作，发出水位状态的电信号，去启动或停止水泵。干簧管式液位控制器安装，如图 3-87 所示。

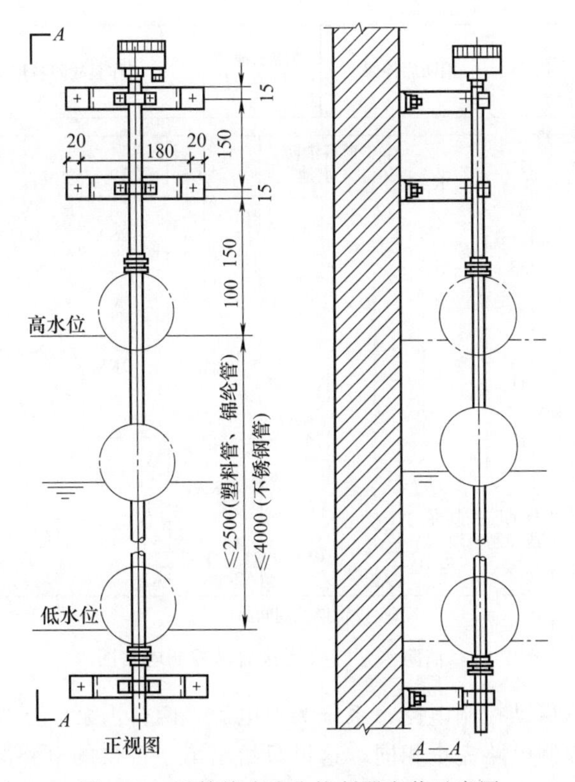

图 3-87　干簧管式液位控制器安装示意图

两台消防水泵互投，直接启动控制电路，如图 3-88、图 3-89 所示。

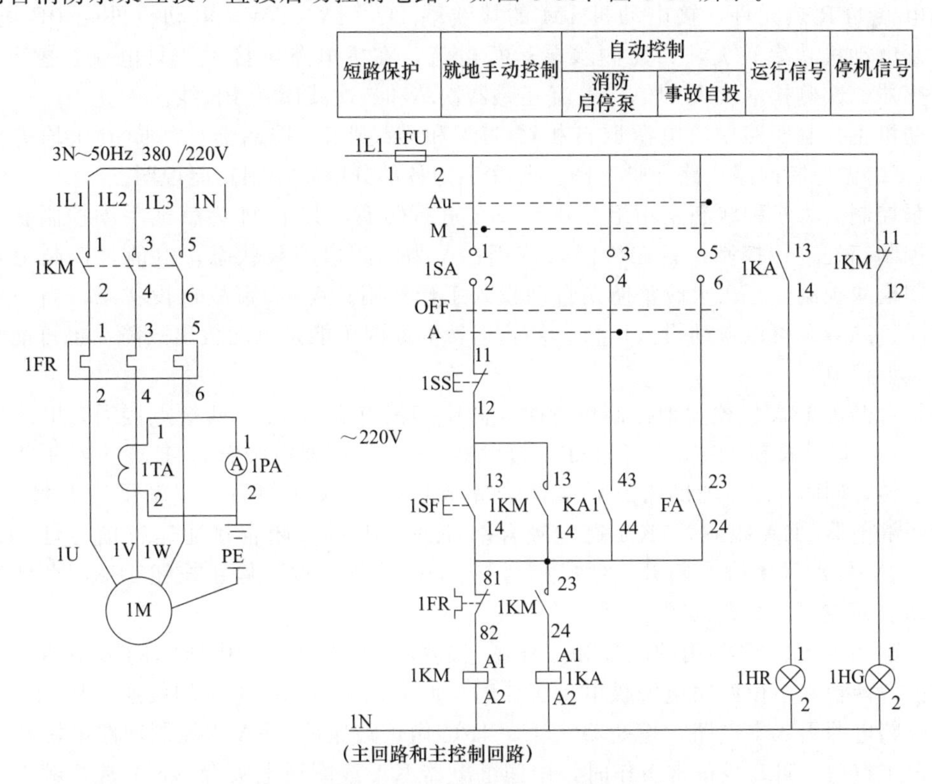

图 3-88　消防水泵互投直接启动控制电路图（一）

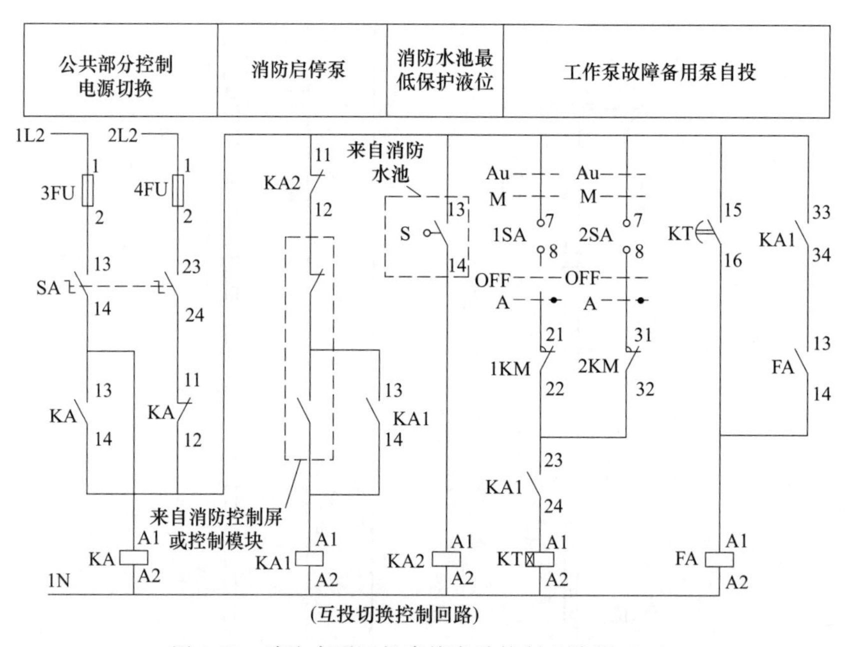

图 3-89 消防水泵互投直接启动控制电路图（二）

本图为消防泵全压启动控制电路，系统为双电源、两台水泵，互为备用、自动投入。两台水泵的主电路和主控制电路完全相同，这里只给出第一台泵的电路图，图中均标注 1，第二台泵的电路图图中均标注 2。

图 3-88 中左侧所示为水泵电动机主回路，电源 1L1、1L2、1L3 经接触器 1KM 主触头及热继电器 1FR 热元件，接电动机 1M 的接线端 1U、1V、1W。电动机外壳 PE 线保护。由于水泵电动机功率较大，为监测水泵运行电流，在主电路中接了一只电流互感器 1TA，电流互感器二次侧接电流表 1PA，电流互感器铁芯和二次线圈接 PE 线。

电动机主控制回路中，电源取自相线 1L1 和零线 1N，控制器件线圈电压均为 220V。熔断器 1FU 做控制回路短路保护。图上部文字为各部分电路控制功能说明。

水泵控制分为三种状态，用组合开关 ISA 进行转换，其中 M 为就地手动控制状态，即在水泵控制箱处进行控制，只在检修时使用；A 为消防启停泵状态，由消防控制中心控制屏或控制模块控制，是灭火时消防泵自动投入工作使用；Au 为事故自投状态，当一号泵停止运转时，二号泵可以自动投入运行。停止运转的原因可能是电动机出故障，也可能是电源出故障（如停电）。

当组合开关 ISA 位地就地控制位置时，图中用黑点表示 1、2 两接点接通，电路中有停止按钮 1SS，启动按钮 1SF，按下 1SF，接触器 1KM 线圈通电吸合，1KM 主触头闭合，水泵开始运转，同时 1KM 辅助常开触头闭合完成自锁。1KM 的另一只辅助常开触头闭合，接通中间继电器 1KA 线圈，1KA 通电吸合，1KA 常开触头闭合接通运行信号灯 1KR 亮，接触器 1KM 辅助常闭触头断开，停机信号灯 1HG 熄灭，按下停止按钮 1SS，水泵停止运转。自动启动控制要结合读图 3-89。

图 3-89 是两台水泵共用的电源和工作状态转换控制电路。图中所示的第一部分是控制电源切换，两台水泵由两路电源供电，工作时，两台水泵主回路电源均接通，从 1L2 和 2L2 将控制电路电源引入本电路。熔断器 3FU、4FU 做短路保护，SA 为控制回路电源开关，是按下锁定工按钮。1L2 线正常工作时，中间继电器 KA 线圈通电吸合，KA 常开触头闭合接通控制回路电源 1L2，同时 KA 常闭触头断开 2L2 电源回路；当电源 1L2 停电时，中间继电

器 KA 线圈失电，常开触头断开 1L2 回路，常闭触头闭合接通 2L2 回路，电源 2L2 给控制电路供电。

图 3-89 中所示的第二部分是消防启停泵。此时状态选择开关 1SA 放在自动启动位置 A，接点 3、4 接通。当操作人员在消防中心控制屏按启动按钮或控制模块的常开触头闭合时，图 3-89 中所示的中间继电器 KA1 线圈通电吸合，常开触头 KA1 闭合自锁，图 3-88 中 4 号接点下的 KA1 常开触头闭合，接触器 1KM 线圈通电吸合，水泵开始运转。停机时由控制屏停止按钮控制。线路中 KA2 常闭触头是消防水池水位控制继电器 KA2 的触头，当消防水池中有水时，先由水池供水，此时水泵不需开动，当水池中水位降到最低保护水位以下时，要由水泵供水。因此，水位开关 S 常开触头在水池中低于保护水位时断开。此时中间继电器 KA2 线圈不通电，常闭触头闭合，消防水泵可以启动。当水池中水位上升达到最低保护水位时，水位开关 S 常开触头闭合，KA2 线圈通电吸合，常闭触头断开 KA1 线圈回路，水泵停转。

图 3-89 中所示的第三部分是备用泵自投控制部分。此时 1 号泵状态选择开关 1SA 放在自动启动位置 A，ISA 的接点 7、8 接通。2 号泵状态选择开关 2SA 放在自投位置 Au，2SA 的接点 7、8 断开，而图 3-88 中 1SA 接点 5、6 接通。1 号泵接触器 1KM 常闭触头接在时间继电器 KT 线圈回路中，1 号泵工作时，此触头断开，下面的 KA1 常开触头是闭合的，准备自动投入。当 1 号泵出故障时，接触器 1KM 常闭触头闭合，接通时间继电器 KT 线圈，KT 延时闭合常开触头闭合，接通中间继电器 FA 线圈，FA 常开触头和 KA1 触头闭合完成自锁，同时 6-21 中 FA 常开触头闭合，接通 2 号泵接触器 2KM（图中未画出）线圈回路，2KM 通电吸合，2 号泵投入工作。

（三）电梯系统控制电路

电梯是随着高层建筑的兴建而发展起来的一种垂直运输工具，已经成为人类必不可少的交通工具。电梯是机电一体化的大型综合性的复杂产品，传统上将其分为机械和电气两部分。其中机械部分相当于人的躯干，电气部分相当于人的神经，按功能可划分为曳引系统、导向系统、轿厢、门系统、重量平衡系统、电气控制系统、电力拖动系统和安全保护系统 8 部分。所以，设计、安装和调试人员应该对电梯的控制有所了解。本部分以某电梯控制电路为例，介绍电梯控制电路的一般阅读方法。

1. 电梯的信号电路

(1) 呼梯信号系统

电梯在每层都设有召唤按钮和显示运行工作的指示灯，信号控制电路如图 3-90 所示。

例如在 2 楼呼叫电梯时，按下召唤按钮 2ZHA，召唤继电器 2KZHJ 得电接通并自锁，按钮下面的指示灯亮，同时轿厢内召唤灯箱上代表 2 楼的指示灯 2HL 也点亮，线圈 KDLJ 通电，电铃响，通知司机 2 楼有人呼梯。司机明白以后按解除按钮 XJA 则铃停灯灭。

根据需要在机房中，对应每一台电梯的轿厢应分别独立敷设通信、广播及监视等方面的专用线路，并应具有抗干扰措施。

(2) 楼层指示装置

当电梯停放在 2 层以上时，应设层楼指示装置。将它安装在井道外面每站厅门的上方或侧旁，有时和召唤按钮安装在一起。楼层显示装置的画板上有代表停站的数字和显示电梯运行方向的箭头。有亮的数字表示轿厢所在楼层的层楼，亮箭头表示轿厢运行方向。

表示楼层的装置是一个可以转动的电刷，用链条和主曳引机伸轴相连，对应于每层楼的停站。如图 3-91 是一栋 5 层楼的楼层指示器示意图。指示器上有 5 个固定点（有几层楼就有几个固定点），当轿厢从 1 层楼达到 N 层楼时，电刷能同步从一固定点转动到代表 N 层的固定点，以接通 N 层的指示灯。根据需要可以做成多排接点，以控制每层楼所需的各种

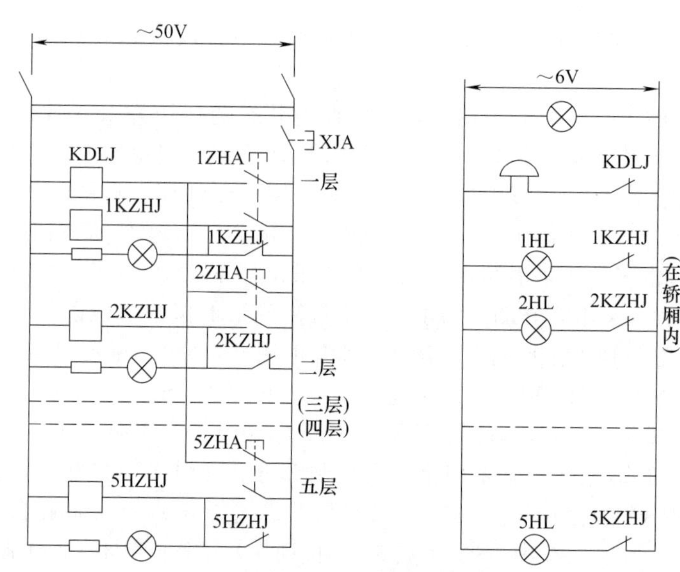

图 3-90 信号控制电路

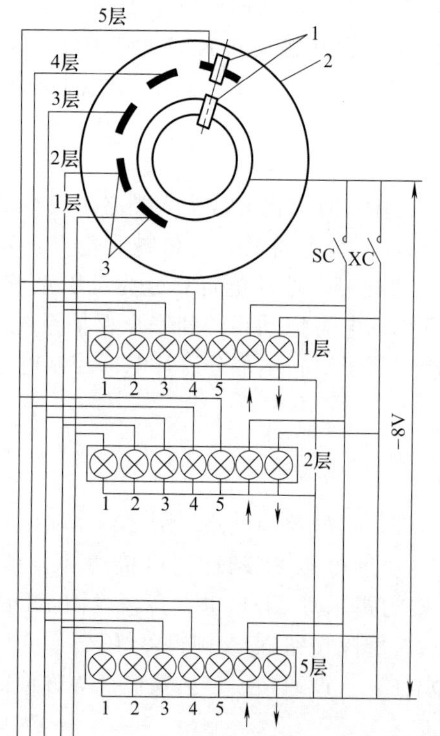

图 3-91 楼层指示器原理示意图

1—电刷；2—楼层指示器；3—固定触头

信号。例如担任召唤用的继电器到站复位的信号等。

2. 电梯控制电路的控制过程

现以按钮自平层式（AP）电梯控制原理为例，简述普通电梯的工作过程，如图 3-92 所示为按钮自平层式电梯控制原理图，曳引机采用双笼型异步电动机。

当闭合线路开关 KM 及 QK，由司机手动开门，乘客进入轿厢以后用电锁钥匙开关 QR 接通主接触器 QS 的线圈，QSV 和 QXV 是向上和向下的极限开关。正常运行时，QS 通电，接通主电路，电源变压器得电，零压继电器 KY 通电接通直流控制回路使时间继电器 1KT 吸合，同时使交流控制电路接通。当轿厢承重以后，司机手动将门关好，使各层的厅门接触开关 1SP～5SP 及轿厢门接触开关 SP2 都闭合。在运行正常时，安全钳开关 SP1 及限速断绳开关 SP3 是闭合的，所以门联锁继电器 K 通电，交流接触器接通电源。如果此时轿厢内的 *N* 只指示灯亮，指示 *N* 层传呼梯。譬如在 4 层，司机按下 4 层开车的按钮 SB4L，使楼层继电器 4KL 通电并自锁。因为层楼转换开关 SA4L 是左边接通，因此上行继电器 KS 得电，常开触头 KS（24—106）闭合，使 KM 线圈得电。同时 KS 的另外一常开接点（38—106）闭合，使 KM1 通电。KM1 常开触头（50—52）闭合，使运行继电器 KYX 通电。由于 KM 和 KM1 主触头均已闭合，电动机快速绕组通过启动电阻器接通，电动机正向降压启动，制动器线圈 YT 得电松闸。同时由于 KM 常闭点断开，使延时继电器 1KT 失电，其触头（54—56）延时闭合接通 KM5，将电阻器切除，电动机快速上升。当轿厢经过各楼层的时候，轿厢上的切换导板将各层楼的转换开关 SA2L 和 SA3L 按左断右通方式进行转换。

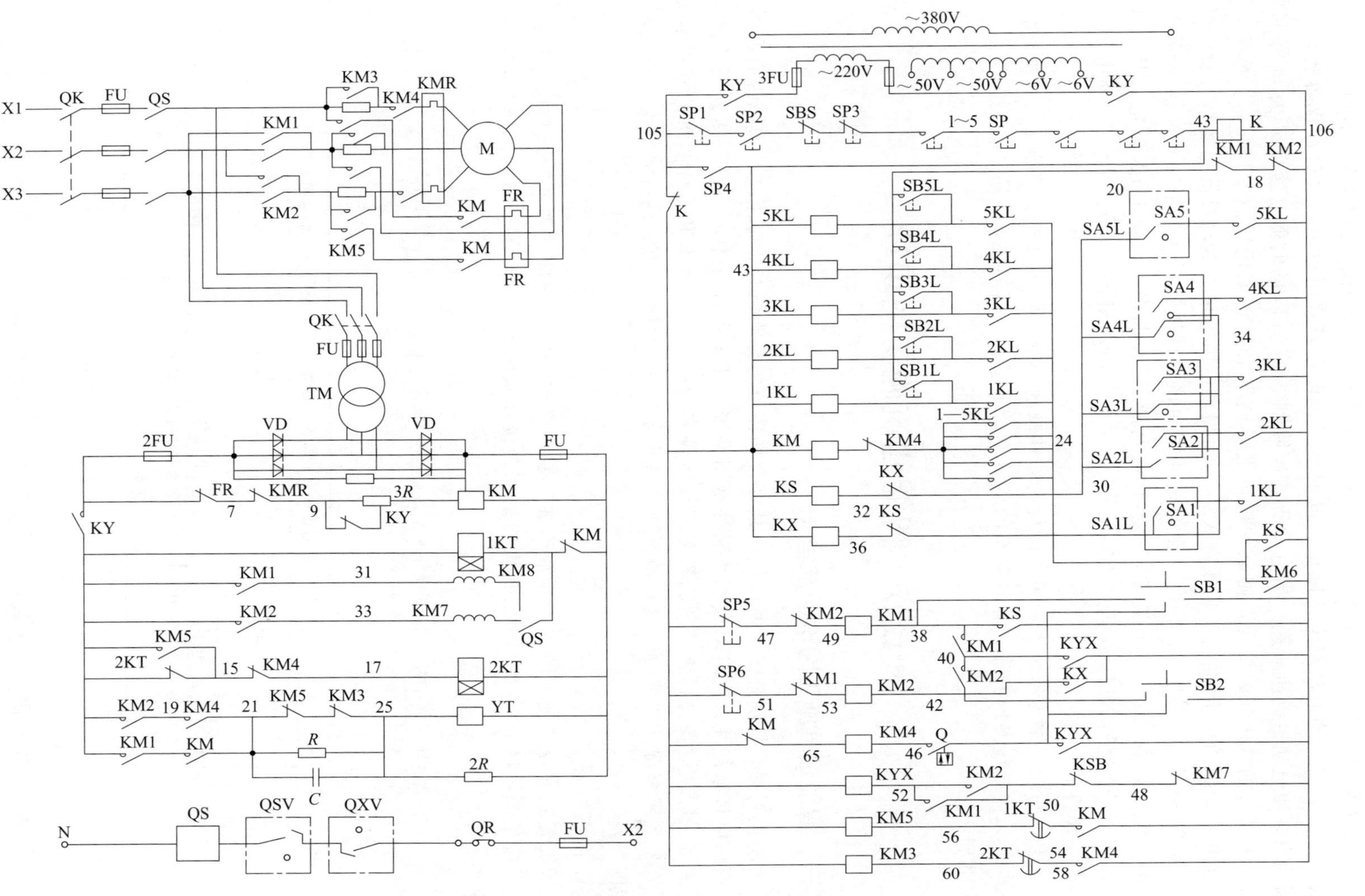

图 3-92　按钮自平层式电梯控制原理图

在轿厢刚刚进入所要达到的4层楼的平层减速区的时候，SA4L转换开关动作，使KS失电，KS的常开触点（24—106）断开，又使KM断电（注意在这时KM1有电）。主电路中KM触点断开，使电动机定子断电，同时YT也断电，绕组放电，这时制动器提供一定的制动力矩使电动机迅速减速。当电动机速度降到250r/min的时候，速度开关Q将KM4接通，电动机的低速绕组接通，则电动机再次得电。KM4的常闭触点（15—17）断开，使2KT断电，2KT的常闭触点延时接通KM3，将启动电阻短接，电动机低速运行，直到平层停车。在轿厢到达4层平层就位时，正好是井道内顶置铁块进行向上平层感应器KSB的磁路空隙，KSB触点（50—48）断开，使运行继电器KYX断电，只要KYX断电，其常开触点就会使上行继电器KM1或下行继电器KM2失电，电动机停车，同时使YT断电，制动器抱闸，开门上下人。

综上，轿厢正常工作时属于快速运行，轿厢减速而准备停车时处于慢速运行。而检修电梯的时候，需要缓慢地升降，并且停车的位置不受平层感应器的限制，可以使用慢速点动控制按钮SB1完成。

第七节　智能建筑施工图识读

一、智能建筑施工图识图准备

智能化工程，特别是本书所提供的某综合楼建筑的智能化专业施工图，包括综合布线系统、有线电视系统和火灾自动报警系统等常用系统。在识图过程中，一般先阅读图纸目录、设计施工说明、设备材料表和图例等文字叙述较多的图纸，了解本套设计图纸的基本情况、本工程各系统概况、主要设备材料情况以及各设备材料图例表达方式的综合概念，再进入具体识图过程。

1. 图纸目录

智能建筑专业的施工图中，通常单独一套图纸第一张是封面（如果跟其他专业放在一起，直接是图纸目录）。在本书所提供的某综合楼建筑施工图中，第一张是图纸目录，如图3-93所示。

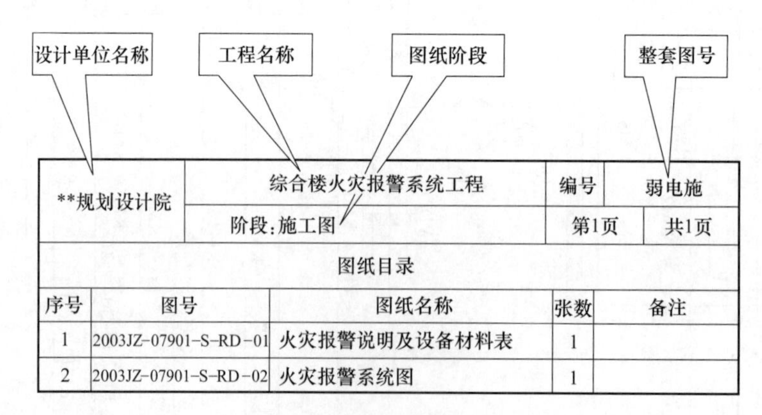

**规划设计院	综合楼火灾报警系统工程		编号	弱电施
	阶段：施工图		第1页	共1页
图纸目录				
序号	图号	图纸名称	张数	备注
1	2003JZ-07901-S-RD-01	火灾报警说明及设备材料表	1	
2	2003JZ-07901-S-RD-02	火灾报警系统图	1	

图3-93　图纸目录组成

① 封面内容大致由项目名称、设计单位和设计时间等组成。

② 智能建筑工程施工图图纸目录的内容一般有：设计/施工/安装说明、平面图、原理图、系统图、设备表、材料表和设备/线箱柜接线图或布置图等。

2. 设计说明、安装/施工和系统说明

设计说明部分介绍工程设计概况和智能建筑设计依据、设计范围、设计要求和设计参数，凡不能用文字表达的施工要求，均应以设计说明表述。

安装/施工说明介绍设备安装位置、高度、管线敷设、注意事项、安装要求、系统形式、调测和验收、相关标准规范和控制方法等；系统说明一般包括系统概念、功能和特性等。

在本书所提供的某综合楼建筑的火灾报警施工图中，第一张图纸就是设计说明，编号2003JZ 07901 SRD 01，表示弱电施工图，本设计说明包括设计说明和施工说明两部分内容。

本书所提供的某综合楼智能建筑工程施工图设计说明的内容如下。

（1）设计依据

① 建设单位提供的本工程有关资料和设计任务书。

② 建筑以及各相关专业提供的设计资料。

③ 国家现行有关民用、消防等设计规范及规程：《自动喷水灭火系统设计规范》GB 50084—2001（2005年版）、《高层民用建筑设计防火规范》GB 50045—1995（2005年版）、《建筑灭火器配置设计规范》GB 50140—2005、《汽车库、修车库、停车场设计防火规范》GB 50067—1997、《工程建设标准强制性条文》（房屋建筑部分）（2002年版）、《火灾自动报警系统设计规范》GB 50116—1998、《建筑内部装修防火施工及验收规范》GB 50354—2005、《建筑设计防火规范》GB 50016—2006、《火灾自动报警系统施工及验收规范》GB 50166—2007和《建筑电气工程施工质量验收规范》GB 50303—2002。

设计依据必须来自国家规范性文件，具有权威性，这些文件是强制推行的，具有法律效应；并且必须标明规范性文件的详细编号，还应精确到文件颁布实施的年份。设计采用的标准和规范，只需列出规范的名称、编号、年份。应选用最新版本的国家、行业、地方法规。没有依据国家规范，或者选用了因颁行年份过时或其他多种原因而失效的规范，此设计文件会被视同不合法。如选用了地方、行业规定，其前提必须是与国家法规不相冲突。如有冲突之处，以国家法规为准。

（2）设计范围

本书所提供的某综合楼智能化工程施工图设计范围是在本栋楼内，包括综合楼以内的综合布线系统、火灾报警系统、有线电视系统。

（3）工程概况

本书所提供的某综合楼智能化工程施工图设计说明简略地介绍了本工程的概况，其中最关键的是弱电02设计说明的第1条："1. 本工程为一类高层建筑。火灾自动报警系统的保护等级按一级保护。"

（4）火灾自动报警、消防联动及智能布线系统

本书所提供的某综合楼火灾报警系统工程施工图设计说明的这一节内容中，较为详细地描述了本工程各个系统的概况：设计数据、系统组成、关键设备和重要说明等。

本节内容按照本工程所具有的综合布线系统、火灾报警系统和有线电视系统分别加以叙述。

3. 设备表、主要材料表

（1）设备表

主要是对本设计中选用的主要运行设备进行描述，其组成主要有：设备科学称谓、在图纸中的图例标号、设备性能参数、设备主要用途和特殊要求等内容。

（2）表头

有些设备表的表头是在表格的上面，有些表格的表头则在表格的下方，仅需要在识图的

时候习惯图纸上的编制习惯即可，如图 3-94 所示。

序号	图例	名称及规格		单位	数量	备注
8		100×50 金属线槽		m		按实际
7		电视插座		个	84	
6		100对110配线架	PI2100	个	4	
5		4B口配线架	PD1148	个	B	
4		电话、数据梯块	PM1011	个	602	
3		双孔信息插座面板	PF1322	个	301	
2		壁挂式配线架	9U	台	14	
1		落地式机柜	40U	台	1	

图 3-94　设备表

4. 图例及标注

（1）图例

图例是在图纸上采用简洁、形象、便于记忆的各种图形、符号，来表示特指的设备、材料、系统。如果说图纸是工程师的语言，那么图例就是这种语言中的单词、词组和短句。图 3-95 为综合布线工程图例。

序号	图形符号	说明	符号来源
1	NDF	总配线架	YD/T 5015—1995
2	ODF	光纤配线架	YD/T 5015—1995
3	FD	楼层配线架	YD/T 926.1—2001
4	FD	楼层配线架	
5		楼层配线架(FD或FST)	YD/T 926.1—2001
6		楼层配线架(FD或FST)	YD/T 926.1—2001
7	BD	建筑物配线架(BD)	YD/T 926.1—2001
8		建筑物配线架(BD)	YD 5082—1999
9	CD	建筑群配线架(CD)	YD/T 926.1—2001
10		建筑群配线架(CD)	
11	DD	家居配线装置	CECS 119:2000
12	CP	聚合点	YD 5082—1999
13	DP	分界点	
14	TO	信息插座(一般表示)	YD/T 926.1—2001
15		信息插座	
16	n70	信息插座(n为信息孔数)	GJB/T 532/00DX001
17	n70	信息插座(n为信息孔数)	GJB/T 532/00DX001
18	TP	电话出线口	GB/T 4728.11—2000
19	TV	电视出线口	GB/T 4728.11—2000
20		程控用户交换机	GB/T 4728.9—1999
21		局域网交换机	
22		计算机主机	
23	HDB	集线器	YD 5082—1999
24		计算机	
25		电视机	GB/T 5465.2—1996
26		电话机	GB/T 4728.9—1999
27		电话机(简化型)	YD/T 5015—1995
28		光纤或光缆的一般表示	GB/T 4728.9—1999
29		整流器	GB/T 4728.6 — 2000

图 3-95　综合布线工程图例

（2）标注

线路敷设方式及导线敷设部位的标注如图 3-96 所示。

二、综合布线系统施工图

（一）综合布线系统及其组成

随着城市建设及信息通信事业的发展，现代化的商住楼、办公楼、综合楼及园区等各类民用建筑及工业建筑对信息的要求，已成为城市建设的发展趋势。在过去设计大楼内的语音及数据业务线路时，常使用各种不同的传输线、配线插座以及连接器件等。

线路敷设方式的标注		
7–001	穿焊接钢管敷设	SC
7–002	穿电线管敷设	MT
7–003	穿硬塑料管敷设	PC
7–004	穿阻燃半硬聚氯乙烯管敷设	FPC
7–005	电缆桥架敷设	CT
7–006	金属线槽敷设	MR
7–007	塑料线槽敷设	PR
7–008	用钢索敷设	M
7–009	穿聚氯乙烯塑料波纹电线管敷设	KPC
7–010	穿金属软管敷设	CP
7–011	直接埋设	DB
7–012	电缆沟敷设	TC
7–013	混凝土排管敷设	CE

导线敷设部位的标注		
7–014	沿或跨梁(屋架)敷设	AB
7–015	暗敷在梁内	BC
7–016	沿或跨柱敷设	AC
7–017	暗敷设在柱内	CLC
7–018	沿墙面敷设	WS
7–019	暗敷设在墙内	WC
7–020	沿天棚或顶板面敷设	CE
7–021	暗敷设在屋面或顶板内	CC
7–022	吊顶内敷设	SCE
7–023	地板或地面下敷设	F

图 3-96　线路敷设方式及导线敷设部位的标注

例如：用户电话交换机通常使用对绞电话线，而局域网络（LAN）则可能使用对绞线或同轴电缆，这些不同的设备使用不同的传输线来构成各自的网络，同时，连接这些不同布线的插头、插座及配线架均无法互相兼容，相互之间达不到共用的目的。

现在将所有语音、数据、图像及多媒体业务设备的布线网络组合在一套标准的布线系统中，并且将各种设备终端插头插入标准的插座内已属可能之事。在综合布线系统中，当终端设备的位置需要变动时，只需做一些简单的跳线，这项工作就完成了，而不需要再布放新的电缆以及安装新的插座。

智能建筑综合布线系统一般包括建筑群子系统、设备间子系统、垂直子系统、水平子系统、管理子系统和工作区子系统 6 个部分，如图 3-97 所示。

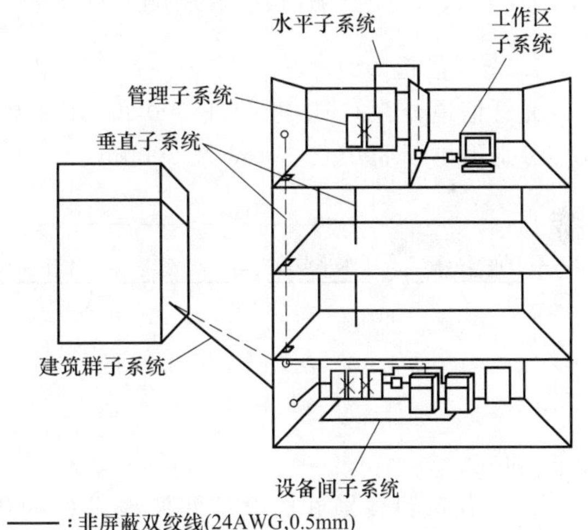

图 3-97　综合布线系统组成

（二）综合布线系统构成的要求

综合布线系统的构成应符合以下要求：

① 综合布线系统基本组成应符合如图 3-98 所示的要求。

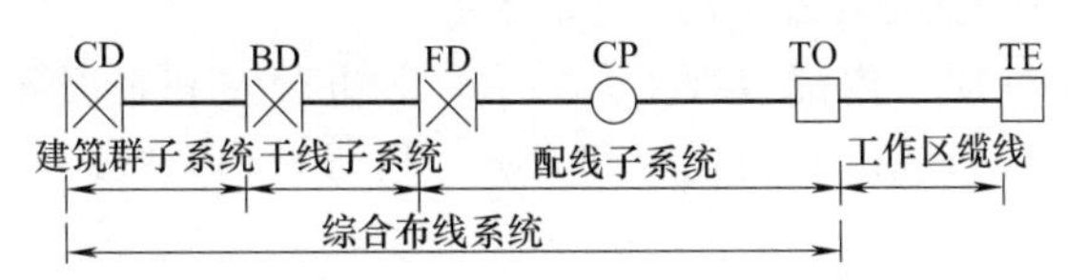

图 3-98　综合布线系统基本组成

注：配线子系统中可以设置集合点（CP 点），也可不设置集合点。

② 综合布线子系统构成应符合如图 3-99 所示的要求。综合布线系统引入部分构成应符

合如图 3-100 所示的要求。

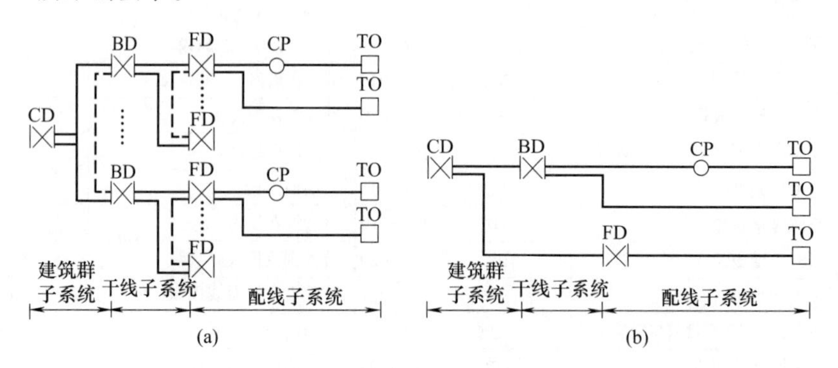

图 3-99 综合布线子系统构成

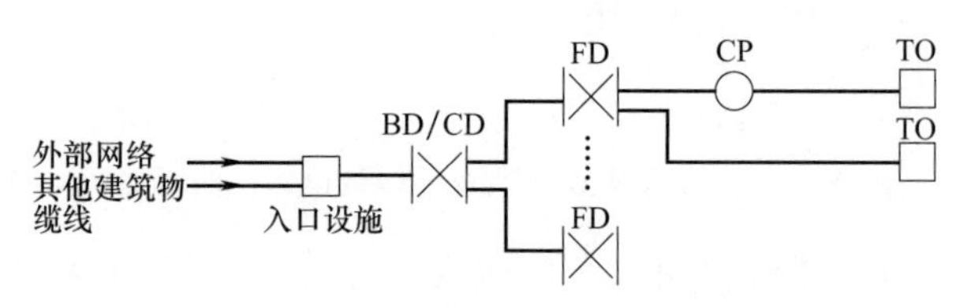

图 3-100 综合布线系统引入部分构成

注：对设置了设备间的建筑物，设备间所在楼层的 FD 可以和设备中的 BD/CD 及入口设施安装在同一场地。

1. 光纤信道等级

光纤信道分为 OF 300、OF 500 和 OF 2000 三个等级，各等级光纤信道应支持的应用长度应分别不小于 300m、500m 及 2000m。

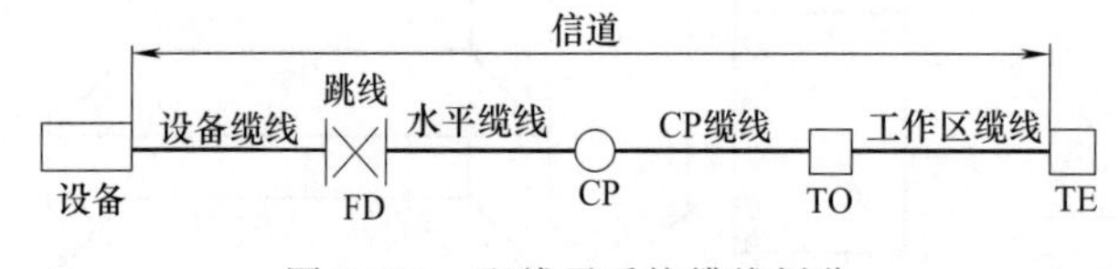

图 3-101 配线子系统缆线划分

2. 缆线长度划分

配线子系统各缆线长度应符合如图 3-101 所示的划分，并应符合下列要求：

① 配线子系统信道（通俗理解即从交换设备到电脑）的最大长度应不大于 100m。

② 工作区设备缆线、电信间配线设备的跳线和设备缆线之和应不大于 10m，当大于 10m 时，水平缆线长度（90m）应适当减少。

③ 楼层配线设备（FD）跳线、设备缆线及工作区设备缆线各自的长度应不大于 5m。

（三）施工图识图

1. 建筑整体情况分析

① 本楼位于某城市，楼高 49.8m，共十四层。

② 本楼属于综合楼性质，内部包含了公共大厅、办公室和客房等使用功能。

③ 本楼内安装有综合布线、有线电视和火灾报警等常用系统。

2. 设计说明

智能布线机柜安装在二楼智能布线配电间，为落地式机柜。本条说明了智能布线系统的机房在二楼；核心设备安装在落地式机柜中；数据信号是“单根（或多根）光缆，由甲方引入”；通信线路电话信号是大对数电缆由电信局引来，“800HYA 2X0.5，由电信局引来”，800HYA 2X0.5 表示由 800 对市话全塑电缆、每对是两根 $0.5mm^2$ 电线组成。到此为止，电脑、电话的“总部”找到了，信号源也找到了。

对应设备材料表当中的第一行、第二行，我们发现机柜有两种且数量不一，不过很显然从“名称及规格”中可以发现有“壁挂式机柜”和“落地式机柜”两种，在数量栏里有“14”台和“1”台，如图3-102所示。在系统图最上端有“MDF机柜设在二楼”，如图3-103所示。可以发现，在二楼的智能布线系统机房的应该是40U的机柜。然后其余的14个9U就不言而喻了。

2	⊠	壁挂式机柜	9U	台	14	
1	⊠	落地式机柜	40U	台	1	
序号	图例	名称及规格		单位	数量	备注

图3-102　设备材料表

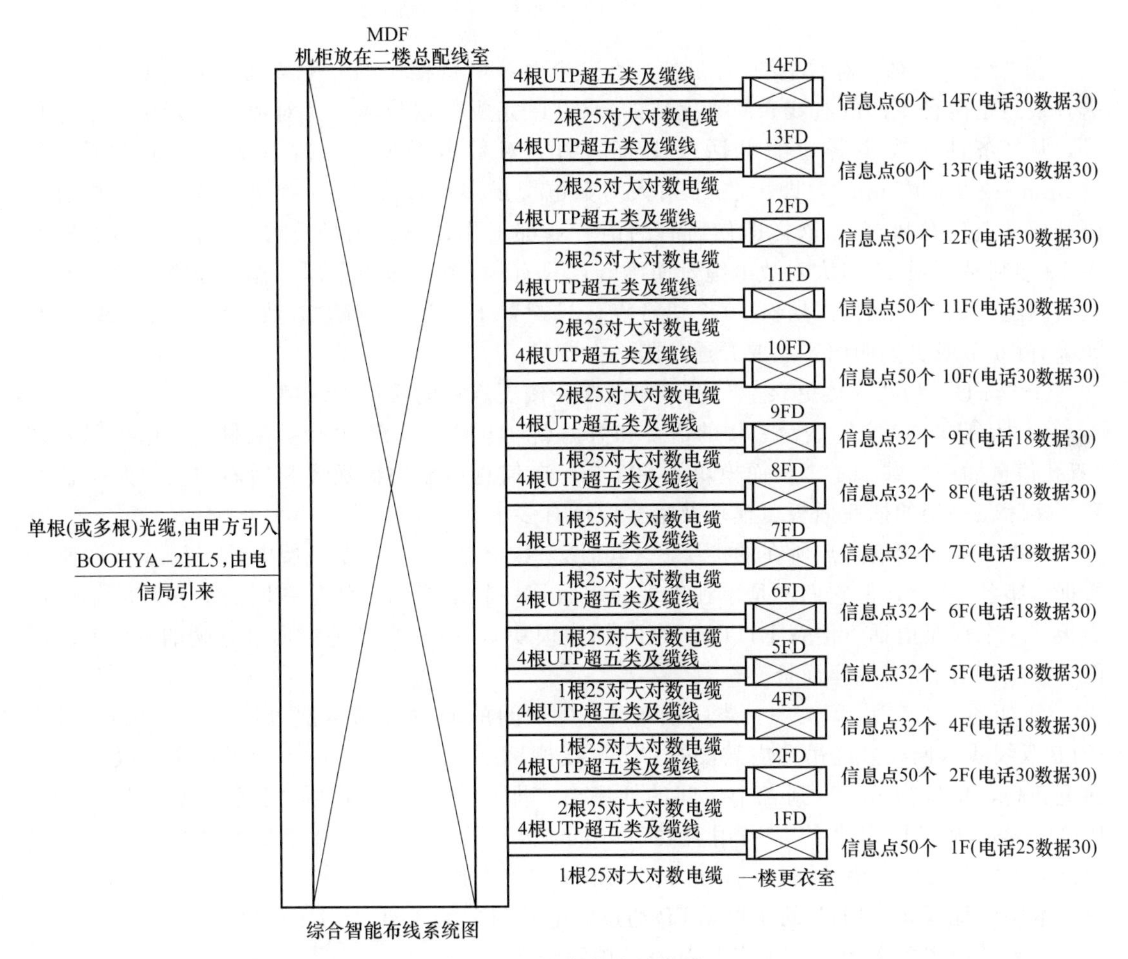

图3-103　综合布线系统图

3. 综合布线系统一层内容的识图

① 如图3-104所示，图上标明了“4根UTP超五类双绞线”，表示从一楼配线架到（二楼）主配线架的连接是由“4根UTP超五类双绞线”即通常说的“网线”所完成的。实际当中只需要一根双绞线就可以了，连接从主机房的交换设备（如网络交换机）到楼层分配线间的（楼层）交换机，通常再有一根备用，多余的两根是一层的用户为了网速高要求直接经

配线架连到主机房。现在用户为了保证速度达到要求，或者是楼层稍高超过双绞线的链路长度，则这4根UTP多用光缆代替。当然这时要求这两台交换设备都要有光信号收发功能，相应的成本也稍高。

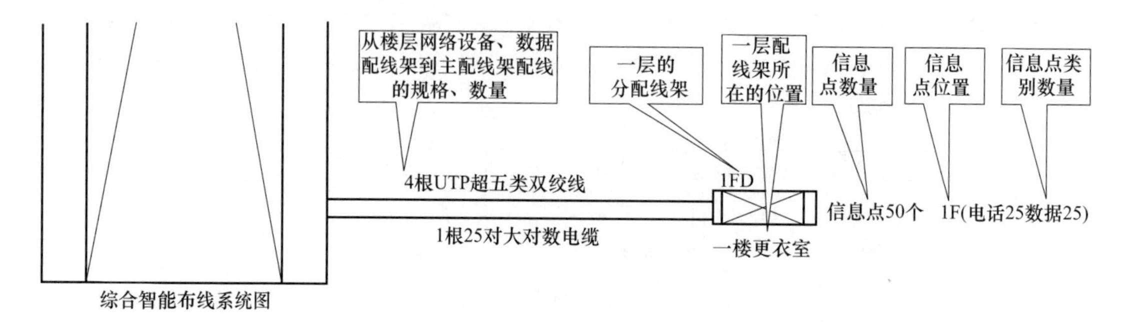

图3-104　综合布线系统一层系统图

②“1根25对大对数电缆”：显然，在这个系统中从楼层的分配架到主配线架，数据与语音线路是两种不同的有线介质来完成的。UTP完成数据传输，大对数电缆则传送语音信号，从经济性考虑用普通的电话线或通信的大对数电缆便宜。现行电话线通常是$2\times0.4mm^2$或$2\times0.5mm^2$，即1根25对大对数电缆最多可以支持25个语音点，而一楼总共语音信息点只有25个，这样即使所有的语音点都工作，也可满足要求，通常可叫做满配。在10楼则是两根25对大对数电缆，而语音点只有30个，即使全部工作也还有富余，这样叫做超配。显然，如果本层有50个语音点，只配置了一条25对大对数电缆，就叫做半配。如果有26个或更多的语音点要开通，怎么办？

③“1FD”和“一楼更衣室”表示架设在一楼更衣室的楼层配线架。

④“信息点50个”表示一楼的语音和数据点（电脑）共有50个，从材料表中可以发现“双孔信息插座”共301个，而模块是602个。在信息插座中面板要与后面的模块及暗盒配套，实际在一楼的插座面板、模块及暗盒应该有多少？

⑤“1F”表示信息点所在的楼层。“电话25数据25”表示在一层电话（语音）插座和数据插座各25个，但它们不是单独出现的，而是一起出现的，就是在墙面上安装的是双口面板，一个口是电话（语音RJ11或RJ45插座模块），另一个口是数据（电脑的RJ45）。所以一楼应该有25个插座面板。

⑥如图3-105所示，从一层C轴与2～3轴间的弱电井的本层分配线架“FD”引出UTP双绞线（网线）经吊顶内敷设的“金属线槽200×100”（200、100表示金属线槽的截面宽和高，单位为mm）到各个房间的插座上，即6个子系统中的“水平子系统”。“4U，PC20”表示从吊顶出来的是采用直径为20的塑料管敷设，管内穿线为“4U”，即4根UTP：4根双绞线，沿墙连接到距地面300mm的墙上插座。

本层分配线架“FD”的4根UTP通过弱电井与总配线架“MDF”相连。

4. 综合布线系统在一层和各层都有的内容识图

看过了一层的内容就不难理解其他各层的内容了。在本书所提供的综合楼的综合布线系统图上依此类推，只是数量、楼层、楼层配线间的位置等内容不同，不再赘述。

5. 二层与其他层不同的内容识图

从图3-106可以找到“智能布线机房”在平面图的左侧，即①轴和D轴处，“MDF”表示主配线架，即整个大楼的总配线架，与大楼的网络交换设备相连。

从“MDF”向上引到天花水平进入走道吊顶内敷设的“金属线槽200×100”，沿楼板、墙分别连接到本层的各个办公室距地面 300mm 的墙上插座。

6. 综合布线系统所实现的网络系统

前面说明了综合布线系统的物理连接方式，即线路（或链路、电路和信道）连接。真正要实现的是计算机的网络连接，如图 3-107 所示为网络连接图。

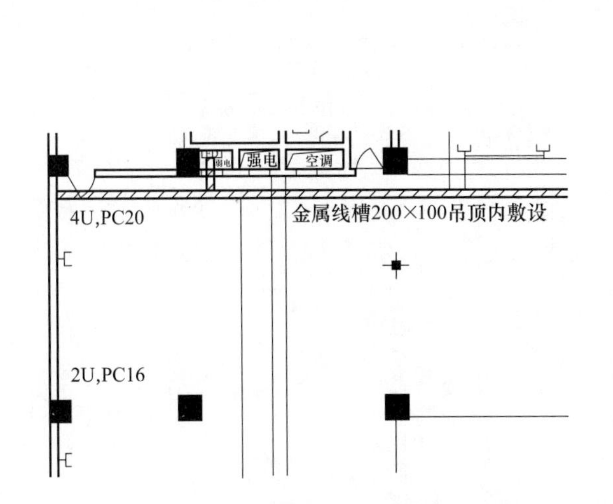

图 3-105　综合布线系统一层部分平面图

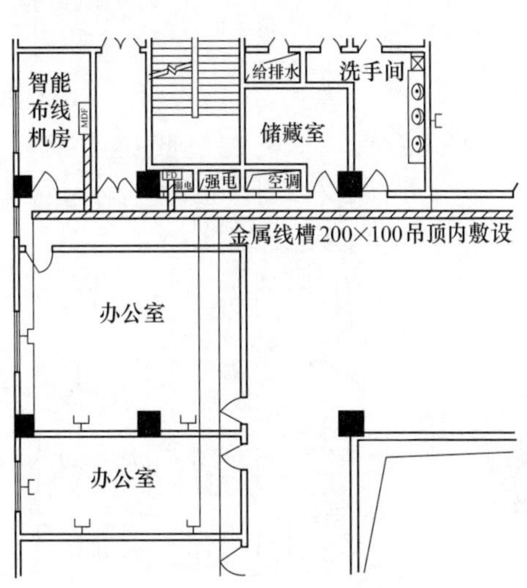

图 3-106　综合布线二层平面图

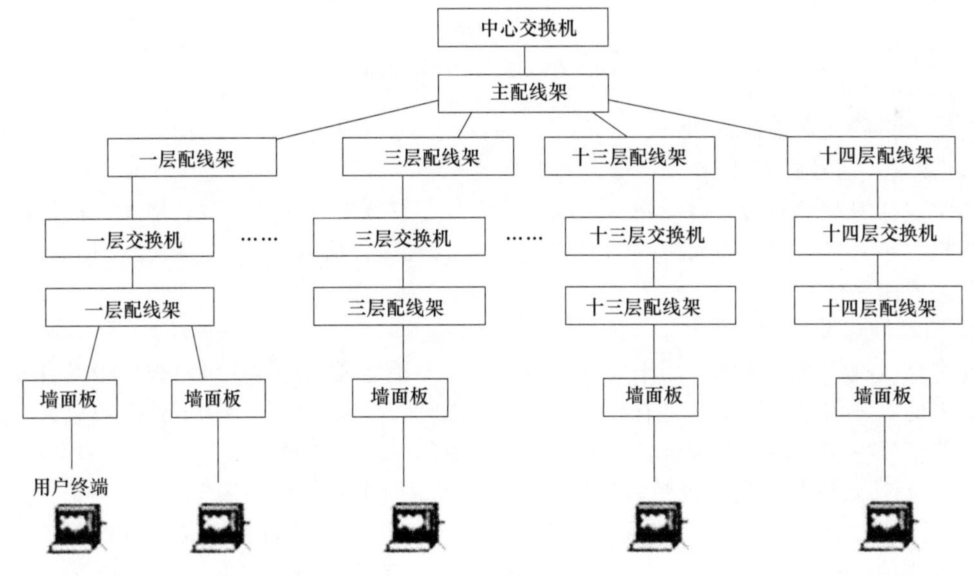

图 3-107　网络连接图

三、有线电视系统施工图

有线电视系统是采用缆线作为传输媒质来传送电视节目的一种闭路电视系统，也称为电缆电视（Cable Television）系统。其英文缩写是 CATV。它以有线的方式在电视中心和用户终端之间传递声、像和数据等信息。所谓闭路，是指不向空间辐射电磁波。

（一）有线电视系统组成

有线电视系统一般由（接收）信号源、前端处理设备、干线传输系统、用户分配网络和用户终端5部分组成，每个子系统包括多少部件和设备，要根据具体需要来决定，如图3-108所示。

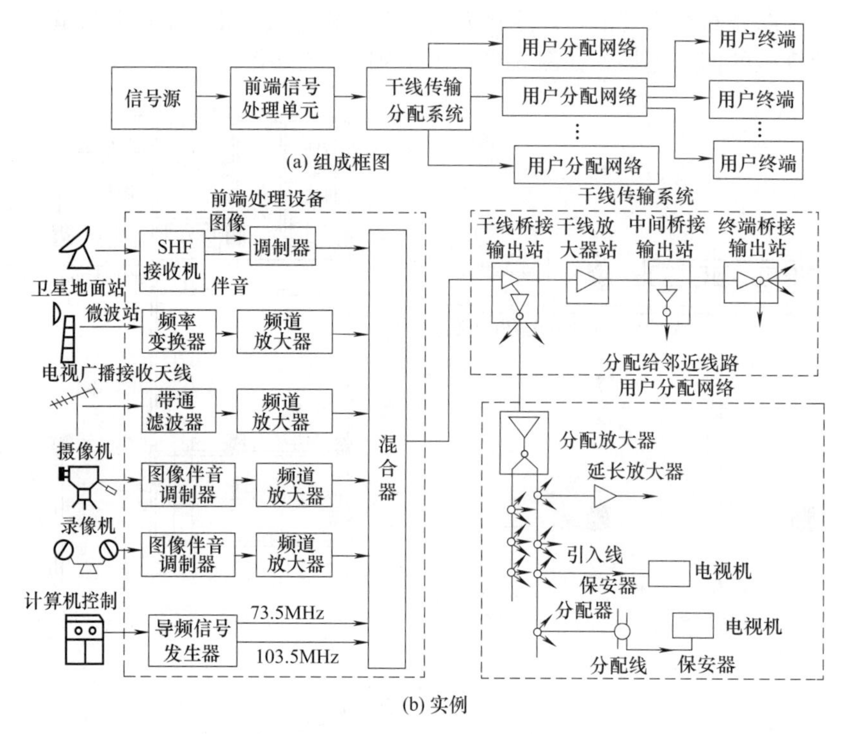

图3-108 有线电视系统的基本组成

各个子系统及常用设备如下。

1.(接收) 信号源

通常包括卫星地面站、微波站、无线接收天线、有线电视网、电视转播车、摄像机、电视电影机、字幕机、影音播放机（如DVD）和计算机多种播放器等。一般接收其他台、站、源的开路或闭路信号。

2. 前端处理设备

在有线电视广播系统中，用来处理广播电视、卫星电视和微波中继电视信号或自办节目设备送来的电视信号的设备，是有线电视系统的心脏。接收的信号经频道处理和放大后，与其他闭路信号一起经混合器混合，再送入干线传输部分进行传输。

① 调制器：调制器是将视频和音频信号变换成射频电视信号的装置。

② 混合器：混合器是把两路或多路信号混合成一路输出的设备。混合器分为无源和有源混合器两种。有源混合器不仅没有插入损耗，而且有5～10dB的增益。无源混合器又分为滤波器式和宽带变压器式两种，它们分别属于频率分隔混合和功率混合方式。

③ 均衡器：均衡器通常串接在放大器的电路中，因为电缆的衰减特性随频率的升高而增加。均衡器为平衡电缆传输造成的高频、低频端信号电平衰减不一而设置。

3. 干线传输系统

干线传输系统是指把前端设备输出的宽带复合信号高质量地传送到用户分配系统。放大器如图3-109（a）所示，在电缆传输系统中使用的放大器主要有干线放大器，干线分支（桥接）放大器和干线分配（分路）放大器。在光缆传输系统中要使用光放大器。

① 干线放大器是为了弥补电缆的衰减和频率失真而设置的中电平放大器，通常只对信

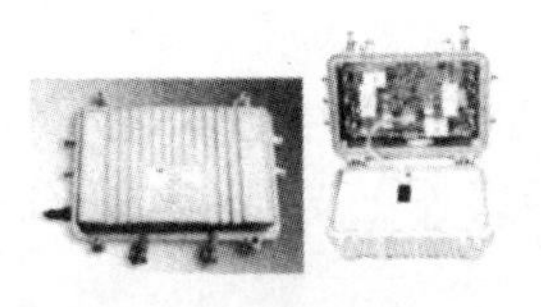

(a) 放大器

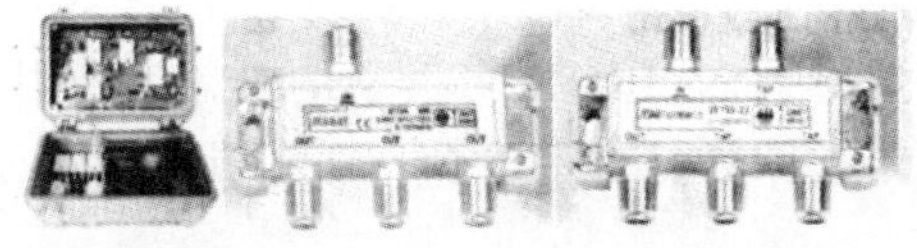

(b) 室内型三分配器、室内型三分支器

(c) 双向双孔终端型用户盒

图 3-109　有线电视系统常用器材

号进行远距离传输而不带终端用户，因此只有一个输出端。

② 干线分支和分配放大器又称桥接放大器，它除一个干线输出端外，还有几个定向耦合（分支）输出端，将干线中信号的一小部分取出，然后再经放大送往用户或支线。

③ 光放大器主要有干线光放大器和分配光放大器两种。按工作原理分主要有半导体激光放大器和光纤激光放大器两种。

4. 用户分配网络

用户分配网络是连接传输系统与用户终端的中间环节。主要包括延长分配放大器、分配器、串接单元、分支器和用户线等。

分配器是有线电视传输系统中分配网络里最常用的器件，如图 3-109（b）所示，它的功能是将一路输入有线电视信号均等分成几路输出，通常有二分配、四分配、六分配等。分配器的类型很多：有电阻型、传输线变压器型和微带型；有室内型和室外型；有 VHF 型、UHF 型和全频道型。

分支器的功能是从所传输的有线电视信号中取出一部分馈送给支线或用户终端，其余大部分信号则仍按原方向继续传输。通常有一、二、四分支器等。分支器由一个主路输入端（IN）、一个主路输出端（OUT）和若干个分支输出端（BR）构成。在分支器中信号的传输是有方向性的，因此分支器又称定向耦合器，它可作混合器使用。

5. 用户终端（电视插座）

如图 3-109（c）所示，是有线电视系统的最后部分，它从分配网络中获得信号。在双向有线电视系统中，用户终端也可能作为信号源，但它不是前端或首端。简单的终端盒有接收电视信号的插座，有的终端分别接有接收电视、调频广播和有线广播信号插座。

（二）有线电视系统基本模式

有线电视系统的基本模式有以下几种。

1. 无干线系统

无干线系统模式规模很小，不需传输干线，由前端直接引至用户分配网络，如图 3-110 所示。

2. 独立前端系统

典型的独立前端系统由前端、干线、支线及用户分配网组成，如图 3-111 所示。

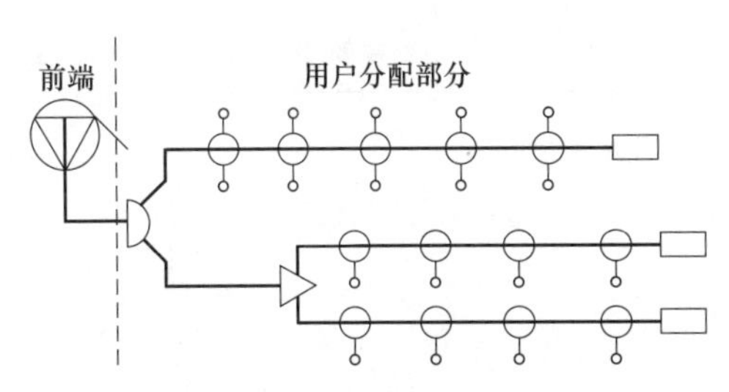

图 3-110　无干线系统模式

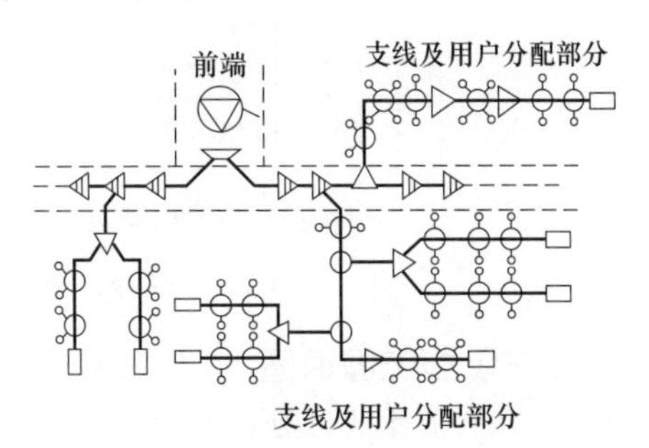

图 3-111　独立前端系统模式

3. 有中心前端系统

规模较大，除具有本地前端外，还应在各分散的覆盖地域中心处设置中心前端。本地前端至各中心前端可用干线或超干线相连接，各中心前端再通过干线连至支线和用户分配网络，如图 3-112 所示。

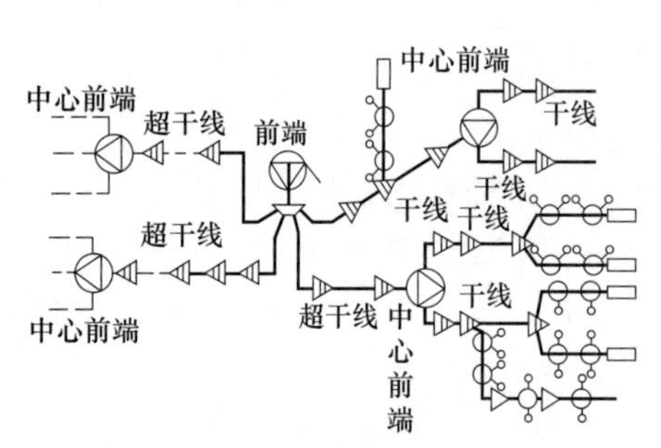

图 3-112　有中心前端的系统模式

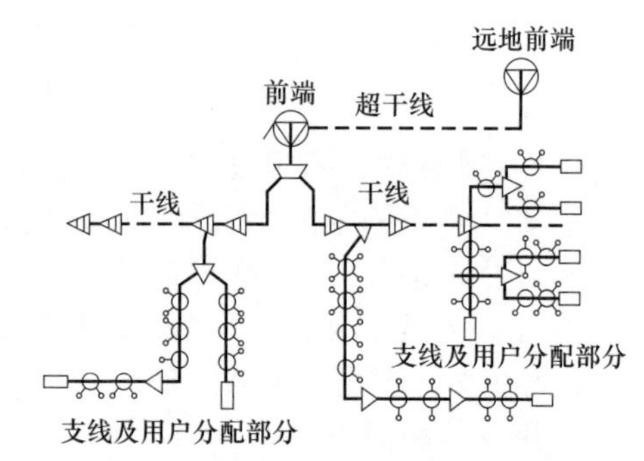

图 3-113　有远地前端的系统模式

4. 有远地前端系统

其本地前端距信号源太远，应在信号源附近设置远地前端，经超干线将收到的信号送至本地前端，如图 3-113 所示。

图 3-114 是某综合楼有线电视系统的图例及有线电视常用图例。

图例说明

序号	图例	图例名称/材料名称
1		延长放大器
2		用户放大器
3		两分配器
4		三分配器
5		四分配器
6		二分支器
7		四分支器
8		六分支器
9		终端电阻

(a) 有线电视系统图例

编号	图例	含义
A.0.1		本地(远地)前端
A.0.2		中心前端
A.0.3		干线放大器
A.0.4		干线桥接放大器
A.0.5		桥接放大器
A.0.6		延长放大器
A.0.7		分配放大器
A.0.8		分配器
A.0.9		分支器
A.0.10		定向耦合器
A.0.11		终端负载

(b) 有线电视常用图例

图 3-114　某综合楼有线电视系统的图例及有线电视常用图例

（三）施工图识图

1. 建筑整体情况分析

同前。不再赘述。

2. 设计说明

在本栋综合楼的有线电视系统图中可以看到，系统没有接收信号源，直接从市有线电视网接入信号，进入五层放大器。

第一条：本系统为750MHz双向邻频传输有线电视分配系统，放大器设在五层弱电井内，采用分配分支方式。

第二条～第四条表示采用电缆的规格是4屏蔽层物理发泡同轴电缆SYWV-75-5-4P。

第五条～第六条表示进入房间前电缆的布放位置。第七条～第八条说明了分支分配器的规格、接口要求。

第九条～第十二条说明放大器的电气指标要求。

第十三条～第十八条强调了防雷、接地的要求。

用户终端电平为（70±5）dB。

3. 有线电视系统五层内容的识图

图3-115为某综合楼有线电视的系统图。在该系统图中，图面显得比较繁琐。从最右侧仔细看，发现市有线电视信号引入到五层，直接进入放大器，型号是4735H-220V，这里104dB表示它的输出电平。220V为市电供电，机房表示在五层的弱电井内。

9F 16个
TV9-13 TV9-14 TV9-9 TV9-10 TV9-5 TV9-6 TV9-1 TV9-2
28m/73dB 30m/72dB 27m/73dB 26m/72dB 17m/73dB 16m/72dB 7m/73dB 16m/72dB
TA410G TA412G TA414G TA414G
TV9-16 TV9-16 TV9-11 TV9-12 TV9-7 TV9-8 TV9-3 TV9-4
32m/73dB 28m/72dB 26m/73dB 24m/72dB 16m/72dB 14m/72dB 9m/73dB 14m/72dB
SYWV-75-5-4P

8F 16个
TV8-13 TV8-14 TV8-9 TV8-10 TV8-5 TV8-6 TV8-1 TV8-2
28m/73dB 30m/72dB 27m/73dB 26m/72dB 17m/73dB 16m/72dB 7m/73dB 16m/72dB
TA410G TA412G TA414G TA414G
TV8-16 TV8-16 TV8-11 TV8-12 TV8-7 TV8-8 TV8-3 TV8-4
32m/73dB 28m/72dB 26m/73dB 24m/72dB 16m/73dB 14m/72dB 9m/73dB 14m/72dB

7F 16个
TV7-13 TV4-14 TV7-9 TV7-10 TV7-5 TV7-6 TV7-1 TV7-2
28m/73dB 30m/72dB 27m/73dB 26m/72dB 17m/73dB 16m/72dB 17m/73dB 16m/72dB
TA410G TA412G TA414G TA414G
TV7-16 TV7-16 TV7-11 TV7-12 TV7-7 TV7-8 TV7-3 TV7-4
32m/73dB 28m/72dB 26m/73dB 24m/72dB 16m/73dB 14m/72dB 9m/73dB 14m/72dB
20m

6F 16个
TV6-13 TV6-14 TV6-9 TV6-10 TV6-5 TV6-6 TV6-1 TV6-2
28m/73dB 30m/72dB 27m/73dB 26m/72dB 17m/73dB 16m/72dB 17m/73dB 16m/72dB
TA410G TA412G TA414G TA414G
TV6-16 TV6-16 TV6-11 TV6-12 TV6-7 TV6-8 TV6-3 TV6-4
32m/73dB 28m/72dB 26m/73dB 24m/72dB 26m/73dB 14m/72dB 9m/73dB 14m/72dB

5F 16个
TV5-13 TV5-14 TV5-9 TV5-10 TV5-5 TV5-6 TV5-1 TV5-2
28m/73dB 30m/72dB 27m/73dB 26m/72dB 17m/73dB 16m/72dB 17m/73dB 16m/72dB
TA410G TA412G TA414G TA414G
TV5-16 TV5-16 TV5-11 TV5-12 TV5-7 TV5-8 TV5-3 TV5-4
32m/73dB 28m/72dB 26m/73dB 24m/72dB 16m/73dB 14m/72dB 9m/73dB 14m/72dB
4735H-220V
104dB
机房
监视用接口

4F 16个
TV4-13 TV4-14 TV4-9 TV4-10 TV4-5 TV4-6 TV4-1 TV4-2
28m/73dB 30m/72dB 27m/73dB 26m/72dB 17m/73dB 16m/72dB 7m/73dB 16m/72dB
TA410G TA412G TA414G TA414G
TV4-16 TV4-16 TV4-11 TV4-12 TV4-7 TV4-8 TV4-3 TV4-3
32m/73dB 28m/72dB 26m/73dB 24m/72dB 16m/73dB 14m/72dB 9m/73dB 14m/72dB

SYWV-75-5-4P
市有线电视信号接入

图3-115 某综合楼有线电视的系统图

以第一个房间的输出标识为例，“TV5-1”表示电视信息点，五层第一个插座。“7m/73dB”表示该插座距吊顶内的分支分配器的距离是7m，终端出口电平为73dB，在标准要求的范围内。“TA414G”表示这是个分支器。最后的小矩形“□”表示这是个终端电阻。

“4F16个”表示本层是第4层，共有电视信息点16个。图3-116是五层有线电视系统的部分平面图。

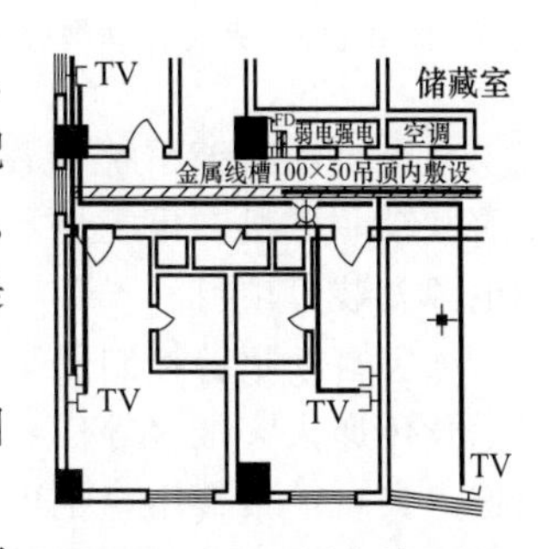

图3-116 五层有线电视系统的部分平面图

由图3-116中“弱电”竖井引入市有线电视信号的部分平面图号，也是放大器所在位置，由井内从放大器引出“SYWV-75-

5-4P”同轴电缆，进入“吊顶内敷设”的“金属线槽 100×50”内，沿着走道经 PC16 的塑料管沿墙到各个房间的墙上插座出口，该插座距地面 30mm。

4. 有线电视系统在八层的内容识图

第八层与第五层不同的是，五层引入了市有线电视信号，再经放大器放大输出。第八层有经放大器输出引上的同轴电缆，再经三分配器分到第七层和第九层，本层则通过吊顶内的四分支器，分支分配到各个终端。

5. 四、六、七、九层的内容识图

这几层从弱电井引入同轴电缆，进入“吊顶内敷设”的“金属线槽 100×50”内，沿着走道经 PC16 的塑料管沿墙到各个房间的墙上插座出口，该插座距地面 300mm。

6. 综合楼有线电视系统模式

在综合楼有线电视系统图里可以看出，市有线电视网信号，经放大器放大后进入分配系统，即本系统是无前端的系统模式。其规模很小，总共 96 个终端，不需传输干线，由前端直接引至用户分配网络。

四、火灾报警系统识图

火灾自动报警系统是用于尽早探测初期火灾并发出警报，以便采取相应措施（如疏散人员、呼叫消防队、启动灭火系统，操作防火门、防火卷帘、防烟和排烟风机等）的系统。

火灾自动报警与消防联动是现代消防工程的主要内容，其功能是自动监测区域内火灾发生时的热、光和烟雾，从而发出声光报警并联动其他设备的输出触点，控制自动灭火系统、紧急广播、事故照明、电梯、消防给水和排烟系统等，实现监测、报警和灭火自动化。

（一）火灾自动报警系统原理及组成

1. 火灾自动报警系统的工作原理

火灾初期所产生的烟和少量的热被火灾探测器接收，将火灾信号传输给区域报警控制器，发出声、光报警信号。区域（或集中）报警控制器的输出外控触点动作，自动向失火层和有关层发出报警及联动控制信号，并按程序对各消防联动设备完成启动、关停操作（也可由消防人员手动完成）。该系统能自动（手动）发现火情并及时报警，以控制火灾的发展，将火灾的损失减到最低限度。其工作原理如图 3-117 所示。

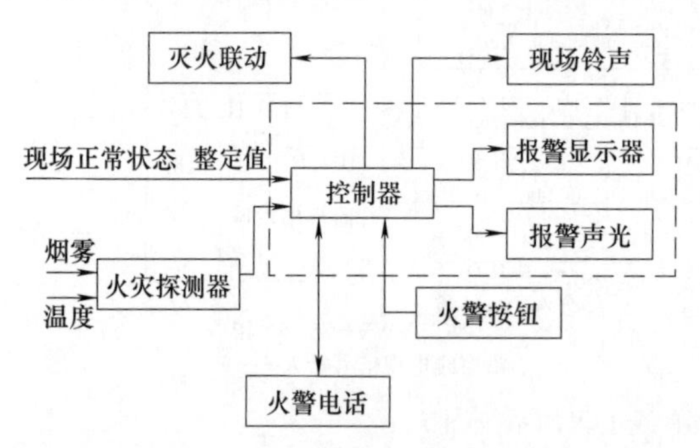

图 3-117 火灾自动报警系统的工作原理

2. 火灾报警控制器组成及种类

火灾自动报警系统是由触发装置、火灾报警装置及电源等部分组成的通报火灾发生的全套设备。

火灾自动报警系统安装包括探测器、按钮、模块（接口）、报警控制器、联动控制器、报警联动一体机、重复显示器、警报装置、远程控制器、火灾事故广播、消防通信和报警备用电源安装等项目。

火灾自动报警控制器是火灾报警及联动控制系统的心脏，它是给火灾探测器供电，接收显示及传递火灾报警等信号，并能输出控制指令的一种自动报警装置。火灾报警控制器可单独作火灾自动报警用，也可与自动防灾及灭火系统联动，组成自动报警联动控制系统。

火灾自动报警控制器种类繁多，从不同角度有不同分类。

① 按控制范围分为以下三类：

a. 区域火灾报警控制器：它直接连接火灾探测器，处理各种报警信息。一般由火警部位记忆显示单元、自检单元、总火警和故障报警单元、电子钟、电源、充电电源以及与集中报警控制器相配合时需要的巡检单元等组成。区域报警控制器有总线制区域报警器和多线制区域报警器之分。外形有壁挂式、立柜式和台式三种。区域报警控制器可以在一定区域内组成独立的火灾报警系统，也可以与集中报警控制器连接起来，组成大型火灾报警系统，并作为集中报警控制器的一个子系统。

b. 集中火灾报警控制器：它一般不与火灾探测器相连，而与区域火灾报警控制器相连，处理区域级火灾报警控制器送来的报警信号，常使用在较大型的系统中。集中报警控制器能接收区域报警控制器（包括相当于区域报警控制器的其他装置）或火灾探测器发来的报警信号，并能发出某些控制信号使区域报警控制器工作。集中报警控制器的接线形式根据不同的产品有不同的线制，如三线制、四线制、两线制、全总线制及二总线制等。

c. 通用火灾报警控制器：它兼有区域、集中两级火灾报警控制器的双重特点。通过设置或修改某些参数（可以是硬件或者是软件方面），既可作区域级使用，连接控制器，又可作集中级使用，连接区域火灾报警控制器。

② 按结构形式分为以下三类：

a. 壁挂式火灾报警控制器：连接探测器回路相应少一些，控制功能较简单，区域报警器多采用这种形式。

b. 台式火灾报警控制器：连接探测器回路数较多，联动控制较复杂，使用操作方便，集中报警器常采用这种形式。

c. 立柜式火灾报警控制器：可实现多回路连接，具有复杂的联动控制，集中报警控制器属于此类型。

③ 按内部电路设计分为以下两类：

a. 普通型火灾报警控制器：其内部电路设计采用逻辑组合形式，具有成本低廉、使用简单等特点。虽然其功能较简单，但可采用以标准单元的插板组合方式进行功能扩展。

b. 微机型火灾报警控制器：其内部电路设计采用微机结构，对软件及硬件程序均有相应的要求，具有功能扩展方便、技术要求复杂、硬件可靠性高等特点，是火灾报警控制器的首选形式。

④ 按系统布线方式分为以下两类：

a. 多线制火灾报警控制器：其探测器与控制器的连接采用一一对应的方式。每个探测器至少有一根线与控制器连接，有五线制、四线制、三线制和两线制等形式，但连线较多，仅适用于小型火灾自动报警系统。

b. 总线制火灾报警控制器：控制器与探测器采用总线方式连接，所有探测器均并联或串联在总线上，一般总线有二总线、三总线和四总线。其连接导线大大减少，给安装、使用及调试带来较大方便，适于大、中型火灾报警系统。

⑤ 按信号处理方式分为以下两类：

a. 有阈值火灾报警控制器：该类探测器处理的探测信号为阶跃开关量信号，对火灾探测器发出的报警信号不能进一步处理，火灾报警取决于探测器。

b. 无阈值模拟量火灾报警控制器：这类探测器处理的探测信号为连续的模拟量信号，其报警主动权掌握在控制器方面，可具有智能结构，是现代化报警的发展方向。

⑥ 按防爆性能分为以下两类：

a. 防爆型火灾报警控制器：有防爆性能，常用于有防爆要求的场所，其性能指标应同时满足《火灾报警控制器通用技术条件》及《防爆产品技术性能要求》两个国家标准的要求。

b. 非防爆型火灾报警控制器：无防爆性能，民用建筑中使用的绝大多数控制器为非防爆型。

⑦ 按容量分为以下两类：

a. 单路火灾报警控制器：控制器仅处理一个回路中探测器的火灾信号，一般仅用在某些特殊的联动控制系统。

b. 多回路火灾报警控制器：能同时处理多个回路中探测器的火灾信号，并显示具体的着火部位。

⑧ 按使用环境分为以下两类：

a. 陆用型火灾报警控制器：在建筑物内或其附近安装，是消防系统中通用的火灾报警控制器。

b. 船用型火灾报警控制器：用于船舶、海上作业，其技术性能指标相应提高，如工作环境温度、湿度、耐腐蚀、抗颠簸等要求高于陆用型火灾报警控制器。

火灾报警施工图一般包括系统图、设备布置平面图、接线图和安装图。常用图例如表3-16所示。

表 3-16 火灾报警与消防控制图例

序号	图例	说明	相关标准
1	[★]	需区分火灾报警装置 “*”用下述字母代替： C—集中型火灾报警控制器 Central fire alarm control unit Z—区域型火灾报警控制器 Zone fire alarm control unit G—通用火灾报警控制器 General fire alarm control unit S—可燃气体报警控制器 Combustible gas alarm control unit	GA/T 229—1999 3.2+标注
2	[★]	需区分火灾控制、指示设备 “*”用下述字母代替： RS—防火卷帘门控制器 Electrical control box for fire—resisting rolling shutter RD—防火门磁释放器 Megnetic releasing device for fire—resisting door I/O—输入/输出模块 I/O module O—输出模块 Output module I—输入模块 Input module P—电源模块 Power supply module T—电信模块 Telecommunication module SI—短路隔离器 Short circuit isolator M—模块箱 Module box SB—安全栅 Safety barrier D—火灾显示盘 Fire display panel FI—楼层显示盘 Floor indicator CRT—火灾计算机图形显示系统 Computer fire figure displaying system FPA—火警广播系统 Public—fire alarm address system MT—对讲电话主机 The main telephone set for two—way telephone	GB/T 4327—1993 3.7(eqv ISO 6790—2.7)+标注
3	[CT]	缆式线型定温探测器 Cable line—type fixed temperature detector	GB/T 4327—1993 3.8(eqv ISO 6790—2.8)+标注
4	[ↆ]	感温探测器 Heat detector	GB/T 4327—1993 3.8(eqv ISO 6790—2.8)+GB/T 4327—1993 4.5.1(eqv ISO 6790—3.5.1)

续表

序号	图例	说　　明	相关标准
5	N	感温探测器(非地址码型) Heat detector(non-addressable code type)	GB/T 4327—1993 3.8(eqv ISO 6790—2.8)+GB/T 4327—1993 4.5.1(eqv ISO 6790—3.5.1)+标注
6		感烟探测器　Smoke detector	GB/T 4327—1993 6.11(eqv ISO 6790—5.11)
7	N	感烟探测器(非地址码型) Smoke detector(non-addressble code type)	GB/T 4327—1993 6.11(eqv ISO 6790—5.11)+标注
8	EX	感烟探测器(防爆型) Smoke detector(explosion-proof type)	GB/T 4327—1993 6.11(eqv ISO 6790—5.11)+标注
9		感光火灾探测器　Flame detector	GB/T 4327—1993 3.8(eqv ISO 6790—2.8)+GB/T 4327—1993 4.5.1(eqv ISO 6790—3.5.1)
10		气体火灾探测器(点式)　Gas detector(point type)	GB/T 4327—1993 6.12(eqv ISO 6790—5.12)
11		复合式感烟感温火灾探测器 Combination detector,smoke and heat	GA/T 229—1999 6.1.19
12		复合式感光感烟火灾探测器 Combination detector,flame and smoke	GA/T 229—1999 6.1.20
13		点型复合式感光感温火灾探测器 Combination detector,flame and heat	GA/T 229—1999 6.1.21
14		线型差定温火灾探测器　Line-type rate-of-rise and fixed temper ature detector	GA/T 229—1999 6.1.23
15		线型光束感烟火灾探测器(发射部分) Infra-red beam line-type smoke detector(emitter)	GA/T 229—1999 6.1.27
16		线型光束感烟火灾探测器(接收部分) Infra-red beam line-type smoke detector(receiver)	GA/T 229—1999 6.1.28
17		线型光束感烟感温火灾探测器(发射部分) Infra-red beam line-type smoke and heat detector(emitter)	GA/T 229—1999 6.1.30
18		线型光束感烟感温火灾探测器(接收部分) Infra-red beam line-type smoke and heat detector(receiver)	GA/T 229—1999 6.1.31
19		线型可燃气体探测器 Line-type combustible gas detector	GA/T 229—1999 6.1.32
20		手动火灾报警按钮　Manual station	GB/T 4327—1993 3.8(eqv ISO 6790—2.8)+GB/T 4327—1993 4.5.5(eqv ISO 6790—3.5.5)
21		消火栓启泵按钮　Pump starting button in hydrant	GA/T 229—1999 6.1.34
22		水流指示器　Flow switch	GA/T 229—1999 6.1.35
23	P	压力开关　Pressure switch	GB/T 4327—1993 3.8(eqv ISO 6790—2.8)+标注
24		带监视信号的检修阀　Remote signalling check valve	GB/T 4327—1993 4.4.1(eqv ISO 6790—3.4.1)
25		报警阀　Alarm valve	
26		防火阀(需表示风管的平面图用)　Fire-resisting damper	GBJ 114—1988 第七节 6

续表

序号	图例	说　明	相关标准
27		防火阀(70℃熔断关闭)　Fire-resisting damper(shut off 70℃)	
28		防烟防火阀(24V控制70℃熔断关闭)　Smoke control/fire-resisting damper(open w/24V electric control,shut off 70℃)	
29		防火阀(280℃熔断关闭)　Fire-resisting damper(shut off 280℃)	
30		防烟防火阀(24V控制280℃熔断关闭)　Smoke control/fire-resisting damper(open w/24V electric control,shut off 280℃)	
31		增压送风口	
32	SE	排烟口	
33		火灾报警电话机(对讲电话机)　Speaker-phone(or two-way telephone)	GB/T 4327—1993 6.13(eqv 6790—5.14)
34		火灾电话插孔(对讲电话插孔)　Jack for two-way telephone	GA/T 229—1999 6.3.19
35		带手动报警按钮的火灾电话插孔　Jack for two-way telephone with manual station	GB/T 4327—1993 3.8(eqv ISO 6790—2.8)+GA/T 229—1999 4.12
36		火警电铃　Alarm bell	GB/T 4327—1993 3.10(eqv ISO 6790—2.10)+GB/T 4327—1993 4.6.1(eqv ISO 6790—3.6.1)
37		警报发声器　Alarm sounder	GB/T 4327—1993 6.15(eqv ISO 6790—5.16)
38		火灾光警报器　Alarm illuminared signal	GA/T 229—1999 6.4.4
39		火灾声光警报器　Audio-visual fire alarm	GA/T 229—1999 6.4.5
40		火灾警报扬声器　Fire alarm loudspeaker	GA/T 229—1999 6.4.6
41	IC	消防联动控制装置　Integrated fire control device	GB/T 4327—1993 3.7(eqv ISO 6790—2.7)+标注
42	AFE	自动消防设备控制装置 Device for controlling automatic fire equipments	GB/T 4327—1993 3.7(eqv ISO 6790—2.7)+标注
43	EEL	应急疏散指示标志灯 Emergency exit indicating luminaires	GB/T 4327—1993 3.7(eqv ISO 6790—2.7)+标注
44	EEL	应急疏散指示标志灯(向右) Emergency exit indicating luminaires(right)	GB/T 4327—1993 3.7(eqv ISO 6790—2.7)+标注
45	EEL	应急疏散指示标志灯(向左) Emergency exit indicating luminaires(left)	GB/T 4327—1993 3.7(eqv ISO 6790—2.7)+标注
46	EL	应急疏散照明灯 Emergency escape indicating sign luminaires	GB/T 4327—1993 3.7(eqv ISO 6790—2.7)+标注
47		消火栓　Hydrant	

(二)火灾报警施工图识图

1. 建筑整体情况分析

① 本楼属于综合楼性质，包含了公共大厅、办公室和客房等使用功能。

② 本工程为一类高层建筑。火灾自动报警系统的保护等级按一级保护。

③ 火灾自动报警系统、消防联动控制系统、火灾应急广播系统、消防直通对讲电话系

统、应急照明控制系统。

2. 设计说明

第二条说明综合楼概况及系统组成。

第三条说明消防控制室位置、组成和功能。

第四条说明火灾自动报警系统控制模式、探测器、报警按键及声光报警装置的设置位置。所谓总线制，即每条回路只有两条报警总线（控制信号线和被控制设备的电源线不包括在内），应用了地址编码技术的火灾探测器、火灾报警按钮及其他需要向火灾报警中心传递信号的设备（一般是通过控制模块转换）等，都直接并接在总线上。

第五条说明消防联动装置的设备，在消防控制室，对消火栓泵、自动喷淋泵、加压送风机、排烟风机和多线手动控制，并接收其反馈信号。

第六条说明火灾应急广播系统主机位置、输出方式、火情时启动要求。

第七条说明消防直通对讲电话系统设置、安装要求。

第八条说明电源及接地要求。

第九条说明消防系统线路敷设要求。

第十条说明系统的成套设备，包括报警控制器、联动控制台、CRT 显示器、打印机、应急广播、消防专用电话总机、对讲录音电话及电源设备等，如图 3-118 所示。均由该承包商成套供货，并负责安装、调试。

图 3-118 常用设备

3. 综合楼一层内容的识图

本施工图中包括火灾自动报警系统图和消防控制室设备布置平面图。

4. 系统图分析

从系统图中可以知道，消防控制中心设在一层。火灾报警与消防联动控制核心设备的型号为 JB QG/T GST5000，是联动型火灾报警控制器，JB 为国家标准中的火灾报警控制器，其他多为产品开发商的系列产品编号。消防电话设备的型号为 GST TS Z01A；消防广播设备型号为 GST GF500；电源设备型号为 GST LD D02，多线制控制盘型号为 GST LD KZ014，这些设备一般是产品开发商配套生产的。

(1) 配线标注情况

消防电话线：电话线 NH RVS 2×1.5 G20，其含义为：耐火型、铜芯聚氯乙烯绝缘绞型软线、两根线芯截面 1.5mm^2、保护管为直径 20mm 的钢管。

消防广播线：ZR BV 450/7502×2.5（以对数计），其含义为：阻燃、铜芯聚氯乙烯绝缘、450 是指火地电压、750 是指相间电压、两根 2.5mm^2、保护管为直径 20mm 的钢管。

直接控制线：ZR KVV n×1.5，其含义为：阻燃、聚氯乙烯绝缘、聚氯乙烯护套、控制电缆 n 根 1.5mm^2。

消火栓按钮报警线：NH RVS 4×1.5 G20。

信号线：NH RVS 2×1.5。

24V 电源线：24VDC 电源至竖井为 ZR BV 450/7502×6 导线，至各层为 ZR BV 450/7502×2.5 导线。

多线联动控制线，所谓消防联动主要指这部分，这部分的设备是跨专业的，比如消防水泵、喷淋泵的启动；防烟设备的关闭，排烟设备的打开；工作电梯轿厢下降到底层后停止运行，消防电梯投入运行等，究竟有多少需要联动的设备，在火灾报警与消防联动的平面图上是不进行表示的，只有在动力平面图中才能表示出来。

（2）接线端子箱/隔离模块

从系统图中可以知道，每层楼安装一个接线端子箱，端子箱中安装有短路隔离模块SAN1726A，其作用是当某一层的报警总线发生短路故障时，将发生短路故障的楼层报警总线断开，就不会影响其他楼层的报警设备正常工作了。

（3）重复（火灾）显示盘

每层楼安装一个重复（火灾）显示盘ZF101，可以显示对应的楼层，显示盘接有RS 485通信总线，火灾报警与消防联动设备可以将信息传送到火灾显示盘AR上，显示火灾发生的楼层。显示盘因为有灯光显示，所以还要接主机电源总线。

（4）消火栓箱报警按钮

消火栓箱报警按钮也是消防泵的启动按钮（在应用喷水枪灭火时），消火栓箱是人工用喷水枪灭火最常用的方式。当人工用喷水枪灭火时，如果给水管网压力低，就必须启动消防泵，消火栓箱报警按钮是击碎玻璃式（或有机玻璃），将玻璃击碎（也有按压式，需要专用工具将其复位），按钮将自动动作，接通消防泵的控制电路，及时启动消防水泵（如过早启动水泵，喷水枪的压力会太高，使消防人员无法手持水枪）。同时也通过报警总线向消防报警中心传递信息。因此，每个消火栓箱报警按钮也占一个地址码。

（5）火灾报警按钮

火灾报警按钮是人工向消防报警中心传递信息的一种方式，一般要求在防火区的任何地方至火灾报警按钮不超过30m，火灾报警按钮也是击碎玻璃式或按压玻璃式，发生火灾而需要向消防报警中心报警时，击碎火灾报警按钮玻璃就可以通过报警总线向消防报警中心传递信息。每一个火灾报警按钮也占一个地址码。火灾报警按钮与消火栓箱报警按钮是不能相互替代的，火灾报警按钮是可以实现早期人工报警的，而消火栓箱报警按钮只有在应用喷水枪灭火时才能进行人工报警。

（6）水流指示器

每层楼一个，由此可以推断出，该建筑每层楼都安装有自动喷淋灭火系统。火灾现场超过一定温度时，自动喷淋灭火的喷头感温元件熔化或炸裂，系统将自动喷水灭火，此时需要启动喷淋泵加压。水流指示器安装在喷淋灭火给水的支干管上，当支干管有水流动时，其水流指示器的电触点闭合，通过控制模块接入报警总线，向消防报警中心传递信息。每一个水流指示器也占一个地址码。喷淋泵是通过压力开关启动加压的。

（7）感温火灾探测器

感温火灾探测器主要应用在火灾发生时，产生烟或平时可能有烟的场所，例如车库、餐厅等地方。

（8）感烟火灾探测器

该建筑应用的感烟火灾探测器数量较多。

（9）其他消防设备

输入输出控制模块GST LD 8301，该控制模块是将报警控制器送出的控制信号放大，再控制需要动作的消防设备。排烟、空气处理机和新风机是中央空调设备。发生火灾时，要求其停止运行，控制模块就发出通知其停止运行的信号；正压送风机在一层有5台。还有非消防电源（正常用电）配电箱，火灾发生时需要切换消防电源；电源自动切换箱；消火栓；

自动喷淋。广播有服务广播和消防广播，两者的扬声器合用，发生火灾时切换成消防广播。

以系统图一层为例，纵向自左至右第1行第一个图形符号为手动报警按钮，2表示本层有两个；第二个图形符号为广播切换模块及扬声器，8表示在本层数量；第三个C1表示控制模块，连接声光报警器，数字6表示在本层数量；第四个SFK表示正压送风机；第五列和第六列AL表示照明配电箱，前边数字表示楼层编号；第七列ALE表示应急照明配电箱，前边数字表示楼层，后边的表示水流指示器、报警信号阀、消火栓按钮、手动报警按钮、感烟探测器和显示盘。

负一楼从左至右依次为报警电话/带电话插孔的手动报警按钮、扬声器、喷淋/消火栓控制箱、排烟防火阀、应急照明配电箱、照明配电箱、电源自动切换箱、水流指示器（每层一个）、报警阀、消火栓按钮、手动报警按钮、感温探测器、感烟探测器和重复（火灾）显示盘。

火灾报警控制器的右侧有电源线和总线信号线，系统有18个回路，其中负一楼是Z1、Z2和Z3三个回路。

消火栓箱报警按钮的连接线为4根线，这是因为消火栓箱内还有水泵启动指示灯，而指示灯的电压为直流24V的安全电压，因此形成了两个回路，每个回路仍然是两线。同时每个消火栓箱报警按钮也与报警总线相接。

火灾报警按钮也与消防电话线连接，每个火灾报警按钮板上都设置有电话插孔，插上消防电话即可使用。

左侧有广播总线、电话总线和多线制控制线。

5. 平面图分析

（1）配线基本情况

阅读平面图时，要从消防报警中心开始。消防报警中心在一层，将其与本层及上、下层之间的连接导线走向关系搞清楚，就容易理解工程情况了。来自消防报警中心的报警总线必须经隔离模块G，进入各楼层的接线端子箱（火灾显示盘ZF10——本层的控制主机）后，再向其编址设备配线；消防电话线只与火灾报警按钮及火警电话有连接关系；联动控制总线只与控制模块所控制的设备有连接关系；广播总线只与广播切换模块连接的广播有连接关系；主机电源总线只与火灾显示盘和控制模块所控制的设备有连接关系；负一楼消火栓按钮报警控制线只与消防水泵房双电源切换箱（与消防水泵连接）及消火栓按钮有连接关系。

从平面图中可以看到，从消防控制柜中引出三条回路，最左边是广播总线，是先从控制器出来，为本层广播配线后，再经前厅D轴向上向下引至各层。然后是消防电话回路，先引出至本层办公门厅带电话插孔的按钮，一路到消防控制室内消防电话，另一路到前厅D轴的按钮，再向上向下引至各层。第三条是总线从消防控制室引出到办公门厅前的火灾显示盘，到本层的探测器，再向上向下引到各层的显示盘。系统中还有直接控制线，向下引到负一层控制消火栓泵、自动喷淋泵启停；向上引至顶层控制电梯等设备。消火栓按钮控制线接到本层的消火栓按钮后直接向上向下引至各层。

（2）其他各层情况

一层以外各层接收从一层消防控制室引来的广播、电话、消防总线、消火栓按钮控制线然后接到相关设备上。负一层将消火栓按钮控制线接到消防泵控制器上；将直接控制线接到8302C切换模块控制消防泵启动。顶层将直接控制线引至8302C控制电梯强制归首层。

五、公共安全管理技防系统图

采用现代科学技术的日益健全完善的公共安全管理设施，是构成各类智能建筑的重要组成部分，是向金融业务楼、商业办公楼、宾馆酒店、公寓楼等建筑内办公和居住的人们提供舒适便利及安全保障的可靠基础。

公共安全技防系统种类比较多，其产品及结构形式更是五花八门，读图时应首先了解对使用功能及控制的要求，了解产品的性能。

（一）公共安全管理技防系统的种类及简介

1. 出入口控制系统

出入口控制系统，是在建筑物的主要管理区的出入口、电梯厅、主要设备控制中心机房、贵重物品的库房等重要部位的通道口安装门磁开关、电控锁或读卡机等控制装置，由中心控制室监控，系统采用计算机进行多重任务处理，能够对各通道口的位置、通行对象及通行时间等实时进行控制或设定程序控制，适合银行、金融贸易楼、综合办公楼的公共安全管理。

出入口系统的功能：

① 权限管理：对人员出入权限设置、更改、取消、恢复。

② 存储功能：存储人员出入的日期、时间、卡号、是否非法等相关信息。

③ 集中管理：后台管理工作站建立用户资料库，定期或实时采集每个出入口的进出资料，同时可按各用户进行汇总、查询、分类、打印等。

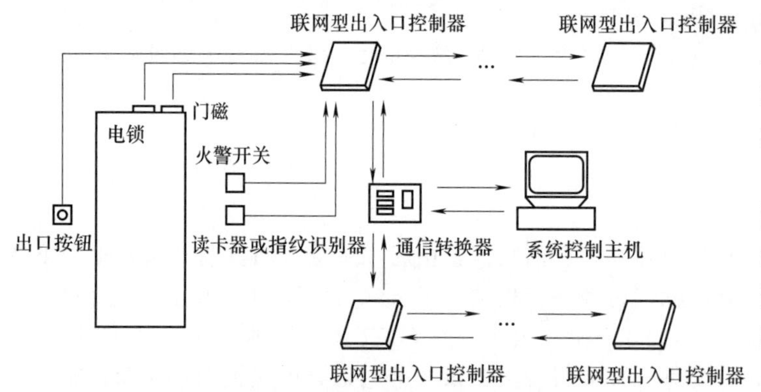

图 3-119　联网型出入口系统的组成框图

④ 异常报警：非法闯入、门锁被破坏等情况出现时，系统会向管理中心发出实时报警。

⑤ 联动功能：可实现消防联动，当出现火警等情况时，由中心统一开启出入通道，可同时启动监控系统实现实时监控。

图 3-119 为联网型出入口系统的组成框图。

2. 防盗报警系统

防盗报警系统，是采用红外或微波技术的信号探测器，在一些无人值守的部位，根据各部位的重要程度和风险等级要求，设置不同的探测器，通过有线或无线的方式，传递到中心控制值班室，达到报警及时、可靠、准确无误的要求，是建筑物中保安技防重要的技术措施。防盗报警系统产品分为多线制报警系统和总线制报警系统，多线制报警系统中的各探测器与入侵报警主机采用星形连接，线缆的芯数与探测器的种类有关，一般用于小型系统；总线制系统则是在各防区分别设置总线编址器，防区内探测器分别与编址器采用星形连接，各防区的编址器与报警主机之间采用总线连接，编址探测器可直接与总线连接，适于大中型入侵报警系统。图 3-120 为防盗报警系统框图。

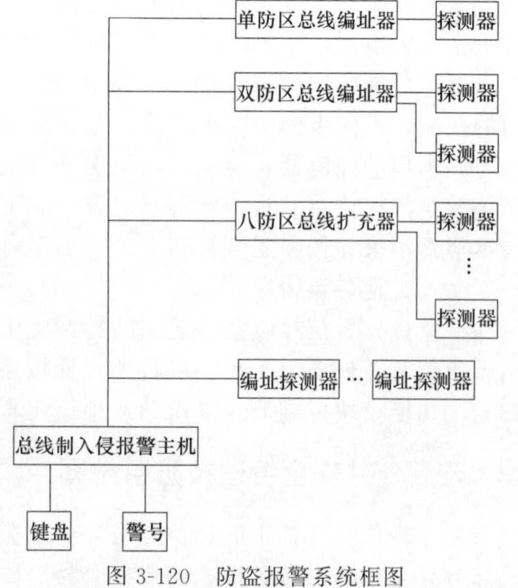

图 3-120　防盗报警系统框图

各种报警探测器的安装要求见表 3-17。

3. 闭路电视监控系统

闭路电视能在人们无法或不可能直接观察的场所，实时、真实、形象地显示被监控对象的画面，这是闭路电视系统在现代建筑中所起的独特作用和被广泛应用的重要原因。

系统宜由摄像、传输、显示、控制四个部分组成，需记录监视目标的图像时，应设置录像装置。摄像部分包括摄像机、镜头；传输部分包括传输电（光）缆、视频分配器、电缆均衡器、电缆均衡放大器等；显示部分包括切换控制器、监视器；控制部分包括控制器、电动云台、云台控制器等。

表 3-17 各种报警探测器的安装要求

报警器名称		工作场所	安装及使用要求
微波	多普勒式	室内	不得正对窗、门帘、车辆、荧光灯、大型金属物，避免室外运动物体影响
	阻挡式	室内、外	微波波速传播途径内不得有树木、流水或小动物穿行
红外	被动式	室内	目标背景应避开暖气、空调及运动物体，应避开门窗，不得有光线直射探头。应靠墙安放，考虑防震措施
	阻挡式	室内、外	镜头应防尘，当气候恶劣时，应与其他类型的探测器配合使用
超声		室内	勿对着门窗、玻璃、软隔板，勿靠近空调、风扇、暖气，勿有阀门水噪声，应远离电话机，应靠墙安装，减少探测盲区
激光		室内、外	同阻挡式微波探测器
声控		室内	探头应靠近防范目标，避开风、雨等噪声的影响。防范多声源目标时，探测器应安放在声中心位置，使用时灵敏度应调节适当
电视报警器		室内、外	摄像镜头应指向顺光方向，尽量避开窗帘开闭、人工照明过大变化及闪电的影响
双技术报警器		室内	探头内两类探测器的灵敏度应保持均衡，以保证同时探测到两个信息

4. 保安人员巡逻管理系统

保安人员巡逻管理系统，是采用在设定程序路径上的巡视开关或读卡机，确保安保值班人员能够按照顺序在安防区域内的巡视站进行巡逻，同时保障保安人员的安全。

保安人员巡逻管理系统分为在线式和离线式两种，在线式系统的特点是能够实时显示巡逻地点的巡逻状态、巡逻事件及未巡逻报警等；离线式系统的特点是不需要布线，安装施工方便，但没有实时性。图 3-121 为在线式保安人员巡逻管理系统的框图。

图 3-121 在线式保安人员巡逻管理系统框图

5. 内部对讲系统

通过安保部门间、安保中心管理室间及它们之间的对讲通信联络，在紧急情况或有突发事件时作出迅速反应，以向公安机关报警。

6. 访客对讲和报警系统

访客对讲和报警系统是指在居住小区设置的能为来访客人与居室中的人提供双向通话和居住的人们遥控入口大门的电磁开关，它还包括向安保管理中心进行紧急报警。需要说明的是，现在有许多产品，将访客对讲与安全防范系统合并成多功能访客对讲系统。

访客对讲系统可分为多线制、总线加多线制和总线制系统。

（1）多线制系统

通话线、开门线、电源线共用，每户增加一条门铃线，该系统设备价格低、施工难度大、系统容量小、难扩充、线材耗用多、功能弱，目前较少使用，系统结构见图 3-122（a）。

（2）总线加多线制系统

采用数字编码技术，一般每一层有一个解码器，解码器之间采用总线连接，解码器与用户室内机之间采用星形连接，系统设备造价高、功能强大、施工较容易，可用于大型系统，系统结构如图 3-122（b）所示。

（3）总线制系统

将数字编码移至用户室内机中，省去了解码器，构成完全的总线连接，系统连接灵活，适用性强，但若系统内的某户发生短路，会造成整个系统不正常，系统结构如图 3-122（c）所示。

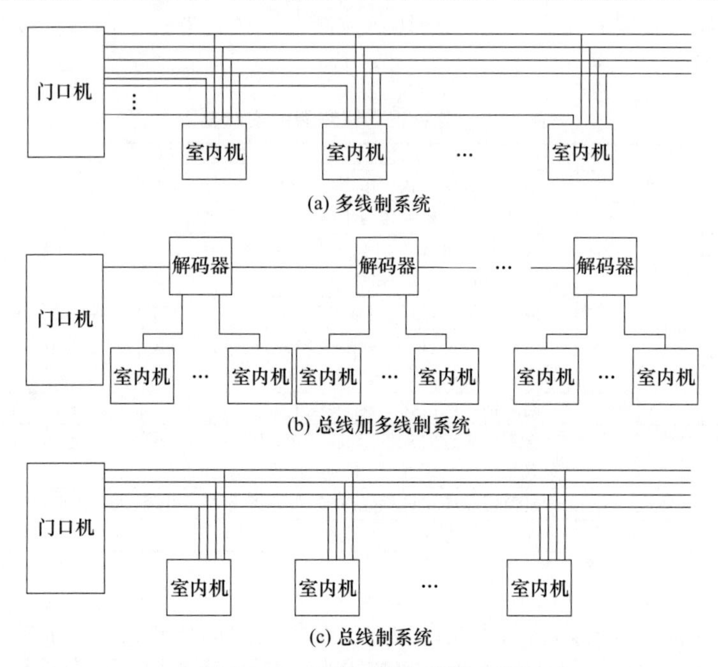

图 3-122　访客对讲和报警系统

（二）公共安全管理技防系统图识读

公共安全管理技防系统包含的内容比较多，本节就两个实例简介其识读。

1. 闭路监控系统图的识读

图 3-123 为某监舍的闭路监控系统图，图 3-124 为某监舍监控平面图。

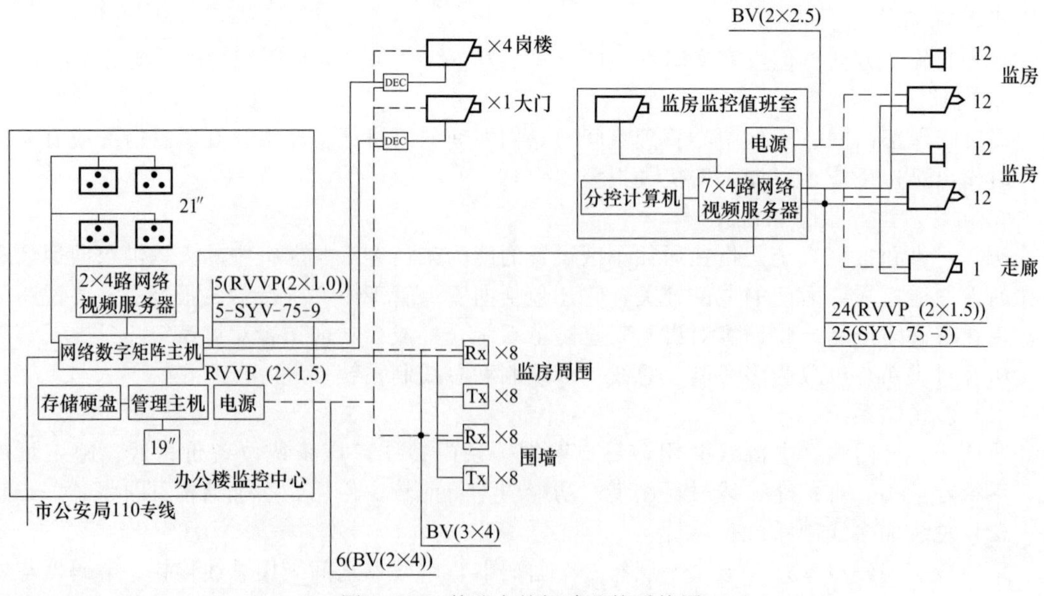

图 3-123　某监舍的闭路监控系统图

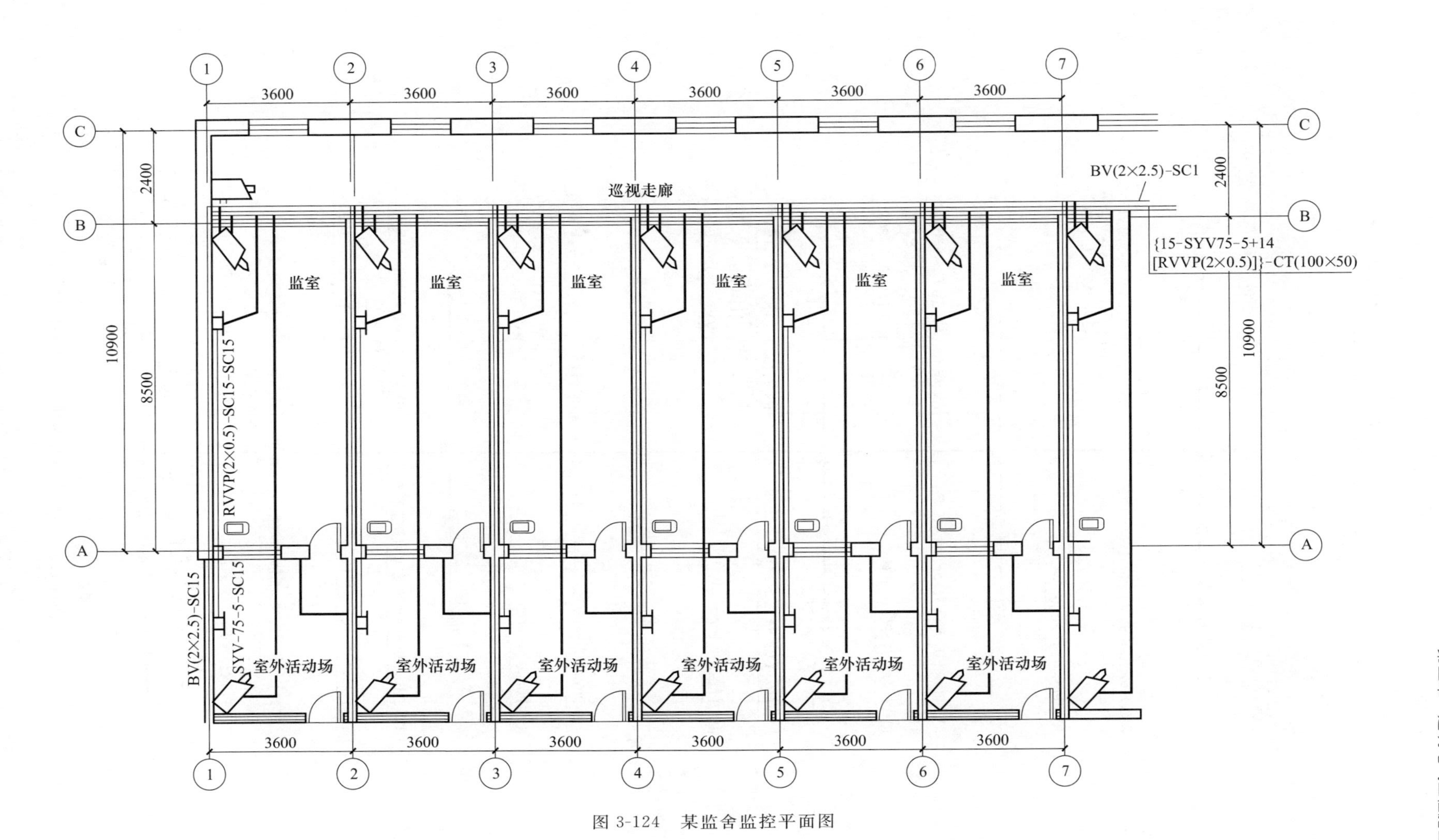

图 3-124　某监舍监控平面图

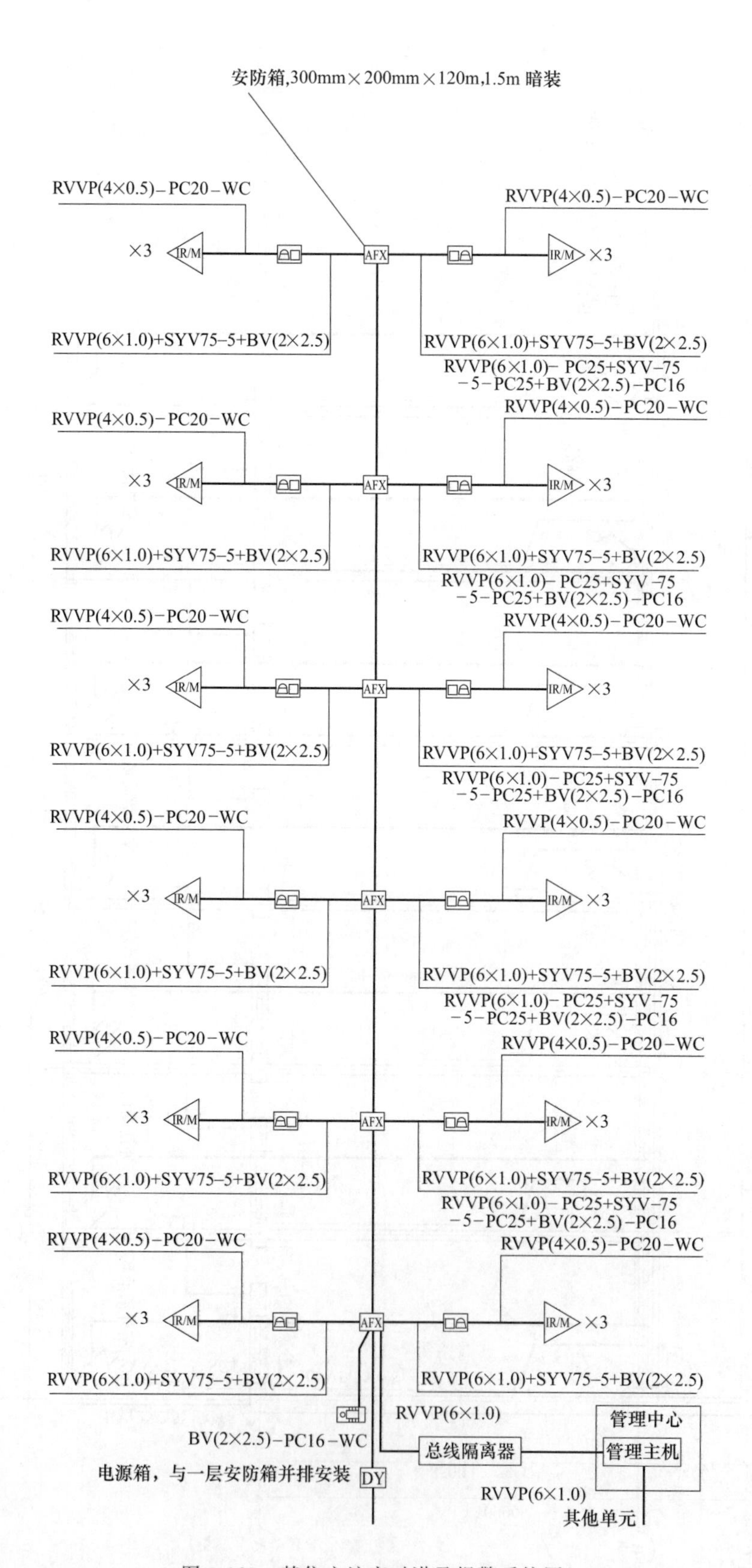

图 3-125　某住宅访客对讲及报警系统图

该看守所由一座办公楼和一排监舍组成，在每间监舍及放风间内设置低照度的黑白针孔摄像机，保证在白天及夜晚均能看清室内犯人的活动情况；监舍内的走廊上设置有低照度的黑白摄像机，用于观看监舍管教人员的工作情况，所有的监控信号送至看守所监控中心。在监舍四周的围墙及岗楼上设有摄像机，对围墙周围及整个监舍的室外进行全面监控。

在监舍围墙、看守所的围墙设置主动红外入侵探测器，全天处于监控状态，如有非法侵入，探测器就会感应到，立即报警。每间监舍、放风间设声音复核装置，用于监听监舍、放风间内犯人的对话，声音复核装置采用灵敏度极高的有源微音器。

系统布线：摄像机信号线采用 SYV75-5 同轴电缆，电源为设在监控值班室的电源装置提供 12V 直流电，导线采用 BV（2×2.5），声音复核器采用 RVVP（2×1.5），星形连接，所有信号线在监舍内的走廊内采用 100×50 金属线槽敷设，电源线单独穿管敷设。对于围墙摄像机，由于线路的距离较长，视频线采用 SYV75-9，电源线采用 BV（2×4）。

2. 访客对讲和报警系统图的识读

图 3-125 为某住宅的访客对讲及报警系统图，图 3-126 为其平面图。本工程为六层单元住宅，在单元的入口处设有可视门口对讲主机；在住户内设有带 8 防区的可视对讲分机；在客厅、卧室设有被动红外/微波双技术探测器，探测器安装在各房间的墙角处，可实现对整个房间及门、窗的有效监控；对讲室内机上设有与监控中心联络的手动报警按钮。本系统在楼道内设有安防箱，一层设电源箱，提供直流电源，管理主机至各门口机的系统总线采用 RVVP（6×1.0），每条管理主机至各门口机的系统总线加一台总线隔离器，由门口主机到各住户室内可视对讲室内机的总线为 RVVP（6×1.0）＋SYV75-5，室内对讲机电源线 BV（2×2.5），由一层安防电源箱供电。

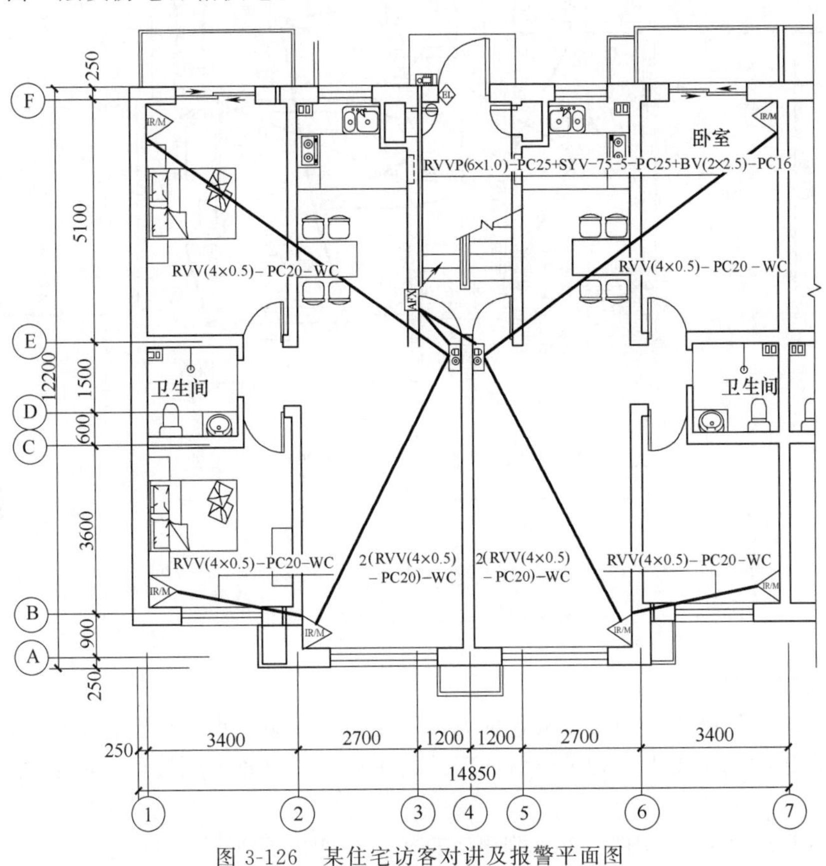

图 3-126　某住宅访客对讲及报警平面图

第八节 建筑电气施工图识读举例

现以某别墅的电气施工图（见图 3-127～图 3-133）为例，说明电气施工图的识读过程。

一、强电系统

图 3-127 和图 3-128 是直接在房屋平面图上绘制的某别墅一层及二层照明平面布置图。图 3-129 为该别墅的电气系统图。

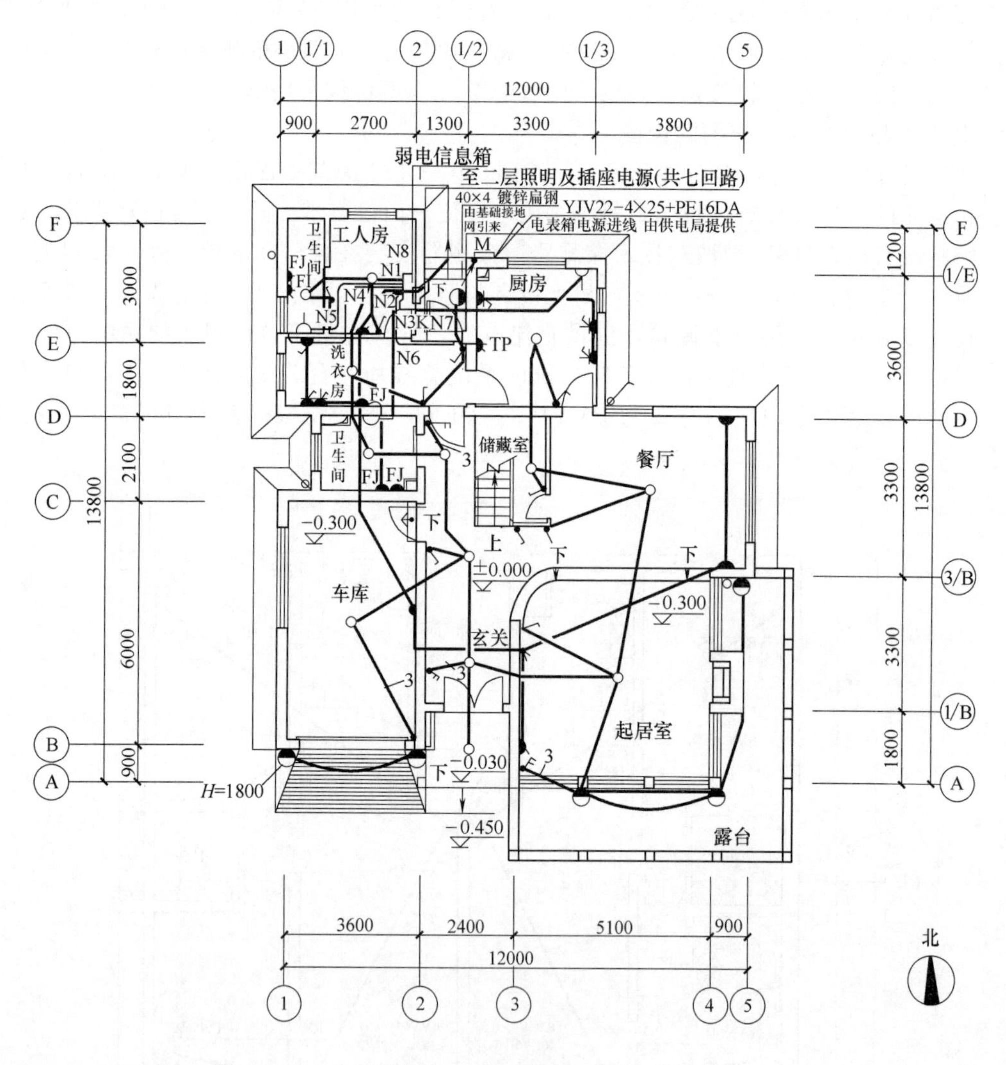

图 3-127 一层照明平面布置图

1. 电气施工说明

对于在建筑电气施工图中难以表达的设计基本指导思想、设计依据，未表达清晰的工程特点、安装方法的基本要求、相关设备的安装使用表明、注意事项等可以用电气工程施工说明来阐述。

本例的（见图 3-127～图 3-129）强电工程施工说明内容如下。

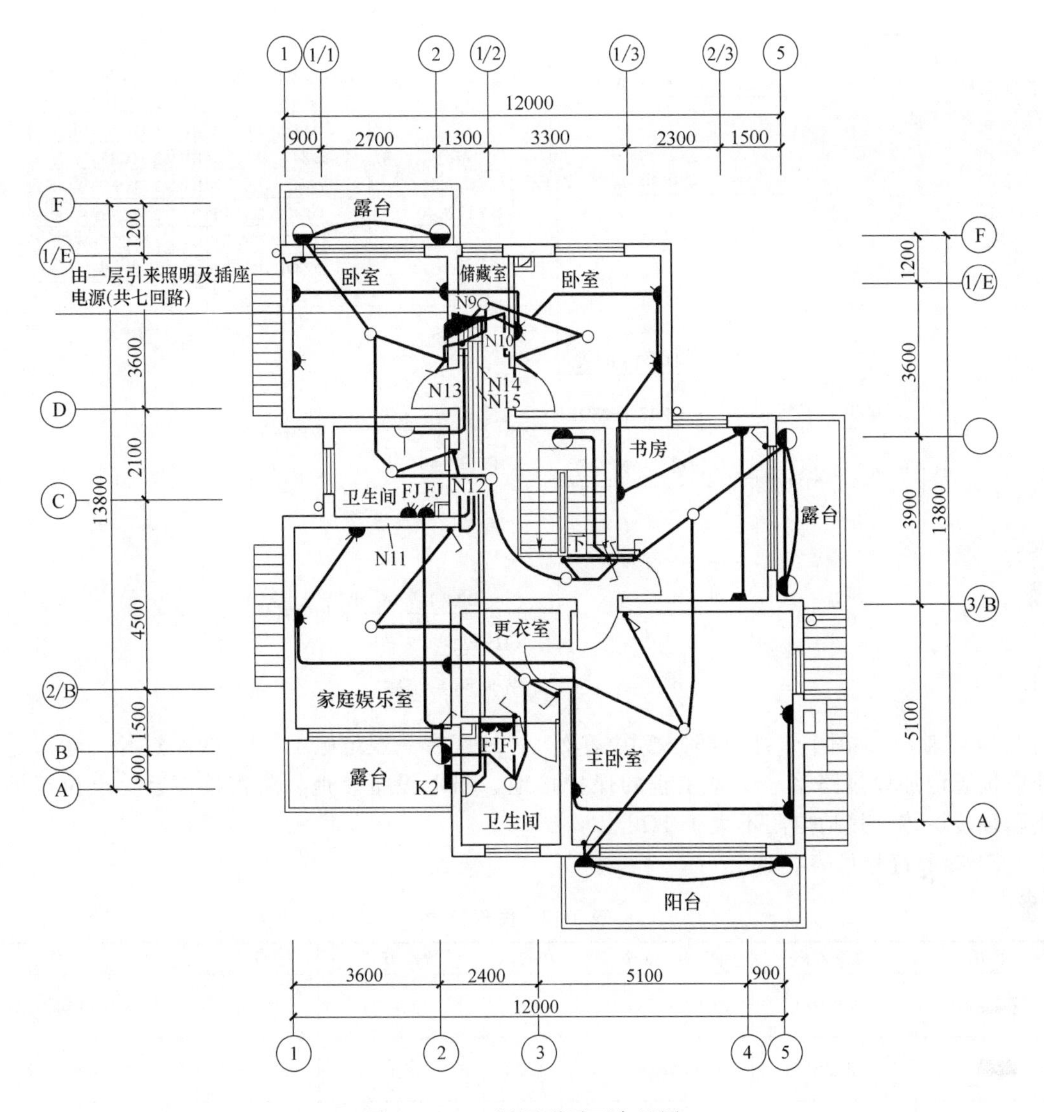

图 3-128　二层照明平面布置图

① 土建概况（略）。

② 设计依据及规范（略）。

③ 设计范围。从电源进户预埋管起，至室内照明、动力及建筑物防雷、保护接地。

④ 电源。电源由小区绿地内的箱式变电所引来（由供电所负责室外电源引入每户电表箱），按二级负荷供电，估算装机容量约每户 25kW。

⑤ 线路敷设。a. 照明线路采用 BV（2×2.5）VG20-PA 导线穿管暗敷。b. 住宅插座线路采用 BV（2×2.5）+PE2.5VG20-DA 穿管暗敷。c. 进户电缆沿预埋管敷设。d. 本工程配线采用刚性无增塑阻燃塑料管（VG），并配塑料盒暗敷在混凝土内。

⑥ 接地保护。采用 TT 制，在每个单元电源箱内设 PE 专用接地点，该接地点与基础接地网可靠连接。

所有在正常情况下不带电的电气设备的金属外壳、安全插座的接地桩头、电线金属保护软管均与 PE 接地主干线连通。底层设总等电位接地，各卫生间设局部等电位接地。

⑦ 防雷接地。按第三类防雷建筑物设置防雷措施。

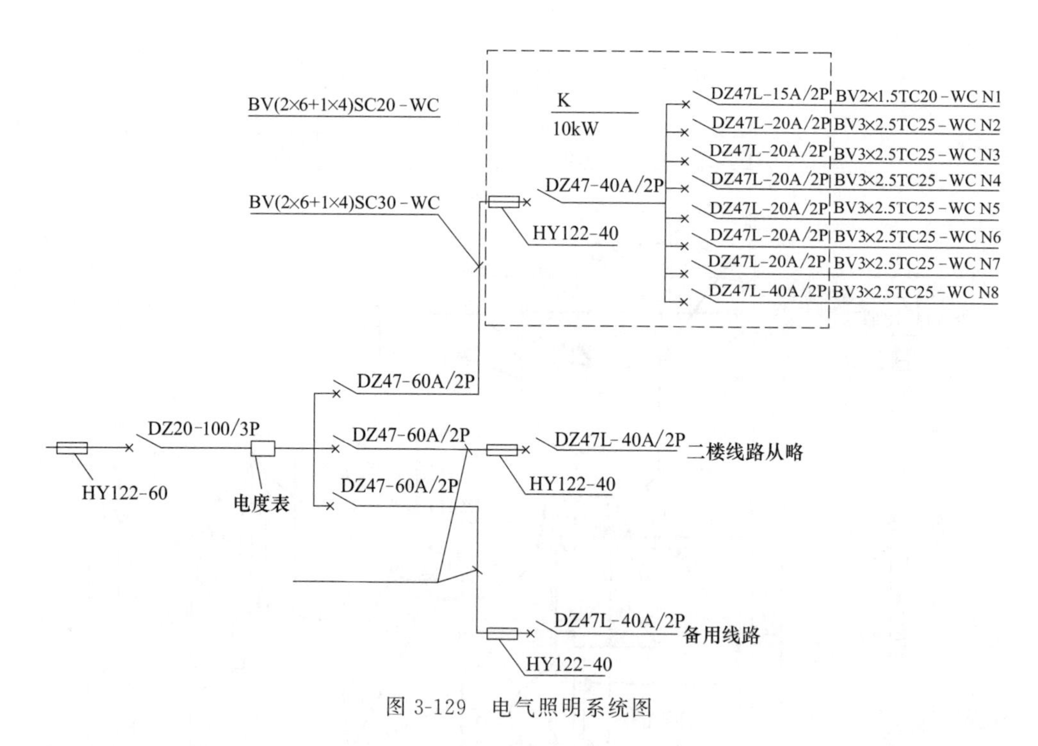

图 3-129 电气照明系统图

⑧ 其他。a. 图中未涉及部分按国家及××地区有关规定施工。b. 线路过长、弯头过多处应按规定加设过路箱。c. 本工程的保护接地、弱电设备接地、防雷接地、等电位接地构成联合接地体，接地电阻不大于1Ω。

⑨ 图形符号见表 3-18。

表 3-18 图形符号

图例	设备名称	型号及规格	单位	敷设方式	敷设高度/m	部位
M	电业电表箱	ZDBX-(三相)	台	嵌墙	下口离地 1.4	供电局提供
K	住户配电箱	8GB-36R	台	嵌墙	下口离地 1.4	储藏室内
	弱电信息箱		台	嵌墙	下口离地 0.4	储藏室内
	矮脚瓷灯头	40W 灯头	盏	吸顶		各室
	壁灯	40W U形节能灯	盏	沿墙壁明装	下口离地 2.2（除注明外）	露台等处
	单相三极带开关插座	带防护门 B6/10US 250V	只	暗装	下口离地 1.3	厨房电炊用
TP	单相二、三极复式插座	B6/10US 250V	只	暗装	下口离地 2.0	厨房脱排油烟机插座
	单相二、三极复式插座	带防护门 B6/10US 250V	只	暗装	下口离地 0.3	卧室，客厅一般插座
	单相二、三极防溅式插座	带防护门 B6/10S 250V	只	暗装	下口离地 1.5	卫生间洗衣机用
FJ	单相三极带开关插座	带防护门 B15/10S 250V	只	暗装	下口离地 1.5	卫生间梳妆用
	单相三极防溅式插座	带防护门 B15/10S 250V	只	暗装	下口离地 2.0	卫生间热水器用

续表

图例	设备名称	型号及规格	单位	敷设方式	敷设高度/m	部位
	单极暗敷翘板开关	B61-B64 系统	只	暗装	下口离地 1.3	卧室，客厅，厨房，卫生间等
	双极暗敷翘板开关	B61-B64 系统	只	暗装	下口离地 1.3	卧室，客厅，厨房，卫生间等

2. 阅读强电系统施工图步骤

① 了解建筑物情况，从建筑物平面图的角度读图。图 3-127 中用细实线绘出了建筑物的平面图，这是一幢独立式二层别墅住宅。

② 别墅的强电系统是由多个回路组成的照明、插座和空调分配电箱供电线路。灯开关的插座基本上是暗装，导线为穿管暗敷。总配电箱 M 在厨房外墙，分配电箱 K1 在工人房内，空调配电箱 K2 在二楼露台外侧。

③ 从进户线开始读图（见图 3-129）。进户线采用三相四线制 380/220V，由供电局提供 VV-4×35＋PE16-G50 铜芯铠装电力电缆，进总配电箱 M（由供电局提供），进户处穿钢管保护，埋地穿墙入室，连接分配电箱 K1。总开关采用 5SX2-50A/4P 四极开关，经多级铜汇流排，支线呈树枝式布置。

④ 系统共有三相 380V 回路 2 条（标有 L123），单相 220V 的回路 18 条。一条 380V 的回路供备用，在另一条 N15 回路上，有一台 5SX2-32A/3P 三极断路器进行控制与保护，通往二楼露台空调机的分配电箱 K2；从 L1 相的母排上分出 2 条照明回路、2 条备用回路和一条弱电信息箱回路，每条回路各用一台 5SQ-16 单极断路器进行控制与保护；L2 相和 L3 相的母排各分出一条回路备用，另一路通过两台 5SU3747-32A/29/3mA 双极电磁式漏电断路器和二极汇排再分出 6 条和 5 条回路，每条回路也各用一台单极断路器来进行控制和保护。

⑤ 导线型号均为铜芯聚氯乙烯绝缘电线（BV）。导线规格：N1、N9 回路为底楼和二楼的照明回路，有 2 根 2.5mm^2 导线（2×2.5）；N2～N4 和 N10～N12 回路为普通插座的回路，有 2 根 2mm^2 导线（2×2）和 1 根 2.5mm^2 的接地线（PE2.5）；N5～N7 和 N13、N14 回路为热水器专用插座回路，有 2 根 4mm^2 导线和 1 根 2.5mm^2 的接地线；N15 回路有 4 根 10mm^2 导线和 1 根 10mm^2 的接地线。导线配直径 20mm 的刚性无增塑阻燃塑料管（VG20），照明回路暗敷在顶板内（PA），其他回路暗敷在墙内（DA）。

⑥ 零排和接地排均采用铜质搪锡的母排。所有回路的零线在 K1 箱的零排处汇接，以 25mm^2 的导线与干线的零线连接。各回路的接地线 PE 汇接到 K1 箱的接地母排，与干线的接地线 PE 以 25mm^2 的导线相连接。K1 箱的接地排作为总等电位接地处，通过 4mm×40mm 扁钢连接到由建筑基础内钢筋混凝土中的钢筋网络所组成的联合接地体中。每一楼层的接地线 PE 还汇集到本楼的卫生间的辅助接地点与钢筋网络相连，形成局部等电位接地。

二、弱电系统

图 3-130 和图 3-131 是直接在房屋平面图上绘制的某别墅弱电平面布置图，比例 1∶100。

1. 弱电施工说明

本例的弱电工程施工说明如下：

① 土建概况（略）。

② 设计依据及规范（略）。

③ 设计范围。电话系统、有线电视系统。

④ 设计内容及功能。电话系统应满足开通 6 门电话的需求；电视系统采用分支分配器，

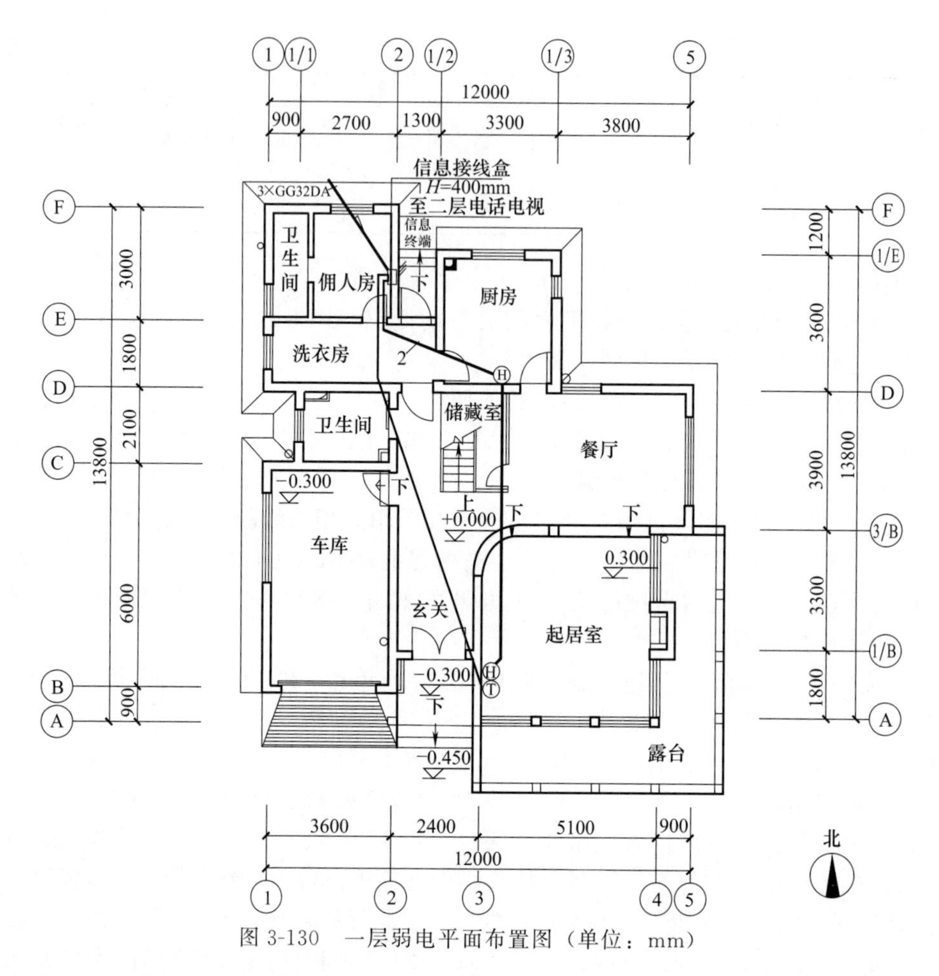

图 3-130　一层弱电平面布置图（单位：mm）

邻频传输技术，用户电平控制在 69.3dB。

⑤ 线路及敷设方式。a. 电话导线为 HBVV-5（2×0.5），有线电视导线为 SYKV-75-5；信息线电缆型号为 C. T. P。b. 进户线配管均为 GG32，室外伸出基础 1m，埋深 0.5m，室内伸出地面 0.2m。c. 电话（电视）电缆上升穿墙暗敷，电话（电视）分线盒嵌墙安装，至电话用户分线盒或电视终端盒均为暗敷，配管 VG20。信息线配管 VG25。

⑥ 其他。a. 施工中如遇管线过长，须加中间过线盒。b. 图中未注明处均按电气施工规范施工。c. 所有不带电的金属盒、金属桥架及金属接线盒（箱），均应与电气接地可靠连接。

2. 阅读弱电系统施工图步骤

只要通过弱电平面布置图的分析，就可以理解弱点系统的布置。其阅读步骤可从进户线开始。

① 电话、有线电视、信息线的电缆分别配钢管（3×GG32-DA）从底楼工人房北侧由地底（−0.5m）穿出，敷设到设在工人房内的弱电信息箱。信息箱嵌入墙内，离地 0.4m。

② 本系统共有电话出线盒 7 只，各路电话线均单独从信息箱分出，电缆型号为 HBVV-5（2×0.5），电缆配直径为 20mm 的刚性无增塑料阻燃塑料管（VG20）暗敷在墙内。一路电话电缆通至二楼。电话电缆为 5 对（2×0.5）mm^2 的导线 [5×(2×0.5)]，依次接在二楼西侧卧室、东侧卧室、书房、主卧室、家庭娱乐室的 5 只电话出线盒，电话电缆上标明的导线数量也依次减少。另一路电话电缆在底楼，电缆通过厨房的电话出线盒通向起居室的电话接线盒。出线盒暗敷在墙内，离地 0.3m。

③ 本系统有电视终端出线盒 5 只，分别位于底楼起居室、二楼的三个卧室和家庭娱乐室。系统采用分枝分配器（即在每一终端安置一个分配器），因此，图中电视电缆（型号：SYKV-75-5）仅用单根导线标明。电缆配管 VG20，暗敷在墙内，出线盒也暗敷在墙内，离地 0.4m。

④ 信息线终端 2 个，分别位于二楼书房和主卧室。信息线电缆型号 C. T. P，电缆共有二组，配管 VG25，暗敷在墙内。一组信息线电缆沿进户管到弱电信息箱再到书房内终端；另一组信息线电缆沿进户管到弱电信息箱再到书房最后到主卧室内终端。

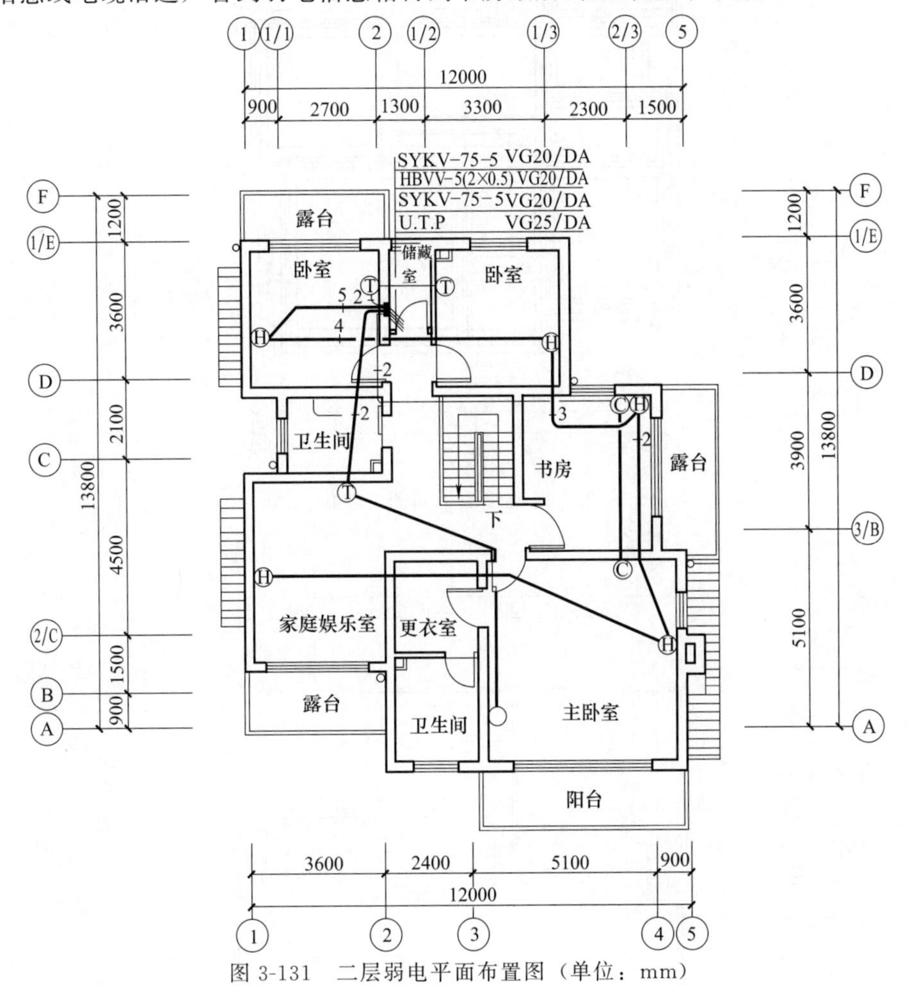

图 3-131 二层弱电平面布置图（单位：mm）

三、基础接地系统工程

图 3-132 是本例的基础接地平面图。

该工程的防雷系统、低压配电系统、各专用设备要求的接地体，采用钢筋混凝土基础内金属构件体所组成的联合接地体，即用 4mm×40mm 的扁钢或利用 ϕ16mm 的两根钢筋作为连接线，将建筑基础内的主钢筋焊接成环形接地网，构成一个满足各类接地要求的共用联合接地体，其接地电阻小于 1Ω。

图 3-132 中的 D9 点为配电箱 K1 的总接地点，D5～D8 点是卫生间的辅助接地点，D1～D4 点为房屋剪力墙外侧的两根主钢筋，其上部与避雷带焊接连通，下部与联合接地体的钢筋焊接连通。

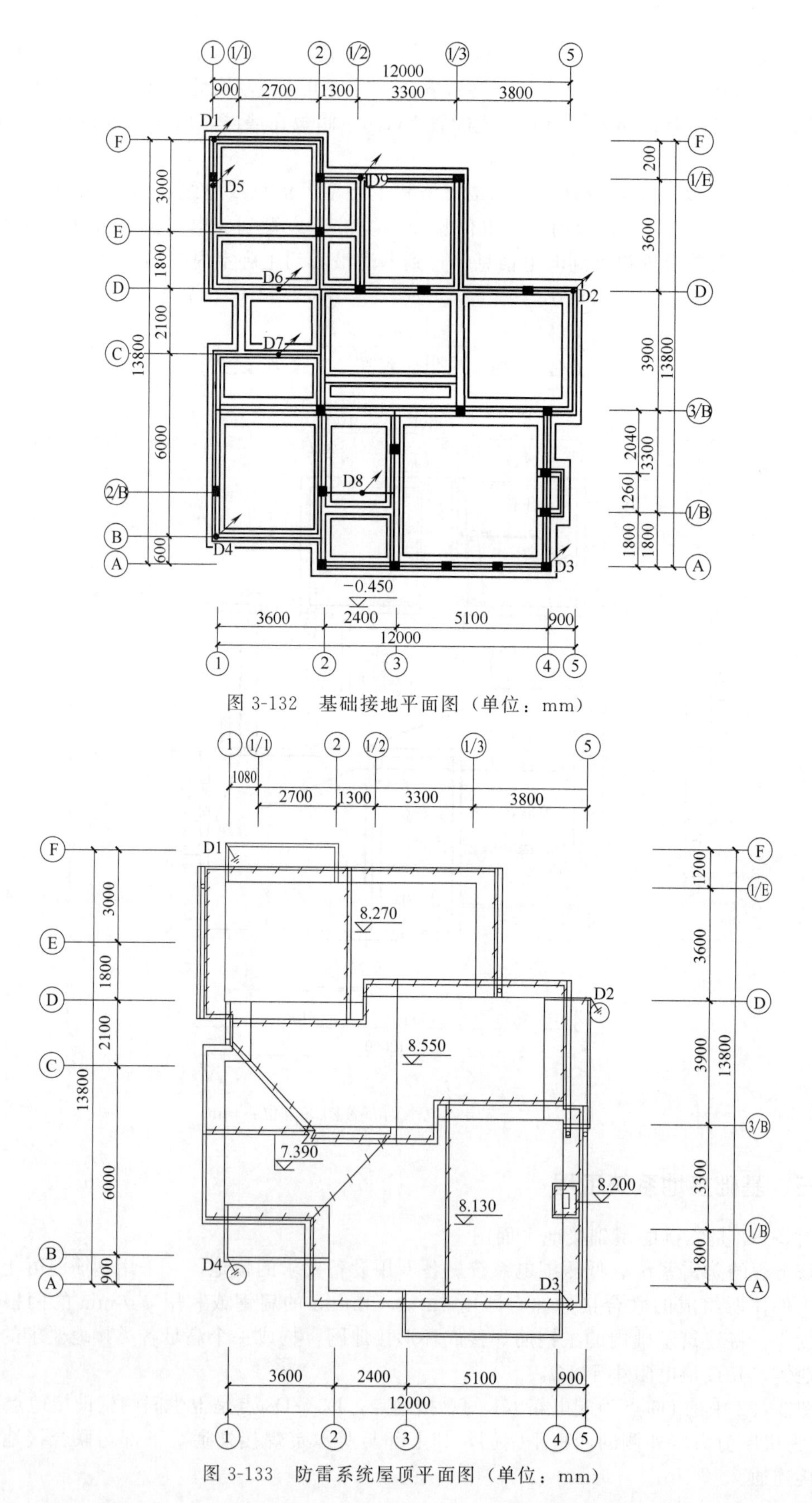

图 3-132　基础接地平面图（单位：mm）

图 3-133　防雷系统屋顶平面图（单位：mm）

四、防雷系统

图 3-133 是本例防雷系统的屋顶平面图。该工程的防雷系统由避雷带、联合接地体和引下线等三部分组成。

（1）由 ϕ10mm 不锈圆钢采用搭接焊，连接成避雷带，架设在女儿墙和所有屋脊上。避雷带的支架间距、固定方法由国家标准规定。

（2）D1～D4 点为引下线（即图 3-132 中 D1～D4），是房屋剪力墙外侧的两根主钢筋，其上部与避雷带焊接连通，下部与联合接地体的钢筋焊接连通。

（3）联合接地体由钢筋混凝土基础内金属构件体所组成，即采用 4 mm×40mm 的扁钢或利用 ϕ16mm 的两根钢筋作为连接线，将建筑基础内的主钢筋焊接成环形接地网，构成一个满足防雷接地要求的接地体，其接地电阻小于 1Ω。

第四章

建筑电气安装工程

第一节　建筑施工现场临时供电

一、建筑工程现场供电用电的特征

建筑工程施工现场是一个复杂、特殊的场所，其供电、用电有它的特殊性。建筑工地露天作业多、人多、工种多、交叉作业多、临时用电多、施工设备机具多、高空作业多、临时安全设施多。但是，道路狭窄、作业面拥挤，作业现场的秩序往往有章难循。在这样一种高危的环境里，供电、用电除了必须保证其功能外，最主要的就是安全性。因此，国家颁布了两个标准，具体规范了建筑工地供用电的行为，就是前面提到的《施工现场临时用电安全技术规范》和《建设工程施工现场供用电安全规范》。

建筑工程施工现场供用电有以下特征。

（1）临时性

建筑工地一般在开工前设置 10kV（工程较大）或 0.4kV（一般工程）线路，特大工程则设置 35kV 线路作为工程施工的电源。这些线路的设置都按就近原则，满足现场施工用电负荷即可。变电室或配电室到用电器配置的配电箱或开关箱，则按负荷的大小和距离逐一设置。这些线路及配电装置，则随着工程的进度在变化着，特别是低压线路和低压配电箱往往是随着用电负荷的位置变化而变化的，且变化较为频繁，或室内、或室外。同时随着工程的进度，这些线路及配电装置一一拆除，同时又在另一处设置，往往是重复使用。当工程临近竣工时除高压部分外，其他线路及装置将被拆除，只保留部分照明或调试用的线路。工程交验合格运行后则全部拆除。

设置的高压部分工程交验后往往也一并拆除，但有些工程则将其作为备用电源保留下来，交付建设单位使用。除低压配电箱、开关箱和低压临时线路外，高压部分、低压架空线路与正式电气装置相同，其材料、安装、调试、运行均按电气装置安装工程施工及验收规范的国家标准进行。

建筑工地供用电的临时性增加了施工现场的复杂性。但是，作为建筑电工必须将这些临时电气设施安装好、维修好，保证施工的正常进行，这样就给建筑电工提出了很高的要求。一是要保证供电和用电负荷的正常运行，二是要保证供电用电的安全，三是要提高个人的技术技能，能够在复杂的环境中，有条不紊、精心细致地工作。本书将详细讲述这些技术技能。

（2）规范性

临时性用电增加了施工现场的复杂性，也增加了电气作业的难度。有时施工现场的电气作业相当难做。但是，标准和规范却牢牢地扣住了这一点，无论怎样复杂的现场、无论怎样难做的电气作业，必须符合要求。从10kV线路、变压器及配电装置的设计安装，到低压线路配电装置、照明、接地防雷装置以及现场供用电管理，规范中都有详细的规定，这是建筑电工在作业中必须做到的，是建筑电工的关键所在。在建筑行业从事电工这个职业，技术技能都是通用的。但是，还得牢牢记住，不是所有的建筑电工都是这样，必须不断地努力。

（3）安全性

建筑工程现场供用电的安全性要求很高，也很严格。由于建筑工程的特殊性和复杂性，为了保证工程正常进行，保证人身及设备的安全，电气设置及线路的设置必须保证安全，否则不予开工。建筑工程生产管理必须坚持安全第一、预防为主的方针，建立健全安全生产责任制和群防群治制度，电气安全是最为主要的。因此，建筑电工必须具有高度的责任心和敬业精神，一方面保证个人的安全，另一方面必须保证用电安全、电气设备线路的安全和他人的安全。

（4）严格性

上述三点充分说明了建筑工地供用电的特征，虽然有了规范标准的要求，但是往往由于人的原因或不可预料因素而发生事故。因此，各种条文制度必须严格执行，不得迁就，否则就是一张废纸，这是每个施工管理者和建筑电工应该想到的。

（5）重要性

建筑工地供用电是保证工程顺利进行的基本保证。因此，要求所有从事建筑工程的企业、个人和建筑电工必须对其有深刻的认识，并去认真地执行，只有这样才能保证工程安全施工，保证质量目标如期实现，保证工期。

二、施工现场临时用电配置

1. 临时配电室布置

（1）配电室内位置安排

配电室一般为相对独立的建筑物，内置配电装置，配电屏是常用的配电装置。由于配电屏经常带电，为保障其运行和检查、维修安全，必须按下述要求设置。

① 配电屏与其周围应保持可靠的电气安全距离。配电屏正面的操作通道宽度：单列布置时不应小于1.5m（图4-1），双列布置时不应小于2m（图4-2）。配电屏背面的维护、检修通道宽度不应小于0.8m，在建筑物的个别结构凸出部位，宽度允许减小为0.6m（图4-3），若通道两面都有设备，宽度不应小于1.5m（图4-4）。

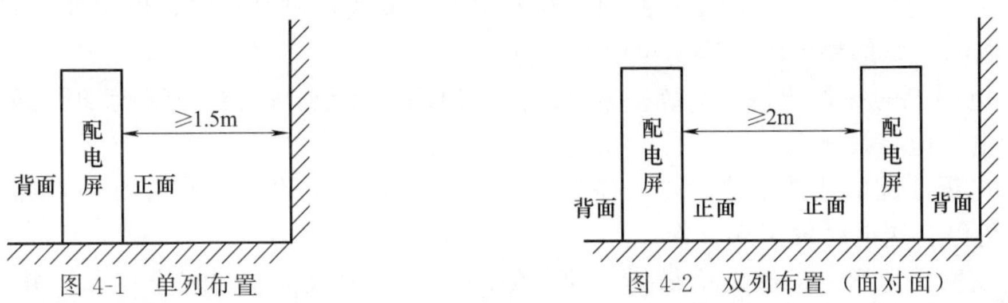

图4-1　单列布置　　图4-2　双列布置（面对面）

② 为防止人员误碰带电的裸导体部分而触电，配电设备的裸导电部分离地高度不得低于2.5m，若低于2.5m应加装遮护罩。遮护材料可用网孔不大于20mm×20mm的钢丝网、

无孔的铁板或绝缘板。网式遮护至裸导体的距离不应小于100mm，无孔板式遮护至裸导体的距离不应小于50mm，遮护围栅高度不应低于1.7m。

③ 母线均应涂刷有色油漆，其涂色应符合表4-1的规定（以屏的正面方向为准）。

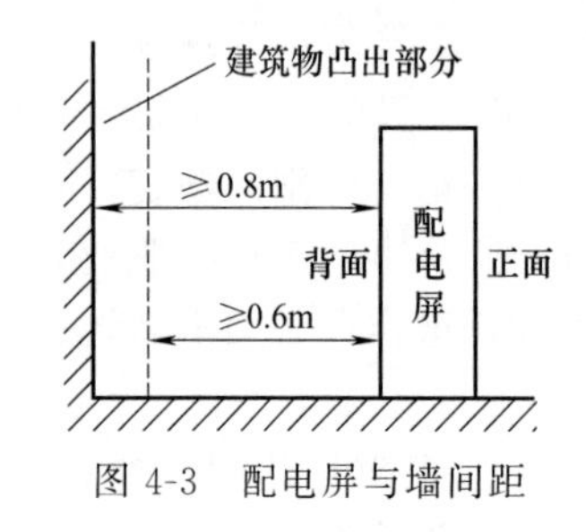

图4-3 配电屏与墙间距

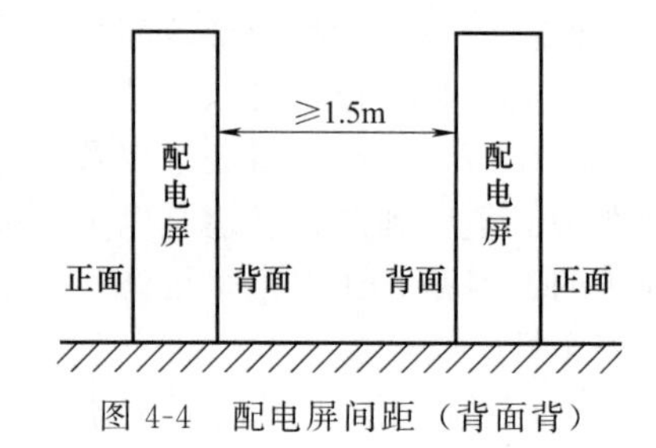

图4-4 配电屏间距（背面背）

表4-1 母线涂色表

相别	颜色	垂直排列	水平排列	引下排列
A	黄	上	后	左
B	绿	中	中	中
C	红	下	前	右
N	蓝	较下	较前	较右

（2）配电室的安全要求和措施

① 对配电室有如下基本要求：

a. 配电室建筑物的耐火等级应不低于三级。

b. 配电室的长度和宽度按配电屏的数量和排列方式确定，长度不足6m时只允许设一个门，长度为6～15m时两端各设一个门，长度超过15m时两端各设一个门、中间增加一个门，使两门间距不超过15m。门宽一般取1～1.2m，门高取2～2.2m。配电室内净高度不得低于3m（图4-5）。

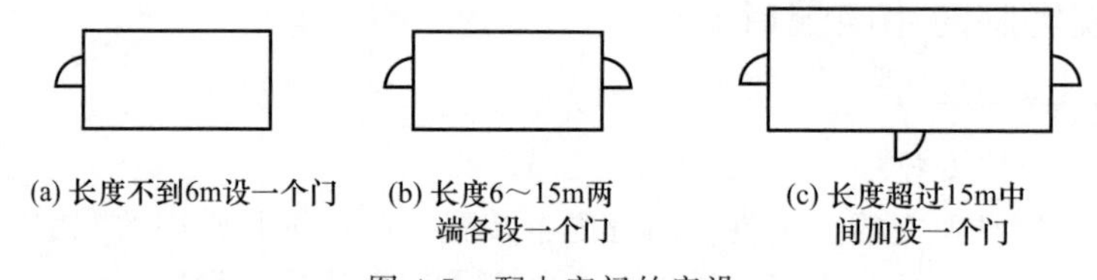

图4-5 配电室门的安设

c. 配电室应做到防火、防雨雪、防潮汛、防小动物和通风良好。

d. 配电室门应向外开启并设置锁具。

② 配电室的作业还应遵循下列安全技术措施。

a. 成列的配电屏两端应与重复接地线和专用保护零线作电气连接，以实现所有配电屏、正常不带电的金属部件为大地等电位的等位体。

b. 配电屏上的各条线路均应统一编号，并做出用途标记，以便于运行管理、安全操作。

c. 配电屏应装设短路、过负荷、漏电等电气保护装置。

d. 配电屏或配电线路检修时，应停电，并在受停电影响的各配电箱和开关箱处悬挂标志牌，以免停、送电时发生误操作。

e. 配电室的地坪上应敷设绝缘垫，配备绝缘用具、灭火器材等安全用品，并须配置停电检修用的接地棒。

f. 配电室应设置照明灯，其开关应设在门外或进门处。

g. 配电室门外及室内应设置安全警示标志，室内不得堆放杂物，保持通道畅通，且不得带进食物。

2. 临时用电配电线路布置

(1) 配电线路的设置要求

施工现场临时用电的配电系统必须做到“三级配电，二级保护”，这是一个总的配电系统设置原则，它有利于现场电气系统的维护，充分保证施工安全。

“三级配电，二级保护”主要包含以下几方面的要求：

① 现场的配电箱、开关箱要按照“总—分—开”的顺序作分级设置。在施工现场内应设总配电箱（或配电室），总配电箱下设分配电箱，分配电箱下设开关箱，开关箱控制用电设备，形成“三级配电”。

② 根据现场情况，在总配电箱处设置分路漏电保护器，或在分配电箱处设置漏电保护器，作为初级漏电保护；在开关箱处设置末级漏电保护器，这样就形成了施工现场临时用电线路和设备的“二级漏电保护”。

③ 现场所有的用电设备都要有其专用的开关箱，做到“一机、一箱、一闸、一漏”；对于同一种设备构成的设备组，在比较集中的情况下可使用集成开关箱，在一个开关箱内每一个用电设备的配电线路和电气保护装置作分路设置，保证“一机、一闸、一漏”的要求。

(2) 电线和电缆

电线和电缆的选择，是施工现场临时用电配电线路设计的重要内容，其合理与否直接影响到有色金属消耗量与线路投资，以及电网的安全经济运行。施工现场一般采用铜线。

电线和电缆选择的原则和方法：

① 电线和电缆的技术性能。对于施工现场的配电线路，无论是在室外还是在室内，都必须采用绝缘电线和电缆。

a. 电线：工地上常用的绝缘电线一般有橡胶绝缘和塑料绝缘两种，其型号及性能参数见表 4-2。

表 4-2 常用绝缘电线型号及性能参数表

型号		名称	性能及用途	标称截面/mm²
铜芯	铝芯			
BXF	BLXF	氯丁橡胶绝缘电线(一般为单芯)	具有抗油性，不易霉，不易燃，耐日晒，耐寒耐热，耐腐蚀，耐大气老化，制造工艺简单等优点，适用于室外及穿管敷设，用于架空敷设比普通橡胶线具有明显的优越性，在有易燃物的场所应优先选用。适用交流 500V 及以下或直流 1000V 及以下，长期允许工作温度不超过+65℃	0.75，1.0，1.5，2.5，4，6，10，16，25，35，50，70，95
BV	BLV	聚氯乙烯绝缘电线(一般为单芯)	耐油、耐燃，可用于潮湿的室内，作固定敷设之用。仅可用于室内明配或穿管暗配，不得直接埋入抹灰层内暗配敷设，不可用于室外。适用交流 500V 及以下或直流 1000V 及以下，长期允许工作温度不超过+65℃	1.5，2.5，4，6，10，16，25，3，5，50，70，95
BVV	BLVV	聚氯乙烯绝缘聚氯乙烯护套电线(一芯、二芯、三芯)	耐油、耐燃，可用于潮湿的室内，作固定敷设之用。仅可用于室内明配或穿管暗配，不得直接埋入抹灰层内暗配敷设，不可用于室外。适用交流 500V 及以下或直流 1000V 及以下，长期允许工作温度不超过+65℃	铜：0.75，1.0，1.5，2.5，4，6，10 铝：1.5，2.5，4，6，10，16，25，35

续表

型号		名称	性能及用途	标称截面/mm²
铜芯	铝芯			
BVR	—	聚氯乙烯绝缘电线(一般为单芯)	适用于室内,作仪表、开关连接之用以及要求柔软电线之处。适用交流500V及以下或直流1000V及以下,长期允许工作温度不超过+65℃	0.75,1.0,1.5,2.5,4,6,10,16,25,35,50

b. 电缆：工地上常用的绝缘电缆一般也有橡胶绝缘和塑料绝缘两种，其型号及性能参数见表4-3。

在下面电缆中，橡套电缆一般应用于连接各种移动式用电设备，而工地配电线路的干、支线一般采用各种电力电缆。

② 电线和电缆的截面选择。电线和电缆的型号应根据其所处的电压等级和使用场所来选择，截面则应按下列原则进行选择。

表4-3　常用绝缘电缆型号及性能参数表

型号		名称	性能及用途	标称截面/mm²
铜芯	铝芯			
VV	VLV	聚氯乙烯绝缘聚氯乙烯护套电力电缆(一至四芯)	敷设在室内、隧道内、管道中,不能承受机械外力。适用于交流0.6/1.0kV级以下的输配电线路中,长期工作温度不超过+65℃,环境温度低于0℃敷设时必须预先加热,电缆弯曲半径不小于电缆外径的10倍	一芯时为1.5～500; 二芯时为1.5～150; 三芯时为1.5～300; 四芯时为4～185
XV	XLV	橡胶绝缘聚氯乙烯护套电力电缆(一至四芯)	敷设在室内、电缆沟内及管道中,不能承受机械外力作用。适用于交流6kV级以下输配电线路中作固定敷设,长期允许工作温度不超过+65℃,敷设温度不低于−15℃,弯曲半径不小于电缆外径的10倍	XV一芯时为1～240; XVL一芯时为2.5～630; XV二芯时为1～185; XLV二芯时为2.5～240; XV三至四芯时为1～185; XLV三至四芯时为2.5～240
XF	XLF	橡胶绝缘氯丁护套电力电缆(一至四芯)	敷设在室内、电缆沟内及管道中,不能承受机械外力作用。适用于交流6kV级以下输配电线路中作固定敷设,长期允许工作温度不超过+65℃,敷设温度不低于−15℃,弯曲半径不小于电缆外径的10倍	XV一芯时为1～240; XVL一芯时为2.5～630; XV二芯时为1～185; XLV二芯时为2.5～240; XV三至四芯时为1～185; XLV三至四芯时为2.5～240
YQ YQW	—	轻型橡套电缆(一至三芯)	连接交流250V及以下轻型移动电气设备。YQW型具有耐候性和一定的耐油性能	0.3～0.75
YZ YZW	—	中型橡套电缆(一至四芯)	连接交流500V及以下轻型移动电气设备。YZW型具有耐候性和一定的耐油性能	0.5～6
YC YCW	—	重型橡套电缆(一至四芯)	连接交流500V及以下轻型移动电气设备。YCW型具有耐候性和一定的耐油性能	2.5～120

a. 按发热条件选择：在最大允许连续负荷电流下，导线发热不超过线芯所允许的温度，不会因过热而引起导线绝缘损坏或加速老化。

b. 按机械强度条件选择：在正常工作状态下，导线应有足够的机械强度，以防断线，保证安全可靠运行。导线最小允许截面见表4-4。

表 4-4　按机械强度要求的导线最小允许截面

用途			线芯最小截面/mm^2	
			铜线	铝线
照明用灯头引下线	(1)室内		0.5	2.5
	(2)室外		1.0	2.5
架设在绝缘支持件上的绝缘导线，其支持点间距	(1)1m 以下	室内	1.0	1.5
		室外	1.5	2.5
	(2)2m 及以下	室内	1.0	2.5
		室外	1.5	2.5
	(3)6m 及以下		2.5	4
	(4)12m 及以下		2.5	6
使用绝缘导线的低压接户线	(1)档距 10m 以下		2.5	4
	(2)档距 10～25m		4	6
穿管敷设的绝缘导线			1.0	2.5
架空线路(1kV 以下)	(1)一般位置		10	16
	(2)跨越铁路、公路、河流		16	35
电气设备保护零线			2.5	不允许
手持式用电设备电缆的保护零线			1.5	不允许

c. 单相回路中的中性线截面与相线截面相同，三相四线制的中性线截面和专用保护零线的截面不小于相线截面的 50%。

d. 室内配线所用导线截面，应根据用电设备的计算负荷确定，但铝线截面不应小于 2.5mm^2，铜线截面不小于 1.5mm^2。

在按上述不同条件选出的截面中，通常选择其中的最大值作为应该选取的导线截面。

e. 按允许电压损失选择：导线上的电压损失应低于最大允许值，以保证供电质量。各种用电设备端允许的电压偏移范围见表 4-5。

表 4-5　各种用电设备端允许的电压偏移范围

用电设备种类及运转条件			允许电压偏移值/%	
			−	+
电动机			5	5
起重电动机(启动时校验)			15	
电焊设备(在正常尖峰焊接电流时持续工作)			8～10	
照明	室内照明在视觉要求较高的场所	(1)白炽灯	2.5	5
		(2)气体放电灯	2.5	5
	室内照明在一般工作场所		6	
	露天工作场所		5	
	事故照明、道路照明、警卫照明		10	
	12～36V 照明		10	

(3) 电缆线路的敷设

安装在室内的导线以及它们的支持件、固定用配件，总称为室内配线。室内配线分明敷和暗敷两种，明敷就是将导线沿屋顶、墙壁敷设；暗敷就是将导线在墙壁内、地面下及顶棚上等看不到的地方敷设。室内配线的敷设要求如下：

① 必须采用绝缘导线。

② 进户线过墙应穿管保护，距地面不得小于 2.5m，并应采取防雨措施，进户线的室外端应采用绝缘子固定。

③ 室内配线只有在干燥场所才能采用绝缘子或瓷（塑料）夹明敷。导线距地面高度：水平敷设时，不得小于 2.5m；垂直敷设时，不得小于 1.8m，否则应用钢管或槽板加以

保护。

④ 室内配线所用导线截面，应根据用电设备的计算负荷确定，但铝线截面不得小于 2.5mm^2，铜线截面不得小于 1.5mm^2。

⑤ 绝缘导线明敷时，采用钢索配线的吊架间距不宜大于 12m，采用绝缘子或瓷（塑料）夹固定导线时，导线及固定点间的允许距离如表 4-6 所示，采用护套绝缘导线时，允许直接敷设于钢索上。

表 4-6 室内采用绝缘导线明敷时导线及固定点间的允许距离

布线方式	导线截面/mm^2	固定点间最大允许距离/mm	导线间最小允许距离/mm
瓷(塑料)夹	1～4	600	
	6～10	800	
用绝缘子固定在支架上布线	2.5～6	<1500	35
	6～25	1500～3000	50
	25～50	3000～6000	70
	50～95	>6000	100

⑥ 凡明敷于潮湿场所和埋地的绝缘导线配线均应采用水、煤气钢管，明敷或暗敷于干燥场所的绝缘导线配线可采用电线钢管，穿线管应尽可能避免穿过设备基础，管路明敷时其固定点间最大允许距离应符合表 4-7 的规定。

表 4-7 金属管固定点间的最大允许距离 单位：mm

公称直径	15～20	25～32	40～50	70～100
煤气管固定点间距离	1500	2000	2500	3500
电线管固定点间距离	1000	1500	2000	—

⑦ 室内埋地金属管内的导线，宜用塑料护套塑料绝缘导线。

⑧ 金属穿线管必须作保护接零。

⑨ 在有酸碱腐蚀的场所以及在建筑物顶棚内，应采用绝缘导线穿硬质塑料管敷设，其固定点间最大允许距离应符合表 4-8 的规定。

表 4-8 塑料管固定点间最大允许距离

公称直径/mm	20 及以下	25～40	50 及以上
最大允许距离/mm	1000	1500	2000

⑩ 穿线管内导线的总截面积（包括外皮）不应超过管内径截面积的 40%。

当导线的负荷电流大于 25A 时，为避免涡流效应，应将同一回路的三相导线穿于同一根金属管内。

不同回路、不同电压及交流与直流的导线，不应穿于同一根管内，但下列情况除外。

a. 供电电压在 50V 及以下者。

b. 同一设备的电力线路和无须防干扰要求的控制回路。

c. 照明花灯的所有回路，但管内导线总数不应多于 8 根。

3. 临时用电配电箱和开关箱

(1) 配电箱和开关箱的设置原则

配电箱和开关箱的设置原则，就是“三级配电，二级保护”和“一机、一箱、一闸、一漏”。现场临时用电系统分总配电箱、分配电箱和开关箱三个层次向用电设备输送电力，而每一台用电设备都应有专用的开关箱，箱内应设有隔离开关和漏电保护器，而总配电箱内还应设有总漏电保护器，每台用电设备至少有两道漏电保护装置。

实际使用中，施工现场可根据实际情况，增加分配电箱的级数以及在分配电箱中增设漏电保护器，形成三级以上配电和二级以上保护，典型的三级配电结构可见图 4-6。

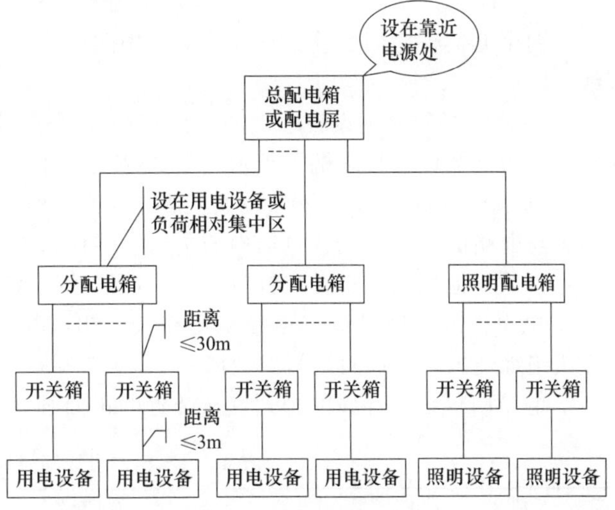

图 4-6　三级配电结构图

出于安全照明的考虑，施工现场照明的配电应与动力配电分开而自成独立的配电系统，这样就不会因动力配电的故障而影响到现场照明。

（2）配电箱和开关箱的位置选择

① 总配电箱应设在靠近电源处，分配电箱应设在用电负荷或设备相对集中地区，分配电箱与各用电设备的开关箱之间的距离不得超过 30m，开关箱应设在所控制的用电设备周围便于操作的地方，与其控制的固定式用电设备水平距离不宜过近，防止用电设备的振动给开关箱造成不良影响，也不宜过远，便于发生故障时能及时处理，一般控制在不超过 3m 为宜。

② 配电箱、开关箱应装设在干燥、通风及常温的场所，避开对电箱有损伤作用的瓦斯、蒸汽、烟气、液体、热源及其他有害物质存在的恶劣环境。

③ 电箱应避免外力撞击、坠落物及强烈振动，并尽量做到防雨、防尘，可在其上方搭设简易防护棚。

（3）配电箱和开关箱的装设

① 配电箱、开关箱的安装高度和空间要求：

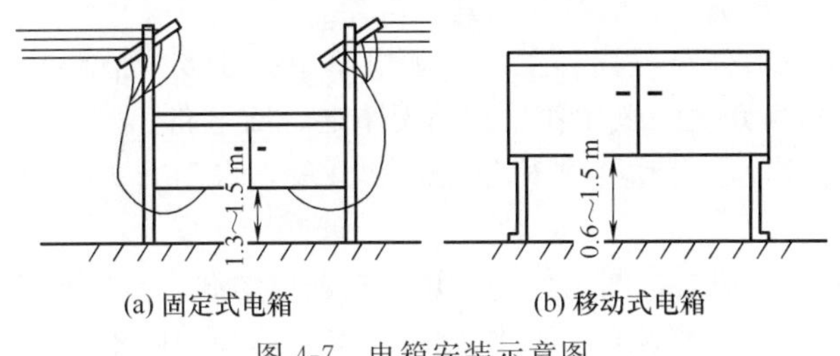

图 4-7　电箱安装示意图

a. 固定式配电箱、开关箱的下底与地面的垂直距离应大于 1.3m，小于 1.5m；移动式分配电箱、开关箱的下底与地面的垂直距离宜大于 0.6m，小于 1.5m，并且移动式电箱应安装在固定的金属支架上（图 4-7）。

b. 配电箱、开关箱周围应有足够两人同时工作的空间和通道，箱前不得堆物，不得有灌木或杂草妨碍工作。

② 配电箱、开关箱导线进出口处的要求：

a. 配电箱、开关箱的电源的进出规则是下进下出，不能设在顶面、后面或侧面，更不能从箱门缝隙中引进或引出导线。

b. 在导线的进、出口处应加强绝缘，并将导线卡固。

c. 进、出线应加护套，分路成束并作防水弯，导线不得与箱体进、出口直接接触，进出导线不得承受超过导线自重的拉力，以防接头拉开。

③ 配电箱、开关箱内连接导线要求：

a. 电箱内的连接导线应采用绝缘导线，性能应良好，接头不得松动，不得有外露导电部分。

b. 电箱内的导线布置要横平竖直，排列整齐，进线要标明相别，出线须做好分路去向标志，两个元器件之间的连接导线不应有中间接头或焊接点，应尽可能在固定的端子上进行接线。

c. 电箱内必须分别设置独立的工作零线和保护零线接线端子板，工作零线和保护零线通过端子板与插座连接，端子板上一只螺钉只允许接一根导线。

d. 金属外壳的电箱应设置专用的保护接地螺钉，螺钉应采用不小于 M8 镀锌或铜质螺钉，并与电箱的金属外壳、电箱内的金属安装板、电箱内的保护中性线可靠连接，保护接地螺钉不得兼作他用，不得在螺钉或保护中性线的接线端子上喷涂绝缘油漆。

e. 电箱内的连接导线应尽量采用铜线，铝线接头如果松动，可能导致电火花和高温，使接头绝缘烧毁，引起对地短路故障。

f. 电箱内母线和导线的排列（从装置的正面观察）应符合表 4-9 的规定。

表 4-9 电箱内母线和导线的排列

相别	颜色	垂直排列	水平排列	引下排列
A	黄	上	后	左
B	绿	中	中	中
C	红	下	前	右
N	蓝	较下	较前	较右
PE	黄绿相间	最下	最前	最右

（4）开关电器选择

配电箱、开关箱内的开关电器的选择应能保证在正常和故障情况下可靠分断电源，在漏电的情况下能迅速使漏电设备脱离电源，在检修时有明显的电源断开开关，所以配电箱、开关箱的电器选择应注意以下几点：

① 电箱内所有的电器元件必须是合格品。

② 电箱内必须设置在任何情况下能够分断、隔离电源的开关电器。

③ 总配电箱中，必须设置总隔离开关和分路隔离开关，分配电箱中必须设置总隔离开关，开关箱中必须设置单机隔离开关，隔离开关一般用作空载情况下通、断电路。

④ 总配电箱和分配电箱中必须分别设置总自动开关和分路自动开关，自动开关一般用作在正常负载和故障情况下通、断电路。

⑤ 总配电箱和开关箱中必须设置漏电保护器，漏电保护器用于在漏电情况下分断电路。

⑥ 配电箱内的开关电器和配电线路需一一对应配合，作分路设置，总开关电器与分路开关电器的额定值、动作整定值应相适应，确保在故障情况下能分级动作。

⑦ 开关箱与用电设备之间实行一机一闸制，防止一机多闸带来误动作出事故，开关箱内的开关电器的额定值应与用电设备相适应。

⑧ 手动开关电器只能用于 5.5kW 以下的小容量的用电设备和照明线路，因为手动开关通、断电速度慢，容易产生强电弧，灼伤人或电器。故对于大容量的动力电路，必须采用自动开关或接触器等进行控制。

（5）配电箱和开关箱电器设置

① 配电箱和开关箱的电器设置：

a. 总配电箱内应装设总隔离开关和分路隔离开关、总自动开关、分路自动开关（或总熔断器和分路熔断器）、漏电保护器、电压表、总电流表、总电度表及其他仪表。总开关电器的额定值、动作整定值应与分路开关电器的额定值、动作整定值相适应。若漏电保护器具备自动空气开关的功能则可不设自动空气开关和熔断器。

b. 分配电箱内应装设总隔离开关、分路隔离开关、总自动开关和分路自动开关（或总熔断器和分路熔断器），总开关电器的额定值、动作整定值应与分路开关电器的额定值、动作整定值相适应。必要的话，分配电箱内也可装设漏电保护器。

c. 开关箱内应装设隔离开关、熔断器和漏电保护器，漏电保护器的额定动作电流应不大于30mA，额定动作时间应小于0.1s（36V及以下的用电设备如工作环境干燥可免装漏电保护器）。若漏电保护器具备自动空气开关的功能则可不设熔断器。

每台用电设备应有各自的专用开关箱，实行“一机一闸”制，严禁用同一个开关直接控制两台及两台以上用电设备（含插座）。

② 开关电器的性能特点：

a. 隔离开关：隔离开关的主要用途是保证电气检修工作的安全，它能将电气系统中需要修理的部分与其他带电部分可靠地断开，具有明显的分断点，故其触头是暴露在空气中的。

隔离开关无灭弧装置，所以不允许切断负荷电流和短路电流，否则电弧不仅使隔离开关烧毁，而且可能发生严重的短路故障，同时电弧对工作人员也会造成伤害。因此，在电气线路已经切断电流的情况下，用隔离开关可以可靠地隔断电源，确保在隔离开关以后的配电装置不带电，保证电气检修工作的安全。

施工现场常用的隔离开关主要有HD系列刀开关、HK2系列开启式负荷开关、HR5系列带熔断器式开关和HG系列刀开关等。这类刀开关在配电箱和开关箱中一般用于空载接通和分断电路，也可用于直接控制照明和不大于5.5kW的动力线路。当用于启动异步电动机时，其额定电流应不小于电动机额定电流的三倍。

刀开关的额定电流有30A、60A、100A、200A、…、1500A等多种等级，选择刀开关应根据电源类别、电压、电流、电动机容量、极数等来考虑，其额定电压应不小于线路额定电压，额定电流应不小于线路额定电流。

b. 熔断器：熔断器是用来防止电气设备长期通过过载电流和短路电流的保护元件。它由金属熔件（又称熔体、熔丝）、支持熔件的接触结构和外壳组成。常用的低压（380V）熔断器型号如下。

• 无填料封闭管式熔断器。这种熔断器必须配用特制的熔丝，极限断流能力较高，熔体更换方便，适用于对断流容量要求不很高的场所，其主要性能见表4-10。

表4-10 无填料封闭管式熔断器主要技术数据

型号	额定电压/V	额定电流/A	分断能力/A
RM10	380	6～15	1200
		15～60	3500
		100～350	10000
		350～600	12000

• 有填料封闭管式熔断器。这是一种高分断能力的熔断器，断流容量高，性能稳定，运行可靠，但熔体更换不方便，其主要性能见表4-11。

• 半封闭插入式熔断器。这种熔断器安装和更换方便，安全可靠，价格最便宜，主要用于线路末端作短路保护。其主要性能见表4-12。

c. 自动空气开关：自动空气开关又称低压自动空气断路器，它不同于隔离开关，具有良好的灭弧性能，既能在正常工作条件下切断负载电流，又能在短路故障时自动切断短路电流，靠热脱扣器能自动切断过载电流，当电路失压时也能实现自动分断电路，因而这种开关被广泛使用于施工现场。

表 4-11　有填料封闭管式熔断器主要技术数据

形式	型号	额定电压/V	额定电流/A	分断能力/kA
刀形触头熔断器	RT0	380	4～1000	50
螺旋式熔断器	RL1	380	2～200	25
圆筒形帽熔断器	RT14	380	2～63	100
保护半导体器件熔断器	RS0	250,500	10～480	50

表 4-12　半封闭插入式熔断器主要技术数据

型号	额定电压/V	额定电流/A	分断能力/A
RC1A	380	5	250
		10～15	500
		30	1500
		60～200	3000

施工现场自动空气开关一般采用 DZ 型装置式，其最大额定电流为 600A，具有过载保护和失压保护功能，根据其使用的脱扣器的不同而具有短路保护或瞬时和延时过电流保护。

表示自动空气开关性能的主要指标：一是通断能力，即开关在指定的使用和工作条件下，能在规定的电压下接通和分断的最大电流值（交流以周期分量有效值表示）；二是保护特性，分过电流保护、过载保护和欠电压保护等三种。过电流保护是自动空气开关的主要元件之一，能有选择性地切除电网故障并对电气设备起到一定的保护作用；过载保护是当负荷电流超过自动空气开关额定电流的 1.1～1.45 倍时，能在 10s～120min（可调整）内自动分闸；欠电压保护能保证当电压小于额定电压的 40%时自动分断，当电压大于额定电压的 75%时不分断。

（6）配电箱和开关箱的使用

① 各配电箱、开关箱必须作好标志。为加强对配电箱、开关箱的管理，保障正确的停、送电操作，防止误操作，所有配电箱、开关箱均应在箱门上清晰地标注其编号、名称、用途，并作分路标志。

所有配电箱、开关箱必须专箱专用，不得随意另行挂接其他临时用电设备。

② 配电箱、开关箱必须按序停、送电。为防止停、送电时电源手动隔离开关带负荷操作，以及便于对用电设备在停、送电时进行监护，配电箱、开关箱之间应遵循一个合理的操作顺序。

a. 停电操作顺序应当是从末级到初级，即用电设备→开关箱→分配电箱→总配电箱（配电室内的配电屏）。

b. 送电操作顺序应当是从初级到末级，即总配电箱（配电室内的配电屏）→分配电箱→开关箱→用电设备。

（7）常用配电箱、开关箱布置及接线

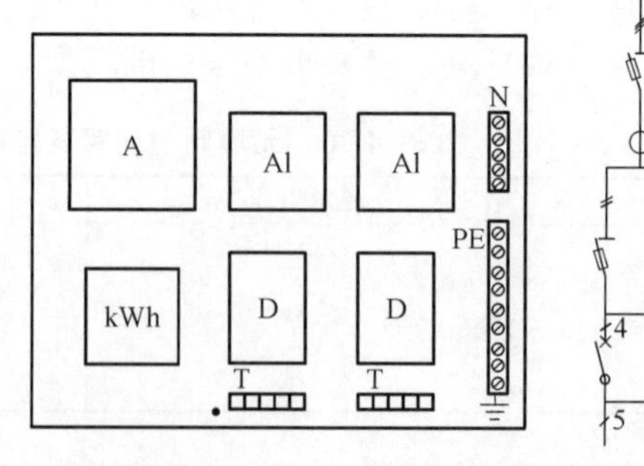

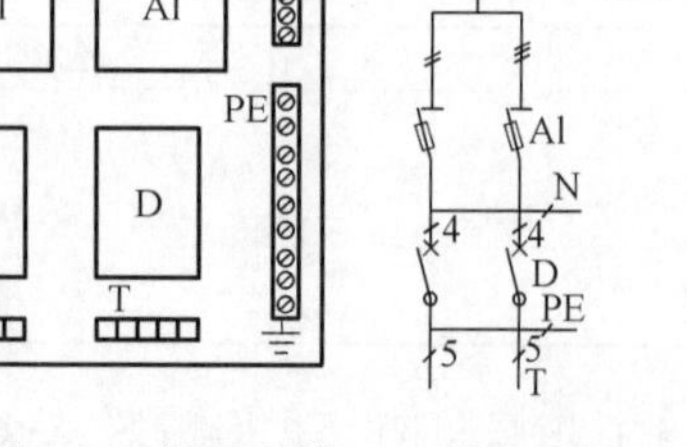

图 4-8　总配电箱

A—HR5—400/3 隔离开关；kWh—DT862—2 电度表；
A1—HR5—200/3 隔离开关；D—DZ10L—250/4 漏电断路器；
N—工作零线端子排；PE—保护零线端子排；T—三相五线接线端子

布置及接线详见图 4-8～图 4-15。

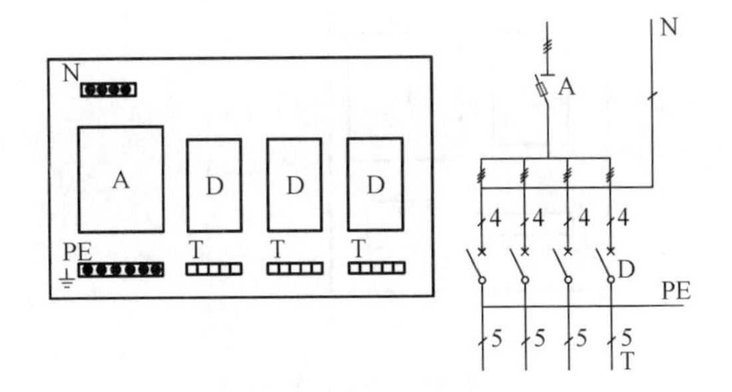

图 4-9　分配电箱

A—HR5—100/3 隔离开关；D—DZ10L—40/4 漏电断路器；
N—工作零线端子排；PE—保护零线端子排；
T—三相五线接线端子

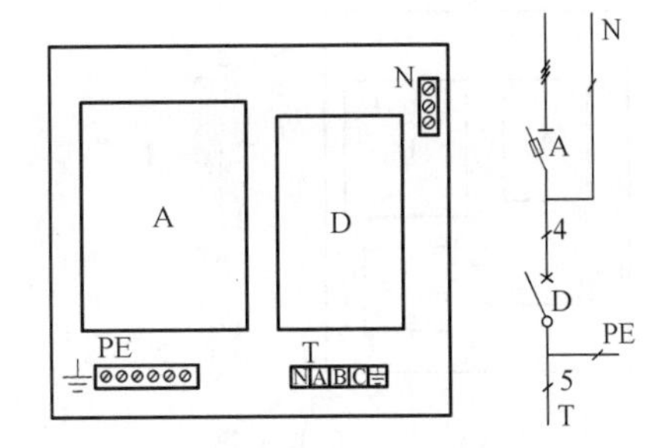

图 4-10　单机开关箱

A—HR5—200/3 隔离开关；D—DZ10L—250/4 漏电断路器；
N—工作零线端子排；PE—保护零线端子排；
T—三相五线接线端子

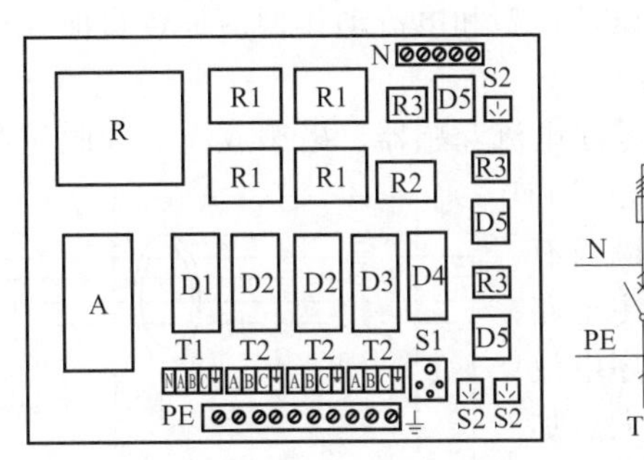

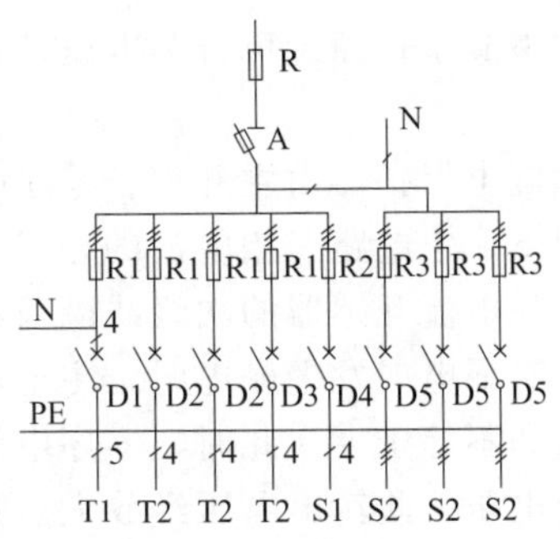

图 4-11　380/220V 开关箱（1）

R—RT0400A 熔断器；A—DZ20Y—400A 自动开关；R1—RC1A 60A 熔断器；R2—RC1A 30A 熔断器；
R3—RC1A 15A 熔断器；D1—DZ10L—100/4 漏电断路器；D2—DZ10L—100/3 漏电断路器；
D3—DZ10L—63/3 漏电断路器；D4—DZ10L—40/3 漏电断路器；D5—DZ10L—20/2 漏电断路器；
T1—三相五线接线端子；T2—三相四线接线端子；S1—三相四线圆孔 20A 插座；
S2—单相三线扁孔 10A 插座；N—工作零线端子排；PE—保护零线端子排

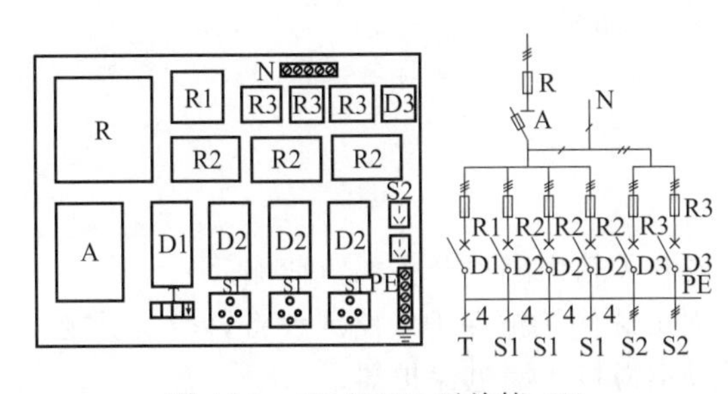

图 4-12　380/220V 开关箱（2）

R—RC1A200A 熔断器；A—DZ20Y—200A 自动开关；
R1—RC1A 60A 熔断器；R2—RC1A 30A 熔断器；
R3—RC1A 15A 熔断器；D1—DZ10L—63/3
漏电断路器；D2—DZ10L—40/3 漏电断路器；
D3—DZ10L—20/2 漏电断路器；T—三相四线接线
端子；S1—三相四线圆孔 20A 插座；S2—单相三线扁
孔 10A 插座；N—工作零线端子排；PE—保护零线端子排

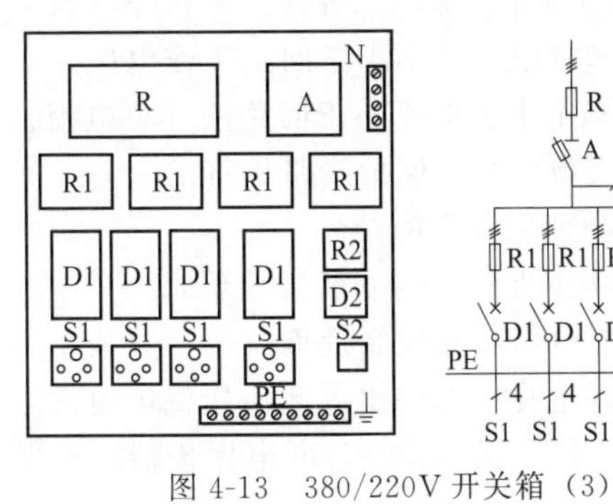

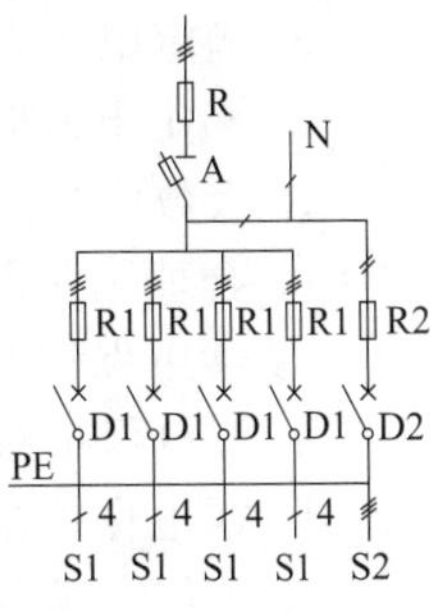

图 4-13　380/220V 开关箱（3）

R—RC1A 100A 熔断器；A—DZ10—100A 自动开关；
R1—RC1A 30A 熔断器；R2—RClA 15A 熔断器；
D1—DZ10L—40/3 漏电断路器；D2—DZ10L—20/2 漏电
断路器；S1—三相四线 20A 圆孔插座；S2—单相三线扁孔
10A 插座；N—工作零线端子排；PE—保护零线端子排

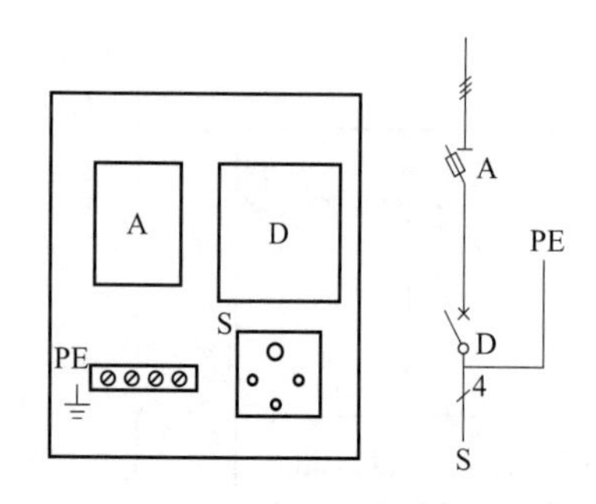

图 4-14　380V 开关箱

A—HG30—32/3 隔离开关；D—AB62—40/3 漏电开关；
S—三相四线圆孔 2A 插座；PE—保护零线端子排

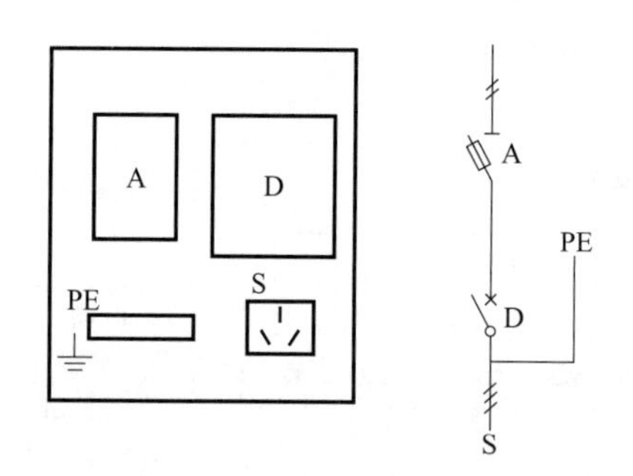

图 4-15　220V 开关箱

A—HG30—32/2 隔离开关；D—AB62—20/2 漏电开关；
S—单相三线扁孔 10A 插座；PE—保护零线端子排

4. 临时用电常用电气保护装置

(1) 漏电保护器

漏电保护器按其工作原理可分为电压动作型和电流动作型两种，目前大都采用电流动作型漏电保护器。

电流动作型漏电保护器由主开关、零序电流互感器、电压放大器和脱扣器等构成。

在正常情况下，主电路三相电流的相量和等于零，因此零序电流互感器的次级线圈没有信号输出，但当有漏电或发生触电时，主电路三相电路的相量和不等于零。此时，零序电流互感器就有输出电压，此输出电压经放大后加在脱扣装置的动作线圈上，脱扣装置动作，将主开关断开，切断故障电路。从零序电流互感器检测到开关切断电路，其全过程一般在 0.1s 以内，因而能有效地起到触电保护的作用（图 4-16）。

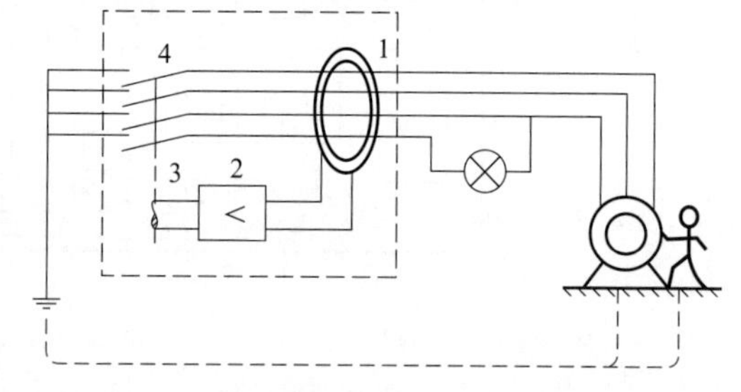

图 4-16　电流动作型漏电保护器原理图

1—零序电流互感器；2—电压放大器；
3—脱扣装置；4—主开关

① 漏电保护器的选择应满足以下条件：

a. 额定电压应不小于回路工作电压。

b. 额定电流应不小于回路的计算电流。

c. 极数应与被保护线路相符。

d. 合理选择各项参数。

② 漏电保护器的安装接线要求：

a. 漏电保护器应靠近负荷端，安装在配电箱或开关箱内隔离开关的负荷侧。

b. 漏电保护器的电源侧应接供电电源进线，而负载侧接被保护线路或设备，严禁反接。

c. 工作零线必须经过漏电保护器，而保护零线不得接入漏电保护器。

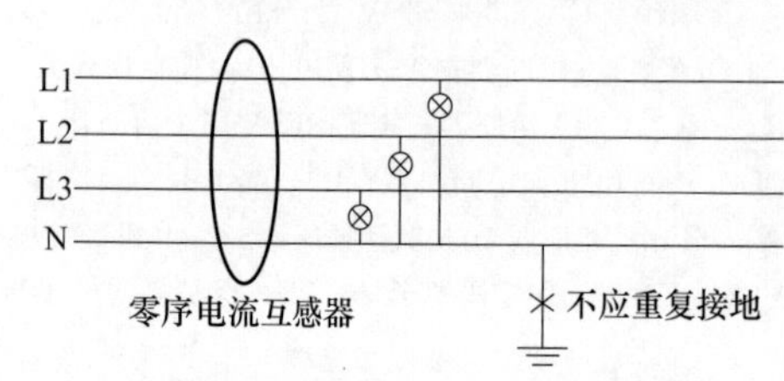

图 4-17　工作零线不作重复接地

d. 工作零线在经过漏电保护器后不得再作重复接地（图 4-17）。

e. 漏电保护器负载侧的工作零线，不得与其他回路共用，严禁在各回路之间串接或跨接工作零线（图 4-18、图 4-19）。

f. 正确使用导线颜色，相线 L1 为黄色，L2

为绿色，L3 为红色，工作零线 N 为黑色，保护零线 PE 为黄绿双色。漏电保护器在运行期间应建立相应的维护管理制度，定期进行灰尘、油污等的清除工作，安装后、使用前以及使用中每个月进行试验工作，即利用漏电保护器上的试验按钮证实漏电保护器是否工作正常，利用试验电阻对相线进行接地试验，确认无误动作后方可投入运行，有条件的话可以利用漏电保护装置测试仪对漏电保护器进行测试。梅雨季节应增加试验次数，使漏电保护器能正常可靠地运行。

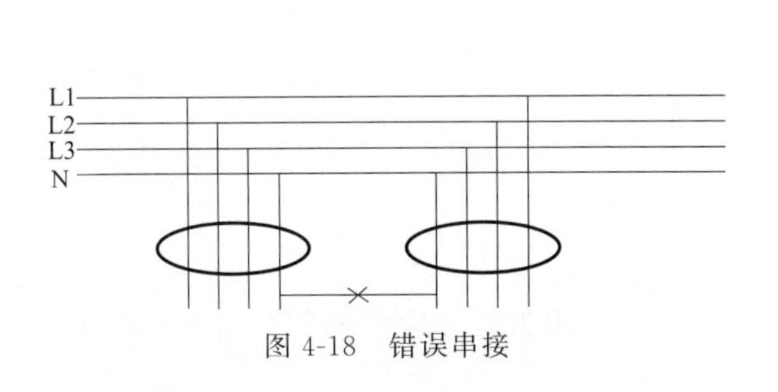

图 4-18　错误串接

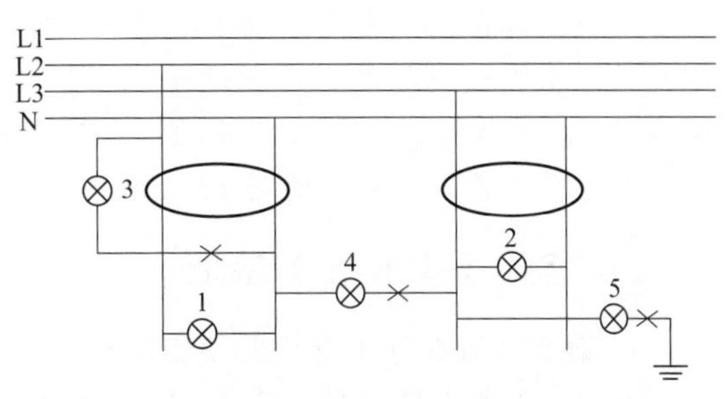

图 4-19　错误跨接

1、2—正确；3、4、5—错误

(2) 电焊机二次侧保护装置

电焊机是建筑工地上常用的用电设备，同时也是危险性较高的设备，即使在其开关箱内安装了漏电保护器，也难以防止漏电、触电事故的发生。这是因为电焊机实质上是一台感应变压器，尽管在其一次侧有漏电保护器保护，但一次侧和二次侧分属不同的回路，若二次侧发生漏电，一次侧不漏电，则漏电保护器无法检测到漏电，也就无法起到保护作用。

电焊机在开始工作时因需要引弧以使空气电离，因而二次侧的电压要求较高（70～90V），而一旦引弧成功，空气成为导体，为使电流不致过大，需要将二次侧电压降低到 20V 左右，以便正常工作。由此可见，电焊机的危险在于空载时的电压较高，超出了安全电压，若此时发生漏电，由于漏电发生在二次回路，一次回路的电流相量和仍然为零，装设在一次回路的漏电保护器不会动作而使漏电故障长时间存在，因此必须加装二次侧保护装置。

二次侧保护装置能自动检测二次侧是否处于工作状态，当检测到二次侧断路时，即不处于工作状态时，保护装置能自动降低一次侧电压，从而使二次侧电压降低到 36V 安全电压以下，达到安全的目的；而当检测到二次侧短路时，即处于工作状态时，保护装置能自动提升电压，从而使二次侧电压提升到 70V 以上，引弧成功后，二次侧电压又迅速降低。可见装了保护装置后，在电焊的整个过程中，二次侧存在危险电压的时间非常短，并且产生危险电压的条件是二次侧短路，从产生条件和存在时间上严格控制了危险电压，产生触电的可能性大为降低，从而使电焊机二次侧的安全性大为提高。

上述这种二次侧保护装置属纯降压型，其结构简单，质量稳定，性能可靠，日常维护也较方便。其缺点是由于刚开始引弧时电压较低（有一个升压过程），因此电焊机引弧较为困难。

采用低电压高频谱窄脉冲引弧，其引弧电压平均值为 12～15V，0.2ms 窄脉冲的峰值比常规 70V 空载电压高一倍，比 36V 高四倍，容易引弧，达到了安全引弧的目的，此外它还带有一次侧漏电保护器，做到了一次侧、二次侧全保护。这种保护装置是特低电压型的，还有一种电流型触电保护器，它不降低电焊机二次侧电压，能将触电电流和焊接电流分别处理，当触电电流达到 15～30mA 时即跳闸切断电焊机一次侧电源，达到真正的电流保护的目的。

这两种电焊机触电保护器解决了保证安全和引弧难之间的矛盾，是较理想的保护器。但是即使安装了触电保护器，仍需注意安全操作，注意日常的检查和维护，确保保护装置能正常工作。电焊机二次侧接焊件的一端必须做好保护接零，切不可将接焊钳的一端接零或接地（图4-20）。电焊机的二次侧接线及电焊钳必须采用YH电焊机用铜芯软电缆或YHL电焊机用铝芯软电缆，并做好日常维护检查，防止电缆出现绝缘层老化和破损现象。

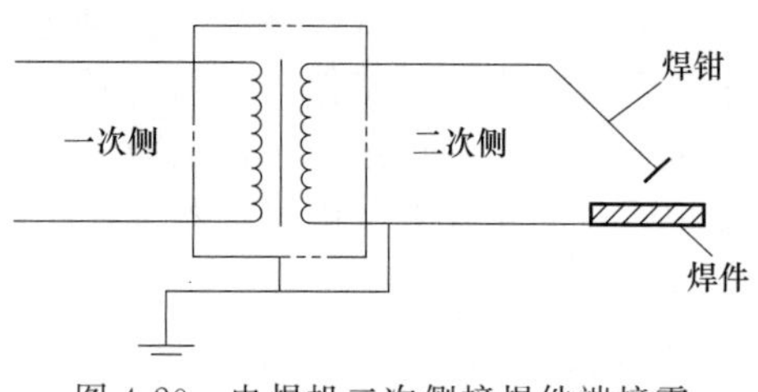

图4-20　电焊机二次侧接焊件端接零

三、施工现场防雷与接地

1. 避雷装置在施工现场的使用要求

施工现场具有临时性、露天性和移动性的特点，它的防雷要求应根据实际情况而决定，防雷装置的设置应符合下述规定：

① 根据场内的起重机、井字架及龙门架等机械设备的高度，以及是否在相邻建筑物、构筑物的防雷装置保护范围以外，再参考地区年平均雷暴日（d）多少来决定是否设防雷装置。表4-13是施工现场内机械设备需安装防雷装置的规定。

表4-13　施工现场内机械设备需安装防雷装置的规定

地区年平均雷暴日/d	机械设备高度/m
≤15	≥50
15～40	≥32
40～90	≥20
≥90及雷害特别严重的地区	≥12

若最高机械设备上的避雷针，其保护范围能够保护其他设备，且最后退出现场，则其他设备可不设防雷装置。

② 施工现场专用变电所应对直击雷和雷电侵入波进行保护，对直击雷的保护采用避雷针，对架空进线段的保护采用阀型避雷器、避雷线和管型避雷器，对架空出线段的保护采用阀型避雷器。变电所防雷接地线应与工作接地线相连接。

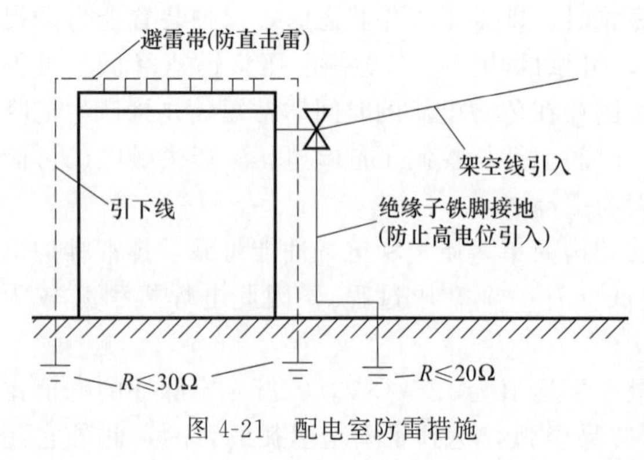

图4-21　配电室防雷措施

③ 施工现场的低压配电室的屋面应装设避雷带，进线和出线处应将架空线绝缘子铁脚与配电室的接地装置相连接，做防雷接地，以防雷电波侵入，如图4-21所示。

④ 当采用避雷带保护施工现场各类建筑物的屋面时，要求屋面上任何一点距离避雷带不应大于10m，当有三条及以上平行避雷带时，每隔30～40m将平行的避雷带连接起来，并要有两根以上的引下线，引下线间的距离不宜大于30m，而冲击接地电阻要求不大于30Ω。

⑤ 施工现场的配电线路，如采用架空线路，则需在其上方加设避雷带以防直击雷，同

时为防止雷电波沿架空线侵入户内，应在进户处或接户杆上将绝缘子铁脚与电气设备接地装置相连接，土壤电阻率在 200Ω·m 及以下地区，使用铁横担、钢筋混凝土杆线路除外。

⑥ 避雷针（接闪器）长度应为 1～2m，可用直径为 16mm 的镀锌圆钢或 25mm 镀锌钢管制作；避雷带可用直径不小于 8mm 的圆钢或截面积不小于 $48mm^2$、厚度不小于 4mm 的镀锌扁钢制作；避雷带（网）距屋面为 100～150mm，支持卡间距离为 1～1.5m。

⑦ 引下线可采用截面积不小于 $48mm^2$、厚度不小于 4mm 的镀锌扁钢或直径不小于 8mm 的镀锌圆钢等，要保证电气连接的可靠，各段之间及引下线与接闪器之间应焊接，不得采用铝线作引下线。

安装避雷针的机械设备的引下线可利用该设备的金属结构体，但必须保证可靠的电气连接。当利用建筑物中的钢筋作为防雷引下线时，钢筋直径为 16mm 及以上时，应利用两根钢筋（绑扎或焊接）作为一组引下线，钢筋直径为 10mm 及以上时，应利用四根钢筋（绑扎或焊接）作为一组引下线。

⑧ 接地体安装可参照重复接地装置的接地体要求，但防雷接地的电阻值要求比重复接地的电阻值大，所以接地极的长度和根数要根据实际情况确定。

⑨ 同一台电气设备的重复接地与防雷接地可以使用同一个接地体，接地电阻应符合重复接地电阻值的要求。

⑩ 防雷接地电阻。流过接地体的电流（工频电流）所表现的电阻也叫工频接地电阻；雷击电流称为冲击电流，所表现的电阻称为冲击接地电阻。

用接地电阻表所测得的接地电阻是工频接地电阻，一般工频接地电阻与冲击接地电阻的计算关系如下：

a. 在土壤电阻率等于或小于 100Ω·m 的地方，工频接地电阻等于冲击接地电阻。在土壤电阻率在 100～500Ω·m 的地方，工频接地电阻除以 1.5 即为冲击接地电阻。

b. 在土壤电阻率在 500～1000Ω·m 的地方，工频接地电阻除以 2 即为冲击接地电阻。

c. 施工现场内所有防雷装置的冲击接地电阻不得大于 30Ω。

安装避雷针的机械上电气线路的敷设。对装有避雷针的机械设备上所用动力、照明、信号及通信等线路，均应采取钢管敷设，并将钢管与该机械设备的金属构架作电气连接。

防雷装置应定期检查。10kV 以下的防雷装置，每 3 年检查一次，但避雷器应在每年雨季前检查一次。检查分外观和测量两方面的检查，外观部分：接闪器、引下线等各部分的连接是否牢固、是否锈蚀等；测量部分：接地电阻值、绝缘电阻、泄漏电阻、工频放电电压大小等。

2. 施工现场常用接零（接地）保护系统的设置

① 施工现场的接地保护系统应由供电部门供电电网的形式决定，并符合下述要求。

a. 对于中性点直接接地的电力系统，必须采用 TN-S 系统保护接零。

b. 对于中性点对地绝缘或经高阻抗接地的电力系统，必须采用 IT 系统保护接地。

② 具体的接线方式。

a. 对于中性点直接接地的电力系统，总配电箱（配电室）的电网进线采用三相四线（相线 L1、L2、L3 和工作零线 N），在总配电箱（配电室）内设置工作零线 N 接线端子和保护零线 PE 接线端子，引入的工作零线 N 在总配电箱（配电室）内作重复接地，接地电阻不得大于 4Ω，用连接导体连接工作零线 N 接线端子和保护零线 PE 接线端子，总配电箱（配电室）的出线采用三相五线（相线 L1、L2、L3，工作零线 N 和保护零线 PE），出线连接到分配电箱，分配电箱内也分别设置工作零线 N 接线端子和保护零线 PE 接线端子，但不得在两者之间作任何电气连接。

分配电箱到各开关箱的连接接线要视开关箱的电压等级而定，如果是380V开关箱，需要四芯线连接（相线L1、L2、L3和保护零线PE）；如果是220V开关箱则只需三芯线连接（一根相线、一根工作零线N和一根保护零线PE）；如果是380/220V开关箱就需要五芯线连接（相线L1、L2、L3，工作零线N和保护零线PE），这样就能满足TN-S系统的要求，具体可见图4-22。

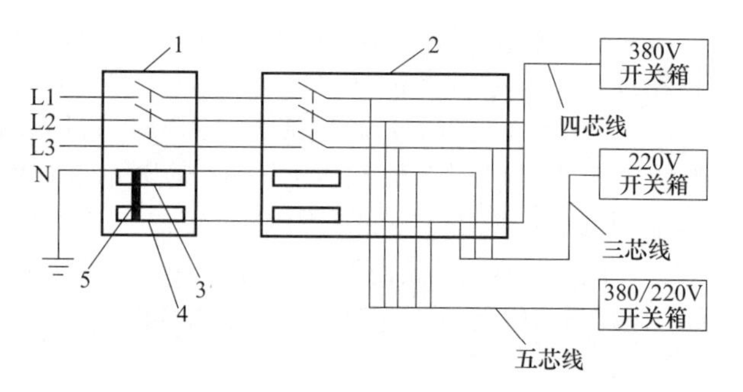

图4-22　TN-S系统线路图

1—总配电箱；2—分配电箱；3—工作零线接线端子；4—保护零线接线端子；5—连接导体

而对于中性点对地绝缘或经高阻抗接地的电力系统，只需对上述方法稍作改动就能满足IT系统的要求，即在总配电箱，将工作零线N接线端子和保护零线PE接线端子之间的连接导体拆除，再将保护零线PE接线端子接地即可。

b. 对于采用TN-S系统，应符合下列要求：

• 保护零线严禁通过任何开关和熔断器。

• 保护零线作为接零保护的专用线使用，不得挪作他用。

• 保护零线除了在总配电箱的电源侧零线引出外，在其他任何地方都不得与工作零线作电气连接。

• 保护零线严禁穿过漏电保护器，工作零线必须穿过漏电保护器。

• 电箱内应设工作零线N和保护零线PE两块端子板，保护零线端子板应与金属电箱相连，工作零线端子板应与金属电箱绝缘。

• 保护零线的截面积不得小于工作零线的截面积，同时必须满足机械强度要求。

• 保护零线的统一标志为黄/绿双色线，在任何情况下不得将其作为负荷线使用。

• 重复接地必须接在保护零线上，工作零线上不得作重复接地，因为工作零线作重复接地，漏电保护器会出现误动作。

• 保护零线除了在总配电箱处作重复接地以外，还必须在配电线路的中间和末端作重复接地，在一个施工现场，重复接地不能少于三处，配电线路越长，重复接地的作用越明显。

• 在设备比较集中的地方，如搅拌机棚、钢筋作业区等应作一组重复接地，在高大设备处如塔式起重机、施工升降机、物料提升机等也必须作重复接地。

3. 施工现场接零（接地）装置设置要求

(1) 接地体、接地线敷设要求

根据其采用方式的不同，接地体可分为自然接地体、基础接地体和人工接地体。

凡与大地有可靠接触的金属导体，如埋设在地下的金属管道（有可燃或爆炸性介质的除外）、钻管、直接埋地的电缆金属外皮等都可作为自然接地体。基础接地体是指利用设在地面以下的钢筋混凝土建筑物基础中的钢筋或混凝土基础中的金属结构物作为接地体。施工现场的电气设备可利用自然接地体和基础接地体接地，但应保证电气连接可靠并应校验接地体的热稳定性。

人工接地体多采用钢管、角钢、扁钢、圆钢等钢材制成。一般情况下，接地体都垂直埋设，在多岩石地区，接地体可水平埋设。

① 垂直埋设的接地体。常采用镀锌角钢或镀锌钢管制作，角钢厚度不小于4mm，钢管壁厚不小于3.5mm，有效截面积不小于48mm^2。所用材料不应有严重锈蚀，弯曲的材料必

须矫直后才能使用，规格一般为角钢 50mm×50mm×5mm，钢管直径 50mm，长度一般为 2.5m。角钢下端加工成尖形，且两个斜边要对称，见图 4-23（a），用钢管制作时要单边斜削，见图 4-23（b）。

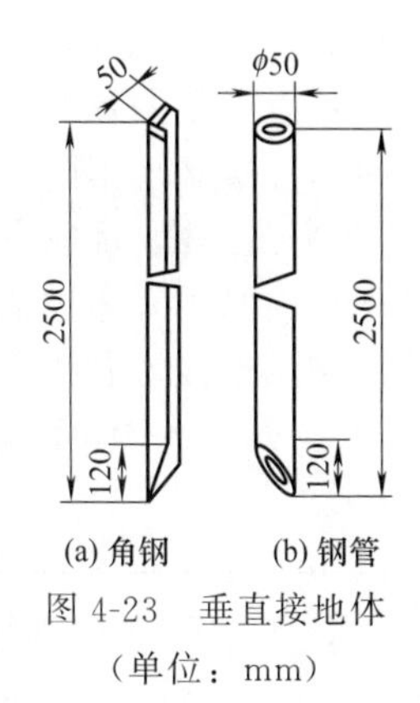

图 4-23　垂直接地体（单位：mm）

安装垂直接地体须埋于地表层以下，一般埋设深度不小于 0.6m，一般挖沟深度为 0.8～1.0m，将接地体垂直打入地下，打入到接地体露出沟底的长度约为 0.2m 时为止，便于连接接地干线。然后再打相邻一根接地体，相邻接地体之间距离不小于接地体长度的 2 倍（图 4-24），接地体与建筑物之间距离不小于 1.5m，接地体应与地面垂直，接地体之间一般用镀锌扁钢连接，扁钢与接地体之间用焊接方法搭接焊连接，焊接长度应符合规定。扁钢应立放，以便于焊接，也可减小接地散流电阻。接地体连接好后，应检查确认接地体的埋设深度、焊接质量等均已符合要求后，就可将沟填平。填沟时应注意回填土中不应夹有石块、建筑碎料及垃圾，回填土应分层夯实，使土壤与接地体紧密接触。

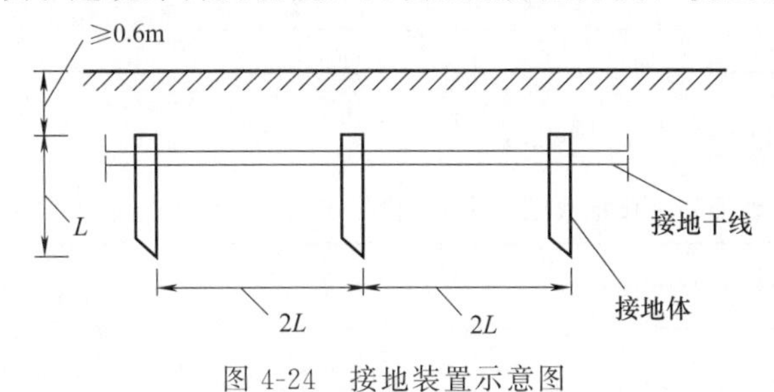

图 4-24　接地装置示意图

② 水平接地体。是将接地体水平埋入土壤中，一般用 ϕ16mm 的镀锌圆钢或 40mm×4mm 或 50mm×5mm 镀锌扁钢，常见的水平接地体有带形、环形和放射形。埋设深度一般在 0.6～1.0m，不能小于 0.6m。

③ 接地线。是连接接地体和电气设备接地部分的金属导体，它也有自然接地线和人工接地线两种类型，金属构件、钢筋混凝土构件的钢筋、穿线的钢管和电缆的铅、铝外皮等均可作为自然接地线，但必须符合下列条件。

a. 应保证其全长为完好的电气通路。

b. 利用串联的金属构件作为接地线时，金属构件之间应以截面不小于 100mm^2 的钢材焊接。

另外，不得使用蛇皮管、保温管的金属网或外皮作接地线。人工接地线材料一般都采用圆钢或扁钢，只有移动式电气设备和采用钢质导线在安装上有困难的电气设备才可采用有色金属作为人工接地线，但禁止使用裸铝导线作接地线。采用扁钢时，扁钢截面积不应小于 4mm×12mm，而采用圆钢时，圆钢直径不应小于 6mm。

（2）接地线的安装

包括接地体连接用的扁钢安装及接地干线和接地支线的安装。

① 接地干线应水平或垂直敷设，在直线段不应有弯曲现象，安装位置应便于检修，并且不妨碍电气设备的拆卸与检修。

接地干线与建筑物或墙壁间应有 15～20mm 间隙，水平安装时离地面距离一般为 200～600mm。接地线支持卡子之间的距离，在水平部分为 1～1.5m，在垂直部分为 1.5～2m，在转角部分为 0.3～0.5m。在接地干线上应按设计图纸做好接线端子，以便连接接地支线。

接地线穿过墙壁或楼板时必须穿钢管敷设，钢管需伸出墙面 10mm，在楼板上面至少要伸出 30mm，在楼板下至少伸出 10mm。接地线在钢管中穿过后，钢管两端要做好密封。

接地干线与电缆或其他电线交叉时，其间距应不小于 25mm，与管道交叉时应加保护钢管；跨越建筑物伸缩缝时应有弯曲，以便有伸缩余地，防止断裂。

② 接地支线安装时应注意：多个设备与接地干线相连接时必须每个设备用一根单独的

接地支线，不允许几个设备合用一根接地支线，也不允许几根接地支线并接在接地干线的一个连接点上。明敷的接地支线在穿越墙壁或楼板时应穿管保护；固定敷设的接地支线需要加长时，连接必须牢固可靠；用于移动式电气设备的接地支线不允许中间有接头；接地支线的每一个连接处，都应设置在明显处，以便于检修；携带式用电设备应用专用芯线接地，此芯线严禁同时用来通过工作电流，严禁利用其他用电设备的零线接地，零线和接地线应分别与接地网相连接，芯线应采用多股软铜线，其截面不应小于 1.5mm^2。

③ 钢接地体和接地线的最小规格见表 4-14。

表 4-14　钢接地体和接地线的最小规格

种类规格及单位		地上		地下
		室内	室外	
圆钢直径/mm		5	6	7
扁钢	截面/mm^2	24	48	48
	厚度/mm	3	4	5
角钢厚度/mm		2	2.5	4
钢管管壁厚度/mm		2.5	2.5	3.5

④ 低压电气设备地面上外露的接地线的最小截面积见表 4-15。

表 4-15　低压电气设备地面外露接地线的最小截面积　　单位：mm^2

名称	铜	铝	钢
明敷的裸导体	4	6	12
绝缘导体	1.5	2.5	
电缆的接地芯或与相线包在同一保护外壳内的多芯导线的接地芯	1	1.5	

接地装置安装完毕后，应对各部分进行检查，尤其是焊接处更要仔细检查焊接质量，对合格的焊缝应按规定在焊缝各面涂漆。明敷的接地线表面应涂黑漆，如需涂其他颜色，则应在连接处及分支处涂以各宽为 15mm 的两条黑带，间距为 150mm，中性点接至接地网的明敷接地线应涂紫色中带黑色条纹。

(3) 施工现场对设备接地电阻的要求

施工现场对各类设备接地电阻的要求如表 4-16 所示。

表 4-16　接地电阻的最大允许值

接地装置名称	接地电阻最大允许值/Ω
电力变压器或发电机的工作和保护接地	4
电力变压器或发电机常用的共同接地	4
单台容量或并列运行总容量小于 100kV·A 的变压器、发电机及其所供电的电气设备的交流工作接地和共同接地	10
保护零线的重复接地	10
在工作接地电阻允许达到 10Ω 的电力系统中，所有重复接地的并联等值电阻	10
塔式起重机、施工升降机、井架等高耸垂直运输机械设备的钢结构接地	4

土壤电阻系数对接地体的散流电阻有很重要的影响，对于土壤电阻系数高的地方，必须采取降低土壤电阻的措施，才能使接地电阻达到所要求的数值，通常采用以下几种措施。

① 人工处理方法。在接地体周围土壤中加入食盐、木炭、炉灰等，提高接地体周围土壤的导电性。一般采用食盐，但不同的土壤效果不同，如砂质黏土用食盐处理后土壤电阻系数可减少 1/3～1/2，同时受季节变化的影响较小，造价又低。

② 深埋接地体方法。这种方法对含砂土壤最有效果，据有关资料记载，在 3m 深处的

土壤电阻系数为100%，4m深处为75%，5m深处为60%，6.5m深处为50%，9m深处为20%，这种方法可以不考虑土壤冻结和干枯所增加的电阻系数，但施工困难，土方量大，造价高。

③ 外引式接地装置法。如接地装置附近有导电良好及不冻的河流湖泊，可采用此法，但外引式接地体长度不宜超过100m。

④ 换土法。这种方法是用黏土、黑土及砂质黏土等代替原有电阻系数较高的土壤，置换范围在接地体周围0.5m以内和接地体的1/3处，但这种取土置换方法的人力和工时耗费都较大。

⑤ 减阻剂法。在接地体周围填充一层低电阻系数的减阻剂来增加土壤的导电性能，从而降低其接地电阻。减阻剂是含有水和强电介质的硬化树脂，构成一种网状胶体，使它不易流失，可以在一定时期内保持良好的导电性能。

第二节　建筑供电系统安装

一、电力电缆线路敷设

电力线路可分为电力电缆线路和架空线路。

电力电缆是用来输送和分配电能的。一般埋设在土壤中或室内、沟道、隧道中，不用杆塔，占地少，整齐美观，受气候条件和周围环境的影响小，传输性能稳定，故障少，安全可靠，维护工作量小。

1. 电力电缆敷设

(1) 电力电缆的敷设要求

① 电力电缆线路要根据供配电的需要、保障安全运行、节约投资、便于施工等因素，确定经济合理的线路走向。

② 对直埋敷设的地下电缆，应有铠装和防腐保护层。

③ 电缆埋设距离指标应符合表4-17的规定。

表4-17　电缆埋设距离指标

项　　目		最小距离/m
直埋电缆深度	一般情况	0.7
	机耕农田	1.0
电缆与各种设施接近与交叉净距	穿越路面	1.0
	离建筑物基础	0.6
	与排水沟交叉	0.5
	与热力管道接近	2.0
	与热力管道交叉	0.5
	与其他管道接近、交叉	0.5
电缆互相间距	平行接近时	1.0
	交叉接近时	0.5
电缆明装时的支持间距	铅包电缆垂直安装时	1.5
	其他类电缆垂直安装时	2.0
	各种电缆水平安装时	1.0

④ 电缆在敷设前应做好潮气检查，受潮会使绝缘强度降低。外观有问题的电缆要做直流耐压试验。

⑤ 严格防止电缆扭伤和弯曲，转弯时弯曲半径应符合规定。

⑥ 直埋电缆沟的沟底必须平整，无坚硬物质，否则应在沟底铺一层100mm厚的细沙或软土，然后在电缆的上面覆盖一层100mm的细沙或软土，再盖上混凝土保护板。在地面上必须装设电缆走向警告标志，并绘制走向图样存档。

⑦ 铠装电缆垂直或水平敷设时，在电缆的首尾端、转弯及接头处需用卡子固定，支持点间距离水平敷设时不大于1m，垂直敷设时不大于1.5m。

⑧ 在钢丝上悬吊电缆的固定点距离，水平敷设时不超过0.75m，垂直敷设时不超过1.5m。

⑨ 电缆穿越路面和建筑物及引出地面时，均应穿套管保护。一根保护管穿一根电缆，但单心电缆不允许穿套在钢质保护管内。保护管内径不小于电缆外径的1.5倍。

⑩ 冬季温度低，浸渍低绝缘电缆内部油的黏度大，润滑性能降低，电缆变硬不易弯曲，敷设时容易受伤，因此，敷设前应将电缆预先加热，对于不同的电缆，需要加热的环境温度也各不相同：10kV及以下低绝缘电缆的环境温度为0℃；橡胶绝缘沥青护层电缆为－7℃；橡胶绝缘聚氯乙烯护套电缆为－15℃；橡胶绝缘裸铅包电缆为－20℃。

电缆敷设在下列地方应留有适当的余量：过河两端留3～5m；过桥两端留0.3～0.5m；电缆终端处留1～1.5m，以备重新封端用。

电缆引出地面时，露出地面上2m长的一段应穿在钢管内，以防机械损伤。电缆穿过墙壁和楼板的地方，也要加设保护管，并在电缆安装结束后，将管口两端用黄麻沥青密封。

多根电力电缆并列敷设时，电缆的中间接头应前后错开，接头盒用托板托置，并用耐气弧隔板隔开，托板及隔板两端要伸出接线盒0.6m以上。

敷设电缆时，电缆应从电缆盘上方引出，用滚筒架起，防止在地面摩擦。电缆上不能有消除不掉的机械损伤，如压扁、拧纹、铅包折裂及铠装严重锈蚀断裂等。

铠装电缆在锯断前，应在锯口两侧各50mm处用铁丝绑牢。油浸纸绝缘电缆锯断后，应立即将端头用铅封好，或做好临时包扎，塑料绝缘电缆应作防水封端。

铠装电缆和铅包电缆的金属外皮两端、金属电缆终端头及保护钢管必须可靠接地，接地电阻不应大于10Ω。

(2) 电缆的敷设方法

电缆敷设前应先核查电缆的型号、电压、规格是否符合设计要求，并检查有无机械损伤及受潮。对6～10kV电缆应用2500V摇表测量，每千米电缆绝缘电阻（20℃）不低于100MΩ；3kV以下的电缆，可用1000V摇表测量，每千米电缆绝缘电阻不低于50MΩ。按施工图要求在地面用白粉划出电缆敷设的路径和沟的宽度，然后按电缆的敷设规程和埋深要求挖沟。

① 直埋电缆的敷设（图4-25）。直埋电缆是把电缆直接埋入地下，常用于无电缆沟相通的地方，按选定的线路挖掘地沟，然后将电缆埋在里面。沟的深度为0.8m左右，沟宽应视电缆的数量而定，一般取600mm左右，10kV以下的电缆，相互的间隔要保证在100mm以上；每增加一根电缆，沟宽加大170～180mm，电缆沟的横断面呈上宽（比沟底宽200mm）下窄形状，沟

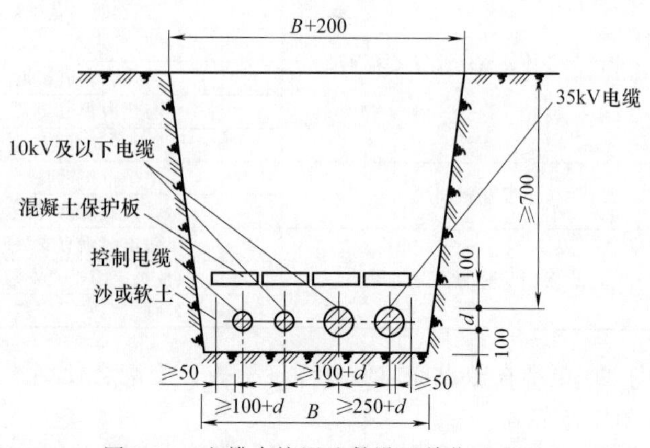

图4-25 电缆直接埋地敷设（单位：mm）

底应平整，清除石块后，铺上 100mm 的松土或细沙作电缆的垫层。电缆应松弛地敷在沟底，以便伸缩。在电缆上面再铺上 100mm 厚的软土或沙层，再盖上混凝土保护板，覆盖宽度应超过电缆两侧 50mm，最后在电缆沟内填土，覆土要高于地面 150～200mm，并在电缆线路的两端转弯处和中间接头处均应竖一根露出地面的混凝土标识桩，在标识桩上注明电缆的型号、规格、敷设日期和线路走向，以便检修。

② 电缆沟的敷设。在地面上做好一条电缆沟，沟的尺寸视电缆多少而定，沟壁用水泥砂浆抹面，将电缆敷设在沟壁的角钢支架上，电缆间平行距离不小于 100mm，垂直距离不小于 150mm。

先敷设长的、截面大的电源干线，再敷设截面小而短的电缆。每施放一根电缆，随即挂好标示牌。如果在一条电缆沟里同时有电力和控制两种电缆时，这两种电缆不能混放在一起，要分别放在沟的两边，若沟内只有一边支架，则电力电缆放在控制电缆的上层。当沟里有高压电缆和低压电缆时，高压电缆要放在低压电缆的上层。电缆沟通向室外的地方应有防止地下水浸入沟内的措施，沟顶的盖板应与地面齐平。电缆从电缆沟引出到地上的部分，离地高度 2m 以内的一段必须用保护管保护，以免被外物碰伤。

2. 电缆连接

电缆敷设后，电缆线路的两端必须和输配电系统相连，各段电缆也必须连成一条连续的线路。电缆线路的两端接头称终端接头，电缆线路中间的接头称中间接头。

(1) 电缆连接的基本要求

① 保证密封性能。

② 保证绝缘强度。

③ 保证电气距离。

④ 保证导体接触良好。连接的电缆接触电阻小而稳定，并有一定的机械强度。

(2) 电缆连接的准备工作

制作电缆终端接头和中间接头前，做好以下准备工作：

① 熟悉安装工艺。

② 了解工作环境条件（湿度在 70%以下，温度在 10～30℃，在室外工作应无雾、无雨雪）。

③ 检查电缆及附件。

④ 准备施工机具与材料。

⑤ 必要时进行试装配。

(3) 10kV 交联电缆热缩终端头的制作

热收缩型终端头（简称热缩终端头），是由一种具有“弹性记忆效应”的橡塑材料（经加工后遇热收缩的高分子材料）制成。热缩终端头主要由热缩应力控制管、无泄痕耐气候管（绝缘管）、密封胶、导电漆、分支手套、防雨罩等组成。

现以 10kV 交联聚乙烯绝缘电缆为例，介绍热缩终端头的制作程序（见图 4-26）。

① 剥除塑料护套、锯铠装：

a. 按图 4-26 (a) 所示尺寸，剥除塑料护套。

b. 在距电缆外护套切口 30mm 处扎绑线一道（3～4 匝），剥去绑线外端部铠装。

c. 在距铠装末端 20mm 处将端部内护套（内垫层）分开线芯，除去填料。

② 焊接地线：

a. 用砂纸擦光铠装接地线焊区。

b. 用截面不小于 $25mm^2$ 的镀锡铜辫按图 4-27 所示方法在三相线芯根部的铜屏蔽层上

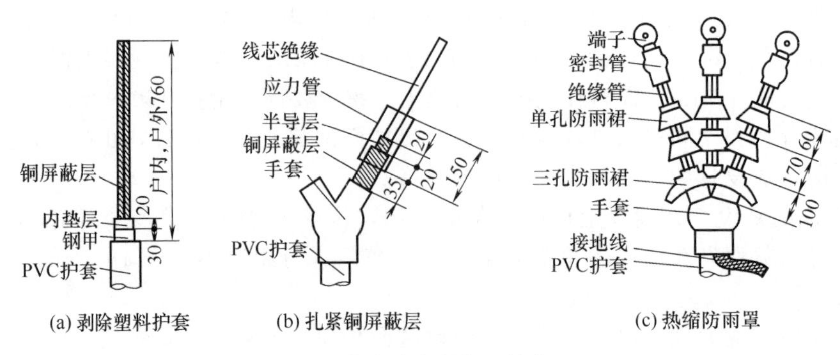

图 4-26　电缆终端头制作（单位：mm）

各绕一圈，并用锡焊点焊在铜屏蔽上。

c. 再用镀锡铜辫绑在铠装上，并用焊锡焊牢。

d. 在铜辫的下端（从塑料护套切口处开始）用焊锡填满铜辫，形成一个 30mm 的防潮层。

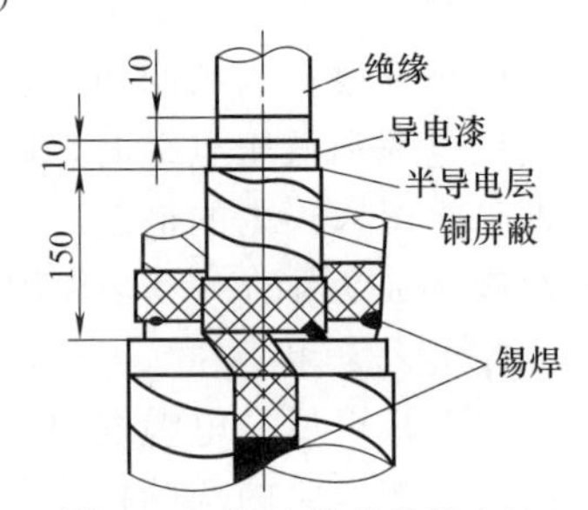

图 4-27　接地线的连接方法（单位：mm）

③ 套分支手套并加热收缩：

a. 在三叉根部包绕密封胶。

b. 将分支手套套至根部后用喷灯加热，从中部开始往下收缩，然后再往上收缩，使分支手套均匀地收缩在电缆上。若分支手套内未涂密封胶，则应在分支手套根部的塑料护套上及接地铜辫上缠 30mm 的热熔胶带，以保证分支手套处有良好的密封。

④ 剥除铜屏蔽及半导电屏蔽层：

a. 按如图 4-26（b）所示尺寸将铜屏蔽层（从分支手套手指端部起往端子方向 55mm）扎紧，其余剥去。

b. 从铜屏蔽层端部往端子方向留取 20mm 的半导电屏蔽层，其余剥去，但不能损伤绝缘层。

c. 对保留的 20mm 半导电屏蔽层，在靠端子的一端用玻璃片刮一个 5mm 的斜坡。

d. 用 0 号砂纸将绝缘层表面打磨光滑、平整。

e. 用汽油将绝缘层表面擦净，擦时应从末端向根部擦，防止将半导电层上的炭黑擦到绝缘层表面。

⑤ 涂导电漆（或包半导电胶）：

a. 在距半导电屏蔽层末端 10mm 处的绝缘层上包两圈塑料带，以使导电漆刷得平整、无尖刺。

b. 在末端 5mm 斜坡处的半导电屏蔽层表面和靠半导电屏蔽层的 10mm 绝缘层表面上刷导电漆或包一层半导电胶，导电漆要刷整齐。

c. 拆除临时包扎的两圈塑料带。

⑥ 套应力控制管：

a. 若绝缘表面不光滑，则应先在绝缘表面套应力控制管的部位涂上一层薄薄的硅脂。

b. 将应力控制管套在线芯的铜屏蔽层上，使铜屏蔽层进入应力控制管 20mm。

c. 从下至上加热应力控制管，进行收缩。

⑦ 套无泄痕耐气候管（绝缘管）：

a. 用清洁剂将绝缘表面、应力控制管和分支手套的手指表面擦净。

b. 在分支手套的手指上缠一层密封胶带。

c. 分别将3根无泄痕耐气候管（绝缘管）套至手指根部。

d. 从分支手套的手指与应力控制管接口处开始加热收缩，先向下收缩，然后再向上收缩。

⑧ 压接端子（接线鼻子）：

a. 在线芯末端剥去长度为接线端子孔深加5mm的绝缘。

b. 在保留的绝缘层上，将终端5mm绝缘层削成锥形。

c. 套上接线端子并压接。

⑨ 套过渡密封管：

a. 用密封胶填满空隙。

b. 将接线端子预热，以使密封胶充分熔化胶黏。

c. 把密封管套在端子边沿和线芯绝缘的锥形部位（端子套入密封管内10mm）。

d. 从密封管中部向两端加热收缩。

⑩ 套相线色标管，再次加热固定，至此，户内终端头制作工序结束，对于室外终端头还要进行下道工序。

热缩防雨罩：

a. 按图4-26（c）所示尺寸套入三孔防雨罩，并加热固定。

b. 再按图4-26（c）所示尺寸在各线芯上套入单孔防雨罩，并加热固定。每隔60mm加一个防雨罩，10kV终端头应加3个防雨罩，如图4-28所示。

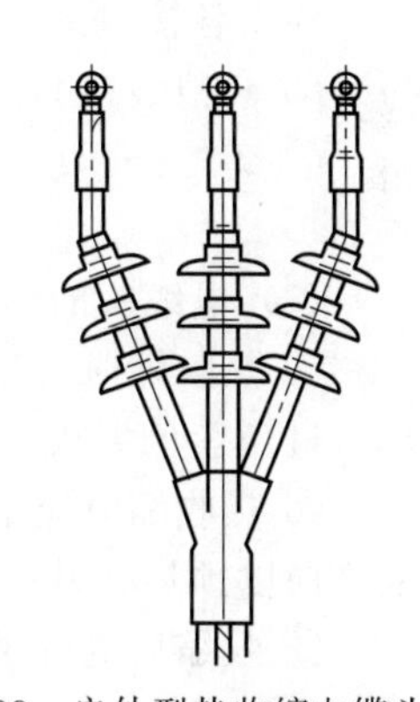

图4-28　户外型热收缩电缆头

(4) 10kV交联电缆热缩中间接头制作

下面以10kV 240mm^2聚乙烯铠装电缆为例。

① 剥除塑料护套、锯铠装：

a. 按图4-29所示尺寸进行剖塑和锯铠装。

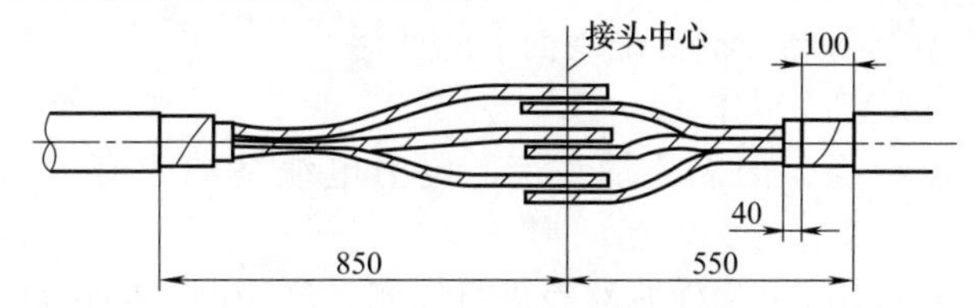

图4-29　热收缩型接头剥削尺寸（单位：mm）

b. 将接头盒的外护套、铠装铁套和内护套套至接头两端的电缆上。

② 剥除屏蔽层和绝缘层：按图4-30所示尺寸剥除各相线芯的铜屏蔽层、半导电屏蔽层和绝缘层。

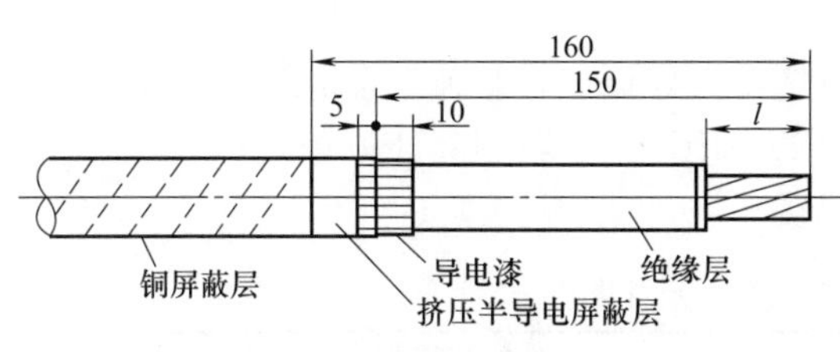

图4-30　热收缩头线芯绝缘剥切尺寸（单位：mm）

③ 刷导电漆：在半导电屏蔽层上刷导电漆5mm，在绝缘层上刷导电漆10mm，如图4-30所示。

④ 压接线芯及包半导电带：

a. 用压接管将线芯压接。

b. 压接后在压接管表面包一层半导电带，并将压接管两端的空隙填平。

⑤ 套管收缩：按顺序套上应力控制管、绝缘管、屏蔽管，分别进行加热收缩，如图4-31所示。

收缩时应先从中间开始，向两端收缩，并在每收缩完一层管后，立即趁热进行外层管子的收缩。三相线芯可同时进行热缩。

在收缩应力控制管前，应先在线芯绝缘上涂硅脂，将表面空隙填平，再按图4-31所示在屏蔽管上包铜编织带，在两端用镀锡铜辫扎紧并用焊锡焊牢。

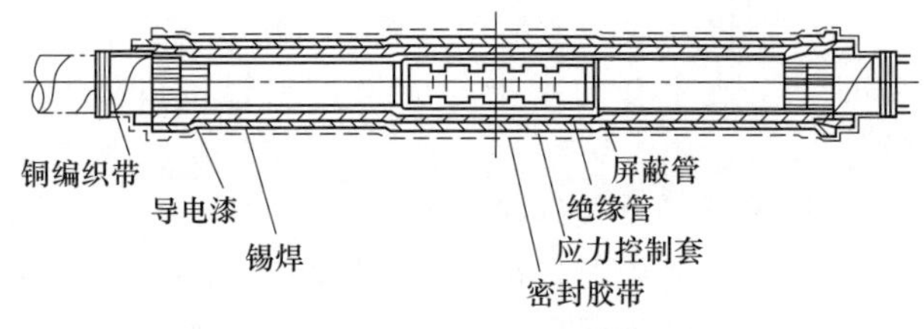

图4-31　接头绝缘结构

⑥ 收拢三芯：

a. 将三芯线并拢收紧，用白布带将线芯扎紧。

b. 在电缆的内护套上包缠密封胶带。

c. 将内护套套至电缆接头上进行加热收缩、密封。

注意各接口部位均应加密封胶。

⑦ 套铠装铁套：将铠装铁套套至电缆接头上，分5点用油麻带扎紧。

⑧ 套外护套：将外护套套至铁套上（在各接口部位均应包缠密封胶带），分段进行加热收缩。

（5）电缆头的热收缩工艺

① 热收缩时的热源应尽量使用液化气，使用时应将焊枪的火焰调到发黄的柔和蓝色火焰（避免蓝色尖状火焰）。用汽油喷灯时，应使用高标号烟量少的汽油，禁止使用煤油喷灯。

② 热收缩时应不停地移动火焰，以防烧焦管材；火焰应沿电缆周围烘烤，且应朝向热缩方向以预热管材；只有在加热部分充分收缩后才能将火焰向预热方向移动。

③ 收缩后的管子表面应光滑、无皱纹、无气泡，并能清晰看到内部结构的轮廓。

④ 较大的电缆和金属器件在热缩前应预热，以保证有良好的胶黏。

⑤ 应除去和清洗所有与黏合剂接触表面上的油污。

（6）室内低压电缆头套的制作

室内低压聚氯乙烯绝缘、聚氯乙烯护套、电力电缆终端头套的制作工序有如下几个步骤。

① 摇测电缆绝缘：选用500MΩ兆欧表进行摇测，绝缘电阻应在10MΩ以上。测完后应将芯线分别对地放电。

② 剥电缆铠装、打卡子：

a. 根据电缆与设备连接的具体尺寸，量电缆并做好标记，锯掉多余电缆。

b. 根据电缆头套型号、尺寸要求（见表4-18和图4-32），剥除外护套。

c. 将地线的焊接部位用钢锉处理，以备焊接。

表4-18　电缆头套型号、尺寸要求

序号	型号	规定尺寸		通用范围	
		L/mm	D/mm	VV,VLV四芯/mm²	VV20,VLV29四芯/mm²
1	VDT-1	86	20	10～16	10～16
2	VDT-2	101	25	25～35	25～35
3	VDT-3	122	32	50～70	50～70
4	VDT-4	138	40	95～120	95～120
5	VDT-5	150	44	150	150
6	VDT-6	158	48	185	185

d. 利用电缆本身钢带宽的 1/2 做卡子，采用咬口的方法将卡子打牢（必须打两道，两道卡子的间距为 15mm），同时要将 $10mm^2$ 多股铜线排列整齐后卡在卡子里，如图 4-33 所示。

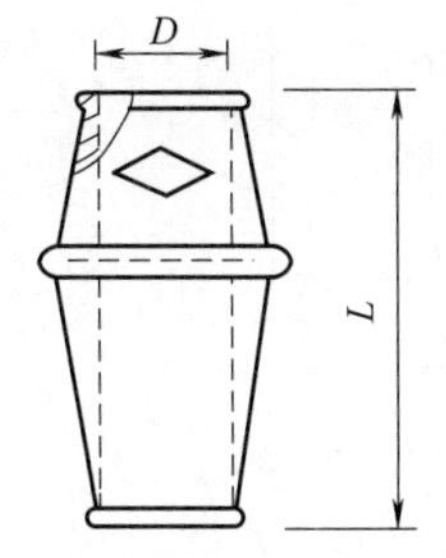

图 4-32　电缆头套型号尺寸

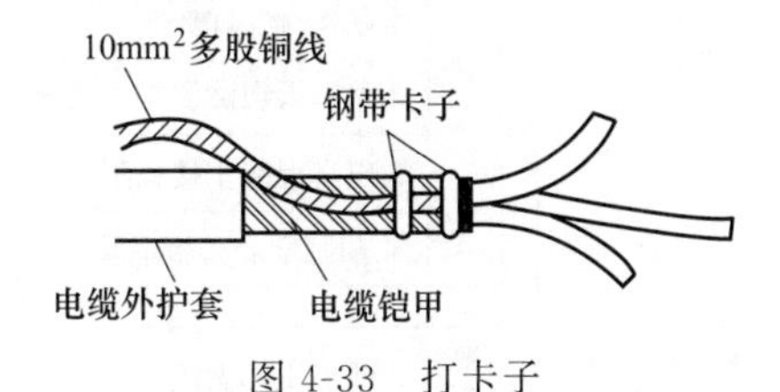

图 4-33　打卡子

e. 剥电缆铠装，用钢锯在第一道卡子向上 3～5mm 处锯一环形深痕，深度为钢带厚度的 2/3，不得锯透。

f. 用旋具在锯痕尖角处将钢带挑起，用钳子将钢带撕掉，随后将钢带锯口处用钢锉修理钢带毛刺，使其光滑。

③ 焊接地线：用焊锡将地线接于电缆钢带上。焊接应牢固，不得虚焊，不得烫伤电缆。

④ 包缠电缆，套电缆头套。

a. 剥去电缆统包绝缘层，将电缆头套下部先套入电缆。

b. 根据电缆头套的型号、尺寸，按电缆头套长度和内径，采用半叠法用塑料带包缠电缆。塑料带包缠应紧密，形状呈枣核状，如图 4-34 所示。

c. 将电缆头套上部套好，与下部对接套严，如图 4-35 所示。

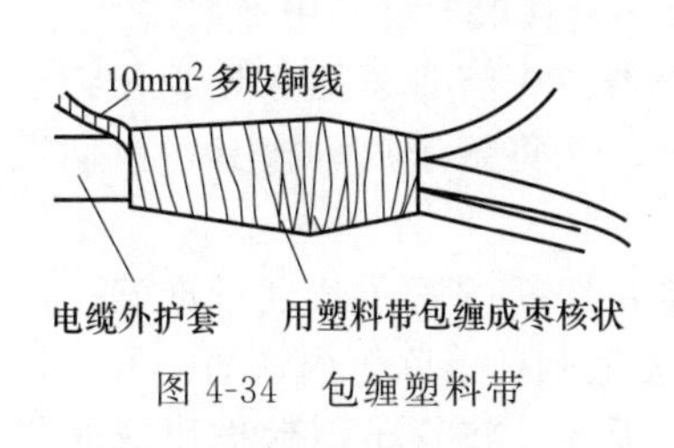

图 4-34　包缠塑料带

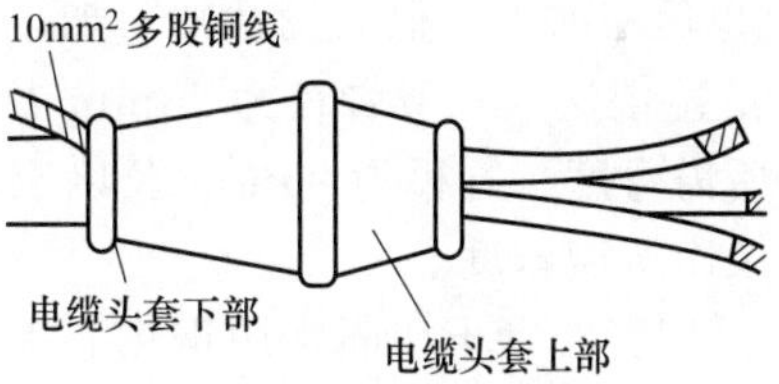

$10mm^2$ 多股铜线

电缆头套下部

电缆头套上部

图 4-35　电缆头套做法

⑤ 压电缆芯线接线鼻子：

a. 从芯线端头量出接线鼻子深加 5mm 的长度，剥去电缆芯线绝缘，并在芯线上涂抹凡士林。

b. 将芯线插入接线鼻子内，用压线钳子压紧接线鼻子，压接应在两道以上。

c. 根据不同的相位，使用黄、绿、红、黑四色塑料带，分别包缠电缆各芯线至接线鼻子的压接部位。

d. 将做好终端头的电缆固定在预先做好的电缆头支架上，并将芯线分开。

e. 根据接线端子的型号选用螺栓，将电缆接线端子压接在设备上。注意应使螺栓由上至下或从内向外穿，平垫和弹簧垫应安装齐全。

二、室内配管穿线

（一）钢管敷设

1. 暗管敷设施工工艺

(1) 暗管敷设工艺流程（图 4-36）

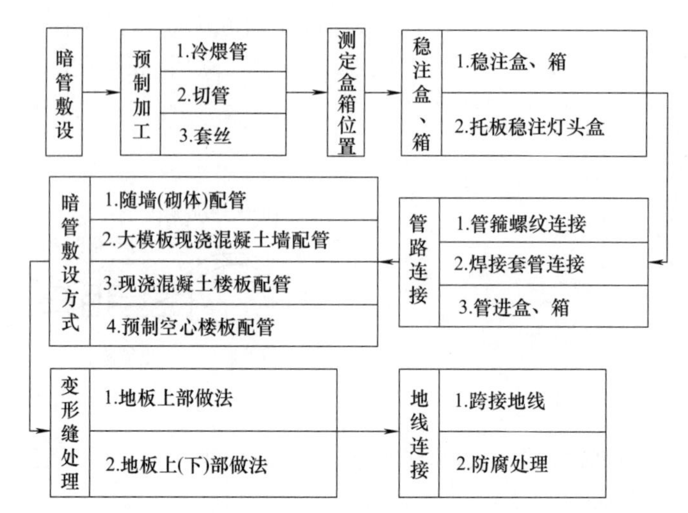

图 4-36 暗管敷设工艺流程

（2）暗管敷设施工要点

① 基本要求：

a. 敷设于多尘和潮湿场所的电线管路、管口、管子连接处均作密封处理。

b. 暗配的电线管路宜沿最近路线敷设并应减少弯曲；埋入墙或混凝土内的管，距砌体表面的净距不应小于 15mm。

c. 进入落地式配电箱的管路，排列应整齐，管口应高出基础面 50～80mm。

d. 埋入地下的电线管路不宜穿过设备基础，在穿过建筑物基础时，应加保护管。

② 预制加工：根据设计图，加工好各种盒、箱、弯管，钢管煨弯可采用冷煨法。

a. 冷煨法：一般管径为 20mm 及以下时，用手扳煨管器。先将管子插入煨管器，逐步煨出所需弯度。管径为 25mm 及以上时，使用液压煨管器，先将管子放入模具，扳动煨管器，煨出所需弯度。

b. 切管：管子切断常用钢锯、无齿锯、砂轮锯，将需要切断的管子长度量准确，放在钳口内卡牢切割，断口处应平齐不歪斜，管口刮铧光滑，无毛刺，清除管内铁屑。

c. 套丝：采用套丝扳、套管机，根据管外径选择相应板牙，将管子用台虎钳或龙门压架钳紧牢，再把绞板套在管端，均匀用力，不得过猛，随套随浇冷却液，套丝不乱不过长，清除渣屑，螺纹干净清晰。管径 20mm 及以下时，应分两板套成；管径在 25mm 及以上时，应分三板套成。

③ 测定盒、箱位置：根据设计图确定盒、箱轴线位置，以土建弹出的水平线为基准，挂线找平，线坠找正，标出盒、箱实际尺寸位置。

④ 稳注盒、箱。

a. 稳注盒、箱：稳注盒、箱要求灰浆饱满，平整牢固，坐标正确，现浇混凝土板墙中盒、箱需加支铁固定，盒、箱底距外墙面小于 30mm 时，需加金属网固定后再抹灰，防止空裂。

b. 稳注灯头盒：预制圆孔板（或其他顶板）开灯位洞时，测出位置后用錾子由下往上剔，洞口大小比灯头盒外口略大 10～20mm，灯头盒焊好卡铁，用细石混凝土稳注好，用托板托牢，待凝固后，即可拆除托板。现浇混凝土楼板，将盒子堵好随底板钢筋固定牢，管路配好后，随土建浇筑混凝土施工同时完成。

⑤ 管路连接方法：

a. 管箍螺纹连接。套丝不得有乱扣，必须使用通丝管箍。上好管箍后，管口应对严，外露丝不多于 2 扣。

b. 套管连接宜用于暗配管，套管长度为连接管径的 2.2 倍；连接管口的对口处应在套管的中心，焊口应焊接牢固严密。

⑥ 管与管的连接：

a. 镀锌和壁厚小于等于 2mm 的钢导管，必须用螺纹连接、紧固连接、卡套连接等，不得套管焊连接，严禁对口熔焊连接。管口锉光滑平整，接头应牢固紧密。

b. 管路超过下列长度，应加装接线盒，其位置应便于穿线：无弯时 30m，有一个弯时 20m，有两个弯时 15m，有三个弯时 3m。

c. 电管路与其他管道间最小距离见表 4-19。

表 4-19　电管路与其他管道间最小距离　　　单位：mm

管道种类	配线方式	穿管配线	绝缘导线明配线	裸导线配线
蒸汽管	平行	1000/500	1000/500	1500
	交叉	300	300	1500
暖气、热水管	平行	300/200	300/200	1500
	交叉	100	100	1500
通风、上下水、压缩空气管	平行	100	200	1500
	交叉	50	100	1500

注：表中分子数字为电气管线敷设在管道上面的距离，分母数字为电气管线敷设在管道下面的距离。

⑦ 管进盒、箱要求。

a. 盒、箱开孔应整齐并与管径相吻合，一管一孔，不得开长孔。金属盒、箱严禁用电、气焊开孔，并应刷防锈漆。如用定型盒、箱，其敲落孔大而管径小时，可用铁皮垫圈垫严或用砂浆加石膏补平齐，不得露洞。

b. 管入盒、箱，暗配管可用跨接地线焊接固定在盒棱边或专用接地爪上，管口不宜与敲落孔焊接，管口露出盒、箱应小于 5mm。有锁紧螺母者，露出锁紧螺母的螺纹为 2～3 扣。两根以上管入盒、箱要长短一致，间距均匀，排列整齐。

⑧ 暗管敷设。

a. 随墙（砌体）配管：砖墙、加气混凝土墙、空心砖墙配合砌墙立管时，管最好置于墙中心，管口向上者要堵好。为使盒子平整，标高准确，可将管先立至距盒 200mm 左右处，然后将盒子稳好，再接短管。短管入盒、箱端可不套丝，可用跨接线焊接固定。向上引管有吊顶时，管上端应煨成 90°弯直进吊顶内。由顶板向下引管不宜过长，待砌隔墙时，先稳盒后接短管。

b. 模板混凝土墙配管：可将盒、箱固定在该墙的钢筋上，接着敷管。每隔 1m 左右，用铅丝绑扎牢。管进盒、箱要煨灯叉弯。向上引管不宜过长，以能煨弯为准。管入开关、插座等小盒，可不套丝，但应做好跨接线。

c. 现浇混凝土楼板配管：测好灯位，根据房间四周墙的厚度，弹出十字线，将堵好的盒子固定牢，然后敷管。有两个以上盒子时，要拉直线。管进盒长度要适宜，管路每隔 1m 左右用铅丝绑扎牢，如有吊扇、花灯或超过 3kg 的灯具应焊好吊钩。

d. 素混凝土内配管可用混凝土、砂浆保护，也可缠两层玻璃布，刷三道沥青油加以保护。在管路下先用石块垫起 50mm，尽量减少接头，管箍螺纹连接处抹铅油缠麻拧牢。

⑨ 变形缝处理。钢导管在变形缝处应做补偿装置。

a. 墙间缝做法：变形缝两侧墙上各预埋一个接线盒，先把管的一侧固定在接线盒上，另一侧接线盒底部的垂直方向开长孔，其宽度尺寸不小于被接入管直径的 2 倍。两侧连接好补偿跨接地线如图 4-37、图 4-38 所示。

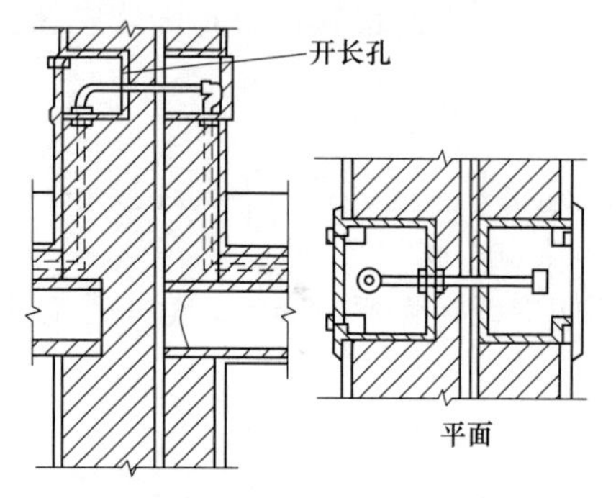

图 4-37 开长孔（双盒）做法

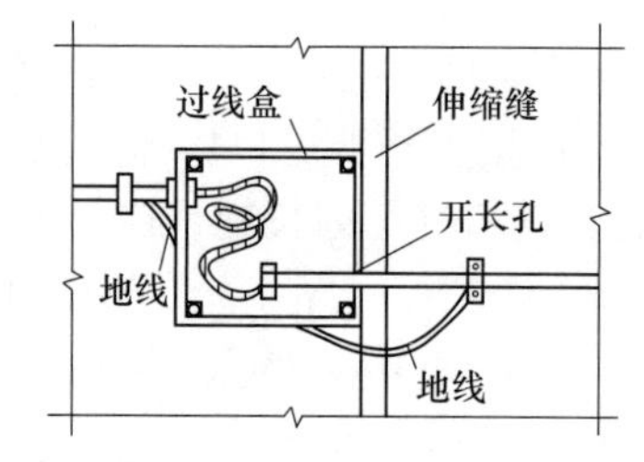

图 4-38 钢管沿墙过伸缩缝（单盒）做法

b. 普通接线箱在地板上（下）部做法一：箱体底口距离地面应不小于 300mm，管路弯曲 90°后，管进箱应加内、外锁紧螺母；在板下部时，接线箱距顶板距离应不小于 150mm，如图 4-39 所示。

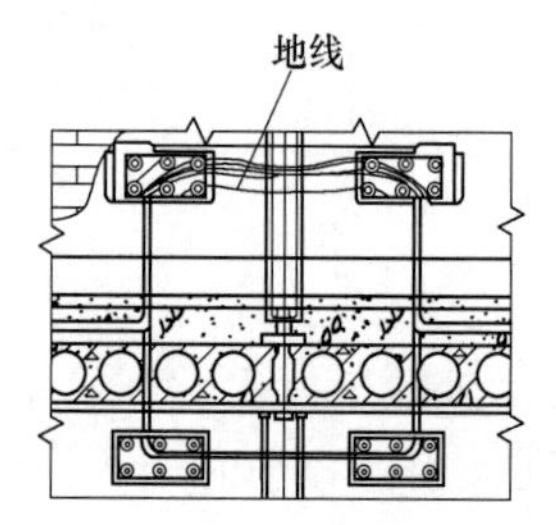

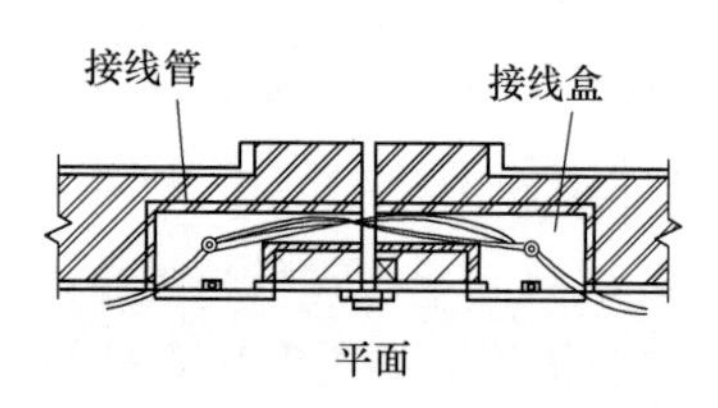

图 4-39 地上（下）做法之一

c. 普通接线箱在地板上（下）部做法二：基本做法同一，但采用的是直筒式接线箱，如图 4-40 所示。

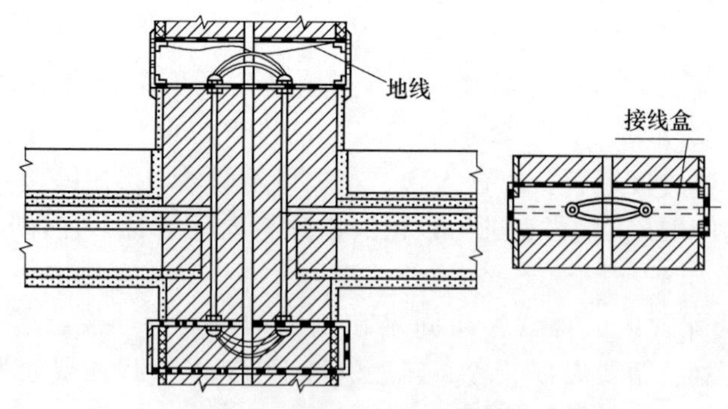

图 4-40 地上（下）做法之二

⑩ 地线连接。管路应作整体接地连接，穿过建筑物变形缝时，应有接地补偿装置，采用跨接方法连接。

a. 焊接：跨接地线两端双面焊接，焊接面不得小于该跨接线截面的 6 倍，焊缝均匀牢固，焊接处要清除药皮，刷防腐漆。跨接线的规格见表 4-20。

b. 卡接：镀锌钢管或可绕金属电线保护管，应用专用接地线卡连接，不得采用熔焊连接地线。

表 4-20 跨接线规格 单位：mm

管径	圆钢	扁钢
15～25	ϕ5	—
32～38	ϕ6	—
50～63	ϕ10	25×3
≥70	ϕ8×2	(25×3)×2

2. 明管及吊顶内、护墙板内管路敷设施工工艺

(1) 明管及吊顶内、护墙板内管路敷设工艺流程（图 4-41）

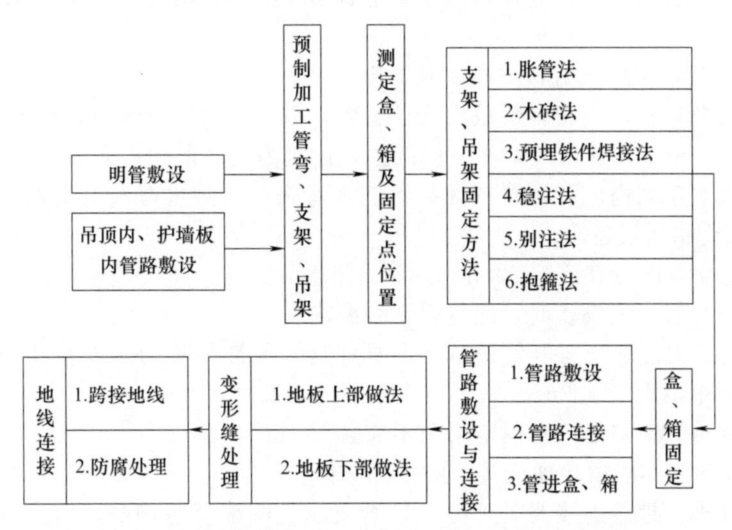

图 4-41 明管及吊顶内、护墙板内管路敷设工艺流程

(2) 明管敷设施工要点

① 基本要求：根据设计图加工支架、吊架、抱箍等铁件以及各种盒、箱、弯管。明管敷设工艺与暗管敷设工艺相同处请见相关部分。在多粉尘、易爆等场所敷管，应按设计和有关防爆规程施工。

② 管弯、支架、吊架预制加工：明配管弯曲半径一般不小于管外径的 6 倍，如有一个弯时，可不小于管外径的 4 倍。加工方法可采用冷煨法和热煨法，支架、吊架应按设计图要求进行加工。支架、吊架的规格设计无规定时，应不小于以下规定：扁铁支架 30mm×3mm；角钢支架 25mm×25mm×3mm；埋注支架应有燕尾，埋注深度应不小于 120mm。

③ 测定盒、箱及固定点位置。

a. 根据设计图首先测出盒、箱与出线口等的准确位置。测量时最好使用自制尺杆。

b. 根据测定的盒、箱位置，把管路的垂直、水平走向弹出线，按照安装标准规定的固定点间距尺寸要求，计算确定支架、吊架的具体位置。

c. 固定点的距离应均匀，管卡与终端、转弯中点、电气器具或接线盒边缘的距离为 150～500mm。中间的管卡最大距离见表 4-21。

④ 固定方法。有胀管法、木砖法、预埋铁件焊接法、稳注法、剔注法、抱箍法。

表 4-21 钢管中间管卡最大距离 单位：mm

钢管	钢管直径				
	15～20	25～32	32～40	50～65	65 以上
壁厚＞2mm 钢管	1500	2000	2500	2500	3500
壁厚≤2mm 钢管	1000	1500	2000	2000	—

⑤ 盒、箱固定。由地面引出管路至盘、箱，需在盘、箱下侧100～150mm处加稳固支架，将管固定在支架上。盒、箱安装应牢固平整，开孔整齐，与管径吻合，一管一孔。铁制盒、箱严禁用电、气焊开孔。

⑥ 管路敷设。

a. 管路应畅通、顺直、内侧无毛刺，镀锌层或防锈漆完整无损。

b. 敷管时，先将管卡一端的螺栓拧进一半，然后将管敷设在内，逐个拧牢。使用支架时，可将钢管固定在支架上，不应将钢管焊接在其他管道上。

c. 水平或垂直敷设明配管允许偏差值，管路在2m以内时，偏差为3mm，全长不应超过管子内径的1/2。

⑦ 管路连接。管路应采用螺纹连接或专用连接头。

⑧ 钢管与设备连接。应将钢管敷设到设备内，如不能直接敷设时，应符合下列要求。

a. 干燥室内，可在钢管出口处加一接线盒，过渡为柔性保护软管引入设备。

b. 室外或潮湿房间内，可在管口处装设防水弯头，由防水弯头引出的导线应加柔性保护软管，经防水管引入设备。

c. 管口距地面高度不宜低于200mm。

⑨ 柔性金属软管引入设备时，应符合下列要求。

a. 刚性导管经柔性导管与电气设备、器具连接，柔性导管的长度在动力工程中不大于0.8m，照明工程中不大于1.2m。

b. 金属软管用管卡固定，其固定间距不应大于1m。

c. 金属柔性导管不能做接地或接零的接续导体。

⑩ 变形缝处理。地线连接及处理办法符合要求。明配管跨接线，应美观牢固，管路敷设应保证畅通，刷好防锈漆、调和漆或其他装饰材料。

（3）吊顶内、护墙板内管路敷设

材质、固定方式等参照明配管工艺；敷设方法等参照暗敷工艺要求；接线盒可使用暗盒。

① 会审图纸要与建筑给水排水及采暖、通风与空调等专业协调，应绘制翻样图，经审核无误后，在顶板或地面进行弹线定位。如吊顶是有格、块等线条的，灯位按格、块均分，做法如图4-42所示。护墙板内配管应按设计要求，测定盒、箱位置，弹线定位。

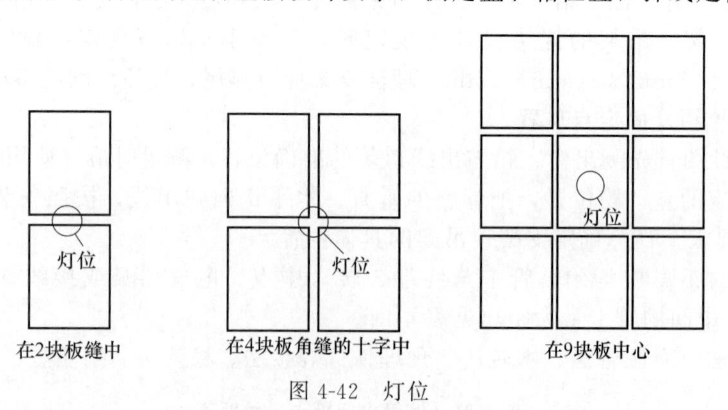

图4-42 灯位

② 灯位测定后，用不少于两个螺栓把灯头盒固定牢。如有防火要求，可用防火布或其他防火措施处理。无用的敲落孔不应脱落，已脱落的要补好。

③ 管路应敷设在主龙骨的上边，管入盒、箱煨灯叉弯，里外带锁紧螺母，里面锁母上

紧后，露丝 2～4 扣，加内护口。

④ 固定管路时，如为木龙骨可采用配套管卡和螺栓固定，或用拉铆钉固定。直径 25mm 以上和成排管路应单独设架。

⑤ 超过 3kg 的电器具和灯具，应在结构施工时预埋吊钩。吊钩直径不应小于器具挂销直径，且不应小于 6mm，吊扇不应小于 8mm，吊钩做好防腐处理，大型花灯的固定及悬吊装置应按器具重量的 2 倍做过载试验。

⑥ 管路敷设应牢固通顺，禁止做拦腰管或绊脚管。管路中间固定点的间距见表 4-22。受力灯头盒应用吊杆固定，在终端、弯头中点或柜台、箱、盘等边缘的距离 150～500mm 范围内设固定卡固定。

表 4-22　管路中间固定点间距　　单位：mm

管径	15～20	25～32	32～40	50 以上
间距	1000	1500	1500	2000

⑦ 吊顶内灯头盒至灯位可采用柔性金属导管，长度不应超过 1.2m，两端应使用专用接头。

3. 质量验收要点

① 金属导管严禁对口熔焊连接，镀锌和壁厚小于 2mm 的钢导管不得套管熔焊连接。

② 镀锌钢管、可挠性导管不得熔焊跨接地线。以专用接地卡跨接时，两卡间连线为铜芯软线，截面积不小于 $4mm^2$。

③ 套镀锌钢管采用螺纹连接时，连接处两端焊接跨接地线；镀锌导管采用螺纹连接处两端用专用接地卡固定跨接地线。

④ 套接扣压式（KBG）和紧定式（JDG）薄壁式金属管接口处应涂动力复合脂，可不做跨接线。

检验方法：观察和检查隐蔽工程记录。

⑤ 连接紧密，管口光滑，护口齐全，明配管及其支架、吊架应牢固、排列整齐，管子弯曲处无明显褶皱，油漆防腐完整，暗配管保护层大于 15mm。

⑥ 盒、箱设置正确，固定可靠，管子进入盒、箱处顺直，在盒、箱内露出的长度小于 5mm；用锁紧螺母固定的管口，管子露出锁紧螺母的螺纹宜为 2～3 扣。线路进入电气设备和器具的管口位置正确。

⑦ 管路的保护：穿过变形缝处有补偿装置，能活动自如；穿过建筑物和设备基础处加保护管。保护套管在隐蔽工程记录中标示正确。

⑧ 金属电线保护管、盒、箱及支架接地（接零），地线敷设应符合以下规定：连接紧密牢固，接地（接零）线截面选用正确，需防腐的部分涂漆均匀无遗漏，线路走向合理，色标准确，涂刷后不污染设备和建筑物。

⑨ 金属导管的内、外壁应做防腐处理；埋设于混凝土内的金属管，内壁应做防腐处理，外壁可以不做。

⑩ 室内进入落地式柜、台、箱、盘内的管口，应高出基础面 50～80mm。

室外埋设的电缆导管，埋深不应小于 0.7m。壁厚小于 2mm 的金属导管不应埋设于室外土壤内。

套接紧定式薄壁式金属管（JDG）连接处紧定螺栓应用专用工具将螺母拧断；套接扣压式薄壁式金属管（KBG）管径在 ϕ25mm 及以下时，扣压点不应小于 2 点，管径在 ϕ32mm 及以上时，扣压点不应少于 3 点，扣压点位置对称，间距均匀，深度不应少于 1.0mm。

检验方法：观察、尺量、检查隐蔽工程记录。

（二）硬质阻燃型绝缘导管明敷设施工

1. 硬质阻燃型绝缘导管明敷设工艺流程（图 4-43）

2. 施工要点

(1) 准备工作

按照设计图加工好支架、抱箍、吊架、铁件、管弯及各种盒、箱。预制管弯可采用冷煨法和热煨法。

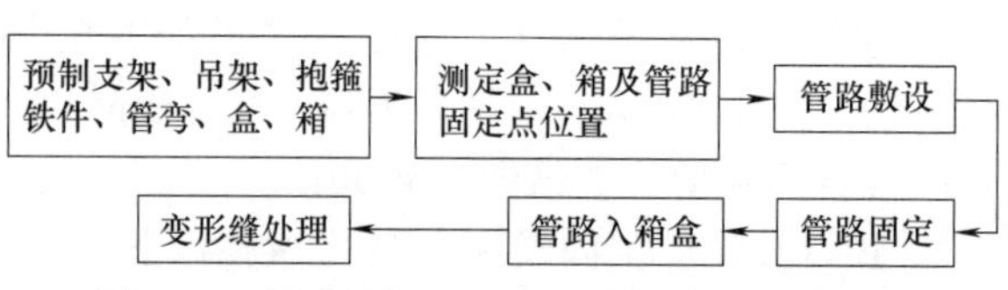

图 4-43 硬质阻燃型绝缘导管明敷设工艺流程

① 冷煨法：管径在 25mm 及以下可用冷煨法。

a. 使用手扳弯管器煨弯，将管子插入配套的弯管器内，一次煨出所需的弯度。

b. 将弯簧插入管内需煨弯处，两手抓住弯簧两端头，膝盖顶在被弯处，手扳逐渐煨出所需弯度，然后抽出弯簧。当弯曲较长管时，可将弯簧用铁丝或尼龙线拴牢一端，煨弯后抽出。

② 热煨法：用电炉子、热风机等设备加热均匀，烘烤管子煨弯处，待管被加热到可随意弯曲时，立即将管子放在木板上，固定管子一头，逐步煨出所需弯度，并用湿布抹擦使弯曲部位冷却定型，不得因加热煨弯使管出现烤伤、变色、破裂等现象。

(2) 测定盒、箱及管路固定点位置

① 按照设计图测出盒、箱出线口等准确位置。测量时，应使用自制尺杆，弹线定位。

② 根据测定的盒、箱位置，把管路的垂直、水平线弹出，按照要求标出支架、吊架固定点具体尺寸位置。

(3) 管路固定方法

① 胀管法：先在墙上打孔，将胀管插入孔内，再用螺母（栓）将管卡固定。

② 木砖法：用木螺栓直接将管卡固定在预埋的木砖上。

③ 预埋铁件焊接法：随土建施工，按测定位置预埋铁件，拆模后，将支架、吊架焊在预埋铁件上。

④ 稳注法：随土建砌砖墙，将支架固定好。

⑤ 剔注法：按测定位置，剔出孔洞，用水把洞内浇湿，再将拌好的高强度等级水泥砂浆填入洞内；填满后，将支架、吊架或螺栓插入洞内，校正埋入深度和平直，无误后，将洞口抹平。

⑥ 抱箍法：按测定位置，遇到梁柱时，用抱箍将支架、吊架固定好。

注意：无论采用以上何种固定方法，均应先固定两端支架、吊架，然后再拉直线固定中间的支架、吊架。

(4) 管路敷设

① 断管：小管径可使用剪管器，大管径使用钢锯锯断，断开后将管口锉平齐。

② 敷管时，先将管卡一端的螺母（栓）拧紧一半，将管敷设于管卡内，然后逐个拧紧。

③ 支架、吊架位置正确，间距均匀，管卡应平正牢固；埋入支架应有燕尾，埋入深度不小于 120mm；用螺栓穿墙固定时，背后要加垫圈。

④ 管路水平敷设时，高度应不低于 2000mm；垂直敷设时，不低于 1500mm；1500mm 以下应加金属保护管。

⑤ 管路敷设时，管路长度超过下列情况时，应加接线盒：

无弯时，30m；一个弯时，20m；两个弯时，15m；三个弯时，8m。

如无法加接线盒时，应将管径加大一级。

⑥ 支架、吊架及敷设在墙上的管卡固定点与盒、箱边缘的距离为150～500mm，中间直线段管卡间的最大距离见表4-22。

⑦ 配线导管与其他管道间最小距离见表4-19。如达不到表中距离要求时，应采取下列措施：

a. 蒸汽管：外包隔热层后，管道周围温度应在35℃以下，上下平行净距可减至200mm，交叉距离需考虑便于维修。

b. 暖、热水管：外包隔热层。

⑧ 直管每隔30m应加装补偿装置，补偿装置接头的大头与直管套入并粘牢，另一端与直管之间可自由滑动。

⑨ 地面或楼板易受机械损伤的一段，应采取保护措施。

（5）管路入箱、盒

用专用端接头连接，要求平正、牢固。向上立管管道采用端帽护口，防止异物堵塞管路。

另外，变形缝处穿墙过管，保护管应能承受外力冲击。

（三）硬质和半硬质阻燃型绝缘导管暗敷设施工

1. 硬质和半硬质阻燃型绝缘导管暗敷设工艺流程（图4-44）

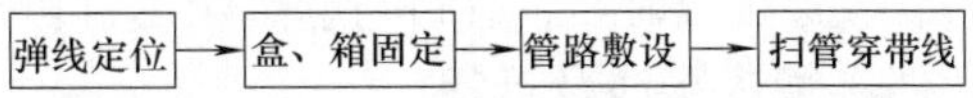

弹线定位→盒、箱固定→管路敷设→扫管穿带线

图4-44　硬质和半硬质阻燃型绝缘导管暗敷设工艺流程

2. 施工要点

（1）弹线定位

① 墙上盒、箱弹线定位：砖墙、大模板混凝土墙，墙盒、箱弹线定位，按弹出的水平线，对照设计图用小线和水平尺测量出盒、箱准确位置，并标注出尺寸。

② 加气混凝土板、圆孔板、现浇混凝土板，应根据设计图和规定的要求准确找出灯位。进行测量后，标注出盒子尺寸位置。

（2）盒、箱固定

① 盒、箱固定应平正、牢固，灰浆饱满，纵横坐标准确。

② 砖墙稳注盒、箱。

a. 预留盒、箱孔洞：首先按设计图加工导管长度，配合土建施工，在距盒、箱的位置约300mm处，预留出进入盒、箱的长度，将电管甩在预留孔外，管口堵好。待稳注盒、箱时，一管一孔地穿入盒、箱。

b. 剔洞稳注盒、箱，再接短管：按弹出的水平线，对照设计图找出盒箱的准确位置，然后剔洞，所剔孔洞应比盒、箱稍大。洞剔好后，用水把洞内四壁浇湿，并将洞中杂物清理干净。依照管路的走向敲掉盒子的敲落孔，再用细石混凝土将盒、箱稳入洞中，待细石混凝土凝固后，再接短管入盒、箱。

③ 模板混凝土墙、板稳注盒、箱。

a. 预留孔洞：下盒、箱套，混凝土浇筑、模板拆除后，将套取出，再稳注盒、箱。

b. 直接稳固：用螺栓将盒、箱固定在扁铁上，然后再将扁铁绑扎在钢筋上，或直接用穿筋盒固定在钢筋上，并根据墙、板的厚度绑好支撑钢筋，使盒、箱口与模板紧贴。

④ 加气混凝土板、圆孔板稳注灯头盒，标注灯位的位置。先打孔，然后由下向上剔洞，洞口下小上大，将盒子配上相应的固定体放入洞中，固定好吊板，待配管后，用细石混凝土稳注。

（3）管路敷设

① 配管要求。

a. 半硬质绝缘导管的连接可采用套管黏结法和专用端头进行连接；套管的长度不应小于管外径的 3 倍，管子的接口应位于套管的中心，接口处应用黏合剂黏结牢固。

b. 敷设管路时，应尽量减少弯曲。当线路的直线段的长度超过 15m，或直角弯有 3 个且长度超过 8m，均应在中途装设接线盒。

c. 暗敷设应在土建结构施工时，将管路埋入墙体和楼板内。局部剔槽敷管应加以固定，并用强度等级不小于 M10 水泥砂浆抹面保护，保护层厚度应大于 15mm。

d. 在加气混凝土板内剔槽敷管时，只允许沿板缝剔槽，不允许剔横槽及剔断钢筋，剔槽的宽度不得大于管外径的 1.5 倍。

e. 管子最小弯曲半径应不小于 $6D$，弯扁不大于 $0.1D$（D 为管外径）。

② 砖墙敷管。

a. 管路连接：可采用套管黏结或端头连接，接头处应固定牢固密封，管路应随同砌砖工序同步砌筑在墙体内。

b. 管进盒、箱连接：可采用黏结或端头连接。管进入盒、箱应与盒、箱里口平齐，一管一孔，不允许开长孔。

③ 模板混凝土墙、板敷管：应先将管口封堵好，管穿盒内不断头，管路沿钢筋内侧敷设，用铅丝将管绑扎在钢筋上，受力点应采取补强和防止机械损伤的措施。

扫管、穿带线时，将管口与盒、箱里口切平。

（四）管内穿线及连接

1. 管内穿线及连接工艺流程（图 4-45）

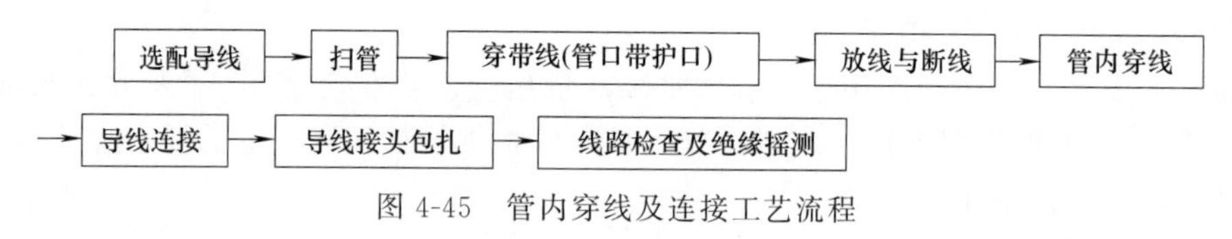

图 4-45　管内穿线及连接工艺流程

2. 施工要点

（1）选配导线

① 根据施工图要求选配导线。

② 绝缘导线的额定电压不低于 500V。

③ 导线必须分色。在线管出口处至配电箱、盘总开关的一段干线回路及各用电支路均应按色标要求分色，A 相为黄，B 相为绿，C 相为红色，N（中性线）为淡蓝色，PE（保护线）为绿/黄双色。

（2）扫管

首先将扫管带线穿入管中，再将布条绑扎牢固在带线上，通过来回拉动带线，直至将管内灰尘、泥水等杂物清理干净。

（3）穿带线

① 采用足够强度的铁丝，先将其一端弯成圆圈状的回头弯，然后穿入管路内。在管路的两端均应留有足够的余量。

② 穿带线受阻时，宜采用两端同时穿带线的办法，将两根带线的头部弯成半圆的形状，使两根铁丝同时反向搅动，至钩绞在一起，然后将带线拉出。

③ 管口带护口：穿带线完成后，管口应带护口保护，护口规格应选择与管径配套，并做到不脱落。

（4）放线与断线

① 放线。

a. 放线前应根据施工图对导线的规格、型号、颜色、质量进行核对。

b. 放线时导线应置于放线架或放线车上，放线避免出现死扣和背花。

② 断线。

a. 导线在接线盒、开关盒、灯头盒等盒内应预留 140～160mm 的余量。

b. 导线在配电箱内应预留约相当于配电箱箱体周长一半的长度作余量。

c. 公用导线（如竖井内的干线）在分支处不断线时，宜采用专用绝缘接线卡卡接。

（5）管内穿线

① 穿线前应首先检查各个管口，以保证护口齐全，无遗漏、破损。

② 导线与带线的绑扎。

a. 导线根数较少时，可先将导线前端的绝缘层削去，然后将线芯直接插入带线的盘圈内并折回压实，形成锥形过渡。

b. 导线根数较多或导线截面较大时，可先将导线前端的绝缘层削去，然后将线芯斜错排列在带线上，用绑线缠绕绑扎牢固，使绑扎接头处形成平滑的锥形过渡，便于穿线。

③ 当管路较长或转弯较多时，宜往管内吹入适量的滑石粉。

④ 穿线时应符合下列规定：

a. 同一交流回路的导线必须穿于同一管内。

b. 不同回路、不同电压等级和不同电流种类的导线，不得同管敷设，下列情况除外：

• 电压在 50V 以下的回路。

• 同一设备的电源线路和无防干扰要求的控制线路。

• 同一花灯的多个分支回路。

• 同类照明的多个分支回路，但管内的导线总数不应超过 8 根。

⑤ 导线在管内不得有接头和扭结。

⑥ 管内导线包括绝缘层在内的总截面积应不大于管内截面积的 40%。

⑦ 导线经过变形缝处应留有一定的余度。

⑧ 敷设于垂直管路中的导线，当超过下列长度时，应加接线盒固定。

a. 截面 $50mm^2$ 及以下的导线：30m。

b. 截面 $70～95mm^2$ 的导线：20m。

c. 截面 $185～240mm^2$ 的导线：18m。

⑨ 不进入接线盒（箱）的垂直向上管口，穿入导线后应将管口密封。

（6）导线连接

① 剥削绝缘。

a. 剥削绝缘常用的工具有电工刀、电工钳和剥线钳，一般 $4mm^2$ 以下的导线原则上使用剥线钳。

b. 剥削绝缘方法。

• 单层剥法：一般适用于单层绝缘导线，应使用剥线钳剥削绝缘层，不允许使用电工刀转圈剥削绝缘层。

• 分段剥法：一般适用于多层绝缘导线，加编织橡胶绝缘导线，用电工刀先削去外层编织层，并留有约 15mm 的绝缘层，线芯长度随接线方法和要求的机械强度而定，如图 4-46 所示。

• 斜削法：用电工刀以 45°角倾斜切入绝缘层，当切近线芯时就应停止用力，接着应使刀面的倾斜角度改为 15°左右，沿着线芯表面向前头端部推出，然后把残存的绝缘层剥离线芯，用刀口插入背部以45°角削断，如图4-47所示。

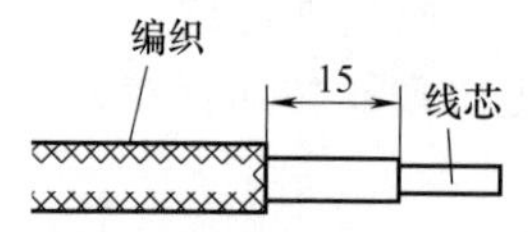

图4-46 编织橡胶绝缘导线分段剥法示意图（单位：mm）

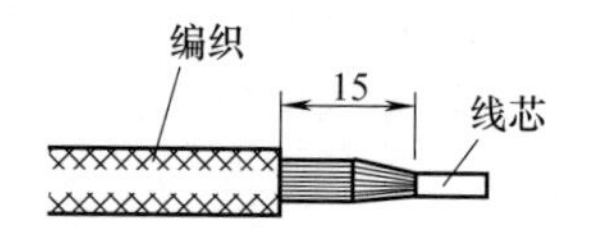

图4-47 斜削法示意图（单位：mm）

② 单芯铜导线的直线连接。

a. 自缠法：适用于$4mm^2$及以下的单芯线连接。将两线芯互相交叉，互绞三圈后，将两线端分别在另一个芯线上密绕不少于5圈，剪掉余头，线芯紧贴导线，如图4-48所示。

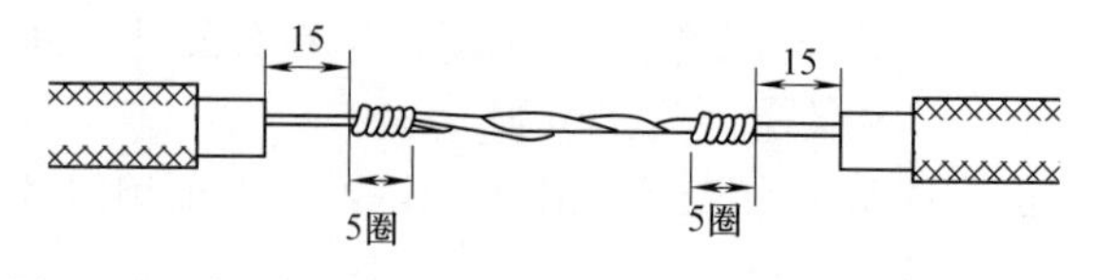

图4-48 单芯铜导线的直线连接（自缠法）（单位：mm）

b. 绑扎法：截面较大单股导线多用绑扎法，在两根连接导线中间加一根相同直径的辅助线，然后用$1.5mm^2$的裸铜线作为绑线，从中间向两边缠绕，长度为导线直径的10倍。然后将两线芯端头折回，单缠5圈与辅助线捻绞2圈，余线剪掉，如图4-49所示。

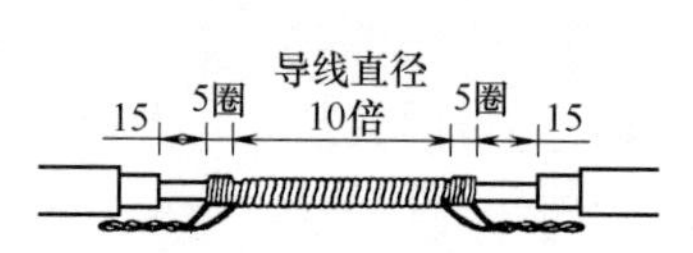

图4-49 直线连接（绑扎法）（单位：mm）

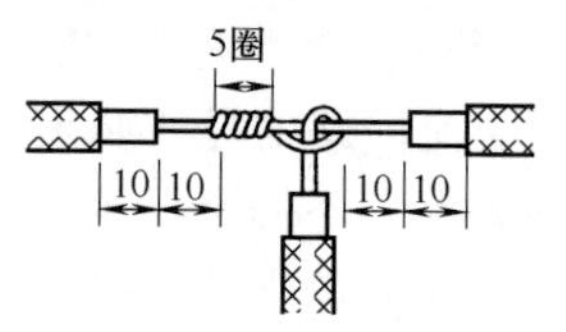

图4-50 分支连接（自缠法）（单位：mm）

③ 单芯铜导线的分支连接。

a. 自缠法：适用于$4mm^2$以下的单芯线。用分支线路的导线在干线上紧密缠绕5圈，缠绕完后，剪去余线。具体做法如图4-50所示。

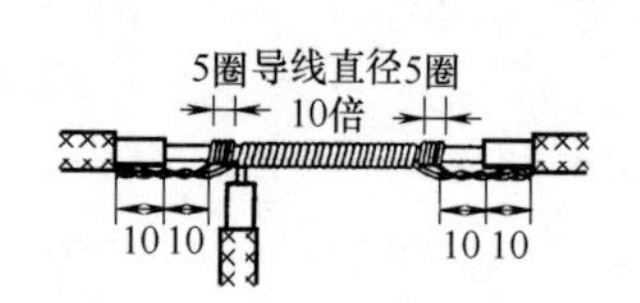

图4-51 分支连接（绑扎法）（单位：mm）

b. 绑扎法：适用于$6mm^2$及以上的单芯线的分支连接，将分支线折成90°，紧靠干线，用同材质导线缠绕，其长度为导线直径的10倍，将分支线折回，单卷缠绕5圈后和分支线绞在一起，剪断余下线头，如图4-51所示。

④ 单芯铜导线的十字分支连接做法，如图4-52和图4-53所示。

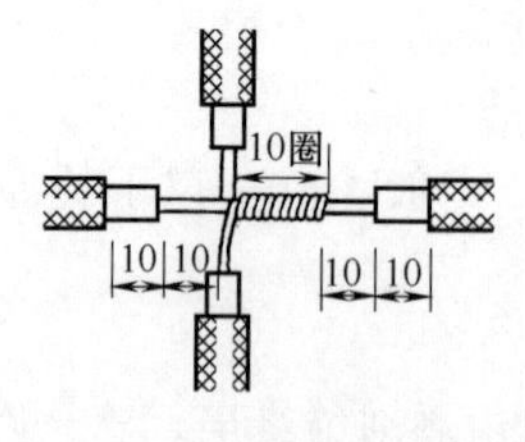

图4-52 十字分支导线一侧连接做法（单位：mm）

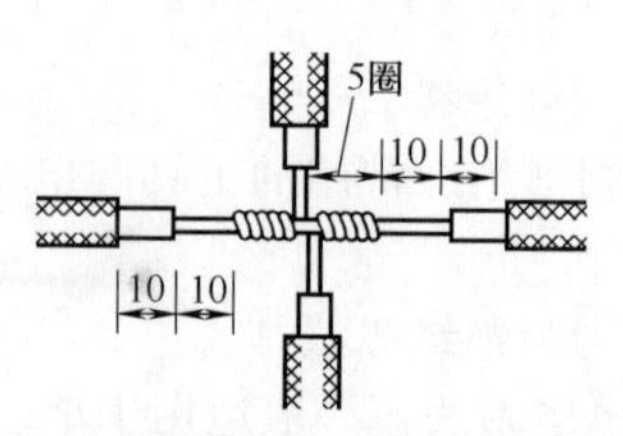

图4-53 十字分支导线两侧连接做法（单位：mm）

⑤ 多芯铜导线直接连接。多芯铜导线连接一般采用绑扎法，适用于七股导线。先将绞线分别拆开成伞形，将中心一根芯线剪去2/3，把两线相互交叉成一体，各取自身导线在中部相绞一次，用其中一根芯线作为绑线在导线上缠绕5～7圈后，再用另一根线芯与绑线相绞后把原来的绑线压住在上

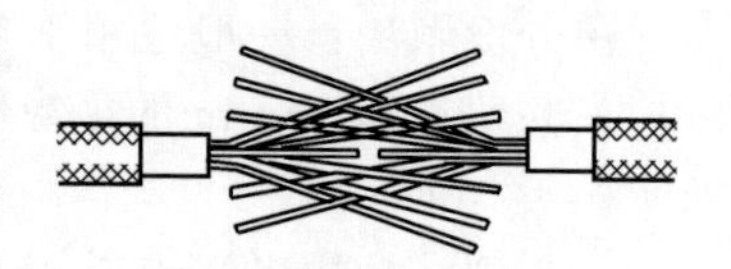

图4-54 多芯铜导线直接连接

面继续按上述方法缠绕，其长度为导线直径的 10 倍，最后缠卷的线端与一条线捻绞 2 圈后剪断。也可不用自身线段，而用一根 ϕ2.0mm 的铜线缠绕，如图 4-54 所示。

⑥ 多芯铜导线分支连接。

a. 一般采用绑扎法：将分支线折成 90°紧靠干线，在绑线端部适当处弯成半圆形，将绑线短端弯成与半圆形成 90°角，并与连接线靠紧，用较长的一端缠绕，将短头压在下面，缠绕长度应为导线结合处直径的 5 倍，再将绑线两端捻绞 2 圈，剪掉余线，如图 4-55 所示。

b. 将分支线剖开（或劈开两半），根部折成 90°紧靠干线，用分支线其中的一根在干线上缠圈，缠绕 3～5 圈后剪断，再用另一根线芯继续缠绕 3～5 圈后剪断，按此方法直至连接到双根导线直径的 5 倍时为止，应保证各剪断处在同一直线上，见图 4-56。

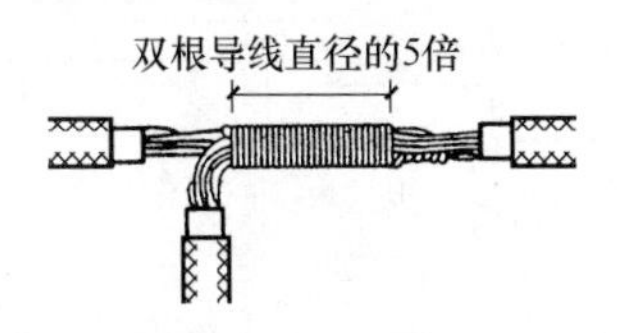

图 4-55　多芯导线分支连接（一式）

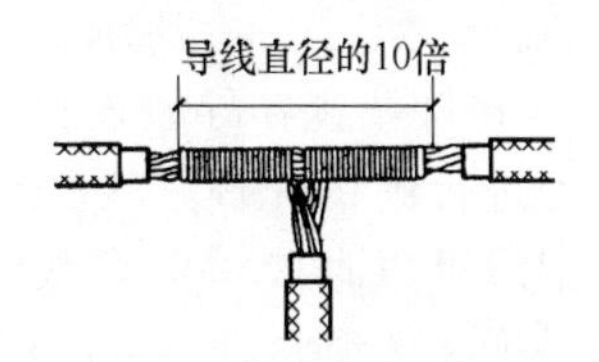

图 4-56　多芯导线分支连接（二式）

⑦ 铜导线在接线盒、箱内的连接。

a. 单芯线并接头：首先将导线绝缘台并齐合拢。然后在距绝缘台约 12mm 处用其中一根线芯在其连接端缠绕 5～7 圈后剪断，把余头并齐折回压在缠绕线上，如图 4-57 所示。

b. 不同直径导线接头：无论是独根（导线截面小于 2.5mm^2）还是多芯软线，均应先进行涮锡处理。再将细线在粗线上距离绝缘层 15mm 处交叉，并将线端部向粗导线（独根）端缠绕 5～7 圈，将粗导线端折回压在细线上。

c. 采用 LC 安全型压线帽压接：铜导线压线帽分为黄、白、红三种颜色，分别适用于 1.0mm^2、1.5mm^2、2.5mm^2、4mm^2 的 2～4 条导线的连接。具体方法是：将导线绝缘层剥去适当长度，长度按压线帽的规格型号决定，清除氧化层，按规格选用适当的压线帽，将线芯插入压线帽的压接管内，若填不实，可将线芯折回头，填满为止。线芯插到底后，导线绝缘应和压接管平齐，并包在压线帽壳内，用专用压接钳压实即可。压线帽压接如图 4-58 所示。

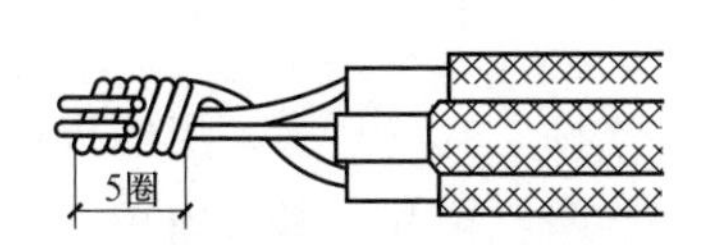

图 4-57　单芯线并接头示意图

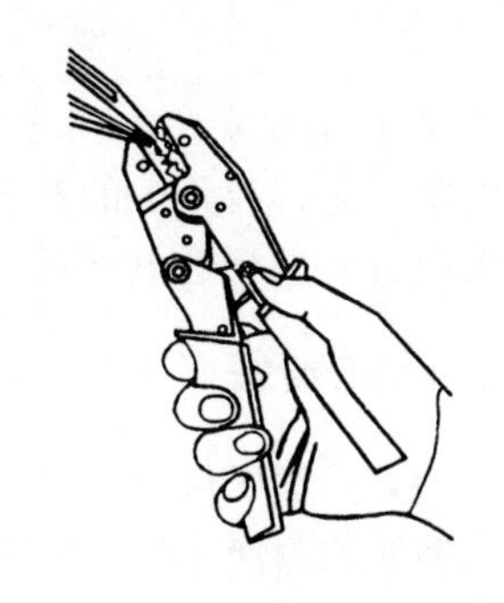

图 4-58　压线帽压接示意图

d. 采用接线端子压接：多股导线可采用与导线同材质且规格相应的接线端子压接。压接时首先削去导线的绝缘层，然后将线芯紧紧地绞在一起，清除接线端子孔内的氧化膜，之后将线芯插入端子，用压接钳压紧压牢。注意导线外露部分应小于 1～

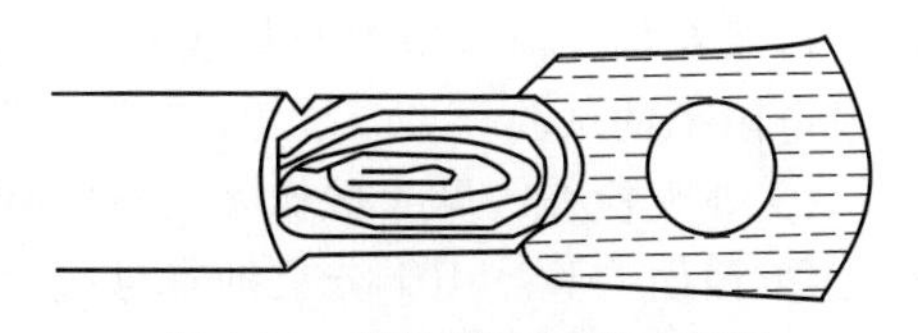

图 4-59　接线端子压接示意图

2mm，如图 4-59 所示。

⑧ 导线与平压式接线柱连接。

a. 单芯导线盘圈压接：用机螺栓压接时，导线要顺着螺钉旋转方向紧绕一圈后进行压接。不允许逆时针方向盘圈压接，盘圈开口不宜大于 2mm。

b. 多股铜芯软线用螺栓压接时，先将线芯拧绞盘圈做成单眼圈，涮锡后，将其压平再用螺栓加垫圈压紧。以上两种方法压接后外露线芯的长度不宜超过 2mm。

⑨ 导线与插孔式接线桩连接：将连接的导线剥出线芯插入接线桩孔内，然后拧紧螺栓，导线裸露出插孔不大于 2mm，针孔较大时要折回头插入压接，如图 4-60 所示。

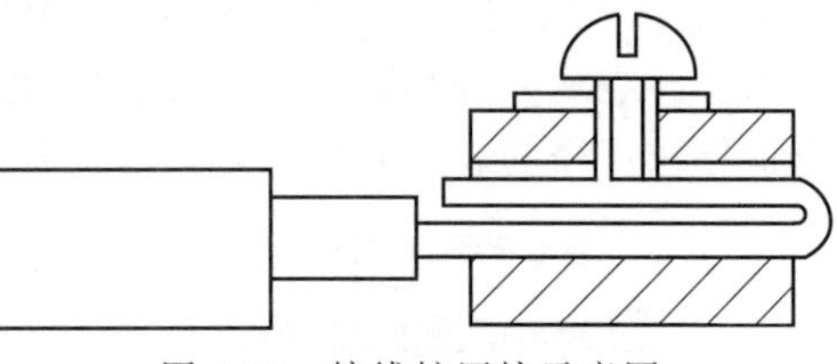
图 4-60　接线桩压接示意图

⑩ 导线接头涮锡：导线连接头做完后，均须在连接处进行涮锡处理，线径较小的单股线或多股软铜线可以直接用电烙铁加热进行涮锡处理。如果施工场地允许，可以用喷灯或电炉将锡锅内的焊锡熔化，直接对导线接头涮锡。涮锡时要掌握好温度，使接头涮锡饱满，不出现虚焊、夹渣现象。涮锡后将焊剂处理干净。

（7）导线接头包扎

先用塑料绝缘带从导线接头始端的完好绝缘层处开始，以半幅宽度重叠包扎缠绕 2 个绝缘带幅宽度，然后以半幅宽度重叠进行缠绕。在包扎过程中应收紧绝缘带。最后再用黑胶布包扎，包扎时要衔接好，同样以半幅宽度边压边进行缠绕，在包扎过程中应用力收紧胶布，导线接头处两端应用黑胶布封严密，包扎后外观应呈橄榄形。

（8）线路检查及绝缘摇测

① 线路检查：导线接头全部完成后，应检查导线接头是否符合规范要求，合格后再进行绝缘摇测。

② 绝缘摇测：低压线路的绝缘摇测一般选用 500V、量程为 1～500MΩ 的兆欧表。线路绝缘摇测按下面的两步进行。

a. 电气器具未安装前进行线路绝缘摇测时，首先将灯头盒内导线分开，开关盒内导线连通。分别摇测支线和干线，摇表转速应保持在 120r/min 左右，1min 后读数并记录数值。

b. 电气器具全部安装完在送电前进行摇测时，按系统、按单元、按户摇测一次线路的干线绝缘电阻。先将线路上的开关、仪表、设备等置于断开位置，摇测方法同上所述，确认绝缘摇测无误后再进行送电试运行。

三、硬母线安装

变配电装置的配电母线，一般由硬母线制作，又称汇流排，其材料多采用铝板材。

硬母线的安装工序主要包括母线矫正、测量、下料、弯曲、钻孔、接触面加工、连接安装和刷漆涂色等。

1. 母线材料检验

母线在加工前，应检验母线材料是否有出厂合格证，无合格证的，应做抗拉强度、延伸率及电阻率的试验。

① 外观检查；母线材料表面不应有气孔、划痕、坑凹、起皮等质量缺陷。

② 截面检验：用千分尺抽查母线的厚度和宽度（应符合标准截面的要求），硬铝母线的截面误差不应超过 3%。

③ 抗拉极限强度：硬铝母线的抗拉极限强度应为 $12kg/mm^2$ 以上。

④ 电阻率：温度为 20℃时，铝母线的电阻率应为 $\rho=0.0295\times10^{-6}\Omega\cdot m$。

⑤ 延伸率：铝母线的延伸率为 4%～8%。

2. 母线的矫正

母线材料要求平直，对弯曲不平的母线应进行矫正，其方法有手工矫正和机械矫正。手工矫正时，可将母线放在平台上或平直、光滑、洁净的型钢上，用硬质木槌直接敲打，如弯曲较大，可在母线弯曲部位垫上垫块（如铝板、木板等）用大锤间接敲打。对于截面较大的母线，可用母线矫正机进行矫正。

3. 测量下料

母线在下料前，应在安装现场测量母线的安装尺寸，然后根据实测尺寸下料。若安装的母线较长，可在适当地点进行分段连接，以便检修时拆装，并应尽量减少母线的接头和弯曲数量。

4. 母线的弯曲

母线的弯曲一般有平弯（宽面方向弯曲）、立弯（窄面方向弯曲）、扭弯（麻花弯）和折弯（等差弯）四种形式，其尺寸要求如图 4-61 所示（单位：mm）。

① 母线平弯。母线平弯时可用平弯机，如图 4-62 所示。操作时，将需要弯曲的部位划上记号，再把母线插入平弯机的两个滚轮之间，位置调整无误后，拧紧压力丝杠，慢慢压下平弯机手柄，使母线平滑弯曲。

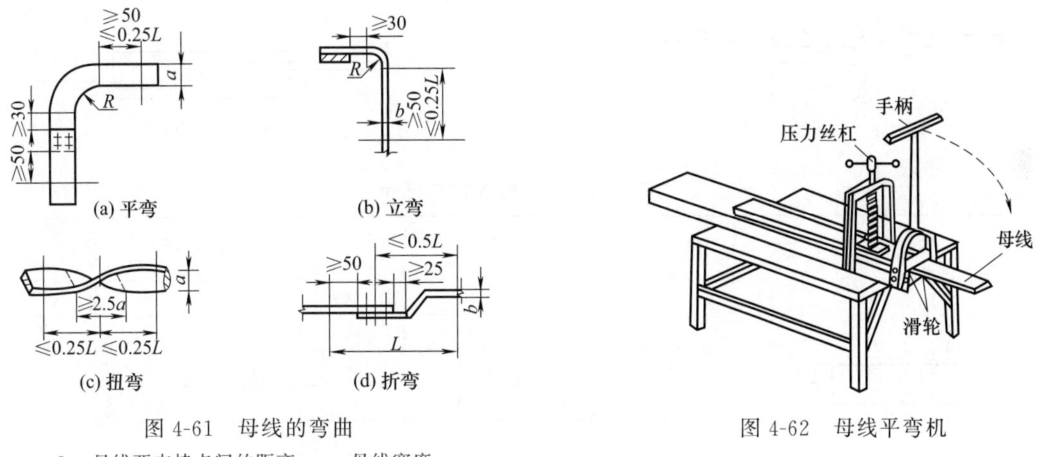

图 4-61　母线的弯曲

L—母线两支持点间的距离；a—母线宽度；b—母线厚度；R—母线弯曲半径

图 4-62　母线平弯机

弯曲小型母线时可使用台虎钳。先将母线置于台虎钳口中（钳口上应垫以垫板），然后用手扳动母线，使母线弯曲到需要的角度，母线弯曲的最小允许弯曲半径应符合表 4-23 的要求。

表 4-23　母线最小弯曲半径

母线截面尺寸 $a\times b$	平弯最小弯曲半径/mm			立弯最小弯曲半径/mm		
	铜	铝	钢	铜	铝	钢
<(50mm×5mm)	$2b$	$2b$	$2b$	$1a$	$1.5a$	$0.5a$
<(120mm×10mm)	$2b$	$2.5b$	$2b$	$1.5a$	$2a$	$1a$

注：a—母线宽度；b—母线厚度。

② 母线立弯。母线立弯时可用立弯机，如图 4-63 所示。先将母线需要弯曲部分套在立弯机的夹板 4 上，再装上弯头 3，拧紧夹板螺栓 8，调整无误后，操作千斤顶 1，使母线弯曲。

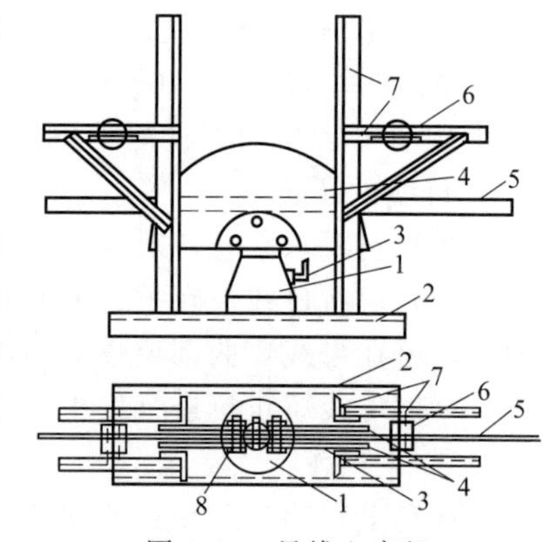

图 4-63　母线立弯机

1—千斤顶；2—槽钢；3—弯头；4—夹板；5—母线；6—挡头；7—角钢；8—夹板螺栓

③ 母线扭弯。母线扭弯时可用扭弯器，如图 4-64 所示。将母线扭弯部分的一端夹在台虎钳口上（钳口垫以垫板），在距钳口大于母线宽度的 2.5 倍处，用母线扭弯器夹住母线，用力扭动扭弯器手柄，使母线弯曲到需要的形状为止。

④ 母线折弯。母线折弯可用弯模，如图 4-65 所示。加压成形，也可用手工在台虎钳上敲打成形。用弯模时，先将母线放在弯模中间槽的钢框内，再用千斤顶或其他压力设备加压成形。

5. 钻孔

母线连接或母线与电气设备连接所需要的拆卸接头，均用螺栓搭接紧固。所以，凡是用螺栓固定的地方都要在母线上事先钻好孔眼，其钻孔直径应大于螺栓直径 1mm。常用母线螺栓搭接尺寸应按表 4-24 选择。

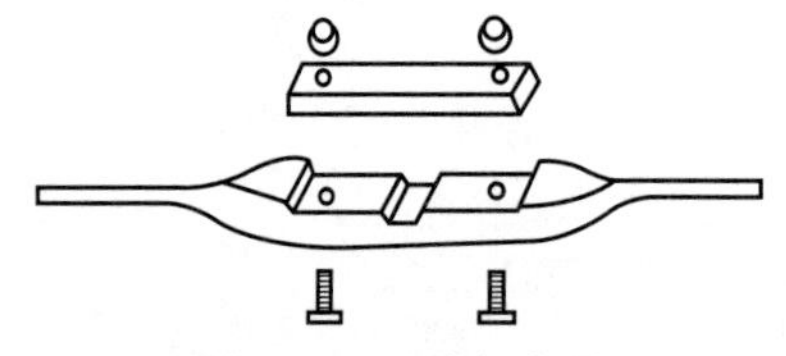
图 4-64　母线扭弯器

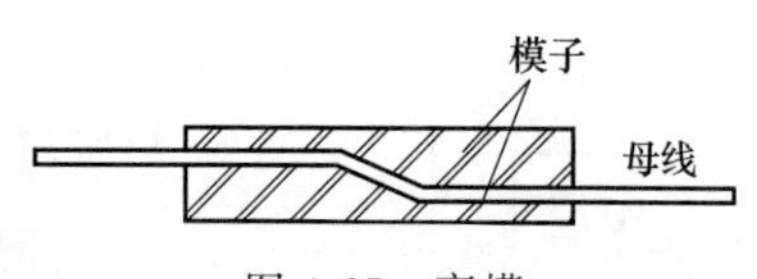

图 4-65　弯模

表 4-24　母线螺栓搭接尺寸

搭接形式	类别	序号	连接尺寸/mm			钻孔要求		螺栓规格
			b_1	b_2	a	ϕ/mm	个数	
$b_1/4$，ϕ，b_1，a	直线连接	1	125	125	b_1 或 b_2	21	4	M20
		2	100	100	b_1 或 b_2	17	4	M16
		3	80	80	b_1 或 b_2	13	4	M12
		4	63	63	b_1 或 b_2	11	4	M10
		5	50	50	b_1 或 b_2	9	4	M8
		6	45	45	b_1 或 b_2	9	4	M8
$b_1/2$，ϕ，b_1，$a/2$ $a/2$	直线连接	7	40	40	80	13	2	M12
		8	31.5	31.5	63	11	2	M10
		9	25	25	50	9	2	M8
$b_1/4$，ϕ，b_1，b_2	垂直连接	10	125	125	—	21	4	M20
		11	125	100～80	—	17	4	M16
		12	125	63	—	13	4	M12
		13	100	100～80	—	17	4	M16
		14	80	80～63	—	13	4	M12
		15	63	63～50	—	11	4	M10
		16	50	50	—	9	4	M8
		17	45	45	—	9	4	M8

续表

搭接形式	类别	序号	连接尺寸/mm			钻孔要求		螺栓规格
			b_1	b_2	a	ϕ/mm	个数	
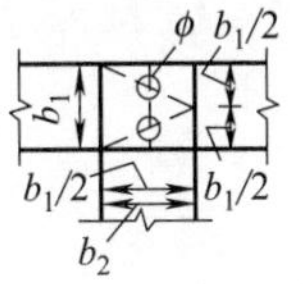	垂直连接	18	125	50～40	—	17	2	M16
		19	100	63～40	—	17	2	M16
		20	80	63～40	—	15	2	M14
		21	63	50～40	—	13	2	M12
		22	50	45～40	—	11	2	M10
		23	63	31.5～25	—	11	2	M10
		24	50	31.5～25	—	9	2	M8
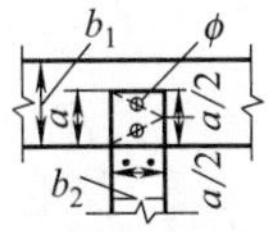	垂直连接	25	125	31.5～25	60	11	2	M10
		26	100	31.5～25	50	9	2	M8
		27	80	31.5～25	50	9	2	M8
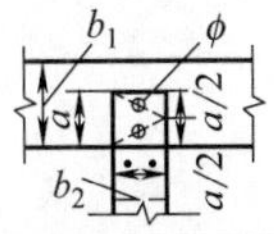	垂直连接	28	40	40～31.5	—	13	1	M12
		29	40	25	—	11	1	M10
		30	31.5	31.5～25	—	11	1	M10
		31	25	22	—	9	1	M8

6. 接触面的加工连接

① 接触面应加工平整，并需消除接触表面的氧化膜。在加工处理时，应保证导线的原有截面积，其截面偏差：铜母线不应超过原截面的3%，铝母线不应超过5%。

② 母线接触表面加工处理后，应使接触面保持洁净，并涂以中性凡士林或复合脂，使触头免于氧化。各种母线或导电材料连接时，接触面还应做如下处理。

铜—铜：在干燥室内可直接连接，否则接触面必须搪锡。

铝—铝：可直接连接，有条件时宜搪锡。

钢—钢：在干燥室内导体应搪锡，否则应使用铜铝过渡段。

钢—铝或铜—钢：搭接面必须搪锡。

搪锡的方法是：先将焊锡放在容器内，用喷灯或木炭加热熔化；再把母线接触端涂上焊锡膏浸入容器中，使锡附在母线表面。母线从容器中取出后，应用抹布擦拭干净，去掉杂物。

母线接触面加工处理完毕后，才能将母线用镀锌螺栓依次连接起来。

7. 母线安装

先在支持绝缘子上安装母线的固定金具，然后将母线固定在金具上。其固定方式有螺栓固定、卡板固定和夹板固定，如图4-66所示。

（1）安装要求

水平安装的母线，应在该金具内自由收缩，以便当母线温度变化时使母线有伸缩余地，不致拉坏绝缘子。垂直安装时，母线要用金具夹紧。当母线较长时，应装设母线补偿器（也称伸缩节），以适应母线温度变化的伸缩需要。一般情况下，铝母线在20～30m左右处装设一个，铜母线为30～50m，钢母线为35～60m。

母线连接螺栓的紧密程度应适宜。拧得过紧时，母线接触面的承受压力差别太大，以至当母线温度变化时，其变形差别也随之增大，使接触电阻显著上升；太松时，难以保证接触面的紧密度。

（2）安装固定

母线的固定方法有螺栓固定、卡板固定和夹板固定。

① 螺栓固定的方法是用螺栓直接将母线拧在绝缘子上，母线钻孔应为椭圆形，以便作

中心度调整。其固定方法如图 4-66（a）所示。

② 卡板固定是先将母线放置于卡板内，待连接调整后，再将卡板按顺时针方向旋转，以卡住母线，如图 4-66（b）所示。如为电车绝缘子，其安装如图 4-67 所示。母线卡板规格尺寸见表 4-25。

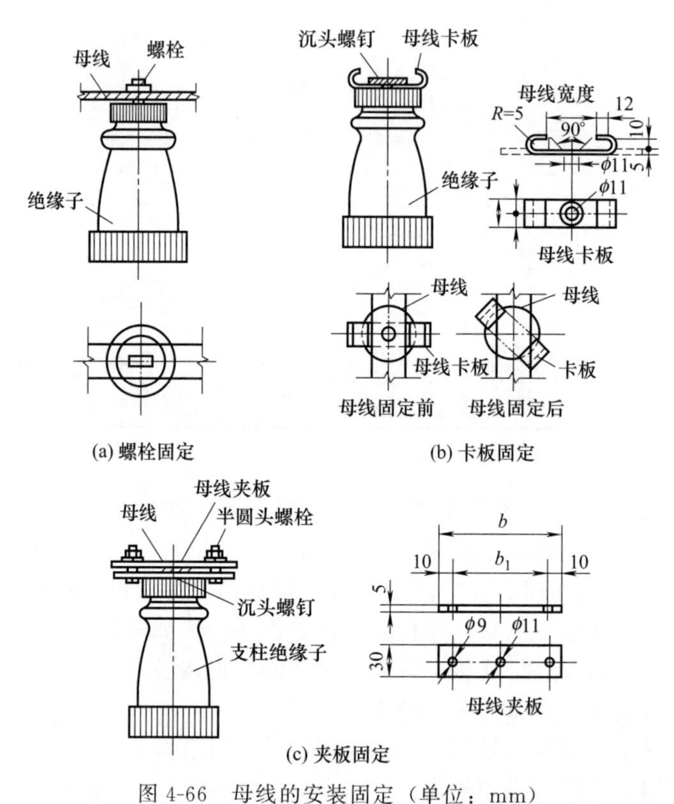

(a) 螺栓固定　(b) 卡板固定

(c) 夹板固定

图 4-66　母线的安装固定（单位：mm）

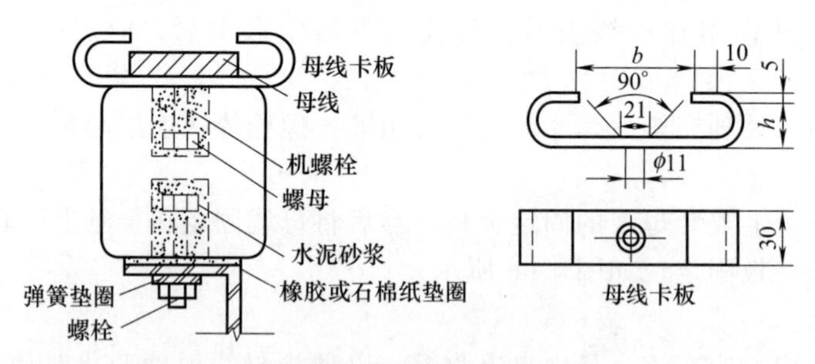

图 4-67　电车绝缘子固定母线（单位：mm）

表 4-25　母线卡板规格表　　单位：mm

母线截面	40×5	80×6、100×6	100×8
b	55	105	105
h	8	8	12
全长	130	180	190

③ 用夹板固定的方法无需在母线上钻孔。先用夹板夹住母线，然后在夹板两边用螺栓固定，并且夹板上压板应与母线保持 1～1.5mm 的间隙，当母线调整好（不能使绝缘子受到任何机械应力）后再进一步紧固，如图 4-66（c）所示，夹板规格尺寸见表 4-26。

表 4-26　母线夹板规格表　　　　单位：mm

母线宽度	40～80	100
b	120	140
b_1	100	120

（3）母线补偿器的安装

母线补偿器多采用成品伸缩补偿器，也可由现场制作，其外形及安装示意如图 4-68 所示。它由厚度为 0.2～0.5mm 的薄铜片叠合后与铜板或铝板焊接而成，其组装后的总截面不应小于母线截面的 1.2 倍。母线补偿器间的母线连接处，开有纵向椭圆孔，螺栓不能拧紧，以供温度变化时自由伸缩。

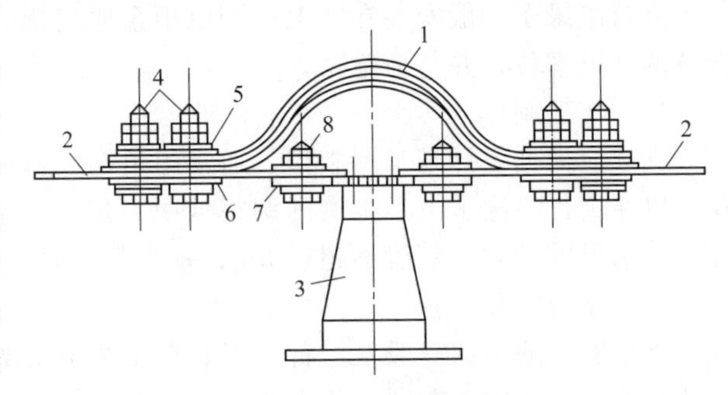

图 4-68　母线伸缩补偿器

1—补偿器；2—母线；3—支柱绝缘子；4—螺栓；5—垫圈；6—衬垫；7—盖板；8—螺栓

8. 母线拉紧装置

当硬母线跨越柱、梁或跨越屋架敷设时，线路一般较长，因此，母线在终端及中间端处，应分别装设终端及中间拉紧装置，如图 4-69 所示。母线拉紧装置一般可先在地面上组装好后，再进行安装。拉紧装置的一端与母线相连接，另一端用双头螺柱固定在支架上。母线与拉紧装置螺栓连接处应使用止退垫片，螺母拧紧后卷角，以防止松脱。

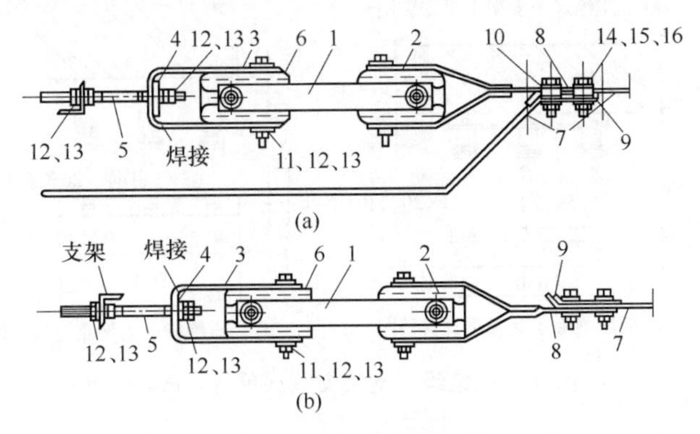

图 4-69　母线拉紧装置

1—拉板；2、3、9—夹板；4—垫板；5—双头螺柱；6—拉紧绝缘子；7—母线；8—连接板；10—止退垫片；11、14—螺栓；12、15—螺母；13、16—垫圈

9. 母线排列和刷漆涂色

母线安装时要注意相序的排列，母线安装完毕后，要分别刷漆涂色。

（1）母线排列

一般由设计规定，如无规定时，应按下列顺序布置。

① 垂直敷设。交流 L1、L2、L3 相的排列由上而下，直流正、负极的排列由上而下。

② 水平敷设。交流 L1、L2、L3 相的排列由内而外（面对母线，下同），直流正、负极的排列由内而外。

③ 引下线。交流 L1、L2、L3 相的排列由左而右（从设备前正视），直流正、负极的排列由左而右。

（2）母线涂色

母线安装完毕后，应按规定刷漆涂色。

四、支持绝缘子、穿墙套管安装

1. 支持绝缘子安装

支持绝缘子一般安装在墙上、配电柜金属支架或建筑物的构件上，用以固定母线或电气设备的导电部位，并与地绝缘。

（1）支架制作

支架应根据设计施工图制作，通常用角钢或扁钢制成。加工支架时，其螺孔宜钻成椭圆孔，以便进行绝缘子中心距离的调整（中心偏差不应大于 2mm）。支架安装的间距要求是：母线为水平敷设时，一般不超过 3m；垂直敷设时，不应超过 2m；或根据设计确定。

（2）支架安装

支架安装的步骤一般是：首先安装首尾两个支架，以此为固定点，拉一直线，然后沿线安装，使绝缘子中心在同一条直线上，如图 4-70 所示。

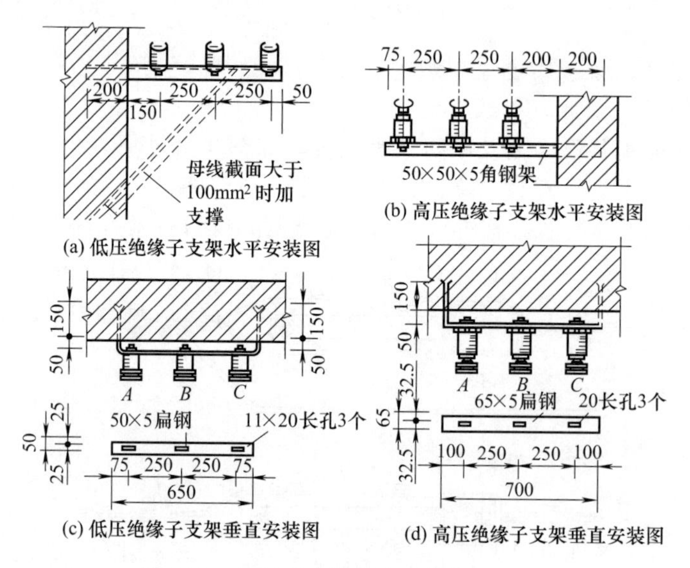

图 4-70　绝缘子支架安装（单位：mm）

（3）绝缘子的安装

安装绝缘子时，应检查绝缘子有无裂缝（纹）、缺损等质量缺陷，是否符合母线和支架的型号规格要求。如采用电车绝缘子，其胶合和安装方法可参照滑触线支撑绝缘子进行。

2. 穿墙套管和穿墙板安装

穿墙套管和穿墙板是高低压引入（出）室内或导电部分穿越建筑物时的引导元件。高压母线或导线穿墙时，一般采用穿墙套管；低压母线排穿墙时，一般采用母线穿墙板。

（1）10kV 穿墙套管的安装

穿墙套管按安装场所分为室内型和室外型；按结构分为铜导线穿墙套管和铝排穿墙套管。

其安装方法是：土建施工时，在墙上留一长方形孔，在长方形孔上预埋一个角铁框，以固定金属隔板，套管则固定在金属隔板上，如图 4-71 所示。也有的在土建施工时预埋套管螺栓和预留 3 个穿套管用的圆孔，将套管直接固定在墙上（通常在建筑物内的上下穿越时使用）。

（2）低压母线穿墙板的安装

穿墙板的安装与穿墙套管相类似，只是穿墙板无需套管，并将角铁框上的金属隔板换成上、下两部分的绝缘隔板，其安装如图4-72所示。穿墙板一般装设在土建隔墙的中心线，或装设在墙面的某一侧。

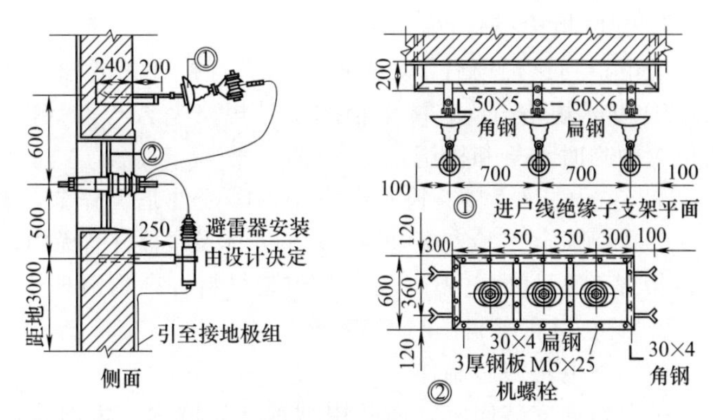

图4-71　穿墙套管安装图（单位：mm）

（3）安装要求

① 同一水平线垂直面上的穿墙套管应位于同一平面上，其中心线的位置应符合设计要求。

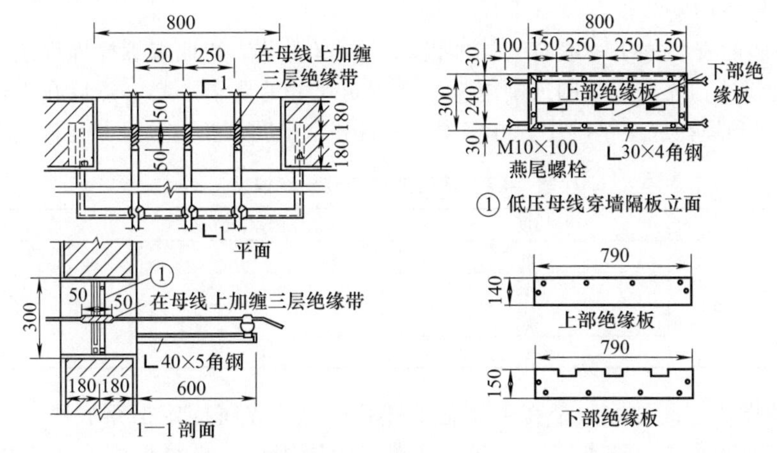

图4-72　低压母线穿墙板安装图（单位：mm）

② 穿墙套管垂直安装时，法兰盘应装设在上面；水平安装时，法兰盘应装设在外面，安装时不能将套管法兰盘埋入建筑物的构件内。

③ 穿墙套管安装板孔的直径应大于套管嵌入部分5mm。

④ 穿墙套管的法兰盘等不带电的金属构件均应做接地处理。

⑤ 套管在安装前，最好先经工频耐压试验合格，也可用1000V或2500V的摇表测定其绝缘电阻（应大于1000MΩ），以免安装后试验不合格。

（4）熔丝的规格

熔丝规格应符合设计要求，并无弯折、压扁或损伤，熔体与熔丝应压接紧密。

第三节　变配电设备安装

一、配电柜安装

配电柜也称开关柜或配电屏，其外壳通常采用薄钢板和角钢焊制而成。根据用途及功能的需要，在配电柜内装设各种电气设备，如隔离开关、自动开关、熔断器、接触器、互感器以及各种检测仪表和信号装置等。安装时，必须先制作和预埋底座，然后将配电柜固定在底座上，其固定方式多采用螺栓连接（对固定场所，有时也采用焊接）。

1. 配电柜检查验收

配电柜到达现场后，要及时开箱进行检查和清理，其内容有以下几方面。

① 型号规格。检查配电柜的型号规格是否与设计施工图相符，然后在配电柜上标注安装位置的临时编号和标记。

② 零配件及资料。检查配电柜的零配件是否齐全，有无出厂图纸等有关技术资料。

③ 外观质量。检查配电柜内外的壳体及电器件有无损伤、受潮等，发现问题应及时处理。

④ 清理。将配电柜的灰尘及包装材料等杂物清理干净。

2. 配电柜底座制作与安装

（1）配电柜底座制作

配电柜的安装底座，通常用型钢（如槽钢、角钢等）制作，型钢规格大小的选择应根据配电柜的尺寸和重量而定，一般采用 5～10 号槽钢，或采用∟30mm×4mm～∟50mm×5mm 的角钢。

（2）配电柜底座安装

配电柜底座的安装方法一般有直接埋设法、预留埋设法和地脚螺栓埋设法。

① 直接埋设法。先按施工图或配电柜底座固定尺寸的要求下料，然后在土建施工做基础时，将底座直接预埋在底座基础中，并将安装位置和水平度调整准确，其允许偏差见表 4-27。

表 4-27　基础型钢安装允许偏差

项目	长度	允许偏差/mm	检查方法
不直度	1m	1	拉线和尺检
	全长	5	
水平度	1m	1	
	全长	3	

② 预留埋设法。此种方法是在土建施工做基础时，先将固定槽钢底座的底板（扁钢或圆钢）与底座基础同时浇灌或砌在一起；待混凝土凝固后，再将槽钢底座焊接在基础底板上。或采用预留定位的方法，在浇灌混凝土时，在基础上埋入比型钢略大的木盒（一般为 30mm 左右），并应预留焊接型钢用的钢筋；待混凝土凝固后，将木盒取出，再埋设槽钢底座。

③ 地脚螺栓埋设法。在土建施工做基础时，先按底座尺寸预埋地脚螺栓，待基础凝固后再将槽钢底座固定在地脚螺栓上。

底座制作预留工作结束后，应用扁钢将底座与接地网连接起来。配电柜的底座安装如图 4-73 所示。

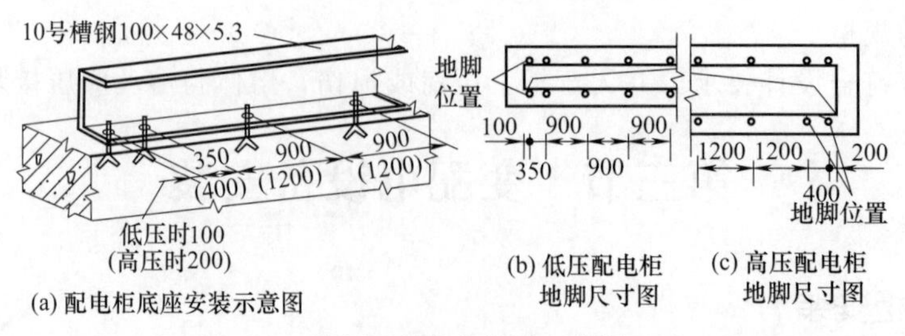

图 4-73　配电柜底座安装图（单位：mm）

3. 配电柜安装

通常在土建工程全部完毕后进行配电柜的安装。

① 底座钻孔。槽钢底座基础凝固后，即可在槽钢底座上按照配电柜底座的固定孔尺寸，

开钻稍大于螺栓直径的孔眼。

② 立柜。按照施工图规定的配电柜顺序作安装标记，然后将配电柜搬放在安装位置，并先粗略调整其水平度和垂直度。

③ 调整。配电柜安放好后，务必校正其水平度和垂直度。水平度用水平仪校正，垂直度用线锤校正。多块柜并列拼装时，一般先安装中间一块柜，再分别向两侧拼装并逐柜调整。双列布置的配电柜，应注意其位置的对应，以便母线联桥。配电柜安装的允许偏差见表 4-28。

表 4-28　配电柜安装允许偏差

项目		允许偏差/mm
垂直度(1m)		1.5
水平度	相邻两柜顶部	2
	成列柜顶部	5
水平度	相邻两柜面	1
	成列两柜面	5
柜间接缝		2

④ 固定。水平度和垂直度校正符合要求后，即可用螺栓和螺母将配电柜固定在槽钢底座上，如图 4-74 所示。一般在调整校正后固定，也可逐块调整逐块固定。

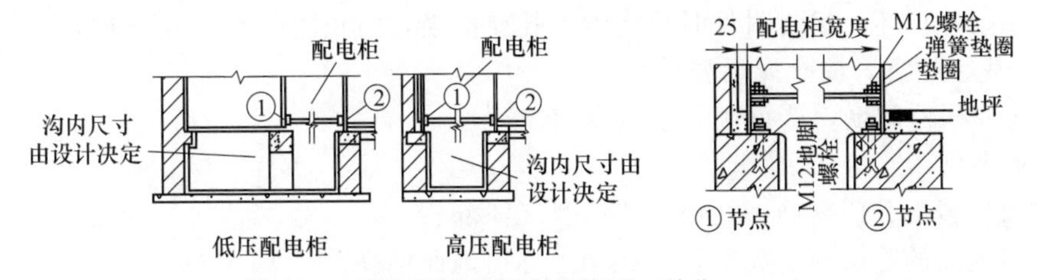

图 4-74　配电柜螺栓固定安装图（单位：mm）

高压配电柜在侧面出线时，应装设金属保护网。

⑤ 柜内电器检查。成套配电柜的内部开关电器等设备均由制造厂配置，安装时需检查柜内电器是否符合设计施工图的要求，并进行公共系统（如接地母线、信号小母线等）的连接和检查。

⑥ 装饰。配电柜安装完毕后，应保证柜面的油漆完整无损（必要时可重新喷漆，漆面不能反光）。最后应标明柜正面及背面各电器的名称和编号。

配电柜的安装方法，也适用于落地式动力配电箱和控制箱的安装。

二、电力变压器的安装

1. 安装前的准备工作

（1）场地布置

电力变压器的大部分组装工作最好在检修室内进行，如果没有检修室，则需要选择临时性的安装场所。这时，最好把安装场所选择在变压器的基础台附近，以便变压器就位，也可以把变压器放在自己的基础台上就地组装。

（2）施工机械和主要材料准备

① 安装电力变压器所需要的机械和工具：

a. 安装机具：压缩空气机、真空泵、阀门、加热器、滤油机、油泵、油罐、烘箱、电焊机、行灯变压器、麻绳等。

b. 测试仪器：摇表、介质损失角测定器、升压变压器、调压器、电流表、电压表、功率表、蓄电池、真空表、温度计等。

c. 起重机具：吊车、吊架、吊梁、链式起重机、卷扬机、钢丝绳、滑轮等。

② 安装电力变压器可能用的材料：

a. 绝缘材料：绝缘油、电工绝缘纸板、绝缘布带、电木板、绝缘漆等。

b. 密封材料：耐油橡胶衬垫、石棉绳、虫胶漆、尼龙绳等。

c. 黏结材料：环氧树脂胶、胶水、水泥、砂浆等。

d. 清洁材料：白布、酒精、汽油等。

e. 其他材料：石棉板、方木、电线、钢管、瓷漆、滤油纸、凡士林等。

(3) 安全措施

① 要注意防止人身触电及摔跌等事故发生。

② 设备安全措施。

a. 防止绝缘物过热：变压器身的绝缘多为 A 级绝缘，干燥温度应限制在 105℃以下。

b. 防止发生火灾：在干燥变压器和过滤绝缘油时，应特别注意防止火灾的发生。

c. 防止杂物落进油箱：在检查变压器身和安装油箱顶盖时要特别细心，要防止螺母、垫圈及小型工具掉进油箱。工作人员要穿不带纽扣的工作服，所有带进现场的工具、仪表等，在工作之前要进行登记，工作完毕之后如数清点收回。

d. 防止附件损坏：组装附件时，绳索绑扎要恰当，防止附件与油箱碰撞，一般顺序为：先里后外，先上后下，先金属后瓷质部件。

e. 防止变压器翻倒，严重倾斜事故发生。

2. 作业条件

① 屋顶、楼板、门窗施工均已完毕，且无渗漏。

② 室内地面的基层施工完毕，并在墙上标出地面标高。

③ 混凝土基础及构架达到允许安装要求，焊接构件的质量符合要求。

④ 预埋件及预留孔符合设计要求，预埋件牢固。

⑤ 模板及施工设施拆除，场地清理干净。

⑥ 有足够的施工用场地，道路通畅。

⑦ 环境温度及湿度符合设备安装要求。

3. 工艺流程

变压器安装工艺流程见图 4-75。

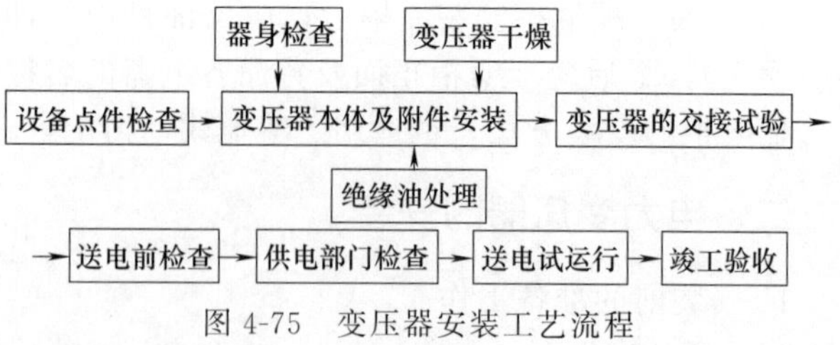

器身检查
变压器干燥
设备点件检查 → 变压器本体及附件安装 → 变压器的交接试验 →
绝缘油处理
→ 送电前检查 → 供电部门检查 → 送电试运行 → 竣工验收

图 4-75 变压器安装工艺流程

4. 基础验收

变压器安装前，应先对基础进行验收，并填写“设备基础验收记录”。基础的中心与标高应符合设计要求。

5. 设备点件检查

安装单位、供货单位和建设单位共同进行设备点件检查，并做好记录。检查的内容有：

① 设备出厂合格证明及产品技术文件应齐全。

② 按照设备清单、施工图纸和技术文件等核对变压器及其附件、备件的型号、规格是否符合要求、是否齐全，有无丢失或损坏。

③ 变压器本体有无损伤及变形，油漆是否完好。

④ 油箱密封应良好，无漏油、渗油现象，储油柜油位应正常。

⑤ 变压器器身检查。

变压器器身检查应选择晴朗无大风的天气，气温不低于 0℃，空气相对湿度不大于 75%。器身在空气中暴露的时间不得超过 16h。检查器身的工作人员应穿专用工作服和耐油鞋。

a. 所有螺栓应紧固，并有防松动措施，绝缘螺栓应无损坏，防松绑扎完好。

b. 铁芯无变形、表面漆层良好，接地良好。

c. 绕组的绝缘层应完整，表面无变色、脆裂、击穿等缺陷。原副绕组无移动变位情况。各绕组排列整齐，间隙均匀。

d. 绕组间、绕组与铁芯、铁芯与轭铁间的绝缘层应完整无松动。

e. 引出线绝缘良好，包扎牢固无破裂。引出线固定应牢固可靠，固定支架紧固，引出线与套管连接可靠，接触良好，接线正确。

f. 有载调压切换装置的选择开关、范围开关接触良好，分接引线应连接正确、牢固，切换开关部分密封良好。

g. 所有能触及的穿心螺栓应连接紧固。

h. 油路应畅通，油箱底部清洁无油垢杂物，油箱内部无锈蚀。

i. 检查试验：铁芯绝缘测量；绕高低压侧及对地绝缘电阻测量；绕组直流电阻测量；变压器变比测量，误差应小于 0.5%。

6. 变压器安装

(1) 变压器稳装

① 变压器就位可用汽车吊直接甩进变压器室，或用道木搭设临时轨道，用三步搭、吊链吊至临时轨道上，再用吊链拉入室内合适位置。

变压器安装中的吊装作业应由起重工配合进行，任何时候都不要碰击套管、器身及各个部件，不得有严重冲击和振动。吊装及运输过程中应有防护措施和作业指导书。

② 变压器就位时，其方位和距墙尺寸应符合要求。

③ 变压器基础轨道应水平，轨距与轮距相配合。室外一般安装在平台上或杆上组装槽钢架。有滚轮的变压器轮子应转动灵活。装有气体继电器的变压器安装时，气体继电器侧应有沿气流方向的 1%～1.5%的升高坡度（厂家规定不要求坡度的除外），以使油箱中产生的气体易于流入继电器，如图 4-76 所示。

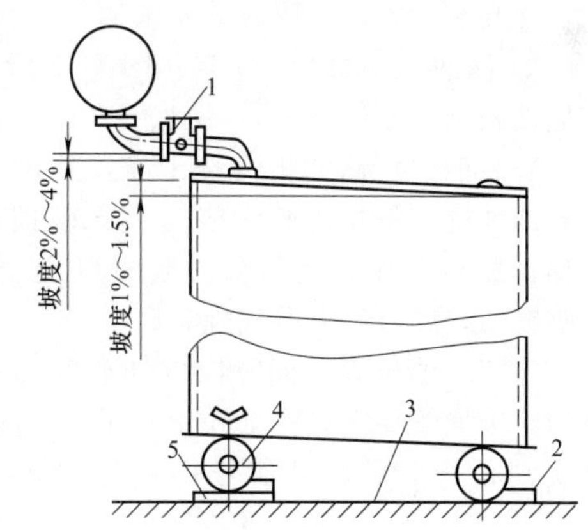

图 4-76　箱盖和气体继电器的安装坡度图

1—气体继电器；2—制动铁；3—轨道；4—底架上的轮子；5—垫铁

安装就位后应用止轮器将变压器固定，装在钢架上的变压器滚轮悬空并用镀锌铁丝将器身与杆绑扎固定。

④ 变压器宽面推进时，低压侧应向外；窄面推进时，储油柜一侧向外。在装有开关的情况下，操作方向应留有 1200mm 以上的宽度。

⑤ 变压器的安装应采取抗震措施。图 4-77 所示为混凝土地坪上的变压器安装，图 4-78 所示为有混凝土轨道宽面推进的变压器安装。

(2) 变压器附件安装

① 套管安装。套管安装应先经试验合格，并检查瓷套管表面有无裂缝、伤痕，充油套管的油位指示应正常，无渗油现象。

a. 低压套管安装。卸开盖板及入孔盖，在套管上放好橡胶圈及压圈后放入；将引出线连接在套管的桩头上，调整其位置使距箱壁稍远；安装套管压件，并将套管紧固在箱盖上。

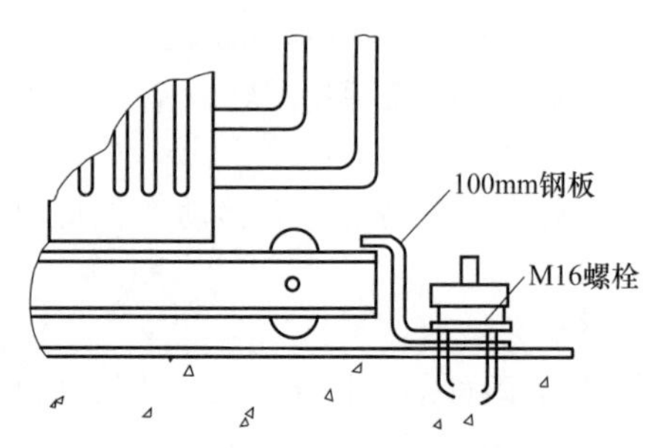

图 4-77　混凝土地坪上的变压器安装

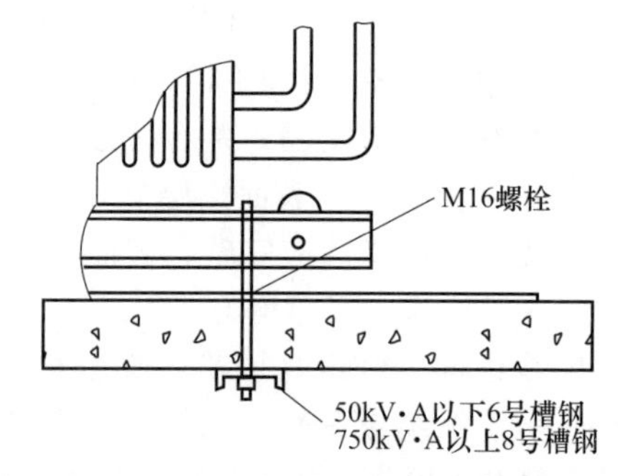

图 4-78　有混凝土轨道宽面推进的变压器安装

b. 高压套管安装。卸开盖板，安装套管式电流互感器和升高座，二者中心应一致。电流互感器铭牌应向外，放气塞应在升高座的最高处。安装时，先将引线拉入套管内，慢慢放下套管，直到引线拉出套管；高压套管穿缆的应力锥进入套管的均压罩内，其引出端头与套管顶部接线柱连接处应擦拭干净，接触紧密，应力锥不得受力；套管就位后可穿上引线接头的固定销。高压套管与引线接口的密封波纹结构的安装应按制造厂规定进行。

② 冷却装置安装。冷却装置安装前应按制造厂规定的压力值用气压或油压进行密封试验，符合要求的，应用合格的绝缘油经净油机循环冲洗干净，并将残油排净。

关闭变压器本体上的螺阀，卸开盖板，将风冷却器吊起，上好橡胶圈，拧紧上、下连管法兰螺栓。强迫风冷却器还应安装潜油泵、净油器及控制箱。潜油泵转向应正确，转动时应无异常噪声、振动和过热现象；密封良好、无渗油或进气现象。

风扇电动机及叶片要安装牢固，且转动灵活，无卡阻现象。

差压继电器、流速继电器应经校验合格，且密封良好，动作可靠。

冷却装置安装完毕即应注满油。

③ 储油柜（油枕）安装。图 4-79 所示为胶囊式储油柜结构原理。

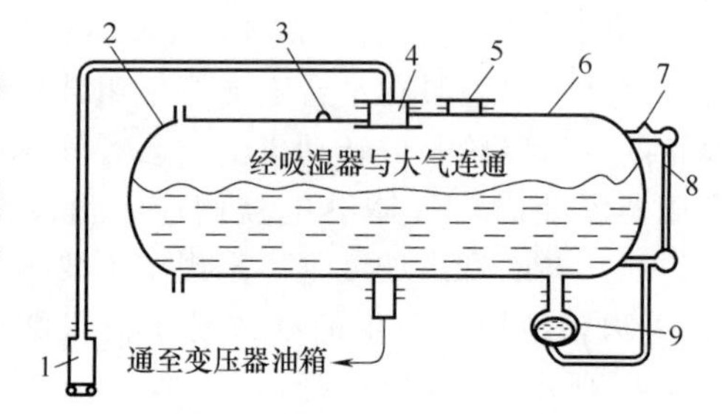

图 4-79　胶囊式储油柜结构原理图

1—呼吸器；2—胶囊；3—放气塞；4—胶囊压板；5—安装手孔；6—储油柜本体；7—油表注油及呼吸塞；8—油表；9—压油袋

安装前，将储油柜清洗干净，并用合格的变压器油冲洗。隔膜或胶囊应完整无破损，且平行于储油柜的长轴，无扭偏。胶囊口应密封良好，呼吸畅通，胀开后无漏气现象。

先安装油位表，同时应保证放气和导油孔的畅通，玻璃管要完好。油位表的指示与储油柜的真实油位应相符，且信号接点位置正确，绝缘良好。

用支架将储油柜安装在油箱顶盖上，再安装到变压器之间的管道。

④ 安全气道、气体继电器安装。安全气道应内壁干净、玻璃隔膜完整、材料符合技术规定，各处密封良好。

气体继电器安装前应经检验鉴定合格。

气体继电器应水平安装，观察窗应装在便于检查的一侧，箭头方向应指向储油柜，与连通管连接应密封良好，截油阀应位于油枕和气体继电器之间。

打开放气嘴，放出空气，直到有油溢出时，关闭放气嘴，以免有空气进入使继电保护器误动作。

当操作电流为直流时，必须将电源正极接到水银侧的接点上，接线应正确，接触应良好，以免断开时产生飞弧。

事故喷油管的安装方位，应注意到事故排油时不致危及其他电气设备。

⑤ 干燥器（吸湿器、防潮呼吸器、空气过滤器）安装。先检查硅胶是否失效。硅胶为浅蓝色，变为浅红色即已失效；白色硅胶应一律烘烤。安装时，必须将干燥器盖子处的橡胶垫取掉，使其畅通，并在下方隔离器中装适量变压器油，起滤尘作用。

干燥器与油枕间管路连接应密封良好，管道应通畅。

⑥ 净油器安装。用合格的变压器油将净油器冲洗干净，将它与安装孔的法兰联结，滤网方向应安装在出口侧。

⑦ 温度计安装。套管温度计安装，应直接安装在变压器上盖的预留孔内，孔内应加适量变压器油，刻度方向应便于观察。

电接点温度计安装前应先校验，油浸变压器一次元件应安装在顶盖上的温度计套筒内，并加适量变压器油；二次仪表挂在变压器一侧的预留板上。干式变压器一次元件应按生产厂说明书位置安装，二次仪表安装在便于观测的变压器护网栏上。软管不得有压扁或压弯，弯曲半径不得小于 50mm，富余部分应盘圈并固定在温度计附近。

干式变压器的电阻温度计，一次元件应预埋在变压器内，二次仪表应安装在值班室或操作台上，导线应符合仪表要求，并加合适的附加电阻校验调试后方可使用。

⑧ 电压切换装置安装。变压器电压切换装置各分接点与线圈的连线应紧固正确，牢固可靠，切换电压时的转动点停留位置正确，并与指示位置一致。

电压切换装置构件应完好无损，转动盘动作灵活，密封良好；传动机构（包括有载调压装置）固定牢靠，摩擦部分应有足够的润滑油。

有载调压装置的调换开关触头及铜辫子软线应完好无损，触头间应有足够的压力（一般为 80～100N）；控制箱一般应安装在值班室或操作台上，连线应正确，并应调整好，手动、自动工作正常，挡位指示正确。

有载调压装置转动到极限位置时，应装有机械联锁与带有限位开关的电气联锁。

⑨ 变压器连线。变压器的一次、二次连线，地线、控制管线均应符合国家现行施工有关规范的规定；一次、二次引线施工不应使变压器的套管直接承受应力；工作零线与中性点接地线应分别敷设，工作零线应用绝缘导线；中性点接地的回路中，靠近变压器处应做一个可拆卸的连接点。

油浸变压器附件的控制线，应采用具有耐油性能的绝缘导线，靠近箱壁的导线应用金属软管保护。

7. 变压器交接试验

（1）测量绕组连同套管的直流电阻

① 测量应在各分接头的所有位置上进行。

② 1600kV·A 及以下三相变压器，各相测得值的相互差值应小于平均值的 4%，线间测得的值的相互差值应小于平均值的 2%；1600kV·A 以上的三相变压器，各相测得值的相互差值应小于平均值的 2%，线间测得的相互差值应小于平均值的 1%。

③ 变压器的直流电阻与相同温度下的出厂实测数相比较，变化应不大于 2%。

（2）检查所有分接头的变压比

与铭牌数据相比应无明显差别，且应符合变比的规律。

（3）检查变压器的三相结线组别和单相变压器引出线的极性

应与设计要求、铭牌标记及外壳上的符号相符。

（4）测量绕组连同套管的绝缘电阻、吸收比或极化指数

① 绝缘电阻应不低于产品出厂试验值的70%。

② 变压器电压等级35kV及以上、容量4000kV·A及以上时，应测量吸收比，测量值与出厂值应无明显差别。

③ 变压器电压等级220kV及以上、容量120MV·A及以上时，应测量极化指数，测量值与出厂值应无明显差别。

(5) 测量绕组连同套管的介质损耗角正切值 $\tan\phi$

① 变压器电压等级35kV及以上、容量8000kV·A及以上时，应测量介质损耗角正切值。

② 被测绕组的 $\tan\phi$ 应不大于出厂试验的130%。

(6) 测量绕组连同套管的直流泄漏电流

变压器电压等级35kV及以上、容量8000kV·A及以上时，应测量直流泄漏电流。

(7) 绕组连同套管的交流耐压试验

变压器容量8000kV·A以下，绕组额定电压110kV以下时，应按试验标准进行交流耐压试验。

(8) 绕组连同套管的局部放电试验

这里不作介绍。

(9) 测量与铁芯绝缘的各紧固件及铁芯接地线引出套管对外壳的绝缘电阻

① 进行器身检查的变压器，应测量可接触到的穿芯螺栓、轭铁夹件及绑扎钢带对轭铁、铁芯、油箱及绕组压环的绝缘电阻。

② 用2500V兆欧表测量1min，应无闪络和击穿现象。

③ 轭铁梁及穿芯螺栓一端与铁芯相连时，应将连接片断开后测量。

④ 铁芯必须为一点接地，应在注油之前测量变压器的铁芯接地线对外壳的绝缘电阻。

(10) 非纯瓷套管的试验

这里不作介绍。

(11) 绝缘油的试验

绝缘油试验类别、试验项目和标准应符合有关规定。

(12) 有载调压切换装置的检查和试验

① 测量限流电阻值与出厂值相比较无明显差别。

② 切换开关触头的分部动作顺序应符合产品技术条件的规定。

③ 切换装置在全部切换过程中应无开路现象；电气和机械限位动作正确，符合产品要求；操作电源电压为额定电压的85%以上时，切换应可靠进行。

④ 空载时检查切换装置的调压情况，三相切换同步性及电压变化规律和范围与出厂值相比较应无明显差别。

(13) 额定电压下的冲击合闸试验

额定电压下在高压侧进行冲击合闸试验5次，每次间隔5min，应无异常现象。中性点接地的电力系统，试验时，变压器中性点必须接地。

(14) 检查相位

变压器相位必须与电网相位一致。

(15) 测量噪声

1600kV·A以上的油浸式电力变压器的试验应全部进行，1600kV·A及以下的油浸式电力变压器的试验只需进行第1、2、3、4、7、9、10、11、12、14项；干式变压器需进行第1、2、3、4、7、9、12、13、14等项的试验，电压等级在35kV及以上的电力变压器交接时应提供变压器及非纯瓷套管的出厂试验记录。

第四节　电气照明安装

一、普通灯具安装

1. 工艺流程

灯具检查→组装灯具→灯具安装→通电试运行

2. 施工要点

(1) 灯具检查

① 根据灯具的安装场所检查灯具是否符合要求。

a. 多尘、潮湿的场所应采用密闭式灯具。

b. 灼热多尘的场所（如出钢、出铁、轧钢等场所）应采用投光灯。

c. 灯具有可能受到机械损伤的，应采用有防护网罩的灯具。

d. 安装在振动场所（如有锻锤、空压机、桥式起重机等）的灯具应有防撞措施（如采用吊链软性连接）。

e. 除敞开式外，其他各类灯具的灯泡容量在100W及以上的均应采用瓷灯口。

② 根据装箱清单清点安装配件。

③ 注意检查制造厂的有关技术文件是否齐全。

④ 检查灯具外观是否正常，有无擦碰、变形、受潮、金属镀层剥落锈蚀等现象。

(2) 组装灯具

① 组合式吸顶花灯的组装。

a. 选择适宜的场地，将灯具的包装箱、保护薄膜拆开铺好。

b. 戴上干净的纱线手套。

c. 参照灯具的安装说明，将各组件连成一体。

d. 灯内穿线的长度应适宜，多股软线线头应搪锡。

e. 应注意统一配线颜色以区分相线与零线，对于螺口灯座中心簧片应接相线，不得混淆。

f. 理顺灯内线路，用线卡或尼龙扎带固定导线以避开灯泡发热区。

② 吊顶花灯的组装。

a. 选择适宜的场地，将灯具的包装箱、保护薄膜拆开铺好。

b. 戴上干净的纱线手套。

c. 首先将导线从各个灯座口穿到灯具本身的接线盒内。导线一端盘圈、搪锡后接好灯头。理顺各个灯头的相线与零线，另一端区分相线与零线后分别引出电源接线。最后将电源接线从吊杆中穿出。

d. 各灯泡、灯罩可在灯具整体安装后再装上，以免损坏。

(3) 灯具安装

① 普通座式灯头的安装。

a. 将电源线留足维修长度后剪除余线并剥出线头。

b. 区分相线与零线，对于螺口灯座中心簧片应接相线，不得混淆。

c. 用连接螺钉将灯座安装在接线盒上。

② 吊线式灯头的安装。

a. 将电源线留足维修长度后剪除余线并剥出线头。

b. 将导线穿过灯头底座，用连接螺钉将底座固定在接线盒上。

c. 根据所需长度剪取一段灯线，在一端接上灯头，灯头内应系好保险扣，接线时区分相线与零线，对于螺口灯座中心簧片应接相线，不得混淆。

d. 多股线芯接头应搪锡，连接时应注意接头均应按顺时针方向弯钩后压上垫片并用灯具螺钉拧紧。

e. 将灯线另一头穿入底座盖碗，灯线在盖碗内应系好保险扣并与底座上的电源线用压接帽连接。

f. 旋上扣碗。

③ 日光灯安装。

a. 吸顶式日光灯安装。

• 打开灯具底座盖板，根据图纸确定安装位置，将灯具底座贴紧建筑物表面，灯具底座应完全遮盖住接线盒，对着接线盒的位置开好进线孔。

• 比照灯具底座安装孔用铅笔画好安装孔的位置，打出尼龙栓塞孔，装入栓塞（如为吊顶可在吊顶板上背木龙骨或轻钢龙骨用自攻螺钉固定）。

• 将电源线穿出后用螺钉将灯具固定并调整位置以满足要求。

• 用压接帽将电源线与灯内导线可靠连接，装上启辉器等附件。

• 盖上底座盖板，装上日光灯管。

b. 吊链式日光灯。

• 根据图纸确定安装位置，确定吊链吊点。

• 打出尼龙栓塞孔，装入栓塞，用螺钉将吊链挂钩固定牢靠。

• 根据灯具的安装高度确定吊链及导线的长度（使电线不受力）。

• 打开灯具底座盖板，将电源线与灯内导线可靠连接，装上启辉器等附件。

• 盖上底座，装上日光灯管，将日光灯挂好。

• 将导线与接线盒内电源线连接，盖上接线盒盖板并理顺垂下的导线。

④ 吸顶灯（壁灯）的安装。

a. 比照灯具底座画好安装孔的位置，打出尼龙栓塞孔，装入栓塞（如为吊顶可在吊顶板上背木龙骨或轻钢龙骨用自攻螺钉固定）。

b. 将接线盒内电源线穿出灯具底座，用螺钉固定好底座。

c. 将灯内导线与电源线用压接帽可靠连接。

d. 用线卡或尼龙扎带固定导线以避开灯泡发热区。

e. 上好灯泡，装上灯罩并上好紧固螺钉。

f. 安装在室外的壁灯应有泄水孔，绝缘台与墙面之间应有防水措施。

g. 安装在装饰材料（木装饰或软包等）上的灯具与装饰材料间应有防火措施。

⑤ 吊顶花灯的安装。

a. 将预先组装好的灯具托起，用预埋好的吊钩挂住灯具内的吊钩。

b. 将灯内导线与电源线用压接帽可靠连接。

c. 把灯具上部的装饰扣碗向上推起并紧贴顶棚，拧紧固定螺钉。

d. 调整好各个灯口，上好灯泡，配上灯罩。

⑥ 嵌入式灯具（光带）的安装。

a. 应预先提交有关位置及尺寸交有关人员开孔。

b. 将吊顶内引出的电源线与灯具电源的接线端子可靠连接。

c. 将灯具推入安装孔固定。

d. 调整灯具边框。如灯具对称安装，其纵向中心轴线应在同一直线上，偏斜不应大于5mm。

（4）通电试运行

灯具安装完毕后，经绝缘测试检查合格后，方允许通电试运行。通电后应仔细检查和巡视，检查灯具的控制是否灵活、准确；开关与灯具控制顺序是否对应，灯具有无异常噪声，如发现问题应立即断电，查出原因并修复。

图4-80所示为一般灯具的安装方法。

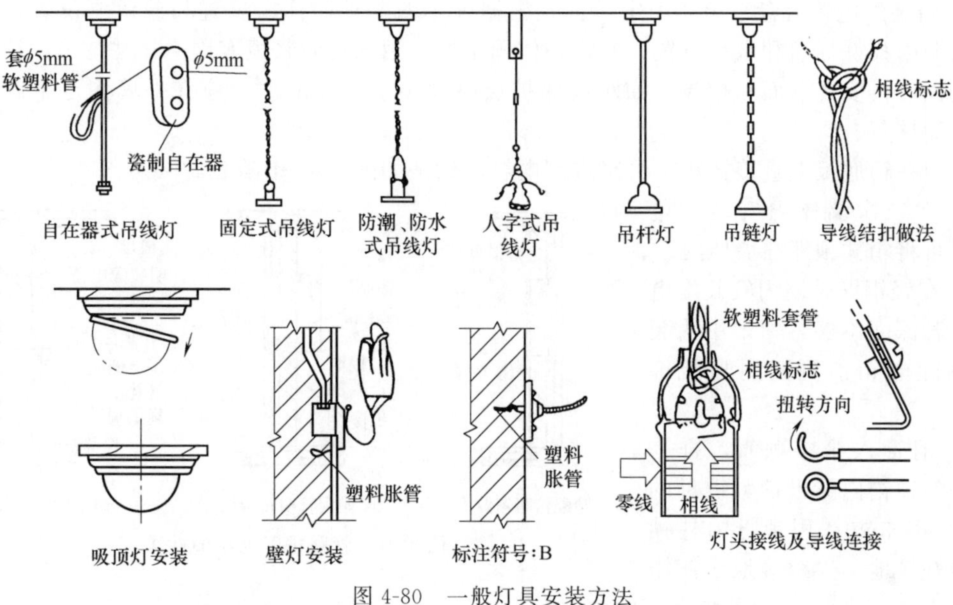

图4-80　一般灯具安装方法

二、配电箱（盘）安装

1. 配电箱（盘）安装工艺

（1）明装配电箱工艺流程

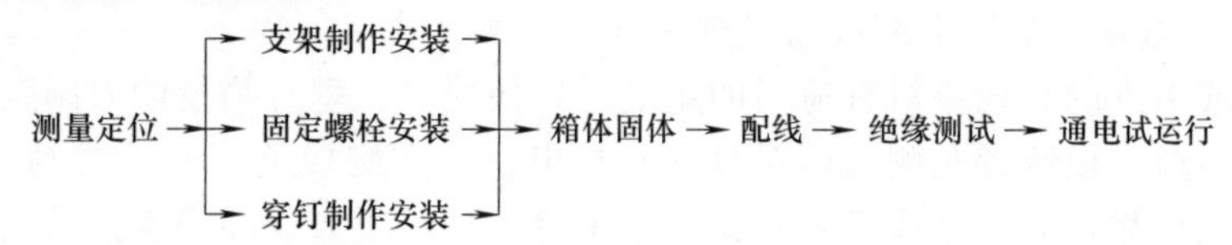

（2）暗装配电箱工艺流程

测量定位→箱体安装→箱（盘）芯安装→盘面安装→配线→绝缘测试→通电试运行

2. 施工要点

① 测量定位。根据施工图纸确定配电箱（盘）位置，并按照箱（盘）的外形尺寸进行弹线定位。

② 明装配电箱（盘）支架制作安装。依据配电箱底座尺寸制作配电箱支架，将角钢调直，量好尺寸，画好锯口线，锯断煨弯，钻出孔位，并将对口缝焊牢，埋注端做成燕尾，然后除锈，刷防锈漆，按需要标高用水泥砂浆埋牢。

③ 明装配电箱（盘）固定螺栓安装。在混凝土墙或砖墙上采用金属膨胀螺栓固定配电箱（盘）。首先根据弹线定位确定固定点位置，用冲击钻在固定点位置处钻孔，其孔径及深度应刚好将金属膨胀螺栓的胀管部分埋入，且孔洞应平直不得歪斜。

④ 明装配电箱（盘）穿钉制作安装。在空心砖墙上，可采用穿钉固定配电箱（盘）。根据墙体厚度截取适当长度的圆钢制作穿钉。背板可采用角钢或钢板，钢板与穿钉的连接方式可采用焊接或螺栓连接。

⑤ 明装配电箱（盘）箱体固定。根据不同的固定方式，把箱体固定在紧固件上。在木结构上固定配电箱时，应采用相应的防火措施。管路进配电箱的做法详见图 4-81。

⑥ 暗装配电箱（盘）箱体安装。在现浇混凝土墙内安装配电箱（盘）时，应设置配电箱（盘）预留洞。

a. 暗装配电箱（盘）箱体固定。首先根据施工图要求的标高位置和预留洞位置，将箱体放入洞内找好标高和水平位置，并将箱体固定好。用水泥砂浆填实周边，并抹平。待水泥砂浆凝固后再安装盘面和贴脸。如箱底保护层厚度小于 30mm 时，应在外墙固定金属网后再做墙面抹灰。

不得在箱底板上直接抹灰，管路进配电箱的做法如图 4-81 中暗装做法。

b. 在二次墙体内安装配电箱时，可将箱体预埋在墙体内。

c. 在轻钢龙骨墙内安装配电箱时，若深度不够，则采用明装式或在配电箱前侧四周加装饰封板。

d. 钢管入箱应顺直，排列间距均匀，箱内露出锁紧螺母的螺纹为 2～3 扣，用锁母内外锁紧，做好接地。焊跨接地线使用的圆钢直径不小于 6mm，焊在箱的棱边上。

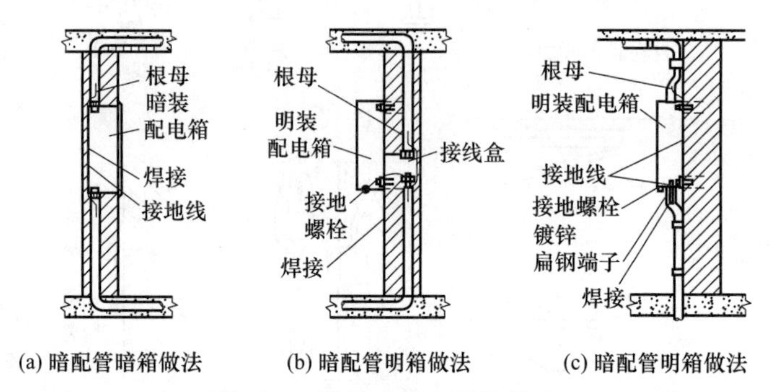

图 4-81 管路进配电箱的做法

⑦ 箱（盘）芯安装。先将箱壳内杂物清理干净，并将线理顺，分清支路和相序，箱芯对准固定螺栓位置推进，然后调平、调直、拧紧固定螺栓。

⑧ 盘面安装。安装盘面要求平整，周边间隙均匀对称，贴脸（门）平正，不歪斜，螺栓垂直受力均匀。

⑨ 配线。配电箱（盘）上配线需排列整齐，并绑扎成束。

盘面引出或引进的导线应留有适当的余度，以便检修。垂直装设的刀闸及熔断器上端接电源，下端接负荷；横装者左侧（面对盘面）接电源，右侧接负荷。导线剥削处不应过长，导线压头应牢固可靠，多股导线必须涮锡且不得减少导线股数。导线连接采用顶丝压接或加装压线端子。箱体用专用的开孔器开孔。

⑩ 绝缘测试。配电箱（盘）全部电器安装完毕后，用 500V 兆欧表对线路进行绝缘摇测，绝缘电阻值不小于 0.5MΩ。

摇测项目包括相线与相线之间，相线与中性线之间，相线与保护地线之间，中性线与保护地线之间。两人进行摇测，同时做好记录，作为技术资料存档。

通电试运行。配电箱（盘）安装及导线压接后，应先用仪表校对各回路接线，若无差错后试送电，检查元器件及仪表指示是否正常，并将卡片框内的卡片填写好线路编号及用途。

三、开关、插座、风扇安装

1. 工艺流程

接线盒检查清理→接线→安装→通电试验

2. 施工要点

（1）接线盒检查清理

用錾子轻轻地将盒子内残留的水泥、灰块等杂物剔除，用小号油漆刷将接线盒内杂物清理干净。清理时注意检查有无接线盒预埋安装位置错位（即螺栓安装孔错位 90°）、螺栓安装孔耳缺失、相邻接线盒高差超标等现象，若发现有此类现象，应及时修整。如接线盒埋入较深，超过 1.5cm 时，应加装套盒。

（2）接线

① 先将盒内导线留出维修长度后剪除余线，用剥线钳剥出适宜长度，以刚好能完全插入接线孔的长度为宜。

② 对于多联开关需分支连接的应采用安全型压接帽压接分支。

③ 应注意区分相线、零线及保护地线，不得混乱。

④ 开关、插座、吊扇的相线应经开关关断。

⑤ 插座接线。

a. 单相两孔插座有横装和竖装两种，如图 4-82 所示。横装时，面对插座的右极接相线，左极接零线；竖装时，面对插座的上极接相线，下极接零线。安装时应注意插座内的接线标识。

b. 单相三孔及三相四孔插座接线，如图 4-83 所示。

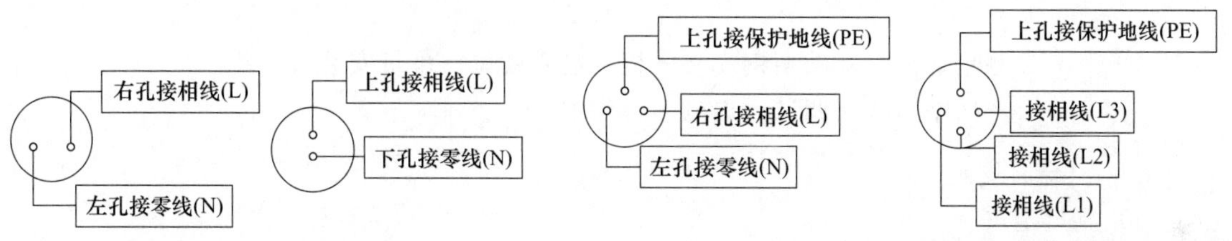

图 4-82　单相两孔插座接线　　　　图 4-83　单相三孔及三相四孔插座接线

⑥ 吊扇接线。

a. 根据产品说明将吊扇组装好（扇叶暂时不装）。

b. 根据产品说明剪取适当长度的导线穿过吊杆与扇头内接线端子连接。

c. 上述配线应注意区分导线的颜色，应与系统整体穿线颜色一致，以区分相线、零线及保护地线。

（3）安装开关、插座、吊扇

① 开关、插座安装。按接线要求，将盒内导线与开关、插座的面板连接好后，将面板推入，对正安装孔，用镀锌机螺栓固定牢固。固定时使面板端正，与墙面平齐。对附在面板上的安装孔装饰帽应事先取下备用，在面板安装调整完毕后再盖上，以免多次拆卸划损面板。

安装在室外的开关、插座应为防水型，面板与墙面之间应有防水措施。

安装在装饰材料（木装饰或软包等）上的开关、插座与装饰材料间设置隔热阻燃制品（如石棉布等）。

② 吊扇安装。将吊扇托起，将吊扇通过减振橡胶耳环与预埋的吊钩挂牢。用压接帽压接好电源接头后，向上推起吊杆上的扣碗，将接头扣于其内，紧贴顶棚后拧紧固定螺栓。

按要求安装好扇叶，其连接螺栓应配有弹簧垫片及平垫片。弹簧垫片应紧靠螺栓头部，不得放反。

对于壁挂式吊扇应根据安装底板位置打好膨胀螺栓孔后安装，安装膨胀螺栓数不得少于

2个，直径不小于8mm。

(4) 通电试验

开关、插座、吊扇安装完毕后，且各条支路的绝缘电阻摇测合格后，方允许通电试运行。通电后应仔细检查和巡视，检查灯具的控制是否灵活、准确；开关与灯具控制顺序相对应，吊扇的转向、运行声音及调速开关是否正常，如发现问题必须先断电，然后查找原因进行修复。

四、成套配电柜（盘）安装

1. 设备及材料要求

① 设备及材料的质量均应符合设计要求和国家现行技术标准有关的规定。并应有产品质量合格证件（铭牌、厂家名称）及相关技术文件资料，附件、备件齐全。

② 安装使用材料。型钢、导线、紧固件（螺栓、螺母、垫圈、弹簧垫、地脚螺栓）镀锌制品标准件。

③ 其他材料。酚醛板、涂料（相色、防锈）、钢丝、塑料软管、异型塑料管、尼龙卡带、小白线、绝缘胶垫、锯条、焊条等均应符合相关质量标准规定。

2. 工艺流程

验收→运输→吊装

↓

测量定位→基础型钢安装→柜（盘）就位→母带安装

→回路结线→调试→送电运行验收

3. 柜（盘）安装

(1) 测量定位

按设计施工图纸所标定位置及坐标方位、尺寸进行测量放线确定设备安装的底盘线和中心线。同时应复核预埋件的位置尺寸和标高，以及预埋件规格和数量，如出现异常现象应及时调整，确保设备安装质量。

(2) 基础型钢安装

① 预制加工基础型钢架。型钢的型号、规格应符合设计要求。按施工图纸要求进行下料和调直后，组装加工成基础型钢架，并应刷好防锈涂料。

② 基础型钢架安装。按测量放线确定的位置，将已预制好的基础型钢架稳放在预埋铁件上，用水准仪或水平尺找平、找正。找平过程中，需用垫铁垫平，但每组垫铁不得超过三块。然后，将基础型钢架、预埋件、垫铁用电焊焊牢。基础型钢架的顶部应高出地面10mm。

③ 基础型钢架与地线连接。将引进室内的地线扁钢，与型钢结构基架的两端焊牢，焊接面为扁钢宽度的两倍。然后，将基础型钢架涂刷两道灰色油性涂料。

(3) 柜（盘）就位

① 运输。通道应清理干净，保证平整畅通。水平运输应由起重工作业，电工配合。应根据设备实体采用合适的运输方法，确保设备安全到位。

② 就位。首先，应严格控制设备的吊点，柜（盘）顶部有吊环者，应充分利用吊环将吊索穿入吊环内。无吊环者，应将吊索挂在四角的主要承重结构处。然后，试吊检查受力吊索力的分布是否均匀一致，以防柜体受力不均产生变形或损坏部件。起吊后必须保证柜体平稳、安全、准确就位。

③ 应按施工图纸的布局，按顺序将柜坐落在基础型钢架上。单体独立的柜（盘）应控

制柜面和侧面的垂直度。成排组合柜（盘）就位之后，首先，找正两端的柜，由柜的下面向上 2/3 高度挂通线，找准调正，使组合柜（盘）正面平顺。找正时采用 0.5mm 铁片进行调整，每组垫片不能超过三片。调整后及时做临时固定，按柜固定螺孔尺寸，用手电钻在基础型钢架上钻孔，分别用 M12、M16 镀锌螺栓固定。紧固时受力要均匀，并应有防松措施。

④ 柜（盘）就位，找正、找平后，应将柜体与柜体、柜体与侧挡板均用镀锌螺栓连接。

⑤ 接地。柜（盘）接地，应以每台柜（盘）单独与基础型钢架连接。在每台柜后面的左下部的型钢架的侧面上焊上鼻子，用 $6mm^2$ 铜线与柜（盘）上的接地端子连接牢固。

(4) 母带安装

① 柜（盘）骨架上方母带安装，必须符合设计要求。

② 端子安装应牢固，端子排列有序，间隔布局合理，端子规格应与母带截面相匹配。

③ 母带与配电柜（盘）骨架上方端子和进户电源线端子连接牢固，应采用镀锌螺栓紧固，并应有防松措施。母带连接固定应排列整齐，间隔适宜，便于维修。

④ 母带绝缘电阻必须符合设计要求。橡胶绝缘护套应与母带匹配，严禁松动脱落和破损酿成漏电缺陷。

⑤ 柜上母带应设防护罩，以防止上方坠落金属物而使母带短路的恶性事故。

(5) 二次回路接线

① 按柜（盘）工作原理图逐台检查柜（盘）上的全部电气元件是否相符，其额定电压和控制、操作电压必须一致。

② 控制线校线后，将每根芯线煨成圆，用镀锌螺栓、垫圈、弹簧垫连接压在每个端子板上。并应严格控制端子板上的接线数量，每侧一般一端子压一根线，最多不得超过两根，必须在两根线间加垫圈。多股线应涮锡，严禁产生断股缺陷。

4. 调试

(1) 柜（盘）调试

① 高压试验应由供电部门的法定的试验单位进行。高压试验结果必须符合国家现行技术标准的规定和柜（盘）的技术资料要求。

② 试验内容。高压柜框架、母线、电压互感器、电流互感器、避雷器、高压开关、高压瓷瓶等。

③ 调校内容。时间继电器、过流继电器、信号继电器及机械联锁等调校。

(2) 二次控制线调试

① 二次控制线所有的接线端子螺栓再紧固一次，确保固定点牢固可靠。

② 二次回路线绝缘测试。用 500V 摇表测试端子板上每条回路的电阻，其电阻值必须大于 0.5MΩ。

③ 二次回路中的晶体管、集成电路、电子元件等，应采用万用表测试是否接通。严禁使用摇表和试铃测试。

④ 通电要求。首先，接通临时控制电源和操作电源。将柜（盘）内的控制、操作电源回路熔断器上端相线拆掉，接上临时电源。

⑤ 模拟试验。根据设计规定和技术资料的相关要求，分别模拟试验控制系统、联锁和操作系统、继电保护和信号动作。应正确无误，灵敏可靠。

⑥ 全部调试工作结束之后，拆除临时电源，将被拆除的电源线复位。

5. 送电试运行

(1) 送电前准备工作

① 应备齐试验合格的验电器、绝缘防护装备、胶垫，以及接地编织铜线和灭火器材等。

② 设备和工作场所，所属电器、仪表元件，必须彻底清扫干净，不得有灰尘和杂物。检查母线上和设备上是否留有工具、金属材料及其他物件。

③ 试运行的组织工作。明确试运行指挥者、操作者和监护者。

④ 试验项目全部合格，并有试验报告单，并经监理工程师认证后，方可进行下道工序。

⑤ 继电保护动作灵活可靠，控制、联锁、信号等动作准确无误。

(2) 送电

① 经供电部门检查合格后，将电源接通作相位测试，校相准确无误后，由安装单位合进线柜开关，检查柜上电压表三相的电压是否正常。合变压器柜开关，检查变压器是否有电。合低压柜进线开关，检查电压表三相是否电压正常。经检查全部合格后，方可逐柜送电。

② 同相校核。在低压联络柜内，在开关的上下侧（开关未合状态）进行同相校核。用万能表或电压表电压挡500V，用表的两个测针，分别接触两路的同相，此时电压表无读数，表示两路电同相。用此方法，检查其他两相。

五、电容器安装

1. 设备及材料要求

① 电容器应有额定容量、接线方式、电压等级等技术数据。备件应齐全，其型号、规格必须符合设计要求。并应有产品质量合格证及随带技术文件。

② 电容器及电气元件应完好、无损伤现象。

③ 套管芯棒应无弯曲及滑扣现象，引出线端附件齐全、压接紧密。外壳无机械损伤及渗油现象。

④ 型钢的型号、规格应符合设计要求，并无明显锈蚀，紧固件均应是镀锌制品标准件。

⑤ 其他材料型号、规格和材质均应符合设计要求，并应有产品出厂合格证。

2. 常用技术数据

(1) 常用电力电容器的种类及用途（表4-29）

表4-29 常用电力电容器的种类及用途

类别	型号	额定电压/kV	主要用途
并联电容器	BW、BKM、BFM、BCM、BWF、BGF等	0.23～1.0 1.05～19.0	并联连接于工频交流电力系统中，补偿感性负荷无功功率，提高功率因数，改善电压质量，降低线路损耗
串联电容器	CW、CWF、CFF	0.6～2.0	串联连接于工频交流输配电线路中，补偿线路的分布电感，提高系统静、动态特性，改善线路电压质量，增大线路的输送能力
交流滤波电容器	AWF、AGF	1.25～18.0	通常用于电力整流装置附近交流线路一侧，与电抗器串联组成消除某次高次谐波的串联谐振电路，以达到改善电压波形的目的
直流滤波电容器	DW	1～500	用于含有一定交流分量的直流电路中，降低直流电路的交流分量
电动机电容器	EW、ECM、EMJ	0.25～0.66	与单相电动机辅助绕组相串联，以促成单相电动机启动或改善其运转特性，也可与三相异步电动机相连接，以使其可由单相电源供电，还可用于电动机的异步发电
防护电容器	FW、FWF	0.25～23	接于线路与地之间，用来降低大气过电压波前陡度和峰值，配合避雷器保护发电机和电动机
断路器电容器	JW、JWF、JY、JYF	20～180	并联连接于断路器断口上，使各断口间的电压在开断时均匀
脉冲电容器	MW、MY、MC、MCF	0.5～500	用于冲击电压和冲击电流发生器及振荡电路等高压试验装置，还可用于电磁成型、液电成型、储能焊接、海底探矿以及产生高温等离子、激光等装置中

续表

类别	型号	额定电压/kV	主要用途
耦合电容器	OW、OY、OWF	35～750	高压端接于输电线路中，低压端经耦合线圈接地，用于载波通信，也可作为测量、控制和保护以及抽取电能
电热电容器	RW、RWF	0.375～2.0	用于40～40000Hz的电热设备中，以提高功率因数，改善电压、频率特性
谐振电容器	XW	0.4～0.46	在电力系统中用来与电抗器组成谐振电路
标准电容器	YL、YD	50～1100	与高压电桥配合，测量介质损耗和电容，也可用作电容分压

（2）技术数据（表4-30、表4-31）

表4-30 常用并联电容器技术数据

型号	额定电压/kV	额定容量/kvar	额定电容/μF	相数
BW0.23 BKMJ0.23 BCMJ0.23	0.23	2,3.2,5,10,15,20	40,64,100,200,300,400	1.3
BW0.4 BKCMJ0.4 BCMJ0.4	0.4	3,4,5,6,8,10,15,20,25,30,40,50,60,80,100,120	60,80,100,120,160,200,300,400,500,600,800,1000,1200,1600,2000,2400	3
BW3.15	3.15	12,15,18,20,25,30,40,50,60,80,100,200	3.86,5.1,5.78,6.42,8,9.6,12.8,16,19.2,25.6,32.1,64.2	1

表4-31 常用交流电动机电容器技术数据

型号	额定电压/V	额定电容/μF
ECMJ250	250	25,30,40,50,55,60,65,70,75
EMJ250	250	2,2.5,3.15,4,6,8
ECMJ400 EMJ400 EW400	400	1,1.2,1.5,2,2.5,3.15,4,6,8,10,12
ECMJ500 EMJ500	500	2,2.5,3.15,4,5,6.3,8,10,12.5,14,15,16,18,20,25,30,40,50

3. 工艺流程

设备验收→基础制作与安装→二次搬运→安装→送电前检查→试运行验收

4. 电容器安装

（1）设备验收

① 开箱验收。依据装箱单，核对电容器、备件的型号、规格及数量，必须与装箱单相符。随带技术文件应完整、齐全。并应有产品质量出厂合格证。

② 受检的电容器、备件的型号、规格必须符合设计要求，并应完好无损。

③ 绝缘电阻测试。对500V以下电容器，应用1000V摇表进行绝缘测试，3～10kV的电容器应采用2500V绝缘摇表进行测试，并应做好记录。

（2）基础制作安装

① 型钢基础制作、安装必须符合设计要求。

② 组装式电容器安装之前，首先，按施工图纸要求预制好框架，设备分层安装时，其框架的层间不应加设隔板，构架应采用阻燃材料制作、分层布局常规不宜超过三层。底部距地坪不应小于300mm，架间的水平距离不小于500mm，母线对上层构架的距离不应小于200mm，每台电容器之间的距离不应小于50mm。上述安装数据系为参考数据，施工过程应按设计要求和随带的技术文件相关的规定执行。

③ 基础型钢及构架，必须按设计要求涂刷涂料和作好接地。

（3）二次搬运

电容器搬运全过程应轻拿轻放，要对瓷瓶加以保护，壳体不得遭受任何机械损伤。确保设备、配件完整性。

（4）电容器安装

① 电容器通常安装在干燥、洁净的专用电容器室内，不应安装在潮湿、多尘、高温、易燃、易爆及有腐蚀气体场所。

② 电容器的额定电压应与电网电压相符。一般应采用三角形联结。

③ 电容器组应保持三相平衡电流，三相不平衡电流不大于5%。

④ 电容器必须设置有放电环节。以保证停电后迅速将储存的电能放掉。

⑤ 电容器安装时铭牌应向通道一侧。

⑥ 电容器的金属外壳必须有可靠接地。

（5）接线

① 电容器连接线应采用软导线的型号、规格，必须符合设计要求，接线应对称一致，整齐美观，线端应加线鼻子，并压接牢固可靠。

② 电容器组用母线连接时，不要使电容器套管（接线端子）受机械应力，压接应严密可靠，紧固时应采用力矩扳手，紧固力矩值应符合相关规定。母线排列整齐，并应涂刷好相色。

③ 电容器组控制导线的连接应符合盘柜配线设计要求，二次回路配线应符合随带文件安装配线的要求。

5. 送电前试验与检查

电容柜在安装完毕后，应进行调整、试验。试验标准应符合国家现行技术标准的规定。

① 绝缘摇测：1kV以下电容器应用1000V摇表摇测，3～10kV电容器应用2500V摇表摇测，并做好记录。摇测时应注意摇测方法，以防电容放电烧坏摇表，摇完后要进行放电。

② 耐压试验：电力电容器送电前应做交接试验。交流耐压试验标准参照表4-32，并应进行交、直流耐压试验、电容器冲击合闸试验。

表4-32 电力（移相）电容交流耐压试验标准

额定电压/kV	<1	1	3	6	10
出厂试验电压/kV	3	5	18	25	35
交接试验电压/kV	2.2	3.8	14	19	26

③ 电容器外观检查无坏损及漏油、渗油现象。

④ 联线正确可靠。

⑤ 各种保护装置正确可靠。

⑥ 放电系统完好无损。

⑦ 控制设备完好无损，动作正常，各种仪表校对合格。

⑧ 自动功率因数补偿装置调整好（用移相器事先调整好）。

6. 送电试运行验收

① 冲击合闸试验：对电力电容器组进行3次冲击合闸试验，无异常情况，方可投入运行。

② 正常运行24h后，应办理验收手续，移交甲方验收。

③ 验收时应移交以下技术资料：

a. 设计图纸及设备附带的技术资料。

b. 设计变更洽商记录。

c. 设备开箱检查记录。

d. 设备绝缘摇测及耐压试验记录。

e. 安装记录及调试记录。

第五节　低压电器安装

一、隔离开关、负荷开关安装

1. 隔离开关安装

隔离开关是在无负载情况下切断电路的一种开关，起隔离电源的作用，根据极数分为单极和三极；根据装设地点分为室内型和室外型。

室内三极隔离开关由开关本体和操作机构组成。常用的隔离开关本体有GN型，操作机构为GS6型手动操作机构，安装如图4-84所示。

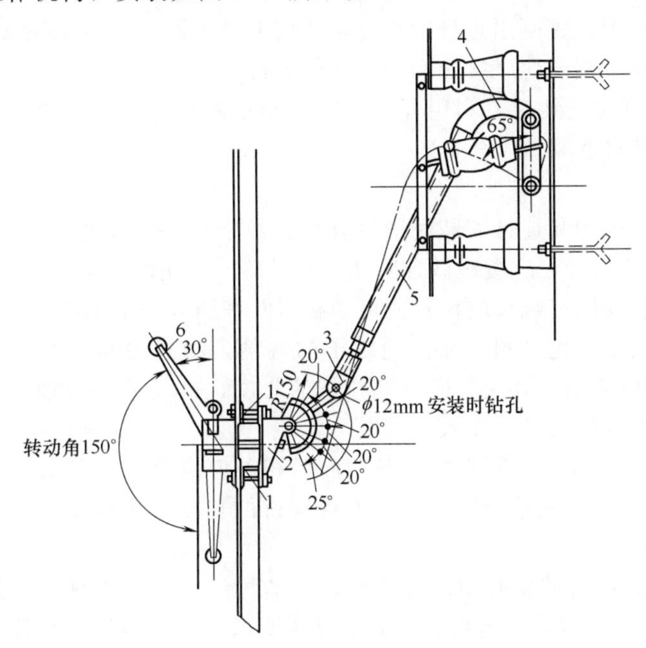

图4-84　10kV隔离开关及操作机构在墙上的安装图

1—角钢；2—操作机构；3—直联接头；4—弯联接头；5—操作拉杆；6—操作手柄

(1) 外观检查

安装隔离开关前，应按下列要求进行检查清理。

① 隔离开关的型号及规格应与设计施工图相符。

② 接线端子及闸门触头应清洁，并且接触良好（可用0.05mm×10mm的塞尺检查触头刀片的接触情况），触头如有铜氧化层，应使用细砂布擦净，然后涂上凡士林油。

③ 绝缘子表面应清洁，无裂纹、无破损、无焊接残留斑点等缺陷，瓷体与铁件的黏结部位应牢固。

④ 隔离开关底座转动部分应灵活。

⑤ 零配件应齐全、无损坏，刀开关触头无变形，连接部分应紧固，转动部分应涂以适

合当地环境与气候条件的润滑油。

⑥ 用1000V或2500V兆欧表测量开关的绝缘电阻，10kV隔离开关的绝缘电阻值应在80～1000MΩ以上。

（2）隔离开关的安装

隔离开关经检查无误后，即可进行安装。

① 预埋底脚螺栓：隔离开关装设在墙上时，应先在墙上划线，按固定孔的尺寸预埋好底脚螺栓；装设在钢构架上时，应先在构架上钻好孔眼，装上紧固螺栓。

② 本体吊装固定：用人力或滑轮吊装，把开关本体安放于安装位置，然后对正底脚螺栓，稍拧紧螺母，用水平尺和线锤进行位置校正后将固定螺母拧紧。在吊装固定时，要注意不要使本体瓷件和导电部分遭受机械碰撞。

③ 操作机构安装：将操作机构固定在预埋好的支架上，并使其扇形板与隔离开关上的转动拐臂（弯联接头）在同一垂直平面上。

④ 安装操作连杆：连杆连接前，应将弯联接头连接在开关本体的转动轴上，直联接头连接在操作机构扇形板的舌头上，然后把调节元件拧入直联接头。操作连杆应在开关和操作机构处于合闸位置装配，先测出连杆的长度，然后下料。连杆一般采用ϕ20mm的黑铁管制作，加工好后，两端分别与弯联接头和调节元件进行焊接。

⑤ 接地：连接开关安装后，利用开关底座和操作机构外壳的接地螺栓，将接地线（如裸铜线）与接地网连接起来。

（3）整体调试

开关本体、操作机构和连杆安装完毕后应对隔离开关进行调试。

① 第一次操作开关时，应缓慢做合闸和分闸试验。合闸时，应观察可动触刀有无旁击，如有旁击现象，可改变固定触头的位置使可动触刀刚好插入静触头内。插入的深度不应小于90%，但也不应过大，以免合闸时冲击绝缘子的端部。动触刀与静触头的底部应保持3～5mm的间隙，否则应调整直联接头而改变拉杆的长度，或调节开关轴上的制动螺钉，以改变轴的旋转角度，来调整动触刀插入的深度。

② 调整三相触刀、合闸的同步性（各相前后相差值应符合产品的技术规定，一般不得大于3mm）时，可借助于调整升降绝缘子连接螺钉的长度，来改变触刀的位置，使得三相触刀同时投入。

③ 开关分闸后其触刀的张开角度也应符合制造厂产品的技术规定。如无规定时，可参照表4-33和图4-85所示数值进行校验，如不符合要求，应调整操作连杆的长度，或改变在舌头扇形板上的位置。

④ 调整触刀两边的弹簧压力，保证动、静触头有紧密的接触面。此时一般用0.05mm×10mm的塞尺进行检验，其要求是：对线接触的隔离开关，塞尺应塞不进去；而对面接触的隔离开关，塞尺插入的深度不应超过4mm（接触面宽度不大于50mm）或6mm（接触面宽度不小于60mm）。

⑤ 如隔离开关带有辅助接头时，可根据情况改变耦合盘的角度进行调整。要求常开辅助触头应在开关合闸行程的80%～90%时闭合，常闭触头应在开关分闸行程的75%断开。

⑥ 开关操作机构的手柄位置应正确，合闸时手柄应朝上，分闸时手柄应朝下。合闸时分闸操作完毕后其弹性机械锁销（弹性闭锁销）应自动进入手柄末端的定位孔中。

⑦ 开关调整完毕后，应将操作机构的螺栓全部固定，将所有开口销子分开，然后进行多次的分合闸操作，在操作过程中再详细检查是否有变形和失调现象。调试合格后，再将开关的开口销子全部打入，并将开关的全部螺栓、螺母紧固可靠。

表 4-33　隔离开关安装尺寸表

隔离开关型号	尺寸/mm			α/(°)
	A	B	C	
GN26/400～600	580	280	200	41
GN210/400～600	680	350	250	37
GN210/1000～2000	910	346	350	37
GN26/200～400～600	546	280	200	65
GN210/200～400～600	646	280	250	65
GN210/100	646	280	250	65

2. 负荷开关的安装

负荷开关是带负载情况下闭合或切断电路的一种开关，常用的室内负荷开关有FN2 和 FN3 型，这类开关采用了由开关传动机构带动的压气装置，分闸时喷出压缩空气将电弧吹熄。它灭弧性能好，断流容量大，安装调整方便，目前已被广泛采用。FN210R 型负荷开关，带有 RN1 型熔断器可代替断路器作过载及短路保护使用，其常用的操作机构有手动的 CS4 型或 CS4T 型。手动操作的负荷开关外形如图 4-86 所示。

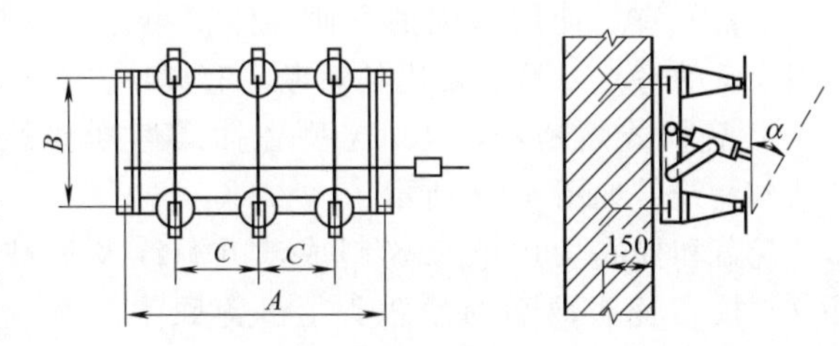

图 4-85　隔离开关安装尺寸图

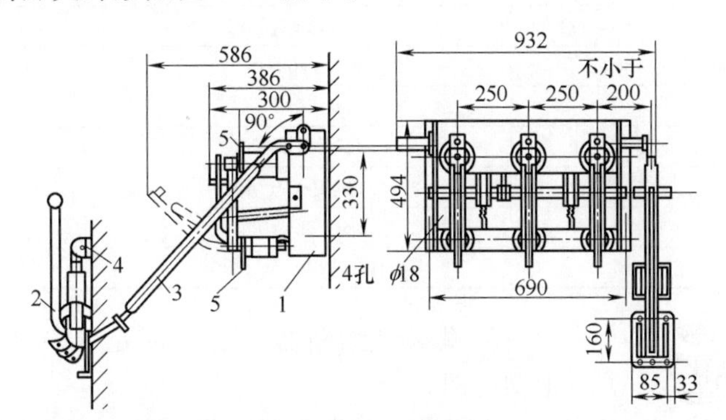

图 4-86　FN210 型负荷开关和 CS4T 型操作机构外形图（单位：mm）

1—负荷开关；2—操作机构；3—操作拉杆；4—组合开关；5—接线板

FN2 型负荷开关是三级联动式开关，与普通隔离开关很相似，不同之处是多了一套灭弧装置和快速分断机构。它由支架、传动机构、支持绝缘子、闸刀及灭弧装置等主要部分组成。其检查、安装调试与隔离开关大致相同，但调整负荷开关时还应符合下列要求。

① 负荷开关合闸时，辅助（灭弧）闸刀先闭合，主闸刀后闭合；分闸时，主闸刀先断开，辅助（灭弧）闸刀后断开。

② 灭弧筒内的灭弧触头与灭弧筒的间隙应符合要求。

③ 合闸时，刀片上的小塞子应正好插入灭弧装置的喷嘴内，并避免将灭弧喷嘴碰坏，否则应及时处理。

④ 三相触头的不同时性不应超过 3mm，分闸状态时，触头间距及张开的角度应符合产品的技术规定，否则应按隔离开关的调整方法进行调整。

⑤ 带有熔断器的负荷开关在安装前应检查熔断器的额定电流是否与设计相符。

二、熔断器安装

1. 低压熔断器安装

(1) 熔断器的作用

熔断器是在低压线路及电气设备控制电路中，用作过载和短路保护的电器。它串联在线路里，当线路或电气设备发生短路或过载时，熔断器中的熔体首先熔断，使线路或电气设备首先脱离电源，从而起到保护作用，是一种保护电器。它具有结构简单、价格便宜、使用和维护方便、体积小、重量轻、应用广泛的特点。目前常用的熔断器有以下几种。

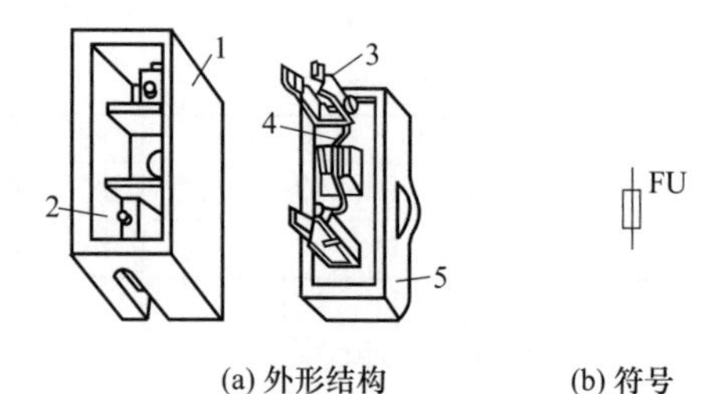

图 4-87 瓷插式熔断器

1—瓷底；2—静触头；3—动触头；4—熔丝；5—瓷盖

① 瓷插式熔断器：RC1A 型瓷插式熔断器的外形结构及符号如图 4-87 所示。

瓷盖和瓷底均用电工瓷制成，电源线及负载线可分别接在瓷底两端的静触头上。瓷底中间有一空腔，与瓷盖突出部分构成灭弧室。表 4-34 是 RC1A 型瓷插式熔断器的技术数据。

表 4-34 RC1A 型瓷插式熔断器技术数据

型号	额定电压/V	熔体额定电流/A	极限分断能力	
			电流/A	功率因数
RC1A5	380	1,2,3,5	750	0.8
RC1A10	380	2,4,6,10	750	0.8
RC1A15	380	6,10,15	1000	0.8
RC1A30	380	15,20,25,30	4000	0.8
RC1A60	380	30,40,50,60	4000	0.5
RC1A100	380	60,80,100	5000	0.5
RC1A200	380	100,120,150,200	5000	0.5

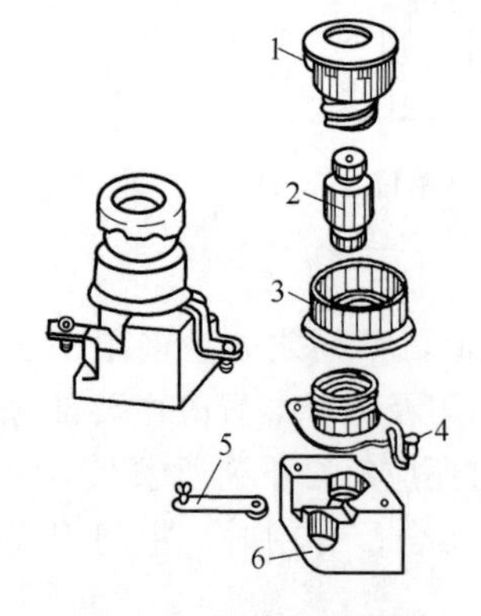

图 4-88 螺旋式熔断器

1—瓷帽；2—熔断管；3—瓷套；4—上接线端；5—下接线端；6—座子

② 螺旋式熔断器：图 4-88 是 RL1 型螺旋式熔断器的外形结构图。

在螺旋式熔断器的熔断管内，除了装熔丝外，在熔丝周围填满了石英砂，起熄灭电弧的作用。熔断管的上端有一小红点，熔丝熔断后红点自动脱落，瓷帽上有螺纹，将螺母连同熔管一起拧进瓷底座，熔丝使电路接通。

在装接时，用电设备的连接线接到连接金属螺纹壳的上接线端，电源线接到瓷底座上的下接线端，这样在更换熔丝时，旋出瓷帽后，螺纹壳上不会带电，很安全。表 4-35 是 RL1 型螺旋式熔断器的技术数据。

③ 无填料密封管式熔断器：RM10 型熔断器由纤维熔管，熔点 420℃、性能稳定的变截面的锌熔片和触头底座等组成，其结构如图 4-89 所示。其熔片冲制成若干宽窄不一的变截面，目的在于改善熔断器的保护特性。在短路时，熔片的窄部首先熔断，过电压再击穿，又在窄处熔断，形成 n 段串联电弧，迅速拉长电弧，使电弧较易熄灭。表 4-36 列出了 RM10 型熔断器的主要技术数据。

表 4-35　RL1 型螺旋式熔断器技术数据

型号	额定电压/V	熔体额定电流/A	极限分断能力	
			电流/A	功率因数
RL115	380	2,4,5,6,10,15	25000	0.35
RL160	380	20,25,30,35,40,50,60		
RL1100	380	60,80,100	50000	0.25
RL1200	380	120,125,150,200		

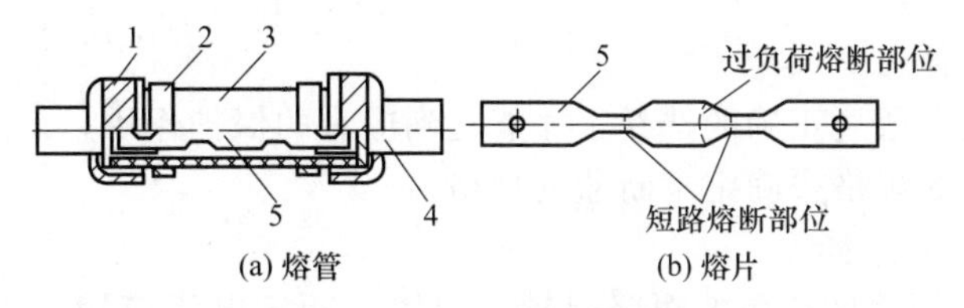

图 4-89　RM10 型熔断器

1—铜管帽；2—管夹；3—纤维熔管；4—触刀；5—变截面锌熔片

表 4-36　RM10 型熔断器的主要技术数据

型号	熔管额定电压/V	额定电流/A		最大分断电流/kA
		熔管	熔体	
RM10-15	交流 220,380,500 直流 220,440	15	6,10,15	1.2
RM10-60		60	15,20,25,35,45,60	3.5
RM10-100		100	60,80,100	10
RM10-200		200	100,125,160,200	
RM10-350		350	200,225,260,300,350	
RM10-600		600	350,430,500,600	

④ 有填料密封管式熔断器：RT0 型熔断器结构组成如图 4-90 所示。

RT0 型熔断器的栅状铜熔体具有引燃栅，这种熔断器的灭弧能力很强，具有限流特性。熔体熔断后，有红色的熔断指示器弹出，便于运行维护人员检视，表 4-37 列出了 RT0 型熔断器的主要技术数据。

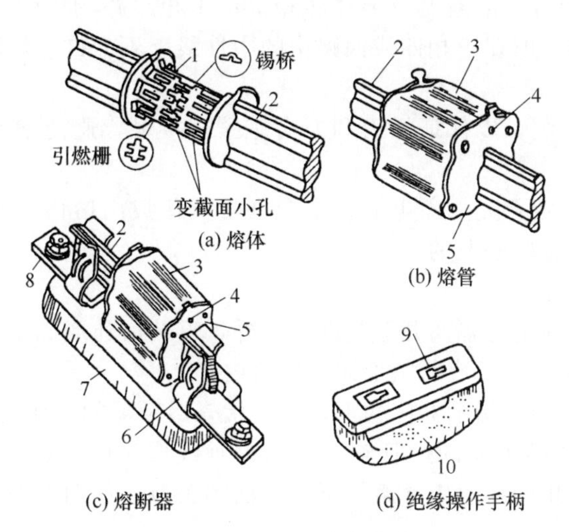

图 4-90　RT0 型熔断器

1—栅状铜熔体；2—触刀；3—瓷熔管；4—熔断指示器；5—端面盖板；6—弹性触座；7—底座；8—接线端子；9—扣眼；10—绝缘拉手手柄

表 4-37　RT0 型熔断器的主要技术数据

型号	熔管额定电压/V	额定电流/A		最大分断电流/kA
		熔管	熔体	
RT0-100	交流 380 直流 440	100	30,40,50,60,80,100	50
RT0-200		200	(80,100),120,150,200	
RT0-400		400	(150,200),250,300,350,400	
RT0-600		600	(350,400),450,500,550,600	
RT0-1000		1000	700,800,900,1000	

（2）熔断器的选择

熔体和熔断器只有通过正确的选择，才能起到应有的保护作用，一般首先选择熔体的规格，然后再根据熔体的规格去确定熔断器的规格。

① 熔体额定电流的选择。

a. 对电炉、照明等阻性负载的短路保护，熔体的额定电流应稍大于或等于负载的额定电流。

b. 对单台电动机负载的短路保护，熔体的额定电流 I_{RN} 应等于 1.5～2.5 倍电动机额定电流 I_N，即

$$I_{RN}=(1.5\sim2.5)I_N$$

c. 对多台电动机的短路保护，熔体的额定电流 IRN 应大于或等于其中最大容量的一台电动机的额定电流 I_{Nmax} 的 1.5～2.5 倍，加上其余电动机额定电流的总和 $\sum I_N$，即

$$I_{RN}=(1.5\sim2.5)I_{Nmax}+\sum I_N$$

② 熔断器的选择。

a. 熔断器的额定电压必须大于或等于线路的工作电压。

b. 熔断器的额定电流必须大于或等于所装熔体的额定电流。

（3）熔断器的安装

① 总开关熔断器熔体的额定电流应与进户线的总熔体相配合，并尽量接近被保护线路的实际负荷电流，但要确保正常情况下出现短时间尖峰负荷电流时，熔体不应熔断。

② 采用熔断器保护时，熔断器应装在各相上；单相线路的中性线也应装熔断器；在线路分支处应加装熔断器。但在三相四线回路中的中性线上不允许装熔断器；采用接零保护的零线上严禁装熔断器。

③ 熔断器应垂直安装，以保证插刀和刀夹座紧密接触，避免增大接触电阻，造成温度升高而发生误动作。

④ 更换熔体时，一定要先切断电源，不允许带负荷拔出熔体，特殊情况也应当设法先切断回路中的负荷，并做好必要的安全措施。

2. 高压熔断器的安装

高压熔断器底座的固定与隔离开关类同，此外，安装后还应满足以下几点：

① 带钳口的熔断器，熔丝应紧紧地插入钳口内。

② 装有动作指示器的，指示器应朝下，以便检查熔断器的动作情况。

③ 户外自动跌落式熔断器的熔管轴线应与铅垂线成 20°～30°角，其转动部分应灵活，安装熔管时，应将带纽扣的熔丝锁紧熔管下端的活动关节，如图 4-91 所示。

三、漏电保护器安装

配电线路漏电时有发生。漏电极易引起火灾，而因触电会导致人身伤亡事故。所以，配

电线路必须确保供电安全和用电安全，防止发生漏电和触电事故。从而可以确定漏电保护器在配电线路的地位和重要性，因为漏电保护器具有漏电开关功能，灵敏度高，能及时准确地切断电源，保证供电、用电安全。

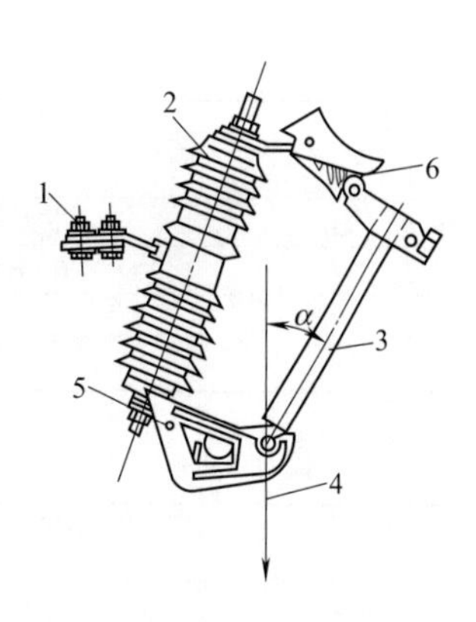

图 4-91　RW310 型自动跌落式熔断器安装角度

1—固定螺栓；2—绝缘子；3—熔管；4—铅垂线；5—旋转轴；6—活动触角；$\alpha=20°\sim30°$

漏电保护器包括漏电开关和漏电继电器，按工作原理可分为电压型漏电开关、电流型漏电开关、电流型漏电继电器，按漏电动作的电流值可分为高灵敏型、中灵敏型和低灵敏型漏电开关，按工作动作时间可分为高速型、延时型和反时限型。

电流型漏电开关有电磁式、电子式和中性点接地式等种类。关于电子式和电磁式电流型漏电开关的不同特点，详见表4-38。

1. 漏电保护器安装条件

① 根据配电线路的情况选用漏电保护器，详见表 4-39。

② 根据气候条件和使用场所选用漏电保护器，详见表 4-40、表 4-41。

表 4-38　电子式和电磁式电流型漏电开关特点对照

序号	特点	电子式	电磁式
1	灵敏度	容易制造，电流大而漏电动作电流值小的高灵敏度产品	较难制造，电流大而漏电动作电流值小的产品
2	环境温度的影响	有影响，需借温度补偿电路克服	几乎不受其影响
3	抗电网过电压及雷击感应电压能力	弱，但冲击波不动作型较强	强
4	电源及负载接线端极性	不可以反接	可以反接
5	抗外界电磁干扰能力	弱	强
6	动作电流与动作时间特性	容易实现具有多种特性的要求	难以实现具有多种特性的要求
7	延时特性	容易实现	难以实现
8	辅助电源	需要	不需要
9	电源电压对特性的影响	有影响，需借稳压电路来克服	无影响
10	耐压水平	受电子元器件的限制，能承受的试验电压低	高
11	抗冲击和振动的能力	较高	一般
12	对零序电流互感器的要求	较低	较高
13	影响可靠性的主要因素	电子元器件的质量和可靠性	加工精度
14	对制造技术的要求	一般，生产容易	精密加工
15	生产成本	较低	较高

表 4-39　按线路状况选用漏电保护器

序号	线路状况	选用类型
1	新线路	选用高灵敏度漏电开关
2	线路较差	选用中灵敏度漏电开关
3	线路范围小	选用高灵敏度漏电开关
4	线路范围大	选用中灵敏度漏电开关

表 4-40　按气候条件选用漏电保护器

序号	气候条件	选用类型
1	干燥型	选用高灵敏度漏电开关
2	潮湿型	选用中灵敏度漏电开关
3	雷雨季节长	选用冲击波不动作型漏电开关或漏电继电器
4	有黄梅季节	选用漏电动作电流能分级调整的冲击波不动作型漏电开关或漏电继电器

表 4-41　按使用场所选用漏电保护器

序号	使用场所	选用类型	作　用
1	①电动工具、机床、潜水泵等单独设备的保护 ②分支回路保护 ③小规模住宅主回路的全面保护	额定漏电动作电流在30mA以下，漏电动作时间小于0.1s的高灵敏度高速型漏电开关	①防止一般设备漏电引起的触电事故 ②在设备接地效果非甚佳处防止触电事故 ③防止漏电引起的火灾
2	①分支电路保护 ②需提高设备接地保护效果处	额定漏电动作电流为50～500mA，动作时间小于0.1s的中灵敏度高速型漏电开关或漏电继电器	①容量较大设备的回路漏电保护 ②在设备的电线需要穿管子，并以管子作接地极时，防止漏电引起的事故 ③防止漏电引起的火灾
3	①干线的全面保护 ②在分支电路中装设高灵敏度高速型漏电开关以实现分级保护处	额定漏电动作电流为50～500mA，漏电动作时间有延时的中灵敏度延时型漏电开关或漏电继电器	①设备回路的全面漏电保护 ②与高速型漏电开关配合，以形成对整个电网更加完善的保护 ③防止漏电引起的火灾

③ 根据保护对象选用漏电保护器，详见表 4-42。

表 4-42　按保护对象选用漏电保护器

序号	保护对象	选用类型
1	单台电动机	选用兼具电动机保护特性的高灵敏度高速型漏电开关
2	单台用电设备	选用同时具有过载、短路及漏电三种保护特性的高灵敏度高速型漏电开关
3	分支电路	选用同时具有过载、短路及漏电三种保护特性的中灵敏度高速型漏电开关
4	家用线路	选用额定电压为220V的高灵敏度高速型漏电开关
5	分支电路与照明电路混合系统	选用四极高速型高(或中)灵敏度漏电开关
6	主干线总保护	选用大容量漏电开关或漏电继电器
7	变压器低压侧总保护	选用中性点接地式漏电开关
8	有主开关的变压器低压侧总保护	选用中性点接地式漏电继电器

2. 电路配线保护技术措施应符合的要求

① 三相四线制供电的配电线路中，各项负荷应均匀分配，每个回路中的灯具和插座数量不宜超过25个（不包括花灯回路），且应设置15A及以下的熔线保护。

② 三相四线制TN系统配电方式，N线应在总配电箱内或在引入线处做好重复接地。PE线（专用保护线）与N线（工作零线）应分别与接地线相连接。N（工作零线）进入建筑物（或总配电箱）后严禁与大地连接，PE线应与配电箱及三孔插座的保护接地插座相连接。

③ 建筑物内PE线最小截面不应小于表4-43规定的数值。

表 4-43　专用保护（PE）线截面值

相线截面 s /mm²	PE 线最小截面 s_P/mm²	相线截面 s /mm²	PE 线最小截面 s_P/mm²
$s \leqslant 16$	$s_P \geqslant 2.5$	$s > 35$	$s_P = s/2$
$16 < s \leqslant 35$	$s_P \geqslant 1.6$		

3. 漏电保护器主要技术数据

① 漏电自动开关的主要技术数据，见表 4-44 的规定。

表 4-44　漏电自动开关主要技术数据

型号	额定电压/V	极数	额定电流/A	额定漏电动作电流/μA	漏电动作时间/min	保护性能	外形尺寸/mm	重量/kg
DZL16-40	220	2	6、10	15	≤0.1	漏电保护专用	72×76×92	0.4
			6、10、16、25、40	30				
DZ520	380	3	1、1.5、2、3、4.5、6.5、10、15、20	30、50、75		过载短路漏电保护三用	102×133×98	0.7
LDZ15L-40		3	10、15、20、30、40	50、75、100			149×78×88	1.1
		4		30、50、70			149×103×88	1.5
DZ15L60		3	10、15、20、30、40	50、75、100			227×96×95	1.8
			60					
		4	10、15、20、30、40、60				227×128×95	2.1

注：额定漏电不动作电流值，为额定漏电动作电流值的 1/2。

② 漏电自动开关的极限通断能力，见表 4-45 的规定。

表 4-45　漏电自动开关极限通断能力

型号	极限通断能力			辅助触点	
	电流	电压	cosϕ	数量及额定电流	极限通断能力
DZL1640	耐短路能力 3kA	220V			
DZS20L	1.2～1.5kA	380V	0.8	1 常开、1 常闭，5A	接通 50A、分断 5A/380V，cosϕ=0.38
DZ1SL40	2.5kA		0.7		
DZ1SL60	5kA		0.5		

③ 常用的 DZ520L、DZ15L40 和 DZ15L60 型漏电自动开关，按用途分，有保护配电线路和保护用电设备。漏电自动开关过电流脱扣器的保护特性，见表 4-46 的规定。

表 4-46　漏电自动开关过电流脱扣器的保护特性表

型号	保护配电线路用漏电自动开关			保护电动机用漏电器自动开关		
	过电流为脱扣器额定电流的倍数	动作时间	启动状态	过电流为脱扣器额定电流的倍数	动作时间	启动状态
DZ520L	1	长期不动作	冷态	1	长期不动作	冷态
	1.3	<1h	热态	1.2	<20min	热态
DZ15L40	2	<4min		1.5	<3min	
DZ15L60	3	$t_F \geqslant 1$s		6	$t_F \geqslant 1$s	冷态
	10	<0.2s	冷态	12	<0.2s	

注：t_F 为可返回时间，指在这个时间内通过给定倍数的过电流时，当电流降至脱扣器额定值的 90%后，漏电自动开关不应（因这时过电流）断开。

4. 住宅电器安装

① 集中安装的住宅电器，应在其明显部位设警告标志。

② 住宅电器安装完毕，应进行通电调整和运行试验，并进行测试合格后，对应其调整电器机构进行封锁处理。

③ 通电试运行记录中的电器调整试验记录是住宅电器安装工程验收文件的重要组成部分，必须归档立卷。

5. 漏电保护器的安装、调试

① 漏电保护器是用来对有致生命危险的人身触电进行保护，并防止电器或线路漏电而引起事故的，其安装应符合以下要求：

a. 住宅常用的漏电保护器及漏电保护自动开关安装前，首先应经国家认证的法定电器产品检测中心，按国家技术标准试验合格方可安装。

b. 漏电保护自动开关前端 N 线上不应设有熔断器，以防止 N 线保护熔断后相线漏电，漏电保护自动开关不动作。

c. 按漏电保护器产品标志进行电源侧和负荷侧接线。

d. 在带有短路保护功能的漏电保护器安装时，应确保有足够的灭弧距离。

e. 漏电保护器应安装在特殊环境中，必须采取防腐、防潮、防热等技术措施。

② 电流型漏电保护器安装后，除应检查接线无误外，还应通过按钮试验，检查其动作性能是否满足要求。

③ 火灾探测器、手动火灾报警按钮、火灾报警控制器、消防控制设备等安装，应按国家现行技术标准《火灾自动报警系统施工及验收规范》的规定执行。

四、接触器与启动器安装

接触器是通过电磁机构，频繁地远距离自动接通和分断主电路或控制大容量电路的操作控制器。

接触器分交流和直流两类。交流接触器的主触头用于通、断交流电路。直流接触器的主触头用于通、断直流电路。

接触器的结构是由电磁吸引线圈、主触头、辅助触头部分组成。主触头容量较大并盖有灭弧罩。

常用交流接触器的技术数据详见表 4-47。

1. 接触器安装

① 接触器的型号、规格应符合设计要求，并应有产品质量合格证和技术文件。

② 安装之前，首先应全面检查接触器各部件是否处于正常状态，主要是触头接触是否正常，有无卡阻现象。铁芯极面应保持洁净，以保证活动部分自由灵活地工作。

③ 引线与线圈连接牢固可靠，触头与电路连接正确。接线应牢固，并应做好绝缘处理。

④ 接触器安装应与地面垂直，倾斜度不应超过 5°。

2. 启动器安装

① 启动器应垂直安装，工作活动部件应动作灵活可靠，无卡阻。

② 启动衔铁吸合后应无异常响声，触头接触紧密，断电后应能迅速脱开。

③ 可逆电磁启动器防止同时吸合的联锁装置动作正确、可靠。

④ 接线应正确。接线应牢固、裸露线芯应做好绝缘处理。

⑤ 启动器的检查、调整。

a. 启动器接线应正确。电动扣定子绕组的正常工作应为三角形接线法。

b. 手动操作的星、三角启动器，应在电动机转速接近运行转速时进行切换。自动转换的启动器应按电机负荷要求正确调节延时装置。

表 4-47　常用交流接触器的技术数据

型号	主触头额定电流/A	辅助触头额定电流/A	可控制电动机的最大功率/kW		吸引线圈电压/V	额定操作频率/(次/h)
			220V	380V		
CJ10-10	10	5	2.5	4	36、110、127、220、380、440	1200
CJ10-20	20		5.5	10		
CJ10-40	40		11	20		
CJ10-75	75		22	40		600
CJ10-10	10		2.2	4	36、110、220、330	600
CJ10-20	20		5.5	10		
CJ10-40	40		11	20		
CJ10-60	60		17	30		
CJ10-100	100		30	50		
CJ12 CJ12B -100	100	10		50	36、127、220、380	600
CJ12 CJ12B -150	150			75		
CJ12 CJ12B -250	250			125		
CJ12 CJ12B -400	400			200		300
CJ12 CJ12B -600	600			300		

注：1. CJ10 可取代 CJ0 及 CJ8 等系列老产品。

2. CJ12、CJ12B 可取代 CJ1、CJ2、CJ3 等老产品。

⑥ 自耦减压启动器安装，应符合以下要求：

a. 启动器应垂直安装。

b. 油浸式启动器的油面必须符合标定油面线的油位。

c. 减油抽头在 65%～80%额定电压下，应按负荷要求进行调整。启动时间不得超过自耦减压启动器允许的启动时间。

d. 连续启动累计或一次启动时间接近最大允许启动时间时，应待其充分冷却后方能再次启动。

⑦ 手动操作启动器的触头压力，应符合产品技术文件要求及技术标准的规定值，操作应灵活。

⑧ 接触器与启动器均应进行通断检查。对用于重要设备的接触器或启动器还应检查其启动值是否符合产品技术文件的规定。

变阻式启动器的变阻器安装后，应检查其电阻切换程序。触头压力、灭弧装置及启动值，应符合设计要求或产品技术文件的规定。

五、继电器安装

继电器种类很多，有时间继电器、速度继电器、热继电器、电流继电器和中间继电器等。继电器在电路中构成自动控制和保护系统。

1. 断电器在配电线路与用电设备中的作用

① 时间继电器用来控制电路动作时间。以电磁原理或机械动作原理来延时触点的闭合或断开。

时间继电器的技术数据，详见表 4-48、表 4-49。

表 4-48 JS7A 系列空气式时间继电器技术数据

型号	瞬时动作触头数量		有延时的触头数量				触头额定电压/V	触头额定电流/A	线圈电压/V	延时范围/s	额定操作频率/(次/h)
			通电延时		继电延时						
	常开	常闭	常开	常闭	常开	常闭					
JS71A	—	—	1	1	—	—	380	5	24,36,110,127,220,380,420	0.4～60及0.4～180	600
JS72A	1	1	1	1	—	—					
JS73A	—	—	—	—	1	1					
JS74A	1	1	—	—	1	1					

表 4-49 JS17 系列电动式时间继电器技术数据

型号	接点额定电压/V	接点接通和开断能力				主令脉冲持续时间/s	继电器返回时间/s	操作频率/(次/h)	线圈电压(离合式电动机)/V	线圈消耗功率/W	
		接通电流/A	开断电流/A	cosϕ	通断次数					离合电磁铁	电动机
JS17-□□	220	3	3	0.3～0.4	20	0.2	0.2	1200	50Hz,110、127、220、380	4	4

② 速度继电器是用来反映转速和转向变化的继电器。它由转子、定子和触点三部分组成。

③ 热继电器。主要用于电动机和电气设备的过负荷保护。

热继电器的技术数据，详见表 4-50。

④ 电流继电器是反映电路中电流状况的继电器。电路中的电流达到或超过整定的动作电流时，电流继电器便动作。用于保护和控制电路与电器机具。

电流继电器的技术数据，详见表 4-51、表 4-52。

表 4-50 热继电器的技术数据

序号	型号	额定电压/V	额定电流/A	相数	热元件			断相保护	温度补偿	复位方式	动作灵活性检查装置	动作后的指标	触头数量	
					最小规格/A	最大规格/A	挡数						常开	常闭
1	JR16 JR0	380	20	3	0.25～0.35	14～22	12	有	有	平动或自动	无	无	1	1
			60		14～22	40～63	4							
			150		40～63	100～160	4							
2	JR15	380	10	2	0.25～0.35	6.8～11	10	无	有	手动或自动	无	无	1	1
			40		6.8～11	30～45	5							
			100		32～50	60～100	3							
			150		68～110	100～150	2							
3	JR14	380	20	3	0.25～0.35	14～22	12	有	有	手动或自动	无	无	1	1
			150		64～100	100～160	2							
4	JR9	660	310	3	24～38	226～310	7	有	有	手动或自动	无	无	1	1
5	JRS1(新系列)	660	12	3	0.11～0.15	9～12.5	13	有	有	手动或自动	有	有	1	1
			25		9～12.5	18～25	3							
6	JR□(新系列)	660	6.3	3	0.1～0.15	5～7.4	14	有		手动或自动	有		1	1
			16		3.5～5.3	14～18	6							
			32		8～12	28～36	6							
			63		16～24	55～71	6							
			160		33～47	144～176	9							
			250		83～125	167～250	4							
			400		130～195	267～400	4							
			630		200～300	420～630	4							

续表

序号	型号	额定电压/V	额定电流/A	相数	热元件			断相保护	温度补偿	复位方式	动作灵活性检查装置	动作后的指标	触头数量	
					最小规格/A	最大规格/A	挡数						常开	常闭
7	T系列（德国引进产品）	660	16	3	0.11～0.16	12～17.6	22	有		手动	有	无	1	1
			25		0.17～0.25	26～35	22			手动或自动		有		
			45		0.25～0.4	28～45	22					无	或1	1 1
			85		6～10	60～100	8			手动		有	1	1
			105		36～52	80～115	5			手动或自动		无		
			170		90～130	140～200	3					有		
			250		100～160	250～400	3					有		
			370		100～160	310～500	4					有		

表 4-51　JT4 系列电流继电器的技术数据

型号	吸引线圈规格/A	触头数目	复位方式		动作电流
			自动	手动	
JT4-□□L JT4--□□S （手动复位）	5、10、15、20、40、80、150、300、600	2常开 2常闭或 1常开 2常闭	自动	手动	吸引电流在线圈额定电流的110%～350%范围内调节
JT4-□□J	5、10、15、20、40 50、80、100、150、 200、300、400、600	1常开 或 1常闭	自动		吸引电流在线圈额定电流的75%～200%范围内调节

表 4-52　JL12 系列电流继电器的技术数据

型号	线圈额定电流/A	电压/V		触头额定电流/A	型号	线圈额定电流/A	电压/V		触头额定电流/A
		交流	直流				交流	直流	
JL12-5 JL12-10 JL12-15 JL12-20	5 10 15 20	380	440	5	JL12-30 JL12-40 JL12-60	30 40 60	380	440	5

⑤ 中间继电器是将一个输入信号变成一个或多个输出信号的继电器。输入信号是线圈的通电和断电，输出信号是接点的接通或断开，用以控制电路的运行。

中间继电器的技术数据，详见表4-53。

表 4-53　JZ7 系列中间继电器的技术数据

型号	触头额定电压/V		触头额定电流/A	触头数量		吸引线圈额定电压/V
	交流	直流		常开	常闭	
JZ7-44 JZ7-62 JZ7-80	380	220	5	4 6 8	4 2 0	12、36、110 127、220、380

2. 继电器安装

① 继电器的型号、规格应符合设计要求。因为继电器是根据一定的信号（电压、电流、时间）来接通和断开电路的电器。在电路中通常是用来接通和断开接触器的吸引线圈，以达到控制或保护用电设备的目的。所以，继电器有按电压信号动作和电流信号动作之分。电压

继电器及电流继电器都是电磁式继电器。常规是按电路要求控制的触头较多，需选用一种多触头的继电器，以扩大控制工作范围。

② 继电器可动部分的动作应灵活、可靠。

③ 表面污垢和铁芯表面防腐剂应清除干净。

④ 安装时必须试验端子确保接线相位的准确性。固定螺栓加套绝缘管，安装继电器应保持垂直，固定螺栓应垫橡胶垫圈和防松垫圈紧固。

3. 通电调试

① 继电器安装通电调试继电器的选择性、速动性、灵敏性和可靠性，是保证安全可靠供电和用电的重要条件之一，必须符合设计要求。

② 继电器及仪表组装后，应进行外部检查完好无损，仪表与继电器的接线端子应完整，相位连接测试必须符合要求。

③ 所属开关的接触面应调整紧密，动作灵活、可靠。安装应牢固。

六、主令电器安装

配电线路中主令电器是用来接通和分断控制电路的电器，种类多、应用范围广泛，常规有按钮开关、行程开关、万能转换开关等。

① 按钮开关是一种手动操作接通或分断小电流控制电路的主令电器，是利用按钮开关远距离发出指令或信号去控制接触器、继电器的触点去实现主电路的分合或电气联锁。

按钮开关的技术数据详见表 4-54。

表 4-54 按钮开关的技术数据

序号	型号	规格	结构形式	触头对数		钮数及颜色	
				常开	常闭	钮数	颜色
1	LA10-1	交流：380V、5A	元件	1	1	1	黑、绿或红
2	LA10-1K		开启式	1	1	1	黑、绿或红
3	LA10-2K		开启式	2	2	2	黑、红或绿、红
4	LA10-3K	交流：380V、5A	开启式	3	3	3	黑、绿、红
5	LA10-1H		保护式	1	1	1	黑、绿或红
6	LA10-2H		保护式	2	2	2	黑、红或绿、红
7	LA10-3H		保护式	3	3	3	黑、绿、红
8	LA10-1S		防水式	1	1	1	黑、绿或红
9	LA10-2S		防水式	2	2	2	黑、红或绿、红
10	LA10-3S		防水式	3	3	3	黑、绿、红
11	LA10-2F		防腐式	2	2	2	黑、红或绿、红
12	LA18-22	交流：380V、5A	元件	2	2	1	红、绿、黄、白、黑
13	LA18-44			4	4	1	
14	LA18-66			6	6	1	
15	LA18-22J	交流：380V、5A	紧急式	2	2	1	红
16	LA18-44J			4	4	1	
17	LA18-66J			6	6	1	
18	LA18-22X	交流：380V、5A	旋钮式	2	2	1	黑
19	LA18-44X			4	4	1	
20	LA18-66X			6	6	1	
21	LA18-22Y	交流：380V、5A	钥匙式	2	2	1	镇心本色
22	LA18-44Y			4	4		
23	LA18-66Y			6	6		

续表

序号	型号	规格	结构形式	触头对数		钮数及颜色	
				常开	常闭	钮数	颜色
24	LA19-11A	交流：380V、5A	元件	1	1	1	红、绿、蓝、黄、白、黑
25	LA19-11A/J		紧急式	1	1	1	红
26	LA19-11A/D		带指示灯式	1	1	1	红、绿、蓝、白、黑
27	LA19-11A/DJ		紧急带指示灯式	1	1	1	红
28	LA20-11		揿钮式	1	1	1	红、绿、黄、蓝或白
29	LA20-11J		紧急式	1	1	1	红
30	LA20-11D		带灯揿钮式	1	1	1	红、绿、黄、蓝或白
31	LA20-11DJ	交流：380V、5A	带灯带急式	1	1	1	红
32	LA20-22		揿钮式	2	2	1	红、绿、黄、蓝或白
33	LA20-22J		紧急式	2	2	1	红
34	LA20-22D		带灯揿钮式	2	2	1	红、绿、黄、蓝或白
35	LA20-22DJ		带灯紧急式	2	2	1	红
36	LA20-2K		开启式	2	2	2	白、红或绿、红
37	LA20-3K		开启式	3	3	3	白、绿、红
38	LA20-2H		保护式	2	2	2	白、红或绿红
39	LA20-3H		保护式	3	3	3	白、绿、红

② 行程开关是由机械运动部件上的挡铁碰撞位置开关，使其触头动作，达到接通或断开控制电路的目的。

常用行程开关技术数据详见表 4-55。

表 4-55 常用行程开关技术数据

序号	型号	额定电压/V	额定电流/A	结构特征	触头数量	
					常开	常闭
1	JW-11	380	3	基本型，带操作钮	1	1
2	JWL$_1$-11			带轮，行程不扩大	1	1
3	JWL$_2$-11			带轮，行程扩大	1	1
4	LWL$_3$-22			带轮，行程扩大，两件组合	2	2
5	JLXK1-111	500	5	单轮防护式	1	1
6	JLXK1-211	500	5	双轮防护式	1	1
7	JLXK1-311	500	5	直动防护式	1	1
8	JLXK1-411	500	5	直动滚轮防护式	1	1
9	LX19K	380	5	元件	1	1
10	LX19-001	380	5	无滚轮、仅径向传动杆，能自动复位	1	1
11	LX19-111	380	5	单轮、滚轮装在传动杆内，能自动复位	1	1
12	LX19-121	380	5	单轮、滚轮装在传动杆外轮，能自动复位	1	1
13	LX19-131	380	5	单轮、滚轮装在传动杆凹槽内侧，能自动复位	1	1
14	LX19-212	380	5	双轮、滚轮装在 U 形传动杆内侧，不能自动复位	1	1
15	LX19-222	380	5	双轮、滚轮装在 U 形传动杆外侧，不能自动复位	1	1
16	LX19-232	380	5	双轮、滚轮装在 U 形传动杆内外侧，不能自动复位	1	1

③ 万能转换开关是一种多挡式且能对电路进行多种转换的主令电器，适用于远距离控制操作，也可作为电气测量仪表的转换开关或用作小容量电动机的控制操作。

万能转换开关技术数据详见表4-56。

表4-56 3LB、3ST1系列组合式万能转换开关技术数据表

型 号		3ST1	3LB3	3LB4	3LB5
额定绝缘电压/V		380	660	660	660
机械寿命/次		3×10^6	3×10^6	1×10^6	1×10^6
操作频率/(次/n)		500	500	100	100
电气寿命/次		1×10^6	1×10^6	5×10^4	5×10^4
交流50Hz电源开关控制功率P/kW AC1/AC21	220V	3.8	9	11.5	19
	380V	6.5	15.5	20	31.5
	500V	—	20	26	43
	600V	—	27	35	47

1. 控制器安装

① 控制器的型号、规格、工作电压，必须符合设计要求，其工作电压应与供电电压相符。

② 凸轮控制器及主令控制器，应安装在便于操作、观察和维修的位置。操作手柄或手轮的安装高度，常规为800～1200mm。

③ 控制器操作应灵活、可靠。挡位应明显、准确。带有零位自锁装置的操作手柄，应能正常工作。

④ 操作手柄或手轮的动手方向应与机械装置的动作方向保持一致。

操作手柄或手轮在各个不同位置时，触头分合的顺序均应符合控制器接线图的要求。

⑤ 通电试验时，应按相应凸轮控制器件的位置检查电机，并应使电机运行正常。

⑥ 控制器触头压力应均匀，触头超行程不小于产品技术条件规定。凸轮控制器主触头的灭弧装置应完好。

⑦ 控制器的转动部分及齿轮减速机构应润滑良好。

2. 按钮的安装

① 按钮的型号、规格应符合设计要求。在面板上安装时，应布置整齐，排列合理。

② 按钮之间的距离应为50～80mm，按钮箱之间的距离应为50～100mm。组装应垂直，如倾斜安装时，按钮与水平面的倾斜角不宜小于30°。

③ 集中安装的按钮应有编号或不同的识别标志；“紧急”按钮应有明显标志，并应设置保护罩。

④ 按钮安装应牢固、接线正确，接线螺栓应拧紧，使接触电阻尽量小。

⑤ 按钮操作应灵活、可靠，无卡阻。

3. 行程开关的安装与调整

① 行程开关的型号、规格应符合设计要求。

② 安装位置应确保开关能正确动作，严禁妨碍机械部件的运动。

③ 碰块或撞杆应安装在开关滚轮或推杆的动作轴线上。

④ 碰块或撞杆对开关的作用力及开关的动作行程，均不应大于允许值。

⑤ 电子式行程开关应按产品技术文件要求调整可动设备的间距。

⑥ 限位用行程开关，应与机械装置配合调整，当确认动作可靠后，方可接入电路使用。

4. 转换开关的安装

① 万能转换开关的型号、规格，应符合设计要求。根据控制电路的要求，而选择不同额定电压、电流及触点和面板形式的转换开关。

② 转换开关安装应牢固，接线牢靠、触点底座叠装不宜超过6层，面板上把手位置应

正确。

七、电阻器及变阻器安装

1. 电阻器安装

① 组装电阻器时，电阻片及电阻元件应位于垂直面上。电阻器垂直叠装不应超过四箱。当超过四箱时，应采用支架固定并应保持一定的距离。当超过六箱时应另列一组。有特殊要求的电阻器的安装方式，应符合设计规定。电阻器底部与地面之间，应保留一定的间隔，不应小于150mm。

② 电阻器安装与其他电气设备垂直布置时，应安装在其他电气设备的上方，两者之间应留有适当的间隔。

③ 电阻器的接线，应符合以下要求：

a. 电阻器与电阻元件之间的连接，应采用铜或钢的裸导体，在电阻元件允许发热的条件下应有可靠的接触。

b. 电阻器引出线的夹板或螺栓应有与设备接线图相应的标号。与绝缘导线连接时，应采取防止接头处因温度升高而降低导线绝缘强度的措施。

c. 多层叠装的电阻箱和引出导线，应采用支架固定。其配线线路应排列整齐，线组标志要清晰，以便于操作和维护，且不得妨碍电阻元件的调试和更换。

④ 电阻器和变阻器内部不得有断路或短路，其直流电阻值的误差应符合产品技术文件的规定。

2. 变阻器安装

① 变阻器滑动触头与固定触头的接触应良好。触头间应有足够压力。在滑动过程中不得开路。

② 变阻器的转换装置：

a. 转换装置的移动应均匀平滑、无卡阻，并有与移动方向对应的指示阻值变化的标志。

b. 电动传动转换装置的限位开关及信号联锁接点的动作，应准确、可靠。

c. 齿链传动的转换装置，允许有半个节距的窜动范围。

d. 由电动传动及手动传动的两部分组成的转换调节装置，应在电动及手动两种操作方式下分别进行试验。

③ 频敏变阻器的调整，应符合以下要求：

a. 频敏变阻器的极性和接线应正确。

b. 频敏变阻器的抽头和气隙调整，应使电动机启动特性符合机械装置的要求。

c. 用于短时间启动的频敏变阻器在电动机启动完毕后应短接切除。

d. 频敏变阻器配合电动机进行调整过程中，连续启动次数及总的启动时间应符合产品技术文件的规定。

八、电磁铁安装

1. 电磁铁安装

① 电磁铁安装，必须保证铁芯表面清洁、无锈蚀。通电之前，首先，应除去防护油脂。通电后应无异常响声及温升不超过产品规定值和设计要求允许温升的规定值。

② 电磁铁的衔铁及其传动机构的动作应迅速、准确、可靠、无阻滞现象。

直流电磁铁的衔铁上应有隔磁措施，以消除剩磁影响。

③ 制动电磁铁的衔铁吸合时，铁芯的接触面应紧密地与固定部分接触，且不得有异常

响声。

④ 对有缓冲装置的制动电磁铁，应调节其缓冲器气孔的螺栓，使其衔铁动作至最终位置时平稳而无剧烈冲击。

⑤ 牵引电磁铁固定位置应与阀门推杆准确配合，使动作行程符合设备要求。

⑥ 采用空气气隙作为剩磁间隙的直流制动电磁铁，其衔铁行程指针位置应符合产品技术文件的规定。

2. 电磁铁安装调试与检查

① 起重电磁铁第一次通电检查时，应在空载（周围无铁磁物质）的情况下进行，空载工作电流应符合产品技术文件的规定及其设计的要求。

② 有特殊要求的电磁铁，应测量其吸合与释放电流值，以确定其是否符合产品技术文件的规定及设计的要求。

③ 双电动机抱闸及单台电动机双抱闸电磁铁的动作应灵活一致。

第六节　建筑弱电安装

一、有线电视系统

1. 部件安装

① 部件及其附件的安装应牢固、安全并便于测试、检修和更换。

② 应避免将部件安装在厨房、厕所、浴室、锅炉房等高温、潮湿或易受损伤的场所。

③ 前端设备应组装在结构坚固、防尘、散热良好的标准箱、柜或立架中。部件和设备在立架中应便于组装、更换。立架中应留有不少于两频道部件的空余位置。

2. 线路敷设

电缆（光缆）线路应短直、安全、稳定、可靠，便于维修、检测，并应使线路避开易受损场所，减少与其他管线等障碍物的交叉跨越。

（1）室外线路敷设方式

室外线路可采用直埋电缆敷设方式和架空电缆敷设方式，如图 4-92 和图 4-93 所示。

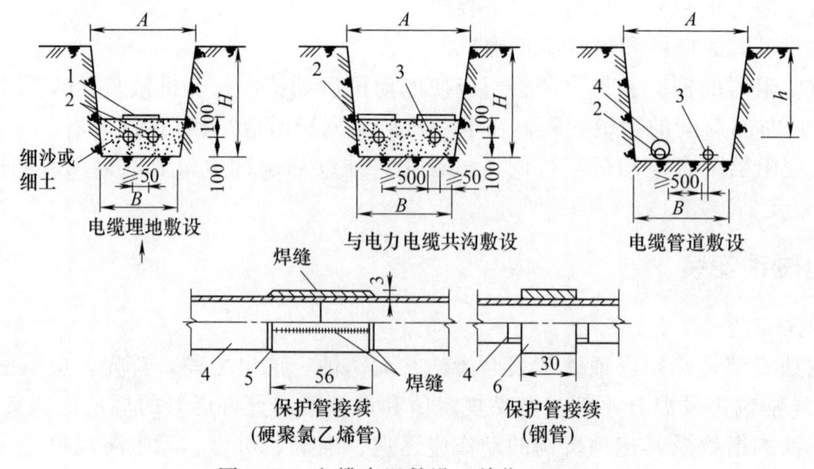

图 4-92　电缆直埋敷设（单位：mm）

1—红砖；2—有线电视电缆；3—电力电缆；4—保护管；5—接续管；6—钢制管接头

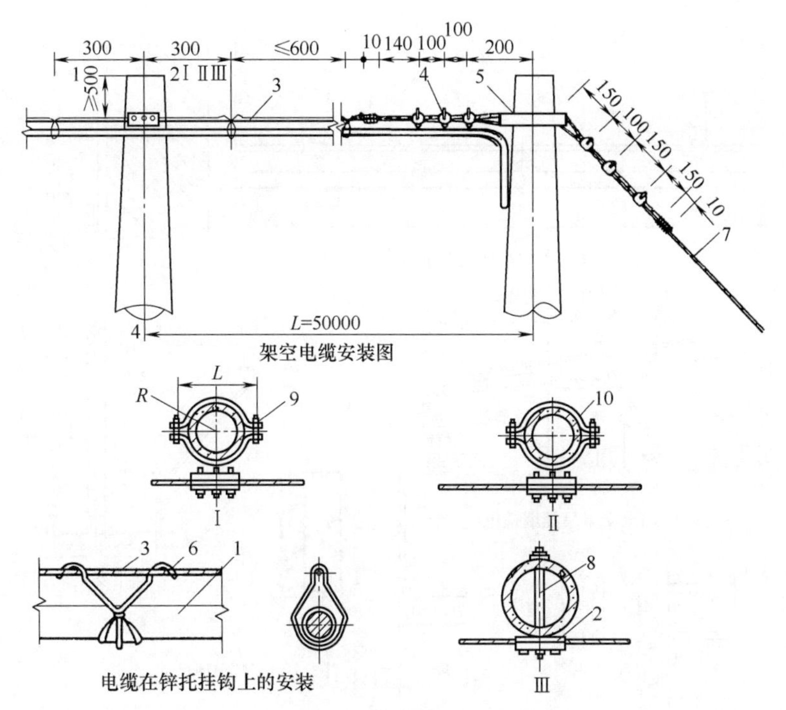

图 4-93　架空电缆敷设（单位：mm）

1—电缆；2—三孔单槽夹板；3—吊线；4—U形钢绞线卡；
5—拉线抱箍；6—锌托挂钩；7—拉线；8—穿钉；9、10—吊线抱箍

电缆直埋时，必须使用具有铠装的能直埋的电缆，其埋深不得小于 0.8m；紧靠电缆处要用细土覆盖 100mm，上压一层砖石保护；在寒冷的地区应埋在冻土层以下。

架空电缆敷设时，先将电缆吊线用夹板固定在电缆杆上，再用电缆挂钩将电缆卡挂在吊线上，挂钩间距一般为 0.5～0.6m。电缆与其他架空明线线路共杆架设时，其两线间的最小间距应符合规定。

当有建筑物可供利用时，前端输出干线、支线和入户线的沿线，宜采用墙壁电缆敷设方式。先在墙上装好墙担的撑铁，再用电缆挂钩将电缆卡挂在吊线上。墙担之间或墙担与撑铁间隔应不超过 6m。图 4-94 所示为墙壁电缆的吊挂和敷设。

（2）电缆在室内敷设

电视电缆在室内可采用明敷或暗敷，新建建筑物内线路应尽量采用暗敷，其保护管可采用金属管或塑料管，在电磁干扰严重的地区，宜选用金属管。在进行有线电视设计时，应使线路尽量短直，减少接头，管长超过 25m 时，须加接线盒，电缆的连接应在盒内进行。线路明敷时，要求管线横平竖直，并采用压线卡固定，一般每米长线路不少于一个卡子。

电缆在室内敷设时，不得与电力线同线槽、同出线盒、同连接箱安装，明敷的电缆与明敷的电力线的间距不应小于 0.3m。

3. 接收天线

接收天线应按设计要求组装，并应平直、牢固。天线竖杆基座应按设计要求安装。结合收测和观看，确定天线的最优方位后，将天线固定。

天线与屋顶或地面应平行，最低层天线与基础平面的最小垂直距离不小于天线的最长工作波长，一般为 3.5～4.5m。多杆架设时，同一方向的两杆天线支架横向间距应大于 5m，前后间距应大于 10m。多副同杆天线架设，一般高频道或弱信号天线在上，低频道或强信

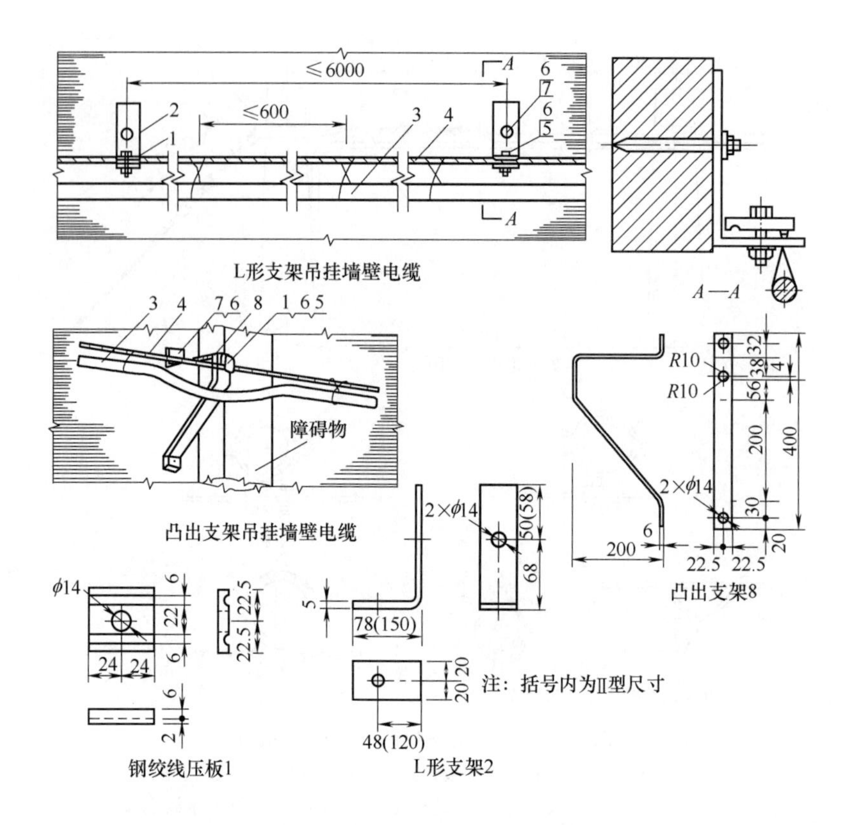

图 4-94　墙壁电缆的吊挂和敷设（单位：mm）
1—钢绞线压板；2—L 形支架；3—电缆；4—吊线；
5—螺栓；6—螺母；7—射钉；8—凸出支架

号天线在下。天线竖杆须做防雷接地连接。

图 4-95 所示为天线竖杆基座安装方法。图 4-96 为多副天线同杆安装示意图。

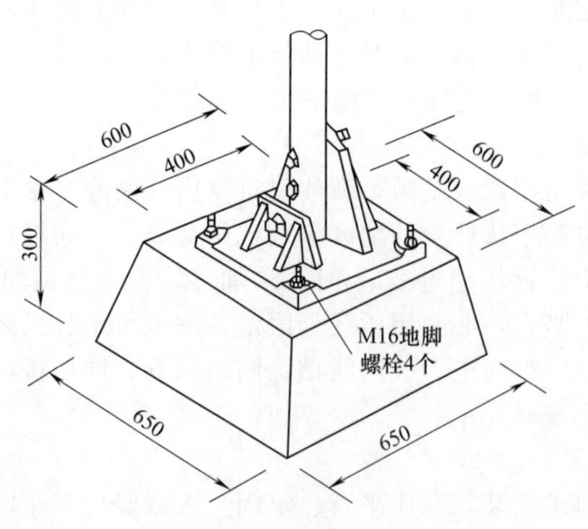

图 4-95　天线竖杆基座安装方法（单位：mm）

4. 干线放大器

在架空电缆线路中，干线放大器应安装在距离电杆 1m 的地方，并固定在吊线上。

在墙壁电缆线路中，干线放大器应固定在墙壁上。若吊线有足够的承受力，也可固定在吊线上。

在地下穿管或直埋电缆线路中干线放大器的安装，应保证放大器不被水浸泡，可将放大器安装在地面以上。

干线放大器输入、输出的电缆，均应留有余量；连接处应有防水措施。

图 4-97 所示为户外放大器的安装。

5. 分配器

分配放大器、分支器、分配器可安装在楼内的墙壁和吊顶上。当需要安装在室外时，应采取防雨措施，距地面不应小于 2m。

图 4-98 所示为分支器、分配器的安装。

6. 光缆

架空光缆的接头与杆的距离不应大于 1m。

布放光缆时，光缆的牵引端头应作技术处理，并应采用具有自动控制牵引力性能的牵引机牵引；弯曲半径不得小于光缆外径的 20 倍。

光缆的接续应由受过专门训练的人员来操作。

管道光缆敷设时，接头部分不得在管道内穿行。

地下光缆引上电杆时须穿钢管保护，如图 4-99 所示。

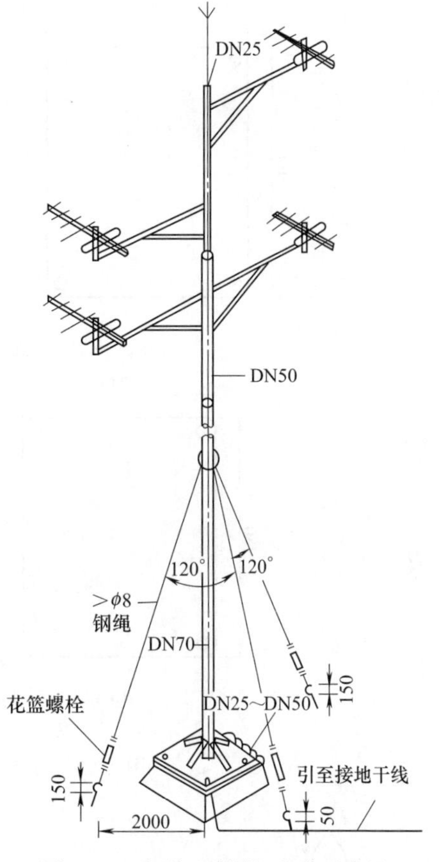

图 4-96　多副天线同杆安装示意图（单位：mm）

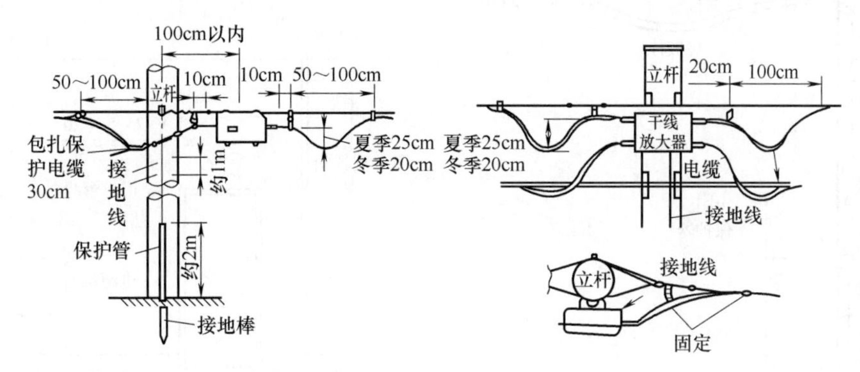

图 4-97　户外放大器的安装

7. 支线和用户线

支线宜采用架空电缆或墙壁电缆，沿墙架设时，可采用线卡卡挂在墙壁上，卡子间的距离不得超过 0.8m，并不得以电缆本身的强度来支撑电缆的重量和拉力。

用户线进入房屋内可穿管暗敷，也可用卡子明敷在室内墙壁上，或布放在吊顶上，但均应做到牢固、安全、美观。

在室内墙壁上安装的系统输出口用户盒，应做到牢固、美观、接线牢靠。

图 4-100 为用户终端安装位置示意图。图 4-101 所示为用户终端安装方法。

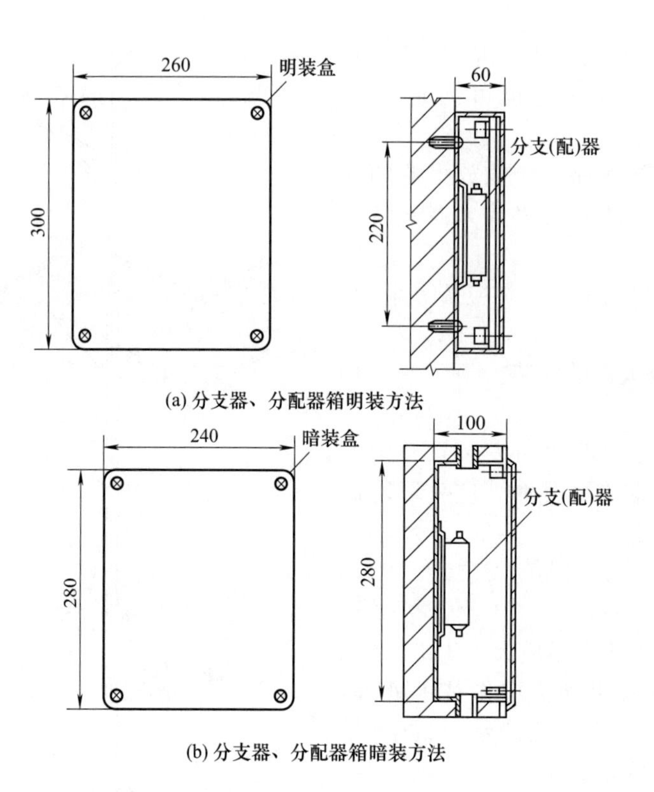

图 4-98　分支器、分配器的安装（单位：mm）

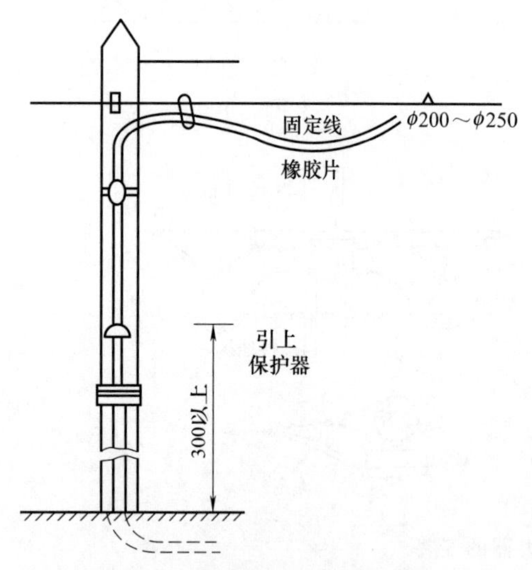

图 4-99　地下光缆引出时的保护（单位：mm）

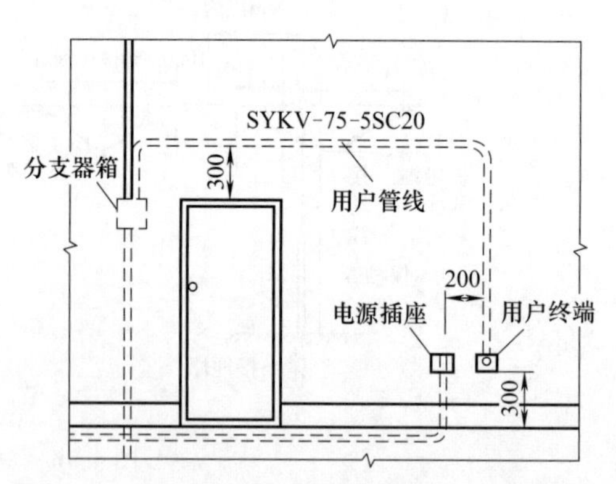

图 4-100　用户终端安装位置示意图（单位：mm）

8. 防雷、接地与安全防护

系统的防雷设计应有防止直击雷、感应雷和雷电侵入波的措施。

当建筑物已有防雷接地系统时，避雷针和天线竖杆的接地应与建筑物的防雷接地系统共地连接；当建筑物无专门的防雷接地可利用时，应设置专门的接地装置，从接闪器至接地装置的引下线宜采用两根，从不同的方位以最短的距离沿建筑物引下，其接地电阻不应大于 4Ω。

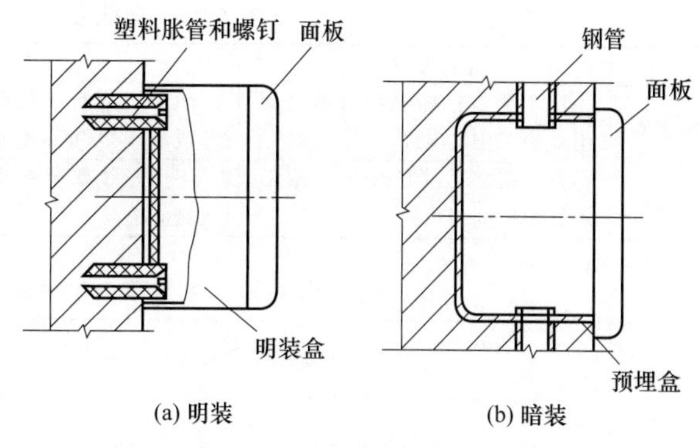

图 4-101 用户终端安装方法

进入前端的天线馈线应加装避雷保护器。

市区架空电缆吊线的两端和架空电缆线路中的金属管道均应接地。郊区旷野的架空电缆线路在分支杆、引上杆、终端杆、角深大于 1m 的角杆、安装干线放大器的电杆，以及直线线路每隔 5～10 根电杆处，均应将电缆外层屏蔽接地。

电缆进入建筑物时，在靠近电缆进入建筑物的地方，应将电缆的外导电屏蔽层接地。

系统内的电气设备接地装置和埋地金属管道应与防雷接地装置相连；当不相连时，两者间的距离不宜小于 3m。

不得直接在两建筑物屋顶之间敷设电缆，应将电缆沿墙着降至防雷保护区以内，并不得妨碍车辆的运行；其吊线应作接地处理。

当天线杆（架）的高度超过 50m，且高于附近建筑物、构筑物或处于航线下面时，应设置高空障碍灯，并应在杆（架）或塔上涂颜色标志。

二、通信系统

1. 常用通信电缆电线

（1）铅护套电缆

铅护套电缆技术特性见表 4-57。

表 4-57 铅护套电缆技术特性表

电缆型号	电缆名称及结构	敷设条件	线芯直径/mm	电缆对数
HQ	铜芯裸铅包市内电话电缆	敷设在室内、隧道及沟管中	0.4	5～1800
			0.5	5～1200
			0.6	5～900
			0.7	5～600
HQ20	铜芯铅包钢带铠装市内电话电缆	不能承受拉力，地形坡度不大于 30°的地区	0.4	50～600
			0.5	20～600
			0.6	10～600
			0.7	10～400
HQ33	铜芯铅包钢丝铠装市内电话电缆	能承受相当拉力，地形坡度大于 30°的地区	0.4	25～1200
			0.5	25～1200
			0.6	15～800
			0.7	10～600

（2）配线电缆

配线电缆技术特性见表 4-58。

（3）全塑市内电话电缆

全塑市内电话电缆见表 4-59。

（4）通信线及软线

通信线及软线技术特性见表 4-60。

表 4-58 配线电缆技术特性表

电缆型号	电缆名称及结构	主要用途	芯线直径/mm	对数
HPVV	铜芯聚氯乙烯绝缘纸带聚氯乙烯护层配线电缆	用于线路始终端供连接电话电缆至分线箱或配线架，也作户内外短距离线用	0.5	5～300
HJVV	铜芯聚氯乙烯绝缘纸带聚氯乙烯护层局用电缆	用于配线架至交换机或交换机内部各级机械间连接用	0.5	12～105

表 4-59 全塑市内电话电缆技术特性表

电缆型号	电缆名称及结构	敷设条件	芯线直径/mm	对数
HYVC	铜芯全塑聚乙烯绝缘聚氯乙烯护层自承式市内通信电缆	敷设在电缆沟内	0.5	5～400
			0.6	5～400
			0.7	5～300
HYV	铜芯全塑聚乙烯绝缘聚氯乙烯护层市内通信电缆	直埋、电缆沟敷设	0.5	5～500
			0.6	5～500
			0.7	5～500
HYV2	铜芯全塑聚乙烯绝缘聚氯乙烯护层钢带铠装市内通信电缆	架空	0.5	5～100

表 4-60 通信线及软线技术特性表

电缆型号	电缆名称及结构	芯数×线径	用途
HPV	铜芯聚氯乙烯绝缘通信线	2×0.5	电话、广播
HBV	铜芯聚氯乙烯绝缘电话配线	2×0.8	电话配线
		2×1.0 平行	
		2×1.2	
		4×1.2 绞型	
HVR	聚氯乙烯绝缘电话软线	6/2×1.0	连接电话机与接线盒

2. 通信系统施工安装要点

(1) 管线敷设

① 室外电话电缆敷设。室外电话电缆线路架空敷设时应在 100 对以下，且不宜与电力线路同杆敷设。室外电话电缆多采用地下暗敷设，可与电力电缆同沟敷设，但应各置地沟一侧。

② 室内电话线的敷设。室内电话线的敷设应考虑经济合理、便于施工维护、安全美观等方面的因素，管线的敷设主要有暗敷设、明敷设和沿墙敷设等几种方式。

暗敷设是将电话电缆或导线穿在建筑物内预埋的暗管、桥架或电缆井内。系统中的分线箱、分线盒、电话终端出线盒也应暗装。此外还应注意：

a. 竖向干线电缆宜穿钢管或沿电缆桥架敷设在专用管道井内。穿钢管敷设时，应将钢管用支架与墙壁固定，并预留 1～2 根钢管作为备用；电缆桥架应采用封闭型，以防鼠害。

b. 电话线路若与其他管线合用管道井，则应各占一侧，且强弱电线路间距应大于 1.5m。

c. 配线电缆不应与用户线同穿于一根保护管内。

(2) 设备配置

配线架应有良好的接地，所有中继线都要加装避雷器，以防雷雨天损坏交换机电路板。配线架系统端用电缆与交换机相连，外线端用电缆与用户相连。系统端电缆的对数应与交换机容量相等；外线端电缆的对数要略多于系统容量，一般可按（1.2～1.8）∶1 配置。

通信系统应有可靠的通信电源，以保持长时间工作的稳定。

三、火灾自动报警与灭火系统

1. 系统的布线

火灾自动报警与灭火系统中的线路包括消防设备的电源线路、控制线路、报警线路和通信线路等。线路的合理选择、布置与敷设是消防系统正常工作的重要保证。

消防控制、通信和报警线路均应采用铜芯绝缘导线或电缆，采用金属保护管暗敷在非燃烧体结构内，保护层厚度应不小于3mm。必须明敷时，应在金属管上采取防火保护措施。

消防设备的电源线路以允许载流量和电压损失为主选择导线电缆的截面。报警线路中的工作电流较小，在满足负载电流的情况下，一般以机械强度要求为主选择导线或电缆截面。

不同系统、不同电压等级、不同电流类别的线路，不应穿在同一管内或线槽的同一槽孔内。导线在管内或线槽内时，不应有接头或扭结。

2. 火灾探测器的安装

火灾探测器在室内的布置应考虑建筑物的消防要求、探测器的保护面积、保护半径、系统性能和经济效益等因素。感烟和感温探测器的保护面积和保护半径应按表4-61确定。保护区域的每个房间至少应安装一只探测器。

表4-61　感烟、感温探测器的保护面积和保护半径

火灾探测器的种类	地面面积 S/m^2	房间高度 h/m	探测器的保护面积 A 和保护半径 R					
			屋顶坡度 θ					
			$\theta\leqslant15°$		$15°<\theta\leqslant30°$		$\theta>30°$	
			A/m^2	R/m	A/m^2	R/m	A/m^2	R/m
感烟探测器	$S\leqslant80$	$h\leqslant12$	80	6.7	80	7.2	80	8.0
	$S>80$	$6<h\leqslant12$	80	6.7	100	8.0	120	9.9
		$h\leqslant6$	60	5.8	80	7.2	100	9.0
感温探测器	$S\leqslant30$	$h\leqslant8$	30	4.4	30	4.9	30	5.5
	$S>30$	$h\leqslant8$	20	3.6	30	4.9	40	6.3

火灾探测器的安装间距，应根据其保护面积和保护半径确定，并不超过一定的范围。

若屋内天棚上有突出天棚的梁时，应考虑到它对报警准确性的影响。对高度小于200mm的梁，不考虑它对火灾探测器保护面积的影响；梁高在200～600mm时，应按规定确定探测器的安装位置；梁突出顶棚的高度大于600mm时，被梁隔断的每个梁间区域应至少装设一只探测器。

探测器至墙壁、梁边的水平距离，不应小于0.5m，如图4-102所示。探测器周围0.5m内，不应有遮挡物。

探测器至空调送风口边的水平距离，不应小于1.5m；至多孔送风顶棚孔口的水平距离，不应小于0.5m，如图4-103所示。

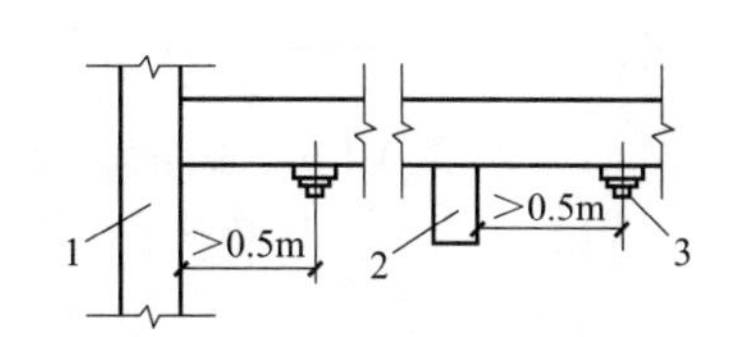

图4-102　探测器至墙、梁水平距离示意图

1—墙；2—梁；3—探测器

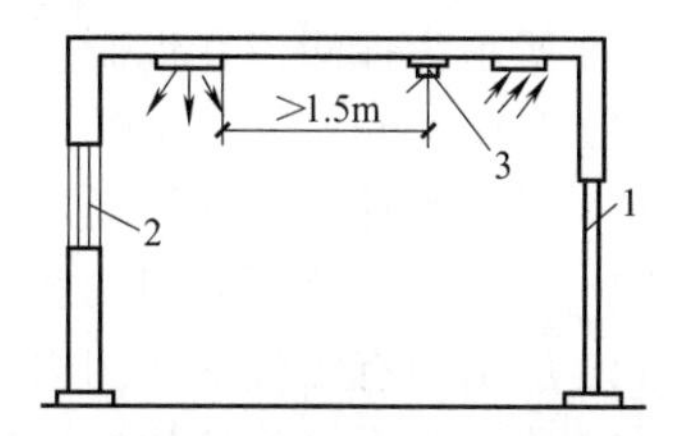

图4-103　探测器在有空调的室内设置示意图

1—门；2—窗；3—探测器

在宽度小于3m的内走道顶棚上设置探测器时，宜居中布置。感温探测器的安装间距，不应超过10m；感烟探测器的安装间距，不应超过15m。探测器距端墙的距离，不应大于探测器安装间距的一半，如图4-104所示。

房间被分隔时，如其顶部至顶棚或梁的距离小于房间净高的5%时，则每个被隔开的部分应至少安装一只探测器，如图4-105所示。

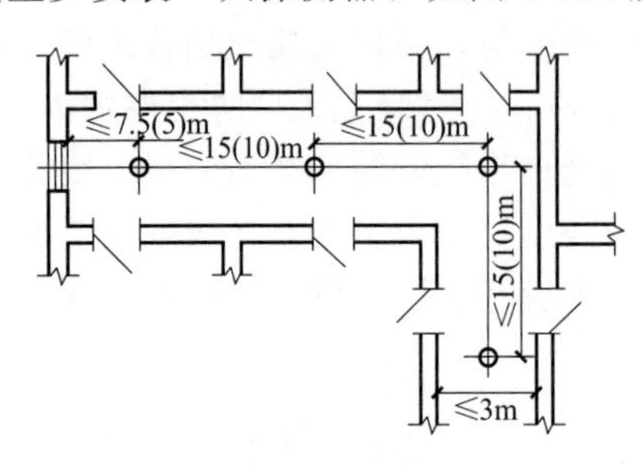

图4-104 探测器在宽度小于3m的走道内设置图

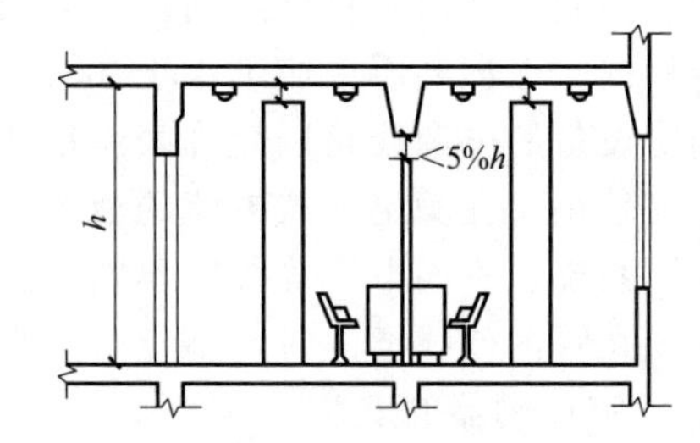

图4-105 房间被分隔时探测器设置示意图

安装探测器时先安装探测器的底座，并用自带的塑料保护罩进行保护，探头在即将调试时方可安装。

探测器宜水平安装，倾斜角不大于45°。

探测器的底座应固定牢靠，其导线连接必须采用可靠压接或焊接。

探测器的"+"线应为红色，"－"线应为蓝色，其余线应根据不同用途采用其他颜色区分。同一工程中相同用途的导线颜色应一致。

探测器底座的外接导线应留有不小于150mm的余量。

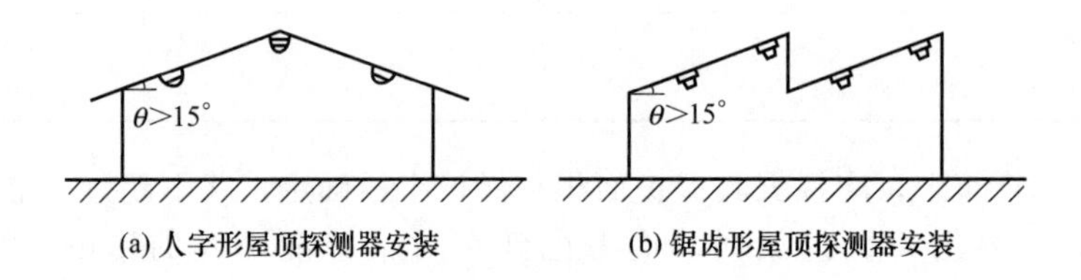

图4-106 锯齿形、人字形屋顶探测器安装示意图

图4-106和图4-107为探测器在不同类型屋顶上的安装示意图。

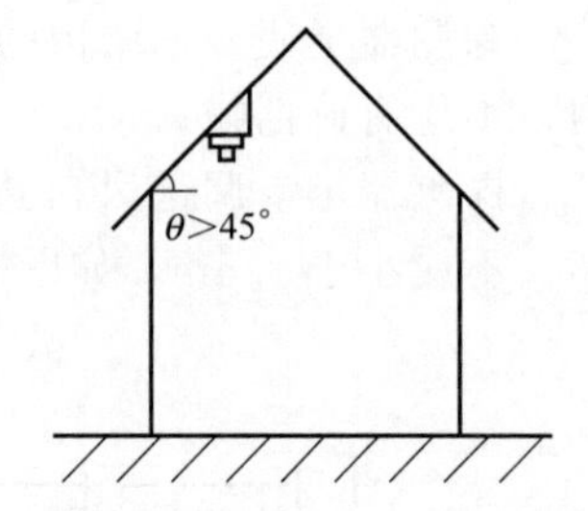

图4-107 坡度大于45°的屋顶上探测器安装示意图

图4-108所示为探测器的安装。

图4-109所示为探测器用预埋盒安装。

图4-110所示为探测器在混凝土板上安装的方法。

图4-111和图4-112所示为探测器在吊顶上安装的方法。

图4-113所示为探测器在活动地板下安装的方法。

图4-114所示为探测器倾斜安装的方法。

图4-115所示为有煤气灶房间内探测器的安装位置。

图4-116所示为可燃气体比空气轻时安装位置。

图4-117所示为可燃气体比空气重时安装位置。

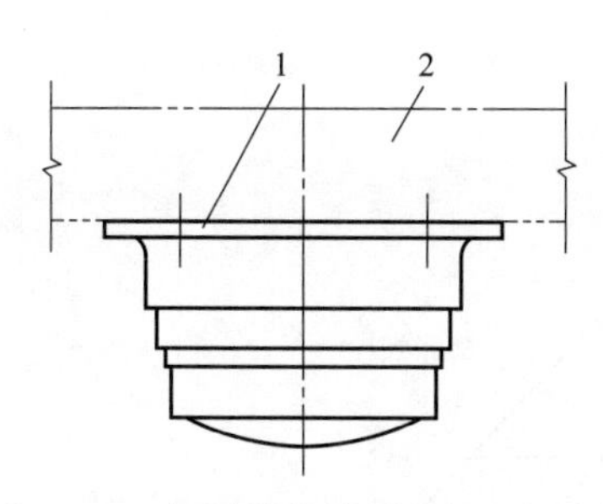

图 4-108　探测器在吊顶顶板上的安装

1—探测器；2—吊顶顶板

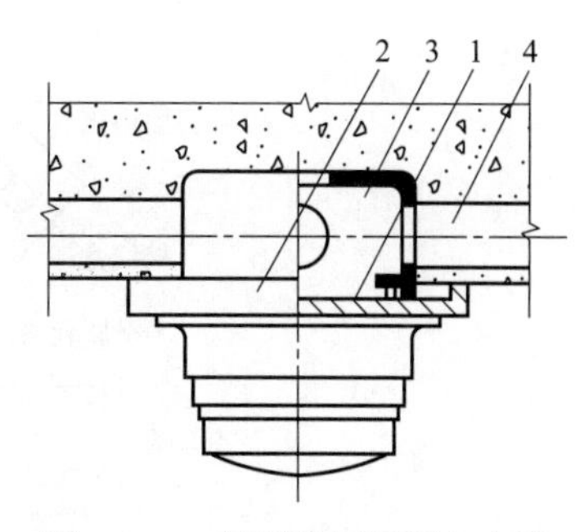

图 4-109　探测器用预埋盒安装

1—探测器；2—底座；3—预埋盒；4—配管

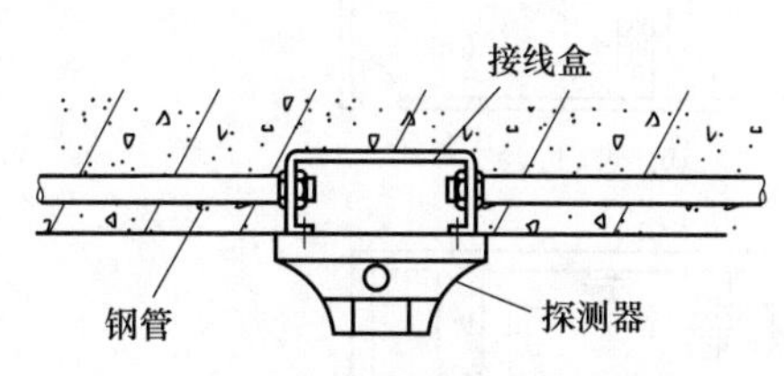

图 4-110　探测器在混凝土板上安装的方法

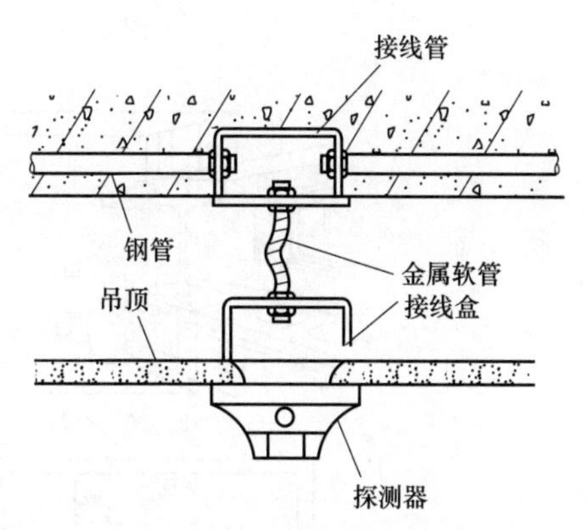

图 4-111　探测器在吊顶上安装的方法（1）

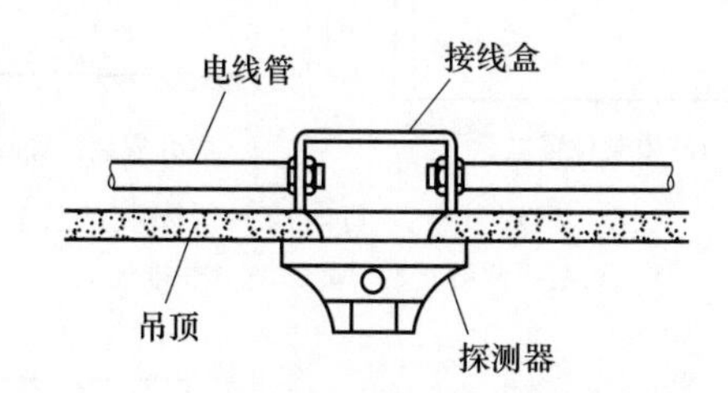

图 4-112　探测器在吊顶上安装的方法（2）

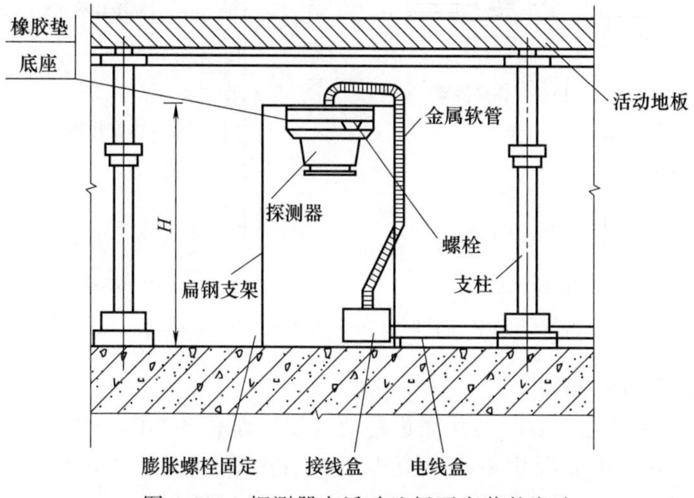

图 4-113　探测器在活动地板下安装的方法

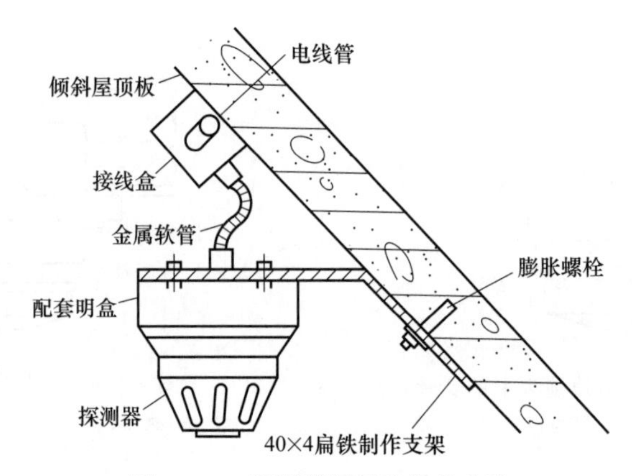

图 4-114　探测器倾斜安装的方法

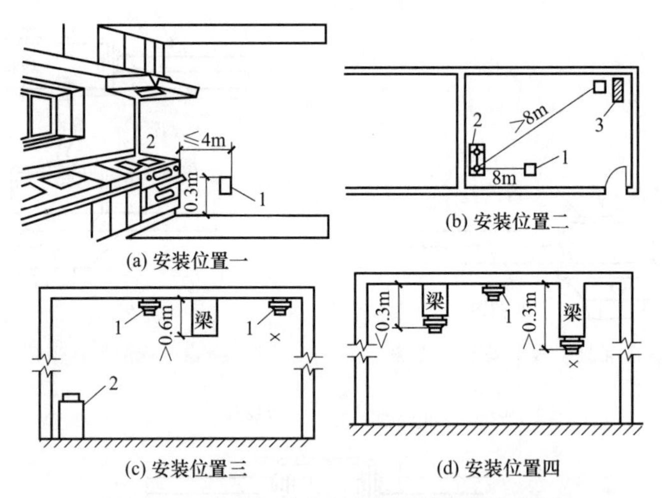

图 4-115　有煤气灶房间内探测器安装的位置

1—瓦斯探测器；2—煤气灶；3—排气口

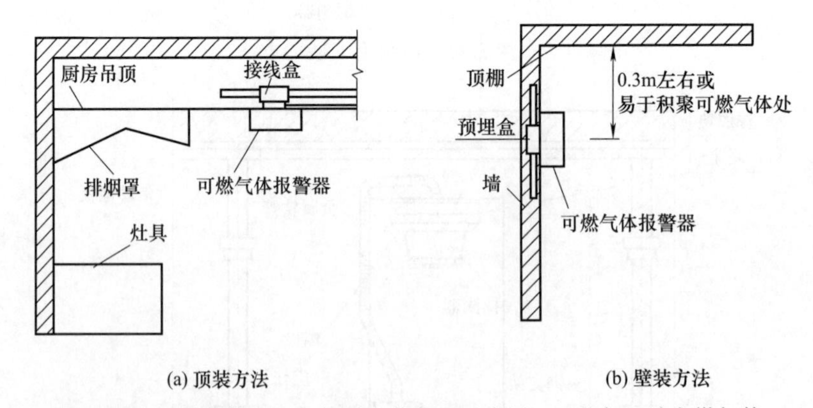

图 4-116　可燃气体比空气轻时安装位置示意图（天然气、城市煤气等）

3. 火灾报警控制器的安装

火灾报警控制器在墙上安装时，其底边距地（楼）面高度不应小于 1.5m，靠近门轴的侧面距墙不应小于 0.5m，正面操作距离不应小于 1.2m；落地安装时，其底宜高出地坪 0.1～0.2m。火灾报警控制器应安装牢固，不得倾斜。安装在轻质墙上时，应采取加固措施。

图 4-118 所示为火灾报警控制器的安装方法。

4. 主要消防控制设备安装

（1）手动报警器

手动报警器与自动报警控制器相连，是向火灾报警控制器发出火灾报警信号的手动装置，它还用于火灾现场的人工确认。每个防火分区内至少应设置一只手动报警器，从防火分区内的任何位置到最近的一只手动报警器的步行距离不应超过 30m。

为便于现场与消防控制中心取得联系，某些手动报警按钮盒上同时设有对讲电话插孔。

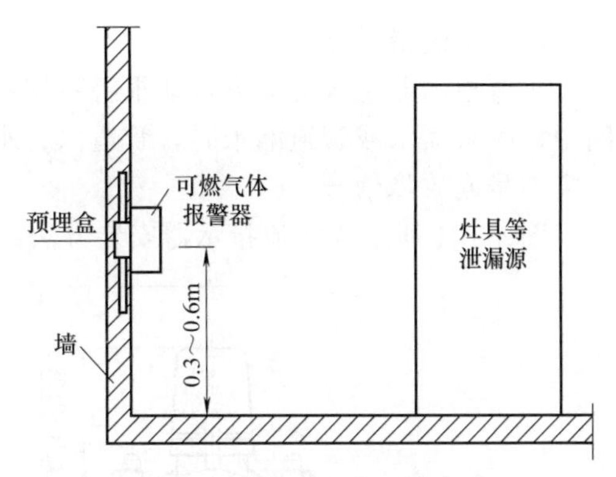

图 4-117 可燃气体比空气重时安装位置示意图（液化石油气等）

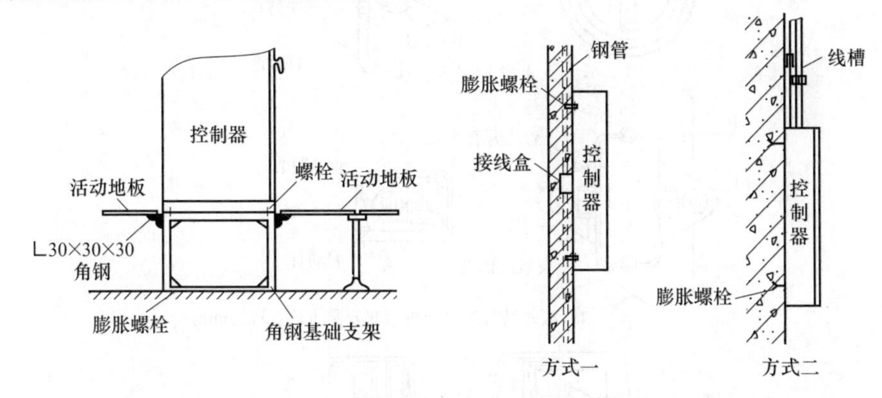

(a) 落地式火灾报警控制器在活动地板上安装方法(单位：mm) (b) 壁挂式火灾报警控制器安装方法

图 4-118 火灾报警控制器的安装方法

手动报警器的接线端子的引出线接到自动报警器的相应端子上，平时，它的按钮是被玻璃压下的，报警时，需打碎玻璃，使按钮复位，线路接通，向自动报警器发出火警信号。同时，指示灯亮，表示火警信号已被接收。图 4-119 所示为手动报警器的工作状态。

在同一火灾报警系统中，手动报警按钮的规格、型号及操作方法应该相同。手动报警器还必须和相应的自动报警器相配套才能使用。手动报警器应在火灾报警控制器或消防控制室的控制盘上显示部位号，并应区别于火灾探测器部位号。手动报警器应装设在明显、便于操作的部位。安装在墙上距地面 1.3～1.5m 处，并应有明显标志。图 4-120 所示为手动报警器的安装方法。

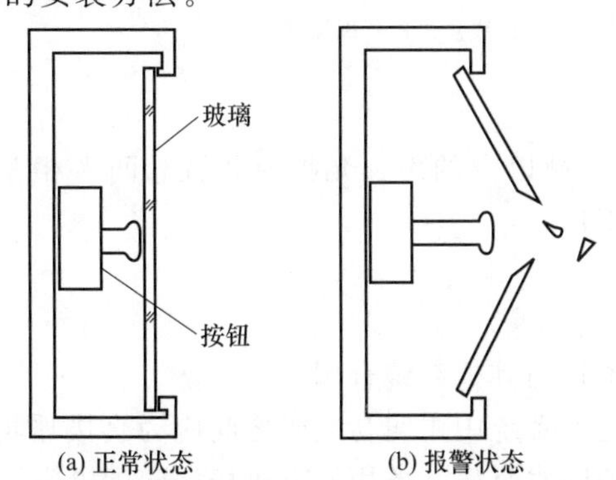

(a) 正常状态 (b) 报警状态

图 4-119 手动报警器工作状态（单位：mm）

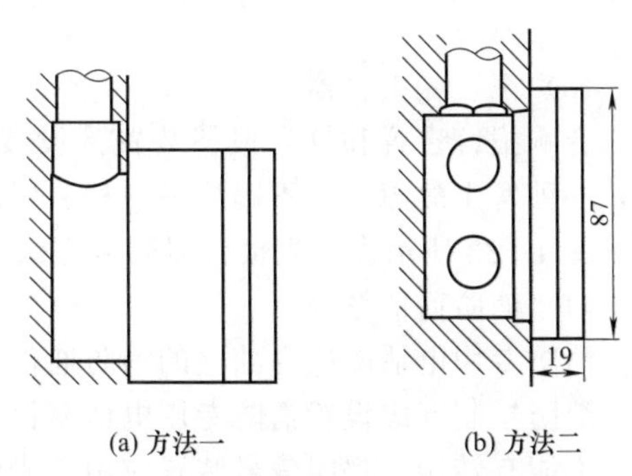

(a) 方法一 (b) 方法二

图 4-120 手动报警器安装方法（单位：mm）

（2）水流指示器

水流指示器是沟通火灾自动报警系统和消防联动系统的重要部件，一般安装在系统的管网中，喷头喷水或管道漏水时，管道内有水流动，插入管内的叶片随水流而动作，从而发出火灾信号或故障信号。

图 4-121 所示为水流指示器安装方法。

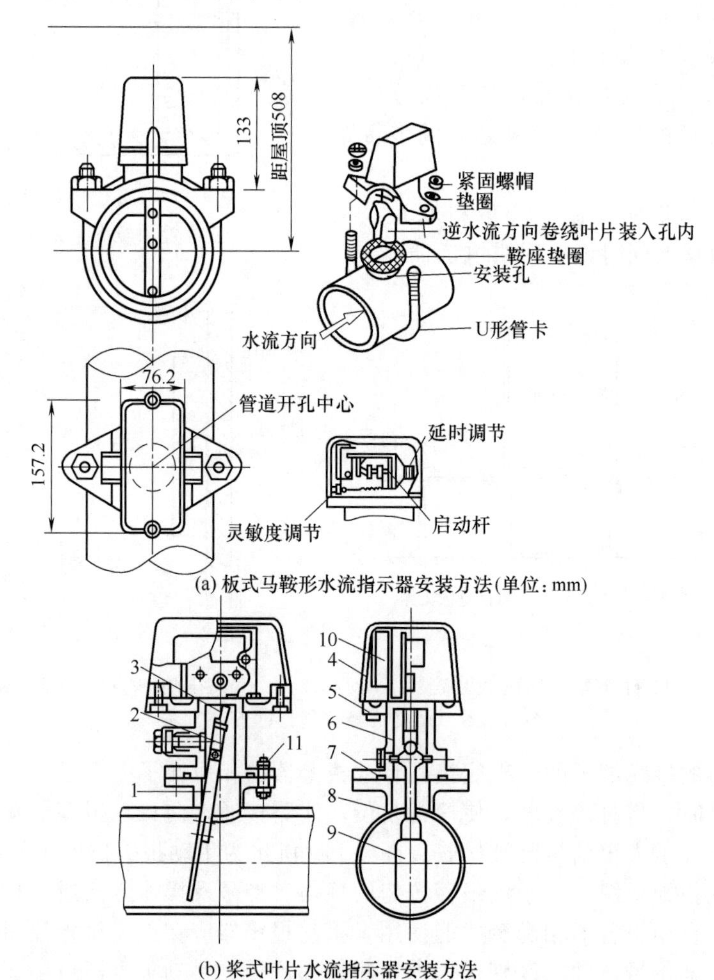

图 4-121　水流指示器安装方法

1—杠杆；2—弹簧；3—永久磁铁；4—罩盒；5—支撑板；6—本体；7—密封圈；8—法兰底座；9—桨片；10—接线盒；11—螺栓

（3）声、光报警器

音响报警装置和灯光报警装置是设置在保护区域以内的声、光报警装置。两者相互独立，一种发生故障时，不影响另一种装置的正常工作。

图 4-122 所示为声光报警器安装方法。

（4）消防通信系统

消防专用电话网应为独立的消防通信系统，不得与其他系统合用。

消防控制室应设置消防专用电话总机，消防通信系统中主叫与被叫之间应为直接呼叫应答，不能有转接。呼叫信号装置应用声光信号。消防水泵房、备用发电机房、变配电室、通

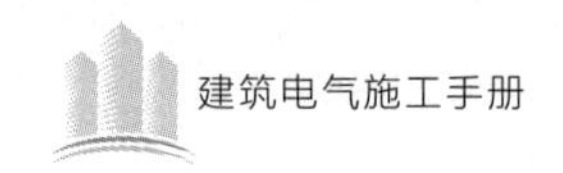

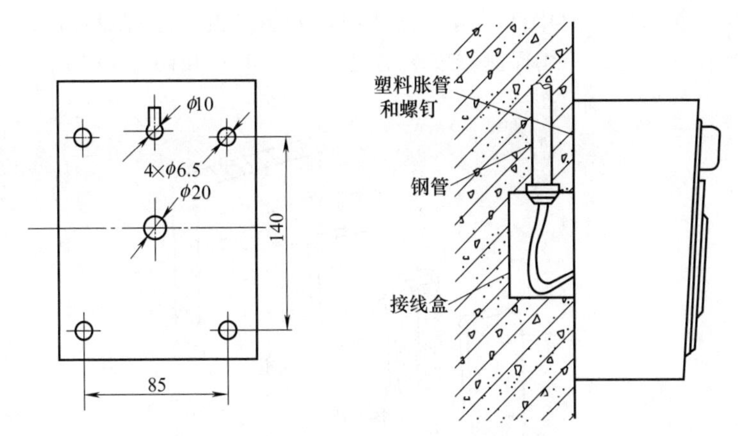

图 4-122　声光报警器安装方法（单位：mm）

风和空调机房、排烟机房、电梯机房、其他有关机房应装设消防专用电话分机。

消防火警电话用户话机应采用红色外壳。火警电话机挂墙安装时，底面距地面高度为 1.5m。

图 4-123 所示为火警电话机安装方法。

图 4-124 为火灾自动报警设备安装高度示意图。

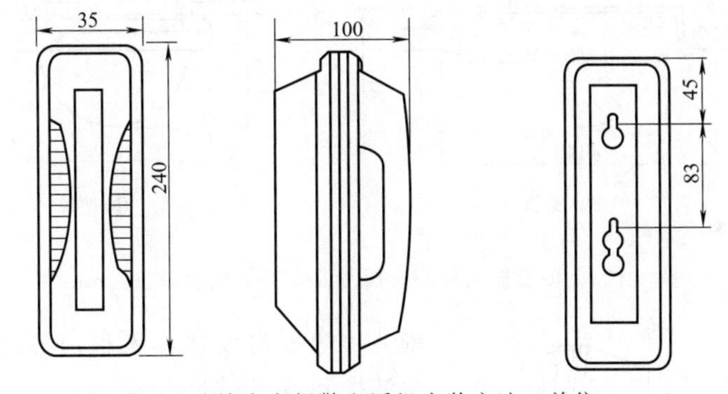

图 4-123　壁挂火灾报警电话机安装方法（单位：mm）

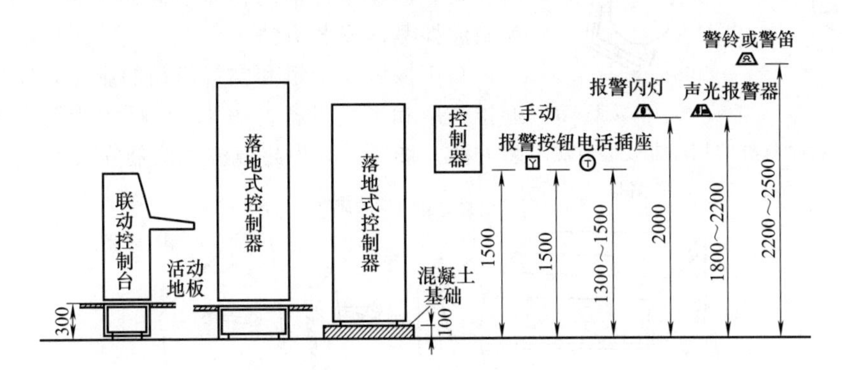

图 4-124　火灾自动报警设备安装高度示意图（单位：mm）

四、防盗与保安系统

防盗与保安系统的设计与施工必须保密，所有的线路及设备的安装均应隐蔽可靠，以确保系统的正常运转。

主动红外线探测器安装时中间不得有遮挡物，安装高度由工程设计确定。

图 4-125 所示为主动红外线探测器安装方法。图 4-126 和图 4-127 所示为被动红外线探测器安装方法。

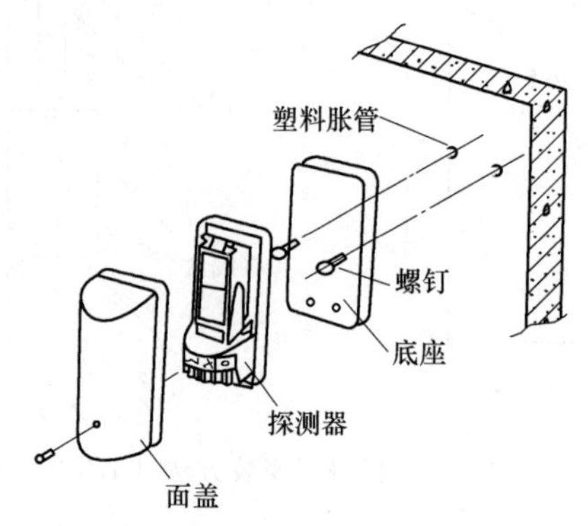

图 4-125　主动红外线探测器安装方法

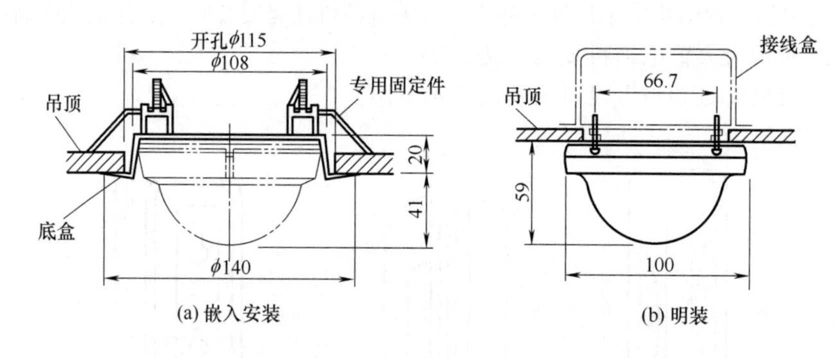

图 4-126　顶装被动红外线探测器安装方法（单位：mm）

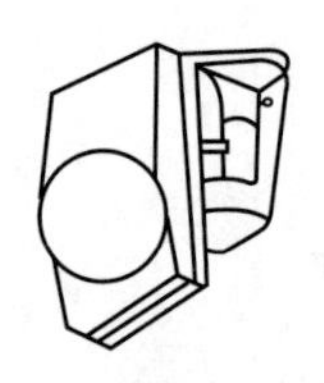
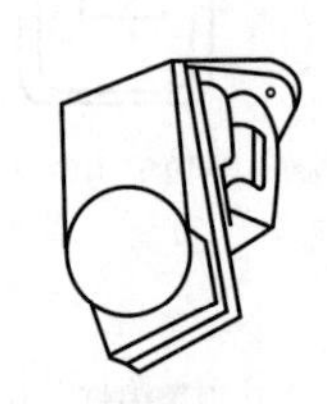

图 4-127　被动红外线探测器安装方法

微波探测器可安装在木柜内或墙壁内，以利于伪装。微波探测器灵敏度很高，安装时，尽量不要对着门、窗，以免室外活动物体引起误报警。图 4-128 所示为微波探测器安装方法。

超声探测易受风和空气流动的影响，安装时不要靠近排风扇和暖气设备。图 4-129 所示为超声波探测器安装方法。图 4-130 为超声波探测器安装示意图。

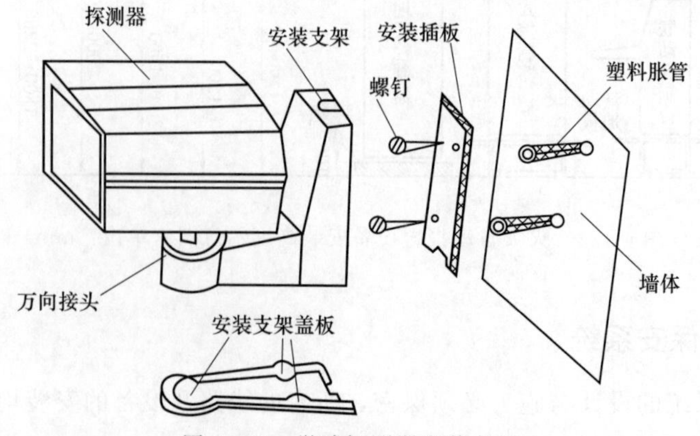

图 4-128　微波探测器安装方法

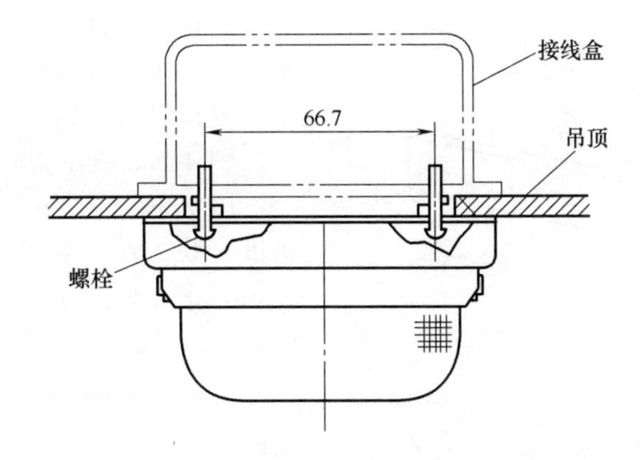

图 4-129　超声波探测器安装方法

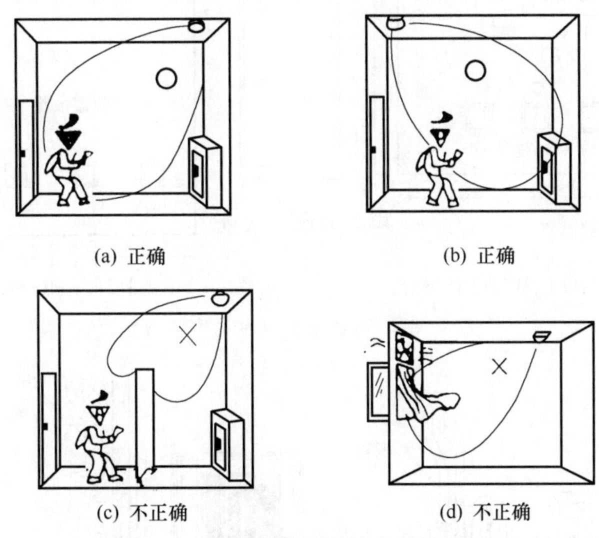

图 4-130　超声波探测器安装示意图

玻璃破碎探测器的外壳需用胶黏剂黏附在被防范玻璃的内侧，如图 4-131 所示。

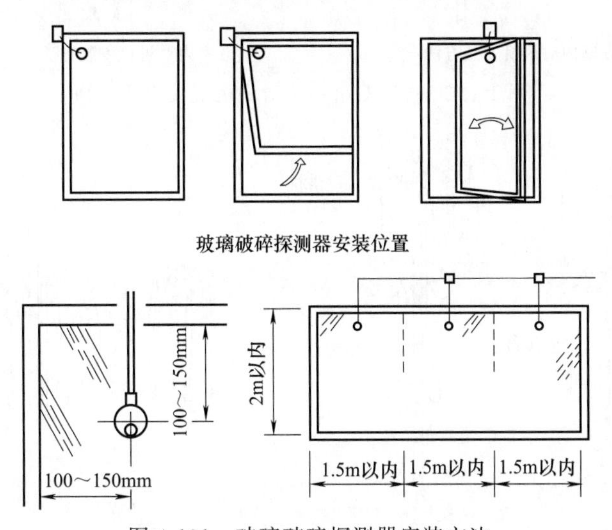

图 4-131　玻璃破碎探测器安装方法

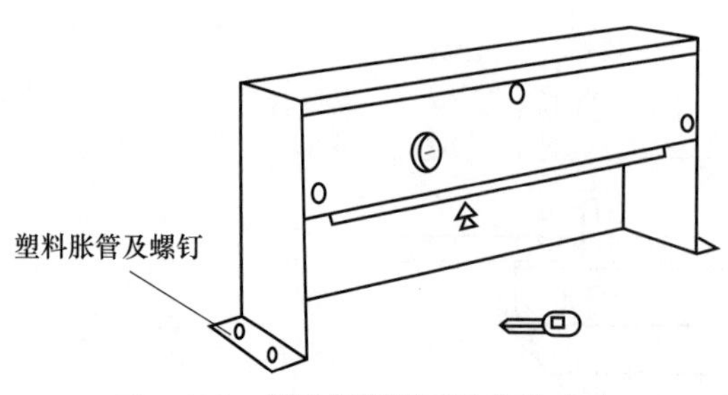

图 4-132 脚挑报警器开关安装方法

脚挑报警开关一般安装在桌子下面等隐蔽处，用脚一挑即可报警，如图 4-132 所示，复位时需用钥匙。

图 4-133 所示为防盗报警器安装方法。

图 4-134、图 4-135 所示为楼宇对讲系统对讲机安装方法，安装高度中心距地面 1.3～1.5m，室外对讲门口主机安装时，主机与墙之间为防止雨水进入，要用玻璃胶堵缝隙。

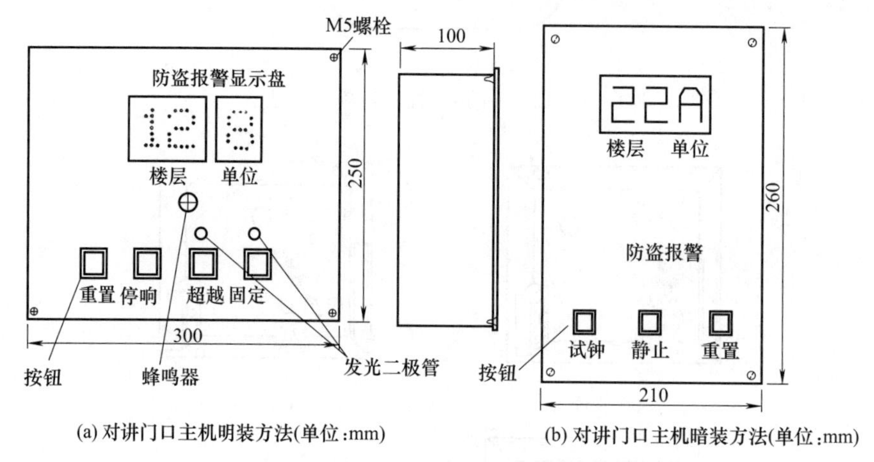

(a) 对讲门口主机明装方法(单位:mm)　　(b) 对讲门口主机暗装方法(单位:mm)

图 4-133 防盗报警显示盘安装方法

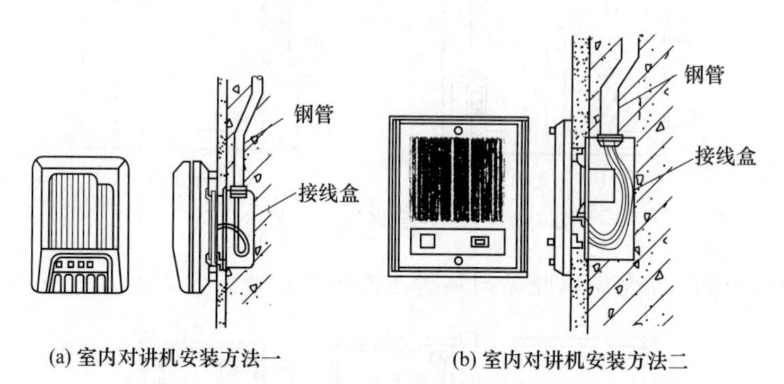

(a) 室内对讲机安装方法一　　(b) 室内对讲机安装方法二

图 4-134 楼宇对讲系统对讲机安装方法（1）

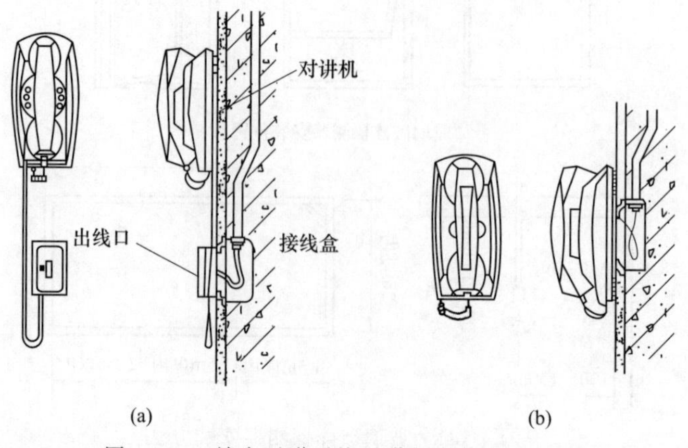

(a)　　(b)

图 4-135 楼宇对讲系统对讲机安装方法（2）

五、广播音响系统

1. 线路敷设

广播音响系统的馈电网络包括低电平信号线路、功率输出传送线路、电源供电线路和系统接地线路等几部分。

广播音响系统传输电压通常在120V以下，线路采用穿金属管及线槽敷设，不得将线缆与强电同槽或同管敷设，在土建主体施工时配合预埋管及接线盒。

系统节目源传送至信号处理设备的信号幅度较小，为毫伏级，易受外界干扰，当干扰信号与有用信号同时被放大输送到扬声器，会严重影响到声音质量，因此，低电平信号线路一定要使用屏蔽电缆。

功率输出传送线路即功放输出至扬声器箱之间的连接电缆，线路很长时，为减少损耗通常使用高电压（70V或100V）传输音频功率。从功放输出端到最远端扬声器的线路损耗一般应小于0.5dB。

系统供电线路用电量不大，但易受到干扰，为避免其他设备的干扰，建议使用变比为1∶1的隔离变压器，用电量超过10kV·A时，功率放大器应使用三相电源，并应尽量使超大型相用电量平衡。

扩声设备应有专门的接地端子板，不得与防雷接地或供电接地共用地线。

2. 广播音响系统控制室的布置与安装

控制室设备的安装应在吊顶、墙壁粉刷、地板和隔音层做完，有关机柜设备的基础型钢预埋完毕，天线、地线安装完毕并引入室内接线端子上，且进出线管槽预留位置确定后进行。

设备的布置应保证操作人员在座位上能看清大部分设备的正面，方便、迅速地对各个设备进行操作和调节，监视各个设备的运行显示信号，且安装时应考虑到维修的方便。如图4-136所示为广播音响系统控制室布置示例。

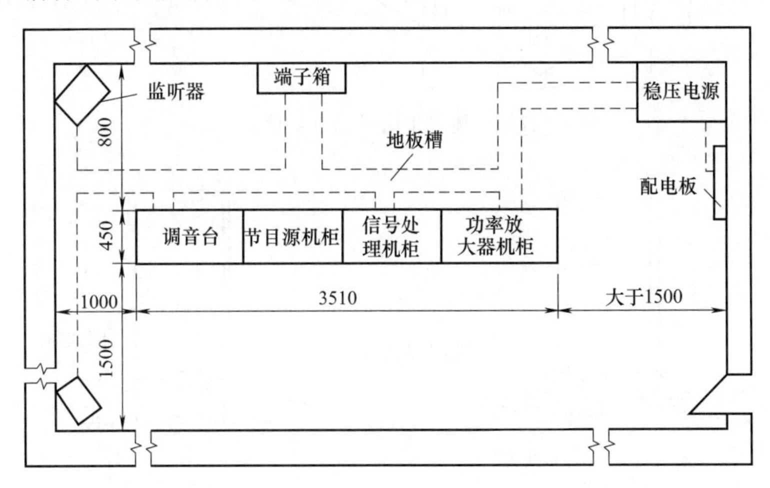

图4-136 广播音响系统控制室布置示例（单位：mm）

落地式设备安装在铺设木地板的室内时，应固定在预埋基础型钢上并使用螺栓加以固定，或用角钢加固在后面的墙上，安装完毕后应对其垂直度进行调整。

接收信号场强小于1mV/m的无线广播信号时，应设置室外天线。

控制室内应设置弱电保护接地和工作接地，控制室内所有扩声设备的工作接地应形成一点接地，并接至联合地网，接地电阻应不大于1Ω，以防低频干扰。保护接地可与交流电源设备外壳共同接地，以保证操作人员的安全。

图4-137为广播机柜组成图，图4-138所示为广播机柜安装方法。

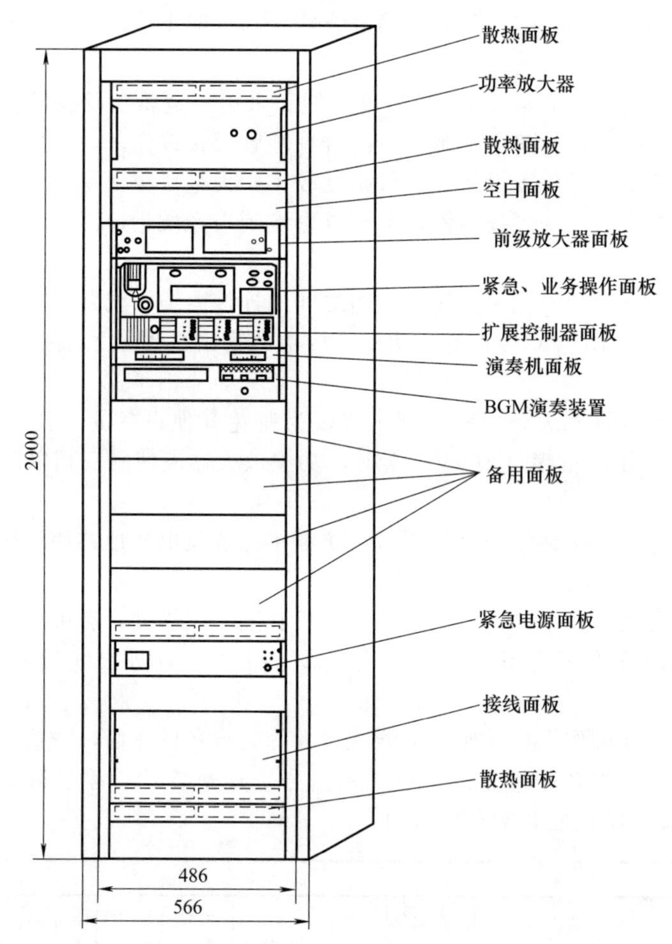

图4-137　广播机柜组成图（单位：mm）

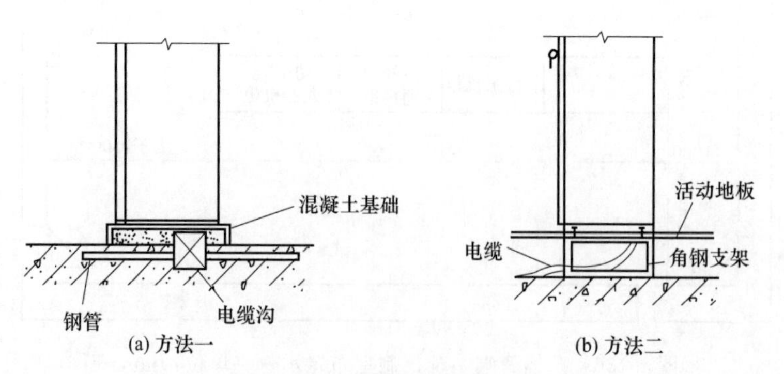

图4-138　广播机柜安装方法

3. 扬声器的安装

(1) 扬声器与功率放大器的配接

功率放大器有定阻式与定压式两种输出方式，定阻式功率放大器适用于小功率近距离的厅堂专用扩声音响系统，而定压式功率放大器则广泛应用于公共广播系统中，以满足高电压远距离的低损耗传输要求。

图 4-139 所示为扬声器与定阻式功率放大器的配接。图 4-140 所示为扬声器与定压式功率放大器的配接。

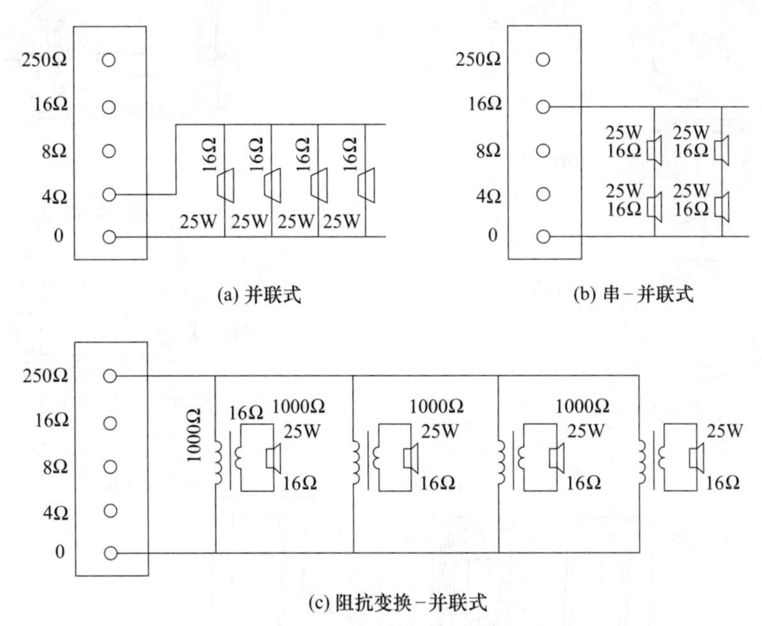

图 4-139　扬声器与定阻式功率放大器的配接

(2) 扬声器的布置与安装

公共场所扬声器的布置应使听觉范围内的任何位置都能听到相同响度和清晰度的声音，所以扬声器应均匀分布。

扬声器的安装方法主要有嵌入吊顶安装、吸顶安装、吊顶安装、壁装、杆上安装等。室内扬声器的安装高度一般为地面 2.2m 以上或吊顶板下 0.2m。车间内视具体情况而定，一般距地面约为 3～5m；室外扬声器的安装高度一般为 3～10m；电梯轿厢内扬声器安装在轿厢吊顶内。

图 4-141～图 4-143 所示为扬声器的安装方法。图 4-144 为音量控制器安装示意图。

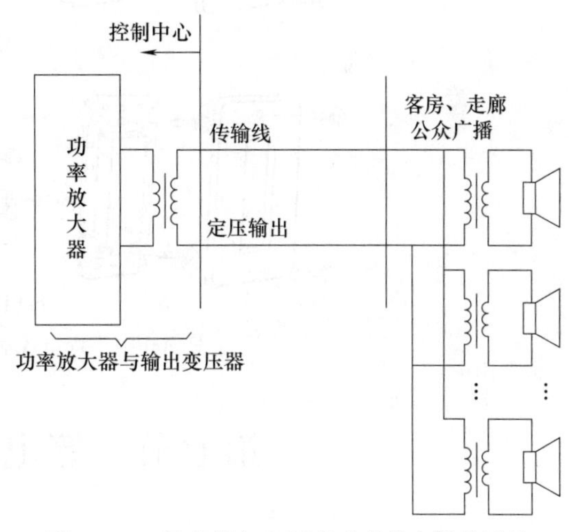

图 4-140　扬声器与定压式功率放大器的配接

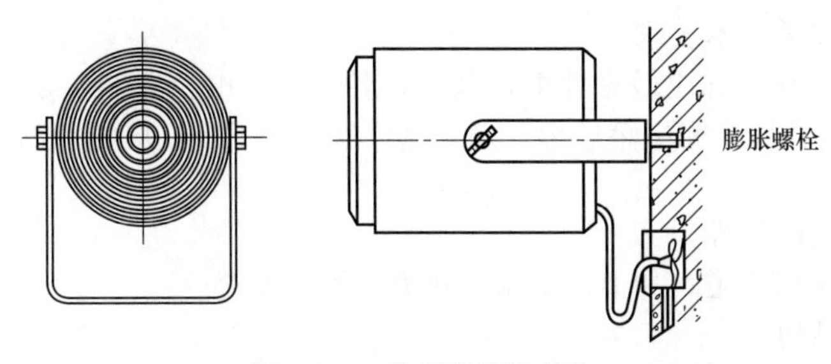

图 4-141　扬声器壁装方法

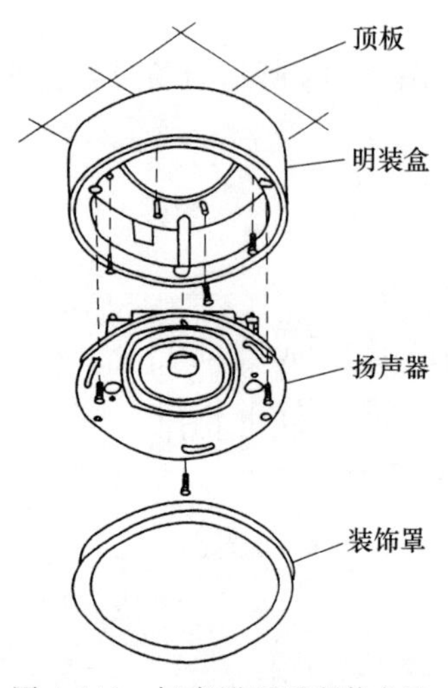

图 4-142　扬声器吸顶安装方法

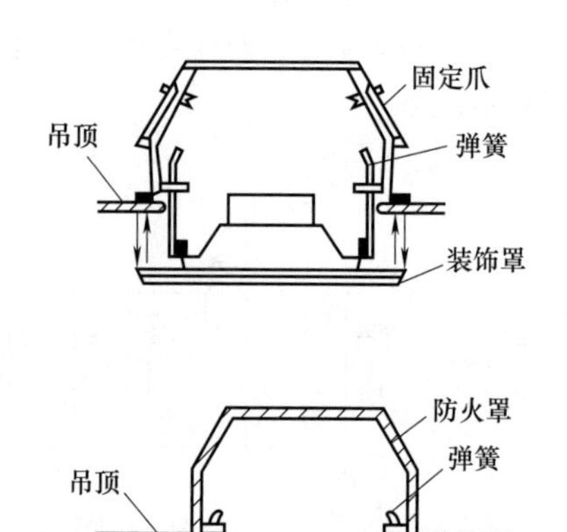

图 4-143　扬声器在吊顶上嵌入安装方法

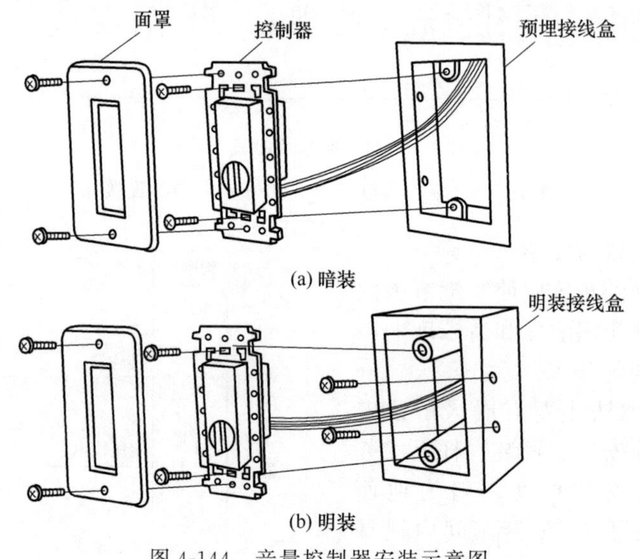

图 4-144　音量控制器安装示意图

第七节　等电位联结安装

一、等电位联结安装一般要求

1. 等电位联结安装基本要求

① 建筑物电源进线处都应做总等电位联结，各个总等电位联结端子板应相连通。总等电位联结端子板安装在进线配电箱近旁。总等电位联结端子板，应将下列导电部分汇流互相连通。

a. 进户线配电箱的母排。

b. 公用设施有金属管道，如上、下水，热力，燃气等管道。

c. 建筑物金属结构。

d. 接地极引线。

② 等电位联结线和等电位联结端子板宜用铜质材料。

③ 等电位联结，应符合以下要求。

a. 扁钢的搭接长度应不小于其宽度的 2 倍，三面施焊（当扁钢宽度不同时，搭接长度以宽的为准）。

b. 圆钢的搭接长度应不小于其直径的 6 倍，双面施焊（当直径不同时，搭接长度以直径大的为准）。

c. 扁钢与圆钢连接时，其搭接长度应不小于圆钢直径的 6 倍。

d. 等电位联结线与金属管道的连接，应采用抱箍，与管道接触处的接触表面须刮拭干净，安装完毕后刷防护涂料，抱箍内径等于管道外径，其大小依管径大小而定。金属部件或零件，应用专用接线螺栓与等电位联结支线连接，连接处螺母紧固、防松动件齐全。

④ 等电位联结须测试导电的连续性，导电不良的连接处需作跨接线。

⑤ 等电位联结端子板与插座保护线端子或任一装置外导电部分间的连接线的电阻，包括连接点的电阻，不应大于 0.2Ω。

2. 等电位联结程序

① 总等电位联结：对可作为导电接地体的金属管道入户处和供总等电位联结的接地干线的位置检查确认后，才能安装焊接总等电位联结端子板，按设计要求做总等电位联结。

② 辅助等电位联结：对供辅助等电位联结的接地母线位置检查确认后，才能安装焊接辅助等电位联结端子板，按设计要求做辅助等电位联结。

③ 对特殊要求的建筑金属屏蔽网箱，网箱施工完成后，经检查确认，才能与接地线连接。

二、准备工作

1. 技术准备

① 按照已批准的施工组织设计（施工方案）进行技术交底。

② 等电位联结前，应现场复核接地装置安装情况，经验收符合设计要求。

2. 材料准备

接地干线（铜或钢）、总等电位联结端子板、等电位联结线、防护涂料、电焊条等。

3. 施工机具

① 主要安装机具：手锤、电焊机、钢锯、气焊工具、压力案子、电锤、冲击钻、常用电工工具等。

② 主要检测机具：线坠、卷尺、接地电阻测试仪等。

4. 作业条件

① 防雷接地装置安装完毕。

② 配电箱等电气设备、各专业管路安装完毕。

三、施工工艺

1. 总等电位联结系统施工工艺

（1）总等电位联结系统工艺流程（图 4-145）

（2）施工要点

① 端子板应采用紫铜板，根据设计要求的规格尺寸加工。端子箱尺寸及箱顶、底板孔规格和孔距应符合设计要求。

② MEB 线截面应符合设计要求。相邻管道及金属结构允许用一根 MEB 线连接。

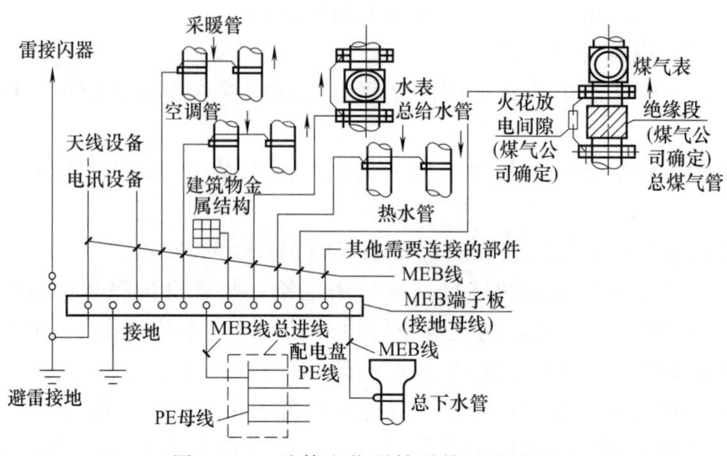

图 4-145　总等电位联结系统工艺流程

③ 利用建筑物金属体做防雷及接地时，MEB 端子板宜直接短接地，与该建筑物用作防雷及接地的金属体连通。

2. 有防水要求房间等电位联结系统施工工艺

(1) 有防水要求房间等电位联结系统工艺流程（图 4-146）

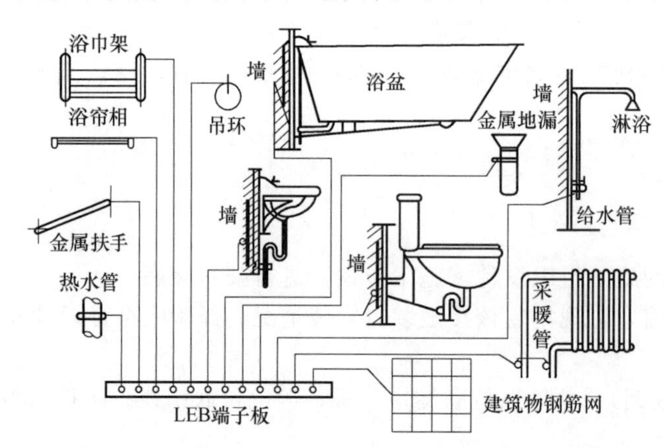

图 4-146　有防水要求房间等电位联结系统工艺流程

(2) 施工要点

① 首先将地面内钢筋网和混凝土墙内钢筋网与等电位联通。

② 预埋件的结构形式和尺寸、埋设位置标高应符合设计要求。

③ 等电位联结线与浴缸、地漏、下水管、卫生设备的连接，按工艺流程图要求进行。

④ 等电位端子板安装位置应方便检测。端子箱和端子板组装应牢固可靠。

⑤LEB 线均应采用 BV4mm^2 的铜线，暗设于地面内或墙内穿入塑料管布线。

3. 游泳池等电位联结系统施工工艺

(1) 游泳池等电位联结系统工艺流程（图 4-147）

(2) 施工要点

① LEB 线可自 LEB 端子板引出，与其室内有关金属管道和金属导电部分相互连接。

② 无钢筋地面应敷设等电位均衡导线，采用 25mm×4mm 扁钢或 ϕ10mm 圆钢在游泳池四周敷设三道，距游泳池 0.3m，每道间距约为 0.6m，最少在两处作横向连接，且与等电位联结端子板连接。

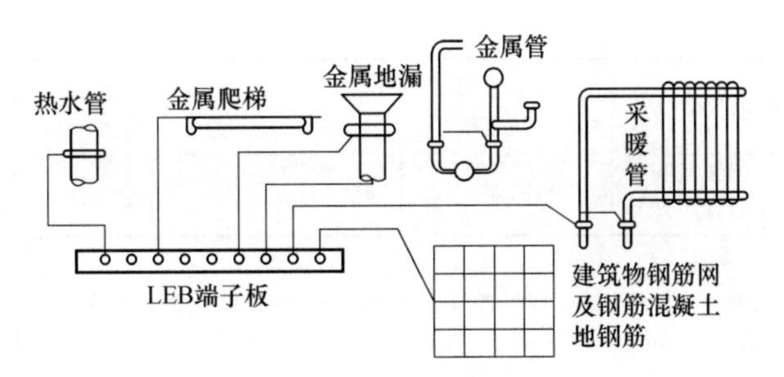

图 4-147　游泳池等电位联结系统工艺流程

③ 等电位均衡导线也可敷设网格为 50mm×150mm 的钢丝网，相邻网之间应互相焊接牢固。

4. 医院手术室等电位联结系统施工工艺

(1) 医院手术室等电位联结系统工艺流程（图 4-148）

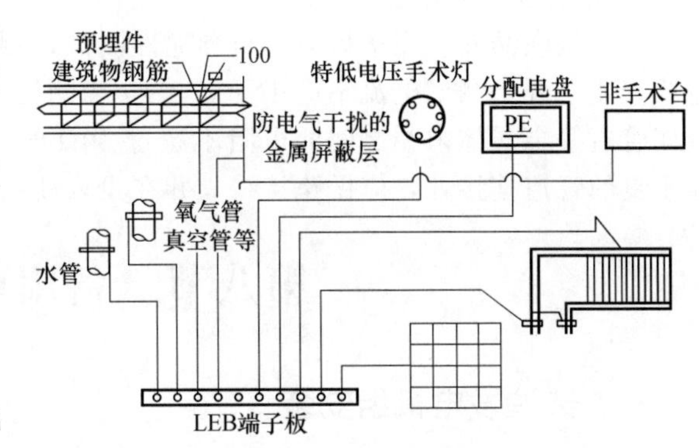

图 4-148　医院手术室等电位联结系统工艺流程

(2) 施工要点

① 等电位联结端子板与插座保护线端子或任一装置外导电部分间的连接线的电阻包括连接点的电阻不应大于 0.2Ω。

② 不同截面导线每 10m 的电阻值供选择等电位联结线截面时参考值详见表 4-62。

表 4-62　不同截面导线每 10m 的电阻值（20℃）　　单位：Ω

铜导线截面/mm^2	每 10m 的电阻值	铜导线截面/mm^2	每 10m 的电阻值
2.5	0.073	50	0.0038
4	0.045	150	0.0012
6	0.03	500	0.0004
10	0.018		

③ 预埋件形式、尺寸和安装的位置、标高，应符合设计要求，安装必须牢固可靠。

5. 等电位联结线截面

等电位联结线的截面，应符合表 4-63 的要求。

表 4-63　等电位联结线的截面

类别 取值	总等电位联结线	局部等电位联结线	辅助等电位联结线	
一般值	不小于 0.5×进线 PE(PEN)线截面	不小于 0.5×PE 线截面①	两电气设备外露导电部分间	1×较小 PE 线截面
			电气设备与装置外可导电部分间	0.5×PE 线截面
最小值	$6mm^2$ 铜线或相同电导值导线②	同右	有机械保护时	$2.5mm^2$ 铜线或 $4mm^2$ 铝线
			无机械保护时	$4mm^2$ 铜线
	热镀锌钢 圆钢 $\phi10$ 扁钢 25mm×4mm		热镀锌钢 圆钢 $\phi8$ 扁钢 20mm×4mm	

续表

类别 / 取值	总等电位联结线	局部等电位联结线	辅助等电位联结线
最大值	25mm² 铜线或相同电导值导线②	同左	

① 局部场所内最大 PE 线截面。

② 不允许采用无机械保护的铝线。等电位联结端子板截面不得小于所接等电位联结线截面。常规端子板的规格为 260mm×100mm×4mm，或者是 260mm×25mm×4mm。等电位联结端子板应采取螺栓连接，以便于拆卸进行定期检测。

6. 等电位联结导通性的测试

等电位联结安装完毕后应进行导通性测试，测试用电源可采用空载电压为 4～24V 的直流或交流电源，测试电流不应小于 0.2A，当测得等电位联结端子板与等电位联结范围内的金属管道等金属体末端之间的电阻不超过 3Ω 时，可认为等电位联结是有效的，如发现导通不良的管道连接处，应做跨接线，并在投入使用后定期做测试。

第八节　备用电源安装

一、柴油发电机组安装

1. 工艺流程

机组基础→机组就位→调校机组→安装地线→安装附属设备→机组接线→机组检测→试运行

2. 机组安装

（1）机组基础

柴油发电机组的混凝土基础标高、几何尺寸必须符合设计要求。基础上安装机组地脚螺栓孔，应采用二次灌浆，其孔距尺寸应根据机组外形安装图确定。基座的混凝土强度等级必须符合设计要求。

（2）机组就位

① 柴油发电机就位之前，应先对机组进复查、调整和准备工作。

② 发电机组各联轴节的连接螺栓、机座地脚螺栓和底脚螺栓的紧固情况。

③ 所设置的仪表应完好齐全，位置正确。操纵系统的动作灵活可靠。

（3）调校机组

① 机组就位后，调整机组的水平度，找正找平，再紧固地脚螺栓牢固、可靠，并应设有防松措施。

② 调校油路、传动系统、发电系统（电流、电压、频率）、控制系统等。

③ 发电机、发电机的励磁系统、发电机控制箱调试数据，应符合设计要求和技术标准的规定。

（4）接地线

① 发电机中性线（工作零线）应与接地母线引出线直接连接，螺栓防松装置齐全，有接地标识。

② 发电机本体和机械部分的可接近导体均应保护接地（PE）或接地线（PEN），且有标识。

（5）安装附属设备

发电机控制箱（屏）是同步发电机组的配套设备，主要是控制发电机送电及调压。小容量发电机的控制箱一般（经减振器）直接安装在机组上，大容量发电机的控制屏则固定在机房的地面上，或安装在与机组隔离的控制室内。

开关箱（屏）或励磁箱，各生产厂家的开关箱（屏）种类较多，型号不一，一般500kW 以下的机组有柴油发电机组相应的配套控制箱（屏），500kW 以上机组可向机组厂家提出控制屏的特殊订货要求。

（6）机组接线

① 发电机及控制箱接线应正确可靠。馈电出线两端的相序必须与电源原供电系统的相序一致。

② 发电机随机的配电柜和控制柜接线应正确无误，所有紧固件应紧固牢固，无遗漏脱落。开关、保护装置的型号、规格必须符合设计要求。

3. 机组检测

① 发电机的试验必须符合设计要求和相关技术标准的规定。

② 发电机的试验必须符合表 4-64 的规定。

③ 发电机至配电柜的馈电线路其相间、相对地间的绝缘电阻值大于 0.5MΩ。塑料绝缘电缆出线，其直流耐压试验为 2.4kV，时间 15min，泄漏电流稳定，无击穿现象。

表 4-64 发电机交接试验

序号	部位 \ 内容		试验内容	试验结果
1	静态试验	定子电路	测量定子绕组的绝缘电阻和吸收比	绝缘电阻值大于 0.5MΩ 沥青浸胶及烘卷云母绝缘吸收比大于 1.3 环氧粉云母绝缘吸收比大于 1.6
2			在常温下，绕组表面温度与空气温度差在±3℃范围内测量各相直流电阻	各相直流电阻值相互间差值不大于最小值 2%，与出厂值在同温度下比差值不大于 2%
3			交流工频耐压试验 1min	试验电压为 $1.5U_n+750V$，无闪络击穿现象，U_n 为发电机额定电压
4		转子电路	用 1000V 兆欧表测量转子绝缘电阻	绝缘电阻值大于 0.5MΩ
5			在常温下，绕组表面温度与空气温度差在±3℃范围内测量绕组直流电阻	数值与出厂值在同温度下比差值不大于 2%
6			交流工频耐压试验 1min	用 2500V 摇表测量绝缘电阻替代
7		励磁电路	退出励磁电路电子器件后，测量励磁电路的线路设备的绝缘电阻	绝缘电阻值大于 0.5MΩ
8			退出励磁电路电子器件后，进行交流工频耐压试验 1min	试验电压 1000V，无击穿闪络现象
9		其他	有绝缘轴承的用 1000V 兆欧表测量轴承绝缘电阻	绝缘电阻值大于 0.5MΩ
10			测量检温计（埋入式）绝缘电阻，校验检温计精度	用 250V 兆欧表检测不短路，精度符合出厂规定
11			测量灭磁电阻，自同步电阻器的直流电阻	与铭牌相比较，其差值不大于±10%
12	运转试验		发电机空载特性试验	按设备说明书比对，符合要求
13			测量相序	相序与出线标识相符
14			测量空载和负荷后轴电压	按设备说明书比对，符合要求

4. 试运行

① 柴油机的废气可用外接排气管引至室外，引出管不宜过长，管路转弯不宜过急，弯头不宜多于 3 个。外接排气管内径应符合设计技术文件规定，一般非增压柴油机不小于

75mm，增压型柴油机不小于 90mm，增压柴油机的排气背压不得超过 6kPa ($600mmH_2O$)，排气温度约 450℃，排气管的走向应能够防火，安装时尤应注意。调试运行中要对上述要求进行核查。

② 受电侧的开关设备、自动或手动切换装置和保护装置等试验合格，应按设计的备用电源使用分配方案，进行负荷试验，机务和电气装置连续运行 12h 无故障，方可做交接验收。

5. 验收

(1) 主控项目

① 发电机的试验必须符合表 4-64 的规定。

② 发电机组至低压配电柜馈电线路的相间、相对地间的绝缘电阻值应大于 0.5MΩ；塑料绝缘电缆馈电线路直流耐压试验为 2.4kV，时间为 15min，泄漏电流稳定，无击穿现象。

③ 柴油发电机馈电线路连接后，两端的相序必须与原供电系统的相序一致。

④ 发电机中性线（工作零线）应与接地干线直接连接，螺栓防松零件齐全，且有标识。

(2) 一般项目

① 发电机组随带的控制柜接线应正确，紧固件紧固状态良好，无遗漏脱落。开关、保护装置的型号、规格正确，验证出厂试验的锁定标记应无位移，有位移应重新按制造厂要求试验标定。

② 发电机本体和机械部分的可接近裸露导体应接地（PE）或接零（PEN）可靠，且有标识。

③ 受电侧低压配电柜的开关设备、自动或手动切换装置和保护装置等试验合格，应按设计的自备电源使用分配预案进行负荷试验，机组连续运行 12h 无故障。

二、蓄电池安装

1. 工艺流程

设备验收→母线、电缆及台架安装→池组安装→配液、充放电→送电、验收

2. 蓄电池安装

(1) 设备验收

① 开箱验收。依据装箱单对设备的型号、规格、品种、数量进行清点。

② 随带技术文件应齐全。

③ 设备、附件的型号、规格必须符合设计要求，附件应齐全，部件完好无损。

④ 蓄电池外观质量检查。蓄电池应符合以下要求，外形无变形，外壳无裂纹、损伤，槽盖板应密封良好。正、负端柱必须极性正确。防酸栓、催化栓等配件应齐全无损伤。滤气帽的通气性能良好。

⑤ 连接条、螺栓及螺母应齐全，无锈蚀。

(2) 母线、电缆及台架安装

① 台架安装，应符合以下要求：

a. 台架、基架的型号、规格和材质应符合设计要求。其数量间距应符合设计要求。

b. 台架防腐处理。安装之前应涂刷耐酸碱的涂料或焦油沥青。

c. 高压蓄电池架，应用绝缘子或绝缘垫与地面绝缘。

d. 台架安装必须平整，不得歪斜。并应做好接地线的连接。

② 母线、电缆安装，应符合设计要求：

a. 配电室内的母线支架安装应符合设计要求。支架（吊架）以及绝缘子铁脚应做防腐处理，刷耐酸涂料。

b. 引出电缆敷设应符合设计要求。宜采用塑料护套电缆并标明正、负极性。正极为赭色、负极为蓝色。

c. 所采用的套管和预留洞孔，均应用耐酸、碱材料密封。

d. 母线安装除应符合相关规定外，还应在连接处涂电力复合脂和进行防腐处理。

(3) 蓄电池组安装

① 蓄电池组安装。应按设计图纸及相关技术文件进行施工。

② 电池组安装应平稳，间距应符合设计要求，保持间距均匀。同一排列的池组应高度一致，排列整齐，洁净。

③ 应有防振技术措施，并牢固可靠。

④ 温度计液面线应放在易于检查一侧。

(4) 配液与充发电

① 配液前应符合以下要求：

a. 硫酸应是蓄电池专用电解液硫酸，并应有产品出厂合格证。

b. 蒸馏水应符合国家现行技术标准要求。

c. 蓄电池槽内应清理干净。

d. 做好充电电源的准备工作，确保电源可靠供电。

e. 准备好配液用器具、测试设备及劳保用品。

② 调配电解液：

a. 配液是一项细致的操作工作，操作人员应经培训考核持证上岗，要严格按技术标准的规定及注意事项进行，以防错误操作。

b. 在调配电解液时，将蒸馏水放到已准备好的配液容器中，然后将浓硫酸缓慢地倒入蒸馏水中，同时用玻璃棒搅拌以便混合均匀，迅速散热；严禁将蒸馏水往硫酸内倒，以防发生剧烈爆炸。

③ 电解液调配好的密度应符合产品说明书的技术规定。

④ 注入蓄电池的电解液，其温度不宜高于30℃，当室温高于30℃时，不得高于室温。注入液面高低度应在高低液面线之间。

⑤ 固定型开口式蓄电池隔板在注入电解液前24h内插入，注入电解液应高出极板上部10～20mm。

⑥ 蓄电池充电要在电解液注入3～5h（一般不宜超过12h）、液温低于30℃以下的条件下进行，充电时液温不宜高于45℃。

⑦ 防酸隔爆式铅蓄电池的防酸隔爆栓在注酸完后装好，防止充电时酸气大量外泄。

⑧ 蓄电池充电时要严格按技术标准要求进行。

⑨ 蓄电池充电符合下列条件可认为已充足：

a. 在正、负极板上产生强烈气泡。

b. 电解液的比重增加到产品说明规定值，一般为1.20～1.21（温度为15℃时）而且3h内保持不变。

c. 每个电池的电压增加到2.5～2.75V，而且3h内保持不变。

d. 极板的颜色正极板变成褐红或暗褐色，负极板变成灰色。

⑩ 充电结束后，当电解液的相对密度、液面高度需调整时，调后应再进行半小时的充电。

蓄电池的放电应按技术标准规定的要求进行，不可过放。

蓄电池具有以下特征时符合放电已完成的要求：

a. 电池电压降至1.8V。

b. 极板的颜色，正极板为褐色，负极板发黑。

c. 电解液的相对密度，一般降至1.17～1.15。

温度在25℃时，放电容量应达到额定容量的85%以上；当温度不在25℃时，其容量可按下式换算：

$$C_{25}=\frac{C_t}{1+0.008(t-25)}$$

式中　t——放电过程中，电解液平均温度，℃；

C_t——在液温为t℃时实际测得容量，A·h；

C_{25}——换算成标准温度（25℃）时的容量，A·h；

0.008——容量温度系数。

蓄电池放电后应立即充电，间隔不宜超过10h。

充放电全过程，按规定时间作好电压、电流、相对密度、温度记录及绘制充放电特性曲线图。

（5）碱性蓄电池充放电

① 碱性蓄电池配液及充放电要按产品说明书和有关技术资料进行。

② 电解液的注入：

a. 清洗电池，擦去油污。

b. 注入电解液需用玻璃漏斗或瓷漏斗。注入后2h进行电压测量，如测不出可等待8～10h，再测一次。还测不出电压或电压过低，说明电池已坏，需更换电池。

c. 电解液注入后2h还要检查液面高度，液面必须高出极板10～15mm。

d. 在电解液中注入少量的火油或凡士林油，使其漂浮在液面上，隔绝空气，防止空气中二氧化碳与电解液接触。

③ 充、放电：

a. 碱性蓄电池的充、放电应按说明书的要求进行。

b. 如果没有注明，充、放电电流可按以下方法计算：电池的额定容量除以4得到电流大小（或乘以25%），即额定容量为100A·h的蓄电池可用25A进行充电。

c. 镉镍蓄电池充电先用正常充电电流充6h，1/2正常充电电流继续充6h，接着用8h放电率放电4h，如此循环，充、放电要进行三次。

d. 对铁镍蓄电池用正常充电电流充12h，再用8h放电率放电，当两极电压降压1.1V时，再用12h放电率正常充电电流充电一次。

④ 注意事项：

a. 配制碱性电解液的容器应用铁、钢、陶瓷或珐琅制成。

b. 严禁使用配制过酸性电解液的容器。

c. 配制溶液的保护用品和配酸性溶液相同。

d. 配制好的电解液必须密封，不能与空气接触，以防产生碳酸盐。

3. 蓄电池送电及验收

（1）蓄电池送电

蓄电池二次充电后，对蓄电池电压、电解液相对密度、温度检查正常后交建设单位使用。

（2）验收

验收时应提交下列资料文件：

① 产品说明书及有关技术文件。
② 蓄电池安装，充、放电记录。
③ 材质化验报告、合格证。
④ 设计变更文件。
⑤ 分项工程质量验收记录。

第九节　电动机安装

一、电动机安装

1. 工艺流程

电机稳固→接线→抽芯检查与干燥

安装前检查→安装→控制、保护和启动设备安装→

试运行前检查→试运行及验收

2. 电动机安装

(1) 安装前检查

① 机体应完好无机械损伤，盘动转子应轻快、灵活，不应有卡阻及异常声响。
② 铁芯转子和轴颈应完好无锈蚀缺陷。
③ 电动机的附件、备件应齐全完好，不应有机械损伤。
④ 接线端子齐全完好，无锈蚀现象。

(2) 电动机安装

① 中小型电动机的安装应根据设计要求和工作需要，可安装在墙体的角钢架上、地基的钢架上或混凝土的机座上。安装在钢架上的电动机可用螺栓把电动机紧固在钢架上，后者是紧固在埋入混凝土基础内的地脚螺栓上，并应设置防松动装置。

② 混凝土机座应符合以下要求：

a. 机座尺寸。应按设计要求或电动机底盘尺寸，每边加 150～250mm 确定。基座埋置深度为电机底脚螺栓长度的 1.5～2 倍，埋深应超过当地冻结深度 500～1500mm。

b. 机座构造。机座应坐落在原土层上，基底的持力层严禁挠动。如果处在易受振动的地方，机座底盘还应做成锯齿形，以增加抗振性。机座常规采用混凝土浇筑，其强度等级为 C20。如果电动机重量超过 1t，应采用钢筋混凝土机座。

c. 地脚螺栓。按电动机地脚螺栓孔眼间距的标准尺寸，放在机座木板架上，将螺栓按线板架上的位置标志点距进行组装固定牢固，再浇固在混凝土机座中，待混凝土强度达到设计强度等级后，才能将螺栓拧紧。

d. 待混凝土机座达到设计强度等级后，按设计要求的标高，进行抄平放线，标志出标准标高和中心线。再用 1∶1 水泥砂浆平涂一层，并应压光，确保机座的顶面光滑、平整。

③ 电动机机座应符合以下要求：

a. 首先应按机座设计要求或电动机外形的平面几何尺寸、底盘尺寸、基础轴线、标高、地脚螺栓（螺孔）位置等，确定宽度中心控制线和纵横中心线，并根据这些中心线确定地脚螺栓中心线。

b. 按电机底座和地脚螺栓的位置，确定垫铁放置的位置，在机座表面画出垫铁尺寸范围，并在垫铁尺寸范围内砸出麻面，麻面面积必须大于垫铁面积；麻面呈麻点状，凹凸要分布均匀，表面成水平，最后应用水平尺检查。

c. 垫铁应按砸完的麻面标高配制，每组垫铁总数常规不应超过三块，其中包含一组斜垫铁。

• 垫铁加工。垫铁表面平整，无氧化皮，斜度一般为1/10、1/12、1/15、1/20。

• 垫铁位置及放法。垫铁布置的原则为：地脚螺栓两侧各放一组，并尽量使垫铁靠近螺栓。斜垫铁必须斜度相同才能配合成对。将垫铁配制完后要编组作标记，以便对号入座。

• 垫铁与机座、电机之间的接触面积不得小于垫铁面积的50%；斜铁应配对使用，一组只有一对。配对斜垫铁的搭接长度不应小于全长的3/4，相互之间的倾斜角不大于30°。垫铁的放置应先放厚铁，后放薄铁。

d. 地脚螺栓的长度及螺纹质量必须符合设计要求，螺母与螺栓必须匹配。每个螺栓不得垫两个以上的垫圈，或用大螺母代替垫圈，并应采用防松动垫圈。螺栓拧紧后，外露丝扣应不少于2～3扣，并应防止螺母松动。

e. 中小型电机用螺栓安装在金属结构架的底板或导轨上。金属结构架、底板及导轨的材料的品种、规格、型号及其结构形式均应符合设计要求。金属构架、底板、导轨上螺栓孔的中心必须与电动机机座螺栓孔中心相符。螺栓孔必须是机制孔，严禁采用气焊割孔。

④ 电动机安装应符合以下要求：

a. 电动机安装前，应按设计要求和电动机安装有关标准规范规程等技术文件的规定，核对机座、地脚螺栓（孔）的轴线、标高、地脚螺栓（孔）位置，机座的沟道、孔洞，电缆管的位置、尺寸及其质量，确认符合要求后，方可进行下道工序。

b. 电动机的就位，按确定的机座底盘中心线，以底盘中心线控制电动机就位的位置。电动机就位后，应及时准确地校正电动机和所驱动机器的传动装置，必须使它们共同位于同一中心线，使电动机轴与被驱动机械的轴保持平行。

c. 在基础上放置楔形垫铁和平垫铁，垫铁应沿地脚螺栓的边沿和集中负载的地方放置，并尽可能放在电动机底板支承肋下面。

d. 校正电机的标高及水平度，用楔形垫铁调整电动机达到所需的位置、标高及水平度。电动机安装的水平度可用水平仪找正。

e. 二次灌浆应符合以下要求：

• 对电动机及地脚螺栓进行校正验收后，进行二次灌浆，灌浆的配合比根据设计要求的强度等级以试验为准。其强度应高于机座强度一个等级。

• 灌浆前要处理好机座预留孔，孔内不能有杂物，地脚螺栓与孔壁距离须大于15mm。用水刷洗孔壁使其干净湿润。地脚螺栓杆不能有油污。

• 浇灌的混凝土应采用细石混凝土。

• 浇灌时采用人工捣固，并应固定好地脚螺栓以防止螺栓位移，发现位移，应随时扶正。对地脚螺栓的四周应均匀捣实，并确保地脚螺栓垂直地位于地脚螺栓孔中心，对垂直度的偏移不得超过10/1000。

• 施工作业时应作好记录，并应做好养护。

f. 凡电动机有以下作业情况者应装设过载保护装置。

• 生产过程中可能发生过载的电动机。

• 启动频繁的电动机。

• 连续工作的电动机。

（3）电动机接线

① 电动机接线前，首先应用摇表进行检查，电动机及电动执行机构绝缘的电阻值不应低于 0.5MΩ。

② 接线时应检查电动机的额定电压和线路使用电压，两者必须相符合。

③ 电动机的额定电压为 220/380V，配电线路电压是 380V，则需将电动机的三相绕组接成星形 380V 使用，如图 4-149（a）所示。若配电线路电压为 220V，则应接成三角形使用，如图 4-149（b）所示。

三相笼式异步电动机的三相绕组共有六个端头，各相的始端用 1、2、3 表示，终端用 4、5、6 表示，或者始端用 C1、C2、C3 表示，终端用 C4、C5、C6 表示，有时始端用 A、B、C 表示，终端用 X、Y、Z 表示。标号 1—4 为第一相，2—5 为第二相，3—6 为第三相。

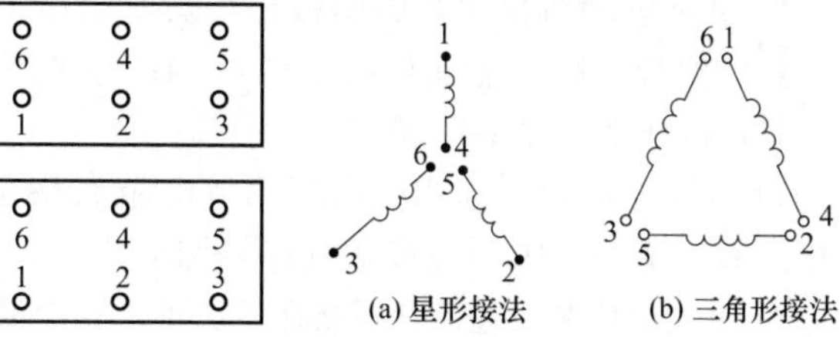

图 4-149　电动机接线

④ 使用铜接头和铝接头接线时，必须保证紧密的接触。

⑤ 配电线路靠近电动机的一段导线，应用金属软管或塑料管加以保护。

⑥ 防爆型电动机接线时应密封在管口及电动机接线盒内，塞上麻丝或纱布带，再浇上沥青封口。

⑦ 电动机及电动执行机构的可接近导体应严格做好有效接地（或接零），接地线应连接固定在电动机的接地螺栓上，不得接在电动机的底架上。

电动机、控制设备和开关等不带电的金属外壳，应作良好的保护接地或接零。接地（或接零）严禁串联。

⑧ 电动机及其控制设备的引出线应焊接或压接牢固，且编号齐全。

（4）电动机轴芯检查

① 线圈绝缘层完好，无伤痕，端部绑线不松动，槽楔固定、无断裂，引线焊接饱满、内部清洁、通风孔道无堵塞。

② 轴承无锈斑，注油（脂）的型号、规格和数量正确，转子平衡块紧固，平衡螺栓紧锁，风扇叶片无裂纹。

③ 连接用紧固件的防松装置完整齐全。

④ 其他技术指标均应符合相关的技术标准的规定。

a. 电动机的铁芯、轴颈、滑环和换向器应清洁，无伤痕、锈蚀现象。

b. 磁极及铁轭固定良好，励磁线圈紧贴磁极，不应松动。

c. 电动机绕组连接正确，焊接牢固。

（5）电动机干燥

① 电机干燥烘干法。其烘干温度应缓慢上升，铁芯和线圈的受热最高温度应控制在 70～80℃的范围之内。

② 烘干工作应根据作业环境和电机受潮的程度而确定，选择干燥方法。可分别采用循环热风干燥、灯泡干燥、电流干燥等方法。

a. 采用循环热风干燥室进行烘干。

b. 灯泡干燥法。灯泡可采用红外线灯泡或一般灯泡使灯光直接照射在绕组上，温度高低的调节可用改变灯泡瓦数来实现。

c. 电流干燥法。采用低电压，用变阻器调节电流，其电流大小宜控制在电机额定电流的 60%以内。并应设置测温计，随时监视干燥温度。

（6）控制、保护和启动设备安装

① 电机的控制和保护设备安装前应检查其型号、规格、性能是否与电机容量相匹配。

② 控制和保护设备的安装应按设计要求和相关技术标准的规定进行。一般应装在电机附近便于操作的位置。

③ 电动机、控制设备和所拖动的设备应对应编号就位。

④ 引至电动机接线盒的明敷导线长度应小于0.3m，并应加强绝缘，易受机械损伤的地方应套保护管。高压电动机的电缆终端头应直接引进电动机的接线盒内。达不到上述要求时，应在接线盒处加装保护措施。

⑤ 直流电动机、同步电机与调节电阻回路及励磁回路的连接，应采用铜导线。导线不应有接头。调节电阻器应接触良好，调节均匀。

⑥ 电动机应装设过流和短路保护装置，并应根据设备需要装设相序断相和低电压保护装置。

⑦ 电动机保护元件的选择：

a. 采用热元件时，热元件一般按电动机额定电流的1.1～1.25倍来选。

b. 采用熔丝（片）时，熔丝（片）一般按电动机额定电流的1.5～2.5倍来选。

（7）电动机的控制系统应符合的要求

① 电动机的控制设备可采用铁壳开关、自动开关、交流接触器、电磁开关；其中铁壳开关可用于4.5kW及以下不频繁操作的笼式电动机的直接启动。

② 如操作人员不能确切判断控制开关是否切断或投入，应装设投切的灯光信号。

③ 在电动机的控制设备上应有明显表示开、合位置的标志。

二、电动机控制电器安装

电动机控制系统由开关（刀开关、开启式负荷开关、铁壳开关、组合开关）、低压断路器、熔断器、接触器、继电器、主令电器等构成。

电动机控制系统的电器型号、规格，必须符合设计要求。电器安装应牢固、平整、操作灵活、动作准确。其接零、接地连接可靠，电阻值必须符合设计要求。

1. 刀开关安装

应垂直安装在开关板上，并要使静触头在上方。接线时静触头接电源，动触头接负载。

2. 开启式负荷开关安装

手柄向上合闸，不得倒装或平装。以防止闸刀在切断电流时，刀片和夹座间产生电弧。

接线时，应把电源接在开关的上方进线接线座上，电动机的引线接下方的出线座。

安装时应使刀片和夹座成直线接触，并应接触紧密，支座应有足够压力，刀片或夹座不应歪扭。

3. 铁壳开关安装

① 铁壳开关安装应垂直安装。安装的位置以便于操作和安全为原则。

② 铁壳开关外壳应做可靠接地和接零。

③ 铁壳开关进出线孔均应有绝缘垫圈或护帽。

④ 接线。电源线与开关的静触头相连，电动机的引出线与负荷开关熔丝的下桩头相连，开关拉断后，闸刀与熔丝不带电，便于维修和更换熔丝。

4. 组合开关安装

应使组合开关的手柄保持水平旋转位置。

5. 低压断熔器安装

不宜安装在容易振动的地方，以防止因受振动使开关内部零件松动。并应垂直安装，灭弧室应位于上部，裸露在箱体外部，易触及的导线端子应加绝缘保护。

低压断熔器操作机构安装调整应符合以下要求：

① 操作手柄或传动杆的开、合位置应正确，操作力不应大于技术标准规定值。

② 电动操作机构的接线应正确。在合闸过程中开关不应跳跃。开关合闸后，限制电动机或电磁铁通电时间的联锁装置应及时动作，使电磁铁或电动机通电时间不超过产品技术标准的规定值。

③ 触头在闭合、断开过程中，可动部分与灭弧室的零件不应有卡阻现象。

④ 触头的接触面应平整，合闸后接触应紧密，脱扣器电磁铁工作面的防锈油脂应清除洁净。

6. 熔断器安装

熔断器及熔体的容量应符合设计要求。安装位置及相邻的位置间距应便于操作和维修。带有熔断指示器的熔断器安装时指示器的方向应装在便于观察侧。瓷质熔断器的金属底座应垫软绝缘衬垫。

7. 接触器安装

接触器的型号、规格应符合设计要求。接触器的活动部分应无卡阻、歪扭现象，各触头应接触良好。接触器应与地面垂直，倾斜度应控制在5°以内。铁芯极面上的防锈油脂应清除洁净，以防止影响接触器运行。

8. 继电器安装

① 热继电器安装。热继电器的型号、规格应符合设计要求，安装时，应先清除触头表面尘污，以免因接触电阻太大或电路不通而影响动作性能。

热继电器出线端子的连接导线的截面必须符合设计要求，以确保热继电器动作准确。

② 时间继电器安装。应先进行时间范围整定，取得精确的延时。对断电延时继电器，调节整定延时时间必须在接通离合电磁铁线圈电源时才能进行。安装位置应符合设计要求，固定点应完整齐全，牢固可靠。

③ 中间继电器安装。中间继电器的型号、规格应根据控制电路的电压等级，所需触头数量、种类、容量等选定。根据中间继电器的工作原理，它的输入信号为线圈的通电和断电，它的输出信号是触头的动作。不同动作状态的触头分别去控制各个电路。因此，在安装之前，应调定触头确保触头到位，活动部件应无卡阻、动作灵活准确，各触点应接触良好。

安装的位置应符合设计要求，中间继电器安装牢固、稳定。出线端子的连接导线相位准确。安装时应清除触头表面尘污，以防影响动作的性能。

④ 速度继电器安装。速度继电器的型号、规格选择，必须符合机械转速需要。安装应控制速度继电器的轴用联轴器与受控制电动机的轴联结和弹性联轴垫圈的间隙，并应整定准确的额定工作转速，确保触头动作灵活、准确、可靠，使其被驱动机械设备工作正常。

9. 主令电器安装

① 按钮开关安装。按钮开关的型号、规格和性能必须符合设计要求。安装在面板上时，应布置整齐，排列合理，便于操作和维修，相邻按钮间距为50～100mm。按钮安装应牢固，接线相位准确，接线螺栓应紧固。按钮操作应灵活、可靠、无卡阻。主控按钮应有鲜明的标记（红色按钮），安装在醒目且便于操作的位置。

② 位置开关安装。位置开关的型号、规格应符合设计要求。安装应控制以下要点：

a. 控制滚轮的方向不能装反，挡铁碰撞的位置必须符合控制电路要求。

b. 调整挡铁碰撞的压力要适中。必须要使挡铁（碰块）对开关的作用力及开关的动作行程符合设计要求的允许值。

c. 安装的位置不得影响机械部件的运作，并能使开关正常准确动作。

第五章
智能建筑工程

第一节　通信网络系统

一、现代楼宇通信系统安装

（一）程控交换机及配套设备的安装和施工

1. 立架前的准备工作

（1）工具准备

安装施工前应准备人字梯、高凳、橡胶锤子、固定扳手、活动扳手、旋具、钢皮尺、水平尺、吊锤、圆锉、台虎钳、手电钻、钢卷尺、角尺、钢锯、电冲击钻、漆工刀和油麻线等。

（2）布置场地

① 准备一张装有台虎钳的工作台。

② 将施工用的工具按种类排放整齐。

③ 将各种构件、材料搬至机房，分类依次放好。

2. 机房测量定位

（1）机房测量定位的工作

① 用10m以上的钢皮尺测量机房四周尺寸（不可只量两边），测定电缆下线孔、墙洞、房柱、地槽、门窗等位置，并逐项与设计图纸核对，如发现与设计图纸不符合处，应立即在图纸上修改，如果差别很大，应与建设单位和设计单位研究处理。

② 测机房前、后墙的中点，并做好标记，用麻线贯通两个中点，即为机房的中心线。

③ 机房中心线要根据房柱的对称情况作适当调整，目测无明显偏斜。中心线定出以后，可按要求推算出第一列列架与墙面的距离，标注在设计图纸上，作为立架时的依据。

④ 分两边排列的列架，列架与房柱的相对位置不应影响施工和维护。

⑤ 列架应以将来不扩充的一侧（即通常安装信号设备的一侧）为准分两边排列，其首列应取齐，其余各列根据施工图纸规定的列距予以取定。

⑥ 防振加固应不影响门、窗的开、关和房屋的美观。

⑦ 根据机房中心线确定首、末列以外各列的列线，见图5-1。

设EF为机房中心线，按施工图规定的列距及直线 EF 和墙面的交点或房柱中心线交点，在 EF 线上画出 N、O、P、Q 各点（列中心线与机房中心线的交点），然后按照以下的方法找出通过 N、O、P、Q 各点的列中心线。以 O 点为例，先在 EF 上取 A、B 两点，使 $OA=OB$（长度适中），用麻线以 A、B 为中心，并以适当长度为半径，作两小弧线相交于点 O'，连接并延长 OO'线，即为列中心线，按规定的中间走道宽度列架。

根据宽度和列长，即可在 OO'线上找出 CD 的列架位置。首、末列的列线应以测出的列线为准画出。

有的程控交换机机柜占地面积小，柜箱数量不多，其安装就比较简单。

（2）机房地面水平测量

先确定机房安装机架、立柱的位置，然后参考下列方法测量：将一平直的角钢放在地面上，再把水平尺放在角钢上检验地面水平。如发现不平，应在角钢的低端加垫片，直至水平。其所加垫片的厚度即为地面水平的差，如有条件，应尽量用水平仪测量。

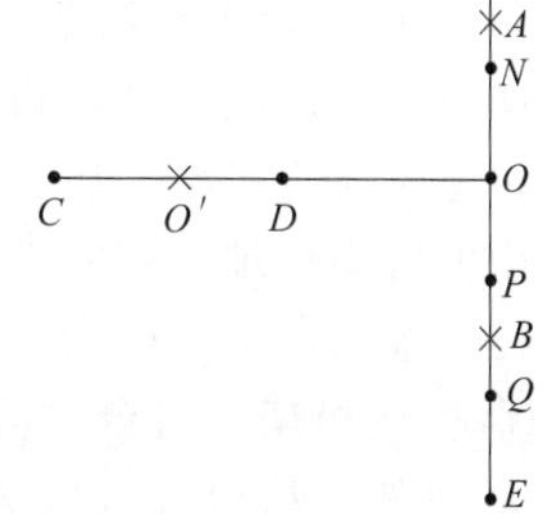

图 5-1　确定机房列线示意图

（3）预测墙上的防振加固位置

① 以机房中心线为准，按施工图找出防振支架中心线的并行线。

② 将防振支架中心线延长至端墙，然后以吊锤的方法确定加固螺栓在墙上的位置。

③ 计算加固螺栓中心点的高度 H 时，应注意加固螺栓所固定的小段角钢的尺寸，若设计规定上梁高度为 h，施工所用小段角钢的边为 a，则加固螺栓中心点的高度为 $H=h-2a$。

④ 注意地面的水平误差，计算高度时应将水平误差计算在内。

（4）用冲击钻钻孔埋膨胀螺栓

① 熟悉操作方法，钻头中心必须对准十字线中心并与墙垂直，钻孔深度要适当。

② 钻头直径与膨胀螺栓要配合紧，使膨胀螺栓需要有一定的力时才能敲入。

③ 钻孔完成后，将膨胀螺栓的螺母退回到头部，垂直放入，用锤子轻轻敲入墙面，以防止螺纹被敲坏。

3. 组立列架

通信设备分为交换设备和传输设备，在大型通信局（站），它们的安装地点和安装方式是不同的，交换设备安装在交换设备机房，传输设备安装在传输设备机房。程控交换机一般由机架安装在机架底座上，各机架互相之间用螺栓连接加固，并用防震架与建筑物墙面连接固定。传输设备因为生产厂家的不同其机架尺寸也不同，一般采取上走线方式，需要借助大列架（俗称龙门架）以用于传输设备上部的加固以及上部电缆行线架的安装。

一般宾馆、饭店的程控交换机没有那么复杂，机柜占地面积小，一般安装在一个房间内，常常和操作台之间用玻璃框隔开，而且技术水平越高、越先进的程控交换机占地面积越小，安装一套程序交换机像安装一套控制柜一样。

4. 安装机架和操作台

（1）准备工作

① 硬件设备安装之前，应将机房彻底清洁。

② 选择好搬运路径，并清除沿途通道上的障碍物。

③ 仔细准备并检查所用工具，如绳、杠棒等是否牢固，严禁使用强度不够或有危险迹象的工具。

④ 确定安装次序，一般是先远后近，按次序开箱搬运。

⑤ 装机前，机房地面不得上油或打蜡，以免在搬运机架时滑倒。

（2）开箱

① 开箱时要用开箱钳把钉子拔尽，不可用撬棍或其他工具将盖板撬下，以保持木箱完整，箱板、钉子及其他杂物应堆放好，以免伤人。

② 尽可能按照规定的立架开箱，机箱只允许从箱盖打开，一般有毛毡露出的一面或玻璃杯口、箭头所指的一面为箱盖。

③ 开启附件箱或备件箱时应特别小心，不可大力敲击，以免振坏附件、备件。

④ 开箱后取出开箱单，与实物进行核对（应邀请建设单位参加），并应检查机件是否受潮、锈蚀，其影响程度，机架、机盘是否完整，有无受振变形、布线损坏和螺钉零件脱落等现象；还应检查机架、机台号码、零件数量、规格、各种机盘、插板等与装箱单是否一致，主机抬出后要仔细检查零部件、附件是否完整。

（3）搬运机架、机台并稳装

① 搬运机架、机台时应稳妥，注意安全、防滑。

② 机架、机台进入机房后，应立即竖直、就位，可用橡胶锤敲击机架底部以调整垂直和水平，可用吊线锤、水平尺进行测量。

③ 调整工作应逐架、逐台地进行，调整好后，即行固定，其固定方式应按设计和说明书进行。

④ 组装配线架时，应注意间距均匀，跳线环及各种零配件正确牢固，不能反装或装接错误。

（二）敷设光纤和光缆

1. 质量要求和注意事项

① 电缆绝缘、规格、布放路由、位置和接口等应符合设计和施工图纸要求。电缆外皮应完整、不扭曲、不破损、不褶皱。

② 捆绑电缆要牢固、松紧适度、平直、端正，捆扎线扣要整齐一致；转弯要均匀、圆滑，曲率半径应大于电缆直径的10倍，同一类型的电缆弯度要一致。槽道内电缆要顺直，无大团扭绞和交叉，电缆不溢出槽道。

③ 电源电缆和通信电缆宜分开走道敷设，合用走道时应将它们分别在电缆走道的两边敷设，以免由于电耦合、磁耦合、电磁耦合，以及近区场感应耦合及远区场辐射耦合所引起的电磁干扰效应，产生电磁兼容性故障。

④ 软光纤应采用专用塑料线槽敷设，与其他缆线交叉时应采用塑料穿管保护，敷设光纤时不得产生小圈。在设备上施工时，有时其光纤内可能有激光光束，故其端面不得正对眼睛，以免灼伤。光纤和电缆两端成端后应按照设计做好标记。

⑤ 布放电缆时，应复查布放电缆路由上的电缆走道是否全部垂直和水平，装置是否牢固，电缆由盘上脱离盘体时不能硬拉，应根据需要缓慢放盘。

2. 电缆长度的确定和量剪

① 确定电缆长度有拉放法和计算法两种。拉放法是将电缆直接上架，比量两端长度留长后剪断。在电缆根数少、长度较长时，宜采用此种方法。计算法是将电缆经过长度计算后再布放，在电缆较短、根数又多的情况下，宜采用计算法，计算较为准确，可节约电缆。架下编扎的电缆，必须经过计算，复核后才能量剪。

计算方法是将整个机房排列用一张大坐标纸以一定的比例（如1∶10）画出，在坐标纸上进行电缆长度的计算。为了便于核对，可画好表格并将图上各段长度填入表格，然后考虑增加转弯长度，再汇总得出电缆总长度。计算过程中，可由一个人计算，另一个人进行复核确定。

② 电缆转弯时由于层数不同而产生的长度差异，可以用一个常数 K 表示。当第一条电缆为内层时，外层第二条电缆比第一条在转弯处长出 K，第三条电缆又比第二层电缆长出 K，K 的计算式为：$K=1.57X$（X 为电缆的外皮直径）。

③ 采用长度计算法量剪电缆前，应核对电缆的规格、程式，并用250V兆欧表进行线对之间、组与组之间、芯线与铅皮之间的绝缘测试，并做好测试记录。电缆在大批量剪断时应先量剪一段进行试放，核对计算有无错误，并确定起止长度。

④ 量剪时，一人看尺寸，另一个人念长度数据，看准尺寸无误后方可剪断，并在电缆两端适当部位贴上标签。

3. 布放电缆的方法和形式

① 布放电缆前要充分了解布线路由，布放前应先复核电缆的规格、程式及段长，以免发生差错。

② 布放电缆时应按排列顺序放上走道，以免交叉或布线后再变更位置。布放时要尽量考虑发展位置，对于按照设计规定预留的空位应垫以短电缆头或涂电缆外皮色漆的木块。布放电缆时要避免电缆扭绞。

③ 布放的电缆应互相平行靠拢、无空隙。麻线在横铁或支铁上要并拢平行，不交叉、不歪斜、排列整齐，线扣应成一直线，位置在横铁的中心线上。

④ 电缆在走道上拐平弯时，转弯部分不可选在横铁上，以免捆绑困难，应将转弯部分选在邻近两横铁之间，并力求对称。

⑤ 大堆电缆分成几堆下线时，应尽可能将上面的电缆捆成一直线。电缆弯度应均匀圆滑，起弯点以外应保持平直，电缆曲率半径，63芯以下的应不小于60mm，63芯以上的应不小于电缆直径的5倍。上下走道间的电缆在距起弯点10mm处应空绑，如垂直的一段长度在100mm以下，可仅在中间进行空绑。配线架端子板电缆编扎（或分、穿线）后，其出线前面一段应绑扎在配线架的支铁上。布放槽道时可以不捆扎，槽内电缆应顺直，尽量不交叉，电缆不溢出槽道，在电缆进出槽道部位和电缆转弯处应绑扎或用塑料卡捆扎固定。

4. 电缆做弯

(1) 电缆做弯的方法

① 用两手握住电缆侧面，从电缆的起弯点开始，缓缓地顺次将电缆弯做好。一般先弯小一些，然后将电缆的两端直线部分向外反弯一下，以防电缆在绑好后变形。

② 成堆电缆做弯，应采用电缆枕头（木模），这样既保证质量，又便于施工。

③ 电缆弯好后，可用芯线将电缆临时绑好，但不可用裸铜线捆绑，以免勒伤电缆外皮。

④ 做弯时，应尽可能一次将弯做好，要避免一再修改而致使电缆芯线绝缘受损，而且一再修改更不易达到做弯的要求。

⑤ 做弯时，应多次从上下左右前后各个侧面观察做弯质量，及时纠正不当之处。尤其在绑最初几根电缆时，因电缆较少，容易变形，更应注意。

(2) 机架电缆做弯的做法

① 机架电缆下线，最好在一处下线。电缆较多时，可考虑两处下线。

② 已绑好的电缆，需将线把与做成端的端子板对齐，用废芯线将电缆捆在电缆支铁上。

③ 先弯好最里面的一条电缆（即离机架最近的一条电缆），并把它绑在列走道横铁上，再依次做弯其他电缆。机架电缆下弯的弧度应一致，做弯时可利用做弯模板比量。

(3) 大走道上下电缆弯的做法

① 电缆在直走道上绑至距做弯1～2根横铁时，须先将电缆弯做好再继续绑下去，不应

将电缆绑到起弯点时才开始做弯。

② 先按规定位置做好第一条电缆弯，并以此为准做其他各条电缆弯。

③ 靠近电缆弯的1～2根横铁，应绑得稍紧一些。在每层转弯处不宜压得过紧，以免电缆弯被压拓下来，致使电缆弯不成形。

5. 捆绑电缆

(1) 注意事项

① 捆绑电缆前应检查核对每根电缆的起始部位、路由和占电缆截面图的位置是否符合设计，而且设计预留的空位不得遗漏。

② 捆绑电缆可根据不同情况采用单根捆绑法或成组捆绑法。

③ 电缆一般应在一组放完后一次捆绑；电缆条数较多时，可分几次捆绑，每次不超过20～25条，布放好一部分即可捆绑一部分。如电缆堆需凑齐一组方能捆绑时，应将电缆用临时扎线捆扎成形。

(2) 捆绑电缆

捆绑电缆前，一般先从配线架一端开始整理，将电缆位置对准，然后在支铁上作临时捆绑，经检查两端留长都能满足成端需要后，即可正式捆绑。正式捆绑可从一端开始向另一端顺序进行；如果电缆两头不编线时，也可从中间向两端捆绑，但不得从两端向中间捆绑。

捆绑电缆时起始扣、绑扎扣的做法，如图5-2所示。

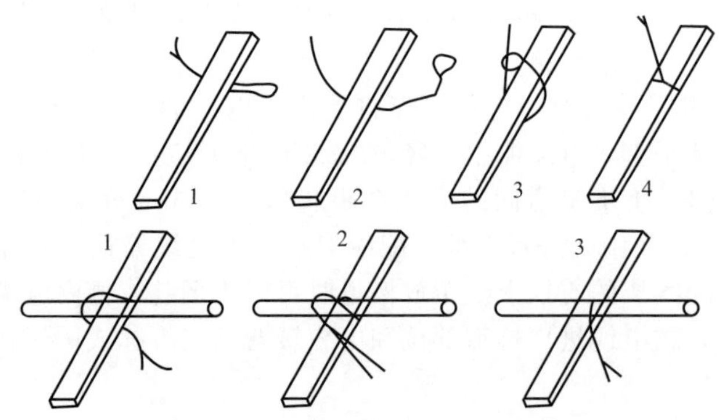

图5-2 电缆起始扣、绑扎扣捆绑法

(3) 电缆在走道支铁上捆绑法（图5-3）

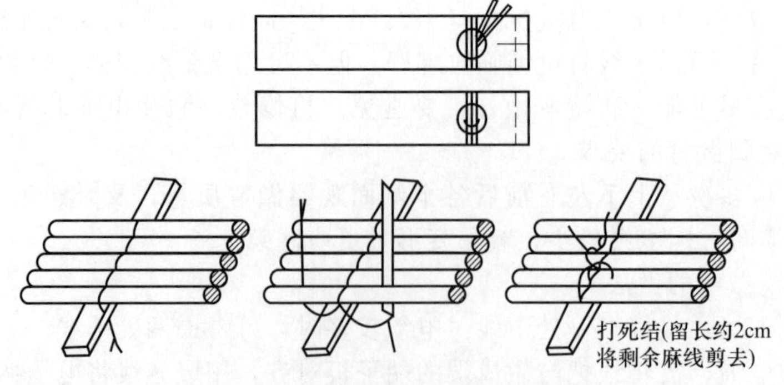

图5-3 电缆在走道支铁上捆绑法

(4) 电缆的悬空捆绑法（图5-4）

(5) 电缆堆的单条竖立捆绑、成组捆绑（图5-5）

(6) 电缆堆上增放一层或多层的捆绑（图5-6）

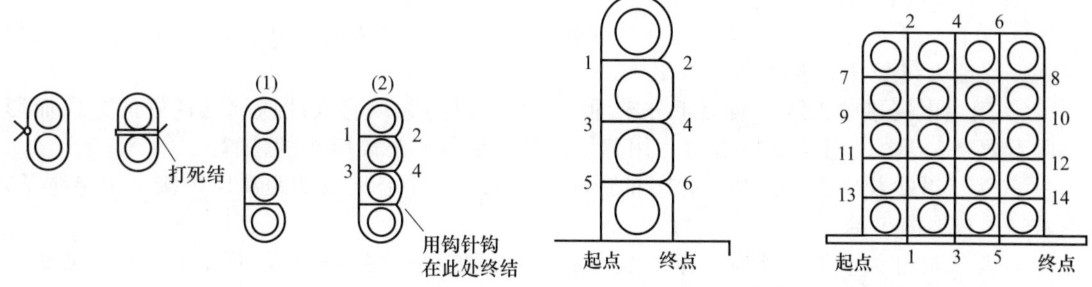

图 5-4 电缆悬空捆绑法

图 5-5 单条竖立捆绑或成组捆绑法

6. 电缆整理

① 捆绑电缆时，应随绑随整理。

② 电缆堆部分不平直时，可垫以木块，并用橡胶锤子轻轻敲打矫正。

③ 每组电缆放绑完毕后，即可将辅助支铁和临时捆扎线去掉。

④ 做大走道电缆弯用的辅助支铁，在绑好一道悬空捆绑后方可取下。

⑤ 用钩针和穿线调整不规则的线扣，使其合乎要求。

⑥ 捆绑电缆后，其长出的麻线应先打死结，然后压在电缆堆里面。

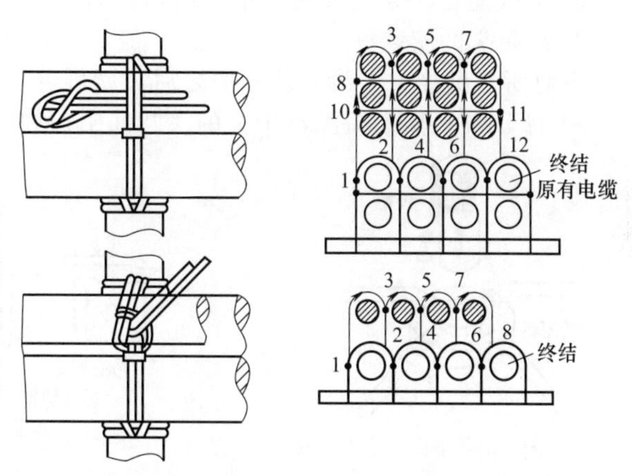

图 5-6 电缆堆上增放一层或多层的捆绑法

7. 接地系统

① 电信设备的工作接地，一般要求单独设置，亦可与建筑物内变压器的工作接地共享一个接地装置，但必须通过绝缘的专用接地线与接地装置相连。

② 电信设备采用共同接地装置时，其接地电阻应不大于 1Ω，宜用两根截面不小于 $25mm^2$ 的铜芯绝缘线穿管敷设到共同接地极上。

③ 音频信号传输导线的屏蔽层应牢固接地。

二、卫星数字电视及有线电视系统设备安装

（一）卫星电视系统设备的安装

1. 天线安装

天线安装应符合设计和规范要求。

① 预埋管线、支撑件、预留孔洞、沟、槽、基础、地坪等都符合设计要求。

② 天线安装间距满足表 5-1 要求。

表 5-1 天线安装间距表

天线间的关系	间距	天线间的关系	间距
最低层天线与支承屋顶面	≥1λ	两天线同杆左右安装	≥1λ
两天线前后安装	≥3λ	天线正前方净空	不影响电波接收
两天线同杆上下安装	≥0.5λ(不小于 1m)		

注：1. “λ” 指工作波长。

2. 设计时以低频道的 λ 考虑。

3. 计算点指天线的中心位置。

③ 若天线系统需用一个以上的天线装置时，则装置之间的水平距离要在 5m 以上。

④ 分段式天线竖杆连接时，直径小的钢管必须插入直径大的钢管内 30cm 以上，才能焊接，以保证天线竖杆的强度。

⑤ 卫星电视接收天线安装应十分牢固、可靠，以防大风将天线吹离已调好的方向而影响收看效果。天线立柱应竖直放置，用卫星信号测试仪调整高频头的位置。

⑥ 为了减少拉绳对天线接收信号的影响，每隔 1/4 中心波长的距离应串接一个绝缘子，通常一根拉绳内串接有 2～3 个绝缘子。

⑦ 保安器和天线放大器应尽量安装在靠近该接收天线的竖杆上，并注意防水，馈线与天线的输出端应连接可靠并将馈线固定住，以免随风摇摆造成接触不良。

⑧ 天线避雷装置的安装按电气防雷接地的相关规定执行。

2. 高频头的安装

当地面卫星接收天线安装完毕之后，就可着手安装高频头 LNBF，具体步骤如下：

① 将 LNBF 插入馈源盘中央的大圆孔中，如图 5-7 所示。

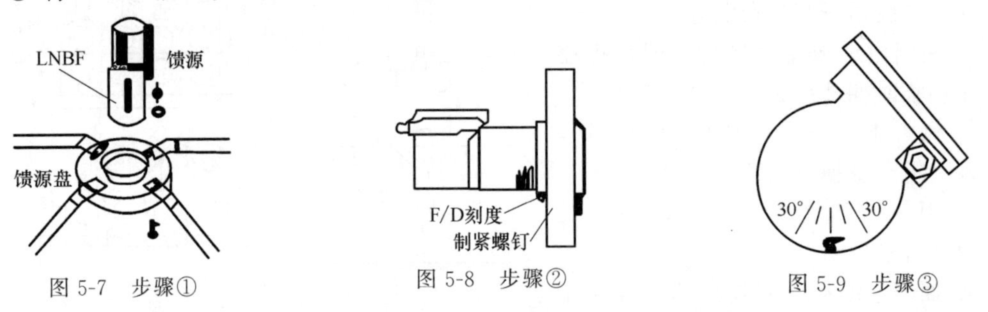

图 5-7 步骤①　　图 5-8 步骤②　　图 5-9 步骤③

② 根据天线参数 F/D 值，将馈源盘凸缘端面对准 LNBF 侧面的 F/D 相应刻度上，如图 5-8 所示。

③ 使 LNBF 频端面上的“0”刻度垂直于水平面，如图 5-9 所示。

④ 将馈源盘凸缘侧面的制紧螺钉稍微拧紧。

⑤ 把 LNBF 的 IF 输出电缆与接收机的 LNBF 输入端口连接好。

（二）有线电视系统设备安装

1. 系统前端及机房设备安装

① 在确定各部件的安装位置时，注意电缆连接的走向要合理，电缆的弯曲半径应大于 $10d$（d 为电缆外径）。

② 机房内电缆的布放，应根据设计要求进行。电缆必须顺直无扭绞，不得使电缆盘结，电缆引入机架处、拐弯处等重要出入地方，均需绑扎牢固。

③ 电缆敷设在两端连接处应留有适度余量，并应在两端做电缆标识。

④ 接地母线的路由、规格应符合设计图纸的规定。

⑤ 引入引出房屋的电缆，应加装防水罩，向上引的电缆在入口处还应做成滴水弯，其弯度不得小于电缆的最小弯曲半径。

⑥ 机房中如有光端机（发送机、接收机），光端机上的光缆应留约 10m 的余量。余缆应盘成圈妥善放置。

⑦ 前端机房设备安装应符合下列要求。

a. 按机房平面布置图进行设备定位。

b. 机架、控制台到位后，均应进行垂直度调整，并从一端按顺序进行。几个机架并排在一起时，两机架间的缝隙不得大于 3mm。机架面板应在同一平面上，并与基准线平行，前后偏差不应大于 3mm。对于相互有一定间隔而排成一列的设备，其面板前后偏差不应大于 5mm。

c. 机架和控制台的安放应竖直平稳。

d. 机架内机盘、部件和控制台的设备安装应牢固，固定用的螺栓、垫片、弹簧垫片均应按要求装上，不得遗漏。

2. 干线传输部分安装

① 架设架空电缆时，应先将电缆吊线用夹板固定在电缆杆上，再用电缆挂钩把电缆卡挂在吊线上。挂钩的间距宜为0.5～0.6m。根据气候条件，每一杆档均应留出余兜。

② 在新杆上布放和收紧吊线时，要防止电杆倾斜和倒杆；在已架有电信、电力线的杆路上加挂吊线时，要防止吊线上弹。

电缆与其他线路共杆架设时，两线间最小垂直距离应符合表5-2的规定。

表5-2　两线路间最小垂直距离

种　　类	最小间距/m	种　　类	最小间距/m
1～10kV电力线同杆平行	2.5	有线广播同杆平行	1
1kV电力线同杆平行	1.5	通信电缆同杆平行	0.6

③ 架设墙壁电缆应先在墙上装好墙担，把吊线放在墙担上收紧，用夹板固定，再用电缆挂钩将电缆卡挂在吊线上。墙壁电缆沿墙角转弯，应在墙角处设转角墙担。

④ 电缆采用直埋方式，必须使用具有铠装的能直埋的电缆，其埋深不得小于0.8m。紧靠电缆处要用细土覆盖10cm，上压一层砖石保护。在寒冷的地区应埋在冻土层以下。

当电缆与其他线路共沟（隧道）敷设时，其间距应符合表5-3的规定。

表5-3　电缆与其他线路共沟（隧道）敷设间距

种类	最小间距/m
与220V交流电线路共沟	0.5
与通信电缆共沟	0.1

⑤ 电缆采用穿管敷设时，应先清扫管孔，并在管孔内预设一根铁丝，将电缆牵引网套绑扎在电缆头上，用铁丝将电缆拉入到管道内。敷设较细的电缆可不用牵引网套，直接把铁丝绑扎在敷设的电缆上。

⑥ 架空电缆和墙壁电缆引入地下时，在距地面不小于2.5m的部分应采用钢管保护；钢管应埋入地下0.3～0.5m。

⑦ 布放电缆时，各盘电缆的长度根据设计图纸各段的长度选配。电缆需要接续时应严格按电缆生产厂提出的步骤和要求进行，不得随意接续。

⑧ 安装干线放大器应符合下列要求。

a. 在架空电缆线路中，干线放大器应安装在距离电杆1m的地方，并固定在吊线上。

b. 在墙壁电缆线路中，干线放大器应固定在墙壁上，若吊线有足够的承受力，也可固定在吊线上。

c. 在地下穿管或直埋电缆线路中安装干线放大器，应保证放大器不被水浸泡，应装载于金属箱内，可将放大器安装在地面以上。

d. 干线放大器输入、输出的电缆，均应留有余量，以防电缆收缩时插头脱落；连接处应有防水措施，电缆插头制作应按标准工艺进行。

e. 干线放大器的外壳和供电器的外壳均应就近接地。

⑨ 干线采用光缆时，施工按本章“综合布线系统”相关内容执行。

⑩ 传输部分的防雷、安全和接地应符合设计和规范要求。

3. 分支传输网络安装

(1) 电缆的敷设

① 支线宜采用架空电缆或墙壁电缆，架设方法应符合上述第3款的规定。沿墙架设时，也可采用线卡卡挂在墙壁上，卡子间的距离不得超过0.8m，并不得以电缆本身的强度来支承电缆的重量和拉力。

② 采用自承式同轴电缆（图5-10）作支线或用户线时，电缆的受力应在自承线上（图5-11）；在电杆或墙担处将自承线与电缆连接的塑料部分切开一段距离，并在切开处的根部缠扎三层聚氯乙烯带，并应缩短自承线，用夹板夹住使电缆产生余兜。

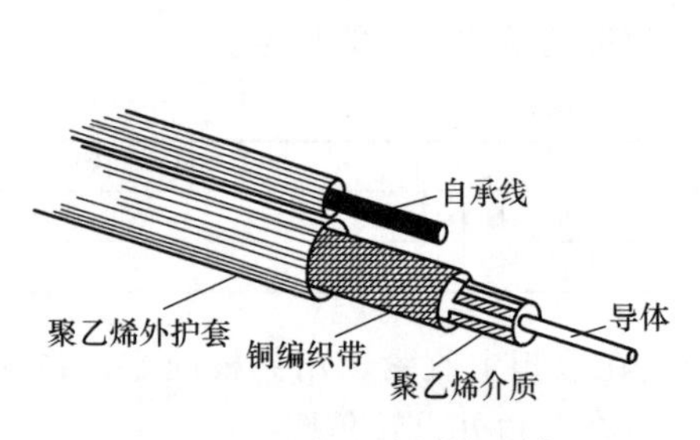

图5-10 自承式同轴电缆

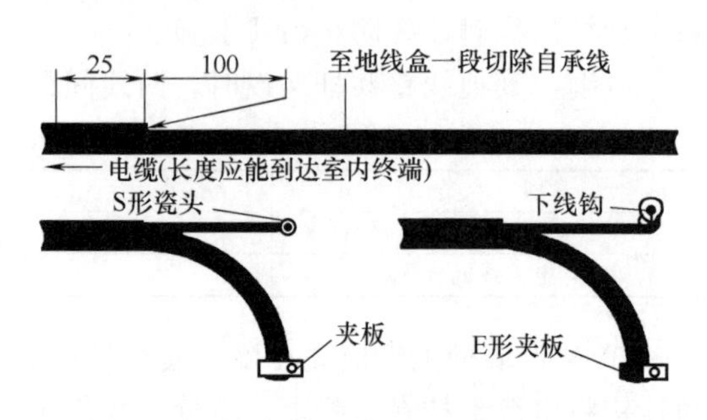

图5-11 自承式电缆的自承线

③ 采用自承式电缆作用户引入线时，在其下线端处应用缠扎法把自承线终结做在下线钩、电杆或吊线上，见图5-12和图5-13。

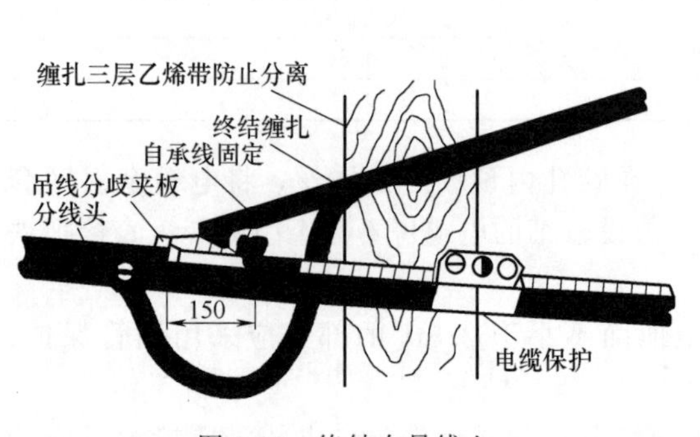

图5-12 终结在吊线上

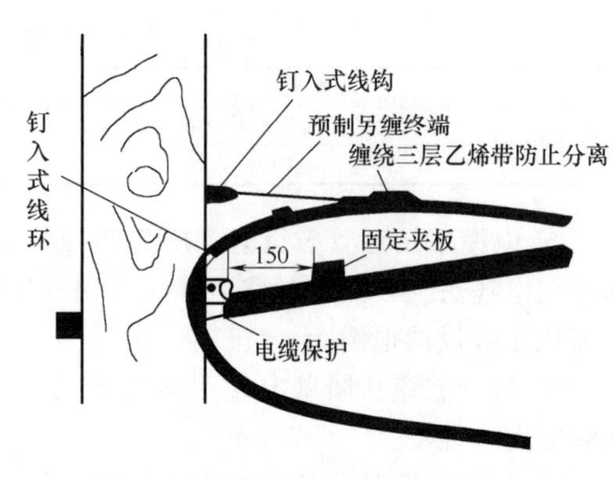

图5-13 终结在线钩上

④ 用户线进入房屋内可穿管暗敷，也可用卡子明敷在室内墙壁上，或布放在吊顶上，但均应做到牢固、安全、美观。

⑤ 在室内墙壁上安装的系统输出口用户盒，应做到牢固、美观、接线牢靠；接收机至用户盒的连接线应采用75Ω的阻抗，屏蔽系数高的同轴电缆，其长度不宜超过3m。

(2) 用户终端盒、放大器、分配器和分支器

① 按图纸要求施工，固定牢固。

② 安装在阳台或露天安装时，应采取必要的防雨水措施。

三、广播系统

1. 机房设备安装

音控室内布局按设计要求进行。

① 广播室设备的安装应考虑到维修方便，设备间不应过分密集，控制台与机架间应有

较宽的通道，与落地式广播设备的净距一般不宜小于1500mm，设备与设备并列布置时，应保证间隔便于通行，不宜小于1000mm。

② 设备安装应平稳、端正，落地式设备应用地脚螺栓加以固定，或用型钢在墙上加固。

③ 设备安装完毕，应对其垂直度进行调整，垂直误差不大于1.5‰。

2. 线路敷设

① 音频信号输入的馈电应用屏蔽软线。

a. 话筒输出必须使用专用屏蔽软线。长度在10～50m，应使用双芯屏蔽软线作低阻抗平衡输入连接，中间若有话筒转接插座的必须要求接触性良好。

b. 长距离连接的话筒线（50m以上）必须采用低阻抗（200Ω）、平衡传送连接方法，最好采用四芯屏蔽线对绞线对并接穿钢管敷设。

c. 调音台及全部周边设备之间的连接均需采用单芯（不平衡）或双芯（平衡）屏蔽软线连接。

② 功率输出的馈电是指功放输出至扬声器（箱）之间的连接电缆，视距离远近进行截面及高或低阻抗的选择。

a. 厅堂、舞厅和其他室内扩声系统宜用低阻抗输出，采用截面积为2～6mm^2的软线穿管敷设，其双向计算长度的直流电阻应小于扬声器阻抗的0.01～0.02Ω。

b. 室外扩声、体育场扩声大楼背景音乐和宾馆客房广播宜用高阻抗定电压传输（70V或100V），馈线宜采用穿管的双芯聚氯乙烯多股软线。

c. 宾馆客房多套节目的广播线应每套节目敷设一对馈线，而不能共享一根公共地线，以免节目信号间干扰。

③ 供电线路选择（单相、三相、自动稳压器），宜用隔离变压器（1∶1），总用电量小于10kV·A时，用单相220V；总用电量大于10kV·A时，用三相电源分三路输出220V供电。

电压波动超过+5%或－10%时，应采用自动稳压器，以保证各系统设备正常工作。

所有馈电线宜穿管敷设，线路施工应参照第四章“建筑电气安装工程”相关要求。

④ 接地与防雷应按标准规范要求进行安装敷设。

a. 应设有专门的接地地线，不与防雷接地或供电接地共享地线。

b. 音频接地必须为单点，不得形成音频接地环流。

3. 扬声器的安装

① 扩声扬声器系统宜采用明装，若采用暗装，装饰面的透声开口应足够大，透声材料或蒙面的格条尺寸相对于主要扩声频段的波长应足够小。

② 无论明装或暗装均应牢固，不得因振动而产生机械噪声。

③ 与火灾事故广播合用的背景音乐扬声器（箱），在现场不得装设音量调节装置或控制开关。

第二节　信息网络系统

一、计算机网络系统

1. 设备机柜的安装

① 计算机网络及布线、跳线设备需要足够的机柜空间，配备足够的机柜数量。

② 机柜要求符合相关标准，尺寸准确无误，工艺精良，结构合理、牢固。

③ 机柜前面和后面留足够的空间以便进行维护维修。

④ 固定牢固，配备足够的机柜附件如螺栓、螺母、隔板等。

⑤ 按照国家相关标准安装足够的标准电源插座，并固定在机柜内的合适位置，不影响其他设备的安装，连接电源线方便安全。

⑥ 机柜保持良好的通风、照明及温度环境，便于操作维护。

2. 网络设备设置

(1) 交换机的设置

① 通过交换机的串行控制口设置方法。用随交换机配的 Console 串口线（或按交换机提供接线要求自制）连接电脑的 COM 口，用超级终端软件或仿真终端软件按如下设置：9600baud，Noparity，8bit，1stop bit，终端性能达到功能键、箭头键和控制键可用的效果。也可以安装其他仿真终端软件如 Netterm，使用更为方便。

② 也可通过网络用图形界面或 Web 界面的软件。

(2) 常见路由器设置

对于每一个路由器来说，都有一个控制台接口（Console），管理员可以通过 RS232 线缆把控制口和一个终端的主口或计算机的串口连接起来，通过这个终端或超级终端软件对路由器进行配置。

超级终端通信参数设置为：速度：9600bit/s；起始位：1；数据位：8；停止位：1/2；校验：无。待终端通信参数设置完毕后，接好路由器控制台，请先打开终端电源，后开路由器电源，之后就进入初始配置了。进入路由器特权命令状态，设置和更改路由器的不同权限的密码，便于以后操作管理。

3. 铜缆和光纤跳线及网络设备安装

(1) 设备上架

安装原则是固定牢固，空间安排合理，美观，便于维护操作和设备更换，满足通风换气要求，满足用电安全要求。一般体积比较大和重的设备放在机柜下方，体积小而轻的设备放在机柜上方。交换机 RJ45 口较多的设备紧靠布线配线架或配线柜安装，光线模块多的网络设备紧靠光纤盆安装，以便于连接，避免线缆交叉。电源线和网络线分开走线，避免电磁干扰。

(2) 理线器配备

机柜从侧面或后面留出线缆穿出位置，理线器或理线环一般从侧面穿线，也有从后面穿线的理线器。所订购的机柜侧面空间最好大些，以便穿线。

理线器一般置于交换机下方，安装紧凑。

24 口以下交换机配备 1 个理线器，安装于交换机下方。

48 口交换机配备 2 个理线器，在交换机上下各安装一个。

端口更多的交换机一般配备本机特殊的理线器，结合增加适当数量的标准理线器，以跳线不互相纠缠，顺直美观，便于跳线操作为宜。

(3) 理线

跳线有 1m、2m 等不同长度，可以依需要自制。但厂家订制的跳线的质量、性能和耐用性都大大优于自制的。每条跳线应编一个号码，两头标上相同号码便于区分接口和理线(可采用印字、写字或套上印字的塑料环等方法标示)。

光纤跳线不能打折，多余部分成圆环盘起来，以免光纤折断。

理线应横平竖直圆滑过渡，用扎带捆绑牢固。

二、信息安全系统

系统配置时，应按以下要求进行网络安全保护。

① 防火墙的设置。可阻挡外部网络的非授权访问和窥探，控制内部用户的不合理的流量，同时可屏蔽内部网络的拓扑细节，便于保护内部网络的安全。

② 代理服务器的设置。应保证局域网用户可以安全地访问 Internet 提供的各种服务且局域网无需承担任何风险。

③ 网络中要有备份与容错。

④ 对网络安全防御的其他手段，加密与网络防护等均应一一检查。

⑤ 应检查“系统安全策略”内容是否符合实际要求。对于信息系统管理还应包括安全协议、E-mail 系统维护协议和网络管理协议等，确保所有的系统管理人员能够及时报告问题，防止超越权限。

第三节　建筑设备监控系统

一、建筑设备监控系统主要输入装置安装

（一）温度变送器

1. 壁挂式温度变送器的安装

① 不应安装在阳光直射的位置，尽量远离有较强振动、较强电磁干扰的区域，其位置不能破坏建筑物的美观与完整性，室外温度变送器应有风雨防护罩。

② 尽可能远离门、窗和出风口位置，不宜安装在外墙侧内壁。

③ 并列安装的变送器（如与湿度变送器并列），距地面高度应一致，同一区域内变送器安装高度应基本一致。

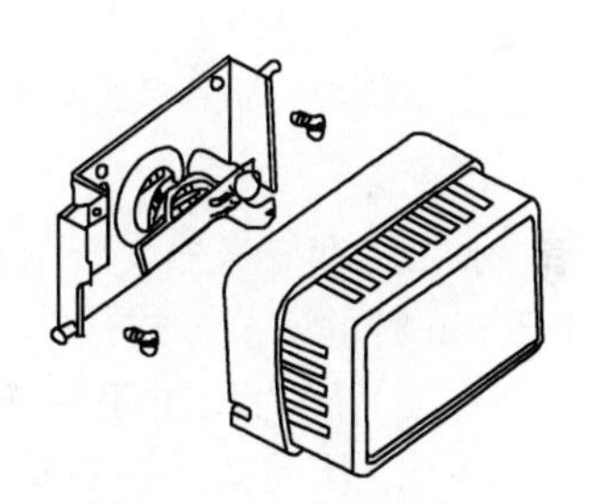

图 5-14　室内温度变送器安装示意图

室内壁挂式温度变送器安装示意参照图 5-14。

步骤 1：松开两边的螺钉，打开外壳。

步骤 2：利用提供的螺钉，将底板固定在墙上。

步骤 3：利用提供的螺套或接线端子，将变送器导线与控制器的输入导线连接起来。

步骤 4：盖上外壳，上紧螺钉。

2. 风道式温度变送器的安装

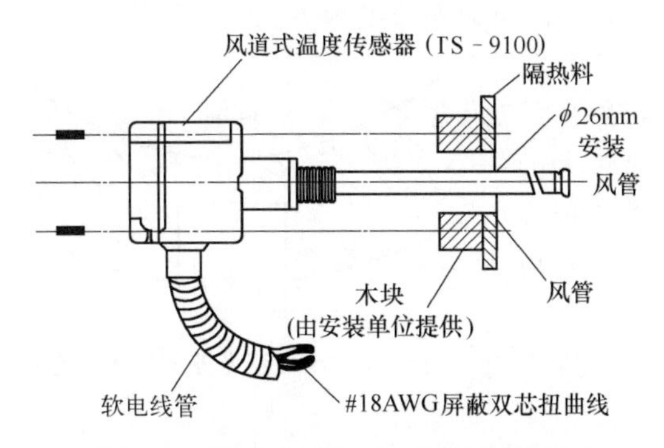

图 5-15　风道式温度变送器安装示意图

① 变送器应安装在风速平稳，能反映风温的位置。

② 变送器的安装应在风道保温层完成后进行。

③ 变送器应安装在便于调试和维修的位置。

④ 变送器应安装在风道直管段，应避开风道死角的位置和冷热管的位置。

风道式温度变送器安装示意见图 5-15。安装时，先在风管道上按要求尺寸开孔，然

后将变送器用螺钉通过固定夹板安装在风管道上。管路敷设可选用 ϕ20mm 穿线管，并用金属软管与温度变送器连接。

3. 水管温度变送器的安装

① 水管温度变送器的安装应在工艺管道预制与安装时同时进行。

② 水管温度变送器的开孔与焊接工作，必须在工艺管道的防腐、管内清扫和压力试验前进行。

③ 水管温度变送器的安装位置应在介质温度变化灵敏和具有代表性的地方。

④ 水管温度变送器不宜选择在阀门、流量计等阻力件附近，应避开水流流速死角和振动较大的位置。

⑤ 水管温度变送器的感温段大于管道口径的 1/2 时，可安装在管道的顶部，如感温段小于管道口径的 1/2 时，应安装在管道的侧面或底部。

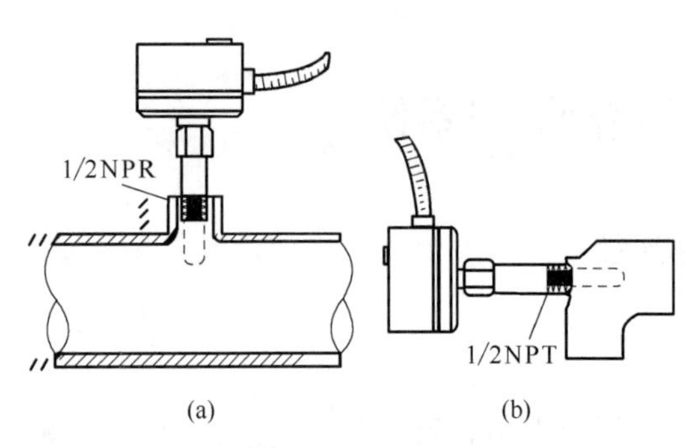

图 5-16　水管温度变送器安装示意图

⑥ 水管温度变送器不宜安装在焊缝及其边缘上，也不宜在变送器边缘开孔和焊接。

⑦ 接线盒进线处应密封，避免进水或潮气侵入，以免损坏变送器电路。

⑧ 管路敷设可选用 ϕ20mm 穿线管，并用金属软管与水管温度变送器连接。

⑨ 在水系统需注水，而变送器安装滞后时，应将变送器套管先安装于水管上。变送器安装时，将变送器插入充满导温介质的套管中。

水管温度变送器安装示意见图 5-16，图（a）为大于管道 5in 时的安装方式，图（b）为小于 5in 时的安装方式。

（二）压力和压差变送器

压力、压差变送器的安装正确与否，将直接影响到测量精度的准确性和变送器的使用寿命。

1. 压力测点的选择

① 选择压力测点（取样口）位置的原则是：对于气体介质，测点应在工艺管道的上部；对于蒸气，测点应在工艺管道的两侧；对于液体，测点应在工艺管道的下部。

② 压力测点应选择在管道或风道的直管段上，不应设在有涡流或流动死角的地方，应避开各种局部阻力，如阀门、弯头、分叉管和其他凸出物（如温度变送器套管等）。测量容器内介质的压力时，压力测点应选择在容器内介质平稳而无涡流的地方。

2. 压力取样口

① 在被测管壁上沿径向钻一小孔，即取样口，如图 5-17 所示。为避免介质流束在取压口处引起较大的扰动，在加工方便和不堵塞的情况下孔尽可能小些。但在压力波动大且频繁、对动态特性要求高时，取压口直径应适当加大。当被测介质流速较大时，孔径应取得较小。

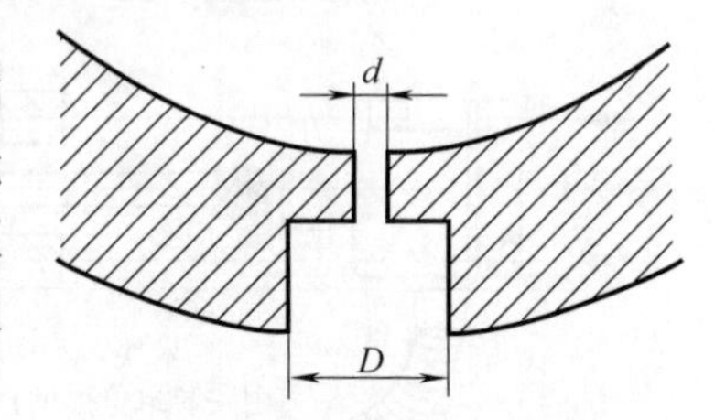

图 5-17　压力变送器取样口示意图

② 取压孔轴线应与介质流速方向垂直，孔口应为直角，否则将会引起静压测量误差。

③ 取压口表面不应有凸出物和毛刺，这对保证较低压力的测量准确性尤为重要。

3. 引压导管

① 为了使测量有较好的动态特性，同时避免导管过长引起的其他麻烦，引压导管一般不要超过60m。为了防止高温介质进入仪表，引压导管也不能过短。测量蒸气压力时，一般导管应长于3m。

② 引压导管应设在无剧烈振动及不易受到机械碰撞的地方，导管不应有急转弯，水平方向应有一定坡度，以防管内积气或积液。导管的周围环境温度应在5～50℃范围内，否则应采取防冻或隔热措施。

③ 引压导管上部应装有隔离阀，测量液体或蒸气时在最高处应有排气装置，测量气体时在最低处应有排水装置。

④ 测量低压或负压时，引压管路必须进行严密性试验。

4. 压力、压差变送器安装注意事项

① 压力、压差变送器应安装在温、湿度变送器的上游侧。

② 压力、压差变送器应安装在便于调试、维修的位置。

③ 风道压力、压差变送器的安装应在风道保温层完成之后。

④ 风道压力、压差变送器应安装在风道的直管段，如不能安装在直管段，则应避开风道内通风死角的位置。

⑤ 水管压力、压差变送器的安装应在工艺管道预制和安装的同时进行，其开孔和焊接工作必须在工艺管道的防腐、清扫和压力试验前进行。

⑥ 水管压力、压差变送器不宜安装在管道焊缝及其边缘上，水管压力、压差变送器安装后，不应在其边缘开孔和焊接。

⑦ 水管压力、压差变送器的直压段大于管道直径的2/3时可安装在管道的顶部，小于管道口径2/3时可安装在侧面或底部和水流流束稳定的位置，不宜选在阀门等阻力部件的附近、水流流束的死角和振动较大的位置。

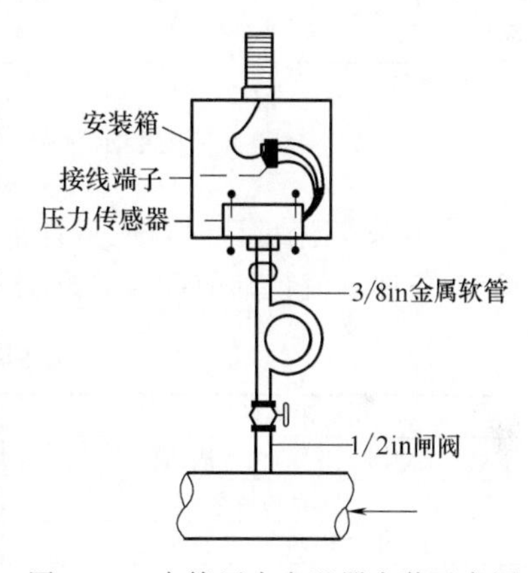

图5-18　水管压力变送器安装示意图

水管式压力变送器安装示意见图5-18。被测介质必须经过带缓冲环的引压管进入变送器，变送器进压口和闸阀等连接处必须用石棉垫紧固密封，不得泄漏，禁止仅用麻丝或聚四氟乙烯带靠螺纹密封，管路敷设可选用ϕ20mm穿线管，并用金属软管与压力变送器连接。

（三）风压差开关和水流开关的安装

1. 风压差开关的安装

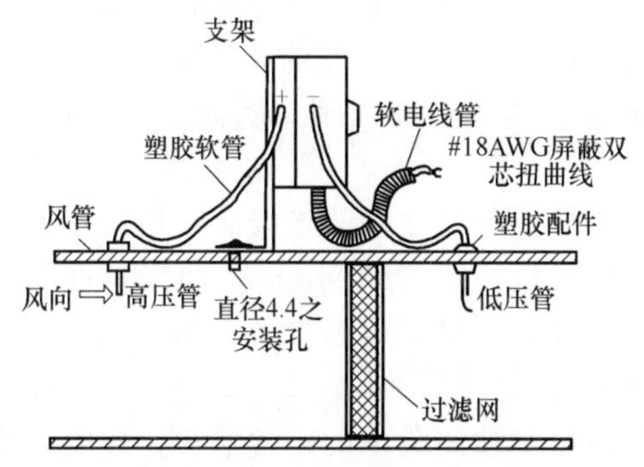

图5-19　风压差开关安装示意图

① 风压差开关安装离地高度不应小于0.5m。

② 风压差开关的安装应在风道保温层完成之后。

③ 风压差开关应安装在便于调试、维修的地方。

④ 风压差开关不应影响空调机本体的密封性。

⑤ 风压差开关的连接线应通过软管保护。

风压差开关的安装示意见图5-19。如图中所示，压差开关应垂直安装，使用L形托架进行安装，管路敷设可选用 ϕ20mm 穿线管，并用金属软管与压差开关连接。

2. 水流开关的安装

① 水流开关的安装，应在工艺管道预制、安装的同时进行。

② 水流开关的开孔与焊接工作，必须在工艺管道的防腐、清扫和压力试验前进行。

③ 水流开关不宜安装在焊缝及其边缘上，应避免安装在侧流孔、直角弯头或阀门附近。

④ 水流开关应安装在水平管段上，不应安装在垂直管段上。

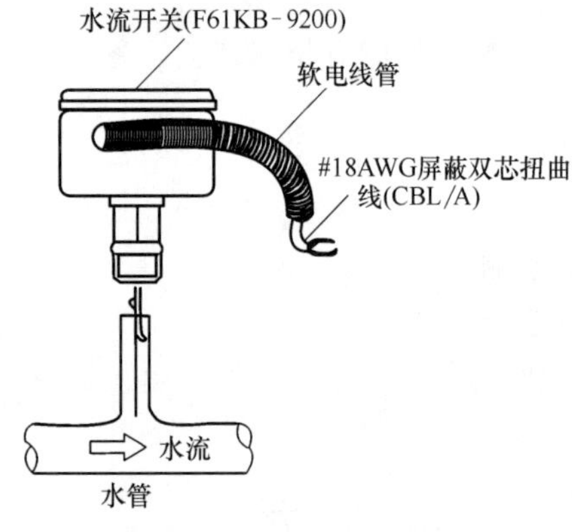

图 5-20　水流开关安装示意图

⑤ 水流开关应安装在便于调试、维修的地方。

⑥ 水流开关叶片长度应与水管管径相匹配。

水流开关安装示意见图 5-20。安装时要将水流开关旋紧定位，使叶片与水流方向成直角，水流开关上标注方向与水流方向相同。

（四）流量计的安装

1. 涡街流量计的安装

① 流量计可安装在水平管道或垂直管道上，但必须保证流体在管道内是满管流动。因此在流体为气体或蒸气时，流量计应安装在垂直管道上，使流体自下而上流过流量计，流体的流向应与流量计标志的流向一致。

② 在安装流量计时，流量计前后应有足够的直管段长度，以保证产生稳定涡街所必需的流动条件。流量计前后直管段必须满足表 5-4 的要求。

表 5-4　涡街流量计前后直管段长度

上游阻力件形式	上游直管段长度	下游直管段长度
同心收缩，全开阀门	15DN	5DN
90°直角弯头	20DN	5DN
同一平面内两个 90°直角弯头	25DN	5DN
不同平面内两个 90°直角弯头	40DN	5DN

注：DN 表示流量计公称直径。

③ 安装流量计时，法兰之间的密封垫圈不得凸入管内，以免破坏流体在管道内的流动状态。流量计必须与管道同轴，安装时严格进行法兰对中检查，对中误差应小于 0.01DN（DN 为变送器公称直径）。

④ 流量计上游侧不得设置流量调节阀。

⑤ 测量流体的温度变送器、压力变送器应安装在离涡街流量计出口端面 5DN 以外。

⑥ 流量计的安装地点应避免机械振动，尤其避免管道横向振动。因为横向振动导致管内流体随之振动，会产生附加测量误差，特别是测量小流量或气体流量时，流量计对横向振动尤为敏感，因此要求管道振动的加速度应小于 0.2g。在安装施工时，为防止管道振动，可在流量计下游 2DN 处安装固定支撑点。

⑦ 流量计的安装地点应避免电磁场干扰，流量计与控制器之间的连线应采用一定截面的屏蔽导线，导线的长度不超过 100m 时，导线的截面积一般为 0.5mm^2，导线长度较短时，导线截面积可为 0.35mm^2。屏蔽导线的走向应避开大容量的电磁设备（如变压器、动力电源等），屏蔽导线应穿在金属管内，金属套管应接地。

⑧ 为了便于流量计的维修，在拆下流量计后不影响对被测流体的正常输送，在安装变送器时，同时应安装旁路管。要求变送器的前后阀门和旁路管的截止阀门关闭后不得有泄

漏，以免产生附加测量误差或不便于维修。

2. 电磁流量计的安装

(1) 电磁流量计安装

水平、垂直或倾斜均可不受限制，但测量固液混合流体最好垂直安装，由下向上流动。水平或倾斜安装时要使电极轴线平行于地平线，不要处于垂直于地平线位置。因为处于底部的电极易被沉积物覆盖，顶部电极易被液体中偶存气泡擦过遮住电极表面，使输出信号被动。图 5-21 所示管系中，c、d 为适宜位置；a、b、e 为不宜位置，a 处易积聚气体，b 处可能液体不充满，e 处变送器后管段也有可能不充满。

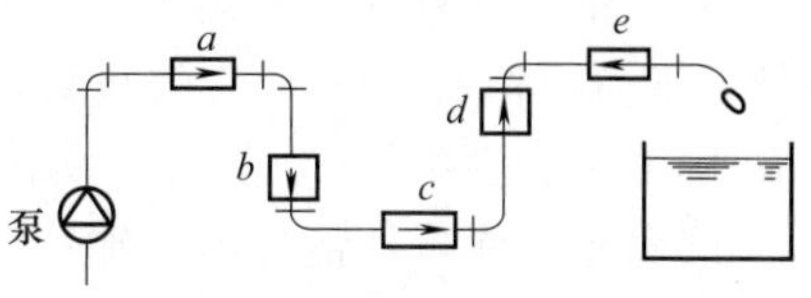

图 5-21 电磁流量计安装位置图

(2) 前后置直管段要求

为获得标定时的测量精度，电磁流量计前也要有一定长度的前置直管段，但其长度与大部分其他流量仪表相比要求较低。90°弯头、T 形管、圆锥角大于 15°的渐扩异径管，全开阀后前置直管段离电极中心线（不是流量计进口端连接面）为 5 倍直径（$5d$）长度，不同开度各种阀则需 $10d$。后置直管段长度为（4～5）DN；也有称无要求者，则应防止蝶阀阀片伸入流量计测量管内。流量计前的渐缩异径管或圆锥角小于 15°的渐扩异径管可视作直管。

(3) 负压管系的安装

塑料衬里的流量计须谨慎地应用于负压管系，正压管系应防止产生负压。例如液体温度高于室温的管系，关闭流量计上下游截止阀停止运行后，流体冷却收缩会形成负压，应在流量计附近装负压防止阀。有制造厂限定 PTEF 和 PFA 塑料衬里应用于负压管系时，在 20℃、100℃、130℃时使用的绝对压力必须分别大于 27kPa、40kPa、50kPa。

(4) 便于清洗的管道连接

流量计在检修和出现故障时，为便于工艺管道继续使用，应装旁路管，但大管径管系因投资和位置空间限制，往往不易办到。根据电极污染程度来校正测量值，或确定一个不影响测量值的污染程度判断基准也是困难的，还需要清除内壁附着物，可按图 5-22 所示，在不卸下流量计时就地清洗。

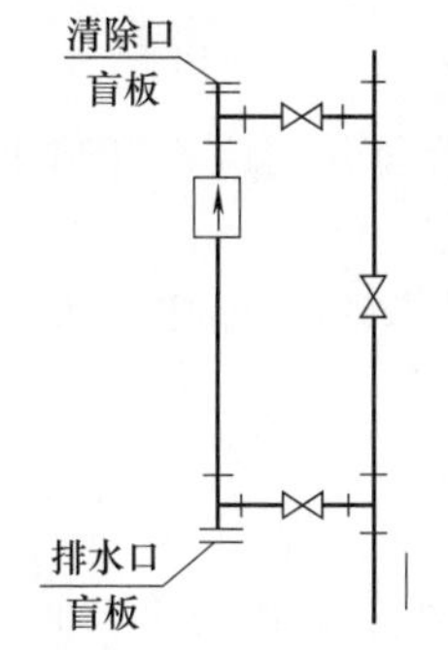

图 5-22 便于清洗的管道连接图

电磁流量计工作环境温度的范围取决于本身结构。转换器分离的电磁流量计，典型工作环境温度范围为 $-10\sim50$℃ 或者 $-25\sim60$℃；一体型仪表在介质温度高于 60℃ 时，则工作环境温度范围应在 $-25\sim40$℃。

(5) 电磁流量计的安装

① 电磁流量计的安装应避开有较强的交直流磁场或有剧烈振动的位置。

② 电磁流量计、被测介质及工艺管道三者之间应该联结成等电位，并应良好接地。

③ 电磁流量计应安装在流量调节阀的上游。

④ 在垂直管道安装时，流体流向自下而上，以保证管道内充满被测流体，不至于产生气泡；水平安装时必须使电极处在水平方向，以保证测量精度。

3. 涡轮式流量计的安装

① 涡轮式流量计应安装在便于调试和维修的位置。

② 涡轮式流量计的安装应尽量避开管道振动、强磁场和热辐射的地方。

③ 涡轮式流量计安装时要注意水平安装，流体的流动方向必须与流量计壳体上所指示

的流向标志一致。

如果没有标志，可按下列所述判断流向：流体的进口端导流器比较尖，中间有圆孔；流体的出口端导流器不尖，中间没有圆孔。

④ 当可能产生逆流时，在流量计后面安装逆止阀。

⑤ 涡轮式流量计应安装在压力变送器测压点的上游，距测压点 3.5～5.5d 的位置；温度变送器应设置在其下游，距涡轮式流量计 6～8d 的位置。

⑥ 涡轮式流量计应安装在有一定长度的直管段上，以确保管道内流速平稳。涡轮式流量计的上游应留有 10d 管段的直管，下游应留有 5d 管径的直管。若流量计前后的管道中安装有阀门和管道缩径、弯管等影响流速平稳的设备，则直管段的长度还需相应增加。

⑦ 涡轮式流量计信号的传输线宜采用屏蔽和带有绝缘保护层的电缆，并宜在控制器一侧接地。

⑧ 为了避免流体中脏物堵塞涡轮叶片和减少轴承密损，安装时应在流量计前的直管段（20d）前部安装 20～60 目的过滤器，要求通径小的目数多，通径大的目数少。过滤器在使用一段时间后，应根据现场具体情况，定期清洗过滤器。

（五）电量变送器的安装

① 电量变送器通常安装在检测设备（高低压开关柜）内，或者在变配电设备附近装设单独的电量变送器柜，将全部的变送器安装在该柜内。然后将相应的检测设备的 CT、PT 输出端通过电缆接入电量变送器柜，并按设计和产品说明书提供的接线图接线，再将其对应的输出端接入 DDC 控制柜。

② 变送器接线时，严防其电压输入端短路和电流输入端开路。

③ 必须注意变送器的输入、输出端的范围与设计和 DDC 控制柜所要求的信号相符。

（六）空气速度传感器的安装

空气速度传感器应安装在风管的直管段，应避开风管内的通风死角，直管段长度应满足设计和产品说明书要求。

（七）空气质量变送器的安装

① 空气质量变送器应安装在便于调试、维修的地方。

② 风道空气质量变送器的安装应在风道保温层完成之后。

③ 风道空气质量变送器应安装在风道的直管段，如不能安装在直管段，则应避开风道内通风死角。

④ 探测气体比重轻的空气质量变送器应安装在风道或房间的上部，探测气体比重大的空气质量变送器应安装在风道或房间的下部。

（八）风机盘管温控器、电动阀安装

风机盘管温控器、电动阀的安装和接线，见图 5-23。

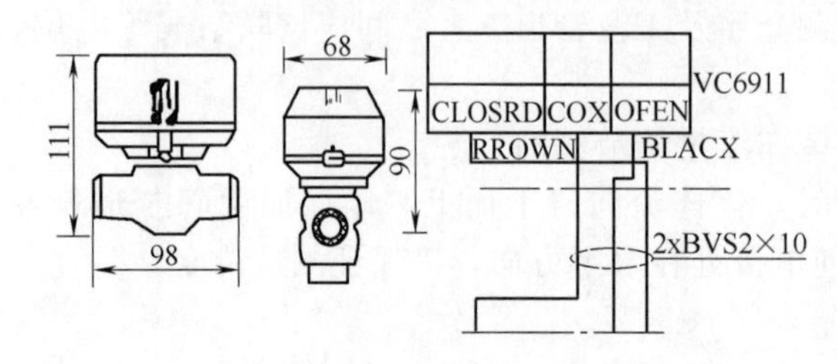

图 5-23　风机盘管温控器、电动阀的安装和接线示意图

① 温控开关与其他开关并列安装时，距地面高度应一致，高度差不应大于 1mm；与其他开关安装于同一室内时，高度差不应大于 5mm。温控开关的外形尺寸与其他开关不一致时，以底边高度为准。

② 电动阀阀体上的箭头的指向应与水流方向一致。

③ 风机盘管电动阀应安装于风机盘管的回水管上。

④ 四管制风机盘管的冷热水管电动阀公用线应为零线。

二、建筑设备监控系统主要输出装置安装

（一）电磁阀的安装

① 电磁阀阀体上的箭头的指向应与水流和气流的方向一致。

② 空调机的电磁阀一般应装有旁通管路。

③ 电磁阀的口径与管道通径不一致时，应采用渐缩管件，同时电磁阀口径一般不应低于管道口径两个等级。

④ 有阀位指示装置的电动阀，阀位指示装置应面向便于观察的位置。

⑤ 电磁阀安装前应按照使用说明书的规定检查线圈与阀体间的电阻。

⑥ 如条件许可，电磁阀在安装前宜进行模拟动作和试压试验。

⑦ 电磁阀一般安装在回水管路上。

（二）电动调节阀的安装

① 电动阀阀体上的箭头的指向应与水流和气流方向一致。

② 空调机的电动阀一般应装有旁通管路。

③ 电动阀的口径与管道通径不一致时，应采用渐缩管件；同时电动阀口径一般不低于管道口径两个等级并满足设计要求。

④ 电动阀执行机构应固定牢固，手动操作机构应处于便于操作的位置。

⑤ 电动阀应垂直安装于水平管道上，尤其是大口径电动阀不能有倾斜。

⑥ 有阀位指示装置的电动阀，阀位指示装置应面向便于观察的位置。

⑦ 安装于室外的电动阀应适当加防晒、防雨措施。

⑧ 电动阀在安装前宜进行模拟动作和试压试验。

⑨ 电动阀一般安装在回水管道上。

⑩ 电动阀在管道冲洗前，应完全打开，以便于清除污物。

检查电动阀门的驱动器，其行程、压力和最大关紧力（关阀的压力）必须满足设计和产品说明书的要求。

电动阀的型号、材质必须符合设计要求，其阀体强度、阀芯泄漏经试验必须满足设计文件和产品说明书的有关规定。

电动调节阀安装时，应避免给调节阀带来附加压力，当调节阀安装在管道较长的地方时，应安装支架和采取避振措施。

电动调节阀的输入电压、输出信号和接线方式，应符合产品说明书的要求。

将电动执行器和调节阀进行组装时，应保证执行器的行程和阀的行程大小一致。

（三）电动风阀执行器的安装

① 风阀执行器与风阀门轴的连接应固定牢固。

② 风阀的机械机构开闭应灵活，无松动或卡涩现象。

③ 风阀执行器安装后，风阀执行器的开闭指示位应与风阀实际状况一致，风阀执行器的开闭指示位宜面向便于观察的位置。

④ 风阀执行器应与风阀门轴垂直安装，垂直角度不小于85°。

⑤ 风阀执行器安装前应按安装使用说明书的规定检查线圈和阀体间的电阻、供电电压，以符合设计和产品说明书的要求。

⑥ 风阀执行器在安装前宜进行模拟动作试验。

⑦ 风阀执行器的输出力矩必须与风阀所需要的力矩相配，并符合设计要求。

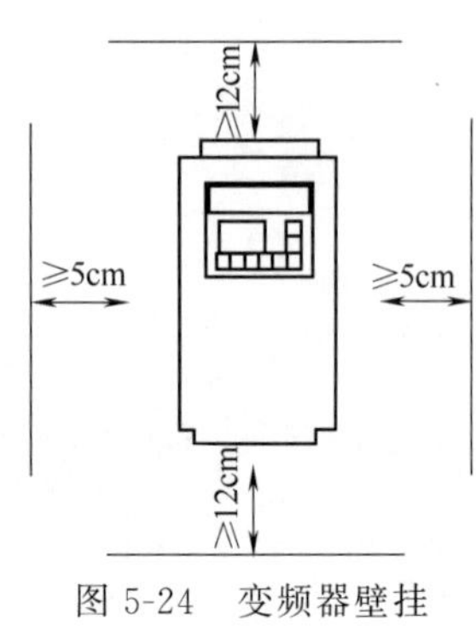

图 5-24 变频器壁挂式安装示意图

⑧ 风阀执行器不能直接与风阀挡板轴相连接时，则可通过附件与挡板轴相连，但其附件装置必须保证风阀执行器旋转角度的调节范围。

（四）变频器的安装

① 壁挂式安装，由于变频器本身具有较好的外壳，一般情况下允许直接靠墙壁安装，称为壁挂式安装，如图 5-24 所示。

为了保持通风的良好，变频器与周围阻挡物的距离应符合：两侧≥100mm，上下方≥150mm。为了改善冷却效果，所有变频器都应垂直安装，为了防止异物掉在变频器的出风口而阻塞风道，最好在变频器出风口的上方加装保护网罩。

② 柜式安装，当周围的尘埃较多时，或和变频器配用的其他控制电器较多而需要和变频器安装在一起时，采用柜式安装。柜式安装时的注意事项如下。

a. 注意发热和散热问题，变频器的最高允许温度为 50℃，一般情况下应考虑设置换气扇，采用强迫换气。

b. 应在柜顶加装抽风式换气扇，换气扇的位置尽量在变频器的正上方，在空气吸入口应设有空气过滤器，在柜门口有屏蔽垫，在电缆引入口设有精梳板，在电缆引入之后密封。

c. 因考虑到电源电压的波动，换气扇的选取应留有 20％余量。

d. 当一个控制柜内装有两台或两台以上变频器时，应尽量并排安装（横向排列），如必须采用纵向排列时，则应在两台变频器之间加装横隔板，以避免下面变频器出来的热风进入到上面的变频器内，如图 5-25 所示。

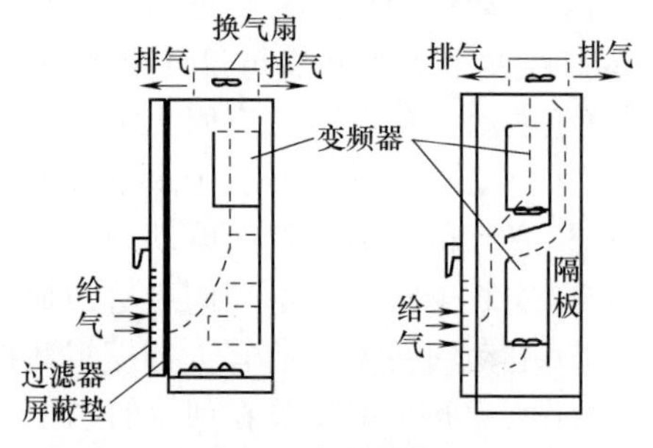

图 5-25 变频器电气柜强制换气安装图

三、工作站、控制网络设备和现场控制柜

工作站设备：包括 PC 机或工业控制机、打印机、UPS 电源、系统模拟显示屏等。

控制网络设备：包括各类通信接口设备、网络控制器、网关、集线器、中继器等其他通信设备。

控制柜：由各类控制器、输入输出模块或输入输出控制模块、电源及接线端子排组成。

（一）中央控制室设备的安装

① 中央控制室设备应在控制室的土建和装饰工程完工后安装。

② 设备在安装前应作检查，并应符合下列规定：

a. 设备外形完整，内外表面漆层完好。

b. 设备外形尺寸、设备内接线端口的型号、规格符合设计要求。

③ 设备及设备各构件间应连接紧密、牢固，安装用的紧固件应有防锈层。

④ 控制台前应有 1.5m 的操作距离；控制台及显示大屏幕离墙布置时，其后应有大于 1m 的检修距离，并注意避免阳光直射。

⑤ 当 BAS 中央控制室和其他系统控制室合用，控制台并列排放时，应在两端各留大于 1m 的通道。

⑥ 中央控制室宜采用抗静电架空活动地板，高度不小于 20mm。

⑦ 有底座设备的底座尺寸应与设计相符，其直线允许偏差为每米 1mm，当底座的总长

超过 5m 时，全长允许偏差为 5mm。

⑧ 设备底座安装时，其上表面应保持水平，水平方向的倾斜度允许偏差为每米 1mm，当底座的总长超过 5m 时，全长允许偏差为 5mm。

⑨ 中央控制室专用配电箱（盘）安装要符合下列要求：

a. 箱（盘）内配线整齐，无绞接现象。导线连接紧密，不伤芯线，不断股。垫圈下螺栓两侧压的导线截面积相同，同一端子上导线连接不多于 2 根，防松垫圈等零件齐全。

b. 箱（盘）内开关动作灵活可靠，带有漏电保护的回路，漏电保护装置动作电流不大于 30mA，动作时间不大于 0.1s。

c. 箱（盘）内分别设置零线（N）和保护地线（PE 线）汇流排，零线和保护地线经汇流排配出。

⑩ 按施工图设计文件进行计算机、网络通信设备、不间断电源设备、打印机、集线器等设备之间的电缆连接，特别要注意线缆型号以及连接方式的正确性，通信线应有备用。施工完毕后要进行检查，确认无误后再进行通电试验。

（二）现场控制柜的安装

① 现场控制柜的安装位置要尽可能远离输水管道，以免管道、阀门跑水，使控制柜损坏；在潮湿、有蒸汽的场所，应采取防潮、防结露的措施。

② 现场控制柜要离电机、大电流母线及电缆 1.5m 以上，以减少电磁干扰。在无法满足要求时，应采取可靠的屏蔽和接地措施。

③ 现场控制柜一般选用壁挂式结构，当选用落地框式结构时，框前操作净距不小于 1.5mm。

④ 现场控制柜安装应符合下列要求：

a. 控制柜的金属框架及基础型钢（落地柜式安装）必须接地（PE）或接零（PEN）可靠，装有电器的可开启门，门和框架的挂地端子间应用裸编织铜线连接，且有标识。

b. 控制柜与基础型钢使用镀锌螺栓连接，且防松零件齐全。

c. 控制柜的安装位置准确、部件齐全，箱体开孔与导管管径适配。

d. 端子排安装可靠，端子有序号，强电、弱电端子隔离布置，端子规格与芯线截面积匹配。

e. 控制柜内接线整齐，回路编号齐全，标识正确，编号应清晰、工整、不易脱色，编号应与线号表一致。

第四节　火灾自动报警及消防联动系统的安装

一、火灾自动报警系统的施工安装

为了提高施工质量，确保火灾自动报警系统正常运行，提高其可靠性，不仅要合理设计，还需要正确合理地安装、操作、使用和经常性地维护。否则，不管设备如何先进，设计如何完善，设备选择如何正确，假如施工安装不合理，管理不善或操作不当，仍然会经常发生误报或漏报，不能充分发挥其应有的效能。

1. 一般规定要求

(1) 施工技术文件及安装队伍的资格

① 安装单位应按设计图纸施工，如需修改应征得原设计单位同意，并有文字批准手续。

② 施工单位在施工前应具有设备布置平面图、系统图、安装尺寸图、接线图、设备技

术资料等一些必要的技术文件。

③ 火灾自动报警系统的施工安装专业性很强。为了确保施工安装质量，确保安装后能投入正常运行，施工安装必须经有批准权限的公安消防监督机构批准，并由具有许可证的安装单位承担。

（2）系统施工安装应遵守的规定

① 火灾自动报警系统的施工安装应符合国家标准《火灾自动报警系统施工验收规范》的规定，并满足设计图纸和设计说明书的要求。

② 火灾自动报警系统的设备应选用经国家消防电子产品质量监督检验测试中心检测合格的产品（检测报告应在有效期内）。

③ 火灾自动报警系统的探测器、手动报警按钮、控制器及其他所有设备，安装前均应妥善保管，防止受潮，受腐蚀及其他损坏；安装时应避免机械损伤。

（3）系统施工安装后应注意的问题

系统安装完毕后，施工安装单位应提交下列资料和文件：

① 竣工图。

② 设计变更的证明文件（文字记录）。

③ 施工技术记录（包括隐蔽工程验收记录）。

④ 检验记录（包括绝缘电阻、接地电阻的测试记录）。

⑤ 变更设计部分的实际施工图。

⑥ 施工安装竣工报告。

2. 火灾自动报警系统的布线

（1）布线过程中应遵守的规定

① 火灾自动报警系统的布线施工应符合《电气装置工程施工及验收规范》（GB 50254～GB 50259）及《火灾自动报警系统施工验收规范》（GB 50166）等国家技术规范的有关规定。

② 火灾自动报警系统布线时，应根据现行国家标准《火灾自动报警系统设计规范》的规定，对导线的种类、电压等级进行检查。具体是：

a. 火灾自动报警系统的线路导线应采用铜芯绝缘导线或铜芯电缆。额定工作电压不超过50V时，导线的电压等级不应低于交流250V，额定工作电压超过50V时，导线的电压等级不应低于交流500V。

b. 火灾自动报警系统传输线路的线芯截面选择，除应满足火灾自动报警装置的技术条件要求外，还应满足机械强度的要求。绝缘导线、电缆线芯按机械强度要求的最小截面，不应小于表5-5的要求。

表5-5　铜芯绝缘导线、电缆线芯的最小截面

类别	线芯的最小截面/mm^2
穿管敷设的绝缘导线	1.00
线槽内敷设的绝缘导线	0.75
多芯电缆	0.50

（2）用来穿设导线的管路敷设要求

① 管内或线槽内穿线应在建筑物的抹灰及地面工程结束后进行，在穿入导线之前，应将管内或线槽内的积水及杂物消除干净。

② 导线在管内或线槽内不得有接头或扭结。其接头应在接线盒内用焊接或用端子连接。

③ 敷设在多尘或潮湿场所，管路的管口、管子连接处均应作密封处理。

④ 管子入盒时，盒外侧应套锁母，内侧应装护口，在吊顶内敷设时，盒的内外侧均应套锁母。

⑤ 在吊顶内敷设各类管路和线槽时，宜采用单独的卡具吊装或支撑物固定。

⑥ 采用钢管敷设时，钢管不应有折扁和裂缝，管内外均应刷防腐漆（埋入混凝土内的管外壁除外），切断口应锉平，管口应刮光，不应留有毛刺。

⑦ 硬塑料管敷设，宜用于室内或有酸、碱等腐蚀性介质的场所，不宜敷设于高温和易受机械损伤的场所，如在高温和易受机械损伤的场所敷设时，应采取适当的防护措施。

（3）用来穿设导线的线槽敷设要求

① 吊装线槽的吊点或支点距离应按工程具体情况设置。

一般在下列部位加装吊杆或支架：

a. 直线段每隔 1.0～1.5m 或线槽接头处。

b. 线槽进出接线盒 0.2m 处。

c. 线槽走向改变或转角处。

② 吊装线槽的吊杆直径，应不小于 6mm。

③ 线槽安装应保持平直，敷线前应清除槽内杂物或水汽。

（4）火灾自动报警系统导线的敷设要求

① 当火灾自动报警系统导线敷设在活动地板下时，每一回路及每层楼线路均应绑扎，并有标记。

② 火灾自动报警系统导线敷设完毕后，应用 500V 的兆欧表测量绝缘电阻，每对回路对地绝缘电阻值应大于 20MΩ。

③ 火灾自动报警系统传输线路采用绝缘导线时，应采用穿金属管、硬质塑料管、半硬质塑料管或封闭式线槽保护方式布线。

④ 不同系统、不同电压、不同电流类别的线路，不应穿于同一根管内或线槽的同一槽孔内。

⑤ 横向敷设的报警系统传输线路如采用穿管布线时，不同防火分区的线路不宜穿在同一根管内。

⑥ 火灾探测器的传输线路，宜选择不同颜色的绝缘导线。同一工程中相同线别的导线颜色应一致，接线端子应有标号。

⑦ 穿管绝缘导线或电缆的总截面积，不应超过管内截面积的 40%。

⑧ 敷设于封闭式线槽内的绝缘导线或电缆的总截面积，不应大于线槽的净截面积的 50%。

⑨ 布线使用的非金属管材、线槽及其附件，应采用不燃或非延燃性材料制成。

3. 火灾探测器及其底座的安装

火灾探测器的安装应正确选择安装位置，合理安装，并要充分注意表现。

（1）感烟火灾探测器的安装要求

① 点型离子感烟火灾探测器和光电感烟火灾探测器的安装要求。

a. 探测器的安装位置至相邻墙壁或梁边的水平距离不应小于 0.5m。宽度小于 1m 的通道、沟道和类似的建筑结构除外。

b. 探测器安装位置的正下方及其周围 0.5m 内不应有遮挡物。

c. 在设有空调系统的房间内安装时。

• 探测器的安装位置至空调送风口边缘的水平距离不应小于 1.5m。

当送风口边缘在墙上距顶棚 1m 以上时，可根据具体情况，安装在距风口边缘 1.5m

以内。

由于建筑需要，探测器确实不会离送风口太远，距离小于 1.5m 时，应设法采取其他措施（如设挡风板），以保证探测器在火灾早期阶段能及时报警。

• 探测器至多孔送风顶棚孔口的水平距离不应小于 0.5m（即将半径≤0.5m 范围内的孔口封堵，成为半径≤0.5m 的圆形平面）。

• 在顶棚附近有回风口的，应安装在回风口的附近。

d. 探测器在顶棚上宜水平安装，当必须倾斜安装时，倾斜角应不大于 45°，当倾斜角大于 45°时，应加底座校正。

e. 在有突出顶棚的梁的场所安装探测器时：

• 当梁高不超过 200mm 时，可以不考虑梁高对探测保护面积的影响，视为平顶顶棚，将探测器安装在顶棚面上。

• 当梁高在 200mm 以上、800mm 以下时，须考虑梁的影响，应根据梁间区域面积确定一只探测器能够保护的梁间区域的个数，将所需只数的探测器安装在顶棚上。

若需要 1 只探测器保护多个梁间区域，在安装时应考虑设置的对称性和均匀性。

• 当梁高超过 800mm 时，被梁隔断的每个梁间区域的顶棚上应至少安装一只探测器。

f. 当在室内净高小于 2.5m，房间面积小于 $30m^2$，且无侧面送风设施的房间内安装时，探测器宜安装在顶棚中央偏向房间出入口侧。

g. 在内走廊或通道顶棚上安装时。

• 当宽度小于 3m 时，探测器宜安装在走廊或通道的中心位置。

• 感烟探测器的安装间距不应超过 15m，感温探测器不应超过 10m。

• 靠近走廊端墙的探测器至端墙的距离不应大于探测器安装间距的 1/2。

h. 如果房间被间壁、书架、设备等隔开，且间壁、书架、设备等到顶棚的距离小于整个房间高度的 5%时，则每个被隔开的部分应至少安装 1 只探测器。

i. 在楼梯间安装探测器时。

• 楼梯间的顶部应安装 1 只探测器。

• 楼梯间垂直高度每隔 10～15m 应安装 1 只探测器，探测器的安装位置可选在朝向室内的楼梯平台上或上一层楼楼板的下面，靠近室内便于维护管理的位置。

• 地下楼梯间可按地下楼梯间的要求安装探测器。

• 地下层只有一层时，地下层楼梯间可与地上楼梯间合用 1 只探测器。

• 自动扶梯及倾斜度大于 1/6 的倾斜通道，均按楼梯间的安装要求安装探测器。

• 室外开放式楼梯可以不安装感烟探测器。

j. 在电梯井、升降机井等处安装探测器时。

• 在电梯井、升降机井和电梯机房之间的隔板上有开口部位时，不管开口面积大小，应将探测器安装在机房内井道上方的顶棚上。

• 若隔板上无开口时，在电梯井、升降机井上方顶棚和机房内顶棚上应分别安装 1 只探测器。

• 管道竖井，当截面积大于 $1m^2$ 时，在顶棚安装 1 只探测器，但竖井内风速经常在 5m/s 以上，或大量停滞灰尘、垃圾、臭气等时，可以不安装。

k. 在阶梯顶棚（或屋顶）上安装探测器时。

• 房间内顶棚（或屋顶）阶梯相差小于 0.4m 时，可视为平面顶棚，探测器按平面顶棚的安装规定安装，但探测器的安装应选在能有效地探测火灾的位置。

• 当阶梯相差大于 0.4m，房间宽度（包括阶梯在内）小于 6m 时，不论顶棚（或屋顶）

阶梯形状如何，可视为同一探测区域，按平面顶棚的安装规定安装，但探测器的安装应选在能有效地探测火灾的位置。

• 当阶梯相差大于 0.4m，房间宽度（包括阶梯在内）大于 6m 时，如果阶梯较低部分的宽度小于 3m，探测器宜安装在较高部分的顶棚上。

• 阶梯位于顶棚中央的场合：

当阶梯部分位于顶棚的中央，阶梯相差大于 0.4m，宽度小于 6m 时，可视为同一探测区域，按（$a+b+c$）的宽度计算选择探测器的数量。

l. 在锯齿形、人字形和圆形屋顶安装探测器时：

当屋顶倾斜角＜15°时，可视为平顶屋顶，探测器按平面顶棚的规定安装；当倾斜角＞15°时，才视为锯齿形或人字形屋顶，在锯齿形屋顶和人字形屋顶的最高处安装一排探测器，探测器下表面距顶棚（或屋顶）的距离按表 5-6 的规定执行。

表 5-6　感烟探测器下表面距顶棚（或屋顶）的距离

探测器的安装高度 h/m	感烟探测器下表面距顶棚(或屋顶)的距离 d/mm					
	顶棚(或屋顶)斜度 θ					
	$\theta \leqslant 15°$		$15° < \theta \leqslant 30°$		$\theta > 30°$	
	最小	最大	最小	最大	最小	最大
$h \leqslant 6$	30	200	200	300	300	500
$6 < h \leqslant 8$	70	250	250	400	400	600
$8 < h \leqslant 10$	100	300	300	500	500	700
$10 < h \leqslant 12$	150	350	350	600	600	800

m. 在有天窗的屋顶安装探测器时。

• 在天窗上安装探测器时，首先应充分了解天窗的构造。当天窗主要用于换气时，应将探测器安装在气流流经的通路位置上，以便于有效地探测火灾。

• 当天窗两肩的间隔小于 1.5m 时，在两肩处分别安装 1 只探测器，其他按人字形顶棚的规定安装。

• 当天窗两肩间隔大于 1.5m 时，探测器应安装在两肩及天窗人字木之间的系梁上。两肩处的探测器宜安装在换气口附近热气流的流经通路位置上。

n. 探测器应妥善保管，安装前应采取防潮、防腐蚀、防尘措施，保护设备完好。在进行调试开通后方可安装探测器。

② 红外光束线型火灾探测器的安装要求。

a. 探测器的安装位置应保证探测器有充足的视场。

b. 探测器的安装应能使探测器发出的光束与顶棚保持平行。在顶棚或其附近有障碍物时，应对探测器的安装高度作适当的调整。

c. 探测器的安装位置应远离强磁场，避免日光直射。

d. 探测器的底座安装在适当位置的墙上，并牢靠固定。

e. 探测器的安装高度应符合下列规定。

• 室内净高小于 5m 时，应将探测器安装在距顶棚小于 0.5m 处的相对两端的墙壁上。

• 室内净高为 5～8m 时，应将探测器安装在距顶棚 1m 处的相对两端的墙壁上。

• 室内净高大于 8m 时，一般为人字形屋顶，无顶棚，探测器应装在距地面 8m 左右的相对两端的墙壁上。

（2）感温火灾探测器的安装要求

① 点型感温探测器的安装要求。

a. 点型感温探测器安装在正常时的最高环境温度比探测器的额定动作温度低 20℃以上的场所。

b. 在宽度小于 3m 的内走道顶棚上设置探测器时，宜居中布置，安装间距不应超过10m，靠近走廊端墙的探测器至端墙的距离不应大于探测器安装间距的 1/2。

c. 定温火灾探测器的下表面应安装在距安装面（顶棚面）小于 0.3m 的位置。

d. 探测器安装面距地板面的高度不应大于 8m。

e. 探测器的安装应选在能够有效地探测火灾的位置。一般情况下，应安装在平均位置。

f. 其他情况请参照感烟探测器的安装位置及方法进行安装。

② 线型感温探测器的安装要求。

a. 空气管线型感温火灾探测器的安装。

• 空气管应敷设在距顶棚小于 0.3m，距各边墙壁小于 1.5m 的位置。

• 两段平行空气管间的距离，在耐火结构建筑物敷设时，应小于 9m；一般结构的建筑物应小于 6m。

• 空气管应用挂钉或吊线固定在安装部位，以防空气管下垂。在直线部分，固定点间距宜小于 1m；在弯曲部分，可在离弯曲部位小于 5cm 的位置加以固定，在两根空气管的连接处，可在离连接部小于 5cm 的位置加以固定。

• 空气管在需要拐弯的部位弯曲安装时，其弯曲半径必须大于 50mm，且不应使空气管破裂。

• 空气管在穿过墙壁等部位安装时必须用保护管、绝缘套管等进行保护。

• 在每个探测区域内，空气管的露出长度应大于 20m。在小房间、厨房等处，如 20m 单层敷设不下时，可以敷设 2 层或 3 层，或者绕成螺旋状敷设。空气管的最大连接长度应不大于 100m。

• 两根空气管相互连接时，应把空气管的连接端磨平，插入套管，用焊锡焊牢。

• 在平面顶棚上安装时，空气管原则上是敷设在顶棚的四周。但根据探测区域的规模或形状，采用下列敷设方法也能有效地探测火灾时，也可采用下列敷设方法：可减掉敷设在顶棚四周的任何一边的空气管；当两段平行空气管间的距离，在耐火结构建筑物小于 6m，一般结构建筑物小于 5m，空气管的露出长度大于 20m 时，可减掉两边的空气管。

b. 缆式线型感温火灾探测器的安装。

缆式线型感温火灾探测器的敷设和空气管线型感温火灾探测器的敷设方式基本相似。下面就以 JTWLD 型缆式线型定温火灾探测器为例加以说明。

• 探测器用于监测室内火灾时，可敷设在室内顶棚上；用于监测动力电缆时，可敷设在动力电缆表面；当敷设在传送带上时，可借助于 M 形吊线直接敷设于被保护传送带的上方及侧面。

• 缆式线型定温火灾探测器的热敏电缆应与被保护物有良好的接触。敷设时可视被保护物的情况，采用直线式、环绕式或近似正弦式的敷设方法。

• 探测器连接时，传输导线与接线盒、热敏电缆与接线盒、终端盒的连接，应使用盒内的接线端子连接牢固。

• 探测器安装敷设时，热敏电缆应用固定卡具固定牢固。直线部分卡具的设置间隔宜小于 0.5m，弯曲部分固定卡具的设置间隔宜小于 0.1m。

• 热敏电缆敷设时严禁硬性折弯、扭转，防止护套破损。必须弯曲时，弯曲半径应大于 20m。

• 接线盒及终端盒应用固定卡具固定，端子和固定卡具的固定间隔小于 0.1m。

• 接线盒及端子箱设置在室外时应确保固定牢固，并外罩防雨箱。

• 热敏电缆安装前应用 1000V 摇表测试绝缘状态，若阻值呈无限大，说明完好可用，方可进行敷设。

• 探测器安装敷设完毕后，一般不宜再做加热试验。如必须做时，可在靠近终端盒的附近用火柴或打火机进行加热试验。试验结束后，切除此段热敏电缆，重新连接好。

• 探测器受热发出火警信号后，应将受热部分切除，更换一段同样长度的热敏电缆，并用端子将其和原来的热敏电缆连接牢固。

（3）火焰探测器的安装要求

① 红外火焰探测器的安装要求。

a. 探测器应安装在能对火灾危险区域各部分提供清晰“视线”的位置，探测器的有效探测范围内不应有障碍物。

b. 探测器的安装应使探测器有最大的直接“视线”。在锯齿形顶棚或有梁顶棚上安装时，安装位置应选在最高处的下面，使探测器能提供最大的视场角。

c. 为充分发挥探测器的有效探测能力，探测器宜安装在顶棚桁架、支撑物、墙壁或墙角的适当位置，并牢靠固定。

d. 探测器安装时，应避开阳光或灯光直射或反射到探测器上。如所选位置无法避开反射来的红外光时，应采取防护措施，对反射光源加以遮挡，以免引起误报。

e. 探测器安装间距要适当，防止出现探测死角。其安装间距（L）应小于安装高度（h）的 2 倍，即 $L<2h$。

f. 安装在潮湿场所时应采取防水措施，防止水滴侵入。

② 紫外火焰探测器的安装要求。

a. 探测器的安装位置应处于其被监视部位的视角范围以内。

b. 探测器不宜安装在可能产生火焰区域的正上部。

c. 探测器应安装在墙上或其他支撑物下，并牢靠固定。

d. 探测器的有效探测范围内不应有障碍物。

e. 在探测器安装区域及邻近区域内，不得进行电焊操作，也不允许安装发出大量紫外线的碘钨灯等照明设备，以免引起误报。

f. 安装在潮湿场所时应注意密封，并尽可能避免雨淋，防止受潮。

g. 探测器的安装数量要适当，防止“死区”。

（4）可燃气体火灾探测器的安装要求

① 探测器应安装在可燃气体容易泄漏处的附近或泄漏出来的气体容易流经的场所及容易滞留的场所。

② 探测器的安装位置应根据被测气体的密度、安装现场的气流方向、温度等各种条件而确定。密度大，比空气重的气体，探测器应安装在泄漏处的下部；密度小，比空气轻的气体，探测器应安装在泄漏处的上部。

③ 探测器不应安装在气流速度经常大于 0.5m/s、气体无法停滞的场所。

④ 探测器应安装在防止水滴、油烟、灰尘等侵入的场所。

⑤ 探测器不应安装在有铅离子（Pb^{+}）存在的场所。

⑥ 探测器的安装应符合设计图纸和设计说明书的要求。

（5）火灾探测器底座的安装要求

① 探测器的底座应牢靠固定，底座与外接导线的连接必须采用可靠压接或焊接。采用压接时要用专用压接工具进行。如采用焊接工艺，为了防止接头处腐蚀脱开或增加线路电

阻，影响正常报警，应使用无腐蚀的助焊剂。

② 探测器的“+”线应使用红色导线，“−”线应使用蓝色导线，其余的导线应根据用途不同采用其他不同颜色的导线，但同一工程相同线别的导线颜色应一致。

③ 探测器底座的外接导线应有缓冲余量，在其入端处应有明显标记。

④ 探测器底座穿线孔宜采取封堵措施，防止潮气进入，影响绝缘。探测器底座安装完毕后应采取保护措施，以防其他工种施工时损坏底座。

4. 手动火灾报警按钮的安装

① 手动火灾报警按钮宜安装在建筑物内的安全出口、安全楼梯口等便于接近和操作的部位。有消火栓的，应尽量设置在靠近消火栓的位置。

② 手动火灾报警按钮应安装在墙壁上，且从手动报警按钮的中心距地（楼）面高度为1.5m处。

③ 手动火灾报警按钮应安装牢固，不得倾斜。

④ 在同一火灾报警系统中应安装型号、规格及操作方法相同的手动火灾报警按钮。

⑤ 手动火灾报警按钮的外接导线，应留有不小于0.1m的余量且在其端部应有明显的标志。

5. 火灾报警控制器的安装

火灾报警控制器是火灾自动报警设备中非常重要的部分，可称为火灾自动报警系统的“心脏”，因此对于选定机型，确定安装位置，必须进行充分的考虑和研究。

① 火灾报警控制器（以下简称控制器）周围应留出适当空间，机箱两侧距墙或设备不应小于0.5m，正面操作距离不应小于1.2m。

② 控制器落地安装时，箱底宜高出地坪0.1～0.2m。

③ 区域报警控制器安装在墙上时，其底边距地不应小于1.5m。

④ 控制器落地安装时应垂直，不得倾斜；安装在墙上时应安装牢固，不得脱落。安装在轻质墙上时，可采取加固措施后再安装。

⑤ 引入控制器的电缆或导线应符合下列要求。

a. 配线整齐、清晰、美观、避免交叉，并应固定牢固，端子板不应承受外界机械应力。

b. 电缆芯线和所配导线的端部均应标明其回路编号。编号应与图纸符合，字迹应清晰，并不易褪色。

c. 端子板的每个接线端，接线不得超过两根。

d. 电缆芯和导线应留有不小于0.2m余量。

e. 导线应绑扎成捆，防止导线接错。

f. 导线引入线穿线后要塞住，防止灰尘、水滴进入。导线要用带子缠好，以防机械擦伤。

⑥ 控制器的供电电源应采用“消防电源”，并有红色标记，字迹应清晰，且不易抹掉。

⑦ 控制器接地应牢靠，并有明显标记。

6. 火灾自动报警系统的接地

① 工作接地与保护接地应严格分开。不得用金属软管和镀锌扁铁作为接地导体。工作接地应采用铜芯绝缘导线或电缆。其线芯截面积不应小于25mm^2。

② 接地线上不应连接熔丝等。

③ 接地导体施工完成后应作隐蔽工程验收，并用测量接地电阻仪器对接地电阻值进行测量，接地电阻值应满足下列要求。

a. 工作接地电阻值应小于40Ω。

b. 采用联合接地时，接地电阻值应小于1Ω。

④ 由消防控制室引至接地体的工作接地线，通过墙壁时，应穿入钢管或其他牢固的保护管。

二、消防联动控制设备的施工安装

1. 消防控制室内设备的施工安装

(1) 消防控制室内的设备及布置要求

消防控制室的设备应集中布置、排列整齐。主要设备应包括以下内容。

① 集中报警控制器。

② 室内消火栓系统的控制装置。

③ 自动喷水灭火系统的控制装置。

④ 泡沫、干粉灭火系统的控制装置。

⑤ 卤代烷（1211、1301）、二氧化碳等管网灭火系统的控制装置。

⑥ 电动防火门、防火卷帘的控制装置。

⑦ 通风空调、防烟排烟设备及其电动防火阀的控制装置。

⑧ 普通电梯的控制装置。

⑨ 火灾事故广播设备的控制装置。

⑩ 消防通信设备等。

(2) 消防控制设备的布置要求

① 盘前操作距离：单列布置时不应小于1.5m，双列布置时不应小于2m。

② 在值班人员经常工作的一面，与墙的距离不应小于3m。

③ 盘后的维修距离不应小于1m。

④ 控制盘的排列长度大于4m时，控制盘两端应设宽度不小于1m的通道。

(3) 消防控制室内设备的安装要求

① 消防控制设备的控制盘（箱)、柜应加装8号槽钢基础。基础应高出室内地坪100～120mm，基础型钢应接地可靠。

② 消防控制设备应在控制盘上显示其动作信号。

③ 消防控制设备的盘、箱、柜等在搬运和安装时应采取防振、防潮、防止框架变形和漆面受损等措施，必要时可将易损元件卸下，当产品有特殊要求时，须符合其要求。

④ 设备安装用的紧固件，除地脚螺栓外应用镀锌制品。盘、柜及其元件与设备或与各构件间连接应牢固。消防报警控制盘、模拟显示盘、自动报警装置盘等不宜与基础型钢焊接固定。

⑤ 盘、箱、柜单独或成列安装时，其垂直度、水平度，以及盘面、柜面、平直度与盘、柜间接缝的允许偏差应小于1.5～5.0mm，即用肉眼观察，无明显偏差。

(4) 控制设备的接线要求

① 消防控制室内的进出电源线、控制线或控制电缆宜在地沟内敷设，垂直引上引下的线路应采用竖井或封闭式线槽内敷设的方法。进入设备地沟或地坑内应留有适当的余线。

② 消防控制盘内的配线应采用截面积不小于1.5mm^2、电压不低于250V的铜芯绝缘导线，对于电子元件回路、弱电回路采用锡焊连接时，在满足载流量和电压降及有足够的机械强度的情况下，可使用较小截面积的绝缘导线。

用于晶体管保护，控制逻辑回路的控制电缆，当采用屏蔽电缆时，其屏蔽层应接地；当不采用屏蔽电缆时，其备用芯线应有一根接地。

③ 火灾自动报警、自动灭火控制、联动等的设备盘、柜的内部接线应符合以下要求。

a. 按施工图进行施工，正确接线。

b. 电气回路的连接（螺栓连接、插接、焊件等）应牢固可靠。

c. 电缆线芯和所配导线的端部均应标明其回路的编号，编号应正确，字体清晰、美观、不易脱色。

d. 配线整齐、导线绝缘良好、无损伤。

e. 控制盘、柜内的导线不得有接头。

f. 每个端子板的每侧接线一般为一根，不得超过两根。

g. 消防控制设备在安装前，应进行功能检查，不合格者，不得安装。

h. 消防控制设备的外接导线，当采用金属软管作套管时，其长度不宜大于1.0m，并应采用管卡固定，其固定点间距不应大于0.5m。金属软管与消防控制设备的接线盒（箱），应采用锁母固定，并应根据配管规定接地。

i. 消防控制设备外接导线的端部，应有明显的标志。

j. 消防控制设备盘（柜）内不同电压等级、不同电流类别的端子应分开，并有明显的标志。

（5）消防控制室内的消防通信设备要求

① 消防控制室与值班室、配电室、消防水泵房、通风空调机房、电梯机房等处，应设置固定的对讲电话。

② 消防控制室内应设置向当地公安消防部门直接报警的外线电话。

（6）消防控制室内系统接地装置的施工安装

① 工作接地线应采用铜芯绝缘导线或电缆，不得利用镀锌扁钢或金属软管。

② 由消防控制室引至接地体的工作接地线，通过墙壁时，应穿入钢管或其他坚固的保护管。

③ 工作接地线与保护接地线，必须分开，保护接地导体不得利用金属软管。

④ 接地装置施工完毕后，应及时作隐蔽工程验收。验收应包括下列内容。

a. 测量接地电阻，并作记录。

b. 查验应提交的技术文件。

c. 审查施工质量。

2. 消防电梯的施工安装

（1）消防电梯的设置和应具备的功能

消防电梯的设置应符合下列要求。

① 消防电梯应设前室，其面积为：居住建筑不应小于4.5m^2，公共建筑不应小于6m^2，当与防烟楼梯间合用前室时，其面积为：居住建筑不应小于6m^2，公共建筑不应小于10m^2。

② 消防电梯前室宜靠外墙布置，在底层应设直通室外的出口或经过长度不超过30m的通道通向室外。

③ 消防电梯井、机房与相邻电梯井、机房之间应采用耐火极限不小于2.0h的隔墙隔开。如在墙上开门时，应设甲级防火门。

④ 消防电梯前室应采用乙级防火门或具有停滞功能的防火卷帘。

⑤ 消防电梯内应设有电话及在首层供消防队员专用的操作按钮。

⑥ 消防电梯的井底应设排水设施，排水井的容量不应小于2.0m^3，排水泵的排水量不应小于10L/s。

⑦ 消防电梯宜分别设在不同的防火分区内。

⑧ 消防电梯的动力与控制电缆、电线应采取防水措施。

⑨ 消防电梯的行驶速度，应按从首层到顶层的运行时间不超过 60s 计算确定。

（2）消防电梯的功能要求

① 当发生火灾时，应封闭电梯井道、关闭梯门。同时为了乘客的安全，应将乘客送往首层站，使乘客尽快脱离现场。在消防人员到达现场时，能借助消防电梯救援、灭火。

② 消防电梯在首层站装有消防按钮，消防按钮在平时用有机玻璃封闭，不能随意按动消防按钮。在火灾发生时，打碎面板，按下消防按钮，电梯即进入消防运行状态。

③ 消防电梯的运行包括两种状态：消防电梯在运行中返回首层和消防队员专用。

在运行中返回首层的要求包括下列内容。

a. 消除内指令、中止厅门的召唤。

b. 将门关闭，断开门厅回路，但安全触板仍起作用。

c. 电梯如果正处于上行中，则立即在最近层停靠，不开门，然后返回首层站。

d. 如果电梯处于下行时，则直接返回首层站。

e. 开门中的电梯，立即关门返回首层站。

f. 如果电梯已在首层，则立即打开厅门进入消防队员专用状态。

消防队员专用状态应具备的功能包括下列内容。

a. 厅门召唤中止。

b. 恢复轿内指令按钮功能，以便消防队员操作。

c. 实行开门待机。

d. 关门按钮无自保持功能，即应紧按关门按钮直至门关闭，电梯启动后，方可松手。关门过程中，如松开按钮门则自动打开。

e. 切除自动返回首层站的功能（如果原来有）。

f. 有些电梯还设有轿内指令一次有效性能，即内指令无自保，消防队员在按关门按钮的同时也应按紧希望到达楼层的指令按钮，直至电梯启动时才松手，停梯时即使有其他楼层的指令，也会被自动消除。

如果是直流发电机-电动机拖动的电梯，在消防运行时，电动机不关闭。

3. 消防通信、火灾应急广播的施工安装

（1）消防通信设备的施工安装

① 通信设备的施工安装应符合原中华人民共和国邮电部的部颁标准《通讯电源设备安装工程施工及验收技术规范》的规定。

② 通信设备的施工安装工程的安装方式和要求应按照施工图设计的规定进行。在施工过程中，如需修改设计或代用材料时，必须征求设计单位同意和当地电信部门的允许，并办理相应的文字手续。

③ 通信设备安装位置应符合设计规定，其偏差应不大于 10mm。

④ 支架加固的方式应符合设计规定。一列机架的机面应平直，其偏差每米应不大于 3mm，全列偏差不大于 15mm。支架顶面应平齐，支架间应相互并拢。

⑤ 机架安装应垂直，偏差应不大于 2mm。

⑥ 分装的部件组装时，不得互换或装错。

⑦ 机架应可靠接地，接地电阻应符合设计规定。

⑧ 电源线的规格、程式、数量及敷设路径等应符合设计规定。直流电源线与交流电源线宜分开敷设，避免绑在同一线束内。

⑨ 沿地槽敷设的橡套电缆和铅包电缆不宜直接和水泥地面接触。

⑩ 敷设电源线应平直并拢、整齐，不得有急剧弯曲和凹凸不平现象，在电缆走道上敷设电源线的绑扎间隔应符合设计规定，绑扎线扣应整齐、松紧合适，结扣在两条电缆的中心线上，麻线在横铁下交叉，麻线剪头隐蔽而不暴露在外侧。

a. 电源线转弯时，弯曲半径应符合下列规定。

• 铅包电缆的弯曲半径不得小于其外径的 10 倍。

• 纸绝缘多芯电缆不得小于其外径的 15 倍。

• 铅包线和橡套电缆不得小于其外径的 6 倍。

b. 电源线穿钢管应符合下列要求。

• 钢管管口应光滑，管内清洁、干燥，接头紧密，不得使用螺纹接头。

• 钢管管径及管口位置应符合设计规定。

• 穿入钢管内的电源线不得有接头，穿线管在穿线后应按设计规定将管口密封。

• 非同电压等级的电力电缆不得穿在同一管孔内。

• 管内穿放电缆时，直线管径利用率一般为 50%～60%，弯管管径利用率一般为 40%～50%；管内穿放绞合导线时，管子截面利用率一般为 20%～25%。管内穿平行导线时，管子的截面利用率一般为 25%～30%。

注：导线的截面指导线和其绝缘层的截面。

• 用户线一般应单独穿放在管内。其管径一般不超过 25mm。

• 直线管路一般每隔 30m 加装暗线箱或明管的检查箱。弯管路的中心夹角不应小于 90°，如有两次弯曲，其弯曲处应分别靠近管子两端，并不应弯成 S 形，暗线箱或检查箱间的距离不应超过 15m。

• 暗配线管网的安装，应满足配线电缆系统的要求，上升管路应进入每层的电缆接头箱。每隔若干层楼应设置电缆接头箱间的连络管。上升管路应设置备用管。

• 建筑物内通信管线与其他管线的最小净距，应符合表 5-7 的要求。

表 5-7　墙壁、电缆及建筑物内通信管线与其他管线的最小净距

其他管线	平行净距/mm		交叉净距/mm	
	墙壁电缆	建筑物内通信管线	墙壁电缆	建筑物内通信管线
避雷引下线	1000	—	300	—
保护地线	50	—	20	—
电力线	150		50	
给水管	150		20	
压缩空气管	150		20	
热力管(不包封)	500		500	
煤气管	300		20	

• 暗线箱装设高度一般为箱底距地面 500～1000mm，暗线箱内不应有其他管线穿越。出线盒的位置应尽量靠近用户设备，一般距地 300mm。

室外直埋电缆应按隐蔽工程处理。遇有障碍物或过马路时应敷设穿线管，在中间接头处和终端头处应留有 2～3m 的富余长度。

电源线与设备连接时应符合下列要求。

• 截面在 10mm^2 及以下的单芯电源线打接头圈连接时，弯线头弯曲方向应与紧固螺栓方向一致，并在导线与螺母间加装垫圈，每处连接端最多允许连接两根芯线，宜在两芯线间加装垫圈，所有螺栓均应拧紧。

• 截面在 10mm^2 以上的多股电源线应加装铜线接头，其尺寸应与导线线径相配合。

• 导线接头与设备接触部分应平整洁净，接触处涂一薄层中性凡士林，安装平直端正，螺栓紧固。

• 电源线与设备接线端子连接时，不应使端子受到机械应力。

电源线布放完毕，在相对湿度不大于80%时，用500V兆欧表测试线间及线对地的绝缘电阻，其应大于1MΩ。

通电1h后检查电源线线鼻子处，电源线连接处及电源线与设备连接处的温度均不得大于65℃。

用户线路有架空明线或虽无架空明线但有与250V以上的电力线路碰触的可能时，用户端均应装设保安器。

交接箱（分线箱）的安装位置，一般按下列要求综合考虑确定。

• 应安装在永久性的房屋建筑及以后不易变动的位置。
• 应尽量缩短引入交接箱的电缆长度，便于施工和维护。
• 落地式交换箱一般应装在室内。
• 在空气中含有腐蚀性介质的地段，交接箱不应装在室外。
• 应避开易燃、易爆地点。

消防控制器、保安室、高低压变配电房、柴油发电机房、消防水泵房、通风空调机房等应设专用直通电话机。

消防控制室应装设与当地公安消防部门直通的联络电话。

电缆管道、直埋电缆与其他地下管线和建筑物的最小净距（m）应符合表5-8的要求。

表5-8 电缆管道、直埋电缆与其他地下管线和建筑物的最小净距

其他地下管线及建筑物名称		平行净距/m		交叉净距/m	
		电缆管道	直埋电缆	电缆管道	直埋电缆
给水管	75～150mm	0.5	0.5	0.15	0.5
	200～400mm	1.0	1.0		
	400mm以上	1.5	1.5		
排水管		1.0	1.0	0.15	0.5
热力管		1.0	1.0	0.25	0.5
煤气管	压力＜0.3MPa	1.0	1.0	0.15	0.5
	压力＞0.3MPa			0.5	
	压力＜0.8MPa	2.0	1.0		
35kV以下电力电缆		0.5	0.5	0.5	0.5
建筑物的散水边缘			0.5		
建筑物基础(无散水时)		1.5	1.0		

（2）火灾应急广播的施工安装

① 一般要求如下。

a. 广播设备的施工安装应符合《工业企业通信设计规范》的有关规定。

b. 火灾事故状况下的火灾应急广播（疏散诱导广播）的音量调节器应安装在走道、过厅、门厅方便操作控制的地方，安装高度距地面1.8m。

c. 当火灾确认后，火灾应急（疏散）广播控制程序应符合下列要求。

• 当地下室发生火灾时，宜先接通地下各层及首层。
• 当首层发生火灾时，应先接通首层、二层和地下各层。
• 如果二层或二层以上发生火灾时，应接通火灾层及相邻的上下层。

② 广播站（室）内设备布置应符合下列要求。

a. 设备间布线长度应尽量短，扩音机输出线和电源线不得与节目信号线平行和接近，节目信号线应使用金属屏蔽线。

b. 落地式广播设备的机面与墙的净距不应小于1.5m。机背与墙、机侧与墙的净距不应小于1m。并列布置时，两设备机侧间的净距不应小于1m。

c. 天地线接线盘的盘底离地高度宜为1.8m。分路控制盘和交流配电盘的盘底离地高度宜为1.2m。

d. 设备应安装牢固，便于使用及维护，并应考虑今后扩装的可能。

e. 广播站（室）内的导线敷设方式，应尽量采用地下线槽或暗管敷设。

f. 广播站（室）宜采用定压输出的扩音机。当采用定阻抗输出的扩音机时，线路的输入阻抗和扩音机的输出阻抗应匹配。

（3）广播线路的安装

① 广播网的分路应根据广播用户地点、播音要求、广播线路以及建筑物的功能分区进行安装。

② 有线广播线路应采用双线回路，广播网的馈电线电压一般为12V，用户线电压宜采用30V。

③ 从扩音机到任一扬声器，线路的最大衰减值不应大于4dB（频率为1000Hz）。

④ 节目信号线与电源线之间的近端串音衰减值：明线通路不应小于77.0dB，电缆通路不应小于77.3dB。节目信号线与电话线合用一条电缆时，节目信号的传输电平不应大于7.8dB。

⑤ 广播网的室外线路一般与低压电力线路同杆架设。室内线路一般采用沿墙敷设方式，必要时采用明配管或暗配管等敷设方式。

对于消防报警用在火灾事故状态下的应急广播线路应采用金属管保护，并宜暗敷设在非燃烧体结构内，其保护层厚度不应小于3cm。当必须明敷时，应在金属管上采取防火保护措施。

⑥ 广播线路明线与电力线路同杆架设时，电力线的线电压，不应超过380V，广播线应在电力线下面，其间距不应小于1.5m。线位的确定应考虑安全和维护方便等因素。

⑦ 广播明线与通信线同杆时，广播线应在通信电缆的上面，其间距不应小于0.6m，且通信电缆每隔200m左右应接地一次。

⑧ 广播线沿墙敷设的高度，在办公室或生活区内一般为2.5～3.5m；在车间及室外为3.0～3.5m。

⑨ 沿墙敷设的双股绝缘广播用户线（30V）与低压电力线、电话线的平行间距不应小于表5-9的规定。

表5-9　沿墙敷设的广播用户线和低压电力线、电话线的平行间距表

平行长度/m	线路种类		平行长度/m	线路种类	
	电话用户线	低压电力线		电话用户线	低压电力线
	净距/mm			净距/mm	
5	5	20	40	21	28
10	10	20	50	22	30
20	15	20	60	23	40
30	20	25	70	24	50

⑩ 架空广播明线引入室内或与电缆相连接时，应加装保安设备。

（4）扬声器的安装

① 扬声器的安装高度：在办公室及生活间内一般为2.5m，在车间内一般为3～5m；在

室外一般为4～5m，在食堂等处一般为3～4m。

② 扬声器的设置和选用应符合下列要求。

a. 一般办公室采用0.5～1.0W纸盆扬声器，当只在走廊两端，门厅或中间适当地点安装时，采用1～3W纸盆扬声器。

b. 在噪声级大于80dB的车间内一般不装设扬声器。在噪声级等于或小于80dB的车间内装设扬声器时，扬声器的输出声压级应比环境噪声声压级大10dB。

车间一般采用号筒扬声器，在噪声不大的小车间内也可以采用纸盆扬声器。

c. 厂区和住宅区的主要道路、广场宜采用低音扬声器或声柱。

d. 食堂、简易会场等一般采用组合扬声器或1～5W纸盆扬声器。

e. 宾馆、饭店、餐厅、舞厅、宴会厅宜装设声柱或天棚内嵌装低音扬声器。高层建筑消防报警广播控制应与消防控制室相连接，形成应急广播系统。

第五节　安全防范系统

一、视频（电视）监控系统安装

1. 前端设备安装前的检查

① 将摄像机逐一加电检查，并进行粗调，在摄像机工作正常时才能安装。

② 检查室外摄像机的防护罩套、雨刷等功能是否正常。

③ 检查摄像机在护罩内紧固情况。

④ 检查摄像机与支架、云台的安装孔径和位置。

⑤ 在搬动、架设摄像机过程中，不应打开摄像机镜头盖。

2. 安装原则

① 应安装在监视目标附近不易受外界损伤、无障碍遮挡的地方，安装位置不影响现场设备工作和人员的正常活动。

② 摄像机安装对环境的要求。

a. 在带电设备附近架设摄像机时，应保证足够的安全距离。

b. 摄像机镜头应从光源方向对准监视目标，应避免逆光安装，否则易造成图像模糊或产生光晕；必须进行逆光安装时，应将监视区域的对比度压缩至最低限度。

c. 室内安装的摄像机不得安装在有可能淋雨或易沾湿的地方；室外使用的摄像机必须选用相应的型号。

d. 不要将摄像机安装在空调机的出风口附近或充满烟雾和灰尘的地方，易因温度的变化而使镜头凝结水汽，污染镜头。

e. 不要使摄像机长时间对准暴露在光源下的地方，如射灯等点光源。

③ 安装高度：室内以2.5～5m为宜；室外以3.5～10m为宜，不得低于3.5m。

④ 摄像机安装时露在护罩外的线缆要用软管包裹，不得用电缆插头去承受电缆自重。

3. 护罩摄像机的安装

摄像机的结构因品牌不同而各异，图5-26是一种典型的结构。

摄像机安装的注意事项有以下内容。

① 在天花板上顶装时，要求天花板的强度能承受摄像机的4倍重量。

② 将摄像机接好视频输出线和电源线，并固定在防护罩内，再安装在护罩支架上。

③ 根据现场条件选择摄像机的出线方式，通常有从侧面引出（通过装饰盖板缺口）和

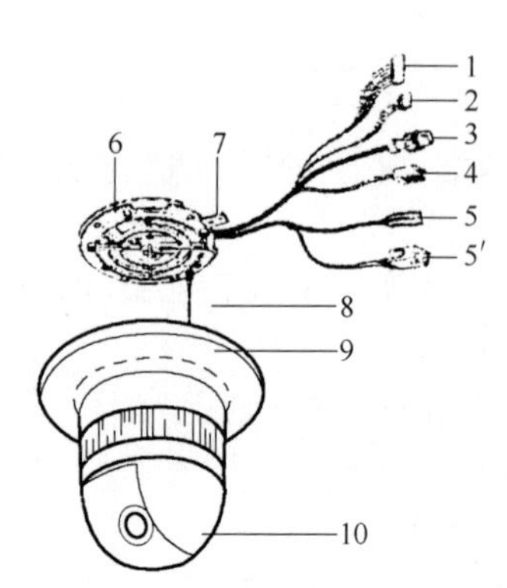

图 5-26　半球罩摄像机的结构
1—报警输入插头；2—报警输出插头；3—视频输出插头；4—数据端口；5—AC220V 电源线；5′—AC24V 电源线（视型号选用 5 或 5′）；6—摄像机角度定位器；7—摇动起始点；8—防坠落保护弹簧；9—装饰盖板；10—半球形顶罩

从顶面引出（需在顶棚上开空）两种方式。

④ 用螺钉将摄像机的固定基座固定在顶棚顶上。

⑤ 将防坠线钩在摄像机固定基座上，以防摄像机意外坠落。

⑥ 摄像机安装完毕后，应将安装螺钉拧紧，并确认摄像机的安装是否牢固和安全。

⑦ 根据现场情况调节护罩角度，以使摄像机的视场和视角最佳。

4. 云台摄像机的安装

① 根据安装方式安装，墙装时将云台支架固定于墙上；吊装时将云台倒装在吊架上。

② 根据最佳视场角设定云台的限位位置。安装高度：室内以 2.5～5m 为宜；室外以 3.5～10m 为宜，不得低于 3.5m。

③ 根据云台的控制方式选用交流或直流驱动电源：转动速度固定的多采用交流驱动；转动速度可变的则采用直流驱动。

④ 摄像机的视频输出线、控制线应留有 1m 的余量。

5. 电梯轿箱内摄像机安装

① 应安装在电梯轿箱顶部、电梯操作器的对角处，要求隐蔽安装。

② 摄像机的光轴与电梯的两面壁成 45°，且与电梯天花板成 45°俯角为宜。

6. 摄像机的连接线

① 云台摄像机的视频输出线、控制线应留有 1m 的余量，以保证云台正常工作。

② 摄像机的视频输出线中间不得有接头，以防止松动和图像信号衰减。

③ 摄像机的电源线应有足够的导线截面，防止长距离传输时产生电压损失而使工作不可靠。

④ 支架、球罩、云台的安装要可靠接地。

7. 户外摄像机的安装

户外安装的摄像机除按上述规定施工外，要特别注意避免摄像机镜头对着阳光和其他强光源方向安装；此外还要对视频信号线、控制线、电源线分别加装不同型号的避雷器。

8. 监控中心设备的安装

① 监控中心设备的安装原则参照《电子计算机场地通用规范》（GB/T 2887）。

② 监控中心设备的连接。按设计的系统图连接。

图 5-27 为一个典型的模拟式视频监控系统的连接图。

图 5-28 为一个典型的嵌入式数字视频监控系统的连接图。

二、报警系统安装

1. 红外报警探测器的安装

红外报警探测器可探知防区内温度发生的轻微或突然变化，并发出报警信号。

探测器安装分吸顶式、壁挂式两类。

安装时应根据探测器的探测范围和方向（如全方位等）确定安装位置和方式。

① 吸顶式安装高度一般为 2.5～6m。

② 壁挂安装时应使探测器能在水平方向和垂直方向的角度进行小范围调节，以获得最

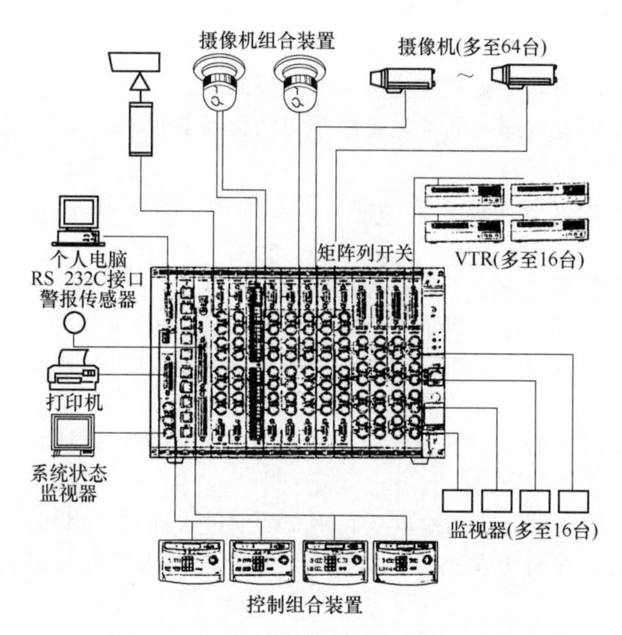

图 5-27　模拟式视频监控系统的连接图

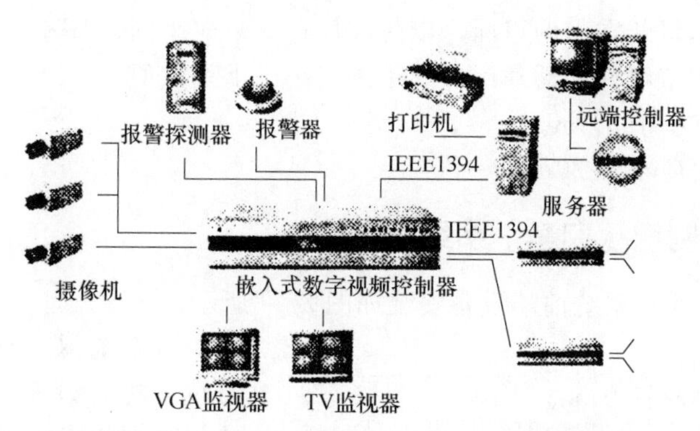

图 5-28　嵌入式数字视频监控系统的连接图

佳探测效果。

③ 探测器应安装在坚固而不易振动的墙面上，要用 2～3 个螺栓固定。

④ 探测器的安装应对准入侵者移动的方向，其前面探测范围内不应有障碍物。

⑤ 安装探测器时，不要使其对着阳光、热源或其他温度易发生变化的设备，如室调机、加热器等。

⑥ 探测器的安装位置应避免老鼠之类的小动物爬行靠近。

2. 双鉴探测器的安装

双鉴探测器组合了红外探测移动，并用微波去确认红外探测，以减少误报。

双鉴探测器通常采用墙面或墙角安装。其安装与红外报警探测器的安装基本相同。此外还应注意以下方面。

① 安装高度一般为 2.3m 左右。

② 安装时尽量使探测器覆盖人的走动区，如门、走廊等。

③ 探测器应安装在稳固的表面，避开门以及汽车行驶易产生振动的墙等处。也不要安

装在靠近金属物体处，如金属门框、窗等。

④ 探测器的安装应避免对着阳光，并避开热源的影响。

⑤ 探测器的安装应使其探测覆盖范围内没有障碍物。

⑥ 探测器的安装位置应避免老鼠之类的小动物爬行靠近。

3. 双射束光电探测器安装

① 安装位置：理想安装高度为探测器底部距地面（或墙顶）0.9m，安装表面应坚固平稳。

② 安装距离：安装距离应小于推荐的最大探测距离。

③ 在室外安装时，必须注意以下方面。

a. 立杆式安装，应使用防水外罩，远离可能被水淹没的地方或有腐蚀性液体及喷雾的地方。

b. 应选择视线空旷处安装，不能让树、杂草及其他植物等遮挡物遮挡发射器与接收器之间的红外射束。

c. 如有必要，使用防虫罩遮挡蚊虫从底座安装槽进入探测器内部。

d. 接收器不能安装在面向强光源（如日出、日落时的太阳光）或太阳光能直接照射入接收器镜片的地方。

④ 发射器与接收器不能安装在活动平面或受强烈振动干扰的地方。

4. 门磁开关的安装

① 门磁开关应尽量装在门的里面，以防破坏；安装应牢固、整齐、美观。

② 门磁开关的固定组件和活动组件的距离应小于下列数值。

a. 木门安装时应小于 5mm。

b. 卷闸门安装时应小于 20mm。

三、出入口控制门（门禁）系统安装

出入口控制（门禁）系统前端设备安装如图 5-29 所示。

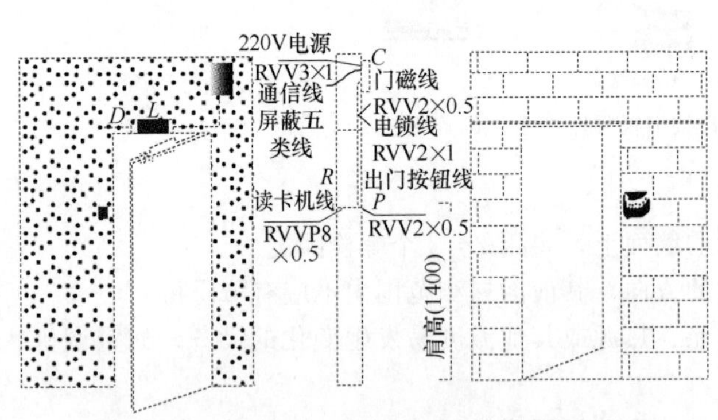

图 5-29 出入口控制（门禁）系统前端设备安装图

P—读卡机；*R*—出门按钮；*C*—门禁控制器；*L*—电锁

本系统施工时对设备的安装、信号抗干扰能力等应给予充分重视，以确保数据传输的准确性和响应时间。

1. 读卡器的选择和安装

（1）读卡器的选择

读卡器的选择由设计确定。常用的读卡器有以下种类。

① 磁卡读卡器：通过磁卡刷卡读入数据，通常配有键盘和显示屏。

② IC 卡读卡器：通过插卡读入数据，通常配有键盘和显示屏。

③ 感应卡读卡器：通过非接触式的读卡方式读入数据，可根据对读卡距离的要求选用不同的读卡器。

④ 指纹识别器：通过对通行人指纹的扫描读取指纹图像和特征数据。通常配有键盘和显示屏。适用于安全保密要求较高的场所。

⑤ 掌纹识别器：通过对通行人掌纹的扫描读取掌纹图像和特征数据。通常配有键盘和显示屏。适用于安全保密要求较高的场所。

（2）读卡器的安装

读卡器的安装应按产品说明书要求安装。

① 读卡器应安装在靠门处，并有足够空间，且高低位置合适，以方便人员刷卡。

② 读卡器用螺钉固定在墙上。

③ 读卡器的安装还应使读卡器与控制器之间的电缆连接方便。

2. 控制器的选择和安装

① 控制器的选择由系统设计确定。

② 控制器的安装应保证设备的正常工作以及可靠性、工艺性、实用性。

③ 门禁控制器安装在受控门内的上方或放在公众不易接近，而又易于工程技术人员维修的地方（如竖井内），与该控制器连接的读卡机安装在门外方便刷卡的地方。控制器用紧固件或螺钉固定在墙上。控制器旁应有交流电源插座。出门按钮安装在门内。

④ 控制器与各部件的连线。

a. 控制器与读卡机之间的信号线采用 $0.5mm^2$ 或以上规格的带护套的铜芯屏蔽导线，最长距离不应超过 100m。

b. 控制器与键盘间的信号线采用 $0.5mm^2$ 或以上规格的屏蔽导线，最长距离不应超过 5m。

c. 系统主控制器至各现场控制器之间、现场控制器至各读卡器之间应采用屏蔽双绞线缆。

d. 控制器至电动锁、出门按钮、门磁开关之间采用 2 芯双绞线缆。

e. 不应出现两条线缆焊接连通的情况，信号线如超过距离时，必须通过转换器进行连接。

f. 所有线缆必须穿管或经线槽敷设，主干线可通过金属线槽敷设，支线采用金属管敷设到位，两接口端用 86mm×86mm 方盒作出线口。

⑤ 安装控制器时必须注意控制器对电锁的驱动能力，当驱动能力低时，必须选配辅助电源。

3. 锁具的选择和安装

（1）锁具的选择

应根据装修要求，并按门的材质（如玻璃门、木门、铁门等）、装置（如单门、或双门）和开门的要求，选用相应的锁具。

① 电磁锁：利用电磁铁通电产生磁吸力的原理制成。断电开启，符合消防对门锁的要求。适用于单向开门的玻璃门、木门和铁门。

② 插销锁：断电开启，适用于双向开门的木门、铝合金门和有框玻璃门，特别适用于需 180°开启的门。使用插销锁时，要求插销总能对准门上的锁孔，安装精度要求较高。

③ 阴锁：通电开启。适用于单向开门的木门，是一种与传统锁具配套使用的新型电控锁。在安装完传统锁具的锁头后，把阴锁安装在原来要安装锁舌匣（或称锁扣）的地方。当阴锁通电后，阴锁的翻板部分能因人力的推动而被翻开，使锁舌从锁舌匣中脱出从而打开门。

（2）锁具的安装

锁具应按产品说明书要求安装。

4. 门磁开关的选择和安装

门磁开关用于检测门的开关状态。

① 门磁开关有暗埋式和明装式两种，应根据装修要求选用。

② 门磁开关应按产品说明书要求安装。

四、巡更系统安装

① 离线式巡更系统现场的信息钮、IC卡安装在每个巡更点，离地面1.4m高处安装一个巡更信号器。详见产品安装技术资料。

② 在线式巡更系统现场的读卡器的安装参见门禁系统。

五、停车场（库）管理系统安装

1. 入口读卡机的安装

感应式读卡机要防止周围环境对读卡机的影响。

2. 车辆检测器的安装

车辆检测器检查感应线圈上是否有车辆的情况。当车辆通过感应线圈时，车辆检测器能发出车辆到达信号和车辆离开信号。

（1）感应线圈的制作

感应线圈应与车辆检测器配套，应按厂家要求制作。

① 感应线圈。感应线圈由多股铜芯绝缘软线组成，铜线的截面积要求大于1.5mm^2。两条长边的理想间距为1000mm，如图5-30所示。

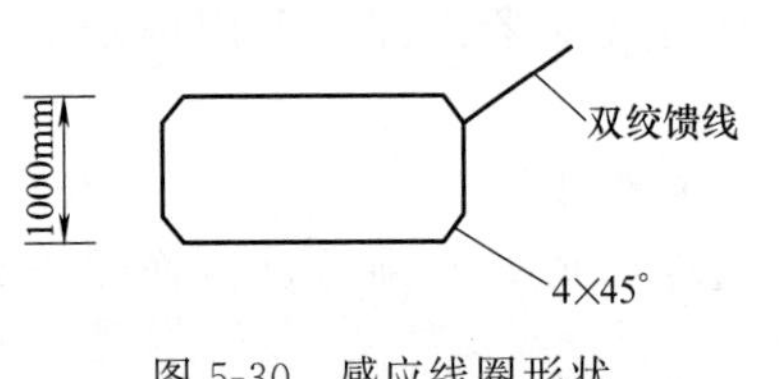

图5-30　感应线圈形状

感应线圈的周长与圈数的关系：

周长＞10m　　线圈圈数为2。

6m＜周长＜10m　　线圈圈数为3～4。

周长＜6m　　线圈圈数为4。

通常在3～4圈，以减少串扰。

② 馈线。感应线圈的头尾部分绞起来作为馈线，每米至少20绞。

馈线长度自线圈至检测器接线端子，最好不要超过100m，并应尽可能短，馈线过长会使线圈的灵敏度降低。

线圈及馈线不要使用有接头的线，如有接头必须用焊锡焊牢，且接点应置于防水护套内。

馈线较长或与其他电缆线一起敷设时应采用屏蔽线，末端屏蔽层必须接地。

（2）感应线圈的埋设

感应线圈应埋在车道的中间，距车道边300mm。

将长边对准车辆运行方向。

尽可能防止周围的电磁场干扰。

线圈槽应足够大于线圈尺寸，以免放入线圈时影响线圈的几何形状和尺寸。

线圈槽的四个角应切成45°，以减少槽壁对线圈的损坏。

线圈在槽内放设应层叠敷设。

槽宽：4mm。

槽深：30～50mm。

槽底部150mm以内无金属物，如图5-31所示。

线圈槽埋设的路面如有钢筋时，应尽量离开钢筋150mm以上，如无法避开时，应使线圈增加2圈，并将槽的深度变浅，以防止探测灵敏度的降低。但必须保证线圈槽填充密封后线圈及馈线不外露。

线圈槽应使用黑环氧树脂混合物或热沥青树脂或水泥进行封填。封填应在调试完成后进行。

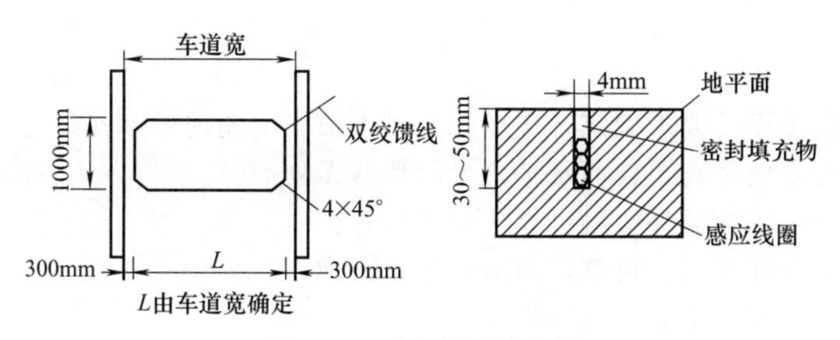

图 5-31　感应线圈的安装

3. 控制器的安装

① 要安装在防风雨的地方。

② 控制柜安装固定螺栓直径应符合设备要求，不小于 M8，固定牢固，垂直误差不大于 3mm，箱体小于 500mm 时不大于 1.5mm。

4. 电动挡车器的安装

挡车器由金属机箱、马达（有温度、过载保护）、变速器、动态平衡器、控制器、挡杆等组成。

横杆有两种，根据出入口的具体情况选定。直臂型横杆一般为 3m、6m，具体长度可按合同定制；折臂型长度为 3m，横杆竖起高度小于 2.5m。

① 安装前应在指定位置打好 150mm 高的水泥地台，并预埋 4 支 M12×140 的金属膨胀螺栓。

② 车道宽度大于 6m 时，可在两侧同时相向安装两台挡车器。

③ 车道高度低于挡车臂抬起高度时，采用折臂型挡车器。

④ 挡车臂应在挡车器功能调试完毕后再安装。

⑤ 挡车横杆上可装置警灯、频闪灯作警示用。

5. 满位指示器的安装

当控制器检测停车数达到预计车位数时发出车位满信号，灯箱的红色 LED 可以显示“剩余车位数”或“已满位”。

① 满位指示器灯箱应装在停车场（库）入口处明显位置。

② 安装前应在指定位置打好 150mm 高的地台，并预埋 4 支 M12×120 的金属膨胀螺栓。

第六节　安全防范控制中心设备安装

安全防范监控中心的设备安装包括机架机柜、操作控制台、监视器（电视墙）、线缆的安装。

1. 机架机柜的安装

① 安装位置应按设计要求确定，现场施工时可根据电缆地槽和接线盒位置作适当调整。

② 机架、机柜应安放平直、美观、整齐；底座应与地面固定。

③ 机架、机柜安装的垂直偏差不超过 0.1%。

④ 几个机架并排安装时，面板应在同一平面上，并与基线平行，前后偏差不大于 3mm，两个机架中间的缝隙不大于 3mm，对相互有一定间隔排成一列的设备，其面板前后偏差不大于 5mm。

⑤ 机架内设备、部件的安装应在机架定位完毕并加固后进行。安装的设备、部件应排

列整齐、牢固。

2. 操作控制台安装

① 安装位置应按设计要求确定，现场施工时可根据电缆地槽和接线盒位置作适当调整。

② 操作控制台安放竖直，台面水平，台面整洁无划痕。

③ 操作控制台内部接插件接触可靠、接线整齐。

④ 各操作开关动作灵活、可靠，指示灯指示正确。

⑤ 操作控制台应有风扇和通风散热器。

3. 监视器（电视墙）安装

① 监视器安装的位置应使屏幕不受外来光直射，当有不可避免的入射光时，应加遮光措施。

② 监视器安装在固定机架（电视墙）上时，柜子应有风扇和通风散热器。

③ 监视器外部的可调部分应暴露在操作方便的位置，可加保护盖。有保护盖时，应使盖板开启方便。

4. 线缆的安装

机房内的线缆安装方式有桥架敷设、地槽敷设和活动地板内敷设等。

（1）桥架敷设时

① 桥架每隔一定距离留有出线口，电缆由机架、机柜上方的出线口引出。

② 电缆从出线口引至机架、机柜时应按电源线、信号线分别捆扎。

③ 桥架的垂直段内应设支持物，支持物的间距不大于 1m，并将线缆固定绑扎在固定物上。

（2）地槽敷设时

① 线缆由操作控制台、机架、机柜的底部引入，应将电缆沿所盘方向理直，按排列次序放入槽内。

② 线缆的弯曲半径应符合要求。

③ 线缆进出操作控制台、机架、机柜时，应在距固定点 10mm 处成捆绑扎。

（3）活动地板内敷设

① 线缆可在地板下灵活布放，但不能产生扭曲。

② 电缆引入操作控制台、机架、机柜时，应成捆绑扎。

5. 监控中心的电源、防雷与接地

监控中心的电源、防雷与接地按施工设计施工。

（1）监控中心的供电电源

① 应采用单相三线供电，并设独立的配电箱。

② 监控中心的重要负荷，如控制主机等应采用不间断电源供电。

③ 电源箱、不间断电源的进线端均应加装避雷器，吸收浪涌电流。

④ 如需从监控中心长距离取电，应使用防雷插座。

（2）监控中心的防雷措施

除在电源箱、不间断电源的进线端加装避雷器外，在从室外引入的摄像机的视频线、电源线、控制线的接入端，以及其他从室外引入的探测器的接入端均需加装避雷器。

（3）监控中心的接地措施

① 监控中心的接地母线按施工设计施工。

② 接地母线应表面光滑、完整，无毛刺、无伤痕和残余焊渣。

③ 接地母线与操作控制台、机架、机柜连接牢固。

④ 接地电阻符合设计要求。

第七节　住宅小区智能化

一、访客对讲子系统

1. 注意事项

室内机、门口机安装高度建议为1.5m，此安装高度为正常人目视舒适位置。在安装设备过程中严禁带电操作。

2. 室内机（可视）

可视室内机的安装比非可视室内机安装复杂，各家产品不同，安装方式也会有所不同，下列安装方式仅供参考。图5-32为可视对讲室内机安装示意图。

3. 门口机（可视）

可视门口机的安装比非可视门口机安装复杂。各家产品不同，安装方式也会有差异，此安装方式仅供参考。图5-33为可视对讲门口机安装示意图。

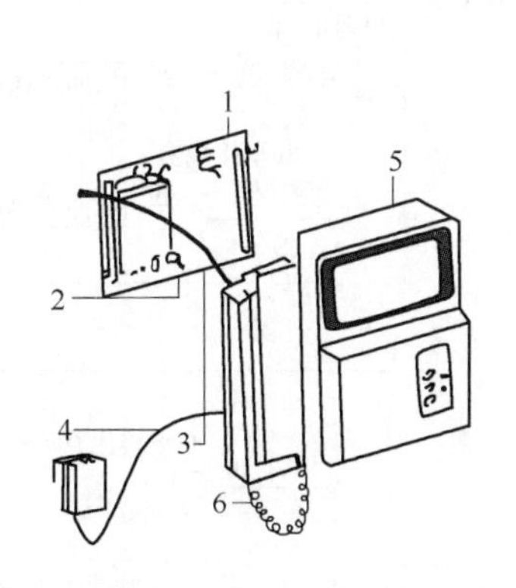

图5-32　可视对讲室内机安装示意图

1—室内机底板固定于墙上；2—固定螺栓；3—接上电源线；4—接上语音、控制传输线；5—接上视频线；6—接上话筒线

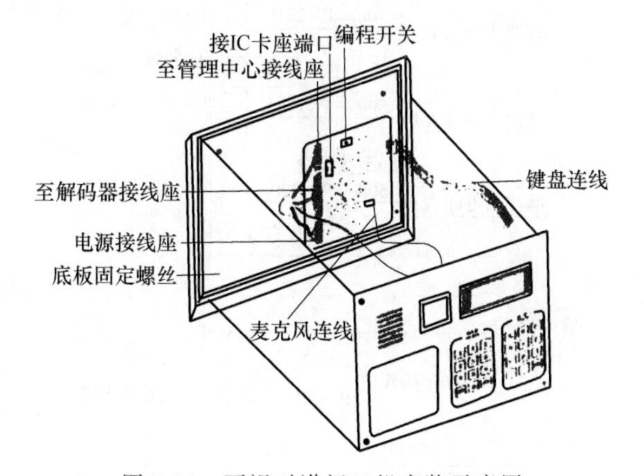

图5-33　可视对讲门口机安装示意图

① 将门口机面板螺栓拆下，取出面板。

② 将门口机底座用四点固定。

③ 接上各种传输线如语音、控制、视频、电源等，所有传输线应严格按生产厂家的接线图连接，注意分清极性及接线顺序。

④ 接好线后将面板用螺栓固定于底座上。

二、表具数据自动抄收及远传子系统安装

1. 电力线载波子系统

① 电能表集中安装于电气竖井，其他水、气、热能表具安装在户内，采集终端箱安装在电气竖井内，也可安装在弱电竖井内。电力线引至采集终端箱，信号线进每户弱电箱后引至脉冲式耗能表具，示意图见图5-34方案1。此方案适用于中、高层一层多户住宅。

② 采集终端设置于电能表箱内，此箱可安装于每层公共走道或前室内，示意图见图

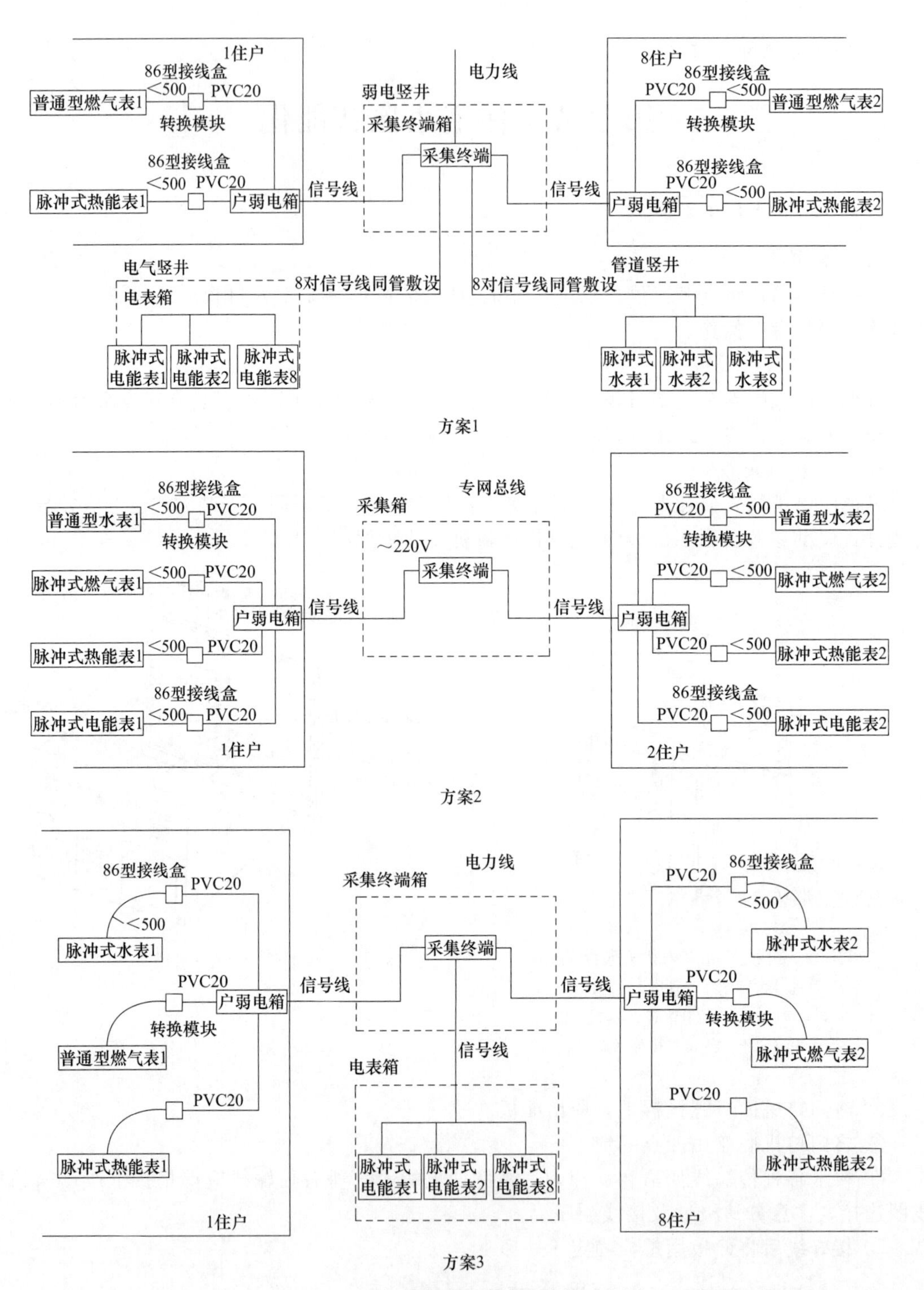

图 5-34 电力线载波系统线路敷设示意图

5-34 方案 2。此方案适用于中、多层一层 2 户住宅。

③ 采用采集模块采集、处理各耗能表具数据，采集模块安装于 86 型接线盒内，距各耗能表具安装位置不大于 500mm。电力线引至采集模块，信号线引至脉冲式耗能表具，示意图见图 5-34 方案 3。此方案充分利用电力线资源，减少信号线敷设，安装、维护方便，适用于住宅改造工程。

④ 电力线载波通信距离根据产品型号而定。如超过一定长度，又没必要为数量有限的几户设置一台集中器，线路中间可增设一台中继器，对信号进行放大和过滤，以此解决此矛盾。

2. 专网总线子系统

① 采集终端设于弱电专用采集箱内，此箱置于弱电竖井内。

② 采集终端箱安装于每层公共走道或前室内，信号线可同管敷设进每户弱电箱，后引至脉冲式耗能表具，示意图见图 5-35 方案 2。此方案适用于中、多层一层 2 户住宅。

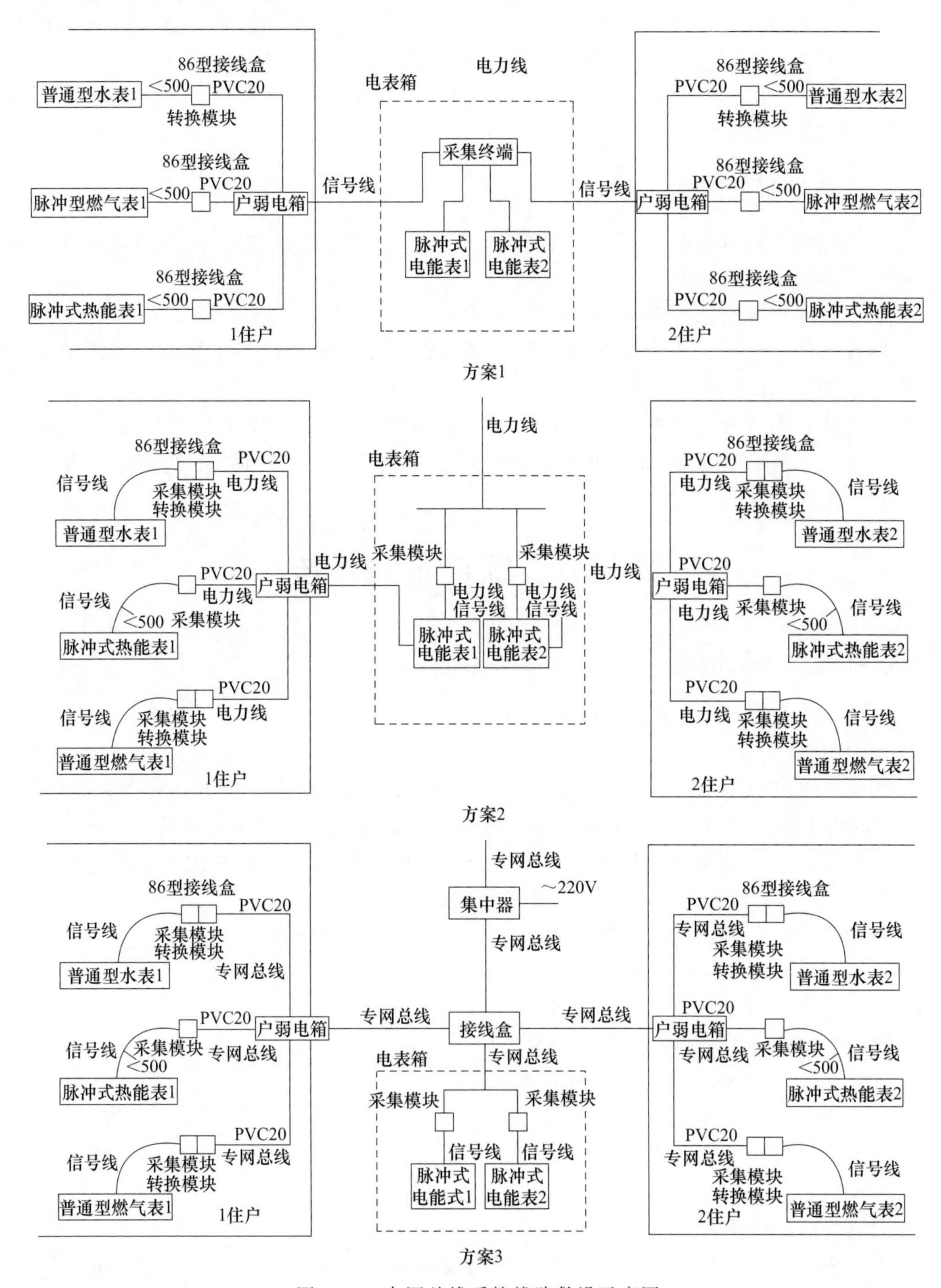

图 5-35　专网总线系统线路敷设示意图

③ 采用采集模块采集、处理各耗能表具数据，采集模块安装于86型接线盒内，距各耗能表具安装位置不大于300mm。专网总线进户弱电箱后，引至采集模块，示意图见图5-35方案3。此方案充分利用专网总线资源，减少信号线敷设，安装、维护方便，适合水表、电能表安装于楼层专用管井内，集中采集，处理水、电耗能数据。其他表具安装在户内，示意图见图5-35方案1。此方案适用于中、高层一层多户，水表、电能表集中安装的住宅。

3. 注意事项

① 采集终端内设有可充电的备用电池，以确保在一定停电时间内可连续工作，即在供电系统停电或停电检修期间，仍能实时采集，实现燃气、水表用量的自动抄表。

② 如方案1、方案2所示，耗能表具为脉冲式电能表、燃气表、水表、热能表，则86型接线盒为连接表具的出线口。

三、家庭控制器安装

① 家庭控制器箱宜暗装在住宅内便于操作、施工、维护的位置，信息插座电缆不应长于90m。

② 安装高度宜为底边离地1400～1600mm。

③ 留有箱体固定孔、线缆扎束固定孔、配线架安装托架及设备安装板。若需要独立电源插座，则箱内应留有插座安装孔位。

④ 应与强电箱及电力电缆相隔一定距离，最小净距可参照GB/T 50311—2000标准。

⑤ 当箱内安装有源设备时，箱体附近应设置电源开关和建筑物电气接地，参照标准CECS 119—2000。

第八节　综合布线系统

一、线槽、桥架敷设

线槽、桥架敷设包括暗敷管路系统。

1. 技术准备

① 与土建等其他专业进行图纸会审，确认它们的走向、路由、位置、管径和线槽规格。从整体和系统来通盘考虑，做到互相衔接，配合协调，不应产生脱节和矛盾等现象。

② 暗敷管路系统的管材应根据其所在场合的具体条件和要求来考虑，在易受电磁干扰影响的场所，必须采用钢管，并应设置良好的接地装置。

③ 暗敷管路遇下列情况之一时，中间应增设接线盒或拉线盒。

a. 管长度每超过30m（无弯曲）。

b. 管长度每超过20m（有1个弯曲）。

c. 管长度每超过15m（有2个弯曲）。

d. 管长度每超过8m（有3个弯曲）。

④ 管弯曲时弯成角度不应小于90°，其弯曲半径不应小于保护管外径的10倍。

⑤ 暗敷管路管径大小除考虑管路长度、弯曲角度、弯曲次数外，还需考虑穿放电缆的管径利用率。

2. 引入管路的施工要求

① 引入管路的位置应邻近综合布线系统的设备间，其距离一般不宜超过15m，但不应与其他地下管线（如给排水管、煤气管、热力管和电力电缆等）过于接近，并应满足有关规

定要求。

② 引入管路与建筑内管路的连接方式。

a. 引入管路与地槽连接。管口的下边缘与地槽的底面一致或略高出1～2cm，以利于电缆（或光缆）平直安放。

b. 引入管路与走线架连接。管口可伸出墙壁2～3cm，其位置应与走线架邻近衔接，以便电缆或光缆布置。

c. 引入管路为多孔管群时，管群口边缘应做成喇叭口形状，以利于电缆光缆敷设。

d. 引入管路的管孔内径一般不应大于90mm，但不得小于50mm。

e. 引入管路的室内外部分应尽量取成直线，不采用弯曲管道，以利于穿放电缆或光缆。

③ 引入管路埋设要求。

a. 在靠近建筑处应在地下0.8m，不得小于0.5m。如穿越绿地，要注意覆土层的厚度，适当加大埋设深度或采取保护措施，如管道外加做8cm厚度的混凝土包封或在管道上覆盖钢筋混凝土板等。

b. 引入管路向室外人孔或手孔方向作倾斜的坡度，一般为0.3%～0.4%，最小不宜小于0.25%，以防引入管路中有渗水流入室内。

3. 主干管路施工要求

(1) 上升管路安装

① 上升管路不得在办公室或客房等房间内设置，更不宜过于靠近垃圾道、煤气管、电力管、热力管和排水管以及易爆易燃的场所，以免对信息网络造成危害和干扰等后患。

② 上升管路的连接方式应根据建筑的结构体系和综合布线系统的总体网络系统等情况来选取。

③ 检查所选用的管种（如钢管或硬聚氯乙烯管）、管径和长度（即起讫段落）应符合设计图纸要求。在混凝土浇筑时，上开管路应与附近的钢筋焊接（管材为钢管）或绑扎牢固（管材为硬聚氯乙烯管）。在砖砌墙体中，上升管路的管子应不受力压损，并牢固可靠。

(2) 电缆竖井安装

① 专用电缆竖井的位置不应过于靠近热力管、排烟道或厕所、浴室和水房等过于潮湿的场所；宜避免与电梯井和楼梯间相邻近，以免影响缆线的绝缘程度，降低使用年限，并应不受外界干扰以及符合防尘、防振等要求。

② 专用电缆竖井宽度不宜小于1.5m。电缆竖井在每个楼层的外壁都应装设外开的操作门，并用具有阻燃防火性能的材料制成，门的高度不得低于1.9m，门的宽度不得小于0.1m。

③ 合用竖井时与电力线缆间距不宜小于1.5m，或采取切实有效的隔离措施，以保证综合布线系统的缆线的安全运行，减少电磁干扰影响。不得和电梯井或管道井（包括排烟道、排气道和垃圾道等）使用同一竖井。

④ 电缆竖井中采用穿钢管敷设时，应预留1～2根备用。

4. 水平管路施工要求

(1) 配线管路的安装

① 浇筑在楼层地坪及在抹灰层或垫层中，应尽量避免与其他管线的交叉，管径不宜超过32mm。

② 将管材浇筑或砌埋在墙壁内，应与建筑的墙壁同步施工，不得先后脱节。在墙壁内必须可靠固定，相隔一定距离（小于1m）用木塞和木螺钉等把管路固定在墙上。在管路的外面应采用水泥砂浆或灰浆抹面层保护。

③ 暗敷管路在设备或技术夹层中应注意尽量远离对信息网络不利的环境。

（2）水平配管

水平配管常采用放射式（星状）分布方式、格子形分布方式（包括大厅立柱式分布方式）、分支式分布方式和混合式分布方式等几种形式。放射式分布方式（星状分布方式）适用场合：各种公共建筑，高层办公楼或租赁大楼，技术业务楼，楼层面积较小的建筑和住宅楼等。

5. 线槽施工要求

① 在综合布线系统主干路由上缆线较多且较集中的场合（如上升房或电缆竖井中以及设备间内），宜设置信息缆线专用线槽，其装设的路由和位置应以设计文件要求为依据，尽量做到隐蔽、安全，便于缆线敷设和连接。一般宜选用带盖的全封闭无孔槽式桥架，如有防火要求，应选用阻燃材料制成的耐火型全封闭无孔槽式桥架。

② 合用线槽（通信电缆、监视控制电缆、计算机用电缆、有线电视电缆和火灾报警电缆等合用）宜分层安排。如必须同层布置，它们之间应设置金属隔板，并有一定间距，以免互相干扰。同槽内采取分层安排时应遵守如下次序：通信电缆应在最上层，其次是计算机用电缆，再次是有屏蔽性能的控制电缆，然后其他控制电缆依次往下排列安放，毫伏级信号线应布放在最下层。且采取措施使层间距离达到20～30mm，必要时可增大间距，这样有利于屏蔽电磁干扰。强电电缆线路和弱电电缆线路不应在同一线槽内，除非采取特殊措施，以保证信息网络的安全可靠。

③ 线槽的路由和位置宜设在公用部位（如走廊等），不宜设在房间内。在吊顶内敷设要有规则地整齐布置，线槽顶部距顶棚或其他障碍物之间的距离不应小于0.3m，如为封闭型线槽，其槽盖开启的净空应有80mm以上，以便槽盖开启和盖合。吊架、支承等安装件牢固可靠，吊顶应有检修孔，以利于维修管理。如线槽明敷时，安装高度不宜低于2.2～2.5m，线槽在屋内垂直敷设时，其垂直度的偏差不应超过3mm。距离1.8m以下应加装金属盖板，以保护缆线。为了防尘、防潮和防火，线槽均应采取密闭措施加以保护。

④ 线槽水平支撑跨距一般为1.0～2.0m，垂直固定点间距一般为1.0m，不宜大于1.5m。

a. 直线段线槽在下列部位应设置支承或吊挂固定：线槽本身相互接续的连接处，且水平度偏差不应超过2mm；距离接续设备的0.2m处；线槽的走向改变或转弯处。

b. 非直线段线槽的支承点或吊挂点的设置应按以下要求：当曲率半径不大于300mm时，应在距非直线段与直线段接合处300～600mm的直线段侧设置一个支承点或吊挂点；当曲率半径大于300mm时，除按上述设置支承点或吊挂点外，还应在非直线段的中部增设一个支承点或吊挂点。

c. 吊挂线槽的吊杆直径不应小于6mm，吊装件与线槽（桥架）保持90°垂直，安装间隔均匀整齐，牢固可靠，无歪斜和晃动现象，并保持同一直线上安装；靠墙壁安装方式也应符合上述要求；在吊顶内敷设的线槽，宜采用单独的支承件和吊挂件固定，不应与吊顶或其他设施的支承件或吊挂件共享。

⑤ 室内的普通型、湿热型和中腐蚀型等环境可采用镀锌冷轧钢板线槽。强腐蚀型环境可采用镀镍合金钝化处理线槽。室外的轻腐蚀型和中腐蚀型可采用镀锌冷轧钢板或镀镍合金钝化处理线槽，强腐蚀型可采用不锈钢线槽。

⑥ 在线槽内的电缆总截面积不应超过50%，且宜预留10%～25%的裕量。钢制槽式桥架、梯架的直线段每隔30m，铝合金、玻璃钢槽式桥架、梯架的直线段每隔15m时，应预留伸缩缝，连接采用伸缩板。

⑦ 电缆线槽与室内各种管道平行或交叉时，其最小净距应符合表5-10的要求。

表5-10　电、光缆暗管敷设与其他管线最小净距

管线种类	平行净距/mm	垂直交叉净距/mm
避雷引下线	1000	300
保护地线	50	20
热力管(不包封)	500	500
热力管(包封)	300	300
给水管	150	20
煤气管	300	20
压缩空气管	150	50

⑧ 在线槽表面涂刷过氯乙烯涂料，并应符合《钢结构防火涂料应用技术规范》(CECS24：90)，其整体耐火性能应符合国家有关标准的要求。

⑨ 同一高度平行敷设的相邻的电线线槽之间应留有维修空间距离，不宜小于600mm。

⑩ 线槽系统应有可靠的电气连接，并有良好的接地装置，应符合有关接地标准。节与节之间接触良好，必要时应增设电气连接线（编织铜线）。当允许利用金属线槽构成接地干线回路时，应注意以下几点要求。

a. 接地处应清除绝缘涂层，以保证接地装置的性能良好。

b. 在伸缩缝或软连接处需采用16mm^2 编织软铜线连接焊牢。

c. 另外敷设接地干线时，每段（包括非直线段和直线段）槽式桥架、梯架应与接地干线至少有一点可靠的连接，长距离的电缆线槽按设计要求接地，设计无要求时接地间隔不大于50m。

明敷线槽应注意以下几点。

a. 线槽的路由和位置应尽量选在公用部位隐蔽处，最好利用楼内垂直辅助信道（如楼梯间或技术夹层），既保证线槽和缆线安全，又便于维护检修。

b. 要充分利用空间进行安装（如线槽紧贴墙面安装），以便选用规格尺寸经济合理的线槽，降低工程造价。

c. 特殊建筑物根据实际安装线槽的规格要求，生产线槽和有关附件及连接件。安装施工时，需按安装图纸顺序进行安装，对号入座，这样既保证达到美观要求，又保证安装质量。

二、建筑群主干布线子系统电缆敷设

建筑群主干布线子系统一般设在智能居住小区、校园式的大院内或街坊中，其电缆敷设方式通常有架空悬挂（包括墙壁挂设）和地下敷设两种类型。宜采用地下敷设，只有在旧区改建或建筑布置分散时才采用架空杆路悬挂电缆，在街坊内如建筑物排列整齐、外墙面比较平直，电缆不会遭受外力损伤时，可以采用墙壁挂设敷设方式。

地下通信电缆管道工程应注意复测定线、管道铺设、建筑入孔或手孔及工程检验等各个阶段的质量控制，做好随工检验、隐蔽工程签证、竣工验收，按照有关标准和设计要求严格把关。

1. 电缆敷设前检查

① 对所有电缆规格数量进行核对，外观、长度和电气性能均应符合设计要求。对非填充型全塑电缆，在敷设前应再进行一次保气试验，经确认电缆密封性能完全合格后，才能在管道中穿放敷设。

② 核对电缆端别，按规定的端别敷设。电缆芯线色标应对应。

2. 管道内电缆敷设

① 牵引电缆的拉力应均匀，不应猛拉紧拽，最大牵引力不应超过电缆本身允许的牵引标准，牵引力不大于80%的允许拉力。

② 严禁将已划伤的电缆拉进管孔。应派专人随工随时检查电缆外表，要求无划痕和无损伤，电缆弯曲处不应出现凹凸折痕。弯曲的最小曲率半径须大于电缆外径的15倍。

③ 电缆在管孔内的位置应平直，不得扭绞。如需截断，应使用专用剪刀等工具，不得使用钢锯等利器，以防拉伤电缆芯线和损坏缆芯结构，影响线路传输质量。

3. 电缆接续的封合

① 电缆芯线接续前，应根据设计中规定的要求，复核两端电缆的规格、端别是否正确吻合，并检查电缆的密闭性能是否良好。

② 全塑电缆的单位顺序和芯线排列均以规定的色标为准，在对号时应采用感应式对号器。电缆外护套剖开长度和切口应符合规定，切口处应保留1.5cm长度的缆芯包带。

③ 全塑电缆芯线接续，必须按色标顺序施工。如遇有障碍线对，无法修复时，应用预备线对替换，并应做好标记，严禁错对拼凑连接。

④ 全塑电缆芯线接续采用接线子接续，不允许采用剥离电缆芯线绝缘层将导线直接扭绞的接续方法。电缆芯线接续应色谱正确，松紧适度，接线子接续后，应排列整齐，绑扎妥善，每个单位束的色标扎带应缠紧，保留在单位束的根部。全塑电缆芯线接续采用纽扣型和模块型两种接线子的接续方法，应符合各自的规定要求进行，参看有关标准规定。

⑤ 电缆接头套管的封合均采用热缩套管法。在选用热缩套管时，应根据全塑电缆型号、品种和规格等来选用相应的接续套管。在热缩套管施工中应按照其操作顺序进行。对热缩套管加热烧烤时，应先从套管中间起向两端加热（先中间后两端），在套管周围均匀加热，使套管显示剂（又称温度指示漆）由绿色或白色变为黑色，逐步加热到一定温度使套管收缩。在套管接口处应出现两条白线，如未显示白线，应继续加热至显示出白线为止。同时，在热缩套管的两端口及拉链处，应有少量热熔胶溢出。在热缩套管未完全冷却前，不宜过多振动或搬移，在入孔或手孔中热缩套管封合后，要妥善放置在电缆托板上，加以固定并衬垫平稳。热缩套管封合后，要求整个套管形状平直，表面光亮整洁、无褶皱、无异样。所有显示剂均应变化，且较均匀，套管外表面颜色黑亮，热熔胶应全部充分熔化。

4. 直埋电缆敷设

① 直埋电缆敷设前要检查是否取得了城市建设有关部门或街道（园区）建设的主管单位的同意并签订了协商文件，以免与公共交通、绿化和其他管线系统发生矛盾造成不必要的损失。尤其是在埋设电力电缆或煤气管线的地段，应事先请有关单位派人到现场指导。必要时，可在其他地下管线位置的邻近处挖掘“试探坑”，不得使用铁镐或铁钎直捣，以免损坏其他地下管线。

② 在校园式大院和街道内挖掘电缆沟槽和接头坑位，一般采取人工挖掘方式。电缆沟槽的上口宽度、沟底宽度和沟槽深度的关系应符合有关规定和设计图纸的要求。电缆沟槽的中心线应与设计路由的中心线一致，允许左右偏差不得超过100mm，沟槽底面的高度偏差不应大于50mm，平面弯曲或纵面弯曲应符合直埋电缆最小曲率半径的规定和埋设深度的要求。电缆接头坑位的长度应大于电缆接头长度约5倍，其凸出的半径从电缆沟槽中心线至凸出的坑边不应小于600mm。

③ 检查直埋电缆的型号、规格和长度，应符合设计文件或图纸的要求，还应鉴别其电缆端别，其工作顺序基本上与管道电缆相似，可参照上述管道电缆有关要求处理。

④ 检查沟槽底部应平整、无杂物和碎石。如有砂砾碎石，应将沟底加挖深度约100mm，并加以夯实找平，再铺垫 10cm 厚度的细土或细沙一层，再次平整，然后敷设电缆，在电缆上面铺一层 10cm 细土或细沙后，再在上面覆土（覆土中不得含尖角的杂物或碎石块）10cm，予以找平后再盖砖或预制混凝土板，并应符合有关规定和设计工艺要求。

⑤ 敷设电缆时不应发生折裂、碰伤、刮痕和磨破现象，如有这些现象，必须及时检修，并经测试检验确认电缆质量良好，并有记录备案后，才允许进行下一道工序。

⑥ 直埋电缆在弯曲路由或需要作电缆预留盘放时，其电缆的最小曲率半径应大于电缆直径的 15 倍。

⑦ 检查复验电缆施工后的对地绝缘等电气特性有无显著变化，如发现有问题，应及时查找原因，责令施工方整改后方能进入下道工序。

⑧ 直埋电缆的接续和回填土、直埋电缆的电缆芯线接续和电缆接头套管的封合方法，均与一般的管道电缆相同，可参见管道电缆部分。不同的是直埋电缆外面尚有钢带铠装保护层，应保证钢带铠装的电气连接符合有关标准。

⑨ 做好现场与施工图核实工作，以便绘制竣工图。

三、建筑物主干布线子系统电缆敷设

1. 电缆敷设前检查

① 主干路由中所采用的缆线型号、规格、程式、数量、起讫段落以及安装位置，应符合设计图纸和文件的要求。

② 将需要布放的缆线两端贴上标签，标签内容有缆线的用途和名称（可用代号代替）、型号、规格、长度、起始端和终端地点等，标签字迹应清晰、端正。

2. 电缆敷设

① 布放缆线的牵引力不宜过大，应小于缆线允许张力的 80%。

② 采用电动牵引绞车的型号和性能应根据牵引电缆的重量来选择。

③ 布放线缆，在牵引过程中吊挂线缆的支点相隔间距不应大于 1.5m。在垂直线槽内缆线应每隔 1.5m 将缆线固定绑扎在线槽内的支架上。

④ 缆线不应产生扭绞或打圈等现象，也不应有可能受到外界挤压或遭受损伤而产生障碍的隐患。

⑤ 在敞开式线槽或桥架内敷设电缆，水平敷设时，应在电缆的首端、尾端、转弯及每间隔 3～5m 处进行固定；垂直敷设时，应在电缆的上端和每间隔 1.5m 处进行固定。

⑥ 在封闭式的线槽内敷设电缆，缆线均应平齐顺直，排列有序，互相不重叠、不交叉，缆线在线槽内不应溢出影响线槽盖盖合。在缆线进出线槽的部位或转弯处应绑扎固定。

⑦ 在桥架或线槽内缆线绑扎固定应根据缆线的类型、缆径、缆线芯数分束绑扎。绑扎的间距不宜大于 1.5m，且应均匀一致，绑扎松紧适度。

⑧ 吊顶内布置缆线，应分束绑扎，且所有缆线的外护套应有阻燃性能，其选用要求应符合设计规定。

⑨ 主干对绞电缆的弯曲半径应至少为电缆外径的 10 倍。

3. 缆线分隔要求及与其他管线的间距

① 各种系统（如通信系统、计算机系统、楼宇设备自控系统、电视监控系统、广播与卫星电视系统和火灾报警系统等）的信号线、控制线及电源线等，如在同一路由上敷设时，应采用金属电缆线槽或桥架，按系统分离布放，金属电缆线槽或桥架应有可靠的接地装置。各个系统缆线间的最小间距及接地装置都应符合设计要求和标准规范的规定，以免互相干扰。

② 为保证通信网络的安全运行，对绞电缆与电力线路的最小净距应符合表 5-11 的要求。

表 5-11　对绞电缆与电力线路最小净距

单位 范围 条件	最小净距/mm		
	380V		
	＜2kV・A	2.5～5kV・A	＞5kV・A
对绞电缆与电力电缆平行敷设	130	300	600
有一方在接地的金属线槽或钢管中	70	150	300
双方均在接地的金属线槽或钢管中	①	80	150

① 双方都在接地的金属线槽或钢管中，且平行长度小于 10m 时，最小间距可为 10mm。表中对绞电缆如采用屏蔽电缆时，最小净距可适当减小，并符合设计要求。

四、水平布线子系统电缆敷设

① 布放电缆应有冗余，干线交接间或二次交接间的对绞电缆预留长度为 3～6m，工作区为 0.3～0.6m。如有需要可适当增加长度或按设计规定预留长度。

② 非屏蔽的 4 对对绞电缆的弯曲半径应至少为电缆外径的 4 倍，在施工过程中应至少为 8 倍；屏蔽对绞电缆的弯曲半径应至少为电缆外径的 6～10 倍。

③ 缆线敷设时，要求牵引拉力适宜，牵引的节奏缓和。敷设电缆芯线线径为 0.5mm 的 4 对对绞电缆时的牵引拉力不应超过 100N；电缆芯线线径为 0.4mm 时的牵引拉力不应超过 70N。

④ 布放主干电缆和双护套缆线时，直线管道的管径利用率应为 50%～60%，弯管道应为 40%～50%。布放 4 对对绞电缆时，暗管管径的截面利用率应为 25%～30%。任何段落暗敷管路内一般布放的缆线不宜超过 3 根。

⑤ 水平布线系统中缆线支撑必须按照有关规定和设计要求执行。

⑥ 活动地板下敷设缆线，要求活动地板内的净空高度不应小于 150mm，如活动地板内作为通风系统的风道使用时，其净空高度不应小于 300mm。

⑦ 水平布线子系统的缆线可以利用公用立柱中的空间敷设缆线。如果地板为格形楼板线槽与沟槽相结合的方式，公用立柱的支撑位置宜避开沟槽和线槽位置。线槽和沟槽设置方向和走向应与活动地板相互一致。

五、光缆敷设

1. 一般规定

① 光纤熔接机等贵重仪器和设备，应有专人负责使用、搬运和保管。

② 光缆弯曲时不能超过最小曲率半径。施工时一般不应小于光缆外径的 20 倍。

③ 光缆敷设时应控制光缆的敷设张力，避免使光纤受到过度的外力（弯曲、侧压、牵拉、冲击等）。要求布放光缆的牵引力不超过光缆允许张力的 80%，主要牵引力应加在光缆的加强构件上，光纤不应直接承受拉力。最大安装张力及最小安装半径如表 5-12 所示。

表 5-12　光缆的最大安装张力及最小安装半径

光纤根数	张力/kg	半径/cm
4	45	5.08
6	56	7.60
12	67.5	7.62

④ 应避免光缆受到外界的冲击力和重物碾压，不得使光缆变形或光纤受损，应对光缆护套进行检查，必要时要对光缆的密封性能和光纤衰减特性等进行测试，如不符合要求，光缆不应在工程中使用。

⑤ 光缆如采用机械牵引时，牵引力应用拉力计监视，不得大于规定值。光缆盘转动速度应与光缆布放速度同步，牵引的最大速度为 15m/min，并保持恒定。光缆不应出现背扣扭转和小圈。

⑥ 光缆敷设应单独占用管道管孔。即使合用管道，也应在管孔中穿放塑料子管，其内径应为光缆外径的 1.5 倍。与其他弱电系统的缆线平行敷设时，应有一定间距分开敷设，并固定绑扎。

⑦ 光缆及其接续应有识别标志。标志内容有编号、光缆型号和规格等。

⑧ 严寒地区应按设计要求采取防冻措施，以防光缆受冻损伤。

2. 建筑群间主干光缆的敷设

（1）管道光缆的敷设

① 检查光缆穿放的管孔数和其位置应符合设计文件和施工图纸的要求。如采用塑料子管，要求对塑料子管的材料、规格、盘长进行检查，均应符合设计规定。一个水泥管管孔布放两根以上的子管时，其子管等效总外径不宜大于管孔内径的 85%。

② 穿放塑料子管。其敷设方法与光缆敷设基本相同，但需符合以下规定：放两根以上的塑料子管，应在其端头做好标记或采用管子本身的颜色标志；敷设时环境温度应在－5～35℃之间，以免影响管子的质量；连续布放塑料子管的长度，不宜超过 300m，并要求子管不得在管道中间有接头；牵引塑料子管的最大拉力不应超过管材的抗张强度。布放完后，应将子管管口临时封堵，且固定牢固。塑料子管应根据设计规定在人孔或手孔中留有足够长度。

③ 在光缆牵引端头和牵引索之间应装转环，以免牵引过程中产生扭转而损伤光缆。光缆牵引长度一般不应大于 1000m，超长距离时，应将光缆采取分盘、分段牵引或在中间适当地点增加辅助牵引，以减少光缆所受牵引力和提高施工效率。另外，为使光缆外护套在敷设过程中不受损伤，应在出入管孔、拐弯处或与其他障碍物有交叉时，采用导引装置或喇叭口保护等保护措施。

④ 光缆敷设后，应逐个在人孔或手孔中将光缆放置在规定的托板上，并应留有适当余量，避免光缆过于绷紧。

⑤ 光缆穿放的管孔出口端应封堵严密，以防水分或杂物进入管内。

（2）直埋光缆的敷设

① 直埋光缆的埋深应符合表 5-13 的规定。

表 5-13　直埋光缆埋深

序号	光缆敷设的地段或土质	埋设深度/m	备注
1	市区、城镇的一般场合	≥1.2	不包括车行道
2	街坊内、人行道下	≥1.0	包括绿化地带
3	穿越铁路、道路	≥1.2	距轨底或路面
4	普通土质（硬土等）	≥1.25	
5	沙砾土质（半石质土等）	≥1.0	

② 敷设前，先清理沟底，应无有碍光缆敷设的杂物，在沟底应铺垫 10cm 厚度的细土或沙土，平整后放入光缆，然后再回填 30cm 厚度的沙土或细土以便保护。

③ 在同一路由上且同沟敷设光缆和铜缆时，应先敷铜缆，后敷光缆。在沟底不得交叉

或重叠放置。光缆如有弯曲腾空和拱起现象，应设法放平，不得用脚踩或其他重物压光缆。

④ 直埋光缆与其他管线及建筑物的最小净距见表 5-14。

表 5-14 直埋光缆与其他管线及建筑物的最小净距

序号	其他管线及建筑物名称和其状况		最小净距/m		备注
			平行时	交叉时	
1	电话通信电缆管道边线(不包括人孔或手孔)		0.75	0.25	—
2	非同沟敷设的直埋通信电缆		0.50	0.50	—
3	直埋电力电缆	电压小于 5kV	0.50	0.50	
		电压大于 5kV	2.00	0.50	
4	给水管	管径<30cm	0.50	0.50	光缆采用钢管保护时，交叉时的最小净距可降为 0.15m
		管径 30～50cm	1.00	0.50	
		管径>50cm	1.00	0.50	
5	树木	灌木	0.75		
		乔木	2.00		
6	高压石油、天然气管		10.00	0.50	同给水管备注
7	热力管或下水管		1.00	0.50	
8	排水沟		0.80	0.50	
9	建筑红线(或基础)		1.0		

⑤ 在校园式大院或街坊内布放光缆时不允许光缆在地上拖拉，也不得出现急弯、扭转、浪涌或牵拉过紧等现象，抬放敷设时的光缆曲率半径不得超过规定。前后移动光缆的位置时，应将光缆全长抬起或逐段抬起移位，不宜过猛拉拽。如发现破损等缺陷应立即修复，并测试其对地绝缘电阻，应符合下列规定：单盘光缆敷设后测试每公里金属外护套对地绝缘电阻值应不低于 10MΩ。光缆接头盒密封完毕后测试光缆接头盒内所有金属构件对地绝缘电阻，应不低于 20MΩ。

⑥ 直埋光缆的接头处、拐弯点或预留长度处以及与其他管线交越处，应设置标志，并在图纸上记录、归档。

(3) 架空光缆的敷设

① 检查架空杆应符合《市内电话线路工程施工及验收技术规范》和《本地网通信线路工程验收规范》中的规定，确认合格，且能满足架空光缆的技术要求，并对新设或原有的钢绞线吊线检查，应无伤痕和锈蚀等缺陷，钢线绞合应严密、均匀，无跳股现象。吊线的原始垂度应符合设计要求，固定吊线的铁件安装位置应正确、牢固。

② 要求牵引拉力不得大于光缆允许的最大拉力，敷设过程中不允许出现过度弯曲或光缆外护套硬伤等现象。

③ 架空光缆垂度应能保证光缆的伸长率不超过 0.2%。

④ 架空光缆在以下几处应预留长度并增加保护措施，要求在敷设时考虑：中、重和超重负荷区布放的架空光缆，应在每根电杆上预留，轻负荷区每 3～5 杆档作一处预留。预留及保护方式如图 5-36 所示。光缆在经过十字形吊线连接或丁字形吊线连接处，光缆的弯曲

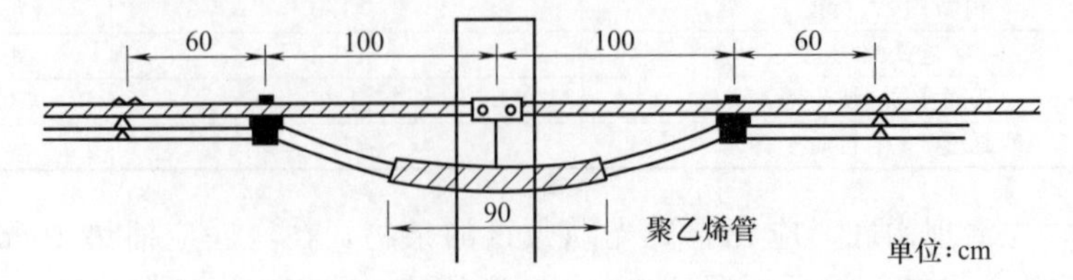

图 5-36 光缆在杆上预留、保护示意图

应圆顺，并符合最小曲率半径的要求，光缆的弯曲部分应穿放聚乙烯管加以保护，其长度约为30cm，如图5-37所示。架空光缆在接头处的预留长度应包括光缆接续长度和施工中所需的消耗长度等，一般架空光缆接头处每侧预留长度为6～10m。

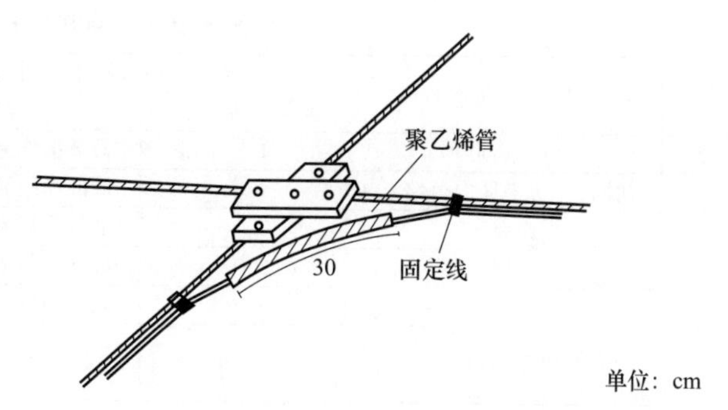

图5-37　光缆在十字吊线处保护示意图

如在光缆终端设备处终端时，在设备一侧应预留光缆长度为10～20m。在电杆附近的架空光缆接头，它的两端光缆应各做伸缩弯，其安装尺寸和形状如图5-38所示。两端的预留光缆应盘放在相邻的电杆上（图5-38中未画出），固定在电杆上的架空光缆接头及预留光缆的安装尺寸和形状如图5-39所示。架空光缆在布放时，由于光缆本身的韧性，不可能没有自然弯曲。因此也应预留一些长度，一般每公里约增加5m。其余留长根据设计要求。

⑤ 光缆挂钩的程式应按光缆外径选用，见表5-15中的规定。光缆挂钩间距一般为500mm。

⑥ 管道光缆或直埋光缆引上后，与吊挂式的架空光缆相连接时，其引上光缆的安装方式和具体要求如图5-40所示。光缆接头的位置应根据设计中的规定办理。

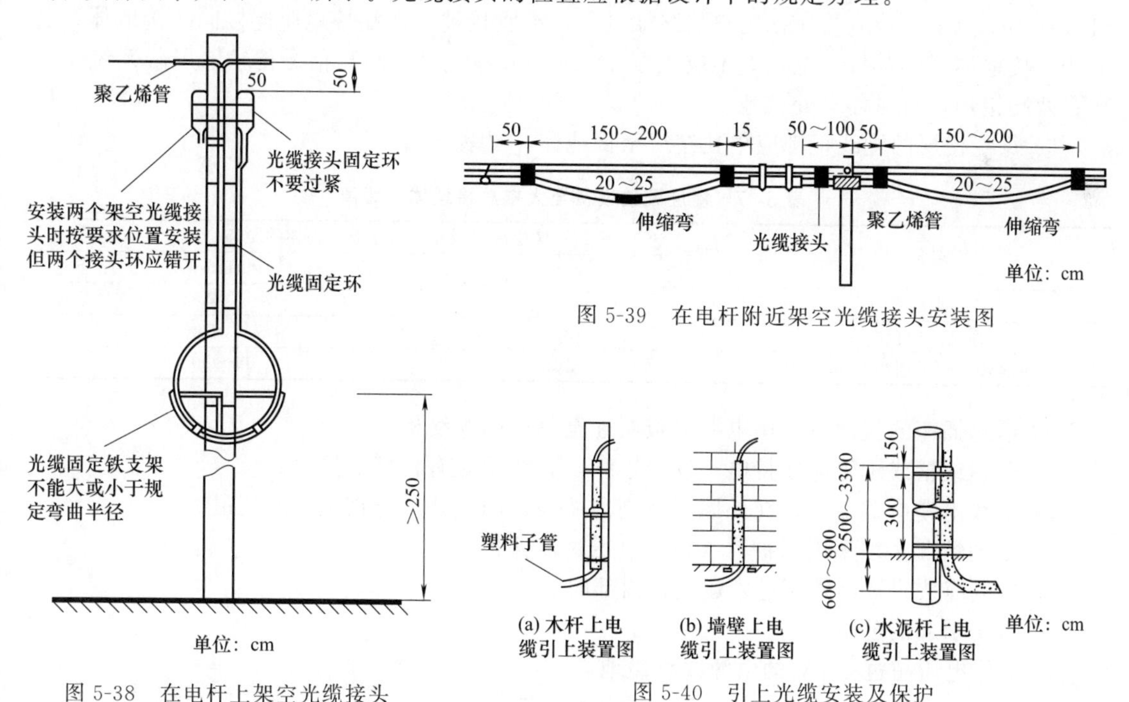

图5-38　在电杆上架空光缆接头及预置光缆安装

图5-39　在电杆附近架空光缆接头安装图

图5-40　引上光缆安装及保护

表5-15　光缆挂钩程式按光缆外径选用表

光缆外径/mm	32以上	25～32	19～24	13～18	12以下
光缆挂钩程式	65	55	45	35	25

⑦ 架空光缆线路与建筑物、树木的最小间距见表5-16。

表 5-16 架空光缆线路与建筑物、树木的最小间距

序号	其他建筑物、树木名称	与架空光缆线路平行时		与架空光缆线路交越时	
		垂直净距/m	备注	垂直净距/m	备注
1	市区街道	4.5	最低缆线到地面	5.5	最低缆线到地面
2	胡同(街坊中区内道路)	4.0	最低缆线到地面	5.0	最低缆线到地面
3	铁路	3.0	最低缆线到地面	7.0	最低缆线到地面
4	公路	3.0	最低缆线到地面	7.0	最低缆线到地面
5	土路	3.0	最低缆线到地面	4.5	最低缆线到地面
6	房屋建筑	—	—	距脊 0.5	最低缆线距屋脊
				距顶 1.0	最低缆线距平顶
7	河流	—	—	1.0	最低缆线距最高水位时最高桅杆顶
8	市区树木	—	—	1.0	最低缆线到树枝顶
9	郊区树木	—	—	1.0	最低缆线到树枝顶
10	架空通信线路	—	—	0.6	一方最低缆线与另一方最高缆线间距

六、综合布线系统接地及防护要求

① 采用联合接地体时，接地电阻不应大于 1Ω，单独设置接地体时，不应大于 4Ω。

② 所有屏蔽层应保持连续性，并应注意保证导线相对位置不变。屏蔽层的配线设备（FD 或 BD，CD）端应接地，用户（终端设备）端宜接地，两端接地应连接同一接地体，若非同一接地体时，其接地电位差不应大于 1V（r. m. s）。对于高频信号传输，屏蔽系统至少要在两端接地，有时需多处接地。

③ 每一楼层的配线柜都应单独布线至接地体，见表 5-17。

表 5-17 楼层配线设备至大楼总接地体的距离

名称	楼层配线设备至大楼总接地体的距离	
	≤30m	≤100m
信息点的数量	≤75	>75，≤450
工作区的面积/m^2	≤750	>750，≤4500
绝缘铜导线的面积/mm^2	6～16	16～50

④ 信息插座的接地可利用电缆屏蔽层连至每层的配线柜上。

⑤ 金属线槽或钢管应保持电气连接连续，并在两端有良好的接地。

⑥ 干线电缆应避免安排在外墙，特别是墙角，因这些地方雷电的电流最大。

⑦ 下列情况必须采用保护器（包括过压过流保护）。

a. 当电缆从建筑物外面进入建筑物内部时。

b. 雷击引起的危险影响。

c. 工作电压超过 250V 的电源线路碰地。

d. 地电势上升到 250V 以上而引起的电源故障。

e. 交流 50Hz 感应电压超过 250V。

⑧ 保护器的选用。

a. 综合布线系统的过压保护宜选用气体放电管保护器。当两个电极之间的电位差超过 250V 交流电压或 700V 雷电浪涌电压时，在导体与地电极之间提供一条导电通路。

b. 固态保护器适合较低的击穿电压（60～90V），对数据或特殊线路提供了最佳的保护（有振铃电压的线路除外）。

c. 过流保护宜选用能够自复的保护器，如热敏电阻、雪崩二极管。

⑨ 其他接地要求：有源设备外壳、电缆屏蔽层及连通接地线均应接地，宜采用联合接地，与避雷带与均压网联通。

⑩ 防火阻燃及防电磁污染的要求。

a. 在易燃区或大楼竖井内布放电缆或光缆，宜采用防火和防毒的电缆或光缆。

b. 利用综合布线系统组成的网络，应防止由射频产生的电磁污染。

七、信息插座模块安装

① 安装在活动地板或地面上，应固定在接线盒内，插座面板采用直立和水平等形式。接线盒盖可开启，并应具有防水、防尘、抗压功能。接线盒面应与地面齐平。

② 8 位模块式通用插座，多用户信息插座或集合点配线模块，安装位置应符合设计要求。

③ 8 位模块式通用插座底盒的固定方法按施工现场条件而定。宜采用预置扩张螺钉固定等方式。

④ 固定螺栓需拧紧，不应产生松动现象。

⑤ 各种插座面板应有标识，以颜色、图形、文字表示所接终端设备类型。

八、配线架（机柜）安装

① 各部件应完整，安装就位，标志齐全。

② 安装螺栓必须拧紧，面板应保持在一个平面上。

③ 机柜、机架安装完毕后，垂直偏差度应不大于 3mm。机柜、机架安装位置应符合设计要求。

④ 机柜、机架上的各种零件不得脱落或碰坏，漆面如有脱落应予以补漆，各种标志应完整、清晰。

⑤ 机柜、机架的安装应牢固，如有抗震要求时，应按施工图的抗震设计进行加固。

九、光缆接续（连接）和缆线终接

1. 光缆的接续

① 在光纤接续中应严格执行操作规程的要求，以确保光纤接续质量。

② 使用光纤熔接机时必须严格遵守厂家提供的使用说明书及要求，每次熔接作业前，应将光纤熔接机的有关部位清洁干净，光纤熔接前，必须将光纤端面按要求切割，务必合格，才能将光纤进行熔接。在光纤接续时，应按两端光纤的排列顺序，一一对应接续，不得接错。

③ 在光纤接续的全过程中，应使用光时域反射仪（OTDR）进行监测，务必使光纤接续损耗符合表 5-18 的要求。必要时在每道工序完成后测量接续损耗。

表 5-18 光纤连接损耗 单位：dB

连接类别	多模		单模	
	平均值	最大值	平均值	最大值
熔接	0.15	0.3	0.15	0.3

④ 熔接完成并测试合格后的光纤接续部位，应立即做增强保护措施（热缩管法、套管法和 V 形槽法）。

⑤ 光纤护套、涂层的去除，光纤端面切割制备，光纤熔接，热缩管的加强保护等施工作业应连续完成，不得任意中断。

⑥ 光纤全部连接完成后，应按下列要求将光纤接头固定和光纤余长收容盘放。

a. 光纤接续应按顺序排列整齐，布置合理，并应将光纤接头固定，光纤接头部位应平直安排，不应受力。

b. 根据光纤接头套管（盒）的不同结构，按工艺要求将接续后的光纤余长收容盘放，光纤的盘绕方向应一致，松紧适度。

c. 余长光纤盘绕弯曲时的曲率半径不应小于 40mm，应大于厂家规定的要求。光纤收容余长的长度不应小于 1.2m。

d. 光纤盘留后，按顺序收容，不应有扭绞受压现象。应用海绵等缓冲材料压住光纤形成保护层，并移放入接头套管中。

e. 光纤接续的两侧余长应贴上光纤芯的标记，以便今后检测时备查。

⑦ 光缆内的铜导线的连接。

a. 铜导线的连接可采用绕接、焊接或接线子连接几种方法，有塑料绝缘层的铜导线应采用全塑电缆接线子接续。

b. 铜导线接续点应距光缆接头中心 100mm 左右，允许偏差±10mm。有几对铜导线时，可分两排接续。

c. 对远端共用的铜导线，在接续后应测试直流电阻、绝缘电阻和绝缘耐压强度等，并检查铜导线接续是否良好。

d. 直埋光缆中的铜导线接续后，应测试直流电阻、绝缘电阻和绝缘耐压强度等，并要求符合国家标准有关通信电缆铜导线电性能的规定。

⑧ 金属护层和加强芯的连接。

a. 光缆接头两侧综合护套金属护层（一般为铝护层）在接头装置处应保持电气连通，并应按规定要求接地，或按设计要求处理。铝护层的连（引）线是在铝护层上沿光缆轴向开一个 25mm 的纵口，再拐 90°弯开 10mm 长、呈“L”状的口，将连接线端头卡子与铝护层夹住并压接，再用聚氯乙烯胶带绕包固定。

b. 加强芯是根据需要长度截断后，再按工艺要求进行连接。一般是将两侧加强芯（不论是金属或非金属材料）断开，再固定在金属接头套管（盒）上。加强芯连接方法和在接头盒上一样采用压接，要求牢固可靠，并互相绝缘。如果是金属接头套管，在其外面应采用热缩管或塑料套管保护。

⑨ 接头套管（盒）的封合和安装。

a. 光缆接头套管的封合应按工艺要求进行。如为铅套管封焊，应严格控制套管内的温度，封焊时应采取降温措施，要保证光纤被覆层不会受到过高温度的影响。

b. 光缆接头套管内应放入袋装的防潮剂和接头责任卡，以便备查。

c. 光缆接头套管若采用热缩套管，加热顺序应由套管中间向两端依次进行烘烤，加热应均匀，热缩管冷却后才能搬动，要求热缩套管的外形圆整，表面美观，无烧焦等不良缺陷。

d. 光缆接续和封合全部完成后，应测试并作记录，如需装地线引出时，安装工艺必须符合设计要求。

e. 光缆接头应放在入孔正上方的光缆接头托架上，光缆接头预留余缆应盘成 O 形圈紧贴入孔壁，用扎线捆扎在入孔铁架上固定，O 形圈的半径不得小于光缆直径的 20 倍。

f. 直埋光缆接头应平放于接头坑中，其曲率半径不得小于光缆直径的 20 倍。坑底（即光缆接头下面）应铺垫100mm细土或细沙，并平整踏实，接头上面应覆盖厚约200mm的细土或细沙，然后在细土层上面覆盖混凝土盖板或完整的砖块，以保护光缆和光缆接头。

2. 缆线的终接

① 应包括缆线的终端和连接，而缆线的终端和连接有两种，一种是配线接续设备，另一种是通信出端和其他附件。配线接续设备包括配线架［建筑群配线架（CD），建筑物配线架（BD），楼层配线架（FD）等］、配线柜（交接箱等）。连接硬件包括通信引出端（信息插座）和其他附件（如插头或连接块），其核心部件都是模块化插座和内部连接件，主要有RJ45的信息插座和插头。七类屏蔽线缆推荐采用国际标准推荐的TEBA连接器。

② 缆线的终端和连接的施工必须严格按照设计和施工的有关技术标准以及生产厂家的要求执行。综合布线系统室内缆线中间不应有接头，必须通过配线接续设备或连接硬件进行终端和连接。施工安装质量应符合产品安装手册及其技术特性要求。

③ 缆线的终端和连接必须按照规定的连接区域（也称连接场）顺序进行，电缆两端的色标和数字（或代号、符号）应与连接端含义一致，符合相关标准要求。严防发生颠倒或错接等现象。

④ 在配线接续设备或连接硬件进行缆线终端连接时，必须严格执行施工操作规程，要求缆线必须捆扎妥善，松紧适宜，布置有序，并固定在设备中的走线架或线槽内，不应混乱无章，缆线的曲率半径符合规定。如采用卡接方式，必须牢固可靠，接触良好，不应有松动等现象。

⑤ 按照缆线终端顺序，剥除每条缆线的外护套，必须符合以下规定。

a. 剥除缆线外护套必须采用专用工具施工操作，不得采用一般刀剪，以免操作不当损伤缆线的绝缘层，影响缆线的电气特性而使传输质量下降。

b. 应按规定剥除缆线的外护套长度，为了保持每对对绞线的扭绞状态不致变化，剥除外护套的长度不宜过大，根据缆线类别的不同有所区别，要求五类线的非扭绞长度不应大于30mm，三、四类线的非扭绞长度不应大于50mm。剥除缆线外护套的长度也不宜过小，应有足够的非扭绞长度，以便终端连接；同时，在线缆端接点，应使电缆中的每个线对的绞距尽可能靠近IDC，六类线对绞距由电缆制造商计算，改变电缆绞距将给电缆性能带来不利影响。

c. 当缆线剥除外护套后，要立即对非扭绞的导线进行整理，成对分组捆扎，以防线对分散错乱，尽量保持线对与未除去外护套前的状态一致，保证缆线的电气特性不变。

⑥ 进行缆线终端连接时，必须按照规定要求施工操作。在采用卡接方法时应符合如下规定。

a. 必须采用专用卡接工具进行卡接，卡接用力要适宜，不宜过猛，以免造成接续模块受损。

b. 应按照缆线的色标进行终端连接，不得混乱而产生线对颠倒或错接。如有错接，应用专用工具将导线从接线缝中拉出，再按正确的顺序重新卡接。拆除过程中拉力要适当，以免损伤导线而形成断线。

c. 卡接导线后，应立即清除多余线头，不得在接续模块中留存，并要检查导线有无变形及放置准确与否。

d. 在缆线终端连接后，必须对配线接续设备等进行全程测试，以便准确判定工程的施工质量，如有故障，应正确迅速地排除，随工检查再测试并做好记录，以保证综合布线系统正常运行。

⑦ 通信引出端（信息插座）和其他附件。

a. 对插座的内部连接件检查，保证电气连接完整无缺。

b. 应按图 5-41 的规定，对 RJ45 系列的连接硬件按色标线对组成及排列顺序进行终接。终接时，每对对绞线应保持扭绞状态，扭绞松开长度对于五类线不应大于 13mm。

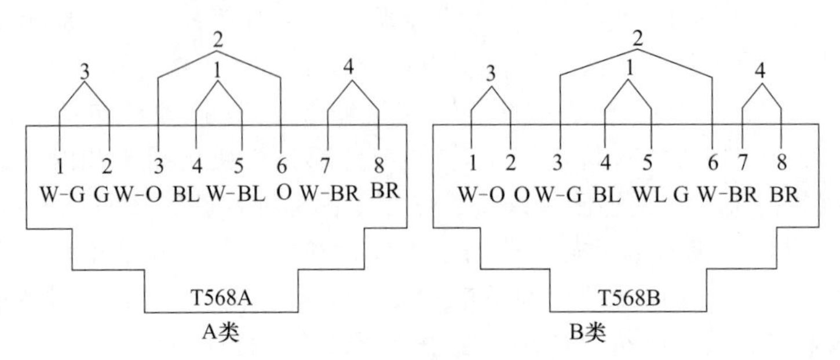

图 5-41 单列布置

G(Green)—绿；BL(Blue)—蓝；BR(Brown)—棕；W(White)—白；O(Orange)—橙

c. 对绞线对称电缆与 RJ45 信息插座采取卡接接续方式时，应按先近后远、先下后上的接续顺序进行卡接。与接线模块卡接时，应按设计规定或生产厂家要求进行施工操作。

d. 采用屏蔽电缆时，应使电缆屏蔽层与连接硬件终端处的屏蔽罩有可靠接触。一般缆线屏蔽层与连接硬件的屏蔽罩形成 360°圆周的接触，它们之间的接触长度不宜小于 10mm。

⑧ 跳线端接。

a. 各类跳线（包括电缆）和接插硬件间必须接触良好，连接正确，标志清楚齐全。跳线（电缆）选用的类型和品种均应符合系统设计要求。

b. 各类跳线（电缆）长度应符合设计要求，对绞电缆的长度不应超过 5m，光缆跳线不应超过 10m。

⑨ 光缆的终端。

a. 光纤交叉连接（又称光纤跳接）的连接状况与铜导线电缆在建筑物配线架或交接箱上进行跳线连接基本相似。

b. 光纤互相连接（简称光纤互连，又称光纤对接）方式，光信号只通过一次插接性连接，而在光纤交叉连接中，光信号需要通过两次插接性连接，且有一段跳线或跨接线的损耗。两者相比各有其特点和用途，应根据网络需要和设备配置来决定使用。

c. 单工终端均采用 ST 连接器连接。常用的标准型 STⅡ光纤连接器有陶瓷和塑料两种，其长度为 22.6mm，平均损耗是 0.4dB（陶瓷）和 0.5dB（塑料），运行温度在－40～80℃。

d. STⅡ光纤连接器在光纤端的安装程序应符合下列次序和要求。

• 外护套的切割深度和外护套的剥除长度应符合标准规定，且不得损伤光纤。

• 根据不同类型的光纤和 STⅡ插头做好标记。

• 光纤的涂覆层和外皮剥除应选用不同规格的剥线器，在剥除过程中应注意如下几点：剥线器的刀片等必须清刷干净，不应留有粉尘，剥线前后均应清刷刀片；用浸有酒精的纸或布，擦去光纤上残留的外皮，擦拭时不能使光纤弯曲；不要用干纸或干布擦拭已无外衣的光纤，以免造成光纤表面毛糙的缺陷，不应接触裸露的光纤或将光纤与其他物体接触。

• 将准备好的干净光纤存放在专用的保持块中，在光纤存放前，应先将“保持块”处理干净，按光纤顺序依次存放，裸露的光纤部分应悬空，如光纤弄脏，在继续加工前再用酒精纸/布细心擦拭两次。

• 将环氧树脂袋中的胶体混合均匀并装入注射器内，约 1.9cm 的环氧树脂可以组装 12 个 ST 连接器插头。

•检查连接器光纤孔是否透光及光纤与连接器孔的配合，确保光纤顺利通过。按要求涂抹环氧树脂。

•烘烤环氧树脂十分钟，冷却后用切断工具在连接器尖上伸出光纤的一面上刻痕，用轻的直拉力将连接器尖外的光纤拉去，除去连接器尖上多余的环氧树脂并磨光。

第九节　智能建筑电源

一、柴油发电机组安装

1. 柴油发电机组主机的安装

① 施工承包单位必须在机组安装前做好现场运输和吊装方案，并交监理工程师签字批准，采取一切必要的安全措施，保证人员和设备的安全。

② 在预先确定的机房内或紧邻机房的场地上对设备进行开箱检验，并做好检验记录。

③ 检查基础的施工质量和防震措施，保证相关施工作业满足设计要求。

④ 采用适当的起重设备（机组净重 8t 以下时可用汽车式起重机），按安全起重要求将机组吊装就位，使用垫铁等固定铁件实施稳机找平作业，预紧地脚螺栓；必须在地脚螺栓拧紧的前提下完成找平作业，当采用楔铁找平时，完成找平作业后，应将一对楔铁用点焊焊住。

⑤ 进行二次灌浆，并做好养护。

⑥ 取下飞轮护罩，手动慢慢转动柴油机的飞轮，感受转动是否平稳，用监听棒监听是否有不正常的摩擦声等。

⑦ 产品制造商的工程师应在现场指导安装作业并随时解决机组安装过程中出现的问题。

2. 排气系统的安装

柴油机排气系统由法兰连接的镀锌钢管、管件、支撑件、波纹管和消声器组成。在法兰连接处应加装石棉垫圈，排气管出口必须经过打磨，消声器安装正确。管道组装完成后应用工业吸尘器除去管道内的灰尘、焊渣等。

3. 燃油、机油和冷却水自动补给系统及冷却水和机油预热装置

主要包括蓄油罐、机油箱、冷却水箱、电加热器、油滤、泵、仪表和管路的安装。其工作内容包括箱体、机泵、电加热器、仪表、管路的安装。

（1）箱体安装

箱体的安装作业包括蓄油罐的焊接及装配、除锈、清洗、上漆等工艺过程，地下和半地下油罐钢制底面宜加一玻璃钢托盘，以防因罐体腐蚀导致的渗漏污染土层；箱体高架时，支撑和悬挂装置必须保证在任何情况下能可靠地支撑箱体，且整个结构不会产生过度的震颤；地面安装的箱体必须用地脚螺栓紧固，并进行除锈、清洗和涂漆处理。

（2）管道安装

① 在管道施工过程中应注意管道的清洁，每次收工前都应采取措施防止水分、灰尘或其他杂物进入管道系统。

② 管道应平行墙壁安装，并与建筑物之间留有一定的间距，管道上下也应留有一定的空间。

③ 管道的切割和焊接必须按规定的工艺要求进行，每一管段制作完成后均应进行酸洗。

④ 当一条管线安装完后，应立即将其开口处封好，以防异物进入管道；在进行最后装配前应一直封闭。

⑤ 管道支撑装置必须安装在建筑的骨架结构上，在两个骨架结构间安装的支撑装置应装在过渡金属框架上。

⑥ 管道的自重和热胀冷缩所产生的应力必须由支撑装置承受，不应传到其连接的设备上。

⑦ 用螺栓和法兰连接的管线连接处应便于检修和替换。

⑧ 承压管线应根据其使用压力按相关规定进行水压试验。

⑨ 管道安装完后，按设计要求涂漆。

4. 电气安装

① 发电机随带的机柜及控制柜等的接线应正确无误，紧固件紧固状态良好，无遗漏脱落。开关、保护装置的型号、规格正确。验证出厂试验的锁定标记应无位移，若发现位移时应要求制造厂重做试验标定。

② 发电机本体和其机械部分的可接近裸露导体应可靠接地（PE）或接零（PEN），且有标识。

③ 发电机中性线（工作零线）应与接地干线直接连接，采用防松螺栓锁紧，并做好标识。

④ 馈电线路两端的相序必须与原供电系统的相序一致。

⑤ 控制系统和仪表的安装接线可参看本章建筑设备监控系统的有关描述。

二、不间断电源（UPS）设备安装

① 检查 UPS 的整流器、充电器、逆变器、静态开关，其规格性能必须符合设计要求。内部接线连接正确、紧固件齐全、接线和紧固可靠不松动，标记正确清晰，焊接连接无脱落现象。

② 安放 UPS 的机架组装应横平竖直，其水平度、垂直度的允许偏差不大于 1.5‰，紧固件齐全，紧固完好。

③ 引入和引出 UPS 的主回路电线或电缆与控制系统的信号线和控制通信电缆应分别穿保护管敷设，当在电缆支架上平行敷设时应保持至少 150mm 的间距，电线、电缆的屏蔽接地应连接可靠，并与接地干线的最近接地极连接，紧固件齐全。

④ UPS 的可接近裸露导体应接地（PE）或接零（PEN），连接可靠且有标识。

⑤ UPS 输出端的中性线（N 极）必须与由接地装置直接引来的接地干线相连接，作重复接地。

⑥ 由于 UPS 运行时，其输入输出线路的中线电流约为相线电流的 1.8 倍以上，安装时应检查中线截面，如发现中线截面小于相线截面，应并联一条中线，防止因中线大电流引起事故。

⑦ UPS 本机电源应采用专用插座，插座必须使用说明书中指定的熔丝。

⑧ 蓄电池组的安装。

a. 采用架装的蓄电池。

b. 新旧蓄电池不得混用；存放超过三个月的蓄电池必须进行补充电。

c. 安装时必须避免短路，并使用绝缘工具，戴绝缘手套，严防电击。

d. 按规定的串并联线路连接列间、层间、面板端子的电池连线，应非常注意正负极性，在满足截面要求的前提下，引出线应尽量短；并联的电池组各组到负载的电缆应等长，以利于电池充放电时各组电池的电流均衡。

e. 电池的连接螺栓必须紧固，但应防止拧紧力过大损坏极柱。

f. 再次检查系统电压和电池的正负段方向，确保安装正确；并用肥皂水和软布清洁蓄电池表面和接线。

g. UPS与蓄电池之间应设手动开关。

三、直流配电系统安装

① 将机架，交、直流屏安放到合适的位置，主要应考虑通风条件，入、出线馈电连接方便顺畅和操作检修方便。

② 将380VAC接入交流配电屏，将其火线、中线、地线按指示标记接好，然后测量空气开关输出是否正常，开关的关断/台闸是否正常。

③ 将监控单元推入机架，从分配器上接入监控单元用的直流电源。

④ 将机架、直流屏外壳接牢保护地线，再将交流分配器推入机架，分配器的各路单相交流输出端应分别与机架背面的整流模块插座接牢。

⑤ 从交流配电屏引入交流输出馈线接到交流分配器上，其火线、中线按指示接入相应位置。

⑥ 上电检测模块插座是否有电，各机柜上的仪表是否正常；通信接口和监控单元工作是否正常。

⑦ 关断电源，将全部整流模块分别装入机架，加电，启动并调试模块。

⑧ 关断电源，将机架上的－48V负极接入直流屏上的－48V负极板，正极接入直流屏上的GND接线板；合闸加电，检查直流屏输出电压是否正常。

⑨ 关断电源，将直流屏、整流器上的监控单元通过通信接口接入监控系统，上电对监控单元进行调试，检查监控单元的测控功能是否正常。

⑩ 关断电源，将两组或一组电池接入直流屏，电池正极接入GND接线板，GND接线板接工作地；电池负极接入直流屏上的向电池输出的负极接线板。

加上负载，合上电源，对系统进行带负荷测试。

测试系统的电源切换功能，故障检测及报警保护功能，工作状态及报警显示功能，接口的通信功能等。

检测系统的最大事故负荷、最大合闸电流、事故放电时间、直流输出电压等重要参数，看是否符合设计要求，确认设计选型是否满足工程需要。

第六章
电梯安装工程

第一节　电梯基础知识

一、电梯分类

① 按用途分类：载人电梯、载货电梯、杂物电梯、船用电梯、汽车电梯、观光电梯、病床电梯、消防梯、建筑施工电梯、扶梯、自动人行道（自动步梯）特种电梯。

② 按速度分类：低速梯、中速梯、高速梯、超高速梯、特高速梯。

③ 按动力系统分类：曳引电梯、液压电梯、直流电梯。

④ 按操作控制方式分类：门外按钮控制小型杂物电梯、轿厢手柄开关控制自平自动门电梯、内外按钮控制自平自动门电梯、选层按钮控制自平自动门电梯、集选控制或向下集选控制电梯、两台并联集选控制电梯、三台并联集选控制电梯、群控电梯、微机控制电梯。

⑤ 按曳引机有无减速箱分类：有齿轮电梯、无齿轮电梯。

二、自动扶梯分类

① 按驱动装置位置分类：端部驱动自动扶梯（或称链条式）、中间驱动自动扶梯（或称齿条式）。

② 按牵引构件形式分类：链条式自动扶梯（或称端部驱动式）、齿条式自动扶梯（或称中间驱动式）。

③ 按自动扶手外观分类：全透明扶手自动扶梯、半透明扶手自动扶梯、不透明扶手自动扶梯。

④ 按自动扶梯梯路线型分类：直线型自动扶梯、螺旋型自动扶梯。

⑤ 按自动人行道分类：踏步式自动人行道、钢带式自动人行道、双线式自动人行道。

三、电梯常用名词术语及含义

• 平层：指轿厢接近停靠站时，使轿厢地坎与层门地坎达到同一平面的运动，也可理解为电梯在层站正常停靠时的慢速动作过程。

• 平层准确度：指轿厢到站停靠后，轿厢门地坎平面对层门地坎平面垂直方向的误差值。

• 额定速度：指设计规定的电梯运行速度，也是电梯制造厂商保证电梯正常运行的速度，单位为 m/s，它和额定载重量一样是用户选用电梯的主要依据，也是电梯的主要参数之一。

• 检修速度：电梯检修运行时的速度。

• 额定载重量：指设计规定的电梯载重量，是电梯制造厂商保证电梯正常运行的允许载重量，是用户选用电梯的主要依据，也是电梯的主要参数之一。

• 电梯提升高度：从底层端站楼面至顶层端站楼面之间的垂直距离。

• 机房：安装一台或多台曳引机及其附属设备的专用房间。

• 机房高度：机房地面至机房顶板之间的最小垂直距离。

• 机房宽度：机房内沿平行于轿厢宽度方向的水平距离。

• 机房深度：机房内垂直于机房宽度的水平距离。

• 机房面积：机房的宽度与深度乘积。

• 辅助机房、隔层和滑轮间：机房在井道的上方时，机房楼板与井道顶之间有隔音的功能，也可安装滑轮、限速器和电气设备。

• 层站：在楼的各层中，电梯停靠的地点。每一楼层最多只有一个停靠站，根据需要在层楼下设站。

• 层站入口：在井道壁上的开口部分，它构成从层站到轿厢之间的通道。

• 基站：轿厢在无指令运行时停靠的层站。一般情况下，此层站出入轿厢人数最多。对于具有自动返回基站功能的集选控制电梯及并联控制电梯，合理选定基站，可提高使用效率。

• 预定基站：并联或群控控制的电梯轿厢无运行指令时，指定停靠待命运行的层站。

• 顶层端站：电梯的最高停靠站。

• 底层端站：电梯的最低停靠站。当大楼有地下楼层时，底层端站往往不是大楼的首层。

• 层间距离：两个相邻停靠层站层门地坎之间的距离。

• 井道：轿厢和对重装置或（和）液压缸柱塞运动的空间。此空间是以井道底坑的底井道壁和井道顶为界限的。

• 单梯井道：只供一台电梯运行的井道。

• 多梯井道：可供两台或两台以上电梯运行的井道。

• 井道壁：用来隔开井道和其他场所的结构。

• 井道宽度：平行于轿厢宽度方向井道壁内表面之间的水平距离。

• 井道深度：垂直于井道宽度方向井道壁内表面之间的水平距离。

• 底坑：底层端站地板以下的井道部分。

• 底坑深度：由底层端站地板至井道底坑地板之间的垂直距离。

• 顶层高度：由顶层端站地板至井道顶，板下最突出构件之间的垂直距离。

• 井道内牛腿、加腋梁：位于各层站出入口下方井道内侧，供支撑层门地坎所用的建筑物突出部分。

• 围井：船用电梯的井道。

• 围井出口：在船用电梯的围井上，水平或垂直设置的门口。

• 开锁区域：轿厢停靠层站时在地坎上、下延伸的一段区域，当轿厢底在此区域内时门锁方能打开，使开门机动作，驱动轿门、层门开启。

• 平层区：轿厢停靠站上方和（或）下方的一段有限区域，在此区域内可以用平层装置来使轿厢运行达到平层要求。

• 开门宽度：轿厢门和层门完全开启的净宽度。

• 轿厢入口：在轿厢壁上的开口部分，它构成了从轿厢到层站之间的正常通道。

• 轿厢入口净尺寸：轿厢到达停靠站，轿厢门完全开启后，所测得门口的宽度和高度。

• 轿厢宽度：平行于轿厢入口宽度的方向，在距轿厢底 1m 高处测得的轿厢壁两个内表面之间的水平距离。

• 轿厢深度：垂直于轿厢宽度的方向，在距轿厢底部 1m 高处测得的轿厢壁两个内表面之间的水平距离。

• 轿厢高度：从轿厢内部测得地板至轿厢顶部之间的垂直距离（轿厢顶灯罩和可拆卸的吊顶在此距离之内）。

• 电梯司机：经过专门训练、有合格操作证的授权操纵电梯的人员。

• 乘客人数：电梯设计限定的最多乘客量（包括电梯司机在内）。

• 油压缓冲器工作行程：油压缓冲器柱塞端面受压后所移动的垂直距离。

• 弹簧缓冲器工作行程：弹簧受压后变形的垂直距离。

• 轿底间隙：当轿厢处于完全压缩缓冲器位置时，从底坑地面到安装在轿厢底部最低构件的垂直距离（最低构件不包括导靴、滚轮、安全钳和护脚板）。

• 轿顶间隙：当对重装置处于完全压缩缓冲器位置时，从轿厢顶部最高部分至井道顶部最低部分的垂直距离。

• 对重：由对重架和对重块组成，其质量与轿厢载重量成一定比例，装在井道内通过曳引钢丝绳与轿厢作相反方向运动。

• 对重装置顶部间隙：当轿厢处于完全压缩缓冲器的位置时，对重装置最高的部分至井道顶部最低部分的垂直距离。

• 对接操作：在特定条件下，为了方便装卸货物的货梯，轿门和层门均开启，使轿厢从底层站向上，在规定距离内以低速运行，与运载货物设备相接的操作。

• 隔层停靠操作：相邻两台电梯共用一个候梯厅，其中一台电梯服务于偶数层站，而另一台电梯服务于奇数层站的操作。

• 检修操作：在电梯检修时，控制检修装置使轿厢继续稳定运行的操作。

• 电梯曳引形式：曳引机驱动的电梯，机房在井道上方的为顶部曳引形式，机房在井道侧面的为侧面曳引形式。

• 电梯曳引绳曳引比：悬吊轿厢的钢丝绳根数与曳引轮单侧的钢丝绳根数之比。

• 消防服务：操纵消防开关能使电梯投入消防员专用的状态。

• 独立操作：凭借钥匙开关来操纵轿厢内按钮使轿厢升降运行。

四、电梯结构

图 6-1 为电梯整体结构示意图。

电梯由机械和电气两大系统组成。

电梯门系统：轿厢门、层门、开关门机构、门锁装置、安全保护装置。轿厢系统：轿厢、轿厢架。导向系统：导轨、导轨架、导靴、导向轮、反绳轮。曳引系统：曳引机、减速器、制动器、曳引轮、曳引钢丝绳。质量平衡系统：对重（平衡重）、补偿装置。电力拖动系统：曳引电动机。供电系统：速度调节装置、速度检测（反馈）装置。电气控制系统：操纵装置、位置显示装置、控制屏（柜）、平层装置、选层器。安全保护系统：安全钳、限速器、缓冲器、终端保护装置、电气安全保护装置。

机械系统包括曳引系统、轿厢、对重装置、导向系统、厅轿门、开关门系统、机械安全保护系统等。其中曳引系统有曳引机、导向轮、曳引钢丝绳、曳引绳锥套等组成部件；导向系统有导轨架、导轨、导靴等组成部件；机械安全保护系统有缓冲器、限速器、安全钳、制动器、门锁等组成部件；厅轿门和开关门系统有轿门、厅门、开关门机构、门锁等组成部件。

图 6-2 为电梯常用曳引方式示意图。

图 6-3 为轿厢结构示意图。

图 6-4 所示为对重装置。

五、电梯零部件名称

• 缓冲器：位于行程端部，是用来吸收轿厢动能的一种弹性缓冲安全装置。

• 减振器：用来减小电梯运行时振动和噪声的装置。

• 轿厢：运载乘客或其他载荷的轿体部件。

• 轿厢架：固定和支撑轿厢的框架。

• 开门机：使轿门和（或）层门开启或关闭的装置。

• 检修门：开设在井道壁上，通向底坑或滑轮间供检修人员使用的门。

• 手动门：凭借人力开关的轿门或层门。

• 自动门：凭借动力开关的轿门或层门。

• 层门、厅门：设置在层站入口的门。

• 防火层门、防火门：可以防止或延缓炽热气体或火焰通过的一种层门。

• 轿厢门、轿门：设置在轿厢入口的门。

• 安全触板：在轿门关闭过程中，当被乘客或障碍物触及时，轿门重新打开的机械门保护装置。

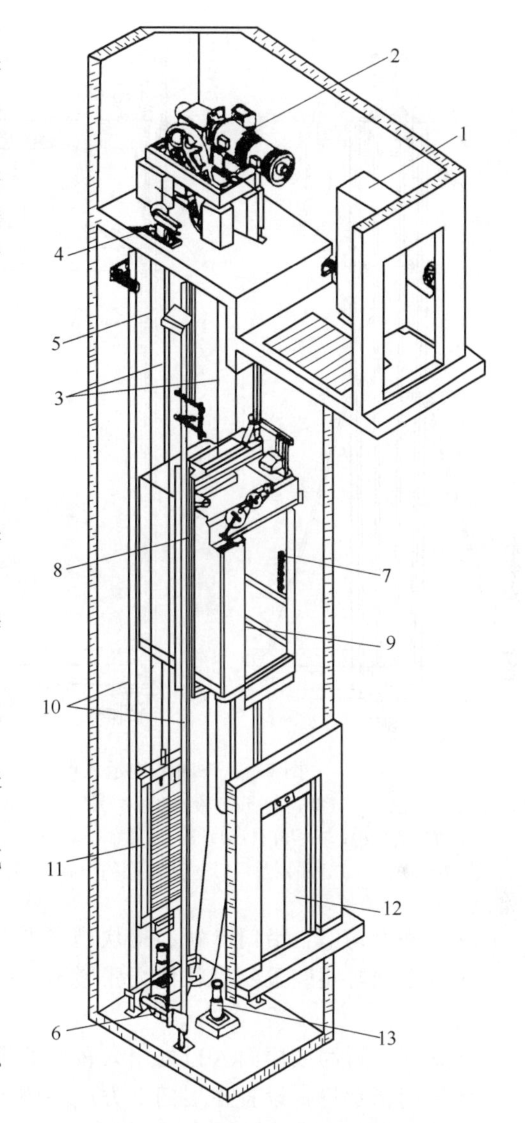

图 6-1　电梯整体结构示意图

1—控制屏；2—曳引机；3—曳引钢丝绳；4—限速器；5—限速钢丝绳；6—限速器张紧装置；7—轿厢；8—安全钳；9—轿门安全触板；10—导轨；11—对重；12—厅门；13—缓冲器

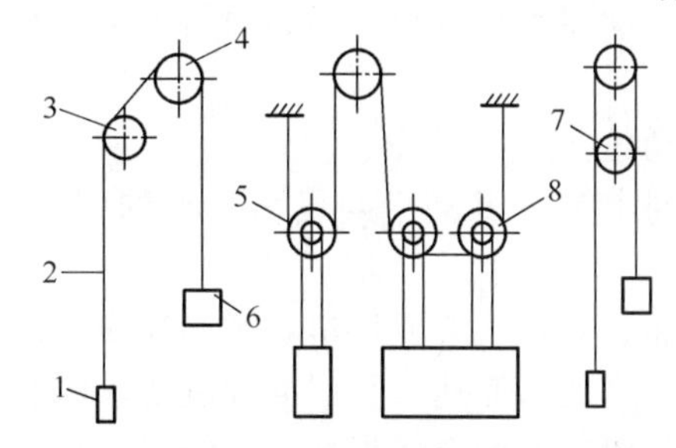

(a) 半绕1:1吊索法　(b) 半绕2:1吊索法　(c) 全绕1:1吊索法

图 6-2　电梯常用曳引方式示意图

1—对重装置；2—曳引绳；3—导向轮；4—曳引轮；5—对重轮；6—轿厢；7—复绕轮；8—轿顶轮

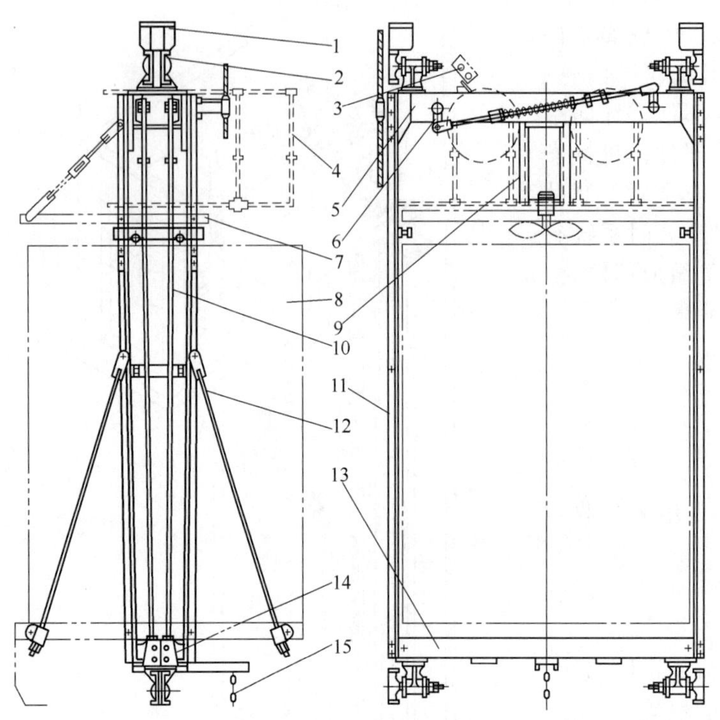

图 6-3 轿厢结构示意图

1—导轨加油盒；2—导靴；3—轿顶检修厢；4—轿顶安全栅栏；5—轿架上梁；6—安全钳传动机构；7—开门机架；8—轿厢；9—风扇架；10—安全钳拉条；11—轿架直梁；12—轿厢拉条；13—轿架下梁；14—安全嘴；15—补偿装置

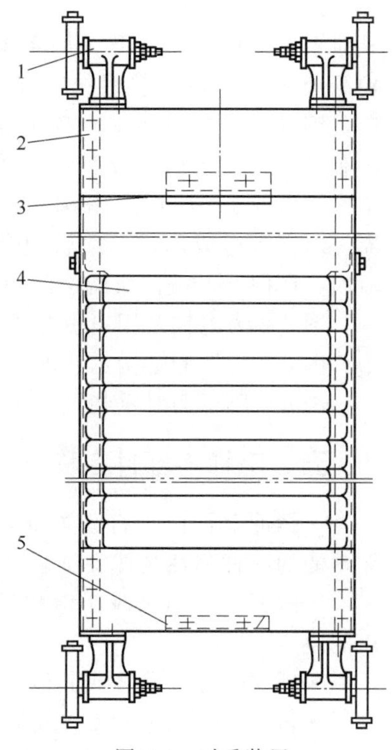

图 6-4 对重装置

1—导靴；2—对重架；3—绳头板；4—对重铁块；5—缓冲板

• 水平滑动门：沿门导轨和地坎槽水平滑动开启的门。

• 补偿绳防跳装置：当补偿绳张紧装置超出限定位置时，能使曳引机停止运转的电气安全装置。

• 地坎：轿厢或层门入口处出入轿厢的带槽金属踏板。

• 层门指示灯：设置在层门上方或一侧，显示轿厢运行层站和方向的装置。

• 控制屏：有独立的支架，支架上有金属绝缘底板或横梁的一种屏式电控设备。

• 控制柜：各种电子器件和电器元件安装在一个具有防护作用的矩形结构内的电控设备。

• 操纵箱、操纵盘：用开关、按钮操纵轿厢运行的电气装置。

• 停止按钮、急停按钮：能断开控制电路使轿厢停止运行的按钮。

• 曳引机：包括电动机、制动器和曳引轮在内的凭借曳引绳和曳引轮槽摩擦力驱动或停止电梯的装置。

• 曳引轮：曳引机上的驱动轮。

• 曳引绳：连接轿厢和对重装置，并凭借与曳引轮槽的摩擦力驱动轿厢升降的专用钢丝绳。

• 绳头组合：曳引绳与轿厢、对重装置或机房承重梁连接用的部件。

• 平层装置：在平层区域内，使轿厢达到平层准确度要求的装置。

• 平层感应板：可使平层装置动作的金属板。

• 极限开关：当轿厢运行超越端站停止装置时，在轿厢或对重装置未接触缓冲器之前，强迫切断主电源和控制电源的非自动复位的安全装置。

• 召唤盒、呼梯按钮：设置在层站门一侧，召唤轿厢停靠在呼梯层站的装置。

• 随行电缆：连接于运行的轿厢底部与井道固定点之间的电缆。

• 随行电缆架：在轿厢底部架设随行电缆的部件。

• 绳头板：架设绳头组合的部件。

• 导向轮：为增大轿厢与对重之间的距离，使曳引绳经曳引轮再导向对重装置或轿厢一侧而设置的绳轮。

• 复绕轮：为增大曳引绳对曳引轮的包角，将曳引绳绕出曳引轮后经绳轮再次绕入曳引轮，作为兼有导向作用的绳轮。

• 反绳轮：设置在轿厢架和对重框架上部的动滑轮。根据需要曳引绳绕过反绳轮可以构成不同的曳引比。

• 导轨：供轿厢和对重运行的导向部件。

• 空心导轨：由钢板经冷轧折弯成空腹 T 形的导轨。

• 导轨支架：固定在井道壁或横梁上，支撑和固定导轨用的构件。

• 导轨连接板（件）：紧固在相邻两根导轨的端部底面，起连接导轨作用的金属板（件）。

• 承重梁：敷设在机房楼板上面或下面，承受曳引机自重及其负载的钢梁。

• 底坑护栏：设置在底坑，位于轿厢和对重装置之间，对维修人员起防护作用的栅栏。

• 盘车手轮：凭借人力使曳引轮转动的专用手轮。

• 选层器：一种机械或电气驱动的装置。用于执行或控制下述全部或部分功能：确定运行方向、加速、减速、平层、停止、取消呼梯信号、门操作、位置显示和层门指示灯控制。

• 限速器：当电梯的运行速度超过额定速度一定值时，其动作能导致安全钳起作用的安全装置。

• 限速器张紧轮：张紧限速器钢丝绳的绳轮装置。

• 安全钳装置：限速器动作时，使轿厢或对重停止运行以保持静止状态，并能夹紧在导轨上的一种机械安全装置。

① 瞬时式安全钳装置：能瞬时使夹紧力达到最大值，并能完全夹紧在导轨上的安全钳。

② 渐进式安全钳装置：采取特殊措施，使夹紧力逐渐达到最大值，最终能完全夹紧在导轨上的安全钳。

• 门锁装置、联锁装置：轿门与层门关闭后锁紧，同时接通控制回路，轿厢方可运行的机电联锁安全装置。

• 滑动导靴：设置在轿厢架和对重装置上，其靴衬在导轨上滑动，使轿厢和对重装置沿导轨运行的导向装置。

• 靴衬：滑动导靴中的滑动摩擦零件。

• 滚轮导靴：设置在轿厢架和对重装置上，其滚轮在导轨上滚动，使轿厢和对重装置沿导轨运行的导向装置。

• 对重装置、对重：由曳引绳经曳引轮与轿厢相连接，在运行过程中起平衡作用的装置。

• 护脚板：从层站地坎或轿厢地坎向下延伸并具有平滑垂直部分的安全挡板。

• 挡绳装置：防止曳引绳越出绳轮槽的安全防护部件。

• 轿厢安全窗：在轿厢顶部向外开启的封闭窗，供安装、检修人员使用或发生事故时援救和乘客撤离的轿厢应急出口。窗上装有当窗扇打开即可断开控制电路的开关。

• 轿厢安全门、应急门：同一井道内有多台电梯，在相邻轿厢壁上并向内开启的门，供乘客和司机在特殊情况下离开轿厢，而改乘相邻轿厢的安全出口。门上装有当门扇打开即可断开控制电路的开关。

• 近门保护装置：设置在轿厢出入口处，在门关闭过程中，当出入口有乘客或障碍物时，通过电子元件或其他元件发出信号，使门停止关闭，并重新打开的安全装置。

六、电梯安装的工具设备及施工流程

表 6-1 为电梯安装的工具和设备。

图 6-5 为电梯安装施工流程。

表 6-1 电梯安装的工具和设备

序号	名称	规格	序号	名称	规格
一、常用工具					
1	钢丝钳	175mm	8	活扳手	100mm，150mm，200mm，300mm
2	尖嘴钳	160mm	9	开口扳手	—
3	斜口钳	160mm	10	螺丝刀①	50mm，75mm，100mm，150mm，200mm，300mm
4	剥线钳	—	11	十字头螺丝刀	75mm，100mm，150mm，200mm
5	压线钳	—	12	电工刀	—
6	梅花扳子	套	13	挡圈钳	轴、孔用全套
7	套筒扳子	套			
二、钳工工具					
1	台虎钳	2 号	12	冲击钻	—
2	铁皮剪	—	13	丝锥	M3，M4，M5，M6，M8，M10，M12，M14，M16
3	钢锯架、锯条	300mm	14	丝锥扳手	180mm，230mm，280mm，380mm
4	锉刀	扁、圆、半圈、方、三角	15	圆板牙	M4，M5，M6，M8，M10，M12
5	整形锉	成套	16	圆板牙扳手	200mm，250mm，300mm，380mm
6	钳工锤	0.5kg，0.75kg，1kg，1.7kg	17	台钻	钻孔直径 12mm
7	铜锤	—	18	开孔刀	—
8	钻子	—	19	射钉枪	—
9	划线规	150mm，250mm	20	三爪卡盘	300mm
10	中心冲	—	21	手电钻	6～13mm
11	橡胶锤	—	22	导轨调整弯曲工具	
三、土、木工具					
1	木工锤	0.5kg，0.75kg	5	吊线锤	0.5kg，10kg，15kg，20kg
2	手扳锯	600mm	6	棉纱	—
3	钻子	—	7	铅丝	0.71mm
4	抹子	—			
四、测量工具					
1	钢直尺	150mm，300mm，1000mm	6	直尺水平仪	—
2	钢卷尺	2m，30m	7	粗校卡板	—
3	卷尺	—			
4	游标卡尺	300mm	8	精校卡尺	—
5	弯尺	200～500mm	9	厚度规	—

续表

序号	名称	规格	序号	名称	规格
五、切削工具					
1	钻头	2mm,3.3mm,4mm,4.2mm,4.5mm,5.5mm,6mm,8mm,8.5mm,10.2mm,13mm,17mm,19.2mm	2	平形砂轮	125mm×20mm
			3	手摇砂轮机	2号
六、起重工具					
1	索具套环	—	5	环链手动葫芦	3t
2	索具卸扣	—	6	双轮吊环型滑车	0.5t
3	钢丝绳扎头	Y4-12、Y5-15			
4	C字夹头	500mm,75mm,100mm	7	油压千斤顶	5t
七、调试及测量工具					
1	弹簧秤	0～1kg,0～20kg	7	钳形电流表	—
2	秒表	—	8	同步示波器	SBT-5型
3	转速表	—	9	超低频示波器	SBD1～6型
4	万用表	—	10	蜂鸣器	—
5	兆欧表	500V			
6	直流中心电流表	—	11	对讲机	—
八、其他工具					
1	皮风箱	手拿式	9	钢丝刷	—
2	熔缸	—	10	手剪	—
3	喷灯	2.1kg	11	乙炔发生器	—
4	电烙铁	20～25W,100W	12	气焊工具	—
5	油枪	200mm^3	13	小型电焊机	—
6	油壶	0.5～0.75kg	14	电焊工具	—
7	手灯	36V	15	电源变压器	用于36V电灯照明
8	手电筒	—	16	电源三眼插座拖板	—

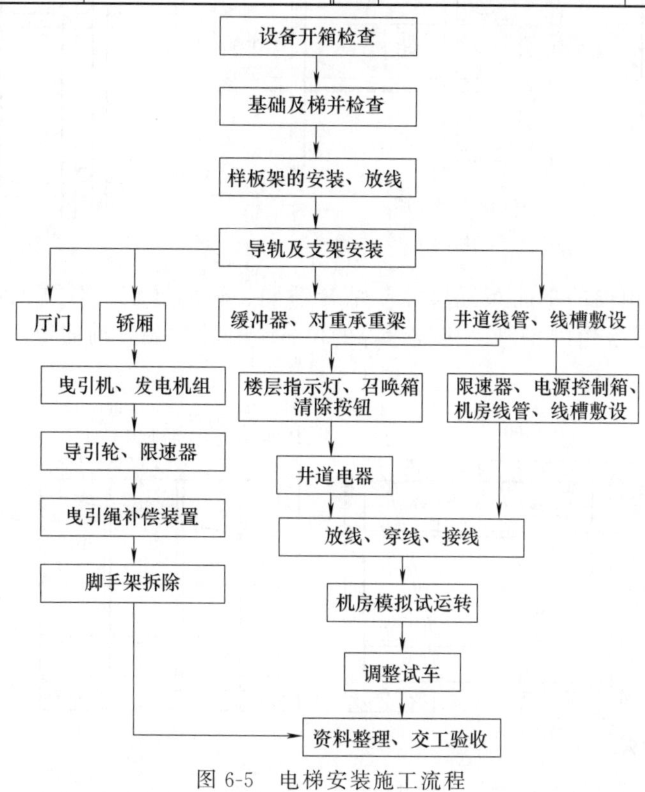

图6-5　电梯安装施工流程

第二节 电梯安装

一、井道测量

（一）施工条件

① 井道内脚手架搭设完毕，并符合《建筑安装工程脚手架安全技术操作规程》及安装部门提供的图纸要求。

② 脚手架立管最高点位于井道顶板下 1.5～1.7m 处为宜，以便稳放样板。顶层脚手架立管最好用 4 根短管，拆除此短管后，拿下的立管顶点应在最高层牛腿下面 500mm 处以便于轿厢安装（图 6-6）。

③ 脚手架排管档距以 1.4～1.7m 为宜。为便于安装作业，每层厅门牛腿下面 200～400mm 处应设一档横管，两挡横管之间应加装一档横管，便于上下攀登。脚手架每层最少铺 2/3 面积的脚手板，板厚不应小于 50mm，板与板之间空隙应不大于 50mm，各层交错排列，以减小坠落危险（图 6-7）。

④ 脚手板两端探出排管 150～200mm，用 8 号铅丝将其与排管绑牢（图 6-8）。

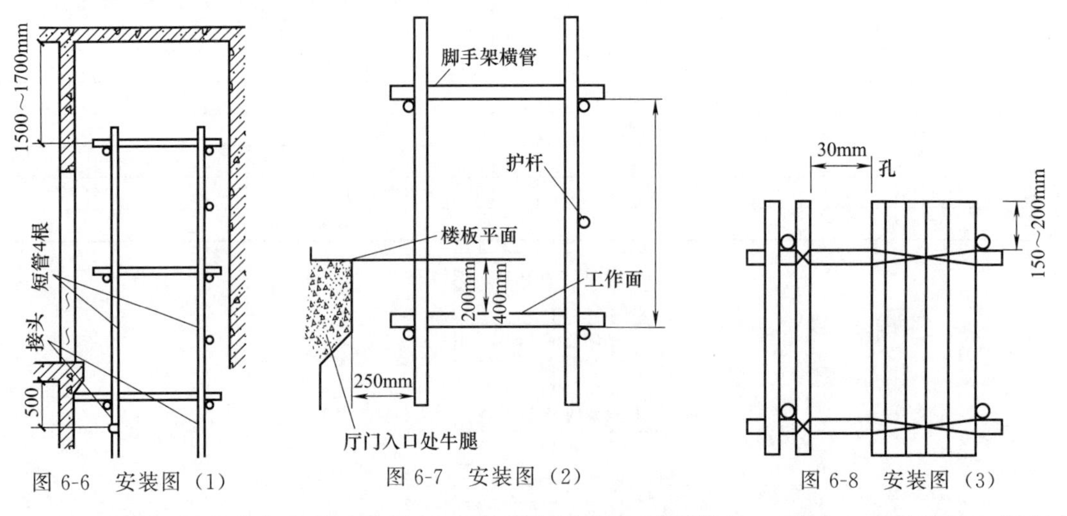

图 6-6 安装图（1） 图 6-7 安装图（2） 图 6-8 安装图（3）

⑤ 脚手架在井道内的平面布置尺寸应结合轿厢、轿厢导轨、对重、对重导轨、层门等之间的相对位置，以及电线槽管、接线盒等的位置。在这些位置前面留出适当的空隙，供吊挂铅垂线（图 6-9）。

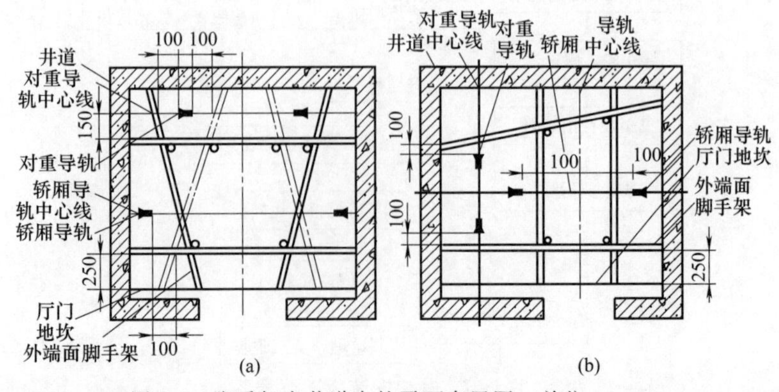

图 6-9 脚手架在井道内的平面布置图（单位：mm）

⑥ 脚手架必须经过安全技术部门检查，验收合格后方可使用。

⑦ 现场施工用电，照明用电必须符合国标《施工现场临时用电安全技术规范》的要求。

⑧ 每部电梯井道照明应采用 36V 的安全电压单独供电，且应在底层井道入口处设有电源开关，并有过载及短路保护。

⑨ 每层应安装有护罩的照明灯，并应有 3m 的可移动距离，或在适当位置设置手灯插座。底坑与顶层应有较强的照明亮度，机房须有适当的照明亮度。

⑩ 各层厅门口必须设有良好的防护栏，并且各层厅门口及每块脚手板上应保持干净无杂物。

实际测量顶层高度、底坑深度应与图纸相符，并核算是否能满足该梯越程的要求。

（二）工艺流程

搭设样板架→测量井道、确定基准线→样板就位、挂基准线→机房放线→使用激光准直定位仪确定基准线。

（三）操作工艺

1. 搭设样板架

井道顶板下面 1m 左右处用膨胀螺栓将角钢水平牢固地固定于井道壁上（图 6-10）。

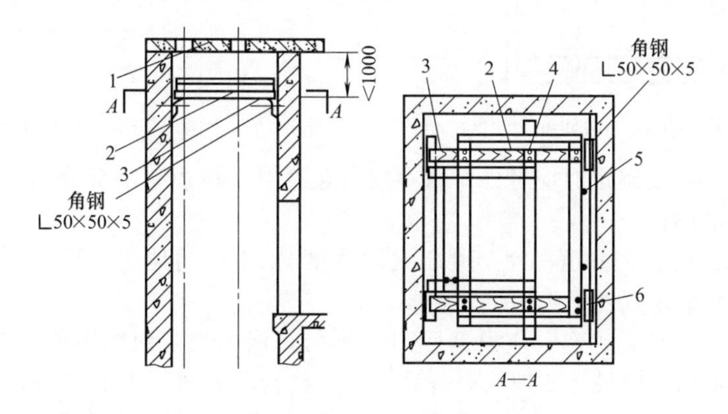

图 6-10　在井道壁上固定角钢（单位：mm）

1—机房楼板；2—样板架；3—木梁；4—固定样板架铁钉；5—铅垂线；6—木楔块

① 若井道壁为砖墙，应在井道顶板下 1m 左右处沿水平方向剔洞，稳放样板木支架，并且端部固定，见图 6-11。

② 样板木支架方木端部应垫实找平，水平度误差不得大于 3%。样板架宜用不小于 50mm × 50mm 角钢制作，所用材料应经过挑选与调直，锈蚀严重或变形扭曲的角钢不应使用（图 6-12）。

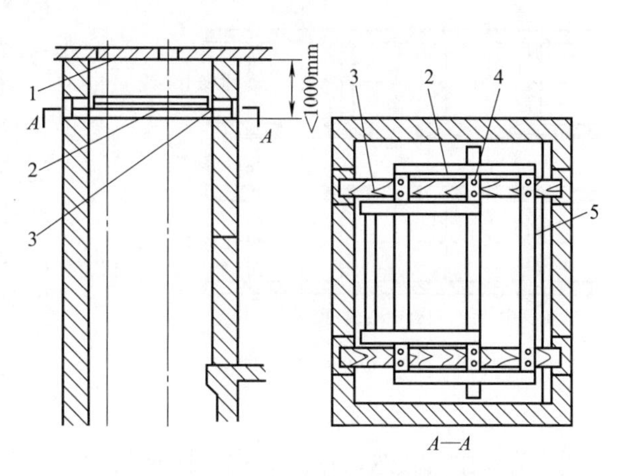

图 6-11　砖墙井道样板架搭设

1—机房楼板；2—上样板架；3—木梁；4—固定样板架螺钉；5—铅垂线

2. 测量井道，确定基准线

① 预放两根厅门口线测量井道，一般两线间距为门口净宽。

② 根据井道测量法来确定基线时应注意的问题。

a. 井道内安装的部件对轿厢运行有

无妨碍。同时必须考虑到门上滑道及地坎等与井壁距离，对重与井壁距离，必须保证在轿厢及对重上下运行时其运动部分与井道内静止的部件及建筑结构净距离不小于 50mm。

b. 确定轿厢轨道线位置时，要根据道架高度要求，考虑安装位置有无问题。道架高度计算方法如下（图 6-13）：

$$H=LABC$$

式中 H——道架高（左）；

L——轿厢中心至墙面（左）距离；

A——轿厢中心至安全钳内表面距离；

B——安全钳与导轨面距离（3～4mm）；

C——导轨高度及垫片厚度之和。

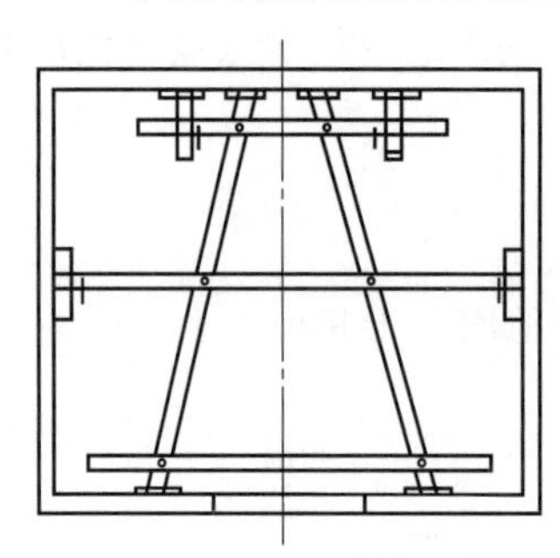

图 6-12 挑选角钢标准

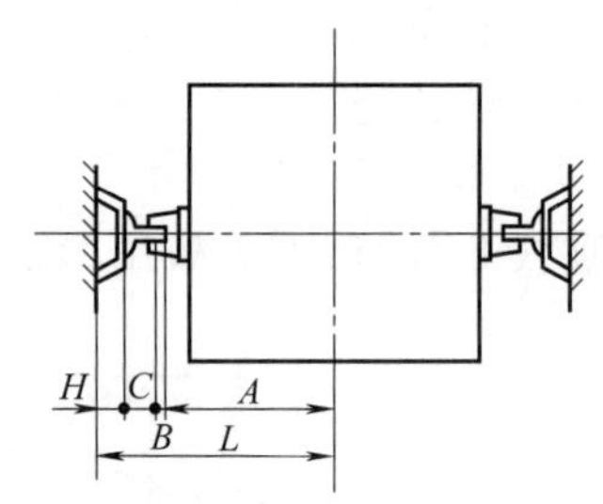

图 6-13 计算道架高度

c. 对重导轨中心线确定时应考虑对重宽度（包括对重块最突出部分），距墙壁及轿厢应有不小于 50mm 的间隙。

d. 对于贯通门电梯，井道深度≥厅门地坎宽度×2＋厅门地坎与轿厢地坎间隙×2＋轿厢深度，并考虑井壁垂直度是否满足安装要求。

e. 各层厅门地坎位置确定，应根据厅门线测出每层牛腿与该线距离，做到既要少剔牛腿或墙面，又要做到离墙最远的地坎稳装后，门立柱与墙面间隙小于 30mm。

f. 对于厅门建筑上装有大理石门套以及装饰墙的电梯，确定厅门基准线时，除考虑以上 5 项外，还应参阅建筑施工图，考虑利于门套及装饰墙的施工。

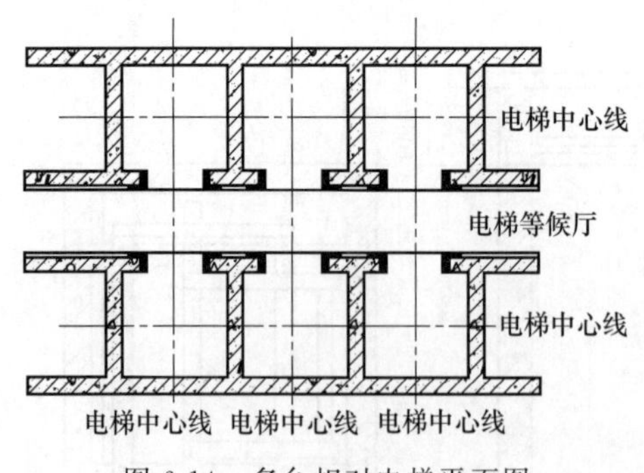

图 6-14 多台相对电梯平面图

g. 对两台或多台并列电梯安装时注意各梯中心距与建筑图是否相符，应根据井道、候梯厅等情况，对所有厅门指示灯、按钮盒位置进行通盘考虑，使其高低一致，并与建筑物协调，保证美观。还应根据建筑及门套施工尺寸考虑做到电梯候梯厅两边宽度一致，以保证达到门套建筑施工的美观要求（图 6-14）。

h. 确定基准线时，还应复核机房平面布置。保证曳引机、限速器等设备布局无问题，以方便今后维修。

3. 样板就位，挂基准线

① 样板加工制造，见图 6-15。样板的木条优先选用干燥的松木制作，且四面刨光、平直，按图纸要求组装，并用胶粘牢，将样板就位。

用在木方上直接钉木条法，或者楼板为非承重楼板时，直接在楼板上打孔测量井道确定基准线及轿厢、对重横向中心线及井道中心线。

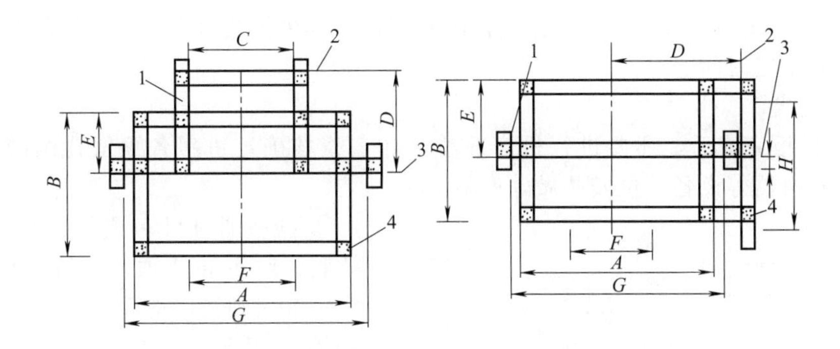

图 6-15　样板制作

A—轿厢宽；*B*—轿厢深；*C*—对重导轨架距离；

D—轿厢架中心线至对重中心线的距离；*E*—轿厢架中心线至轿底后沿；

F—开门宽度；*G*—轿厢导轨架距离；*H*—轿厢与对重偏心距离

1—铅垂线；2—对重中心线；3—轿厢架中心线；4—连接铁钉

② 无论采用样板法还是直接钉木条法，都应首先进行通盘考虑后，确定出梯井中心线、轿厢架中心线、对重中心线，进而确定出各基准垂线的放线点，划线时使用细铅笔，核对无误后，再复核各对角线尺寸是否相等，偏差不应大于 0.3mm。

样板的水平度在全平面内不得大于 3mm。为了便于安装时观测，在样板架上需用文字注明轿厢中心线、层门和轿门中心线、层门和轿门口净宽、导轨中心线等名称。

③ 在样板处，将钢丝一端悬挂一较轻物体，顺序缓缓放下至底坑。垂线中间不能与脚手架或其他物体接触，且不能使钢丝有死结现象。

④ 在放线点处，用锯条或电工刀，垂直锯或划一 V 形小槽，使 V 形槽顶点为放线点，将线放入，以防基准线移位造成误差，并在放线处注明此线名称，把尾线在固定铁钉上绑牢，见图 6-16。

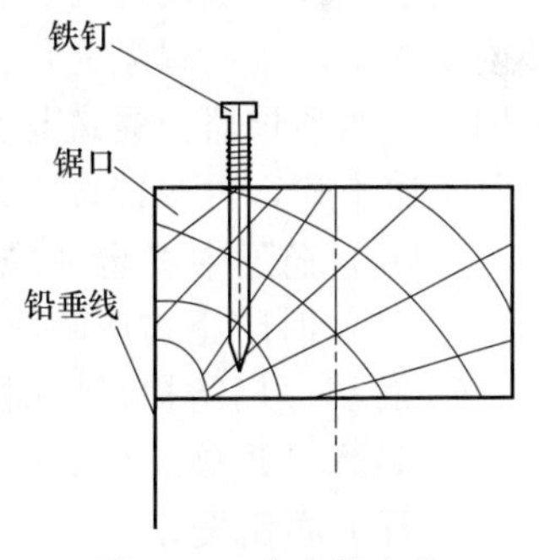

图 6-16　基准线安装

⑤ 基准线放到底坑后，用线坠替换放线时悬挂的物体，任其自然垂直静止。如行程较高或有风，线坠不易静止时，可在底坑放一水桶，桶内装入适量的水或机油，将线坠置于桶内，增加其摆动阻力，使线坠尽快静止，见图 6-17。

⑥ 在底坑安装稳线架，待基准线静止后将线固定于稳线架上，然后再检查各放线点的固定点的各部尺寸、对角线等尺寸有无偏差，确定无误后，方可进行下道工序，见图 6-18。

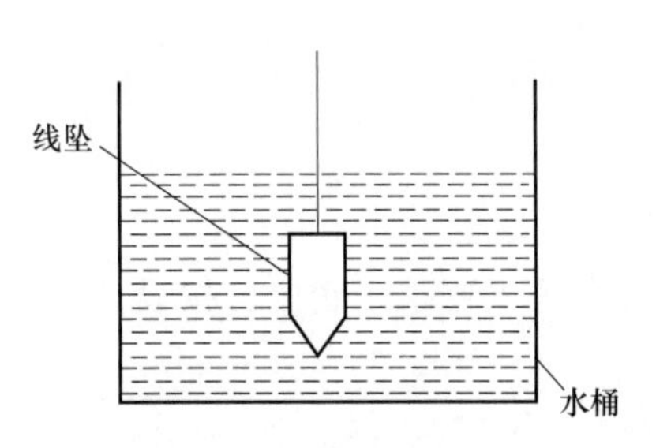

图 6-17　基准线静止

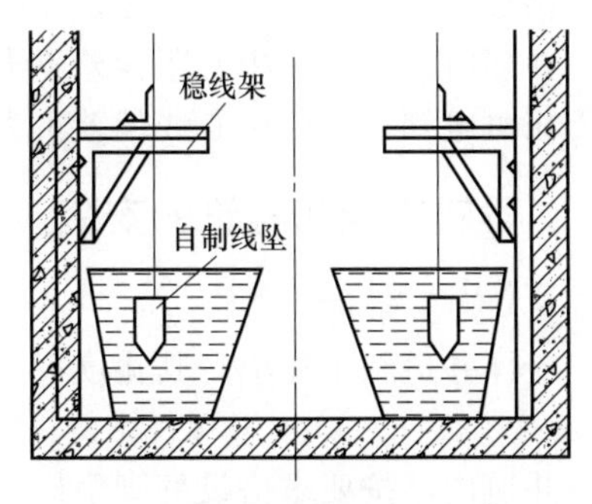

图 6-18　基准线固定

⑦ 基准线摇摆不定时，稳线工作应在凌晨进行，也可把线坠下的水桶里的水换成机油，加快基准线的稳定时间。

4. 机房放线

① 井道样板完成后，还要进行机房放线工作，校核确定机房各预留孔洞的准确位置，为曳引机、限速器等设备定位安装做好准备。

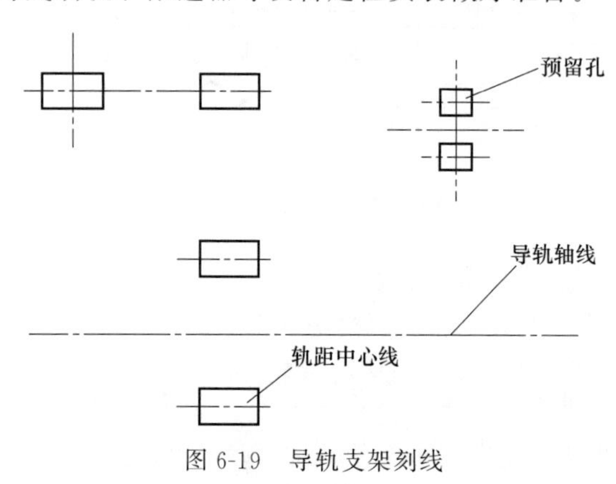

图 6-19　导轨支架刻线

② 线坠通过机房预留孔洞，将样板上的轿厢、对重导轨轴线、轨距中心线（门中线）等引到机房地面上来。

③ 以图纸尺寸要求的导轨轴线、轨距中心线、两垂直交叉十字线为基础，刻画出各绳孔的准确位置，见图 6-19。

④ 根据划线的准确位置，修正各预留孔洞，并可确定承重钢梁及曳引机的位置，为机房的全面安装提供必要的条件。

5. 使用激光准直定位仪确定基准线

（1）井道测量

使用激光仪进行井道形位误差检测时，首先将激光仪利用三脚架架设在井道顶端的机房地面上并调水平、调垂直，按照需要，先后在几个控制点上，通过地面的孔洞向下打出激光束，逐层对井道进行测量。对测量数据综合分析后按实际净空尺寸在最合理的位置安置稳固上样板。

（2）确定基准线

当上样板位置确定后，在其上方约 500mm 两根轿厢导轨安装位置处的墙面上，临时安装两个支架用于放置激光仪。首先固定好激光仪，调整检查仪器顶部圆水泡上的气泡在刻度范围内，调整仪器使光斑与孔的十字刻线对正，将光斑中心在下样板作标记。在其他支架处重复上述步骤，再按传统工艺进行检验无误后，基准线确定。

（四）施工中安全注意事项

① 作业时防止物体坠落伤人。

② 各层厅门防护栏稳固性保持良好。

③ 进入井道施工应做好防护，防止坠落。

（五）质量要求

① 基准线尺寸必须符合图纸要求，各线偏差不大于 0.3mm。

② 基准线必须保证垂直。

③ 梯板架水平偏差不大于 3/1000。

④ 并列电梯、厅门中心距偏差不大于 20mm。

⑤ 相对电梯、厅门中心线偏差不大于 20mm。

二、导轨支架和导轨的安装

（一）施工条件

① 电梯井道施工完毕，其宽度、进深、垂直度符合施工要求，底坑已按设计标高打好地面。

② 井道内已按要求搭设好脚手架，符合有关的施工、安全要求。

③ 井道施工要用 36V 以下的低压电照明，以保证足够的照明亮度。

④ 厅门口、机房脚手架上、井道壁上无杂物，有相应的安全防护措施，防止人、物坠落。

⑤ 检查预埋铁是否牢固可靠，有无遗漏，位置尺寸是否正确，预留孔洞的位置及几何尺寸是否正确。

（二）工艺流程

确定导轨支架位置→安装导轨支架→安装导轨→调校导轨。

（三）操作工艺

1. 确定导轨支架的安装位置

没有导轨支架预埋铁的电梯井道，要按照图纸要求的导轨支架间距尺寸及安装导轨支架的垂线来确定导轨支架在井道壁上的位置。当图纸上没有明确规定最下、最上一排导轨支架的位置时应按以下方法确定：最下一排导轨支架安装在底坑地面以上 1000mm 的位置；最上一排导轨支架安装在井顶板以下不大于 500mm 的位置。在确定导轨支架位置的同时，还应考虑导轨连接板（接道板）与导轨支架不能相碰，错开的净距离不小于 30mm。若图纸没有明确规定，则以最下层导轨支架为基点，往上每隔 2000mm 设一排支架，如果遇到接道板可适当放大间距，但最大不应大于 2500mm。导轨支架的布置应满足每根导轨两个支架，或按厂方图纸要求施工。

2. 安装导轨支架

根据每部电梯的设计要求及具体情况选用下述方法中的一种。

（1）电梯井壁有预埋铁时

电梯井壁有预埋铁时，安装前要首先清除表面混凝土。

① 按安装导轨支架垂线核查预埋铁位置，若其位置偏移，达不到安装要求，可在预埋铁上补焊钢板。钢板厚度 $\delta \geqslant 16$mm，长度一般不超过 300mm。当长度超过 200mm 时，其端部需用不小于 M16 的膨胀螺栓固定于井壁上，加装钢板与原预埋铁搭接长度不小于 50mm，要求三面满焊，见图 6-20。

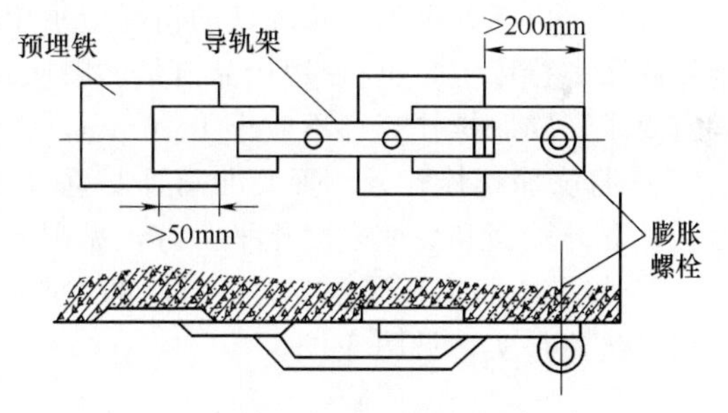

图 6-20　导轨支架预埋件埋设尺寸错误时的处理

② 安装导轨支架。

a. 安装导轨支架前，要复核由样板上放下的基准线（基准线距离导轨支架平面 1～3mm），两线间距一般为 80～100mm，其中一条是以导轨中心为准的基准线，另一条是安装导轨支架的辅助线，一般以导轨中心为准的基准线距导轨端面 10mm，与辅助线距离为 80～100mm，见图 6-21。

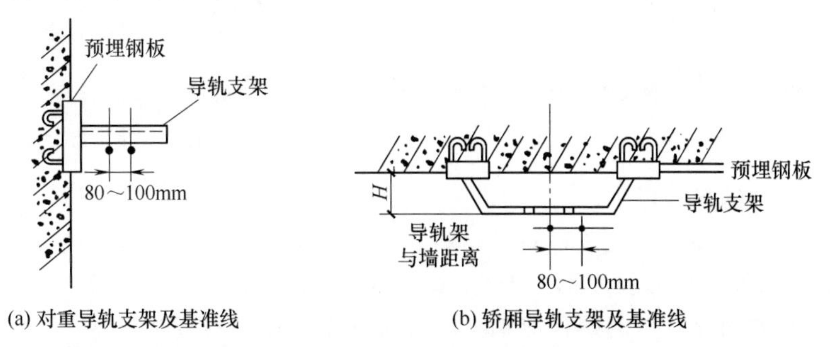

图 6-21　导轨支架位置确认图

b. 若现场不具备搭设脚手架的条件，可以采用自升法安装导轨支架，其基准线为2条，基准线距导轨中心线300mm，距导轨端面10mm，以不影响导靴的上下滑动为宜，见图6-22。

c. 测出每层导轨支架距墙的实际尺寸，并按顺序编号进行加工。

d. 根据导轨支架中心线及其平面辅助线，确定导轨支架位置，进行找平、找正，然后进行焊接。

e. 导轨支架不水平度应不大于1.5%，为保证导轨支架平面与导轨的接触面严实，支架端面垂直误差 a 应小于1mm，见图6-23。

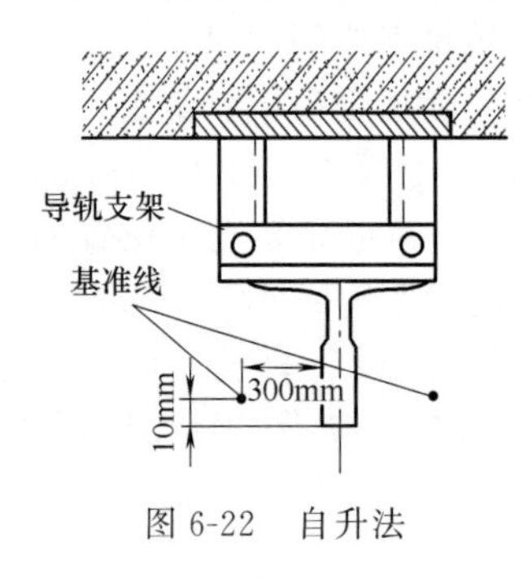

图6-22　自升法

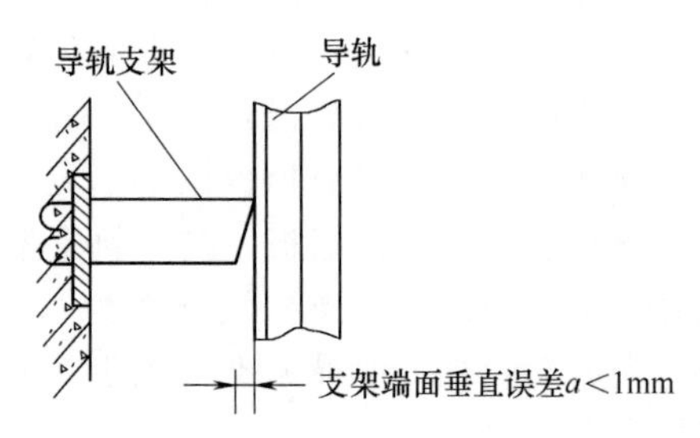

图6-23　支架端面垂直偏差示意图

f. 导轨支架与预埋铁接触面应严密，焊缝采取内外四周满焊，焊接高度不应小于5mm。焊缝要饱满、均匀，且不能有夹渣、咬边、气孔等。

（2）用膨胀螺栓固定导轨支架

混凝土电梯井壁没有预埋铁的情况应采用膨胀螺栓直接固定导轨支架的方法（砖墙上不准用膨胀螺栓固定），应使用产品自带的膨胀螺栓，或者使用厂家图纸要求的产品。若厂家没有要求，膨胀螺栓直径不应小于16mm，膨胀螺栓的埋入深度不应小于120mm。

① 打膨胀螺栓孔，位置要准确且要垂直于墙面，深度要适当。一般在膨胀螺栓被固定后，护套外端面和墙壁表面相平为宜，见图6-24。

② 如果墙面垂直误差较大，可局部剔凿，使之和导轨支架接触面间隙不大于1mm，然后用薄垫片垫实，见图6-25。

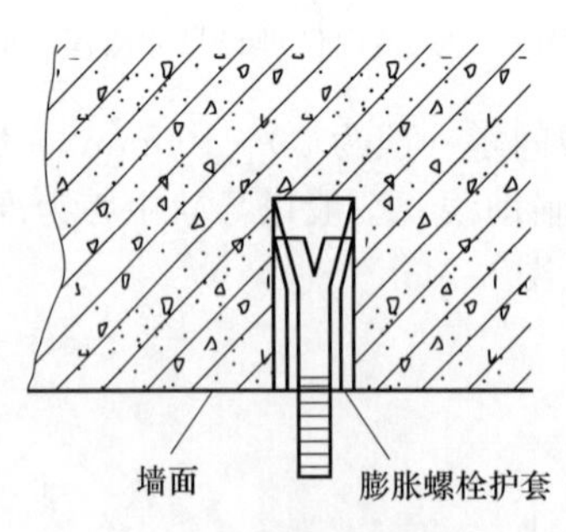

图6-24　膨胀螺栓安装

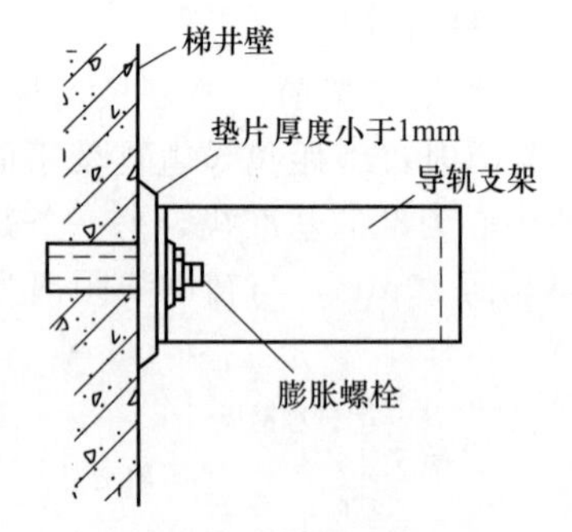

图6-25　导轨支架垫片

③ 导轨支架按编号顺序加工。

④ 安装导轨架，并找平校正，对于待调试导轨架，调节定位后，将膨胀螺栓紧固，并在可调部位焊接两处，焊缝长度不小于20mm，防止错位。

⑤ 垂直方向紧固导轨架的螺栓应朝上，螺母在上，便于检查其松紧。

（3）用穿钉螺栓固定导轨支架

① 若电梯井壁较薄，其厚度小于 150mm 且又没有预埋铁时，不宜使用膨胀螺栓固定导轨支架，应采用穿钉螺栓固定导轨支架，在井壁上打透眼，用大于 ϕ16mm 的穿钉固定钢板（$\delta \geqslant$16mm）。穿钉在井壁外侧要加 100mm×100mm×12mm 的垫铁，以增加强度（图 6-26），将导轨支架焊接在钢板上。

② 加工及安装导轨支架的方法和要求同井壁有预埋铁的情况。

③ 用混凝土灌注导轨支架：梯井壁是砖结构，一般采用剔导轨支架孔洞，用混凝土灌注导轨支架方法。

④ 在对应导轨支架的位置，剔一个内大口小的孔洞，其深度不小于 130mm，见图 6-27。

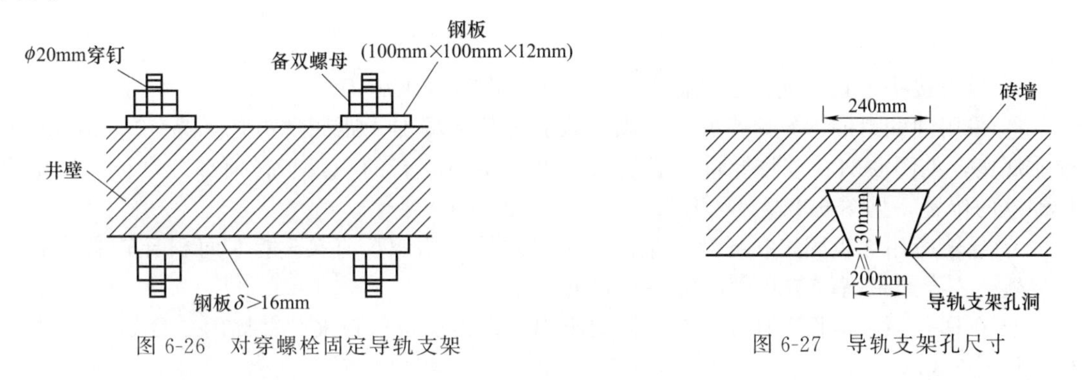

图 6-26　对穿螺栓固定导轨支架　　图 6-27　导轨支架孔尺寸

⑤ 导轨支架编号加工，且插入墙内部分的端部要劈成燕尾状，见图 6-28。

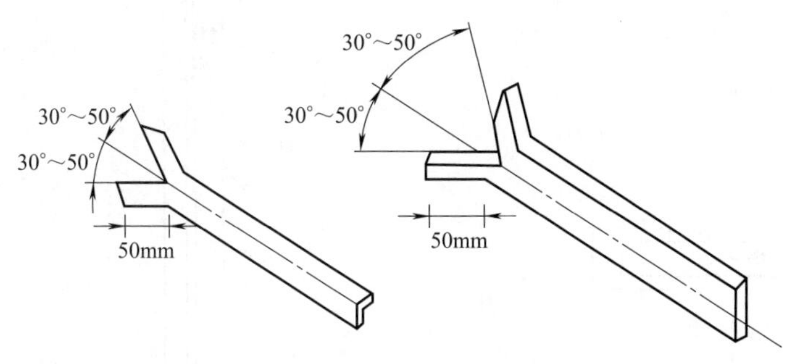

图 6-28　导轨支架燕尾

⑥ 灌注前，用水冲洗孔洞内壁，使尘渣被冲出，洞壁被洇湿。

⑦ 灌注导轨支架用的混凝土，由水泥（应选用 P·O32.5 以上的优质水泥）、砂、豆石按 1∶2∶2 的体积比加入适量的水搅拌均匀制成。灌注导轨支架时要用此混凝土将孔洞填实。支架埋入墙内的深度不得小于 120mm，且要找平找正，其水平度应符合安装导轨的要求。

⑧ 导轨支架稳固后不能碰撞，常温下经过 6～7d 的养护，达到规定强度后，才能安装导轨。

⑨ 对于空心砖、泡沫砖的墙，不允许埋设固定件，应加装钢制圈梁用以固定导轨支架。

3. 安装导轨

① 基准线与导轨的位置，见图 6-29（a）；若采用自升法安装，其位置关系见图 6-29（b）。

② 底坑架设导轨基础座，必须将其找平垫实，其水平误差不大于 0.1%。基础座位置用导轨基准线找正确定后，用混凝土将其四周灌实抹平，见图 6-30。

③ 检查导轨的直线度偏差应不大于 0.1%，且单根导轨全长偏差不大于 0.7mm，不符合要求的导轨可用导轨校正器校正或要求厂家更换。导轨端部的榫头、连接部位加工面的油污毛刺、尘渣均应清除干净后才能进行导轨连接，以保证达到安装精度的要求。

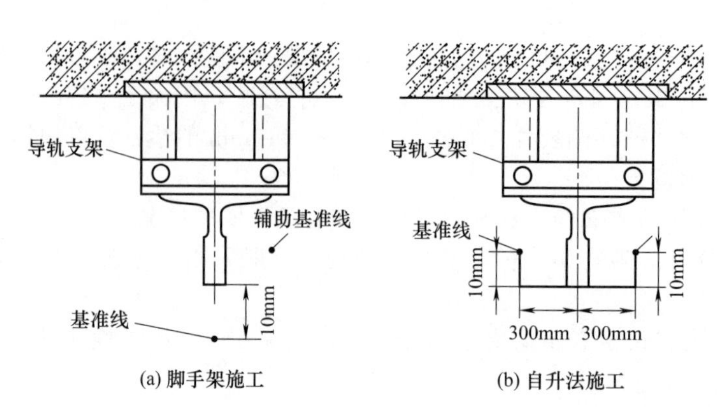

图 6-29 基准线与导轨位置

④ 导轨接头不宜在同一水平面上，应按厂家图纸要求施工。

⑤ 采用油润滑的导轨，需在立基础导轨前将其下端加一距底坑部地平高 40～60mm 的硬质底座，见图 6-31；或将导轨下端距地坪 40～60mm 高的一段工作面部分锯掉，以留出接油盆的位置，见图 6-32。

⑥ 导轨应用导板固定在导轨支架上，不得焊接或用螺栓直接连接，每根导轨必须有两个导轨架，导轨最高端与井道距离 50～100mm。

⑦ 在梯井顶层楼板下挂一滑轮并固定牢固，在顶层层门口安装并固定一台 0.5t 的卷扬机，见图 6-33。

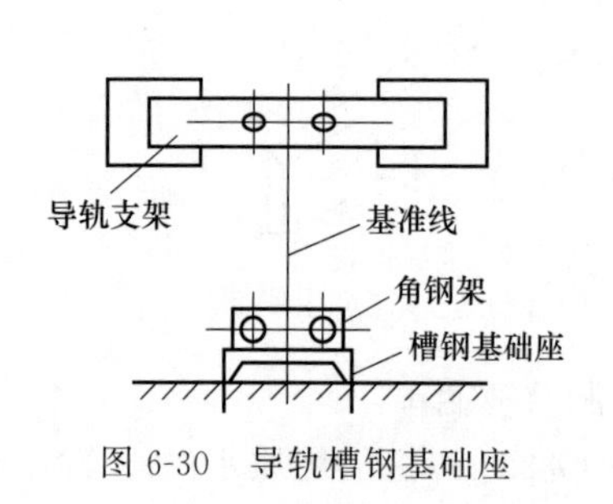

图 6-30 导轨槽钢基础座

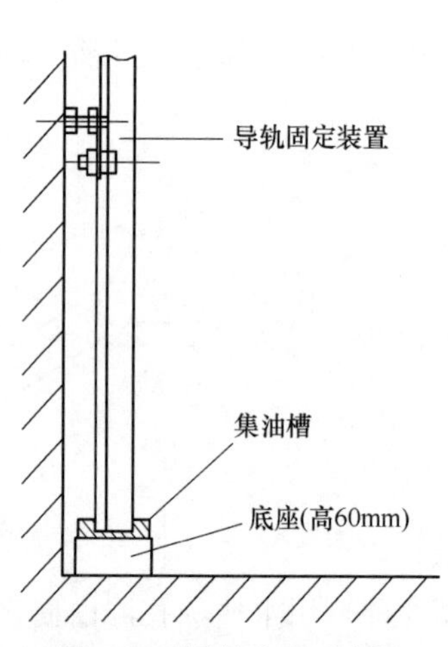

图 6-31 导轨底座示意图

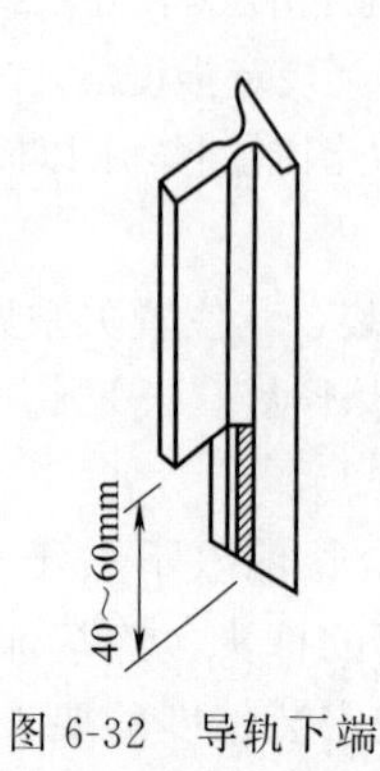

图 6-32 导轨下端

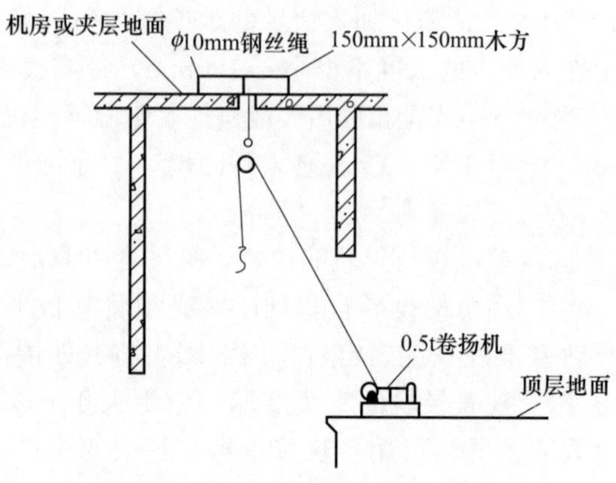

图 6-33 卷扬机固定位置示意图

⑧ 每根符合要求的导轨应在榫头端装上连接板；吊装导轨时要采用 U 形卡或双钩钩住导轨连接板，见图 6-34。

⑨ 若导轨较轻且提升高度不大，可采用人力，使用不小于 ϕ25mm 麻绳代替卷扬机吊装导轨。若采用人力提升，须由下而上逐根立起。若采用小型卷扬机提升，可将导轨提升到一定高度（能方便地连接导轨），连接另一根导轨。采用多根导轨整体吊装就位的方法，要注意吊装用具的承载能力，一般吊装总重不超过 3kN（≈300kg 物体所受重力），整条轨道可分几次吊装就位。

⑩ 安装导轨时应注意，每节导轨的凸榫头应朝上，当灰渣落在榫头上以便清除，需保证导轨接头处的缝隙符合规范的要求，见图 6-35。

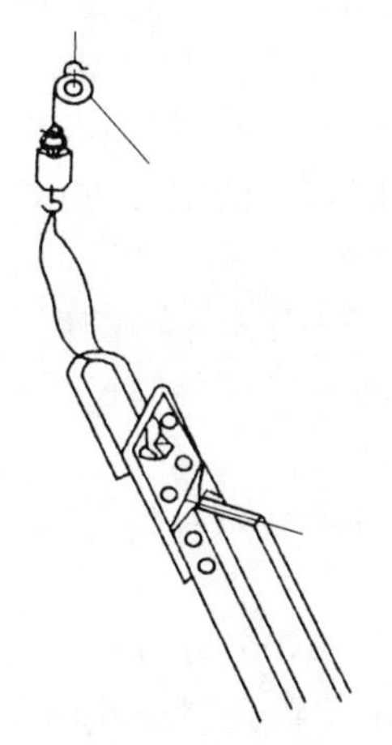

图 6-34　双钩吊导轨

图 6-35　导轨接头

导轨吊运时应扶正导轨，避免与脚手架碰撞。导轨在逐根立起时用连接板相互连接牢固，并用导轨压板将其与导轨架略加压紧，待校正后再紧固。

顶层末端导轨的安装应根据所需要的实际长度，将导轨截断后吊装。

4. 调整导轨

① 找道尺的制作、调整。

a. 将样尺固定在尺寸合适的钢管上，用卷尺测量 L，L 应比标准轨距小 0.5mm，见图 6-36。

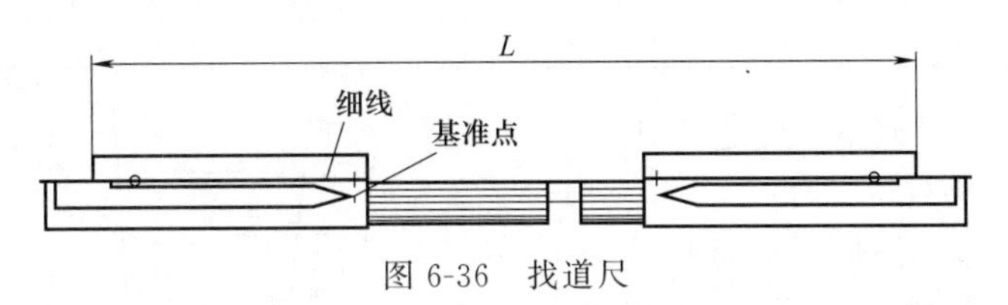

图 6-36　找道尺

b. 用一拉紧的细线检测两指针与导轨接触的部位是否在同一直线上，两指针同时指正基准点。若指针与基准点有偏差，可在图 6-37 中 A 方向通过垫片调整使指针指正基准点。校核两样尺对应平面的平行度误差在 0.2mm 以内。校核方法：把找道尺夹紧在台钳或固定在一平台上，然后参照图 6-37 测量两把样尺的垂直度误差均在 0.2mm 以内。

c. 找道尺调整完毕，应拧紧样尺与钢管之间的紧固螺栓。

② 用钢板尺检查导轨端面与基准线的间距和中心距离，如不符合要求，应调整导轨前后距离和中心距离，以符合精度要求。

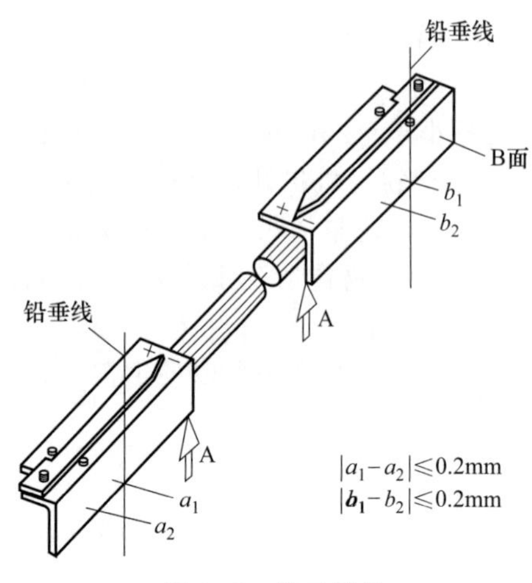

图 6-37 找正导轨

a_1、a_2、b_1、b_2—样尺测量找道尺平面平整度

③ 用找道尺检查、找正导轨（图 6-37）。

a. 扭曲调整：将找道尺端平，并使两指针尾部侧面和导轨侧工作面贴平、贴严，两端指针尖端指在同一水平线上，说明无扭曲现象。如贴不严或指针偏离相对水平线，说明有扭曲现象，则用专用垫片调整导轨支架与导轨的间隙（垫片不允许超过 3 片），使之符合要求。为了保证测量精度，用上述方法调整以后，将找道尺反向旋转 180°，用同一方法再进行测量调整，直至符合要求。

b. 调整导轨用垫片不能超过 3 片，导轨支架和导轨背面间的衬垫厚度不宜超过 3mm，超过 3mm 小于 7mm 时，要在垫片间点焊，当超过 7mm 时要垫入与导轨支架宽度相等的钢板垫片后，再用较薄的垫片调整。

c. 调整导轨可自下而上或自上而下进行，当自上而下时，必须注意导轨底座高度应能调整。

d. 对楼层高的电梯，因风吹或其他原因造成基准线摆动时，可分段校正导轨后将此处基准线定位，之后将定位拆除再进行精校导轨。

e. 调整导轨垂直度和中心位置：调整导轨位置，使其端面中心与基准线相对，并保持规定间隙（如规定 3mm），见图 6-38。

f. 找间距：操作时，在找正点处将长度较导轨间距 L 少 0.5～1mm 的找道尺端平，用塞尺测量找道尺与导轨端面间隙，使其符合要求（找正点在导轨支架处及两支架中心处）。两导轨端面间距 L，见图 6-39，其偏差在导轨整个高度上应符合表 6-2 的要求。

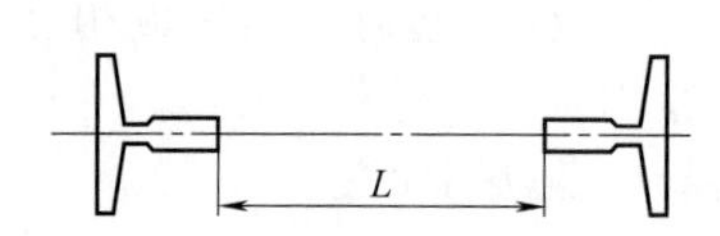

图 6-38 导轨垂直度和中心位置调整

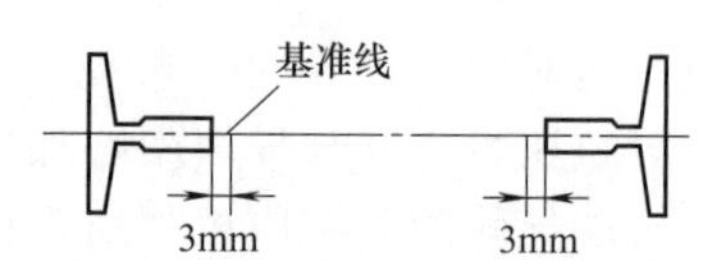

图 6-39 两导轨端面间距

表 6-2 两导轨端面间距的偏差要求

电梯速度	2m/s 以上		2m/s 以下	
轨道用途	轿厢	对重	轿厢	对重
偏差不大于/mm	+10	+20	+20	+30

上述三条必须同时调整，使之达到要求。

④ 修正导轨接头处的工作面：

a. 导轨接头处，导轨工作面直线度可用 500mm 钢板尺靠在导轨工作面上，接头处对准钢板尺 250mm 处，用塞尺检查 a、b、c、d 处，见图 6-40，均应不大于表 6-3 的规定。

b. 导轨接头处的全长不应有连续缝隙，局部缝隙不大于 0.5mm，见图 6-41。

c. 两导轨的侧工作面和端工作面接头处台阶的直线度用 0.01/300 的平直尺测量，应不大于 0.05mm，见图 6-42。对台阶应沿斜面用专

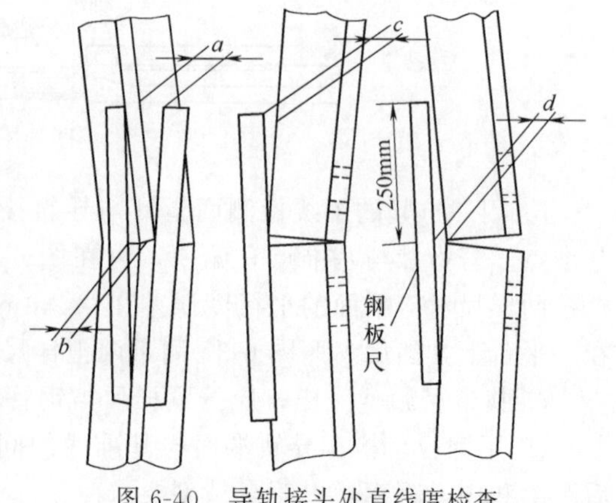

图 6-40 导轨接头处直线度检查

用刨刀、锉刀或油石进行磨平，磨修长度应不小于 200mm。

表 6-3　导轨接头工作面直线度允许偏差

导轨连接处	a	b	c	d
不大于/mm	0.15	0.06	0.15	0.06

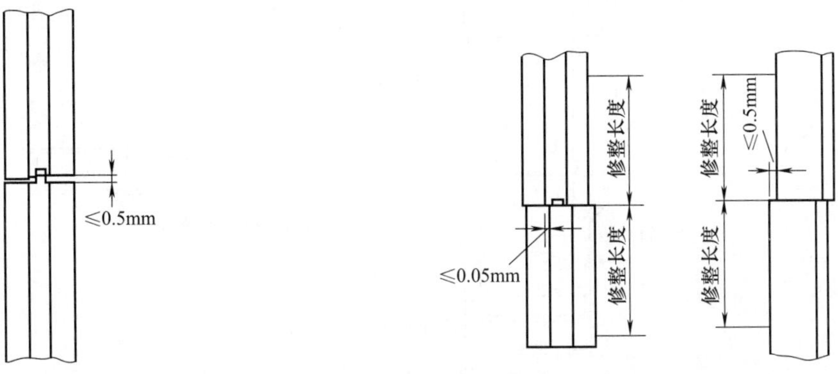

图 6-41　导轨接头处缝隙检查

图 6-42　导轨接头处台阶检查与修整

（四）施工中安全注意事项

① 井道施工特别是吊运导轨时，应仔细检查吊具、卷扬机等设备，防止意外发生。

② 井道中施工人员需戴好安全帽，系好安全带。

（五）质量要求

① 导轨安装位置必须符合土建布置图要求。

② 两列导轨顶面间的距离偏差为：轿厢导轨 0～2mm，对重导轨 0～3mm。

③ 导轨支架在井道壁上的安装应固定可靠。预埋件应符合图纸设计要求。锚栓（如膨胀螺栓等）应固定在井道壁的混凝土构件上使用，其连接强度与承受振动的能力应满足电梯产品设计要求。

④ 每列导轨工作面（包括侧面与顶面）与安装基线每 5m 的偏差均不应大于下列数值：轿厢导轨和设有安全钳的对重导轨为 0.6mm；不设安全钳的对重导轨为 1.0mm。

⑤ 轿厢导轨和设有安全钳的对重导轨工作面接头处不应有连续缝隙，局部缝隙不大于 0.5mm，导轨接头处台阶不应大于 0.05mm。如超过应修平，修平长度应大于 150mm。

⑥ 不设安全钳的对重（平衡重）导轨接头处缝隙不应大于 1.0mm，导轨工作面接头处台阶不应大于 0.15mm。

三、对重安装

（一）施工条件

① 导轨已安装调整完毕，顶层脚手架已拆除，保证有足够的作业空间。

② 顶层厅门口应有足够搬运大型部件的通道，并应在地面垫上防护材料。

③ 机房门窗都应封闭，严禁非施工人员进入，机房地面无杂物，预留孔洞暂时覆盖。

④ 井道内施工照明应满足作业要求，必要时使用手把灯和碘钨灯。

（二）工艺流程

准备工作→对重框架吊装就位→对重导靴的安装、调整→对重块的安装及固定→安全与防护装置。

（三）操作工艺

1. 吊装前的准备工作

① 按照高度基准线（+0.5m 水平控制线），确定底坑深度是否合格。

② 按照厂家提供的对重框架装配图，检查对重轨道和对重架尺寸是否相配，并了解对重各部分零部件上的装配位置，见图 6-43。

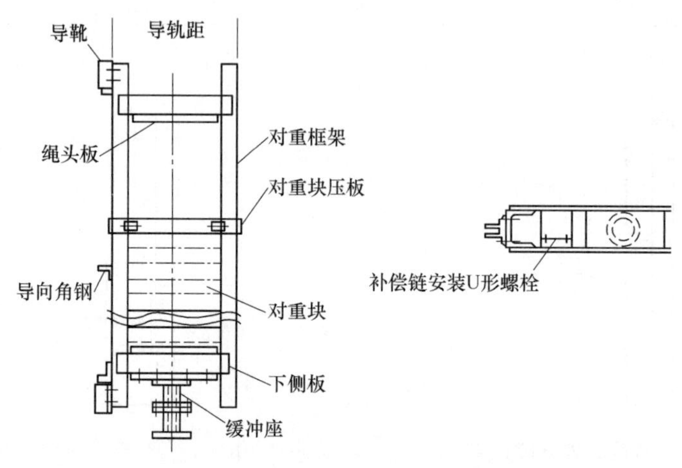

图 6-43　对重装配位置图

③ 在脚手架上相应位置（以方便吊装对重架和装入对重块为准）搭设操作平台，见图 6-44。

④ 在适当高度（以方便吊装对重为准）的两相对的对重轨道支架上架设具备足够强度的钢管，并在钢丝绳扣中央悬挂一倒链葫芦，再将钢丝绳扣固定在相对的两个导轨架上，不可直接挂在导轨上，以免导轨受力后移位或变形。

⑤ 在对重缓冲器两侧各支一根 100mm×100mm 木方。木方高度 $L=A+B+C$，见图 6-45。其中 A 为缓冲器底座高度，B 为缓冲器高度，C 为越程距离，见表 6-4。

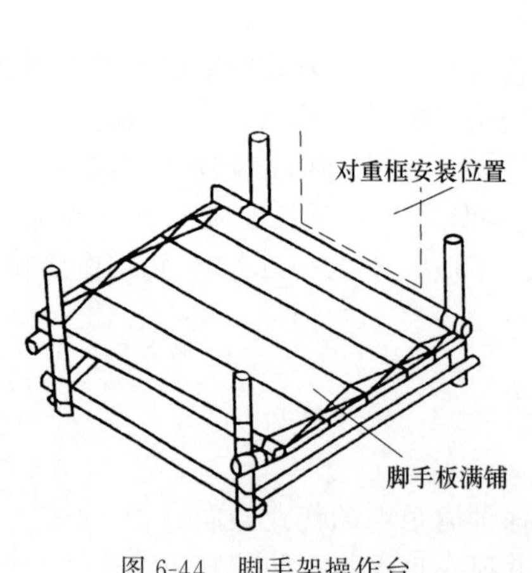

图 6-44　脚手架操作台

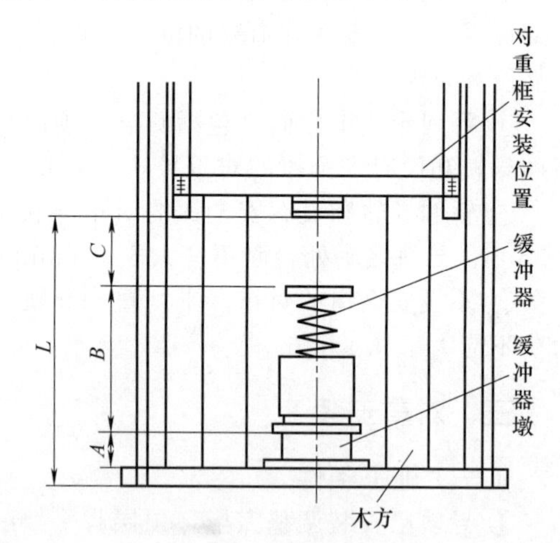

图 6-45　缓冲器安装

表 6-4　越程距离

电梯额定速度/(m/s)	缓冲器形式	越程距离/mm
0.5～1.0	弹簧	200～350
1.5～2.5	油压	150～400

⑥ 若导靴为弹簧式或固定式的，需要将同一侧的两导靴拆下，若导靴为滚轮式的，需要将四个导靴都拆下。

2. 对重框架吊装就位

① 将对重框架运到操作平台上，用钢丝绳扣将对重绳头板和倒链吊钩连在一起，见图 6-46。

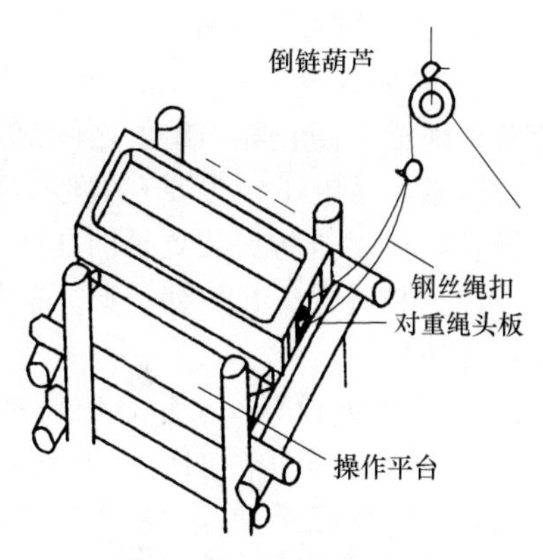

图 6-46　对重框架吊装

② 操作倒链将对重框架吊起到预定高度，对于一侧装有弹簧式或固定式导靴的对重框架，移动对重框架使其导靴与该侧导轨吻合并保持接触，然后轻轻放松倒链，使对重架平稳牢固地安放在事先支好的木方上，应使未装导靴的框架两侧面与导轨端面距离相等。

3. 对重导靴的安装、调整

① 固定式导靴安装时，要保证内衬与导轨端面间隙上下一致，若达不到要求要用垫片进行调整，同时应按厂家要求调整导轨和导靴的工作间隙，见图 6-47。

② 在安装弹簧式导靴前应将导靴调整螺母紧到最大限度，使导靴和导靴架没有间隙，这样便于安装，见图 6-48。

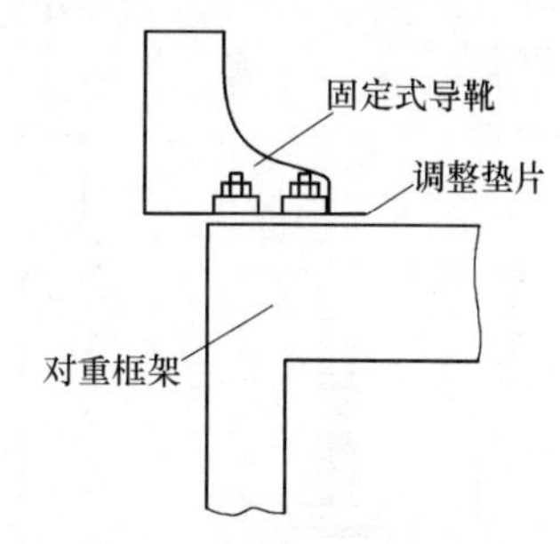

图 6-47　固定式对重导靴调整

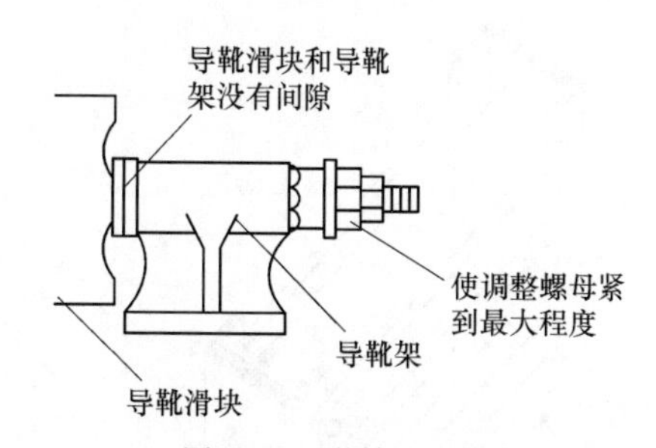

图 6-48　弹簧式导靴

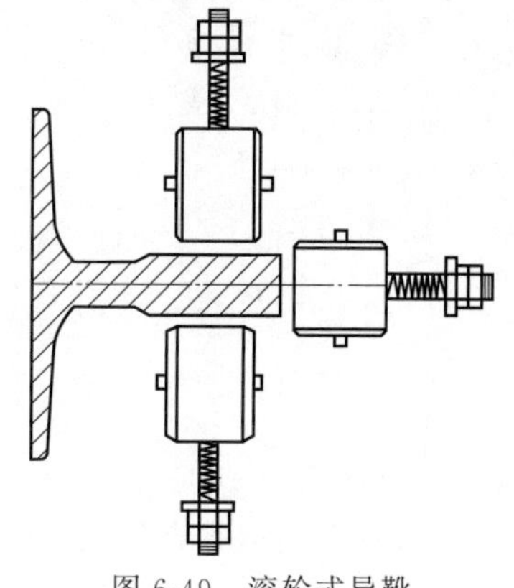

图 6-49　滚轮式导靴

③ 若靴衬上下与导轨端面间隙不一致，则在导靴座和对重框架间用垫片进行调整，调整方法同固定式导靴一致。

④ 滚动式导靴安装要平整，两侧滚轮对导轨的初压力应相等，压缩尺寸应按制造厂家图纸的规定。如无规定则根据使用情况调整压力适中，正面滚轮应与道面压紧，轮中心应对准导轨中心，见图 6-49。

4. 对重块的安装及固定

① 加载对重块前，应完成轿架的组装，并完成对重和轿厢的曳引绳安装工作。

② 装入对重块的数量可先由下列公式粗算出来：

装入的对重块数＝轿厢自重＋额定荷重×(0.4～0.5)－对重框架重单块重量

③ 如果轿厢未拼装完成，则首次加载对重块的数量大约是以上公式计算出数量的一半，待轿厢全部拼装完成后再按上述数量全部加载。最终加载对重块的数量须在调试时由平衡系数测定实验确定。

④ 按厂家设计要求装上对重块压紧装置，图 6-50 为挡板式压紧装置，还有顶丝式、顶管式等对重压紧装置。该装置用于防止对重块在电梯运行时发出撞击声。

⑤ 对重下撞板处一般加装缓冲器墩 2～3 个，当电梯的曳引绳伸长时，则用工具调整越程距离符合规范要求。

5. 安全与防护装置

① 如果有滑轮固定在对重装置上时，应设置防护罩，以避免伤害作业人员或悬挂绳松弛脱离绳槽，防止绳与绳槽之间落入杂物。这些装置的结构应不妨碍对滑轮的检查和维护。采用链条的情况下，也要有类似的装置。所采用的防护装置应能见到旋转部件且不妨碍检查与维护工作，若防护装置是网孔状，则其孔洞尺寸应符合现行规范的要求。

防护装置只有在下列情况才能拆除：a. 更换钢丝绳或链条；b. 更换绳轮或链轮；c. 重新加工绳槽。

② 对重如设有安全钳，应在对重装置未进入井道前，将有关安全钳的部件安装完成。

③ 对重安全护栏的底部距底坑地面应不大于300mm，由此向上宽度应至少2500mm的高度，其宽度应至少等于对重宽度两边各加100mm，如果这种隔障是网孔形的，则应遵循现行规范的要求。特殊情况下，为了满足底坑安装电梯部件的位置要求，允许在该隔障上开尽量小的缺口，一般用扁铁制作，见图6-51。

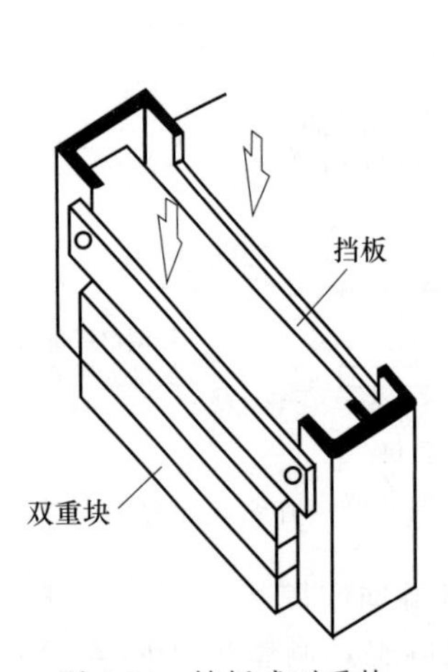

图6-50 挡板式对重块

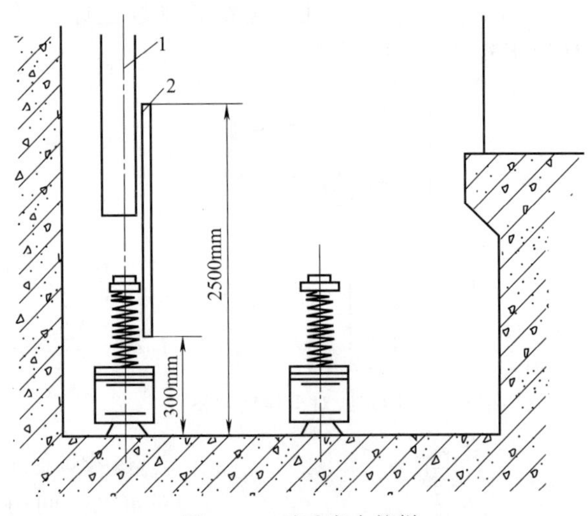

图6-51 对重安全护栏

1—对重框；2—对重防护栏

（四）施工中安全注意事项

① 电梯底坑下面应无人进入，防止悬挂机构断裂砸伤人。

② 严禁私拆、调整出厂时已整定好的安全钳部件。

（五）质量要求

① 底坑安全栅距底坑地面应不大于300mm，安全栅顶部距底坑地面为1700mm。

② 对重下撞板对加装补偿墩，在电梯曳引绳伸长时，调整其缓冲距离以符合规范。

四、轿厢安装

（一）施工条件

同对重安装。

（二）工艺流程

准备工作→安装底梁→安装立柱→安装上梁→安装底盘→安装导靴→安装限位开关碰铁→安装轿壁轿顶→安装门机和轿门→安装轿顶装置→安装调试超载、满载开关→安装护脚板→轿厢内其他部件安装。

1. 准备工作

① 按照制造厂的轿厢装配图，了解轿厢各部件的名称、功能、安装部位及尺寸要求。复核轿厢底梁的宽度与导轨距是否相配，如不相配，则需按图检查，做出调整。在脚手架的相应位置（以方便拼装轿厢为准）搭设操作平台，见图 6-52。

② 在顶层层门口对面的混凝土井道壁相应位置上安装两个角钢托架（100mm×100mm×100mm），每个托架用 3 个 ϕ16mm 膨胀螺栓固定。在层门口牛腿处横放 1 根木方，在角钢托架和横木上架设两根 200mm×200mm 木方（或两根 20＃工字钢）。两横梁的水平度偏差不大于 2‰，然后把木方端部固定，见图 6-52（b）。大型客梯及货梯应根据梯井尺寸计算来确定木方或型钢的尺寸、型号。

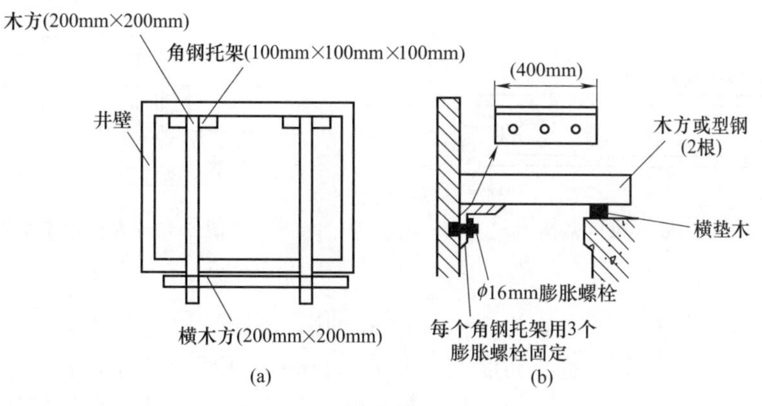

图 6-52 轿厢托架固定（1）

③ 若井壁为砖结构，则在层门口对面井壁相应的位置上剔两个与木方大小相适应、深度超过墙体中心 20mm 且不小于 75mm 的洞，用以支撑木方一端，见图 6-53。

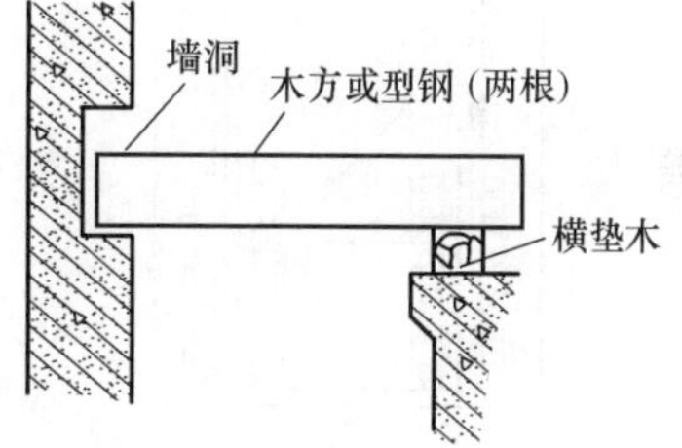

图 6-53 轿厢托架固定（2）

④ 如果电梯厂家提供专用的轿厢安装夹具，则需检查此夹具的规格是否与导轨型号相配，其附属配件是否齐备，且按照说明书正确使用。

⑤ 在机房承重钢梁上相应的位置（若承重钢梁在楼板下，则轿厢绳孔旁）横向固定 1 根直径不小于 ϕ50mm 的圆钢或规格为 ϕ75mm×4mm 的钢管，由轿厢中心绳孔处放下钢丝绳扣（不小于 ϕ13mm），并挂一个 3t 倒链，以备安装轿厢使用，见图 6-54。

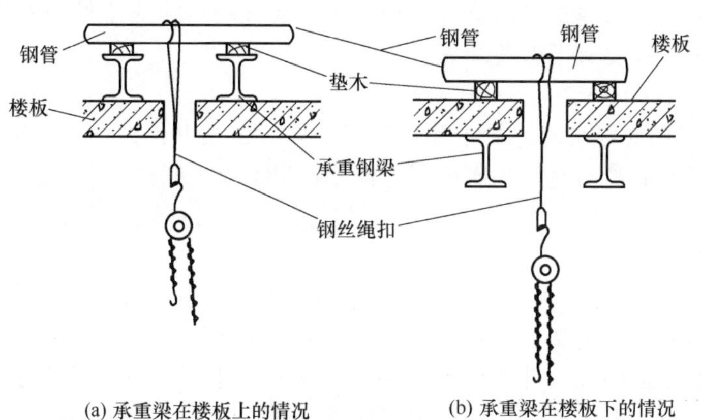

图 6-54 轿厢吊装装置

2. 安装底梁

① 将底梁放在架设好的木方或工字钢上，调整安全钳口与导轨面间隙，见图 6-55，如电梯厂家图纸有具体规定尺寸，要按图纸要求，同时调整底梁的水平度，使其横、纵向水平度均不小于 0.1%。

② 安装安全钳楔块，楔齿距导轨侧工作面的距离调整到 3～4mm（或按厂家规定执行），且 4 个楔块距导轨侧工作面间隙应一致，然后用厚垫片塞于导轨侧面与楔块之间，使其固定，见图 6-56，同时把安全钳嘴和导轨端面用木楔塞紧。

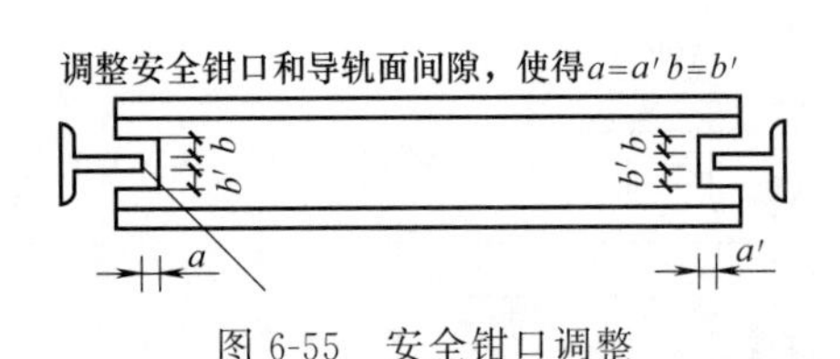

图 6-55　安全钳口调整

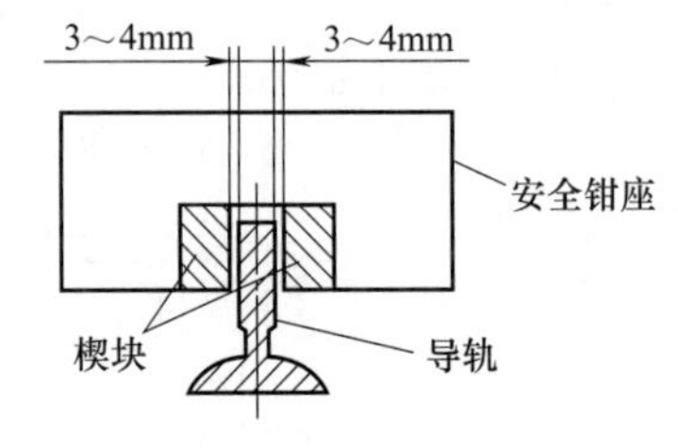

图 6-56　安全钳楔块安装

3. 安装立柱

将立柱与底梁连接，连接后应使立柱垂直，其不铅垂度在整个高度上不大于 1.5mm，不得有扭曲，若达不到要求则用垫片进行调整，见图 6-57，安装立柱时应使其自然垂直，达不到要求时，要在上、下梁和立柱间加垫片。

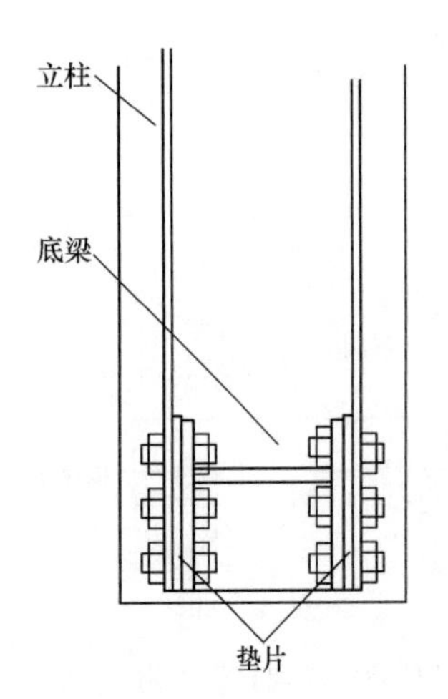

图 6-57　立柱与底梁连接

4. 安装上梁

① 用倒链将上梁吊起与立柱相连接，顺序安装所有的连接螺栓，但不要拧死。

② 调整上梁的横、纵向不水平度，使不水平度不大于 0.5‰，同时再次校正立柱使其不垂直度不大于 1.5mm。装配后的轿厢架不应有扭曲应力存在，然后分别紧固连接螺栓。

③ 上梁带有绳轮时，要调整绳轮与上梁间隙，使 a、b、c、d 相等，其相互尺寸误差不大于 1mm，绳轮自身垂直偏差不大于 0.5mm，见图 6-58。

④ 轿顶轮的防跳挡绳装置，应设置防护罩，以避免伤害作业人员，且要预防钢丝绳松弛时脱离绳槽，防止绳与绳槽之间落入杂物。这些装置的结构应不妨碍对滑轮的检查维护。采用链条的情况下，亦要有类似的装置。

5. 安装轿厢底盘

① 用倒链将轿厢底盘吊起，放于相应位置。同时依据基准线，进行前后左右的位置调整。调完后，将轿厢底盘与立柱、底梁用螺栓连接但不要把螺栓拧紧。装上斜拉杆，并进行调整，使轿厢底盘不水平度不大于 2‰，之后先将斜拉杆用双螺母拧紧，再把各连接螺栓紧固，见图 6-59。

② 若轿底为活动结构时，则先按上述要求将轿厢底盘托架安装并调好，再将减震器及称重装置安装在轿厢底盘托架上。然后用倒链将轿厢底盘吊起，缓缓就位。使减震器上的螺栓逐个插入轿底盘相应的螺栓孔中，然后调整轿底盘的水平度，使其不水平度不大于 2‰。若达不到要求则在减震器的部位加垫片进行调整。最后调整轿底定位螺栓，使其在电梯满载时与轿底保持 1～2mm 的间隙，见图 6-60。当电梯安装全部完成后，通过调整称重装置，

使其能在规定范围内正常工作。调整完毕，将各连接螺栓拧紧。

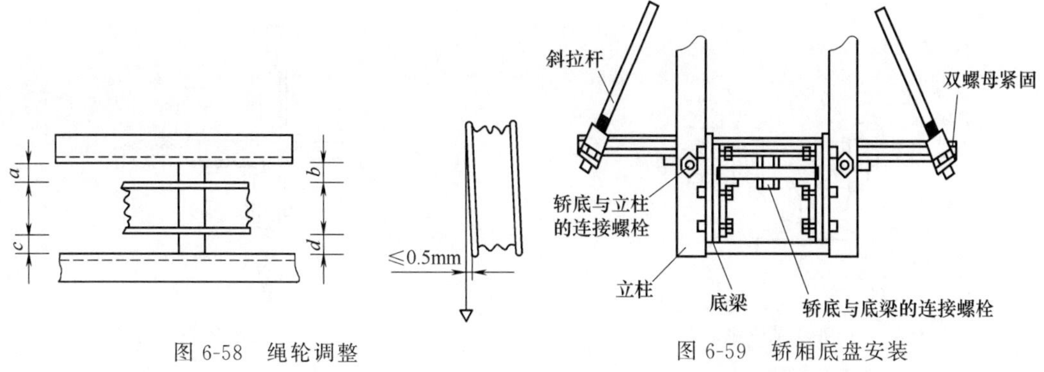

图 6-58　绳轮调整　　　　图 6-59　轿厢底盘安装

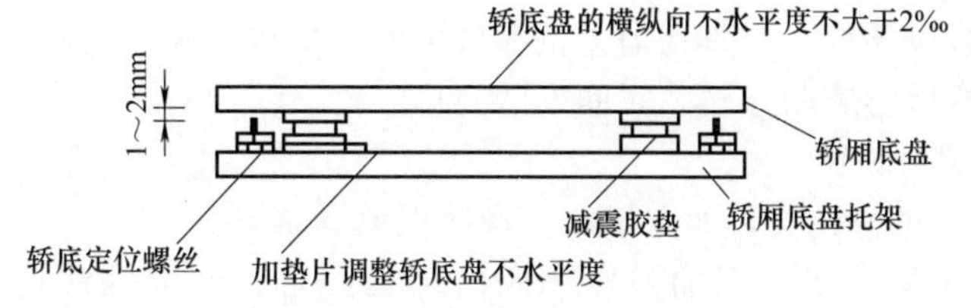

图 6-60　轿底定位螺栓的调整

③ 安装调整安全钳拉杆。拉起安全钳拉杆，使安全钳楔块轻轻接触导轨时，限位螺栓应略有间隙，以保证电梯正常运行时，安全钳楔块与导轨不致相互摩擦或产生错误动作。同时，应进行模拟动作试验，保证左右安全钳拉杆动作同步，其动作应灵活无阻。达到要求后，拉杆顶部用双螺母紧固。

6. 安装导靴

① 安装导靴前，应先按制造厂要求检查导靴型号及使用范围，调整前，需复核标准导轨间距。要求上、下导靴中心与安全钳中心三点在同一条垂线上，不能有歪斜、偏扭现象，见图 6-61。

② 要调整固定式导靴，使其间隙一致，内衬与导轨两工作面间隙各为 0.5～1mm，与导轨端面间隙两侧之和为 (2.5±1.5)mm。

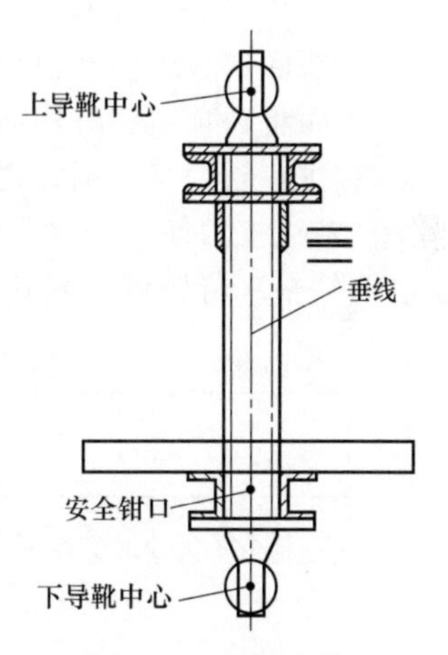

图 6-61　导靴安装

③ 弹簧式导靴应随电梯的额定载重量不同而调整 b，见表 6-5 和图 6-62，使内部弹簧受力相同，以保持轿厢平衡。

表 6-5　b 尺寸的调整

电梯额定载重量/kg	b/mm	电梯额定载重量/kg	b/mm
500	42	1500	25
700	34	2000～3000	23
1000	30	5000	20

④ 滚轮导靴应安装平正，两侧滚轮对导靴的初压力相同，调节弹簧的压缩尺寸应按制造厂规定调整。若厂家无明确规定，则根据使用情况调整各滚轮的限位螺栓，使侧面方向两滚轮的水平移动量为 1mm，顶面滚轮水平移动量为 2mm。允许导轨顶面与滚轮外圆保持间隙值不大于 1mm，并使各滚轮边缘与导轨工作面保持相互平行无歪斜和均匀接

触，见图 6-63。

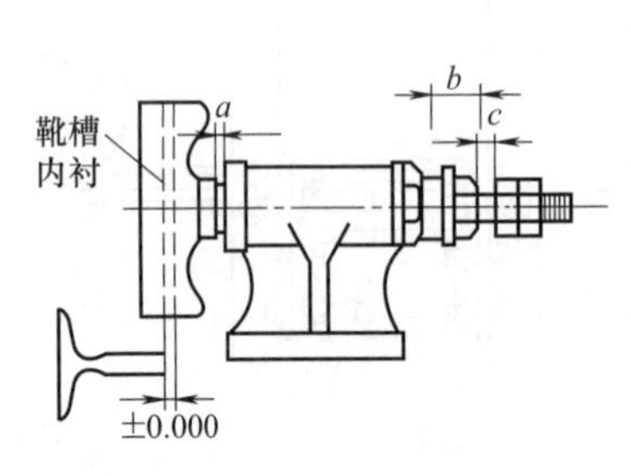

图 6-62　弹簧式导靴调整

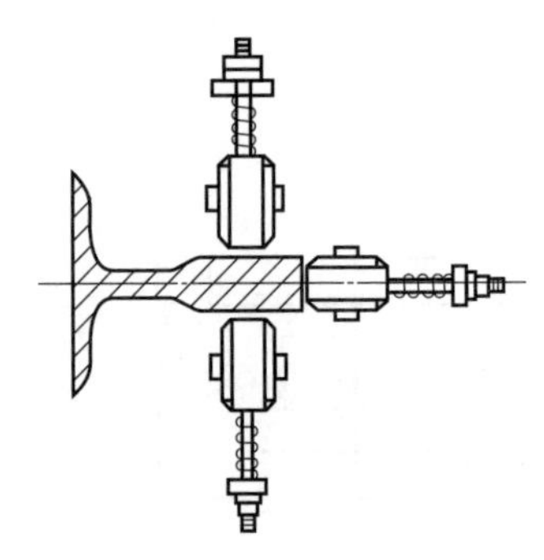
图 6-63　滚轮与导轨布置图

⑤ 轿厢组装完成后，松开导靴（尤其是滚轮导轨），此时轿厢不能在自由悬垂情况下偏移过多，否则将会造成导靴受力不均匀。偏移过大时，应调整轿厢底的补偿块，使轿厢静平移符合设计要求，然后再装固导轨，轿厢安装完毕。

7. 安装限位开关碰铁

① 安装前对碰铁进行检查，如有扭曲、弯曲现象要调整。

② 碰铁安装要牢固，要采用加弹簧垫圈的螺栓固定。要求碰铁垂直，偏差不应大于1‰，最大偏差不大于 3mm（碰铁的斜面除外）。

8. 安装轿壁、轿顶

① 轿厢壁板表面在出厂时贴有保护膜，在装配前应用工具清除其弯折部分的保护膜。

② 先将轿顶组装好用绳索悬挂在轿厢架上梁下方，做临时固定。

③ 拼装轿壁可根据井道内轿厢四周的净空尺寸情况，预先在层门口将单块轿壁组成几大块。首先安放轿壁与井道间隙最小的一侧，并用螺栓将轿厢底盘初步固定，再依次安装其他各侧轿壁。待轿壁全部安装完后，紧固轿壁板间及轿底间的固定螺栓，同时将各轿壁板间的嵌条和与轿顶接触的上平面铺平。

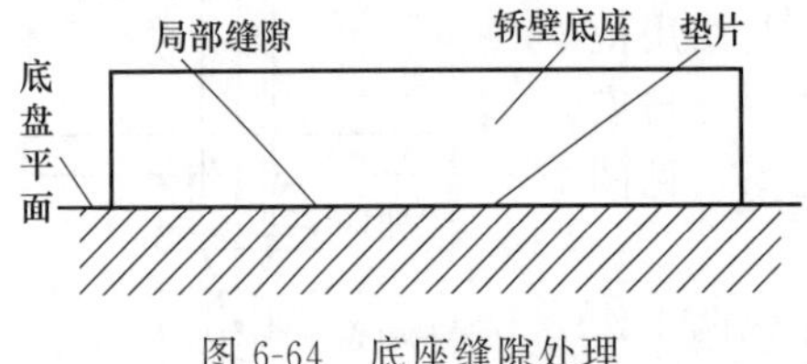

图 6-64　底座缝隙处理

④ 轿壁底座和轿厢底盘的连接及轿壁与轿壁底座之间的连接要紧密，各连接螺栓要加弹簧垫圈（以防因电梯震动而使连接螺栓松动）。若因轿厢底盘局部不平而使轿壁底座下有缝隙时，需要在缝隙处加调整垫片垫实，见图 6-64。

⑤ 轿壁可逐扇安装，也可根据实际情况将几扇先拼在一起后再安装。轿壁安装完成后将轿顶放下。但要注意轿顶和轿壁穿好连接螺栓后不要紧固。要在调整轿壁垂直度偏差不大于 1‰的情况下逐个将螺栓紧固。安装完后要求接缝紧密，间隙一致，嵌条整齐，轿厢内壁应平整一致，各部位螺栓垫圈必须齐全，紧固牢靠。

9. 安装门机和轿门

① 轿门门机安装于轿顶，其安装应按照厂家要求进行，并应做到位置准确，运转正常，底座牢固，且运转时无颤动、异响及刮蹭。

② 轿门导轨应保持水平，轿门门板通过 M10 螺栓固定于门挂板上，门板垂直度小于1mm。轿门门板用连接螺栓与门导轨上的挂板连接，调整门板的垂直度使门板下端与地坎的门导靴相配合。

③ 安全触板（或光幕）安装后要进行调整，使之垂直。轿门全部打开后安全触板端面和轿门端面应在同一垂直平面上，见图 6-65。安全触板的动作应灵活，功能可靠。其碰撞

力不大于 5N。在关门行程 1/3 之后，阻止关门的力不应超过 150N。光幕应检查其工作表面是否清洁，功能是否可靠。

④ 在轿门扇和开关门机构安装调整完毕后，安装开门刀。开门刀端面和侧面的垂直偏差全长均不大于 0.5mm，并且达到厂家规定的其他要求。

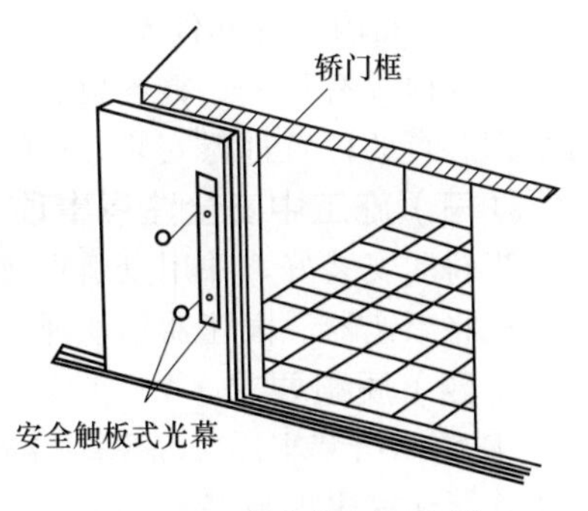

图 6-65　安全触板示意图

10. 安装轿顶装置

① 轿顶接线盒、线槽、电线管、安全保护开关等要按厂家安装图安装。若无安装图则根据便于安装和维修的原则进行布置。

② 安装、调整开关门机构和传动机构使门在启闭过程中有合理的速度变化，而又能在起止端不发生冲击，并符合厂家的有关设计要求。若厂家无明确规定则按确保其传动灵活、功能可靠、开关门数率高的原则进行调整。开关门时间参考表 6-6。

表 6-6　开关门时间

开门宽度 B/ mm		$B<800$	$800<B\leqslant1000$	$1000<B\leqslant1100$	$1100<B\leqslant1300$
中分	开关门时间/s≤	3.7	4.3	4.9	5.9
旁开		3.7	4.3	4.9	5.9

③ 轿顶护栏的安装。

a. 当距轿顶外侧边缘水平方向有超过 0.3m 的自由距离时，轿顶应架设护栏。

b. 护栏应由扶手、0.10m 高的护脚板和位于护栏高度一半的中间护栏组成。

c. 考虑到护栏扶手外缘的水平自由距离，护栏的高度应不小于 0.70m（水平自由距离不大于 0.85m）或不小于 1.10m（水平自由距离大于 0.85m）。

d. 安装护栏时，护栏各连接螺栓要加弹簧垫圈紧固，以防松动，并应按照厂家及国标要求在护栏适当位置悬挂危险警示信号。

④ 轿顶护身栏固定，在轿厢架的上梁上，由角钢组成，各连接螺栓要加弹簧垫圈紧固，以防松动。

⑤ 平层感应器和开门感应器要根据感应铁的位置定位调整，要求横平竖直，各侧面应在同一垂直平面上，其垂直偏差不大于 1mm。

11. 安装调试超载、满载开关

① 对超载、满载开关进行检查，其动作应灵活，功能应可靠，安装应牢固。

② 调整满载开关，应在轿厢额定载重量时可靠动作。调整超载开关，应在轿厢的额定载重量 110%时可靠动作。

③ 如果采用其他形式的称重装置，则应按厂家要求进行安装、调整，但应保证其安装牢固，功能可靠，动作灵活。

12. 安装护脚板

① 轿厢地坎均须装设护脚板。护脚板为 1.5mm 厚的钢板，其宽度等于相应层站入口净宽，护脚板垂直部分的高度不小于 750mm，并向下延伸一个斜面，与水平夹角应大于 60°，该斜面在水平面上的投影深度不得小于 20mm。

② 对接操作的货梯，护脚板垂直部分的高度应在轿厢处于最高装卸位置时，延伸到层门地坎下至少 100mm。

③ 护脚板的安装应垂直、平整、光滑、牢固，必要时增加固定支撑，以保证电梯运行时不抖动，防止与其他部件发生摩擦撞击。

13. 轿厢内其他部件安装

轿厢内设有扶手、整容镜、灯具、风扇、电话、广播、应急灯、电视摄像机等装置时，可根据各自的位置进行安装。

（三）施工中安全注意事项

当轿厢安装好，并用曳引钢丝绳挂在曳引轮上准备拆除支承轿厢的横梁和对重之前，一定要先将限速器、限速器钢丝绳，张紧装置安全钳拉杆安装完成，防止发生电梯失控现象。

（四）质量要求

① 轿厢组装牢固，轿壁结合处平整，开门侧壁的垂直度偏差不大于1/1000。轿厢洁净、无损伤，无撞击凹痕。

② 门扇平整、洁净、无损伤。启闭轻快平稳、无冲击振动。中分门关闭上下部同时合拢，门缝一致。

五、厅门安装

（一）施工条件

厅门土建尺寸应符合图纸设计要求，包括门洞的宽度与高度，以及预留的呼梯盒与层显盒的大小和尺寸，特别应注意混凝土牛腿的长度和宽度。脚手架横杆应既不妨碍稳装地坎、安装厅门，又便于铺设脚手板有利于施工。各层厅门在施工完毕前，都应设有安全防护栅栏，防止人、物坠落。

（二）工艺流程

稳装地坎→安装立柱、门头、门套→安装门扇、调整厅门→锁具安装。

（三）操作工艺

1. 稳装地坎

① 当导轨安装调整完毕，以样板架上悬放的厅门安装基准线和导轨确定厅门位置。

② 若地坎牛腿为混凝土结构，将地脚爪装配在地坎上，用32.5级及以上水泥砂浆固定在各层牛腿上，灌注混凝土时，应捣实无空鼓，同时注意地坎水平度和与基准线的对应关系。地坎安装完毕应高于最终楼板装修地面2～5mm，并与地平面抹成斜坡，防止液体流入井道（图6-66）。

③ 若厅门土建结构无牛腿时，要采用钢牛腿来稳装地坎，从预埋铁件上焊支架，或以M16以上膨胀螺栓固定牛腿支架。支架数量视电梯额定载重量确定，1000kg以下不少于3个，1000kg以上不少于5个，进出叉车、电瓶车等运载工具的货梯还应考虑车轮的位置，并进行特别加固（图6-67）。

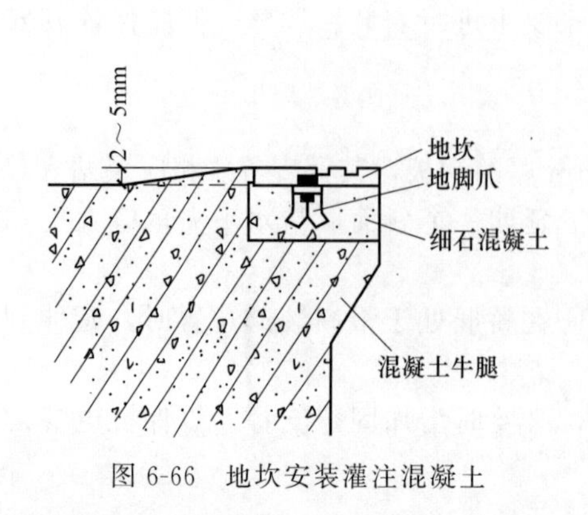

图6-66　地坎安装灌注混凝土

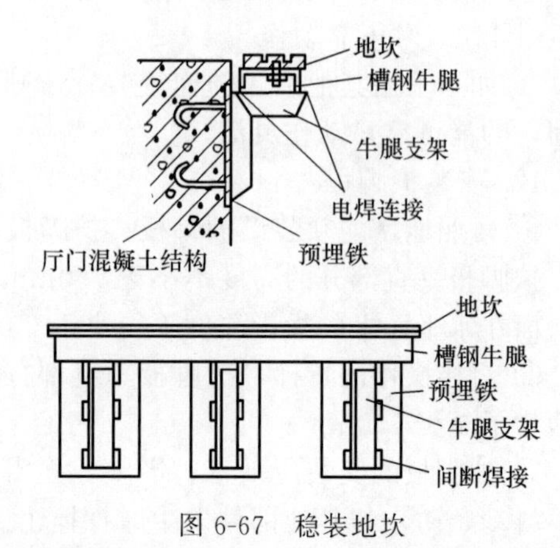

图6-67　稳装地坎

2．安装立柱、门头、门套

① 待灌注地坎的水泥完全干结后，安装门立柱、门头。要保证门立柱与墙体连接可靠，有预埋铁的可直接将连接件焊接于其上；无预埋铁的应利用膨胀螺栓、角钢等替代（图 6-68）。

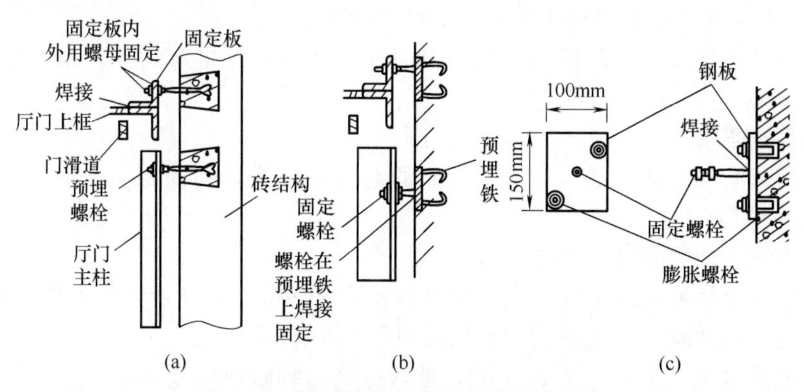

图 6-68　焊接连接件的两种情况示意图

② 要保证门立柱垂直度和门头的水平度。如侧开门，两根滑道上端面应在同一水平面上，并用线坠检查上滑道与地坎滑槽两垂面水平距离和两者之间的平行度。

③ 安装厅门门套时，应先将上门套与两侧门套连接成整体后，与地坎连接，然后用线坠校正垂直度，固定于厅门口的墙壁上。钢门套安装调整后，用细钢筋将门套内筋与墙内钢筋焊接固定，加固用钢筋应使用具有一定松弛度的弓形钢筋，防止焊接时变形影响门套位置的保持。为防止浇灌混凝土或门口装修时影响门套位置，可在门套相关部位加木楔或挡板支撑，待混凝土固结后再拆除（图 6-69）。

3．安装门扇、调整厅门

① 先将门底滑块、门滑轮装在门扇上，然后将门扇挂到门滑道上。在门扇与地坎间垫上适当支撑物，用专用垫片调整门滑轮架与门扇的位置，达到安装要求后，用连接螺栓加以紧固（图 6-70）。

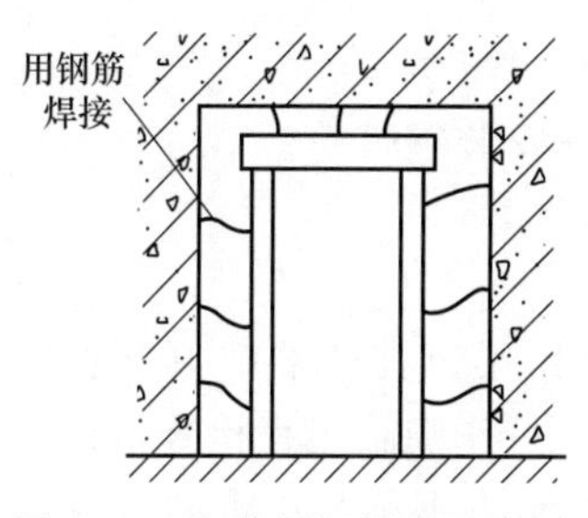

图 6-69　安装厅门门套示意图

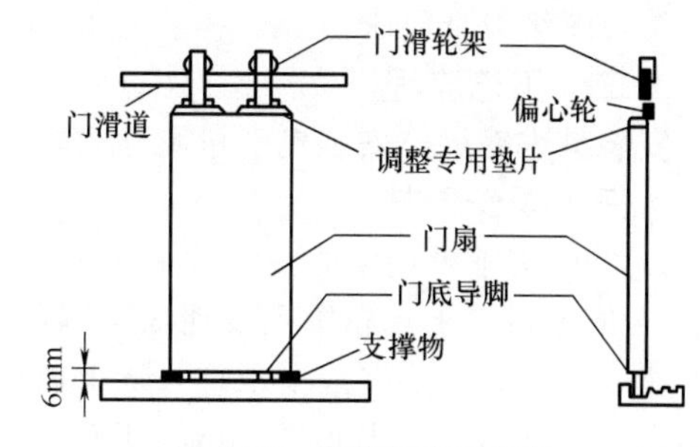

图 6-70　安装门扇示意图

② 撤掉门下所垫支撑物，进行门滑行试验，应保证门扇运动轻快自如，无刮蹭摩擦、冲击、跳动现象，并用线坠检查门扇垂直度，如不符合要求，重复以上调整步骤。

4．锁具、其他零部件的安装

机械门锁、电气门锁（安全开关）要按照图纸要求进行安装，保证灵活有效，无撞击、无位移。待慢车试验时，再对其位置进行精确调整，并加以紧固。门扇安装完后，应立即将强迫关门装置安装上，保持厅门的关闭状态。当用手轻微扒开门缝时，在无外力作用下，强迫关门装置应能自动使门扇闭合严密。

（四）施工中安全注意事项

① 井道内施工注意安全保护，防止人或物坠落，施工人员必须系好安全带、配戴安全帽。

② 各层厅门在安装后，必须立刻安装强迫关门装置及机械门锁，防止无关人员随意打开厅门坠入井道，电气安全回路未安装完不得动慢车。

③ 在建筑物各层安装厅门使用电动工具时，要使用专用电源及接线盘，禁止随意从就近各处私拉电线，防止触电、漏电发生。

（五）质量要求

① 层门锁钩必须动作灵活，在证实锁紧的电气安全装置动作之前，锁紧元件的最小啮合长度为7mm。

② 层门强迫关门装置必须动作正常。

③ 层门地坎至轿厢地坎之间的水平距离偏差为0～3mm，且最大距离严禁超过35mm。

④ 门刀与层门地坎、门锁滚轮与地坎间隙不应小于5mm。

⑤ 层门地坎水平度不得大于2/1000，地坎应高出装修地面2～5mm。

⑥ 厅门门框立柱的垂直误差和门头滑道的水平误差不应超过1/1000，门扇垂直度偏差不大于2mm。

⑦ 中分门门缝下口最大扒开量不大于10mm，且动力操纵的水平滑动门在关门开始的1/3行程之后，关门阻止力严禁超过150N。

⑧ 对于门扇与门扇、门扇与门套、门扇与门楣、门扇与门口处轿壁、门扇下端与地坎的间隙，乘客电梯不应大于6mm，载货电梯不应大于8mm。

六、机房曳引装置及限速器装置安装

（一）施工条件

机房土建施工应完毕，门窗齐全封闭。按照电梯机房土建布置图，其结构必须符合承载要求，预留孔洞的位置及尺寸应符合图纸及规范要求。特别注意采用混凝土台上安装承重梁的方式，其楼板应为承重型楼板，厚度及钢筋排布都有特殊的要求。用于起吊重物的机房吊钩应符合图纸设计要求。

（二）工艺流程

安装承重钢梁→安装曳引机和导向轮→安装限速器→安装钢带轮。

（三）操作工艺

1. 曳引机承重钢梁的安装

① 依据机房土建布置图及现场实测数据，安装承重钢梁。其两端施力点必须置于井道承重墙或承重梁上，一般要求埋入承重墙内并会同有关人员作隐蔽工程检查记录。要求承重钢梁支承长度超过墙中心20mm，且不应小于75mm，在承重钢梁与承重墙（或梁）之间垫一块$\delta \geqslant 16$mm的钢板，以加大接触面积（图6-71）。

② 受条件所限和设计要求，一些电梯承重钢梁并非贯穿整个机房作用于承重墙或承重梁上，而有一端架设于楼板上的混凝土台。这时要求机房楼板为加厚承重型楼板，或混凝土台位置有反梁设计。混凝土台必须按设计要求加钢筋，且钢筋通过地脚螺栓等方式与楼板相联生根，与钢梁接触面需加垫$\delta \geqslant 16$mm的钢板（图6-72）。

2. 安装曳引机和导向轮

① 目前国内外电梯厂家多采用型钢制作曳引机底座，轻便而又经济，直接与承重钢梁连接，中间加垫橡胶隔声减振垫，其位置及数量应严格按照厂家要求布置安装，找平垫实

(图 6-73)。

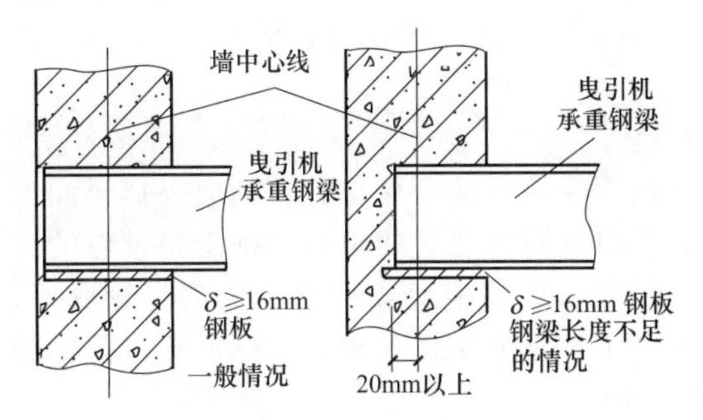

图 6-71　机房土建布置图

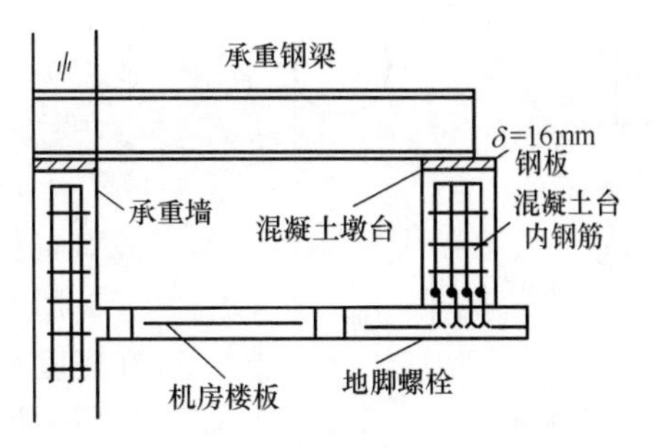

图 6-72　电引机承重钢梁的安装示意图

② 利用机房吊钩和倒链，将曳引机和底座（多数设备在出厂时已联结在一起）置于承重钢梁上。吊装曳引机时，应严格按照设备吊装示意图或吊装标记进行吊装，以防止设备损坏或人身安全事故发生，吊装钢丝绳应定位于设备底座最下部的吊装孔内，尤其注意不要吊在电动机和减速器外壳上的吊环上（图 6-74）。

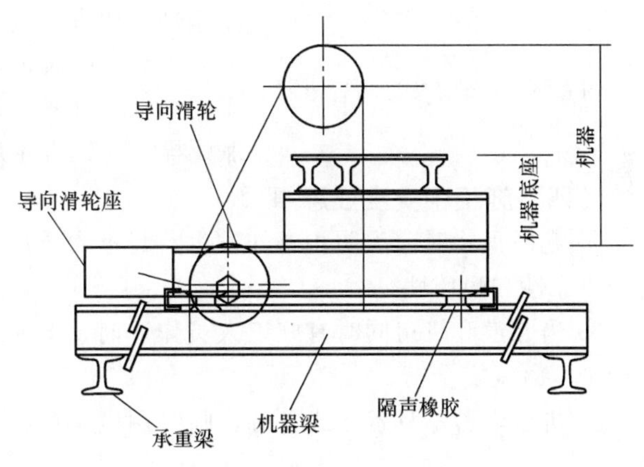

图 6-73　安装导向轮示意图

③ 于曳引轮及导向轮的绳槽处悬挂铅垂线，通过样板架或放线图确定曳引机的整体位置，保证达到与轿厢中心和对重中心的尺寸要求。在曳引轮挂绳承重后，检测调整曳引机的水平度和曳引轮、导向轮的垂直度及端面平行度。

3. 限速器安装

① 限速器安装于机房地板上，按照机房设备布置图找到预留孔，适当进行剔凿，用$\delta\geqslant$ 12mm 的钢板制作限速器底板，在其上加工绳孔和安装孔（图 6-75），并用 M16 膨胀螺栓固定于楼板，将限速器和底座用螺栓连接；或用角钢与楼板钢筋焊接生根，沿预留孔边洞形成安装基础，在其上放置限速器。

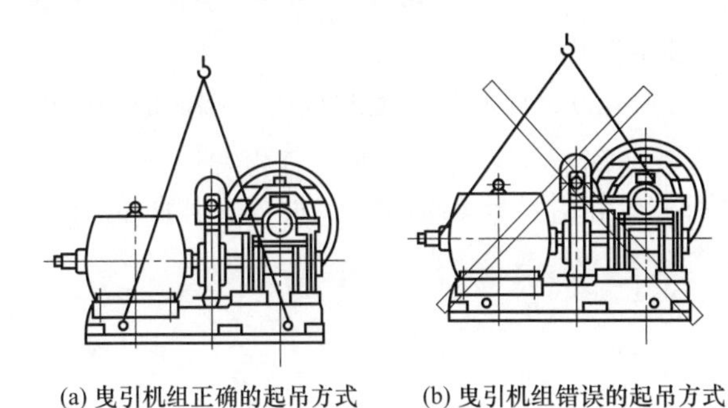

图 6-74　起吊方式

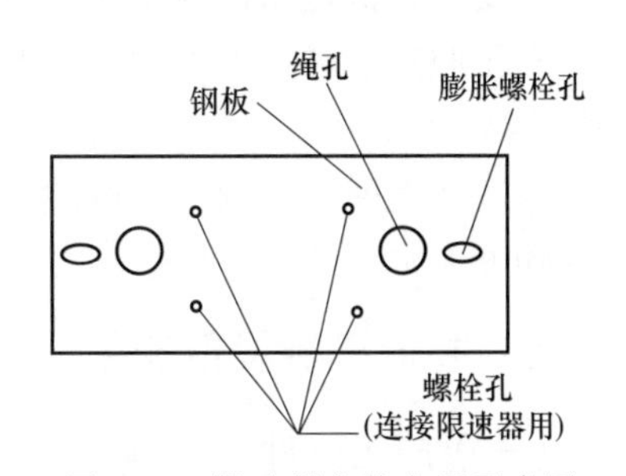

图 6-75　限速器安装布置示意图

② 根据机房设备布置图，由限速器轮槽中心向轿厢安全钳拉杆绳头中心悬挂铅垂线，并沿限速轮另一侧绳槽中心向限速绳张紧装置的绳槽中心吊一垂线，借此调整并确定限速器位置。予以安装并通过在限速器和底座之间的垫片，来保证限速器水平度和限速轮垂直度。

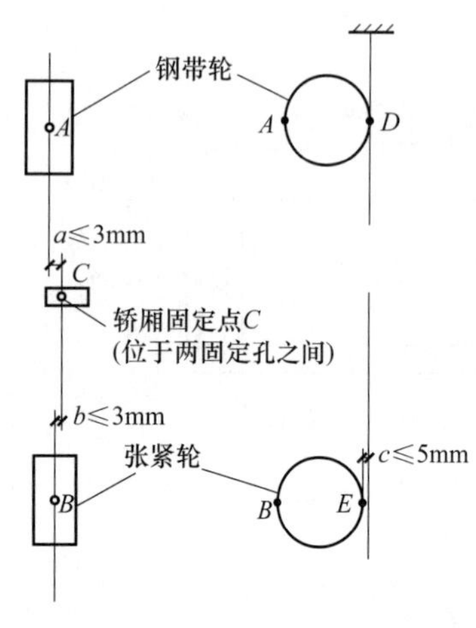

图 6-76 钢带轮安装布置图

当限速器安装就位后，绳孔要求穿钢管固定，并高出楼板50mm，同时找正后，钢丝绳和导管间隙要求均匀一致，间隙大于5mm。

4. 钢带轮安装

① 若电梯采用钢带轮反映轿厢位置，则应根据轿厢架或对重架上选层器钢带固定装置的位置来确定钢带轮的位置。用厚度不小于12mm的钢板或型钢制成钢带轮底座，在底座相应位置上打钢带轮安装孔和膨胀螺栓孔，把钢带轮用螺栓固定在底座上。

② 根据安装布置图位置将钢带轮就位，同时用线坠测量钢带轮切点、张紧轮切点、轿厢固定点，保证三点位于同一垂线；同时也要保证钢带轮和张紧轮的另一侧切点位于同一垂线（图6-76）。确定位置以后，在机房地面上打膨胀螺栓，对钢带轮加以固定，并再一次检查调整。

（四）施工中安全注意事项

① 起吊重物时，为防止意外发生，起重人员应远离重物下落范围，并严格检查起吊设备的可靠性和耐用性。

② 当井道和机房同时有施工人员作业时，要防止物品坠落，井道中施工人员必须系好安全带、佩戴安全帽。

③ 机房内若不具备正式电源，临时用电应严格按照安全规范进行施工，防止触电、漏电发生。

（五）质量要求

① 紧急操作装置动作必须正常，曳引机抱闸扳手及盘车轮必须放置于较易接近处，紧急救援操作说明及平层标记表必须贴于易见处。

② 当曳引机承重钢梁需埋入承重墙时，埋入端长度应超过墙厚中心至少20mm，且支承长度不应小于75mm。

③ 曳引机、曳引机底座与承重钢梁的安装应符合产品设计要求。

④ 机房内钢丝绳与楼板孔洞边缘间隙为20～40mm，通向井道的孔洞四周应设置高度不小于50mm的台缘。

⑤ 曳引机减速箱内油量应在油标所限定的范围内。

⑥ 轿厢空载时，曳引轮垂直度偏差（±0.5mm），导向轮端面与曳引轮端面的平行度偏差小于1mm。

⑦ 限速器绳轮、钢带轮、导向轮安装必须牢固，转动必须灵活，其垂直度偏差小于0.5mm。

七、井道机械设备安装

（一）施工条件

电梯井道施工完毕，符合设计要求。底坑按设计要求平整夯实，打好地面，底坑下部设有进人空间，发现有潮湿渗水现象时，应特别注意做好防水。井道施工照明应用36V以下低压电照明，每部电梯单独供电，保证足够的光照亮度。各层厅门要求安装完毕且调整好，确保门锁装置灵活有效。

（二）工艺流程

安装缓冲器底座→安装缓冲器→安装限速绳张紧装置、挂限速绳→安装选层器下钢带轮→安装曳引绳补偿装置。

（三）操作工艺

1. 安装缓冲器底座

测量底坑深度，按缓冲器数量全面考虑布置，检查缓冲器底座与缓冲器是否配套，并进行试组装，确定其高度，无问题时方可将缓冲器安装在导轨底座上，对于没有导轨底座的，可采用混凝土底座或制造型钢底座。如采用混凝土底座，则必须保证不破坏井道底坑的防水层，避免渗水后患，且需采取措施，使混凝土底座与底坑连成一体。

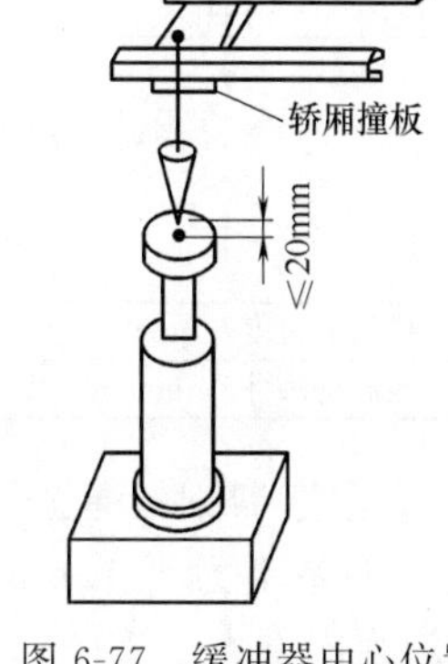

图 6-77　缓冲器中心位置

2. 安装缓冲器

① 安装时，缓冲器的中心位置、垂直偏差、不水平度偏差等指标要同时考虑。确定缓冲器中心位置：在轿厢（或对重）撞板中心放一线坠，移动缓冲器，使其中心对准线坠来确定缓冲器的位置，两者在任何方向的偏移不得超过 20mm，见图 6-77。

② 用水平尺测量缓冲器顶面，要求其水平误差小于 0.2%，见图 6-78。

③ 如作用于轿厢（或对重）的缓冲器由两个组成一套时，两个缓冲器顶面应在同一个水平面上，相差不应大于 2mm，见图 6-79。

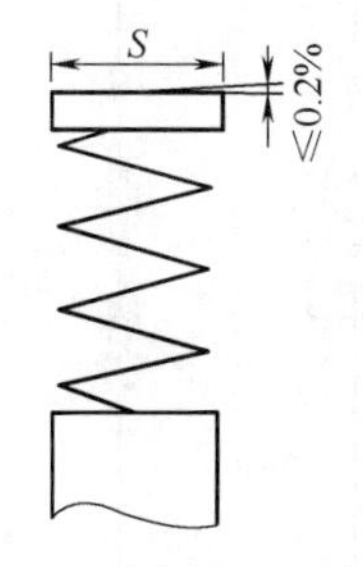

图 6-78　缓冲器顶面水平度

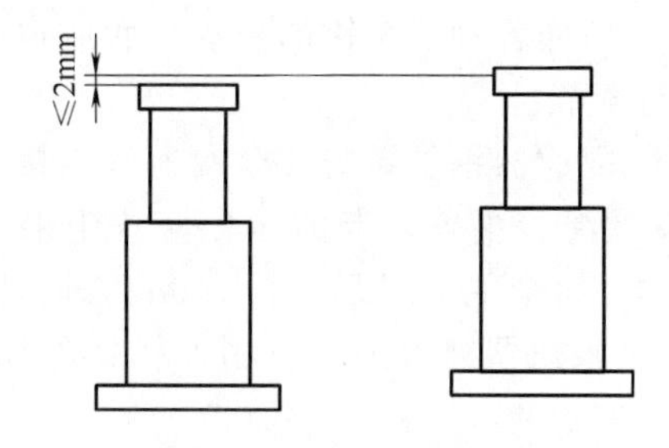

图 6-79　两个缓冲器交差

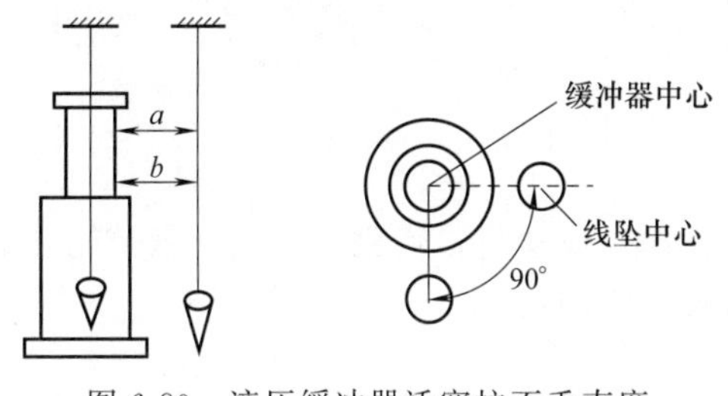

图 6-80　液压缓冲器活塞柱不垂直度

④ 测量液压缓冲器的活塞柱不垂直度：活塞柱不垂直度不大于 5‰，测量时应在相差 90°的两个方向进行，见图 6-80。

⑤ 缓冲器底座必须按要求安装在混凝土或型钢基础上，接触面必须平正严实，如采用金属垫片找平，其面积不小于底座的 1/2，地脚螺栓应紧固，螺纹要露出 3～5 扣，螺母加弹簧垫或用双螺母锁固。

⑥ 轿厢在端站平层位置时，轿厢或对重撞板至缓冲器上平面的距离 S 称作越程距离，见表 6-7 和图 6-81。

表 6-7　轿厢、对重越程距离

电梯额定速度/(m/s)	缓冲器形式	越程距离/mm
≤1	蓄能缓冲器	200～350
≥1.0	耗能缓冲器	150～400

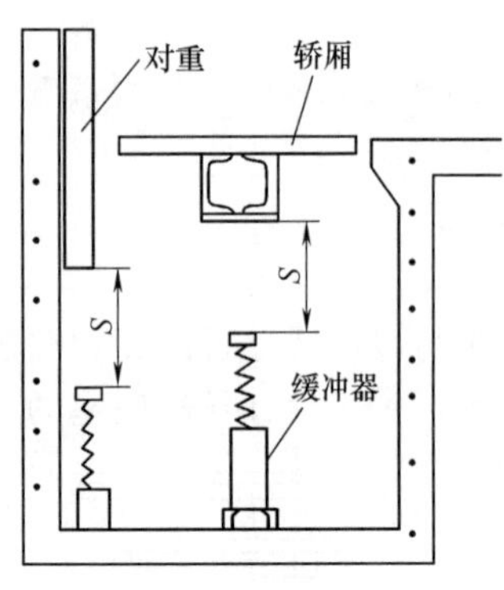

图 6-81　缓冲器越程距离

3. 安装限速绳张紧装置及限速绳

① 安装限速绳张紧装置，其底部距底坑平面距离可根据表 6-8 确定。

由轿厢拉杆下绳头中心向其对应的张紧轮绳槽中心点 a 吊一垂线 A，见图 6-82。同时由限速器绳槽中心向张紧轮另一端绳槽中心 b 吊垂线 B，调整张紧轮位置，使其垂线 A 与其对应中心点 a 的误差小于 5mm，使垂线 B 与其对应中心点 b 的误差小于 10mm。

② 直接把限速绳挂在限速轮和张紧轮上进行测量，根据所需长度断绳，做绳头。做绳头的方法与主钢绳绳头相同，然后将绳头与轿厢安全钳拉杆板固定。

表 6-8　张紧装置底部距底坑地面距离

电梯额定速度/(m/s)	2.0～2.5	1.0～2.0	0.25～1.0
距底坑尺寸/mm	750±50	550±50	400±50

③ 限速器钢丝绳至导轨导向面的距离 a 在通程内的偏差不大于 10mm，距导轨导向面的距离 b 在通程内不大于 10mm，见图 6-83。

④ 限速器钢绳张紧轮（或其配重）应有导向装置。

⑤ 轿厢各种安全钳的止动尺寸应根据产品要求进行调节。

⑥ 限速器钢丝绳与安全钳连杆连接时，应用 3 只钢丝绳卡夹紧，卡的压板应置于钢丝绳受力的一边。每个绳卡间距应大于 $6d$（d 为限速器绳直径），限速器绳短头端应用镀锌铁丝加以扎结，见图 6-84。

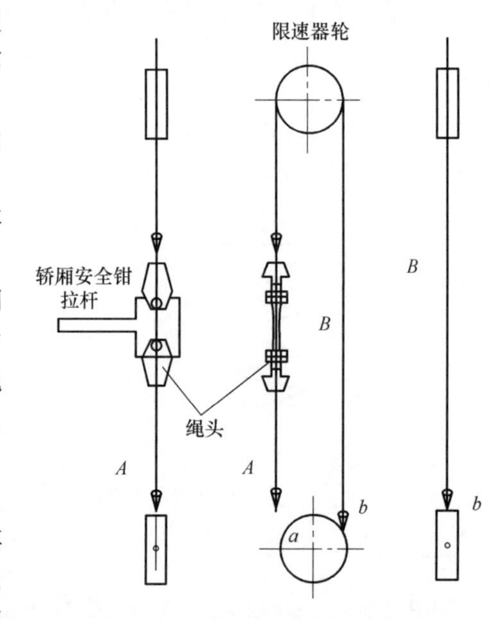

图 6-82　限速器安装尺寸

4. 安装选层器下钢带轮

将下钢带轮固定支架安装在轿厢轨道上，其重坨架下边距底坑地面调整为 450mm±50mm。从轿厢固定钢带点的中心位置悬挂铅垂线，调整下钢带轮轴向位置，最大误差不大于 2mm。从机房上钢带轮处缓慢向井道放钢带，不能使钢带扭转、拧花或弯折，使钢带通过下钢带轮和轿厢上的钢带固定卡固定后，再放另一侧钢带与轿厢固定卡固定。

5. 安装曳引绳补偿装置

① 若补偿装置为平衡链时，先将补偿链放置于底井道里侧拐角部位由上而下悬挂 48h，然后将轿厢慢车运行到底坑上方适当位置，仔细安装齐全以保证安全。

② 补偿链在对重上的安装及固定。补偿链在轿厢上安装固定完毕校核无误后，将轿厢慢车运行到最高层楼使补偿链自然悬挂消除扭力，然后在对重上进行安装固定，见图 6-85。

如果试运行时发现补偿链扭曲应力未完全消除，在轿底可悬挂可转轴心装置，以此消除扭曲应力。当电梯轿厢在最高位置时补偿链距离底坑地面距离要求在 100mm 以上。补偿链不允许与其他部件相碰撞，以免发出响声，见图 6-86。

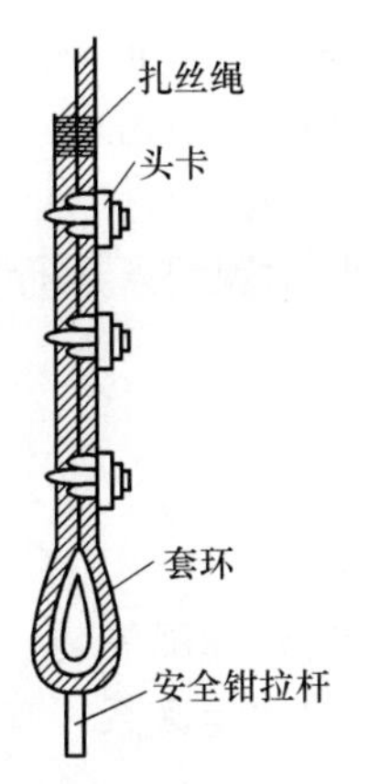

图 6-83　限速器钢丝绳与导轨导向面距离

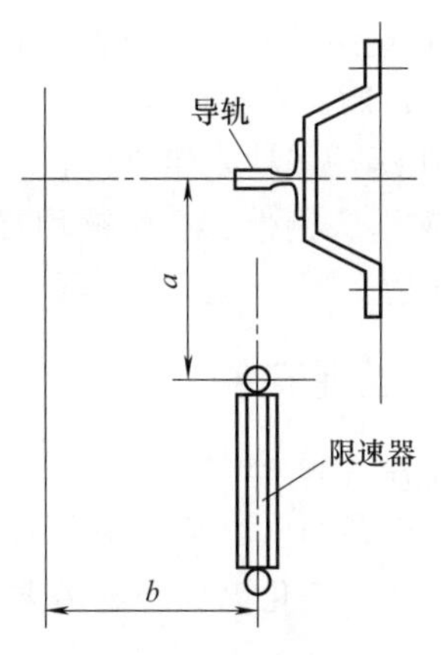

图 6-84　限速器绳头

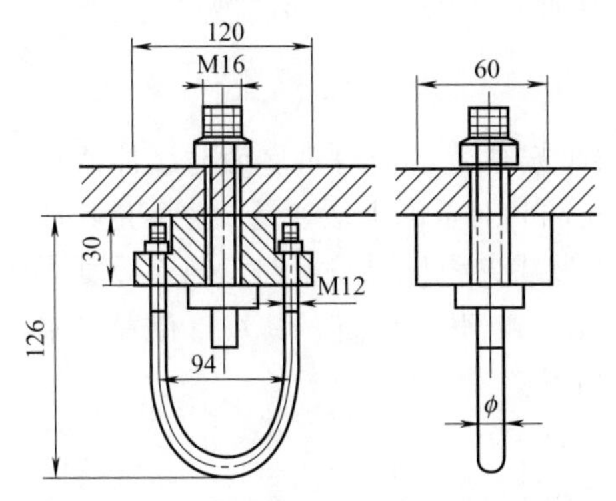

图 6-85　补偿链安装（单位：mm）

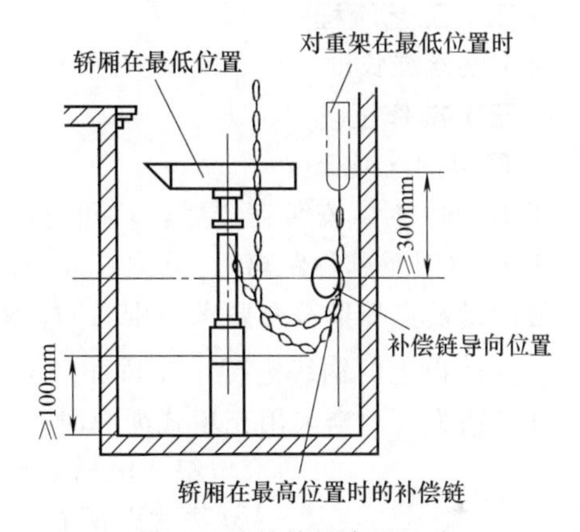

图 6-86　补偿链合适尺寸

③ 补偿链的各链环开口处必须焊牢。安装后应涂防音油，或者用有塑料套的防音链，以减少运行时发出的噪声。

④ 补偿链与随行电缆在轿底的固定位置要考虑到它们的重量平衡，以减轻靴衬与导轨的磨损。

⑤ 补偿链需用不小于 $\phi 6$ 的钢丝绳做二次保护。若电梯用补偿绳来补偿时，除按施工图施工外，还应注意补偿轮的导靴与补偿轮导轨间隙为 1～2mm，见图 6-87。轨道顶部尖有挡铁，以防电梯突然停止时补偿轮脱离导轨。导轨上下端的限位开关安装应牢固，位置应正确，以保证补偿轮在非正常位置时，电梯停止运行，确保安全。补偿绳轮应设置防护装置以避免人身伤害、异物进入绳与绳槽之间、钢丝绳松弛时脱离绳槽，该防护装置不得妨碍对补偿绳轮的检查和维修。补偿绳应选用不易松散和扭转的交互捻钢丝绳，如用同向捻钢丝绳，容易产生扭转和打结。

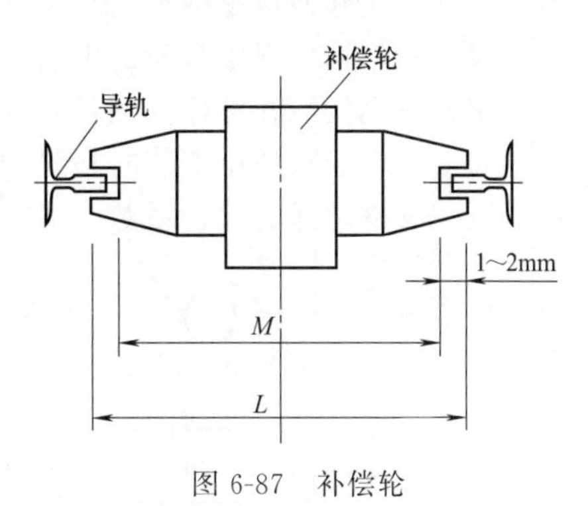

图 6-87　补偿轮

（四）施工中安全注意事项

① 井道内穿挂钢丝绳应注意绑扎牢靠，防止意外坠落。

② 应仔细检查平衡链环质量情况，防止断裂坠落，伤及人员设备。

（五）质量要求

① 限速器张紧装置与其限位开关相对位置安装正确，安全开关动作可靠。

② 轿厢在两端站平层位置时，轿厢、对重的缓冲器撞板与缓冲器顶面间的距离应符合设计要求。轿厢、对重的缓冲器撞板中心与缓冲器中心偏差不应大于20mm。

③ 液压缓冲器柱塞铅垂度误差不应大于0.5%，充液量应正确。

④ 限速绳、钢带、补偿链均严禁有死弯，无松股锈蚀、断丝现象，运行中不得与其他部件发生碰撞。

八、钢丝绳安装

（一）施工条件

当井道内轿厢已组装完毕，机房内曳引机已就位，即可进行钢丝绳安装。制作绳头的场所应保持清洁，熔化巴氏合金需要用火，应与施工现场安全部门取得联系，有用火手续及防火措施。

（二）工艺流程

确定钢丝绳长度→放、断钢丝绳→挂钢丝绳、做绳头→安装钢丝绳→调整钢丝绳。

（三）操作工艺

1. 确定钢丝绳长度

① 轿厢和对重安装完成后，轿厢应停在最高层平层位置，而对重底面与缓冲器顶面恰好等于 S_2（对重越程距离），见图6-88。同时核对轿厢和对重的上缓冲量及空程量，此时如果上缓冲量及空程量符合要求，则 S_2 应取最大值。为减少测量误差，测量绳长时宜用截面为 $2.5mm^2$ 以上的铜线进行，在轿厢及对重上各装好一个绳头装置，其双母位置以刚好能装入开口销为准，当采用充填式绳套时，长度计算如下：

$$\text{单绕式电梯}\ L=(X+2Z+Q)\times(1-a)$$

$$\text{复绕式电梯}\ L=(X+2Z+2Q)\times(1-a)$$

式中 L——实际截取曳引绳的总长度；

X——两钢丝绳锥套间的曳引距离；

Z——钢丝绳在锥体内的长度（包括钢丝绳在绳头锥套内回弯部分）；

Q——轿厢在顶层安装时垫起的高度；

a——钢丝绳的伸长系数。

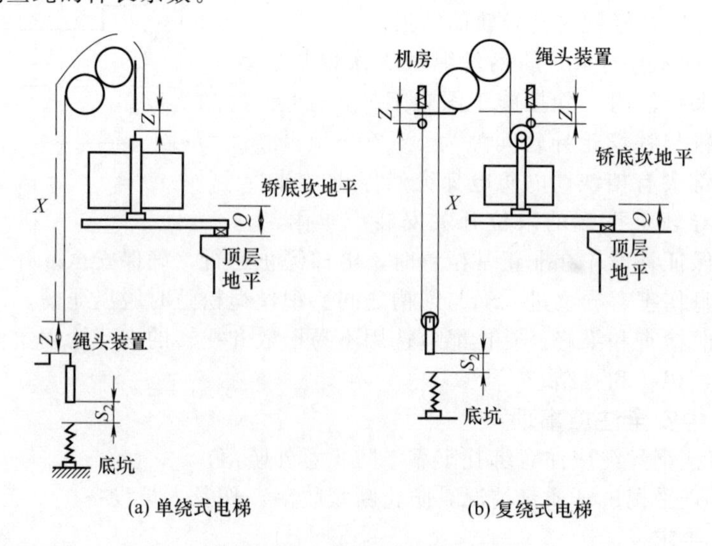

图6-88 钢丝绳长度示意

② 测量两钢丝绳锥套间的曳引距离 X 的方法。用事先备好的铜线穿过主机的曳引轮和导向轮，铜线的一端与轿厢侧钢丝绳锥套（锥套向上拉紧）顶点（M）重合，另一端与对重侧钢丝绳锥套（锥套向上拉紧）顶点（N）重合，该铜线的长度即为两钢丝绳锥套间的曳引距离 X。

2. 截断钢丝绳

在宽敞清洁的场地放开钢丝绳索盘，检查钢丝绳有无锈蚀、打结、断丝、松股现象。按照已测量好的钢丝绳长度，在距截绳处两端 5mm 处用铅丝进行绑扎，绑扎长度最少为 20mm。然后用钢凿、切割机、压力钳等工具截断钢丝绳，不得对其使用电气焊截断，以免破坏钢丝绳机械强度。

3. 挂钢丝绳、做绳头

① 绳头做法可采用金属或树脂充填的绳套，自锁紧楔形绳套，至少带有 3 个合适绳夹的鸡心环套、带绳孔的金属吊杆等，见图 6-89。

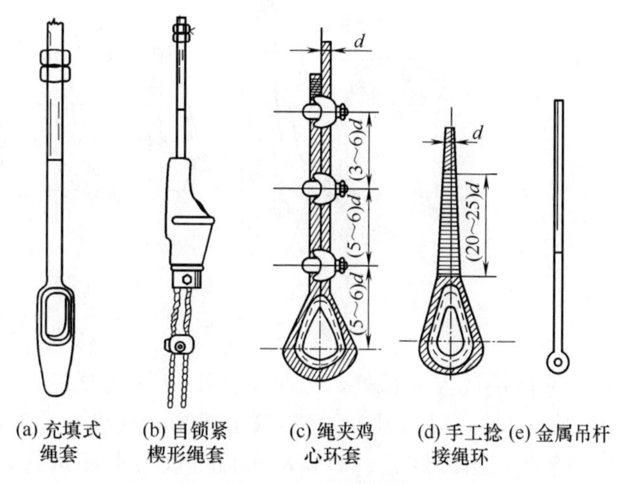

图 6-89　绳头做法

② 在做绳头、挂绳之前，应先将钢丝绳放开，使之自由悬垂于井道内，以消除内应力。挂绳之前若发现绳上油污、渣土较多，可用棉丝浸上煤油，拧干后对钢丝绳进行擦拭，禁止对钢丝绳直接进行清洗，防止润滑油脂被洗掉。

③ 挂绳顺序。单绕式电梯挂绳前，一般先做好轿厢侧绳头并固定好，之后将钢丝绳的另一头从轿顶起通过机房楼板绕过曳引轮、导向轮送至对重架上方，按照计算好的长度断绳。断绳后制作对重侧绳头，再将绳头固定在对重绳头板上，两端要连接牢靠。复绕式电梯挂绳方法与单绕式原理相同，也是先挂近轿厢侧，后挂近对重侧，但由于其绳头均在机房内，因此一般先放绳后做绳头，也可以先做一头（近轿厢侧）绳头，挂好绳后再做另一头（近对重侧）绳头。

④ 将钢丝绳断开后穿入锥体，将剁口处绑扎铅丝拆去，松开绳股，除去麻芯，用煤油将绳股清洗干净，按要求将绳股或钢丝向绳中心弯折（俗称编花），弯折长度应不小于钢丝绳直径的 2.5 倍。将弯折好的绳股用力拉入锥套内，将浇口处用石棉布或水泥袋包扎好，下口处用石棉绳或棉丝扎严，操作顺序见图 6-90。

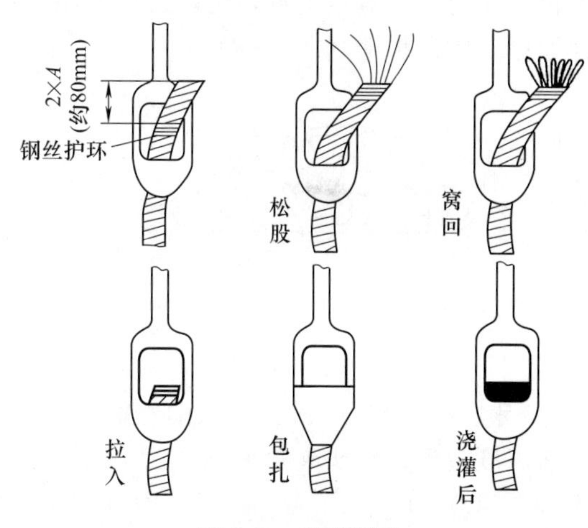

图 6-90　挂钢丝绳

⑤ 绳头浇灌前应将绳头锥套内部油质杂物清洗干净，而后采取缓慢加热的办法使锥套温度达到 100℃左右，再行浇灌。

⑥ 钨金（巴氏合金）浇灌温度以 270～350℃为宜，钨金采取间接加热熔化的办法，温度可用热电偶测量或当放入水泥袋立即焦黑但不燃烧为宜。浇灌时为了清除钨金表面

杂质，浇灌必须一次完成。浇灌作业时应轻击绳头，使钨金灌实。灌后冷却前不可移动。浇注完成面应高出锥孔 10～15mm。冷却后取下小端出口处的防漏物，此时应可在孔口处看到有少量钨金渗出，以证明钨金已渗至孔底。同时还应检查钢丝绳是否与锥套成一直线，捻向是否呈不均匀状态。绳的歪斜和松散均会降低破断拉力，当发现钨金未能渗至孔底或绳出现歪斜和松散时，应重新浇注。

⑦ 自锁紧楔形绳套。该绳套不用巴氏合金，这样会使安装绳头的操作更为方便和安全。

a. 在钢丝绳比充填绳套法多 300～500mm 长度时断绳。把钢丝绳向下穿出绳头拉直、弯回，留出足以装入楔块的弧度后再从绳头套前端穿出，见图 6-91（a）、（b）。

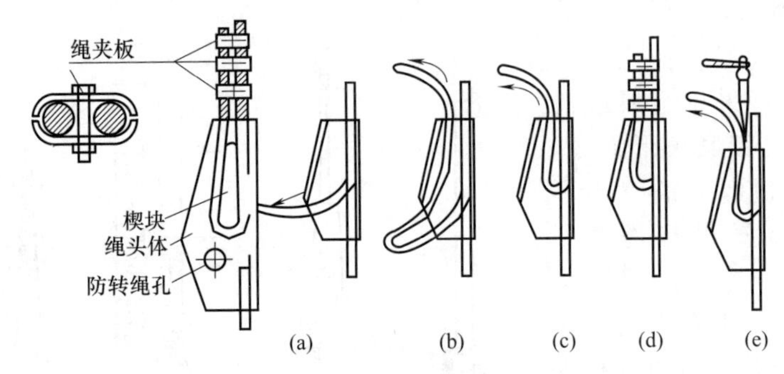

图 6-91　自销紧楔形绳套

b. 把楔块放入绳弧处，一只手向下拉紧钢丝绳，同时另一只手拉住绳端用力上提钢丝绳使楔块卡在绳套内，同时轻轻敲击绳套，使楔块在绳套内逐渐卡牢，见图 6-91（c）。

c. 全部绳头装好后，加载轿厢和对重的全部重量，此时钢丝绳和楔块受到的拉力将升高（大约 25mm），这时装上绳卡，防止楔块从绳套中脱离，见图 6-91（d）。

d. 此时可初步调节钢丝绳张力。由于相对拉紧的钢丝绳楔块比较容易调节，因此可在相对拉紧的绳套内两钢丝绳之间插入一个销轴，用榔头轻敲销轴顶部，使楔块下滑，此时该钢丝绳会自行在绳套内滑动，找到其最佳的受力位置。在每个过紧的绳头上重复上述做法，直至各钢丝绳张力相等，见图 6-91（e）。

e. 在此调节过程中，应使轿厢反复运行几次，以使钢丝绳间的应力消除。

f. 当采用 3 个合适绳夹的绳头夹板时，应使绳夹间隔不小于钢丝绳直径的 5 倍。

4. 安装钢丝绳

将钢丝绳从轿厢顶起通过机房楼板绕过曳引轮、导向轮至对重上端，两端连接牢靠。挂绳时注意多根钢丝绳间不要缠绕错位，绳头组合处穿二次保护绳（图 6-92）。

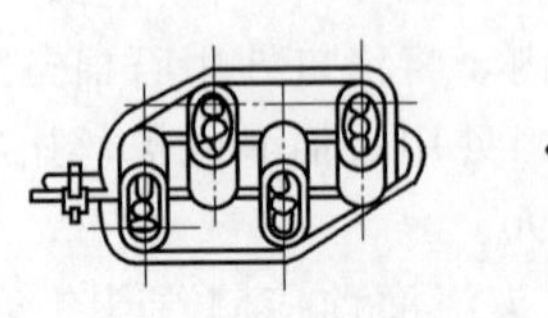
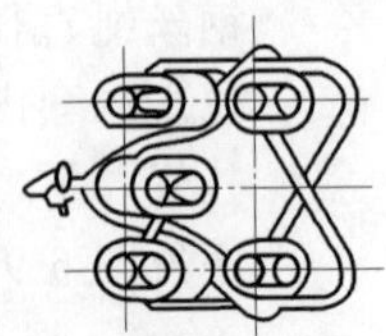
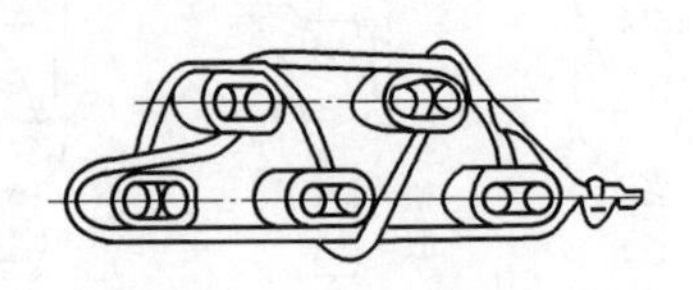

图 6-92　防止钢丝绳侧捻

5. 调整钢丝绳

① 测量调整绳头弹簧高度，使其一致，其高度误差不可大于 2mm。采用此法应事先对所有弹簧进行挑选，使同一个绳头板位置上的弹簧高度一致，绳头装置见图 6-93。

② 将轿厢停在井道高度的 3/4 处（人站在轿厢顶上），用 100～150N（10～15kg）的弹簧秤将各根对重钢丝绳横向拉出同等距离，测出各曳引绳的张力，取其平均值。比较实测值

与平均值大小，其张力差应不大于5%，达不到要求时需进行调整，见图6-94。钢丝绳张力调整后，绳头上的双螺母必须拧紧，开口销钉穿好劈好尾，开口销尾部开叉应不小于60°。绳头紧固后，绳头杆上螺纹需留有1/2的调整量。

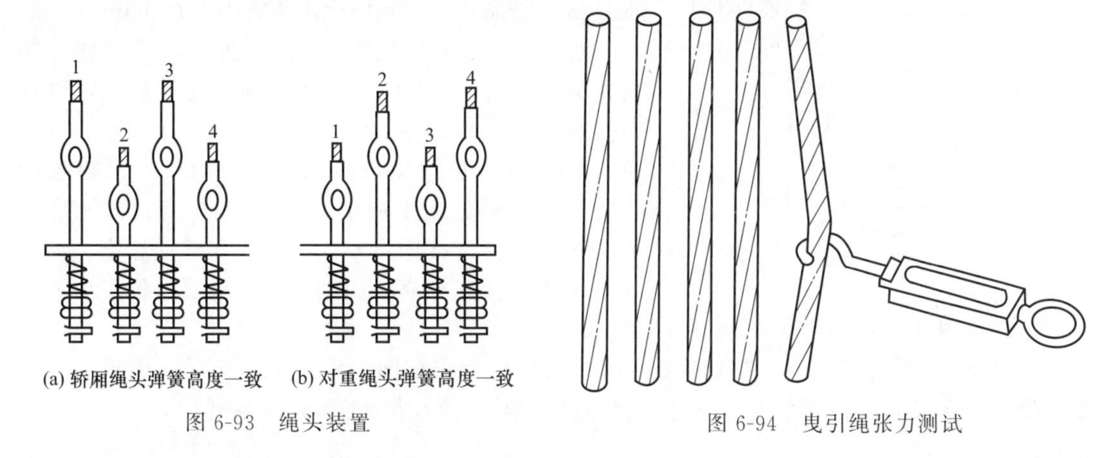

图6-93 绳头装置

图6-94 曳引绳张力测试

（四）施工中安全注意事项

① 填充式绳头灌注巴氏合金需要动用明火，因此无论采用气焊加热，还是喷灯加热，都应遵守安全操作要求，远离易燃易爆物品，并在施工现场配备灭火装置。

② 重要部位和有防火特殊规定的场所进行明火作业前，应通知消防安全部门现场检查或监护，取得批准文件或用火证后才能进行施工。

③ 钢丝绳未最终安装完成时或调整钢丝绳时，严禁撤去轿厢底部托梁和保护垫木，防止轿厢坠落。

（五）质量要求

① 绳头组合必须安全可靠，且每个绳头组合必须安装防螺母松动和脱落的装置。

② 钢丝绳应擦拭干净，严禁有死弯、松股、断丝、锈蚀现象。

③ 每根钢丝绳张力实测值与平均值偏差不应大于5%。

④ 绳头巴氏合金浇灌应一次完成，确保密实饱满，平整一致。

九、电气装置安装

（一）施工条件

① 机房、井道的土建工作都已基本完毕，机房的门窗完全封毕，完成装饰、粉刷工作。

② 正式电源已接至机房，其控制方式、容量及电源箱位置、标识应符合有关规定。

③ 施工现场要具备一定的防范保护措施，防止已安装的电缆、电线被盗割，呼梯面板损坏。

（二）工艺流程

安装控制柜→安装电源配电箱→安装中间接线盒、随行电缆架和挂随行电缆→配管、配线槽及金属软管→安装强返减速开关、限位开关、极限开关及其碰铁→安装感应开关和感应板→安装显示、召唤盒、开关盒及操纵盘→安装轿顶及底坑检修盒→安装井道照明→安装速度反馈装置→导线的敷设及连接。

（三）操作工艺

1. 安装控制柜

① 根据机房布置图及现场情况确定控制柜位置。与门窗、墙的距离不小于600mm，控制

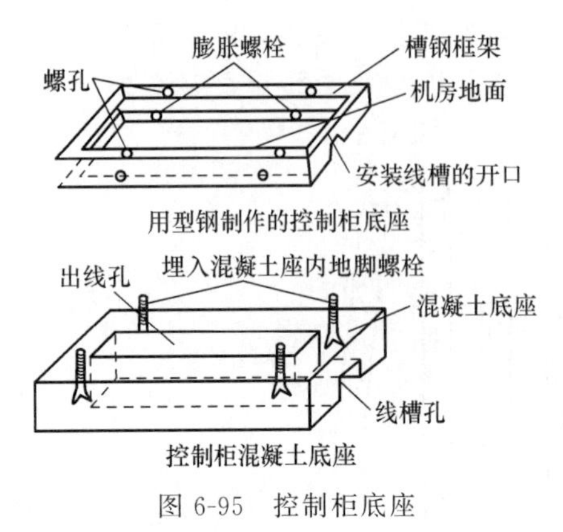

图 6-95　控制柜底座

柜的维护侧与墙壁的距离不小于 600mm，柜的封闭侧不小于 50mm。双面维护的控制柜并排安装，其总宽度超过 5m 时，两端宜留出出入通道且其宽度不小于 600mm，控制柜与设备的距离不宜小于 500mm。

② 控制柜的过线盒按照安装图的要求用膨胀螺栓固定在机房地面上。若无控制柜过线盒，则要用 10＃槽钢制作控制柜底座或混凝土底座，底座高度为 50～100mm。控制柜与槽钢底座采用镀锌螺栓连接固定（连接螺栓由下向上穿）。控制柜与混凝土底座采用地脚螺栓连接固定。控制柜要和槽钢底座、混凝土底座连接固定牢靠，控制柜底座更要与机房地面固定牢靠，见图 6-95。

③ 多台控制柜安装时，其间应无明显缝隙且柜面应在同一平面上，布局应美观，相互间开门不能有影响，在其中任意一台控制柜进行紧急运行时，都可以观察到相应曳引机的工作状态。

2. 安装电源配电箱

电源配电箱要安装在机房门口附近（便于操作）、高度距地面 1.3～1.5m 的位置上。

3. 安装中间接线盒、随行电缆架和挂随行电缆

(1) 安装中间接线盒

① 中间接线盒设在梯井内，其高度按下式确定：高度(最底层层门地坎至中间接线盒底的垂直距离)$=a/2$(a 为电梯行程)＋500mm＋200mm，见图 6-96。若接线盒设在夹层或机房内，其高度（盒底）距夹层或机房地面不低于 300mm。当电缆直接进入控制柜时，可不设中间接线盒。

② 中间接线盒水平位置要根据随行电缆既不能碰轨道支架又不能碰层门地坎的要求来确定。当梯井较小，轿门地坎和中间接线盒在水平位置的距离较近时，要统筹计划，其间距不得小于 50mm，见图 6-97。

③ 中间接线盒用 M10 膨胀螺栓固定于井道壁上。

(2) 安装随行电缆架

① 在中间接线盒的下方 200mm 外安装随行电缆架。固定随行电缆架要用 2 个以上不小于 M16 的膨胀螺栓（视随行电缆重量而定），以保证其牢固，见图 6-98。

② 若电梯无中间接线盒时，井道随行电缆架应安装在电梯正常提升高度的一半以上 1.5m 的井道壁上。

③ 随行电缆架安装时，应使电梯电缆避免与限速器钢绳、限位开关、缓速开关、感应器和对重装置等接触或交叉，保证随行电缆在运动中不与电线槽管支架发生卡阻。

④ 轿底电缆架的安装方向应与井道随行电缆架一致，使电梯电缆位于井道底部时，能避开缓冲器且保持不小于 200mm 的距离。

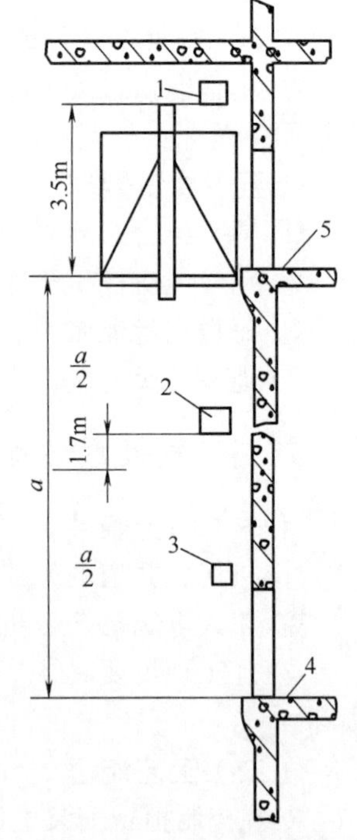

图 6-96　中间接线盒安装
1—总接线盒；2—中间接线盒；3—层楼分线盒；4—底层层站；5—顶层层站

⑤ 轿底电缆支架与井道随行电缆架的水平距离应不小于：8 芯电缆为 500mm；16～24 芯电缆为 800mm。如多种规格电缆共用时，应以最大移动弯曲半径为准。

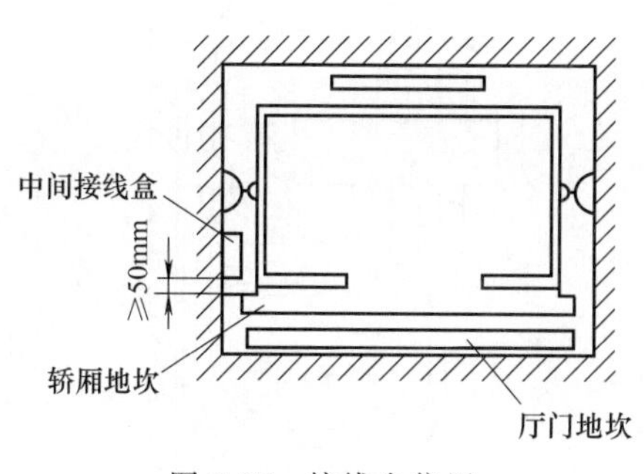

图 6-97　接线盒位置

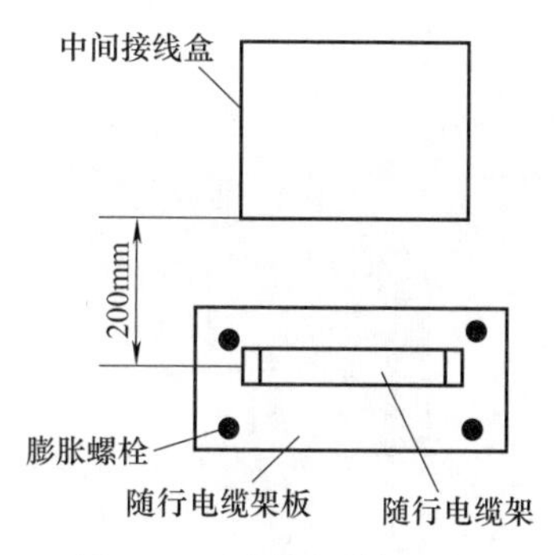

图 6-98　随行电缆架固定

（3）挂随行电缆

① 随行电缆的长度应根据中线盒及轿厢底接线盒实际位置，加上两头电缆支架绑扎长度及接线余量确定。保证在轿厢蹲底和冲顶时不使随行电缆拉紧，在正常运行时不蹭轿厢和地面，蹲底时随行电缆距地面 100～200mm 为宜，截电缆前，必须先模拟蹲底确定其长度，再截电缆。

② 挂随行电缆前应将电缆自由悬挂，使其内应力消除。安装后不应有打结和波浪扭曲现象。多根电缆安装后长度应一致，且多根随行电缆运动部分不宜绑扎成排，以免出现因电缆伸缩量不同导致电缆受力不均。

③ 用塑料绝缘导线（BV 1.5mm^2）在距离电缆架钢管 100～150mm 处，将随行电缆牢固地绑扎在随行电缆支架上。其绑扎应均匀、可靠，不允许用铁丝和其他裸导线绑扎。其绑扎长度为 30～70mm。见图 6-99、图 6-100。

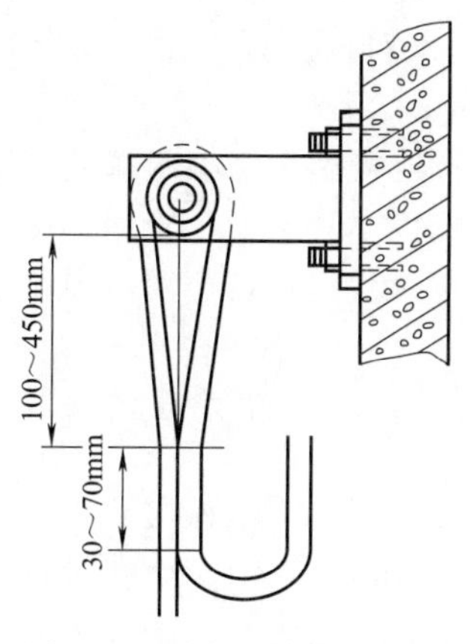

图 6-99　随行电缆绑扎（1）

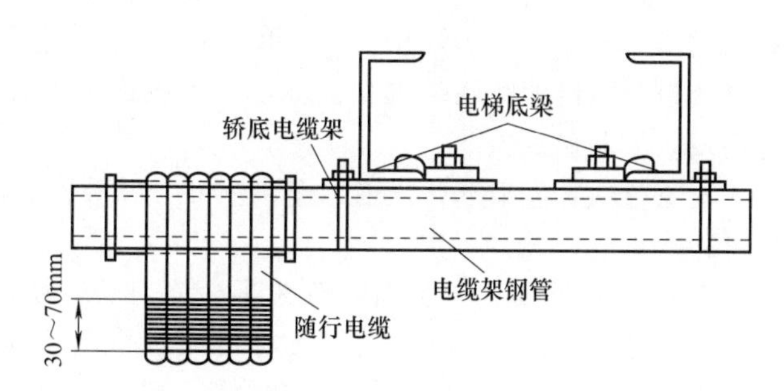

图 6-100　随行电缆绑扎（2）

④ 扁平型随行电缆可重叠安装，重叠根数不宜超过 3 根。每 2 根之间应保持 30～50mm 的活动间距。扁平型电缆的固定应使用楔形插座或专用卡子，见图 6-101、图 6-102。

⑤ 电缆入接线盒应留出适当余量，压接牢固，排列整齐。

⑥ 电缆的不运行部分（提升 1/2 高度＋1.5m 以上）每个楼层要有一个电缆固定支架，每根电缆要用电缆卡子固定在电缆支架或井道壁上。当随行电缆距导轨支架过近时，为了防止随行电缆损坏，可在自底坑向上每个导轨支架外角处至高于井道中部 1.5m 处采取保护措施。

⑦ 厂家配有插接件电缆的多余部分应放在井道壁与电缆支架间并固定。

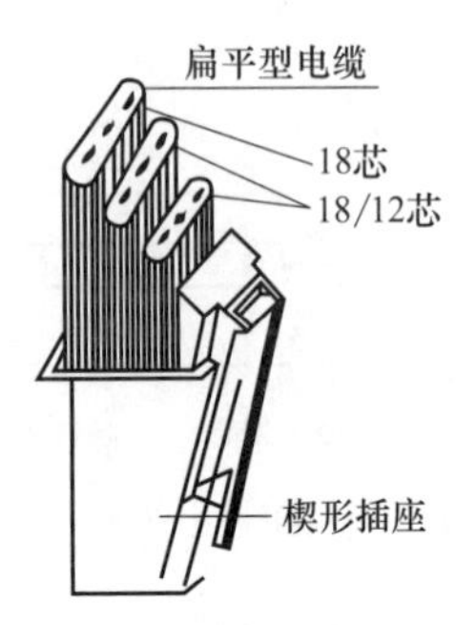

图 6-101 扁平电缆固定（1）

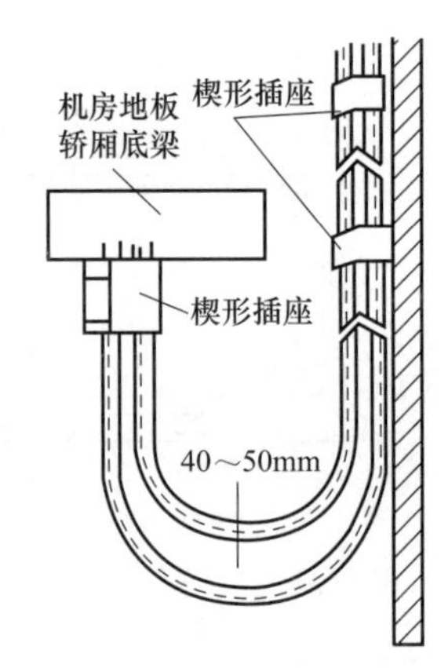

图 6-102 扁平电缆固定（2）

4. 配管、配线槽及金属软管

机房和井道内的配线，应使用电线管和电线槽保护，但在井道内严禁使用可燃性及易碎性材料制成的管、槽，不易受机械损伤和较短分支处可用软管保护。金属电线槽沿机房地面明设时，其壁厚不得小于1.5mm。

（1）配管

① 机房配管除图纸规定沿墙敷设明管外，均要敷设暗管，梯井允许敷设明管。电线管的规格要根据敷设导线的数量决定。电线管内敷设导线总截面积（包括绝缘层）不应超过管内净截面积的40%。

② 钢管敷设前应符合下列要求。

a. 电线管的弯曲处，不应有褶皱、凹陷和裂纹等，弯扁程度不大于管外径的10%，管内无铁屑及毛刺。电线管不允许用电气焊切割，切断口应锉平，管口应倒角光滑。

b. 钢管连接。

• 螺纹连接：管端套丝长度不应小于管箍长度的1/2，钢管连接后在管箍两端应用圆钢焊跨接地线（ϕ15～ϕ22管用ϕ5圆钢，ϕ32～ϕ48管用ϕ6圆钢，ϕ50～ϕ63管用25mm×3mm扁钢），跨接地线两端焊接面不得小于该跨接线截面的6倍。焊缝均匀牢固，焊接处要清除药皮，刷防腐漆。

• 套管连接：套管长度为连接管外径的2.5～3倍，连接管对口处应在套管的中心，焊口应焊接牢固、严密。

c. 电线管拐弯要用弯管器，弯曲半径应符合：明配时，一般不小于管外径的4倍；暗配时，不应小于管外径的6倍；埋设于地下或混凝土楼板下，不应小于管外径的10倍。一般管径为20mm及以下时，用手扳弯管器，管径为25mm及以上时，使用液压弯管器和加热方法。当管路超过3个90°弯时，应加装接线盒、箱。

d. 薄壁钢管（镀锌管）必须用螺纹连接。

③ 进入落地配电箱（柜）的电线管路，应排列整齐，管口高于基础面不小于50mm。

④ 明配管需设支架或管卡子固定：竖管每隔1.5～2m，横管每隔1～1.5m，拐弯处及出入箱盒两端150～300mm，每根电线管不少于两个支架或管卡子。支架可直接埋墙内或用膨胀螺栓固定（支架的规格设计无规定时，应不小于下列规定：扁铁支架30mm×3mm；角钢支架25mm×25mm×3mm，埋入支架应有燕尾）。电线管也可直接用管卡子固定于墙壁上，管卡子可用膨胀螺栓或塑料膨胀塞等方法来固定，绝不允许用塞木楔方法固定管卡子。电线管也不允许直接焊在支架或设备上。

⑤ 钢管进入接线盒及配电箱，暗配管可用焊接固定，管口露出盒箱小于5mm，明配管应用锁紧螺母固定，露出螺母的螺纹为2～4扣。管口应光滑，并应装设护口。

⑥ 钢管与设备连接，要把钢管敷设到设备外壳的进线口内，如有困难，可采用下述两种方法。

• 在钢管出线口处加软塑料管引入设备，但钢管出线口与设备进线口距离应在200mm以内。

• 设备进线口和钢管出线口用配套的金属软管和软管接头连接，软管应用管卡固定。

⑦ 设备表面上的明配管或金属软管应随设备外形敷设，以求美观，如抱闸配管。

⑧ 井道内敷设电线管时，各层应安装分支接线盒箱，并根据需要加装接线端子板。

(2) 配线槽

① 机房配线槽应尽量沿墙、梁板下面敷设。电线槽的规格要根据敷设导线的数量决定。电线槽内敷设导线总截面积（包括绝缘层）不应超过线槽总截面积的60%。

② 敷设电线槽应横平竖直，无扭曲、变形，内壁无毛刺，线槽采用射钉和膨胀螺栓固定，每根电线槽固定点不应少于2点。底脚压板螺栓应稳固，露出线槽不宜大于10mm；安装后其水平和垂直偏差不应大于2‰，全长最大偏差不应大于20mm。并列安装时，应使线槽盖便于开启，接口应平直，接板应严密，槽盖应齐全，盖好后无翘角，出线口无毛刺，位置准确。在线槽的弯曲处应垫上胶皮。

③ 梯井线槽引出分支线，如果距指示灯、按钮盒较近，可用金属软管敷设；若距离超过2m，应用钢管敷设。

④ 梯井线槽到每层的分支导线较多时，应设分线盒并考虑加端子板。

⑤ 电线槽、箱和盒开孔要用开孔器开孔，孔径不大于管外径1mm。

⑥ 机房和井道内的电线槽、电线管、随行电缆架、箱盒与可移动的轿厢、钢丝绳、电缆的距离：机房内不得小于50mm，井道内不得小于20mm。

⑦ 切断线槽需用手锯操作（不能用电气焊及砂轮机），拐弯处不允许锯直口，应沿穿线方向弯成90°保护口，以防伤线。

⑧ 线槽应有良好的保护，线槽接头应严密并做明显可靠的跨接地线，但电线槽不得作为保护线使用。镀锌线槽可利用线槽连接固定螺栓跨接黄绿双色绝缘$4mm^2$以上的铜芯导线。

(3) 安装金属软管

① 金属软管不得有机械损伤、松散，敷设长度不应超过2m。

② 金属软管安装应尽量平直，弯曲半径不应小于管外径的4倍。

③ 金属软管安装固定点均匀，间距不大于1m，不固定端头长度不大于0.1m，固定点要用管卡子固定。管卡子要用膨胀螺栓或塑料膨胀塞等零件固定，不允许用塞木楔的方法来固定管卡子。

④ 金属软管与箱、盒、槽连接时，宜使用专用管接头连接。

⑤ 金属软管安装在轿厢上应防止振动和摆动，与机械配合的活动部分，其长度应满足机械部分的活动极限，两端应可靠固定。轿顶上的金属软管，应有防止机械损伤的措施。

⑥ 金属软管内电线电压大于36V时，要用黄绿双色绝缘不小于$1.5mm^2$铜芯导线焊接保护地线。厂家有特殊要求的如低于36V也加地线。

⑦ 不得利用金属软管作为接地导体。

⑧ 内壁不光滑的金属软管不应在土建结构中暗设，机房地面和底坑地面不得敷设金属软管。

5. 安装强迫减速开关、限位开关、极限开关及其碰铁

① 碰铁一般安装在轿厢侧面，应无扭曲、变形，表面应平整光滑。安装后调整其垂直度偏差不大于0.1%，最大偏差不大于3mm（碰铁的斜面除外）。

② 强迫减速开关、限位开关、极限开关的安装。

a. 强迫减速开关安装在井道的两端，当电梯失控不正常换速冲向端站时，首先要碰触强迫减速开关。该开关在正常换速点相应位置动作，以保证电梯有足够的换速距离。一般交流低速电梯（1m/s及以下），就一级强迫减速，将快速转换为慢速运行。限位开关，当轿厢因故超过上下端站50～100mm时，立即切断顺方向控制电路。电梯停止顺方向启动，但可以反方向启动运行。

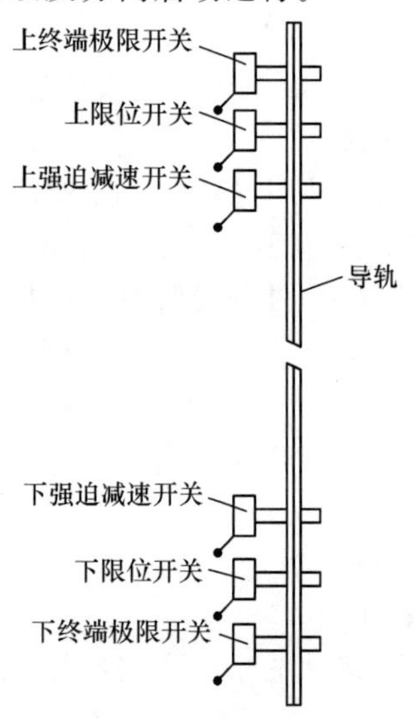

图6-103　极限开关安装

b. 快速电梯（1m/s以上）在端站安装强迫减速开关之后加设一级或多级减速开关，这些开关的动作时间略滞后同级正常减速动作时间。当正常减速失效时，该装置按照规定级别进行减速。

c. 极限开关的安装。开关动作时切断电梯控制电源及上下行接触器电源，此时电梯立即停止运行且不能再启动，调整极限开关上下碰轮的位置，应在轿厢或对重与缓冲器接触前，极限开关断开。且在缓冲器被压缩期间，开关始终保持断开状态，见图6-103。开关装完后，应连续试验5次，均应动作灵活可靠，且不得提前与限位开关同时动作。

③ 开关安装应牢固，但不得焊接固定。安装后要进行调整，使其碰轮与碰铁可靠接触，开关触点可靠操作。碰轮沿碰铁全长移动不应有卡阻，且碰轮略有压缩余量，当碰铁脱离碰轮后，其开关应立即复位，碰轮距碰铁边缘处不小于5mm，见图6-104。

④ 开关碰轮的安装方向应符合要求，以防损坏，见图6-105。

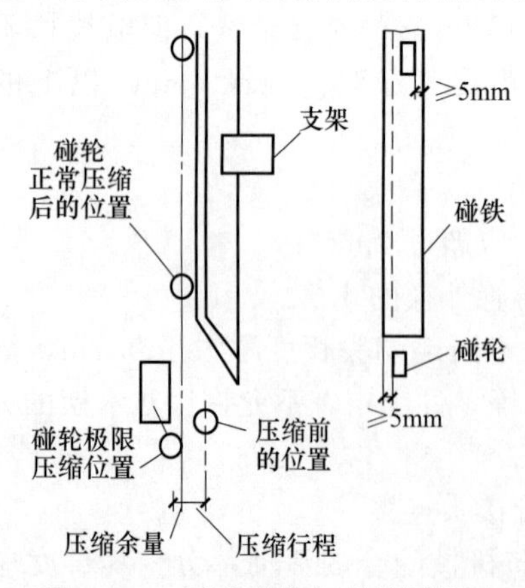

图6-104　开关碰轮与碰铁间距图

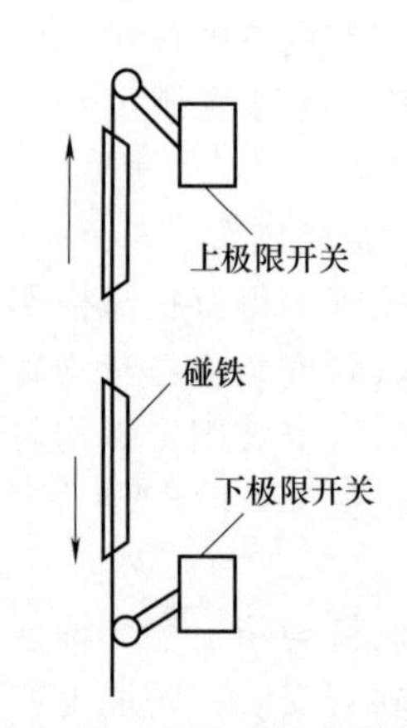

图6-105　开关碰轮安装方向

6. 安装感应开关和感应板

① 无论装在轿厢上的平层感应开关及开门感应开关，还是装在轨道上的选层、截车感应开关，其形式基本相同。安装应横平竖直，各侧面应在同一垂直面上，其垂直偏差不大于1mm。感应板安装应垂直，其不垂直度不大于0.1%，插入感应器时宜位于中间。插入深度距感应器底10mm，偏差不大于2mm，若感应器灵敏度达不到要求，可适当调整感应板，

但与感应器内各侧间隙不小于7mm，见图6-106。

② 开门感应器安装于上、下平层感应器中间，其偏差不大于2mm。不同形式控制的电梯所装的感应器数量和作用也不相同，一般安装3只感应器，即上、下平层，门区；有的电梯增加了校正感应器，当层楼指示发生错位时，只需增加感应器作为复位信号，见图6-107。

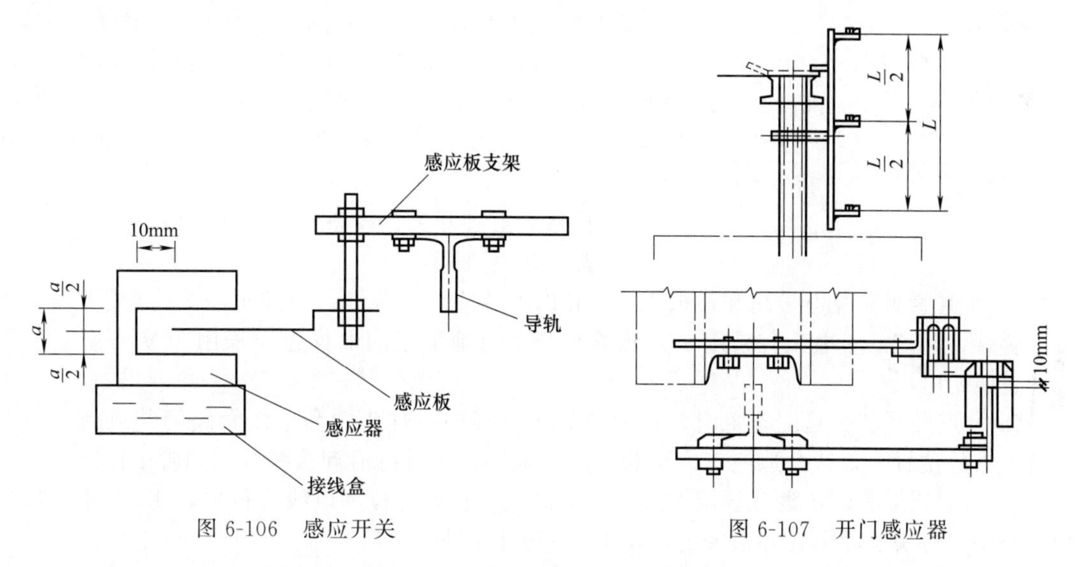

图6-106　感应开关　　　　图6-107　开门感应器

③ 感应板应能上下、左右调节，调节后螺栓应可靠锁紧，电梯正常运行时不得与感应器产生摩擦，严禁发生碰撞。

④ 感应器安装完毕后启用时，应将封闭磁路板取下，否则感应器将不起作用。

⑤ 不同的电梯厂家采用的感应器各不相同，要根据厂家的安装手册进行安装。

7. 安装层楼显示、召唤盒、开关盒及操纵盘

① 层楼显示盒的安装应横平竖直，其误差不大于1mm。层楼显示盒中心与门中心偏差不大于5mm。埋入墙内的按钮盒、层楼显示盒等盒口不应凸出装饰面，盒面板与墙面间隙应均匀，且不大于1mm。厅外层楼显示盒应装在外层门口上150～250mm的层门中心处（层楼显示在按钮盒中或钢门套中的除外）；呼梯按钮盒应装在层门距地1200～1400mm的墙壁上，盒边距层门边200～300mm；群控、集选电梯的召唤盒应安装在两台电梯的中间位置。

② 在同一候梯厅有2台及以上电梯并列或相对安装时，各层门指示灯盒的高度偏差不应大于5mm；各召唤盒的高度偏差不应大于2mm；与层门边的距离偏差不应大于10mm；相对安装的各层指示灯盒和各召唤盒的高度偏差均不应大于5mm。

③ 具有消防功能的电梯，必须在基站或撤离层设置消防开关。消防开关盒应安装于召唤盒的上方，其底边距地面高度宜为1.6～1.7m（或按厂家要求）。各层门指示灯、召唤按钮及开关的面板安装后应与墙壁装饰面贴实，不得有明显的凹凸变形和歪斜，并应保持洁净、无损伤。

④ 操纵盘的安装：操纵盘面板的固定方法有用螺钉固定和搭扣固定两种形式，操纵盘面板与操纵盘轿壁间的最大间隙应在1mm以内。

⑤ 层楼显示、按钮、操纵盘的指示信号清晰、明亮、准确，不应有漏光和串光现象。按钮及开关应灵活可靠，不应有阻卡现象。消防开关确保工作可靠。

8. 安装轿顶及底坑检修盒

① 检修盒的安装位置距层门口不应大于1m。应选择在距线槽或接线盒较近、操作方

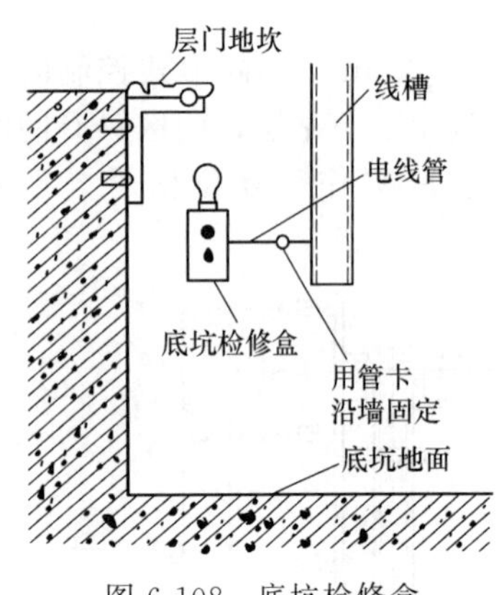

图 6-108　底坑检修盒

便、不影响电梯运行的地方。图 6-108 为底坑检修盒示意图。

② 底坑检修盒用膨胀螺栓或塑料胀塞固定在井壁上。检修盒、电线盒、线槽之间都要跨接地线。

③ 检修盒上或近旁的停止开关的操作装置，应是红色非自动复位的双稳态开关，并标以“停止”字样加以识别。

④ 在检修盒上或附近适当的位置，须装设照明和电源插座，照明应加控制开关，照明应采用 36V 电压。电源插座应选用 2P＋PE250V 型，以供维修时插接电动工具使用。

⑤ 检修盒上各开关、按钮要有中文标识。

9. 安装井道照明

① 井道照明在井道最高和最低点 0.5m 以内各装设一盏灯，中间每隔 7m（最大值）装设一盏灯，井道照明电压宜采用 36V 安全电压。有地下室的电梯也应采用 36V 安全电压作为井道照明电压。

② 井道照明装置暗配施工时，在井道施工过程中将灯头盒和电线管路随井道施工预埋在所要求的位置上，待井道施工完毕和拆除模板后，应进行清理接线盒和扫管工作。

③ 明配施工时，按设计要求在井道壁上画线，找好灯位和电线管位置，用 4、6 号膨胀螺栓分别将灯头盒固定在井道壁的灯位上，并进行配管。

④ 从机房井道照明开关开始穿线，灯头盒内导线按要求做好导线接头，并将相线、零线做好标记。

⑤ 将塑料台固定在灯头盒上，将接灯线从塑料台的出线孔中穿出。将螺口平灯底座固定在塑料台上，分别给灯头压接线。相线接在灯头中心触点的端子上，零线接在灯头螺纹的端子上。用兆欧表测量回路绝缘电阻应大于 0.25MΩ，确认绝缘摇测无误后再送电试灯。

10. 安装速度反馈装置

检查并确保旋转编码器轴转动灵活，内无异响。在电机轴头将旋转编码器认真连好，不得有磕碰。旋转编码器的线用屏蔽线且与主电源线分开敷设。

11. 导线的敷设及连接

① 穿线前将电线管或线槽内清扫干净，不得有积水、污物。

② 检查各个管口的护口是否齐全，如有遗漏和破损，均应补齐和更换。电梯电气安装中的配线应使用额定电压不低于 500V 的铜芯导线。穿线时不能损伤绝缘或有扭结等现象，并留出适当备用线。

③ 导线应按布线图敷设，电梯的供电电源必须单独敷设。动力和控制线路应分别敷设，弱电信号及电子线路应按产品要求单独敷设或采取抗干扰措施，若在同一线槽中敷设，其间要加隔板。

④ 在线槽的内拐角处要垫橡胶板等软物，以保护导线。导线在线槽的垂直段，用尼龙扎扣扎成束，并固定在线槽底板上。出入线管或线槽的导线应有保护措施。

⑤ 导线截面为 $6mm^2$ 及以下的单股铜芯线与电气器具的端子可直接连接，多股铜芯线的线芯应焊接或压接端子并涮锡后，再与电气器具的端子连接。

⑥ 导线接头包扎时，首先用橡胶（或自粘塑料带）绝缘带，从导线接头处始端的完好绝缘层开始，缠绕 1～2 个绝缘带幅宽度，再以半幅宽度重叠进行缠绕。在包扎过程中尽可

能收紧绝缘带，最后在绝缘层上缠绕1～2圈后，再进行回缠，而后用黑胶布包扎，以半幅宽度边压边进行缠绕，在包扎过程中收紧胶布，导线接头处两端应用黑胶布封严密。

⑦ 引进控制盘（柜）的控制电缆、橡胶绝缘芯线应外套绝缘管进行保护。控制盘（柜）压线前，应将导线沿接线端子方向整理成束，排列整齐，用小线或尼龙扎带分段绑扎，做到横平竖直，整齐美观。

⑧ 导线终端应有清晰的线路编号。导线压接要严、实，不能有松脱、虚接现象。

（四）施工中安全注意事项

① 施工中严格遵守各种安全规章制度，防止打击、坠落、触电事故的发生。

② 操作人员应持证上岗，并经过相关安全培训。

③ 使用明火或电气焊时，要注意防火，有看护人员和消防措施，并向工地消防保卫部门登记，开具用火证。

（五）质量要求

① 所有电气设备及导管、线槽的外露可导电部分均必须可靠接地；接地支线应分别直接接至接地线干线接线柱上，不得互相连接后再接地。

② 导体之间和导体对地之间的绝缘电阻必须大于1000Ω/V，且其值不得小于：动力电路和电气安全装置0.5MΩ；其他电路（控制、信号、照明等）0.25MΩ。

③ 主电源开关不应切断下列供电电路：轿厢照明和通风；机房和滑轮间照明；机房、轿顶和底坑的电源插座；井道照明，报警监控装置。

④ 机房和井道内应按产品要求配线。软线和无护套电缆应在导管、线槽或能确保起到等效防护作用的装置中使用。护套电缆和橡胶套软电缆可明敷于井道或机房内，但不得明敷于地面。

⑤ 导管、线槽的敷设应整齐牢固。线槽内导线总面积不应大于线槽净面积的60%；导管内导线总面积不应大于导管内净面积的40%；软管固定间距不应大于1m，端头固定间距不应大于0.1m。

⑥ 接地支线应采用黄绿相间的绝缘导线。

⑦ 控制柜（屏）的安装位置应符合电梯土建布置图中的要求。

十、电梯调试试验运行

（一）调试运行前的准备工作

1. 整机检查

① 整机应具备GB 7588规定的全部安全装置。

② 整机安装应符合GB 10060的规定。

2. 机房内安装运行前检查

① 检查机房内所有电气线路的配置及接线工作是否均已完成，各电气设备的金属外壳是否均有良好接地装置，且接地电阻不大于4Ω。

② 机房内曳引绳与接板孔洞每边间隙应为20～40mm，通向井边的孔洞四周应筑有50mm以上、宽度适当的防水台阶。

③ 机房内应有足够照明，并有电源插座，通风降温设备。

④ 机房门是防火门，并且向外开门，门口应有“机房重地、闲人免进”的警示标语。

3. 井道内的检查工作

① 清除井道内余留的脚手架和安装电梯时留下的杂物。

② 清除轿厢内、轿顶上、轿厢门和厅门地坎槽中的杂物。

4. 安全检查

① 检查轿厢或配重侧的安全钳是否已安装到位，限速器应灵活可靠，要确保限速器与安全钳联动动作可靠。

② 确保各层厅门和轿门关好，并锁住，保证非专业人员不能将厅门打开。

5. 润滑工作

① 按规定对曳引机轴承、减速箱、限速器等传动机构注油，起润滑保护作用。

② 对导轨自动注油器、门滑轨、滑轮进行注油润滑。

③ 对缓冲器（液压型）加注液压油。

6. 调试通电前的电气检查

① 测量电网输入电压应正常，电压波动范围应在额定电压值的±7%范围内。

② 检查控制柜及其他电气设备的接线是否存在错接、漏接、虚接。

③ 检查各熔断器容量是否匹配。

④ 环境空气中不应有腐蚀性和易燃性气体及导电尘埃存在。

7. 调试通电前的安全开关装置检查

① 检查厅门、轿门的电气联锁是否可靠。

② 检查门、安全门及检修的活动门关闭后的联锁触点是否可靠。

③ 检查断绳开关的可靠性。

④ 检查限速器达到115%额定速度时动作的可靠性。

⑤ 检查缓冲器动作开关是否可靠有效。

⑥ 检查端站开关，限位开关是否灵活有效。

⑦ 检查各急停开关是否灵活可靠。

⑧ 检查各平层开关及门区开关是否灵活有效。

8. 调试前的机械部件检查

(1) 制动器的调整检查

① 制动力矩的调整：根据不同型号的电梯进行调整（在没有打开抱闸的情况下，人为扳动盘车轮，以车轮不转动为标准）。

② 制动闸瓦与制动轮间隙调整：制动器制动后，要求制动闸瓦与制动轮接触可靠，面积大于80%。松闸后制动闸瓦与制动轮完全脱离，无摩擦，无异常声音，且间隙均匀，最大间隙不超过0.7mm。

(2) 自动门机构调整检查

① 厅门应开关自如、无异常声音。

② 轿厢运行前应将厅门有效地锁紧在关门位置上，只有在锁紧元件啮合至少为7mm，且厅门辅助电气锁点同时闭合时轿厢才能启动。

③ 厅门自动关闭：当厅门无论因为何种原因而开启时，应确保该层厅门自动关闭。

（二）电梯的整机运行调试

1. 电梯的慢速调试运行

在电梯运行前，应检查各层厅门确保已关闭。井道内无任何杂物，并做好人员安排。不得擅自离岗。一切听从主调试人员的安排。

① 检测电机阻值，应符合要求。

② 检测电源、电压、相序应与电梯相匹配。

③ 继电器动作与接触器动作及电梯运转方向，应确保一致。

④ 应先经过机房检修运行后才能在轿顶上使电梯处于检修状态，按动检修盒上的慢上

或慢下按钮，电梯应以检修速度慢上或慢下。同时清扫井道、轿厢以及配重导轨上的灰沙及油污，然后加油使导轨润滑。

⑤ 以检修速度逐层安装井道内的各层平层及换速装置，以及上、下端站的强迫减速开关、方向限位开关和极限开关，并使各开关安全有效。

2. 自动门机调试

① 电梯仍处在检修状态。

② 在轿内操纵盘上按开门或关门按钮，门电机应转动，且方向应与开关门方向一致。若不一致，应调换门电机极性或相序。

③ 调整开、关门减速及限位开关，使轿厢门启闭平稳而无撞击声，并调整关门时间约为 3s，而开门时间小于 2.5s，并测试关门阻力（如有该装置时）。

3. 电梯的快速运行调试

在电梯完成了上述调试检查项目后，并且安全回路正常，且无短接线的情况下，在机房内准备快车试运行。

① 轿内、轿顶均无安装调试人员。

② 轿内、轿顶、机房均为正常状态。

③ 轿厢应在井道中间位置。

④ 在机房内进行快车试运行。继电器、接触器与运行方向完全一致，且无异常声音。

⑤ 操作人员进入轿内运行，逐层开关门运行，且开关门无异常声音，并且运行舒适。

⑥ 在电梯内加入 50%的额定载重量，进行精确平层的调整，使平层均符合标准，即可认为电梯的慢、快车运行调试工作已全部完成。

（三）试验运行

1. 试验条件

① 海拔高度不超过 1000m。

② 试验时机房空气温度应保持在 5～40℃。

③ 运行地点的最湿月月平均最高相对湿度为 90%，同时该月月平均最低温度不高于 25℃。

④ 试验时电网输入电压应正常，电压波动范围应在额定电压值的±7%范围内。

⑤ 环境空气中不应含有腐蚀性和易燃性气体及导电尘埃。

⑥ 背景噪声应比所测对象噪声至少低 10dB（A）。如不能满足规定要求应修正，测试噪声值即为实测噪声值减去修正值。

2. 安全装置试验及电梯整机功能试验

电梯整机性能试验前的安全装置检验应符合 GB 10058 中的规定，如有任意一个安全装置不合格，则该电梯不能进行试验。供电系统断相、错相保护装置应可靠有效，当电梯运行与相序无关时，不要求错相保护。

(1) 限速器—安全钳装置试验

① 对瞬时式安全钳装置，轿厢应载有均匀分布的额定载重量，以检修速度向下运行，进行试验。对渐进式安全钳装置，轿厢应载有均匀分布的 125%的额定载重量，安全钳装置的动作应在减低的速度（即平层速度或检修速度）进行试验。

② 在机房内，人为动作限速器，使限速器开关动作，此时电机停转；短接限速器的电气开关，人为动作限速器，使限速器钢丝绳制动并提拉安全钳装置，此时安全钳装置的电气开关应动作，使电机停转；然后，将安全钳装置的电气开关短接，再次人为动作限速器，安全钳装置应动作，夹紧导轨，使轿厢制停（也有在机房检修短接限速器、安全钳开关的电

梯，这样就不用再单独短接限速器、安全钳开关了）。

③ 试验完成以后，各个电气开关应恢复正常，并检查导轨，必要时要修复到正常状态。

（2）缓冲器试验

蓄能型缓冲器：轿厢以额定载重量，对轿厢缓冲器进行静压 5min，然后轿厢脱离缓冲器，缓冲器应恢复到正常位置。耗能型缓冲器：轿厢或对重装置分别以检修速度下降将缓冲器全部压缩，从轿厢或对重开始离开缓冲器瞬间起，缓冲器柱塞复位时间不大于 120s。检查缓冲器开关，应是非自动复位的安全触点开关，电气开关动作时电梯不能运行。

（3）极限开关试验

电梯以检修速度向上或向下运行时，当电梯超越上、下极限工作位置并在轿厢或对重接触缓冲器前，极限开关应起作用，使电梯停止运行。

（4）层门与轿厢门电气联锁装置试验

当层门或轿门没有关闭时，操作运行按钮，电梯应不能运行。电梯运行时，将层门或轿门打开，电梯应停止运行。

（5）紧急操作装置试验

停电或电气系统安全故障时应有使轿厢慢速移动的措施，检查措施是否齐备和可用。

（6）急停保护装置试验

机房、轿顶、轿内、底坑应装有急停保护开关，逐一检查开关的功能。

（7）运行速度和平衡系数试验

① 对电梯运行速度，使轿厢载有 50％的额定载重量下行或上行至行程中段时，记录电流、电压及转速的数值。

② 对平衡系数，宜在轿厢以额定载重量的 0％、25％、40％、50％、75％、100％、110％时作上、下运行。当轿厢与对重运行到同一水平位置时，记录电流、电压及转速的数值（测量电流，用于交流电动机。当测量电流并同时测量电压时，用于直流电动机）。

③ 平衡系数的确定：平衡系数用绘制电流—负荷曲线，以向上、向下运行曲线的交点来确定。

（8）起制动加、减速度和轿厢运行的垂直、水平振动加速度的试验方法

① 在电梯的加、减速度和轿厢运行的垂直振动加速度试验时，传感器应安放在轿厢地面的正中位置，并紧贴地板，传感器的敏感方向应与轿厢地面垂直。

② 在轿厢运行的水平振动加速度试验时，传感器应安放在轿厢地面的正中位置，并紧贴地板，传感器的敏感方向应分别与轿厢门平行或垂直。

（9）噪声试验方法

① 运行中轿厢内噪声测试：传感器置于轿厢内中央距轿厢地面高 1.5m，取最大值为依据。

② 开关门过程噪声测试：传感器分别置于层门和轿门宽度的中央，距门 0.24m，距地面高 1.5m，取最大值为依据。

③ 机房噪声测试：当电梯正常运行时，传感器距地面 1.5m，距声源 1m 外进行测试，测试点不少于 3 点，取最大值为依据。

（10）轿厢平层准确度检验方法

① 在空载工况和额定载重量工况时进行试验：当电梯的额定速度不大于 1m/s 时，平层准确度的测量方法为轿厢自底层端站向上逐层运行和自顶层端站向下逐层运行。

② 当轿厢在两个端站之间直驶：按上述两种工况测量当电梯停靠层站后，轿厢地坎上平面对层门地坎上平面在开门宽度 1/2 处垂直方向上的差值。

（11）外观质量检验

检查轿厢、轿门、层门及可见部分的表面及装饰是否平整，涂漆是否达到标准要求。信号指示是否正确。焊缝、焊点及紧固件安装是否牢固。

（12）部件试验

① 限速器、安全钳、缓冲器应符合 GB 7588—1997 的规定。

② 曳引机应符合 GB/T 13435 中的试验方法的规定。

③ 门和开门机的机械强度试验和门运行试验。

第三节　液压电梯工程

一、液压系统安装施工准备

① 液压缸支架按图纸固定好。

② 在轨道支架适当高度横放两根钢管，拴上吊索和吊链葫芦。

③ 用手推车配合人力把缸体运到井道门口，注意缸体中心不能受力，搬运时应使用搬运护具，以确保运输途中不磕碰、扭曲，如图 6-109 所示。

④ 在层门口铺上木板或方木，拆除缸体上的护具，将液压缸体按吊装方向慢慢移入井道内，用吊链并配以吊索将液压缸慢慢放入地坑，放入两轨道之间并临时固定，注意吊点要使用液压缸的吊装环，如图 6-110 所示。

⑤ 油管、液压缸、泵站在搬运安装过程中严禁划伤、碰撞。

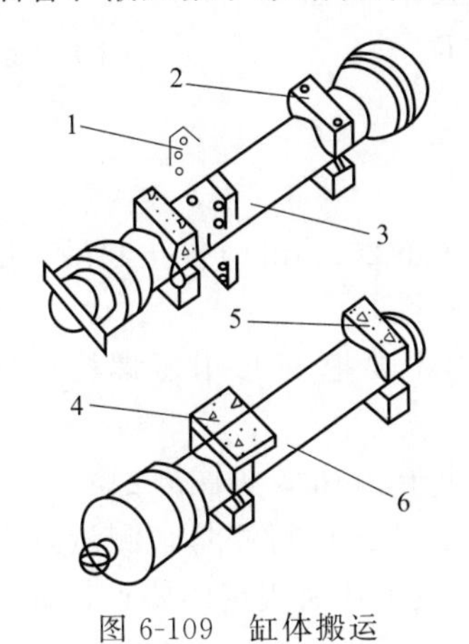

图 6-109　缸体搬运

1—中置底板；2—搬运护具；3—上段液压缸；4—边置底板；5—搬运护具；6—下段液压缸

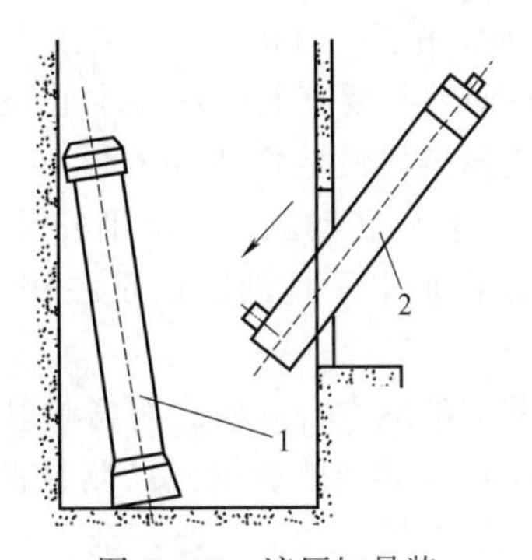

图 6-110　液压缸吊装

1—上段液压缸；2—下段液压缸

二、液压系统安装

（一）施工条件

① 油缸的安装在油缸导轨安装调整后进行。

② 保证油缸的密封性，防止异物及尘土落入元件中。特别是油缸头部的油封及塑料包装。

（二）工艺流程

油缸安装→泵站安装→油管安装。

（三）操作工艺

1. 油缸安装

① 底座安装。

a. 油缸底座用配套的膨胀螺栓固定在基础上，中心位置与图纸尺寸相符，油缸底座的中心与油缸中心线的偏差不大于1mm，见图6-111。

b. 油缸底座顶部的水平偏差不大于1/600。油缸底座立柱的垂直偏差（正、侧面两个方向测量）全高不大于0.5mm，见图6-112。

c. 油缸底座垂直度可用垫片配合调整。

d. 如果油缸和底座不用螺栓连接，采用下述方法固定：油缸在底座平台上的固定，在前后左右四个方向用4块挡铁三面焊接，挡住油缸以防其移动，见图6-113。

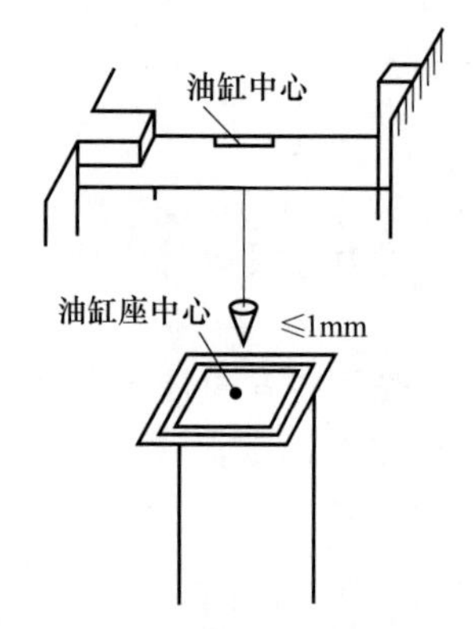

图6-111 油缸底座垂直定位

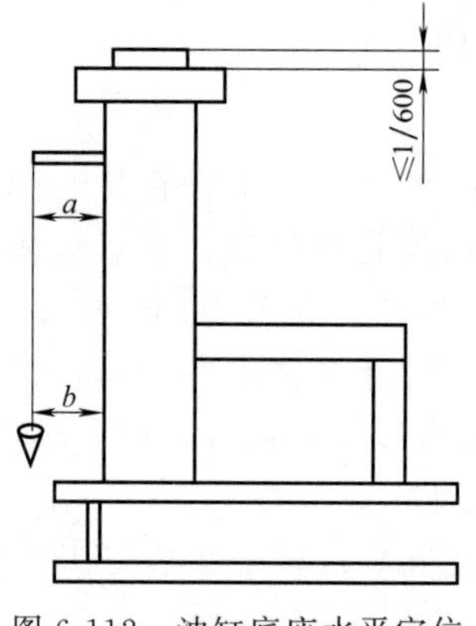

图6-112 油缸底座水平定位

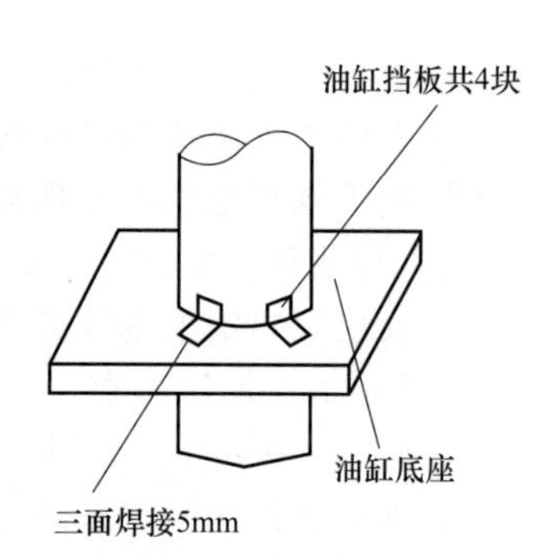

图6-113 挡铁固定油缸

② 油缸吊装、对接。

a. 在对着将要安装的油缸中心位置的顶部固定吊链。

b. 用吊链慢慢地将油缸吊起，当油缸底部超过油缸底座200mm时停止起吊，使油缸慢慢下落，并轻轻转动缸体，对准安装孔，然后穿上固定螺栓。

c. 用U形卡子把油缸固定在相应的油缸支架上，但不要把U形卡子螺栓拧紧（以便调整）。

d. 调整油缸中心，使之与样板基准线前后左右偏差小于2mm，见图6-114。

③ 用通长的线坠、钢板尺测量油缸的垂直度。正面、侧面进行测量，测量点在距离油缸端点或接口15～20mm处，全长偏差要在0.4‰以内。按上述所规定的要求找好后，上紧螺栓，然后再进行校验，直到合格为止，见图6-115。

油缸找好固定后，应把支架可调部分焊接以防其发生位移。

④ 上油缸顶部安装有一块压板，下油缸顶部安装有一吊环，该板及吊环是油缸搬运过程中的保护装置、吊装点，安装时应拆除。

⑤ 两油缸对接部位应连接平滑，螺纹旋转到位，无台阶，否则必须在厂方技术人员的指导下方可处理，不得擅自打磨。

⑥ 油缸抱箍与油缸接合处，应使油缸自由垂直，不得使缸体产生拉力变形。

⑦ 油缸安装完毕后，柱塞与缸体结合处必须进行防护，严禁进入杂质。

2. 泵站安装

① 泵站运输及吊装。

② 液压电梯的电机、油箱及相应的附属设备集中装在同一箱体内，称为泵站。泵站的

运输、吊装、就位要由起重工配合操作。

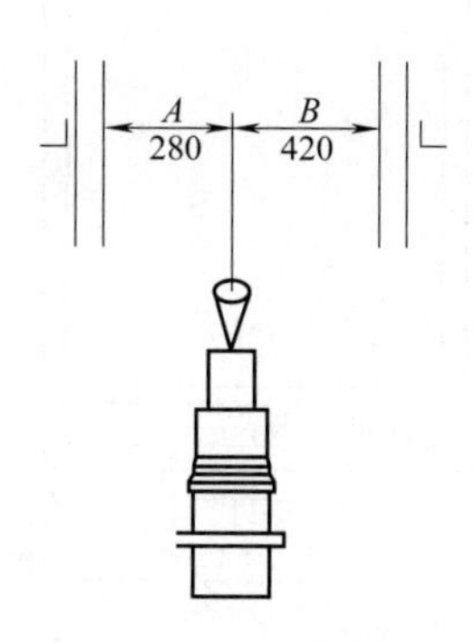

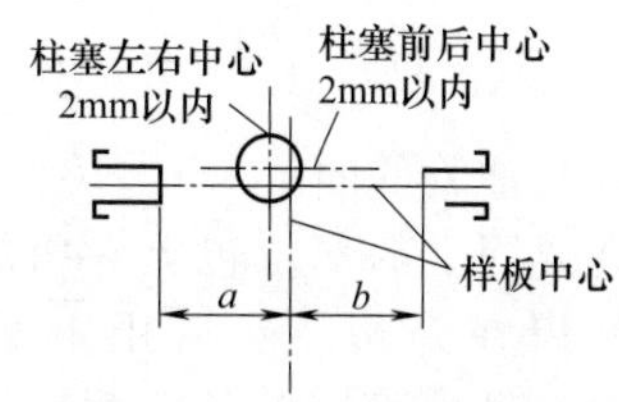

图 6-114　调整油缸中心

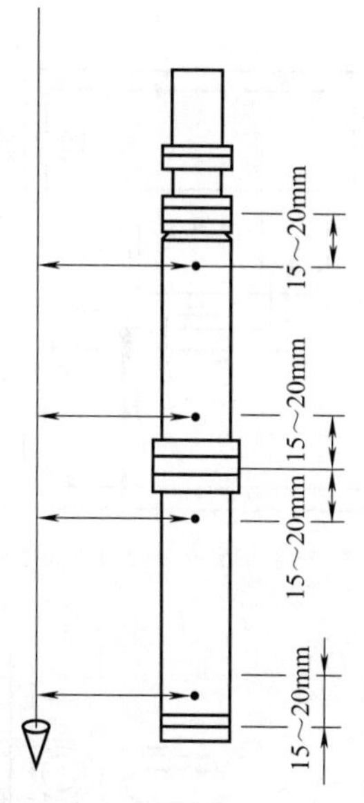

图 6-115　调整油缸垂直度

③ 泵站吊装时用吊索拴住相应的吊装环，在钢丝绳与箱体棱角接触处要垫上布、纸板等细软物以防吊起后钢丝绳将箱体的棱角、漆面磨坏。

④ 泵站运输要避免磕碰和剧烈的振动。

⑤ 泵站稳装。

a. 机房的布置要按厂家的平面布置图且参照现场的具体情况统筹安排。一般泵站箱体距墙留 500mm 以上的空间，以便维修，见图 6-116。

b. 无底座、无减振胶皮的泵站可按厂家规定直接安放在地面上，找平找正后用膨胀螺栓固定。

3. 油管安装

(1) 安装前的准备工作

① 施工前必须清除现场的污物及尘土，保持环境清洁，以免影响安装质量。

② 根据现场实际情况核对配用油管的规格尺寸，若有不符应及时解决。

③ 拆开油管口的密封带，对管口用煤油或机油进行清洗（不可用汽油，以免使橡胶圈变质），然后用细布将锈末清除。

(2) 油管路的安装

① 油管口端部和橡胶密封圈里面用干净白绸布擦干净以后，涂上润滑油，将密封圈轻轻套入油管头。

② 泵站按上图的要求就位后，要注意防振胶皮要垂直压下，不可有搓、滚现象，见图 6-117。

③ 把密封圈套入后露出管口，把要组对的两管口对接严密。

④ 把密封圈轻轻推向两管接口处，使密封圈封住的两管长度相等。

⑤ 用手在密封圈的顶部及两侧均匀地轻压，使密封圈和油管头接触严密。

⑥ 在橡胶密封圈外均匀地涂上液压油，用两个管钳一边固定，一边用力紧固螺母。其要求应遵照厂家技术文件规定，无规定的应以不漏油为原则。

⑦ 油管与油箱及油缸的连接均采用此方法。

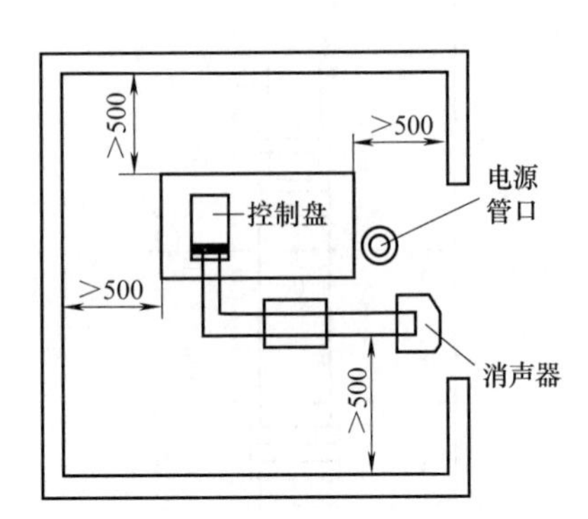

图 6-116　机房布置（单位：mm）

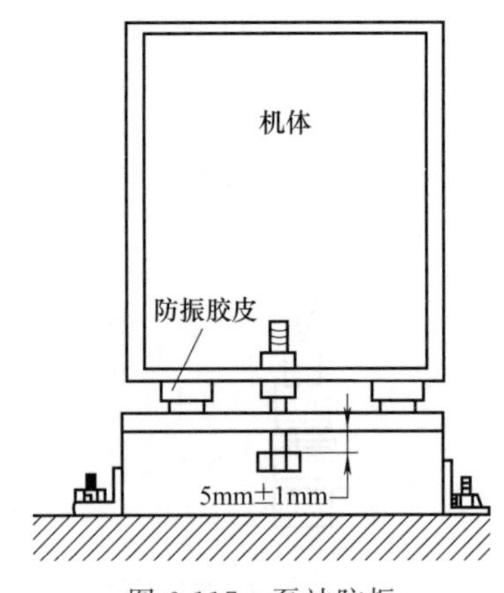

图 6-117　泵站防振

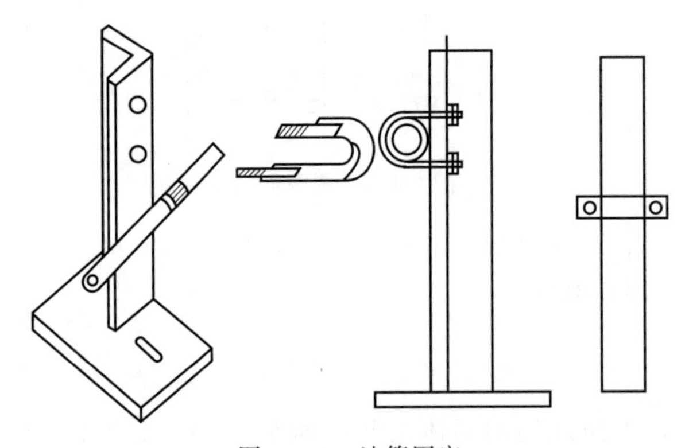
图 6-118　油管固定

（3）油管的固定

在要固定的部位包上专用的齿型胶皮，使齿在外边，然后用卡子加以固定。也有沿地面固定的，方法是直接用 Ω 形卡打胀塞固定，固定间距为 1000～1200mm 为宜，见图 6-118。

（4）回油管的安装

① 在轿厢连续运行中，由于柱塞的反复升降，会有部分液压油从油缸顶部密封处压出。为了减少油的损失，在油缸顶部装有接油盘，接油盘里的油通过回油管送回到储油箱。回油管头和油盘的连接应十分认真。

② 回油管因为没有压力，连接处不漏油即可。但回油管管路较长，固定要美观、合理，需固定在不易被碰撞、践踏的地方。

③ 油管连接处必须在安装时才可拆封，擦拭时必须使用白绸布，严禁残留任何杂物。

④ 所有油管接口处必须密封严密，严禁出现漏油。

（四）施工中安全注意事项

① 所使用的起重吊装工具与设备，应经严格检查，确认完好，方可使用。在吊装前必须充分估计被吊装工件的重量，选用相应的起重吊装工具。

② 井道和施工场地的吊装区域下面不得有人。

③ 起重吊装时应准确选定吊挂倒链的位置，使之能安全承受吊装的最大负荷。

④ 吊装时施工人员应站在安全位置上进行操作，拉动倒链时不准硬拉，若拉不动，应查明原因。

⑤ 起吊油缸时，应用强度足够的保险钢丝绳将起吊后的油缸进行保险，确认无危险后，方可放松倒链。

⑥ 钢丝绳轧头的规格必须与钢丝绳匹配，轧头压板应装在钢丝绳受力一边。对 ϕ16mm 以下的钢丝绳，使用轧头的只数应不小于 3 只。每个轧头间距应为 15d（d 为钢丝绳公称直径，只准将两个相同规格的钢丝绳用轧头轧住，严禁三根或不同规格的钢丝绳用轧头扎在一起）。

⑦ 吊装油缸时，应使用辅助吊环。

⑧ 吊装油缸就位后，应将油缸支承架及时固定住油缸。

（五）质量要求

① 油缸的中心与油缸导轨中心偏差＜2mm。

② 油缸的垂直度≤0.4‰。

③ 底座和固定箍的螺栓应有防松措施。

④ 液压油缸上部排气装置（放气阀）内应无异物、通畅。

⑤ 液压油缸柱塞应防护，确保不损伤柱塞表面。

三、轮及钢丝绳的安装

（一）施工条件

① 轿厢导轨、油缸导轨安装调整已完毕。

② 油缸安装调整完毕。

③ 井道的脚手架未拆之前。

（二）工艺流程

顶轮→轿底轮→绳头组合→钢丝绳。

（三）操作工艺

1. 顶轮安装

① 顶轮安装在活塞上部，用M24螺栓将固定支承板紧固在活塞上，拆下顶轮的导靴，将顶轮吊起到柱塞的上部，放在固定支承板上，找正方向，装上导靴，找正轮并用2个M12螺栓拧紧（图6-119）。

② 调整导靴时应保证两导靴和两绳轮中心在同一中心平面上，导靴和导轨顶面的间隙应两边相同且在1mm以内，绳轮的铅垂度不大于0.5mm。

③ 调整完毕将所有紧固件紧固。

2. 轿底轮安装

① 在轿底与轿厢架安装结束后，将轿底轮组安装在轿底下面两块底板上，并用M24螺栓连接（图6-120）。

② 调整轿底轮组中心平面与下梁中心，平行误差应小于1mm，调整后将M24螺栓紧固固定好。

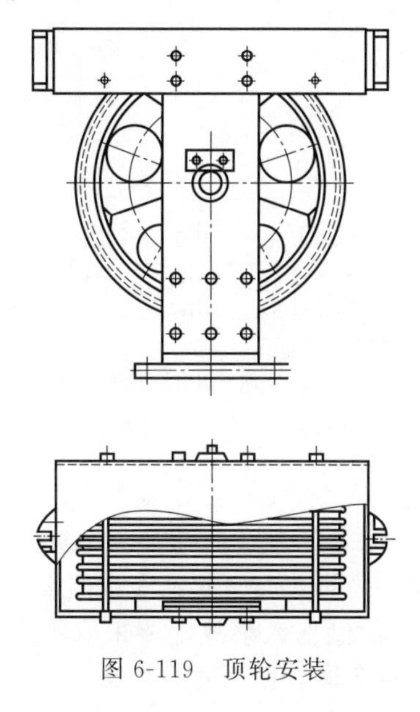

图6-119 顶轮安装

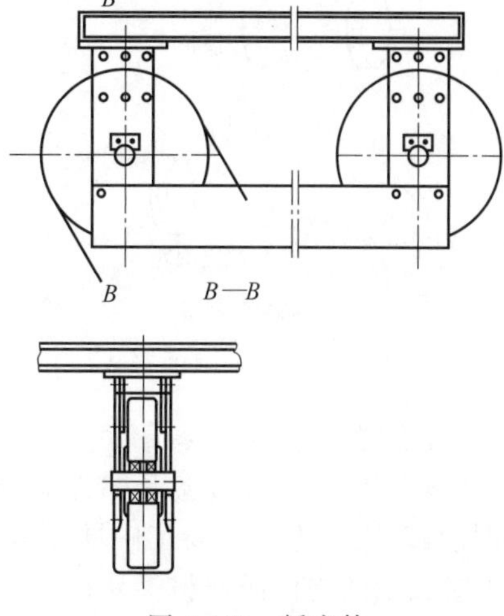

图6-120 轿底轮

3. 绳头组合

① 井道顶部绳头固定架梁与导轨进行连接，连接是在现场测量好位置后配钻打孔，不得使用焊接方法，另外一端与墙固定。

② 油缸支承架绳头板在安装油缸支架时已经安装好。

③ 按图 6-121 用 0.6mm 铅丝把钢丝绳扎紧后切断留出约 300mm 长，然后穿入锥套。

④ 将绳端向下插入楔形卡夹体中，将绳拉紧（图 6-122）。

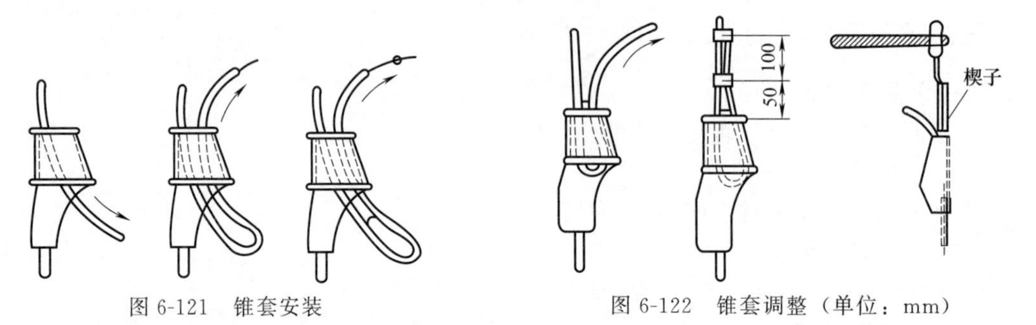

图 6-121 锥套安装　　图 6-122 锥套调整（单位：mm）

⑤ 将绳再穿回楔夹卡体的前边留出足够长度的环安装绳子的楔子。

4. 钢丝绳的安装

① 钢丝绳的安装，其绕的方式见图 6-123，一端固定在上部绳头架梁上，另一端固定在油缸支架的绳头板上。

② 在安装过程中要注意钢丝绳的长度，太长了将影响油缸的提升高度，太短了轿厢未压倒缓冲器，油缸就到了下死点，不利于保护油缸。

③ 每根钢丝绳的长度为 3×提升高度＋2×底坑深＋5×顶层高＋轿厢宽。

④ U 形卡组在安装时，卡座应靠主绳一侧，U 形卡环应卡在附绳上，这样当卡子卡紧时，主绳不会受伤（图 6-124）。

⑤ 钢丝绳张紧度调整，若钢丝绳过紧要松开平衡张力，将销钉插入钢丝绳和尾端之间的夹卡体的顶部。用锤子打楔子向下直到钢丝绳滑入，重复此动作直到所有绳子的张力均相等为止（图 6-124）。

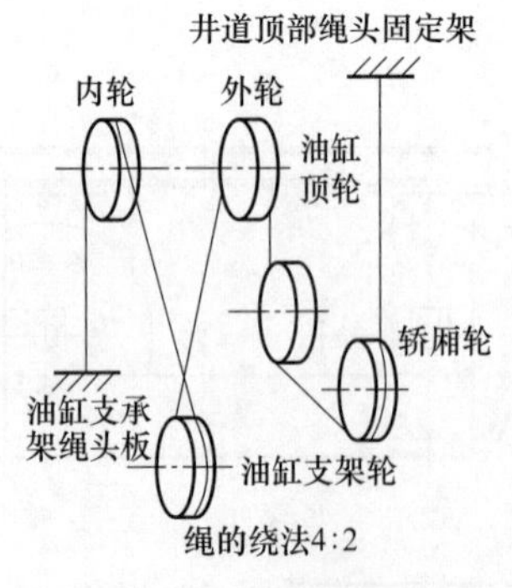

图 6-123 钢丝绳的安装

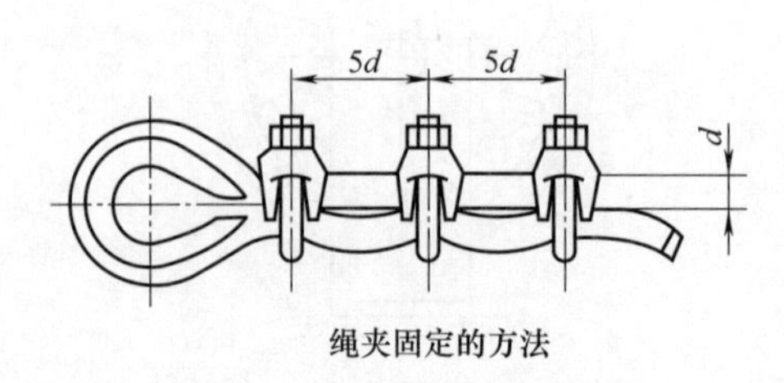

图 6-124 绳夹固定示意图

（四）施工中安全注意事项

① 顶轮、轿底轮等设备及部件应分散放在安装部位附近。堆放时应垫好木垫，使载荷均布在楼板和大梁上，不要集中堆在楼板上，使建筑物承受超载而引起不安全因素。

② 对长细的构件或材料不允许直立放置，以免发生倾倒伤人事故。要采取卧式放置的方法，而且应垫平、垫稳，既保证安全又能防止发生材料变形，保证完好状态。

③ 放下轿厢之前必须装好限速器、安全钳，挂好限速器钢绳，将安全钳拉杆与限速器连接好。

④ 顶轮、轿底轮吊装前，应按起重作业安全操作要点选好倒链支承位置；配好与重量相适应的倒链。吊装时，施工人员应站在安全位置进行操作。

（五）质量要求

① 保证两导靴和两绳轮中心应在同一中心平面上，误差为±1mm。

② 导靴和导轨顶面的间隙应两边相同且不大于 1mm。

③ 绳轮的铅垂线不大于 0.5mm。

④ 轿底轮组中心平面与下梁中心平行误差应小于 1mm。

⑤ 钢绳每根张力与平均值偏差不应大于 5%。

⑥ 钢绳严禁有死弯及断股。

四、机层设备安装及油管的连接安装

（一）施工条件

机房土建工作完毕，门窗齐全封闭。按照液压电梯机房土建布置图，预留孔洞的位置及尺寸应符合图纸要求及规范要求，其结构必须符合承载要求。

（二）工艺流程

控制柜安装→泵站（冷却塔）安装→油管的连接。

（三）操作工艺

1. 控制柜安装

同电气装置中控制柜安装要求。

2. 泵站（冷却器）安装

① 按土建图将各部分就位，现场要考虑布局的合理性，泵站安装位置确保油管的走向要满足安装的规范要求。

② 泵站应用膨胀螺栓固定在地上，其水平度<3/1000。

③ 与泵站相连的液压管按规定固定，与泵站相连的线槽的走向要合理。

3. 油管的连接（图 6-125）

① 安装前，胶管及胶管接头，一定要清洗干净，尤其内径不允许有脏物。

② 胶管在安装时，应保证不发生扭曲变形，为便于安装可沿管长涂以色彩以便于检查。

③ 胶管安装时，应避免处于拉紧状态，一般收缩量为管长的 3%～4%，因此在弯曲使用的情况下，不能马上从端部接头开始弯曲，在直线使用情况下不要使端部接头和软管受拉伸，要考虑长度上有余量使其松弛。

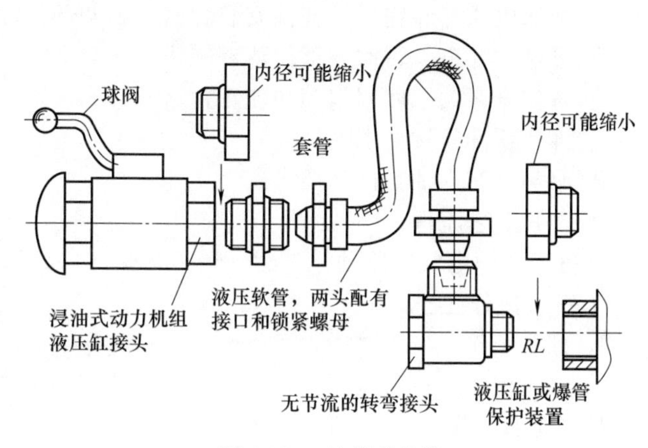

图 6-125　油管的连接

④ 胶管弯曲半径应不小于表 6-9 中数值，胶管与胶管接头处应留有一段直线部分，此段长度不得小于管外径的两倍。

表 6-9 钢丝的编织胶管最小弯曲半径 单位：mm

胶管内径	22	25	32	38	51
最小弯曲半径	350	380	450	500	600

⑤ 各部接口要接牢，防止漏油。

⑥ 固定管卡按照要求安装，间隔 1.5m，卡圈不宜卡得过紧，以免产生不必要的应力。

⑦ 胶管避免与机械上尖角接触或摩擦，以免损伤胶管。

⑧ 软管的弯曲同软管接头的安装及其运动平面应尽量在同一平面内，以防止发生扭转；同时尽可能使软管以最短距离或沿设备轮廓安装，且尽可能平行排列。

⑨ 安装异径管接头应按零件上打印的规格及所示方向安装。

⑩ 胶管长度根据机房与井道实际距离而定。一般情况下不需要中间接头，只有定购的胶管长度短于实际需要时，才用中间接头。

（四）施工中安全注意事项

① 泵站起重过程中，施工人员站在安全位置上进行操作，准确选定吊挂倒链位置。

② 液压管路的安装过程，不得交叉作业。

③ 机房内禁止烟火，并应设有适用于扑灭电器和油液火灾的灭火器。

（五）质量要求

① 控制柜质量要求见电气装置安装。

② 泵站水平度<3/1000。

③ 油箱内壁应经除锈处理，并涂耐油防锈涂料。

④ 液压系统的液压管路应尽量地短，管长度应控制在 7m 以内。

⑤ 胶管收缩量为管长的 3%～4%，胶管安装时应留有余量。

⑥ 固定卡间隔 1.5m。

五、调试运行

（一）施工条件

① 液压电梯安装完毕，部件安装合格（细调部件除外）。

② 泵站、井道、轿厢各部位清理完毕。

③ 各安全开关、厅门门锁功能正常。

④ 油压缓冲器按要求加油。

⑤ 泵站油箱内油量已达要求。

（二）工艺流程

准备工作→电气线路动作试验→慢车试验→自动门调整→快车试验→平层调整。

（三）操作工艺

1. 准备工作

① 对机械电气设备进行清洁、除尘，检查各部件机械原件是否齐备、紧固，电器元件接点接触是否可靠。

② 全部机械设备的润滑工作，均应按规定做好。

③ 油压缓冲器按规定加好液压油。

④ 泵站液压油，油量达到最小油量的 120%以上。

⑤ 油缸的排气装置放气阀畅通，漏油收集装置，按规定安装到位且有效。

⑥ 油管已经固定好。

2. 电气线路动作试验

同电梯安装工程。

3. 慢车试验

① 首次启动电机时，在机房用手点动。若电机声音过大、不正常，则相序不对，应调相。

② 调相后，电梯方向正常，可用电动或手动方式放气，直至油缸上部出现液压油为止，多余的油可由漏油收集装置回收。

③ 液压控制阀调整（出厂时已调好，可不再重调）。

④ 检查油箱内实际油量，液面位于液位计度最高和最低油面之间，最好在最小油量的120%以上。

⑤ 调整安全阀的调定压力不应超过额定工作载荷时压力的120%。

⑥ 试验当轿厢超越最高层站90mm时（厂家要求时，按厂家要求），安全回路断开。人在轿顶上检修运行开始，直到碰到终端开关为止。检查90mm行程，并用手扳动安全回路开关观察电梯是否停止。

⑦ 松绳开关检验。用手动的方法将轿厢放在缓冲器上，直到出现松绳。当出现松绳时，用万用表检查安全回路是否断开。

4. VVVF驱动的自动调整

① 调整门杠杆，使门关好后，两闭合角度达到厂方要求。如皮带驱动的，张紧度按要求调整好。

② 用手盘开关门机，调整控制门速行程开关的位置或门的开关门终端限位开关。

③ 通电进行开关门，VVVF驱动的自动门的开关门速度不符合要求，可通过设定曲线修改开关速度使开关门速度达到开关门时间要求，开门时间调整在2.5～3s，关门时间一般调整在3～3.5s。

④ 安全触板功能应可靠，碰撞力不大于5N。当光幕控制的自动门被遮挡时，可立即自动开门。

5. 快车试验

① 快车之前在轿厢顶检修运行时，对梯井内各种部件进行检查，主要有：开门刀与各层门地坎间隙；各层厅门门锁轮与轿厢地坎间隙；平层感应器与各层平层桥板间隙；限位开关，极限开关与碰铁之间位置关系；轿厢上、下坎两侧端点与井壁间隙；轿厢壁与对重框架间隙；随缆、限速器钢丝绳等与井道各部位距离。对不符合项应及时进行调整，并在检验条件下，进行电器安全回路检验以达到快车试验要求。

② 液压电梯用检修速度将轿厢停于中间楼层，轿厢不载人，按照调试程序，在机房控制屏处发出选层信号模拟开车。先单层，后多层，上下往返数次。如无问题可选上、下端站。上、下端站运行正常后，试车人员进入轿厢进行实际操作。

③ 试车中对电梯的信号系统、控制系统、驱动系统进行测试，调整使之正常，对电梯的启动、加速、减速制动、平层及强迫缓速开关，限位开关，极限开关，安全回路等装置进行精确调整，使之达到动作准确、安全、可靠。

④ 外呼按钮，指示均正常。

⑤ 试车人员应检查液压泵站、液压油缸、手动下降阀有无泄漏现象。

⑥ 试验人员要对限速切断阀、电动单向阀试验检验。

⑦ 各项规定测试合格，液压电梯各项性能符合要求，则液压电梯快速试验即结束。

6. 平层调整

① 轿厢无需负载。

② 快速上下运行至各层，记录平层偏差值，综合分析，调整平层感应器及调速遮挡板，使平层偏差在规定范围内。

③ 轿厢超载20%以上时，液压电梯控制系统应能报警和切断动力线路，使液压泵不能启动或无压力油输出，电梯轿厢不能上行。

④ 装有额定载重量的轿厢停靠在最高层时，10min内沉降应不大于10mm。

（四）施工中安全注意事项

① 调试人员应按照试车方案进行调试，做到统一指挥，分工明确，各负其责。

② 调试液压电梯之前应检查各工序是否全部完成，确认无漏项后，方可进行。

③ 动车之前应检查各种安全装置的动作可靠性，确认正常时方可动车。

④ 层门机锁和电锁完全可靠及各种安全装置安全可靠，方可快车运行。严禁在短接门锁及各种安全装置的情况下调快车。

⑤ 试车时，电梯司机接到动车口令后，应重复口令。

⑥ 严禁站在轿厢外伸手操纵轿厢内操纵盘。

⑦ 在轿顶上进行作业难度较大时，应停电，并设监护人。

⑧ 不得带电作业，若必须接触带电部位，应有防护措施和专人监护。

⑨ 试运行中，因故障厅门暂时不能关闭，应有专人监护并挂警告牌防止坠井及碰伤。

⑩ 当外部电源检修或倒线时，再次送电前应对相序进行检查以防失控。

试车中在轿厢顶上工作时，应有两人，其中一个为监护，并站好位置，避免触电和机械伤害。电梯行到中间要注意与对重的交错运行，运行到顶层时应注意建筑物的突出部位，以防伤害，对复绕轮应注意绳滑轮的运转，以防挤伤。

（五）质量要求

① 空载轿厢上行时速度与上行规定速度的差值不应超过8%，额定载重轿厢下行时速度不应超过下行额定速度的8%。

② 平层精度应在±15mm的范围内。

③ 轿厢内额定载重量分布均匀情况下，安全钳动作后，轿厢底面的倾斜度不能大于正常位置的5%。

④ 轿厢超载20%以上时，液压电梯控制系统应能报警和切断动力线路，使液压泵不能启动或无压力油输出，电梯轿厢不能上行。

⑤ 将轿厢停在底层平层位置，连续平稳、均匀地施加150%的额定载重量，保持10min。各构件应无永久变形和损坏，钢丝绳组合牢靠，液压油缸无渗漏，轿厢无不正常下降。

⑥ 压力表应经计量检定合格，并在有效期内。

⑦ 达到70℃油温保护和报警装置应可靠进行保护。

第四节　自动扶梯安装工程

一、施工工艺流程

工艺流程：准备工作→基础放线→水平运输→桁架吊装→安全保护装置安装→梯级与梳齿板安装→围板安装→扶手带安装与调整→电气装置安装→运行试验→标志使用及信号。

二、准备工作

（一）工艺流程

准备工作工艺流程：

资料准备→现场勘查→确定施工方案→扶梯开度测量。

（二）操作工艺

1. 资料准备

安装人员应在开工前熟悉安装技术资料及相关文件（如土建施工图、安装说明书、安全操作规程等）。

2. 现场勘察

① 土建施工状况：按土建施工图对土建施工进行核查，如果相关的尺寸及施工要求不符合土建施工图的要求，应通知业主责成有关部门及时修正。

② 现场地面的空洞要有护栏，以保证施工人员安全。

③ 施工现场要有足够的照明。

④ 吊装用的锚点应先征得设计、总承包单位的同意，并办理签认手续，或选择图纸上指定的部位。

⑤ 扶梯安装处的基础应已通过验收。

⑥ 提供施工用 40kW 动力电源，并保证作业时连续供电。

⑦ 现场提供材料库房。

3. 施工方案的确定

由于施工现场的情况不一，因此在施工前应首先对现场进行勘察，选择合适的吊装方案，确保设备的完好及施工人员的安全。一般施工时采用半机械化的吊装方案，如果全部采用吊车吊装，虽然方便快捷，但投入较大，而且吊车所需的工作场地大，大部分施工现场难以满足。

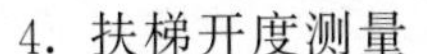

4. 扶梯开度测量

① 在两楼板之间测量扶梯升起高度，在两水平支柱之间测量混凝土坑口长度，如图 6-126 所示，测量尺寸应填写在表 6-10 中。

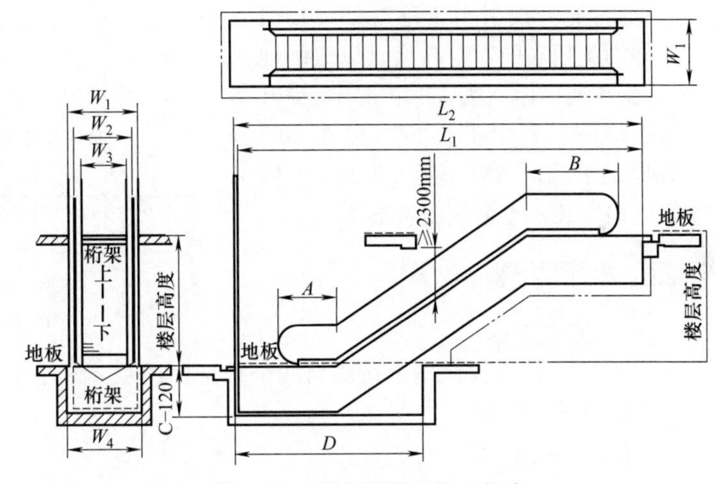

图 6-126　测量混凝土坑口长度

表 6-10　开度测量记录表

项目	L_1	L_2	A	B	C	D	W_1	W_2	W_3	W_4	层高
扶梯要求尺寸/mm											
测量尺寸/mm											

② 桁架支撑。

第一层站的支撑板，至少应在桁架吊装前 7 天安装好，在浇注混凝土之前，一定要将支撑板与地板两层对准并使之水平，如图 6-127 所示。

三、基础放线

（一）工艺流程

基础放线工艺流程：确定标高线→制作放线样板→确定基准线。

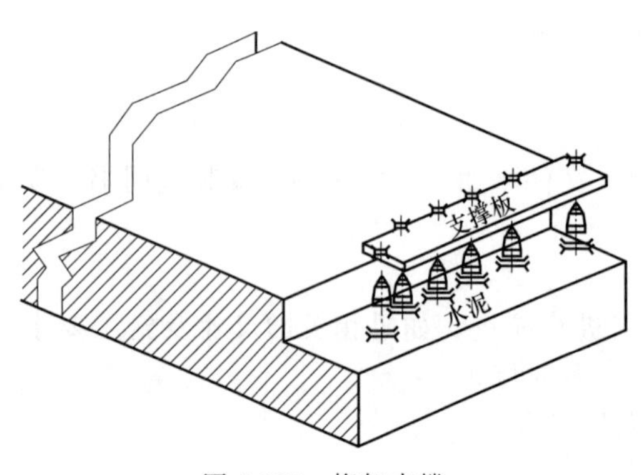

图 6-127　桁架支撑

（二）操作工艺

1. 确定标高线

根据自动扶梯所安装的具体位置，通常在扶梯不远处设计有建筑结构立柱以及 50 线（由正负 0 向上返 500mm 作为基准标高）基准轴线，根据 50 线确定机尾。机头标高线：根据标准轴线确定自动扶梯中心线，中心线确定之后用下面方法测量，并确定机头、机尾承重钢板的标高，如图 6-128 所示。

2. 制作放线样板

在上机头前，用 50mm×100mm 方木作为放线用的样板，要求方木四面刨光、平直，然后于上机坑中心位置放一铅垂线至下一层地面，作为测量用。

3. 确定基准线

用经纬仪在下机坑的自动扶梯中心线上，找出上机坑的中心线，并用墨线画出，把一、二层的 50 线引至铅垂线处，找出地平线，并测出精确的提升高度（以最终地面为准），支点间的距离为 a＋10mm，提升高度为 b±5mm。利用上、下机头处 50 线，找出各层地平线，然后下返 250mm 于搁机牛腿上画出安装承重钢板的基准线。

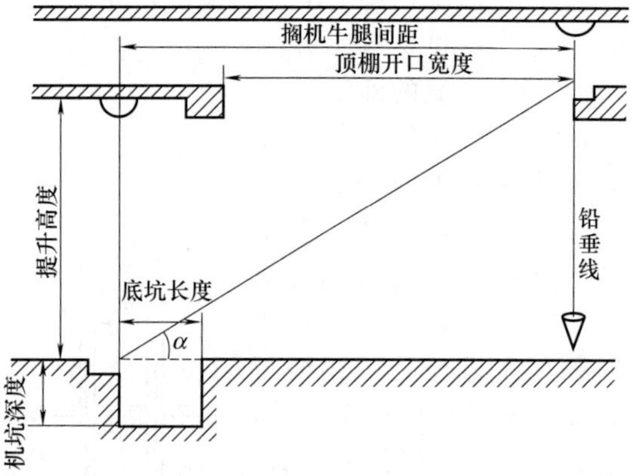

图 6-128　确定标高线

四、水平运输

（一）工艺流程

水平运输工艺流程：确定运输路线→确定锚固点→水平运输。

（二）操作工艺

1. 确定运输路线

扶梯设备一般堆放在施工现场附近的简易库房内，在起吊前应首先运到楼房内。根据现场勘察情况，扶梯在现场的存放地与安装地点的通道畅通，确定运输路线。

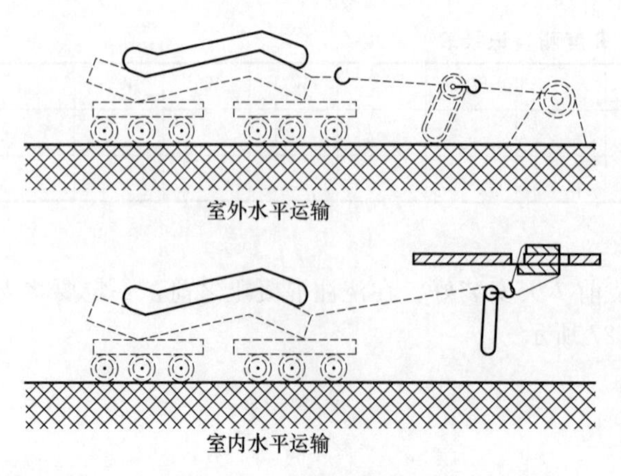

图 6-129　水平运输示意图

2. 确定锚固点

在安装位置附近，找到一个固定点，可以固定链条葫芦，基点应有足够的强度，能承受水平移动扶梯桁架的拉力，如果没有合适的位置，应在安装位置附近埋设支架，充当锚固点，水平运输如图 6-129 所示。

3. 室外水平运输

采用多个手拉葫芦串联，首尾相接，设备底部设置 100mm×100mm×200mm 方木，每头四根，方木下再设直径 8mm 的滚筒，缓慢地牵引至楼房入口处。室内的水平运输，方法与室外类似，只是锚点可选择在承重梁（柱）上，水平运输时也可自行制作滚轮滑车，以提高工作效率。水平运输示意图如图 6-130 所示。

五、桁架吊装

（一）工艺流程

桁架吊装工艺流程：桁架组装→桁架吊装→桁架就位。

（二）操作工艺

1. 桁架组装

① 将上、中、下各桁架接合面清扫干净，并确认无凹凸现象。

② 下桁架与中桁架的接合。

a. 确认接合部的符号，在下桁架的吊索支架及折点附近的起吊位置处系好钢丝绳，并挂在起吊用卷扬机或塔吊的吊钩上，如图 6-130 所示。

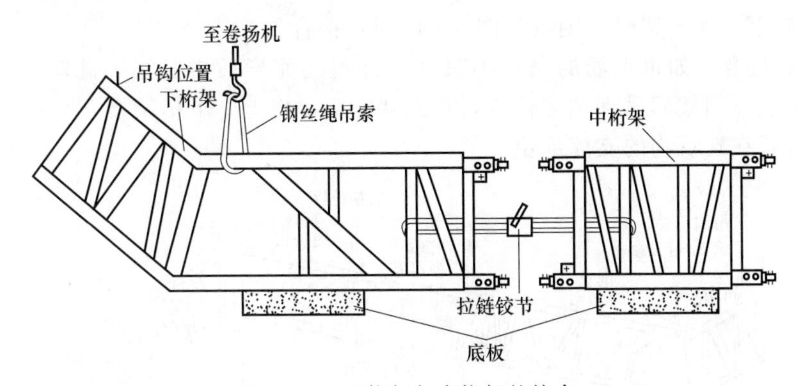

图 6-130 下桁架与中桁架的接合

b. 卷扬机或塔吊向上起吊，直至如图 6-130 所示与中桁架的接合面能完全笔直地接合。

c. 在下、中桁架间安装拉链铰节，并使用此拉链铰节使桁架接合面慢慢地靠拢。

d. 使用卷扬机及拉链铰节使桁架接合面的紧固螺栓孔位大致对准。

e. 将螺栓插入桁架的螺孔，应将孔对准后再插入，如果孔位正确，依次安装螺栓，将桁架接合，此处必须使用厂家随设备来的螺栓，不得换小一号的螺栓。

f. 螺栓接近锁完时，在螺栓头部用榔头敲击后再锁紧。

g. 安装接续板的顺序依次如下，先接续块 A，再接续梁 B，最后在产品出厂时打的销孔处将弹簧销打入，如图 6-131 所示。

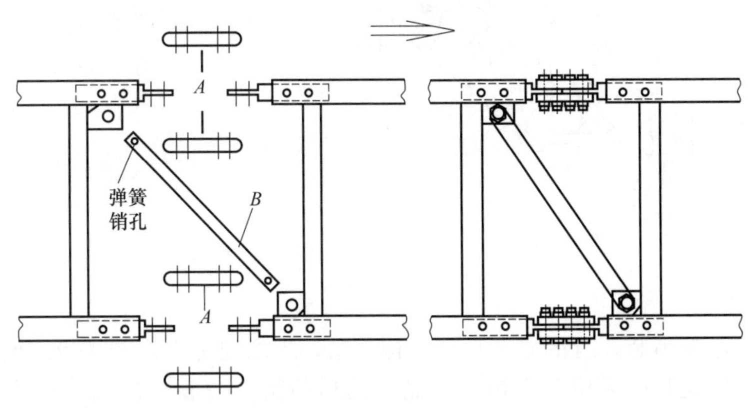

图 6-131 安装接续板的顺序示意图

③ 中桁架与上桁架的接合。

a. 确认与下桁架接合后的中桁架和上桁架接合部的符号。

b. 在中桁架及上桁架起吊处系好钢丝绳，并挂在卷扬机的吊钩上。

c. 卷扬机向上起吊直至如图 6-132 所示，中桁架与上桁架接合面能完全笔直接合。

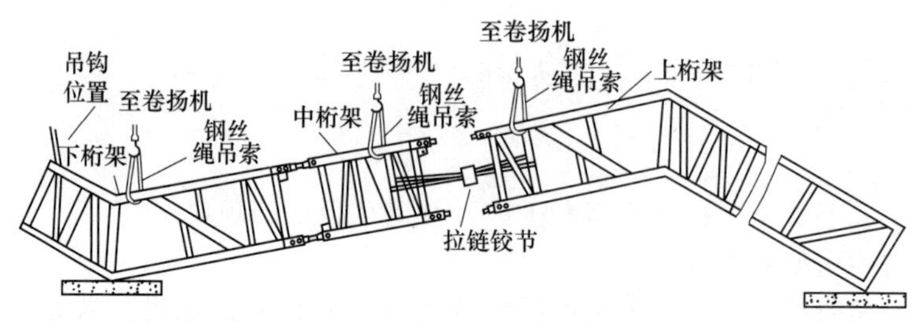

图 6-132 中桁架与上桁架的接合示意图

d. 若仅有上、下桁架时，则按如图 6-133 所示接合。

④ 起吊后接合。如果现场的条件不具备全部组装完毕后再起吊，此时可按如图 6-134 所示依次将上、下桁架起吊到预定位置，在此状态下，将上、下桁架接合并在一体，接合完成后将桁架放置在建筑物的支撑部位。

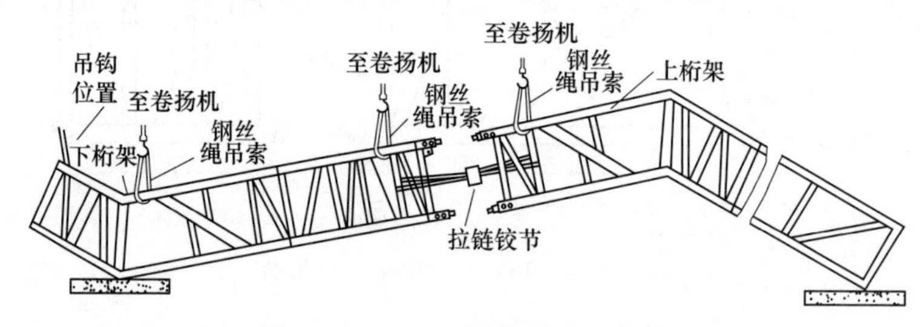

图 6-133 上、下桁架接合示意图

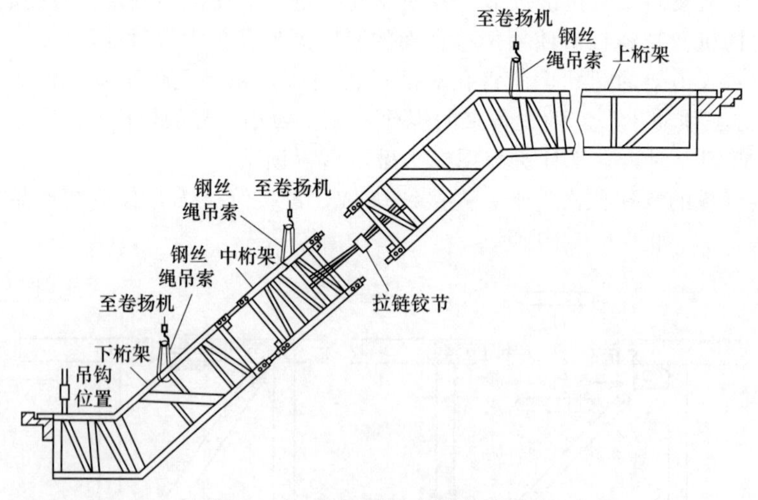

图 6-134 起吊后接合顺序示意图

2. 桁架吊装

①自制门形吊架吊装。有的施工现场结构复杂，现场规定不许在楼板或墙体上、立柱上打洞安装吊钩，因此只能采用门形吊架。制作门形吊架：一般单台扶梯自重约 6t，每台设置 4 个吊点，每个吊点承重约 1.5t，每个吊点采用倒链葫芦或卷扬机滑轮组吊装上位，根据

实际经验及单个吊点的受力情况，一般选择 25♯的工字钢作为门形吊架承重梁的选材，门形吊架的立柱采用 150mm 的钢管，吊钩用直径 25mm 的钢筋焊接，架体用直径不小于 16mm 的膨胀螺栓固定于平整地面，辅以 4 根缆风绳稳固架体，如图 6-135 所示。

② 吊点设滑轮组及扶梯捆绑，如图 6-136 所示。

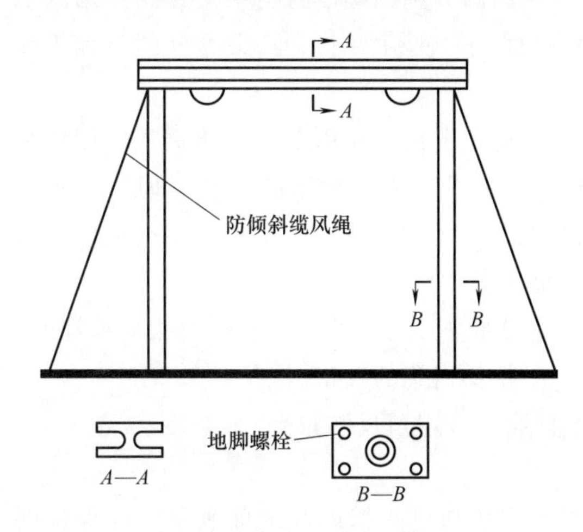

图 6-135　自制门形吊架吊装

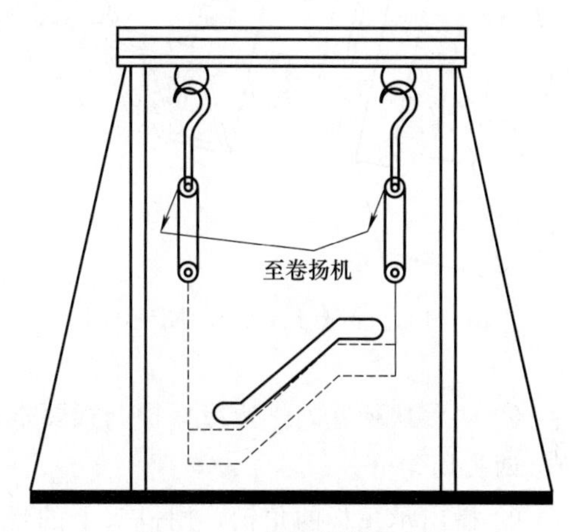

图 6-136　吊架吊装示意图

③ 若设计上提供了锚点位置，或有承重梁且预留了设置吊钩的孔洞，可直接采用倒链葫芦或卷扬机滑轮组吊装。在顶层承重梁两侧预留的两个骑马空洞内，用直径为 22mm 的吊索拴在空洞内，为了防止起吊时磨损吊索，在楼板上面的吊索套内穿入两根 100mm×100mm×500mm 的方木，每台扶梯不少于 4 个吊点，每个吊点选用一台 HS 型 5t 手拉葫芦，如图 6-137 所示。

④ 汽车吊或塔吊吊装。如果施工现场条件具备，可采用汽车吊或塔吊吊装，可提高施工速度，吊车的起吊质量不小于 6t，起吊前应对最大负荷及施加于混凝土结构上的作用力进行校核，起吊顺序应按照先下后上的原则进行，起吊时要两台吊车同步进行，如图 6-138 所示。

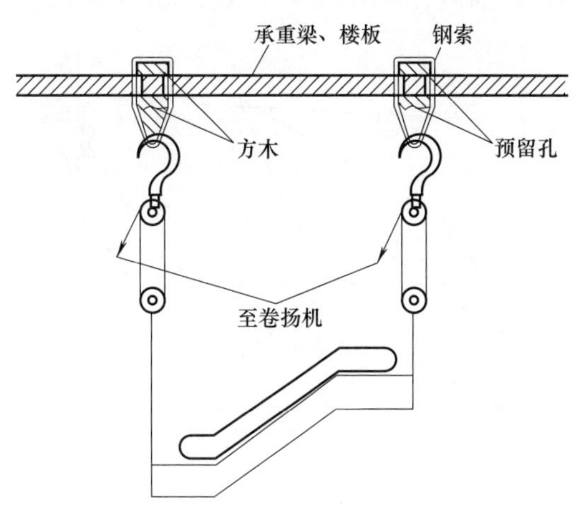

图 6-137　预留承重梁吊装示意图

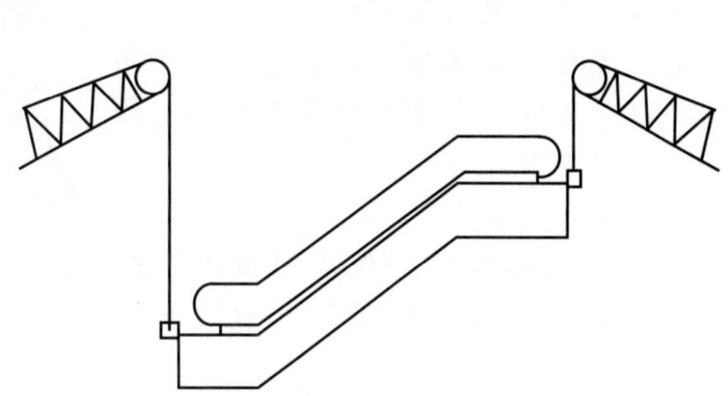

图 6-138　汽车吊或塔吊吊装

3. 桁架就位

(1) 桁架上下机头对准（图 6-139）。

① 混凝土墙和梁，牛腿与桁架之间的距离最大为 50mm。

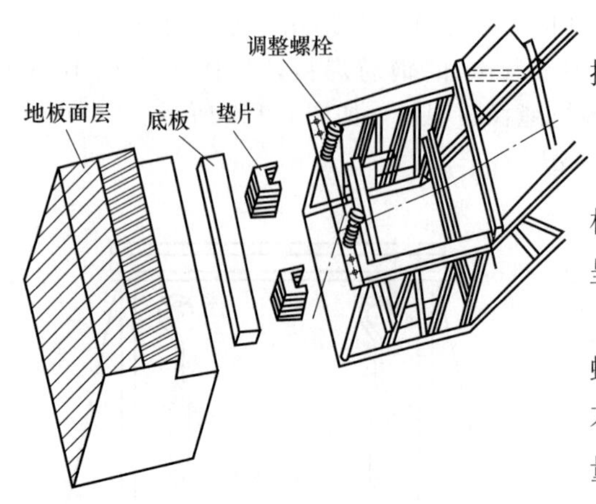

图 6-139　桁架上下机头对准示意图

② 将扶梯桁架上下机头放在混凝土墙的支撑板上（底板）。

③ 调整桁架之前在支撑板上放置垫片。

④ 用两只调整螺栓将桁架支撑角钢抬到地板水平面上，使桁架上下机头的上部与地板面呈水平。

⑤ 将水平仪放在桁架支撑角钢上，用调整螺栓进行调节，视情况增减垫片，但垫片数量不得超过 5 片，若多于 5 片时可用钢板代替适量的垫片。

⑥ 上下机头水平调整好后，移去调整螺栓。

⑦ 扶梯桁架的校正。

⑧ 两台扶梯并列，边缘保护凸板要求在一条直线上（用角尺测量），不齐度小于 2mm，而且两头均匀分开。

⑨ 撤出承重板的角钢，用机头上的螺栓调节，使扶梯机头框架与地面水平，并保证两机头的箱体与承重梁之间的距离一致。

⑩ 用砂布将上下机头末端齿轮轴中间段磨光（油漆部分），调整机头螺栓，使其水平度为 0.5‰。

将机头螺栓与承重板顶死，并锁紧螺母。

当扶梯的中心和水平找准后，用 60mm×50mm 的角钢做挡板与承重板焊接在一起。

上机头，用角钢贴紧框架的侧面，上口留有 20mm 的间隙，作为扶梯的伸缩量。角钢与承重板焊接。

下机头，挡板的固定方法同上，其下口用厚 15mm 以上的胶块填上，作为缓冲用。

在扶梯中间的油盘，按要求插入上油盘的下口，插入距离上下一致，并用电焊在第 200mm 处焊接一次（断续焊）。

（2）布置工作线

工作线的布置如图 6-140 所示，主要用于安装导轨及玻璃板，其水平尺寸均以桁架中心线为基准；中心线是在两根由螺栓固定并焊接在两支架角钢上的工作线杆上设置的。

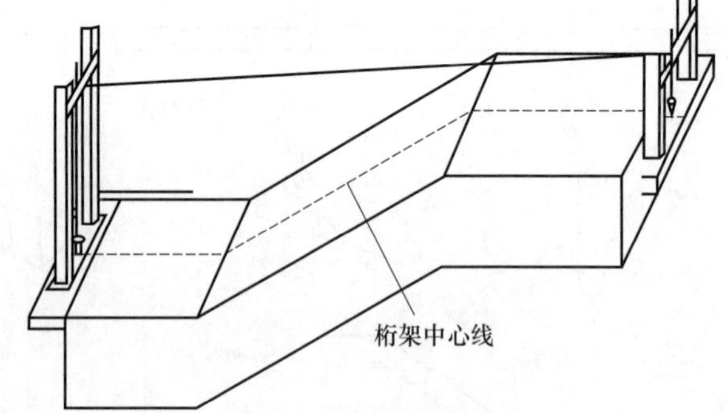

图 6-140　工作线布置

（3）桁架对准

① 将两绳支撑杆放于两机头支撑架上，将支撑杆焊接在上下桁架支撑板上。

② 将准绳放到两支撑架上，放上重物使多接触点的相关钢丝（直径 0.5mm）有足够的张力。

③ 用水平仪检查主驱动轴的对准，在对准驱动轴时，可使用调整螺栓。

④ 根据图纸提供尺寸，梯级滚子导轨及梯级滚子安装尺寸应从准绳向两侧测量，如需要可松开导轨支架螺栓，可用垫片调整导轨，调好导轨后将固定螺栓拧紧。

六、安全保护装置的安装

（一）工艺流程

安全保护装置的安装工艺流程：断链保护装置安装→扶手带安全防护装置→停止开关→速度监控装置→梳齿异物保护装置→梯级下沉保护装置→扶手带断带保护装置→裙板保护装置→紧急制动的附加制动器。

（二）操作工艺

1. 断链保护装置

断链保护装置是当链条过分伸长、缩短或断裂时，使安全开关动作，从而断电停梯的一种装置。调整时链条的张紧度要合适，以防保护开关误动作，如图 6-141 所示。

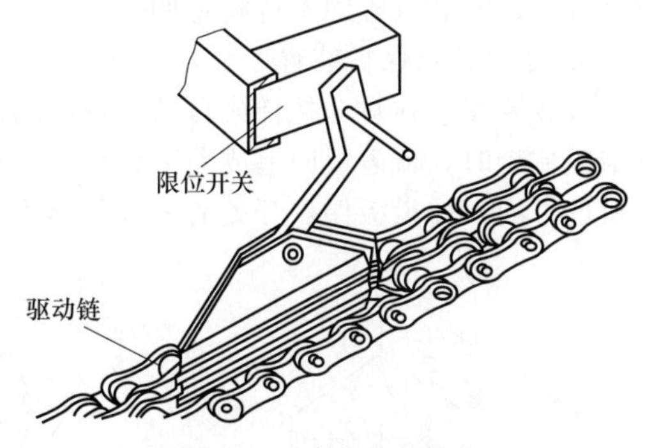

图 6-141　断链保护装置

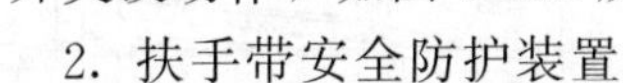

2. 扶手带安全防护装置

① 扶手带在扶手转向端的入口处最低点与地板之间的距离 h_3 不应小于 0.1m，但不大于 0.25m，如图 6-142 所示。

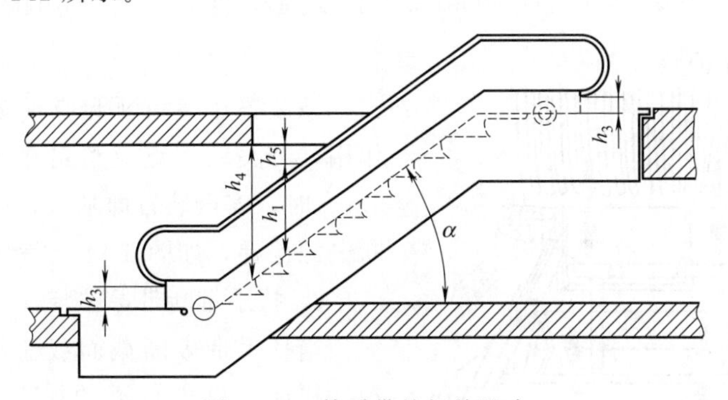

图 6-142　扶手带的相关尺寸

② 扶手转向端的扶手带入口处的手指和手的保护开关应能可靠工作，当手或障碍物进入时，须使自动扶梯自动停止运转，如图 6-143 所示。

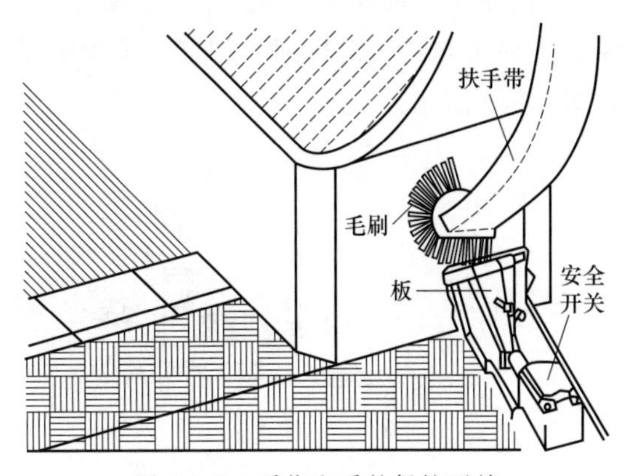

图 6-143　手指和手的保护开关

③ 调节定位螺栓使制动杆的位置及操作压力合适，开关能可靠工作，制动杆与开关之间的距离约为 1mm。

3. 停止开关

① 停止开关应能切断驱动主机电源，使工作制动器制动，有效地使自动扶梯或自动人行道停止运行。

② 停止开关应是受动式的，具有清晰的、永久性的转换位置标记，开关被按下后，自动扶梯或自动人行道将维持停止状态，除非将钥匙开关转到行驶的方向，如图 6-144 所示。

③ 停止开关应能在驱动和转向站中使自动扶梯或自动人行道停止运行。

4. 速度监控装置

在自动扶梯或自动人行道运行速度超过额定速度 1.2 倍时动作，使自动扶梯或自动人行道停止运行。

图 6-145 所示为离心式超速控制器，控制器组件上的弹簧加载柱塞因离心力而向外移动，当速度超过整定值时，弹簧加载的柱塞将使装在控制器附近的开关跳闸，在出厂前已经调好开关，安装过程中不得随意调节。

5. 梳齿异物保护装置

该装置安装在自动扶梯或自动人行道的两头，自动扶梯或自动人行道在运行中一旦有异物卡阻梳齿时，梳齿板向上或向下移动，使拉杆向后移动，从而使安全开关动作，达到断电停机的目的，梳齿板保护开关的闭合距离为 2～3.5mm，如图 6-146 所示。

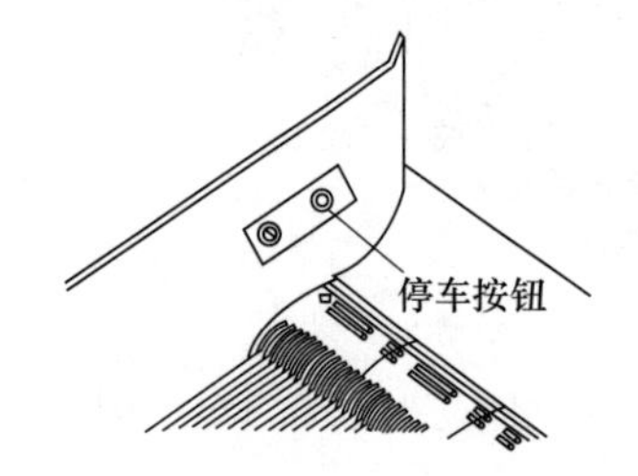

图 6-144 停止开关

图 6-145 离心式超速控制器

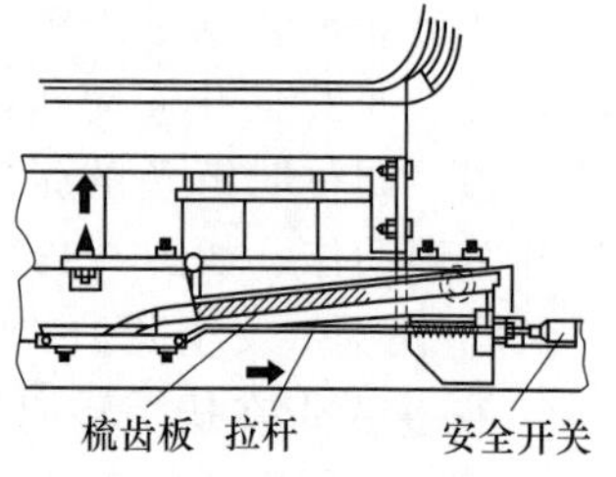

图 6-146 梳齿异物保护装置

6. 梯级下沉保护装置

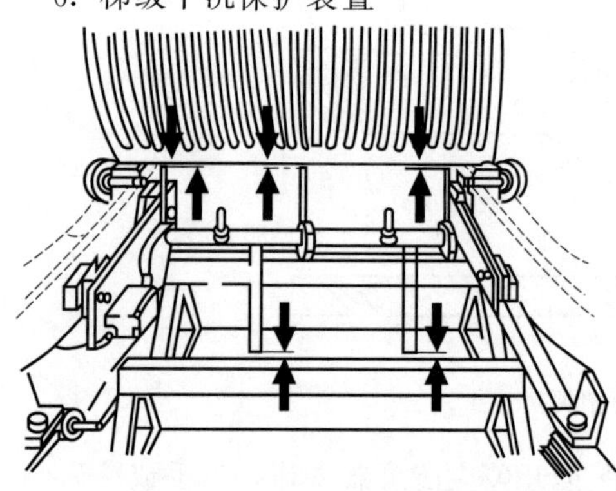
图 6-147 梯级下沉保护装置

该装置在梯级断开或梯级滚轮有缺陷时起作用，开关动作点应整定在梯级下降超过 3～5mm 时，安全装置即啮合，打开保护开关，切断电源停梯，如图 6-147 所示。

7. 扶手带断带保护装置

当扶手带破断截面载荷小于 25kN 时，自动扶梯或自动人行道的扶手带应装有此装置，在扶手带断裂时，使自动扶梯或自动人行道停止运行，如图 6-148 所示。

8. 裙板保护装置

该装置设置在上下层站的裙板上，当一物体夹在梯级与裙板之间时，即断开安全开关，切断电源使自动扶梯或自动人行道停止运行，如图 6-149 所示。

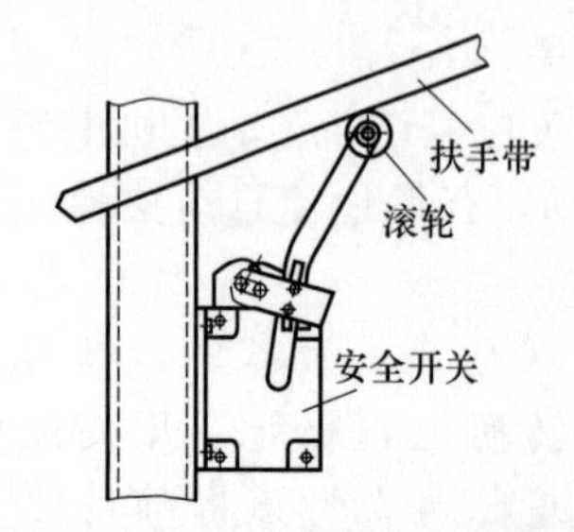

图 6-148 扶手带断带保护装置

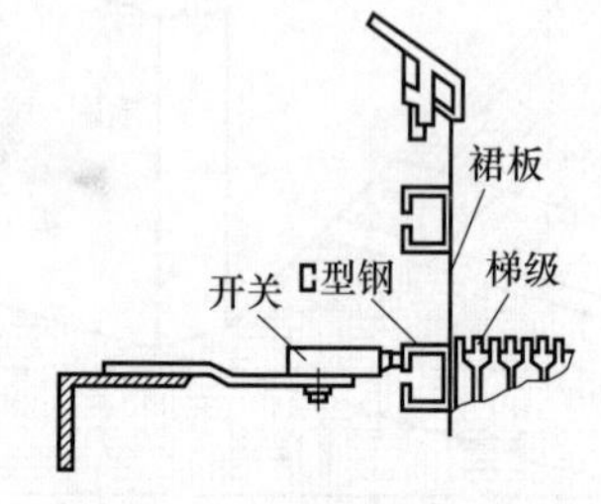

图 6-149 裙板保护装置

9. 紧急制动的附加制动器

附加制动器安装在驱动主轴上，在传动链断裂和超速及非操纵改变规定运行方向时动作，使自动扶梯或自动人行道停止运行。

七、梯级与梳齿板安装

（一）工艺流程

梯级与梳齿板安装的工艺流程：安装梯级链→安装梯级→安装梳齿板。

（二）操作工艺

1. 安装梯级链及梯级导轨

① 自动扶梯轨道的安装是整机系统的关键项目，决定了自动扶梯运行的舒适感，对轨道的中心距离的处理必须要特别仔细认真，一定要达到规范要求范围之内。轨道的连接应注意：

a. 分装自动扶梯框架对接之后，还要进行轨道和链条连接，这部分工作可在吊装就位之后进行。

b. 轨道和链条在厂区已经安装完毕，只有分节处需要进行拼接，所以安装好的部位不得乱动，需要现场拼接的部位，应使用该部位的连接件，不得换用他处的连接件，以保证达到出厂前厂家调准的状态。

c. 现场需要连接的轨道有专用件和垫片，把专用件螺栓穿入相应空洞（长眼），轻轻地敲动专用件使其与两节轨道贴严，如不平可用垫片进行调整，直至缝隙严密无台阶，最后将螺栓拧紧。

d. 用油石把接头处进一步处理，直到完整合一为止。

e. 用板尺复查其平整度，不合格应反复调整垫片或打平。

② 将梯级链在下层站组装在一起，移去桁架上的基准线，连接两相邻链节时应在外侧链节上进行。应注意：

a. 梯级链分段运到现场，应在现场连在一起。

b. 连接时在下层站进行，装配方法如图 6-150 所示。

2. 安装梯级

① 应先预装每台自动扶梯的主梯级，以便使梳齿片与梯级的间隙正确。

② 从下层站开始，安装梯级总数的 45%，在下层站根据现时的梳齿片对梯级进行调节。将梯级放到梯级链的轴上，将弹簧压销与轴颈上的孔对中，一直到听到“咔哒”一声，如图 6-151 所示。

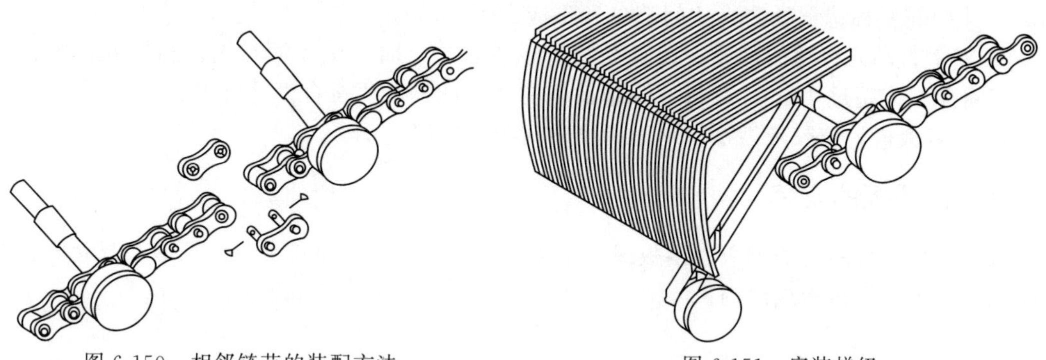

图 6-150　相邻链节的装配方法　　　图 6-151　安装梯级

③ 梯级通过梳齿片时应居中，且两者间隙符合要求，使梯级通过时无卡阻现象。

④ 梯级踏面：踏板表面应具有槽深≥10mm，槽宽为 5～7mm，齿顶宽为 2.5～5mm 的等节距的齿形，且齿条方向与运行方向一致。

3. 安装梳齿板

为确保乘客安全地上下自动扶梯，必须在自动扶梯的进出口处设置梳齿板，如图 6-152

所示。

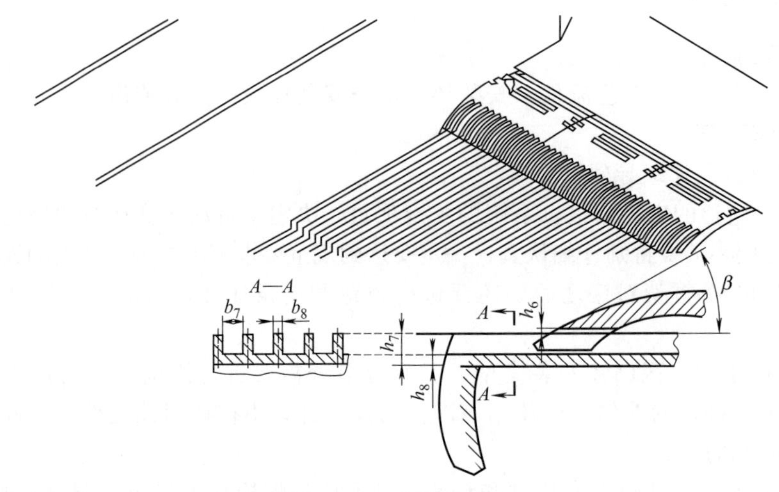

图 6-152　安装梳齿板

① 前沿板。前沿板是地平画的延伸，高低不能发生差异，它与梯级踏板上表面的高度差应小于或等于 80mm。

② 梳齿板。一边支撑前沿板上，另一边作为梳齿的固定面，其水平角小于 40°。梳齿板的结构为可调式，以保证梳齿与踏板齿槽的啮合深度大于或等于 6mm；与胶带齿槽的啮合深度大于或等于 4mm。

③ 梳齿。齿的宽度不小于 2.5mm，端部为圆角，水平倾角不大于 40°。

④ 自动扶梯、踏板。垂直净高度不小于 2.3m。

⑤ 梯级或踏板的间隙，梯级、踏板或胶带与围裙板的间隙一定要符合设计要求。

⑥ 梯级间或踏板的间隙在工作区段的任何位置，从踏面测得的两个相邻梯级或两个踏板的间隙不应超过 6mm。

⑦ 梯级、踏板或胶带与围裙板的间隙满足下述两项。

a. 自动扶梯围裙板设置在梯级、踏板或胶带的两侧，任何一侧的水平间隙不应大于 4mm，在两侧对称位置处测得的间隙总和不应大于 7mm。

b. 如果自动人行道的围裙板设置在踏板或胶带之上时，则表面与围裙板下端间所测得的垂直间隙不应超过 4mm。踏板或胶带的横向摆动的控制要符合设计要求。

⑧ 梳齿板梳齿与胶带齿槽、踏板齿槽的间隙不应超过 1mm。

八、围裙板的安装

自动扶梯除可踏上的梯级、踏板或胶带以及可接触的扶手带部分外，所有机械运动部分均应完全封闭在围裙板或墙内。

（一）工艺流程

围裙板的安装工艺流程：围裙板的安装→内外盖板的安装→玻璃护壁板的安装→金属护壁板的安装→扶手护壁型材的安装。

（二）操作工艺

1. 围裙板的安装

围裙板是与梯级、踏板或胶带两侧相邻的围板部分。

① 围裙板应垂直。围裙板上缘与梯级、踏板或胶带踏面之间的垂直距离不应小于

25mm。

② 围裙板应坚固、平滑，且是对接缝的。长距离的自动人行道跨越建筑伸缩缝部位的围裙板的接缝可采用特殊方法替代。

③ 安装底部护板应按照先上后下的搭接顺序进行，以免机内油污渗漏到底部护板下面，污染室内物件，如图 6-153 所示。

2. 内外盖板的安装

① 内盖板。连接围裙板和护壁的盖板，它和护壁板与水平面的倾斜角不应小于 25°。

② 外盖板。位于扶手带下方的外装饰板的盖板。

3. 玻璃护壁板的安装

玻璃护壁板应按由下而上的顺序安装，其步骤如下：

① 下部曲线段玻璃板安装。将玻璃夹衬放入玻璃夹紧型材靠近夹紧座的地方，用玻璃吸盘将玻璃板慢慢插入预先放好的夹衬中，调整玻璃板的位置，调好后紧固夹紧座。

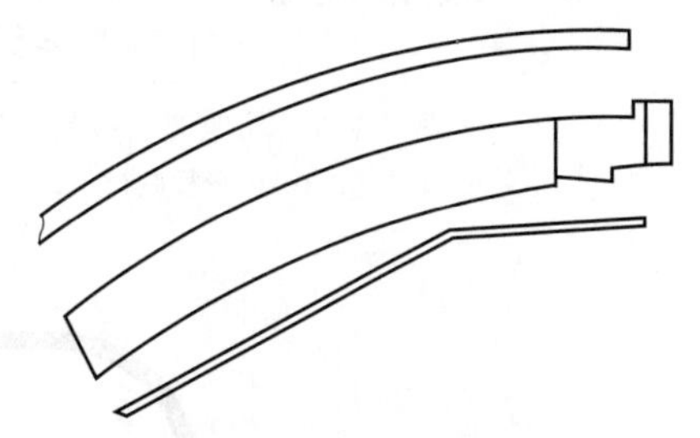

图 6-153　围裙板的安装

② 下部端头玻璃板的安装。在玻璃夹紧型材中放入夹衬，在与上一块玻璃板接合处放置两个 U 形橡胶衬垫，将玻璃板放入夹衬中，正确调整玻璃板接缝间隙，使间隙上下一致，且间隙一般调整为 2mm，调好后紧固夹紧座，如图 6-154 所示。

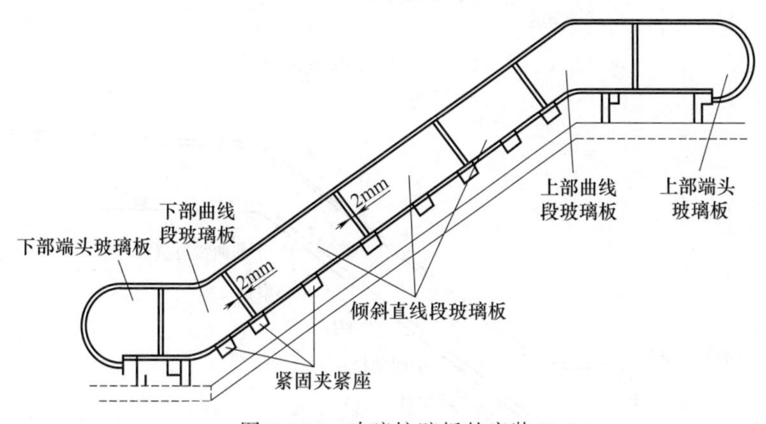

图 6-154　玻璃护壁板的安装

③ 其他玻璃板的安装。安装方法与上面相同，安装时，在玻璃夹紧型材中均匀地放置玻璃夹衬（图 6-155），然后将玻璃板放置其中，注意保持两相邻玻璃板的间隙一致，玻璃板应竖直，并与夹紧型材垂直。确认位置正确后，用力矩扳手拧紧夹紧座上的螺栓，注意用力不能过猛以免损坏玻璃（夹紧力矩一般为 35N·m）。

④ 玻璃的厚度不应小于 6mm，该玻璃应当是有足够强度和刚度的钢化玻璃。

4. 金属护壁板的安装

① 朝向梯级踏板和胶带一侧的扶手装置部分应是光滑的。压条或镶条的装设方向与运行方向不一致时，其凹凸高度不应超过 3mm，且应坚固和具有圆角或倒角的边缘。此类压条或镶条不允许装设在围裙板上。

② 沿运行方向的盖板连接处（特别是围裙板与护壁板之间的连接处）的结构应使乘客被绊倒的危险降至极小。

③ 护壁板之间的空隙不应大于 4mm，其边缘应呈圆角和倒角状。

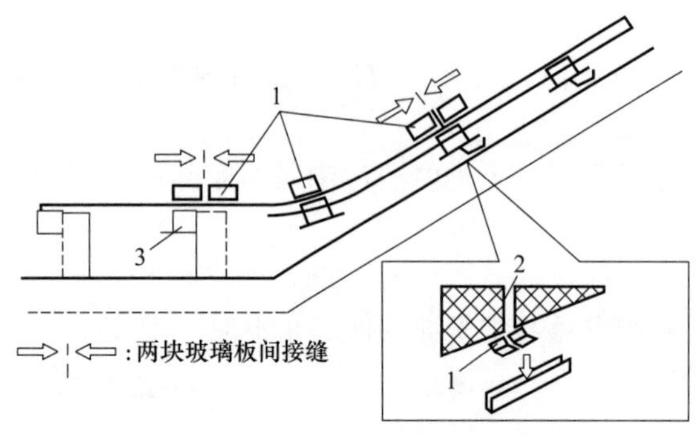

图 6-155 其他玻璃板的安装

1—玻璃夹衬；2—U 形橡胶衬垫；3—夹紧座

5. 扶手护壁型材的安装

① 预先在玻璃护壁板的端面粘贴衬垫护壁型材的 U 形橡胶带，如图 6-156 所示。

② 将各段型材按图 6-157 所示安装在护壁玻璃板上，安装顺序为：下部端头型材、下部型材、下部曲线段型材、中间型材、上部端头型材、上部型材、上部曲线段型材、补偿段型材。

③ 用型材连接件平整地对接相邻的型材，如图 6-158 所示。

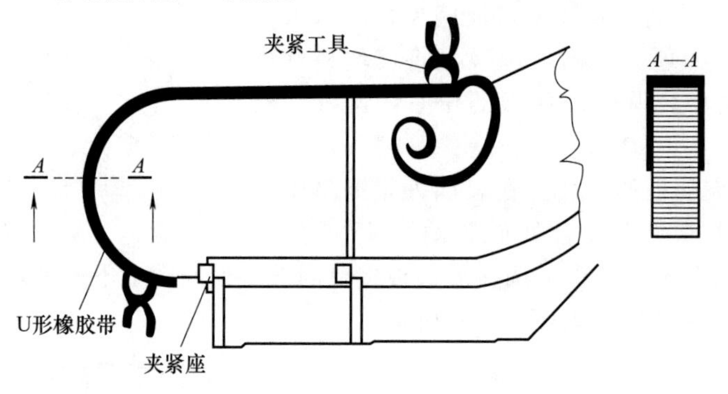

图 6-156 U 形橡胶带的安装

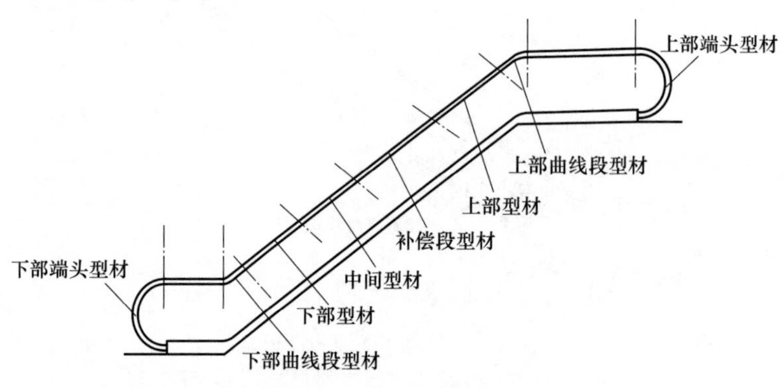

图 6-157 各段型材安装示意图

九、扶手带的安装与调整

扶手带行程区域内的各部件分布情况如图 6-159 所示。

（一）工艺流程

扶手带的安装与调整工艺流程：导轨型材的安装→导滚安装→扶手带安装→扶手带调整。

（二）操作工艺

1. 扶手带导轨型材的安装

① 安装上部和下部回转链，应保证回转链不扭曲，滚轮应能灵活转动，如图 6-160 所示。

② 将下列各段导轨型材依次安装在护壁型材上：下部曲线段型材、下部扶手带导轨型材、中间段导轨型材、上部导轨型材、上部曲线段型材、上部扶手带水平段导轨型材、补偿段型材。

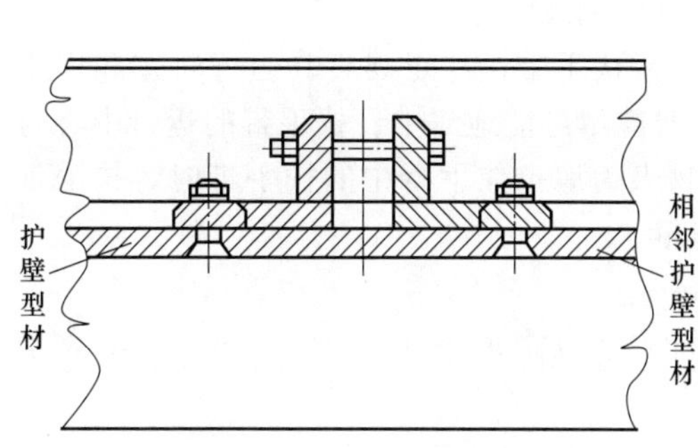

图 6-158 型材对接示意图

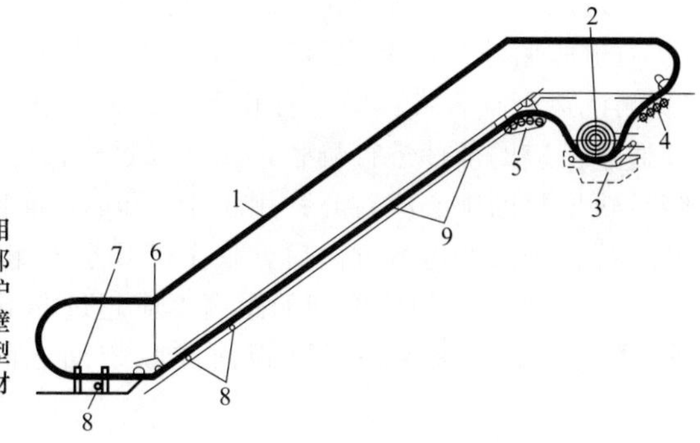

图 6-159 扶手带行程区域内的各部件分布情况

1—扶手带；2—摩擦轮；3—压带；4—换向轮组件；5—张紧轮组件；6—导向轮组件；7—导向轮；8—支撑轮；9—侧向导轮

③ 用压板螺栓固定导轨型材。

2. 扶手导滚的安装

① 校核每个扶手导滚与桁架中心线（主要准线）的距离，使其符合图纸要求的尺寸。

② 扶手导滚位置应成一直线，以免损坏扶手，如图 6-161 所示。

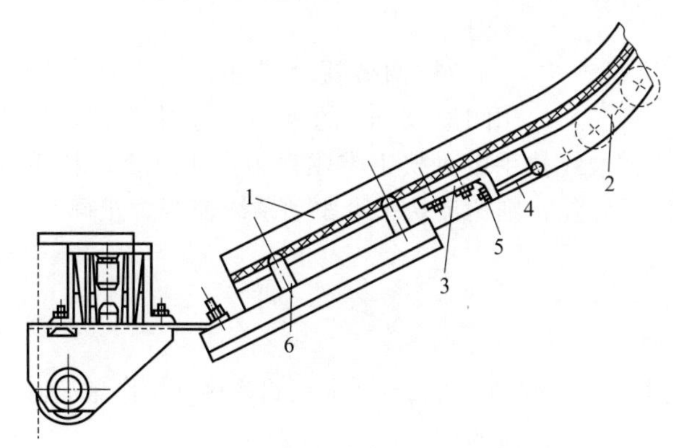

图 6-160 扶手带导轨型材的安装

1—端部护壁型材；2—回转链；3—支架；4—钩头螺栓；5—螺母；6—紧固螺栓

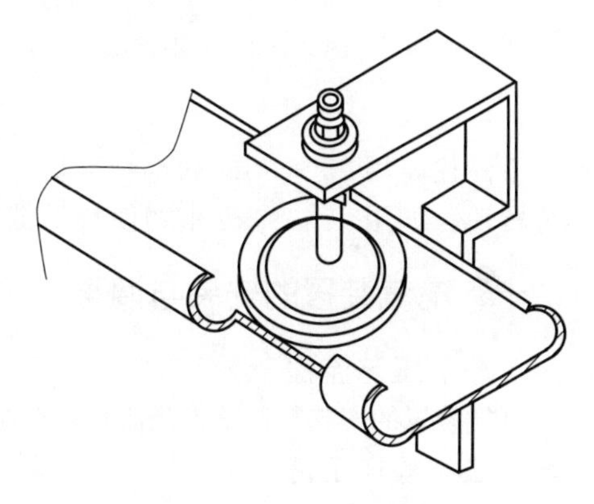
图 6-161 扶手导滚的安装

3. 扶手带安装

① 展开扶手带并将扶手带放到梯级上。

② 用专用工具将扶手带安装在驱动段护壁的端部，确保扶手带不滑脱，如图 6-162 所示。

③ 将返程区域内的扶手带放置到位，防止扶手带从支撑轮、导向轮等部件上滑脱。

④ 将扶手带安装在张紧段护壁的端部。

⑤ 自上而下地将扶手带安装在扶手带导轨型材上。

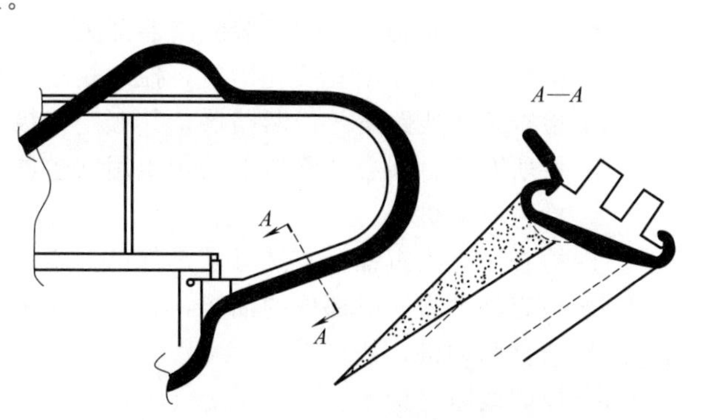

图 6-162 扶手带的安装

⑥ 通过压带弹簧上的螺栓调整弹簧张紧度，调整并张紧压带。

⑦ 通过张紧轮组件上的调节弹簧对扶手带进行初步张紧。

⑧ 测试运行扶手带：沿上行和下行方向多次运行扶手带，注意观察其运行轨迹和松紧度，并通过相应的部件进行调整，使其经过摩擦轮时应尽可能地对中；扶手带的运行中心与扶手带导轨型材的中心应对齐；用小于 70kg 的重物人为地拉住下行中的扶手带时，扶手带应照常运行；当改变运行方向后，扶手带几乎不跑偏。

⑨ 扶手带与护壁边缘之间的距离不应超过 50mm。

⑩ 扶手带距梯级前缘或踏板面或胶带面之间的垂直距离不应小于 0.9m，且不大于 1.1m。

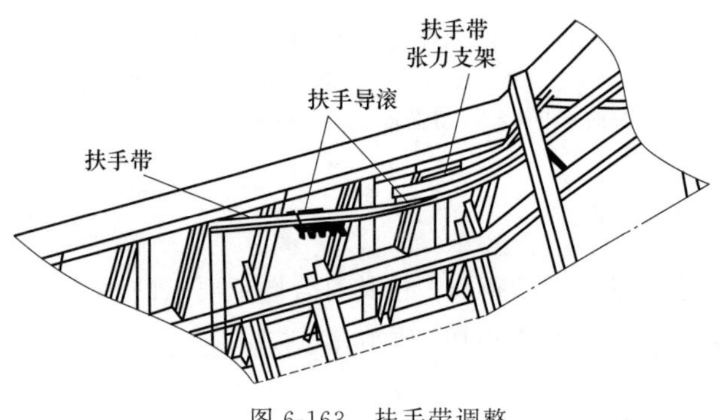

图 6-163　扶手带调整

4. 扶手带调整

① 扶手带所需的曳引力是通过张紧轮取得的，调节下弯曲处扶手带张力支架以使扶手带张力正确，如图 6-163 所示。

② 调整支架的高度即可放松张力，张力装置的调节用定位螺钉来回调节，张力装置与主驱动链轮及导滚应在一直线上。

③ 调节扶手带驱动力：在上层站用 15～20kg 的重物拉住扶手带，如扶手带不停住，用 25～30kg 的重物重复试验，最终扶手带对扶手带驱动力产生摩擦，扶手带不再转动；如用 25～30kg 重物使扶手带仍不停住，则调节扶手带驱动系统使张力正确。

十、电气装置的安装与调整

（一）工艺流程

电气装置的安装与调整工艺流程：控制器安装→驱动机检查→控制线路连接→操作盘安装。

（二）操作工艺

1. 控制器安装

① 控制器安装在上层站的上端。

② 观察每一组继电器及接触器的接线头，有松动的端子应拧紧接线端子的螺钉，确保接线牢固。

③ 从控制箱到驱动机的动力连线，要通过线管或蛇皮管加以保护。

④ 在靠近控制箱的地方安装断路器开关。

⑤ 机械零件未完全安装完毕前，控制箱不得与主动力电源线相连。

⑥ 检查工作线路熔丝或断路器，其额定等级一定要正确。

⑦ 将所有接触器、断路器上的灰尘用吹尘器清理干净。

2. 检查驱动机

① 检查所有固定螺栓及螺母是否都已拧紧，应没有破损或丢失垫圈。

② 检查轴承需润滑部位的油脂，若需要应按照产品说明书的要求重新加注。

③ 清理驱动机，使之干净。

3. 控制线路连接

① 按照电气接线图的标号认真连接，线号与图纸要一致，不得随意变更。

② 电气设备的外壳均需接地。

③ 电气连接有特殊要求的，应按照厂家的要求正确连接。

④ 动力和电气安全装置电路的绝缘电阻值不小于500kΩ；其他电路（控制、照明、信号）的绝缘电阻值不小于250kΩ。

⑤ 自动扶梯或自动人行道电源应为专用电源，由建筑物配电室送到自动扶梯总开关。

⑥ 电气照明、插座应与自动扶梯或自动人行道的主电路包括控制电路的电源分开。

⑦ 安装灯管接线时，必须牢固、可靠、安全。

⑧ 安装内盖板时，应将自动扶梯上下两个操作控制盘安装在端部的内盖板上。

⑨ 将各安全触点开关和监控装置的位置调整到位，并检查其是否正常工作。

⑩ 校核电气线路的接线，确保正确无误。

4. 操作盘安装

① 钥匙操作的控制开关安装在自动扶梯的出入口附近。

② 该开关启动自动扶梯或自动人行道使其上行或下行。

③ 启动钥匙开关移去后，方向继电器接点能保持其运行方向。

十一、运行试验

（一）工艺流程

运行试验工艺流程：总则→准备工作→电气预检→正常运行测试→关闭自动扶梯或自动人行道测试→机械部件的检查和润滑。

（二）操作工艺

1. 总则

① 若自动扶梯上有人，不得开通自动扶梯或自动人行道。

② 试车前，拆除三级连续的梯级。

③ 在拆除地面盖板或梯级前，要做好现场的保护工作。

④ 在部分梯级拆去后，只能用检修控制系统进行检修工作。

⑤ 梯级完全停止后，才能用钥匙开关和检修按钮改变运行方向。

2. 准备工作

① 用专用钩插入孔内并提起地面盖板。

② 清除落在梯级或卡在凹槽里的杂物。

③ 擦净扶手带以防其污染机械传动部件。

3. 电气预检

① 检查由动力部门提供的电力供应（相位、零线、接地线）。

② 检查电源的连接是否按接线图连接。

③ 接通熔断器。

④ 接通电动机及控制电源的主开关。

⑤ 将两个检修开关盒之一与控制屏连接，用检修上行或下行按钮点动自动扶梯或自动人行道，检查其运行的方向是否正确，必要时可改变电动机的两相接头进行修正。

4. 正常运行测试

① 断开检修开关盒与控制屏的连接。

② 用操作控制盒上的钥匙开关启动自动扶梯或自动人行道。

③ 按所需运行的方向旋转钥匙。

④ 启动后，旋转钥匙至零位，拔出。

⑤ 启动自动运行选项时，必须在 2s 内按所需运行的方向旋转两次钥匙。

5. 关闭自动扶梯或自动人行道测试

① 正常停车（软停车）：按与运行方向相反的方向旋转钥匙开关中的钥匙可实现停车。

② 紧急停车：按操作控制盘上的急停开关会导致急停车；当安全触点被激活时也会导致紧急停车。

6. 机械部件的检查和润滑

① 在自动扶梯或自动人行道下底坑处检查梯级轮，必要时给予润滑。

② 梳齿板受到 100kg 的水平重物或 60kg 的垂直重物作用时，梳齿板安全开关应能动作。

③ 检查梯级和梳齿的啮合中心是否吻合，梯级通过防偏导向块时不能有明显的冲撞。

④ 围裙板与梯级的单侧水平间隙为 2～4mm，两侧间隙之和为 7mm。

⑤ 检查扶手入口橡胶套，两边应大致相等，扶手带不应擦着橡胶套。

⑥ 清理掉扶手带表面的灰尘，先用抹布蘸一些清洁剂（禁止使用汽油、柴油及有机溶剂）用力擦扶手带表面，再用干布擦一遍，然后至少 10min，禁止用滑石粉处理扶手内侧。

⑦ 润滑梯级链时，应把润滑油加在空隙之间。

⑧ 检查梯级链的张紧器和梯级链条的张紧是否均匀。

⑨ 梯级滑动导靴不应摩擦围裙板。

⑩ 梯级导轨必须给予彻底清洁，清洁工作是在梯级的开口处完成的。

十二、标志、使用须知及信号

① 标牌、标志及使用须知：

所有标志、说明和使用须知的牌子应由耐用的材料制成，放在醒目的位置，并且书写文字、字体应清晰工整，也可使用象形图，如图 6-164 所示。

图 6-164　标牌、标志

② 在自动扶梯或自动人行道入口处的使用须知和下列书写使用须知的标牌应设置在入口处的附近：

a.“必须紧拉住小孩”。

b.“狗必须被抱着”。

c.“站立时面朝运行方向”。

d.“握住扶手带”。

使用须知标牌的最小尺寸为 80mm×80mm。

③ 紧急停止装置应涂成红色，并在此装置上或紧靠着它的地方标上“停止”字样。

④ 在维护、修理、检查或类似的工作期间，自动扶梯或自动人行道的出入口处应用适当的装置拦住乘客登梯，其上应写明“不准靠近”或用道路交通标志“禁止通行”，而且应放在附近。

⑤ 手动盘车装置的使用须知。

如果有手动盘车装置，那么在其附近应备有使用说明，并且应明确自动扶梯或自动人行道的运行方向。

⑥ 自动扶梯或自动人行道自动启动的特殊使用须知。

若为自动启动式自动扶梯或自动人行道，则应配备一个清晰可见的信号系统，例如道路交通信号，以便向乘客指明自动扶梯或自动人行道是否可供使用及其运行方向。

第五节　自动人行道安装工程

自动人行道的准备工作、木桁架的安装就位、扶手带安装、电气安装及调试可参照自动扶梯安装工程。

一、自动人行道定中心及支承垫板的水平调整

1. 末端支承的安装

在把自动人行道安放在建筑物支承上前先调整自动人行道的纵向和横向位置（图 6-165、图 6-166）。

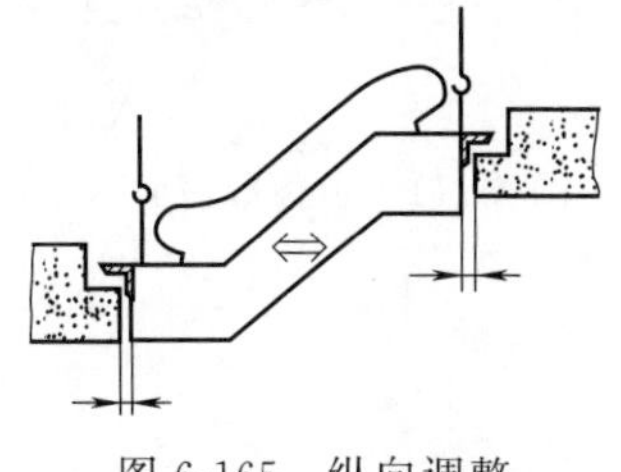

图 6-165　纵向调整

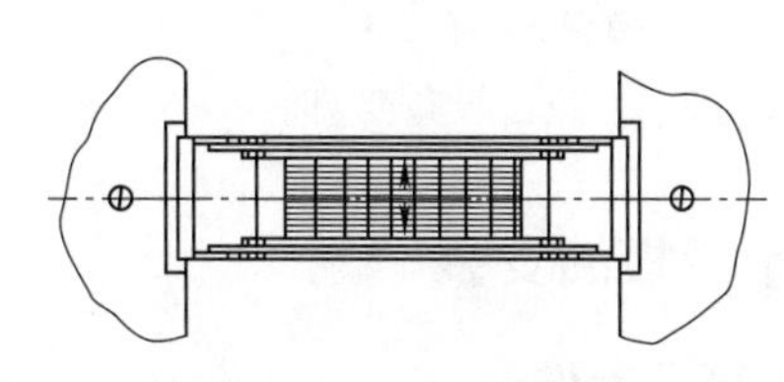

图 6-166　横向调整

① 调整支承角钢，使其与建筑物支承对中并与前端面平齐。用混凝土做的建筑物支承做法见图 6-167，根据支承角钢上孔的形式在混凝土支承上钻孔，把螺纹套销敲入孔中。

② 固定支承见图 6-168、图 6-169。

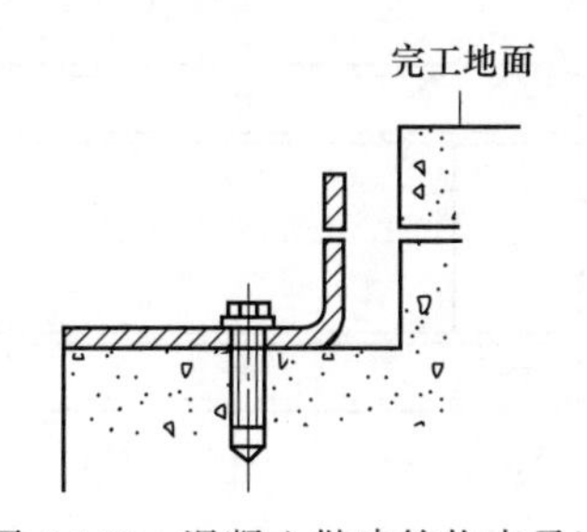

图 6-167　混凝土做建筑物支承法

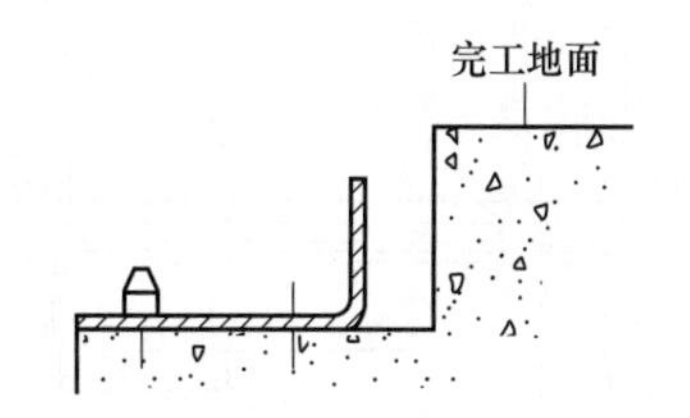

图 6-168　固定支承法

a. 把支承角钢不紧固直接放到建筑物支承上。

在人行道没有调整和放置好之前不能紧固支承角钢，若支承角钢紧固得太早，桁架和两建筑物支承跨距的所有误差将不得不由活动支承来补偿。

b. 在人行道放置到支承角钢前应调整人行道的纵向位置和横向位置。当把人行道搁放在固定末端支承上时应确认支承组件的定位销与支承角钢在孔中啮合好。

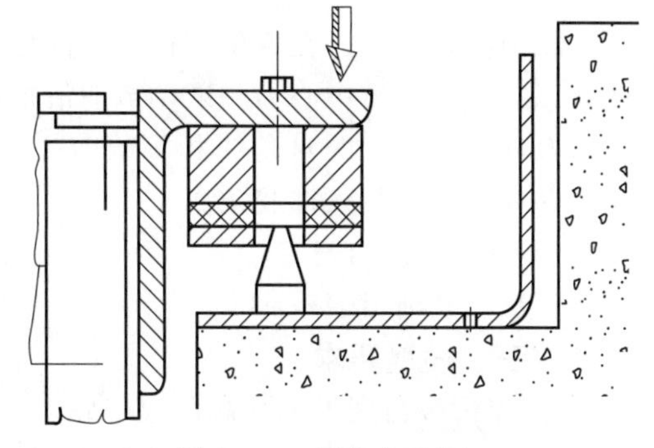

图 6-169　固定支承法

c. 清洗并润滑支承组件支承面，并将支承角钢固定在建筑物支承上。

2. 自动人行道的水平调整

(1) 梳齿板高度的调整

把水平仪一端放置在梳齿板上，另一端放置在已完工的地面（或其参照点）上，调节靠近两端的两只高度调整螺钉，使完工地面与梳齿板高度一致（图 6-170）。

(2) 横向水平调整

在梳齿板前第一个踏板上放置一只精密水平仪，用靠近两端的两只调整螺钉精调踏板水平，然后复检梳齿板与对应的完工地面的高差，调整完毕后用手拧紧靠中心的两个调节螺钉（图 6-171）。

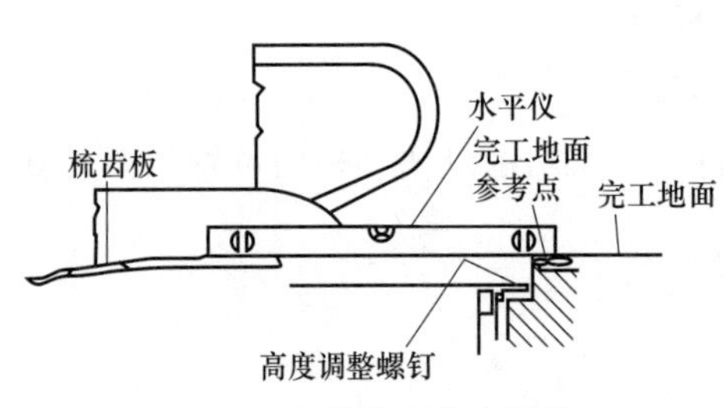

图 6-170　梳齿板高度调整

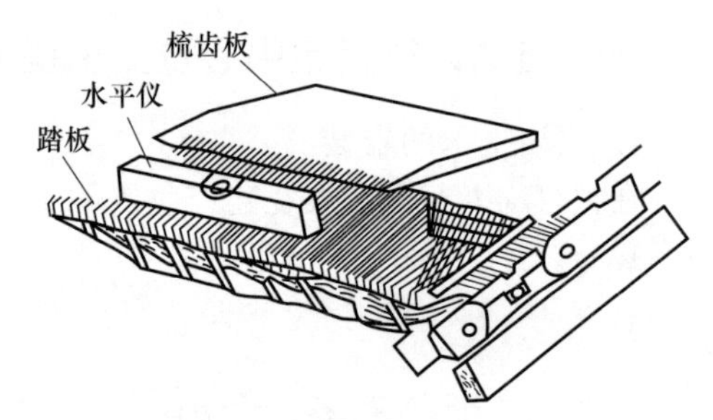

图 6-171　梳齿板横向水平调整

二、前沿板的安装

（一）施工条件

安装前沿板前，自动人行道必须就位且与楼层完工地面调平，定位螺栓就位。

（二）操作工艺

1. 框架安装（图 6-172、图 6-173）

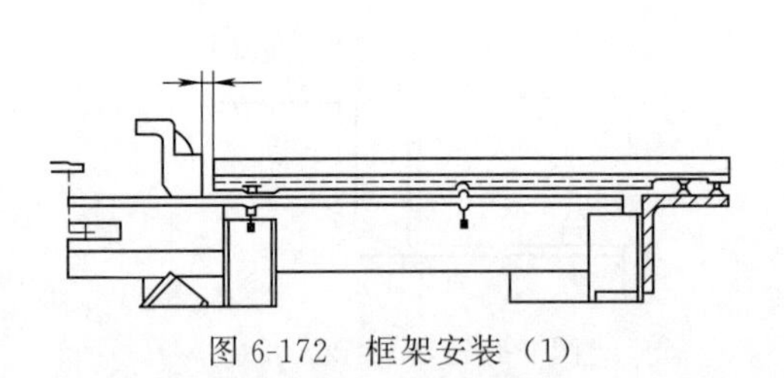

图 6-172　框架安装（1）

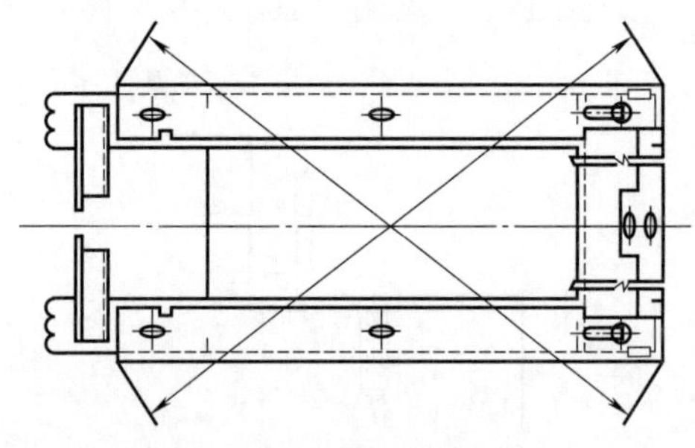

图 6-173　框架安装（2）

将前沿板框架放在定位螺栓上，前后位置应保证手指保护器连接板与框架之间的距离要求，以自动人行道中心为基准调节前沿板框架。在保证手指保护器连接板与框架的距离符合要求及前沿板框架的对角线相等的前提下，将前沿板框架点焊在定位螺栓上。调整框架水平，并在框架上装入橡胶条。

2. 盖板连接的安装

依次安装前沿盖板。

（三）质量要求

① 梳齿板与完工地面高度应一致。

② 前沿板表面必须水平，不得有翘板现象。

③ 前沿板安装时不能硬挤入框架中。

（四）成品保护

施工中，在前沿板上放置厚纸板来保护前沿板表面。

三、扶手安装

（一）施工条件

① 自动人行道内盖板已拆除。

② 手指保护器装置的内外面板已拆除。

③ 玻璃护壁板夹紧型件位置正确。

（二）操作工艺

1．下曲线段及下端板玻璃的安装

① 在玻璃导轨内侧插入玻璃垫片，玻璃垫片在玻璃导轨夹紧件上插成 V 形，每个玻璃接头插入两块（图 6-174）。

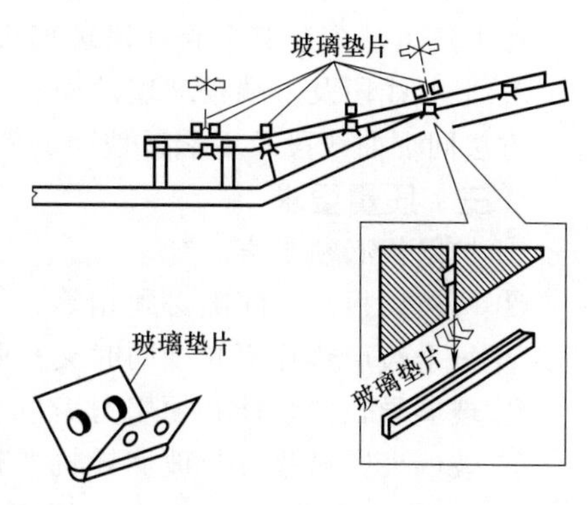

图 6-174　玻璃导轨内侧插入玻璃垫片方法

② 用真空吸盘吸在与所要安装位置相对应的曲线段玻璃板上将其提起，并垂直地、慢慢放入玻璃导轨型材内，摆对玻璃垫片位置，轻轻将玻璃导轨夹紧件夹紧。然后调整玻璃所在位置的各相关尺寸，并用角尺放在玻璃导轨型材上检查玻璃板 A 面是否垂直，如不垂直则调整至垂直，然后用力矩扳手将玻璃导轨夹紧件夹紧（图 6-175）。

③ 用水平仪检查玻璃板安装是否垂直，如不垂直可松开夹紧螺栓，将玻璃调整垂直后将夹紧螺栓拧紧（图 6-176）。

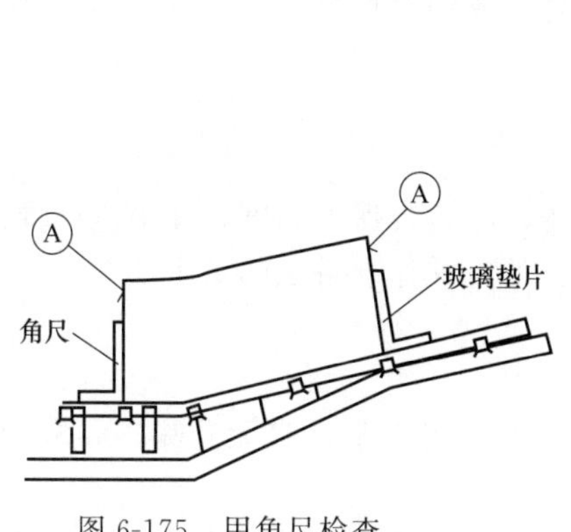

图 6-175　用角尺检查

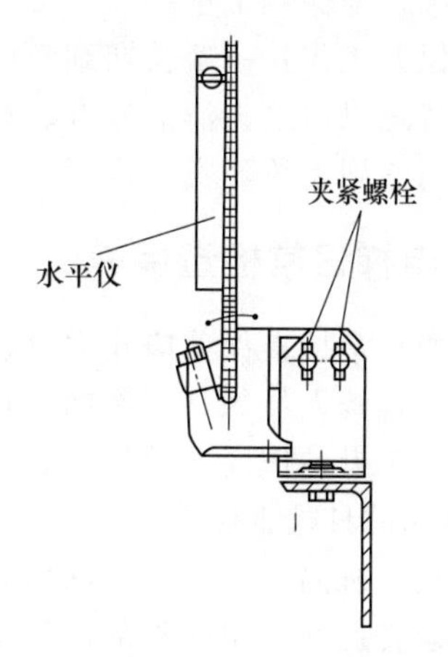

图 6-176　水平仪检查玻璃板安装

④ 按图 6-177 在曲线段玻璃板两端放上橡胶型件（每端放两块），在玻璃导轨夹紧件上插入玻璃垫片，用真空吸盘将玻璃端板垂直放入玻璃导轨内并推玻璃板使其靠紧橡胶型件（图 6-178）。

将两玻璃板间上下间隙调整至相等，然后用力矩扳手拧紧玻璃导轨夹紧件。

用水平仪按前述相同的方法调整玻璃板的垂直。

2．直线段玻璃护壁板的安装

在玻璃导轨夹紧件上插入玻璃垫片并摆成“V”形（每个接缝放两个），用真空吸盘将

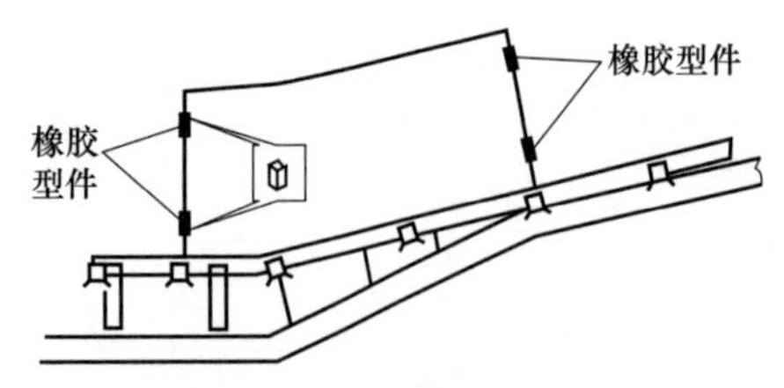

图 6-177　安装橡胶型件（1）

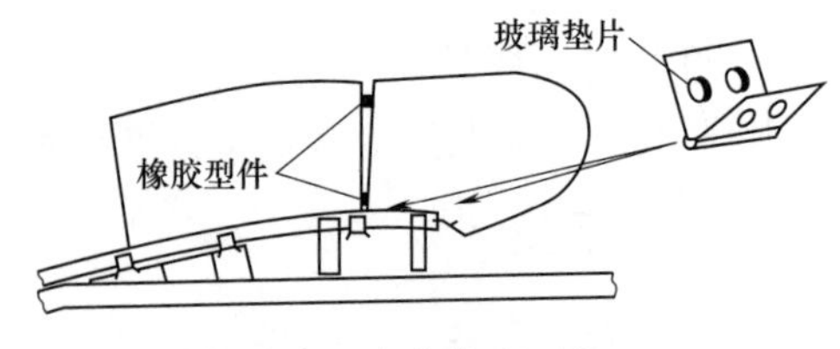

图 6-178　安装橡胶型件（2）

玻璃板垂直放入玻璃导轨内并将其推至与已装的下曲线段玻璃靠紧，用角尺和水平仪检查调整玻璃板的垂直度，将玻璃板接缝上下间隙调至相等，然后将玻璃用力矩扳手紧固。

按上述方法安装其余直线段玻璃板。

3. 上曲线段及上端板玻璃的安装

方法同下曲线段及下端板玻璃的安装。

（三）质量要求

① 护壁板必须垂直。

② 两玻璃板上下间隙必须相等。

③ 每个玻璃垫片不允许同时夹衬两块玻璃板。

④ 玻璃导轨夹紧件必须用力矩扳手紧固，且紧固力矩达到设计要求。

⑤ 玻璃夹紧衬垫应与玻璃导轨平齐。

第六节　电梯的维护保养与修理

电梯的运行质量和使用寿命，除了生产和安装质量及用户的操作使用外，很大程度取决于电梯的维护与保养工作。

维护保养工作是一项长期细致的工作，维护人员要有良好的职业道德和高度的工作责任心，只有持之以恒地去清洁检查、润滑清理，调整紧固各种螺钉、螺母，电梯发生的故障才会少，进而达到无故障安全运行。

一、电梯日常检查保养

电梯的日常检查保养应建立日、周、月、季、年检查保养制度，并由电梯维修工执行。

电梯的维修人员每日工作前对自己负责维护的电梯作准备性的试车，并应每日对机房内的机械和电气设备作巡视性检查。

1. 电梯的日检查保养

检查电动机温升、油位、油色和电动机的声音是否正常，有无异味、异常响声和振动，风机是否运转良好，做好外部清洁工作。

检查减速器传动有无异常声音和振动，联结轴是否渗油，做好外部清洁工作。

检查制动器线圈温升，检查制动轮、闸瓦、传动臂是否工作正常。

检查继电器、接触器动作是否正常，有无异味及异常响声。

检查曳引轮、曳引绳、限速器、导向轮、抗绳轮、反绳轮、涨绳轮运行是否正常，有无异常声响，有无曳引绳断丝等。

检查变压器、电阻器、电抗器有无过热。

检查机房温度是否符合规定需求，保持机房清洁状况良好，机房不得堆放易燃和腐蚀性物品，消防器材齐备良好，去往机房的通道应畅通，通信设施良好，机房照明是否正常。

如有不正常现象应立即停梯进行修理，调整或更换。暂时不能处理而又允许暂缓处理的应跟踪运行，观察其发展情况，防止发生事故；若发现严重现象应立即报告主管部门进行停车修理。

2. 电梯的周检查保养

检查抱闸间隙，抱闸间隙应保证在0.7mm之内且均匀，间隙过大时应予以调整，紧固连接螺栓。

检查安全装置的工作情况，发现问题及时处理。

检查调整电梯的平层装置应正常。

检查轿内按钮动作情况。

检查轿内信号（指示器、蜂鸣器等）。

检查轿门开关工作情况及完好性。

检查轿内风扇及照明工作情况及完好性。

检查曳引绳的工作情况及连接情况是否正常。

3. 电梯的月检查保养

对电梯减速器作一次仔细检查。

对限速器作一次仔细检查。

对安全钳作一次仔细检查。

对缓冲器作一次仔细检查。

对厅门锁作一次仔细检查。

对自动门重新开启进行检查。

对门的导轨进行检查清洗。

对曳引机、电动机油位进行检查。

检查接触器触头、衔铁是否良好。

检查导向轮、反绳轮、选层器的润滑情况。

对井道设施做一次检查。

对各润滑系统进行一次检查。

对各安全开关操作检查一次。

4. 电梯的季检查保养

蜗轮蜗杆减速箱及电动机轴承是否有油。

制动器动作是否正常，制动瓦与制动盘的间隙是否正常。

曳引绳是否渗油，是否打滑。

限速器钢丝绳，选层器钢带是否正常。

继电器、接触器、选层器工作是否正常，触头是否清洁，固定是否牢固。

检查门的操作、调节及清洁门驱动装置部件。

清洁轿门、厅门地坎和门导轨。

检查全部门滚轮与开门刀的间隙。

调整全部厅门及附件。

清洁全部厅门锁开关触点。

检查补偿链是否完好。

检查轿厢及对重导靴磨损情况。

检查安全钳与导轨间隙。

检查曳引绳的张力。

检查轿厢操纵盘和各按钮的工作情况。

检查轿厢紧急照明工作情况。

检查自动门的重新开启是否正常。

检查轿厢照明、信号、指示、蜂鸣器等功能是否正常。

检查电梯启动、运行、减速和制停。

检查电梯平层准确度。

检查厅外呼梯按钮和指示器工作情况。

电梯消防功能的检查。

5. 电梯的年维修保养

① 建立组织，选择有经验的专业技术人员负责带领维修人员进行检验。

② 检验标准按国标进行检验。

③ 质量、安检人员做检验记录。

④ 年维修保养内容：

a. 检查、调整、更换开关门继电器的触头。

b. 检查、调整、更换上下方向接触器的触头。

c. 检查、调整、更换控制柜内所有继电器、接触器。

d. 检查调整曳引绳的张紧度。

e. 检查限速器动作速度是否准确。

f. 检查安全钳是否能可靠动作。

g. 检查、调整或更换厅门滚轮。

h. 检查、调整或更换开关门机构的零部件。

i. 系统地、仔细地检查调整安全回路中的各开关及触点。

j. 检查调整电梯平衡系数。

二、机件的更换

（一）曳引轮的更换

当电梯运行一段时间或有意外事故发生，引起曳引轮磨损严重需要更换时，必须在专业人员指导下，按下列操作要求和顺序进行。

1. 轿厢吊起

① 在各个层门口挂上“正在修理”的标志，并确认各层门都处于关闭状态。

② 将轿厢停于最高层。

③ 在机房使用检修开关操作，继续使轿厢上升至最高位。

④ 在平衡对重下面，放上支撑方木（边长为15mm以上）保持平衡对重不能下落。

⑤ 切断主开关（断开总电源开关）。

⑥ 曳引机钢丝绳上挂上序号牌或用序号线束缚。

⑦ 使用曳引机座或大口径钢管，用倒链吊住轿厢。

⑧ 吊起轿厢，用第④项所述的方木顶起对重直至曳引钢丝绳可从曳引轮上脱卸为止，轿厢吊起。

⑨ 用手扳动限速器，使连杆系统动作，用手拉葫芦将轿厢慢慢下降，直到安全钳动作，轿厢牢固地夹持在导轨上。

⑩ 将钢丝绳从曳引轮上拆卸下来。

2. 曳引轮中心的拆卸

① 曳引轮上挂上起吊用的倒链，如果机房顶部有吊钩则可以利用，如果没有则可用三脚架固定手拉葫芦。

② 记录制动器弹簧刻度板上的柱塞冲程的位置。

③ 放掉齿轮箱油。

④ 拆下曳引机外壳。

⑤ 测定并记录齿轮接触状态和蜗杆轴、蜗杆齿轮的记号，当重新组成时，需要确认是否恢复原状。

⑥ 松弛轴承座的螺栓。

⑦ 由下侧敲打，取出绳轮一侧的锥形销子，注意不可取下蜗杆齿轮一侧的顶销子。

⑧ 用手拉葫芦吊起绳轮全套中心部分。

⑨ 从齿轮机身中卸下的绳轮中心放在绳轮的置台上。注意曳引轮壳内装有润滑油，故倾斜时，置台下要放接油缸。

⑩ 取下调整用的垫片时，为了不搞错其数量和位置，要做好标记进行保管。

3. 绳轮的拆卸

① 拆卸全部螺母。

② 用螺栓旋进法顶出绳轮，然后将其拆卸。

4. 曳引轮中心的安装

① 用汽油或煤油清洗蜗杆齿轮部分，除去切屑和异物等。

② 确认齿轮箱内无切屑及异物，并清洁蜗杆齿轮面。

③ 用手拉葫芦垂直吊起曳引轮中心，切记不要倾斜。

④ 调整使用的垫片，按照原先的位置放置。

⑤ 检查曳引轮罩盖是否密封。

⑥ 用锥形销子对准绳轮一侧轴承台和垫片钢孔组合。

⑦ 在旋紧螺栓之前，要确认绳轮一侧轴承座的锥形销子确实已放进。旋紧轴承座的螺栓。

⑧ 确认蜗杆齿轮逆向突进与原来的相同。

⑨ 使电动机手动运转，检查齿轮接触是否与原来相同，检查齿面有无伤痕、裂纹，如果有异常情况，要及时修整。

5. 曳引机罩的安装与给油

① 检查密封圈毛边，并旋紧罩子，螺栓要相交均匀旋紧。

② 使用规定的齿轮油，并根据油位加油。

6. 曳引机的试运转

① 要确认制动器刻度板，柱塞冲程是否恢复原状。

② 要确认制动器的表面，是否沾有油污，要进行仔细的清洁工作。

③ 进行上、下方向 5min 的试运转，并确认。

a. 柱塞是否确实动作，柱塞冲程是否在 2.5～3.5mm。

b. 制动器控制杆是否左右均匀动作，任何一边是否有间隙。

c. 曳引机有无异常声响，齿轮部分是否时常有打印痕。

d. 各部分的螺栓是否旋紧。

e. 各部分有无伤痕、裂纹。

f. 工具是否齐全，有无丢失。

④ 试运行结束后，一定要切断电源。

7. 曳引钢丝绳的安装

① 根据记号，将曳引钢丝绳全部挂上绳轮。

② 恢复限速器使其正常工作，慢慢吊起轿厢，松开安全钳，然后使轿厢下降。如果平衡对重从支承柱上升起，要及时除去柱子。切记，此项工作一定要完成。

③ 进行检修操作运行，使轿厢下行。

④ 拆卸吊用轿厢的倒链。

8. 运行准备

① 检查限速器是否恢复正常工作。

② 再次检查在旋转部位是否有遗忘的工具等。

③ 接通主电路电源。

④ 检修运行操作，使轿厢慢速降至规定位置。

⑤ 检查在楼层停靠时，有无异常情况。

⑥ 进行全程升降运行。

9. 运行状态的检查

① 曳引机和轿厢内有无异常现象。

② 曳引钢丝绳的张紧，单靠1～2次的调整是不够的，特别是在更换新的钢丝绳后的场合，要使得各个钢丝绳张紧一致，要经过多次反复运转来进行调整。然而，在长期的运行中，各个钢丝绳也有出现伸展不同的情况，因此，需要检查绳轮的磨损状况，时间过长会烧损电动机。

③ 制动器应工作正常。检查运行时制动带与制动轮是否接触，如果接触时间过长会烧损电动机。

10. 其他注意事项

① 操作场地的脚手架要经常修整和清洁。

② 有无遗落的物体（螺栓、螺母和工具的遗落将会带来危险）。

③ 工作时一定要戴安全帽。

④ 共同操作的场合一定要会打手势。

⑤ 不要丢失零件，因现场不可补充零件，以免影响电梯运行。

（二）曳引钢丝绳的更换

曳引钢丝绳在安装、保养或更换时处理不当，会缩短使用寿命。由于曳引钢丝绳长度大，而且挂法复杂（如高行程电梯、2∶1绕法或机房下置式等），故处理钢丝绳时宜注意以下事项。

1. 搬运与保管时的注意事项

① 搬运时，切勿将钢丝绳从高处掉下。若从高处掉下，会使钢丝绳变形、损伤或出现压痕，缩短其使用寿命。

② 勿让钢丝绳在不平坦的地面上滚动。

③ 不要将钢丝绳直接置于地面或将其他重物压在钢丝绳上，引起钢丝绳腐蚀、芯油变质或引起外伤。

2. 解开缆绳时注意事项

① 卷鼓式的钢丝绳以直杆穿过鼓中心，并用杆固定，使鼓离开地面，将钢丝绳从鼓下方拉出，拉出时应保持鼓转动。不宜将钢丝绳从鼓上方提出，此种方法极易引起缆绳曲折或卷曲，如果在扭曲太厉害的情况下使用，则易引致绳股中断线，使缆绳寿命缩短。

② 卷圈式钢丝绳，应将钢丝绳放于可转动的台上，一边转动台，一边将缆绳拉出，或用手卷动将缆绳放出。如果将钢丝绳凌乱地放出，则易引致曲折或绳股中断线，缩短使用寿命。

3. 挂缆绳时的注意事项

卷圈式钢丝绳，应从首末两端将缆绳解开拉引出，但不宜自两端同时将缆绳解开，应在首或末端将缆绳解开拉引出，伸展至需要长度。若两端同时将缆绳拉引出，则容易引起屈折。挂缆绳时要注意勿与棚架碰撞摩擦而引起损伤。

4. 调整曳引钢丝绳张力时的注意事项

当调整曳引钢丝绳张力旋动绳头螺栓时，需将锥套或螺栓固定住，不然会使钢丝绳扭曲不足而使其寿命缩短，如图 6-179 所示。

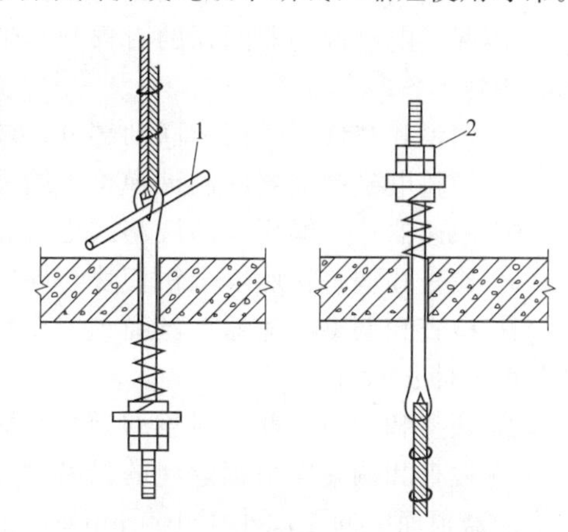

图 6-179　调整缆绳张力的正确方法

1—以杆将缆绳固定；2—将此部分固定

5. 缆绳张力的调整方法

① 升降行程超过 40m 时，按下述方法进行调整比较（将电梯停止在中间楼层，轿厢和对重侧可同时进行）。

a. 在轿厢顶 1m 处，用手锤击缆绳，使缆绳振动。

b. 将手按在钢丝绳上，记录缆绳往复振荡 5 次的时间。所有缆绳均以同样方法进行检查，如果各缆绳间的张力平均时，则有

(最大往复时间－最小往复时间)/最小往复时间≤0.2

c. 若计算结果超出上式范围，需照上述调整方法进行调整，直至各缆绳的张力平均为止。

d. 对重侧缆绳的检查与缆绳张力的调整方法相同，如果曳引比是 2∶1 绕法，可分轿厢及对重侧的外方分别进行。

e. 电梯运行数次，重新检查所得记录是否正确无误。

② 升降行程不足 40m 时，如果仍将轿厢停在中间楼层进行检测，由于缆绳长度短，振荡频率高，影响记录时间的精度，故应依下述方法进行检查和调整。

a. 将轿厢停至最高层端站，检查轿厢侧缆绳张力及外方缆绳的张力（仅对 2∶1 绕法）。

b. 将轿厢停至最高层端站，检查对重侧缆绳张力及外方缆绳的张力（仅对 2∶1 绕法）。

c. 电梯运行数次后，重新检查以确认缆绳张力符合标准。

三、电梯维修管理

电梯是属于危险性大的特种设备之一，其运行状态的优劣将直接关系到广大乘客的生命安全，直接影响到整栋大楼的使用效率，甚至由于电梯的损坏停运，将导致整栋大楼营运瘫痪。因此，为了保证电梯的安全运行，防止事故发生，充分发挥设备的效率，延长使用寿命，必须对电梯进行定期的维护保养。电梯的日常维护保养一般可分为每天保养、每周保养和每月、每季保养及年度保养，而年度保养实质上就是电梯的中修。

对一台新安装的电梯在运行 1 年以上、2 年以内的均应进行中修，而运行 3～5 年以上的，则应进行大修理。但是中修或大修的运行期限规定不是绝对的，因为它还受到允许的每小时启动次数、交通繁忙情况、使用环境的条件（例如电梯周围是否有腐蚀性气体、温度、湿度）等诸多因素的影响。

（一）电梯的中修

1. 电梯的机械部件

① 清洗曳引机蜗轮减速箱和调换减速箱内的齿轮油。

② 调换曳引机蜗杆轴伸处的石棉盘根或耐油橡胶密封圈。

③ 调换曳引机蜗轮减速箱盖与箱体之间的密封垫圈或重新涂抹密封胶。

④ 调换电磁制动器闸瓦的石棉刹车带，调整闸瓦与制动轮的间隙小于等于0.5m，并使间隙均匀。

⑤ 调整和整修层轿门的联动部分，调整更换层轿门滑轮及更换门扇下端滑块。

⑥ 调整电磁制动器的制动弹簧压缩力。

⑦ 限速器上卡绳压块的调整或更换。

⑧ 检查和调整轿厢安全钳楔块与导轨间隙为2～3mm，并使间隙保持均匀一致。

⑨ 检查和调整限速器钢丝绳与安全钳连杆的连接情况，并检查和调整限速器钢丝绳的张紧度及伸长状况。

⑩ 调整和调换轿厢、对重的导靴及靴衬。

⑪ 检查和调整曳引钢丝绳的松紧度。若轿厢在最高层的楼层平面位置，对重底部与对重缓冲器顶面之间距离小于100mm时，应截短曳引钢丝绳的伸长部分，使该间距在规定尺寸范围内。

⑫ 检查和调整门刀与层门机械钩子锁滚轮间的啮合状况，并调整锁钩的锁紧啮合状况(使锁钩啮合长度大于或等于7mm)。

⑬ 调整或更换导靴靴衬，修理导轨上的刻痕，并重新校正导轨。

2. 电梯的电气部分

主控制及信号继电器屏上继电器、接触器触点的整修或更换，或更换整个继电器、接触器。

① 检查和拧紧各接触器、继电器上的接线螺栓。

② 检查和调整方向机械联锁的可靠性。

③ 检查和调整井道内各限位开关的动作可靠性及其动作位置。

④ 检查和更换井道内各磁性开关（或选层器上各种触点），使其工作可靠。

⑤ 检查和更换轿厢操纵箱、各层厅外召唤按钮箱上的按钮元件、开关及电气元件。

⑥ 检查和更换信号指示灯的灯泡及灯座。

⑦ 动力回路和信号照明回路的绝缘电阻的测量和处理。

⑧ 对乘客电梯、集选控制的有/无司机电梯，应检查门保护（安全触板、光电保护器或电子接近保护器）和超载、满载控制的动作可靠性。

⑨ 对直流电梯、闭环控制的交流调速电梯，应检查和调整测速装置作用可靠性，整修或调换测速发电机的电刷和清除其整流子的炭精粉。

⑩ 对直流电梯的直流电动机和发电机的整流子、电刷进行清洗（用酒精）、整修或更换。

⑪ 检查和调整电梯的启制动舒适感和平层停车准确度。

在上述各项中有60%～70%需予以检查、更换和调整的，则可属电梯中修程度。

（二）电梯的大修

1. 曳引机

① 电动机、发电机组与调速机：分解、清洗各部位，检查油封、轴承有无损坏，不合用的应更换。检查直流发电机、电动机、励磁机、测速发电机等的刷握弹簧，清洁换向器，磨损严重的应加工修理或更换。

② 减速箱：分解、清洗，更换损坏的油封、老化的胶圈和磨损的轴承。

③ 制动器：拆卸、清洗，更换不合用的闸瓦，组装、调整抱闸间隙，测试线圈绝缘。

④ 曳引轮、导向轮：清洗绳轮、测量绳槽磨损情况。

⑤ 曳引钢丝绳：清洁钢丝绳，调整张力，检查绳头组合及断丝、断股、磨损情况，截

短或更换不合用的钢丝绳。

2. 导轨与对重

清洁轨道、对重，紧固螺栓，检查间距，更换磨损严重的导靴。

3. 厅门、轿门

① 轿门与层门：清洗吊门轮、轨道、钢丝绳，更换磨损的吊门轮、门导靴，调整门锁位置，检修联锁接点，调整、清洗安全触板。

② 门机系统：清洗、加油门机，检查电刷、各开关、电阻，更换损坏元件，调整门机速度及限位开关位置。

4. 轿厢导靴与超载装置

分解清洗导靴，更换靴衬、调间隙，清洗加油盒，更换新油，检查超载装置。

5. 控制柜与励磁柜

清洁柜内电器元件，检修电器元件触点和动作机构，不合格的应更换，整理导线，校对线号，检查各压接线，测量绝缘电阻与接地电阻。

6. 操作与显示系统

检查操纵盘按钮、外呼按钮和其他操作开关，层灯、内外选层灯等指示是否正常，损坏应更换。

7. 随行电缆及配线

清洁各接线盒，紧固接线端子，更换老化、残损、临时性导线或电缆，校对编号，测量接地电阻和绝缘电阻。

8. 安全装置

① 限速系统：清洗限速器与联动机构，加油并紧固各部位螺栓，调整安全钳楔块间隙，更换不合格的开关及其他部件。

② 各安全开关装置：检查调整终端限位开关、各急停开关、安全窗、安全钳、断绳开关、缓冲器复位开关、极限开关、应急照明、井道照明。

③ 对重：紧固各螺栓及对重块，检查绳头板。

④ 缓冲器：检查蓄能式缓冲器有无裂痕，各部位螺栓是否紧固牢靠，分解清洗蓄能式缓冲器，更换油封，做复位试验。

9. 选层器

① 机械选层器传动部分解体、清洗加油，更换拽长的链条。

② 检查钢带轮、张紧轮轴承，磨损严重的应更换。

③ 检查挡板导靴、随线、触头、触块，不合格的应更换。

④ 检查钢带有无断齿、开裂，不合用的应更换。

⑤ 更换电气选层装置不合用的感应器元件。

10. 油饰

对电梯的预埋件、支架、缓冲器、槽钢梁、线槽、线盒等除锈，涂防锈漆。对油漆脱落的选层器、限速器、厅门、轿厢壁喷漆。

11. 运行调试

对电梯运行性能做综合调试，包括启动、制动、变速、平层，各种电压、电流值及舒适感等以及电梯运行状态应达到下述要求：

① 启动、制动时间适宜，符合设计要求。

② 变速准确，平层准确度符合规定。

③ 轿厢垂直振动加速度不大于 $250mm/s^2$，水平振动加速度不大于 $150mm/s^2$。

④ 电梯运行平稳、乘坐舒适，处于良好状态。

12. 填写大修记录

大修记录的内容：

① 参加大修人员姓名、大修日期。

② 检修内容，更换器件名称、数量。

③ 调整部位，调整前后的技术数据、参数整定值。

④ 测试数据、线路变更详细内容及变更前后的图纸。

⑤ 大修图纸、记录都应入档备案。

（三）电梯大修后的检验

1. 元器件

所有更换的设备、元器件必须有合格证书，其性能规格与元器件相当，且安装后与相关设备匹配良好。

检验方法：核查资料。

2. 电动机

应达到《交流电梯电动机通用技术条件》（GB/T 12974—1991）或其他适当的电动机技术标准的要求。电动机安装在曳引机上后应无异常振动与噪声；制动轮处的径向跳动不大于制动轮直径的 1/3000；温升正常，绝缘电阻在热态不小于 0.38MΩ，在冷态不小于 0.5MΩ；电梯运行速度偏差在规定范围内。

检验方法：径向跳动用千分表测量。

3. 制动器

应达到《电梯曳引机》（GB/T 13435—1992）和《电梯制造与安装安全规范》（GB 7588—2003）的要求，电磁铁的最低动作电压应低于额定电压的 80%，最高的释放电压应低于额定电压的 55%。

检验方法：电梯进行 150%额定载重量的静载试验 10min 应不滑动，125%额定载荷的制动试验合格。动作电压和释放电压的测定可在线路中串调压器（可变电阻）进行测试。

4. 减速器

应达到《电梯曳引机》（GB/T 13435—1992）的要求。蜗轮蜗杆的轴向间隙客梯不大于 0.08mm，货梯不大于 0.12mm。在启动和换向时无轴向的撞击，蜗杆轴渗油符合《电梯技术条件》（GB/T 10058—1997）的规定，工作中油温不高于 85℃。

检验方法：运行试验，平稳无撞击声。油温用点温计测量。

5. 安全钳-限速器系统

清洗修理后的限速器应进行动作速度校核，并进行安全钳提拉试验和限速器绳张力的检验，均应符合标准要求。安全钳经拆卸清理后，应按交付使用前的检验要求对安全钳进行动作试验。

6. 更换后的曳引钢丝绳或绳头组合

钢丝绳的型号规格应与原绳一致，绳头组合及轿厢、对重的缓冲距离应符合标准要求。

检验方法：查核钢丝绳的规格和合格证。

7. 轿厢架和轿厢

应不增加轿厢质量，所有的连接应牢固。相关尺寸应符合标准，如轿厢地坎与层门地坎间距、轿厢与对重部件距离、门刀与门锁轮的啮合及与层门地坎的距离均应符合标准。

8. 控制柜

控制柜元器件安装和电线连接牢固，线路清晰，横平竖直、整洁美观，有与资料一致的代号和线号。绝缘电阻符合标准要求，有 PE 线连接。

大修中如进行了全面的调整清洗并进行了多项的修理和更换，可能会涉及电梯的全面功能和性能时，除有关项目的检验外，应同交付前检验一样，进行整机的功能性能检验。

第七节　电梯安装工程安全技术

一、电梯施工安全技术

（一）一般规定

① 施工人员入场前，由安全主管部门负责进行安全教育，由项目经理负责对作业班组进行安全技术交底。

② 每天上班前由班长负责进行班前安全讲话，说明当天工作应注意的安全事项。

③ 作业人员必须遵守施工现场的安全、环保管理制度。

④ 进入施工现场必须戴好安全帽，系好帽带，不得穿高跟鞋，不得在施工现场内吸烟。

⑤ 工作前不喝酒，工作中不闲谈、不打闹，工作服穿着整齐，工作时不穿长大衣、硬底鞋、带钉鞋、高跟鞋，女同志如留有辫子，应用防护帽罩好。

⑥ 进入施工现场必须戴好安全帽，高空作业必须系好安全带。

⑦ 在施工现场严禁吸烟。

⑧ 不带电作业，接近带电体时要有防护措施并要有人监视。

⑨ 进入施工现场操作时，精神要集中，上下脚手架时要防止滑跌。

⑩ 在施工时应随身携带工具袋，暂不用的工具部件放入袋内。

⑪ 自动扶梯口必须设置防护栏杆，具备安全施工的要求。

⑫ 施工前应检查施工机具是否符合安全要求。

（二）设备的搬运存储

① 拆设备箱时，箱皮要及时清理，防止钉子扎脚。

② 设备及材料应分类堆放，易燃易碎物品，必须严格单独保管（用后残油要妥善处理）。

③ 机头机尾等重型设备，应根据建筑要求放于承重梁上或用垫板分散堆放。

④ 长形部件及材料禁止立放，防止倾倒。

⑤ 在运输自动扶梯时要互相配合，统一号令，在加杠管时应注意人身安全，防止手指压入杠管内。

（三）常用工具设备的使用

① 施工操作人员应使手用工具经常处于良好状态，如锤子或大锤的手柄有松动，则必须在使用前更换新手柄，且装配紧固，以防锤头滑脱伤人；又如凿子或样冲的顶部要经常修整，避免出现“蘑菇状”的碎片伤人。

② 登高操作时使用扒脚梯、竹梯、单梯的梯脚应包扎防滑橡胶，使用前必须检查确认坚固可靠后方可使用。

③ 使用扒脚梯扒开角度应在 35°～45°，中间必须有绳索将梯子两面拉牢、操作者不得站在顶尖档的位置操作；单梯使用时，应有他人监护扶在梯脚或在上部用绳索扎紧。

④ 登梯操作者应尽可能使用安全带，以防坠落，扶梯监护者需要戴安全帽，以防物体打击；严禁两人同时攀登一部梯子。

⑤ 各种移动电气设备要经常检查，必须保证绝缘强度符合规定要求，且有良好的安全接地措施，引线必须采用三芯（单相）、四芯（三相）坚韧橡胶线或塑料护套软线，截面至

少为 0.5mm²，长度不超过 5m。

⑥ 使用手持式电动工具，操作时要戴绝缘手套或脚垫绝缘橡胶，并要求：

a. 在一般作业场所应尽可能采用漏电保护器等保护措施。

b. 在潮湿作业场所或金属构架上等导电性能良好的作业场所，应使用Ⅱ类或Ⅲ类工具。

（四）施工电气安全技术

1. 电动工具

① 手持电动工具电源必须加装漏电开关，所用导线必须是胶皮软线，其芯数应同时满足工作及保护接地的需要。

② 自动扶梯施工处的照明及手持灯的电压必须是 36V 以下，照明灯泡必须远离易燃物。

③ 所有电器用具必须按照下列要求做好接地保护。

a. 保护零线必须单独直接与零干线相连。

b. 工作零线与保护零线必须严格分开，不可借用。

④ 各种电器禁止将线头直接插入插座内使用。

⑤ 行灯变压器及电焊机一次引接导线必须使用电缆或用塑料管保护，一次端子必须用绝缘物包好。

2. 电（气）焊作业

① 电（气）焊工作现场要备好灭火器材，有具体的防火措施，要设看火人，下班时要检查施工现场，确认无隐患，方可离去。

② 用气焊切割部件时，操作场地要铺设铁板，防止割下的焊渣破坏已装修好的地面。

③ 乙炔瓶与氧气瓶离易燃明火的距离不得小于 10m，冬期施工时要预防乙炔瓶受凉，受冻时严禁用火烤解冻。

④ 乙炔瓶只许立用，不得垫在绝缘物上，不得敲击、碰撞，不得放置在地下室等不通风场所，严禁银汞等物品与乙炔接触。

3. 用电安全

① 施工人员必须严格遵守电工安全操作规程。

② 在进入机房检修时必须先切断电源，并悬挂“有人工作，切勿合闸”警告牌。

③ 在机房通车、清理控制屏开关时，不得使用金属工具，应用绝缘工具进行操作。

④ 施工中如需用临时线操纵电梯时必须做到：

a. 所使用的按钮装置应有急停开关和电源开关。

b. 所设置的临时控制线应保持完好，不允许有接头，并能承受足够的拉力和具有足够的长度。

c. 在使用临时线的过程中，应注意盘放整齐，不得用铁钉或铁丝扎紧固定临时线，并避让触及锐利物体的边缘，以防损伤临时线。

d. 使用临时线操纵轿厢上、下运行时，必须谨慎注意安全。

⑤ 施工中使用的临时灯具照明，灯具应有用绝缘材料制成的灯罩，以避免灯泡接触物体，其电压不得超过 36V。

⑥ 电气设备未经验电，一律视为有电，必须使用绝缘良好、灵敏可靠的工具和测量仪表检查。禁止使用失灵的或未经按期校验的测量用具。

⑦ 电气开关跳闸后，必须查明原因，故障排除后方可合上开关。

（五）施工操作安全技术

1. 脚手架搭设

① 设置脚手架，须上、下方便，使用前施工员应对架子进行检查验收，检查是否牢固

可靠，脚手板应铺设严密，无探头板，并绑扎牢固。底坑架子的载重量一定要符合要求，并且牢固可靠。

② 架子工拆卸架子时，注意不要砸坏已装好的设备。

2. 井道作业安全操作事项

① 施工人员进入井道作业时必须戴安全帽，登高操作应系安全带；工具应放入工具袋内，大的工具应用保险绳扎牢，妥善放置。

② 搭设脚手架必须做到下述几项要求。

a. 在搭设之前委托单位应向搭建单位详细说明安全技术要求，搭建完工后，必须进行验收，不符合安全规定的脚手架严禁施工使用。

b. 脚手架如果需要增设跳板，必须用 18＃以上的铁丝将跳板两端与脚手架捆扎牢固。木板厚度应在 50mm 以上，严禁使用劣质强度不符合要求的木材。

c. 在施工过程中应经常检查脚手架的使用状况，发现隐患，应立即停止施工并采取有效措施。

d. 脚手架的承载荷重应大于 $250kg/m^2$，脚手架上不准堆放工件或杂物，以防物体坠落伤人。

e. 拆除脚手架时，必须由上向下进行，如果需要拆除部分脚手架，待拆除后，对保存部分的脚手架，必须加固，确认安全后方可再施工。

③ 在井道内施工使用的照明灯应有足够的亮度，其电压必须采用 36V 的低电压。

④ 安装导轨及轿厢架等部件，因劳动强度大，必须合理组织安排人力，且做好安全防护措施，由专人负责统一指挥。

⑤ 进入地坑施工时，轿厢内应有专人看管，并切断轿厢内电源，轿门和层门应开启。

⑥ 在轿顶进行维修、保养、调试时必须做到：

a. 轿厢内应有检修人员或具有熟练操作技能的电梯驾驶员配合，并听从轿顶上检修人员的指挥；检修人员应集中思想，密切注意周围环境的变化，下达正确的口令；当驾驶人员离开轿厢时，必须切断电源，关闭轿门、层门，并悬挂“有人工作、禁止使用”的警告牌。

b. 轿顶设置检修操纵箱的应尽量使用，轿厢内人员必须集中思想，注意配合；无轿顶检修操纵箱的应使用检修开关，使电梯处于检修状态。

c. 电梯在将达到最高层站前，要注意观察，随时准备采取紧急措施；当导轨加油时应在最高层站的前半层处停车；多部并列的电梯施工时，必须注意左右电梯轿厢上下运行情况，严禁将人体的手、脚伸至正在运行的电梯井道内。

⑦ 施工人员在安装、维修机械设备或金属结构部件时，必须严格遵守机械加工的安全操作规程。

3. 吊装作业安全操作事项

① 吊装作业是运用各种起重吊运工具、设备或借助人力的搬运，将物体从地面起吊或推举到空中，再放到预定的位置和方向的过程。吊装作业必须由专人指挥，指挥者应经过专业培训，具有安全操作岗位证书。

② 在吊装前，必须充分估计被吊物件的质量，选用相应的吊装工具设备；使用吊装的工具设备，必须仔细检查，确认完好后，方可使用。

③ 准确选择悬挂手动链条葫芦的位置，使其具有承受吊装负荷的足够强度，施工人员必须站立在安全的位置进行操作；使用链条葫芦时，若拉动不灵活，必须查明原因，采取措施后方可进行操作。

④ 在吊装过程中，井道或场地的吊装区域位于被吊重物的下面（地坑）不得有人从事

其他工作或行走。

⑤ 吊装使用的吊钩应带有安全销，避免重物脱钩；如果吊钩不带安全销，必须采取其他防护措施。

⑥ 在起吊轿厢时，应用足够强度的保险钢丝绳将起吊后的轿厢进行保险，确认无危险，方可放松链条葫芦；在起吊有补偿绳的轿厢时，不能超过补偿绳和衬轮的允许高度。

⑦ 钢丝绳轧头的规格必须与钢丝绳匹配，轧头的压板应装在钢丝绳受力的一边，对于ϕ16mm 以下的钢丝绳，使用钢丝绳轧头的数量应不少于 3 只，被夹绳的长度不应少于钢丝绳直径的 15 倍，但最短不允许少于 300mm，每个轧头间的间距应大于钢丝绳直径的 6 倍。钢丝绳轧头只允许将两根同规格的钢丝绳扎在一起，严禁扎 3 根或不同规格的钢丝绳。

⑧ 吊装机器时，应使机器底座处于水平位置平稳起吊。抬、扛重物应注意用力方向及用力的协调一致性，防止滑杠，脱手伤人。

⑨ 顶撑对重时，应选用较大直径的钢管或大规格的木材，严禁使用劣质材料，操作时支撑要稳妥，不可歪斜，并要做好保险措施。

⑩ 放置对重块时，应用手动链条葫芦等设备吊装；当用人力放置对重块时，应有两人共同配合，防止对重块坠落伤人。

⑪ 拆除旧电梯时，严禁先拆限速器、安全钳。在条件允许的情况下应搭设脚手架，如果没有脚手架，必须有可靠的安全措施方可拆卸，并注意操作时互相协调配合。

⑫ 施工人员在进行吊装、起重操作时，必须严格遵守高空作业和起重作业的安全操作规程。

4. 预防火灾安全操作事项

① 施工场所各种易燃物品（如汽油、煤油、柴油）应有严格的领用制度。工作完毕，剩余的易燃物品必须妥善保管，存放在安全的地方；在使用易燃物品时，必须加强环境通风，以降低空气中爆炸性混合气体的浓度，并且严格禁止吸烟等火种。

② 施工场所使用焊接、切割和喷灯的明火作业时，必须严格遵守岗位安全操作规程。凡需动用明火作业，必须执行动火审批制度，未经批准不得擅自动用明火。

③ 施工中有明火作业，必须在施工前做好防火措施，设置足够数量的灭火器材，如干粉灭火器、二氧化碳灭火器、1211 灭火器。严禁用水、泡沫灭火器。

④ 火焰作业点必须与氧气、乙炔气容器以及木材、油类等物质保持 10m 以上的距离，并用挡板屏隔离，易爆物质与火焰作业点必须有 20m 以上的距离。

⑤ 喷灯提供热源属于明火作业，其安全要求如下：

a. 煤油喷灯，严禁使用汽油，以防发生爆燃。

b. 使用时经常检查灯壶内的油不可少于 1/4，以防灯壳过热发生爆燃。

c. 使用时应注意火不可反射至灯的本体，以防发生危险。

d. 严禁任意旋动安全阀调节螺钉，应保持清洁，防止阻塞失灵，造成事故。

e. 若发现喷灯底部外凸，应立即停止使用，重新更换。

⑥ 施工场所有明火作业时，应有专人值班负责安全监督，施工完毕应仔细检查现场情况，消除火苗隐患。

5. 整机调试安全技术

① 调整试车必须按“工艺标准”的要求做好准备工作，于上、下机头处设置试车标志，试车工作不得少于两人，试车中不得带乘客。

② 试车之前要对各部分电气作动作试验和绝缘摇测，抱闸可靠无误。

③ 在点动试车的过程中对各种安全开关进行测试，确认动作可靠无误。

④ 在调试过程中上、下要呼应一致，并注意机头的盖板处防止突然启动，站立不稳而

造成人身事故。

⑤ 调整试车时，梯级上严禁站人；调试时，必须确认作业人员离开梯级区域后才能试车。

二、电梯维修安全技术

电梯维修工作属高处作业，较危险及容易发生意外事故。但是，若在工作时能充分利用各种安全设施，执行安全操作规程，则各种意外是可以避免的。因此，维修人员在工作时必须遵守安全规程，避免和减少意外事故的发生。

（一）基本要求

① 要养成自觉遵守和执行安全操作规程的良好习惯。工作过程中，各有关人员之间要注意团结协作，切勿找非专业人员协同工作。工作前一天，不要暴饮暴食，保证有充分的休息。工作时，要保持愉快的心情，切勿想烦恼事。服装方面，要按规定穿着指定的工作服和工作鞋，绝对禁止穿拖鞋工作，安全帽、安全带要按章使用。有安全标志和警告时，要严格执行其工作内容，经常清理所在的工作环境。根据电梯维修工作的性质，维修保养应由两人以上进行，并选出负责人或组长。

② 工作前，要事先确定好工作的方法和内容，事先检查好各种安全器具和工具，并注意本人的健康状态，不可勉强工作。

③ 工作中，不可随意离开现场进入其他危险场所。

有事离开时，应关好层门或指派他人监视。工作若涉及他人安全时，需张贴危险指示标牌且用绳或栅栏围好；必要时，应留人加以监视。工作中要注意头及脚，以免碰砸受伤。要养成正确姿势工作的习惯。使用电器工具要用正规方法，勿从轿厢内接大功率器具电源，如电焊机、电钻等，以免因电流过大烧坏随行电缆，降低绝缘效果。操作时，注意尽量利用照明，使用的工具要放在明显、稳妥的地方，不宜放置在通道中央、导轨支架或棚架上，更不能放在转动部件上。传递工具或材料时要小心，切勿投掷。共同工作时，要注意相互联络，并依照负责人的指示进行工作。若需要动火时，应事先填写动火申请报告，备妥灭火器材。工作完成后，认真将火全部熄灭，以免留下火种，要与负责人保持联系。工作中除指定地方外，不可随便吸烟。

④ 工作后要检查是否有未完成的工作、遗留工具等，并于事后进行工作场地清理，再检查有无留下火种。烟头要放入有水的烟灰缸内，拆掉各种警告标牌，试运行一周，确认无误后恢复电梯运行，并向部门主管人员汇报工作情况。

⑤ 应备有各种急救药品。发生意外伤亡事故或火灾时，请立即与当地负责人联系，并采取适当的抢救措施，同时尽快接受医生的诊断和治疗。

（二）维修与保养的安全操作

维修保养人员在保养电梯设备时，要特别注意以下安全条例：

① 在到达某地进行工作或修理时，要事先通知当地的管理人员在其工作的电梯和主要入口处挂上必要的记号（如“检修停用”“例行检查保养”等）。在维修检查电梯时，不得载客或载货。

② 对可以转动的部件进行清扫、抹油或挤加润滑油时，电梯应停止运行并切断电源开关。在轿厢顶工作时，应使用机顶检修开关操纵电梯运行。当不需要轿厢运行来进行工作时，要断开相应位置的开关。

③ 在准备到轿厢顶上工作之前，必须清楚确定轿厢是否停靠在正确的井道、位置和需要停靠的楼层，然后方能用层门钥匙打开候梯层层门。使用层门钥匙时，要站在层门左侧，站稳后用右手将层门钥匙插入孔内，向左侧慢慢开启。在轿厢内打开轿门和层门时，也要慢

慢开启，使乘客不致误会，以为有轿厢抵达而从候梯厅进入轿厢。

④ 在轿厢顶工作时，要有足够的照明，检视灯必须是36V及以下的安全电压。要注意那些随轿厢运行而转动的机器设备和位置，如曳引比为2∶1绕速的缆轮、平衡对重、选层器钢带、平层感应器、门操纵机构、分隔梁架和凸轮等。若轿厢顶或横梁上有油污，一定要擦抹干净，防止滑倒而跌入井道。

⑤ 梯级、梯级踏板、梳齿板、梳齿板梳齿、地面板和活动门盖被搬走时，除非自动扶梯两端都放置栅栏或隔板，否则绝不能使设备运转。如要用人工盘机时，要将电源总开关关闭，断开电路，方可进行。如梯级或梯级踏板要拆开搬离，要求维修人员搭乘自动人行道时，一定要站在踏板开口处后面。

⑥ 要确认电路已断开，否则不能使设备缓慢移动。只要有人在自动扶梯上就不能闭合总开关。维修人员在进入自动扶梯内部工作之前，一定要断开总电源开关，切断的电源要标明记号（如“有人工作，禁止合闸”等字样的牌子）。

⑦ 在进行清扫工作时，要有足够的通风设备，避免呼吸时吸入梯井隐蔽处所储存的溶液蒸气，防止中毒。

（三）发生意外事故时的紧急处理

① 当工作现场发生意外事故时，要立即向当地的负责人报告，并采取适当措施，向本单位领导汇报情况。

② 如遇有人受伤，无论伤势多么轻微，都要及时救护，以防伤口感染。对流血、停止呼吸或中毒者除尽快采取紧急和必要的处理外，还要采取下列措施：

a. 尽快请专职医生。

b. 让伤员平卧，不要移动严重受伤者，除非是必须让其呼吸新鲜空气或保护受伤者避免其他危险。

c. 给伤员盖上毯子，以防休克。如医生或救护车能迅速到达就不要做进一步处理，在医生到达前如必须移动伤员（尽管移动的距离较短），也要先知道是身体哪一部分受伤，以便在移动中把受伤部位垫好。

③ 注意避免骚动或惊慌，如有必要可请公安部门或消防大队帮助抢救。

参考文献

[1] 李云. 建筑电气 [M]. 北京：北京大学出版社，2014.
[2] 张立新. 建筑电气工程施工及验收手册 [M]. 北京：机械工业出版社，2012.
[3] 赖院生，陈远吉. 建筑电工实用技术 [M]. 长沙：湖南科学技术出版社，2013.
[4] 侯志伟. 建筑电气工程识图与施工 [M]. 北京：机械工业出版社，2011.
[5] 范同顺，任俊杰，杨晓玲. 建筑维修电工 [M]. 北京：中国电力出版社，2003.
[6] 唐定曾，崔顺芝，唐海. 现代建筑电气安装 [M]. 北京：中国电力出版社，2001.
[7] 杨其富. 建筑电工手册 [M]. 太原：山西科学技术出版社，2005.
[8] 孙爱东，孙志杰，刘向前. 建筑电工 [M]. 北京：中国环境科学出版社，2003.
[9] 本书编委会. 建筑安装电工 [M]. 北京：中国环境科学出版社，2003.
[10] 石可清. 建筑电工 [M]. 北京：中国建材工业出版社，2004.
[11] 谢社初，刘玲. 建筑电气工程 [M]. 北京：机械工业出版社，2005.
[12] 周治湖. 建筑电气设计 [M]. 北京：中国建筑工业出版社，2001.
[13] 赵德申. 建筑电气照明技术 [M]. 北京：机械工业出版社，2003.
[14] 王青山. 建筑设备 [M]. 北京：机械工业出版社，2003.
[15] 孙景芝. 楼宇电气控制 [M]. 北京：中国建筑工业出版社，2002.
[16] 王林根. 建筑电气工程 [M]. 北京：中国建筑工业出版社，2003.